신재생에너지
발전설비 (태양광)
산업기사 필기

예문사

PREFACE
New and Renewable Energy

화석연료의 고갈이라는 인류가 당면한 과제를 해결하고 화석연료 사용으로 인한 환경문제 등을 극복하기 위한 방안으로 신·재생에너지에 관한 연구가 꾸준히 진행되고 있다. 미국, 독일, 일본 등 선진국에서는 정부 주도하에 신·재생에너지에 대한 R&D가 지속적으로 진행되고 있고 우리나라도 신·재생에너지에 대한 연구·개발에 박차를 가하고 있는 실정이다.

이처럼 대체에너지 개발과 환경문제 등에 관한 보다 활발한 연구, 개발, 관리가 필요한 시점에서 이 분야의 전문기술인력을 확보하기 위해 신·재생에너지발전설비(태양광)에 대한 자격증 제도를 도입하여 실시해 오고 있다.

이 책은 자격시험 준비를 위한 것으로서 산업인력관리공단의 출제기준에 따라 전체 내용을 구성하였고, 실전예상문제 풀이를 통해 내용을 다시 한번 정리할 수 있도록 하였으며, 최종적으로 CBT 대비 모의고사 문제를 풀어봄으로써 시험에 충분히 대비할 수 있도록 하였다.

끝으로 모든 수험생에게 합격의 영광이 함께하기를 바라고, 책을 출간하는 데 많은 도움을 주신 주경야독과 예문사에 감사의 마음을 전한다.

건축전기설비기술사 **박 문 환**

INFORMATION

New and Renewable Energy

CBT 전면시행에 따른 CBT 웹 체험 Preview

한국산업인력공단(www.q-net.or.kr)에서는 실제 컴퓨터 필기시험 환경과 동일하게 구성된 자격검정 CBT 웹 체험을 제공하고 있습니다. 또한, 예문사 홈페이지(http://yeamoonsa.com)에서도 CBT 형태의 모의고사를 풀어볼 수 있으니 참고하여 활용하시기 바랍니다.

수험자 정보 확인

시험장 감독위원이 컴퓨터에 나온 수험자 정보와 신분증이 일치하는지를 확인하는 단계입니다.
수험번호, 성명, 주민등록번호, 응시종목, 좌석번호를 확인합니다.

안내사항

시험에 관련된 안내사항이므로 꼼꼼히 읽어보시기 바랍니다.

✅ 유의사항

부정행위는 절대 안 된다는 점, 잊지 마세요!

> **📢 유의사항 - [1/3]**
>
> - 다음과 같은 부정행위가 발각될 경우 감독관의 지시에 따라 퇴실 조치되고, 시험은 무효로 처리되며, 3년간 국가기술자격검정에 응시할 자격이 정지됩니다.
>
>   ✓ 시험 중 다른 수험자와 시험에 관련한 대화를 하는 행위
>   ✓ 시험 중에 다른 수험자의 문제 및 답안을 엿보고 답안지를 작성하는 행위
>   ✓ 다른 수험자를 위하여 답안을 알려주거나, 엿보게 하는 행위
>   ✓ 시험 중 시험문제 내용과 관련된 물건을 휴대하여 사용하거나 이를 주고받는 행위
>
> **다음 유의사항 보기 ▶**

✅ 문제풀이 메뉴 설명

문제풀이 메뉴에 대한 주요 설명입니다. CBT에 익숙하지 않다면 꼼꼼한 확인이 필요합니다.
(글자크기/화면배치, 전체/안 푼 문제 수 조회, 남은 시간 표시, 답안 표기 영역, 계산기 도구, 페이지 이동, 안 푼 문제 번호 보기/답안 제출)

INFORMATION

시험준비 완료!

이제 시험에 응시할 준비를 완료합니다.

시험화면

❶ 수험번호, 수험자명 : 본인이 맞는지 확인합니다.
❷ 글자크기 : 100%, 150%, 200%로 조정 가능합니다.
❸ 화면배치 : 2단 구성, 1단 구성으로 변경합니다.
❹ 계산기 : 계산이 필요할 경우 사용합니다.
❺ 제한 시간, 남은 시간 : 시험시간을 표시합니다.
❻ 다음 : 다음 페이지로 넘어갑니다.
❼ 안 푼 문제 : 답안 표기가 되지 않은 문제를 확인합니다.
❽ 답안 제출 : 최종답안을 제출합니다.

답안 제출

문제를 다 푼 후 답안 제출을 클릭하면 다음과 같은 메시지가 출력됩니다.
여기서 '예'를 누르면 답안 제출이 완료되며 시험을 마칩니다.

알고 가면 쉬운 CBT 4가지 팁

1. 시험에 집중하자.
　기존 시험과 달리 CBT 시험에서는 같은 고사장이라도 각기 다른 시험에 응시할 수 있습니다. 옆 사람은 다른 시험을 응시하고 있으니, 자신의 시험에 집중하면 됩니다.

2. 필요하면 연습지를 요청하자.
　응시자의 요청에 한해 시험장에서는 연습지를 제공하고 있습니다. 연습지는 시험이 종료되면 회수되므로 필요에 따라 요청하시기 바랍니다.

3. 이상이 있으면 주저하지 말고 손을 들자.
　갑작스럽게 프로그램 문제가 발생할 수 있습니다. 이때는 주저하며 시간을 허비하지 말고, 즉시 손을 들어 감독관에게 문제점을 알려주시기 바랍니다.

4. 제출 전에 한 번 더 확인하자.
　시험 종료 이전에는 언제든지 제출할 수 있지만, 한 번 제출하고 나면 수정할 수 없습니다. 맞게 표기하였는지 다시 확인해보시기 바랍니다.

INFORMATION

신재생에너지발전설비산업기사(태양광) 필기

직무분야	환경·에너지	중직무분야	에너지·기상	자격종목	신재생에너지발전설비산업기사(태양광)	적용기간	2025.1.1.~2028.12.31.

직무내용 : 신재생에너지 태양광발전의 환경분석과 태양광발전시설의 시공 및 감독, 검사 및 효율적인 운영을 위한 유지보수와 안전관리 업무를 수행하는 직무이다.

필기검정방법	객관식	문제수	80	시험시간	2시간

필기과목명	문제수	주요항목	세부항목	세세항목
태양광발전 사전검토	20	1. 기후변화 정책 분석	1. 기후변화 현상 파악	1. 기후변화 개념과 현상 2. 지구온난화
			2. 기후변화 원인과 영향 파악	1. 기후변화 원인과 영향 2. 온실가스 개념과 종류
			3. 신재생에너지 원리 및 특징	1. 태양광 2. 풍력 3. 수력 4. 연료전지 5. 기타 신재생에너지
		2. 태양광발전 사업부지 환경조사	1. 주변 기상·환경 등 요인	1. 일조시간, 일조량, 음영분석 등 2. 위도, 경도, 방위, 고도각 3. 주변 환경조건 및 기후자료 분석 등
			2. 태양광발전부지 검토	1. 태양광발전부지 타당성 검토 2. 태양광발전부지 조사 3. 발전부지 면적과 발전설비 용량 검토 4. 공부서류 등 검토 5. 설치 가능여부 조사
			3. 태양광발전 계통연계 조사	1. 전기공급규정 2. 전력계통 검토 3. 분산형 전원 배전계통연계 기술기준

필기과목명	문제수	주요항목	세부항목	세세항목
		3. 태양광발전 사업부지 인허가 검토	1. 인허가 관련 법령 검토	1. 전기사업법령 2. 전기(발전)사업 허가 기준 3. 국토의 계획 및 이용에 관한 법령 4. 개발행위 인허가 검토 5. 사업계획서 검토 6. 전기공사업법령 등
			2. 신재생에너지 관련 법령 검토	1. 신에너지 및 재생에너지 개발·이용·보급 촉진법령 2. 신에너지 및 재생에너지 설비의 지원 등에 관한 규정 및 지침 3. 신에너지 및 재생에너지 공급의무화제도 관리 및 운영 지침
태양광발전시스템 구성·선정	20	1. 태양광발전 주요 장치 준비	1. 태양광발전시스템 구성요소 개요	1. 태양전지 2. 태양광발전 모듈 및 어레이 3. 태양광발전용 인버터 4. 전력저장 장치 5. 태양광발전용 접속함 6. 교류 측 기기 7. 피뢰소자 등 주변장치
			2. 태양광발전 모듈 준비	1. 태양광발전 모듈의 광전변환효율 2. 태양광발전 모듈의 직병렬 어레이 구성 3. 시험조건(STC, NOCT) 4. 태양광발전 모듈 선정 5. 태양광발전 모듈의 온도계수 특성 등
			3. 태양광발전용 인버터 준비	1. 태양광발전용 인버터 동작 원리 2. 태양광발전용 인버터 종류와 용도 3. 태양광발전용 인버터의 기능과 특성 4. 태양광발전용 인버터 선정과 용량 산출 5. 태양광발전용 인버터 운전
		2. 태양광발전 계통연계장치 설계	1. 태양광발전 수배전반 설계	1. 수배전반 설계도서 작성 2. 계통연계 보호 3. 전기실 구성 등

필기과목명	문제수	주요항목	세부항목	세세항목
			2. 태양광발전 관제시스템 설계	1. 방범시스템 2. 방재시스템 3. 모니터링 시스템 등
		3. 태양광발전 어레이 설계	1. 태양광발전 전기배선 설계	1. 태양광발전 모듈의 직병렬 계산 2. 전기설비기술기준 3. 한국전기설비규정(KEC) 등
			2. 태양광발전 모듈배치 설계	1. 태양광발전 모듈 배치 2. 태양광발전 모듈 배선 3. 어레이 이격거리
			3. 태양광발전 어레이 전압강하 계산	1. 전압강하 및 전선 선정 2. 어레이 출력전압 특성
태양광발전 시공	20	1. 태양광발전 토목공사	1. 태양광발전 토목공사 수행	1. 설계도면의 해석 2. 지질조사 지내력 3. 토목 시공 기준 4. 사용자재의 규격 5. 시방서 검토
			2. 태양광발전 토목공사 관리	1. 공정관리 2. 토목설계 내역 검토 3. 시공계획서 검토 4. 시공 상태 적합성 5. 공사현장 환경관리
		2. 태양광발전 구조물 시공	1. 태양광발전 구조물 기초공사 수행	1. 구조물 기초공사 2. 지역별 동결 특성 3. 지역별 풍속과 하중 4. 구조물기초 형태와 시공 공법 5. 구조 안전성 검토
			2. 태양광발전 구조물 시공	1. 태양광 발전용 구조물 설치 2. 구조물 형태와 시공 공법
		3. 태양광발전 전기시설 공사	1. 태양광발전 시공 관리	1. 공사 시방서 등 검토 2. 착공서류 등 검토 3. 품질관리
			2. 태양광발전 어레이 시공	1. 어레이 시공 2. 전기 배선 및 접속함 설치 기준 3. 사용자재 규격 및 적합성 등

필기과목명	문제수	주요항목	세부항목	세세항목
			3. 태양광발전 계통연계장치 시공	1. 발전량 및 입출력 상태 확인 2. 인버터와 제어장치 설치 3. 수배전반 설치 4. 계통 연계 시공 5. 전기 및 위험물 관련 법규 등
			4. 전기, 전자 기초	1. 전기 기초 이론 2. 전자 기초 이론 3. 송전설비 기초 이론 4. 배전설비 기초 이론 5. 변전설비 기초 이론
			5. 배관·배선 공사	1. 배관 시공 2. 배선 시공 3. 케이블트레이 시공 4. 덕트 시공 등
		4. 태양광발전 장치 준공 검사	1. 태양광발전 정밀 안전진단	1. 보호계전기 특성 및 동작시험 2. 접지 및 절연저항 3. 보호장치 종류 및 시설조건 4. 안전진단 절차 및 설비 5. 단락전류 및 지락전류 6. 낙뢰 보호설비 등
			2. 태양광발전 사용 전 검사	1. 사용 전 검사 준비 2. 항목별 세부검사 및 동작시험 등
태양광발전 유지·관리	20	1. 태양광발전 시스템 운영	1. 태양광발전 사업개시 신고	1. 태양광발전 사업개시 신고 2. 전기안전관리자 선임 등
			2. 태양광발전설비 설치 확인	1. 설비점검 체크리스트 2. 설치된 발전설비 부품의 성능 검사 3. 발전설비 설치 확인
			3. 태양광발전시스템 운영	1. 발전시스템 점검 방법과 시기 2. 태양광 모니터링 시스템 3. 발전시스템 운영 관리 계획 4. 발전시스템 비정상 운영 시 대처 및 조치 5. SMP 및 REC 정산관리 등

필기과목명	문제수	주요항목	세부항목	세세항목
		2. 태양광발전 시스템 유지	1. 태양광발전 준공 후 점검	1. 태양전지 모듈 · 어레이 측정 및 점검 2. 토목시설물 점검 3. 접속함, 인버터, 주변 기기 · 장치 점검 4. 운전, 정지, 조작, 시험 5. 준공도면 검토 등 6. 측정 및 점검 장비 등
			2. 태양광발전 점검개요	1. 일상점검 항목 및 점검요령 2. 정기점검 항목 및 점검요령
			3. 태양광발전 유지관리	1. 발전설비 유지관리 2. 송전설비 유지관리 3. 태양광발전 시스템 고장원인 4. 태양광발전 시스템 문제진단 5. 고장별 조치방법
		3. 태양광발전 시스템 보수	1. 태양광발전시스템 보수	1. 발전설비 구성요소의 내구연한 2. 설비의 이력관리 3. 이상동작과 처리
			2. 태양광발전 특별 점검	1. 특별점검 항목 및 점검요령
		4. 태양광발전 시스템 안전관리	1. 태양광발전 시공상 안전확인	1. 시공 안전관리 2. 안전교육의 시행과 훈련 3. 안전관리 조직 운영
			2. 태양광발전 설비상 안전확인	1. 설비 안전관리 2. 설비보존계획 3. 작업 중 안전대책 등
			3. 태양광발전 구조상 안전확인	1. 구조 안전관리 2. 구조물 시공 절차와 방법 3. 천재지변에 따른 구조상 안전계획 4. 안전관련 법규 등
			4. 안전관리 장비	1. 안전장비 종류 2. 안전장비 보관요령

이책의 차례

New and Renewable Energy

PART 01. 태양광발전 사전검토

Section 01 기후변화의 정책분석 · 2
  01 기후변화 현상 및 원인, 영향 ·············· 2
  02 신재생에너지 원리 및 특징 ·············· 5
  ■ 실전예상문제 ························· 21

Section 02 태양광발전 사업부지 환경조사 · 35
  01 주변 기상 · 환경 등 요인 ················ 35
  ■ 실전예상문제 ························· 40

Section 03 태양광발전 부지 검토 · 48
  01 태양광발전 부지 타당성 및 부지 선정 조사 ··· 48
  02 태양광발전시스템 발전량 산출 ············ 51
  03 태양광발전 계통연계조사 ················ 53
  ■ 실전예상문제 ························· 55

Section 04 태양광발전 사업부지 인허가 검토 · 65
  01 인허가 관련 법령 검토 ·················· 65
  02 신재생에너지 관련 법령 검토 ············· 79
  ■ 실전예상문제 ························· 87

CONTENTS

PART 02. 태양광발전시스템 구성 · 선정

Section 01   태양광발전 주요 장치 준비 • 118

    01 태양광발전시스템 구성요소 개요 ·· 118
    02 태양광발전 모듈 배치 설계 ·· 132
    03 태양광발전용 인버터 ·· 145
    ■ 실전예상문제 ·· 158

Section 02   태양광발전 계통연계 장치설계 • 210

    01 태양광발전 수배전반 설계 ·· 210
    02 태양광발전 관제시스템 설계 ·· 214
    ■ 실전예상문제 ·· 222

Section 03   태양광발전 어레이 설계 • 241

    01 태양광발전 전기설계 ·· 241
    02 태양광발전어레이 전압강하 계산 ·· 246
    ■ 실전예상문제 ·· 252

PART 03. 태양광발전 시공

Section 01　**태양광발전 토목공사 • 314**
　　　　　　01 태양광발전 토목공사 수행 ·· 314

Section 02　**태양광발전 구조물 시공 • 321**
　　　　　　01 발전형태별 구조물 시공 ·· 321

Section 03　**태양광발전 전기시설공사 • 322**
　　　　　　01 태양광발전어레이 시공 ·· 322
　　　　　　02 태양광발전 계통연계장치 시공 ·· 327
　　　　　　03 전기전자 기초 ·· 354
　　　　　　04 배관·배선공사 ··· 380

Section 04　**태양광발전장치 준공검사 • 383**
　　　　　　01 태양광발전 사용 전 검사 ·· 383

Section 05　**실전예상문제 • 404**
　　　　　　01 태양광발전 토목공사 및 구조물 시공 ·· 404
　　　　　　02 태양광발전어레이 및 계통연계장치 시공 ·································· 423
　　　　　　03 기초이론(전기, 전자, 송전·배전·변전) ······································ 474
　　　　　　04 태양광발전 준공검사 및 사용 전 검사 ······································ 499

PART 04. 태양광발전 유지·관리

Section 01 태양광발전시스템 운영 • 508

    01 태양광발전 사업개시 신고 ·· 508
    02 태양광발전설비 설치확인 ·· 509
    03 태양광발전시스템 운영 ·· 512

Section 02 태양광발전시스템 유지 • 518

    01 태양광발전 준공 후 점검 ·· 518
    02 태양광발전 점검 개요 ·· 528
    03 태양광발전의 유지관리 ·· 532

Section 03 태양광발전시스템의 안전관리 • 540

    01 태양광발전 시공상 안전 확인 ·· 540
    02 태양광발전 설비상 안전 확인 ·· 542
    03 태양광발전 구조상 안전 확인 ·· 546
    04 안전관리장비 ·· 547

Section 04 실전예상문제 • 550

    01 태양광발전시스템 운영 ·· 550
    02 태양광발전시스템 유지(준공 후 점검, 점검개요, 유지관리) ·············· 577
    03 태양광발전시스템 안전관리(시공, 설비, 구조, 장비) ························ 644

PART 05. CBT 대비 모의고사

- **01** 제1회 CBT 대비 모의고사 ·· 656
- **02** 제2회 CBT 대비 모의고사 ·· 673
- **03** 제3회 CBT 대비 모의고사 ·· 689
- **04** 제4회 CBT 대비 모의고사 ·· 708
- **05** 제5회 CBT 대비 모의고사 ·· 723
- **06** 제6회 CBT 대비 모의고사 ·· 738
- **07** 제7회 CBT 대비 모의고사 ·· 754
- **08** 제8회 CBT 대비 모의고사 ·· 769

PART 01 태양광발전 사전검토

SECTION 001 기후변화의 정책분석

01 기후변화 현상 및 원인, 영향

1 기후변화의 원인

지구의 평균기온을 변화시키는 원인에는 자연적 원인과 인위적 원인이 있다. 자연적 원인에는 화산폭발, 대기조성의 변화, 태양활동, 지구와 태양 사이의 거리변화, 지구자전축 기울기의 변화 등이 있고 인위적 원인에는 강화된 온실효과, 에어졸의 증가, 토지피복의 변화, 삼림파괴 등이 있다.

2 기후변화현상과 영향

1. 기후와 기후변화현상

기후는 매일 나타나는 기상현상인 날씨와는 달리 오랜 시간 동안 일정한 지역에 지속적으로 반복하여 나타나는 기상현상이다.

2. 기후변화의 영향

기상이변은 기후변화로 인해 발생하는 일종의 극단적인 사건으로 생태계뿐만 아니라 인간생활에 큰 영향을 미친다. 유럽 알프스, 히말라야, 북극해, 남극 대륙의 주요 빙하가 녹기 시작하면서 주변 생태계를 위협하고 있으며 시베리아를 비롯한 영구 동토층이 녹아 산사태가 발생하는 등 피해가 나타나고 있다. 또한 대형 태풍이 발생하거나 극심한 가뭄과 폭우, 홍수 등 기후변화에 의한 자연적 재해가 나타나고 있다.

3 온실가스의 개념과 종류

1. 온실가스

온실가스란 대기 중에 존재하면서 지구 복사에너지를 흡수하여 온실효과를 일으키는 물질을 말한다.

2. 온실효과

온실효과는 기후변화의 원인 중 가장 큰 영향을 미치고 있다. 태양에서 방출된 에너지는 지구의 대기층을 통과하면서 일부가 대기에 흡수되거나 지구 밖으로 반사된다. 나머지 에너지는 지표에 도달하여 흡수된 후 열에너지나 파장이 긴 적외선으로 바뀌어 지구 밖으로 다시 방출되는데,

이때 이산화탄소와 같은 온실가스는 지구에서 방출되는 파장이 긴 지구 복사에너지를 흡수한 뒤 재방출한다. 이와 같은 작용이 반복되면서 지구는 대기가 없을 때보다 높은 온도를 유지하게 되는데, 이를 온실효과라고 한다.

3. 온실가스의 6종류

종류	화학기호
이산화탄소	CO_2
메탄	CH_4
아산화질소	N_2O
수소불화탄소	HFCs
과불화탄소	PFCs
육불화황	SF_6

4. 국가탄소중립 녹색성장 기본계획

20년 단위 5년 주기(20년 계획기간 수립주기 5년)
∴ 지자체는 10년 단위 시·도 및 시·군·구 기본계획 수립

5. 기후위기 대응을 위한 탄소중립·녹색성장 기본법 시행령

제3조(중장기 국가 온실가스 감축 목표 등) ① 법 제8조제1항에서 "대통령령으로 정하는 비율"이란 40퍼센트를 말한다.

제6조(탄소중립시·도계획의 수립 등) ① 특별시장·광역시장·특별자치시장·도지사 및 특별자치도지사(이하 "시·도지사"라 한다)는 탄소중립국가기본계획이 수립되거나 변경(법 제10조제4항 단서에 따른 경미한 사항이 변경된 경우는 제외한다)된 날부터 6개월 이내에 법 제11조제1항에 따른 시·도 탄소중립 녹색성장 기본계획(이하 "탄소중립시·도계획"이라 한다)을 수립하거나 변경해야 한다.

제7조(탄소중립시·군·구계획의 수립 등) ① 시장·군수·구청장(자치구의 구청장을 말한다. 이하 같다)은 탄소중립시·도계획이 수립되거나 변경(법 제11조제4항 단서에 따른 경미한 사항이 변경된 경우는 제외한다)된 날부터 6개월 이내에 법 제12조제1항에 따른 시·군·구 탄소중립 녹색성장 기본계획(이하 "탄소중립시·군·구계획"이라 한다)을 시·도지사와의 협의를 거쳐 수립하거나 변경해야 한다.
② 시장·군수·구청장은 제1항에 따라 탄소중립시·군·구계획을 수립하거나 변경하는 경우에는 법 제22조제1항에 따른 2050 지방탄소중립녹색성장위원회(이하 "지방위원회"라 한다)의 심의를 거치기 전에 지역주민, 관계 전문가 및 이해관계자의 의견을 들어야 한다.
③ 시장·군수·구청장은 법 제12조제3항에 따라 탄소중립시·군·구계획이 수립 또는 변경

된 날부터 1개월 이내에 탄소중립시·군·구계획을 환경부장관 및 관할 시·도지사에게 제출해야 하며, 환경부장관은 탄소중립시·군·구계획을 모두 제출받은 날부터 3개월 이내에 제출받은 탄소중립시·군·구계획을 종합하여 법 제15조제1항에 따른 2050 탄소중립녹색성장위원회에 보고해야 한다.

제8조(탄소중립국가기본계획 등의 추진상황 점검) ① 법 제15조제1항에 따른 2050 탄소중립녹색성장위원회의 위원장은 법 제13조제1항에 따라 탄소중립국가기본계획의 추진상황과 주요 성과를 점검하기 위한 계획을 매년 수립해야 한다.

제15조(기후변화영향평가) ① 법 제23조제1항에서 "온실가스를 다량으로 배출하는 사업 등 대통령령으로 정하는 계획 및 개발사업"이란 별표 2의 계획 및 개발사업을 말한다.
② 법 제23조제1항에 따른 기후변화영향평가(이하 "기후변화영향평가"라 한다)의 대상이 되는 계획을 수립하려는 관계 행정기관의 장은 다음 각 호의 사항을 고려하여 기후변화영향평가를 실시해야 한다.
1. 기후변화 관련 법령, 제도 및 주요 시책 등의 현황
2. 기후변화 관련 국제 협약 및 국가비전과의 정합성
3. 기후변화에 미치는 영향 및 온실가스 감축 방안
4. 기후변화로부터 받게 되는 영향과 적응 방안

제17조(공공부문 온실가스 목표관리) ① 법 제26조제1항에서 "관계 중앙행정기관, 지방자치단체, 시·도 교육청, 공공기관 등 대통령령으로 정하는 기관"이란 다음 각 호의 기관(이하 "공공기관등"이라 한다)을 말한다.
1. 중앙행정기관
2. 지방자치단체
3. 시·도 교육청
4. 공공기관
5. 「지방공기업법」 제49조에 따른 지방공사(이하 "지방공사"라 한다) 및 같은 법 제76조에 따른 지방공단(이하 "지방공단"이라 한다)
6. 「고등교육법」 제2조 및 제3조에 따른 국립대학 및 공립대학
7. 「한국은행법」에 따른 한국은행
8. 「금융위원회의 설치 등에 관한 법률」 제24조에 따른 금융감독원

제18조(온실가스배출관리업체의 온실가스 목표관리) ① 다음 각 호의 구분에 따른 부문별 중앙행정기관(이하 "부문별관장기관"이라 한다)의 장은 해당 호에서 정한 분야별로 법 제27조제1항에 따른 온실가스 감축 목표(이하 "온실가스관리목표"라 한다)의 설정·관리와 법 제28조에 따른 권리와 의무의 승계에 관한 업무를 관장하며, 환경부장관은 이를 총괄·조정한다. 이 경우 부문별관장기관의 장은 환경부장관의 총괄·조정 업무에 최대한 협조해야 한다.
1. 농림축산식품부 : 농업·축산·식품·임업 분야
2. 산업통상자원부 : 산업·발전(發電) 분야
3. 환경부 : 폐기물 분야

> 4. 국토교통부 : 건물·교통(해운·항만은 제외한다)·건설 분야
> 5. 해양수산부 : 해양·수산·해운·항만 분야
>
> **제19조(온실가스배출관리업체의 지정기준 및 계획기간)** ① 법 제27조제1항에서 "대통령령으로 정하는 기준량 이상의 온실가스를 배출하는 업체"란 최근 3년간 연평균 온실가스 배출총량이 5만이산화탄소상당량톤(tCO_2eq) 이상인 업체이거나 연평균 온실가스 배출량이 1만5천이산화탄소상당량톤(tCO_2eq) 이상인 사업장을 하나 이상 보유하고 있는 업체를 말한다.
> ② 제1항에서 "최근 3년간"이란 온실가스배출관리업체로 지정된 연도(이하 "지정연도"라 한다)의 직전 3년간을 말한다. 다만, 사업기간이 3년 미만이거나 사업장의 휴업 등으로 3년간의 자료가 없는 경우에는 해당 사업기간 또는 자료 보유기간을 대상으로 산정할 수 있다.
> ③ 법 제27조제1항에서 "대통령령으로 정하는 계획기간"이란 온실가스배출관리업체에 온실가스관리목표를 부여하고 그 이행실적을 관리하기 위하여 환경부장관이 5년 단위로 설정하는 기간을 말한다.

02 신재생에너지 원리 및 특징

1 신재생에너지의 원리 및 종류

1. 신재생에너지의 정의

기존의 화석연료를 액체 또는 기체로 변환시켜서 이용하거나 햇빛·물·바람·지열·생물유기체 등 재생 가능한 에너지를 변환시켜 이용하는 에너지를 신재생에너지라고 한다.

2. 신재생에너지의 종류

우리나라는 「신에너지 및 재생에너지 개발·이용·보급 촉진법」에 의거 "신에너지"와 "재생에너지"를 다음과 같이 구분하고 있다.

1) 신에너지

기존의 화석연료를 변환시켜 이용하거나 수소·산소 등의 화학반응을 통하여 전기 또는 열을 이용하는 에너지로서 다음 각 목의 어느 하나에 해당하는 것을 말한다.
① 수소에너지
② 연료전지

③ 석탄을 액화·가스화한 에너지 및 중질잔사유를 가스화한 에너지로서 대통령령으로 정하는 기준 및 범위에 해당하는 에너지
④ 그 밖에 석유·석탄·원자력 또는 천연가스가 아닌 에너지로서 대통령령으로 정하는 에너지

2) 재생에너지

햇빛·물·지열·강수·생물유기체 등을 포함하는 재생 가능한 에너지를 변환시켜 이용하는 에너지로서 다음 각 목의 어느 하나에 해당하는 것을 말한다.
① 태양에너지(태양광)
② 풍력
③ 수력
④ 해양에너지(조력발전, 조류발전, 파력발전, 온도차발전)
⑤ 지열에너지
⑥ 생물자원을 변환시켜 이용하는 바이오에너지로서 대통령령으로 정하는 기준 및 범위에 해당하는 에너지
⑦ 폐기물에너지(비재생폐기물로부터 생산된 것은 제외한다)로서 대통령령으로 정하는 기준 및 범위에 해당하는 에너지
⑧ 그 밖에 석유·석탄·원자력 또는 천연가스가 아닌 에너지로서 대통령령으로 정하는 에너지

3. 신재생에너지의 특징

① 공공의 미래에너지 : 시장 창출 및 경제성 확보를 위한 장기적인 개발보급정책 필요
② 환경친화형 청정에너지 : 화석연료 사용에 의한 CO_2 발생이 거의 없음
③ 비고갈성 에너지 : 태양광·풍력 등 재생가능 에너지원으로 구성
④ 기술에너지 : 연구개발에 의해 에너지자원 확보 가능

4. 태양광발전(Photovoltaic)

① 태양의 빛에너지를 전기에너지로 변환하여 전기를 생산하는 기술
② 햇빛을 받으면 광전효과에 의해 전기를 발생하는 태양전지를 이용한 발전방식

5. 풍력발전

1) 원리

자연의 바람으로 풍차를 돌리면 기어 등을 이용하여 속도를 높인 후 발전기를 돌려 전기를 생산하는 발전방식으로, 요컨대 공기의 운동에너지를 날개에 의해 기계적 에너지로 변환시

켜 발전하는 청정발전기술이다.

2) 풍력발전의 구성

타워, 날개(회전자), 발전기통(Nacelle)

3) 풍력발전의 특징

(1) 장점
① 연료비가 거의 없고, 대부분 무인으로 원격운전되므로 유지보수비용이 적다.
② 바람의 운동에너지를 이용으로 화석연료와 대등한 가격경쟁력을 확보할 수 있는 유일한 대체에너지이다.
③ 건설 및 설치기간이 짧다.
④ 설치 높이가 높아 지상 토지를 농사, 목축 등과 같은 용도로 활용할 수 있다.

(2) 단점
① 풍력발전이 가능한 바람의 속도는 4[m/s] 이상이므로 경제성을 확보할 수 있는 장소가 제한적이다.
② 방해물 등의 자연환경 변화에 매우 민감할 수 있다.
③ 설비 이용률이 타 발전원에 비해 낮을 수 있다(실질적인 효율이 20~40[%]).
④ 소음이 발생하므로 인가와의 적당한 이격거리가 필요하다.

6. 수력발전

1) 수력발전의 원리

① 물의 유동 및 위치에너지를 이용하여 전기를 생산하는 발전방식이다.
② 물이 가지고 있는 위치, 압력, 속도에너지를 수차를 이용하여 기계적 에너지로 바꾸고 수차에 직결된 발전기(Hydropower Generator)로 전기에너지를 발생시키는 것이 수력발전이다.

2) 수력발전방식의 특징

① 다른 에너지원에 비해 이산화탄소 배출량이 적은 청정에너지로, 지구온난화 방지에 적합하다.

발전원별 1[kWh]당 CO_2 배출량

구분	1[kWh]당 CO_2 배출량[$g-CO_2/kWh$]
석탄 화력	975.2
석유 화력	742.1
LNG 화력	607.6
LNG	518.8
원자력	28.4
태양광	53.4
풍력	29.5
지열	15.0
수력	11.3

② 발전설비가 비교적 간단하여 단기간에 건설이 가능하고, 유지관리가 용이하다.
③ 수력은 3~5분의 짧은 시간에 발전이 가능하기 때문에 전력수요의 변화에 가장 민첩하게 대응할 수 있어, 유입식은 기저전력 공급용으로 사용하고 조정지식, 저수지식, 양수식은 첨두부하 공급용으로 사용이 가능하다.
④ 수력발전은 효율이 80~90[%] 정도로 에너지변환효율이 높다.

3) 수력발전방식의 종류

분류 항목	종류
물의 이용방식	유입식, 저수지식, 조정지식, 양수식
구조	수로식, 댐식, 댐수로식
낙차	저낙차, 중낙차, 고낙차

(1) 물의 이용방식에 따른 분류
 ① 유입식 : 하천의 자연 유량을 그대로 이용하는 발전소로서 도중에 저수지 또는 조정지가 없는 수로식 발전소로, 최대사용수량 이상의 유량은 발전에 이용되지 못하고 방류된다.
 ② 조정지식 : 수 시간 또는 수일간의 부하변동에 대처할 수 있는 조정지 용량을 가진 발전소로, 국내 발전소는 대부분 조정지식이다.
 ③ 저수지식 : 계절적인 하천의 유량변화를 큰 저수지로 조정한 후 발전에 이용하는 발전소이다.
 ④ 양수식 : 심야 또는 휴일의 잉여전력을 펌프로 상부조정지 또는 저수지에 양수하여 담수하고, 첨두부하 시에 발전하여 피크부하에 대응하는 발전소이다.

(2) 구조에 따른 분류
　① 수로식 : 하천의 구배 및 굴곡 등의 지형을 이용하여 완만한 수로를 시설한 후 낙차를 얻는 방식으로, 댐이 없기 때문에 유입량 조절이 불가능하고 유입량에 따라 출력이 좌우된다.
　② 댐식 : 하천을 가로지르는 댐을 만들어 상류수위를 높인 후 낙차를 얻는 방식으로, 구배가 완만하고 유량이 풍부한 하천의 중·하류에 설치된다.
　③ 댐수로식(터널식) : 수로식과 댐식 두 방식을 혼합한 방식으로, 부하급변으로 인하여 물을 차단할 경우 수격작용에 의한 수압상승을 방지하기 위해 수압관이나 압력터널을 보호하기 위한 조압수조가 필요한 방식이다(하천의 형태가 오메가[Ω]인 지점).

(3) 설비용량에 따른 분류
　① Micro Hydropower : 100[kW] 미만
　② Mini Hydropower : 100~1,000[kW]
　③ Small Hydropower : 1,000~10,000[kW]

(4) 낙차에 따른 분류
　① 저낙차(Low Head) : 2~20[m]
　② 중낙차(Medium Head) : 20~150[m]
　③ 고낙차(High Head) : 150[m] 이상

7. 해양에너지의 종류 및 원리

해양에너지는 해양의 조수·파도·해류·온도차 등을 변환시켜 전기 또는 열을 생산하는 기술이다. 전기를 생산하는 해양에너지의 종류는 조력발전, 조류발전, 파력발전, 온도차발전 등이 있다.

① 조력발전 : 조석간만의 차를 동력원으로 해수면의 상승하강운동을 이용하여 전기를 생산하는 발전방식
② 파력발전 : 파랑에너지를 에너지변환장치를 통하여 기계적 회전운동으로 변화시킨 후 전기에너지로 변환시키는 것이 파력발전이다.
③ 조류발전 : 조수간만에 의해 발생하는 해수의 흐름을 이용하여 발전하는 방식이다.
④ 온도차발전 : 해양표면층(25~30[℃])과 심해 500~1,000[m] 정도 온도(4~7[℃])의 온도차를 이용하여 열에너지를 기계적 에너지로 변환시켜 발전하는 방식이다.

8. 지열발전

① 지구의 중심인 내핵은 5,000[℃]이고 외핵은 3,000[℃], 맨틀은 2,000[℃]이다.
② 일반적으로 땅속의 온도는 100[m] 깊어질 때마다 대략 2.5[℃]씩 증가한다.

③ 지형과 지역에 따라 차이는 있지만 천부지열(지표면 가까운 땅속) 온도는 대략 10~20[℃], 심부지열(지중 1~2[km]) 온도는 40~400[℃] 온도 범위에 있어 직접적인 난방전력생산 히트펌프를 통한 난방과 냉방, 제조용 열 등으로 이용된다.

9. 바이오에너지

① 바이오매스(Biomass, 유기성 생물체 총칭)를 직접 또는 생·화학적, 물리적 변환과정을 통해 액체, 가스, 고체연료나 전기·열에너지 형태로 이용하는 에너지원을 말한다.
② 바이오매스는 생물체량이라 하는 생태학 용어로서 살아 있는 동물·식물·미생물의 유기량을 의미한다.
③ 광합성에 의해 생성된 각종 생물자원, 유기성 폐기물 등의 유기물질을 미생물 전환에 의해 연료용 가스와 액체 연료로 생산하여 공급하는 기술과 이를 전력으로 전환하여 이용하는 기술이다.

10. 폐기물에너지

사업장 또는 가정에서 발생하는 가연성 폐기물 중 에너지 함량이 높은 폐기물을 열분해에 의한 오일화 기술, 성형고체연료의 제조기술, 가스화에 의한 가연성 가스 제조기술 및 소각에 의한 열회수기술 등의 가공·처리방법을 통해 고체연료, 액체연료, 가스연료, 폐열 등을 생산하고, 이를 산업생산활동에 필요한 에너지로 이용하는 재생에너지원의 하나이다.

1) 폐기물에너지의 종류

(1) 성형고체연료(RDF ; Refuse Derived Fuel)
종이, 나무, 플라스틱 등의 가연성 폐기물을 파쇄, 분리, 건조, 성형 등의 공정을 거쳐 제조한 고체연료를 성형고체연료라고 한다.

(2) 폐유정제유
자동차 폐윤활유 등의 폐유를 이온정제법, 열분해정제법, 감압증류법 등의 공정으로 정제하여 생산한 재생유이다.

(3) 플라스틱 열분해 연료유
플라스틱, 합성수지, 고무, 타이어 등의 고분자폐기물을 열분해하여 생산하는 청정연료유이다.

(4) 폐기물소각열
가연성 폐기물소각열 회수에 의한 스팀생산 및 발전, 시멘트킬른 및 철광석소성로 등의 열원으로 이용된다.

11. 연료전지

① 연료전지(Fuel Cells)는 수소와 산소의 화학반응으로 생기는 화학에너지를 직접 전기에너지로 변환시키는 기술
② 발전효율은 40~80[%], 전기에너지는 40~50[%], 열효율은 30[%] 이상이다.
③ 원리 : 연료전지는 수소와 공기 중 산소가 전기화학반응에 의해 직접 전기를 생산하는 것이다. 공기극, 즉 산소를 공급하는 쪽에서 산소이온과 수소이온이 만나 반응생성물인 물을 생성하면서 전기와 열이 발생한다.

$$H_2 + \frac{1}{2}O_2 \rightarrow H_2O + 전기열$$

1) 연료전지의 발전시스템 구성도

화석연료에서 수소가 발생하여 공기 중의 산소와 연료전지를 통해 반응하면 30[%]의 열이 발생되고 이는 온수와 난방에 이용된다. 또한, 전력변환장치를 통해 직류를 교류로 변환한다.

2) 연료전지의 특징

(1) 장점
① 발전효율이 높다(열병합발전 시 효율 80[%] 정도).
② 환경친화적이다(공해물질 배출이 없다).
③ 소음이 적다.
④ 다양한 연료 사용이 가능하다(석탄 · 석유 · 천연가스(LNG), 나프타, 메탄올 등).

⑤ 도심 부근에 설치 가능하여 송배전설비 및 전력손실이 적다.

(2) 단점
① 발전소 건설비용이 높다.
② 연료전지의 수명과 신뢰성 향상의 기술적 개발이 필요하다.

12. 석탄의 액화가스화 및 중질잔사유의 가스화

석탄, 중질잔사유 등의 저급원료를 고온·고압의 가스화 장치에서 수증기와 함께 한정된 산소로 불완전연소 및 가스화시켜 일산화탄소와 수소가 주성분인 합성가스를 만든 후 정제된 가스를 이용하여 가스터빈 및 증기터빈을 구동·발전하고 수소 및 액화연료를 생산할 수 있다. 이러한 기술을 가스화복합발전기술(IGCC ; Intergrated Gasification Combined Cycle)이라 한다.

13. 수소에너지(Hydrogen Energy)

① 수소에너지란 수소를 연소시켜 얻는 에너지로, 수소를 태우면 같은 무게의 가솔린보다 4배 많은 에너지가 방출된다.
② 수소는 연소 시 산소와 결합하여 다시 물로 환원되므로 배기가스로 인한 환경오염이 없다.
③ 수소에너지기술은 물·유기물·화석연료 등의 화합물형태로 존재하는 수소를 분리생산하여 이용하는 기술이다.

14. 태양열발전

① 태양의 열에너지를 변환시켜 전기를 생산하거나 에너지원으로 사용하는 설비이다.
② 태양열발전시스템은 집광열 → 축열 → 열전달 → 증기발생 → 터빈(동력) → 발전의 순으로 에너지를 생산한다.

2 태양광발전 개요

1. 태양광발전의 정의

태양광발전은 태양의 빛에너지를 직접 전기에너지로 변환시키는 기술이다.

2. 태양광발전의 역사

① 1839년 : 에드몬드 베크렐(프랑스)이 최초로 광기전력(Photovoltaic Effect)을 발견하였다.
② 1887년 : 독일의 헤르츠(Hertz)가 자외선에 의한 광전효과를 발견하였다.
③ 1940~1950년대 초 : 폴란드의 초크랄스키에 의해 고순도단결정실리콘을 제조할 수 있는 초크랄스키공정(Czochralski Process)이 개발되었다.

④ 1954년 : Bell Lab에서 셀렌(Se) 태양전지보다 효율이 높은 4[%]의 실리콘 태양전지를 개발하였고, 이후 효율 11[%]의 실리콘 태양전지를 만들었다.
⑤ 1958년 : 뱅가드(Vanguard, 미국) 위성에 세계 최초로 태양전지를 사용함으로써 본격적인 태양전지 시대가 열렸다.
⑥ 1960년 : 미국의 호프만 일렉트로닉스(Hoffman Electronics) 社에서 효율 14[%]의 태양전지를 개발하면서 태양전지를 본격적인 에너지소자로 사용하게 되었다.
⑦ 1980년 : 미국의 ARCO Solar에서 세계 최초로 1[MW/year] 이상의 모듈 생산설비를 갖추게 되었고, 미국의 델라웨어 대학교에서는 황화구리(CuS), 황화카드뮴(CdS) 재료를 이용하여 효율 10[%]가 넘는 박막형 태양전지를 개발하였다.
⑧ 현재의 태양전지 효율은 약 7~22[%], 수명은 20년 이상, 모듈가격은 약 880[원/W] 내외, 발전단가는 2020년 기준 약 136.1[원/kWh]이다(2030년 94.2[원/kWh]까지 전망).

3. 태양광발전의 원리

1) 광기전력 효과

① 1839년 에드몬드 베크렐의 광기전력실험을 통해 빛이 전기로 바뀌는 광기전력효과(Photovoltaic Effect)를 세계 최초로 발견하였다.
② 어떤 종류의 반도체에 빛을 조사하면, 조사된 부분과 조사되지 않은 부분 사이에 전위차(광기전력)가 발생하는 현상으로, 태양전지에 이용된다.

2) 광전효과

광전효과는 어떤 한계진동수보다 높은 진동수를 가진 빛이 금속에 흡수되면 전자가 생성되는 현상을 말하는 것으로, 태양전지의 기본원리이다.

3) 태양광발전의 원리

태양전지는 태양에너지를 전기에너지로 변환시켜 주는 반도체소자로서 P형 반도체와 N형 반도체의 PN접합형태를 갖는다(Diode와 동일한 구조). 즉, 태양전지는 실리콘(Si)에 5가 원소를 도핑시킨 N형 반도체와 3가 원소를 도핑시킨 P형 반도체로 이루어진 PN접합구조로 되어 있다.

(1) 진성반도체
① 반도체 물질로 쓰이는 실리콘(Si)의 한 가지 원소로 단결정이 만들어진다.
② 도핑(Doping) : 실리콘이나 게르마늄에 불순물(Dopant)을 첨가하여 저항을 감소시키는 것을 도핑(Doping)이라고 하며, 도핑을 통해 P형 반도체와 N형 반도체가 만들어진다.

(2) P형 반도체
   ① 정공의 수를 증가시켜 전도성을 높임으로써 저항이 감소된다.
   ② 정공의 수를 증가시키기 위해서는 알루미늄(Al), 붕소(B), 갈륨(Ga) 등 3가 원소를 첨가하며, 이러한 불순물 원자를 억셉터(Acceptor)라 한다.
   ③ 진성반도체 실리콘에 억셉터인 붕소를 첨가하면 정공(Hole)이 만들어져 P형 반도체가 된다.
   ④ 불순물반도체는 진성반도체보다 전도성이 높아 반도체소자로 많이 사용된다.

(3) N형 반도체
   ① 자유전자밀도가 정공밀도보다 높은 반도체를 N형 반도체라 한다.
   ② 자유전자밀도를 높게 하기 위해서 인(P), 비소(As), 안티몬(Sb)과 같은 5가 원소를 첨가하면 전자를 잃고 이온화된 불순물원자가 되는데, 이를 도너(Donor)라 한다.

4) 역방향바이어스

P형 반도체에 (−)바이어스를 가하고 N형 반도체에 (+)바이어스를 가하는 것이 역방향바이어스로 공핍층이 넓어지고 공핍층 내부전기장이 증가하여 부도체와 같은 특성을 나타낸다.

5) 광기전력효과(Photovoltaic Effect)에 의한 전기 발생
   ① 외부에서 빛이 태양전지에 입사되며 P형 반도체 내부에 전자−정공 쌍이 생성된다.
   ② 전자−정공이 전기장에 의해 전자는 N층으로, 정공은 P층으로 이동한다.
   ③ PN접합 사이에 기전력이 발생하여 전기가 발생한다.
   ④ 태양전지 외부에 도선을 연결하여 전기부하를 걸면 전류가 (+)에서 (−)쪽으로 흐르게 된다.

[태양전지의 단면도]

6) 태양광발전의 과정

① 태양광 흡수 : 태양광이 태양전지 내부로 흡수된다.

② 전하 생성 : 태양에너지에 의해 태양전지 내부에서 전자(Election)와 정공(Hole)의 쌍이 생성된다.

③ 전하 수집 : 생성된 전자－정공 쌍은 PN접합에 발생한 전기장에 의해 전자는 N형 반도체로 이동하고 정공은 P형 반도체로 이동하여 각각의 표면에 있는 전극에서 수집된다. 즉, 광 흡수 → 전하 생성 → 전하 분리 → 전하 수집의 순이다.

4. 태양광발전의 특징

1) 태양

① 지구로부터 1억 5천만[km] 떨어진 곳에 위치

② 크기 : 지구의 109배

③ 수명 : 약 50억 년

④ 표면온도 : 6,000[℃]

⑤ 중심부 온도 : 1,500만[℃]

2) 태양에너지

① 초당 3.8×10^{23}[kW]의 에너지를 우주로 방출

② 지표면 1[m²]당 1,000[W]의 에너지를 지구로 방출

3) 태양에너지(태양광발전)의 장단점

(1) 장점

① 태양에너지는 무한한 양이다(반영구적인 에너지).

② 태양에너지는 무공해에너지이다(친환경).

③ 지역적인 편재성이 없다(태양빛이 있는 곳이라면 어디나 이용 가능한 에너지).

④ 유지보수가 용이하며, 무인화가 가능하다.

⑤ 장수명 : 20년 이상의 긴 수명을 갖고 있다.

(2) 단점

① 전력생산량이 지역별 일사량에 의존한다.

② 설치장소가 한정적이고, 시스템 비용이 고가이다.

③ 초기 투자비와 발전단가가 높다.

④ 에너지의 밀도가 낮다. 태양에너지는 지구 전체에 넓고 얇게 퍼져 있어 한 장소를 비춰 주는 에너지양이 매우 적다.

⑤ 태양에너지는 간헐적이다. 즉, 야간이나 흐린 날에는 이용할 수 없다.

5. 태양복사에너지

1) 태양광스펙트럼의 영역

(1) 태양의 빛을 분광기를 통해 보았을 때 생기는 빛깔의 띠를 스펙트럼이라 한다.

(2) 태양광스펙트럼의 파장대별 영역

① 자외선 영역(0~380[nm]) : 에너지 비율 5[%]

② 가시광선 영역(380~760[nm]) : 에너지 비율 46[%]

③ 적외선 영역(760[nm] 이상) : 에너지 비율 49[%]

(3) 태양광스펙트럼 중 가시광선 영역이 에너지밀도가 높으므로 태양전지 설계에서 에너지로 변환하는 영역으로 사용된다. 때문에 태양광스펙트럼 중 적외선(장파장)의 손실비중이 가장 크다.

[태양광 스펙트럼의 파장대별 에너지밀도]

2) 대기질량정수(AM ; Air Mass)

대기질량정수는 AM 0, AM 1, AM 1.5로 구분된다.

(1) AM 0 스펙트럼

① 대기 외부, 즉 우주에서의 태양스펙트럼을 나타내는 조건

② 5,800[K] 흑체에 근사한 스펙트럼을 가짐

③ 인공위성 또는 우주 비행체가 노출되는 환경

(2) AM 1 스펙트럼

① 태양이 천정에 위치할 때 지표상의 스펙트럼

② 5,800[K] 흑체에 근사한 스펙트럼을 가짐

(3) AM 1.5 스펙트럼(우리나라 중위도에 위치)

① 지상의 누적 평균일조량에 적합

② 태양전지 개발 시 기준값으로 가장 많이 사용

③ 일조강도 : $1,000[W/m^2] = 100[mW/cm^2]$

(4) 지표면에서 태양을 올려보는 각(θ)과 AM(Air Mass) 값

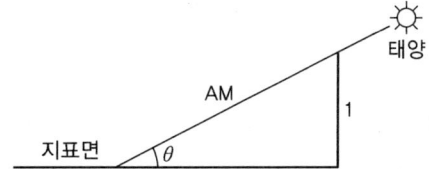

3 태양광발전시스템의 정의 및 종류

1. 태양광발전시스템의 정의

태양전지를 이용하여 전력을 생산, 이용, 계측, 감시, 보호, 유지관리 등을 수행하기 위해 구성된 시스템이다.

1) 태양광발전시스템의 구성

(1) 태양전지어레이
   ① 일사량에 의존하여 직류전력을 발전하는 장치
   ② 태양전지모듈과 이것을 지지하는 구조물을 총칭

(2) 축전지
   발전한 전기를 저장하는 전력저장장치

(3) 인버터
   직류(DC)를 교류(AC)로 변환하는 장치

(4) 전력조절장치(PCS ; Power Conditioning System)
   인버터+직류전력조절장치+계통연계장치, 즉 인버터기능과 전력품질 및 보호기능을 갖는 것

(5) 주변장치(BOS ; Balance Of System)
   시스템 구성기기 중에서 태양광발전모듈을 제외한 가대, 개폐기, 축전지출력조절기, 계측기 등을 통틀어 부르는 말이다.
   ① 태양전지어레이(PV Array)
   ② 직류전력조절장치(DC Power Conditioner)
   ③ 축전지(Battery Storage)

④ 인버터(Inverter)
⑤ 계통연계제어장치

2. 태양광발전시스템의 종류

태양광발전시스템은 상용전력계통(한전)과의 연계 유무에 따라 독립형(Stand-alone)과 계통연계형(Grid-connected)으로 분류하고 풍력발전, 디젤발전 등과 결합된 하이브리드(Hybrid)형이 있다.

1) 독립형 시스템(Stand-alone System)

(1) 독립형 태양광발전시스템의 구성

[독립형 태양광발전시스템의 구성]

(2) 적용방식

독립형 시스템은 상용계통과 직접 연계되지 않고 분리된 방식이다.

(3) 용도

오지, 유·무인 등대, 중계소, 가로등, 무선전화, 도서지역의 주택 전력공급용이나 통신, 양수펌프, 백신용 약품의 냉동보관, 안전표지, 제어 및 항해 보조도구 등 소규모 전력공급용으로 사용된다.

(4) 특징

이 시스템은 야간 혹은 우천 시에 태양광발전시스템의 발전을 기대할 수 없는 경우에 발전된 전력을 저장할 수 있는 충·방전장치 및 축전지 등의 축전장치에 접속하여 태양광전력을 저장하여 사용하는 방식이다.

2) 계통연계형 시스템(Grid-connected System)

(1) 계통연계형 태양광발전시스템의 구성

(2) 적용방식
① 계통연계형 시스템은 태양광발전시스템에서 생산된 전력을 전력계통으로 역송하는 유무에 따라 단순병렬과 역송병렬로 구분된다.
② 단순병렬계통연계형 시스템은 건축물 또는 주택의 부하설비용량에 비하여 태양광발전시스템의 발전량이 상대적으로 적은 경우에 적용하며 일반적으로 정부지원금을 받아 시공하는 태양광발전시스템이 이에 해당된다. 이는 잉여전력의 판매가 불가한 시스템이다.
③ 역송병렬계통연계형 시스템은 태양광발전사업을 위해 설치된 태양광발전시스템으로 생산된 전력을 한전 또는 전력거래소에 판매를 주목적으로 시공하는 태양광발전시스템이다.
④ 설비용량에 따른 계통연계방식 기준

연계 구분	연계계통의 전기방식
저압한전계통연계	교류 단상 220[V] 또는 교류 삼상 380[V] 중 기술적으로 타당하다고 한전이 정한 한 가지 전기방식
특고압한전계통연계	교류 삼상 22,900[V]

3) 하이브리드형 시스템(Hybrid System)
(1) 하이브리드형 태양광발전시스템의 구성

(2) 적용방식
① 하이브리드형 시스템은 태양광발전시스템에 풍력발전, 열병합발전, 디젤발전 등 타에너지원의 발전시스템과 결합하여 전력을 공급하는 시스템이다.
② 하이브리드형 시스템은 시스템 구성 및 부하종류에 따라 계통연계형 및 독립형 시스템에 모두 적용 가능하다.

3. 태양광어레이의 형태에 따른 분류

1) 고정식 태양광발전시스템
설치경사각을 연평균 중 가장 발전효율이 높은 각으로 고정하여 설치한다.

2) 추적식 태양광발전시스템

태양의 직사광선이 항상 태양전지판의 전면에 수직으로 입사할 수 있도록 어레이의 경사각을 움직이는 방식으로 고정식에 비해 30~40[%] 정도 발전량이 높다.

3) 추적방향에 따른 분류

① 단방향추적식 : 상하좌우 중 한 방향으로 추적
② 양방향추적식 : 상하좌우 모든 방향으로 추적

4) 추적방식에 따른 분류

(1) 감지식 추적법(Sensor Tracking)
  센서를 이용하여 태양을 추적하는 방식

(2) 프로그램방식
  태양의 연중 이동궤도를 추적하는 프로그램을 설치하여 연, 월, 일에 따라 태양의 위치를 추적하는 방식

(3) 혼합식 추적법
  주로 프로그램추적법을 중심으로 운영되고, 설치위치에 따라 발생하는 편차를 감지부를 이용하여 보정하는 방식

(4) 어레이 지지방식에 따른 효율비교
  추적형 > 반고정형 > 고정형 > 건축물 일체형

실전예상문제

01 정부는 국가탄소중립 녹색성장 기본계획 기간을 몇 년으로 하는가?
① 5년 ② 10년 ③ 15년 ④ 20년

풀이 정부는 20년 계획기간으로 하는 탄소중립 기본계획을 수립한다. 수립주기는 5년이다.

02 정부는 20년 기본계획기간으로 하는 탄소중립 기본계획을 수립하고 수립주기는 몇 년으로 하는가?
① 매년 ② 3년 ③ 5년 ④ 10년

풀이 문제 1번 풀이 참조

03 탄소중립 녹색성장에서 지방자치단체는 국가기본계획을 고려하여 몇 년을 계획기간으로 하는 시·도 및 시·군·구 기본계획을 차례로 수립하는가?
① 5 ② 3 ③ 8 ④ 10

풀이 지자체는 10년 단위 시·도 및 시·군·구 기본계획을 수립한다.

04 온실가스 종류 중 6종류의 온실가스에 해당하지 않는 것은?
① 일산화탄소 ② 메탄가스 ③ 육불화황 ④ 과불화탄소

풀이 6종 온실가스 종류

종류	화학기호	종류	화학기호
이산화탄소	CO_2	수소불화탄소	HFCs
메탄	CH_4	과불화탄소	PFCs
아산화질소	N_2O	육불화황	SF_6

05 온실가스란 대기 중에 존재하면서 지구복사에너지를 흡수하여 온실효과를 일으키는 물질을 말한다. 이러한 온실가스의 6종류에 해당하지 않는 것은?
① SF_6 ② HFCs ③ CH_4 ④ CO

풀이 문제 4번 풀이 참조

정답 01 ④ 02 ③ 03 ④ 04 ① 05 ④

06 「신에너지 및 재생에너지 개발·이용·보급 촉진법」에 따른 바이오에너지 등의 기준 및 범위에 관한 설명 중 에너지원의 종류와 그 범위가 잘못 연결된 것은?

① 석탄을 액화·가스화한 에너지 – 증기공급용 에너지
② 중질잔사유를 가스화한 에너지 – 합성가스
③ 바이오에너지 – 동물·식물의 유지를 변환시킨 바이오디젤
④ 폐기물에너지 – 쓰레기매립장의 유기성 폐기물을 변환시킨 매립지가스

풀이 「폐기물관리법」에 따른 폐기물 중에서 에너지 생물 기원의 유기성 폐기물은 제외된다.

07 신재생에너지 중 재생에너지의 특징이 아닌 것은?

① 시설투자가 적은 에너지이다.
② 친환경 청정에너지이다.
③ 기술주도형 자원이다.
④ 비고갈 에너지이다.

풀이 신재생에너지의 특징은 공공의 미래에너지, 환경친화형 청정에너지, 비고갈성 에너지, 기술에너지, 시설투자가 많은 에너지이다.

08 다음의 보기 중 우리나라에서 신재생에너지로 분류되는 에너지를 모두 고른 것은?

| ⓐ 태양광발전 | ⓒ 수소에너지 | ⓑ 수력 | ⓓ 천연가스 |

① ⓐ, ⓑ　　　② ⓐ, ⓑ, ⓒ　　　③ ⓐ, ⓑ, ⓓ　　　④ ⓐ, ⓑ, ⓒ, ⓓ

풀이 • 재생에너지 : 태양(태양광, 태양열), 풍력, 수력, 해양, 지열, 바이오, 폐기물 에너지
• 신에너지 : 수소에너지, 연료전지, 석탄 액화가스화 및 중질잔사유가스화 에너지

09 「신에너지 및 재생에너지 개발·이용·보급 촉진법」 제2조의 규정에 의한 재생에너지가 아닌 것은?

① 수소에너지　　　② 태양광　　　③ 바이오　　　④ 폐기물

풀이 • 재생에너지 : 태양(태양광, 태양열), 풍력, 수력, 해양, 지열, 바이오, 폐기물 에너지
• 신에너지 : 수소에너지, 연료전지, 석탄 액화가스화 및 중질잔사유가스화 에너지
• 폐기물에너지 : 사업장 또는 가정에서 발생하는 가연성 폐기물을 에너지로 이용

10 신재생에너지의 설명 중 올바른 것은?

① 수소에너지는 신에너지와 재생에너지 중 재생에너지에 속한다.
② 수력발전은 표층과 심층의 해수온도차를 이용한 것이다.
③ 해양에너지는 조력, 수력, 해양온도차 발전 등이 있다.
④ 폐기물에너지는 가연성 폐기물에서 발생되는 발열량을 이용한 것이다.

정답　06 ④　07 ①　08 ②　09 ①　10 ④

풀이 ① 수소에너지는 신에너지이다.
② 표층과 심층의 해수온도차를 이용한 것은 해양에너지(온도차발전)이다.
③ 해양에너지는 조력, 조류, 해양온도차, 파력발전이 있다.
④ 폐기물에너지 : 사업장 또는 가정에서 발생하는 가연성 폐기물 중 함량이 높은 폐기물을 열분해에 의한 오일화기술, 성형고체연료, 가스화하여 발생되는 발열량을 이용한 것이다.

11 햇빛·물·지열(地熱)·강수(降水)·생물유기체 등을 포함하는 재생 가능한 에너지를 변환시켜 이용하는 에너지에 해당하지 않는 것은?

① 해양에너지
② 지열에너지
③ 수소에너지
④ 태양에너지

풀이 햇빛·물·지열(地熱)·강수(降水)·생물유기체 등을 포함하는 재생 가능한 에너지를 재생에너지라고 하며, 재생에너지의 종류는 태양, 풍력, 수력, 해양, 지열, 바이오, 폐기물 에너지이다.

12 재생에너지의 장점에 대한 일반적인 설명으로 틀린 것은?

① 대부분의 재생에너지는 매우 저렴한 비용으로 얻을 수 있다.
② 대부분의 재생에너지는 공해가 적거나 거의 없다.
③ 재생에너지원은 지속적으로 존재하며 고갈되지 않는다.
④ 재생에너지원은 지역적으로 개발되는 특성을 가진다.

풀이 재생에너지(태양, 풍력, 수력, 해양, 지열, 바이오, 폐기물)는 환경친화적 에너지이지만, 시설비가 매우 높은 편이다.

13 「신에너지 및 재생에너지 개발·이용·보급 촉진법 시행령」 별표 1의 폐기물에너지 중 화석연료로부터 부수적으로 발생하는 가스의 명칭은?

① 합성가스
② 보조가스
③ 부생가스
④ 천연가스

풀이 화석연료로부터 부수적으로 발생하는 가스를 부생가스라고 한다.

14 신재생에너지의 특징이 아닌 것은?

① 비고갈성 에너지
② 공공미래에너지
③ 환경친화형 청정에너지
④ 시설투자비가 적은 에너지

풀이 신재생에너지는 공공미래에너지, 환경친화형 청정에너지, 비고갈성 에너지, 기술에너지이다.

정답 11 ③ 12 ① 13 ③ 14 ④

신재생에너지발전설비/태양광

15 신재생에너지 설비 중 수소와 산소의 전기화학반응을 통하여 전기 또는 열을 생산하는 설비는 무엇인가?
① 연료전지설비
② 산소에너지 설비
③ 전기에너지 설비
④ 수소에너지 설비

풀이 연료전지 : 수소와 산소의 전기화학반응을 통하여 전기 또는 열을 생산

16 「신에너지 및 재생에너지 개발 · 이용 · 보급 촉진법」에서 신 · 재생에너지 설비가 아닌 것은?
① 석유에너지 설비
② 태양에너지 설비
③ 바이오에너지 설비
④ 폐기물에너지 설비

풀이 신재생에너지는 신에너지와 재생에너지 두 가지로 나누어진다.
- 신에너지 : 수소에너지, 연료전지, 석탄 액화가스화 및 중질잔사유가스화 에너지
- 재생에너지 : 태양(태양광, 태양열), 풍력, 수력, 해양, 지열, 바이오, 폐기물 에너지

17 다음 중 신에너지에 속하지 않는 것은?
① 연료전지
② 수소에너지
③ 바이오에너지
④ 석탄을 액화 · 가스화한 에너지

풀이
- 신에너지(3종류) : 수소에너지, 연료전지, 석탄액화가스화 및 중질잔사유가스화 에너지
- 재생에너지(8종류) : 태양광, 태양열, 풍력, 수력, 해양(조력, 파력), 지열, 바이오, 폐기물 에너지

18 다음 연료전지에 대한 설명 중 틀린 것은?
① 수소와 산소의 전기화학적 반응을 통해 전기를 생산
② 배터리(Battery)와 같은 에너지 저장장치
③ 발전효율이 높음
④ 다양한 분야에서 응용이 가능

풀이 연료전지는 수소와 산소의 전기화학적 반응을 통해 전기를 생산하는 발전시스템으로, 배터리와 같은 에너지 저장장치는 아니다.

19 연료전지에 의한 발전시스템의 특징이 아닌 것은?
① 발전효율이 낮다.
② 환경성이 높고 저소음, 저공해 발전시스템이다.
③ 폐열 이용이 가능하고 종합에너지 효율이 높다.
④ 천연가스, 메탄올, LPG가스 등 다양한 연료의 사용이 가능하다.

정답 15 ① 16 ① 17 ③ 18 ② 19 ①

풀이 연료전지의 특징
- 기존 화석연료를 이용하는 발전에 비하여 발전효율이 높다. 열병합발전을 하는 경우 효율이 80[%] 정도이다.
- 환경보존에 기여한다. 질소산화물(NO_x)과 유황산화물(SO_x)의 배출량이 석탄 화력발전에 비하여 매우 낮으며, 소음도 낮아 입지 선정이 용이하다.
- 전력수요량에 따라서 전극모듈의 조립이 용이하며, 건설기간도 짧다.
- 발전효율이 설비규모(대규모, 소규모)의 영향을 받지 않는다.
- 전력수요의 변화가 25~100[%]에서도 발전효율이 일정하다.
- 나프타, 등유, LNG, 메탄올 등 연료의 다양화가 가능하다.
- 연료만 공급되면 연속발전이 가능하다.

20 연료전지의 종합반응 결과물이 아닌 것은?

① 전력   ② 열   ③ 물   ④ 수소

풀이 연료전지의 종합반응의 결과물은 전력, 열, 물이며, 수소는 연료전지의 연료에 해당된다.

21 다음에서 설명하는 목질계 바이오매스는?

> 목재 가공과정에서 발생하는 건조된 목재 잔재를 압축하여 생산하는 작은 원통모양의 표준화된 목질계 연료이다.

① 목질 브리켓   ② 목질칩   ③ 목질 펠릿   ④ 목탄

풀이 ① 목질 브리켓 : 유해물질에 의해 오염되지 않은 목재를 파쇄하고 압축하여 원통형, 직사각형, 직육면체, 굴곡 있는 원통형 등 여러 모양으로 만든 목질계 연료(저위발열량)
② 목질(우드)칩 : 뿌리, 가지, 임목 부산물을 분쇄하여 제조한 목질계 연료
③ 목질 펠릿 : 톱밥이나 목피 및 폐목재를 균일하게 파쇄하고 압축하여 생산하는 원통모양의 표준화된 목질계 연료로, 크기는 지름 6~15[mm], 길이 32[mm] 이하로 제한하는 목질계 연료(고위발열량)
④ 목탄 : 나무 따위의 유기물을 불완전연소시켜서 만든 목질계 연료

22 풍차의 형식 중 현재 풍력발전시장에서 가장 널리 채택되고 있는 것은?

① 프로펠러   ② 다리우스   ③ 사보니우스   ④ 파네몬

풀이 풍력발전시장에서 가장 널리 채택되고 있는 풍차형식은 프로펠러이다.

23 수력발전에서 사용되는 수차가 아닌 것은?

① 카플란   ② 허브로터   ③ 프랜시스   ④ 펠톤

정답 20 ④   21 ③   22 ①   23 ②

풀이 수력발전에 사용하는 수차의 종류
- 저낙차 : 2~20[m](카플란, 프랜시스수차)
- 중낙차 : 20~150[m](프로펠러, 카플란, 프랜시스수차)
- 고낙차 : 150[m] 이상(펠턴수차)

24 반동수차의 종류가 아닌 것은?
① 펠톤수차　　② 카플란수차　　③ 프로펠러수차　　④ 프랜시스수차

풀이
- 충동수차 : 펠턴수차
- 반동수차 : 카플란수차, 프랜시스수차, 프로펠러수차, 사류수차 등

25 다음 중 수평축 풍력발전시스템은?
① 사보니우스형　　② 다리우스형　　③ 파워타워형　　④ 프로펠러형

풀이
- 수평축 풍력발전 : 프로펠러형, 더치형, 세일윙형, 플레이트형
- 수직축 풍력발전 : 다리우스형, 사보니우스형, 크로스플로형, 패들형

26 다음은 어느 신재생에너지에 대한 설명으로 적합한 발전방식인가?

> 바닷물이 가장 높이 올라왔을 때 댐을 만들어 물을 가두었다가 물이 빠지는 힘을 이용하여 발전기기를 돌리는 방식이다.

① 조류발전　　② 조력발전　　③ 파력발전　　④ 해류발전

풀이
① 조류발전 : 조수간만에 의해 발생되는 해수의 흐름을 이용하여 발전하는 방식
② 조력발전 : 바닷물이 밀물(가장 높이 올라왔을 때) 시 물을 가두어 두었다가 썰물(가장 많이 빠졌을 때) 시 터빈을 돌려 발전하는 방식
③ 파력발전 : 파랑에너지를 에너지변환장치를 이용하여 기계적인 회전운동 또는 축방향운동에너지로 변화시킨 후, 전기에너지로 변환시키는 발전방식

27 수소냉각식 발전기 안의 수소순도가 몇 % 이하로 저하한 경우에 이를 경보하는 장치를 시설하여야 하는가?
① 65　　② 75　　③ 85　　④ 95

풀이 한국전기설비규정(KEC 350.10)에 의거하여 발전기 안 또는 조상기 안의 수소의 농도가 85[%] 이하로 저하한 경우에 이를 경보하는 장치를 시설할 것

정답 24 ①　25 ④　26 ②　27 ③

28 전기의 수요는 시간에 따라 변화하고, 재생에너지원에 의해 발생되는 전력 또한 시간에 따라 변화하는 특징이 있다. 다음의 에너지원 중 피크부하에 가장 잘 대응할 수 있는 것은?

① 풍력에너지   ② 태양에너지
③ 수력에너지   ④ 파력에너지

풀이 피크부하에 대응하기 위해서는 발전이 안정적으로 지속가능하고 기동시간이 짧아야 한다. 풍력, 태양, 파력에너지는 간헐적 발전으로 피크부하에 대응이 불가능하고, 수력에너지는 안정적으로 지속가능한 발전으로 기동시간이 1~10분 정도로 짧아 피크부하에 가장 잘 대응할 수 있다.

29 고강도 재료로 만들어진 회전체에 운동에너지 상태로 저장한 후 필요시 발전기를 작동시켜 전기에너지로 변환하는 저장시스템은 무엇인가?

① CAES   ② NaS
③ LiB   ④ Flywheel

풀이
① CAES(압축공기 저장) : 심야 경부하 시 잉여전력으로 압축공기를 만들어 지하공동에 저장하였다가, 피크부하 시에 연료와 함께 연소시켜서 가스터빈으로 발전하는 방식
② NaS(나트륨황전지) : 음극재료로 나트륨, 양극재료로 유황을 사용하고, 전해질로 고체전해질(베타알루미나 세라믹스)을 사용하는 2차 전지
③ LiB(리튬이온전지) : 방전 시 리튬이온이 음극에서 양극으로 이동하고, 충전 시 리튬이온이 양극에서 음극으로 이동하여 재사용이 가능한 2차 전지
④ Flywheel(플라이휠) : 고강도 재료로 만들어진 회전체에 운동에너지 상태로 저장한 후 필요시 발전기를 작동시켜 전기에너지로 변환하는 에너지 저장장치

30 태양광설비에 대한 설명으로 가장 옳은 것은?

① 태양의 열에너지를 변환시켜 전기를 생산하거나 에너지원으로 이용하는 설비
② 바람의 에너지를 변환시켜 전기를 생산하는 설비
③ 수소와 산소의 전기화학반응으로 전기 또는 열을 생산하는 설비
④ 태양의 빛에너지를 변환시켜 전기를 생산하거나 채광에 이용하는 설비

풀이
① 태양열설비
② 풍력설비
③ 연료전지의 설명이다.

31 태양광을 이용한 발전시스템의 특징 및 구성에서 태양광발전의 장점이 아닌 것은?

① 에너지원이 무한하다.   ② 설비의 보수가 간단하고 고장이 적다.
③ 장수명으로 20년 이상 활용이 가능하다.   ④ 넓은 설치면적이 필요하다.

정답 28 ③   29 ④   30 ④   31 ④

풀이 태양광발전시스템의 장단점

장점	단점
• 에너지원이 깨끗하고, 무한함 • 유지보수가 쉽고, 유지비용이 거의 들지 않음 • 무인화가 가능 • 긴 수명(20년 이상)	• 전기생산량이 일사량에 의존 • 에너지밀도가 낮아 큰 설치면적 필요 • 설치장소가 한정적이고 제한적 • 고가의 반도체를 이용한 태양전지를 사용 • 초기투자비가 많이 들어 발전단가가 높음

32 태양광발전의 장점으로 맞는 것은?

① 전력생산량이 지역별 일조(일사)량에 의존한다.
② 에너지밀도가 낮아 넓은 설치면적이 필요하다.
③ 설치장소가 한정적이고, 시스템 비용이 고가이다.
④ 모듈수명이 장수명(20년 이상)이다.

풀이 태양광발전의 장점
- 햇빛이 있는 곳이면 어느 곳에서나 간단히 설치할 수 있다.
- 한번 설치해 놓으면 유지비용이 거의 들지 않는다.
- 태양전지(Cell) 숫자만큼 전기를 생산한다.
- 무소음 / 무진동으로 환경오염을 일으키지 않는다.
- 수명이 20년 이상으로 길다.

33 태양광발전시스템의 장점으로 옳지 않은 것은?

① 햇빛이 있는 곳이면 어느 곳에서나 간단히 설치할 수 있다.
② 한번 설치해 놓으면 유지비용이 거의 들지 않는다.
③ 무소음 및 무진동으로 환경오염을 일으키지 않는다.
④ 낮은 에너지밀도로 다량의 전기를 생산할 때는 많은 공간을 차지한다.

풀이 ④는 태양광발전설비시스템의 단점이다.

34 다음은 태양광발전의 특징에 대한 설명이다. 적합하지 않은 것은?

① 한번 설치해 놓으면 유지비용이 거의 들지 않는다.
② 무소음/무진동으로 환경오염을 일으키지 않는다.
③ 햇빛이 있는 곳이면 어느 곳에서나 간단히 설치할 수 있다.
④ 높은 에너지밀도로 다량의 전기를 생산할 수 있는 최적의 발전설비이다.

풀이 낮은 에너지밀도로 다량의 전기를 생산할 때는 많은 공간을 차지한다.

정답 32 ④ 33 ④ 34 ④

35 태양광발전의 단점으로 맞는 것은?

① 초기 투자비와 발전단가 높음
② 에너지원이 청정, 무제한
③ 유지보수가 용이하고, 무인화 가능
④ 필요한 장소에서 필요량 발전 가능

풀이 태양광발전의 단점
- 전력생산량의 지역별 일조(일사)량에 의존
- 초기 투자비와 발전단가 높음
- 에너지밀도가 낮아 넓은 설치면적이 필요

36 태양광설비에 대한 설명으로 가장 옳은 것은?

① 태양의 빛에너지를 변환시켜 전기를 생산하거나 채광에 이용하는 설비
② 바람의 에너지를 변환시켜 전기를 생산하는 설비
③ 수소와 산소의 전기화학반응으로 전기 또는 열을 생산하는 설비
④ 태양의 열에너지를 변환시켜 전기를 생산하거나 에너지원으로 이용하는 설비

풀이
- 태양광설비 : 태양의 빛에너지를 변환시켜 전기를 생산하거나 채광에 이용하는 설비
- 태양열설비 : 태양의 열에너지를 변환시켜 전기를 생산하거나 에너지원으로 이용하는 설비

37 태양광발전에 관한 설명으로 틀린 것은?

① 출력이 날씨에 제한을 받는다.
② 출력이 수요변동에 대응할 수 없다.
③ 태양의 열에너지를 이용하여 발전한다.
④ 발전 시 소음을 내지 않는다.

풀이 태양광발전은 태양의 광에너지를 이용하고, 태양열발전은 태양의 열에너지를 이용한다.

38 태양전지의 발전원리로 옳은 것은?

① 쇼트키효과　② 광전효과　③ 조셉슨효과　④ 푸르키네효과

풀이 태양전지의 발전원리
"어떤 한계진동수보다 높은 진동수를 가진 빛이 금속에 흡수되어 전자가 생성되는 현상"을 광전효과라고 한다.

39 태양광발전시스템을 분류하는 방법으로 일반적인 기준이 아닌 것은?

① 부하의 형태
② 계통연계 유무
③ 축전지의 유무
④ 태양전지의 종류

풀이 태양광발전시스템을 분류하는 방법은 계통연계 유무, 축전지의 유무, 부하의 형태(직류, 교류)이다.

정답 35 ①　36 ①　37 ③　38 ②　39 ④

40 내부 광전효과를 활용하는 노출계, 광검지기 중 적외선용으로 사용되는 소자는?

① PbS ② CdS ③ CdSe ④ AgCu

풀이 적외선용으로는 PbS(황화납), PbSe(셀렌화납) 등이 있다.

41 다음은 태양전지의 원리를 설명한 것이다. 괄호 안에 들어갈 적당한 용어는?

> 태양전지는 금속 등 물질의 표면에 특정한 진동수의 빛을 쪼여 주면 전자가 방출되는 현상인 (   )의 원리를 이용한 것으로, 빛에너지를 전기에너지로 전환시켜 준다.

① 전자기유도효과 ② 압전효과 ③ 열기전효과 ④ 광기전효과

풀이 광기전효과
어떤 종류의 반도체에 빛을 조사하면 조사된 부분과 조사되지 않은 부분 사이의 전위차(광기전력)가 발생하는 현상

42 다음은 광기전력효과의 특징에 대한 설명이다. 적합하지 않은 것은?

① 광기전력효과를 크게 하기 위해서는 장벽에서 전위(Potential)변화가 커야 한다.
② 전하의 운반자(Carrier)의 이동거리가 길어야 한다.
③ 광기전력효과의 반응시간은 광전자방출처럼 순간적이지 않고 비교적 짧다.
④ 복사에너지를 비교적 높은 효율의 전류로 바꾼다.

풀이 전하의 운반자(Carrier)의 이동거리가 짧아야 한다.

43 그림은 태양광발전설비 단위를 나타낸 것이다. 올바른 것은?

① ㉠ 셀 ㉡ 어레이 ㉢ 모듈
② ㉠ 모듈 ㉡ 어레이 ㉢ 셀
③ ㉠ 모듈 ㉡ 셀 ㉢ 어레이
④ ㉠ 셀 ㉡ 모듈 ㉢ 어레이

44 태양복사에 대한 설명으로 틀린 것은?

① 태양고도가 수직일 때 AM=1이다.
② 대기 중의 분자들에 의한 흡수로 태양복사가 감소한다.

정답 40 ① 41 ④ 42 ② 43 ④ 44 ④

③ 대기 중의 오염물질에 의한 미(Mie)산란은 위치에 따라 심하게 변한다.
④ 태양복사의 흡수와 레일리(Rayleigh)산란은 태양고도가 높을수록 증가한다.

풀이
- 레일리(Rayleigh)산란 : 전자기파가 파장보다 매우 작은 입자에 의하여 탄성산란되는 현상이다. 단파장빛에서 유효하며 태양고도와는 무관하다.
- 미(Mie)산란 : 입자의 크기가 빛의 파장과 비슷할 경우에 일어난다. 빛의 파장보다는 입자의 밀도, 크기에 따라서 반응하며, 안개 및 먼지에 의한 산란으로 위치에 따라 심하게 변한다.

45 금속표면에 파장이 짧은 빛을 비추면 전자가 튀어나오는 현상을 무엇이라 하는가?
① 제벡효과
② 광전효과
③ 펠티어효과
④ 열전효과

풀이
- 열전효과에는 제벡효과와 펠티어효과가 있다.
- 제벡효과 : 서로 다른 두 종류의 금속을 접촉하여 두 접점의 온도를 다르게 하면 온도차에 의해 열기전력이 발생하고 미소전류가 흐르는 현상
- 펠티어효과 : 두 종류의 금속을 접촉하여 전류를 흘리면 접합부에서 열의 발생과 흡수현상이 생기는 현상
- 반도체의 PN접합에 빛을 비추면 광전효과에 의해 전기가 생산된다.

46 태양광발전의 기본원리로서 1839년 Edmond Becquerel에 의해 최초로 발견된 현상은?
① 광전도효과
② 광자기장효과
③ 광기전력효과
④ 광흡수효과

풀이 1839년 에드몬드 베크렐(Edmond Becquerel)은 빛이 전기로 바뀌는 광기전력효과(Photovoltaic Effect)를 세계 최초로 발견하였다.

47 광전관에 응용되며, 빛의 검출, 측정에 널리 이용되는 광전효과는?
① 광이온화
② 내부광전효과
③ 외부광전효과
④ 광기전력효과

풀이 광전관에 응용되며, 빛의 검출, 측정에 널리 이용되는 광전효과는 외부 광전효과이다.

48 일정한 파장을 갖는 빛이 조사되는 경우, 물질에 "투과한 빛의 세기는 두께에 따라 지수함수적으로 감소한다."는 법칙은?
① Beer-Lambert법칙
② Snell's법칙
③ Malus법칙
④ Stefan-Boltzmann법칙

정답 45 ② 46 ③ 47 ③ 48 ①

49 다음 중 지구 대기의 영향을 받지 않는 우주에서의 태양복사에너지 대기질량(AM)은 무엇인가?

① AM 0   ② AM 1   ③ AM 2   ④ AM 3

풀이 우주에서의 대기질량은 AM 0이고, 표준시험조건의 대기질량은 AM 1.5이다.

50 대기질량정수 AM 1.5 스펙트럼에 대한 설명이다. 틀린 것은?

① 지상의 누적 평균일조량에 적합하다.
② 강도는 100[mW/cm^2]이다.
③ 태양전지 개발 시 기준값으로 가장 많이 사용된다.
④ 인공위성 또는 우주비행체가 노출되는 환경이다.

풀이 인공위성 또는 우주비행체가 노출되는 환경은 AM 0 스펙트럼이다.

51 다음 그림이 설명하고 있는 전지의 종류는?

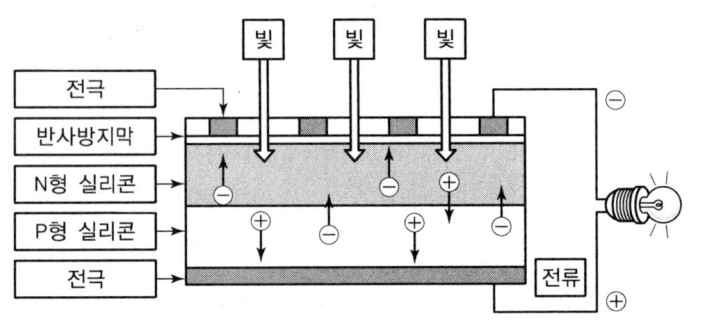

① 2차전지   ② 연료전지   ③ 태양전지   ④ 리튬전지

풀이 그림은 실리콘 태양전지의 발전원리를 나타낸 것이다.

52 태양광발전의 핵심요소기술로서 틀린 것은?

① 회전체 작동기술   ② 전력변환장치(PCS)기술
③ 태양전지 제조기술   ④ BOS(Balance Of System)기술

풀이 태양전지는 태양의 빛에너지를 전기에너지로 직접 변환하는 전지로 회전체가 없다.

53 수상태양광발전설비에 대한 설명으로 잘못된 것은?

① 수상태양광발전설비모듈과 함께 인버터를 설치한다.
② 상부에 설치된 자재 및 작업자의 총량을 고려한 부력을 가져야 한다.

정답 49 ① 50 ④ 51 ③ 52 ① 53 ①

③ 홍수, 태풍, 주위 변화 등에도 안전성을 유지하기 위해 계류장치를 사용한다.
④ 수상에 설치되는 발전설비는 수중생태 등의 환경에 대한 고려가 있어야 한다.

풀이 모듈은 수상에 설치하고, 중량물인 인버터는 지상에 설치한다.

54 풍력발전기와 독립형 태양광발전시스템을 연계하여 발전하는 방식은?

① 추적식　　　② 독립형　　　③ 계통연계형　　　④ 하이브리드형

풀이 태양광발전시스템과 다른 발전원(풍력, 연료전지 등)이 연계하여 발전하는 방식을 하이브리드형이라고 한다.

55 PN접합 다이오드의 순바이어스란?

① 인가전압의 극성과는 관계가 없다.
② 반도체의 종류에 관계없이 같은 극성의 전압을 인가한다.
③ P형 반도체에 +, N형 반도체에 −의 전압을 인가한다.
④ P형 반도체에 −, N형 반도체에 +의 전압을 인가한다.

풀이
• 순바이어스 : P형 반도체에 +, N형 반도체에 −의 전압을 인가
• 역바이어스 : P형 반도체에 −, N형 반도체에 +의 전압을 인가

56 PN접합다이오드의 P형 반도체에 (+)바이어스를 가하고, N형 반도체에 (−)바이어스를 가할 때 나타나는 현상은?

① 공핍층의 폭이 작아진다.
② 전류는 소수캐리어에 의해 발생한다.
③ 공핍층 내부의 전기장이 증가한다.
④ 다이오드는 부도체와 같은 특성을 보인다.

풀이 P형 반도체에 (+)바이어스를 가하고, N형 반도체에 (−)바이어스를 가하는 것을 정방향(순) 바이어스라고 하며, 이때 공핍층의 폭이 작아져 전류가 흐를 수 있도록 한다.

57 PN접합구조의 반도체소자에 빛을 조사할 때, 전압차를 가지는 전자와 정공의 쌍이 생성되는 효과는?

① 광이온화효과　　　② 광기전력효과
③ 광전하효과　　　　④ 핀치효과

풀이 광기전력효과
PN접합구조의 반도체소자에 빛을 조사했을 때, 전압차를 가지는 전자와 정공의 쌍이 생성되는 효과이다.

정답 54 ④　55 ③　56 ①　57 ②

58 P형 반도체를 만들기 위해 진성반도체에 첨가하는 3가 원소가 아닌 것은?

① B ② Al ③ Ga ④ P

풀이 P형 반도체를 만들기 위해 진성반도체에 첨가하는 3가 원소는 B, Al, Ga 등이 있으며, N형 반도체를 만들기 위해 진성반도체에 첨가하는 5가 원소는 P, As, Sb 등이 있다.

59 태양전지셀의 그림기호는?

①   ②   ③   ④

풀이 ① 발광다이오드
② 광(수광)다이오드
셀과 모듈의 기호는 2가지를 혼용한다.

정답 58 ④ 59 ③

SECTION 002 태양광발전 사업부지 환경조사

01 주변 기상·환경 등 요인

1 일조시간, 일조량, 음영분석 등

1. 일사량과 일조량

일조량은 일사량과 동일한 의미로 사용된다.

1) 일조량의 단위

① $[kcal/m^2 \cdot h]$, $[kWh/m^2 \cdot day]$, $[MJ/m^2 \cdot month]$, $[MJ/m^2 \cdot year]$
② $1[kWh] ≒ 860[kcal]$
③ $1[J] ≒ 0.24[cal]$
④ $1[cal] ≒ 4.2[J]$
⑤ $1[kWh] = \dfrac{860[kcal]}{0.24[cal]}[J] = 3.6[MJ]$
⑥ $1[MJ/m^2 \cdot year] = 1 \times 10^6[J/m^2 \cdot year] = \dfrac{1}{3.6}[kWh/m^2 \cdot year]$

2) 일사량

① 일사란 대기 중의 어느 한 점 또는 지표의 어느 한 점에서 받는 태양복사이다.
② 하루 중의 일사량은 태양고도가 가장 높을 때인 남중시에 최대이다.
③ 1년 중에는 하지경에 최대이다.

3) 일조량

① 일조란 태양 직사광선이 구름이나 안개 등에 차단되지 않고 지표면을 비추는 것이다.
② 전일조량(또는 수평면일조량) : 규정된 일정기간에 걸쳐 지표면에 직접 도달하는 햇빛과 산란되어 도달하는 햇빛을 모두 더한 값인 전일조강도를 적산한 것이다.
③ 산란일조량 : 규정된 일정기간에 걸쳐 햇빛이 대기를 지나는 동안 공기분자, 구름, 연무(Aerasol)입자 등에 산란되어 도달하는 산란일조강도를 적산한 것이다.

$$일조율 = \dfrac{일조시간}{가조시간} \times 100[\%]$$

여기서, 일조시간 : 태양광선이 지표를 비치는 시간
가조시간 : 해뜨는 시각부터 해지는 시각

2 위도 · 경도 · 방위 · 고도각

1. 태양고도
지평면과 태양의 중심이 이루는 각이다.

2. 계절별 태양의 남중고도
남중고도의 변화로 인해 계절변화가 생기며 그림자 길이가 달라진다. 하지 때 그림자 길이가 가장 짧고, 동지 때 그림자 길이가 가장 길다.
위도가 37°일 때 절기별 태양의 남중고도는 다음과 같다.
① 하지 : $90° - (\phi - 23.5°) = 90° - (37° - 23.5°) = 76.5°$
② 춘분, 추분 : $90° - \phi = 90° - 37° = 53°$
③ 동지 : $90° - (\phi + 23.5°) = 90° - (37° + 23.5°) = 29.5°$

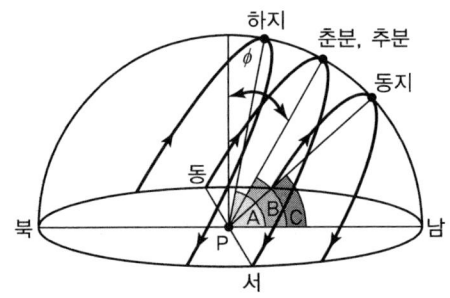

[절기별 태양의 남중고도]

A : 하지 때 태양의 남중고도
B : 춘분, 추분 때 태양의 남중고도
C : 동지 때 태양의 남중고도
ϕ : 그 지역의 위도

- 남중고도 : 하루 중 태양의 고도가 가장 높을 때 고도(태양이 정남쪽에 있을 때 고도)
- 위도 : 적도를 기준으로 남쪽과 북쪽을 나타내는 것
- 경도 : 그리니치천문대를 본초자오선으로 하여 서쪽과 동쪽의 위치를 측정하는 것

3 태양궤적 및 음영각

1. 태양궤적

1) 태양궤적도
연중 태양의 궤적을 방위각과 고도각의 표로 나타낸 것이다.

2) 방위각(태양광어레이가 정남향을 이루는 각)
   ① 태양의 위치와 관측점을 잇는 직선 및 균분원 면에 연직이고 관측점을 지나는 수평면이 이루는 각도가 지면에 투영된 각도이다.
   ② 방위각 : 정남 0°, 남동 -45°, 정동 -90°, 남서 45°, 정서 90°

[태양의 방위각]

3) 태양궤적도의 이용

   태양궤적도를 이용하면 특정지역, 특정시각에서의 태양위치와 일출·일몰시간을 알 수 있다.

4) 신태양궤적도

   균시차를 고려한 태양궤적도로서 특정월일의 태양궤적과 시각선이 나타나 있어 태양의 고도각과 방위각을 쉽게 찾을 수 있다.

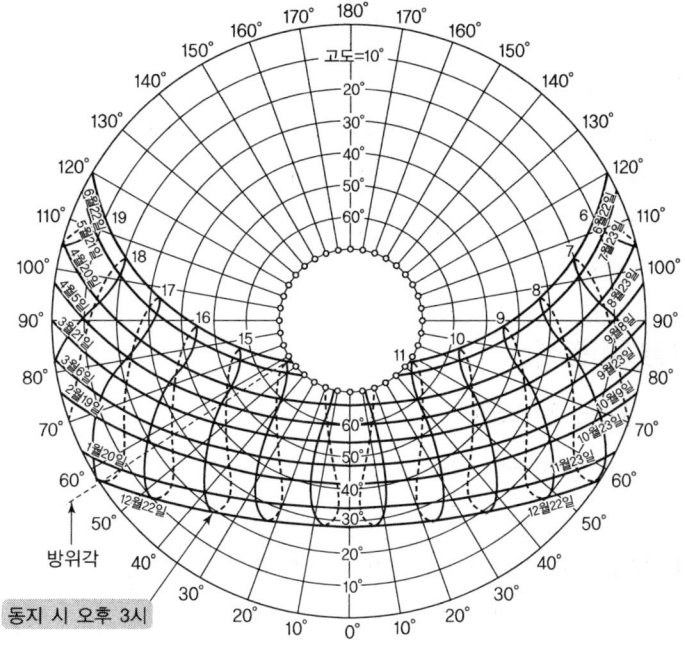

[서울의 신태양궤적도]

5) 신월드램 태양궤적도

① 관측자가 천구상의 태양경로를 수직평면상의 직교좌표로 나타낸 것이다.
② 태양광 획득을 위한 건물의 조향태양광어레이 설계 시 필수적이다.

[신월드램 태양궤적도]

2. 음영각

1) 수직음영각(입사각, 경사각)

   지면의 그림자 끝지점과 구조물의 상부를 이은 선과 지면이 이루는 각이다.

2) 수평음영각(방위각)

   1일 동안 그림자가 수평면에서 이동한 각이다.

3) 음영각을 고려한 어레이 배치

   ① 지형(산세), 건물 등을 고려하여 어레이를 배치한다.
   ② 그림자 길이를 고려하여 어레이를 배치한다.
   ③ 그늘이 가장 길어지는 동지의 오전 9시에서 오후 3시 사이에 어레이에 그늘이 생기지 않도록 배치한다.

4 음영의 유형 및 분석

1. 음영의 발생원인 및 영향

1) 원인 : 구조물, 어레이 상호 배치 등

2) 영향 : 음영이 생기거나 오염된 셀 또는 모듈은 전기를 생산하지 못하고 오히려 부하가 되어 역전류방향의 전류를 소비하여 셀이 손상될 때까지 가열됨. 이것은 열점(Hot Spot)을 만들어 출력의 손실을 발생시킴

3) 대책 : Bypass Diode 설치

2. 음영에 따른 셀의 직렬연결 시 출력 변화

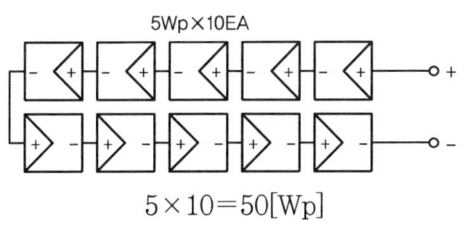

[음영이 없을 때(직렬)]   [두 개의 셀에 음영 발생 시(직렬)]

3. 음영에 따른 셀의 병렬연결 시 출력 변화

5+5+5+5+5+5+5+5+5+5=50[Wp]   4.4+4.4+5+5+5+5+5+5+5+5=48.8[Wp]
[음영이 없을 때]   [두 개의 셀에 음영 발생 시(병렬)]

4. 음영의 대책

일정한 셀 수(18개)마다 바이패스다이오드를 설치한다.

SECTION 002 실전예상문제

01 태양광발전시스템 어레이의 그림자 영향에 대한 대책이 아닌 것은?

① 모듈을 가로깔기로 배치한다.
② 인버터에 MPPT 제어기능을 추가한다.
③ 모듈 후면 단자함 내 바이패스다이오드를 설치한다.
④ 스트링(모듈 직렬연결) 간 블로킹다이오드를 설치한다.

풀이 모듈을 가로깔기, 세로깔기 등으로 배치하는 것은 면적에 대한 설치방법이다.

02 태양광발전시스템에서 어레이 경사면 일조량과 가장 근사한 것은?

① 전수평면일조량과 경사면 직달광선일조량의 합
② 전수평면일조량과 경사면 산란광선일조량의 합
③ 경사면 직달광선일조량과 경사면 산란광선일조량의 합
④ 전수평면일조량, 경사면 직달광선일조량, 경사면 산란광선일조량의 합

풀이 경사면 일조량 = 경사면 직달광선일조량 + 경사면 산란광선일조량

03 태양광발전시스템의 어레이 설계 시 고려사항으로 적당하지 않은 것은?

① 방위각
② 부하의 종류
③ 음영
④ 경사각

풀이 부하 종류는 어레이 설계 시 고려사항이 아니다.

04 태양전지어레이의 방위각과 경사각에 대한 설명으로 틀린 것은?

① 태양복사의 최대획득량은 방위각과 경사각에 의해 결정된다.
② 수평면으로부터 경사각은 그 지역의 위도에 의해 결정된다.
③ 태양복사의 최대획득량을 위한 가장 바람직한 방위는 정남향이다.
④ 여름철의 경우 수평면보다 수직파사드에 설치된 시스템에서 더 많은 획득량을 기대할 수 있다.

풀이 여름철은 태양고도가 높아 태양전지모듈이 수평으로 설치될수록 태양광 입사량이 증가한다.

정답 01 ① 02 ③ 03 ② 04 ④

05 태양고도가 가장 높은 시기로 옳은 것은?

① 춘분　　　　② 하지　　　　③ 추분　　　　④ 동지

풀이 동지 시 남중고도각 = $90° - (\phi + 23.5°)$
　　　하지 시 남중고도각 = $90° - (\phi - 23.5°)$
　　　춘추분 시 남중고도각 = $90° - \phi$
　　∴ 태양의 고도가 가장 높은 때는 하지이다.

06 강우 시 태양전지모듈 표면에 흙탕물이 튀는 것을 방지하기 위해 지면으로부터 몇 [m] 이상 높이에 설치할 수 있도록 설계하여야 하는가?

① 0.3　　　　② 0.4　　　　③ 0.6　　　　④ 0.8

풀이 태양전지모듈 및 어레이 설계 시 고려되는 설치 높이는 강우 시 모듈 표면으로 흙탕물이 튀는 것을 방지하기 위해 지면으로부터 0.6[m] 이상의 높이에 설치한다.

07 태양광발전소의 부지 타당성 조사 시 고려하여야 할 부지 내 경미한 음영의 종류가 아닌 것은?

① 송전철탑　　　　② TV안테나　　　　③ 전깃줄　　　　④ 피뢰침

풀이 경미한 음영
　　　전깃줄, TV안테나, 피뢰침 등은 경미한 음영으로 보지 않는다.

08 태양광발전시스템의 설계에 있어서 태양전지어레이의 레이아웃 배치검토에 필요한 자료가 아닌 것은?

① 설치예정지의 면적, 토지의 굴곡상태데이터
② 설치예정지의 위도 · 경도에 따른 동짓날의 해 그림자 거리
③ 사용예정인 태양전지모듈 및 인버터 카탈로그
④ 태양전지어레이의 가대에 대한 구조계산서

풀이 어레이의 가대에 대한 구조계산서는 어레이 자체의 구조적 안정성을 평가하기 위한 것이다.

09 태양광발전설비어레이를 정남쪽으로 설치할 경우 북쪽에 인접한 장해물이나 태양전지어레이 상호 간의 설치간격에 따라 음영이 발생하여 발전량 감소를 초래한다. 이 음영의 영향을 받지 않는 상호 간의 간격 검토기준이 되는 날은?

① 하지　　　　② 동지　　　　③ 춘분　　　　④ 추분

풀이 어레이 사이의 이격거리는 태양고도가 가장 낮은 동지를 기준으로 산정한다.

정답　05 ②　06 ③　07 ①　08 ④　09 ②

신재생에너지발전설비/태양광

10 단방향추적식 태양광발전시스템에 관한 설명 중 잘못된 것은?

① 연중 최적 경사각으로 설치한다.
② 태양광을 동서방향으로 30~150° 회전 가능토록 한다.
③ 발전효율은 고정식보다 5~10[%] 증가한다.
④ 개별 발전장치는 고정식에 비해 이격거리가 20~30[%] 증가한다.

풀이 연중 최적 경사각 설치는 고정식 태양광발전시스템에 관한 설명이다.

11 양방향추적식 태양광발전시스템에 관한 설명 중 잘못된 것은?

① 태양광의 방위각(60~210°) 및 경사각(0~80°) 회전 가능
② 고정식에 비해 개별 발전장치 간격이 최대 5배까지 증가
③ 경사지 및 설치조건이 불리한 곳에 설치 불가능
④ 발전효율이 고정식에 비해 20~30[%] 증가

풀이 양방향추적식 : 모듈의 방향이 상하좌우 모두 가능, 경사지 및 설치조건이 불리한 곳에 설치 가능

12 위도가 36.5°일 때, 동지 시 남중고도는?

① 45° ② 40.5° ③ 35° ④ 30°

풀이 절기별 태양의 남중고도
- 춘추분 시 남중고도 = 90° − 위도
- 하지 시 남중고도 = 90° − 위도 + 23.5°
- 동지 시 남중고도 = 90° − 위도 − 23.5°
∴ 동지 시 남중고도 = 90° − 36.5° − 23.5° = 30°

13 태양광발전시스템의 발전효율을 극대화하기 위한 시스템은?

① 고정형 시스템 ② 반고정형 시스템
③ 추적형 시스템 ④ 건물일체형 시스템

풀이 추적방식 : 단방향(상하, 좌우 하나만), 양방향(상하좌우 모두 가능)
※ 추적형은 고정형과 비교하여 발전부지가 증가하여 시공비가 높지만 발전효율은 개선할 수 있다.

14 다음 태양광발전시스템의 종류 중 에너지효율이 가장 좋은 방식은?

① 고정형 시스템 ② 반고정형 시스템
③ 추적형 시스템 ④ 건물일체형 시스템

정답 10 ① 11 ③ 12 ④ 13 ③ 14 ③

풀이 추적형 시스템은 태양전지모듈을 입사되는 태양광에 수직이 되도록 위치시키는 방식으로, 태양광발전효율은 가장 높으나 설치면적이 넓고, 설치비용이 가장 경제적이지 못하다.
• 효율순서 : ③ > ② > ① > ④

15 태양광발전시스템의 어레이 추적방식이 아닌 것은?
① 감지식 추적방식
② 혼합식 추적방식
③ 집광식 추적방식
④ 프로그램추적방식

풀이 태양광발전시스템의 어레이 추적방식
• 감지식 추적방식
• 프로그램추적방식
• 혼합식 추적방식

16 태양광발전시스템 중에서 태양전지판에 항상 태양 직달일사량이 최대가 되도록 태양을 추적하는 방식은?
① 단독식
② 감지식
③ 프로그램
④ 혼합식

풀이 혼합식 추적법은 감지식 추적법과 프로그램추적법을 혼합한 방식으로, 가장 이상적인 방법이다.

17 일사량에 대한 설명으로 잘못된 것은?
① 일사량은 태양으로부터 받는 직달광과 천공으로부터 오는 산란광의 합이다.
② 지면 위에서 관측되는 일사량은 대기가 없을 경우 70[%] 정도이다.
③ 일사량의 단위는 [$kWh/m^2 \cdot$ 일], [$MJ/m^2 \cdot$ 월]이다.
④ 하루 중 일사량은 태양고도가 가장 높을 때 남중시가 최대이고 1년 중에는 동지경에 최대가 된다.

풀이 일사량은 1년 중 하지경에 최대가 된다. 또한 해안지역이 산악지대보다 일사량이 높다.

18 일사량 및 일조시간에 대한 설명으로 잘못된 것은?
① 일사량 : 일정 기간 동안 지표면에 도달하는 태양의 복사에너지양을 의미한다.
② 일조량의 종류로는 산란일조량, 전일조량(또는 수평면일조량), 직달일조량, 총일조량(또는 경사면일조량)이 있다.
③ 가조시간은 해가 뜨는 시각부터 질 때까지의 시간이고 일조시간은 구름의 방해 없이 지표면에 태양이 비친 시간이다.
④ 일조율은 $\dfrac{\text{가조시간}}{\text{일조시간}} \times 100[\%]$ 이다.

정답 15 ③ 16 ④ 17 ④ 18 ④

풀이 일조율은 가조시간에 대한 일조시간의 비로,

일조율 = $\dfrac{\text{일조시간}}{\text{가조시간}} \times 100[\%]$ (일조량과 일사량은 동일 의미이다.)

19 일조시간에 대한 설명으로 틀린 것은?

① 일조시간은 실제로 태양광선이 지표면을 내리쬔 시간이다.
② 일조시간과 가조시간의 비를 일조율[%]이라 한다.
③ 구름이 많은 날씨일 경우 가조시간과 일조시간이 일치한다.
④ 가조시간이란 한 지방의 해 돋는 시간부터 해지는 시간까지의 시간을 말한다.

풀이 일조와 일사량
- '일조'란 태양광선이 구름이나 안개로 가려지지 않고 지상을 비추는 것
- 태양광선이 비춘 시간을 일조시간이라 함
- 일조시간은 보통 1일이나 한 달 동안에 비춘 시간을 수로 나타냄
- 일조시간으로 일사량도 추정할 수 있으며, 낮 동안에 구름이 어느 정도 끼었는가도 나타낼 수 있음
- 어떤 지점에 있어서 맑은 날의 일조시간은 그 지점의 위도에 따라 정해짐
- 가조시간은 산이나 언덕 등의 장애물이 없다고 가정하여 어느 지점에 햇빛이 비출 수 있는 시간

20 일조율을 나타낸 식으로 옳은 것은?

① 일조율 = $\dfrac{\text{일조시간}}{\text{가조시간}} \times 100[\%]$

② 일조율 = $\dfrac{\text{가조시간}}{\text{일조시간}} \times 100[\%]$

③ 일조율 = $\dfrac{\text{법선면 일조강도}}{\text{수평면 가조강도}} \times 100[\%]$

④ 일조율 = $\dfrac{\text{수평면 일조강도}}{\text{법선면 일조강도}} \times 100[\%]$

21 태양복사에너지의 결정요소 중 천문·지리적 요소가 아닌 것은?

① 태양과 지구 사이의 거리
② 관측지점의 고도
③ 태양의 천정각
④ 구름, 흡수기체(수증기, 오존, 이산화탄소)

풀이 태양복사에너지의 결정요소
- 천문·지리적 요소 : 태양과 지구 사이의 거리, 태양 천정각, 관측지점의 고도, 지표면의 알베도
- 대기 중 존재하는 태양복사의 감쇠성분 : 구름, 흡수기체(수증기, 오존, 이산화탄소 등) 및 에어로졸
- 알베도 : 태양에서 지구로 도달한 일사가 대기나 지표면에 의해서 반사되는 비율

정답 19 ③ 20 ① 21 ④

22 계절별 태양고도 변화에서 남중고도가 가장 높은 시기는?

① 춘분   ② 하지   ③ 추분   ④ 동지

풀이 남중고도

하루 중 태양의 고도가 가장 높을 때이다.
- 동지 시 남중고도각 $=90°-(\phi+23.5°)$
- 하지 시 남중고도각 $=90°-(\phi-23.5°)$
- 춘추분 시 남중고도각 $=90°-\phi$

※ ϕ는 그 지역의 위도로, 남중고도의 변화로 계절의 변화가 생기며 그림자 길이가 달라진다. 하지 때 그림자 길이가 가장 짧고, 동지 때 가장 길다.

23 위도가 37°일 때 동지 시 남중고도는?

① 76.5   ② 29.5   ③ 53   ④ 39.5

풀이 절기별 태양의 남중고도
- 동지 시 : $90°-(\phi+23.5°)=90°-(37°+23.5°)=29.5°$
- 하지 시 : $90°-(\phi-23.5°)=90°-(37°-23.5°)=76.5°$
- 춘추분 시 : $90°-\phi=90°-37°=53°$

24 태양을 올려보는 각도가 30°인 경우, Air Mass 값은?

① 2.0   ② 1.5   ③ 1.0   ④ 0.7

풀이 태양을 올려보는 각도와 Air Mass값은 다음 그림 및 식과 같다.
- $\theta = \sin^{-1}\left(\dfrac{1}{\text{AM}}\right)$
- $\text{AM} = \dfrac{1}{\sin\theta}$

$\therefore \text{AM(Air Mass)} = \dfrac{1}{\sin 30°} = 2.0$

25 위도가 30°인 지역의 하지 시 남중고도각은?

① 36.5°   ② 60.5°   ③ 70.5°   ④ 83.5°

풀이 위도가 30°인 지역의 하지 시 남중고도각
- 하지 : $90°-(\phi-23.5°)=90°-30°+23.5°=83.5°$
- 동지 : $90°-(\phi+23.5°)$
- 춘추분 : $90°-\phi$

정답 22 ②   23 ②   24 ①   25 ④

26 태양의 남중고도에 대한 설명으로 잘못된 것은?

① 지구의 자전축이 공전축에 대해 23.5° 기울어져 있는 상태로 공전하기 때문에 태양의 남중고도에 변화가 생긴다.
② 남중고도의 변화로 계절의 변화가 생긴다.
③ 남중고도가 높을수록 그림자 길이가 길다.
④ 하지 때 태양의 남중고도는 남반구에서 최대, 북반구에서 최소가 된다.

풀이 하지 때 태양의 남중고도는 북반구에서 최대, 남반구에서 최소가 된다. 춘분과 추분일 때 남중고도는 적도에서 최대가 된다.

27 우리나라와 유럽 등에서 사용하는 연평균값 AM은 얼마인가?

① AM 1.25 ② AM 1.4 ③ AM 1.5 ④ AM 2.0

풀이
- AM 0 : 대기권 밖
- AM 1 : 태양 빛이 수직으로 비치는 상태
- AM 1.5 : 일반적으로 지구상에 비치는 스펙트럼

28 태양광발전시스템에서 음영의 영향이 아닌 것은?

① 음영이 생기거나 오염된 셀 또는 모듈은 전기적으로 부하가 되어 역전류방향의 전류를 소비한다.
② 셀이 손상될 때까지 가열되어 핫스폿(Hot Spot)을 만들고 급격한 출력 손실을 가져온다.
③ 어레이의 출력이 급격히 줄어든다.
④ 바이패스다이오드를 설치한다.

풀이 바이패스 다이오드는 음영의 대책 중 하나이다.

29 대기질량(AM ; Air Mass)에 대한 설명이 아닌 것은?

① AM 0은 대기권 밖일 때
② AM 2.0은 태양빛이 30°로 비추는 상태일 때
③ AM 1.0은 바다 표면에 태양빛이 90°로 비추는 상태일 때
④ AM 1.5는 태양빛이 180°로 비추는 스펙트럼일 때

풀이 $AM = \dfrac{1}{\sin\beta}$ 여기서, β : 태양고도

$AM\ 1.5 = \dfrac{1}{\sin\beta_{1.5}} = 1.5$ $\sin\beta_{1.5} = \dfrac{1}{1.5}$, $\beta_{1.5} = \sin^{-1}\left(\dfrac{1}{1.5}\right) = 41.8°$

$AM\ 1 : \sin^{-1}\left(\dfrac{1}{1}\right) = 90°$ $AM\ 2 : \sin^{-1}\left(\dfrac{1}{2}\right) = 30°$

정답 26 ④ 27 ③ 28 ④ 29 ④

30 음영의 대책으로 잘못된 것은?

① 음영이 생기지 않도록 어레이를 배치한다.
② 부분 음영이 발생될 것을 대비해 일정한 셀 수마다 바이패스다이오드를 설치한다.
③ 역바이어스 전압이 생성되지 않게 한다.
④ 인버터의 MPP추종제어기능으로 출력을 최소화한다.

풀이 MPP추종제어기능으로 출력손실을 최소화한다.

31 음영의 방지대책이 아닌 것은?

① 추적식 태양광모듈을 이용한다.
② 음영이 생기지 않도록 어레이를 배치한다.
③ 인버터(PCS)의 MPPT추종제어기능으로 출력손실을 최소화한다.
④ 부분 음영이 발생될 것을 대비해 일정한 셀 수마다 바이패스소자를 설치한다.

풀이 음영방지대책
- 태양전지모듈의 접속함 내에 역전류저지 다이오드 적용
- 서브어레이, 스트링인버터 사용
- 인버터 MPPT 기능 사용

32 음영각에 대한 설명으로 잘못된 것은?

① 수직음영각(입사각, 경사각)은 지면의 그림자 끝 지점과 장애물의 상부를 이은 선과 지면이 이루는 각이다.
② 수직음영각은 태양의 고도각이다.
③ 수평음영각(방위각)은 하루 동안의 그림자가 수평면상을 이동한 각이다.
④ 수평음영각이 작을수록 발전가능시간이 길어진다.

풀이 수평음영각이 작을수록 발전가능시간은 짧아진다.

33 음영각 및 음영각의 검토사항에 대한 설명으로 틀린 것은?

① 수직음영각은 태양의 고도각을 말한다.
② 주변 산세, 수풀, 나무, 건물 등을 고려하여 어레이를 배치한다.
③ 그늘의 길이와 방향은 위도, 계절에 따라 같으므로 그림자의 길이를 계산하여 어레이를 배치한다.
④ 연중 입사각이 가장 적은 동지의 오전 9시부터 오후 3시 사이에 어레이에 그늘이 생기지 않도록 해야 한다.

풀이 그늘의 길이와 방향은 위도, 계절에 따라 모두 다르다.

정답 30 ④ 31 ① 32 ④ 33 ③

SECTION 003 태양광발전 부지 검토

01 태양광발전 부지 타당성 및 부지 선정 조사

1 부지 선정 시 일반적 고려사항

1. 지정학적 조건

1) 설치지역의 일조량 및 일조시간은 풍부해야 한다.
2) 일조량 변동이 적어야 한다.
3) 일조시간의 확보를 위한 어레이 방향은 남향이어야 한다.
4) 음영이 없어야 한다.

2. 설치 및 운영의 조건

1) 자연환경요소 검토사항
    ① 집중호우 및 홍수의 피해 가능성 여부
    ② 토네이도, 태풍 등 기상재해 발생 여부
    ③ 적설량 및 겨울철 온도
    ④ 생태자연도 및 녹지자연도 : 식생의 분포, 수목의 영향
    ⑤ 지반 및 지질상태 : 연약지반유무, 지내력 검토
    ⑥ 경사도 및 경사의 방향
    ⑦ 염해, 오염의 영향

2) 일조량 확보 및 주변여건 파악
    ① 기후 파악 : 강수량, 적설량, 온도 변화 등
    ② 지형의 형태 : 동서분산향이 최적, 남향
    ③ 그늘의 발생 가능성 : 주변 산세, 건물, 수목의 영향 등
    ④ 공해, 오염 등 발생 여부
    ⑤ 계통연계 문제
    ⑥ 수도, 가스, 전기 등 공급 가능 여부
    ⑦ 차량 및 사람의 통행, 동물의 출몰상황 등
    ⑧ 지역주민의 선호도 및 민원 발생 가능성 여부

3) 법적사항 검토

(1) 개발행위 허가

① 관련법령 : 「국토의 계획 및 이용에 관한 법률」 제56조 등
② 개발행위 허가 : 해당 지자체의 허가
③ 용도지역별 허가면적
   ㉠ 도시지역
   - 주거지역 · 상업지역 · 자연녹지지역 · 생산녹지지역 : 1만[m²] 미만
   - 공업지역 : 3만[m²] 미만
   - 보전녹지지역 : 5천[m²] 미만
   ㉡ 관리지역 : 3만[m²] 미만
   ㉢ 농림지역 : 3만[m²] 미만
   ㉣ 자연환경보전지역 : 5천[m²] 미만

(2) 환경영향평가

① "환경영향평가"란 환경에 영향을 미치는 실시계획 · 시행계획 등의 허가 · 인가 · 승인 · 면허 또는 결정 등을 할 때에 해당 사업이 환경에 미치는 영향을 미리 조사 · 예측 · 평가하여 해로운 환경영향을 피하거나 제거 또는 감소시킬 수 있는 방안을 마련하는 것을 말한다.
② 환경영향평가 : 발전용량 100,000[kW] 이상
③ 검토 주요대상 : 발전소(발전시설용량 1만[kW] 이상). 다만, 댐 및 저수지 건설을 수반(3천[kW] 이상), 태양력, 풍력 또는 연료전지발전소(10만[kW] 이상인 것)

(3) 소규모 환경영향평가

"소규모 환경영향평가"란 환경보전이 필요한 지역이나 난개발(亂開發)이 우려되어 계획적 개발이 필요한 지역에서 개발사업을 시행할 때에 입지의 타당성과 환경에 미치는 영향을 미리 조사 · 예측 · 평가하여 환경보전방안을 마련하는 것을 말한다.

※ 소규모 환경영향평가 대상(환경영향평가법 시행령 별표 4)
발전시설용량 규모 : 10만[kW](100[MW]) 미만

2 태양광발전 부지 조사

1. 부지 선정

1) 발전소 예상후보지 선정

경제성, 발전가능성, 사업지속성 및 기타 목적에 따른 후보지 선정

2) 지역정보수집

① 지역별 일조량 및 일조시간
  ㉠ 일조량 : 연 4,000[MJ/m^2] 이상
  ㉡ 일조시간 : 3.5시간 이상인 지역
② 지자체 지원 여부
③ 발전수요, 기 설치 여부, 타 신재생에너지 발전시설 여부
④ 기타 인프라 정보수집

3) 현장조사

① 지적도 검토 : 포고, 경사도 파악, 지적도와 실제 부지의 비교
② 주변토지 이용현황, 지질 등 파악
③ 녹지, 생태, 식생, 경관의 파악
④ 재해발생 여부

2. 토지현황 파악

1) 토지용도 및 이용현황 파악

① 현황 및 위치분석
② 토지의 이용상태 및 주변토지의 이용상태 파악
③ 진입도로현황
④ 주변지형, 암반 여부, 지질상태 파악
⑤ 경사도 분석
⑥ 공부 확인 및 검토(지적도, 토지대장, 등기부등본 등)
⑦ 공시지가 검토
⑧ 개발계획 여부, 계획부지 여부 파악
⑨ 인허가 문제 검토

2) 접근성

① 전기, 가스, 상수도 공급
② 자재의 운송 및 교통 편의성

3. 행정상 조건(인허가 문제)

① 발전사업 허가
② 개발행위 허가 취득 및 사전환경성 검토
③ 지역 및 토지용도의 관련 법령별 검토

4. 전력계통과의 연계

① 송배전용 전기설비 이용 가능성
② 특고압선로 이용 가능성 여부 검토
③ 계통인입선로의 위치 검토

5. 경제성

① 부지매입 가격 및 부대공사비
② RPS제도에 따른 공급인증서 가중치 적용 여부

6. 기타

주민들과의 협의 및 민원의 발생 가능성 여부

02 태양광발전시스템 발전량 산출

1 전력 수요량 산정

① 독립전원용 태양광발전시스템 설계는 부하소비전력량으로 태양전지 용량을 결정
② 계통연계시스템 사용전력량과 발전전력수량 사이에 제한적 관계없음
③ 설치장소의 면적에 의해 시스템 용량 결정

> 1일 소비전력량 산출＝부하수량×소비전력×사용시간
> 1일 전력수요량 산정＝1일 전력소비량×손실률

2 발전가능량 산정

1. 발전량 산출

① 독립형 : 전력수요량이 발전량
② 계통연계형 : 설치면적이 발전량

2. PV시스템의 발전량 산출

1) 태양전지어레이 필요용량[kW] 산출(태양전지 용량과 부하소비전력량의 관계)

$$P_{AS} = \frac{E_L \times D \times R}{(H_A/G_s) \times K}$$

여기서, P_{AS} : 표준상태에서의 태양전지어레이 출력[kW]
　　　　　　표준상태, AM(대기질량) 1.5, 일사강도 1,000[W/m²], 태양전지셀 온도 25[℃]
　　　H_A : 특정기간에 얻을 수 있는 어레이 표면일사량[kWh/(m²·기간)]
　　　G_s : 표준상태에서의 일사강도[kW/m²]
　　　E_L : 특정시간에서의 부하소비전력량(전력수요량)[kWh/기간]
　　　D : 부하의 태양광발전시스템에 대한 의존율=1-(백업전원전력 의존율)
　　　R : 설계여유계수(추정한 일사량의 정확성 등의 설치환경에 따른 보정)
　　　K : 종합설계계수(태양전지모듈출력의 불균형보정 회로손실, 기기에 의한 손실 등 포함)

2) 월간 발전량 산출

    (1) 경사면 일사량에 의한 산출

$$\text{월간 발전량 } E_{PM} = P_{AS} \times K \times \left(\frac{H_{AM}}{G_s}\right) [\text{kWh/월}]$$

　　　여기서, P_{AS} : 표준상태에서의 태양전지어레이 출력[kW]
　　　　　　K : 종합설계계수
　　　　　　H_{AM} : 월 적산 어레이 표면(경사면) 일사량[kWh/(m²·월)]
　　　　　　G_s : 표준상태에서의 일사강도[kW/m²]

    (2) 발전시간에 의한 방법

　　　① 일평균 발전시간 = $\dfrac{1년간\ 발전전력량[kWh]}{시스템\ 용량[kW] \times 운전일수}$

　　　② 시스템 이용률 = $\dfrac{1년간\ 발전전력량[kWh]}{24[h] \times 운전일수 \times 시스템\ 용량[kW]}$

　　　　　　　　　　 = $\dfrac{일평균\ 발전시간[h]}{24[h]}$

03 태양광발전 계통연계조사

1 전기 공급 규정

1. 전기방식

분산형 전원의 전기방식은 연계하고자 하는 계통의 전기방식과 동일하게 함을 원칙으로 한다.
① 저압연계 : 단상 220[V] 또는 3상 380[V]
② 특고압연계 : 교류 3상 22.9[kV]

2. 분산형 전원 배전계통연계

1) 연계(Interconnection)란 분산형 전원을 한전계통과 병렬운전하기 위하여 계통에 전기적으로 연결하는 것을 말한다.

2) 연계계통의 전기방식

① 저압연계 : 단상 220[V] 또는 3상 380[V]
② 특고압연계 : 교류 3상 22.9[kV]

3) 분산형 연계용량

(1) 분산형 전원 배전계통연계의 구분 : 저압일반선로연계기준
① 저압연계 : 500[kW] 미만
② 배전용 변압기 용량의 50[%] 이하

(2) 분산형 전원 배전계통연계의 구분 : 특고압 일반선로연계기준
① 특고일반선로연계 : 500~10,000[kW] 이하
② 주변압기 용량의 15[%] 이하

(3) 분산형 전원 10,000[kW] 초과 일반선로
① 선로누적 용량 초과 시 특고 전용선로
② 10,000~20,000[kW] 미만 시 대용량배전

4) 계통연계를 위한 동기화변수 제한범위

분산 형전원 정격용량 합계[kW]	주파수 차(Δf, Hz)	전압 차(ΔV, %)	위상각 차($\Delta \phi$, °)
0~500	0.3	10	20
500 초과~1,500	0.2	5	15
1,500 초과~20,000 미만	0.1	3	10

5) 전압변동

특고압 순시전압변동률 허용기준

변동빈도	순시전압변동률
1시간에 2회 초과 10회 이하	3[%]
1일 4회 초과 1시간에 2회 이하	4[%]
1일에 4회 이하	5[%]

6) 전기품질

① 직류유입 제한 : 0.5[%]를 초과하지 말 것
② 역률 : 90[%] 이상
③ 플리커 : 전기사용자에게 시각적 자극이 없을 것
④ 고조파 : 배전계통 고조파 관리기준에 따름
⑤ 저압연계점의 전압범위 : 380[V]±38[V], 220[V]±13[V]
⑥ 특고압연계점의 전압범위 : 20.8~23.8[kV]

실전예상문제

01 태양광발전 부지 타당성 및 부지 선정 조사

01 다음 중 태양광발전을 위한 부지 선정 시 일반적인 고려사항으로 잘못된 것은?
① 지정학적 조건 : 일사량 및 일조량
② 건설상 조건 : 부지의 접근성 및 주변환경
③ 전력계통과의 연계조건 : 전력계통 인입선 위치 등
④ 환경조건 : 일산화탄소의 배출량

풀이
- 행정상의 조건 : 인 · 허가 및 각종 규제
- 경제성 : 부지매입가격 및 부대공사비
- 주변환경 : 집중호우 및 홍수 · 태풍, 수목영향, 공해, 염해
- 태양광발전에서 일산화탄소 배출량은 고려사항이 아니다.

02 태양광발전소 부지 선정 시 일반적인 고려사항으로 틀린 것은?
① 부지가격에 대한 평가
② 주변식생에 의한 음영 여부 확인
③ 일사량 조사 및 동향배치 가능 여부 확인
④ 토사, 암반의 지내력 및 지반, 지질상태 확인

풀이 북반구의 경우 태양광발전소 부지 선정 시 남향배치 가능 여부를 확인하고, 남반구는 북향배치 가능 여부를 확인한다.

03 태양광발전시스템 부지 선정 시 일반적 고려사항으로 틀린 것은?
① 일사량이 좋고 동향인지 확인
② 부지의 가격이 저렴한지 확인
③ 바람이 잘 통할 수 있는 부지인지 확인
④ 토사, 암반의 지내력 등 지반, 지질상태 확인

풀이 태양광발전시스템 부지 선정 시 고려사항
- 일사량이 좋고 태양고도가 가장 높은 남향
- 토사, 암반의 지내력 등 지반, 지질상태
- 바람이 잘 통하는지 여부
- 부지의 가격

정답 01 ④ 02 ③ 03 ①

04 태양광발전 부지 선정의 절차가 옳게 나열된 것은?

① 후보지 선정 → 지역정보 수집 → 현장조사 → 지가조사 → 소유자 협의
② 후보지 선정 → 현장조사 → 지역정보 수집 → 지가조사 → 소유자 협의
③ 지역정보 수집 → 후보지 선정 → 현장조사 → 지가조사 → 소유자 협의
④ 지역정보 수집 → 현장조사 → 지가조사 → 토지현황 파악 → 소유자 협의

05 개발행위의 허가대상 중 잘못된 것은?

① 건축물의 건축
② 경작을 위한 토지의 형질변경
③ 공작물 설치
④ 물건을 쌓아 놓는 행위

풀이 토지의 형질변경
- 절토·성토·정지·포장 등의 방법으로 형질변경(단, 경작을 위한 토지의 형질변경은 제외)
- 토석채취
- 토지분할

06 환경영향평가 대상인 태양광발전소의 발전용량 기준은?

① 10,000[kW] 이상
② 20,000[kW] 이상
③ 50,000[kW] 이상
④ 100,000[kW] 이상

풀이
- 환경영향평가 : 발전용량 100,000[kW] 이상
- 검토 주요 대상 : 발전소(발전시설용량 1만[kW] 이상). 다만, 댐 및 저수지 건설을 수반(3천[kW] 이상), 태양광, 풍력 또는 연료전지발전소(10만[kW]이상인 것)

07 전기사업용 전기설비의 공사계획 인가 또는 신고 시 산업통상자원부의 인가가 필요한 발전소출력은?

① 3,000[kW] 이상
② 5,000[kW] 이상
③ 10,000[kW] 이상
④ 50,000[kW] 이상

풀이 전기사업용 전기설비의 공사계획 인가 또는 신고기준
- 산업통상자원부 인가사항 : 출력 10,000[kW] 이상의 발전소 설치공사
- 지자체 신고사항 : 출력 10,000[kW] 미만의 발전소 설치공사

08 소규모환경영향평가(사전환경성)의 검토 및 협의항목이 아닌 것은?

① 대기
② 소음
③ 토양
④ 수질

풀이 소규모환경영향평가 : 대기, 수질, 소음

정답 04 ① 05 ② 06 ④ 07 ③ 08 ③

09 일정 규모 이상의 발전설비를 보유한 발전사업자에게 총 발전량의 일정량 이상을 신·재생에너지로 생산한 전력으로 공급하게 하는 것을 무엇이라 하는가?
① 신·재생에너지 공급의무화제도(RPS)
② 신·재생에너지 포상제도
③ 발전차액 보상제도
④ 신·재생에너지 설비 현대화 제도

10 개발행위 허가만으로 태양광발전소를 건설할 수 있는 관리지역의 면적기준은?
① 10,000[m^2] 미만
② 5,000[m^2] 미만
③ 30,000[m^2] 미만
④ 15,000[m^2] 미만

풀이 개발행위 허가 용도지역별 허가면적
1. 도시지역
   - 주거지역, 상업지역, 자연녹지지역, 생산녹지지역 : 1만[m^2] 미만
   - 공업지역 : 3만[m^2] 미만
   - 보전녹지지역 : 5천[m^2] 미만
2. 관리지역 : 3만[m^2] 미만
3. 농림지역 : 3만[m^2] 미만
4. 자연환경보전지역 : 5천[m^2] 미만

11 태양광발전사업을 위한 부지를 선정하고자 한다. 개발행위 허가기준에 따른 개발행위의 규모가 아닌 것은?
① 농림지역 30,000[m^2] 미만
② 도시 주거지역 10,000[m^2] 미만
③ 도시 공업지역 30,000[m^2] 미만
④ 자연환경보전지역 7,000[m^2] 미만

풀이 문제 10번 풀이 참조

12 농림지역에 태양광발전사업을 하려고 한다. 개발행위 대상이 되는 부지면적은 최대 몇 [m^2] 미만인가?
① 5,000[m^2]
② 7,500[m^2]
③ 10,000[m^2]
④ 30,000[m^2]

풀이 문제 10번 풀이 참조

정답 09 ① 10 ③ 11 ④ 12 ④

13 소규모환경영향평가(사전환경성)의 대상이 되는 보전관리지역의 면적기준은?

① 5,000[m²] 이상
② 7,500[m²] 이상
③ 10,000[m²] 이상
④ 15,000[m²] 이상

풀이 보전이 필요한 지역 내의 개발사업
- 보전관리지역 : 5,000[m²]
- 생산관리지역 : 7,500[m²]
- 계획관리지역 : 10,000[m²]
- 자연환경보전지역 : 5,000[m²]
- 개발제한구역 : 5,000[m²]

14 태양광발전소의 경우 발전시설용량이 몇 [kW] 이상일 때 환경영향평가 대상인가?

① 5,000
② 10,000
③ 50,000
④ 100,000

풀이 환경영향평가 대상사업의 범위
발전시설용량이 1만[kW] 이상인 발전소. 다만, 댐 및 저수지 건설을 수반하는 발전소의 경우에는 발전시설용량이 3천[kW] 이상인 것. 태양력·풍력 또는 연료전지발전소의 경우에는 발전시설용량이 10만[kW] 이상인 것

15 표준상태에서 태양전지어레이의 변환효율을 산출하는 계산식으로 옳은 것은?

- P_{AS} : 태양전지어레이 출력전력[kW]
- G_S : 경사면 일사량[kW/m²]
- G_H : 수평면 일사량[kW/m²]
- A : 태양전지어레이 면적[m²]

① $\eta = \dfrac{P_{AS}}{G_S \times A} \times 100[\%]$

② $\eta = \dfrac{G_S}{P_{AS} \times A} \times 100[\%]$

③ $\eta = \dfrac{P_{AS} \times A}{G_H} \times 100[\%]$

④ $\eta = \dfrac{G_S \times A}{P_{AS}} \times 100[\%]$

풀이 태양전지어레이의 변환효율(η)

$\eta = \dfrac{P_{AS}}{G_S \times A} \times 100[\%]$

정답 13 ① 14 ④ 15 ①

16 태양광발전 설비용량과 부하에서 소비하는 전력량의 관계를 올바르게 나타낸 것은?

- P_{AS} : 표준상태에서의 태양광어레이의 출력[kW]
- G_S : 표준상태에서의 일사강도[kW/m²]
- D : 부하의 태양광발전시스템에 대한 의존율
- K : 종합설계지수
- H_A : 태양광어레이면 일사량[kW/m² · 기간]
- E_L : 부하소비전력량[kWh/기간]
- R : 설계여유계수

① $P_{AS} = \dfrac{E_L \times G_S \times R}{(H_A/D) \times K}$

② $P_{AS} = \dfrac{E_L \times D \times R}{(H_A/G_S) \times K}$

③ $P_{AS} = \dfrac{E_L \times G_S \times R \times K}{(H_A/D)}$

④ $P_{AS} = \dfrac{D \times R \times K}{(H_A/E_L \times G_S)}$

풀이 태양광어레이의 출력(P_{AS})

$$P_{AS} = \dfrac{E_L \times D \times R}{(H_A/G_S) \times K}$$

17 태양전지어레이의 출력이 9,800[W], 해당 지역 7월의 경사면 일사량이 104.8[kWh/(m² · 월)]이면 7월 한 달 동안의 발전량[kWh/월]은?(단, 종합설계계수는 0.68)

① 698.39
② 1,027.4
③ 826.42
④ 1,122.72

풀이 7월 발전량(E_{PM})

$$E_{PM} = P_{AS} \times \dfrac{H_{AM}}{G_S} \times K [\text{kWh/월}]$$

$$= 9,800 \times 10^{-3} \times \dfrac{104.8[\text{kWh}/(\text{m}^2 \cdot \text{월})]}{1,000[\text{W/m}^2] \times 10^{-3}} \times 0.68$$

$$= 698.3872 [\text{kWh/월}]$$

18 다음 중 독립형 태양광발전시스템의 발전량 산출절차로 옳은 것은?

① 전력수요량 결정 → 태양광용량 결정 → 설치면적 결정 → 태양전지모듈 선정 → 인버터 선정 → 발전량 산출
② 전력수요량 결정 → 태양광용량 결정 → 설치면적 결정 → 시스템 설계(어레이용량 산출, 설치장소 일사량 적용, 모듈 수량 결정) → 인버터 선정 → 발전량 산출
③ 부하별 1일 소비전력 산출 → 1일 소비전력량 합산 → 1일 전력수요량 산정
④ 부하설비용량 산정 → 변압기용량 산정 → 발전기용량 산정

풀이 ①은 계통연계형 태양광발전시스템 발전량의 산출순서
③은 전력수요량의 산출순서

정답 16 ② 17 ① 18 ②

19 태양광발전시스템의 월간 발전가능량 산출식은?[단, P_{AS} : 표준상태에서의 태양전지어레이(모듈 총 수량) 출력[kW], H_{AM} : 월적산 어레이 표면(경사면) 일사량[kWh/(m² · 월)], G_S : 표준상태에서의 일사강도[kW/m²](=1[kW/m²]), K : 종합설계계수]

① $E_{PM} = H_{AM} \times \dfrac{P_{AS}}{G_S} \times K$[kWh/월]

② $E_{PM} = P_{AS} \times \dfrac{H_{AM}}{G_S} \times K$[kWh/월]

③ $E_{PM} = P_{AS} \times \dfrac{G_S}{H_{AM}} \times K$[kWh/월]

④ $E_{PM} = P_{AS} \times \dfrac{G_S}{H_{AM} \times K}$[kWh/월]

20 다음 설비의 1일 전력수요량[kWh]은?(단, 손실계수 1.1을 적용)

부하설비	수량	소비전력[W]	사용시간[h]
컴퓨터 및 부대설비	5	150	8
조명(형광등)	20	36	6
TV	2	240	5
냉장고	1	180	24
에어컨	1	1,600	4

① 23.44
② 25.784
③ 13.44
④ 15.784

풀이 1일 전력수요량=1일 전력소비량×1.1
=(5×150×8)+(20×36×6)+(2×240×5)+(1×180×24)+(1×1,600×4)
=23,440[W]×10⁻³
=23.44[kWh]×1.1
=25.784[kWh]

21 1일 전력수용량 산정 수식으로 적합한 것은?

① 1일 전력소비량×1.1
② 1일 전력소비량×1.2
③ 1일 전력소비량×1.3
④ 1일 전력소비량×1.4

풀이 1일 전력수요량 산정 시 일반적으로 보정계수는 1.2를 적용한다.

정답 19 ② 20 ② 21 ②

22 시스템이용률이 25[%]일 때 일평균 발전시간은?

① 5   ② 6   ③ 7   ④ 8

풀이
- 일평균 발전시간 $= \dfrac{1년간\ 발전전력량[kWh]}{시스템\ 용량[kW] \times 운전일수}$
- 시스템이용률 $= \dfrac{1년간\ 발전전력량}{24[h] \times 운전일수 \times 시스템\ 용량[kW]} = \dfrac{일평균\ 발전시간}{24[h]}$

∴ 일평균 발전시간 = 시스템이용률 × 24 = 0.25 × 24 = 6

23 태양광설비 3[MWp], 일일발전시간이 4.6시간인 경우 연간발전량은?

① 1,095[MWh]   ② 13.7[MWh]
③ 5,037[MWh]   ④ 328.8[MWh]

풀이 연간발전량 = 설비용량[MWh] × 일일발전시간 × 365
= 3[MWp] × 4.6[h] × 365
= 5,037[MWh]

정답 22 ② 23 ③

02 태양광발전 계통연계조사

01 독립형 태양광발전설비의 종류가 아닌 것은?

① 복합형 ② 계통연계형
③ 축전지가 없는 형 ④ 축전지가 있는 형

풀이
- 독립형 태양광발전설비 : 상용전원이 공급되지 않는 곳에 설치한 설비시스템 구성에 따라 직류부하용, 교류부하용, 하이브리드형으로 분류한다.
- 형태별 : 복합형, 축전지가 있는 형, 축전지가 없는 형
- 계통연계형 : 상용전원이 공급되는 장소에 설치한 발전설비

02 계통연계형 인버터의 기능에 해당하지 않는 것은?

① 자동운전 정지기능 ② 자동전류 조정기능
③ 단독운동 방지기능 ④ 최대출력 추종제어기능

풀이 인버터의 기능
- 자동운전 정지기능
- 최대전력 추종제어기능
- 단독운전 방지기능
- 자동전압 조정기능
- 직류 검출기능
- 지류, 지락 검출기능
- 계통연계 보호기능

03 태양광발전시스템의 분류 중 전력회사의 배전선에서 멀리 떨어진 산악지대 및 외딴 섬 등에서 사용하는 방식은?

① 계통연계형 시스템 ② 독립형 시스템
③ 추적형 시스템 ④ 연동형 시스템

풀이 독립형 시스템 : 멀리 떨어진 산악지대 및 외딴 섬과 같이 전기가 들어오지 않는 지역에서 태양광발전기로 전기를 공급하는 방식

04 지역 전력계통과 연결되어 있을 뿐 아니라 축전지와도 연결된 구조로, 생산된 전력을 축전지에 저장 및 지역 전력사업자에게 판매하는 시스템은?

① 하이브리드시스템 ② 계통연계형
③ 계통지원형 ④ 독립형

풀이 계통연계형 : 상용전원과(계통) 병렬로 연결하여 부하에 공급하고 상용전원 측에도 공급할 수 있는 시스템

정답 01 ② 02 ② 03 ② 04 ②

05 독립형 태양광발전시스템에 대한 설명이 아닌 것은?
  ① 독립형은 전력회사로부터 전력을 공급받을 수 없는 지역에 설치한다.(도서지방, 등대 등)
  ② 독립형은 유지보수비용이 계통연계형에 비해 저렴하고 보수가 간편하다.
  ③ 섬이나 특수지역 등의 특수목적으로 사용되고 일반화된 시스템은 아니다.
  ④ 독립형은 전력공급 중단을 방지하기 위해 축전지와 비상발전기를 설치한다.

  풀이 독립형은 축전지를 설치해야 하며, 납축전지의 수명이 2~3년이므로 이를 교체하는 데 드는 유지보수비용이 비싸다.

06 계통연계형 태양광발전시스템의 특징이 아닌 것은?
  ① 초과 생산된 전력을 계통에 보내거나 전력생산이 불충분할 경우 계통으로 전력을 공급받을 수 있는 시스템이다.
  ② 주택용 및 상업용의 태양광발전시스템에 도입할 수 있다.
  ③ 전력저장장치를 별도로 설치해야 하므로 가격이 비싸다.
  ④ 태양광발전에서 생산된 전력은 지역전력망으로 공급할 수 있다.

  풀이 계통연계형 태양광발전시스템은 전력저장장치가 필요치 않아 설치비가 저렴하다.

07 태양광발전시스템에 풍력발전, 열병합발전 등 타 에너지원의 발전시스템과 결합하여 축전지·부하 및 상용계통에 전력을 공급하는 시스템은?
  ① 독립형 시스템   ② 하이브리드시스템
  ③ 계통연계형 시스템   ④ 집광형 시스템

  풀이 하이브리드시스템
    태양광, 풍력, 지열, 소수력, 디젤발전 등 둘 이상이 조합된 발전시스템을 말한다.

08 태양광발전시스템의 22.9[kV] 특별고압 가공선로 1회선에 연계 가능한 용량으로 옳은 것은?
  ① 30[kW] 이하   ② 100[kW] 이하
  ③ 10,000[kW] 이하   ④ 30,000[kW] 이하

정답 05 ② 06 ③ 07 ② 08 ③

풀이 신설 및 계약전력 증가 시 공급방식 및 공급전압은 전기사용장소 내의 계약전력 합계를 기준으로 다음 표에 따라 결정

계약전력	공급방식 및 공급전압
500[kW] 미만	교류단상 220[V] 또는 교류삼상 380[V] 중 한전이 적당하다고 결정한 한 가지 공급방식 및 공급전압
500[kW] 이상~10,000[kW] 이하	교류삼상 22,900[V]
10,000[kW] 초과~400,000[kW] 이하	교류삼상 154,000[V]
400,000[kW] 초과	교류삼상 345,000[V]

09 태양광발전시스템의 전기설계를 위한 기본계획 설계 흐름도를 올바르게 나타낸 것은?
① 설치면적 결정 → 모듈 선정 → 인버터 선정 → 직렬 결선 수 선정 → 병렬 수와 어레이용량 선정
② 설치면적 결정 → 모듈 선정 → 인버터 선정 → 병렬 수와 어레이용량 선정 → 직렬 결선 수 선정
③ 설치면적 결정 → 직렬 결선 수 선정 → 병렬 수와 어레이용량 선정 → 인버터 선정 → 모듈 선정
④ 설치면적 결정 → 인버터 선정 → 모듈 선정 → 병렬 수와 어레이용량 선정 → 직렬 결선 수 선정

10 저압배전선로에 연계 가능한 태양광발전설비의 최대용량은?
① 100[kW] 미만
② 50[kW] 미만
③ 80[kW] 미만
④ 60[kW] 미만

정답 09 ① 10 ①

SECTION 004 태양광발전 사업부지 인허가 검토

01 인허가 관련 법령 검토

1 전기사업법

1. 목적(제1조)

이 법은 전기사업에 관한 기본제도를 확립하고 전기사업의 경쟁과 새로운 기술 및 사업의 도입을 촉진함으로써 전기사업의 건전한 발전을 도모하고 전기사용자의 이익을 보호하여 국민경제의 발전에 이바지함을 목적으로 한다.

2. 정의(제2조)

이 법에서 사용하는 용어의 뜻은 다음과 같다.

1) 전기사업

발전사업 · 송전사업 · 배전사업 · 전기판매사업 및 구역전기사업을 말한다.

2) 전기사업자

발전사업자 · 송전사업자 · 배전사업자 · 전기판매사업자 및 구역전기사업자를 말한다.

3) 발전사업

전기를 생산하여 이를 전력시장을 통하여 전기판매사업자에게 공급하는 것을 주된 목적으로 하는 사업을 말한다.

4) 발전사업자

제7조제1항에 따라 발전사업의 허가를 받은 자를 말한다.

5) 송전사업

발전소에서 생산된 전기를 배전사업자에게 송전하는 데 필요한 전기설비를 설치 · 관리하는 것을 주된 목적으로 하는 사업을 말한다.

6) 송전사업자

제7조제1항에 따라 송전사업의 허가를 받은 자를 말한다.

7) 배전사업

발전소로부터 송전된 전기를 전기사용자에게 배전하는 데 필요한 전기설비를 설치·운용하는 것을 주된 목적으로 하는 사업을 말한다.

8) 배전사업자

제7조제1항에 따라 배전사업의 허가를 받은 자를 말한다.

9) 전기판매사업

전기사용자에게 전기를 공급하는 것을 주된 목적으로 하는 사업을 말한다.

10) 전기판매사업자

제7조제1항에 따라 전기판매사업의 허가를 받은 자를 말한다.

11) 구역전기사업

대통령령으로 정하는 규모 이하의 발전설비를 갖추고 특정한 공급구역의 수요에 맞추어 전기를 생산하여 전력시장을 통하지 아니하고 그 공급구역의 전기사용자에게 공급하는 것을 주된 목적으로 하는 사업을 말한다.

12) 구역전기사업자

제7조제1항에 따라 구역전기사업의 허가를 받은 자를 말한다.

13) 전력시장

전력거래를 위하여 제35조에 따라 설립된 한국전력거래소(이하 "한국전력거래소"라 한다)가 개설하는 시장을 말한다.

14) 전력계통

전기의 원활한 흐름과 품질유지를 위하여 전기의 흐름을 통제·관리하는 체제를 말한다.

15) 보편적 공급

전기사용자가 언제 어디서나 적정한 요금으로 전기를 사용할 수 있도록 전기를 공급하는 것을 말한다.

16) 전기설비

발전·송전·변전·배전·전기공급 또는 전기사용을 위하여 설치하는 기계·기구·댐·수로·저수지·전선로·보안통신선로 및 그 밖의 설비(「댐건설·관리 및 주변지역지원 등에 관한 법률」에 따라 건설되는 댐·저수지와 선박·차량 또는 항공기에 설치되는 것과 그 밖에 대통령령으로 정하는 것은 제외한다)로서 다음 각 목의 것을 말한다.

가. 전기사업용 전기설비

나. 일반용 전기설비
다. 자가용 전기설비

16의2) 전선로

발전소·변전소·개폐소 및 이에 준하는 장소와 전기를 사용하는 장소 상호 간의 전선 및 이를 지지하거나 수용하는 시설물을 말한다.

17) 전기사업용 전기설비

전기설비 중 전기사업자가 전기사업에 사용하는 전기설비를 말한다.

18) 일반용 전기설비

산업통상자원부령으로 정하는 소규모의 전기설비로서 한정된 구역에서 전기를 사용하기 위하여 설치하는 전기설비를 말한다.

19) 자가용 전기설비

전기사업용 전기설비 및 일반용 전기설비 외의 전기설비를 말한다.

20) 안전관리

국민의 생명과 재산을 보호하기 위하여 이 법 및 「전기안전관리법」에서 정하는 바에 따라 전기설비의 공사·유지 및 운용에 필요한 조치를 하는 것을 말한다.

21) 분산형전원

전력수요 지역 인근에 설치하여 송전선로[발전소 상호 간, 변전소 상호 간 및 발전소와 변전소 간을 연결하는 전선로(통신용으로 전용하는 것은 제외한다)를 말한다. 이하 같다]의 건설을 최소화할 수 있는 일정 규모 이하의 발전설비로서 산업통상자원부령으로 정하는 것을 말한다.

3. 정부 등의 책무(제3조)

① 산업통상자원부장관은 이 법의 목적을 달성하기 위하여 전력수급(電力需給)의 안정과 전력산업의 경쟁촉진 등에 관한 기본적이고 종합적인 시책을 마련하여야 한다.

④ 특별시장·광역시장·도지사·특별자치도지사(이하 "시·도지사"라 한다) 및 시장·군수·구청장(자치구의 구청장을 말한다. 이하 같다)은 그 관할 구역의 전기사용자가 전기를 안정적으로 공급받기 위하여 필요한 시책을 마련하여야 하며, 제1항에 따른 산업통상자원부장관의 전력수급 안정을 위한 시책의 원활한 시행에 협력하여야 한다.

4. 전기사용자의 보호(제4조)

전기사업자와 전기신사업자(이하 "전기사업자 등"이라 한다)는 전기사용자의 이익을 보호하기 위한 방안을 마련하여야 한다.

5. 환경보호(제5조)

전기사업자 등은 전기설비를 설치하여 전기사업 및 전기신사업(이하 "전기사업 등"이라 한다)을 할 때에는 자연환경 및 생활환경을 적정하게 관리·보존하는 데 필요한 조치를 마련하여야 한다.

6. 보편적 공급(제6조)

① 전기사업자는 전기의 보편적 공급에 이바지할 의무가 있다.
② 산업통상자원부장관은 다음 각 호의 사항을 고려하여 전기의 보편적 공급의 구체적 내용을 정한다.
    1. 전기기술의 발전 정도
    2. 전기의 보급 정도
    3. 공공의 이익과 안전
    4. 사회복지의 증진

7. 전기사업의 허가(제7조)

① 전기사업을 하려는 자는 대통령령으로 정하는 바에 따라 전기사업의 종류별 또는 규모별로 산업통상자원부장관 또는 시·도지사(이하 "허가권자"라 한다)의 허가를 받아야 한다. 허가받은 사항 중 산업통상자원부령으로 정하는 중요 사항을 변경하려는 경우에도 또한 같다.
② 산업통상자원부장관은 전기사업을 허가 또는 변경허가를 하려는 경우에는 미리 제53조에 따른 전기위원회(이하 "전기위원회"라 한다)의 심의를 거쳐야 한다.
③ 동일인에게는 두 종류 이상의 전기사업을 허가할 수 없다. 다만, 대통령령으로 정하는 경우에는 그러하지 아니하다.
④ 허가권자는 필요한 경우 사업구역 및 특정한 공급구역별로 구분하여 전기사업의 허가를 할 수 있다. 다만, 발전사업의 경우에는 발전소별로 허가할 수 있다.
⑤ 전기사업의 허가기준은 다음 각 호와 같다.
    1. 전기사업을 적정하게 수행하는 데 필요한 재무능력 및 기술능력이 있을 것
    2. 전기사업이 계획대로 수행될 수 있을 것
    3. 배전사업 및 구역전기사업의 경우 둘 이상의 배전사업자의 사업구역 또는 구역전기사업자의 특정한 공급구역 중 그 전부 또는 일부가 중복되지 아니할 것
    4. 구역전기사업의 경우 특정한 공급구역의 전력수요의 50퍼센트 이상으로서 대통령령으로 정하는 공급능력을 갖추고, 그 사업으로 인하여 인근 지역의 전기사용자에 대한 다른 전기사업자의 전기공급에 차질이 없을 것
    4의2. 발전소나 발전연료가 특정 지역에 편중되어 전력계통의 운영에 지장을 주지 아니할 것

5. 「신에너지 및 재생에너지 개발·이용·보급 촉진법」 제2조에 따른 태양에너지 중 태양광, 풍력, 연료전지를 이용하는 발전사업의 경우 대통령령으로 정하는 바에 따라 발전사업 내용에 대한 사전고지를 통하여 주민 의견수렴 절차를 거칠 것
6. 그 밖에 공익상 필요한 것으로서 대통령령으로 정하는 기준에 적합할 것

⑥ 제1항에 따른 허가의 세부기준·절차와 그 밖에 필요한 사항은 산업통상자원부령으로 정한다.

8. 결격사유(제8조)

① 다음 각 호의 어느 하나에 해당하는 자는 전기사업의 허가를 받을 수 없다.
1. 피성년후견인
2. 파산선고를 받고 복권되지 아니한 자
3. 「형법」 제172조의2, 제173조, 제173조의2(제172조제1항의 죄를 범한 자는 제외한다), 제174조(제172조의2제1항 및 제173조제1항·제2항의 미수범만 해당한다) 및 제175조(제172조의2제1항 및 제173조제1항·제2항의 죄를 범할 목적으로 예비 또는 음모한 자만 해당한다) 중 전기에 관한 죄를 짓거나 이 법을 위반하여 금고 이상의 실형을 선고받고 그 집행이 끝나거나(집행이 끝난 것으로 보는 경우를 포함한다) 집행이 면제된 날부터 2년이 지나지 아니한 자
4. 제3호에 규정된 죄를 지어 금고 이상의 형의 집행유예선고를 받고 그 유예기간 중에 있는 자
5. 제12조제1항에 따라 전기사업의 허가가 취소(제1호 또는 제2호의 결격사유에 해당하여 허가가 취소된 경우는 제외한다)된 후 2년이 지나지 아니한 자
6. 제1호부터 제5호까지의 어느 하나에 해당하는 자가 대표자인 법인

9. 사업허가의 취소 등(제12조)

① 허가권자는 전기사업자가 다음 각 호의 어느 하나에 해당하는 경우에는 전기위원회의 심의(허가권자가 시·도지사인 전기사업의 경우는 제외한다)를 거쳐 그 허가를 취소하거나 6개월 이내의 기간을 정하여 사업정지를 명할 수 있다. 다만, 제1호부터 제4호까지 또는 제4호의2의 어느 하나에 해당하는 경우에는 그 허가를 취소하여야 한다.
1. 제8조제1항 각 호의 어느 하나에 해당하게 된 경우
2. 제9조에 따른 준비기간에 전기설비의 설치 및 사업을 시작하지 아니한 경우
3. 원자력발전소를 운영하는 발전사업자(이하 "원자력발전사업자"라 한다)에 대한 외국인의 투자가 「외국인투자 촉진법」 제2조제1항제4호에 해당하게 된 경우
4. 거짓이나 그 밖의 부정한 방법으로 제7조제1항에 따른 허가 또는 변경허가를 받은 경우
5. 인가를 받지 아니하고 전기사업의 전부 또는 일부를 양수하거나 법인의 분할이나 합병을 한 경우
6. 정당한 사유 없이 전기의 공급을 거부한 경우

7. 산업통상자원부장관의 인가 또는 변경인가를 받지 아니하고 전기설비를 이용하게 하거나 전기를 공급한 경우
11. 차액계약을 통하여서만 전력을 거래하여야 하는 전기사업자가 같은 조 제3항에 따라 인가받은 차액계약을 통하지 아니하고 전력을 거래한 경우
12. 인가를 받지 아니하거나 신고를 하지 아니한 경우
13. 제93조제1항을 위반하여 회계를 처리한 경우
14. 사업정지기간에 전기사업을 한 경우

③ 다음 각 호의 어느 하나에 해당하는 경우에는 그 사유가 발생한 날부터 6개월간은 제1항 또는 제2항을 적용하지 아니한다.
   3. 전기사업자의 지위를 승계한 상속인이 제8조제1항제1호부터 제5호까지의 어느 하나에 해당하는 경우

④ 허가권자는 배전사업자가 사업구역의 일부에서 허가받은 전기사업을 하지 아니하여 제6조를 위반한 사실이 인정되는 경우에는 그 사업구역의 일부를 감소시킬 수 있다.

⑤ 허가권자는 다음 각 호의 어느 하나에 해당하는 경우로서 그 사업정지가 전기사용자 등에게 심한 불편을 주거나 공익을 해칠 우려가 있는 경우에는 대통령령으로 정하는 바에 따라 사업정지명령을 갈음하여 5천만 원 이하의 과징금을 부과할 수 있다.
   1. 전기사업자가 제1항제5호부터 제10호까지, 제11호부터 제14호까지의 어느 하나에 해당하는 경우
   2. 전기신사업자가 제2항제4호부터 제6호까지의 어느 하나에 해당하는 경우

⑥ 제1항 및 제2항에 따른 위반행위별 처분기준과 제5항에 따른 과징금의 부과기준은 대통령령으로 정한다.

⑦ 허가권자는 제5항에 따른 과징금을 내야 할 자가 납부기한까지 이를 내지 아니하면 국세 체납처분의 예 또는 「지방행정제재·부과금의 징수에 관한 법률」에 따라 징수할 수 있다.

10. 전기공급의 의무(제14조)

발전사업자, 전기판매사업자, 전기자동차충전사업자, 재생에너지전기공급사업자, 통합발전소사업자, 재생에너지전기저장판매사업자 및 송전제약발생지역전기공급사업자는 대통령령으로 정하는 정당한 사유 없이 전기의 공급을 거부하여서는 아니 된다.

11. 구역전기사업자와 전기판매사업자의 전력거래 등(제16조의3)

① 구역전기사업자는 사고나 그 밖에 산업통상자원부령으로 정하는 사유로 전력이 부족하거나 남는 경우에는 부족한 전력 또는 남는 전력을 전기판매사업자와 거래할 수 있다.
② 전기판매사업자는 정당한 사유 없이 제1항의 거래를 거부하여서는 아니 된다.
③ 전기판매사업자는 제1항의 거래에 따른 전기요금과 그 밖의 거래조건에 관한 사항을 내용으

로 하는 약관(이하 "보완공급약관"이라 한다)을 작성하여 산업통상자원부장관의 인가를 받아야 한다. 이를 변경하는 경우에도 또한 같다.

④ 제3항에 따른 인가에 관하여는 제16조제2항을 준용한다.

12. 전력량계의 설치 · 관리(제19조)

① 다음 각 호의 자는 시간대별로 전력거래량을 측정할 수 있는 전력량계를 설치 · 관리하여야 한다.
   1. 발전사업자(대통령령으로 정하는 발전사업자는 제외한다)
   2. 자가용 전기설비를 설치한 자(제31조제2항 단서에 따라 전력을 거래하는 경우만 해당한다)
   3. 구역전기사업자(제31조제3항에 따라 전력을 거래하는 경우만 해당한다)
   4. 배전사업자
   5. 제32조 단서에 따라 전력을 직접 구매하는 전기사용자

② 제1항에 따른 전력량계의 허용오차 등에 관한 사항은 산업통상자원부장관이 정한다.

13. 전력거래(제31조)

① 발전사업자 및 전기판매사업자는 제43조에 따른 전력시장운영규칙으로 정하는 바에 따라 전력시장에서 전력거래를 하여야 한다. 다만, 도서지역 등 대통령령으로 정하는 경우에는 그러하지 아니하다.

② 자가용 전기설비를 설치한 자는 그가 생산한 전력을 전력시장에서 거래할 수 없다. 다만, 대통령령으로 정하는 경우에는 그러하지 아니하다.

③ 구역전기사업자는 대통령령으로 정하는 바에 따라 특정한 공급구역의 수요에 부족하거나 남는 전력을 전력시장에서 거래할 수 있다.

④ 전기판매사업자는 다음 각 호의 어느 하나에 해당하는 자가 생산한 전력을 제43조에 따른 전력시장운영규칙으로 정하는 바에 따라 우선적으로 구매할 수 있다.
   1. 대통령령으로 정하는 규모 이하의 발전사업자
   2. 자가용 전기설비를 설치한 자(제2항 단서에 따라 전력거래를 하는 경우만 해당한다)
   3. 「신에너지 및 재생에너지 개발 · 이용 · 보급 촉진법」 제2조제1호 및 제2호에 따른 신에너지 및 재생에너지를 이용하여 전기를 생산하는 발전사업자
   4. 「집단에너지사업법」 제48조에 따라 발전사업의 허가를 받은 것으로 보는 집단에너지사업자
   5. 수력발전소를 운영하는 발전사업자

⑤ 「지능형전력망의 구축 및 이용촉진에 관한 법률」 제12조제1항에 따라 지능형전력망 서비스 제공사업자로 등록한 자 중 대통령령으로 정하는 자(이하 "수요관리사업자"라 한다)는 제43조에 따른 전력시장운영규칙으로 정하는 바에 따라 전력시장에서 전력거래를 할 수 있다. 다만,

수요관리사업자 중 「독점규제 및 공정거래에 관한 법률」 제31조제1항의 상호출자제한기업집단에 속하는 자가 전력거래를 하는 경우에는 대통령령으로 정하는 전력거래량의 비율에 관한 기준을 충족하여야 한다.
⑥ 소규모전력중개사업자는 모집한 소규모전력자원에서 생산 또는 저장한 전력을 제43조에 따른 전력시장운영규칙으로 정하는 바에 따라 전력시장에서 거래하여야 한다.
⑦ 통합발전소사업자는 제43조에 따른 전력시장운영규칙에서 정하는 바에 따라 통합발전소에서 생산 또는 저장한 전력을 전력시장에서 거래할 수 있다.

14. 한국전력거래소의 업무(제36조)

① 한국전력거래소는 그 목적을 달성하기 위하여 다음 각 호의 업무를 수행한다.
   1. 전력시장 및 소규모전력중개시장의 개설·운영에 관한 업무
   2. 전력거래에 관한 업무
   3. 회원의 자격 심사에 관한 업무
   4. 전력거래대금 및 전력거래에 따른 비용의 청구·정산 및 지불에 관한 업무
   5. 전력거래량의 계량에 관한 업무
   6. 제43조에 따른 전력시장운영규칙 및 제43조의2에 따른 중개시장운영규칙 등 관련 규칙의 제정·개정에 관한 업무
   7. 전력계통의 운영에 관한 업무
   8. 제18조제2항에 따른 전기품질의 측정·기록·보존에 관한 업무
   9. 그 밖에 제1호부터 제8호까지의 업무에 딸린 업무
② 한국전력거래소는 제1항에 따른 업무 중 일부를 다른 기관 또는 단체에 위탁하여 처리하게 할 수 있다.
③ 한국전력거래소는 그가 수행하는 업무의 성격이 서로 다른 분야에 대하여는 회계를 구분하여 처리할 수 있다.

15. 전기사업용 전기설비의 공사계획의 인가 또는 신고(제61조)

① 전기사업자는 전기사업용 전기설비의 설치공사 또는 변경공사로서 산업통상자원부령으로 정하는 공사를 하려는 경우에는 그 공사계획에 대하여 산업통상자원부장관의 인가를 받아야 한다. 인가받은 사항을 변경하려는 경우에도 또한 같다.

16. 사용 전 검사(제63조)

제61조에 따라 전기설비의 설치공사 또는 변경공사를 한 자는 산업통상자원부령으로 정하는 바에 따라 허가권자가 실시하는 검사에 합격한 후에 이를 사용하여야 한다.

2 전기공사업법

1. 목적(제1조)

이 법은 전기공사업과 전기공사의 시공·기술관리 및 도급에 관한 기본적인 사항을 정함으로써 전기공사업의 건전한 발전을 도모하고 전기공사의 안전하고 적정한 시공을 확보함을 목적으로 한다.

2. 정의(제2조)

이 법에서 사용하는 용어의 뜻은 다음과 같다.

1) 전기공사

   다음 각 목의 어느 하나에 해당하는 설비 등을 설치·유지·보수·해체하는 공사 및 이에 따른 부대공사로서 대통령령으로 정하는 것을 말한다.

   가. 「전기사업법」 제2조제16호에 따른 전기설비
   나. 전력 사용 장소에서 전력을 이용하기 위한 전기계장설비(電氣計裝設備)
   다. 전기에 의한 신호표지
   라. 「신에너지 및 재생에너지 개발·이용·보급 촉진법」 제2조제3호에 따른 신·재생에너지 설비 중 전기를 생산하는 설비
   마. 「지능형전력망의 구축 및 이용촉진에 관한 법률」 제2조제2호에 따른 지능형전력망 중 전기설비

2) 공사업(工事業)

   도급이나 그 밖에 어떠한 명칭이든 상관없이 전기공사를 업(業)으로 하는 것을 말한다.

3) 공사업자(工事業者)

   제4조제1항에 따라 공사업의 등록을 한 자를 말한다.

4) 발주자(發注者)

   전기공사를 공사업자에게 도급을 주는 자를 말한다. 다만, 수급인으로서 도급받은 전기공사를 하도급 주는 자는 제외한다.

5) 도급(都給)

   원도급(原都給), 하도급, 위탁, 그 밖에 어떠한 명칭이든 상관없이 전기공사를 완성할 것을 약정하고, 상대방이 그 일의 결과에 대하여 대가를 지급할 것을 약정하는 계약을 말한다.

6) 하도급(下都給)

   도급받은 전기공사의 전부 또는 일부를 수급인이 제3자와 체결하는 계약을 말한다.

7) 수급인(受給人)

발주자로부터 전기공사를 도급받은 공사업자를 말한다.

8) 하수급인(下受給人)

수급인으로부터 전기공사를 하도급받은 자를 말한다.

9) 전기공사기술자

다음 각 목의 어느 하나에 해당하는 사람으로서 제17조의2에 따라 산업통상자원부장관의 인정을 받은 사람을 말한다.
가. 「국가기술자격법」에 따른 전기분야의 기술자격을 취득한 사람
나. 일정한 학력과 전기분야에 관한 경력을 가진 사람

10) 전기공사관리

전기공사에 관한 기획, 타당성 조사·분석, 설계, 조달, 계약, 시공관리, 감리, 평가, 사후관리 등에 관한 관리를 수행하는 것을 말한다.

11) 시공책임형 전기공사관리

전기공사업자가 시공 이전 단계에서 전기공사관리 업무를 수행하고 아울러 시공 단계에서 발주자와 시공 및 전기공사관리에 대한 별도의 계약을 통하여 전기공사의 종합적인 계획·관리 및 조정을 하면서 미리 정한 공사금액과 공사기간 내에서 전기설비를 시공하는 것을 말한다. 다만, 「전력기술관리법」에 따른 설계 및 공사감리는 시공책임형 전기공사관리 계약의 범위에서 제외한다.

3. 공사업의 등록(제4조)

① 공사업을 하려는 자는 산업통상자원부령으로 정하는 바에 따라 주된 영업소의 소재지를 관할하는 특별시장·광역시장·특별자치시장·도지사 또는 특별자치도지사(이하 "시·도지사"라 한다)에게 등록하여야 한다.
② 제1항에 따른 공사업의 등록을 하려는 자는 대통령령으로 정하는 기술능력 및 자본금 등을 갖추어야 한다.
③ 제1항에 따라 공사업을 등록한 자 중 등록한 날부터 5년이 지나지 아니한 자는 제2항에 따른 기술능력 및 자본금 등(이하 "등록기준"이라 한다)에 관한 사항을 대통령령으로 정하는 기간이 지날 때마다 산업통상자원부령으로 정하는 바에 따라 시·도지사에게 신고하여야 한다.
④ 시·도지사는 제1항에 따라 공사업의 등록을 받으면 등록증 및 등록수첩을 내주어야 한다.

4. 결격사유(제5조)

다음 각 호의 어느 하나에 해당하는 자는 제4조제1항에 따른 공사업의 등록을 할 수 없다.

1. 피성년후견인
2. 파산선고를 받고 복권되지 아니한 자
3. 다음 각 목의 어느 하나에 해당되어 금고 이상의 실형을 선고받고 그 집행이 끝나거나(집행이 끝난 것으로 보는 경우를 포함한다) 면제된 날부터 2년이 지나지 아니한 사람
4. 제3호에 따른 죄를 범하여 금고 이상의 형의 집행유예를 선고받고 그 유예기간에 있는 사람
5. 등록이 취소(제1호 또는 제2호에 해당하여 등록이 취소된 경우는 제외한다)된 후 2년이 지나지 아니한 자. 이 경우 공사업의 등록이 취소된 자가 법인인 경우에는 그 취소 당시의 대표자와 취소의 원인이 된 행위를 한 사람을 포함한다.
6. 임원 중에 제1호부터 제5호까지의 규정 중 어느 하나에 해당하는 사람이 있는 법인

5. 전기공사 및 시공책임형 전기공사관리의 분리발주(제11조)

① 전기공사는 다른 업종의 공사와 분리발주하여야 한다.
② 시공책임형 전기공사관리는 「건설산업기본법」에 따른 시공책임형 건설사업관리 등 다른 업종의 공사관리와 분리발주하여야 한다.

6. 하도급의 제한 등(제14조)

① 공사업자는 도급받은 전기공사를 다른 공사업자에게 하도급 주어서는 아니 된다. 다만, 대통령령으로 정하는 경우에는 도급받은 전기공사의 일부를 다른 공사업자에게 하도급 줄 수 있다.
② 하수급인은 하도급받은 전기공사를 다른 자에게 다시 하도급 주어서는 아니 된다. 다만, 하도급받은 전기공사 중에 전기기자재의 설치 부분이 포함되는 경우로서 그 전기기자재를 납품하는 공사업자가 그 전기기자재를 설치하기 위하여 전기공사를 하는 경우에는 하도급 줄 수 있다.
③ 공사업자는 제1항 단서에 따라 전기공사를 하도급 주려면 미리 해당 전기공사의 발주자에게 이를 서면으로 알려야 한다.
④ 하수급인은 제2항 단서에 따라 전기공사를 다시 하도급 주려면 미리 해당 전기공사의 발주자 및 수급인에게 이를 서면으로 알려야 한다.

3 태양광발전 인허가 및 사업계획서 작성 검토

1. 인 · 허가 사항

1) 전기(발전)사업 허가권자

① 3,000[kW] 초과 설비 : 산업통상자원부장관
② 3,000[kW] 이하 설비 : 시 · 도지사
③ 시행규칙

> **전기사업법 시행규칙 제4조(사업허가의 신청)** ① 법 제7조제1항에 따라 전기사업의 허가를 신청하려는 자는 별지 제1호서식의 전기사업허가신청서(전자문서로 된 신청서를 포함한다. 이하 같다)에 다음 각 호의 서류(전자문서를 포함한다. 이하 같다)를 첨부하여 산업통상자원부장관에게 제출해야 한다. 다만, 발전설비용량이 3천 킬로와트 이하인 발전사업의 허가를 받으려는 자는 특별시장 · 광역시장 · 특별자치시장 · 도지사 또는 특별자치도지사(이하 "시 · 도지사"라 한다)에게 제출해야 한다.
> 1. 별표 1의 작성방법에 따라 작성한 사업계획서. 이 경우 별표 1의2에 따른 서류를 첨부하여야 한다.
> 2. 정관, 재무상태표 및 손익계산서(신청자가 법인인 경우만 해당하며, 설립 중인 법인의 경우에는 정관만 제출한다)

2) 전기(발전)사업 허가기준

① 전기사업을 적정하게 수행하는 데 필요한 재무능력, 기술능력이 있을 것
② 전기사업이 계획대로 수행될 수 있을 것
③ 배전사업 및 구역전기사업의 경우 둘 이상의 배전사업자의 사업구역 및 구역 전기사업자의 특정한 공급구역 중 그 전부 또는 일부가 중복되지 아니할 것
④ 발전소가 특정지역에 편중되어 전력계통의 운영에 지장을 주지 않을 것
⑤ 발전연료가 어느 하나에 편중되어 전력수급에 지장을 초래하지 않을 것

3) 개발행위허가

① 목적
「국토의 계획 및 이용에 관한 법률」에 따라 개발계획의 적정성 및 기반시설을 확보하여 난개발 방지

② 허가권자
시장, 군수

③ 개발행위 대상
㉠ 건축물의 건축
㉡ 공작물의 설치
㉢ 토지의 형질변경(단, 경작을 위한 토지의 형질변경은 제외)
㉣ 토석 채취
㉤ 토지 분할
㉥ 물건을 쌓아 놓는 행위

④ 용도지역별 허가면적
  ㉠ 도시지역
    • 주거지역, 상업지역, 자연녹지지역, 생산녹지지역 : 1만[m^2] 미만
    • 공업지역 : 3만[m^2] 미만
    • 보전녹지지역 : 5천[m^2] 미만
  ㉡ 관리지역 : 3만[m^2] 미만
  ㉢ 농림지역 : 3만[m^2] 미만
  ㉣ 자연환경보전지역 : 5천[m^2] 미만
⑤ 개발행위 허가의 항목
  ㉠ 산지전용 허가 및 입목 벌채 허가
  ㉡ 농지전용 허가 : 농지의 형질변경
  ㉢ 사방지 지정의 해제
  ㉣ 사도 개설의 허가
  ㉤ 무연분묘의 개장 허가
  ㉥ 초지 전용의 허가 : 초지의 형질변경

2. 인허가 절차 : 태양광발전사업의 추진절차

1) 발전사업 허가신청
   ① 3,000[kW] 초과 시 : 산업통상자원부장관
   ② 3,000[kW] 이하 시 : 시·도지사

2) 환경영향평가
   ① 100,000[kW] 미만 : 소규모환경영향평가
   ② 100,000[kW] 이상 : 환경영향평가

3) 개발행위 허가

4) 전기설비 공사계획 인가 및 신고

5) 사용 전 검사
   검사기관 : 한국전기안전공사

6) 대상설비 확인

7) 전력수급계약 체결

8) 사업개시 신고

┃ 발전사업 허가신청 시 제출서류 ┃

구분	200[kW] 이하	3,000[kW] 이하	3,000[kW] 초과
신규 허가 제출 서류	1. 사업허가신청서 2. 사업계획서	1. 사업허가신청서 2. 사업계획서 3. 송전관계일람도 　(발전/구역전기사업 경우) 4. 발전원가명세서 　(발전/구역전기사업 경우) 5. 기술인력 확보계획 6. 수력 : 하천점용허가서 사본 　(하천법) 　원자력 : 건설허가서 사본 　(원자력법) ※ 신청서 사본도 가능	1. 사업허가신청서 2. 사업계획서 3. 송전관계일람도 　(발전/구역전기사업의 경우) 4. 발전원가명세서 　(발전/구역전기사업의 경우) 5. 기술인력 확보계획 6. 5년간 예상 손익산출서 7. 전기설비개요서 　(배전선로 제외) 8. 공급구역 5만분의 1 지도 　(배전/구역전기사업의 경우) 9. 신용평가의견서 10. 소요재원 조달계획 11. 법인은 정관, 등기부등본, 직전 연도 손익계산서, 대차대조표 　※ 설립 중 법인은 정관 12. 수력 : 하천점용허가서 사본 　(하천법) 　원자력 : 건설허가서 사본 　(원자력법)
변경 허가	1. 사업허가 변경신청서 2. 변경내용을 증명할 수 있는 서류		

02 신재생에너지 관련 법령 검토

1 신에너지 및 재생에너지 개발·이용·보급 촉진법, 시행령, 시행규칙

1. 목적(제1조)

이 법은 신에너지 및 재생에너지의 기술개발 및 이용·보급 촉진과 신에너지 및 재생에너지 산업의 활성화를 통하여 에너지원을 다양화하고, 에너지의 안정적인 공급, 에너지 구조의 환경친화적 전환 및 온실가스 배출의 감소를 추진함으로써 환경의 보전, 국가경제의 건전하고 지속적인 발전 및 국민복지의 증진에 이바지함을 목적으로 한다.

2. 정의(제2조)

1) 신·재생에너지

1. "신에너지"란 기존의 화석연료를 변환시켜 이용하거나 수소·산소 등의 화학반응을 통하여 전기 또는 열을 이용하는 에너지로서 다음 각 목의 어느 하나에 해당하는 것을 말한다.
   가. 수소에너지
   나. 연료전지
   다. 석탄을 액화·가스화한 에너지 및 중질잔사유(重質殘渣油)를 가스화한 에너지로서 대통령령으로 정하는 기준 및 범위에 해당하는 에너지
   라. 그 밖에 석유·석탄·원자력 또는 천연가스가 아닌 에너지로서 대통령령으로 정하는 에너지

2. "재생에너지"란 햇빛·물·지열(地熱)·강수(降水)·생물유기체 등을 포함하는 재생 가능한 에너지를 변환시켜 이용하는 에너지로서 다음 각 목의 어느 하나에 해당하는 것을 말한다.
   가. 태양에너지
   나. 풍력
   다. 수력
   라. 해양에너지
   마. 지열에너지
   바. 생물자원을 변환시켜 이용하는 바이오에너지로서 대통령령으로 정하는 기준 및 범위에 해당하는 에너지
   사. 폐기물에너지(비재생폐기물로부터 생산된 것은 제외한다)로서 대통령령으로 정하는 기준 및 범위에 해당하는 에너지
   아. 그 밖에 석유·석탄·원자력 또는 천연가스가 아닌 에너지로서 대통령령으로 정하는 에너지

3. "신에너지 및 재생에너지 설비"(이하 "신·재생에너지 설비"라 한다)란 신에너지 및 재생에너지(이하 "신·재생에너지"라 한다)를 생산 또는 이용하거나 신·재생에너지의 전력계통 연계조건을 개선하기 위한 설비로서 산업통상자원부령으로 정하는 것을 말한다.
4. "신·재생에너지 발전"이란 신·재생에너지를 이용하여 전기를 생산하는 것을 말한다.
5. "신·재생에너지 발전사업자"란 「전기사업법」 제2조제4호에 따른 발전사업자 또는 같은 조 제19호에 따른 자가용 전기설비를 설치한 자로서 신·재생에너지발전을 하는 사업자를 말한다.

시행령 [별표 1] 바이오에너지 등의 기준 및 범위(제2조 관련)

에너지원의 종류		기준 및 범위
석탄을 액화·가스화한 에너지	기준	석탄을 액화 및 가스화하여 얻어지는 에너지로서 다른 화합물과 혼합되지 않은 에너지
	범위	1) 증기 공급용 에너지 2) 발전용 에너지
중질잔사유를 가스화한 에너지	기준	1) 중질잔사유(원유를 정제하고 남은 최종 잔재물로서 감압증류 과정에서 나오는 감압잔사유, 아스팔트와 열분해 공정에서 나오는 코크, 타르 및 피치 등을 말한다)를 가스화한 공정에서 얻어지는 연료 2) 1)의 연료를 연소 또는 변환하여 얻어지는 에너지
	범위	합성가스
바이오에너지	기준	1) 생물유기체를 변환시켜 얻어지는 기체, 액체 또는 고체의 연료 2) 1)의 연료를 연소 또는 변환시켜 얻어지는 에너지 ※ 1) 또는 2)의 에너지가 신·재생에너지가 아닌 석유제품 등과 혼합된 경우에는 생물유기체로부터 생산된 부분만을 바이오에너지로 본다.
	범위	1) 생물유기체를 변환시킨 바이오가스, 바이오에탄올, 바이오액화유 및 합성가스 2) 쓰레기매립장의 유기성 폐기물을 변환시킨 매립지가스 3) 동물·식물의 유지(油脂)를 변환시킨 바이오디젤 및 바이오중유 4) 생물유기체를 변환시킨 땔감, 목재칩, 펠릿 및 숯 등의 고체연료
폐기물 에너지	기준	1) 폐기물을 변환시켜 얻어지는 기체, 액체 또는 고체의 연료 2) 1)의 연료를 연소 또는 변환시켜 얻어지는 에너지 3) 폐기물의 소각열을 변환시킨 에너지 ※ 1)부터 3)까지의 에너지가 신·재생에너지가 아닌 석유제품 등과 혼합되는 경우에는 폐기물로부터 생산된 부분만을 폐기물에너지로 보고, 1)부터 3)까지의 에너지 중 비재생폐기물(석유, 석탄 등 화석연료에 기원한 화학섬유, 인조가죽, 비닐 등으로서 생물 기원이 아닌 폐기물을 말한다)로부터 생산된 것은 제외한다.
수열 에너지	기준	물의 열을 히트 펌프(Heat Pump)를 사용하여 변환시켜 얻어지는 에너지
	범위	해수(海水)의 표층 및 하천수의 열을 변환시켜 얻어지는 에너지

2) 신·재생에너지 설비

> **시행규칙 제2조(신·재생에너지 설비)** 「신에너지 및 재생에너지 개발·이용·보급 촉진법」(이하 "법"이라 한다) 제2조제3호에서 "산업통상자원부령으로 정하는 것"이란 다음 각 호의 설비 및 그 부대설비(이하 "신·재생에너지 설비"라 한다)를 말한다.

1. 수소에너지 설비 : 물이나 그 밖에 연료를 변환시켜 수소를 생산하거나 이용하는 설비
2. 연료전지 설비 : 수소와 산소의 전기화학 반응을 통하여 전기 또는 열을 생산하는 설비
3. 석탄을 액화·가스화한 에너지 및 중질잔사유(重質殘渣油)를 가스화한 에너지 설비 : 석탄 및 중질잔사유의 저급 연료를 액화 또는 가스화시켜 전기 또는 열을 생산하는 설비
4. 태양에너지 설비
   가. 태양열 설비 : 태양의 열에너지를 변환시켜 전기를 생산하거나 에너지원으로 이용하는 설비
   나. 태양광설비 : 태양의 빛에너지를 변환시켜 전기를 생산하거나 채광(採光)에 이용하는 설비
5. 풍력 설비 : 바람의 에너지를 변환시켜 전기를 생산하는 설비
6. 수력 설비 : 물의 유동(流動) 에너지를 변환시켜 전기를 생산하는 설비
7. 해양에너지 설비 : 해양의 조수, 파도, 해류, 온도차 등을 변환시켜 전기 또는 열을 생산하는 설비
8. 지열에너지 설비 : 물, 지하수 및 지하의 열 등의 온도차를 변환시켜 에너지를 생산하는 설비
9. 바이오에너지 설비 : 「신에너지 및 재생에너지 개발·이용·보급 촉진법 시행령」(이하 "영"이라 한다) 별표 1의 바이오에너지를 생산하거나 이를 에너지원으로 이용하는 설비
10. 폐기물에너지 설비 : 폐기물을 변환시켜 연료 및 에너지를 생산하는 설비
11. 수열에너지 설비 : 물의 열을 변환시켜 에너지를 생산하는 설비
12. 전력저장 설비 : 신에너지 및 재생에너지(이하 "신·재생에너지"라 한다)를 이용하여 전기를 생산하는 설비와 연계된 전력저장 설비

3. 기본계획의 수립(제5조)

1) 기본계획

산업통상자원부장관은 관계 중앙행정기관의 장과 협의를 한 후 신·재생에너지정책심의회의 심의를 거쳐 신·재생에너지의 기술개발 및 이용·보급을 촉진하기 위한 기본계획(이하 "기본계획"이라 한다)을 5년마다 수립하여야 한다.

2) 기본계획 기간

기본계획의 계획기간은 10년 이상으로 한다.

3) 기본계획의 내용

기본계획에는 다음 각 호의 사항이 포함되어야 한다.
1. 기본계획의 목표 및 기간
2. 신·재생에너지원별 기술개발 및 이용·보급의 목표
3. 총전력생산량 중 신·재생에너지 발전량이 차지하는 비율의 목표
4. 「에너지법」 제2조제10호에 따른 온실가스의 배출 감소 목표
5. 기본계획의 추진방법
6. 신·재생에너지 기술수준의 평가와 보급전망 및 기대효과
7. 신·재생에너지 기술개발 및 이용·보급에 관한 지원방안
8. 신·재생에너지 분야 전문인력 양성계획
9. 직전 기본계획에 대한 평가
10. 그 밖에 기본계획의 목표달성을 위해 산업통상자원부장관이 필요하다고 인정하는 사항

4. 신·재생에너지사업에의 투자권고 및 신·재생에너지 이용의무화 등(제12조)

① 산업통상자원부장관은 신·재생에너지의 기술개발 및 이용·보급을 촉진하기 위하여 필요하다고 인정하면 에너지 관련 사업을 하는 자에 대하여 제10조 각 호의 사업을 하거나 그 사업에 투자 또는 출연할 것을 권고할 수 있다.

② 산업통상자원부장관은 신·재생에너지의 이용·보급을 촉진하고 신·재생에너지산업의 활성화를 위하여 필요하다고 인정하면 다음 각 호의 어느 하나에 해당하는 자가 신축·증축 또는 개축하는 건축물에 대하여 대통령령으로 정하는 바에 따라 그 설계 시 산출된 예상 에너지사용량의 일정 비율 이상을 신·재생에너지를 이용하여 공급되는 에너지를 사용하도록 신·재생에너지 설비를 의무적으로 설치하게 할 수 있다.
1. 국가 및 지방자치단체
2. 공공기관
3. 정부가 대통령령으로 정하는 금액 이상을 출연한 정부출연기관
4. 「국유재산법」 제2조제6호에 따른 정부출자기업체
5. 지방자치단체 및 제2호부터 제4호까지의 규정에 따른 공공기관, 정부출연기관 또는 정부출자기업체가 대통령령으로 정하는 비율 또는 금액 이상을 출자한 법인
6. 특별법에 따라 설립된 법인

> 시행령 제15조(신·재생에너지 공급의무 비율 등)제1항제1호 「건축법 시행령」 별표 1 제5호부터 제16호까지, 제23호, 제24호 및 제26호부터 제28호까지의 용도의 건축물로서 신축·증축 또는 개축하는 부분의 연면적이 1천제곱미터 이상인 건축물(해당 건축물의 건축 목적, 기능, 설계 조건 또는 시공 여건상의 특수성으로 인하여 신·재생에너지 설비를 설치하는 것이 불합리하다고 인정되는 경우로서 산업통상자원부장관이 정하여 고시하는 건축물은 제외한다) : 별표 2에 따른 비율 이상

시행령 [별표 3] 연도별 의무공급량의 비율(제18조의4제1항 관련)

해당 연도	비율(%)
2023년	13.0
2024년	13.5
2025년	14.0
2026년	15.0
2027년	17.0
2028년	19.0
2029년	22.5
2030년 이후	25.0

5. 신·재생에너지 공급의무화 등(제12조의5)

① 산업통상자원부장관은 신·재생에너지의 이용·보급을 촉진하고 신·재생에너지산업의 활성화를 위하여 필요하다고 인정하면 다음 각 호의 어느 하나에 해당하는 자 중 대통령령으로 정하는 자(이하 "공급의무자"라 한다)에게 발전량의 일정량 이상을 의무적으로 신·재생에너지를 이용하여 공급하게 할 수 있다.

1. 「전기사업법」 제2조에 따른 발전사업자
2. 「집단에너지사업법」 제9조 및 제48조에 따라 「전기사업법」 제7조제1항에 따른 발전사업의 허가를 받은 것으로 보는 자
3. 공공기관

② 제1항에 따라 공급의무자가 의무적으로 신·재생에너지를 이용하여 공급하여야 하는 발전량(이하 "의무공급량"이라 한다)의 합계는 총전력생산량의 25퍼센트 이내의 범위에서 연도별로 대통령령으로 정한다. 이 경우 균형 있는 이용·보급이 필요한 신·재생에너지에 대하여는 대통령령으로 정하는 바에 따라 총의무공급량 중 일부를 해당 신·재생에너지를 이용하여 공급하게 할 수 있다.

③ 공급의무자의 의무공급량은 산업통상자원부장관이 공급의무자의 의견을 들어 공급의무자별로 정하여 고시한다. 이 경우 산업통상자원부장관은 공급의무자의 총발전량 및 발전원(發

電源) 등을 고려하여야 한다.
④ 공급의무자는 의무공급량의 일부에 대하여 3년의 범위에서 그 공급의무의 이행을 연기할 수 있다.
⑤ 공급의무자는 제12조의7에 따른 신·재생에너지 공급인증서를 구매하여 의무공급량에 충당할 수 있다.
⑥ 산업통상자원부장관은 제1항에 따른 공급의무의 이행 여부를 확인하기 위하여 공급의무자에게 대통령령으로 정하는 바에 따라 필요한 자료의 제출 또는 제5항에 따라 구매하여 의무공급량에 충당하거나 제12조의7제1항에 따라 발급받은 신·재생에너지 공급인증서의 제출을 요구할 수 있다.
⑦ 제4항에 따라 공급의무의 이행을 연기할 수 있는 총량과 연차별 허용량, 그 밖에 필요한 사항은 대통령령으로 정한다.

6. 신·재생에너지 공급 불이행에 대한 과징금(제12조의6)

① 산업통상자원부장관은 공급의무자가 의무공급량에 부족하게 신·재생에너지를 이용하여 에너지를 공급한 경우에는 대통령령으로 정하는 바에 따라 그 부족분에 제12조의7에 따른 신·재생에너지 공급인증서의 해당 연도 평균거래 가격의 100분의 150을 곱한 금액의 범위에서 과징금을 부과할 수 있다.
② 제1항에 따른 과징금을 납부한 공급의무자에 대하여는 그 과징금의 부과기간에 해당하는 의무공급량을 공급한 것으로 본다.

7. 신·재생에너지 공급인증서 등(제12조의7)

① 신·재생에너지를 이용하여 에너지를 공급한 자(이하 "신·재생에너지 공급자"라 한다)는 산업통상자원부장관이 신·재생에너지를 이용한 에너지 공급의 증명 등을 위하여 지정하는 기관(이하 "공급인증기관"이라 한다)으로부터 그 공급 사실을 증명하는 인증서(전자문서로 된 인증서를 포함한다. 이하 "공급인증서"라 한다)를 발급받을 수 있다. 다만, 제17조에 따라 발전차액을 지원받은 신·재생에너지 공급자에 대한 공급인증서는 국가에 대하여 발급한다.
② 공급인증서를 발급받으려는 자는 공급인증기관에 대통령령으로 정하는 바에 따라 공급인증서의 발급을 신청하여야 한다.
③ 공급인증기관은 제2항에 따른 신청을 받은 경우에는 신·재생에너지의 종류별 공급량 및 공급기간 등을 확인한 후 다음 각 호의 기재사항을 포함한 공급인증서를 발급하여야 한다. 이 경우 균형 있는 이용·보급과 기술개발 촉진 등이 필요한 신·재생에너지에 대하여는 대통령령으로 정하는 바에 따라 실제 공급량에 가중치를 곱한 양을 공급량으로 하는 공급인증서를 발급할 수 있다.
  1. 신·재생에너지 공급자

2. 신·재생에너지의 종류별 공급량 및 공급기간

3. 유효기간

④ 공급인증서의 유효기간은 발급받은 날부터 3년으로 하되, 제12조의5제5항 및 제6항에 따라 공급의무자가 구매하여 의무공급량에 충당하거나 발급받아 산업통상자원부장관에게 제출한 공급인증서는 그 효력을 상실한다. 이 경우 유효기간이 지나거나 효력을 상실한 해당 공급인증서는 폐기하여야 한다.

⑤ 공급인증서를 발급받은 자는 그 공급인증서를 거래하려면 제12조의9제2항에 따른 공급인증서 발급 및 거래시장 운영에 관한 규칙으로 정하는 바에 따라 공급인증기관이 개설한 거래시장(이하 "거래시장"이라 한다)에서 거래하여야 한다.

⑥ 산업통상자원부장관은 다른 신·재생에너지와의 형평을 고려하여 공급인증서가 일정 규모 이상의 수력을 이용하여 에너지를 공급하고 발급된 경우 등 산업통상자원부령으로 정하는 사유에 해당할 때에는 거래시장에서 해당 공급인증서가 거래될 수 없도록 할 수 있다.

⑦ 산업통상자원부장관은 거래시장의 수급조절과 가격안정화를 위하여 대통령령으로 정하는 바에 따라 국가에 대하여 발급된 공급인증서를 거래할 수 있다. 이 경우 산업통상자원부장관은 공급의무자의 의무공급량, 의무이행실적 및 거래시장 가격 등을 고려하여야 한다.

⑧ 신·재생에너지 공급자가 신·재생에너지 설비에 대한 지원 등 대통령령으로 정하는 정부의 지원을 받은 경우에는 대통령령으로 정하는 바에 따라 공급인증서의 발급을 제한할 수 있다.

8. 공급인증기관의 지정 등(제12조의8)

① 산업통상자원부장관은 공급인증서 관련 업무를 전문적이고 효율적으로 실시하고 공급인증서의 공정한 거래를 위하여 다음 각 호의 어느 하나에 해당하는 자를 공급인증기관으로 지정할 수 있다.

1. 제31조에 따른 신·재생에너지센터
2. 「전기사업법」 제35조에 따른 한국전력거래소
3. 제12조의9에 따른 공급인증기관의 업무에 필요한 인력·기술능력·시설·장비 등 대통령령으로 정하는 기준에 맞는 자

② 제1항에 따라 공급인증기관으로 지정받으려는 자는 산업통상자원부장관에게 지정을 신청하여야 한다.

「신·재생에너지 공급의무화제도 및 연료 혼합의무화제도 관리·운영지침」 별표 2

신·재생에너지원별 가중치

구분	공급인증서 가중치	대상에너지 및 기준	
		설치유형	세부기준
태양광 에너지	1.2	일반부지에 설치하는 경우	100[kW] 미만
	1.0		100[kW]부터
	0.8		3,000[kW] 초과부터
	0.5	임야에 설치하는 경우	-
	1.5	건축물 등 기존 시설물을 이용하는 경우	3,000[kW] 이하
	1.0		3,000[kW] 초과부터
	1.6	유지 등의 수면에 부유하여 설치하는 경우	100[kW] 미만
	1.4		100[kW]부터
	1.2		3,000[kW] 초과부터
	1.0	자가용 발전설비를 통해 전력을 거래하는 경우	
기타 신·재생 에너지	0.25	폐기물에너지(비재생폐기물로부터 생산된 것은 제외), Bio-SRF, 흑액	
	0.5	매립지가스, 목재펠릿, 목재칩	
	1.0	조력(방조제 有), 기타 바이오에너지(바이오중유, 바이오가스 등)	
	1.0~2.5	지열, 조력(방조제 無)	변동형
	1.2	육상풍력	
	1.5	수력, 미이용 산림바이오매스 혼소설비	
	1.75	조력(방조제 無, 고정형)	
	1.9	연료전지	
	2.0	조류, 미이용 산림바이오매스(바이오에너지 전소설비만 적용), 지열(고정형)	
	2.0	해상풍력	연안해상풍력 기본가중치
	2.5		기본가중치

SECTION 004 실전예상문제

01 인허가 관련 법령 검토

01 「전기사업법」의 목적을 설명한 것 중 잘못된 것은?

① 전기사업에 관한 기본제도 확립
② 전기사업의 경쟁 촉진
③ 전기사업의 건전한 발전 도모
④ 전기사업자의 이익을 보호하여 국민경제의 발전에 이바지

풀이 「전기사업법」 제1조(목적)
이 법은 전기사업에 관한 기본제도를 확립하고 전기사업의 경쟁과 새로운 기술 및 사업의 도입을 촉진함으로써 전기사업의 건전한 발전을 도모하고 전기사용자의 이익을 보호하여 국민경제의 발전에 이바지함을 목적으로 한다.

02 「전기사업법」의 정의에서 전기사업자의 구분으로 잘못 표현된 것은?

① 발전사업자　　　　② 송전사업자
③ 변전사업자　　　　④ 배전사업자

풀이 전기사업자란 발전사업자, 송전사업자, 배전사업자, 전기판매사업자 및 구역전기사업자를 말한다.

03 「전기사업법」에서 정의하는 용어 중 전기설비의 종류가 아닌 것은?

① 일반용 전기설비　　　　② 자가용 전기설비
③ 전기사업용 전기설비　　④ 항공기에서 사용하는 전기설비

풀이 「전기사업법」 제2조(정의)
16. "전기설비"란 발전·송전·변전·배전·전기공급 또는 전기사용을 위하여 설치하는 기계·기구·댐·수로·저수지·전선로·보안통신선로 및 그 밖의 설비(「댐건설·관리 및 주변지역지원 등에 관한 법률」에 따라 건설되는 댐·저수지와 선박·차량 또는 항공기에 설치되는 것과 그 밖에 대통령령으로 정하는 것은 제외한다)로서 다음 각 목의 것을 말한다.
　가. 전기사업용 전기설비
　나. 일반용 전기설비
　다. 자가용 전기설비

정답　01 ④　02 ③　03 ④

04 타인의 전기설비 또는 구내발전설비로부터 전기를 공급받아 구내배전설비로 전기를 공급하기 위한 전기설비로서 수전지점으로부터 배전반(구내배전설비로 전기를 배전하는 전기설비를 말한다)까지의 설비는?

① 발전설비　　② 송전설비　　③ 보호설비　　④ 수전설비

풀이 「전기안전관리법 시행규칙」 제2조(정의)
2. "수전설비"란 타인의 전기설비 또는 구내발전설비로부터 전기를 공급받아 구내배전설비로 전기를 공급하기 위한 전기설비로서 수전지점으로부터 배전반(구내배전설비로 전기를 배전하는 전기설비를 말한다)까지의 설비를 말한다.

05 인가가 필요한 전기사업용 전기설비의 공사계획에 속하는 것은?

① 출력 10,000[kW] 이상의 발전소 설치
② 용량 10,000[kVA] 이상의 발전기 설치
③ 용량 100,000[kVA] 이상의 발전기 설치
④ 출력 100,000[kW] 미만의 발전소 설치

풀이 「전기사업법 시행규칙」 [별표 5]

전기사업용 전기설비 공사계획의 인가 및 신고의 대상(제28조제1항 관련)

공사의 종류	인가가 필요한 것	신고가 필요한 것
1. 발전소 　가. 설치공사	출력 1만 킬로와트 이상의 발전소 설치	출력 1만 킬로와트 미만의 발전소 설치

06 전기를 생산하여 이를 전력시장을 통하여 전기판매사업자에게 공급하는 것을 주된 목적으로 하는 사업은?

① 배전사업　　② 송전사업　　③ 발전사업　　④ 변전사업

풀이 발전사업이란 전기를 생산하여 이를 전력시장을 통해 전기판매사업자에게 공급하는 것을 주된 목적으로 하는 사업을 말한다.

07 「전기사업법」 제2조제4호에 따른 발전사업자 또는 같은 조 제19호에 따른 자가용 전기설비를 설치한 자로서 신·재생에너지발전을 하는 사업자는 어느 사업자인가?

① 태양광발전사업자
② 신·재생에너지발전사업자
③ 신에너지발전사업자
④ 재생에너지발전사업자

풀이
- 신·재생에너지발전사업자 : 「전기사업법」 제2조제4호에 따른 발전사업자 또는 같은 조 제19호에 따른 자가용 전기설비를 설치한 자로서 신·재생에너지발전을 하는 사업자를 말한다.
- 발전사업 : 전기를 생산하여 이를 전력시장을 통하여 전기판매사업자에게 공급하는 것을 주된 목적으로 하는 사업을 말한다.

정답　04 ④　05 ①　06 ③　07 ②

08 200[kW] 이하의 발전설비용량의 발전사업 허가를 받으려는 자는 누구에게 전기사업 허가신청서를 제출하여야 하는가?

① 행정안전부장관
② 대통령
③ 산업통상자원부장관
④ 해당 특별시장 · 광역시장 · 도지사

풀이 「전기사업법 시행규칙」 제4조(사업허가의 신청)
① 법 제7조제1항에 따라 전기사업의 허가를 신청하려는 자는 별지 제1호 서식의 전기사업 허가신청서(전자문서로 된 신청서를 포함한다. 이하 같다)에 다음 각 호의 서류(전자문서를 포함한다. 이하 같다)를 첨부하여 산업통상자원부장관에게 제출하여야 한다. 다만, 발전설비용량이 3천 킬로와트 이하인 발전사업의 허가를 받으려는 자는 특별시장 · 광역시장 · 특별자치시장 · 도지사 또는 특별자치도지사(이하 "시 · 도지사"라 한다)에게 제출하여야 한다.

09 산업통상자원부장관의 전기사업 허가기준사항을 잘못 설명한 것은?

① 전기사업을 적정하게 수행하는 데 필요한 재무능력 및 기술능력이 있을 것
② 구역전기사업의 경우 특정한 공급구역 전력수요의 30% 이상으로서 산업통상자원부령으로 정하는 공급능력을 갖추고 그 사업으로 인하여 인근 지역의 전기사용자에 대한 다른 전기사업자의 전기공급에 차질이 없을 것
③ 발전소가 특정 지역에 편중되어 전력계통의 운영에 지장을 주지 아니할 것
④ 발전연료가 어느 하나에 편중되어 전력수급에 지장을 주지 아니할 것

풀이 「전기사업법」 제7조(전기사업의 허가)
⑤ 전기사업의 허가기준은 다음 각 호와 같다.
1. 전기사업을 적정하게 수행하는 데 필요한 재무능력 및 기술능력이 있을 것
2. 전기사업이 계획대로 수행될 수 있을 것
3. 배전사업 및 구역전기사업의 경우 둘 이상의 배전사업자의 사업구역 또는 구역전기사업자의 특정한 공급구역 중 그 전부 또는 일부가 중복되지 아니할 것
4. 구역전기사업의 경우 특정한 공급구역의 전력수요의 50퍼센트 이상으로서 대통령령으로 정하는 공급능력을 갖추고, 그 사업으로 인하여 인근 지역의 전기사용자에 대한 다른 전기사업자의 전기공급에 차질이 없을 것
4의2. 발전소나 발전연료가 특정 지역에 편중되어 전력계통의 운영에 지장을 주지 아니할 것
5. 「신에너지 및 재생에너지 개발 · 이용 · 보급 촉진법」 제2조에 따른 태양에너지 중 태양광, 풍력, 연료전지를 이용하는 발전사업의 경우 대통령령으로 정하는 바에 따라 발전사업 내용에 대한 사전고지를 통하여 주민 의견수렴 절차를 거칠 것
6. 그 밖에 공익상 필요한 것으로서 대통령령으로 정하는 기준에 적합할 것
⑥ 제1항에 따른 허가의 세부기준 · 절차와 그 밖에 필요한 사항은 산업통상자원부령으로 정한다.

정답 08 ④ 09 ②

10 「전기공사업법」의 목적을 설명한 것 중 틀린 것은?

① 전기공사의 도급에 관한 사항은 없다.
② 전기공사의 시공·기술관리
③ 전기공사의 도급에 관한 기본적인 사항 확립
④ 전기공사의 안전하고 적정한 시공 확보

풀이 「전기공사업법」 제1조(목적)
이 법은 전기공사업과 전기공사의 시공, 기술관리 및 도급에 관한 기본적인 사항을 정함으로써 전기공사업의 건전한 발전을 도모하고 전기공사의 안전하고 적정한 시공을 확보함을 목적으로 한다.

11 자가용 발전설비 설치자가 생산한 전력을 전력시장을 통하지 아니하고 전기판매사업자와 거래할 수 있는 발전설비용량은?

① 1,000[kW] 이하
② 3,000[kW] 이하
③ 5,000[kW] 이하
④ 10,000[kW] 이하

풀이 「소규모 신·재생에너지 발전전력 등의 거래에 관한 지침」 제3조(전력거래 방법)
발전사업자 등은 발전설비용량 1,000[kW] 이하의 신·재생에너지발전설비·전기발전보일러 및 총 저장용량이 1,000[kWh] 이하이면서 총 충·방전설비용량이 1,000[kW] 이하인 전기저장장치·전기자동차시스템을 이용해 생산한 전력을 아래 각 호의 범위 내에서 전력시장을 통하지 아니하고 전기판매사업자와 거래할 수 있다.
1. 발전사업자가 생산한 전력
2. 발전사업자 이외의 자가 생산한 전력으로서 아래 각 목의 것
   가. 태양에너지발전설비로 발전한 전력 중 자가소비 후 남는 전력
   나. 태양에너지발전설비를 제외한 설비의 연간 총 생산량의 50% 미만의 전력

12 전기공사업 등록신고는 어디에 해야 하는가?

① 산업통상자원부
② 관할소재지 시·도지사
③ 전기공사협회
④ 전력기술인협회

풀이 공사업을 하려는 자는 산업통상자원부령으로 정하는 바에 따라 주된 영업소의 소재지를 관할하는 특별시장, 광역시장, 특별자치시장, 도지사 또는 특별자치도지사에게 등록하여야 한다.

13 대통령령으로 정하는 규모 이하의 발전설비를 갖추고 특정한 공급구역의 수요에 맞추어 전기를 생산하여 전력시장을 통하지 아니하고 그 공급구역의 전기사용자에게 공급하는 것을 주된 목적으로 하는 사업자는 누구인가?

① 전기판매사업자
② 발전사업자
③ 구역전기사업자
④ 지역전기사업자

정답 10 ① 11 ① 12 ② 13 ③

14 대통령령으로 정하는 구역전기사업자의 발전설비 용량으로 맞는 것은?

① 2만 5천 킬로와트 ② 3만 5천 킬로와트
③ 3만 킬로와트 ④ 4만 5천 킬로와트

풀이 「전기사업법 시행령」 제1조의2(구역전기사업자의 발전설비용량)
법 제2조제11호에서 "대통령령으로 정하는 규모"란 3만 5천 킬로와트를 말한다.

15 발전사업의 정의로 옳은 것은?

① 전기를 생산하여 전기수용가에 공급하는 사업
② 생산된 전기를 배전사업자에게 송전하는 데 필요한 전기설비를 설치·관리하는 사업
③ 송전된 전기를 전기사용자에게 배전하는 데 필요한 전기설비를 설치·운용하는 사업
④ 전기를 생산하여 이를 전력시장을 통하여 전기판매사업자에게 공급하는 사업

풀이 「전기사업법」 제2조(정의)
3. "발전사업"이란 전기를 생산하여 이를 전력시장을 통하여 전기판매사업자에게 공급하는 것을 주된 목적으로 하는 사업을 말한다.

16 대통령령으로 정하는 규모 이하의 발전설비를 갖추고 특정한 공급구역의 수요에 맞추어 전기를 생산하여 전력시장을 통하지 아니하고 그 공급구역의 전기사용자에게 공급하는 것을 주된 목적으로 하는 사업을 무엇이라 하는가?

① 전기사업 ② 송전사업
③ 배전사업 ④ 구역전기사업

풀이 「전기사업법」 제2조(정의)
11. "구역전기사업"이란 대통령령으로 정하는 규모 이하의 발전설비를 갖추고 특정한 공급구역의 수요에 맞추어 전기를 생산하여 전력시장을 통하지 아니하고 그 공급구역의 전기사용자에게 공급하는 것을 주된 목적으로 하는 사업을 말한다.

17 전기사업의 허가를 신청하는 자가 사업계획서를 작성할 때 태양광설비의 개요로 기재하여야 할 내용이 아닌 것은?

① 태양전지 및 인버터의 효율, 변환방식, 교류주파수
② 태양전지의 종류, 정격용량, 정격전압 및 정격출력
③ 인버터의 종류, 입력전압, 출력전압 및 정격출력
④ 집광판(集光板)의 면적

정답 14 ② 15 ④ 16 ④ 17 ①

풀이 전기사업의 허가를 신청하는 자는 사업계획서를 작성할 경우 태양광설비의 개요로 다음 사항을 포함하여야 한다.
- 태양전지의 종류, 정격용량, 정격전압 및 정격출력
- 인버터(Inverter)의 종류, 입력전압, 출력전압 및 정격출력
- 집광판(集光板)의 면적

18 전기공사기술자의 등급 및 경력 등에 관한 증명서를 발급하는 자는?
① 전기공사협회장 ② 시·도지사
③ 산업통상자원부장관 ④ 대통령

풀이 「전기공사업법」 제17조의2(전기공사기술자의 인정)
① 전기공사기술자로 인정을 받으려는 사람은 산업통상자원부장관에게 신청하여야 한다.
② 산업통상자원부장관은 제1항에 따른 신청인이 제2조제9호 각 목의 어느 하나에 해당하면 전기공사기술자로 인정하여야 한다.
③ 산업통상자원부장관은 제1항에 따른 신청인을 전기공사기술자로 인정하면 전기공사기술자의 등급 및 경력 등에 관한 증명서(이하 "경력수첩"이라 한다)를 해당 전기공사기술자에게 발급하여야 한다.
④ 제1항에 따른 신청절차와 제2항에 따른 기술자격·학력·경력의 기준 및 범위 등은 대통령령으로 정한다.

19 산업통상자원부장관이 전기의 보편적 공급의 구체적 내용을 정할 경우 고려하여야 할 사항으로 틀린 것은?
① 사회복지의 증진 ② 전기의 보급 정도
③ 개인의 이익과 안전 ④ 전기기술의 발전 정도

풀이 「전기사업법」 제6조(보편적 공급)
① 전기사업자는 전기의 보편적 공급에 이바지할 의무가 있다.
② 산업통상자원부장관은 다음 각 호의 사항을 고려하여 전기의 보편적 공급의 구체적 내용을 정한다.
  1. 전기기술의 발전 정도
  2. 전기의 보급 정도
  3. 공공의 이익과 안전
  4. 사회복지의 증진

20 시간대별로 전력거래량을 측정할 수 있는 전력량계를 설치·관리하여야 하는 자가 아닌 것은?
① 발전사업자 ② 송전사업자
③ 구역전기사업자 ④ 자가용 전기설비를 설치한 자

정답 18 ③ 19 ③ 20 ②

풀이 시간대별로 전력거래량을 측정할 수 있는 전력량계를 설치·관리하여야 하는 자
- 발전사업자(한국전력거래소가 운영하는 전력계통에 연결되어 있지 아니한 도서지역에서 전력을 거래하는 경우 및 신·재생에너지발전사업자가 1천[kW] 이하의 발전설비 용량을 이용하여 생산한 전력을 거래하는 경우는 제외)
- 자가용 전기설비를 설치한 자(자기가 생산한 전력의 연간 총생산량의 50[%] 미만의 범위에서 전력을 거래하는 경우만 해당)
- 구역전기사업자(특정한 공급구역의 수요에 부족하거나 남는 전력을 전력시장에서 거래하는 경우만 해당)
- 배전사업자
- 전력을 직접 구매하는 전기사용자

21 전기사업자는 사업을 시작한 경우에는 지체없이 그 사실을 누구에게 신고하여야 하는가?
① 교육부장관
② 도지사
③ 시장, 군수
④ 산업통상자원부장관

풀이 전기사업을 하려는 자는 산업통상자원부장관에 신고하여야 한다.

22 전력수급기본계획의 수립과 관련하여 기본계획에 포함되어야 할 사항으로 틀린 것은?
① 전력생산의 관리에 관한 사항
② 전력수급의 기본방향에 관한 사항
③ 전력수급의 장기전망에 관한 사항
④ 발전설비계획 및 주요 송전·변전설비계획에 관한 사항

풀이 「전기사업법」 제25조(전력수급기본계획의 수립)
⑥ 기본계획에는 다음 각 호의 사항이 포함되어야 한다.
1. 전력수급의 기본방향에 관한 사항
2. 전력수급의 장기전망에 관한 사항
3. 발전설비계획 및 주요 송전·변전설비계획에 관한 사항
4. 전력수요의 관리에 관한 사항
5. 직전 기본계획의 평가에 관한 사항
5의2. 분산형전원의 확대에 관한 사항
6. 그 밖에 전력수급에 관하여 필요하다고 인정하는 사항

23 발전사업자가 의무적으로 전압 및 주파수를 측정하여야 하는 횟수와 측정 결과 보존기간은?
① 매월 1회 이상 측정하고 1년간 보존
② 매월 1회 이상 측정하고 3년간 보존
③ 매년 1회 이상 측정하고 3년간 보존
④ 매년 1회 이상 측정하고 1년간 보존

정답 21 ④ 22 ① 23 ③

풀이 「전기사업법 시행규칙」 제19조(전압 및 주파수의 측정)
① 법 제18조제2항에 따라 전기사업자 및 한국전력거래소는 전압 및 주파수를 매년 1회 이상 측정하여야 하며, 측정 결과를 3년간 보존하여야 한다.

24 전기판매사업자가 작성하는 기본공급약관 내용과 틀린 것은?
① 공급구역
② 공급의 종류
③ 공급전압 및 주파수
④ 공급 역률

풀이 전기판매사업자가 작성하는 기본공급약관에는 다음 각 호의 사항이 포함되어야 한다.
- 공급구역
- 공급의 종류
- 공급전압 및 주파수
- 전기요금
- 전력량계 등의 전기설비 설치주체 및 내용과 전기설비공사의 비용부담에 관한 사항
- 공급전력 및 공급전력량의 측정 및 요금 계산방법
- 전기판매사업자와 전기사용자 간의 책임분계점
- 전기의 사용방법 및 기계·기구 등 용품의 사용 제한에 관한 사항

25 「전기사업법」의 목적을 달성하기 위해 전력수급의 안정과 전력산업의 경쟁촉진에 관한 기본적이고 종합적인 시책을 마련하는 곳은?
① 신·재생에너지센터
② 시·도의 에너지수급센터
③ 산업통상자원부
④ 한국전력발전부

풀이 「전기사업법」 제3조(정부 등의 책무)
① 산업통상자원부장관은 이 법의 목적을 달성하기 위하여 전력수급(電力需給)의 안정과 전력산업의 경쟁 촉진 등에 관한 기본적이고 종합적인 시책을 마련하여야 한다.

26 ( ) 안에 들어갈 내용은?

> 전기설비기술기준은 발전·송전·변전·배전 또는 전기 사용을 위하여 시설하는 기계·기구·( )·( ) 및 기타 시설물의 안전에 필요한 기술기준을 규정한 것이다.

① 급전소, 개폐소
② 전선로, 보안통신선로
③ 궤전선로, 약전류 전선로
④ 옥내배선, 옥외배선

풀이 전기설비기술기준은 발전, 송전, 변전, 배전 또는 전기 사용을 위하여 시설하는 기계, 기구, 댐, 수로, 저수지, 전선로, 보안통신선로 그 밖의 시설물의 안전에 필요한 성능과 기술적 요건을 규정함을 목적으로 한다.

정답 24 ④ 25 ③ 26 ②

27 전기공사의 종류가 아닌 것은?

① 저수지, 수로 및 이에 수반되는 구조물 공사
② 발전 · 송전 · 변전 및 배전 설비공사
③ 산업시설물, 건축물 및 구조물의 전기설비공사
④ 전기철도 및 철도신호 전기설비공사

풀이 「전기공사업법 시행령」 제2조(전기공사)
① 「전기공사업법」 제2조제1호에 따른 전기공사는 다음 각 호의 공사(저수지, 수로 및 이에 수반되는 구조물의 공사는 제외한다)로 한다.
  1. 발전 · 송전 · 변전 및 배전 설비공사
  2. 산업시설물, 건축물 및 구조물의 전기설비공사
  3. 도로, 공항 및 항만 전기설비공사
  4. 전기철도 및 철도신호 전기설비공사
  5. 제1호부터 제4호까지의 규정에 따른 전기설비공사 외의 전기설비공사
  6. 제1호부터 제5호까지의 규정에 따른 전기설비 등을 유지 · 보수 · 해체하는 공사 및 그 부대공사. 다만, 해체하는 공사는 태양광발전사업(「신에너지 및 재생에너지 개발 · 이용 · 보급 촉진법」 제2조제2호가목의 태양에너지 중 태양광을 이용하는 발전사업을 말한다)에 사용되는 발전설비를 멸실하기 위한 공사로 한정한다.

28 전압에 관계없이 모든 전기공사를 시공 · 관리할 수 있는 전기공사기술자는?

① 저압전기공사기술자 또는 중급전기공사기술자
② 중급전기공사기술자 또는 고급전기공사기술자
③ 중급전기공사기술자 또는 특급전기공사기술자
④ 고급전기공사기술자 또는 특급전기공사기술자

풀이

기술자 구분	전기공사의 규모별 시공관리 구분
특급전기기술자, 고급전기기술자	모든 전기공사
중급전기기술자	사업전압이 100,000볼트 이하인 전기공사
초급전기기술자	사업전압이 1,000볼트 이하인 전기공사

29 전기안전관리자를 선임하지 않아도 되는 발전설비의 설비용량은?

① 10[kW] 이하 ② 20[kW] 이하
③ 30[kW] 이하 ④ 50[kW] 이하

정답 27 ① 28 ④ 29 ②

풀이 법적 근거 : 「전기안전관리법」 제22조 및 같은 법 시행규칙 제25조

구분	전기설비의 종류	선임대상 전기설비
전기사업용 전기설비	전기사업용 전기설비	모든 전기사업용 전기설비 (선임대상은 20[kW] 초과 발전설비)
자가용 전기설비	1. 전기수용설비	저압 75[kW] 이상
	2. 제조업 및 제조관련서비스업 또는 심야전력을 이용하는 전기설비	저압에 해당하는 전기수용설비 용량 제한 없이 선임대상 제외
	3. 발전설비	저압 20[kW] 초과
	4. 자가용전기설비 설치장소와 동일한 수전장소에 설치하는 전기설비	
	5. 위험시설에 설치하는 용량 20[kW] 이상 전기설비 • 총포, 도검, 화약류 등 단속법에 따른 화약류 제조 사업장 • 광산보안법에 따른 갑종탄광 • 도시가스사업법에 의한 도시가스사업장 • 액화석유가스의 안전관리 및 사업법에 따른 액화석유가스의 저장, 충전 및 판매사업장 • 고압가스안전관리법에 따른 고압가스의 제조소 또는 저장소 • 위험물안전관리법에 따른 위험물의 제조소 또는 취급소	저압 20[kW] 이상
	6. 다중이용시설에 설치하는 전기설비 • 공연법에 의한 공연장 • 영화 및 비디오물의 진흥에 관한 법에 따른 영화상영관 • 식품위생법에 따른 유흥주점, 단란주점 • 체육시설의 설치·이용에 관한 법에 따른 체력단련장 • 유통산업발전법에 따른 대규모점포 및 상점가 • 의료법에 따른 의료기관 • 관광진흥법에 따른 호텔 • 소방시설 설치유지 및 안전관리에 관한 법률에 따른 집회장(現, 화재예방, 소방시설 설치유지 및 안전관리에 관한 법률)	저압 20[kW] 이상

30 전력시장에서 전력을 직접 구매할 수 있는 전기사용자의 수전설비용량 기준은?

① 10,000[kVA] ② 20,000[kVA]
③ 30,000[kVA] ④ 50,000[kVA]

풀이 「전기사업법」 제32조(전력의 직접 구매)
전기사용자는 전력시장에서 전력을 직접 구매할 수 없다. 다만, 대통령령으로 정하는 규모 이상의 전기사용자는 그러하지 아니하다.

「전기사업법 시행령」 제20조(전력의 직접 구매)
법 제32조 단서에서 "대통령령으로 정하는 규모 이상의 전기사용자"란 수전설비(受電設備)의 용량이 3만 킬로볼트암페어 이상인 전기사용자를 말한다.

정답 30 ③

31. 전기판매사업자가 전력시장 운영규칙으로 정하는 바에 따라 우선적으로 구매할 수 있는 대상으로 틀린 것은?

① 자가용 전기설비를 설치한 자
② 수력발전소를 운영하는 발전사업자
③ 설비용량이 3만 킬로와트 이하인 발전사업자
④ 발전사업의 허가를 받은 것으로 보는 집단에너지 사업자

풀이 전기판매사업자의 우선 구매 대상자
- 설비용량이 2만[kW] 이하인 발전사업자
- 자가용 전기설비를 설치한 자(자기가 생산한 전력의 연간 총생산량의 50[%] 미만의 범위에서 전력을 거래하는 경우만 해당)
- 「신에너지 및 재생에너지 개발·이용·보급 촉진법」에 따른 신·재생에너지를 이용하여 전기를 생산하는 발전사업자
- 「집단에너지사업법」에 따라 발전사업의 허가를 받은 것으로 보는 집단에너지사업자
- 수력발전소를 운영하는 발전사업자

32. 전력수급의 안정을 위하여 전력수급 기본계획을 수립하는 사람은 누구인가?

① 고용노동부장관
② 국토교통부장관
③ 기획재정부장관
④ 산업통상자원부장관

풀이 「전기사업법」 제25조(기본계획의 수립)
① 산업통상자원부장관은 전력수급의 안정을 위하여 전력수급기본계획을 수립하여야 한다.

33. 전기공사업 등록증 및 등록수첩을 발급하는 자는?

① 대통령
② 산업통상자원부장관
③ 시·도지사
④ 지정공사업자단체

풀이 전기공사업법 제4조(공사업의 등록)
① 공사업을 하려는 자는 산업통상자원부령으로 정하는 바에 따라 주된 영업소의 소재지를 관할하는 특별시장·광역시장·특별자치시장·도지사 또는 특별자치도지사(이하 "시·도지사"라 한다)에게 등록하여야 한다.
④ 시·도지사는 제1항에 따라 공사업의 등록을 받으면 등록증 및 등록수첩을 내주어야 한다.

정답 31 ③ 32 ④ 33 ③

34 전기공사기술자의 등급 및 경력 등에 관한 증명서를 발급하는 자는?

① 산업통상자원부장관
② 한국산업인력공단
③ 시 · 도지사
④ 전기공사협회

풀이 「전기공사업법」 제17조의2(전기공사기술자의 인정)
③ 산업통상자원부장관은 제1항에 따른 신청인을 전기공사기술자로 인정하면 전기공사기술자의 등급 및 경력 등에 관한 증명서를 해당 전기공사기술자에게 발급하여야 한다.

35 태양광발전사업 허가기준에 대한 설명이다. 다음 중 허가기준에 맞지 않는 것은?

① 전기사업수행에 필요한 재무능력 및 기술능력이 있을 것
② 전기사업이 계획대로 수행될 수 있을 것
③ 일정지역에 편중되어 전력계통의 운영에 지장을 초래해서는 아니 될 것
④ 태양광발전사업 허가신청 시 환경영향평가를 반드시 받아야 될 것

풀이 환경영향평가 검토 대상(「환경영향평가법 시행령」 별표 3)
- 발전소(발전시설용량 10,000[kW] 이상)
- 댐 및 저수지 건설을 수반하는 경우 3,000[kW] 이상
- 태양광, 풍력, 연료전지 발전소는 100,000[kW] 이상

발전사업허가 신청 시 제출서류
- 200[kW] 이하 : 사업허가신청서, 사업계획서
- 3,000[kW] 이하 : 사업허가신청서, 사업계획서, 송전관계일람도, 발전원가 명세서, 기술인력 확보계획
- 3,000[kW] 초과 : 사업허가신청서, 사업계획서, 송전관계일람도, 발전원가 명세서, 기술인력 확보계획
  ※ 5년간 예상 손익산출서, 전기설비 개요 시 공급구역 5만의 1 지도 신용평가의견서, 소요재원 조달계획

36 3,000[kW]를 초과하는 태양광발전사업의 허가절차를 올바르게 나타낸 것은?

㉠ 발전사업신청서 접수	㉡ 전기사업허가증 발급
㉢ 발전사업신청서 작성	㉣ 신청인에게 통지
㉤ 전기위원회 심의	㉥ 전기안전공사 심의
㉦ 태양광발전산업협회 심의	

① ㉢→㉠→㉤→㉡→㉣
② ㉠→㉢→㉥→㉡→㉣
③ ㉢→㉠→㉡→㉦→㉣
④ ㉢→㉠→㉦→㉡→㉣

풀이 태양광발전사업의 허가절차

신청서 작성 → 접수 → 전기위원회 심의 → 허가 → 허가증 교부

정답 34 ① 35 ④ 36 ①

02 신재생에너지 관련 법령 검토

01 다음 중 신·재생에너지에 해당되지 않는 것은?
① 풍력
② 원자력
③ 연료전지
④ 태양에너지

풀이 1) "신에너지"란 기존의 화석연료를 변환시켜 이용하거나 수소·산소 등의 화학반응을 통하여 전기 또는 열을 이용하는 에너지로서 다음의 어느 하나에 해당하는 것을 말한다.
- 수소에너지
- 연료전지
- 석탄을 액화·가스화한 에너지 및 중질잔사유(重質殘渣油)를 가스화한 에너지로서 대통령령으로 정하는 기준 및 범위에 해당하는 에너지
- 그 밖에 석유·석탄·원자력 또는 천연가스가 아닌 에너지로서 대통령령으로 정하는 에너지

2) "재생에너지"란 햇빛·물·지열(地熱)·강수(降水)·생물유기체 등을 포함하는 재생 가능한 에너지를 변환시켜 이용하는 에너지로서 다음의 어느 하나에 해당하는 것을 말한다.
- 태양에너지
- 풍력
- 수력
- 해양에너지
- 지열에너지
- 생물자원을 변환시켜 이용하는 바이오에너지로서 대통령령으로 정하는 기준 및 범위에 해당하는 에너지
- 폐기물에너지로서 대통령령으로 정하는 기준 및 범위에 해당하는 에너지
- 그 밖에 석유·석탄·원자력 또는 천연가스가 아닌 에너지로서 대통령령으로 정하는 에너지

02 햇빛·물·지열(地熱)·강수(降水)·생물유기체 등을 포함하는 재생 가능한 에너지를 변환시켜 이용하는 에너지에 해당하는 것이 아닌 것은?
① 해양에너지
② 지열에너지
③ 수소에너지
④ 태양에너지

풀이
- 재생에너지 : 해양에너지, 지열에너지, 태양에너지, 풍력, 수력, 바이오에너지, 폐기물에너지
- 신에너지 : 수소에너지, 연료전지, 석탄을 액화·가스화한 에너지 및 중질잔사유를 가스화한 에너지

03 다음 중 신에너지 항목이 아닌 것은?
① 바이오에너지
② 연료전지
③ 수소에너지
④ 석탄을 액화 또는 가스화한 에너지

정답 01 ② 02 ③ 03 ①

풀이 신에너지
- 수소에너지
- 연료전지
- 석탄을 액화 또는 가스화한 에너지 및 중질잔사유를 가스화한 에너지

04 해양의 조수, 파도, 해류, 온도차 등을 변환시켜 전기 또는 열을 생산하는 설비는?
① 해양에너지 설비
② 지열에너지 설비
③ 태양열에너지 설비
④ 수소에너지 설비

풀이
1) 수소에너지 설비 : 물이나 그 밖에 연료를 변환시켜 수소를 생산하거나 이용하는 설비
2) 연료전지 설비 : 수소와 산소의 전기·화학반응을 통하여 전기 또는 열을 생산하는 설비
3) 석탄을 액화·가스화한 에너지 및 중질잔사유(重質殘渣油)를 가스화한 에너지 설비 : 석탄 및 중질잔사유의 저급 연료를 액화 또는 가스화시켜 전기 또는 열을 생산하는 설비
4) 태양에너지 설비
   - 태양열 설비 : 태양의 열에너지를 변환시켜 전기를 생산하거나 에너지원으로 이용하는 설비
   - 태양광 설비 : 태양의 빛에너지를 변환시켜 전기를 생산하거나 채광(採光)에 이용하는 설비
5) 풍력 설비 : 바람의 에너지를 변환시켜 전기를 생산하는 설비
6) 수력 설비 : 물의 유동(流動) 에너지를 변환시켜 전기를 생산하는 설비
7) 해양에너지 설비 : 해양의 조수, 파도, 해류, 온도차 등을 변환시켜 전기 또는 열을 생산하는 설비
8) 지열에너지 설비 : 물, 지하수 및 지하의 열 등의 온도차를 변환시켜 에너지를 생산하는 설비
9) 바이오에너지 설비 : 「신에너지 및 재생에너지 개발·이용·보급 촉진법 시행령」 별표 1의 바이오에너지를 생산하거나 이를 에너지원으로 이용하는 설비
10) 폐기물에너지 설비 : 폐기물을 변환시켜 연료 및 에너지를 생산하는 설비

05 물의 유동(流動)에너지를 변환시켜 전기를 생산하는 설비는?
① 태양광 설비
② 태양열 설비
③ 수력 설비
④ 풍력 설비

풀이
① 태양광 설비 : 태양의 빛에너지를 변환시켜 전기를 생산하거나 채광(採光)에 이용하는 설비
② 태양열 설비 : 태양의 열에너지를 변환시켜 전기를 생산하거나 에너지원으로 이용하는 설비
③ 수력 설비 : 물의 유동(流動) 에너지를 변환시켜 전기를 생산하는 설비
④ 풍력 설비 : 바람의 에너지를 변환시켜 전기를 생산하는 설비

06 신·재생에너지정책심의회의 심의를 거쳐 신·재생에너지의 기술 개발 및 이용·보급을 촉진하기 위한 기본계획을 수립하는 자는?
① 행정안전부장관
② 산업통상자원부장관
③ 고용노동부장관
④ 환경부장관

정답 04 ① 05 ③ 06 ②

풀이 「신에너지 및 재생에너지 개발·이용·보급 촉진법」 제5조(기본계획의 수립)
① 산업통상자원부장관은 관계 중앙행정기관의 장과 협의를 한 후 제8조에 따른 신·재생에너지정책심의회의 심의를 거쳐 신·재생에너지의 기술개발 및 이용·보급을 촉진하기 위한 기본계획을 5년마다 수립하여야 한다.

07 신·재생에너지 기술개발 및 이용·보급을 촉진하기 위한 기본계획에 대한 설명으로 옳지 않은 것은?
① 기본계획의 계획기간은 10년 이상으로 한다.
② 총 에너지생산량 중 신·재생에너지가 차지하는 비율의 목표가 포함된다.
③ 신·재생에너지 분야 전문인력 양성계획이 포함된다.
④ 온실가스 배출 감소 목표가 포함된다.

풀이 「신에너지 및 재생에너지 개발·이용·보급 촉진법」 제5조(기본계획의 수립)
① 산업통상자원부장관은 관계 중앙행정기관의 장과 협의를 한 후 제8조에 따른 신·재생에너지정책심의회의 심의를 거쳐 신·재생에너지의 기술개발 및 이용·보급을 촉진하기 위한 기본계획(이하 "기본계획"이라 한다)을 5년마다 수립하여야 한다.
② 기본계획의 계획기간은 10년 이상으로 하며, 기본계획에는 다음 각 호의 사항이 포함되어야 한다.
 1. 기본계획의 목표 및 기간
 2. 신·재생에너지원별 기술개발 및 이용·보급의 목표
 3. 총전력생산량 중 신·재생에너지 발전량이 차지하는 비율의 목표
 4. 「에너지법」 제2조제10호에 따른 온실가스의 배출 감소 목표
 5. 기본계획의 추진방법
 6. 신·재생에너지 기술수준의 평가와 보급전망 및 기대효과
 7. 신·재생에너지 기술개발 및 이용·보급에 관한 지원 방안
 8. 신·재생에너지 분야 전문인력 양성계획
 9. 직전 기본계획에 대한 평가
 10. 그 밖에 기본계획의 목표달성을 위하여 산업통상자원부장관이 필요하다고 인정하는 사항

08 산업통산자원부장관이 수립하는 신·재생에너지의 기술개발 및 이용·보급을 촉진하기 위한 기본계획의 계획기간은 얼마인가?
① 3년 이상 ② 5년 이상 ③ 10년 이상 ④ 20년 이상

09 「신에너지 및 재생에너지 개발·이용·보급 촉진법」의 제정 목적으로 틀린 것은?
① 에너지원의 단일화 ② 온실가스 배출의 감소
③ 에너지의 안정적인 공급 ④ 에너지 구조의 환경친화적 전환

정답 07 ② 08 ③ 09 ①

풀이　「신에너지 및 재생에너지 개발·이용·보급 촉진법」 제1조(목적)
　　이 법은 신에너지 및 재생에너지의 기술개발 및 이용·보급 촉진과 신에너지 및 재생에너지 산업의 활성화를 통하여 에너지원을 다양화하고, 에너지의 안정적인 공급, 에너지 구조의 환경친화적 전환 및 온실가스 배출의 감소를 추진함으로써 환경의 보전, 국가경제의 건전하고 지속적인 발전 및 국민복지의 증진에 이바지함을 목적으로 한다.

10 산업통상자원부장관은 신·재생에너지 설비의 설치계획서 제출에 대하여 2025년 1월 1일을 기준으로 몇 년마다 그 타당성을 검토하여 개선 등의 조치를 하여야 하는가?

① 2년　　　② 3년　　　③ 5년　　　④ 10년

풀이　「신에너지 및 재생에너지 개발·이용·보급 촉진법 시행령」 제30조의2(규제의 재검토)
　　산업통상자원부장관은 제20조의2에 따른 보험 또는 공제의 기준, 가입기간 및 가입대상에 대하여 2025년 1월 1일을 기준으로 3년마다(매 3년이 되는 해의 1월 1일 전까지를 말한다) 그 타당성을 검토하여 개선 등의 조치를 해야 한다.

11 국가기관, 지방자치단체, 공공기관 그 밖에 대통령령으로 정하는 자가 신·재생에너지 기술개발 및 이용·보급에 관한 계획을 수립·시행하려면 대통령령으로 정하는 바에 따라 미리 누구와 협의를 하여야 하는가?

① 시·도지사　　　　　　　　② 국가기술표준원장
③ 한국전력공사사장　　　　　④ 산업통상자원부장관

풀이　국가기관, 지방자치단체, 공공기관 그 밖에 대통령령으로 정하는 자가 신·재생에너지 기술개발 및 이용·보급에 관한 계획을 수립·시행하려면 대통령령으로 정하는 바에 따라 미리 산업통상자원부장관과 협의하여야 한다.

12 신·재생에너지 기술개발 및 이용·보급 목적의 사업비 용도에 맞지 않는 것은?

① 신·재생에너지 연구·개발 및 기술평가
② 신·재생에너지 설비의 성능평가·인증 및 사후관리
③ 신·재생에너지 기술의 국내표준화 지원
④ 신·재생에너지 시범사업 및 보급사업

풀이　「신에너지 및 재생에너지 개발·이용·보급 촉진법」 제10조(조성된 사업비의 사용)
　　산업통상자원부장관은 제9조에 따라 조성된 사업비를 다음 각 호의 사업에 사용한다.
　　1. 신·재생에너지의 자원조사, 기술수요조사 및 통계작성
　　2. 신·재생에너지의 연구·개발 및 기술평가
　　3. 삭제 〈2015.1.28.〉
　　4. 신·재생에너지 공급의무화 지원

정답　10 ②　11 ④　12 ③

5. 신·재생에너지 설비의 성능평가·인증 및 사후관리
6. 신·재생에너지 기술정보의 수집·분석 및 제공
7. 신·재생에너지 분야 기술지도 및 교육·홍보
8. 신·재생에너지 분야 특성화대학 및 핵심기술연구센터 육성
9. 신·재생에너지 분야 전문인력 양성
10. 신·재생에너지 설비 설치기업의 지원
11. 신·재생에너지 시범사업 및 보급사업
12. 신·재생에너지 이용의무화 지원
13. 신·재생에너지 관련 국제협력
14. 신·재생에너지 기술의 국제표준화 지원
15. 신·재생에너지 설비 및 그 부품의 공용화 지원
16. 그 밖에 신·재생에너지의 기술개발 및 이용·보급을 위하여 필요한 사업으로서 대통령령으로 정하는 사업

13 신재생에너지의 이용·보급을 촉진하기 위한 보급산업에 해당하지 않는 것은?

① 신기술의 적용사업 및 시범사업
② 지방자치단체와 연계한 보급사업
③ 신·재생에너지 국제표준화 적용사업
④ 환경친화적 신·재생에너지 시범단지 조성사업

풀이 신·재생에너지 보급사업
- 신기술의 적용사업 및 시범사업
- 환경친화적 신·재생에너지 집적화단지 및 시범단지 조성사업
- 지방자치단체와 연계한 보급사업
- 실용화된 신·재생에너지 설비의 보급을 지원하는 사업

14 산업통상자원부장관이 우선적으로 보급사업을 추진할 수 없는 경우는?

① 개발된 신·재생에너지 설비가 설비인증을 받은 경우
② 신·재생에너지 기술의 국제표준화가 이루어진 경우
③ 신·재생에너지 설비와 그 부품의 공용화가 이루어진 경우
④ 연구실험결과만 있는 신·재생에너지 설비인 경우

풀이 산업통상자원부장관은 개발된 신·재생에너지 설비가 설비인증을 받거나 신·재생에너지 기술의 국제표준화 또는 신·재생에너지 설비와 그 부품의 공용화가 이루어진 경우에는 우선적으로 보급사업을 추진할 수 있다.

정답 13 ③ 14 ④

15 신·재생에너지의 이용·보급을 촉진하기 위한 보급사업의 종류가 아닌 것은?

① 신기술의 적용사업 및 시범사업
② 지방자치단체와 연계한 보급사업
③ 실증단계의 신·재생에너지 설비의 보급을 지원하는 사업
④ 환경친화적 신·재생에너지 집적화단지 및 시범단지 조성사업

> **풀이** 보급사업
> • 신기술의 적용사업 및 시범사업
> • 환경친화적 신·재생에너지 집적화단지 및 시범단지 조성사업
> • 지방자치단체와 연계한 보급사업
> • 실용화된 신·재생에너지 설비의 보급을 지원하는 사업
> • 그 밖에 신·재생에너지 기술의 이용·보급을 촉진하기 위하여 필요한 사업으로서 산업통상자원부장관이 정하는 사업

16 산업통상자원부장관은 권한을 위임 및 위탁할 수 있다. 보급사업에 관한 권한을 위임받을 수 있는 자는 누구인가?

① 신·재생에너지센터장
② 시·도지사
③ 한국에너지기술평가원장
④ 한국전력공사장

> **풀이** 산업통상자원부장관은 보급사업에 관한 권한을 특별시장, 광역시장, 시·도지사 또는 특별자치도지사에게 위임할 수 있다.

17 에너지원을 다양화하고, 에너지의 안정적인 공급, 에너지 구조의 환경친화적 전환 및 온실가스 배출의 감소를 추진함으로써 환경의 보전, 국가경제의 건전하고 지속적인 발전 및 국민복지의 증진에 이바지함을 목적으로 하는 법은?

① 전기공사업법
② 에너지이용효율화법
③ 신에너지 및 재생에너지 개발·이용·보급 촉진법
④ 저탄소 녹색성장 기본법

> **풀이** 「신에너지 및 재생에너지 개발·이용·보급 촉진법」 제1조(목적)
> 이 법은 신에너지 및 재생에너지의 기술개발 및 이용·보급 촉진과 신에너지 및 재생에너지 산업의 활성화를 통하여 에너지원을 다양화하고, 에너지의 안정적인 공급, 에너지 구조의 환경친화적 전환 및 온실가스 배출의 감소를 추진함으로써 환경의 보전, 국가경제의 건전하고 지속적인 발전 및 국민복지의 증진에 이바지함을 목적으로 한다.

정답 15 ③ 16 ② 17 ③

18 신·재생에너지의 기술개발 및 이용·보급 촉진을 위한 기본계획의 계획기간은?
① 3년 이상   ② 5년 이상
③ 10년 이상   ④ 20년 이상

풀이 기본계획 수립
- 산업통상자원부장관은 관계 중앙행정기관의 장과 협의를 한 후 신·재생에너지정책심의회의 심의를 거쳐 신·재생에너지의 기술개발 및 이용·보급을 촉진하기 위한 기본계획을 5년마다 수립하여야 한다.
- 기본계획의 계획기간은 10년 이상으로 한다.

19 신·재생에너지 기술개발과 이용·보급에 관한 계획을 협의하려는 자가 제출한 계획서를 산업통상자원부장관이 검토하여 통보하여야 할 사항이 아닌 것은?
① 신·재생에너지의 기술개발 기본계획과의 조화성
② 시의성
③ 다른 계획과의 중복성
④ 단독연구의 가능성

풀이 산업통상자원부장관은 계획서를 받았을 때에는 신·재생에너지의 기술개발 및 이용·보급을 촉진하기 위한 기본계획과의 조화성, 시의성(時宜性), 다른 계획과의 중복성, 공동연구의 가능성을 검토하여 협의를 요청한 자에게 그 의견을 통보한다.

20 신·재생에너지의 기술개발 및 이용·보급과 신·재생에너지 발전에 의한 전기의 공급에 관한 실행계획은 몇 년마다 수립·시행하여야 하는가?
① 1년   ② 3년   ③ 5년   ④ 7년

풀이 신·재생에너지의 기술개발 및 이용·보급과 신·재생에너지 발전에 의한 전기공급에 관한 실행계획의 계획기간은 매년이다.

21 다음 중 신·재생에너지 기술개발 및 이용·보급에 관한 계획을 수립·시행하기 위해 대통령령으로 정하는 바에 따라 미리 산업통상자원부장관과 협의하여야 하는 자가 아닌 것은?
① 국가기관   ② 지방자치단체
③ 민간기관   ④ 정부로부터 출연금을 받은 자

풀이 신·재생에너지 기술개발 등에 관한 계획의 사전협의
국가기관, 지방자치단체, 공공기관 그 밖에 대통령령으로 정하는 자가 신·재생에너지 기술개발 및 이용·보급에 관한 계획을 수립·시행하려면 대통령령으로 정하는 바에 따라 미리 산업통상자원부장관과 협의해야 한다.

정답 18 ③   19 ④   20 ①   21 ③

22 산업통상자원부장관이 신·재생에너지의 이용, 보급을 촉진하고자 신축·증축 또는 개축하는 건축물에 대하여 설계 시 산출된 예상에너지 사용량의 일정비율 이상을 신·재생에너지를 이용하도록 신·재생에너지 설비를 의무적으로 설치하게 할 수 있는 단체에 해당하지 않는 것은?

① 신·재생에너지 발전 개인사업체
② 국가 및 지방자치단체
③ 정부가 대통령령이 정하는 금액 이상을 출연한 정부출연기관
④ 정부출자기업체

풀이 신·재생에너지 설비를 의무적으로 설치하게 할 수 있는 대상자
1) 국가 및 지방자치단체
2) 공공기관
3) 정부출연기관
4) 정부출자기업체
5) 지방자치단체 및 2)부터 4)까지의 규정에 따른 공공기관, 정부출연기관 또는 정부출자기업체가 대통령령으로 정하는 비율 또는 금액 이상을 출자한 법인
6) 특별법에 따라 설립된 법인

23 「신에너지 및 재생에너지 개발·이용·보급 촉진법」에서 정한 공급의무자가 아닌 것은?

① 한국중부발전주식회사
② 한국수자원공사
③ 한국가스공사
④ 한국지역난방공사

풀이 「신에너지 및 재생에너지 개발·이용·보급 촉진법」 제12조의5(신·재생에너지 공급의무화 등)
① 산업통상자원부장관은 신·재생에너지의 이용·보급을 촉진하고 신·재생에너지산업의 활성화를 위하여 필요하다고 인정하면 다음 각 호의 어느 하나에 해당하는 자 중 대통령령으로 정하는 자(이하 "공급의무자"라 한다)에게 발전량의 일정량 이상을 의무적으로 신·재생에너지를 이용하여 공급하게 할 수 있다.
1. 「전기사업법」 제2조에 따른 발전사업자
2. 「집단에너지사업법」 제9조 및 제48조에 따라 「전기사업법」 제7조제1항에 따른 발전사업의 허가를 받은 것으로 보는 자
3. 공공기관
※ 신·재생에너지 설비를 제외한 설비규모 50만[kW] 이상의 발전설비를 보유하는 자 및 K-Water, 한국지역난방공사
• 공급의무자 : 13개 발전사
• 한국수력원자력, 남동발전, 중부발전, 서부발전, 남부발전, 동서발전, 한국지역난방공사, K-Water, 포스코파워, SK E&S, GS EPS, GS파워, MPC율촌전력

정답 22 ① 23 ③

24 산업통상자원부장관이 혼합의무자에게 제출을 요구하는 자료 중 신·재생에너지 연료 혼합시설에 대한 자료가 아닌 것은?

① 신·재생에너지 연료 혼합시설 현황
② 신·재생에너지 연료 혼합시설 변동사항
③ 신·재생에너지 연료 혼합시설의 구매단가
④ 신·재생에너지 연료 혼합시설의 사용실적

> **풀이** 「신에너지 및 재생에너지 개발·이용·보급 촉진법 시행령」 제26조의3(자료제출)
> 2. 신·재생에너지 연료 혼합시설에 관한 다음 각 목의 자료
>   가. 신·재생에너지 연료 혼합시설 현황
>   나. 신·재생에너지 연료 혼합시설 변동사항
>   다. 신·재생에너지 연료 혼합시설의 사용실적

25 신·재생에너지 공급의무자에 해당하지 않는 것은?

① 한국수자원공사
② 한국석유공사
③ 한국지역난방공사
④ 50만[kW] 이상의 발전설비(신·재생에너지 설비는 제외한다)를 보유하는 자

> **풀이** 신재생에너지 공급의무자
> • 50만[kW] 이상의 발전설비(신·재생에너지 설비는 제외한다)를 보유하는 자
> • 한국수자원공사
> • 한국지역난방공사

26 신·재생에너지 설비의 설치계획서를 받은 산업통상자원부장관은 설치계획서를 받은 날로부터 타당성을 검토한 후 그 결과를 며칠 이내에 해당 설치의무기관의 장 또는 대표자에게 통보하여야 하는가?

① 10일 ② 20일
③ 30일 ④ 50일

> **풀이** 그 결과를 해당 설치의무기관의장 또는 대표자에게 30일 내에 통보

27 신에너지 및 재생에너지 개발·이용·보급 촉진법령에 따른 신·재생에너지 공급의무자의 2024년 연도별 의무공급량 비율[%]은?

① 12.5 ② 14.5
③ 13.5 ④ 20.5

정답 24 ③ 25 ② 26 ③ 27 ③

풀이 「신에너지 및 재생에너지 개발·이용·보급 촉진법 시행령」 [별표 3] 연도별 의무공급량의 비율(제18조의4 제1항 관련)

해당 연도	비율(%)	해당 연도	비율(%)
2023년	13.0	2027년	17.0
2024년	13.5	2028년	19.0
2025년	14.0	2029년	22.5
2026년	15.0	2030년 이후	25.0

28 신·재생에너지 공급인증서를 발급받으려는 자는 공급인증서 발급 및 거래시장 운영에 관한 규칙에 의거 신·재생에너지를 공급한 날부터 며칠 이내에 공급인증서 발급 신청을 하여야 하는가?

① 15일　　② 30일　　③ 60일　　④ 90일

29 신에너지 및 재생에너지 기술개발 및 이용·보급에 관한 계획을 협의하려는 자는 그 시행 사업연도 개시 몇 개월 전까지 산업통상자원부장관에게 계획서를 제출하여야 하는가?

① 1년　　② 3년　　③ 4년　　④ 6년

풀이 「신에너지 및 재생에너지 개발·이용·보급 촉진법 시행령」 제3조(신·재생에너지 기술개발 등에 관한 계획의 사전협의)
② 법 제7조에 따라 신에너지 및 재생에너지(이하 "신·재생에너지"라 한다) 기술개발 및 이용·보급에 관한 계획을 협의하려는 자는 그 시행 사업연도 개시 4개월 전까지 산업통상자원부장관에게 계획서를 제출하여야 한다.

30 산업통상자원부장관이 혼합의무자에게 제출을 요구할 수 있는 자료 중 신·재생에너지 연료혼합의무 이행확인에 관한 자료의 내용이 아닌 것은?

① 수송용 연료의 생산량　　② 수송용 연료의 수출입량
③ 수송용 연료의 내수판매량　　④ 수송용 연료의 자가발전량

풀이 「신에너지 및 재생에너지 개발·이용·보급 촉진법 시행령」 제26조의3(자료제출)
① 산업통상자원부장관은 법 제23조의2제2항에 따라 혼합의무자에게 다음 각 호의 자료제출을 요구할 수 있다.
1. 신·재생에너지 연료혼합의무 이행확인에 관한 다음 각 목의 자료
　가. 수송용 연료의 생산량
　나. 수송용 연료의 내수판매량
　다. 수송용 연료의 재고량
　라. 수송용 연료의 수출입량

정답 28 ④　29 ③　30 ④

31 기본계획에서 정한 목표를 달성하기 위하여 신·재생에너지의 종류별로 신·재생에너지의 기술개발 및 이용·보급과 신·재생에너지 발전에 의한 전기의 공급에 관한 실행계획을 매년 수립·시행하는 주체는 누구인가?

① 환경부장관
② 고용노동부장관
③ 국토교통부장관
④ 산업통상자원부장관

풀이 「신에너지 및 재생에너지 개발·이용·보급 촉진법」 제6조(연차별 실행계획)
① 산업통상자원부장관은 기본계획에서 정한 목표를 달성하기 위하여 신·재생에너지의 종류별로 신·재생에너지의 기술개발 및 이용·보급과 신·재생에너지 발전에 의한 전기의 공급에 관한 실행계획을 매년 수립·시행하여야 한다.

32 신·재생에너지 공급인증서의 발급 신청을 받은 공급인증기관은 발급 신청을 한 날부터 며칠 이내에 공급인증서를 발급하여야 하는가?

① 10 ② 30 ③ 50 ④ 90

풀이 「신에너지 및 재생에너지 개발·이용·보급 촉진법 시행령」 제18조의8(신·재생 에너지 공급인증서의 발급 신청 등)
④ 제1항 및 제2항에 따라 발급 신청을 받은 공급인증기관은 발급 신청을 한 날부터 30일 이내에 공급인증서를 발급해야 한다.

33 신·재생에너지 설비에 대한 사후관리에서 연 1회 이상 사후관리를 실시해야 하는 신·재생에너지 설비는 설치한 날로부터 몇 년 이내인 신·재생에너지 설비인가?

① 2년 ② 3년 ③ 4년 ④ 5년

풀이 「신에너지 및 재생에너지 개발·이용·보급 촉진법 시행령」 제28조의2(신·재생에너지 설비에 대한 사후관리)
① 법 제30조의4제1항에서 "신·재생에너지 보급사업의 시행기관 등 대통령령으로 정하는 기관의 장"이란 제27조제1항에 따라 선정된 보급사업 실시기관의 장을 말한다.
② 법 제30조의4제3항에 따라 연 1회 이상 사후관리를 실시해야 하는 신·재생에너지 설비는 설치한 날부터 3년 이내인 신·재생에너지 설비로 한다.

34 신·재생에너지 공급인증서에 관한 내용 중 옳은 것을 모두 선택한 것은?

㉠ 공급인증서는 산업통상자원부장관이 지정하는 공급인증기관에서만 발급할 수 있다.
㉡ 공급인증서를 발급받으려는 자는 대통령령이 정하는 바에 따라 신청할 수 있다.
㉢ 공급인증서의 유효기간은 발급받은 날로부터 5년이다.
㉣ 공급인증서는 공급인증기관이 개설한 거래시장에서 거래할 수 있다.

정답 31 ④ 32 ② 33 ② 34 ②

① ㉠, ㉡, ㉢   ② ㉠, ㉡, ㉣
③ ㉠, ㉢, ㉣   ④ ㉡, ㉢, ㉣

풀이 공급인증서의 유효기간은 발급받은 날로부터 3년이다.

35 신에너지 및 재생에너지의 활성화 방안과 맞지 않는 것은?

① 에너지의 환경친화적 전환
② 에너지의 안정적 공급
③ 온실가스 배출의 감소
④ 에너지원의 단일화

풀이 「신에너지 및 재생에너지 개발·이용·보급 촉진법」 제1조(목적)
이 법은 신에너지 및 재생에너지의 기술개발 및 이용·보급 촉진과 신에너지 및 재생에너지 산업의 활성화를 통하여 에너지원을 다양화하고, 에너지의 안정적인 공급, 에너지 구조의 환경친화적 전환 및 온실가스 배출의 감소를 추진함으로써 환경의 보전, 국가경제의 건전하고 지속적인 발전 및 국민복지의 증진에 이바지함을 목적으로 한다.

36 신·재생에너지 공급의무자에 해당하는 전기사업자가 아닌 것은?

① 배전사업자
② 송전사업자
③ 구역전기사업자
④ 자가용 발전사업자

풀이 신·재생에너지 공급의무자에 해당하는 전기사업자
송전사업자, 배전사업자, 구역전기사업자

37 신·재생에너지원별 설비에 관한 설명으로 잘못된 것은?

① 태양광 설비는 태양의 빛에너지를 태양전지로 이용하여 전기에너지를 생산하는 설비
② 연료전지 설비는 수소와 물의 전기화학적인 반응을 통하여 전기 또는 열을 생산하는 설비
③ 해양에너지 설비는 해양의 조수, 파도, 해류, 온도차 등을 변환시켜 전기 또는 열을 생산하는 설비
④ 태양열 설비는 태양의 열에너지를 변환시켜 전기를 생산하거나 에너지원으로 이용하는 설비

풀이 「신에너지 및 재생에너지 개발·이용·보급 촉진법」 제2조(정의)
3. "신·재생에너지 설비"란 신·재생에너지를 생산 또는 이용하거나 신·재생에너지의 전력계통 연계조건을 개선하기 위한 설비로서 산업통상자원부령으로 정하는 것을 말한다.

「신에너지 및 재생에너지 개발·이용·보급 촉진법 시행규칙」 제2조(신·재생에너지 설비)
「신에너지 및 재생에너지 개발·이용·보급 촉진법」 제2조제3호에서 "산업통상자원부령으로 정하는 것"이란 다음 각 호의 설비 및 그 부대설비를 말한다.
1. 수소에너지 설비 : 물이나 그 밖에 연료를 변환시켜 수소를 생산하거나 이용하는 설비
2. 연료전지 설비 : 수소와 산소의 전기화학반응을 통하여 전기 또는 열을 생산하는 설비

정답 35 ④   36 ④   37 ②

3. 석탄을 액화·가스화한 에너지 및 중질잔사유(重質殘渣油)를 가스화한 에너지 설비 : 석탄 및 중질잔사유의 저급 연료를 액화 또는 가스화시켜 전기 또는 열을 생산하는 설비
4. 태양에너지 설비
   가. 태양열 설비 : 태양의 열에너지를 변환시켜 전기를 생산하거나 에너지원으로 이용하는 설비
   나. 태양광 설비 : 태양의 빛에너지를 변환시켜 전기를 생산하거나 채광(採光)에 이용하는 설비
5. 풍력 설비 : 바람의 에너지를 변환시켜 전기를 생산하는 설비
6. 수력 설비 : 물의 유동(流動) 에너지를 변환시켜 전기를 생산하는 설비
7. 해양에너지 설비 : 해양의 조수, 파도, 해류, 온도차 등을 변환시켜 전기 또는 열을 생산하는 설비
8. 지열에너지 설비 : 물, 지하수 및 지하의 열 등의 온도차를 변환시켜 에너지를 생산하는 설비
9. 바이오에너지 설비 : 「신에너지 및 재생에너지 개발·이용·보급 촉진법 시행령」(이하 "영"이라 한다) 별표 1의 바이오에너지를 생산하거나 이를 에너지원으로 이용하는 설비
10. 폐기물에너지 설비 : 폐기물을 변환시켜 연료 및 에너지를 생산하는 설비

38 석탄을 액화·가스화한 에너지 및 중질잔사유를 가스화한 에너지로 대통령령으로 정하는 에너지는 어느 것인가?
① 수소가스
② 바이오가스
③ 합성가스
④ 폐기물가스

풀이 합성가스는 석탄을 액화·가스화한 에너지 및 중질잔사유를 가스화한 에너지로서 대통령령으로 정하는 에너지이다.

39 「신·재생에너지 개발·이용·보급 촉진법」에서 정의하는 용어의 설명으로 틀린 것은?
① 신·재생에너지란 기존의 화석연료를 잘 이용하는 것이다.
② 신·재생에너지 설비란 신·재생에너지를 생산하거나 이용하는 설비로서 산업통상자원부령으로 정하는 것을 말한다.
③ 신·재생에너지발전이란 신·재생에너지를 이용하여 전기를 생산하는 것을 말한다.
④ 신·재생에너지발전사업자란 「전기사업법」의 발전사업자 또는 자가용 전기설비를 설치한 자로서 신·재생에너지발전을 하는 사업자를 말한다.

풀이 신·재생에너지란 기존의 화석연료를 변환시켜 이용하는 것이다.

40 공급의무자가 의무적으로 신·재생에너지를 이용하여 공급하여야 하는 발전량의 합계는 총 전력생산량의 몇 [%] 이내의 범위에서 정하는가?
① 10[%]
② 15[%]
③ 20[%]
④ 25[%]

정답 38 ③ 39 ① 40 ④

풀이 「신에너지 및 재생에너지 개발·이용·보급 촉진법」 제12조의5(신·재생에너지 공급의무화 등)
② 제1항에 따라 공급의무자가 의무적으로 신·재생에너지를 이용하여 공급하여야 하는 발전량의 합계는 총 전력생산량의 25퍼센트 이내의 범위에서 연도별로 대통령령으로 정한다. 이 경우 균형 있는 이용·보급이 필요한 신·재생에너지에 대하여는 대통령령으로 정하는 바에 따라 총의무공급량 중 일부를 해당 신·재생에너지를 이용하여 공급하게 할 수 있다.

41. 산업통상자원부장관은 신·재생에너지의 이용·보급을 촉진하고자 신축·증축 또는 개축하는 건축물에 대하여 설계 시 산출된 예상에너지 사용량의 일정 비율 이상을 신·재생에너지를 이용하여 공급되는 에너지 사용하도록 신·재생에너지 설비를 의무적으로 설치하게 할 수 있는데 이에 해당하지 않는 단체는?

① 국가 및 지방자치단체
② 정부가 대통령령으로 정하는 금액 이상을 출연한 정부출연기관
③ 신·재생에너지발전사업자
④ 공공기관

풀이 「신에너지 및 재생에너지 개발·이용·보급 촉진법」 제12조(신·재생에너지사업에의 투자권고 및 신·재생에너지 이용의무화 등)
① 산업통상자원부장관은 신·재생에너지의 기술개발 및 이용·보급을 촉진하기 위하여 필요하다고 인정하면 에너지 관련 사업을 하는 자에 대하여 제10조 각 호의 사업을 하거나 그 사업에 투자 또는 출연할 것을 권고할 수 있다.
② 산업통상자원부장관은 신·재생에너지의 이용·보급을 촉진하고 신·재생에너지산업의 활성화를 위하여 필요하다고 인정하면 다음 각 호의 어느 하나에 해당하는 자가 신축·증축 또는 개축하는 건축물에 대하여 대통령령으로 정하는 바에 따라 그 설계 시 산출된 예상 에너지사용량의 일정 비율 이상을 신·재생에너지를 이용하여 공급되는 에너지를 사용하도록 신·재생에너지 설비를 의무적으로 설치하게 할 수 있다.
  1. 국가 및 지방자치단체
  2. 공공기관
  3. 정부가 대통령령으로 정하는 금액 이상을 출연한 정부출연기관
  4. 「국유재산법」 제2조제6호에 따른 정부출자기업체
  5. 지방자치단체 및 제2호부터 제4호까지의 규정에 따른 공공기관, 정부출연기관 또는 정부출자기업체가 대통령령으로 정하는 비율 또는 금액 이상을 출자한 법인
  6. 특별법에 따라 설립된 법인
③ 산업통상자원부장관은 신·재생에너지의 활용 여건 등을 고려할 때 신·재생에너지를 이용하는 것이 적절하다고 인정되는 공장·사업장 및 집단주택단지 등에 대하여 신·재생에너지의 종류를 지정하여 이용하도록 권고하거나 그 이용설비를 설치하도록 권고할 수 있다.

정답 41 ③

42 공급인증서의 발급 및 거래단위인 REC의 1REC로 적용되는 전력량은 얼마인가?

① 10[kWh] ② 100[kWh]
③ 1[kWh] ④ 1[MWh]

풀이 REC(Renewable Energy Certificate)
공급인증서의 발급 및 거래단위로서, 공급인증서 발급대상설비에서 공급된 [MWh] 기준의 신·재생에너지 전력량에 대해 가중치를 곱하여 부여하는 단위를 말한다.
1[MWh]=1,000[kWh]

43 공급인증서 발급수수료 및 거래수수료를 면제받을 수 있는 태양광발전소의 발전설비용량은 얼마인가?

① 10[kW] 미만 ② 50[kW] 미만
③ 100[kW] 미만 ④ 1,000[kW] 미만

풀이 「신·재생에너지 공급의무화제도 및 연료 혼합의무화제도 관리·운영지침」 제9조(공급인증서 발급 및 거래수수료)
④ 신·재생에너지 발전설비용량이 100[kW] 미만인 발전소는 공급인증서 발급수수료 및 거래수수료를 면제한다.

44 신·재생에너지발전사업 준비기간의 상한은 얼마인가?

① 1년 ② 3년 ③ 5년 ④ 10년

풀이 전기(발전)사업 허가취소
전기사업자가 사업 준비기간(발전사업 허가를 득한 후부터 사업개시 신고 전까지) 내에 전기설비의 설치 및 사업의 개시를 하지 아니한 경우, 전기위원회의 심의를 거쳐 허가를 취소한다.
• 신·재생에너지발전사업 준비기간의 상한 : 10년
• 발전사업 허가 시 필요하다고 인정하면 전기사업별 또는 전기설비별로 구분하여 준비기간을 지정할 수 있다.

45 산업통상자원부장관은 몇 년마다 기술개발 수준 신·재생에너지의 보급목표 달성실적과 그 밖의 여건 변화를 고려하여 공급의무량 비율을 재검토해야 하는가?

① 1년 ② 3년 ③ 5년 ④ 10년

풀이 「신에너지 및 재생에너지 개발·이용·보급 촉진법 시행령」 제18조의4(연도별 의무공급량의 합계 등)
② 산업통상자원부장관은 3년마다 신·재생에너지 관련 기술 개발의 수준 등을 고려하여 별표 3에 따른 비율을 재검토하여야 한다. 다만, 신·재생에너지의 보급목표 및 그 달성실적과 그 밖의 여건변화 등을 고려하여 재검토기간을 단축할 수 있다.

정답 42 ④ 43 ③ 44 ④ 45 ②

46 공급인증서 가중치의 재검토주기는 얼마인가?

① 1년 ② 2년 ③ 3년 ④ 5년

풀이 「신·재생에너지 공급의무화제도 관리 및 운영지침」 제7조(공급인증서 가중치)
산업통상자원부 장관은 3년마다 기술개발 수준, 신·재생에너지의 보급 목표, 운영실적과 그 밖의 여건변화 등을 고려하여 공급인증서 가중치를 재검토하여야 하며, 필요한 경우 재검토기간을 단축할 수 있다.

47 2012년 1월 1일부터 국내 총 발전량의 일정 비율을 신·재생에너지로 의무화하는 제도는?

① FIT(Feed In Tariff)
② REC(Renewable Energy Certificate)
③ RPS(Renewable Portfolio Standard)
④ FERC(Federal Energy Regulatory Commission)

풀이 ① FIT(Feed In Tariff) : 발전차액지원제도
② REC(Renewable Energy Certificate) : 신·재생에너지 공급인증서의 발급 및 거래단위로서, 공급인증서 발급대상설비에서 공급된 [MWh] 기준의 신·재생에너지 전력량에 대해 가중치를 곱하여 부여하는 단위
③ RPS(Renewable Portfolio Standard) : 신·재생에너지 공급의무화 제도
④ FERC(Federal Energy Regulatory Commission) : 미국 연방에너지규제위원회

48 신·재생에너지를 생산하거나 이용하는 설비로서 산업통상자원부령으로 정하는 설비는 어느 것인가?

① 신·재생에너지 발전설비 ② 신·재생에너지 설비
③ 신·재생에너지 전기설비 ④ 신·재생에너지 건축설비

49 신·재생에너지발전 기준가격의 고시 및 차액 지원자는 누구인가?

① 대통령 ② 산업통상자원부장관
③ 국토교통부장관 ④ 시·도지사

50 기본계획에서 정한 목표를 달성하기 위하여 신·재생에너지의 종류별로 신·재생에너지의 기술개발 및 이용·보급과 신·재생에너지발전에 의한 전기의 공급에 관한 실행계획을 매년 수립·시행해야 하는 자는?

① 대통령 ② 행정안전부장관
③ 산업통상자원부장관 ④ 시·도지사

정답 46 ③ 47 ③ 48 ② 49 ② 50 ③

51 신·재생에너지 공급인증서에 표기되는 공급량 계산 시 적용되는 신·재생에너지 가중치 결정의 고려사항이 아닌 것은?

① 수입대체 효과
② 부존(賦存) 잠재량
③ 지역주민의 수용(受容) 정도
④ 전력수급의 안정에 미치는 영향

풀이 「신에너지 및 재생에너지 개발·이용·보급 촉진법 시행령」제18조의9(신·재생에너지의 가중치)
법 제12조의7제3항 후단에 따른 신·재생에너지의 가중치는 해당 신·재생에너지에 대한 다음 각 호의 사항을 고려하여 산업통상자원부장관이 정하여 고시하는 바에 따른다.
1. 환경, 기술개발 및 산업 활성화에 미치는 영향
2. 발전 원가
3. 부존(賦存) 잠재량
4. 온실가스 배출저감(低減)에 미치는 효과
5. 전력수급의 안정에 미치는 영향
6. 지역주민의 수용(受容) 정도

52 신·재생에너지 우수전문기업의 선정 평가기준으로 잘못된 것은?

① 기술인력
② 시공실적
③ 기업의 대외지명도
④ 품질 및 사후관리실적

풀이 신·재생에너지 우수전문기업의 선정을 위한 평가기준
• 기술인력
• 시공실적
• 기업의 신용상태
• 품질 및 사후관리실적

53 신·재생에너지 설비의 설치의무기관으로 대통령령으로 정하는 비율 또는 금액 이상을 출자한 법인으로 맞는 것은?

① 납입자본금의 100분의 30 이상을 출자한 법인
② 납입자본금의 100분의 60 이상을 출자한 법인
③ 납입자본금으로 50억 원 이상을 출자한 법인
④ 납입자본금으로 30억 원 이상을 출자한 법인

풀이 "대통령령으로 정하는 비율 또는 금액 이상을 출자한 법인"이란 다음 각 호의 어느 하나에 해당하는 법인을 말하며, "대통령령으로 정하는 금액 이상"이란 연간 50억 원 이상을 말한다.
1. 납입자본금의 100분의 50 이상을 출자한 법인
2. 납입자본금으로 50억 원 이상을 출자한 법인

정답 51 ① 52 ③ 53 ③

54 산업통상자원부장관은 공급의무자가 의무공급량에 부족하게 신·재생에너지를 이용하여 에너지를 공급한 경우에는 대통령령으로 정하는 바에 따라 그 부족분에 신·재생에너지 공급인증서의 해당 연도 평균거래 가격의 얼마를 곱한 금액의 범위에서 과징금을 부과하는가?

① 100분의 30
② 100분의 50
③ 100분의 100
④ 100분의 150

풀이 「신에너지 및 재생에너지 개발·이용·보급 촉진법」 제12조의6(신·재생에너지 공급 불이행에 대한 과징금)
① 산업통상자원부장관은 공급의무자가 의무공급량에 부족하게 신·재생에너지를 이용하여 에너지를 공급한 경우에는 대통령령으로 정하는 바에 따라 그 부족분에 제12조의7에 따른 신·재생에너지 공급인증서의 해당 연도 평균거래 가격의 100분의 150을 곱한 금액의 범위에서 과징금을 부과할 수 있다.

55 산업통상자원부장관은 "공급인증기간이 다음 각 호의 어느 하나에 해당하는 경우에는 산업통상자원부령으로 정하는 바에 따라 그 지정을 취소하거나 1년 이내의 기간을 정하여 그 업무의 전부 또는 일부의 정지를 명할 수 있다"에서 다음 각 호에 해당되지 않는 것은?

① 거짓이나 그 밖의 부정한 방법으로 지정을 받은 경우
② 주의 처분을 받은 후 업무를 계속한 경우
③ 지정기준에 부적합하게 된 경우
④ 시정명령을 시정기간에 이행하지 아니한 경우

풀이 「신에너지 및 재생에너지 개발·이용·보급 촉진법」 제12조의10(공급인증지관 지정의 취소 등)
① 산업통상자원부장관은 공급인증기관이 다음 각 호의 어느 하나에 해당하는 경우에는 산업통상자원부령으로 정하는 바에 따라 그 지정을 취소하거나 1년 이내의 기간을 정하여 그 업무의 전부 또는 일부의 정지를 명할 수 있다. 다만, 제1호 또는 제2호에 해당하는 때에는 그 지정을 취소하여야 한다.
1. 거짓이나 그 밖의 부정한 방법으로 지정을 받은 경우
2. 업무정지 처분을 받은 후 그 업무정지 기간에 업무를 계속한 경우
3. 제12조의8제1항제3호에 따른 지정기준에 부적합하게 된 경우
4. 제12조의9제4항에 따른 시정명령을 시정기간에 이행하지 아니한 경우

정답 54 ④ 55 ②

PART 02 태양광발전 시스템 구성·선정

SECTION 001 태양광발전 주요 장치 준비

01 태양광발전시스템 구성요소 개요

1 태양전지

1. 태양전지의 원리

태양전지는 빛에너지를 흡수하여, 전기에너지의 근원인 전하(전자, 정공)를 생성한다. 생성된 전기입자(전하)는 음극성 전자와 양극성 정공으로 이루어지며, 태양전지 내에서 영원히 존재할 수 없어 소멸되기 전에 전자와 정공을 분리해야 한다. 전자와 정공이 분리되면 외부 전극으로 전자와 정공을 수집하여 전기로 사용이 가능하다. 즉, 빛에너지 흡수 → 전하 생성 → 전하 분리 → 전하 수집의 과정으로 태양전지는 전기를 생산하게 된다.

2. 태양전지의 변환효율

1) 태양전지 변환효율

태양광을 전기에너지로 바꾸어 주는 태양전지의 성능을 결정하는 중요한 요소 가운데 하나이다. 같은 조건하에서 태양전지 셀에 태양이 조사되었을 시에 태양광에너지가 전기에너지를 얼마만큼 발생시키는가를 나타내는 양[%]을 말한다.

2) 광전변환효율(η)

$$\eta = \frac{P_m}{P_{input}} = \frac{I_m \cdot V_m}{P_{input}} = \frac{V_{oc} \cdot I_{sc}}{P_{input}} \cdot FF$$

여기서, P_{input} : 태양에너지로부터 입사된 환상전력

$P_{input} = E \times A$ = 표준일조강도[W/m²] × 태양전지면적[m²]

E : 표준일조강도[W/m²](=1,000W/m²)

A : 태양전지면적[m²](가로×세로)

P_m : 최대 출력 FF : 충진율

V_m : 최대출력일 때의 전압 I_m : 최대출력일 때의 전류

V_{oc} : 개방전압 I_{sc} : 단락전류

(1) 태양전지의 충진율(FF ; Fill Factor, 곡선인자)

태양전지의 충진율은 개방전압과 단락전류의 곱에 대한 출력의 비로 정의된다.

$$FF = \frac{I_m \cdot V_m}{I_{sc} \cdot V_{oc}} = \frac{P_{\max}}{I_{sc} \cdot V_{oc}}$$

① 충진율은 최적동작전류 I_m과 최적동작전압 V_m이 I_{sc}와 V_{oc}에 가까운 정도를 나타낸다.
② 충진율은 태양전지 내부의 직 · 병렬 저항으로부터도 영향을 받는다.
③ 일반적으로 실리콘 태양전지의 개방전압은 약 0.6[V]이고 충진율은 약 0.7~0.8[V]로 보며 또한 GaAs의 개방전압은 약 0.95[V]이고, 충진율은 약 0.78~0.85[V]이다.
④ 전압에 따른 태양전지의 출력전류와 전력곡선

(a) 낮은 충진율을 갖는 경우 (b) 높은 충진율을 갖는 경우

3. 태양전지의 기본단위 – 셀(Cell)

① 실리콘 계열은 단결정과 다결정의 셀로 구분된다.
② 셀은 만드는 잉곳(Ingot)의 크기에 따라 5인치와 6인치로 나뉜다.
③ 5인치 규격은 [mm] 단위로 125×125, 6인치 규격은 [mm] 단위로 156×156의 크기이다.
④ 통상적으로 현재는 6인치 셀을 많이 사용한다.

4. 태양전지소자의 시험항목 및 평가기준

시험항목	평가기준
육안 외형 및 치수 검사	• 셀 : 깨짐, 크랙이 없는 것 • 치수는 156[mm] 미만일 때 제시한 값 대비 ±0.5[mm] • 두께는 제시한 값 대비 ±40[μm]
전류-전압 특성시험	출력의 분포는 정격출력의 ±3[%] 이내
온도계수시험	평가기준 없음(시험결과만 표기)
스펙트럼 응답특성시험	평가기준 없음(시험결과만 표기)
2차 기준 태양전지 교정시험	• 신규 교정시험 • 재교정 시 초기 교정값이 5[%] 이상 변화하면 사용 불가 • 인증 필수시험항목이 아닌 선택 시험항목

※ 표시사항
- 일반사항 : 내구성이 있어야 하며 소비자가 명확히 인식할 수 있도록 표시하여야 한다.
- 인증설비에 대한 표시는 최소한 다음 사항을 포함하여야 한다.
  ① 업체명 및 소재지
  ② 설비명 및 모델명
  ③ 정격 및 적용조건
  ④ 제조연월일
  ⑤ 인증부여번호
  ⑥ 신재생에너지 설비인증표지

5. 단락전류

단락전류(Short Circuit Current)는 태양전지 양단의 전압이 "0"일 때 흐르는 전류를 의미한다. 단락전류는 태양전지로부터 끌어낼 수 있는 최대전류이다.

[태양전지 전류-전압 곡선에서의 단락전류]

단락전류는 다음과 같은 요소들에 의해 영향을 받는다.
① 태양전지의 면적
② 입사광자 수(입사광원의 출력)
③ 입사광 스펙트럼
④ 태양전지의 광학적 특성(빛의 흡수 및 반사)
⑤ 태양전지의 수집확률

6. 개방전압

개방전압(Open Circuit Voltage)은 전류가 "0"일 때 태양전지 양단에 나타나는 전압으로, 태양전지로부터 얻을 수 있는 최대전압에 해당한다.

[Si 및 GaAs의 개방전압과 단락전류의 관계]

7. 태양전지의 종류

1) 태양전지 소재의 형태에 따른 분류

결정질 실리콘태양전지와 박막태양전지로 구분된다.

(1) 결정질 실리콘태양전지(기판형)
① 태양전지 전체 시장의 80[%] 이상을 차지한다.
② 결정질 실리콘태양전지는 실리콘 덩어리(잉곳)를 얇은 기판으로 절단하여 제작한다.
③ 실리콘 덩어리의 제조방법에 따라 단결정과 다결정으로 구분된다.

(2) 박막태양전지
① 얇은 플라스틱이나 유리 기판에 막을 입히는 방식으로 제조한다.
② 접합구조에 따라 단일접합, 이중 또는 삼중의 다중접합 태양전지 등으로 구분할 수 있다.
③ 결정질보다 두께가 얇다.
④ 결정질보다 변환효율이 낮다.
⑤ 결정질보다 온도특성이 강하다.
⑥ 동일용량 설치 시 결정질보다 박막형이 면적을 많이 차지한다. → 효율이 낮으므로 면적을 많이 차지

2) 태양전지에 이용되는 반도체 재료

결정질 및 비정질	실리콘계	단결정 실리콘(Single-crystalline Silicon)
		다결정 실리콘(Multi-crystalline Silicon)
		비정질 실리콘(Amorphous Silicon)
Compound Semiconductor	III-V족 화합물계	GaAs, InP, GaAlAs, GaP, GaInAs 등
	II-VI족 화합물계	$CuInSe_2$, CdS, CdTe, ZnS 등
화합물 또는 적층형	화합물/VI족 계열	GaAs/Ge, GaAlAs/Si, InP/Si 등
	화합물/화합물 계열	GaAs/InP, GaAlAs/GaAs, $GaAs/CuInSe_2$ 등

3) 재료에 따른 태양전지의 분류

(1) 실리콘태양전지
① 실리콘의 제조방법에 따라 단결정과 다결정으로 분류된다.
② 단결정 태양전지의 효율이 높지만 최근에는 다결정 실리콘 재료의 생산기술이 크게 진보하여 생산량이 증가하고 있다.
③ 박막형 태양전지는 수소화된 비정질의 아몰퍼스상을 기본으로 한 태양전지와 박막을 다시 결정화한 다결정 실리콘 박막태양전지로 분류된다.

㉠ 단결정(Single Crystal) 실리콘태양전지
• 단결정은 순도가 높고 결정결함밀도가 낮은 고품위의 재료이다.
• 단단하고 구부러지지 않는다.
• 무늬가 다양하지 않다.
• 검은색이다.
• 제조에 필요한 온도는 1,400[℃]이다.
• 집광장치를 사용하지 않는 경우 효율은 약 24[%]이다.
• 집광장치를 사용하는 경우 효율은 약 28[%] 이상이다.
• 도달한계효율은 약 35[%]이다.

ⓒ 다결정(Poly Crystal) 실리콘태양전지
- 저급한 재료를 저렴한 공정으로 처리한 것이다.
- 현재 다결정 태양전지 생산량이 단결정 생산량을 넘어섰다.
- 전지효율은 약 18[%]이다.
- 도달한계효율은 약 23[%]이다.

ⓒ 단결정과 다결정 실리콘셀의 특성 비교

구분	단결정 실리콘셀	다결정 실리콘셀
제조방법	복잡하다.	단결정에 비해 간단하다.
실리콘순도	높다.	단결정에 비해 낮다.
효율	높다.	단결정에 비해 낮다.
한계효율	약 35[%]	약 23[%]
원가	고가이다.	단결정에 비해 저가이다.
특징	변환효율은 높으나, 가격이 고가이다.	단결정에 비해 효율은 낮으나, 가격이 저렴하다.

ⓔ 단결정 및 다결정 태양전지셀(Cell)의 제조과정

- 단결정 태양전지 제조공정
  폴리실리콘(실리콘덩어리) → Czochralski 공정(실리콘용액 사각절단) → 웨이퍼슬라이싱(웨이퍼절단) → 인도핑 → 반사 방지막 → 전/후면 전극 → 단결정 셀

- 다결정 태양전지 제조공정

  폴리실리콘 → 방향성고결(주조결정) → 블록 → 웨이퍼슬라이싱 → 인도핑 → 반사 방지막 → 전/후면 전극 → 다결정 셀

(2) 비정질 실리콘태양전지

 비정질 실리콘태양전지는 결정화가 되지 못한 실리콘이다. 태양전지는 결정의 반도체 기술을 이용하기 때문에 명백한 밴드갭이 존재하지 않는 비정질 재료는 태양전지가 되지 못한다.

(3) CIGS 또는 CIGSS 태양전지

 ① 직접 천이형 반도체로서 2.42[eV]의 에너지밴드갭을 갖는다.
 ② 전하 수집을 위하여 ZnO 위에 Al 또는 Al/Ni 재질의 금속전극을 형성한다.
 ③ CIGS 태양전지는 우수한 내방사선 특성을 갖는다.
 ④ 장기간 사용해도 효율의 변화가 거의 없는 안정된 특성을 갖는다.

(4) CdTe 태양전지

 ① CdTe는 Ⅱ-Ⅵ족 화합물 반도체 중에서 대표적으로 산업화된 재료로, 직접 천이형 에너지대 구조에 의하여 광흡수계수가 매우 크므로 두께 $2[\mu m]$ 정도의 얇은 박막층으로 태양전지가 만들어진다.
 ② CdTe 태양전지의 특징

  에너지밴드갭이 1.45[eV]로, 태양에너지를 효과적으로 이용할 수 있는 최적 이론값에 가까운 금지대 폭을 가지고 있다.

(5) GaAs계 태양전지

 Ⅲ-Ⅴ족 화합물반도체를 기반으로 하는 태양전지는 40[%] 이상의 고효율 태양전지를 만들 수 있는 것으로 기대되는 태양전지 재료이다.

 ① Ⅲ-Ⅴ족 화합물반도체의 대표적인 태양전지이다.
 ② 에너지밴드갭이 1.4[eV]로서 단일전지로는 최대효율을 낼 수 있는 최적의 밴드갭 특성을 갖고 있다.
 ③ 직접 천이형으로 우수한 광흡수율을 가지고 있으며, 이종접합형 GaAs 태양전지이다.

(6) 적층형 태양전지

 ① Si → GaAs → AlGaAs 순서로 적층한다.
 ② 실리콘 계열은 실리콘층으로 적층을 하고, GaAs는 이들 재료를 중심으로 적층해야 한다.

(7) 염료감응형 태양전지

염료감응형 태양전지는 나노 크기 염료의 산화환원반응을 이용하여 전기를 생산하는 태양전지이다.

① 광변환효율은 약 15[%] 정도이고 단가가 매우 저렴하다.
② 광이 입사하는 면은 투명유리와 이 위에 증착된 투명전도막으로 이루어져 있다.
③ 투명전도막 위는 단분자의 염료 고분자로 코팅되어 있으며, 이 물질은 나노 크기의 다공질 이산화티타늄 입자로 형성되어 있다.
④ 반대편 전극은 백금이나 투명박막이 코팅된 투명유리를 사용한다.
⑤ 두 전극 사이에는 약 $50 \sim 100[\mu m]$ 크기의 공간에 산화환원용 전해질용액이 채워져 있다.
⑥ 색이나 형상을 다양하게 할 수 있어 패션, 인테리어 분야에 이용할 수 있다.

2 전력저장장치(축전지)

1. 축전지의 정의 및 의의

① 축전지(Electric Storage Batteries)는 전기에너지를 화학에너지로 바꿔 저장하고, 필요할 때 다시 전기에너지로 바꿔 쓰는 장치로서 전력저장장치라 할 수 있다.
② 발전량 부족 시나 야간, 일조가 없을 때의 부하로 전력을 공급하기 위해 전력저장장치(축전지)를 설치한다. 독립형 태양광발전에서 섬 지방이나 산간지방 등 상용전원이 없는 곳에서 활용한다.
③ 계통연계형 태양광발전시스템에서도 축전지를 설치하여 재해 시 비상전원 공급, 발전전력 급변 시의 버퍼, 전력저장, 피크 시프트 등 시스템의 적용범위를 확대함으로써 비상전원의 확보, 전력품질의 유지, 경제성 등의 목적으로 설치하는 경우도 있다.
④ 최근에는 다수의 태양광발전시스템이 계통에 연계되었을 때 계통전압 안정화 및 피크 제어 목적으로 축전지를 이용한 ESS(Energy Storage System)를 도입하고 있다.

2. 축전지 종류

① 연축전지 : 양극판(PbO_2), 음극판(Pb), 격리판, 전해액(H_2SO_4) 및 전조(Container)로 구성되어 있는 축전지로, 태양광발전시스템에서 가장 많이 사용된다.
② 알칼리축전지 : 수산화물질과 같은 알칼리용액으로 전해액이 구성된 축전지이다.

3. 축전지 기대수명에 영향을 미치는 요소

① 방전심도(DOD) → 가장 영향을 크게 미침
② 방전횟수   ③ 사용온도

4. 축전지 선정

1) 독립형 전원시스템용 축전지

① 축전지 용량$(C) = \dfrac{1일\ 소비전력량 \times 불일조일수}{보수율 \times 방전심도 \times 축전지전압(방전종지전압)}$ [Ah]

㉠ 방전심도(DOD ; Depth Of Discharge) : 축전지의 잔존용량을 표현하는 방법

㉡ 불일조일수 : 기상상태의 변화로 발전을 할 수 없을 때의 일수

② 직류부하 전용일 때는 인버터가 필요 없다.

③ 직류출력전압과 축전지의 전압을 서로 같게 한다.

2) 계통연계시스템용 축전지

(1) 방재 대응형

재해 시 인버터를 자립운전으로 전환하고 특정 재해 대응 부하로 전력을 공급한다.

① 평상시에는 계통연계 운전을 한다.

② 정전 시에는 방재, 비상 부하 자립운전을 한다.

③ 정전 회복 후나 야간에는 충전운전을 한다.

(2) 부하평준화 대응형(피크시프트형, 야간전력저장형)

태양전지출력과 축전지출력을 병용하여 부하의 피크 시에 인버터를 필요 출력으로 운전하여 수전전력의 증대를 막고 기본전력요금을 절감하려는 시스템이다.

① 평상시에는 연계운전을 한다.
② 피크 시에는 태양전지＋축전지 겸용에 의해 피크부하를 부담한다.
③ 정전 회복 후나 야간에는 충전운전을 한다.

(3) 계통안정화 대응형

기후가 급변할 때나 계통부하가 급변할 때는 축전지를 방전하고, 태양전지출력이 증대하여 계통전압이 상승하도록 할 때에는 축전지를 충전하여 역류를 줄이고 전압의 상승을 방지하는 방식이다.

(4) 계통연계시스템용 축전지 용량 산출식

$$C = \frac{KI}{L} [\text{Ah}]$$

여기서, C : 온도 25[℃]에서 정격방전율 환산용량(축전지의 표시용량)
K : 방전시간, 축전지 온도, 허용최저전압으로 결정되는 용량환산시간
I : 평균방전전류
L : 보수율(수명 말기의 용량감소율을 고려해 일반적으로 0.8 적용)

5. 축전지설비의 설치기준

축전지설비를 설치할 경우에는 다음 표와 같이 최소한의 이격거리를 확보할 필요가 있으므로 시스템의 설계 시에 이를 반영해야 한다.

이격거리를 확보해야 할 부분	이격거리[m]
큐비클 이외의 발전설비와의 사이	1.0
큐비클 이외의 변전설비와의 거리	1.0
옥외에 설치할 경우 건물과의 사이	2.0
전면 또는 조작면	1.0
점검면	0.6
환기면*	0.2

* 전면, 조작면 또는 점검면 이외에 환기구가 설치되는 면을 말한다.

6. 축전지가 갖추어야 할 조건

① 자기방전율이 낮을 것
② 에너지 저장밀도가 높을 것
③ 중량 대비 효율이 높을 것
④ 과충전 및 과방전에 강할 것
⑤ 가격이 저렴하고 장수명일 것

7. 부동충전방식

부동충전방식의 충전기 2차 전류(충전전류) 계산식은 다음과 같다.

$$충전기\ 2차\ 전류 = \frac{축전지의\ 정격용량[Ah]}{축전지의\ 표준시간율[h]} + \frac{상시부하[W]}{표준전압[V]}[A]$$

여기서, 연(납)축전지의 표준시간율은 10[h], 알칼리축전지의 표준시간율은 5[h]이다.
연(납)축전지의 공칭전압은 2.0[V], 알칼리축전지의 공칭전압은 1.2[V]이다.

3 태양광발전용 접속함[접속반(단자함, 수납함, 배전함)]

1. 접속함의 설치목적

① 보수·점검 시 회로를 분리하거나 점검을 용이하게 하기 위해 설치한다.
② 스트링별 고장 시 정지범위를 분리하여 운전을 하기 위해 설치한다.

2. 접속함의 내부회로 결선도

3. 접속함 내 설치되는 기기

① 태양전지어레이 측 기기
② 주개폐기
③ 서지보호장치(SPD ; Surge Protected Device)
④ 역류방지소자
⑤ 출력단자대
⑥ 감시용 DCCT(Shunt), DCPT, T/D(TransDucer)

4. 접속함의 연결전선

① 태양전지에서 옥내에 이르는 배선에 쓰이는 전선은 모두 모듈전용선(TFR-CV선)을 사용하여야 한다.
② 전선이 지면을 통과할 경우에는 피복에 손상이 발생되지 않게 별도의 조치를 취해야 한다.
③ 리드선의 극성 표시방법은 케이블에 (+), (-)의 마크 표시, 케이블 색은 적색(+), 청색(-)으로 구분한다.

5. 접속함 선정 시 고려사항

독립형 또는 계통연계형 태양광발전시스템에 사용되는 개폐장치 및 제어장치 부속품을 포함하는, 직류 1,500[V]를 초과하지 않는 태양광발전용 접속함은 KS C 8567(2017)에 의한 인증제품을 사용하여야 한다.
접속함의 병렬스트링 수에 의한 분류와 설치장소에 의한 보호등급은 다음과 같다.

┃접속함의 분류 및 보호등급┃

병렬스트링 수에 의한 분류	설치장소에 의한 보호등급
소형(3회로 이하)	IP54 이상
중대형(4회로 이상)	실내형 : IP20 이상
	실외형 : IP54 이상

① 전압 : 접속함의 정격전압은 태양전지 스트링의 개방 시 최대직류전압으로 선정
② 전류 : 정격입력전류는 접속함에 안전하게 흘릴 수 있는 전류값이며 최대전류를 기준으로 선정

6. 단자대

태양전지어레이의 스트링별로 배선을 접속함까지 가지고 와서 접속 내부 단자대를 통해 접속한다.

7. 접속함의 외부 및 내부

[외부]

[내부]

8. 주개폐기

① 주개폐기는 태양전지어레이의 출력을 1개소에 통합한 후 파워컨디셔너와 회로도 중에 설치한다.

② 주개폐기는 태양전지어레이의 최대사용전압, 통과전류를 만족하는 것으로서 최대 통과전류(표준태양전지어레이 단락전류)를 개폐할 수 있는 것을 사용하면 좋다. 또한 보수도 용이하고 MCCB를 사용해도 좋지만 태양전지어레이의 단락전류에서는 자동차단(트립)되지 않는 정격의 것을 사용하는 것이 좋다. 그리고 반드시 정격전압에 적정한 직류차단기를 사용하여야 한다.

③ 태양전지어레이 측 개폐기로 단로기나 Fuse를 사용하는 경우에는 반드시 주개폐기로 MCCB를 설치하여야 한다.

④ 배선용 차단기(MCCB)
배선용 차단기는 개폐기구, 트립장치 등을 절연물의 용기 내에 일체로 조립한 것이다.

9. 어레이 측 개폐기

태양전지어레이 측 개폐기는 태양전지어레이의 점검 · 보수 또는 일부 태양전지모듈의 고장 발생 시 스트링 단위로 회로를 분리시키기 위해 스트링 단위로 설치한다.

4 교류 측 기기

1. 분전반

① 분전반은 계통에 연계하는 경우에, 파워컨디셔너의 교류출력을 계통으로 접속할 때 사용하는 차단기를 수납하는 함이다.

② 일반주택, 빌딩의 경우 대부분 분전반이나 배전반이 설치되어 있으므로 태양광발전시스템의 정격출력전류에 적합한 차단기가 있으면 그것을 사용한다.
③ 기설치된 분전반 내 차단기의 여유가 없으면 별도의 분전반을 설치한다.
④ 차단기는 역접속 가능형 누전차단기를 설치한다(지락검출기능). 단, 기설치된 분전반의 계통 측에 지락검출기능이 부착된 과전류차단기가 이미 설치된 경우에는 교체할 필요가 없다.

2. 적산전력량계

적산전력량계는 계통연계에서 역송전한 전력량을 계측하여 전력회사에 판매한 전력요금을 산출하는 계량기로서 계량법에 의한 검정을 받은 적산전력량계를 사용해야 한다.

1) 적산전력량계의 설치

① 종래 전력회사가 설치한 수요전력량계의 적산전력량계도 역송전이 있는 계통연계시스템을 설치할 때는 전력회사가 역송방지장치가 부착된 적산전력량계로 변경하게 된다.
② 역송전력계량용의 적산전력량계는 전력회사가 설치한 수요전력량계의 적산전력량계에 인접하여 설치한다.
③ 적산전력량계는 옥외용의 경우 옥외용 함에 내장하는 것으로 하고 옥내용의 경우 창이 부착된 옥외용 수납함의 내부에 설치한다.

2) 적산전력량계의 접속(결선)도

[단상 2선식]   [단상 3선식/3상 3선식]

역송전계량용의 적산전력계는 수요전력량계와는 역으로 수용가 측을 전원 측으로 접속한다.

02 태양광발전 모듈 배치 설계

1 태양전지모듈

1. 태양전지모듈의 개요

태양전지는 태양의 빛에너지를 전기에너지로 변환하는 기능을 가지고 있는 최소단위인 태양전지셀(Cell)이 기본이 된다.

셀 한 개에서 생기는 전압은 0.6[V] 정도이며 발전용량은 1.5[W] 정도이다.

태양전지셀은 10~15[cm] 각 판상의 실리콘에 PN접합을 한 반도체의 일종으로, 36장, 60장, 72장, 88장, 96장을 직렬로 접속한 후 모듈 형태로 제작하여 이용한다.

① 셀(Cell) : 태양전지의 최소단위
② 모듈(Module) : 셀(Cell)을 내후성 패키지에 수십 장 모아 일정한 틀에 고정하여 구성한 것
③ 스트링(String) : 모듈(Module)의 직렬연결 집합단위
④ 어레이(Array) : 스트링(String), 케이블(전선), 구조물(가대)을 포함하는 모듈의 집합단위

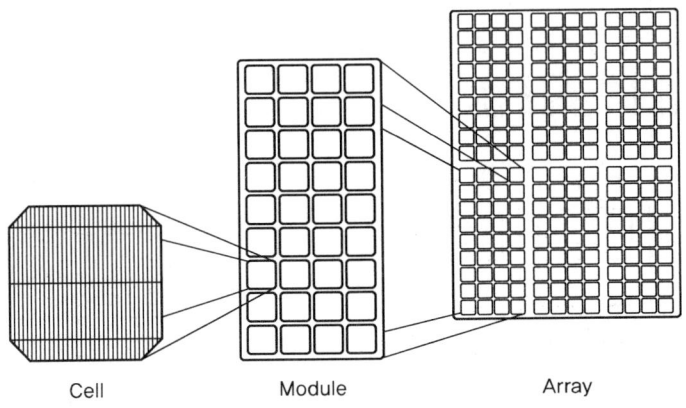

[태양전지의 셀/모듈/어레이]

2. 태양광모듈의 전류-전압($I-V$) 특성곡선

태양전지모듈(PV Module)에 입사된 빛에너지를 전기적 에너지로 변환하는 출력특성을 태양전지 전류-전압($I-V$) 특성곡선이라 한다.

[태양전지모듈의 전류–전압 특성곡선]

1) 태양광모듈의 $I-V$ 특성지표

   (1) 표준시험조건(STC ; Standard Test Condition)에서 각각 다음과 같은 의미를 가지고 있다.

   ① 최대출력($P_{\max}$) : 최대출력 동작전압(V_{pmax})×최대출력 동작전류(I_{pmax})

   ② 개방전압(V_{oc}) : 태양전지 양극 간을 개방한 상태의 전압

   ③ 단락전류(I_{sc}) : 태양전지 양극 간을 단락한 상태에서 흐르는 전류

   ④ 최대출력 동작전압(V_{pmax}) : 최대출력 시의 동작전압

   ⑤ 최대출력 동작전류(I_{pmax}) : 최대출력 시의 동작전류

   (2) 표준시험조건(STC ; Standard Test Condition)은 다음과 같다.

   ① 소자 접합온도 : 25[℃]

   ② 대기질량지수 : AM 1.5

   ③ 조사강도 : 1,000[W/m²]

   (3) 공칭 태양광발전전지 동작온도(NOCT ; Nominal Operating photovoltaic Cell Temperature)는 다음 조건에서 모듈을 개방회로로 하였을 때 도달하는 온도이다.

   ① 표면에서의 일조강도 : 800[W/m²]

   ② 공기온도(T_{Air}) : 20[℃]

   ③ 풍속 : 1[m/s]

   ④ 모듈 지지방법 : 후면을 개방한 상태(Open Back Side)

3. 모듈의 단면구조

① 태양전지셀은 인터커넥트라고 하는 셀 접속 금속부품에 의해 셀의 표면전극과 인접하는 셀의 이면전극이 순차적으로 직렬 접속한다.
② 직렬 접속된 셀군은 강화유리상에서 투명수지에 매립되며 뒷면에는 필름이 부착된다.
③ 주변을 알루미늄 프레임으로 고정하여 태양전지모듈이 완성된다.
④ 태양전지모듈과 다른 태양전지모듈은 단자박스의 경유로 케이블 접속된다.
⑤ 모듈의 단면구조도에서 인터커넥트 표면과 뒷면이 번갈아가며 직렬 접속된 태양전지셀이 유리와 뒷면 필름 사이에 배치되는 것을 알 수 있다.

4. 어레이의 설치높이

어레이를 지표면에 설치하는 경우 강우 시에 모듈 표면으로 흙탕물이 튀는 것을 방지하기 위해 지면으로부터 0.6[m] 이상 높이에 설치해야 한다.

5. 기대수명

태양전지모듈은 안전성, 내구성 확보를 위해 연구·개발 및 설계되고 있으며, 20년 이상의 내용연수가 기대된다.

6. PV 인증에 대하여

태양전지모듈의 안전성, 성능, 신뢰성의 유지·확인을 목적으로 한 국제적인 인증제도가 마련되고 있다. 국제표준 및 한국산업표준(KS)에 적합한 제품을 인증하는 것이다.

7. 모듈의 설치 경사각도 및 방향

1) 최적 효율 경사각도 및 방향

① 최적 경사각도 : 태양전지모듈과 태양광선의 각도가 90°가 될 때
② 최적 방위각(방향) : 정남향
※ 그림자의 영향을 받지 않는 곳에 정남향 설치를 원칙으로 하되 건축물의 디자인 등에 부합되도록 현장여건에 따라 설치한다.

8. 일사시간

① 장애물로 인한 음영에도 불구하고 일사시간은 1일 5시간 이상이어야 한다. 단, 전기줄, 피뢰침, 안테나 등 경미한 음영은 장애물로 보지 아니한다.
② 태양광모듈 설치열이 2열 이상일 경우 앞열은 뒷열에 음영이 지지 않도록 설치하여야 한다.

9. 태양광모듈의 설치용량

설치용량은 사업계획서상에 제시된 설계용량 이상이어야 하며 설계용량의 110[%]를 초과하지 않아야 한다.

10. 모듈 뒷면 표시사항

KS C IEC 표준에 기초하여 다음 항목이 모듈의 뒷면에 표시되어 있다.
① 제조업자명 또는 그 약호
② 제조연월일 및 제조번호
③ 내풍압성의 등급
④ 최대시스템전압(H 또는 L)
⑤ 어레이의 조립형태(A 또는 B)
⑥ 공칭 최대출력(P_{max})(W_p)
⑦ 공칭 개방전압(V_{oc})[V]
⑧ 공칭 단락전류(I_{sc})[A]
⑨ 공칭 최대출력 동작전압(V_{pmax})[V]
⑩ 공칭 최대출력 동작전류(I_{pmax})[A]
⑪ 역내전압[V] : 바이패스 다이오드의 유무(Amorphous계만 해당)
⑫ 공칭 중량[kg]
⑬ 크기 : 가로×세로×높이[mm]

11. 태양전지모듈의 등급별 용도

1) A등급(Class A)

① 접근제한 없음, 위험한 전압, 위험한 전력용
② 직류 50[V] 이상 또는 240[W] 이상으로 동작하는 것으로, 일반인의 접근이 예상되는 곳에 사용된다.

2) B등급(Class B)

① 접근제한, 위험한 전압, 위험한 전력용
② 울타리나 위치 등으로 공공의 접근이 금지된 시스템으로 사용이 제한된다.

3) C등급(Class C)

① 제한된 전압, 제한된 전력용
② 직류 50[V] 미만이고, 240[W] 미만에서 동작하는 것으로, 일반인의 접근이 예상되는 곳에 사용된다.

12. 태양전지모듈의 시공·설치방법에 따른 온도상승과 에너지 감소율

태양전지모듈에 자연통풍을 적용한다면 최소 10~15[cm]의 이격공간을 확보해야 한다.
후면통풍이 없을 때의 출력감소는 10[%] 정도이다.

13. 태양전지모듈의 설치부위, 설치방식에 따른 분류

건축물에 설치하는 태양전지는 설치부위, 설치방식, 부가기능 등의 차이에 따라 분류되며, 시공·설치 관련 분류는 설치되는 부위에 따라 지붕, 벽, 기타로 분류하며 각각에 대하여 설치방식과 부가적인 기능이 있다.

설치부위	설치방식	부가기능
지붕	지붕설치형	경사지붕형
		평지붕형
	지붕건재형	지붕재일체형
		지붕재형
	아트리움 지붕 및 천창	
벽	벽 일체형	
	벽 건재형	
기타	창재형	
	차양형	

1) 경사지붕형

최적의 경사각을 지닌 남향의 경사지붕은 태양전지를 설치하기에 이상적이며 유럽의 전통주택에서 가장 많이 이용되는 형식이다.

2) 평지붕형

평지붕은 태양광발전에 매우 적절한 장소이다.

3) 아트리움 지붕 및 천창

수직 파사드에 비해 천창은 태양전지 이용면에서 일사조건이 많이 이롭다. 천장이 남향으로 경사져 있다면 더욱 좋다. 전형적으로 아트리움, 온실, 외기로부터 피할 수 있도록 제공되는 지하철 입구 또는 건물 로비공간에 많이 적용된다.

4) 벽(입면) 일체형

외피 마감재의 후면통풍이 되는 소위 Cold-파사드는 통풍이 가능하므로 태양전지 설치가 유리하다. 기존의 외장재를 PV-유리모듈로 교체하거나 또는 비정질 태양전지모듈이 접착된 금속판으로 대체 가능하다.

14. 건물일체형 태양광발전(BIPV ; Building Integrated PhotoVoltaic)시스템

BIPV시스템은 건축자재+태양광발전시스템의 개념으로
① 건축재료와 발전기능을 동시에 발휘한다.
② 태양광발전시스템 설계 시 건축설계자와 사전협의가 필요하다.
③ 태양전지모듈을 지붕 파사드 · 블라인드 등 건물 외피에 적용한다.
④ 실리콘 태양전지에 비해 가격이 고가이고 효율이 낮아 적용실적은 낮다.

15. 태양전지모듈의 검사

1) 출하검사
　　① 전기적 특성검사
　　② 구조 및 조립시험
　　③ 절연저항시험
　　④ 강박시험(우박시험)
　　⑤ 내전압검사

2) 신뢰성검사
　　① 내풍압검사
　　② 내습성검사
　　③ 내열성검사
　　④ 온도사이클테스트
　　⑤ 염수분무시험
　　⑥ 자외선(UV)피복시험

2 바이패스소자와 역류방지소자

1. 바이패스소자

태양전지의 직렬접속 시 전류의 우회로를 만드는 다이오드를 말한다.
모듈의 일부 셀에 나뭇잎, 응달(음영)이 발생하면 그 부분의 셀은 전기를 생산하지 못할 경우
① 발전되지 않은 셀에서 저항이 커진다.
② 이 셀에 직렬접속되어 있는 스트링(회로)에 전전압이 인가되어 고저항의 셀에 전류가 흘러 발열된다. 이 발열부분을 핫스팟(Hot Spot)이라 한다.
③ 셀이 고온이 되면 셀 및 그 주변의 충진재가 변색되고 이면 커버의 부풀림이 발생한다.
④ 셀의 온도가 더 높아지면 셀 및 모듈이 파손된다.
⑤ 이를 방지하기 위해 바이패스다이오드를 설치한다.

2. 바이패스다이오드 설치위치

태양전지모듈 후면에 있는 출력단자함에 설치한다.

3. 태양전지모듈의 바이패스다이오드 설치 예

태양전지모듈의 일부 셀이 나뭇잎, 새 배설물 등으로 음영(그늘)이 생기면 그 부분의 셀은 전기를 생산하지 못하고 저항이 증가한다. 그늘진 셀에는 직렬로 접속된 다른 셀들의 회로(String)의 모든 전압이 인가되어 그 셀은 발열(Hot Spot)하게 된다. 즉, 셀이 고온이 되면 셀과 주변의 충진재(EVA)가 변색되며 뒷면 커버의 팽창 등을 일으킨다. 이를 방지하기 위해 고저항이 된 셀들과 병렬로 접속하여 음영된 셀에 흐르는 전류를 바이패스(By-pass)하도록 하는 것이 바이패스소자이다.

① 태양전지모듈 내의 셀의 18~22개마다 셀의 전류방향과 반대로 바이패스다이오드를 설치하여 출력을 저하시키고 발열을 억제한다.
　→ 태양전지 정상작동 시 바이패스다이오드에 역방향전압이 걸려 있어 작동하지 않다가 부분음영이 발생하면 태양전지에는 역방향전압, 바이패스다이오드에는 순방향전압이 인가되어 바이패스다이오드가 작동한다.

② 바이패스다이오드 역내전압은 스트링전압의 1.5배 이상이다.

4. 모듈의 음영과 바이패스다이오드

1) 음영과 모듈의 직병렬에 따른 출력전력 비교

(1) 직렬 시

① 음영 없을 때 출력

출력=4×100=400[Wp]

② 일부 셀에 음영 발생 시 출력

음영이 발생한 셀이 전체에 영향을 미친다.

출력=4×85=340[Wp]

(2) 병렬 시

100+100+100+100
출력=400[Wp]

85+100+100+100
출력=385[Wp]

음영이 없을 때

음영이 있을 때
음영이 발생한 셀이 전체에
영향을 미치지 않는다.

5. 역류방지소자

1) 역류방지소자의 설치목적

   ① 태양전지모듈에 그늘(음영)이 생긴 경우, 그 스트링 전압이 낮아져 부하가 되는 것을 방지한다.
   ② 독립형 태양광발전시스템에서 축전지를 가진 시스템이 야간에 태양광발전이 정지된 상태에서 축전지 전력이 태양전지모듈 쪽으로 흘러들어 소모되는 것을 방지한다.

2) 역류방지소자(Blocking Diode) 설치위치

   역류방지소자(Blocking Diode)는 태양전지어레이의 스트링(String)별로 설치한다.

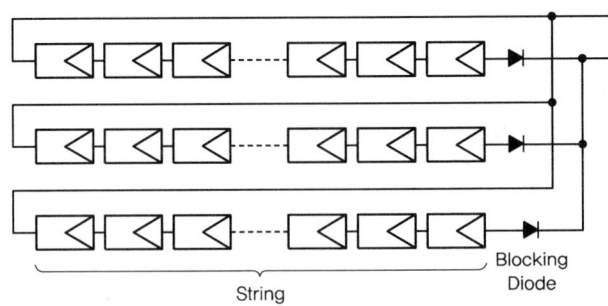

③ 태양광발전모듈의 광전변환효율

1. 태양전지 변환효율

태양광을 전기에너지로 바꾸어 주는 태양전지의 성능을 결정하는 중요한 요소 가운데 하나이다. 같은 조건하에서 태양전지셀에 태양이 조사가 되었을 시에 태양광에너지가 전기에너지를 얼마만큼 발생시키는가를 나타내는 양, 즉 퍼센트[%]를 말한다.

2. 광전변환효율(η)

$$\eta = \frac{P_m}{P_{input}} = \frac{I_m \cdot V_m}{P_{input}} = \frac{V_{oc} \cdot I_{sc}}{P_{input}} = \frac{I_m \times V_m}{E \times A}$$

여기서, P_{input} : 태양에너지로부터 입사된 환상전력

$P_{input} = E \times A$ = 표준일조강도[W/m^2] × 태양전지면적[m^2]

E : 표준일조강도[W/m^2]($=1,000$W/m^2)

A : 태양전지면적[m^2](가로×세로)

P_m : 최대출력

V_m : 최대출력일 때의 전압

I_m : 최대출력일 때의 전류

1) 태양전지의 충진율(FF ; Fill Factor, 곡선인자)

   태양전지의 충진율은 개방전압과 단락전류의 곱에 대한 출력의 비로 정의된다.

   $$FF = \frac{I_m \cdot V_m}{I_{sc} \cdot V_{oc}} = \frac{P_{\max}}{I_{sc} \cdot V_{oc}}$$

   여기서, I_m : 최대출력전류 V_m : 최대출력전압
   I_{sc} : 단락전류 V_{oc} : 개방전압
   $P_{\max}$: 최대출력

3. 태양광발전시스템의 효율의 종류

효율의 종류에는 최고효율, 추적효율, 유러피언효율이 있다.

1) 최고효율

   전력변환(직류 → 교류, 교류 → 직류)을 행하였을 때, 최고의 변환효율을 나타내는 단위

   $$\eta_{\max} = \frac{AC_{power}}{DC_{power}} \times 100[\%]$$

2) 추적효율

   태양광발전시스템용 파워컨디셔너가 일사량과 온도변화에 따른 최대 전력점을 추적하는 효율

   $$추적효율 = \frac{운전최대출력[kW]}{일조량과\ 온도에\ 따른\ 최대출력[kW]} \times 100[\%]$$

3) 유러피언효율(European Efficiency)

   변환기의 고효율 성능척도를 나타내는 단위로서 출력에 따른 변환효율에 비중을 두어 측정하는 단위(예 각 출력 5[%]/10[%]/20[%]/30[%]/50[%]/100[%]에서 효율을 측정하여 그 비중(계수)을 0.03/0.06/0.13/0.10/0.48/0.20으로 두어 곱한 값을 합산하여 계산한 값)

   $$\eta_{EURO} = 0.03 \cdot \eta_{5\%} + 0.06 \cdot \eta_{10\%} + 0.13 \cdot \eta_{20\%}$$
   $$+ 0.10 \cdot \eta_{30\%} + 0.48 \cdot \eta_{50\%} + 0.20 \cdot \eta_{100\%}$$

   총 Euro효율을 구하기 위한 출력전력별 비중(계수)은 다음 표와 같다.

출력전력(%)	5	10	20	30	50	100
출력별 비중(계수)	0.03	0.06	0.13	0.10	0.48	0.20

4 모듈 시험조건(STC, NOTC)

모든 모듈은 솔라시뮬레이터를 사용하여 다음의 표준시험조건(STC)에서 시험을 하고, 그 결과를 모듈 뒷면에 성능을 표시한다.

1. 표준시험조건

① 소자 적합온도 : 25[℃]
② 대기질량지수 : AM 1.5
③ 조사강도 : 1,000[W/m²]

2. 공칭태양광발전전지 동작온도(NOCT)

공칭태양광발전전지 동작온도(NOCT ; Nominal Operating photovoltaic Cell Temperature)는 다음 조건에서 모듈을 개방회로(부하 없음)로 하였을 때 도달하는 온도이다.

① 표면일조강도 : 800[W/m²](조사되는 빛의 강도)
② 공기온도(T_{Air}) : 20[℃]
③ 풍속 : 1[m/s]
④ 경사각 : 수평선상에서 45°

3. 셀의 온도 계산식

공칭태양광발전전지 동작온도(NOCT)가 주어졌을 때 셀의 온도(T_{cell}) 계산식은 다음과 같으며, 셀의 온도(T_{cell})는 주위온도가 높을 때, 인버터의 최저동작전압에 따른 모듈의 최소 직렬수량 산정 시 사용된다.

$$T_{cell} = T_{Air} + \left\{\left(\frac{NOCT-20}{800}\right) \times S\right\} [℃]$$

여기서, T_{Air} : 공기온도(주위온도)[℃]
　　　　$NOCT$: 공칭태양광발전전지 동작온도[℃]
　　　　S : 일조강도[W/m²]

5 태양전지모듈의 온도계수

1. 모듈의 온도계수

태양전지 표준시험조건(STC ; Standard Test Conditions)의 셀의 기준온도는 25[℃]이다. 지역 및 계절적 요인에 따라 셀의 표면온도가 상승하거나 하강하면 온도계수에 따라 출력 및 전압이 변화하게 된다. 일반적으로 태양전지모듈의 셀 온도가 상승하면 출력과 전압은 감소하게 된다.
① 온도계수는 [%/℃] 또는 [W/℃], [V/℃], [A/℃]로 주어진다.
② 출력과 전압의 온도계수는 부(−)특성을 갖는다.
③ 전류의 온도계수는 정(+)특성을 갖는다.

2. 온도계수에 따른 출력계산

1) 온도계수로 [%/℃]가 주어진 경우

$$P_{\max}' = P_{\max}\{1 + \gamma(T_{cell} - 25)\}[W]$$

여기서, $P_{\max}'$: T_{cell} 온도에서의 출력[W]
$P_{\max}$: 표준시험조건[25℃]에서의 출력[W]
γ : 출력 온도계수[%/℃]
T_{cell} : 셀의 표면온도[℃]

2) 온도계수로 [W/℃]가 주어진 경우

$$P_{\max}' = P_{\max} + \{\gamma(T_{cell} - 25)\}[W]$$

여기서, γ : 출력온도계수[W/℃]
$P_{\max}$: 표준시험조건[25℃]에서의 출력[W]

3. 온도계수에 따른 전압계산

1) 온도계수로 [%/℃]가 주어진 경우

$$V' = V\{1 + \alpha(T_{cell} - 25)\}[V]$$

여기서, V' : T_{cell} 온도에서의 전압[V]
V : 표준시험조건[25℃]에서의 전압[V]
α : 전압 온도계수[%/℃]
T_{cell} : 셀의 표면온도[℃]

2) 온도계수로 [V/℃]가 주어진 경우

$$V' = V + \{\alpha(T_{cell} - 25)\}[V]$$

여기서, α : 전압온도계수[V/℃]
V : 표준시험조건[25℃]에서의 전압[V]

6 모듈의 직병렬계산

1. 모듈의 직병렬 수량 산출

1) **발전시스템 용량 결정**

    부지면적(설치가능 면적), 모듈 1장의 크기, 모듈 1장의 최대출력 등에 의해 결정

2) **태양전지모듈의 설정**

    태양전지의 종류, 효율, 크기, 최대출력, 가격 등을 고려하여 결정

3) **파워컨디셔너(PCS, 태양광인버터) 선정**

    절연방식, 입력전류 범위, 정격출력, 운전 대수, 효율 등을 고려하여 결정

4) **모듈의 직렬수 계산**

    ① 모듈의 개방전압 온도계수(- 특성)를 고려한다.
    ② "모듈 표면온도가 최저일 때의 개방전압(V_{oc})×직렬수"가 "파워컨디셔너(PCS)의 최대입력전압" 미만이 되도록 선정한다.
    ③ 최저온도일 때 모듈의 개방전압이 최대가 된다.
    ④ 최대직렬 모듈 수 = $\dfrac{\text{인버터(PCS)의 최고입력전압 (PCS 입력전압 변동범위 최댓값)}}{\text{최저온도일 때의 모듈 개방전압}(\Delta_L V_{oc})}$

    상기 계산값의 소수점 이하는 버린다(예 17.99 = 17).

    $$V_{oc(최저온도)} = V_{oc}\{1+(\beta \times \theta_L)\}[\text{V}], \quad V_{oc(최저온도)} = V_{oc} + (\beta' \times \theta_L)[\text{V}]$$

    여기서, V_{oc} : STC 조건의 개방전압[V]
    β : 전압온도계수[%/℃], β' : 전압온도계수[V/℃]
    θ_L : STC 온도와 셀 표면 최저온도의 편차[℃] = 셀 최저온도 − 25[℃]

    NOCT가 주어진 경우라 하더라도 셀의 최저온도는 설치지역의 최저온도를 적용한다. 왜냐하면, 일출 시 곧바로 셀의 온도가 일조에 의해 상승할 수 없기 때문이다.

    ⑤ 최대 직렬 모듈 수 = $\dfrac{\text{인버터 MPP 최고전압}}{\text{최저온도에서 최대전압}(V_{mpp})}$

    ⑥ 최저 직렬 모듈 수 = $\dfrac{\text{인버터의 MPP 최저전압}}{\text{모듈 표면온도가 최고인 상태의 최대출력 동작전압}(\Delta_H V_{mpp})}$

    상기 계산값의 소수점 이하는 절상한다(예 17.02 = 18).

※ 온도계수가 [%/℃]로 주어질 때 : $V_{mpp(최고온도)} = V_{mpp}\{1 + (\beta \times \theta_H)\}[V]$

※ 온도계수가 [V/℃]로 주어질 때 : $V_{mpp(최고온도)} = V_{mpp} + (\beta' \times \theta_H)[V]$

여기서, V_{mpp} : STC조건의 운전전압[V]
β : 전압온도계수[%/℃], β' : 전압온도계수[V/℃]
θ_H : STC온도와 셀 표면 최고온도의 편차[℃] = 셀 최고온도 -25[℃]

7 태양광발전의 전기배선설계

1. 태양광발전 모듈배선

① 태양전지판의 모듈과 모듈을 연결하는 전선
② 공칭단면적 2.5[mm²] 이상 연동선 또는 동등 이상의 세기 및 굵기의 전선으로 배선해야 한다.
③ 반드시 극성 표시 확인 후 배선 : 정극(+, P) 부극(-, N)
   태양전지모듈 이면에서 접속용 케이블이 2본씩 나오기 때문이다.
④ 모듈접속함에서 인버터까지 배선의 전압강하율 : 1~2[%]

03 태양광발전용 인버터

1 태양광발전용 인버터

1. 인버터의 개요

어레이에서 발전된 전력은 직류이기 때문에 부하기기에 필요한 교류전력으로 변환한다. 이러한 역할을 하는 PCS는 태양전지어레이 출력이 항상 최대전력점에서 발전할 수 있도록 최대전력점 추종(MPPT ; Maximum Power Point Tracking) 제어기능을 가져야 하며 계통과 연계되어 운전되기 때문에 계통사고로부터 PCS를 보호하고 태양광발전시스템 고장으로부터 계통을 보호하는 기능을 가지고 있어야 한다. 이 때문에 전력조절기능을 갖춘 계통연계형 인버터를 PCS(Power Conditioning System)라고 한다.

2. 인버터의 원리

① 인버터는 트랜지스터와 IGBT(Insulated Gate Bipolar Transistor), MOSFET 등의 스위칭소자로 구성된다.
② 스위칭소자를 정해진 순서대로 On-off를 규칙적으로 반복함으로써 직류입력을 교류출력으로 변환한다.

③ 단순히 On-off만으로 직류를 교류로 변환하게 되면 다수 고조파가 교류출력에 포함되어 전력계통 및 부하기기에 악영향을 끼치므로, 약 20[kHz]의 고주파 PWM(Pulse Width Modulation) 제어방식을 이용하여 정현파의 양쪽 끝에 가까운 곳은 전압 폭을 좁게 하고, 중앙부는 전압 폭을 넓혀 1/2 Cycle 사이에 같은 방향(정 또는 부)으로 스위칭 동작을 하여 그림과 같은 구형파의 폭을 만든다. 이 구형파는 L-C필터를 이용하여 파선형태로 나타낸 정현파 교류를 만든다.

[제어(Controller)부 고조파 PWM 제어방식]

[PWM 인버터의 출력파형]

3. 인버터의 기본기능

태양광어레이로부터 입력받은 DC전력을 AC전력으로 변환시키는 기능을 한다.

4. 파워컨디셔너시스템

1) 파워컨디셔너시스템(PCS ; Power Conditioner System)

   파워컨디셔너는 태양전지에서 발전된 직류전력을 교류전력으로 변환하고, 교류부하에 전력을 공급함과 동시에 잉여전력을 한전계통으로 역송전하는 장치이다.

2) 파워컨디셔너의 기능(역할)

   (1) 자동전압조정기능

   태양광발전시스템이 한전계통에 접속하여 역송병렬운전을 하는 경우 전력 전송을 위한 수전점의 전압이 상승하여 한전의 전압 유지범위를 벗어날 수 있으므로 이를 방지하기 위하여 자동전압조정기능을 부가하여 전압의 상승을 방지하고 있다. 자동전압조정기능에는 진상무효전력제어기능과 출력제어기능이 있으며, 가정용으로 사용되는 3[kW] 미만의 것에는 이 기능이 생략된 것도 있다.

   (2) 자동운전, 자동정지기능

   새벽에 태양전지어레이에 일조량이 확보되어 파워컨디셔너의 DC입력전압의 최저전압 이상이 되면 자동적으로 운전을 개시하여 발전을 시작하고, 일몰 시에도 발전이 가능한 파장범위까지 발전을 하다가 파워컨디셔너의 최저 DC입력전압 이하가 되면 자동으로 운전을 정지한다.

   (3) 계통연계 보호장치

   ① 한전계통과 병렬운전되는 저압연계시스템 보호장치 설치

   과전압계전기(OVR), 저전압계전기(UVR), 과주파수계전기(OFR), 저주파수계전기(UFR)

   ② 한전계통과 병렬운전되는 특고압연계의 보호계전기 설치장소

   지락과전류계전기(OCGR)를 수용가 특고압 측에 특고압연계의 보호계전기 설치장소는 태양광발전소 구내 수전점(수전보호배전반)에 설치함을 원칙으로 하고 있다.

③ 보호계전기의 검출레벨과 동작시한

계전기기	기기번호	용도	검출레벨	동작시한
유효전력 계전기	32P	유효전력 역송방지	상시병렬운전 발전상태에서 전력계통 동요 시 및 외부 사고 시 오동작하지 않는 범위 내에서 최솟값	0.5~2.0초
무효전력 계전기	32Q	단락사고 보호	배후계통 최소조건하에서 상대 단모선 2상 단락 사고 시 유입 무효전력의 1/3 이하	0.5~2.0초 (외부사고 시 오동작하지 않도록 보호협조 정정)
부족전력 계전기	32U	부족전력 검출	상시병렬운전 발전상태에서 전력계통 동요 시 및 외부 사고 시 오동작하지 않는 범위 내에서 최솟값, 계전기의 동작은 발전기의 운전상태에서만 차단기가 트립(Trip)되도록 한다.	0.5~2.0초
과전압 계전기	59	과전압 보호	• 순시형 : 정격전압의 150[%] • 반한시형 : 정격전압의 115[%]	순시 정정치의 120[%]에서 2.0초
저전압 계전기	27	사고검출 또는 무전압 검출	정격전압의 80[%]	Supervising용 0.2~0.3초
주파수 계전기	81O 81U	주파수 변동 검출	• 고주파수 : 63.0[Hz] • 저주파수 : 57.0[Hz]	0.5초 1분
과전류 계전기	50/51	과전류 보호	• 순시 : 단락보호 • 한시 : 150[%]에서 과부하보호 및 후비보호	TR 2차 3상 단락 시 0.6초 이하

④ 연계계통 이상 시 태양광발전시스템의 분리와 투입

　㉠ 단락 및 지락 고장으로 인한 선로보호장치 설치

　㉡ 정전 복전 후 5분을 초과하여 재투입

　㉢ 차단장치는 한전 배전계통의 정전 시에는 투입 불가능하도록 시설

　㉣ 연계계통 고장 시에는 0.5초 이내 분리하는 단독운전방지장치 설치

(4) 최대전력추종제어기능(MPPT)

파워컨디셔너는 태양전지어레이에서 발생되는 시시각각의 전압과 전류를 최대출력으로 변환하기 위하여 태양전지 셀의 일사강도-온도 특성 또는 태양전지어레이의 전압-전류 특성에 따라 최대출력운전이 될 수 있도록 추종하는 기능을 최대전력추종(MPPT ; Maximum Power Point Tracking)제어라고 한다.

제어방식에는 직접제어식과 간접제어식이 있다.

① 직접제어방식

센서를 통해 온도, 일사량 등의 외부조건을 측정하여 최대전력동작점이 변하는 파라미터(온도, 일사량)를 미리 입력하여 비례제어하는 방식

㉠ 장점 : 구성이 간단, 외부상황에 즉각적 대응 가능
㉡ 단점 : 성능이 떨어진다.

② 간접제어방식

㉠ P&O(Perturb & Observe)제어
- 태양전지어레이의 출력전압을 주기적으로 증가·감소시키고, 이전의 출력전력을 현재의 출력전력과 비교하여 최대전력동작점을 찾는 방식이다.
- 간단하여 가장 많이 채용되는 방식이다.
- 최대전력점 부근에서 Oscillation이 발생하여 손실이 생긴다.
- 외부 조건이 급변할 경우 전력손실이 커지고 제어가 불안정하게 된다.

㉡ Incremental Conductance(IncCond)제어
- 태양전지 출력의 컨덕턴스와 증분 컨덕턴스를 비교하여 최대전력동작점을 추종하는 방식이다.
- 최대전력점에서 어레이 출력이 안정된다.
- 일사량이 급변하는 경우에도 대응성이 좋다.
- 계산량이 많아서 빠른 프로세서가 요구된다.

㉢ Hysteresis-band 변동제어
- 태양전지어레이 출력전압을 최대전력점까지 증가시킨 후, 임의의 Gain을 최대전력점에서 전력과 곱하여 최소전력값을 지정한다.
- 지정된 최소전력값은 두 개가 생기므로 최대전력을 기준으로 어레이 출력전압을 증가 혹은 감소시키면서 매 주기 동작한다.
- 어레이 그림자 영향 혹은 모듈의 특성으로 인하여 최대전력점 부근에서 최대전력점이 한 개 이상 생기는 경우 최대전력점을 추종할 수 있다.

(5) 단독운전방지기능
  ① 단독운전
    태양광발전시스템이 한전계통과 연계되어 발전을 하고 있는 상태에서 한전계통에 정전이 발생한 경우 태양광발전시스템은 정전으로 분리된 계통에 전력을 계속 공급하게 되는 운전상태를 단독운전이라 한다.
  ② 단독운전 시 보수점검자에게 감전 등의 안전사고 위험이 있으므로 태양광발전시스템을 정지시켜야 한다.
  ③ 분리된 구간의 부하용량보다 태양광발전시스템의 용량이 큰 경우 단독운전상태에서 전압계전기(OVR, UVR), 주파수계전기(OFR, UFR)에서는 보호할 수 없으므로 단독운전방지기능을 설치하여 안전하게 정지할 수 있도록 한다.
  ④ 파워컨디셔너에는 수동적 방식과 능동적 방식 2종류의 단독운전방지기능이 내장되어 있다.
    ㉠ 수동적 방식(검출시간 0.5초 이내, 유지시간 5~10초)

종별	개요
전압위상 도약 검출방식	• 단독운전 시 파워컨디셔너 출력이 역률1에서 부하의 역률로 변화하는 순간의 전압위상 도약을 검출한다. • 단독운전 시 위상변화가 발생하지 않을 때에는 검출할 수 없지만, 오동작이 적고 실용적이다.
제3고조파 전압급증 검출방식	• 단독운전 시 변압기의 여자전류 공급에 따른 전압 변동의 급변을 검출한다. • 부하가 되는 변압기로 인하여 오작동의 확률이 비교적 높다.
주파수 변화율 검출방식	단독운전 시 발전전력과 부하의 불평형에 의한 주파수의 급변을 검출한다.

    ㉡ 능동적 방식(검출시한 0.5~1초)

종별	개요
주파수시프트방식	파워컨디셔너의 내부발전기에 주파수 바이어스를 주었을 때, 단독운전 발생 시 나타나는 주파수 변동을 검출하는 방식이다.
유효전력 변동방식	파워컨디셔너의 출력에 주기적인 유효전력 변동을 주었을 때, 단독운전 발생 시 나타나는 전압, 전류, 또는 주파수 변동을 검출하는 방식으로 상시 출력의 변동 가능성이 있다.
무효전력 변동방식	파워컨디셔너의 출력에 주기적인 무효전력 변동을 주었을 때 단독운전 발생 시 나타나는 주파수 변동 등을 검출하는 방식이다.
부하 변동방식	파워컨디셔너의 출력과 병렬로 임피던스를 순간적 또는 주기적으로 삽입하여 전압 또는 전류의 급변을 검출하는 방식이다.

(6) 직류 검출기능
　① 파워컨디셔너는 직류를 교류로 변환하기 위하여 반도체스위칭소자(MOSFET, IGBT)를 고주파수로 스위칭하기 때문에 소자의 불규칙 분포 등에 의해 그 출력에는 적지만 직류분이 리플(Ripple) 형태로 포함된다.
　② 교류 성분에 직류분을 함유하는 경우 주상변압기의 자기포화로 인한 고조파 발생, 계전기 등의 오·부작동 등 한전계통 운영에 문제를 야기하게 된다.
　③ 이를 방지하기 위해서 무변압기방식의 파워컨디셔너에서는 파워컨디셔너의 정격교류 최대출력전류의 직류성분 함유율을 분산형 배전계통 연계기술 가이드라인에서는 0.5[%] 초과하지 않도록 유지할 것을 규정하고 있다.

(7) 직류지락 검출기능
　① 무변압기방식의 파워컨디셔너에서는 태양전지어레이의 직류 측과 한전계통의 교류 측이 전기적으로 절연되어 있지 않기 때문에 태양전지어레이의 직류 측 지락사고에 대한 대책이 필요하다.
　② 태양전지어레이의 직류 측에서 지락사고가 발생하면 지락전류에 직류성분이 중첩되어 일반적으로 사용되고 있는 누전차단기는 이를 검출할 수 없는 상황이 발생한다.
　③ 이런 상황에 대비하여 파워컨디셔너의 내부에 직류지락검출기를 설치하여, 태양전지어레이 측 직류지락사고를 검출하여 차단하는 기능이 필요하다. 일반적으로 직류 측 지락사고 검출레벨은 100[mA]로 설정되어 운전되고 있다.

3) 파워컨디셔너 선정 시 점검(Check Point)사항

(1) 태양광발전시스템에 적용하고 있는 파워컨디셔너의 용량
　① 소용량 : 10[kW] 미만
　② 공공산업시설용, 발전사업용 : 10~1,000[kW]

(2) 파워컨디셔너 선정 시 반드시 확인하여야 할 사항
　① 파워컨디셔너 제어방식 : 전압형 전류제어방식
　② 출력 기본파 역률 : 95[%] 이상
　③ 전류왜형률 : 총합 5[%] 이하, 각 차수마다 3[%] 이하
　④ 최고효율 및 유러피언효율이 높을 것

(3) 태양광 유효이용에 관한 점검사항
　① 최대전력 변환효율이 높을 것
　② 최대전력 추종제어(MPPT)에 의한 최대전력의 추출이 가능할 것
　③ 야간 등의 대기손실이 적을 것
　④ 저부하 시의 손실이 적을 것

(4) 전력품질 공급 안정성에 관한 점검사항
    ① 잡음발생 및 직류유출이 적을 것
    ② 고조파의 발생이 적을 것
    ③ 기동정지가 안정적일 것

4) 태양광발전시스템의 효율의 종류

효율의 종류에는 최고효율 · 유러피언효율 · 추적효율이 있다.

5) 파워컨디셔너의 종류

(1) 파워컨디셔너는 전류(Commutation)방식, 제어방식, 절연방식에 따라 분류할 수 있다.
    ① 전류방식 : 자기전류(Self Commutation), 강제전류(Line Commutation)
    ② 제어방식 : 전압제어형, 전류제어형
    ③ 절연방식 : 상용주파절연방식, 고주파절연방식, 무변압기방식

(2) 파워컨디셔너의 절연(회로)방식
    ① 계통연계용 파워컨디셔너의 직류 측과 교류 측의 절연방법에 따른 회로방식에는 상용주파절연방식, 고주파절연방식, 무변압기방식이 있으며 한국전기설비규정에 적합한 파워컨디셔너 회로방식을 선정하여야 한다.
    ② 파워컨디셔너의 절연방식에 따른 분류
    태양광발전시스템의 직류 측과 교류 측(상용전원 전력계통)과의 절연방식에 따른 파워컨디셔너의 종류 및 회로도 특징은 다음과 같다.

구분	회로도 및 특징		
무변압기 방식	회로도		
	특징	태양전지의 직류 DC/DC컨버터로 승압 후, DC/AC인버터로 상용주파수의 교류로 변환한다.	
		장점	• 변압기를 사용하지 않기 때문에 고효율, 소형 경량화에 가장 유리하다. • 시스템 구성에 필요한 전력용 반도체소자가 가장 적기 때문에 저가의 시스템 구현에 적합하다.
		단점	• 변압기를 사용하지 않기 때문에 안정성에서 불리하다. • 안정성 확보를 위해 복잡한 제어가 요구된다.

6) 파워컨디셔너 시스템방식

(1) 태양광시스템의 설치조건에 따른 계통연계형 인버터 설치 유형

　① 인버터시스템 구성방식에 따른 분류

　　㉠ 전압방식에 따른 분류

　　　• 저전압병렬방식

　　　• 고전압방식

　　㉡ 인버터의 대수 및 연결에 따른 분류

　　　• 중앙집중식

　　　• 마스터 슬레이브 방식

　　　• 병렬운전방식

　　　• 모듈인버터 방식

　　　• 서브어레이와 스트링인버터 방식

구분		구조 및 특징		
저전압 병렬방식	구조	[중앙집중식 인버터의 저전압방식] PV Array		
	특징	• 모듈 3~5개 직렬연결 • DC 120[V] 이하 • 보호등급 Ⅲ 적용	장점	• 음영을 적게 받는다. • 고장 시 해당 스트링만 교체
			단점	• 중앙집중형일 때 높은 전류 발생 • 저항손을 줄이기 위해 굵은 케이블 간선 사용
	적용	건물일체형 태양광발전시스템에 적용		
고전압 방식	구조	[중앙집중형 인버터의 고전압방식] PV Array		
	특징	• DC 120[V] 초과 • 보호등급 Ⅱ 적용	장점	• 케이블의 사이즈(굵기)가 작아짐 • 전압강하가 줄어듦
			단점	긴 스트링으로 음영손실 발생 가능성 증가
	적용	국내에서는 고전압방식이 주로 채용		
중앙 집중식	특징	다수의 스트링에 한 개의 인버터 설치	장점	• 투자비 절감 • 설치면적 최소화 • 간편한 유지관리
			단점	• 고장 시 시스템 전체 동작 불가 • 낮은 복사량일 때 효율 저하 • 고장 시 높은 A/S 비용

구분		구조 및 특징
마스터 슬레이브 (Master-slave) 방식	구조	[중앙집중형 인버터가 있는 마스터 슬레이브방식]
	특징	하나의 마스터에 2~3개의 슬레이브인버터로 구성 — **장점**: 인버터 1대의 중앙집중식보다 효율이 높음 / **단점**: 인버터 1대 설치 시보다 시설 투자비 증가
병렬운전 방식	구조	[인버터 병렬운전방식]
	특징	인버터 입력부분을 병렬로 연결 — **장점**: • 인버터 효율 증가 및 수명 연장 • 백업(Backup) 유리 / **단점**: 보호방식 복잡

구분		구조 및 특징		
모듈 인버터 방식 (AC모듈)	구조	[모듈 인버터방식]		
	특징	모듈 하나마다 별개의 인버터 설치	장점	• 최대 효율 및 MPP 최적 제어 가능 • 시스템 확장 유리
			단점	투자비가 가장 비싸다.
서브 어레이와 스트링 인버터 방식	구조	[분산형 인버터방식]		
	특징	• 하나의 스트링에 하나의 인버터 설치(스트링 인버터) • 2~3개의 스트링 연결(서브 어레이)	장점	• 설치가 간편 • 설치비 절감 • 속함 생략 가능 • 케이블양 감소
			단점	스트링이 길 경우 음영에 따른 전력손실 증가

SECTION 001 실전예상문제

···01 태양광발전시스템 구성요소 개요

01 태양광발전의 역사에 대한 설명 중 잘못된 것은?
① 1839년 프랑스의 에드몬드 베크렐이 최초로 광기전력효과(Photovoltaic Effect) 발견
② 1940~1950년대에 폴란드의 초크랄스키에 의해 고순도 단결정 제조공정 개발
③ 1954년 벨 연구소에서 셀렌(Se)태양전지보다 높은 효율(4%)의 실리콘태양전지 개발
④ 1980년 미국의 ARCO Solar에서 세계 최초로 10[MW/year] 이상의 모듈 생산 구성

풀이 세계 최초로 1[MW/year] 이상의 모듈 구성

02 다음 그림이 설명하고 있는 전지의 종류는?

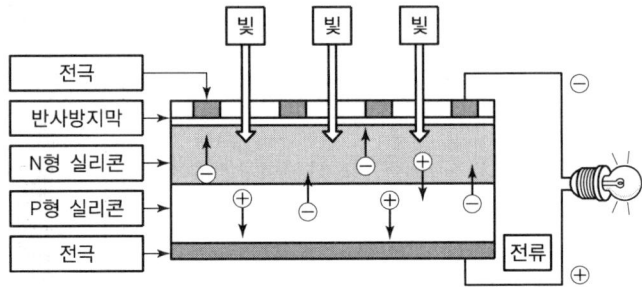

① 2차 전지 ② 연료전지
③ 태양전지 ④ 리튬전지

풀이 위 그림은 실리콘태양전지의 발전원리를 나타낸 것이다.
∴ 광흡수(포획) → 전하 생성 → 전하 분리 → 전하 수집

정답 01 ④ 02 ③

03 태양방사에너지에 관한 설명 중 틀린 것은?
① 정오 전후 여름과 적도에 가까울수록 감소량이 적다.
② 태양광에너지 감소는 대기 중을 통과하는 거리가 멀수록 커지고 태양지평선을 이루는 각도와 관련이 있다.
③ 시간적으로는 아침과 저녁의 태양고도가 낮을 때 감소가 크다.
④ 계절로는 겨울, 지역적으로는 위도가 낮을수록 많이 감소한다.

풀이 계절로는 겨울, 지역적으로는 위도가 높을수록 많이 감소한다.

04 태양광발전의 장점으로 가장 옳은 것은?
① 전력생산량이 지역별 일사량에 의존한다.
② 에너지밀도가 낮아 큰 설치면적이 필요하다.
③ 설치장소가 한정적이며, 시스템 비용이 고가이다.
④ 에너지의 원료인 태양의 빛은 무료이며, 무한하다.

풀이 태양광발전의 특징
㉠ 장점 • 햇빛이 있는 곳이면 어느 곳에서나 간단히 설치 가능하다.
  • 한번 설치해 놓으면 유지비용이 거의 들지 않는다.
  • 무소음, 무진동으로 환경오염이 없다.
  • 에너지가 반영구적이다.
㉡ 단점 • 에너지밀도가 낮아 큰 설치면적이 필요하다.
  • 전력생산량이 지역별 일사량에 의존한다.
  • 설치장소가 한정적이다.
  • 시스템 비용이 고가이다.

05 태양전지 제조과정 중 표면 조직화에 대한 설명으로 틀린 것은?
① 표면 조직화는 표면 반사손실을 줄이거나 입사경로를 증가시킬 목적이다.
② 표면 조직화는 광흡수율을 높여 단락전류를 높이기 위함이다.
③ 태양전지의 표면을 피라미드 또는 요철구조로 형성화하는 방법이다.
④ 표면 조직화는 태양전지의 곡선인자값을 향상시키게 된다.

풀이 태양전지 제조과정 중 표면 조직화
• 빛의 수집 목적 : 표면에서의 반사율을 감소시키고 태양전지 내부에서 빛의 통과길이를 길게 하며 후면의 내부반사를 이용하여 흡수된 빛의 양을 증가시킨다.
• 실리콘 표면을 조직화하면 피라미드 구조가 형성되는데, 피라미드는 형성각도가 빛의 진행방향에 중요한 역할을 수행하고 피라미드 구조물의 각도가 클수록 반사횟수가 증가하며 그만큼 광생성된 전류가 증가한다.

정답 03 ④ 04 ④ 05 ④

06 태양빛을 반도체에 조사했을 때 조사된 부분과 조사되지 않은 부분 사이에 전위차를 발생시키는 현상을 무엇이라 하는가?

① 분광효과
② 광도전효과
③ 광기전력효과
④ 열기전력효과

풀이 반도체에 빛을 조사했을 때 조사된 부분과 조사되지 않은 부분 사이에 전위차(광기전력)를 발생시키는 현상을 광기전력효과라 한다.

07 태양광발전시스템의 구성요소에 대한 설명으로 틀린 것은?

① 태양전지모듈에서 생산된 전기를 저장하기 위해 축전지를 사용하기도 한다.
② 인버터는 태양전지모듈에서 생산된 교류전기를 직류전기로 변환시키는 역할을 한다.
③ 태양전지모듈 제작 시, 발생전압을 증가시키기 위해 여러 장의 셀을 직렬로 연결한다.
④ 태양전지어레이는 태양전지모듈의 집합체로서 스트링, 역류방지다이오드, 바이패스다이오드, 접속함 등으로 구성된다.

풀이 태양전지모듈에서 생산된 전력은 직류이다. 이를 교류로 변환시키는 기기가 인버터이다.

08 일반적인 전지와 비교해서 태양전지의 특징을 설명한 내용 중 옳은 것은?

ㄱ. 태양전지가 전달하는 전력은 입사하는 빛의 세기에 따라 달라짐
ㄴ. 태양전지로부터의 전류값은 부하저항에 따라 변하지 않음
ㄷ. 태양전지로부터 얻을 수 있는 전력은 부하저항에 따라 변하지 않음
ㄹ. 빛에 의한 전기화학적인 전위의 일시적인 변화로부터 emf(기전력)를 유도함

① ㄱ, ㄴ
② ㄱ, ㄴ, ㄷ
③ ㄱ, ㄹ
④ ㄴ, ㄷ, ㄹ

풀이 태양전지로부터의 전류값은 부하저항에 따라 변하고 태양전지로부터 얻을 수 있는 전력은 부하저항에 따라 변한다.

09 태양광발전의 특징으로 옳지 않은 것은?

① 무인화 기능
② 청정발전방식
③ 운영유지비 많음
④ 무한정한 에너지

풀이 태양광발전의 특징
㉠ 장점 • 햇빛이 있는 곳이면 어느 곳에서나 간단히 설치할 수 있다.
• 한번 설치해 놓으면 유지비용이 거의 들지 않는다.
• 무소음, 무진동으로 환경오염이 없다.
• 에너지가 반영구적이다.

정답 06 ③ 07 ② 08 ③ 09 ③

ⓒ 단점
- 에너지밀도가 낮아 큰 설치면적이 필요하다.
- 전력생산량이 지역별 일사량에 의존한다.
- 설치장소가 한정적이다.
- 시스템 비용이 고가이다.

10 태양광발전시스템의 구성에 관한 것 중 잘못된 것은?
① 충전조절기는 태양전지판에서 발생된 전력을 충전기에 충전시키거나 인버터에 공급한다.
② 축전지는 야간 및 발전할 수 없는 상황에 대비하는 전력저장장치이다.
③ 태양전지는 광전효과에 의해 광에너지를 전기에너지로 변환한다.
④ 인버터는 태양전지에서 발생된 교류전력을 직류전력으로 변환시킨다.

풀이 태양전지에서 발생된 전력은 직류이며, 인버터는 직류를 교류로 변환하는 장치이다.

11 태양광발전시스템의 설치장소 선정 시 고려사항으로 가장 거리가 먼 것은?
① 도로 접근성이 용이하여야 한다.
② 일사량과 일조시간을 고려해야 한다.
③ 전력계통 연계조건이 어떠한지 살펴야 한다.
④ 설치장소의 고도 및 기압을 측정하여야 한다.

풀이 기압은 고려사항이 아니다.

12 광전관에 응용되고 빛의 검출 측정에 사용되는 광전효과는?
① 외부광전효과
② 광기전력효과
③ 내부광전효과
④ 광이온화

풀이 빛의 검출 측정에 사용되는 광전효과 : 외부광전효과

13 태양광발전시스템을 분류하는 방법으로 일반적인 기준이 아닌 것은?
① 부하의 형태
② 계통연계 유무
③ 축전지의 유무
④ 태양전지의 종류

풀이 태양광발전시스템을 분류하는 방법
계통연계 유무, 축전지의 유무, 부하의 형태(직류, 교류)

정답 10 ④ 11 ④ 12 ① 13 ④

14 태양전지를 구성하는 최소단위는 무엇인가?
① 축전지 ② 어레이 ③ 모듈 ④ 셀

풀이 태양전지의 구성 단위 : 셀 → 모듈 → 어레이

15 태양전지의 전기적 특성에 대한 설명이 아닌 것은?
① 태양전지의 출력전류는 입사되는 빛의 세기에 비례한다.
② 최대 밝기의 1/5 정도 되는 흐린 날에도 전압이 측정된다.
③ 태양전지의 출력전압은 온도에 따라 영향을 받는다.
④ 출력전압은 절대적으로 입사광 세기에 비례한다.

풀이 태양전지의 출력전압은 다음 그림과 같이 입사광의 세기와 셀 온도의 영향을 받는다.

셀의 표면온도(25[℃]) 일정 시   일조강도(1,000[W/m²]) 일정 시

- 태양전지 일사량 특성 : 전류에 비례, 전압에 비례, 그 수준은 낮다.
- 태양전지 온도 특성 : 전류에 비례, 전압에 반비례, 그 수준은 낮다.

16 태양전지의 열손실 요소가 아닌 것은?
① 전도 ② 대류 ③ 풍속 ④ 복사

풀이
- 태양전지 열손실 요인 : 전도, 대류, 복사
- 풍속이 높으면 태양전지의 온도를 낮추어 발전량을 높인다.

17 태양전지를 재료에 의하여 분류한 것으로 틀린 것은?
① 유기물 ② 화합물 ③ 염료감응형 ④ 잉곳과 웨이퍼

정답 14 ④   15 ④   16 ③   17 ④

풀이 태양전지의 종류 분류 시 실리콘화합물, 적층형으로 분류하고 재료에 의해 분류하면 ㉠ 실리콘태양전지, ㉡ 화합물반도체, ㉢ 적층형 태양전지, ㉣ 적층형 반도체(화합물반도체의 특성과 실리콘태양전지의 장점을 지닌 염료감응형 태양전지와 유기물태양전지)

유기물, 화합물, 염료감응형은 태양전지 재료이고 잉곳과 웨이퍼는 태양전지 제작과정에서 만들어진다.
- 잉곳은 태양전지 셀 제작단계에서 만들어지는 실리콘 뭉치이다.
- 웨이퍼는 잉곳을 얇게 썰어 놓은 것이다.

18 태양전지에서 직렬저항 성분이 아닌 것은?

① 접합결함에 의한 누설저항
② 금속전극 자체의 저항
③ 표면층의 면 저항
④ 기판 자체 저항

풀이
- 직렬저항 성분 : 전지의 전면과 후면에서의 금속접촉저항, 지판 자체 저항, 표면층의 면 저항, 금속 전극 자체의 저항
- 병렬저항 성분 : 측면의 표면 누설, 접합의 결함에 의한 누설, 결정이나 전극의 미세균열에 의한 누설, 전위 또는 결정입계를 따라 발생하는 누설

19 태양광발전시설의 발전량을 예측하기 위해 경사면에서 복사량을 계산할 때 지표에 반사 성분인 알베도가 포함된다. 일반적인 알베도값은?

① 0.15
② 0.20
③ 0.25
④ 0.30

풀이 일반적인 알베도(반사율)는 0.2

20 다음은 태양전지의 특징을 설명한 것이다. 틀린 것은?

① 전기를 저장하는 기능을 가진다.
② 빛이 있을 때 전기를 생산한다.
③ 전류의 세기는 병렬연결이나 태양전지의 면적으로 조정할 수 있다.
④ 전압의 세기는 태양전지를 직렬로 연결시켜 조정한다.

풀이 태양전지는 물리적 전지로 전기를 저장하는 기능이 없다. 반면 화학적 전지(2차 전지)인 납축전지, 리튬이온전지, 나트륨황전지, 레독스흐름전지 등은 전기를 저장하는 기능이 있다.

21 다음 중 지구 대기의 영향을 받지 않는 우주에서의 태양복사에너지 대기질량(AM)은 무엇인가?

① AM 0
② AM 1
③ AM 2
④ AM 3

풀이 우주에서의 대기질량은 AM 0이고, 표준시험조건의 대기질량은 AM 1.5이다.
※ AM 1 스펙트럼 : 태양이 천정에 있을 때의 지표상 스펙트럼

정답 18 ① 19 ② 20 ① 21 ①

22 태양전지의 PN접합에 의한 전류생성의 순서로 올바른 것은?

① 광포획 – 분리 – 수집 – 생성
② 광포획 – 분리 – 생성 – 수집
③ 광포획 – 생성 – 수집 – 분리
④ 광포획 – 생성 – 분리 – 수집

풀이 태양전지의 PN접합에 의한 전류생성 원리
광포획(수집) → 전하 생성 → 전하 분리 → 전하 수집

23 다결정 실리콘태양전지에 관한 설명으로 옳지 않은 것은?

① 재료가 저렴하다.
② 단결정에 비해 효율이 좋다.
③ 가장 많이 사용하는 태양전지이다.
④ 반도체 IC 제조과정에서 발생한 불량 실리콘을 재이용한 것이다.

풀이 ㉠ 단결정 실리콘태양전지
- 단결정은 순도가 높고 결정결함밀도가 낮으며 고품위의 재료이다.
- 집광장치를 사용하지 않은 경우 효율은 약 24[%]이다.
- 집광장치를 사용한 경우 효율은 약 28[%] 이상이 된다.
- 도달한계효율은 약 35[%]이다.

㉡ 다결정 실리콘태양전지
- 저급한 재료를 저렴한 공정으로 처리할 수 있다.
- 다결정 태양전지 생산량이 단결정 생산량보다 많다.
- 전지효율은 약 15~17[%]이다.
- 도달한계효율은 약 23[%]이다.

24 다결정 실리콘태양전지에 대한 설명 중 틀린 것은?

① 가격이 저렴하고 공정처리가 간단하다.
② 태양전지 생산량 중 단결정 생산량보다 많다.
③ 전지의 최고효율은 8[%] 미만이고 도달한계효율은 18[%]이다.
④ 변환효율은 단결정보다 낮다.

풀이 다결정 실리콘태양전지는 단결정 실리콘태양전지에 비해 공정이 간단하고 가격이 저렴해서 널리 사용되며, 변환효율은 단결정보다 낮은 것이 단점이다. 전지의 최고효율은 15~17[%], 도달한계효율은 23[%]이다.

25 단결정 실리콘태양전지의 특징이 아닌 것은?

① 일조량이 적을 때도 발전이 비교적 양호하다.
② 실리콘의 원자배열이 규칙적이다.

정답 22 ④ 23 ② 24 ③ 25 ④

③ 실리콘의 배열방향이 일정하여 전자이동의 걸림이 없다.
④ 변환효율은 낮다.

풀이 단결정 실리콘태양전지는 실리콘의 원자배열이 규칙적이며 배열방향이 일정하여 전자이동에 걸림이 없고 변환효율이 높다(단결정 : 24[%], 다결정 : 15~17[%]).

26 단결정 태양전지의 제조공정 순서를 옳게 나열한 것은?

① 폴리실리콘 → Czochralski공정 → 웨이퍼슬라이싱 → 반사방지막 → 전/후면 전극 → 인 도핑
② Czochralski공정 → 폴리실리콘 → 웨이퍼슬라이싱 → 반사방지막 → 전/후면 전극 → 인 도핑
③ 폴리실리콘 → Czochralski공정 → 웨이퍼슬라이싱 → 인 도핑 → 전/후면 전극 → 반사방지막
④ 폴리실리콘 → Czochralski공정 → 웨이퍼슬라이싱 → 인 도핑 → 반사방지막 → 전/후면 전극

풀이
- 단결정 태양전지 제조공정
  폴리실리콘 → Czochralski공정 → 웨이퍼슬라이싱 → 인 도핑 → 반사방지막 → 전/후면 전극
- 다결정 태양전지 제조공정
  폴리실리콘 → 방향성 고결 → 블록 → 웨이퍼슬라이싱 → 인 도핑 → 반사방지막 → 전/후면 전극

27 단결정 실리콘태양전지의 특징이 아닌 것은?

① 제조에 필요한 온도는 약 1,400[℃]이다.
② 단단하고, 구부러지지 않는다.
③ 무늬가 다양하다.
④ 검은색이다.

풀이 단결정(Single Crystal) 실리콘태양전지
- 순도가 높고, 결정결함밀도가 낮은 고품위 재료이다.
- 단단하고 구부러지지 않는다.
- 무늬가 다양하지 못하다.
- 검은색이다.
- 제조에 필요한 온도는 1,400[℃]이다.

28 결정질 실리콘태양전지모듈 출력에 대한 설명으로 옳은 것은?

① 태양전지 표면온도와는 관계가 없다.
② 태양전지 표면온도가 올라갈수록 계속 증가한다.
③ 방사조도에 비례하여 증가한다.
④ 방사조도에 비례하여 감소한다.

풀이 결정질 실리콘전지
- 온도가 올라갈수록 출력이 감소한다.
- 방사조도에 비례하여 출력이 증가한다.

정답 26 ④ 27 ③ 28 ③

29 다음 중 박막형 태양전지모듈의 종류에 해당되지 않는 것은?

① 염료감응형 전지
② 비정질 실리콘전지
③ 다결정 전지
④ Cd-Te 전지

풀이 태양전지의 종류

∴ 단결정과 다결정은 결정질 전지로 박막형이 아니다.

30 같은 발전용량을 생산하기 위해 태양광전지 재료의 종류 중 가장 큰 대지 또는 지붕면적이 필요한 재료는?

① CIS
② 단결정
③ 다결정
④ 비정질 실리콘

풀이 효율이 가장 낮은 것을 사용할 때 가장 큰 면적이 필요하다.
※ 태양전지 재료의 효율 : 단결정 > 다결정 > 화합물(CIS) > 비정질 실리콘

31 BIPV(Building Intergrated PhotoVoltaic)투명창으로 적용 가능한 비정질 실리콘 기반 투명태양전지의 특징이 아닌 것은?

① 투명기판, 투명전면전극, 비정질 실리콘흡수층, 후면전극으로 구성된다.
② 개방형 태양전지는 투명전극재료로 ITO, ZnO, SnO_2 등이 사용된다.
③ 투과형 태양전지는 후면에 투명유리를 적용하여 빛을 투과시킨다.
④ a-Si : H 흡수층은 1.7~1.8[eV]의 높은 밴드갭을 가지므로 얇은 두께에서도 빛 흡수가 가능하다.

풀이 TCO(전도성 산화물) 전면접촉은 SnO_2, ITO, ZnO가 사용되고 하부 TCO층은 후면접촉과 함께 반사판 기능을 수행한다.

정답 29 ③ 30 ④ 31 ③

32 결정질 실리콘태양전지의 일반적인 제조공정이 아닌 것은?

① 확산
② 측면 접합
③ 웨이퍼 장착
④ 반사방지막 코팅

풀이 결정질 실리콘태양전지의 제조과정

33 PN접합다이오드의 순바이어스란?

① 인가전압의 극성과는 관계가 없다.
② 반도체의 종류에 관계없이 같은 극성의 전압을 인가한다.
③ P형 반도체에 +, N형 반도체에 -의 전압을 인가한다.
④ P형 반도체에 -, N형 반도체에 +의 전압을 인가한다.

풀이
• 순바이어스 : P형 반도체에 +, N형 반도체에 -의 전압을 인가
• 역바이어스 : P형 반도체에 -, N형 반도체에 +의 전압을 인가

34 결정질 실리콘태양전지의 일반적인 제조공정이 아닌 것은?

① 웨이퍼 장착
② 표면조직화
③ 측면 접합
④ 반사방지막 코팅

풀이 태양전지 제조공정
• 세정 및 웨이퍼 표면 가공(Texturing)
• 이미터 형성(Doping)
• 도핑 시 형성된 산화막(PSG) 제거
• p-n접합 측면분리(Edge Isolation)
• 반사방지막 형성(AR Coating)
• 금속전극 형성(Metallization)
• 금속전극 소성(Firing)
• 태양전지 특성 검사 및 분류(Sorting)

정답 32 ② 33 ③ 34 ③

35 PN접합구조의 반도체소자에 빛을 조사할 때, 전압차를 가지는 전자와 정공의 쌍이 생성되는 현상은?

① 광기전력효과
② 광이온화효과
③ 핀치효과
④ 광전하효과

풀이 PN접합에 빛을 조사시킬 때 전자-정공 쌍이 생성되고 분리되면 N형 이미터 쪽에는 전자가 과다하게 많고 다른 P형 베이스 쪽에는 홀이 많이 모이게 됨으로써 접합 양단에 두 전극을 서로 띠어 개방하면 광기전력(또는 전위차)이 발생하는 현상이다.

36 태양전지셀의 종류에서 박막형의 특징이 아닌 것은?

① 온도 특성에 강하다.
② 결정질보다 변환효율이 낮다.
③ 결정질전지보다 얇다.
④ 동일 용량 설치 시 결정질보다 박막형이 면적을 적게 차지한다.

풀이 박막태양전지의 특성
- 박막태양전지의 종류는 아몰퍼스태양전지, CIGS, CdTe 등이 있다.
- 결정질실리콘계열 태양전지보다 고온에서의 효율이 좋다.
- 박막태양전지모듈은 두께가 얇다.
- 결정질실리콘계열보다 변환효율이 낮아 동일 전력을 생산하려면 결정질실리콘보다 넓은 면적을 필요로 한다.
- 온도 특성에 강하다.

37 접속함에 설치되는 부품을 모두 나열한 것은?

ㄱ. 직류출력개폐기	ㄴ. 피뢰소자
ㄷ. 역류방지소자	ㄹ. 바이패스소자
ㅁ. 과전압계전기	

① ㄱ, ㄴ, ㄷ
② ㄱ, ㄷ, ㄹ
③ ㄷ, ㄹ, ㅁ
④ ㄱ, ㄹ, ㅁ

풀이 접속함에는 피뢰소자, 역류방지소자, 직류출력개폐기, 어레이 측 개폐기, 퓨즈, 바이패스소자는 단자함에 설치, 과전압계전기는 연계보호장치

38 태양광발전시스템의 접속함에 관한 설명으로 틀린 것은?

① 피뢰기(LA)가 설치되어 있다.
② 역류방지소자가 설치되어 있다.
③ 스트링 배선을 하나로 모아 인버터에 보내는 기기이다.
④ 보수, 점검 시 회로를 분리하여 점검을 용이하게 한다.

정답 35 ① 36 ④ 37 ① 38 ①

풀이 접속함에 설치된 기기는 역류방지소자 서지보호장치(SPD ; Surge Protective Device)개폐기이며, 피뢰기(LA ; Lighting Arrestor)는 특고압 전로의 뇌서지 저감장치이다.

39 태양광발전시스템의 접속함에 설치되는 구성요소가 아닌 것은?

① 직류출력개폐기　　　　　　　② 누전차단기
③ 피뢰소자　　　　　　　　　　④ 역류방지소자

풀이 태양광발전시스템의 접속함 구성요소
태양전지어레이 측 개폐기, 주개폐기, 피뢰소자, 단자대, 역류방지소자

40 여러 개의 태양전지모듈의 스트링을 하나의 접속점에 모아 보수·점검 시에 회로를 분리하거나 점검작업을 용이하게 하며, 태양전지어레이에 고장이 발생해도 정지범위를 최대한 적게 하는 등의 목적으로 사용되는 것은?

① 인버터　　　　　　　　　　　② 접속함
③ 바이패스소자　　　　　　　　④ 계통연계 보호계전기

풀이 접속함은 모듈의 스트링을 하나의 접속점에 연결하여 보수점검 시 회로분리 및 점검의 용이, 고장 시 정지범위를 최소화하고 접속함 내에는 직류출력개폐기, 피뢰소자(SPD), 역류방지소자, 단자대감시용 DCCT, DCPT 등을 설치한다.

41 태양광발전시스템의 교류 측 기기에 속하지 않는 것은?

① 접속함　　　　　　　　　　　② 분전반
③ 적산전력량계　　　　　　　　④ 지락과전류차단기

풀이 접속함은 직류 측 기기에 해당된다.

42 전력변환장치의 설명으로 잘못된 것은?

① AC-DC Converter(순변환) : 제어정류기(Controlled Rectifier)
② AC-AC Converter(교류변환) : 교류전압제어기, 사이클로컨버터
③ DC-DC Converter(직류변환) : 초퍼(Chopper), 스위칭레귤레이터
④ DC-AC Converter(역변환) : 컨버터(Converter)

풀이 DC-AC Converter(역변환) : 인버터(Inverter)

정답 39 ② 40 ② 41 ① 42 ④

43 계통연계보호장치 중 역송전이 있는 저압연계시스템에서 설치가 필요한 계전기가 아닌 것은?

① 저전압계전기
② 과전압계전기
③ 과주파수계전기
④ 지락과전압계전기

풀이
- 저압연계시스템의 계통연계 보호장치 : UVR(저전압계전기), OVR(과전압계전기), UFR(저주파수계전기), OFR(과주파수계전기)
- 특고압연계시스템은 저압계통연계보호장치에 추가로 OVGR(지락과전압계전기) 또는 OCGR(지락과전류계전기)이 필요하다.

44 태양광발전시스템에서 태양전지어레이의 전기적 구성요소로 틀린 것은?

① 접속함
② 바이패스다이오드
③ 인버터
④ 역류방지다이오드

풀이 태양전지어레이의 전기적 구성요소
스트링, 역류방지다이오드, 바이패스다이오드, 접속함 등

45 태양전지모듈 내의 태양전지셀의 결함 또는 열화로 인한 출력저하를 방지하고 발열을 억제하기 위하여 사용하는 것은?

① 리드선
② 충진재
③ 바이패스소자
④ 알루미늄프레임

풀이 바이패스소자
일부 셀이 나뭇잎, 새 배설물 등의 그늘(음영)이 발생하면 그 부분의 셀은 전기를 생산하지 못하고 저항이 증가한다. 그늘진 셀에는 접속된 다른 셀들의 회로(String)의 모든 전압이 인가되어 그늘진 셀은 발열하게 된다. 셀이 고온이 되면 셀과 주변의 충진재(EVA)가 변색되고, 뒷면 커버의 팽창 음영셀의 파손이 발생한다. 즉, 모듈 내의 셀의 결함 또는 열화로 인한 출력저하, 발열 등이 발생한다. 이를 방지하기 위한 목적으로 고저항이 된 셀들과 병렬로 접속하여 음영된 셀에 흐르는 전류를 바이패스(By-pass)하도록 하는 것이다.

46 어레이 내의 스트링과 스트링 사이에서 전압불균형이 발생하여 병렬접속한 스트링 사이에 전류가 흘러 악영향을 미치는데 이를 방지하기 위해 사용되는 것은?

① 바이패스다이오드
② 역류방지다이오드(Blocking Diode)
③ 정류다이오드
④ 발광다이오드

풀이 역류방지다이오드는 스트링마다 설치하며, 모듈을 연결하는 직렬회로에서 역류를 방지하기 위해서도 설치한다.

정답 43 ④ 44 ③ 45 ③ 46 ②

47 역류방지다이오드(Blocking Diode)의 용량은 모듈단락전류의 몇 배 이상으로 설계하는가?

① 1.0배　　　② 1.4배　　　③ 3.0배　　　④ 4.0배

풀이 역류방지다이오드 시공기준
- 1대의 인버터에 연결된 태양전지 직렬군이 2병렬 이상일 경우에는 각 직렬군에 역전류방지다이오드르 별도의 접속함에 설치해야 하고, 접속함은 발생하는 열을 외부에 방출할 수 있도록 환기구나 방열판을 갖추어야 한다.
- 용량은 모듈단락전류의 1.4배 이상이어야 하고 현장에서 확인할 수 있도록 표시해야 한다.

48 역류방지다이오드(Blocking Diode)의 역할을 옳게 설명한 것은?

① 태양빛이 없을 때 축전지로부터 태양전지를 보호한다.
② 태양광발전시스템의 외함을 접지하기 위해 사용한다.
③ 과전류가 흐를 때 회로를 차단한다.
④ 태양광모듈을 최적운전점을 추적한다.

풀이 역류방지소자의 설치목적
- 태양전지모듈에 그늘(음영)이 생긴 경우, 그 스트링 전압이 낮아져 부하가 되는 것을 방지하는 것
- 독립형 태양광발전시스템에서 축전지가 설치된 경우 야간에 태양광발전이 정지된 상태에서 축전지전력이 태양전지모듈 쪽으로 흘러들어 소모되는 것을 방지하기 위한 것

49 독립형 태양광발전시스템에서 축전지의 방전 시 모듈로 유입하는 전류를 억제하기 위해 설치하는 소자는?

① 바이패스소자　　　② 역류방지소자
③ 서지보호장치　　　④ 환류다이오드

풀이 역류방지소자의 설치목적
- 태양전지모듈에 그늘(음영)이 생긴 경우, 그 스트링 전압이 낮아져 부하가 되는 것을 방지하는 것
- 독립형 태양광발전시스템에서 축전지가 설치된 경우 야간에 태양광발전이 정지된 상태에서 축전지 전력이 태양전지모듈 쪽으로 흘러들어 소모되는 것을 방지하기 위한 것

정답 47 ② 48 ① 49 ②

02 태양광발전 모듈 배치 설계

01 태양전지모듈의 구성요소로만 된 것은?

① 셀, 프레임, 프런트커버, 역류방지다이오드
② 셀, 프레임, 인터커넥터, 인버터
③ 셀, 프레임, 역류방지다이오드, 인버터
④ 셀, 프레임, 프런트커버, 인터커넥터, 충진재, 표면재(강화유리)

풀이
- 모듈의 구성요소 : 셀, 프레임, 프런트커버, 인터커넥터
- 역류방지다이오드는 접속함 설치
- 인버터, 별도 설비

02 실리콘태양전지모듈의 출력 특성에 대한 설명이다. 틀린 것은?

① 표면온도가 높아지면 출력이 상승하는 정(+)온도 특성을 가진다.
② 방사조도가 동일하면 여름철에 비해 겨울철이 출력이 크다.
③ 방사조도가 동일하고 모듈온도가 상승한 경우 개방전압, 최대출력도 저하한다.
④ 모듈온도가 동일하고 방사조도가 변화할 경우 단락전류가 방사조도에 비례하는 특성을 나타낸다.

풀이
- 결정질 실리콘태양전지는 셀의 표면온도가 상승하면, 출력과 전압은 감소하는 부(−) 특성, 전류는 증가하는 정(+) 특성을 갖는다.
- 단락전류는 방사조도에 비례하는 특성을 갖는다.

03 태양전지를 여러 장 직렬로 연결하여 하나의 프레임으로 구성한 것은 무엇인가?

① 셀   ② 모듈   ③ 프레임   ④ 어레이

풀이 모듈은 셀 36장, 60장, 72장을 직렬로 연결하여 하나의 프레임으로 구성

04 태양전지모듈은 나뭇잎 등의 부착이나 앞면의 어레이 등으로 인해 그늘이 지면 거의 대부분 발전되지 않는다. 이때 태양전지어레이나 스트링이 병렬회로로 구성되어 있다고 하면, 태양전지어레이의 스트링 사이에 출력전압의 불균형이 발생할 때 부하가 되는 것을 방지하기 위한 목적으로 사용되는 소자는?

① 피뢰소자   ② 바이패스소자   ③ 역류방지소자   ④ 정류다이오드소자

풀이
① 피뢰소자 : 낙뢰로부터 기기 및 선로보호
② 바이패스소자 : 음영에 의해 발생하는 태양전지모듈의 출력 저하와 발열을 억제하는 소자
④ 정류다이오드소자 : 교류를 직류로 변환

정답 01 ④ 02 ① 03 ② 04 ③

05 결정계 태양광모듈의 뒷면에 표시되는 항목 중 맞는 것은?

① 제조업자명, 제조연월일, 제조번호, 내풍압성 등급, 공칭최대출력, 공칭개방전압, 공칭단락전류
② 제조업자명, 공칭최대출력, 공칭개방전류, 공칭단락전압
③ 제조업자명, 공칭최대출력, 공칭개방전압, 공칭단락전류, 역내전압
④ 제조업자명, 제조연월일, 제조번호, 내풍압성 등급, 공칭최대출력, 공칭개방전압, 공칭단락전류, 역내전압

풀이 역내전압의 표기는 아몰퍼스계만 해당한다. 이 외 최대시스템전압, 어레이 조립형태, 공칭최대출력 동작전압, 공칭최대출력, 동작전류, 공칭질량(kg)이 있다.

06 태양전지모듈에 그림자가 생겼을 때 출력 감소를 최소화하는 대비책으로 설치하는 것은?

① 바이패스다이오드
② 역류다이오드
③ 제너다이오드
④ 발광다이오드

풀이 ① 바이패스다이오드는 Cell의 음영 시 출력저감방지와 열점(Hot Spot) 방지목적으로 모듈 후면 단자함에 설치한다.
② 역류방지소자(Blocking Diode)는 태양전지 String별로 설치목적은 태양전지모듈에 그늘(음영)이 생긴 경우 그 스트링 전압이 낮은 부하가 되는 것과 독립형 태양광발전시스템에서 야간에 태양광발전이 정지된 상태에서 축전지전력이 태양전지모듈 쪽으로 흘러들어 소모되는 것을 방지하기 위한 것이다. 역류방지다이오드는 접속함 내에 설치한다.

07 태양전지모듈을 구성하는 직렬 셀에 음영이 생길 경우 발생하는 출력 저하 및 발열을 억제하기 위해 설치하는 소자는?

① 바이패스다이오드
② 역전류방지다이오드
③ 역전류방지퓨즈
④ 정류다이오드

풀이 바이패스다이오드는 태양전지셀의 음영에 의한 출력저하를 줄이고, 열점현상을 방지하기 위해 이용된다.

08 By-pass다이오드에 대한 설명으로 잘못된 것은?

① 오염된 셀을 우회하므로 역바이어스전압을 생성하지 않게 한다.
② 열점(Hot Spot)의 손상을 방지한다.
③ 바이패스다이오드는 셀의 스트링과 직렬로 연결한다.
④ 태양광어레이 단자함 내에 설치한다.

풀이 바이패스다이오드는 셀의 스트링과 병렬로 연결하며, 모듈에 음영 발생 시 셀의 손상을 방지하기 위해 설치한다.

정답 05 ① 06 ① 07 ① 08 ③

09 태양전지모듈 내에 포함되지 않는 것은?

① 역류방지소자 ② 태양전지셀 ③ 프런트 커버 ④ 충진재

풀이
- 역류방지소자 : 접속함에 설치
- 바이패스소자 : 태양전지모듈 후면 단자함에 설치
- 태양전지셀 : 프런트커버, 충진재는 모듈 내 포함

10 태양전지모듈(Module)에 부분 음영이 존재할 때, 모듈의 특성은 어떻게 변하는가?

① 변화 없음 ② 발열 감소 ③ 출력 감소 ④ 효율 증가

풀이 모듈에 음영(그늘)이 존재할 때 전류가 감소하여 출력이 저하한다.

11 태양전지모듈의 뒷면에 부착된 라벨에 표시되는 사항이 아닌 것은?

① 공칭최대출력 동작전압
② 공칭개방전압
③ 공칭개방전류
④ 공칭최대출력

풀이 KS C IEC 표준에 기초하여 다음의 항목이 모듈 뒷면에 표시되어 있다.
- 제조업자명 또는 약호
- 제조연월일
- 내풍압등급
- 최대시스템전압(H 또는 L)
- 공칭최대출력(P_{mmp})[Wp]
- 공칭개방전압(V_{oc})[V]
- 공칭단락전류(I_{sc})[A]
- 공칭최대출력 동작전압(V_{mpp})[V]
- 공칭최대출력 동작전류(I_{mpp})[A]
- 공칭중량
- 크기
- 역내전압[V] : 바이패스다이오드의 유무(Amorphous계만 해당)

12 태양광모듈 표면의 황변현상은 태양광모듈 내부의 충진재(EVA)가 무엇과 화학반응하여 변색되는 것을 말하는가?

① 습기 ② 자외선 ③ 가시광선 ④ 적외선

풀이 충진재(EVA ; Ethylene Vinyl Acetate)는 플라스틱 재료에 속하며, 자외선(UV ; Ultra Violet)과 반응하여 고분자 사슬이 파괴되어 변색, 라디칼 형성, 표면분해가 발생한다.

13 태양전지모듈의 설치공법 중 틀린 것은?

① 벽 설치형 : 벽에 가대를 설치하고 그 위에 태양전지모듈을 설치하는 형태로 중·고층건물의 벽면을 유효하게 활용할 수 있다.
② 벽 건재형 : 태양전지모듈이 벽재로서 기능하는 형태로, 주로 커튼월 등으로 설치되어 있다.

정답 09 ① 10 ③ 11 ③ 12 ② 13 ③

③ 창재형 : 창의 상부 등 건물 외부에 가대를 설치하고 태양전지모듈을 설치하여 차양기능을 보완한 형태이다.
④ 루버형 : 개구부에 블라인드 기능을 가지고 있는 형태이다.

풀이
- 차양형 : 창의 상부 등 건물 외부에 가대를 설치하고 태양전지모듈을 설치하여 차양기능을 보완한 형태이다.
- 창재형 : 채광성, 투시성 등의 유리창 기능을 보유하고 있는 형태로 셀의 배치에 따라 개구율 조정이 가능하다.

14 전류와 전압을 표시하는 $I-V$ 곡선에서 태양전지 양단자와 음단자가 쇼트 시 단자 사이의 전압은 0이고 무부하 시 태양전지에서 측정되는 것은 무엇인가?

① 최대동작전류
② 최대동작전압
③ 단락전류
④ 최대출력값

풀이 태양전지의 전극을 단락한 상태에서 도선을 흐르는 전류의 최댓값

15 태양광모듈의 최대출력($P_{\max}$)의 의미는?

① $V \times I$
② $V_{oc} \times I_{sc}$
③ $V_{oc} \times I_{mpp}$
④ $V_{mpp} \times I_{mpp}$

풀이 태양광모듈의 최대출력($P_{\max}$) = $V_{mpp} \times I_{mpp}$

16 태양전지의 전류 – 전압 특성의 측정으로부터 계산되는 파라미터가 아닌 것은?

① 직렬저항(Series Resistance)
② 개방전압(Open Circuit Voltage)
③ 단락전류(Short Circuit Current)
④ 곡선인자(Fill Factor)

풀이
- $I-V$ 파라미터 : 개방전압, 단락전류, 최대출력 동작전압, 최대출력 동작전류, 최대출력
- 직렬저항은 태양전지 내부전압의 강하요소, 곡선인자(Fill Factor) = $\dfrac{V_{mpp} \times I_{mpp}}{V_{oc} \times I_{sc}}$

17 태양전지모듈의 열 발생원인으로 틀린 것은?

① 정적 하중
② 셀에서 적외선 흡수
③ 모듈의 전기적 동작
④ 모듈 상부 표면으로부터의 반사

풀이 태양전지모듈의 열 발생원인
- 열적(온도, 습도)
- 기계적(열응력, 충격)
- 전기적(전압, 전류)
- 광조사(자외선)

정답 14 ③ 15 ④ 16 ① 17 ①

18 태양광모듈의 뒷면 표시사항에 해당되지 않는 것은?

① 공칭중량
② 내진등급
③ 공칭단락전류
④ 내풍압성의 등급

풀이 태양광모듈의 뒷면 표시사항
- 제조업자명 또는 그 약호
- 제조일자 및 제조번호 또는 제조일자를 알 수 있는 제조번호
- 내풍압성의 등급
- 최대시스템전압(H 또는 L)
- 어레이의 조합 형태(A 또는 B)
- 공칭최대출력[W]
- 공칭개방전압[V]
- 공칭단락전류[A]
- 공칭최대출력 동작전압[V]
- 공칭최대출력 동작전류[A]
- 역내전압[V] : 바이패스다이오드의 유무(아몰퍼스계만 해당)
- 공칭중량[kg]

19 다음 [보기]에서 태양광모듈의 설치가 가능한 위치를 모두 나타낸 것은?

[보기]
ㄱ. 평면지붕 ㄴ. 벽 ㄷ. 경사지붕 ㄹ. 유리창

① ㄱ, ㄴ, ㄷ
② ㄱ, ㄴ, ㄹ
③ ㄱ, ㄷ, ㄹ
④ ㄱ, ㄴ, ㄷ, ㄹ

풀이 태양전지모듈의 설치 분류
- 평면지붕 – 지붕 설치형
- 경사지붕 – 지붕 설치형, 지붕 건재형
- 일반 부지
- 벽 – 벽 설치형, 벽 건재형
- 유리창 – 창재형
- 수면

20 태양전지모듈의 $I-V$ 특성곡선에서 일사량에 따라 가장 많이 변화하는 것은?

① 전압
② 전류
③ 온도
④ 저항

풀이 태양전지모듈의 출력전압은 온도에 영향, 전류는 태양복사(일사량)에 영향을 받음

21 KS C IEC 규격에 따라 모듈의 뒷면에 표시해야 할 항목이 아닌 것은?

① 공칭중량
② 내풍압성 등급
③ 습윤 누설전류
④ 제조연월일 및 제조번호

풀이 태양전지모듈의 뒷면에 표시되는 항목
- 제조업자명 또는 그 약호
- 제조연월일 및 제조번호 또는 제조연월을 알 수 있는 제조번호
- 내풍압성의 등급
- 최대시스템전압(H 또는 L)
- 어레이의 조립 형태(A 또는 B)
- 공칭최대출력[W]
- 공칭개방전압[V]
- 공칭단락전류[A]
- 공칭최대출력 동작전압[V]
- 공칭최대출력 동작전류[A]
- 역내전압[V] : 바이패스다이오드의 유무(아몰퍼스계만 해당)
- 공칭중량[kg]

22 태양전지모듈의 전류 – 전압 특성곡선과 관계없는 것은?
① 개방전압
② 최대출력 동작전류
③ 정격투입전류
④ 최대출력 동작전압

풀이 정격투입전류는 차단기의 정격을 나타낼 때 사용

23 태양광발전시스템에 그림자가 발생하게 되면 일사량이 감소하기 때문에 발전량도 감소한다. 일사량의 2가지 성분으로 옳은 것은?
① 직달광 성분과 산란광 성분
② 경사면 일사성분과 산란광 성분
③ 직달광 성분과 수평면 일사성분
④ 수평면 일사성분과 경사면 일사성분

풀이 태양광은 직달일사와 확산일사(산란광)로 구성된다.

24 충진율에 영향을 미치는 태양전지의 병렬저항 성분은?
① 표면층의 면저항, 표면의 누설저항, 전위 또는 결정입계에 따라 발생하는 누설저항, 접합결합에 의한 누설저항
② 표면층의 면저항, 기관 자체의 저항, 금속전극 자체의 저항
③ 표면의 누설저항, 전위 또는 결정입계에 따라 발생하는 누설저항, 접합의 결합에 의한 누설저항, 결정이나 전극의 미세균열에 의한 누설저항
④ 표면의 누설저항, 접합의 결합에 의한 누설저항, 표면층의 면저항

풀이 ②는 직렬저항 성분이다.
태양전지는 직렬저항보다 병렬저항으로 인하여 큰 출력손실이 발생한다.

정답 22 ③ 23 ① 24 ③

25 태양전지모듈의 전류에 가장 많은 영향을 미치는 것은?
① 전압 ② 입력전압 ③ 온도 ④ 일사량

풀이 모듈의 전류는 일사량(태양복사)에 영향을 받는다.

26 태양전지모듈(슈퍼스트레이트형)의 구조 등에 관한 설명으로 옳지 않은 것은?
① 충진재로 봉한 태양전지셀을 수광면의 프런트커버와 뒷면 백커버 사이에 끼운 구조이다.
② 프런트커버는 90[%] 이상의 투과율과 높은 내충격력을 보유한 약 3[mm] 정도의 백판 열처리 유리를 사용한다.
③ 태양전지셀 사이의 내부 연결을 위하여 절연전선을 사용하여 접속한다.
④ 프레임은 알루마이트 내식처리를 한 알루미늄 표면에 아크릴 도장을 한 프레임재를 사용한다.

풀이 슈퍼스트레이트형 태양전지의셀 사이의 내부 연결을 위하여 인터커넥터(금속리본)를 사용한다.

27 태양전지모듈을 건축자재화하여 건물 외부에 적용하여 경제성 및 부가가치를 높여 보급하는 태양광발전시스템은?
① 단방향추적식 ② 양방향추적식
③ BIPV ④ 경사가변식

풀이 BIPV : 건물 외피에 적용하여 일체화하는 방식

28 방수성, 내수성 등 지붕의 여러 기능을 겸비하여 주변 지붕재와 동일한 형상을 하고 있기 때문에 지붕과 일체감이 있고 건축의 미적 디자인을 손상시키지 않는 모듈설치공법은?
① 경사지붕형 ② 지붕재일체형
③ 지붕재형 ④ 평지붕형

풀이 ① 경사지붕형 : 주로 주택용 설치공법
③ 지붕재형 : 주변 지붕재와 배합이 가능하며 주로 신축주택용 건물에 설치
④ 평지붕형 : 주로 청사나 학교관사 옥상의 태양전지모듈 설치공법

29 BIPV(Building Integrated PV System)에 대한 설명으로 틀린 것은?
① 건축 재료와 발전기능을 동시에 발휘하는 방식이다.
② 경제적이며 에너지 효율성이 우수하다.
③ 태양광발전시스템 설계 시 건축가와 사전협의가 필요하다.
④ 태양광모듈을 지붕, 파사드, 블라인드 등 건물 외피에 적용하는 방식이다.

정답 25 ④ 26 ③ 27 ③ 28 ② 29 ②

풀이 **건물일체형 태양광발전시스템(BIPV ; Building Integrated Photovoltaic System)**
건물 외피에 적용하여 일체화함으로써 전력분야의 경제성 확보는 물론 건물 외적으로 보이는 미적 요소 등 각종 부가가치를 높여서 보다 효율적으로 태양에너지를 이용하는 것으로 발전효율이 낮다.

30 태양전지 표준모듈의 프레임 구조에 해당하지 않는 것은?
① EVA ② 전지 ③ EPDM ④ Glass

풀이 태양전지 표준모듈의 프레임 구조는 셀(전지), 충진재(EVA), 강화유리(Glass), 인터커넥터(금속리본) 등이다.
※ EPDM(고무개스킷) : 보호커버 고무시트

31 태양전지모듈 선정 시 고려사항에 해당되지 않는 것은?
① 경제성 ② 신뢰성 ③ 변환효율 ④ 태양전지셀의 크기

풀이 모듈 선정 시 고려사항
- 태양전지의 종류, 변환효율, 최대출력, 신뢰성, 가격(경제성)
- 셀의 크기는 태양전지모듈의 변환효율에 반영됨

32 태양광발전시스템의 어레이 추적방식이 아닌 것은?
① 감지식 추적방식 ② 혼합식 추적방식
③ 집광식 추적방식 ④ 프로그램 추적방식

풀이 태양광발전시스템의 어레이 추적방식
- 감지식 추적방식 • 프로그램 추적방식 • 혼합식 추적방식

33 태양전지모듈의 기대수명은 얼마인가?
① 5년 이상 내용연수 ② 10년 이상 내용연수
③ 15년 이상 내용연수 ④ 20년 이상 내용연수

풀이 태양전지모듈의 기대수명은 20년 이상이며 제조사는 20년 이상의 성능을 보증하여 제공한다.

34 종합출력에 영향을 미치는 손실요소가 아닌 것은?
① 모듈의 온도 ② 실측 경사면 일사량
③ MPP 불일치 ④ 인버터 손실

정답 30 ③ 31 ④ 32 ③ 33 ④ 34 ②

풀이 종합출력에 영향을 미치는 손실요소는 모듈의 오손, 모듈의 온도, DC전압강하, MPP불일치, 인버터손실, AC손실, 계량기 등이다.

35 태양전지모듈검사는 출하검사와 신뢰성검사로 구분된다. 다음 중 출하검사에 들어가지 않는 것은?

① 특성검사
② 내습성검사
③ 절연저항시험
④ 구조 및 조립시험

풀이
- 출하검사 : 특성검사, 절연저항시험, 구조 및 조립시험, 강박시험 등
- 신뢰성검사 : 내습성검사, 염수부분, 내열성, 피복시험 등

36 태양전지모듈에 다른 태양전지회로나 축전지의 전류가 유입되는 것을 방지하기 위하여 설치하는 것은?

① ZNR
② SPD
③ 바이패스소자
④ 역류방지소자

풀이 역류방지소자
태양전지모듈에 다른 태양전지회로와 축전지의 전류가 유입되는 것을 방지하기 위해 설치하는 것으로 일반적으로 다이오드가 사용되고, 역류방지소자는 접속함 내에 설치하는 것이 일반적이나 태양전지모듈의 단자함 내부에 설치하는 경우도 있다.

37 태양광모듈의 단면을 보면 여러 층으로 이루어져 있다. 이러한 층을 이루는 재료 중에 태양전지를 외부의 습기와 먼지로부터 차단하기 위하여 현재 가장 일반적으로 사용하는 충진재는?

① FRP
② Tedlar
③ EVA
④ Glass

풀이 모듈에 사용되는 충진재(EVA)
에틸렌비닐아세테이트(Ethylene-Vinyl Acetate)는 에틸렌과 비닐아세테이트를 결합한 화학신소재로, 투명하고 접착성과 유연성이 우수해 태양전지용 시트 등 다양한 용도로 사용된다.

38 실리콘태양전지모듈의 출력 특성에 대한 설명으로 틀린 것은?

① 태양광모듈의 표면온도가 높아지면 출력이 약간 증가함
② 태양의 일사강도가 동일한 경우, 여름철에 비해 겨울철의 출력이 높음
③ 단락전류는 일사강도에 비례하는 특성을 보임
④ 모듈 온도가 높아지면 개방전압은 일반적으로 감소함

풀이 실리콘태양전지모듈의 출력 특성
- 태양전지모듈의 출력전압은 온도가 높으면 강하되고, 온도가 낮으면 상승한다.
- 태양전지모듈의 출력전류는 일사량이 높으면 증가하고, 일사량이 낮으면 줄어든다.

정답 35 ② 36 ④ 37 ③ 38 ①

39 태양광발전에 영향을 주는 인자끼리 바르게 묶인 것은?
① 전압-온도, 전류-풍량
② 전압-온도, 전류-일사량
③ 전압-풍량, 전류-일사량
④ 전압-일사량, 전류-온도

풀이 태양광발전에 영향을 주는 인자로 전압은 온도에 반비례하고, 전류는 일사량에 비례한다.

40 태양전지의 최대출력값을 표시한 것은?
① 최대전압과 최대전류가 만나는 최적의 동작점에서 발생한 전력이 태양전지의 최대출력값이 된다.
② 최대전압과 최소전류가 만나는 최적의 동작점에서 발생한 전력이 태양전지의 최대출력값이 된다.
③ 최소전압과 최대전류가 만나는 최적의 동작점에서 발생한 전력이 태양전지의 최대출력값이 된다.
④ 최소전압과 최소전류가 만나는 최적의 동작점에서 발생한 전력이 태양전지의 최대출력값이 된다.

풀이 $P_{mpp} = V_{mpp} \times I_{mpp}$

41 가장 일반적으로 사용되는 태양광모듈의 단면 구조를 올바르게 나열한 것은?[단, EVA(Ethylene Vinyl Acetate)는 충진재임]
① Glass-EVA-Cell-Back Layer
② Glass-Cell-EVA-Back Layer
③ Glass-EVA-Cell-Glass-Back Layer
④ Glass-EVA-Cell-EVA-Back Layer

풀이 태양광모듈의 단면구조
Glass(수광면)-EVA(충진재)-Cell-EVA(충진재)-Back Layer(후면필름)

42 태양전지에 음영이 존재하여 셀과 모듈에 지속적으로 나쁜 영향을 미치는 요소는?
① 열점효과(Hot Spot)
② 광기전력효과
③ 입사효과
④ 분광효과

풀이 방지대책으로 바이패스다이오드 설치

정답 39 ② 40 ① 41 ④ 42 ①

43 태양전지의 직병렬저항에 대한 설명 중 잘못된 것은?

① 태양전지의 직렬저항이 0.5[Ω] 이하로 제조된다.
② 태양전지의 병렬저항이 1[kΩ]보다 크게 제조된다.
③ 낮은 병렬저항은 누설전류를 발생시키고 PN접합의 광생성전류와 전압을 감소시킨다.
④ 태양전지는 병렬저항보다 직렬저항으로 인하여 큰 출력손실이 발생한다.

풀이 태양전지는 직렬저항보다 병렬저항으로 인하여 큰 출력손실이 발생한다.

44 태양광모듈의 $V-I$ 곡선에서 일사량의 변화에 따라 변화하는 것은?

① 전압 – 저항　　② 전압 – 출력　　③ 전압 – 전류　　④ 전류 – 온도

풀이
- 개방전압 : 태양전지에 부하를 연결하지 않은 상태에서 태양전지 양단에 나타나는 전압값
- 단락전류 : 태양전지의 전극을 단락한 상태에서 도선을 흐르는 전류의 최댓값

45 수십 장의 태양전지셀을 직렬로 연결하여 일정한 틀이 고정되어 구성한 것을 무엇이라 하는가?

① 태양전지어레이　　② 태양전지모듈
③ 태양전지프레임　　④ 태양전지 단자함

풀이 셀 → 모듈 → 어레이

46 태양광발전시스템을 완성하기 위하여 필요한 모듈을 직병렬로 구성하게 되는데, 직렬로 접속된 모듈 집합체의 회로를 무엇이라 하는가?

① 셀　　② 모듈　　③ 스트링　　④ 어레이

풀이 태양광발전시스템의 회로
　　Cell → 모듈 → 스트링(직렬) → 어레이(병렬)

정답 43 ④　44 ③　45 ②　46 ③

47 태양전지의 변환효율을 표시한 것은?

① 태양전지 최소출력을 발전하는 태양전지모듈의 전체면적과 규정된 시험조건에서 측정한 입사조사 강도의 곱을 백분율로 표시한 것
② 태양전지 최소출력을 발전하는 태양전지모듈의 전체면적과 규정된 시험조건에서 측정한 입사강도의 곱을 백분율로 표시한 것
③ 태양전지 최대출력을 발전하는 태양전지모듈의 전체면적과 규정된 시험조건에서 측정한 입사강도의 곱을 백분율로 표시한 것
④ 태양전지 최소출력을 발전하는 태양전지모듈의 일부 면적과 규정된 시험조건에서 측정한 입사강도의 곱을 백분율로 표시한 것

[풀이] 태양전지의 변환효율 = $\dfrac{\text{태양전지 최대출력}}{(\text{태양전지모듈의 전체면적} \times \text{측정한 입사강도})} \times 100$

48 태양전지모듈의 가로가 1.6[m] 세로가 1[m]이고, 변환효율이 10[%]인 경우의 충진율(FF)은?(단, $V_{oc}=40[V]$, $I_{sc}=8[A]$이고, 표준시험조건이다.)

① 0.50　　② 0.65　　③ 0.70　　④ 0.80

[풀이] 충진율$(FF) = \dfrac{P_{\max}}{V_{oc} \times I_{sc}} = \dfrac{1{,}000 \times 1.6 \times 1 \times 0.1}{40 \times 8} = 0.50$

모듈의 최대출력 $P_{\max} = 1{,}000 \times$ 면적$[A] \times$ 효율(η)

49 태양전지에서 생산된 전력 3[kW]가 인버터에 입력되어 인버터 출력이 2.4[kW]가 되면 인버터의 변환효율은 몇 [%]인가?

① 70　　② 80　　③ 90　　④ 95

[풀이] 인버터의 효율$(\eta) = \dfrac{\text{출력(AC)전력}}{\text{입력(DC)전력}} \times 100[\%] = \dfrac{2.4}{3} \times 100[\%] = 80[\%]$

50 태양전지 변환효율(η)과 직접적인 관계가 없는 것은?

① 태양전지 면적　　② 단락전류　　③ 주변온도　　④ Fill Factor

[풀이] 태양전지 변환효율$(\eta) = \dfrac{P_{\max}}{E \times A} \times 100[\%] = \dfrac{V_{mpp} \times I_{mpp}}{E \times A} \times 100[\%] = \dfrac{V_{oc} \times I_{sc}}{E \times A} \times FF \times 100[\%]$

여기서, $P_{\max}$: 최대출력[Wp]　　E : 일조강도[W/m²]
A : 태양전지 면적[m²]　　V_{mpp} : 최대출력 시 전압[V]
I_{mpp} : 최대출력 시 전류[A]　　V_{oc} : 개방전압[V]
I_{sc} : 단락전류[A]　　FF(Fill Factor) : 충진율

정답 47 ③　48 ①　49 ②　50 ③

51 태양전지에서 생산된 전력 125[W]가 인버터에 입력되어 인버터 출력이 100[W]가 되었다면, 인버터의 변환효율은 몇 %인가?

① 40　　　② 65　　　③ 80　　　④ 95

풀이 인버터의 효율(η) = $\frac{출력(AC)전력}{입력(DC)전력} \times 100[\%]$ = $\frac{100}{125} \times 100[\%] = 80[\%]$

52 인버터에 대한 효율을 각각 변환효율(η_{inv}), 추적효율(η_{tr}), 유로효율(η_{euro})이라 할 때 정격효율(η_{rate})은 어떻게 나타내는가?

① 추적효율(η_{tr}) × 유로효율(η_{euro})
② 변환효율(η_{inv}) × 추적효율(η_{tr})
③ $\frac{변환효율(\eta_{inv})}{추적효율(\eta_{tr})}$
④ $\frac{변환효율(\eta_{inv})}{유로효율(\eta_{euro})}$

풀이 인버터의 정격효율(η_{rate}) = 변환효율(η_{inv}) × 추적효율(η_{tr})
　　※ 변환효율: 단위면적당 들어오는 태양에너지가 얼마만큼 전기에너지로 변환되는가에 대한 비율
　　변환효율(η) = $\frac{최대출력(P_{max})}{일조강도(E) \times 모듈면적(A)} \times 100[\%]$

53 일반적인 GaAs태양전지의 개방전압(V_{oc})과 충진율(FF ; Fill Factor)값으로 가장 적합한 것은?

① $V_{oc} = 0.6[V]$, $FF = 0.7 \sim 0.8$
② $V_{oc} = 0.75[V]$, $FF = 0.72 \sim 0.8$
③ $V_{oc} = 0.95[V]$, $FF = 0.78 \sim 0.85$
④ $V_{oc} = 1.4[V]$, $FF = 0.9 \sim 1.0$

풀이
- Si(실리콘)태양전지: $V_{oc} = 0.6[V]$, $FF = 0.75 \sim 0.85$
- GaAs(갈륨비소)태양전지: $V_{oc} = 0.95[V]$, $FF = 0.78 \sim 0.85$

54 태양전지 효율은 설치된 출력의 실제적 이용상태를 말하는 것으로, 실제 100[W]의 일사량에서 효율이 15[%], 태양전지의 출력이 15[W]이면 변환효율은 몇 [%]가 되는가?

① 10　　　② 15　　　③ 20　　　④ 30

풀이 태양전지 변환효율은 출력에 관계 없이 동일하므로 15[%]이다.

55 실리콘태양전지 중 변환효율이 가장 높은 것은?

① 단결정 Si　　　② 다결정 Si　　　③ 박막형 Si　　　④ 아몰퍼스 Si

풀이 실리콘태양전지의 변환효율이 높은 순서는 단결정 Si > 다결정 Si > 박막형 Si > 아몰퍼스 Si이다.

정답 51 ③　52 ②　53 ③　54 ②　55 ①

56 태양광발전시스템의 전체 성능에 영향을 미치는 인버터 효율에 관한 설명으로 가장 옳은 것은?

① 변환효율과 추적효율을 같이 고려해야 한다.
② 변환효율만이 시스템 성능에 영향을 미친다.
③ 추적효율만이 시스템 성능에 영향을 미친다.
④ 태양광 인버터의 효율은 중요하지 않다.

풀이 인버터의 효율＝변환효율×추적효율(유로효율)

57 다음 설명은 인버터의 효율 중 어떤 효율에 관한 설명인가?

> 태양광모듈의 출력이 최대가 되는 최대전력점(MPP ; Maximum Power Point)을 찾는 기술에 대한 성능지표이다.

① 정격효율　　② 변환효율　　③ 추적효율　　④ 유로효율

풀이 ② 최고효율(변환효율) : 전력변환(DC → AC, AC → DC)을 행하였을 때 최고의 변환효율을 나타내는 단위
③ 추적효율 : 태양광모듈의 출력이 최대가 되는 최대전력점(MPP ; Maximum Power Point)을 찾는 기술에 대한 성능지표
④ 유로효율 : 인버터의 고효율 성능 척도를 나타내는 단위로서 출력에 따라 변환효율 비중을 두어 측정하는 단위

58 태양광발전시스템의 손실인자가 아닌 것은?

① 모듈의 오염　　② 모듈의 온도　　③ 음영　　④ 효율

풀이 태양광발전에 영향을 주는 손실인자
• 모듈의 오염　　• 음영　　• 셀 온도(모듈의 온도)

59 다음 중 발전효율이 가장 높은 태양전지는?

① HIT 태양전지　　② CIGS 태양전지
③ Organic 태양전지　　④ Perovskite 태양전지

풀이 ㉠ HIT 태양전지(Heterojunction with Intrinsic Thin layer)
• 표면(윗면)에 전극이 없고 모두 뒷면에 모여 있는 전지
• 최대변환효율 : 25.6[%]
㉡ CIGS 박막태양전지 : 구리, 인듐, 갈륨, 셀레늄(Cu, In, Ga, Se)의 화합물을 유리나 플라스틱 등의 기판에 얇은 막으로 쌓아올린 전지. 대면적 상용모듈 사용 시 효율 8~14[%]
㉢ Organic 태양전지(유기태양전지)
• 메로시아닌 등의 유기재료를 사용한 태양전지로, 재료 가격이 싸기 때문에 전지 가격이 절감된다.
• 효율 : 3.5[%]

정답 56 ①　57 ③　58 ④　59 ①

ⓔ Perovskite 태양전지
- 페로브스카이트 물질을 이용한 염료감응형 태양전지
- 효율 : 15[%]

60 태양전지의 변환효율에 대한 설명으로 틀린 것은?

① 태양전지의 성능을 나타내는 파라미터이다.
② 태양광스펙트럼이나 세기, 전지의 온도에 영향을 받는다.
③ 태양으로부터 입사된 에너지에 대한 출력전기에너지의 비로 정의된다.
④ 지상에서 사용되는 태양전지의 효율은 모듈온도 25[℃], AM 1.0 조건에서 측정된다.

풀이 태양전지모듈 표준시험조건(STC)
- 모듈 표면온도 : 25[℃]
- AM 1.5
- 일사량 : 1[kW/m^2]

61 태양전지의 변환효율에 영향을 주는 외부 요인이 아닌 것은?

① 기압　　② 표면온도　　③ 방사조도　　④ 분광분포(Air Mass)

풀이 태양전지의 변환효율은 태양전지 성능을 나타내는 가장 중요한 인자로서 태양으로부터 입사된 에너지에 대한 출력에너지의 비로 정의되며 효율은 입사되는 태양광 스펙트럼이나 세기 그리고 전지의 온도에 영향을 받기도 하므로 태양전지의 변환효율은 정밀하게 조절된 조건에서 측정해야 한다.

62 태양전지의 충진율(Fill Factor, FF)에 대한 설명으로 틀린 것은?

① 충진율이 낮을수록 태양전지의 성능품질이 좋음을 나타낸다.
② 충진율은 개방전압(V_{oc})과 단락전류(I_{sc})의 곱에 대한 최대출력의 비로 정의된다.
③ 충진율은 태양전지의 특성을 표시하는 파라미터로서 내부직렬저항 및 병렬저항으로부터의 영향을 받는다.
④ 충진율은 최적동작전류(I_m)와 최적동작전압(V_m)이 단락전류(I_{sc})와 개방전압(V_{oc})에 가까운 정도를 나타낸다.

풀이 충진율(FF)$=\dfrac{I_m \cdot V_m}{I_{sc} \cdot V_{oc}}=\dfrac{P_{max}}{I_{sc} \cdot V_{oc}}$

여기서, I_m : 최대동작전류, I_{sc} : 단락전류, V_m : 최대동작전압
V_{oc} : 개방전압, P_{max} : 최대출력

∴ 충진율이 높을수록 태양전지의 성능품질이 좋음을 나타낸다. 결정질 태양전지는 약 0.75~0.85, 비정질 태양전지는 0.5~0.7이다.

정답 60 ④　61 ①　62 ①

63 태양전지의 충진율(FF ; Fill Factor)에 대한 설명 중 틀린 것은?

① 충진율은 태양전지 내부의 직병렬저항으로부터 영향을 받는다.
② 태양전지의 충진율(Fill Factor)은 개방전압과 단락전류의 합에 대한 출력의 비로 정의된다.
③ 충진율은 최적 동작전류 I_m과 최적 동작전압 V_m이 I_{sc}와 V_{oc}에 가까운 정도를 나타낸다.
④ 충진율에 영향을 주는 요인은 정규화된 개방전압에서 이상적인 Diode의 특성으로부터 벗어나는 n값

풀이 FF는 개방전압과 단락전류의 곱에 대한 출력비

$$\eta = \frac{P_m}{P_{input}} = \frac{I_m V_m}{P_{input}} = \frac{V_{oc} \times I_{sc}}{P_{input}} \times FF$$

$$FF = \frac{I_m V_m}{I_{sc} V_{oc}} = \frac{P_{max}}{I_{sc} V_{oc}}$$

64 면적이 200[cm²]이고 변환효율이 20[%]인 태양전지에 AM 1.5의 빛을 입사시킬 경우에 생산되는 전력[W]은?(단, 수직복사 E는 1,000[W/m²]이다.)

① 3 ② 4 ③ 5 ④ 6

풀이 생산전력(최대출력) P_{max}는 변환효율 η에서

$$\eta = \frac{P_m}{P_{input}} = \frac{I_m \cdot V_m}{P_{input}} = \frac{P_m}{면적 \times 1,000[W/m^2]} \times 100[\%] = 20[\%]이므로$$

$$P_m = \frac{20[\%] \times 면적 \times 1,000[W/m^2]}{100[\%]} = \frac{20 \times 200 \times 10^{-4} \times 1,000}{100} = 4[W]$$

65 태양전지의 변환효율을 상승시키기 위한 방법이 아닌 것은?

① 반도체 내부에서 빛이 흡수되도록 한다.
② 빛에 의해 생성된 전자와 정공쌍이 소멸되지 않고 외부회로까지 전달되도록 한다.
③ PN 접합부에 전기장이 발생하도록 소재 및 공정을 설계한다.
④ 태양전지를 설치할 때 가능한 한 온도가 상승되도록 한다.

풀이 태양전지는 온도가 높으면 태양전지의 전압이 낮아져 발전량이 저하된다. 동절기는 온도에 의한 전력이 가장 많은 계절이다.

66 계통연계형 인버터의 직류를 교류로 변환할 때 발생하는 변환효율 계산식은?

① $\dfrac{P_{AC}입력전력}{P_{DC}입력전력}$
② $\dfrac{P_{DC}입력전력}{P_{AC}출력전력}$
③ $\dfrac{P_{DC}순간입력전력}{P_{PV}최대순간PV어레이전력}$
④ $\dfrac{P_{AC}순간입력전력}{P_{PV}최대순간PV어레이전력}$

정답 63 ② 64 ② 65 ④ 66 ①

풀이 인버터의 직류를 교류로 변환할 때 변환효율식

$$\eta_{con} = \frac{P_{AC} \text{입력전력}}{P_{DC} \text{입력전력}}$$

67 태양전지의 변환효율을 높이기 위한 방법으로 틀린 것은?

① 가급적 많은 빛이 반도체 내부에서 흡수되도록 하여야 한다.
② 입사 태양광에너지를 높이고 온도를 높게 유지해야 한다.
③ 빛에 의해 생성된 전자와 정공쌍이 소멸되지 않고 외부회로까지 전달되도록 해야 한다.
④ PN 접합부에 큰 전기장이 발생하도록 소재 및 공정을 설계해야 한다.

풀이 입사 태양광에너지는 높이고 온도는 적정하게 유지해야 한다(적정온도 20~25[℃]).

68 방사조도가 1,000[W/m²]이고, 태양전지의 출력이 36[W]일 때 태양전지의 광전변환효율[%]은?(단, 태양전지의 면적은 0.5[m²]이다.)

① 1.8　　　② 3.6　　　③ 7.2　　　④ 9.6

풀이 태양전지의 광전변환효율(η)

$$\eta = \frac{\text{출력}(P_{max})}{\text{방사조도}(E) \times \text{면적}(A)} \times 100[\%] = \frac{36}{1,000 \times 0.5} \times 100 = 7.2[\%]$$

69 태양전지모듈 전 면적 1,000[m²]에서 방사조도 1,000[W/m²]이고, 최대출력이 100[kW]이면 변환효율은 몇 [%]인가?

① 5　　　② 10　　　③ 15　　　④ 20

풀이 변환효율(η) $= \frac{P_m(\text{최대출력})}{\text{면적} \times \text{방사조도}} \times 100 = \frac{100[kW]}{1,000[m^2] \times 1,000[W/m^2] \times 10^{-3}} \times 100 = 10[\%]$

70 태양전지모듈의 표준시험조건(STC ; Standard Test Conditions)에 해당되는 것은?

① 태양전지모듈표면온도 20[℃], 분광분포 AM 1.5, 방사조도 1,500[W/m²]
② 태양전지모듈표면온도 25[℃], 분광분포 AM 1.5, 방사조도 1,000[W/m²]
③ 태양전지모듈표면온도 25[℃], 분광분포 AM 1.0, 방사조도 1,500[W/m²]
④ 태양전지모듈표면온도 25[℃], 분광분포 AM 1.5, 방사조도 1,500[W/m²]

풀이 AM(Air Mass)
태양직사광이 지상에 입사하기까지 통과하는 대기의 양

정답 67 ② 68 ③ 69 ② 70 ②

71 태양전지모듈의 방사조도 특성에 관한 설명 중 잘못된 것은?

① 태양전지모듈의 출력사양은 일반적으로 AM 1.5에서 측정된 출력이다.
② 방사조도는 1,500[W/m²] 값을 기준으로 한다.
③ 방사조도(일사강도)란 수조면 1[m²]에 도달하는 태양에너지의 힘을 표시하며 단위는 [W/m²]이다.
④ 방사조도가 클수록 전류 및 전압은 더욱 커지게 되며 유효전력을 많이 사용할 수 있다.

풀이 방사조도는 1,000[W/m²]이다.

72 태양전지 측정 STC 조건에 따른 최적의 일사량과 표면온도는?

① 1,000[W/m²], 25[℃]
② 1,800[W/m²], 35[℃]
③ 1,500[W/m²], 45[℃]
④ 2,500[W/m²], 55[℃]

풀이 태양전지 측정 STC(Standard Test Condition)는 일사량 1,000[W/m²], 온도 25[℃], AM 1.5이다.

73 태양전지모듈의 공칭태양전지 동작온도(NOCT ; Nominal Operating Cell Temperature)에서의 측정조건이 아닌 것은?

① 습도 : 35[%]
② 풍속 : 1[m/s]
③ 외기온도 : 20[℃]
④ 총 방사조도 : 800[W/m²]

풀이 NOCT의 조건
- 경사각 : 수평면 기준으로 45°
- 경사면 일조강도 : 800[W/m²]
- 주위온도 : 20[℃]
- 풍속 : 1[m/s]

74 태양전지모듈의 표준시험에 사용되는 대기질량지수(AM)는?

① 0.0   ② 0.5   ③ 1.0   ④ 1.5

풀이 태양전지모듈의 표준시험에 사용되는 대기질량지수(AM)는 1.5이다.

75 현장에 설치된 태양광발전설비의 외기온도가 37[℃]일 때 다음 모듈의 셀 표면온도는?(단, 패널 표면의 일사량은 1,000[W/m²]이다.)

정상작동 셀 온도(NOCT)	45[℃]
전력 온도계수	−0.43[%/℃]
전압 온도계수	−0.31[%/℃]
전류 온도계수	+0.05[%/℃]

① 66.25[℃]   ② 67.25[℃]   ③ 68.25[℃]   ④ 69.25[℃]

정답 71 ② 72 ① 73 ① 74 ④ 75 ③

풀이 $T_{c(\text{Cell 온도})} = T_{a(\text{주변온도})} + \dfrac{\text{NOCT} - 20[\text{℃}]}{800[\text{W/m}^2]} \times 1{,}000[\text{W/m}^2]$

$= 37[\text{℃}] + \dfrac{45[\text{℃}] - 20[\text{℃}]}{800[\text{W/m}^2]} \times 1{,}000[\text{W/m}^2] = 68.25[\text{℃}]$

76 태양광발전시스템의 출력전력이 31,500[W]이고, 모듈 최대출력이 140[W]이며, 1스트링의 직렬매수가 15개인 경우 태양전지모듈의 병렬회로수는?

① 12 ② 15 ③ 17 ④ 19

풀이
- 태양광발전의 출력 = 태양전지모듈출력 × 직렬수 × 병렬수
- 병렬수 = $\dfrac{\text{태양광발전출력}}{\text{태양전지 모듈출력} \times \text{직렬수}} = \dfrac{31{,}500[\text{W}]}{140[\text{W}] \times 15} = 15$

77 인버터의 직류입력전압이 300[V]이고 모듈의 최대출력 동작전압이 20[V]인 경우 태양전지모듈의 직렬 매수는?

① 14 ② 15 ③ 16 ④ 17

풀이 모듈직렬 매수 = $\dfrac{\text{인버터입력전압}}{\text{최대출력동작전압}} = \dfrac{300}{20} = 15[\text{EA}]$

78 연간 전압 감소율이 0.5[%]인 태양전지모듈과 인버터의 특성이 아래와 같이 주어질 때 모듈온도 65[℃]에서 20년 동안 V_{mmp}를 300[V] 이상 유지하기 위해 직렬연결모듈이 최소 몇 장이 필요한가? (단, 태양전지모듈 $V_{mmp} = 29.5[\text{V}]$, V_{mmp} 온도계수 = $-0.5[\%/\text{℃}]$, 인버터 최소전압 = 300[V]이다.)

① 8 ② 10 ③ 12 ④ 15

풀이 모듈의 최대직렬수 = $\dfrac{\text{PCS 입력전압 변동의 최댓값}}{\text{모듈 표면온도가 최저인 상태에서 개방전압}}$

모듈의 최소직렬수 = $\dfrac{\text{PCS 입력전압 변동의 최솟값}}{\text{모듈 표면온도가 최고인 상태에서 최대출력 동작전압}}$

모듈 표면온도가 최고인 상태에서 최대출력 동작전압($\Delta_H V_{mpp}$)

$\Delta_H V_{mpp} = V_{mpp} \times \{1 + \beta \times (T_{cell\,max} - 25)\} = 29.5 \times \left\{1 + \left(\dfrac{-0.5}{100}\right) \times (65 - 25)\right\} = 23.6[\text{V}]$

여기서, β : 온도계수, $T_{cell\,max}$: 모듈 최고온도

여기서 연간 전압 감소율이 0.5[%]이므로
20년간 직렬모듈전압 = $23.6 \times (1 - 0.005)^{20} = 21.348 ≒ 21.35$

모듈의 최소직렬수 = $\dfrac{300}{21.35} = 14.05 = 15$장

최소직렬수 계산 시에는 소수점은 절상한다.

정답 76 ② 77 ② 78 ④

79 STC 조건에서 최대전압이 45[V], 전압온도계수가 −0.2[V/℃]인 결정질태양전지모듈 10장이 직렬로 연결되어 있다. 외기온도가 −25[℃]일 때 최대전압은 몇 [V]인가?

① 350　　　　② 450　　　　③ 550　　　　④ 650

풀이 −25[℃]일 때 모듈 1매 최대전압
$V_{(at-25[℃])} = V_{mpp} + \{온도계수 \times (외기온도 - 25[℃])\} = 45 + \{-0.2 \times (-25-25)\} = 55[V]$
∴ 모듈 10장 직렬연결 시 $55 \times 10 = 550[V]$

80 다음 그림은 PV(PhotoVoltaic) 어레이 구성도를 나타내고 있다. 전류 I와 단자 A, B 사이의 전압은?

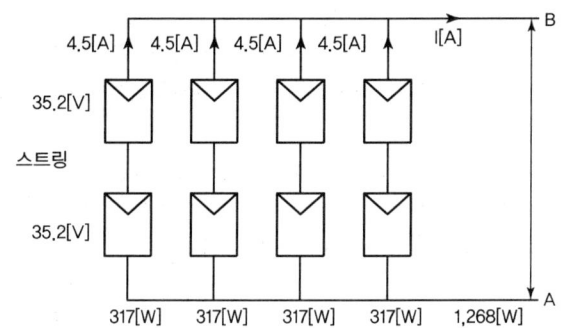

① 4.5[A], 35.2[V]　　　　② 18[A], 70.4[V]
③ 4.5[A], 70.4[V]　　　　④ 18[A], 35.2[V]

풀이 태양전지어레이회로는 직렬일 때는 전압을 합산하고 병렬일 때는 전류를 합산한다.
• A와 B 출력전류=4.5+4.5+4.5+4.5=18[A] → I에 흐르는 전류는 18[A]
• A와 B 출력전압=35.2+35.2=70.4[V]

81 최대전압 50[V], 전압온도계수 −0.2[V/℃]인 결정질태양전지모듈 10장이 직렬연결되어 있다. 태양전지 표면온도가 60[℃]일 때 최대전압은 몇 [V]인가?(단, STC 조건이다.)

① 430　　　　② 415　　　　③ 400　　　　④ 375

풀이 60[℃]일 때 모듈 1매 최대전압
• 60[℃]일 때 최대전압=최대전압+{온도계수×(60−25)}
• 최대전압=$50+\{-0.2 \times (60-25)\}=43[V]$
∴ 모듈 10장이 직렬연결되어 있으므로 $10 \times 43 = 430[V]$

82 일사강도 0.8[kW/m²], 결정계 태양전지의 모듈면적 1.0[m²], 셀 온도 65[℃], 변환효율 15[%]인 경우 출력은 약 몇 [kW]인가?(단, 결정계 셀 온도 보정계수(P_{max})는 −0.4[%/℃]이다.)

① 0.1　　　　② 0.2　　　　③ 0.3　　　　④ 0.4

정답　79 ③　80 ②　81 ①　82 ①

풀이 온도 변화에 따른 출력

$P_{65[℃]} = P + P(셀\ 온도 - 25[℃]) \times 온도보정계수$

태양전지모듈의 출력 P를 변환효율공식으로 구하면

$$효율(\eta) = \frac{P(출력)}{경사면\ 일사강도 \times 어레이\ 면적}$$

$P = \eta \times 경사면\ 일사강도 \times 어레이\ 면적$

$P = 0.15 \times 800 \times 1 \times 10^{-3} = 0.12[kW]$

$P_{65[℃]} = 0.12 + 0.12(65-25) \times \left(\dfrac{-0.4}{100}\right) = 0.1008 ≒ 0.1[kW]$

83 모듈의 +COMMON은 접지와 연결되어 있고, 지락 발생 시 직렬모듈 전체 전압 변화로 모듈의 지락상태 및 위치를 파악할 수 있는 그림이다. 접속반 채널이 정상상태인 경우 단자 A와 B 사이의 전압은 몇 [V]인가?

① DC 54.7[V]
② DC 164.1[V]
③ DC 273.5[V]
④ DC 328.2[V]

풀이 태양전지의 모듈이 직렬로 연결 시 출력전압은 합이다.
A와 B 사이의 전압은 54.7+54.7+54.7+54.7+54.7+54.7=328.2[V]

84 태양광발전설비에서 1스트링(String)의 직렬매수 산정식에 해당하는 것은?(단, 주변온도를 고려하지 않은 경우이다.)

① $\dfrac{인버터의\ 직류입력전류}{모듈\ 최대출력\ 동작전압}$
② $\dfrac{인버터의\ 직류입력전압}{모듈\ 최대출력\ 동작전압}$
③ $\dfrac{인버터의\ 직류입력전압}{모듈\ 최대출력\ 동작전류}$
④ $\dfrac{인버터의\ 직류입력전류}{모듈\ 최대출력\ 동작전류}$

풀이 • 온도를 무시한 모듈의 1스트링(String)의 직렬매수 산정식 $= \dfrac{인버터의\ 직류입력전압}{모듈\ 최대출력\ 동작전압}$

• 셀의 온도를 고려한 최대직렬수 $= \dfrac{인버터의\ 최고입력전압}{최저온도일\ 때의\ 개방전압}$

$= \dfrac{MPP\ 최댓값}{모듈표면온도가\ 최저일\ 때\ 최대동작전압(V_{mpp})}$

• 셀의 온도를 고려한 최소직렬수 $= \dfrac{MPP\ 최솟값(PCS\ 입력전압의\ 최솟값)}{모듈표면온도가\ 최고인\ 상태의\ 최대출력\ 동작전압}$

정답 83 ④ 84 ②

85 동일 출력전류(I) 특성을 가지는 N개의 태양전지를 같은 일사 조건에서 서로 병렬로 연결했을 경우 I_a에 대한 계산식은?

① $I_a = \dfrac{N}{I}$ ② $I_a = \dfrac{I}{N}$

③ $I_a = N \times I$ ④ $I_a = N \times I^2$

풀이
- 태양전지 직렬연결 시 전체 전류가 1개인 전류와 동일
- 태양전지 병렬연결 시 병렬수만큼 전류 증가
  $I_a = N \times I$ [A]

86 n개의 태양전지를 직병렬로 접속한 경우의 설명으로 옳은 것은?

① 태양전지를 직렬로 접속하면 전압은 n배로 높아진다.
② 태양전지를 직렬로 접속하면 전류는 n배로 높아진다.
③ 태양전지를 병렬로 접속하면 전압은 n배로 높아진다.
④ 태양전지를 병렬로 접속하면 전류는 변하지 않는다.

풀이
- n개의 태양전지를 직렬로 접속하면 전압은 n배로 높아진다.
- n개의 태양전지를 병렬로 접속하면 전류는 n배로 높아진다.

정답 85 ③ 86 ①

03 태양광발전용 인버터

01 다음 중 인버터에 대한 설명 중 잘못된 것은?
① 태양전지에서 얻어지는 직류전력을 교류전력으로 변환시켜 주는 장치이다.
② 태양전지에서 얻어지는 교류전력을 직류전력으로 변환시켜 주는 장치이다.
③ 인버터를 이용하면 교류를 사용하는 전기기기의 직접 사용이 가능하다.
④ 인버터를 역변환회로라고도 한다.

풀이
- 컨버터(Converter) : 교류를 직류로 순변환회로
- 인버터(Inverter) : 직류를 교류로 역변환회로

02 인버터(파워컨디셔너, PCS)의 기능 중 잘못된 것은?
① 태양광 출력에 따른 자동운전, 자동정지 및 최대전력 추종제어기능
② 태양광발전설비와 전력망(Grid)과의 병렬운전을 위한 주파수전압, 위상제어기능
③ 전력망 이상 발생 시 단독운전 유지기능
④ 발전출력의 품질(전압변동, 고조파) 제어기능

풀이 인버터의 기능
- 전력망 이상 발생 시 단독운전 방지
- 태양광발전설비 및 파워컨디셔너 자체 고장진단 및 이상 발생 시 자동정지

03 인버터의 설명으로 틀린 것은?
① PWM 원리로 정현파를 재생한다.
② 무변압기인버터는 효율이 나쁘다.
③ MPPT를 이용한 최대전력을 생산한다.
④ 추적효율은 최적 동작점을 조정하는 것이다.

풀이 인버터 특징
- PWM 원리로 정현파를 재생한다.
- 무변압기인버터는 변압기 효율의 손실이 없어 효율이 좋다.
- MPPT를 이용한 최대전력을 생산한다.
- 추적효율은 최적 동작점을 조정하는 것이다.
- 타여자인버터는 전류보조회로가 필요치 않다.
- 주파수나 전압의 크기는 병렬의 교류전원에 의해서 정해진다.

정답 01 ② 02 ③ 03 ②

04 인버터 선정 시 반드시 확인해야 할 사항으로 잘못된 것은?

① 인버터 제어방식 : 전압형 전류제어방식
② 출력기본파역률 : 95[%] 이상
③ 전류외형률 : 총합 3[%] 이하 각 차수마다 5[%] 이하
④ 최고효율 및 유러피언효율이 높을 것

풀이
- 전류외형률 : 총합 5[%] 이하 각 차수마다 3[%] 이하

  전류의 외형률 $I_{THD} = \dfrac{\sqrt{I_2^2 + I_3^2 + \cdots + I_n^2}}{I_1} \times 100[\%]$

- 최고효율 : 전력변환을 행할 때 최고변환효율

  $\eta = \dfrac{AC}{DC} \times 100$

- 유러피언효율 : 변환기의 고효율 성능척도를 나타내는 단위. 출력에 따른 변환효율 비중을 두어 측정하는 단위

  $\eta_{EURO} = 0.03 \times \eta_{5\%} + 0.06 \times \eta_{10\%} + 0.13 \times \eta_{20\%} + 0.1 \times \eta_{30\%} + 0.48 \times \eta_{50\%} + 0.2 \times \eta_{100\%}[\%]$

  여기서, 0.03, 0.06 : 비중계수
  5[%], 10[%] : 각 출력에서의 효율

05 전력변환장치(PCS)의 기능에 대한 설명으로 틀린 것은?

① 단독운전방지기능
② 계통연계운전기능
③ 전류자동조절기능
④ 최대전력 추종제어기능

풀이 전력변환장치(PCS)의 기능
- 자동전압조정기능
- 자동운전정지기능
- 최대전력 추종제어기능
- 단독운전방지기능
- 직류 검출기능
- 직류지락 검출기능

06 태양광발전시스템의 인버터 기능이 아닌 것은?

① 자동운전정지
② 자동전압조정
③ 직류 검출
④ 고조파 검출

풀이 인버터의 기능
- 자동운전정지기능
- 최대전력 추종제어기능
- 단독운전방지기능
- 자동전압조정기능
- 직류 검출기능
- 직류지락 검출기능
- 계통연계보호기능

정답 04 ③ 05 ③ 06 ④

07 태양광발전설비용 인버터 선정 시 전력품질 안정성 부분에 대한 고려사항이 아닌 것은?
① 교류분이 적을 것
② 노이즈의 발생이 적을 것
③ 고조파의 발생이 적을 것
④ 기동, 정지가 안정적일 것

풀이 인버터 선정 시 전력품질 안정성 부분에 대한 고려사항
- 직류분이 적을 것
- 노이즈(잡음) 발생이 적을 것
- 고조파 발생이 적을 것
- 기동, 정지가 안정적일 것

08 태양광발전시스템의 인버터 기능으로 틀린 것은?
① 계통보호를 위한 단독운전방지기능이 있다.
② 태양전지에 온도가 높이 올라가면 자동적으로 온도를 조정하는 기능이 있다.
③ 태양전지의 출력을 가능한 범위 내에서 유효하게 끌어내기 위한 자동운전정지기능이 있다.
④ 계통과 인버터에 이상이 있을 때 안전하게 분리하거나 인버터를 정지시키는 기능이 있다.

풀이 인버터에는 태양전지의 온도조절기능이 없다.

09 인버터 Data 중 모니터링 화면에 전송되는 것이 아닌 것은?
① 일사량
② 발전량
③ 입력 측 전압, 전류, 전력
④ 출력 측 전압, 전류, 전력

풀이
- 인버터의 모니터링 : 입출력 전압, 전류, 전력발전량
- 일사량은 일사량계에 의해 측정된다.

10 태양광발전시스템의 인버터에 대한 설명으로 틀린 것은?
① 옥내형만 가능하다.
② 자립운전기능도 가능하다.
③ 직류를 교류로 변환하는 장치이다.
④ 잉여전력을 계통으로 역송전할 수 있다.

풀이 인버터는 실내·외용을 구분하여 설치하여야 한다. 다만, 실내용을 실외에 설치하는 경우에는 5[kW] 이상 용량일 경우에만 가능하며 이 경우 빗물 침투를 방지할 수 있도록 옥내에 준하는 수준으로 외함 등을 설치하여야 한다.

11 태양광발전시스템의 구성요소 중 인버터의 역할은?
① 직류 → 교류로 변환
② 교류 → 직류로 변환
③ 교류 → 교류로 변환
④ 직류 → 직류로 변환

풀이
- 인버터 : 직류 → 교류로 변환
- 정류기 : 교류 → 직류로 변환

정답 07 ① 08 ② 09 ① 10 ① 11 ①

12 태양전지의 출력은 일사강도와 표면온도에 따라 변동한다. 이런 변동에 대하여 태양전지의 동작점이 항상 최대출력점을 추종하도록 변화시켜 태양전지에서 최대출력을 얻을 수 있는 제어를 무엇이라 하는가?

① 단독운전제어
② 자동전압제어
③ 자동운전정지제어
④ 최대전력 추종제어

풀이 최대전력 추종제어는 태양전지의 동작점이 항상 최대출력점을 추종하도록 변화시키는 인버터의 기능이다.

13 실시간으로 변하는 일사강도에 따라 태양광인버터가 최대출력점에서 동작하도록 하는 기능은?

① 자동운전정지기능
② 단독운전방지기능
③ 자동전류조절기능
④ 최대전력 추종제어기능

풀이 최대전력 추종제어
실시간으로 변화하는 일사강도에 따라 태양광인버터가 최대출력점에서 동작하도록 하는 기능을 한다.

14 태양광발전시스템을 상용전원과 병렬운전하고자 할 때, 파워컨디셔너(PCS)의 일치조건이 아닌 것은?

① 전압
② 주파수
③ 전류
④ 위상

풀이 태양광발전시스템의 인버터를 상용전원(계통)과 연계할 때에는 전압, 주파수, 위상을 일치시켜야 한다.

15 인버터의 직류동작전압을 일정시간 간격으로 약간 변동시켜 그때의 태양전지 출력전력을 계측하여 사전에 발생한 전력과 비교한 후 항상 출력전력이 크게 되는 방향으로 인버터의 직류전압을 변화시키는 기능은?

① 직류 검출제어기능
② 독립운전방지기능
③ 최대전력 추종제어기능
④ 자동운전정지제어기능

풀이 최대출력 추종제어(MPPT ; Maximum Power Point Tracking)기능
인버터의 직류동작전압을 일정시간 간격으로 약간 변동시켜 그때의 태양전지 출력전력을 계측하여 사전에 발생한 전력과 비교한 후 항상 출력전력이 크게 되는 방향으로 인버터의 직류전압을 변화시키는 기능

16 인버터의 전기적 보호등급 III 의 안전최저전압은 얼마인가?

① 최대 AC : 120[V], 최대 DC : 50[V]
② 최대 AC : 120[V], 최대 DC : 120[V]
③ 최대 AC : 50[V], 최대 DC : 50[V]
④ 최대 AC : 50[V], 최대 DC : 120[V]

정답 12 ④ 13 ④ 14 ③ 15 ③ 16 ④

풀이 인버터의 전기적 보호등급

등급 I	등급 II	등급 III
장치 접지됨	보호절연(이중/강화 절연)	안전조치전압(최대 AC 50[V], 최대 DC 120[V])
⏚	▭	◇III

17 출력전압의 파형을 기준으로 할 때 독립형 인버터에 해당되지 않는 것은?

① 구형파 인버터　　　　　　　② 유사사인파 인버터
③ 사인파 인버터　　　　　　　④ 여현파 인버터

풀이
- 일반적으로 사용되는 출력전압 파형의 인버터는 사인파, 구형파, 유사사인파 등의 인버터가 있다.
- 여현파는 코사인파를 말하며 독립형 인버터에는 해당되지 않는다.

18 태양광발전시스템용 인버터의 효율에 영향을 미치는 요소는?

① 스위칭주파수, 출력전압, 최대전력점 추적제어, 필터회로
② 스위칭주파수, 출력전압, Dead Time, 필터회로
③ 출력전압, 최대전력점 추적제어, 필터회로, Dead Time
④ 출력전압, 최대전력점 추적제어, 필터회로, 배전반

풀이 Dead Time
PWM을 이용하여 인버터의 게이트 구동 시 하나의 Lag에 있는 두 개의 게이트가 실제로 On-Off 되는 시간차에 따라 단락이 발생하는데, 이 단락을 방지하는 최소의 시간이다.

19 인버터의 최저 입력전압은 250[V], 효율은 90[%], 출력용량은 100[kW]이며, 직류선로의 전압강하가 2[V]일 때, 인버터의 직류입력전류는 약 몇 [A]인가?

① 461　　　　② 441　　　　③ 421　　　　④ 401

풀이 직류회로의 출력(P)=전압(V)×전류(I)×효율(η)

$$I = \frac{P}{(V+\Delta V) \times \eta} = \frac{100 \times 10^3}{(250+2) \times 0.9}$$
$$= 440.91 ≒ 441[A]$$

여기서, ΔV : 전압강하

정답 17 ④　18 ①　19 ②

20 다음 설명은 인버터의 효율 중 어떤 효율에 관한 것인가?

> 태양광모듈의 출력이 최대가 되는 최대전력점(MPP ; Maximum Power Point)을 찾는 기술에 대한 성능지표이다.

① 정격효율
② 추적효율
③ 유로효율
④ 변환효율

풀이 추적효율 : 태양광모듈의 출력이 최대가 되는 최대전력점(MPP)을 찾는 기술

21 태양전지모듈과 인버터가 통합된 형태로, 태양광발전시스템 확장이 유리한 인버터 운전방식은?

① 중앙집중형 인버터방식
② 병렬운전인버터방식
③ 스트링인버터방식
④ 모듈인버터방식

풀이
㉠ 인버터시스템방식 선정
  • 인버터의 입력에 따라 중앙집중형과 분산형 시스템으로 구분
  • 인버터는 전체 시스템에 대해서는 중앙집중형 인버터로, 스트링에 대해서는 스트링인버터로 개별에 대해서는 모듈인버터로 사용
㉡ 모듈인버터방식(AC모듈)
  태양전지모듈과 인버터가 통합된 형태의 모듈로, 제각기 최대전력 추종제어기능을 갖추고 있으며 태양광발전시스템의 확장이 쉽고, 음영에 대한 영향을 최소화할 수 있는 방식이다.
㉢ 병렬운전인버터방식
  • 인버터의 DC 입력부분과 AC 출력부분을 모두 병렬로 접속하는 방식
  • 인버터의 운전효율 증가와 수명 연장
  • 중앙집중형 인버터에 비해 출력 증가
  • 입력 측 차단기 및 보호방식이 복잡해진다.

22 인버터의 각 시스템방식 중 PV분전함이 없어도 되고, PV어레이 근처에 설치되는 인버터 연결방식은?

① 병렬운전방식
② 모듈인버터방식
③ 스트링인버터방식
④ 중앙집중형 인버터방식

풀이 스트링인버터를 사용하면 설치가 더 간편해지고 설치비를 상당히 줄일 수 있다. 인버터는 PV어레이 바로 근처에 설치되고 스트링방식으로 연결된다.
  • PV분전함(접속함) 생략 가능
  • 일련의 상호연결에 소모되는 모듈케이블링의 감소와 DC전원케이블의 생략

23 다음에서 설명하고 있는 운전상태는?

> 태양광발전시스템이 계통과 연계되어 있는 상태에서 계통 측에 정전이 발생하면, 부하전력이 인버터의 출력과 동일하게 되므로 인버터의 출력전압, 주파수는 변하지 않고 전압, 주파수계전기에서는 정전을 검출할 수 없게 된다. 그 때문에 계속해서 태양광발전시스템에서 계통으로 전력이 공급될 가능성이 있게 된다.

① 자동운전 ② 단독운전
③ 병렬운전 ④ 추종운전

풀이 단독운전 시 보수점검자에게 위해를 끼칠 위험이 있으므로 이를 방지하기 위해 단독운전방지기능을 설치한다.

24 자가용 발전설비 고장의 영향이 연계계통에 파급되지 않도록 발전설비를 즉시 전력계통과 분리시키는 인버터의 기능은?

① 자동전압조정기능 ② 단독운전방지기능
③ 계통연계보호기능 ④ 자동운전정지기능

풀이 계통연계보호장치
계통에 연계하여 운전하는 태양광발전시스템에서 계통 측과 인버터 측에 이상이 발생했을 때, 이를 감지하고 신속하게 인버터를 정지시켜 계통 측의 안전을 확보하지 않으면 안 된다. 그 때문에 전기설비 기술기준에서 계통연계보호장치의 설치가 의무화되어 있다.

25 고주파변압기 절연방식과 트랜스리스방식의 계통연계인버터는 출력전류에 중첩되는 직류분이 정격교류의 최대 몇 [%] 이하로 유지되어야 하는가?

① 0.5[%] ② 5[%] ③ 10[%] ④ 20[%]

풀이 고주파변압기절연방식과 트랜스리스방식의 계통연계인버터는 출력전류에 중첩되는 직류분이 정격교류의 최대 0.5[%] 이하이어야 한다.

26 태양광발전시스템의 단독운전 검출방식 중 능동적 검출방식으로만 묶인 것은?

① 주파수시프트방식, 유효전력변동방식, 무효전력변동방식, 부하변동방식
② 전압위상도약 검출방식, 제3고조파 전압급증 검출방식, 주파수변화율 검출방식
③ 주파수시프트방식, 전압위상도약 검출방식, 무효전력변동방식, 부하변동방식
④ 주파수변화율 검출방식, 전압위상도약 검출방식, 무효전력변동방식, 부하변동방식

풀이
- 수동검출방식 : 전압위상도약 검출방식, 제3고조파 전압급증 검출방식, 주파수변화율 검출방식
- 능동검출방식 : 주파수시프트방식, 유효전력변동방식, 무효전력변동방식, 부하변동방식

정답 23 ② 24 ③ 25 ① 26 ①

27 인버터의 단독운전방지기능 중 수동적 방식의 설명으로 틀린 것은?

① 전압위상도약 검출방식 : 단독운전 시 인버터 출력이 역률 1에서 부하의 역률로 변화하는 순간의 전압위상의 도약을 검출
② 제3고조파 전압급증 검출방식 : 단독운전 시 변압기의 여자전류 공급에 따른 전압의 급변을 검출
③ 주파수변화율 검출방식 : 단독운전 시 발전전력과 부하의 불평형에 의한 주파수의 급변을 검출
④ 부하변동방식 : 인버터의 출력과 병렬로 임피던스를 순간적으로 또는 주기적으로 삽입하여 전압 또는 전류의 급변을 검출하는 방식

풀이 부하변동방식은 능동적 방식

28 분산형 전원배전계통 연계기술기준 중 단독운전방지를 위한 가압중지시간은 몇 초 내로 하여야 하는가?

① 0.1　　② 0.2　　③ 0.5　　④ 1.0

풀이 단독운전상태 발생 시 해당 분산형 전원연계시스템은 이를 감지하여 단독운전 발생 후 최대 0.5초 이내에 한전계통에 대한 가압을 중지해야 한다.

29 인버터의 직류동작전압을 일정시간 간격으로 약간 변동시켜 그때의 태양전지 출력전력을 계측하여 사전에 발생한 부분과 비교를 하게 되고 항상 전력이 크게 되는 방향으로 인버터의 직류전압을 변화시키는 기능은?

① 자동운전정지제어기능
② 직류검출제어기능
③ 최대전력추종제어기능
④ 자동전압조정기능

풀이 최대전력추종제어
태양전지의 출력은 일사강도와 태양전지 표면온도에 따라 변동하는데, 이런 변동에 대하여 태양전지 동작점이 항상 최대출력점을 추종하도록 변화시켜 태양전지에서 최대출력을 얻을 수 있는 제어

30 자동전압조정기능에 대한 설명 중 잘못된 것은?

① 태양광시스템이 한전계통에 연계(접속)하여 역송병렬운전을 하는 경우 전력전송을 위한 수전점의 전압이 상승하여 한전의 전압 유지 범위를 벗어날 수 있는데, 이를 방지하기 위한 기능이 자동전압조정기능이다.
② 자동전압조정기능에는 진상무효전력제어기능과 출력제어기능이 있다.
③ 가정용으로 사용되는 3[kW] 미만의 것에는 이 기능이 생략된 것도 있다.
④ 자동전압조정기는 태양광발전시스템에서 생략되어서는 안 된다.

풀이 소용량의 태양광발전시스템은 전압 상승의 가능성이 희박하여 자동전압조정기능을 생략할 수 있다.

정답 27 ④　28 ③　29 ③　30 ④

31 다음은 인버터의 단독운전 검출방식 중 어떤 방식에 대한 설명인가?

인버터의 출력단에 병렬로 임피던스를 순간적 또는 주기적으로 삽입하여 전압 또는 전류의 급변을 검출한다.

① 주파수시프트방식
② 무효전력변동방식
③ 유효전력변동방식
④ 부하변동방식

풀이

검출방식	특징
주파수시프트방식	인버터의 내부발진기에 주파수바이어스를 주었을 때, 단독운전 발생 시 나타나는 주파수 변동을 검출하는 방식
유효전력변동방식	인버터의 출력에 주기적인 유효전력변동을 주었을 때, 단독운전 발생 시 나타나는 전압, 전류 또는 주파수 변동을 검출하는 방식으로 상시 출력이 변동할 가능성이 있다.
무효전력변동방식	인버터의 출력에 주기적인 무효전력변동을 주었을 때, 단독운전 발생 시 나타나는 주파수 변동 등을 검출하는 방식
부하변동방식	인버터의 출력과 병렬로 임피던스를 순간적 또는 주기적으로 삽입하여 전압 또는 전류의 급변을 검출하는 방식

32 최대전력 추종(MPPT)제어에 있어서 P&O(Perturb&Observe)방식에 대한 설명으로 옳은 것은?

① 직접제어방식이다.
② 계산량이 많아서 빠른 프로세서가 요구된다.
③ 태양전지출력의 컨덕턴스와 증분컨덕턴스를 비교하여 최대전력점을 찾는다.
④ 최대전력점 부근에서 진동이 발생하여 손실이 발생한다.

풀이 MPPT 제어기법의 장단점

구분		장점	단점
직접제어		• 구성이 간단 • 즉각적 대응 가능	성능이 떨어짐
간접제어	P&O	제어가 간단	출력전압이 연속적으로 진동하여 손실 발생
	IncCond	최대출력점에서 안정	많은 연산이 필요
	Hysteresis-band	일사량 변화 시 효율이 높다.	IncCond 방식보다 전반적으로 성능이 낮다.

33 계통연계보호장치 중 인버터 내부에 내장되지 않는 계전기는?

① 과전압계전기
② 저전압계전기
③ 과주파수계전기
④ 지락과전압계전기

풀이 인버터에 내장되는 계전기는 과전압계전기, 저전압계전기, 과주파수계전기, 저주파수계전기이다. 지락과전압계전기는 계통단락 사고 보호를 위하여 고압 측에 설치한다.

정답 31 ④ 32 ④ 33 ④

34 MPPT 제어방식의 특징 중 잘못된 것은?

① 직접제어 : 구성이 간단하고 즉각적 대응이 가능하나 성능이 떨어진다.
② P&O 제어 : 제어가 간단하고 출력전압이 연속적으로 진동하여 손실이 발생한다.
③ IncCond : 최대출력점에서 안정적이나 많은 연산이 필요하다.
④ Hysteresis-band : 일사량 변화 시 효율이 높으며, 전반적으로 IncCond 방식보다 성능이 높다.

풀이 Hysteresis-band는 IncCond 방식보다 성능이 낮다.
P&O(Pertube Observe), IncCond(Incremental Conductance), Hysteresis-band는 간접제어방식이다.

35 전력회사의 배전계통과 연계되어 운전하는 태양광발전시스템의 연계보호장치 중 잘못된 것은?

① 유효전력계전기
② 과전압계전기(OVR)
③ 주파수계전기
④ 거리계전기

풀이 거리계전기는 송배전선로에 적용

계통연계보호장치
㉠ 전력계전기
　• 유효전력계전기(32P)
　• 무효전력계전기(32Q) : 단락사고 보호
　• 부족전력계전기(32U) : 부족전력 검출
㉡ 전압계전기
　• 과전압계전기(59) OVR : 과전압 보호
　• 저전압계전기(27) UrR : 사고 검출 또는 무전압 검출
㉢ 주파수계전기 : 주파수 변동 검출
　• 과주파수계전기(81O) OFR : 63Hz
　• 저주파수계전기(81U) UFR : 57Hz
㉣ 과전류계전기(50/51) OCR : 과전류 보호
　• 순시 : 단락 보호
　• 한시 : 150[%]에서 과부하 보호 및 후비 보호
㉤ 지락과전류계전기 OCGR : 특고압 연계 시 저압연계 보호장치
이러한 계통연계보호장치는 중·소용량에서는 인버터에 내장되고 대용량 태양광발전시스템에서는 별도의 보호계전시스템을 갖추어야 한다.

36 태양광이 가려지는 음영공간이 있는 건물의 외벽 등의 소형 태양광발전시스템에 사용되는 인버터는?

① 중앙집중식 인버터
② 마스터-슬레이브제어형 인버터
③ 모듈인버터
④ 고전압방식의 인버터

정답 34 ④　35 ④　36 ③

풀이 소형 태양광발전시스템에 사용되는 인버터는 모듈단위로 설치하는 모듈인버터(AC 모듈)이다.
- 인버터시스템방식은 인버터 입력에 따라 중앙집중형과 분산형 방식으로 구분된다.
- 마스터-슬레이브제어 인버터 : 대용량 태양광발전시스템은 마스터-슬레이브 원리를 이용한 중앙집중형 인버터방식 사용
- 서브어레이와 스트링인버터방식(분산형 인버터방식) : 태양전지어레이는 한 개의 스트링 형성. 중간 규모 시스템은 2~3개의 스트링이 인버터에 연결
- 모듈인버터방식(AC 모듈) : 부분 음영이 있는 곳에서도 높은 시스템 효율을 얻기 위해서는 인버터를 태양전지모듈마다 각각 연결시켜 모듈이 최대전력점(MPPT)에서 작동하도록 하는 것
- 저전압방식 : 모듈을 3~5개 직렬연결하여 스트링전압을 DC 120[V] 이하로 구성한 것
- 고전압방식 : 스트링이 길고 인버터 입력전압이 DC 120[V]를 초과하는 것

37 다음은 인버터의 어떤 회로방식에 대한 설명인가?

태양전지의 직류출력을 DC-DC 컨버터로 승압하고 인버터로 상용주파의 교류로 변환한다.

① 트랜스리스방식　　　　　　　　② DC-DC 컨버터방식
③ 고주파변압기절연방식　　　　　④ 상용주파변압기절연방식

풀이 인버터 회로방식

절연방식	회로도	설명
상용주파변압기 절연방식	PV → 인버터(DC→AC) → 상용주파변압기	태양전지 직류출력을 상용주파의 교류로 변환한 후 변압기로 절연한다.
고주파변압기 절연방식	PV → 고주파인버터(DC→AC) → 고주파변압기 → (AC→DC) → 인버터(DC→AC)	태양전지의 직류출력을 고주파 교류로 변환한 후, 소형 고주파변압기로 절연한다. 그 다음 일단 직류로 변환하고 다시 상용주파수 교류로 변환한다.
트랜스리스방식 (무변압기방식)	PV → 컨버터 → 인버터	태양전지의 직류출력을 DC-DC 컨버터로 승압하고 인버터로 상용주파의 교류로 변환한다.

38 태양전지의 직류출력을 상용주파수의 교류로 변환한 후 변압기에서 절연하는 방식은?

① 트랜스리스방식　　　　　　　　② 고주파변압기절연방식
③ PAM방식　　　　　　　　　　　④ 상용주파변압기절연방식

풀이 문제 37번 풀이 참조

정답 37 ①　38 ④

39 다음 그림과 같이 설명되는 인버터 회로방식은?

태양전지의 직류출력을 DC-DC 컨버터로 승압하고, 인버터로 상용주파의 교류로 변환하는 방식이며, 회로구성은 태양전지셀, 컨버터, 인버터로 구성되어 있다.

① 상용주파변압기절연방식
② 고주파변압기절연방식
③ 트랜스리스방식
④ 트랜스방식

풀이 문제 37번 풀이 참조

40 트랜스리스방식의 인버터 회로구성이 아닌 것은?

① 변압기
② 컨버터
③ 인버터
④ 개폐기

풀이 트랜스리스방식(무변압기방식)의 구성

태양전지 직류출력을 DC-DC 컨버터로 승압하고 인버터로 DC→AC로 상용주파수의 교류로 변환한다.

41 인버터는 태양전지에서 출력되는 직류전력을 교류전력으로 변환하고 교류계통으로 접속된 부하설비에 전력을 공급하는 기능을 한다. 그림과 같은 인버터 회로방식의 명칭으로 옳은 것은?

① 상용주파변압기 절연방식
② 고주파변압기 절연방식
③ 트랜스리스방식
④ 트랜스방식

풀이 문제 37번 풀이 참조

정답 39 ③ 40 ① 41 ①

42 태양광발전시스템의 직류출력을 DC-DC컨버터로 승압하고 인버터로 상용주파의 교류로 변환하는 인버터의 회로방식은?
① 계통연계방식　　　　　　　　　　② 트랜스리스방식
③ 고주파변압기 절연방식　　　　　　④ 상용주파 절연방식

풀이 문제 37번 풀이 참조

43 인버터의 회로방식이 아닌 것은?
① 상용주파변압기 절연방식　　　　　② 고조파변압기 절연방식
③ 고주파변압기 절연방식　　　　　　④ 트랜스리스(Transless)방식

풀이
- 고주파(High Frequency) : 상대적으로 높은 주파수를 말함. 일반적으로 무선주파수를 가리키는 경우가 많음
- 고조파(Harmonic Wave) : 주기파 또는 주기 변화량에 있어서 기본 주파수의 정배수 주파수를 가진 성분을 말함(예 기본파의 3배 주파수를 가진 파를 제3고조파라 함)

44 뇌서지 내성 및 노이즈 차단특성이 우수하나 중량부피가 큰 인버터 절연방식은?
① 상용주파 절연방식　　　　　　　　② 무변압기 절연방식
③ 고주파 절연방식　　　　　　　　　④ 접지 절연방식

풀이 인버터 절연방식의 종류별 특징

소분류	특징	
상용주파 절연방식	• 뇌서지 내성 및 노이즈 차단특성 우수 • 절연이 가능하고 회로구성이 간단하다.	• 중량 부피가 크다. • 소용량의 경우 효율이 낮다.
고주파 절연방식	• 소형, 경량, 무변압기방식에 비해 고가이다.	• 회로가 복잡하다.
무변압기방식	• 소형, 경량, 저가이다. • 고조파 발생 및 직류 유출이 가능하다. • 직류 유출의 검출 및 차단기능이 반드시 필요하다.	• 비교적 신뢰성이 높다.

45 상용주파변압기 절연방식의 인버터 특징이 아닌 것은?
① 절연이 가능하고 회로구성이 간단하다.　② 중량이 가볍고 부피가 작다.
③ 소용량의 경우 효율이 낮다.　　　　　　④ 구조가 간단하다.

풀이 상용주파변압기 절연방식의 인버터 특징
- 뇌서지 내성 및 노이즈 차단특성 우수
- 구조가 간단
- 소용량의 경우 효율이 낮다.
- 절연이 가능하고 회로구성 간단
- 중량과 부피가 크다.

정답　42 ②　43 ②　44 ①　45 ②

46 고주파 절연방식과 무변압기방식의 인버터에서는 인버터의 정격교류 최대 출력전류의 직류성분 함유율을 분산형 배전계통 연계 시 몇 [%]를 초과하지 않도록 규정하고 있는가?
① 0.3[%]   ② 0.5[%]   ③ 0.6[%]   ④ 0.7[%]

47 다음 인버터시스템방식 중 저전압방식의 설명으로 틀린 것은?
① 표준모듈은 3~5개 직렬로 연결하여 스트링전압을 DC 120[V] 이하로 구성한 것이다.
② 장점은 음영의 영향을 적게 받는 것이다.
③ 단점은 중앙집중형으로 구성 시 높은 전류가 발생하는 것이다.
④ 저전압방식은 보호등급 I에 의해 설계할 수 있다.

[풀이]
• 저전압방식
중앙집중형으로 구성 시 높은 전류가 발생한다. 전류가 높아지면 저항손실($P_R = I^2R$)이 증가하므로 저항손실을 줄이기 위해 굵은 Cable을 사용한다.
• 보호등급

등급 I	등급 II	등급 III
장치 접지됨	보호절연(이중/강화 절연)	안전조치전압(최대 AC 50[V], 최대 DC 120[V])

• 저전압방식은 보호등급 III에 의해 설계할 수 있다.

48 태양광발전시스템의 직류 측 보호를 위한 장치로서 옳지 않은 것은?
① ACB   ② 직렬회로용 퓨즈
③ 역전류방지다이오드   ④ 바이패스다이오드

[풀이] ACB(Air Circuit Breaker) 기중차단기
교류저압회로보호용 차단기. 저압의 집중부하에 적용하는 차단기

49 인버터시스템방식 중 고전압인버터방식에 대한 설명으로 잘못된 것은?
① 스트링이 길고 인버터의 입력전압이 DC 120[V] (DOV)를 초과하는 것으로 보호등급 II가 적용된다.
② 전류가 높아 케이블의 굵기를 가늘게 할 수 있다.
③ 스트링이 길기 때문에 음영손실이 높다.
④ 저전압방식에 비해 발전량 손실이 매우 크다.

[풀이] 전류가 낮아 케이블 굵기를 가늘게 할 수 있다.

정답 46 ② 47 ④ 48 ① 49 ②

50 태양광이 가려지는 음영공간이 있는 건물의 외벽 등의 소형 태양광발전시스템에 사용되는 인버터는?

① 중앙집중식 인버터
② 마스터–슬레이브제어형 인버터
③ 모듈인버터
④ 고전압방식의 인버터

풀이 소형 태양광발전시스템에 사용되는 인버터는 모듈단위로 설치하는 모듈인버터(AC 모듈)이다.
- 인버터시스템방식은 인버터 입력에 따라 중앙집중형과 분산형 방식으로 구분된다.
- 마스터–슬레이브제어인버터 : 대용량 태양광발전시스템은 마스터–슬레이브 원리를 이용한 중앙집중형 인버터방식 사용
- 서브어레이와 스트링인버터방식(분산형 인버터방식) : 태양전지어레이는 한 개의 스트링 형성. 중간 규모 시스템은 2~3개의 스트링이 인버터에 연결
- 모듈인버터방식(AC 모듈) : 부분 음영이 있는 곳에서도 높은 시스템 효율을 얻기 위해서는 인버터를 태양전지모듈마다 각각 연결시켜 모듈이 최대전력점(MPPT)에서 작동하도록 하는 것
- 저전압방식 : 모듈을 3~5개 직렬연결하여 스트링전압을 DC 120[V] 이하로 구성한 것
- 고전압방식 : 스트링이 길고 인버터 입력전압이 DC 120[V]를 초과하는 것

51 다음은 인버터의 어떤 회로방식에 대한 설명인가?

> 태양전지의 직류출력을 DC–DC 컨버터로 승압하고 인버터로 상용주파의 교류로 변환한다.

① 트랜스리스방식
② DC–DC컨버터방식
③ 고주파변압기 절연방식
④ 상용주파변압기 절연방식

풀이 인버터 회로방식

절연방식	회로도	설명
상용주파변압기 절연방식	PV – 인버터(DC→AC) – 상용주파변압기	태양전지 직류출력을 상용주파의 교류로 변환한 후 변압기로 절연한다.
고주파변압기 절연방식	PV – 고주파인버터(DC→AC) – 고주파변압기 – (AC→DC) – 인버터(DC→AC)	태양전지의 직류출력을 고주파 교류로 변환한 후, 소형 고주파변압기로 절연한다. 그 다음 일단 직류로 변환하고 다시 상용주파수 교류로 변환한다.
트랜스리스방식 (무변압기방식)	PV – 컨버터 – 인버터	태양전지의 직류출력을 DC–DC 컨버터로 승압하고 인버터로 상용주파의 교류로 변환한다.

52 계통연계형 태양광 인버터의 시험항목이 아닌 것은?

① 효율시험
② 온도상승시험
③ 단독운전방지시험
④ 부하불평형시험

정답 50 ③ 51 ① 52 ④

풀이 태양광발전용 독립형 · 연계형 인버터의 시험항목

시험항목		독립형	계통연계형
구조시험		○	○
절연성능시험	절연저항시험	○	○
	내전압시험	○	○
	감전보호시험	○	○
	절연거리시험	○	○
보호기능시험	출력 과전압 및 부족전압보호기능시험	○	○
	주파수 상승 및 저하 보호기능시험	○	○
	단독운전방지기능시험	×	○
	복전후일정시간투입방지기능시험	×	○
정상특성시험	교류전압, 주파수 추종범위시험	×	○
	교류출력전류 변형률시험	×	○
	누설전류시험	○	○
	온도상승시험	○	○
	효율시험	○	○
	대기손실시험	×	○
	자동기동 · 정지시험	×	○
정상특성시험	최대전력추종시험	×	○
	출력전류직류분 검출시험	×	○
과도응답특성시험	입력전력급변시험	○	○
	계통전압급변시험	×	○
	계통전압위상급변시험	×	○
외부사고시험	출력측단락시험	○	○
	계통전압 순간정전 · 강하시험	×	○
	부하차단시험	○	○
내전기환경시험	계통전압 왜형률내량시험	×	○
	계통전압불평형시험	×	○
	부하불평형시험	○	×
내주위환경시험	습도시험	○	○
	온습도사이클시험	○	○
전자기적합성(EMC)	전자파장해(EMI)	○	○
	전자파내성(EMS)	○	○

53 독립형 태양광 인버터의 시험항목이 아닌 것은?

① 효율시험
② 출력측단락시험
③ 절연저항시험
④ 교류출력전류 변형률시험

풀이 문제 52번 풀이 참조

정답 53 ④

SECTION 002 태양광발전 계통연계 장치설계

01 태양광발전 수배전반 설계

1 태양광발전 수배전반 설계

1. 교류 측 기기

1) 분전반

분전반은 계통에 연계하는 경우에 파워컨디셔너의 교류출력을 계통으로 접속할 때 사용하는 차단기를 수납하는 함이다.

2) 적산전력량계

적산전력량계는 계통연계에서 역송전한 전력량을 계측하여 전력회사에 판매한 전력요금을 산출하는 계량기로서 계량법에 의한 검정을 받은 적산전력량계를 사용해야 한다.

2. 변전설비

1) 변전소

높은 전압을 낮은 전압(부하에 알맞은 전압)으로 변환하는 장소

① 변압기 : 1차 전압(22.9[kV])을 2차 전압(부하에 알맞은 전압 220~380[V])으로 변성하는 기기
② 차단기 : 차단기는 회로를 개방투입하고 사고전류는 신속히 차단하여 기기 및 선로보호
③ 단로기(DS ; Disconnecting Switch) : 무부하상태에서 선로를 분리하는 장치
⑤ MOF : 계기용 변압변류기(계기용 변성기함), CT와 PT를 한 함 내에 넣어 계측
⑥ COS(Cut Out Switch) : 과부하 전류차단
⑦ PF(Power Fuse) : 전력용 퓨즈(단락전류 차단)

2) 조상설비

① 조상설비는 부하변동으로 인한 전압변동을 조정하여 수전단전압을 일정하게 유지
② 역률을 개선하여 송전손실 경감
③ 조상설비는 회전기와 정지기로 구분
  ㉠ 회전기 : 동기조상기
  ㉡ 정지기 : 전력용 콘덴서, 분로리액터

3) 보호계전방식

[계통보호 개요]

① 이상상태 항상 감시
② 고장 발생 시 고장구간 신속 분리

3. 도면기호

1) 전기도면 관련 기호

(1) 옥내배선

명칭	도면기호	비고
천장은폐배선 바닥은폐배선 노출배선	─── ------ · · · · · · ·	• 천장은폐배선 중 천장 속의 배선을 구별하는 경우는 천장 속의 배선에 ─·─·─을 사용하여도 좋다. • 노출배선 중 바닥면 노출배선을 구별하는 경우는 바닥면 노출배선에 ----------을 사용하여도 좋다. • 전선의 종류를 표시할 필요가 있는 경우는 기호를 기입한다. 보기 : 600[V] 비닐절연전선(IV) 　　　 600[V] 2종 비닐절연전선(HIV) 　　　 가교폴리에틸렌 절연비닐시스케이블(CV) 　　　 600[V] 비닐절연 비닐시스케이블(평형)(VVF) 　　　 내화케이블(FP), 내열전선(HP) 　　　 통신용 PVC 옥내선(TIV) • 절연전선의 굵기 및 전선 수는 다음과 같이 기입한다. 단위가 명백한 경우는 단위를 생략하여도 좋다. 보기 : ∕∕∕ 1.6　∕∕ 2　∕∕ 2[mm²]　∕∕∕ 8 숫자 방기의 보기 : 1.6×5 　　　　　　　　　 5.5×5 다만, 시방서 등에 전선의 굵기 및 전선 수가 명백한 경우는 기입하지 않아도 좋다. • 케이블의 굵기 및 선심수(또는 쌍수)는 다음과 같이 기입하고 필요에 따라 전압을 기입한다. 보기 : 1.6[mm] 3심인 경우 1.6-3C 　　　 0.5[mm] 100쌍인 경우 0.5-100P 다만, 시방서 등에 케이블의 굵기 및 선심수가 명백한 경우는 기입하지 않아도 좋다. • 전선의 접속점은 다음에 따른다. 보기 : ─┬─

(2) 개폐기 및 계기

명칭	도면기호	비고
개폐기	S	• 상자들이인 경우는 상자의 재질 등을 방기한다. • 극수, 정격전류, 퓨즈 정격전류 등을 방기한다. 　보기 : S 2P30A f15A • 전류계 붙이는 Ⓢ를 사용하고 전류계의 정격전류를 방기한다. 　보기 : Ⓢ 3P30A f15A A5
배선용 차단기	B	• 상자들이인 경우는 상자의 재질 등을 방기한다. • 극수, 프레임의 크기, 정격전류 등을 방기한다. 　보기 : B 3P 225AF 150A • 모터브레이커를 표시하는 경우는 Ḃ 을 사용한다. • B 를 S$_{MCB}$로 표시하여도 좋다.
누전차단기	E	• 상자들이인 경우는 상자의 재질 등을 방기한다. • 과전류 소자붙이는 극수, 프레임의 크기, 정격전류, 정격감도전류 등을, 과전류 소자 없음은 극수, 정격전류, 정격감도전류 등을 방기한다. 　보기 : 과전류 소자붙이 : E 2P 30AF 15A 30mA 　　　　과전류 소자 없음 : E 2P 15A 30mA • 과전류 소자붙이는 BE 를 사용하여도 좋다. • E 를 E$_{ELB}$로 표시하여도 좋다.
전자개폐기용 누름버튼	ⓞ$_B$	텀블러형 등인 경우도 이것을 사용한다. 파일럿 램프붙이인 경우는 L을 방기한다.
압력스위치	ⓞ$_P$	
플로트스위치	ⓞ$_F$	
플로트리스 스위치전극	ⓞ$_{LF}$	전극수를 방기한다. 　보기 : ⓞ$_{LF3}$
타임스위치	TS	

명칭	도면기호	비고
전력량계	(Wh)	• 필요에 따라 전기방식, 전압, 전류 등을 방기한다. • 그림기호 (Wh)는 (WH)로 표시하여도 좋다.
전력량계(상자들이 또는 후드붙이)	[Wh]	• 전력량계의 비고를 준용한다. • 집합 계기상자에 넣는 경우는 전력량계의 수를 방기한다. 보기 : [Wh]₁₂
변류기 (상자들이)	[CT]	필요에 따라 전류를 방기한다.
전류제한기	(L)	① 필요에 따라 전류를 방기한다. ② 상자들이인 경우는 그 뜻을 방기한다.
누전경보기	⊗G	필요에 따라 종류를 방기한다.
누전화재경보기 (소방법 기준)	⊗F	필요에 따라 급별을 방기한다.
지진감지기	(EQ)	필요에 따라 작동 특성을 방기한다. 보기 : (EQ)₁₀₀ 170cm/s² (EQ)₁₀₀~₁₇₀Gal

(3) 배전반 · 분전반 · 제어반

명칭	도면기호	비고
배전반, 분전반 및 제어반	☐	• 종류를 구별하는 경우는 다음과 같다. 배전반 ⊠ 분전반 ◩ 제어반 ⊠ • 직류용은 그 뜻을 방기한다. • 재해방지전원회로용 배전반 등인 경우는 2중 틀로 하고 필요에 따라 종별을 방기한다. 보기 : ⊠₁종 ◩₂종

(4) 태양광발전설비 설계도면에 사용되는 기호

명칭	도면기호	명칭	도면기호
다이오드	▶│	태양전지모듈	◁
배터리	─┤├─	접속함	⊠
DCDC 컨버터	[⁄]	태양전지셀	─┤├─
인버터	[=~]		

02 태양광발전 관제시스템 설계

1 방범시스템

태양광발전설비의 방범시스템에는 CCTV(폐쇄회로텔레비전)시스템과 출입통제시스템이 있다.

2 방재시스템

태양광발전설비의 방재시스템은 뇌서지, 과전압, 방화, 지진 등에 대한 대책이다.

1. 뇌서지 대책

1) 피뢰침
   ① 직격뢰에 대한 방지대책
   ② 태양광발전 설비 주위에 접근한 뇌격전류를 흡입하여 대지로 방류

2) 서지보호장치(SPD ; Surge Protective Device)
   ① 과도·과전압을 제한하고 서지전류를 우회하게 하는 장치
   ② 간접뢰에 대한 방지대책
   ③ 뇌서지가 태양전지어레이, 출력조절기 등에 침입 시 이 기기들을 보호하기 위한 장치
   ④ 어레이 보호 시 스트링마다 피뢰소자 설치
   ⑤ 어레이 전체 출력단에 설치
   ⑥ 접속함 및 분전반 내에 설치하는 피뢰소자는 방전내량이 큰 것(타입 Ⅰ) 선정
   ⑦ 어레이 주회로 내에 설치하는 피뢰소자는 방전내량이 작은 것(타입 Ⅱ, 타입 Ⅲ) 선정

3) 피뢰시스템
   - 태양광발전설비는 야외에 상시 노출되어 있으므로 직격뢰의 위험과 접지선, 전력선을 통한 간접뢰에 대한 방지대책을 강구하여야 한다.
   - 건축물 상부에 어레이를 설치할 경우 지면으로부터 어레이의 높이 합산 20[m] 이상 시 피뢰설비 설치 의무 대상이며, 개방된 넓은 공간에 설치된 발전설비구조물은 직격뢰의 피격 대상이 될 가능성이 있으므로 피뢰시스템을 설치하여야 한다.

   (1) 시스템 보호대책
      ① 구조물(어레이 포함)
         단일 또는 조합으로 사용되는 다음 수단으로 구성된 LEMP(뇌전자계 임펄스) 보호대책시스템

⊙ 접지 및 본딩 대책
ⓒ 자기차폐
ⓒ 선로의 경로
② 협조된 SPD 보호
② 인입설비(전력선 등)
⊙ 선로의 말단과 선로상의 여러 위치에 설치된 서지보호장치
ⓒ 케이블의 자기차폐

(2) 피뢰시스템의 역할
① 외부 피뢰시스템
⊙ 수뢰부시스템 : 구조물의 뇌격을 받아들임
ⓒ 인하도선시스템 : 뇌격전류를 안전하게 대지로 보냄
ⓒ 접지시스템 : 뇌격전류를 대지로 방류시킴
② 내부 시스템의 고장 보호(차폐, 본딩(Bonding) 및 접지, SPD)
③ 외부 피뢰시스템의 구성 예

[외부 피뢰시스템의 구성]

(3) 피뢰설비 수뢰부시스템
① 수뢰부시스템을 적절하게 설계하면 뇌격전류가 구조물을 관통할 확률은 상당히 감소한다.
② 수뢰부시스템은 다음 요소의 조합으로 구성된다.
⊙ 돌침(받쳐주는 구조물 없이 세워진 지지대(마스트) 포함)
ⓒ 수평도체
ⓒ 메시도체

2. 내진 대책

지진 발생 시 성능에 지장을 주지 않도록 시설

3. 방화 대책

① 배선 : 접속부 저항 측정, 난연케이블 설치
② 기기 : 큐비클 내 설치
③ 자동화재탐지기 시설

3 피뢰소자

1. 피뢰소자

정의 : 저압전기설비의 피뢰소자는 서지보호장치(SPD ; Surge Protective Device)라고도 한다.

1) 서지보호장치(SPD)

① 서지로부터 각종 장비들을 보호하는 장치이다.
② SPD는 과도전압과 노이즈를 감쇄시키는 장치로서 TVSS(Transient Voltage Surge Suppressor)라고도 불린다.

2) SPD 설치목적

① 태양광발전설비가 피뢰침에 의한 직격뢰로부터는 보호되어야 한다.
② 서지보호소자는 유도 뇌서지가 태양전지어레이 또는 파워컨디셔너 등에 침입한 경우에 전기설비 또는 장치를 뇌서지로부터 보호하기 위해 설치한다.

3) 서지보호장치 설치위치

① 접속함에는 태양전지어레이의 보호를 위해 스트링마다 서지보호소자(SPD)를 설치한다.
② 낙뢰 빈도가 높은 경우에는 주개폐기 측에도 설치한다.
③ 배선은 접지단자에서 최대한 짧게 하여야 하며, 서지보호소자의 접지 측 배선을 일괄해서 접속한다.

2. 낙뢰의 종류

1) 직격뢰

① 전력설비나 전기기기에 직접 뇌가 떨어져 직접 뇌 방전을 받는 낙뢰를 말한다.
② 직격뢰의 전류파고치가 15~20[kA] 이하가 거의 50[%]이지만 200[kA] 이상인 것도 있다.
③ 직격뢰 대책은 피뢰침을 설치한다.

2) 유도뢰

(1) 직격뢰가 원인인 경우(전자유도)

나무나 빌딩 등의 비교적 높은 건물 등에 뇌격하여 직격으로 전류가 흘러 주위에 강한 전자계가 생기고 전자유도작용에 의해 부근의 전력 송전선이나 통신선에 서지전압이 발생한다.

(2) 정전유도

정전유도에 의한 것은 뇌 구름에 의해 전로에 유도된 플러스 전하가 낙뢰로 인한 지표면 전하가 중화되면 뇌서지가 되어 선로를 타고 이동한다.

3. 낙뢰(뇌서지) 방호대책

1) 감전으로부터 인축의 상해를 줄이기 위한 대책
   ① 노출도전성부분의 절연
   ② 등전위화(메시접지시스템 이용)
   ③ 뇌 등전위본딩
   ④ 물리적 제한과 경고표시

2) 물리적 손상을 줄이기 위한 보호대책(외부 뇌보호)
   ① 외부 피뢰시스템
      ㉠ 수뢰부시스템
      ㉡ 인하도선시스템
      ㉢ 접지극시스템

② 피뢰 등전위본딩
③ 외부 피뢰시스템으로부터 전기적 절연(이격거리)

3) 피뢰시스템의 등급별 회전구체 반지름 및 메시치수

구분	보호법	
피뢰시스템 등급	회전구체 반지름 r[m]	메시치수 W_m[m]
I	20	5×5
II	30	10×10
III	45	15×15
IV	60	20×20

4) 전기전자설비의 고장을 줄이기 위한 보호대책(태양광발전 뇌서지 보호대책)
① 접지 및 본딩 대책
② 자기차폐
③ 선로의 포설경로
④ 절연인터페이스
⑤ 협조된 SPD시스템

4. 뇌서지 대책

1) PV시스템을 보호하기 위한 대책
① 피뢰소자를 어레이 주회로 내부에 분산시켜 설치하고 접속함에도 설치한다.
② 저압배전선에서 침입하는 뇌서지에 대해서는 분전반에 피뢰소자를 설치한다.
③ 뇌우 다발지역에서는 교류전원 측으로 내뢰트랜스를 설치하여 보다 안전한 대책을 세운다.

2) 뇌보호시스템
① 외부 뇌보호 : 수뇌부, 인하도선, 접지극, 차폐, 안전이격거리
② 내부 뇌보호 : 등전위본딩, 차폐, 안전이격거리, 서지보호장치(SPD), 접지

3) 피뢰 대책용 부품(피뢰소자의 선정방법)
뇌보호용 부품에는 크게 피뢰소자와 내뢰트랜스 2가지가 있으며, PV시스템에는 일반적으로 피뢰소자인 어레스터 또는 서지업소버를 사용한다.
① 어레스터(SPD, 저압) : 낙뢰에 의한 충격성 과전압에 대하여 전기설비의 단자전압을 규정치 이내로 저감시켜 정전을 일으키지 않고 원상태로 회귀하는 장치이다.
② 서지업소버(SA, 고압) : 전선로에 침입하는 이상 전압의 높이를 완화하고 파고치를 저하시키는 장치이다.

③ 내뢰트랜스 : 실드 부착 절연트랜스를 주체로 하고 어레스터 및 콘덴서를 부가시킨 것, 뇌서지가 침입한 경우 내부에 넣은 어레스터에서의 제어 및 1차 측과 2차 측 간의 고절연화, 실드에 의해 뇌서지의 흐름을 완전히 차단할 수 있도록 한 변압기이다.

4) 피뢰소자의 설치장소(선정)
① 접속함 내와 분전반 내에 설치하는 피뢰소자는 어레스터(방전내량이 큰 것)를 선정한다.
② 어레이 주회로 내에 설치하는 피뢰소자는 서지업소버(방전내량이 적은 것)를 선정한다.

5) 서지보호장치(SPD ; Surge Protective Device)

(1) 저압 전기설비의 피뢰소자

태양광발전시스템은 모듈을 비롯하여 파워컨디셔너 등 각종 전기·전자 설비들로 순간적인 과전압이나 전류에 매우 취약한 반도체들로 구성되어 있다. 따라서 낙뢰나 스위칭 개폐 등에 의해 발생하는 순간 과전압은 이러한 기기들을 순식간에 손상시킬 수 있다. 태양광발전시스템의 특성상 순간의 사고도 용납될 수 없기 때문에 이를 보호하기 위하여 SPD 등을 중요지점에 각각 설치하여야 한다.

(2) SPD의 특징
① 서지억제기, 서지방호장치 등 다양한 용어로 통용되고 있지만, 보통 서지보호장치 또는 SPD로 호칭한다.
② SPD는 크게 반도체형과 갭형이 있다.
③ 최근에는 반도체 SPD가 많이 사용되고 있다.
④ 종래에는 SPD 소자에 탄화규소(SiC)가 사용되어 왔으나 산화아연(ZnO)이 개발된 이후, 반도체형의 SPD 소자에 산화아연이 많이 사용되고 있다.
⑤ 산화아연은 큰 서지 내량과 우수한 제한전압 등의 특징을 갖고 있어 직렬 갭을 필요로 하지 않는 이상적인 SPD로서 기기의 입출력부에 설치한다.

(3) 뇌보호영역(LPZ ; Lightning Protection Zone)별 SPD의 선택기준

구분	파형 및 내량	적용 SPD
LPZ 1	$10/350[\mu s]$ 파형 기준의 임펄스 전류 I_{imp} $15 \sim 60[kA]$	Class Ⅰ SPD
LPZ 2	$8/20[\mu s]$ 파형 기준의 최대방전전류 I_{max} $40 \sim 160[kA]$	Class Ⅱ SPD
LPZ 3	$1.2/50[\mu s]$(전압), $8/20[\mu s]$(전류) 조합파 기준	Class Ⅲ SPD

(4) 피뢰기가 구비해야 할 조건
    ① 충격방전 개시전압이 낮을 것
    ② 상용주파 방전개시전압이 높을 것
    ③ 방전내량이 높고 제한전압이 낮을 것
    ④ 속류의 차단능력이 충분할 것

4 모니터링시스템

태양광발전 모니터링시스템은 일사량, 부하, 계통, 인버터, 태양전지어레이의 전압, 전류, 전력량, 기상조건, 방재, 방법 등 발전소 내 모든 시스템을 실시간 모니터링하여 체계적·효율적으로 관리하기 위한 시스템이다.

1. 시스템 구성요소

① PC : 프로그램 내장
② 모니터 : LED
③ 공유기 : CCTV 저장(DVR), 인터넷, TCP/IP 유선(UTP Cable) 연결
④ Serial Server(직렬서버) : 기상정보 수집, 전력기기 감시 등 데이터 수집 공유기를 통해 사용자 PC로 전달
⑤ 기상정보 수집 : 일사량, 온도, 습도 등의 정보를 풍속센서를 통해 수집

2. 모니터링시스템 설치대상

태양광발전설비 용량 50[kW] 이상

3. 모니터링시스템 기본 데이터 및 전송간격

① 일일에너지 총 생산량(시간별)
② 일일에너지 생산시간
③ 익일 중앙서버(신재생에너지센터) 요청 시 전송

4. 측정항목 및 모니터링항목

측정항목	모니터링항목	데이터(누적값)
인버터 출력	일일발전량[kWh]	24개(시간당)
	생산시간[분]	1개(1일)

5. 태양광 모니터링설비 구성항목

구분	로컬 표시사항(옵션)	센터 전송항목	측정위치 및 항목
태양광	모듈전력량(V_{dc}, I_{dc}, P_{dc}) 인버터 출력(V_{ac}, I_{ac}, P_{ac}) 누적발전량(년/월/일/최초)	• 일일발전량[kWh] • 발전시간[h]	인버터, 출력

6. 계측설비별 요구사항

계측설비	요구사항	확인방법
인버터	CT 정확도 3[%] 이내	관련 내용이 명시된 설비사양 제시
온도센서	정확도 ±0.3[℃](−20~100[℃]) 미만	관련 내용이 명시된 설비사양 제시
	정확도 ±1[℃](100~1,000[℃]) 이내	
전력량계	정확도 1[%] 이내	관련 내용이 명시된 설비사양 제시

7. 모니터링시스템 접속방법 및 접속설비

접속방법	접속설비 및 구성	비고
계측설비 (전송기능내장)	계측설비 → 중앙설비	• 센터의 요구기능 및 요구사항을 만족 • 중앙서버로 전송할 수 있는 별도 통신포트를 사전에 확보
외장형 전송설비	계측설비 → 전송설비 → 중앙서버	• 센터의 요구기능 및 요구사항을 만족 • 중앙서버로 전송할 수 있는 별도 통신포트를 사전에 확보 • 전송설비와 호환성을 갖는 계측설비 선정
로컬서버 (PC 포함)	로컬서버 → 중앙서버	

SECTION 002 실전예상문제

···01 태양광발전 수배전반 설계

01 설계도서의 의미를 가장 적합하게 설명한 것은?
① 구조물 등을 그린 도면으로 건축물, 시설물, 기타 각종 사물의 예정된 계획을 공학적으로 나타낸 도면이다.
② 설계, 공사에 대한 시공 중의 지시 등 도면으로 표현될 수 없는 문장이나 수치 등을 표현한 것으로 공사수행에 관련된 제반규정 및 요구사항을 표시한 것이다.
③ 공사계약에 있어 발주자로부터 제시된 도면 및 그 시공기준을 정한 시방서류로서 설계도면, 표준시방서, 특기시방서, 현장설명서 및 현장설명에 대한 질문 회답서 등을 총칭하는 것이다.
④ 각종 기계·장치 등의 요구조건을 만족시키고, 합리적·경제적인 제품을 만들기 위해 그 계획을 종합하여 설계하며 구체적인 내용을 명시하는 일을 일컫는다.

풀이 ①은 설계도, ②는 시방서, ④는 작업(공정)지시서 등에 대한 설명이다.

02 도면의 작성 및 관리에 필요한 정보를 모아서 기재한 것은 무엇인가?
① 범례   ② 표제란   ③ 상세도   ④ 도면목록표

풀이 도면의 작성 및 관리에 필요한 정보를 모아서 기재한 것을 '표제란'이라 한다.

03 설계도서에 해당되지 않는 것은?
① 시방서   ② 시공상세도   ③ 설계도면   ④ 내역서

풀이 "설계"란 전력시설물의 설치 보수공사에 관한 계획서, 설계도면, 설계설명서, 공사비명세서, 기술계산서 및 이와 관련된 서류를 작성하는 것을 말한다.

04 일반적으로 구조물이나 시설물 등을 공사 또는 제작할 목적으로 상세하게 작성된 도면은?
① 상세도   ② 시방서   ③ 간트도표   ④ 내역서

풀이 ① 상세도 : 실시설계도면을 기준으로 각 공종별, 형식별 세부사항들을 표현하여 현장여건을 반영한다.
② 시방서 : 공사수행에 관련된 제반규정 및 요구사항을 총칭
③ 간트도표 : 프로젝트 일정관리에 사용
④ 내역서 : 일정한 기간 동안 사용한 경비를 총괄적으로 합산하기 위해 작성하는 문서

정답 01 ③ 02 ② 03 ② 04 ①

05 태양광발전시스템의 기초설계단계에서 설계자의 업무가 아닌 것은?

① 자금조달 ② 토목설계 ③ 전기설계 ④ 구조물설계

풀이 설계자의 업무 : 전기설계, 구조물설계, 토목설계 등

06 지상에서의 길이 5[m]를 축척 1/200로 도면에 나타낼 때 그 길이는?

① 2.5[mm] ② 10[mm] ③ 20[mm] ④ 25[mm]

풀이 $5[\text{m}] \times \dfrac{1}{200} = 0.025[\text{m}] \times 1{,}000 = 25[\text{mm}]$

07 다음 중 실시설계 성과물이 아닌 것은?

① 설계계획서
② 실시설계도서(설계설명서, 설계도면, 공사시방서)
③ 공사비적산서(내역서, 산출서, 견적서)
④ 설계계산서(부하계산서, 간선계산서, 용량계산서, 구조계산서)

풀이 • 설계성과물 : 기본설계 성과물, 실시설계 성과물
※ 기본설계 성과물 : 설계계획서, 기본설계도면, 개략공사내역서
※ 실시설계 성과물 : 실시설계도서(설계설명서, 설계도면, 공사시방서), 공사비적산서(내역서, 산출서, 견적서), 설계계산서(부하계산서, 간선계산서, 용량계산서, 구조계산서)

08 전기시설물 설계 시 설계도서의 실시설계 성과물이 아닌 것은?

① 내역서, 산출서, 견적서
② 설계설명서, 설계도면, 공사시방서
③ 용량계산서, 구조계산서, 부하계산서, 간선계산서
④ 설계계획서, 개략공사비 내역서, 시스템 선정 검토서

풀이 실시설계 성과물
설계도면, 설계설명서, 내역산출서, 견적서, 공사시방서, 부하계산서, 간선계산서, 구조계산서 등

09 전기설계 일반사항에서 실시설계 성과물 중 공사비견적서와 가장 거리가 먼 것은?

① 계산서 ② 내역서 ③ 산출서 ④ 견적서

풀이 실시설계 성과물 중 공사견적서는 내역서, 산출서, 견적서 등이다.

정답 05 ① 06 ④ 07 ① 08 ④ 09 ①

10 설계도서 해석의 우선순위로 타당한 것은?

① 1. 설계도면, 2. 표준시방서, 3. 전문시방서, 4. 공사시방서, 5. 산출내역서
② 1. 설계도면, 2. 공사시방서, 3. 전문시방서, 4. 표준시방서, 5. 산출내역서
③ 1. 공사시방서, 2. 설계도면, 3. 전문시방서, 4. 표준시방서, 5. 산출내역서
④ 1. 공사시방서, 2. 설계도면, 3. 전문시방서, 4. 산출내역서, 5. 표준시방서

풀이 설계도서 해석의 우선순위
1. 공사시방서, 2. 설계도면, 3. 전문시방서, 4. 표준시방서, 5. 산출내역서, 6. 승인된 상세시공도면, 7. 관계법령 유권해석, 8. 감리자의 지시사항

11 설계도서 적용 시 고려사항으로 틀린 것은?

① 숫자로 나타낸 치수는 도면상 축척으로 잰 치수보다 우선한다.
② 특기시방서는 당해 공사에 한하여 일반시방서에 우선하여 적용한다.
③ 공사계약문서 상호 간에 차이와 문제가 있을 때는 감리에 의하여 최종적으로 결정한다.
④ 설계도면 및 시방서의 어느 한쪽에 기재되어 있는 것은 그 양쪽에 기재되어 있는 사항과 완전히 동일하게 다룬다.

풀이 공사계약문서 상호 간에 차이와 문제가 있을 때는 감리자의 의견을 참조하여 발주자가 결정한다.

12 설계도면의 제도원칙 중 잘못된 것은?

① 대상물의 크기, 모양, 자세, 위치의 정보는 물론 표면처리 재료, 제작·설치방법 등의 정보를 포함해야 한다.
② 도면은 알아보기 쉽도록 간결하게 표기하고 중요부분은 중복하여 표기한다.
③ 보이는 부분은 실선으로, 숨겨진 부분은 파선으로 표기함을 원칙으로 한다.
④ 대칭적인 것은 중심선의 한쪽을 외형도, 반대쪽을 단면도로 표시한다.

풀이 설계도면의 제도원칙
도면은 알아보기 쉽도록 간결하게 표기하고 중복을 피한다. 또한 도면에서 불필요한 것은 표기하지 않는다.

13 재료의 종류와 품질, 사용처, 시공방법, 제품납기, 준공기일 등 설계도면에 나타내기 어려운 사항을 명확하게 기록한 것으로, 공사계약문서의 하나로 건설공사관리에 필요한 시공기준 등을 기록한 문서를 무엇이라 하는가?

① 설계도면 ② 시공도면
③ 시방서   ④ 감리일지

정답 10 ③ 11 ③ 12 ② 13 ③

14 공사시방서의 작성요령으로 틀린 것은?

① 도면에 표시하기 불편한 내용을 기술하고 치수는 가능한 도면에 표시한다.
② 공사의 질적 요구조건을 기술한다.
③ 시공 시 유의사항을 착공 전, 시공 중, 시공 완료 후로 구분하여 작성한다.
④ 시공목적물의 오차는 허용하지 않는다.

풀이 시공목적물의 허용오차를 포함하고, 사용할 자재의 성능규격시험 및 검증에 관하여 기술한다.

15 공사설계도면에 해당되지 않는 도면은?

① 입체도 ② 배치도 ③ 상세도 ④ 평면도

풀이 설계도면
시공될 공사의 성격과 범위를 표시하고 설계자의 의사를 일정한 약속에 근거하여 그림으로 표현한 도서(배치도, 상세도, 평면도, 단면도, 단선접속도, 계통도, 배선도 등)

16 도면 작성 및 관리에 필요한 정보를 기록하기 위한 것은?

① 목록표 ② 표제란 ③ 범례 ④ 색인부

풀이 표제란의 정보영역
발주자 정보영역, 수급인 정보영역, 공사 정보영역, 도면 정보영역

17 시방서의 역할 및 명기사항이 아닌 것은?

① 주요 기자재에 대한 규격, 수량 및 납기일을 개재한다.
② 시공상에 필요한 품질 및 안전관리계획, 시공상에서 특별히 주의해야 할 특기사항들을 포함시킨다.
③ 시공상에 필요한 기술기준을 규정하는 것으로, 계약서류에 포함되는 설계도서의 일부이며 법적인 구속력을 갖는다.
④ 설계도면에 표기하지 못한 상세내용, 즉 공정별 적용되는 국내외 표준기준, 시공방법, 허용오차 등의 기술적 내용을 기재한다.

풀이 주요 기자재에 대한 규격, 수량 및 납기일 등은 내역서의 내용이다.

18 전기도면 관련 기호 중 전동기를 나타내는 기호는?

① Ⓜ ② Ⓗ ③ Ⓖ ④ Ⓣ

풀이 Ⓜ : 전동기, Ⓗ : 전열기, Ⓖ : 발전기, Ⓣ : 변압기

정답 14 ④ 15 ① 16 ② 17 ① 18 ①

19 태양광발전시스템 설계수순에 있어서 기본설계 검토영역에 포함되지 않는 것은?

① 태양광발전시스템 제어방식의 선정
② 태양전지모듈의 제작 및 인버터 제작 주문
③ 현지 측량 지질조사 및 설치지점의 위치 음영 조사
④ 태양광발전용 인버터의 사양 및 전기설비의 설치용량 선정

풀이 기본설계는 태양광발전소의 기본적인 사항을 검토하는 것으로, 태양광발전소 건립이 가능한지를 기술적, 경제적으로 판단하는 과정이다. 주변 음영 분석과, 현지조사를 통한 측량 및 지질조사, 태양광발전시스템 제어방식, 그리고 설치할 수 있는 태양전지모듈의 용량과 인버터를 결정한다. 인버터와 모듈의 제작과 주문은 실시설계단계에서 진행된다.

20 태양광발전시스템의 설계절차에 포함되지 않는 것은?

① 기획　　② 기본설계　　③ 실시설계　　④ 운전요령

풀이 태양광발전시스템의 설계절차는 기획 → 기본설계 → 실시설계이며 운전요령은 태양광발전소 건설 후 운영에 관한 사항이다.

21 설계도서의 종류에 포함되지 않는 것은?

① 설계도면　　② 표준 및 특기시방서　　③ 내역서　　④ 제품소개서

풀이 설계도서의 종류 : 설계도면, 설계설명서, 기술계산서내역서, 공사명세서

22 주택용 태양광발전시스템의 설계 표준절차로 순서가 바른 것은?

① 어레이의 설치·설계 → 태양전지의 모듈 선정 → 태양전지어레이 발전량 산출 → 기기 선정
② 태양전지의 모듈 선정 → 어레이의 설치·설계 → 태양전지어레이 발전량 산출 → 기기 선정
③ 태양전지어레이 발전량 산출 → 어레이의 설치·설계 → 태양전지의 모듈 선정 → 기기 선정
④ 어레이의 설치·설계 → 태양전지의 모듈 선정 → 기기 선정 → 태양전지어레이 발전량 산출

풀이 주택용 태양광발전시스템의 설계 표준절차
어레이 설치 부지 면적 결정 → 태양전지모듈 선정 → 어레이의 설치·설계(모듈의 배열 결정, 전압범위에 따른 직렬수, 병렬수) → 태양전지어레이 발전량 산출 → 기기 선정

23 지역전력계통과 연결되어 있을 뿐 아니라 축전지와도 연결된 구조로, 생산된 전력을 축전지에 저장 및 지역전력사업자에게 판매하는 시스템은?

① 하이브리드시스템　　② 계통연계형　　③ 계통지원형　　④ 독립형

정답 19 ② 20 ④ 21 ④ 22 ② 23 ②

풀이 계통연계형 : 생산된 전력은 축전지에 저장하고 계통에 병렬로 연결하여 보내는 방식이다.

24 독립형 태양광발전시스템에 대한 설명이 아닌 것은?
① 독립형은 전력회사로부터 전력을 공급받을 수 없는 지역에 설치한다.(도서지방, 등대 등)
② 독립형은 유지보수비용이 계통연계형에 비해 저렴하고 보수가 간편하다.
③ 섬이나 특수지역 등의 특수목적으로 사용되고 일반화된 시스템은 아니다.
④ 독립형은 전력공급 중단을 방지하기 위해 축전지와 비상발전기를 설치한다.

풀이 독립형은 축전지를 설치해야 하며, 납축전지의 수명이 2~3년이므로 이를 교체하는 데 드는 유지보수비용이 비싸다.

25 계통연계형 태양광발전시스템의 특징이 아닌 것은?
① 초과 생산된 전력을 계통에 보내거나 전력생산이 불충분할 경우 계통으로 전력을 공급받을 수 있는 시스템이다.
② 주택용 및 상업용의 태양광발전시스템에 도입할 수 있다.
③ 전력저장장치를 별도로 설치해야 하므로 가격이 비싸다.
④ 태양광발전에서 생산된 전력은 지역전력망으로 공급할 수 있다.

풀이 계통연계형 태양광발전시스템은 전력저장장치가 필요치 않아 설치비가 저렴하다.

26 태양광발전시스템에 풍력발전, 열병합발전 등 타 에너지원의 발전시스템과 결합하여 축전지·부하 및 상용계통에 전력을 공급하는 시스템은?
① 독립형 시스템 ② 하이브리드시스템
③ 계통연계형 시스템 ④ 집광형 시스템

풀이 하이브리드시스템
태양광, 풍력, 지열, 소수력, 디젤발전 등 둘 이상이 조합된 발전시스템을 말한다.

27 태양광발전시스템의 전기설계계산서에 해당하지 않는 것은?
① 구조계산서 ② 전압강하계산서
③ 보호계전기정정치계산서 ④ 모듈 및 어레이직병렬계산서

정답 24 ② 25 ③ 26 ② 27 ①

풀이 구조계산서는 태양광구조물의 구조적 안정성을 검토하는 계산서이다.

28 계통연계 운전 중 송전이나 수전 시 시스템 보호를 위한 보호계전기의 종류가 아닌 것은?
① 부족전압계전기(UVR)
② 부족주파수계전기(UFR)
③ 역전력계전기(RPR)
④ 과전압계전기(OVR)

풀이 역전력계전기는 시스템 보호를 위한 보호계전기가 아니다.

29 분산형 전원의 역률은 한전과 별도 협의가 없는 경우 몇 [%] 이상 유지해야 하는가?
① 85
② 90
③ 95
④ 100

풀이 분산형 전원의 역률은 90[%] 이상 유지한다.

30 태양광발전시스템의 22.9[kV] 특별고압가공선로 1회선에 연계 가능한 용량으로 옳은 것은?
① 30[kW] 이하
② 100[kW] 이하
③ 10,000[kW] 이하
④ 30,000[kW] 이하

풀이 신설 및 계약전력 증가 시 공급방식 및 공급전압은 전기사용장소 내의 계약전력 합계를 기준으로 다음 표에 따라 결정

계약전력	공급방식 및 공급전압
500[kW] 미만	교류단상 220[V] 또는 교류삼상 380[V] 중 한전이 적당하다고 결정한 한 가지 공급방식 및 공급전압
500[kW] 이상 10,000[kW] 이하	교류삼상 22,900[V]
10,000[kW] 초과 400,000[kW] 이하	교류삼상 154,000[V]
400,000[kW] 초과	교류삼상 345,000[V]

31 어레이 설계 시 어레이 구조 결정을 위한 기술적 측면에서의 고려사항으로 맞지 않는 것은?
① 구조 안정성
② 조화로움 및 경제성
③ 풍속, 풍압, 지진 고려
④ 건축물과의 결합(기초)방법 결정

풀이 태양광어레이 구조설계의 기본방향
• 안정성 : 내진·내풍설계 및 최대상정하중 고려, 천재지변 대비 하부의 기존 구조물의 안정성 고려
• 경제성 : 과다설계 배제, 공사비 절감 가능 공법
• 시공성 : 부재의 재질, 접합방법 등의 통일
• 사용성 및 내구성 : 경년 변화, 지반의 상태, 환경 등을 고려한 설계

정답 28 ③ 29 ② 30 ③ 31 ②

32 태양광발전시스템의 전기설계를 위한 기본계획설계흐름도를 올바르게 나타낸 것은?
① 설치면적 결정 → 모듈 선정 → 인버터 선정 → 직렬 결선수 선정 → 병렬 수와 어레이 용량 선정
② 설치면적 결정 → 모듈 선정 → 인버터 선정 → 병렬수와 어레이 용량 선정 → 직렬 결선수 선정
③ 설치면적 결정 → 직렬 결선수 선정 → 병렬수와 어레이 용량 선정 → 인버터 선정 → 모듈 선정
④ 설치면적 결정 → 인버터 선정 → 모듈 선정 → 병렬수와 어레이 용량 선정 → 직렬 결선수 선정

33 독립형 태양광발전설비의 종류가 아닌 것은?
① 복합형
② 계통연계형
③ 축전지가 없는 형
④ 축전지가 있는 형

풀이
- 독립형 태양광발전설비 : 상용전원이 공급되지 않는 곳에 설치하는 것으로, 설비시스템 구성에 따라 직류부하용, 교류부하용, 하이브리드형으로 분류한다.
- 형태별 : 복합형, 축전지가 있는 형, 축전지가 없는 형
- 계통연계형 : 상용전원이 공급되는 장소에 설치하는 발전설비

34 태양광발전시스템의 분류 중 전력회사의 배전선에서 멀리 떨어진 산악지대 및 외딴 섬 등에서 사용하는 방식은?
① 계통연계형 시스템
② 독립형 시스템
③ 추적형 시스템
④ 연동형 시스템

풀이 독립형 시스템
멀리 떨어진 산악지대 및 외딴 섬과 같이 전기가 들어오지 않는 지역에서 태양광발전기로 전기를 공급하는 방식

정답 32 ① 33 ② 34 ②

02 태양광발전 관제시스템 설계

01 전기실에 설치하는 소화설비로 적당하지 않은 것은?

① 옥외소화전　② 이산화탄소소화설비　③ 물분무소화설비　④ 스프링클러소화설비

풀이 스프링클러소화설비는 감전위험이 있어 전기실에 설치하지 않는다.

02 다음 중 태양광발전설비의 외부 피뢰시스템에 해당하지 않는 것은?

① 접지시스템　② 수뢰부시스템　③ 인하도선시스템　④ 다중방호시스템

풀이 외부 피뢰시스템
수뢰부시스템, 인하도선시스템, 접지시스템

03 피뢰소자의 선정방법에 대한 설명 중 ( ) 안에 알맞은 내용을 나열한 것은?

접속함 내의 분전반 내에 설치하는 피뢰소자로 어레스터는 (㉠)을 선정하고, 어레이 주회로 내에 설치하는 피뢰소자인 서지업소버는 (㉡)을 선정한다.

① ㉠ : 충전내량이 큰 것, ㉡ : 충전내량이 작은 것
② ㉠ : 방전내량이 큰 것, ㉡ : 방전내량이 작은 것
③ ㉠ : 충전내량이 작은 것, ㉡ : 충전내량이 큰 것
④ ㉠ : 방전내량이 작은 것, ㉡ : 방전내량이 큰 것

풀이 접속함 내의 분전반 내에 설치하는 피뢰소자로 어레스터는 방전내량이 큰 것을 선정하고, 어레이 주회로 내에 설치하는 피뢰소자인 서지업소버는 방전내량이 작은 것을 선정한다.

04 태양광발전설비의 기본 방화대책으로 잘못된 것은?

① PV 어레이 : 접속부 저항치를 측정한다.
② Cable : 난연 Cable을 설치하고 직사광은 피한다.
③ 접속함 : 차양판을 설치하며 내부 온도 상승을 방지한다.
④ Oil 변압기는 기름을 사용하므로 유지·보수를 위해 실내에 설치한다.

풀이
- 변압기는 건식일 경우 큐비클 내에 설치하고 방화구획한다.
- 유입변압기인 경우 가능하면 옥외 설치를 권장한다(NFPA 70 : 미국 화재안전기준).
- 전력기기는 실내 설치 시 큐비클 내 설치하고 방화구획한다.

정답 01 ④　02 ④　03 ②　04 ④

05 태양광발전시스템에서 계통으로 유입되는 고조파전류(Total Harmonic Distortion)는 총합 몇 [%]를 초과하면 안 되는가?

① 2[%] ② 3[%] ③ 4[%] ④ 5[%]

풀이 태양광발전시스템에서 계통유입되는 총 고조파 전류(THD)는 5[%]를 초과해서는 안 되고 각 차수별로 3[%]를 초과할 수 없다.

06 태양광발전 통합모니터링시스템의 구성요소가 아닌 것은?

① 전력변환장치 감시제어장치(AIS) ② 태양광모듈 계측 메인장치(SCS)
③ 자동기상 관측장치(AWS) ④ 자동고장전류 계산장치(ACS)

풀이 자동고장전류 계산장치는 차단기 용량의 계산 시 사용된다.

07 피뢰설비의 수뢰부시스템으로 틀린 것은?

① 돌침 ② 수평도체 ③ 메시도체 ④ 인하도체

풀이 수뢰부시스템은 돌침, 수평도체, 메시도체의 각각 사용 또는 조합으로 구성된다. 인하도체는 수뢰부와 접지극을 연결하는 것이다.

08 태양광발전시스템에 적용하는 피뢰방식이 아닌 것은?

① 돌침방식 ② 케이지방식 ③ 구조체방식 ④ 수평도체방식

풀이 KS C IEC 62305에 의한 수뢰부시스템은 다음 3가지 방식 중 한 가지 또는 두 가지 이상의 조합으로 구성된다.
- 돌침
- 수평도체
- 메시도체(케이지방식)

09 피뢰기의 구비조건이 아닌 것은?

① 방전내량이 클 것 ② 속류차단능력이 클 것
③ 충격방전개시전압이 높을 것 ④ 상용주파방전개시전압이 높을 것

풀이 피뢰기(LA)가 구비해야 할 조건
- 충격방전개시전압이 낮을 것
- 상용주파 방전개시전압이 높을 것
- 속류의 차단능력이 충분할 것
- 방전내량이 클 것
- 제한전압이 낮을 것

정답 05 ④ 06 ④ 07 ④ 08 ③ 09 ③

10 태양광발전설비의 피뢰설비 설치기준으로 틀린 것은?

① 낙뢰 우려가 있는 건축물 또는 높이 20[m] 이상 건축물
② KS C IEC 62305 기준에 의거 설치
③ 낙뢰 빈도가 많은 지역은 높이 20[m] 이하 건축물에는 설치할 수 없다.
④ 중요한 건물(박물관 등)

풀이 낙뢰 빈도가 많은 지역은 높이 20[m] 이하 건축물에서도 설치할 수 있다.

11 피뢰설비의 레벨등급 중 2등급 회전구체의 반경은?

① 20[m]   ② 30[m]   ③ 45[m]   ④ 60[m]

풀이 피뢰시스템의 레벨별 회전구체 반경, 메시치수

피뢰시스템의 레벨	보호법	
	회전구체 반경 r[m]	메시치수 W[m]
I	20	5×5
II	30	10×10
III	45	15×15
IV	60	20×20

12 피뢰시스템 중 뇌격전류를 안전하게 대지로 전송하는 것은?

① 돌침   ② 감시시스템   ③ 수뢰부시스템   ④ 인하도선시스템

풀이 피뢰시스템
- 수뢰부시스템 : 구조물의 뇌격을 받아들임
- 인하도선시스템 : 뇌격전류를 안전하게 대지로 보냄
- 접지시스템 : 뇌격전류를 대지로 방류시킴

13 과도과전압을 제한하고 서지전류를 우회시키는 장치의 약어는?

① DS   ② SPD   ③ ELB   ④ MCCB

14 뇌보호시스템 중 내부 뇌보호시스템은?

① 접지시스템   ② 인하도선시스템   ③ 수뢰부시스템   ④ 서지보호장치시스템

풀이
- 외부 뇌보호시스템 : 수뢰부시스템, 인하도선시스템, 접지시스템
- 내부 뇌보호시스템 : 접지와 본딩, 자기차폐, 선로의 포설경로, 절연인터페이스, 협조된 서지보호장치(SPD)

정답 10 ③ 11 ② 12 ④ 13 ② 14 ④

15 태양광발전시스템이 개방된 곳에 설치되어 있다면, 낙뢰로부터 보호하기 위해 설치하는 것은?

① 발광다이오드 ② 역류방지소자
③ 바이패스소자 ④ 피뢰침

풀이 태양광발전시스템이 개방된 곳(옥외)에 설치된 경우 낙뢰로부터 보호하기 위해서 피뢰침을 설치한다.

16 뇌 서지 등의 피해로부터 PV(Photovoltaic)시스템을 보호하기 위한 대책으로 적합하지 않은 것은?

① 뇌우의 발생지역에서는 직류전원 측에 내뢰트랜스를 설치하여 보다 완전한 대책을 세운다.
② 피뢰소자를 어레이 주회로 내에 분산 설치함과 동시에 접속함에도 설치한다.
③ 저압배전선으로부터 침입하는 뇌서지에 대해서는 분전반에 피뢰소자를 설치한다.
④ 접속함 및 분전반 안에 설치하는 피뢰소자는 방전용량이 큰 것을 선정한다.

풀이 내뢰트랜스는 교류전원 측에 설치되는 피뢰소자이다.

17 직격뢰와 유도뢰에 대한 설명이 아닌 것은?

① 직격뢰는 에너지가 매우 작다.
② 유도뢰에 의한 순간적인 전압상승을 뇌서지라고 한다.
③ 정전유도에 의한 유도뢰는 케이블에 유도된 플러스 전하가 낙뢰로 인한 지표면 전하의 중화에 의해 뇌서지가 된다.
④ 전자유도에 의한 유도뢰는 케이블 부근에 낙뢰로 인한 뇌 전류에 따라 케이블에 유도되어 뇌서지가 된다.

풀이 직격뢰의 전류파고치는 15~20[kA] 이하가 50[%] 정도 차지하지만 200[kA] 이상의 것도 관측되고 있다. 직격뢰에 대한 대책은 피뢰침을 설치하여 보호한다.

18 피뢰소자 중 내뢰트랜스의 선정방법으로 옳지 않은 것은?

① 전기 특성이 양호한 것으로 선정한다.
② 1차 측, 2차 측의 전압 및 용량을 결정하고 카탈로그에 의해 형식을 선정한다.
③ 내뢰트랜스로 보호할 수 없는 경우에만 어레스터와 서지업소버를 사용한다.
④ 1차 측과 2차 측 간에 실드판이 있고, 이 판수가 많을수록 뇌서지에 대한 억제 효과도 높아지므로 많은 것을 선정한다.

풀이 어레스터와 서지업소버로 보호할 수 없는 경우에는 내뢰트랜스로 보호한다.

정답 15 ④ 16 ① 17 ① 18 ③

19 뇌보호형 부품이 아닌 것은?

① 서지흡수기(SA) ② 내뢰트랜스
③ 단로기 ④ 피뢰기(LA)

풀이
- 뇌보호용 부품은 서지흡수기(SA), SPD(서지보호장치), 피뢰기(SA), 내뢰트랜스이다.
- 단로기(DS)는 무부하전로만 개폐할 수 있는 개폐기로, 회로 분리목적으로만 사용한다.

20 건축물에 설치된 태양광설비를 직접적인 낙뢰로부터 보호하기 위한 외부 뇌보호시스템이 아닌 것은?

① 수뢰부시스템 ② 인하도선시스템
③ 접지시스템 ④ SPD시스템

풀이 외부 뇌보호시스템
수뢰부시스템, 인하도선시스템, 접지시스템
※ SPD는 내부 뇌보호시스템

21 피뢰기가 구비해야 할 조건으로 잘못 설명된 것은?

① 속류의 차단능력이 충분할 것
② 상용주파방전개시전압이 높을 것
③ 충격방전개시전압이 낮을 것
④ 방전내량이 작으면서 제한전압이 높을 것

풀이 피뢰기 구비조건
- 충격방전개시전압이 낮을 것
- 상용주파방전개시전압이 높을 것
- 제한전압이 낮을 것
- 속류차단능력이 클 것

22 서지보호장치(SPD)의 설명으로 옳지 않은 것은?

① SPD는 반도체형과 갭형이 있고, 기능면으로 구별하면 억제형과 차단형이 있다.
② SPD 소자로서 탄화규소, 산화아연 등이 있다.
③ 통신용, 전원용이 있다.
④ 단락전류차단기능이 있다.

풀이 SPD(서지보호장치)는 뇌서지로부터 저압기기를 보호하는 소자로, 단락전류차단기능은 없다. 단락전류 차단은 CB 및 Fuse의 기능이다.

정답 19 ③ 20 ④ 21 ④ 22 ④

23 피뢰소자 중 서지보호장치(SPD)의 구체적인 선정방법으로 틀린 것은?

① 최대연속사용전압(U_c) : 접속함 및 분전반 등의 SPD 설치장소는 제조사 카탈로그의 정격전압 또는 제조사가 권하는 전압의 형식의 것을 선정한다.
② 전압방호레벨(U_p) : 공칭방전전류(8/20[μs])에서의 방호레벨이 2,500[V] 이하인 것을 선정, 서지보호장치의 기능을 발휘하기 위해서는 가능한 한 접지선은 짧게 배선(0.5[m] 이내)해야 한다.
③ 최대방전전류(I_{max} 8/20[μs]) : 서지보호장치의 최대방전전류는 최저 20[kA] 이상, 겨울철 번개에 대응할 수 있는 40[kA] 이상으로 선정한다.
④ 서지보호장치는 회로에서 쉽게 탈착할 수 있는 구조가 좋다. 이는 절연저항 측정 시 접지선 분리에 도움이 되기 때문이다.

풀이 최대방전전류는 최저 10[kA] 이상

24 낙뢰에 의한 충격성 과전압에 대하여 전기설비의 단자전압을 규정치 이내로 저감시켜 정전을 일으키지 않고 원상태로 회귀하는 장치는?

① 어레스터   ② 서지업소버   ③ 내뢰트랜스   ④ 차단기

풀이 ② 서지업소버 : 전선로에 침입하는 이상전압의 높이를 완화하고 파고치를 저하시키는 장치
③ 내뢰트랜스 : 실드 부착 절연트랜스를 주체로 하고 어레스터 및 콘덴서를 부가시킨 것. 실드에 의해 뇌서지의 흐름을 완전히 차단할 수 있도록 한 변압기
④ 차단기 : 정상전류는 On-off, 이상전류는 차단하여 전기기기를 보호하는 장치

25 뇌서지 등의 피해로부터 PV시스템을 보호하기 위한 대책 중 틀린 것은?

① 피뢰소자를 어레이 주회로 내부에 분산시켜 설치하고 접속함에도 설치한다.
② 뇌서지가 침입하지 못하도록 피뢰소자를 설비의 입구 가까운 곳에 설치한다.
③ 저압배전선에서 침입하는 뇌서지에 대해 분전반에는 피뢰소자를 설치하지 않아도 된다.
④ 뇌우 다발지역에서는 교류전원 측으로 내뢰트랜스를 설치한다.

풀이 저압배전선에서 침입하는 뇌서지에 대해 분전반에 피뢰소자를 설치한다.

26 태양광발전시스템과 하위 전자기기를 용량, 유도결합과 그리드 과전압으로부터 보호하기 위해 설치하는 것은?

① 피뢰침   ② 종단저항   ③ 서지흡수기   ④ 바이패스장치

풀이 서지흡수기
LA와 같은 구조 및 특성을 지니고 있으며 선로에서 발생하는 순간 과도전압 등의 이상전압이 2차 시기에 영향을 미치는 것을 방지한다.

정답 23 ③ 24 ① 25 ③ 26 ③

27 태양광발전시스템에서 지락 발생 시 누전차단기로 보호할 수 없는 경우가 발생하는 이유는?

① 지락전류에 직류성분이 포함되어 있기 때문에
② 태양전지에서 발생하는 지락전류의 크기가 매우 크기 때문에
③ 인버터의 출력이 직접계통에 접속되기 때문에
④ 태양전지와 계통 측이 절연되어 있지 않기 때문에

풀이 누전차단기는 교류 600[V] 이하의 전로에서 인체에 대한 감전사고와 전기기기 손상을 방지하기 위해 설치하는 차단기

28 화재 시 전선배관의 관통부분에서의 방화구획 조치가 아닌 것은?

① 충전재 사용
② 난연레진 사용
③ 난연테이프 사용
④ 폴리에틸렌(PE)케이블 사용

풀이 방화구획 및 관통부 처리 관련 사항
- 난연성 : 관통부분의 충전재, 케이블, 배관재의 변형, 파손, 탈락, 소실로 인해 뒷면에 화염, 연기가 나지 않을 것
- 내열성 : 관통부분의 충전재, 내열실재의 전열에 의해 뒷면이 연소할 위험이 있는 온도가 되지 않을 것
- 내화구조 : 건축물의 화재로 인한 화열이 일정 시간만큼 가해지는 경우 구조내력상 지장이 있는 변형, 용융, 파손 및 기타 손상을 발생시키지 않는 것
- 폴리에틸렌(Polyethylene) : 열가소성의 범용수지로 PE라고도 한다. 내습, 방습성, 내한성, 내약품성, 전기절연성이 뛰어나다.

29 방화구획을 관통하는 배관, 배선의 처리방법에 대한 설명으로 틀린 것은?

① 다른 설비로 연소, 확대하는 것을 방지하는 것이다.
② 관통부분의 충전재, 내열시트재는 전열에 의해 이면 측이 연소할 위험온도가 되지 않을 것
③ 관통부분의 충전재, 배관재의 변형, 소실 등에 의한 이면 측에 화염, 연기가 나오지 않을 것
④ 내화구조물을 배선, 배관 등으로 관통한 경우 되메움충전재는 관통 전과 동등하지 않아도 된다.

풀이 화재의 확산을 최소화하기 위한 배선설비의 선정과 공사(KEC 232.3.6)
1. 화재의 확산위험을 최소화하기 위해 다음에 따라 공사하여야 한다.
   가. 배선설비는 건축구조물의 일반 성능과 화재에 대한 안정성을 저해하지 않도록 설치하여야 한다.
   마. KS C IEC 60439-2(저전압 개폐장치 및 제어장치 부속품), KS C IEC 60570(등기구 전원 공급용 트랙 시스템), KS C IEC 61537-A(케이블 관리-케이블 트레이 시스템 및 케이블 래더 시스템), KS C IEC 61084(전기설비용 케이블 트렁킹 및 덕트시스템) 시리즈 및 KS C IEC 61386(전기설비용 전선관 시스템) 시리즈 및 KS C IEC 61534(파워트랙시스템) 시리즈 표준에서 자기소화성으로 분류되지 않은 케이블 이외의 배선설비의 부분은 그들의 개별 제품표준의 요구사항에 모든 다른 관련 사항을 준수하여 사용하는 경우 불연성 건축 부재로 감싸야 한다.

정답 27 ① 28 ④ 29 ④

2. 배선설비 관통부의 밀봉
   가. 배선설비가 바닥, 벽, 지붕, 천장, 칸막이, 중공벽 등 건축구조물을 관통하는 경우, 배선설비가 통과한 후에 남는 개구부는 관통 전의 건축구조 각 부재에 규정된 내화등급에 따라 밀폐하여야 한다.
   나. 내화성능이 규정된 건축구조부재를 관통하는 배선설비는 제1에서 요구한 외부의 밀폐와 마찬가지로 관통 전에 각 부의 내화등급이 되도록 내부도 밀폐하여야 한다.

30 태양광시스템에서 방화구획 관통부를 처리하는 주된 목적은?
① 다른 설비로의 화재확산 방지
② 배전반 및 분전반 보호
③ 태양전지어레이 보호
④ 인버터 보호

[풀이] 태양광시스템에서 방화구획 관통부를 처리하는 주된 목적은 '다른 설비로의 화재확산 방지'에 있다.

31 태양광발전시스템에서 방화구역 관통부의 처리에 관한 설명 중 틀린 것은?
① 전선배관의 관통부분에서 다른 설비로 화재 확산을 방지하는 것이다.
② 관통부분의 충전재, 케이블, 배관재의 변형·파손·탈락·소실로 뒷면에 화염 연기가 발생하지 않아야 한다.
③ 내열성이란 관통부분의 충전재, 내열재의 전열에 의해 뒷면이 연소할 위험이 있는 온도가 되지 않아야 한다.
④ 출입문은 방화문으로 한다.

[풀이] 방화문은 방화구획 관통부와 관계없다.

32 케이블의 방화구획 관통부 처리에서 불필요한 것은?
① 난연성
② 내열성
③ 내화구조
④ 단열구조

[풀이] 케이블의 방화구획 관통부 처리목적
㉠ 화재 발생 시 전선배관의 관통부분에서 다른 설비로의 화재 확산 방지
㉡ Cable을 옥외에서 옥내로 들어올 때 관통부분 처리
  • 난연성 : 관통부분의 충진재, 배관재의 변형·탈락, 소손 등으로 인해 뒷면에 화염이나 연기가 발생하지 않을 것
  • 내열성 : 관통부분의 충진재, 내열실재의 전열에 의해 뒷면이 연소할 위험이 있는 온도가 되지 않을 것
※ 단열구조는 건축에서 열이 외부로 빠져나가지 않도록 하는 구조

정답 30 ① 31 ④ 32 ④

33 방화구획 관통부에 방화벽 또는 방화바닥 설치 시 시공방법으로 틀린 것은?

① 일반 실리콘폼을 양쪽 불연 내화패널 사이에 빈틈이 없이 충전한다.
② 관통벽에 미리 시설해 놓은 틀에 불연성 내화패널을 앵커볼트로 고정시킨다.
③ 불연성 내화패널과 케이블트레이, 케이블 사이에 빈틈과 주위를 밀폐재로 봉한다.
④ 방화판을 관통구의 크기에 맞도록 케이블트레이의 중심 양쪽으로 2장을 만든다.

풀이 문제 29번 풀이 참조

34 방화구획의 관통부 처리 시 배선을 옥외에서 옥내로 끌어들이는 관통부분에 충족하여야 하는 사항 2가지는?

① 내열성과 가요성
② 난연성과 내후성
③ 난연성과 내열성
④ 내열성과 내후성

풀이 방화구획의 관통부 처리
- 난연성 : 관통부분의 충전재, 케이블, 배관재의 변형, 탈락, 소실로 인해 뒷면에 화염, 연기가 나지 않을 것
- 내열성 : 관통부분의 충전재, 내열실재의 전열에 의해 뒷면이 연소할 위험이 있는 온도가 되지 않을 것

35 방화구획의 관통부 처리에 관한 설명으로 틀린 것은?

① 전선배관의 관통부는 다른 설비로 불길이 번지거나 확대하는 것을 방지하는 것이다.
② 관통부의 충전재, 내열실재의 전열에 의해 뒷면이 연소할 위험이 있는 온도가 되지 않아야 한다.
③ 내열성이란 관통부의 충전재, 케이블, 배관재의 변형·파손·탈락·소실로 뒷면에 화염, 연기가 발생하지 않도록 하는 것이다.
④ 내화구조물 배선, 배관 등으로 관통한 경우의 되메우기충전재는 관통하기 전과 같거나 그 이상의 내화구조로 하지 않으면 안 된다.

풀이 방화구획의 관통부 처리
- 난연성 : 관통부분의 충전재, 케이블, 배관재의 변형·탈락·소실로 인해 뒷면에 화염, 연기가 나지 않을 것
- 내열성 : 관통부분의 충전재, 내열실재의 전열에 의해 뒷면이 연소할 위험이 있는 온도가 되지 않을 것

36 방범용 CCTV시스템 설계 시 고려사항으로 틀린 것은?

① 발전소 내부 전 공간의 실시간 감시 가능
② 감시제어반에서의 통합감시 가능
③ 최소 30일 이상의 기록이 가능한 저장장치
④ 개별화된 장비(하드웨어) 및 솔루션(소프트웨어)

정답 33 ① 34 ③ 35 ③ 36 ④

풀이 CCTV시스템
표준화된 장비(하드웨어) 및 솔루션(소프트웨어)

37 태양광발전설비의 내부 시스템 고장 보호방법으로 틀린 것은?

① 차폐 실시
② 본딩 및 접지 실시
③ 피뢰침 설치
④ SPD 설치

풀이 피뢰침은 외부의 뇌격보호용으로 사용된다.

38 태양광발전설비의 보호대책으로 외부 피뢰시스템의 구성이 아닌 것은?

① 수뢰부 : 구조물의 뇌격을 받아들임
② 인하도선 : 뇌격전류를 접지극에 전달
③ 접지극 : 뇌격전류를 대지로 흘려보내는 것
④ 퓨즈 : 뇌격전류 차단

풀이 퓨즈는 단락전류를 차단하는 장치이다.

39 SPD(Surge Protective Device)를 시험에 의해 분류 시 II등급 시험의 전류파형은?

① 10/350[μs] 전류파형
② 8/20[μs] 전류파형
③ 1.2/50[μs] 전류파형
④ 8/20[μs] 전압파형

풀이 II등급 시험전류파형(파두장/파미장)은 8/20[μs]이다.

- SPD 분류 시 방전내량의 크기
  클래스 I > 클래스 II > 클래스 III
- SPD 분류표

구분		동작 원리
소자의 특성에 따른 분류	전압스위치형	일정 전압을 초과하면 단번에 낮은 전압으로 스위칭동작
	전압제한형	침입한 과전압을 거의 일정한 전압으로 제한하는 동작
	복합형	위에 언급한 2종류의 소자를 조합해 사용
시험에 의한 분류	I 등급시험	(10/350[μs])의 전류파형으로 시험하고 직격뢰를 가정
	II 등급시험	(8/20[μs])의 전류파형으로 시험하고 유도뢰를 가정
	III 등급시험	콤비네이션파형발생기에서 전압파형(1.2/50[μs])과 전류파형(8/20[μs])으로 시험하고 반복서지에 대응

정답 37 ③ 38 ④ 39 ②

40 서지보호장치(SPD) II 등급시험으로 알맞은 것은?

① 10/350[μs]의 전류파형으로 시험하고 직격뢰를 가정
② 8/20[μs]의 전류파형으로 시험하고 유도뢰를 가정
③ 콤비네이션파형발생기에서 전압파형은 1.2/50[μs]과 전류파형은 8/20[μs]으로 시험하고 반복서지에 대응
④ 8/20[μs]의 전압파형으로 시험하고 직격뢰를 가정

풀이 문제 39번 풀이 참조

41 50[kW] 이상의 태양광발전설비에 의무적으로 설치하여야 하는 모니터링설비의 계측설비 중 전력량계의 정확도 기준으로 옳은 것은?

① 1[%] 이내　　② 1.5[%] 이내
③ 3[%] 이내　　④ 5[%] 이내

풀이 모니터링설비의 계측설비 요구사항

계측설비	요구사항
인버터	CT 정확도 3[%] 이내
온도센서	정확도 ±0.3[℃](−20~100[℃] 미만)
유량계, 열량계	정확도 ±1.5[%] 이내
전력량계	정확도 ±1[%] 이내

정답 40 ② 41 ①

SECTION 003 태양광발전어레이 설계

···01 태양광발전 전기설계

1 태양광발전 전기배선설계

1. 태양광발전 모듈배선

① 태양전지판 모듈과 모듈을 연결하는 전선
② 공칭단면적 2.5[mm²] 이상 연동선 또는 동등 이상의 세기 및 굵기의 전선으로 배선해야 한다.
③ 반드시 극성 표시 확인 후 배선 : 정극(+, P), 부극(-, N)
　태양전지모듈 이면에서 접속용 케이블이 2본씩 나오기 때문이다.
④ 모듈접속함에서 인버터까지 배선의 전압강하율은 1~2[%]

2. 전기설비기술기준 한국전기설비규정(KEC)

1) 전압의 구분

분류	전압의 범위
저압	직류 : 1.5[kV] 이하, 교류 : 1[kV] 이하
고압	직류 : 1.5[kV] 초과, 7[kV] 이하, 교류 : 1[kV] 초과, 7[kV] 이하
특고압	7[kV] 초과

2) 전선

(1) 전선의 종류

① 나전선 : 도체에 피복을 하지 않은 전선. 경동선, 연동선, ACSR(강심알루미늄전선)
② 절연전선 : 도체의 사용전압에 견디는 절연물로 피복한 전선. 450/750[V] 비닐절연전선 등
③ 케이블 : 도체의 사용전압에 견디는 절연물로 피복을 하고 그 절연물 외부에 절연물 또는 차폐층을 보호하기 위하여 피복을 한 것
　㉠ 저압케이블 : 연피케이블, 알루미늄케이블, 비닐외장케이블, 클로로프렌외장케이블
　㉡ 고압케이블 : 저압케이블 종류와 같으며 콤바인드덕트케이블
　㉢ 특별고압케이블 : OF 케이블 등

(2) 전선의 접속

① 전선의 전기저항을 증가시키지 말 것

② 인장하중을 20[%] 이상 감소시키지 말 것
③ 절연전선의 절연물과 동등 이상의 절연효력이 있도록 충분히 피복할 것
④ 재질이 다른 도체를 접속 시 전기적 부식이 생기지 않을 것

(3) 전로의 절연
① 전로는 대지로부터 절연하여야 한다.
② 전로와 대지의 절연 예외 장소
  ㉠ 접지공사의 접지점　　　㉡ 중성점 접지점
  ㉢ 변성기 2차 측 접지점　　㉣ 다중접지 시 접지점
  ㉤ 시험용 변압기, 전기방식용 양극, 전기철도 귀선
  ㉥ 전기욕기, 전기로, 전기보일러, 전해조 등 대지로부터 절연이 기술상 곤란한 곳

(4) 누설전류
① 저압전로 중 절연부분의 전선과 대지 사이 및 전선과 심선상호 간의 절연저항은 사용전압에 대한 누설전류가 최대공급전류의 (1/2,000)을 넘지 않도록 하여야 한다.

② 변압기 전로의 권선 종류 및 절연내력시험전압(교류시험전압 → 연속 10분간)

구분		배수	최저전압
	7,000[V] 이하	최대사용전압×1.5배	500[V]
비접지식	7,000[V] 초과	최대사용전압×1.25배	10,500[V]
중성점 다중접지식	7,000[V] 초과 25,000[V] 이하	최대사용전압×0.92배	×
중성점 접지식	60,000[V] 초과	최대사용전압×1.1배	75,000[V]
중성점 직접접지식	170,000[V] 이하	최대사용전압×0.72배	×
	170,000[V] 넘는 구내에서만 적용	최대사용전압×0.64배	×

③ 전선로의 절연내력시험전압(직류전압 → 연속 10분간)
  변압기의 절연내력시험전압(교류시험전압)을 기준으로 한다.
  단, 케이블 사용(교류시험전압×2배)

(5) 저압전로의 절연성능
  전기사용 장소의 사용전압이 저압인 전로의 전선 상호 간 및 전로와 대지 사이의 절연저항은 개폐기 또는 과전류차단기로 구분할 수 있는 전로마다 다음 표에서 정한 값 이상이어야 한다. 다만, 전선 상호 간의 절연저항은 기계기구의 분리가 용이하지 않은 분기회로의 경우 기기 접속 전에 측정할 수 있다.

또한, 측정 시 영향을 주거나 손상을 받을 수 있는 SPD 또는 기타 기기 등은 측정 전에 분리시켜야 하고, 부득이하게 분리가 어려운 경우에는 시험전압을 250[V] DC로 낮추어 측정할 수 있지만 절연저항 값은 1[MΩ] 이상이어야 한다.

전로의 사용전압[V]	DC 시험전압[V]	절연저항[MΩ]
SELV 및 PELV	250	0.5
FELV, 500[V] 이하	500	1.0
500[V] 초과	1,000	1.0

* 특별저압(Extra Low Voltage : 2차 전압이 AC 50[V], DC 120[V] 이하)으로 SELV(비접지 회로 구성) 및 PELV(접지회로 구성)는 1차와 2차가 전기적으로 절연된 회로, FELV는 1차와 2차가 전기적으로 절연되지 않은 회로
  - FELV(Functional Extra Low Voltage)
  - SELV(Safety Extra Low Voltage)
  - PELV(Protective Extra Low Voltage)

(6) 변압기의 중성점접지

① 변압기의 중성점접지 저항값은 다음에 의한다.

㉠ 일반적으로 변압기의 고압·특고압 측 전로 1선 지락전류로 150을 나눈 값과 같은 저항값 이하

$$R = \frac{150}{\text{변압기의 고압 측 또는 특고압 측 1선 지락전류}}$$

㉡ 변압기의 고압·특고압 측 전로 또는 사용전압이 35[kV] 이하의 특고압전로가 저압 측 전로와 혼촉하고 저압전로의 대지전압이 150[V]를 초과하는 경우의 저항 값은 다음에 의한다.

- 1초 초과 2초 이내에 고압·특고압 전로를 자동으로 차단하는 장치를 설치할 때는 300을 나눈 값 이하
- 1초 이내에 고압·특고압 전로를 자동으로 차단하는 장치를 설치할 때는 600을 나눈 값 이하

② 전로의 1선 지락전류는 실측값에 의한다. 다만, 실측이 곤란한 경우에는 선로정수 등으로 계산한 값에 의한다.

③ 전로의 중성점접지

㉠ 목적
- 보호계전기의 확실한 동작 확보
- 이상전압의 억제 및 대지전압의 저감
- 기기의 절연레벨 경감

ⓒ 접지의 종류

[직접접지]　　　　[저항접지]　　　　[리액터접지]

(7) 특별고압용 기계기구의 시설

특별고압용 기계기구는 다음에 한하여 시설할 수 있으며 발전소·변전소·개폐소 또는 이에 준하는 곳에 시설하는 경우 노출된 충전부분에 취급자가 쉽게 접촉할 우려가 없도록 시설해야 한다.

① 기계기구의 주위에 울타리·담 등을 시설하는 경우
② 기계기구를 지표상 5[m] 이상의 높이에 시설하고 충전부분의 지표상의 높이를 표에서 정한 값 이상으로 하며 또한 사람이 접촉할 우려가 없도록 시설하는 경우

∥ 사용전압에 따른 충전부분까지의 이격거리 ∥

사용전압의 구분	울타리의 높이와 울타리로부터 충전부분까지의 거리의 합계 또는 지표상의 높이
35[kV] 이하	5[m]
35[kV] 초과 160[kV] 이하	6[m]
160[kV] 초과	6[m]에 160[kV]를 초과하는 10[kV] 또는 그 단수마다 12[cm]를 더한 값

③ 공장 등의 구내에서 기계기구를 콘크리트제의 함 또는 접지공사를 한 금속제의 함에 넣고 또한 충전부분이 노출하지 아니하도록 시설하는 경우
④ 옥내에 설치한 기계기구를 취급자 이외의 사람이 출입할 수 없도록 설치한 곳에 시설하는 경우
⑤ 충전부분이 노출하지 아니하는 기계기구를 사람이 쉽게 접촉할 우려가 없도록 시설하는 경우

(8) 고압용 기계기구의 시설

① 고압용 기계기구는 다음의 1에 해당하는 경우, 발전소·변전소·개폐소 또는 이에 준하는 곳에 시설하는 경우 이외에는 시설하지 말 것
　㉠ 울타리, 담 등의 높이는 2[m] 이상으로 하고 지표면과 울타리, 담 등의 하단 사이의 간격은 15[cm] 이하로 시설하는 경우

∥ 울타리, 담 등의 높이 ∥

사용전압의 구분	울타리의 높이와 울타리로부터 충전부분까지의 거리의 합계 또는 지표상의 높이
35[kV] 이하	5[m]
35[kV] 초과 160[kV] 이하	6[m]
160[kV] 초과	6[m]에 160[kV]를 초과하는 10[kV] 또는 그 단수마다 12[cm]를 더한 값

ⓒ 기계기구를 지표상 4.5[m](시가지 외에는 4[m]) 이상의 높이에 시설하고 또한 사람이 쉽게 접촉할 우려가 없도록 시설하는 경우

ⓒ 공장 등의 구내에서 기계기구의 주위에 사람이 쉽게 접촉할 우려가 없도록 적당한 울타리를 설치하는 경우

ⓔ 옥내에 설치한 기계기구를 취급자 이외의 사람이 출입할 수 없도록 설치한 곳에 시설하는 경우

ⓜ 기계기구를 콘크리트제의 함 또는 접지공사를 한 금속제 함에 넣고 또한 충전부분이 노출하지 아니하도록 시설하는 경우

ⓗ 충전부분이 노출하지 아니하는 기계기구를 사람이 쉽게 접촉할 우려가 없도록 시설하는 경우

ⓢ 충전부분이 노출하지 아니하는 기계기구를 온도상승에 의하여 또는 고장 시 그 근처의 대지와의 사이에 생기는 전위차에 의하여 사람이나 가축 또는 다른 시설물에 위험의 우려가 없도록 시설하는 경우

② 고압용의 기계기구는 노출된 충전부분에 취급자가 쉽게 접촉할 우려가 없도록 시설할 것

(9) 아크를 발생하는 기구의 시설

∥ 전압에 따른 기구와 가연물과의 이격거리 ∥

기구 등의 구분	이격거리
고압용의 것	1[m] 이상
특별고압용의 것	2[m] 이상

(10) 과전류차단기

① 저압용 퓨즈 정격전류의 1.1배에 견디고
　ⓐ 30[A]×1.6배 60분 이내, 2배의 전류로 2분 이내에 용단할 것
　ⓑ 100[A]×1.6배 120분 이내, 2배의 전류로 6분 이내에 용단할 것

② 배선용 차단기 : 1배의 전류에 견딜 것

③ 고압용 퓨즈

종류	정격전류의 배수
포장퓨즈	1.3배에 견디고 2배의 전류에 120분 이내 용단
비포장퓨즈	1.25배에 견디고 2배의 전류에 2분 이내 용단

02 태양광발전어레이 전압강하 계산

1 태양광발전어레이 전압강하 계산

1. 전압강하 및 전선 선정

1) 전선의 굵기 선정

(1) 전선의 굵기 선정 시 고려사항
① 허용전류
② 전압강하
③ 기계적 강도
④ 고조파
⑤ 장래 증설 및 변경 등

(2) 전기방식에 따른 전압강하 및 전선의 단면적 계산

전기방식	전압강하(e)	전선의 단면적($A[mm^2]$)
직류 2선식, 교류 2선식	$e = \dfrac{35.6 \times L \times I}{1,000 \times A}$	$A = \dfrac{35.6 \times L \times I}{1,000 \times e}$
단상 3선식, 3상 4선식	$e = \dfrac{17.8 \times L \times I}{1,000 \times A}$	$A = \dfrac{17.8 \times L \times I}{1,000 \times e}$
3상 3선식	$e = \dfrac{30.8 \times L \times I}{1,000 \times A}$	$A = \dfrac{30.8 \times L \times I}{1,000 \times e}$

여기서, L : 권선의 길이[m], I : 전류[A]

$$전압강하율(\varepsilon) = \dfrac{전압강하(e)(송전단전압 - 수전단전압)}{수전단전압} \times 100$$

(3) 어레이에서 인버터의 입력 출력단과 계통연계점 간 전압강하는 3[%]를 초과해서는 안 된다.
  ① 60[m] 이하 : 3[%]
  ② 120[m] 이하 : 5[%]
  ③ 200[m] 이하 : 6[%]
  ④ 200[m] 초과 : 7[%]

(4) KEC 규정 수용가설비의 전압강하

설비의 유형	조명[%]	기타[%]
A - 저압으로 수전하는 경우	3	5
B - 고압 이상으로 수전하는 경우	6	8

가능한 한 최종회로 내의 전압강하가 A유형의 값을 넘지 않도록 하는 것이 바람직하다. 사용자의 배선설비가 100[m]를 넘는 부분의 전압강하는 미터당 0.005[%] 증가할 수 있으나 이러한 증가분은 0.5[%]를 넘지 않아야 한다.

2 태양전지어레이 간격 산정식

1. 장애물과 이격거리 계산식

$$D = \frac{H}{\tan\alpha}$$

여기서, $\tan\alpha = \dfrac{H}{D}$ α : 태양의 고도각

2. 어레이 간 최소 이격거리 계산식

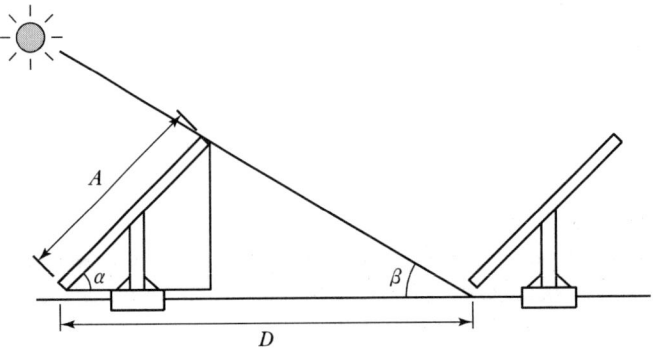

여기서, 어레이 이격거리 $D = A \times \dfrac{\sin(180° - \alpha - \beta)}{\sin\beta}$ (태양고도 따로 계산)

또는 $D = A \times [\cos\alpha + \sin\alpha \times \tan(90° - \beta)]$ (태양고도 따로 계산)

$D = A \times [\cos\alpha + \sin\alpha \times \tan(Lat(\text{그 지방의 위도}) + 23.5°)]$

(※ 설치지역의 위도=그 지방의 위도를 직접 대입해 태양의 고도를 적용한 식)

여기서, D : 어레이의 최소 이격거리[mm]
A : 어레이 길이[mm] (어레이 세로 길이)
α : 어레이의 경사각[°]
β : 발전한계시각에서의 태양고도, 태양의 입사각
Lat : 그 지방의 위도

대지이용률이란 부지의 면적에 대한 모듈의 면적비를 백분율[%]로 나타낸 것이다.

$$\text{대지이용률} = \dfrac{\text{모듈의 면적}}{\text{부지의 면적}} \times 100 [\%]$$

❸ 태양광발전 구조물설계

1. 태양광 구조물시스템의 설계기준

1) 태양광발전 구조물의 형식별 구분

(1) 주택 및 일반건물 설치 시
지붕건재형, 지붕설치형, 벽건재형, 벽설치형, 차양형, 톱라이트형

(2) 대지 설치 시
경사고정형, 경사변동형, 추적방향(단축추적, 양축추적), 추적방식(감지식, 프로그램, 혼합식)

2) 구조물 설계 시 고려사항

　① 안정성 : 풍압, 적설, 내진 등 고려
　② 시공성 : 부재의 재질, 규격 등
　③ 내구성 : 사용연한
　④ 경제성 : 과대 설계 배제, 공사비 절감공법

3) 상정하중 계산

　① 수직하중 : 고정하중, 적설하중, 활하중
　② 수평하중 : 풍하중, 지진하중

4) 구조계산서

　설계하중(사용하중)에 의한 실제 응력이 허용응력을 초과하지 않도록 설계한다.

2. 구조물 이격거리 산출 시 적용 설계요소

태양광발전시스템에서 어레이 간격의 산정은 출력 저하 방지를 위해 필요하고 어레이 간격을 크게 하면 음영에 의한 출력 저하는 감소하지만 면적이 넓어진다. 그러므로 출력 저하를 최소화하면서 발전용량을 최대화할 수 있는 최적 간격 산정이 필요하다.

1) 가대의 재질

　① 환경조건, 설계 내용연수에 따라 결정
　② 염해, 공해 등에 의한 부식의 발생이 없을 것

2) 가대의 강도

　어레이 자체 하중+풍압하중에 견디게 설계

3) 재질에 따른 가대의 종류

　① 강제+도장(저가) : 재도장(5~10주기)
　② 강제+용융아연도금(중가) : 철의 10배 정도 내식성, 부분 녹 발생
　③ 스테인리스(SUS)(고가) : 경량
　④ 알루미늄합금제(중가) : 경량, 강도가 약함, 부식 발생

4) 어레이 설치방식에 따른 분류

　① 고정식
　② 경사가변형
　③ 추적식
　　㉠ 추적방향 : 단축식, 양축식
　　㉡ 추적방식 : 감지식, 프로그램, 혼합식 추적법

3. 태양전지어레이용 가대 설계

1) 가대의 구성
프레임(수평부재, 수직부재), 지지대, 기초판

2) 설계하중
가대는 설치장소, 설치방식, 형태 등에 따라 하중이 달라지므로 그에 맞는 설계하중 필요

3) 상정하중
설계하중은 수직하중과 수평하중을 고려한다.

(1) 수직하중
  ① 고정하중 : 어레이+프레임+지지대
  ② 적설하중
  ③ 활하중 : 건축물 및 공작물을 점유·사용함으로써 발생

(2) 수평하중
  ① 풍하중 : 바람
  ② 지진하중

(3) 설계풍압

> 풍하중($W = P_C$)
> 설계풍압 $P_C [\text{kN/m}^2] = q_z \cdot G_f \cdot C_f$
> 또는 $P_C [\text{kN}] = q_z \cdot G_f \cdot C_f \cdot A$

여기서, q_z : 임의의 높이(z)에서의 설계속도압[kN/m²]

$$q_z = \frac{1}{2}\rho V_z^2$$

ρ : 공기밀도(0.00125[kN·s²/m⁴]=1.25[kg/m³])
V_z : 지역별 기본풍속(25~45[m/s])에 지형, 중요도, 바람의 분포 등을 고려한 값
$$V_z = V_0 \cdot K_{zr} \cdot K_{zt} \cdot I_W$$
A : 유효수압면적[m²]
G_f : 가스트영향계수
C_f : 풍압계수

※ 가스트영향계수(G_f : Gust Effect Factor)
바람의 난동으로 발생하는 불규칙한 풍하중이 건축물에 작용한 경우 건축물에 유발되는 최대변위를 평균범위로 나눈 값으로 정의. 즉, 주변 식생, 구조물 등에 의한 난류, 돌풍 등의 영향을 고려한 계수

(4) 하중의 크기 : 폭풍 시>적설 시>지진 시
  ① 폭풍 시 : 고정+풍압하중
  ② 적설 시 : 고정+적설하중
  ③ 지진 시 : 고정+지진하중

SECTION 003 실전예상문제

01 태양광발전 전기설계

01 전기설비의 일반사항에 대한 내용으로 잘못된 것은?
① 고전압의 침입 등에 의한 감전, 화재 등으로 사람에게 손상을 줄 우려가 없도록 접지를 실시한다.
② 뇌방전으로 인한 과전압으로부터 전기설비의 손상, 감전 등의 우려가 없도록 피뢰설비를 시설한다.
③ 전로에 시설하는 전기기계·기구는 통상 사용상태에서 발생하는 열에 견디는 것이어야 한다.
④ 전선의 접속부분에는 전기저항이 증가되도록 접속하고 절연성능이 저하되지 않도록 하여야 한다.

풀이 전기설비기술기준 제8조(전선의 접속)
전선은 접속부분에서 전기저항이 증가되지 않도록 접속하고 절연성능의 저하(나전선을 제외한다) 및 통상 사용상태에서 단선의 우려가 없도록 하여야 한다.

02 전기설비의 종류에 해당되지 않는 것은?
① 전기사업용 전기설비
② 일반용 전기설비
③ 특수용 전기설비
④ 자가용 전기설비

풀이 "전기설비"란 발전·송전·변전·배전·전기공급 또는 전기 사용을 위하여 설치하는 기계·기구·댐·수로·저수지·전선로·보안통신선로 및 그 밖의 설비(「댐건설·관리 및 주변지역지원 등에 관한 법률」에 따라 건설되는 댐·저수지와 선박·차량 또는 항공기에 설치되는 것과 그 밖에 대통령령으로 정하는 것은 제외한다)로서 다음의 것을 말한다.
• 전기사업용 전기설비 • 일반용 전기설비 • 자가용 전기설비

03 전선의 접속방법으로 틀린 것은?
① 접속부분의 전기저항을 증가시킬 것
② 접속부분은 접속관 기타의 기구를 사용할 것
③ 전선의 세기를 20[%] 이상 감소시키지 아니할 것
④ 전기화학적 성질이 다른 도체를 접속하는 경우에는 접속부분에 전기적 부식이 생기지 아니하도록 할 것

풀이 전선의 접속법
전선을 접속하는 경우에는 전선의 전기저항을 증가시키지 아니하도록 접속하여야 한다.

정답 01 ④ 02 ③ 03 ①

04 교류에서 저압의 한계는 몇 [V]인가?

① 380   ② 600   ③ 1,000   ④ 1,500

풀이

분류	전압의 범위	
저압	• 직류 : 1.5[kV] 이하	• 교류 : 1[kV] 이하
고압	• 직류 : 1.5[kV] 초과, 7[kV] 이하	• 교류 : 1[kV] 초과, 7[kV] 이하
특고압	7[kV] 초과	

05 전압을 구분하는 경우 직류전압에서 저압은?

① 600[V] 이하   ② 750[V] 이하
③ 1,000[V] 이하   ④ 1,500[V] 이하

06 한국전기설비규정(KEC)에서 전압을 구분하는 경우 고압에서의 직류범위로 옳은 것은?

① 1,000[V] 이상 7,000[V] 이하   ② 1,000[V] 초과 7,000[V] 이하
③ 1,500[V] 초과 7,000[V] 이하   ④ 1,500[V] 이상 7,000[V] 이하

07 7,000[V]를 초과하는 전압은?

① 저압   ② 고압   ③ 특고압   ④ 초고압

08 전력기술관리법에 따라 해당되는 전력시설물의 설계도서는 설계감리를 받아야 한다. 법에 따른 전력시설물 중 설계감리 대상에 해당하지 않는 것은?

① 용량 80만킬로와트 이상의 발전설비
② 전압 20만볼트 이상의 송전 · 변전설비
③ 전압 10만볼트 이상의 수전설비 · 구내배전설비 · 전력사용설비
④ 전기철도의 수전설비 · 철도신호설비 · 구내배전설비 · 전차선설비 · 전력사용설비

풀이 설계감리를 받아야 하는 설계도서
  • 용량 80만[kW] 이상의 발전설비
  • 전압 30만[V] 이상의 송전 및 변전설비
  • 전압 10만[V] 이상의 수전설비, 구내배전설비, 전력사용설비
  • 전기철도의 수전설비, 철도신호설비, 구내배전설비, 전력사용설비
  • 국제공항의 수전설비, 구내배전설비, 전력사용설비
  • 21층 이상이거나 연면적 5만[m^2] 이상인 건축물의 전력시설물
  • 그 밖에 산업통상자원부령으로 정하는 전력시설물

정답 04 ③   05 ④   06 ③   07 ③   08 ②

09 전기사용 장소의 사용전압이 SELV 및 PELV이고 DC 시험전압이 250[V]인 전로의 전선 상호 간 및 전로와 대지 사이의 절연저항은 개폐기 또는 과전류차단기로 구분할 수 있는 전로마다 몇 [MΩ] 이상이어야 하는가?

① 0.5　　　② 1　　　③ 2　　　④ 3

풀이 저압전로의 절연성능

전기사용 장소의 사용전압이 저압인 전로의 전선 상호 간 및 전로와 대지 사이의 절연저항은 개폐기 또는 과전류차단기로 구분할 수 있는 전로마다 다음 표에서 정한 값 이상이어야 한다. 다만, 전선 상호 간의 절연저항은 기계기구의 분리가 용이하지 않은 분기회로의 경우 기기 접속 전에 측정할 수 있다.

또한, 측정 시 영향을 주거나 손상을 받을 수 있는 SPD 또는 기타 기기 등은 측정 전에 분리시켜야 하고, 부득이하게 분리가 어려운 경우에는 시험전압을 250[V] DC로 낮추어 측정할 수 있지만 절연저항 값은 1[MΩ] 이상이어야 한다.

전로의 사용전압[V]	DC 시험전압[V]	절연저항[MΩ]
SELV 및 PELV	250	0.5
FELV, 500[V] 이하	500	1.0
500[V] 초과	1,000	1.0

* 특별저압(Extra Low Voltage : 2차 전압이 AC 50[V], DC 120[V] 이하)으로 SELV(비접지회로 구성) 및 PELV(접지회로 구성)은 1차와 2차가 전기적으로 절연된 회로, FELV는 1차와 2차가 전기적으로 절연되지 않은 회로
  - FELV(Functional Extra Low Voltage)
  - SELV(Safety Extra Low Voltage)
  - PELV(Protective Extra Low Voltage)

10 한국전기설비규정(KEC)에서 저압전선로의 절연성능 중 전로의 사용전압이 FELV 500[V] 이하(DC 시험전압 500[V])인 경우 절연저항값은 몇 [MΩ]인가?

① 1　　　② 2　　　③ 3　　　④ 4

11 전기사용 장소 사용전압이 500[V] 초과인 전선로의 전선 상호 간 및 전로와 대지 사이의 절연저항은 개폐기 또는 과전류차단기로 구분할 수 있는 전로마다 몇 [MΩ] 이상이어야 하는가?

① 0.5　　　② 1　　　③ 2　　　④ 3

12 지중에 매설되어 있고 대지와의 전기저항값이 몇 [Ω] 이하의 값을 유지하고 있는 금속제 수도관을 접지전극으로 사용할 수 있는가?

① 2　　　② 3　　　③ 4　　　④ 5

정답 09 ①　10 ①　11 ②　12 ②

풀이 수도관 등의 접지극

지중에 매설되어 있고 대지와의 전기저항값이 3[Ω] 이하의 값을 유지하고 있는 금속제 수도관로는 이를 접지극으로 사용할 수 있다.

13 한국전기설비규정에서 사용전압이 저압인 전로에서 정전이 어려운 경우 등 절연저항 측정이 곤란한 경우에는 누설전류를 몇 [mA] 이하로 유지해야 하는가?

① 1   ② 2   ③ 5   ④ 10

풀이 전로의 절연저항 및 절연내력

사용전압이 저압인 전로에서 정전이 어려운 경우 등 절연저항 측정이 곤란한 경우에는 누설전류를 1[mA] 이하로 유지하여야 한다.

14 태양전지모듈의 절연내력시험 시 10분간 연속적으로 인가하는 직류전압 또는 교류전압(500[V] 미만으로 되는 경우에는 500[V])은 최대사용전압의 몇 배인가?

① 직류 1.5배, 교류 1.5배   ② 직류 1.5배, 교류 1배
③ 직류 1배, 교류 1.5배   ④ 직류 1배, 교류 1배

풀이 절연내압 측정

표준태양전지어레이 개방전압을 최대사용전압으로 간주하여 최대사용전압의 1.5배의 직류전압 혹은 1배의 교류전압(5[V] 미만일 때는 500[V])을 10분간 인가하여 절연파괴 등의 이상이 발생하지 않는 것을 확인한다.

15 태양전지모듈은 최대사용전압 몇 배의 직류전압을 충전부분과 대지 사이에 연속하여 10분간 가하여 절연내력을 시험하였을 때 이에 견디어야 하는가?

① 0.92   ② 1   ③ 1.25   ④ 1.5

풀이 연료전지 및 태양전지모듈의 절연내력

연료전지 및 태양전지모듈은 최대사용전압의 1.5배의 직류전압 또는 1배의 교류전압(500[V] 미만으로 되는 경우에는 500[V])을 충전부분과 대지 사이에 연속하여 10분간 가하여 절연내력을 시험하였을 때에 이에 견디는 것이어야 한다.

16 분산형 전원배전계통연계 기술기준에 따라 전기방식이 교류단상 220[V]인 분산형 전원을 저압한전계통에 연계할 수 있는 용량은?

① 100[kW] 미만   ② 150[kW] 미만   ③ 250[kW] 미만   ④ 500[kW] 미만

풀이 분산형 전원을 저압한전계통에 연계할 수 있는 용량은 100[kW] 미만이다.

정답 13 ① 14 ② 15 ④ 16 ①

신재생에너지발전설비/태양광

17 한국전기설비규정에 따라 일반주택 및 아파트 각 호실의 현관등은 몇 분 이내에 소등되도록 타임스위치를 시설하여야 하는가?

① 1 　　② 2 　　③ 3 　　④ 5

풀이 일반주택 및 아파트 각 호실의 현관등은 3분 이내에 소등되도록 타임스위치를 시설하여야 한다.

18 규정에 따라 케이블을 콘크리트에 직접 매설하는 경우 케이블은 철근 등을 따라 포설하는 것을 원칙으로 하고 바인드선 등으로 철근 등에 몇 [m] 이하의 간격으로 고정하여야 하는가?

① 1 　　② 2 　　③ 3 　　④ 4

풀이 케이블을 콘크리트에 직접 매설하는 경우 케이블은 철근 등을 따라 포설하는 것을 원칙으로 하고 바인드선 등으로 철근 등에 1[m] 이하의 간격으로 고정하여야 한다.

19 한국전기설비규정에 따라 22.9[kV] 가공전선과 그 지지물·완금류·지주 사이의 이격거리는 몇 [cm] 이상으로 하여야 하는가?

① 15 　　② 20 　　③ 25 　　④ 30

풀이 22.9[kV] 가공전선과 그 지지물·완금류·지주 사이의 이격거리는 20[cm] 이상으로 하여야 한다.

20 한국전기설비규정에 따라 분산형 전원을 전력계통에 연계하는 경우 인버터로부터 직류가 계통으로 유출되는 것을 방지하기 위하여 접속점과 인버터 사이에 설치하는 것은?(단, 단권변압기는 제외한다.)

① 차단기　　② 전력퓨즈　　③ 보호계전기　　④ 상용주파수변압기

풀이 인버터 회로방식

절연방식	회로도	설명
상용주파변압기 절연방식	PV — 인버터(DC→AC) — 상용주파변압기	태양전지 직류출력을 상용주파의 교류로 변환한 후 변압기로 절연한다.
고주파변압기 절연방식	PV — 고주파인버터(DC→AC) — 고주파변압기(AC→DC) — 인버터(DC→AC)	태양전지의 직류출력을 고주파 교류로 변환한 후, 소형 고주파변압기로 절연한다. 그 다음 일단 직류로 변환하고 다시 상용주파수 교류로 변환한다.
트랜스리스방식 (무변압기방식)	PV — 컨버터 — 인버터	태양전지의 직류출력을 DC−DC 컨버터로 승압하고 인버터로 상용주파의 교류로 변환한다.

정답 17 ③　18 ①　19 ②　20 ④

21 분산형 전원배전계통연계 기술기준에 따라 태양광발전시스템 및 그 연계시스템의 운영 시 태양광발전시스템 연결점에서 최대정격 출력전류의 몇 [%]를 초과하는 직류 전류를 배전계통으로 유입시켜서는 안 되는가?

① 0.3　　　　② 0.5　　　　③ 0.7　　　　④ 1.0

> 풀이) 분산형 전원을 배전계통에 연계 시 최대 정격 출력전류의 0.5[%]를 초과하는 직류전류를 배전계통으로 유입시켜서는 안 된다.

22 한국전기설비규정에 따라 전선을 접속하는 경우 전선의 세기를 몇 [%] 이상 감소시키지 않아야 하는가?

① 10　　　　② 20　　　　③ 25　　　　④ 30

> 풀이) 한국전기설비규정에 따라 전선을 접속하는 경우 전선의 세기를 20[%] 이상 감소시키지 않아야 한다.

23 한국전기설비규정에 따라 몇 [V]를 초과하는 축전지는 비접지 측 도체의 쉽게 차단할 수 있는 곳에 개폐기를 시설하여야 하는가?

① 30　　　　② 60　　　　③ 150　　　　④ 400

> 풀이) 30[V]를 초과하는 축전지는 비접지 측 도체의 쉽게 차단할 수 있는 곳에 개폐기를 시설해야 한다.

24 한국전기설비규정에 따라 저압 옥내 직류전기설비의 접지시설에 양(+)도체를 접지하는 경우 무엇에 대한 보호를 하여야 하는가?

① 지락　　　　② 감전　　　　③ 단락　　　　④ 과부하

> 풀이) 저압 옥내 직류전기설비의 접지시설에 양(+)도체를 접지하는 것은 감전보호이다.

25 한국전기설비규정에 따라 의료장소의 전로에서 정격감도전류 30[mA] 이하, 동작시간 0.03초 이내의 누전차단기를 생략할 수 있는 경우로 틀린 것은?

① 의료 IT 계통의 전로
② 건조한 장소에 설치하는 의료용 전기기기의 전원회로
③ 의료장소의 바닥에서부터 2.0[m]를 초과하는 높이에 설치된 조명기구의 전원회로
④ TT 계통 또는 TN 계통에서 전원자동차단에 의한 보호가 의료행위에 중대한 지장을 초래할 우려가 있는 회로에 누전경보기를 시설하는 경우

> 풀이) 의료장소의 전로에는 정격감도전류 30[mA] 이하, 동작시간 0.03초 이내의 누전차단기를 설치할 것. 다만, 다음의 경우는 그러하지 아니하다.
> • 의료장소의 바닥에서부터 2.5[m]를 초과하는 높이에 설치된 주명기구의 전원회로

정답 21 ② 22 ② 23 ① 24 ② 25 ③

26 한국전기설비규정에서 전로의 중성점의 접지 목적으로 틀린 것은?

① 대지전압의 저하
② 손실전력의 감소
③ 이상전압의 억제
④ 전로 보호장치의 확실한 동작의 확보

풀이 전로의 중성점의 접지
전로의 보호장치의 확실한 동작의 확보, 이상전압의 억제 및 대지전압의 저하를 위하여 특히 필요한 경우에 전로의 중성점에 접지공사를 한다.

27 한국전기설비규정에 따라 연료전지는 자동적으로 이를 전로에서 차단하고 연료전지에 연료가스 공급을 자동적으로 차단하며 연료전지 내의 연료가스를 자동적으로 배제하는 장치를 시설하여야 하는 경우로 틀린 것은?

① 연료전지에 과전류가 생긴 경우
② 연료전지의 온도가 현저하게 상승한 경우
③ 발전요소(發電要素)의 발전전압에 이상이 생겼을 경우
④ 공기 출구에서의 연료가스 농도가 현저히 저하된 경우

풀이 연료전지에 연료가스 공급을 자동적으로 차단하며 연료전지 내의 연료가스를 자동적으로 배제하는 장치를 시설하는 경우 : 공기 출구에서의 연료가스 농도가 현저히 높은 경우

28 전로의 중성점을 접지하는 목적에 해당되지 않는 것은?

① 보호장치의 확실한 동작 확보
② 부하전류의 일부를 대지로 흐르게 함으로써 전선을 절약
③ 이상전압의 억제
④ 대지전압의 저하

풀이 전로의 중성점을 접지하는 목적
- 전로 보호장치의 확실한 동작 확보
- 이상전압의 억제
- 대지전압의 저하를 위하여
- 특히 필요한 경우에 전로의 중성점에 접지공사를 할 경우

29 한국전기설비규정에 따라 저압접촉전선을 옥측 또는 옥외에 시설하는 경우 시설하는 공사로 틀린 것은?

① 애자사용공사
② 버스덕트공사
③ 합성수지관공사
④ 절연트롤리공사

풀이 옥측 또는 옥외에 시설하는 접촉전선의 시설
저압접촉전선을 옥측 또는 옥외에 시설하는 경우에는 기계기구에 시설하는 경우 이외에는 애자사용공사, 버스덕트공사 또는 절연트롤리공사에 의하여 시설하여야 한다.

정답 26 ② 27 ④ 28 ② 29 ③

30 다음 중 접지공사의 종류에 따른 접지저항값의 적용 예외사항을 기술한 것 중 잘못된 것은?

① 전로의 중성점접지
② 의료장소의 접지
③ 특고압직류전로 보호장치의 확실한 동작 확보 및 이상전압 억제를 위하여 특히 필요한 경우에 대해 그 전로에 접지공사를 시설할 때
④ 대지 사이의 전기저항값이 100[Ω] 이하인 값을 유지하는 건물의 철골이 있는 경우

풀이 지중에 매설되어 있고 대지와의 전기저항값이 3[Ω] 이하의 값을 유지하고 있는 금속제 수도관로는 접지극으로 사용할 수 있다.

31 한국전기설비규정에 따라 저압전로에 사용하는 전력전류 50[A]의 배선용 차단기에 100[A]의 전류를 통했을 때 몇 분 내에 자동적으로 동작하여야 하는가?

① 1분　② 2분　③ 4분　④ 8분

풀이 저압전로 중의 과전류차단기의 시설
저압전로에 사용하는 배선용 차단기
- 정격전류의 1배에 견딜 것
- 1.25배 및 2배 전류에 대한 자동동작시간은 다음과 같을 것

정격전류의 구분	시간(분)	
	1.25배	2배
30[A] 이하	60	2
30[A] 이상 50[A] 이하	60	4
50[A] 이상 100[A] 이하	120	6
100[A] 이상 225[A] 이하	120	8

※ 100[A] ÷ 50[A] = 2
2배 전류이므로 4분 이내 용단되어야 한다.

32 한국전기설비규정에 따라 특고압 옥내배선이 저압 옥내전선 · 관등회로의 배선 · 고압 옥내전선 · 약전류 전선 등 또는 수관 · 가스관이나 이와 유사한 것과 접근하거나 교차하는 경우 특고압 옥내배선과 저압 옥내전선 · 관등회로의 배선 또는 고압 옥내전선 사이의 이격거리는 몇 [cm] 이상으로 하여야 하는가?(단, 상호 간에 견고한 내화성의 격벽을 시설하는 경우 이외이다.)

① 30　② 40　③ 50　④ 60

풀이 한국전기설비규정에 따라 특고압 옥내배선이 저압 옥내전선 · 관등회로의 배선 · 고압 옥내전선 · 약전류 전선 등 또는 수관 · 가스관이나 이와 유사한 것과 접근하거나 교차하는 경우 특고압 옥내배선과 저압 옥내전선 · 관등회로의 배선 또는 고압 옥내전선 사이의 이격거리는 60[cm] 이상으로 하여야 한다(단, 상호 간에 견고한 내화성 격벽을 시설하는 경우 이외이다).

정답 30 ④　31 ③　32 ④

33 접지공사에서 접지선의 지하 75[cm]로부터 지표상 2[m]까지의 부분에 대해 전기용품 안전관리법상 적용을 받는 보호물로 적합한 것은?

① 금속몰드 ② 합성수지관
③ 케이블덕트 ④ 금속전선관

> **풀이** 접지선의 지하 75[cm]로부터 지표상 2[m]까지의 부분은 전기용품관리법의 적용을 받는 합성수지관 또는 이와 동등 이상의 절연효력 및 강도를 가지는 몰드로 덮을 것

34 저압용 기계기구에서 전기를 공급하는 전로에 누전차단기를 시설하면 외함접지를 생략할 수 있다. 이 때 누전차단기의 정격기술기준으로 알맞은 것은?(단, 인체보호용일 때)

① 정격감도전류 15[mA] 이하 동작시간 0.03초 이하 전류동작형
② 정격감도전류 30[mA] 이하 동작시간 0.03초 이하 전류동작형
③ 정격감도전류 30[mA] 이하 동작시간 0.1초 이하 전류동작형
④ 정격감도전류 15[mA] 이하 동작시간 0.1초 이하 전류동작형

> **풀이** 기계기구의 철대 및 외함접지
> 인체감전보호용 누전차단기 : 정격감도전류 30[mA] 이하, 동작시간 0.03초 이하의 전류동작형에 한한다.

35 전기사업법에 따라 전기사업자는 전기사업용 전기설비의 설치공사 또는 변경공사로서 산업통상자원부령으로 정하는 공사를 하려는 경우에는 그 공사계획에 대하여 누구에게 인가를 받아야 하는가?

① 대통령 ② 시·도지사
③ 전기위원회 ④ 산업통상자원부장관

> **풀이** 전기사업용 전기설비의 설치공사, 변경공사를 하려는 자는 그 공사계획에 대해 산업통상자원부장관의 인가를 받아야 한다.

36 한국전기설비규정에서 금속제 외함을 가지는 저압의 기계기구를 사람이 쉽게 접촉할 우려가 있는 곳에 시설하는 경우 그 기계기구의 사용전압이 몇 [V]를 초과하면 전기를 공급하는 전로에 지락이 생겼을 때에 자동적으로 전로를 차단하는 장치를 하여야 하는가?

① 30 ② 50 ③ 150 ④ 300

> **풀이** 지락차단장치 등의 시설
> 금속제 외함을 가지는 사용전압이 50[V]를 초과하는 저압의 기계기구로서 사람이 쉽게 접촉할 우려가 있는 곳에 시설하는 경우 전기를 공급하는 전로에는 전로에 지락이 생겼을 때에 자동적으로 전로를 차단하는 장치를 하여야 한다.

정답 33 ② 34 ② 35 ④ 36 ②

37 접지극으로 사용할 수 없는 것은?

① 접지봉
② 접지판
③ 금속계 가스관
④ 금속제 수도관

풀이
- 접지봉은 $14\phi \times 1,000[\text{mm}]$, $16\phi \times 1,800[\text{mm}]$, $18\phi \times 2,400[\text{mm}]$을 기준으로 한다.
- 접지동판은 $300 \times 300 \times 10[\text{mm}]$ 이상으로 한다.
- 지중 매설되고 대지와의 전기저항치가 $3[\Omega]$ 이하의 것을 유지하는 금속제 수도관로는 접지극으로 사용할 수 있다.

38 연료전지 및 태양전지모듈의 절연내력시험 시 최대사용전압의 1.5배의 직류전압을 몇 분간 인가하는가?

① 5분
② 10분
③ 15분
④ 20분

풀이 연료전지 및 태양전지모듈의 절연내력
- 시험전압 : 최대사용전압의 1.5배의 직류전압 또는 1배의 교류전압(500[V] 미만으로 되는 경우에는 500[V])
- 시험방법 : 충전부분과 대지 사이에 연속하여 10분간 가했을 때 이에 견디어야 한다.

39 태양광발전소의 태양전지모듈, 전선 및 개폐기 등의 기구를 시설할 때 고려해야 할 사항이 아닌 것은?

① 충전부분이 노출되지 아니하도록 시설할 것
② 태양전지모듈에 접속하는 부하 측의 전로에는 그 접속점과 떨어진 부분에 개폐기를 시설할 것
③ 태양전지모듈을 병렬로 접속하는 전로에 단락이 생긴 경우에 전로를 보호하는 과전류차단기 등의 기구를 시설할 것
④ 태양전지모듈 및 개폐기 등에 전선을 접속하는 경우 접속점에 장력이 가해지지 않도록 할 것

풀이 설비의 안전 요구사항(KEC 521.2)
1. 태양전지 모듈, 전선, 개폐기 및 기타 기구는 충전부분이 노출되지 않도록 시설하여야 한다.
2. 모든 접속함에는 내부의 충전부가 인버터로부터 분리된 후에도 여전히 충전상태일 수 있음을 나타내는 경고가 붙어 있어야 한다.
3. 태양광설비의 고장이나 외부 환경요인으로 인하여 계통연계에 문제가 있을 경우 회로분리를 위한 안전 시스템이 있어야 한다.

어레이 출력 개폐기(KEC 522.3.1)
1. 어레이 출력 개폐기는 다음과 같이 시설하여야 한다.
   가. 태양전지 모듈에 접속하는 부하 측의 태양전지 어레이에서 전력변환장치에 이르는 전로(복수의 태양전지 모듈을 시설한 경우에는 그 집합체에 접속하는 부하 측의 전로)에는 그 접속점에 근접하여 개폐기 기타 이와 유사한 기구(부하전류를 개폐할 수 있는 것에 한한다)를 시설할 것
   나. 어레이 출력개폐기는 점검이나 조작이 가능한 곳에 시설할 것

정답 37 ③ 38 ② 39 ②

과전류 및 지락 보호장치(KEC 522.3.2)
1. 모듈을 병렬로 접속하는 전로에는 그 전로에 단락전류가 발생할 경우에 전로를 보호하는 과전류차단기 또는 기타 기구를 시설하여야 한다. 단, 그 전로가 단락전류에 견딜 수 있는 경우에는 그러하지 아니하다.
2. 태양전지 발전설비의 직류 전로에 지락이 발생했을 때 자동적으로 전로를 차단하는 장치를 시설하고 그 방법 및 성능은 IEC 60364-7-712(2017) 712.42 또는 712.53에 따를 수 있다.

40 전기설비기술기준에서 전기설비의 일반적인 사항에 대한 내용으로 틀린 것은?
① 전선의 접속부분에는 전기저항이 증가되도록 접속하고 절연성능이 저하되지 않도록 하여야 한다.
② 전로에 시설하는 전기기계기구는 통상 사용상태에서 그 전기기계기구에 발생하는 열에 견디는 것이어야 한다.
③ 뇌방전으로 인한 과전압으로부터 전기설비의 손상, 감전 또는 화재의 우려가 없도록 피뢰설비를 시설한다.
④ 고전압의 침입 등에 의한 감전, 화재 그 밖에 사람에게 위해를 주거나 물건에 손상을 줄 우려가 없도록 접지를 한다.

풀이 전선의 접속
전선은 접속부분에서 전기저항이 증가되지 않도록 접속하고 절연성능의 저하(나전선을 제외한다) 및 통상 사용상태에서 단선의 우려가 없도록 하여야 한다.

41 태양전지모듈을 병렬로 접속하는 전로에 단락이 생긴 경우 전로를 보호하기 위하여 설치하는 것은?
① 개폐기
② 과전류차단기
③ 누전차단기
④ 전류검출기

풀이 과전류차단기
태양전지모듈을 병렬로 접속하는 전로에는 그 전로에 단락이 생긴 경우에 전로를 보호하는 과전류차단기 기타의 기구를 시설할 것

42 신에너지 및 재생에너지 개발이용 보급 촉진법령에 따라 신·재생에너지 설비를 설치한 시공자는 해당 설비에 대하여 성실하게 무상으로 하자보수를 실시하여야 하며 그 이행을 보증하는 증서를 신재생에너지 설비의 소유자 또는 산업통상자원부령으로 정하는 자에게 제공하여야 한다. 이때 하자보수의 기간은 몇 년의 범위에서 산업통상자원부장관이 정하여 고시하는가?
① 2년
② 3년
③ 5년
④ 7년

풀이 신에너지 및 재생에너지 개발·이용·보급 촉진법 시행규칙 제16조의 2(신·재생에너지 설비의 하자보수)
① 법 제30조의3제1항에서 "산업통상자원부령으로 정하는 자"란 법 제27조제1항 각 호의 어느 하나에 해당하는 보급사업에 참여한 지방자치단체 또는 공공기관을 말한다.

정답 40 ① 41 ② 42 ③

② 법 제30조의3제1항에 따른 하자보수의 대상이 되는 신·재생에너지 설비는 법 제12조제2항 및 제27조에 따라 설치한 설비로 한다.
③ 법 제30조의3제1항에 따른 하자보수의 기간은 5년의 범위에서 산업통상자원부장관이 정하여 고시한다.

신·재생에너지 설비의 지원 등에 관한 규정 [별표 1] 신·재생에너지 설비의 하자이행보증기간(제19조제5항 관련)

원별	하자이행보증기간	원별	하자이행보증기간
태양광발전설비	3년	지열이용설비	3년
풍력발전설비	3년	태양열이용설비	3년
소수력발전설비	3년	기타 신·재생에너지 설비	3년

※ 제35조의 사업으로 설치한 신·재생에너지 설비의 하자이행보증기간은 5년으로 한다.

신·재생에너지 설비의 지원 등에 관한 규정 제35조(융·복합지원사업 등)
융·복합지원사업은 동일한 장소(건축물 등)에 2종 이상 신·재생에너지원의 설비(전력저장장치 포함)를 동시에 설치하거나, 주택·공공·상업(산업)건물 등 지원대상이 혼재되어 있는 특정지역에 1종 이상 신·재생에너지원의 설비를 동시에 설치하려는 경우에 국가가 보조금을 지원해 주는 사업을 말한다.

43 발전소를 건설하는 공사에서 철근콘크리트 또는 철골구조부를 제외한 발전설비공사의 하자담보 책임기간은 몇 년인가?

① 1년　　　　② 3년　　　　③ 5년　　　　④ 7년

풀이 전기 및 전력설비공사

구분	보증기간(년)	구분	보증기간(년)
배관, 배선공사, 피뢰침공사	2	동력설비공사, 수·배전공사, 전기기기공사	2
피뢰침공사	3	수·변전설비공사	3
조명설비공사	1	발전설비공사	3

44 저압가공전선이 다른 저압가공전선과 접근상태로 시설되거나 교차하여 시설되는 경우 저압가공전선 상호 간의 이격거리는 몇 [cm] 이상인가?

① 60　　　　② 50　　　　③ 40　　　　④ 20

풀이 저압가공전선이 다른 저압가공전선과 접근상태로 시설되거나 교차하여 시설되는 경우에는 저압가공전선 상호 간의 이격거리는 60[cm](어느 한쪽의 전선이 고압절연전선, 특고압절연전선 또는 케이블인 경우에 30[cm] 이상 하나의 저압가공전선과 다른 저압가공전선로의 지지물 사이의 이격거리는 30[cm] 이상이어야 한다.)

정답　43 ②　44 ①

45 저압가공전선을 가공전화선에 접근하여 시설하는 경우 수평 이격거리의 최솟값[m]은?

① 0.3 ② 0.6 ③ 1 ④ 1.5

풀이 저고압가공전선과 가공약전류전선 등의 접근 또는 교차
저압가공전선과 가공약전류전선이 접근하는 경우의 수평거리는 60[cm] 이상으로 되어 있다. 다만, 전화선이 절연전선 이상인 것이나 통신용 케이블인 경우 30[cm] 이상으로 할 수 있다.

46 저압 및 고압가공전선로(전기철도용 급전선로는 제외)와 기설 가공약전류전선로가 병행하는 경우 유도작용에 의하여 통신상의 장해가 생기지 않도록 전선과 기설 약전류전선 간의 이격거리는 최소 몇 [m] 이상으로 하여야 하는가?

① 0.5 ② 1 ③ 1.5 ④ 2

풀이 가공약전류전선로의 유도장해 방지
저압가공전선로(전기철도용 급전선로는 제외한다) 또는 고압가공전선로(전기철도용 급전선로는 제외한다)와 기설 가공약전류전선로가 병행하는 경우에는 유도작용에 의하여 통신상의 장해가 생기지 아니하도록 전선과 기설 약전류전선 간의 이격거리는 2[m] 이상이어야 한다.

47 저압연접인입선의 시설 규정으로 틀린 것은?

① 경간이 20[m]인 곳에서는 DV 전선을 사용할 것
② 인입선에서 분기하는 점에서부터 100[m]를 넘지 않을 것
③ 폭 4.5[m]의 도로를 횡단할 것
④ 옥내를 통과하지 않도록 할 것

풀이 전압 옥측 전선로의 시설
DV 전선(인입용 비닐절연전선)의 경우 지지점 간의 거리는 15[m] 이내일 것

저압연접인입선의 시설
저압연접인입선은 규정에 준하여 시설하는 이외에 다음에 따라 시설하여야 한다.
• 인입선에서 분기하는 점으로부터 100[m]를 초과하는 지역에 미치지 아니할 것
• 폭 5[m]를 초과하는 도로를 횡단하지 아니할 것
• 옥내를 통과하지 아니할 것

48 저압연접인입선의 시설 규정을 준수하지 않은 것은?

① 옥내를 통과하지 않도록 했다.
② 폭 4[m]를 초과하는 도로를 횡단하였다.
③ 경간이 20[m]인 곳에서 ACSR을 사용하였다.
④ 인입선에서 분기하는 점으로부터 100[m]를 초과하지 않았다.

정답 45 ② 46 ④ 47 ① 48 ③

풀이 저압인입선의 시설

저압가공인입선은 규정에 준하여 시설하는 이외에 다음에 따라 시설하여야 한다.
- 전선이 케이블인 경우 이외에는 인장강도 2.30[kN] 이상의 것 또는 지름 2.6[mm] 이상의 인입용 비닐절연전선일 것. 다만, 경간이 15[m] 이하인 경우는 인장강도 1.25[kN] 이상의 것 또는 지름 2[mm] 이상의 인입용 비닐절연전선일 것
- 전선은 절연전선, 다심형 전선 또는 케이블일 것

저압연접인입선의 시설

저압연접인입선은 규정에 준하여 시설하는 이외에 다음에 따라 시설하여야 한다.
- 인입선에서 분기하는 점으로부터 100[m]를 초과하는 지역에 미치지 아니할 것
- 폭 5[m]를 초과하는 도로를 횡단하지 아니할 것
- 옥내를 통과하지 아니할 것

49 한국전기설비규정에서 저압옥내배선을 금속관공사로 시공할 때 그 방법이 틀린 것은?

① 금속관 내에서 전선은 접속점을 만들어서는 안 된다.
② 금속관 배선은 절연전선(옥외용 비닐절연전선을 제외)을 사용해야 한다.
③ 교류회로는 1회로의 전선 전부를 동일 관 내에 넣는 것을 원칙으로 한다.
④ 금속관을 콘크리트에 매설하는 경우 관의 두께는 1.0[mm] 이상을 사용해야 한다.

풀이 금속관 공사

관의 두께는 다음에 의할 것 : 콘크리트에 매설하는 것은 1.2[mm] 이상

50 옥내에 시설하는 저압용 배전반 및 분전반의 시설방법으로 틀린 것은?

① 한 개의 분전반에는 두 가지 전원(2회선의 간선)만 공급할 것
② 노출하여 시설되는 배전반 및 분전반은 불연성 또는 난연성의 것을 시설할 것
③ 배전반 및 분전반은 전기를 쉽게 조작할 수 있고 쉽게 점검할 수 있는 장소에 시설할 것
④ 노출된 충전부가 있는 배전반 및 분전반은 취급자 이외의 사람이 쉽게 출입할 수 없도록 시설할 것

풀이 옥내에 시설하는 저압용 배·분전반 등의 시설

옥내에 시설하는 저압용 배·분전반의 기구 및 전선은 쉽게 점검할 수 있도록 하고 다음에 따라 시설할 것
- 한 개의 분전반에는 한 가지 전원(1회선의 간선)만 공급하여야 한다.

51 저압옥내배선에 사용하는 연동선의 최소 굵기는 몇 [mm^2] 이상인가?

① 2 ② 2.5 ③ 4 ④ 6

정답 49 ④ 50 ① 51 ②

> **풀이** 저압옥내배선의 사용전선
> 저압옥내배선의 전선은 다음 어느 하나에 적합한 것을 사용하여야 한다.
> 단면적이 2.5[mm²] 이상의 연동선 또는 이와 동등 이상의 강도 및 굵기의 것

52 고압 옥측 전선로의 전선으로 사용할 수 있는 것은?

① 케이블　　② 절연전선　　③ 다심형 전선　　④ 나경동선

> **풀이** 고압 옥측 전선로의 시설 : 전선은 케이블일 것

53 전선을 접속하는 경우 전선의 세기를 몇 [%] 이상 감소시키지 않아야 하는가?

① 10　　② 20　　③ 30　　④ 40

> **풀이** 전선 접속 시 전선의 세기를 20[%] 이상 감소시키지 않는다.

54 수상전선로의 전선을 가공전선로의 전선과 육상에서 접속하는 경우 접속점의 높이는?

① 지표상 4[m] 이상　　② 지표상 5[m] 이상
③ 지표상 6[m] 이상　　④ 지표상 7[m] 이상

> **풀이** 수상전선로의 전선과 가공전선로의 접속점 높이
> • 접속점이 육상에 있는 경우 : 지표상 5[m] 이상
> • 수면상에 있는 경우 : 저압 4[m] 이상, 고압 5[m] 이상

55 전기사업자가 전기품질을 유지하기 위하여 지켜야 하는 표준전압, 표준주파수와 허용오차에 관한 설명으로 틀린 것은?

① 표준전압 110볼트의 상하로 6볼트 이내
② 표준전압 220볼트의 상하로 13볼트 이내
③ 표준전압 380볼트의 상하로 20볼트 이내
④ 표준주파수 60헤르츠의 상하로 0.2헤르츠 이내

> **풀이** 전기품질 유지를 위한 전압유지 범위
>
> | 구분 | | 공칭전압[V] | 전압유지범위[V] |
> |---|---|---|---|
> | 저압 | | 110 | ±6[V](104~116) |
> | | | 220 | ±13[V](207~233) |
> | | | 380 | ±38[V](342~418) |
> | 고압 | | 6,600 | 6,000~6,900(−600~+300[V]) |
> | 특별고압 | | 22,900 | 20,800~23,800(−2,100~+900[V]) |

정답 52 ① 53 ② 54 ② 55 ③

56 전기사업자 및 한국전력거래소가 측정기준 · 측정방법 및 보존방법 등을 정하여 산업통상자원부장관에게 제출하여야 하는 대상은?

① 전류 및 전압
② 전력 및 역률
③ 역률 및 주파수
④ 전압 및 주파수

풀이 전기사업법 시행규칙 제19조(전압 및 주파수의 측정)
전기사업자 및 한국전력거래소는 제1항에 따른 전압 및 주파수의 측정기준 · 측정방법 및 보존방법 등을 정하여 산업통상자원부장관에게 제출하여야 한다.

57 발전사업자 및 전기판매사업자는 정당한 사유 없이 전기의 공급을 거부하여서는 아니 된다. 거부 사유로 적당치 않은 것은?

① 공급약관에서 정하는 기한까지 해당 요금을 내지 아니하는 경우
② 표준주파수 외의 전압 또는 주파수로 전기의 공급을 요청하는 경우
③ 발전용 전기설비의 정기적인 보수기간 중 전기의 공급을 요청하는 경우
④ 사용 전 점검을 받은 후 전기공급을 요청하는 경우

풀이 전기사업법 시행령 제5조의5(전기공급의 거부 사유)
법 제14조에서 "대통령령으로 정하는 정당한 사유"란 다음 각 호의 어느 하나에 해당하는 경우를 말한다.
1. 전기요금을 납기일까지 납부하지 아니한 전기사용자가 납기일의 다음 날부터 법 제16조제4항에 따른 공급약관(이하 "공급약관"이라 한다)에서 정하는 기한까지 해당 요금을 납부하지 아니하는 경우
2. 전기의 공급을 요청하는 자가 불합리한 조건을 제시하거나 전기판매사업자, 전기자동차충전사업자, 재생에너지전기공급사업자, 재생에너지전기저장판매사업자 및 송전제약발생지역전기공급사업자의 정당한 조건에 따르지 않고 다른 방법으로 전기의 공급을 요청하는 경우
3. 전기사용자가 법 제18조제1항에 따른 전기의 품질에 적합하지 아니한 전기의 공급을 요청하는 경우
4. 발전용 전기설비의 정기적인 보수기간 중 전기의 공급을 요청하는 경우(발전사업자만 해당한다)
5. 전기를 대량으로 사용하려는 자가 다음 각 목에서 정하는 시기까지 전기판매사업자에게 미리 전기의 공급을 요청하지 아니하는 경우
　가. 사용량이 5천킬로와트(「건축법 시행령」 별표 1 제14호나목의 일반업무시설인 경우에는 2천킬로와트) 이상 1만킬로와트 미만인 경우 : 사용 예정일 1년 전
　나. 사용량이 1만킬로와트 이상 10만킬로와트 미만인 경우 : 사용 예정일 2년 전
　다. 사용량이 10만킬로와트 이상 30만킬로와트 미만인 경우 : 사용 예정일 3년 전
　라. 사용량이 30만킬로와트 이상인 경우 : 사용 예정일 4년 전
6. 「전기안전관리법」 제12조제1항 본문에 따른 일반용전기설비의 사용전점검을 받지 아니하고 전기공급을 요청하는 경우

정답 56 ④ 57 ④

58 안전관리업무의 대행규모 중 개인대행자가 할 수 있는 설비에 해당하는 용량 중 태양광발전설비에 적용되는 용량은?

① 500킬로와트 미만
② 150킬로와트 미만
③ 250킬로와트 미만
④ 1,000킬로와트 미만

풀이 전기안전관리법 시행규칙 제26조(전기안전관리업무의 대행규모)
법 제22조제3항에 따라 안전공사, 같은 항 제2호에 따른 전기안전관리대행사업자(이하 "대행사업자"라 한다) 및 같은 항 제3호에 따른 자(이하 "개인대행자"라 한다)가 전기안전관리업무를 대행할 수 있는 전기설비의 규모는 다음 각 호의 구분에 따른다.
2. 개인대행자 : 다음 각 목의 어느 하나에 해당하는 전기설비(둘 이상의 용량의 합계가 1천 550킬로와트 미만인 전기설비로 한정한다)
  가. 전기수용설비 : 용량 500킬로와트 미만인 것
  나. 신재생에너지 발전설비 중 태양광발전설비 : 용량 250킬로와트(원격감시·제어기능을 갖춘 경우 용량 750킬로와트) 미만인 것
  다. 전기사업용 신재생에너지 발전설비 중 연료전지발전설비(원격감시·제어기능을 갖춘 것으로 한정한다) : 용량 250킬로와트 미만인 것
  라. 그 밖의 발전설비(전기사업용 신재생에너지 발전설비의 경우 원격감시·제어기능을 갖춘 것으로 한정한다) : 용량 150킬로와트(비상용 예비발전설비의 경우에는 용량 300킬로와트) 미만인 것

59 한국전력거래소의 업무 내용을 설명한 것 중 잘못된 것은?

① 전력거래대금 및 전력거래에 따른 비용의 청구, 정산 및 지불에 관한 업무
② 전력거래량 계량에 관한 업무
③ 전기품질의 측정·기록·보존에 관한 업무
④ 의무공급량의 산정 및 의무이행실적 확인

풀이 ④ '의무공급량의 산정 및 의무이행실적 확인'은 신·재생에너지센터의 업무 내용이다.

한국전력거래소의 업무 내용
한국전력거래소는 그 목적을 달성하기 위하여 다음의 업무를 수행한다.
• 전력시장의 개설·운영에 관한 업무
• 전력거래에 관한 업무
• 회원의 자격심사에 관한 업무
• 전력거래대금 및 전력거래에 따른 비용의 청구·정산 및 지불에 관한 업무
• 전력거래량의 계량에 관한 업무
• 제43조에 따른 전력시장운영규칙 등 관련 규칙의 제정·개정에 관한 업무
• 전력계통의 운영에 관한 업무
• 제18조 제2항에 따른 전기품질의 측정·기록·보존에 관한 업무

정답 58 ③ 59 ④

60 전기공사의 종류와 예시가 잘못 짝지어진 것은?

① 발전설비공사 : 태양광발전소의 전기설비공사
② 송전설비공사 : 철탑조립공사
③ 변전설비공사 : 모선설비공사
④ 배전설비공사 : 보호제어설비 설치공사

풀이 전기공사의 종류에 따른 전기공사의 예시

전기공사의 종류	전기공사의 예시
발전설비공사	발전소(원자력발전소, 화력발전소, 풍력발전소, 수력발전소, 조력발전소, 태양열발전소, 내연발전소, 열병합발전소, 태양광발전소 등의 발전소를 말한다.)의 전기설비공사와 이에 따른 제어설비공사
송전설비공사	• 공중송전설비공사 : 공중송전설비공사에 부대되는 철탑기초공사 및 철탑조립공사(지지물 설치 및 철탑도장을 포함한다.), 공중전선 설치공사(금구류 설치를 포함한다.), 횡단 개소의 보조설비공사, 보호선·보호망공사 • 지중송전설비공사 : 지중송전설비공사에 부대되는 전력구설비공사, 공동구 안의 전기설비공사, 전력지중관로설비공사, 전력케이블 설치공사(전선방재설비공사를 포함한다.) • 물밑 송전설비공사 : 물밑전력케이블 설치공사 • 터널 안 전선로공사 : 철도·궤도·자동차도·인도 등의 터널 안 전선로공사
변전설비공사	• 변전설비 기초공사 : 변전기기, 철구, 가대 및 덕트 등의 설치를 위한 공사 • 모선설비공사 : 모선(母線) 설치(금구류 및 애자장치를 포함한다.), 지지 및 분기개소의 설비공사 • 변전기기 설치공사 : 변압기, 개폐장치(차단기, 단로기 등을 말한다.), 피뢰기 등의 설치공사 • 보호제어설비 설치공사 : 보호·제어반 및 제어케이블의 설치공사
배전설비공사	• 공중배전 설비공사 : 전주 등 지지물공사, 변압기 등 전기기기 설치공사, 가선공사(수목전지공사를 포함한다.) • 지중배전설비공사 : 지중배전설비공사에 부대되는 전력구설비공사, 공동구 안의 전기설비공사, 전력지중관로설비공사, 변압기 등 전기기기 설치공사, 전력케이블 설치공사(전선방재설비공사를 포함한다.) • 물밑 배전설비공사 : 물밑전력케이블 설치공사 • 터널 안 전선로공사 : 철도·궤도·자동차도·인도 등의 터널 안 전선로공사

※ 보호제어설비 설치공사는 변전설비공사이다.

61 전기공사업자의 등록을 반드시 취소해야 하는 사항으로 틀린 것은?

① 공사업의 등록을 한 후 1년 이내에 영업을 시작하지 아니하거나 계속하여 1년 이상 공사업을 휴업한 경우
② 영업정지처분기간에 영업을 하거나 최근 5년간 3회 이상 영업정지처분을 받은 경우
③ 거짓이나 그 밖의 부정한 방법으로 공사업을 등록·신고한 경우
④ 하도급 관계법령을 위반하여 하도급을 주거나 다시 하도급을 준 경우

정답 60 ④ 61 ④

> **풀이** 전기공사업자의 등록취소사항(전기공사업법 제28조 등록취소)
> 거짓이나 그 밖의 부정한 방법으로 다음에 해당하는 행위를 한 경우
> - 기술능력 및 자본금 등에 미달하게 된 경우
> - 공사업의 등록기준에 관한 신고를 하지 아니한 경우
> - 전기공사업 등록사항 결격사유에 해당하는 경우
> - 타인에게 성명 · 상호를 사용하게 하거나 등록증 또는 등록수첩을 빌려준 경우
> - 시정명령 또는 지시를 이행하지 아니한 경우
> - 해당 전기공사가 완료되어 같은 조에 따른 시정명령 또는 지시를 명할 수 없게 된 경우
> - 신고를 거짓으로 한 경우
> - 공사업의 등록을 한 후 1년 이내에 영업을 시작하지 아니하거나 계속하여 1년 이상 공사업을 휴업한 경우
> - 영업정지처분기간에 영업을 하거나 최근 5년간 3회 이상 영업정지처분을 받은 경우

62 다음 ( ) 안에 가장 적합한 내용은?

> 전기설비기술기준에서 "발전소"란 발전기 · 원동기 · 연료전지 · (　　) · 해양에너지발전설비 · 전기저장장치 그 밖의 기계기구를 시설하여 전기를 생산하는 곳을 말한다.

① 태양광　　　　② 태양전지　　　　③ 태양열　　　　④ 집광판

> **풀이** 전기설비기술기준에서 "발전소"란 발전기 · 원동기 · 연료전지 · 태양전지 · 해양에너지발전설비 · 전기저장장치 그 밖의 기계기구를 시설하여 전기를 생산하는 곳을 말한다.

63 전기설비기술기준에서 정한 용어의 정의로 잘못된 것은?

① 발전소란 발전기 · 원동기 · 연료전지 · 태양전지 · 해양에너지발전설비 · 전기저장장치 그 밖의 기계 · 기구를 시설하여 전기를 생산하는 곳을 말한다.
② 변전소란 변전소의 밖으로부터 전송받은 전기를 변전소 안에 시설한 변압기, 전동발전기, 회전변류기, 정류기 그 밖의 기계 · 기구에 의하여 변성하는 곳으로서 변성한 전기를 다시 변전소 밖으로 전송하는 곳을 말한다.
③ 개폐소란 개폐소 안에 시설한 개폐기 및 기타 장치에 의하여 전로를 개폐하는 곳으로서 발전소, 변전소 및 수용장소 이외의 곳을 말한다.
④ 급전소란 전력계통에 긴급한 전력공급 및 급전조작을 하는 곳을 말한다.

> **풀이** 급전소란 전력계통의 운용에 관한 지시 및 급전조작을 하는 곳을 말한다.

정답 62 ② 63 ④

64 발·변전소의 주요 변압기에 반드시 시설하지 않아도 되는 계측기는?

① 전압계　　② 전류계　　③ 역률계　　④ 온도계

풀이 계측장치는 전압계, 전류계, 전력계, 온도계이다.

65 저압의 전선로 중 절연부분의 전선과 대지 사이의 절연저항은 사용전압에 대한 누설전류가 최대공급전류의 얼마를 넘지 않도록 유지해야 하는가?

① $\frac{1}{1,000}$　　② $\frac{1}{2,000}$　　③ $\frac{1}{2,500}$　　④ $\frac{1}{3,000}$

풀이 저압의 전선로 중 대지 사이의 절연저항은 사용전압에 대한 누설전류가 최대공급전류의 $\frac{1}{2,000}$ 을 넘지 않도록 유지하여야 한다.

66 3상 4선식 22.9[kV] 중성점다중접지식 가공전선로의 전로와 대지 사이의 절연내력 시험전압은 얼마인가?

① 25,190[V]　　② 21,068[V]　　③ 34,350[V]　　④ 28,625[V]

풀이 고압 및 특고압전로의 절연내력시험

고압 및 특고압전로는 시험전압을 전로와 대지 사이에 계속하여 10분간 가하여 절연내력을 시험하는 경우 이에 견디어야 한다. 다만, 케이블을 사용하는 교류전로는 시험전압이 직류이면 아래 표에 정한 시험전압의 2배의 직류전압으로 한다.

전로의 종류(최대사용전압)	시험전압
7[kV] 이하	최대사용전압의 1.5배의 전압
7[kV] 초과 25[kV] 이하인 중성점 접지식 전로 (중성선을 가지는 것으로서 그 중성선을 다중접지하는 것에 한한다.)	최대사용전압의 0.92배의 전압
7[kV] 초과 60[kV] 이하인 전로	최대사용전압의 1.25배의 전압 (최저시험전압 10,500[V])
60[kV] 초과 중성점 비접지식 전로	최대사용전압의 1.25배의 전압
60[kV] 초과 중성점 접지식 전로	최대사용전압의 1.1배의 전압 (최저시험전압 75[kV])
60[kV] 초과 중성점 직접 접지식 전로	최대사용전압의 0.72배의 전압
170[kV] 초과 중성점에 직접 접지되어 있는 발전소 또는 변전소 혹은 이에 준하는 장소에 시설하는 것	최대사용전압의 0.64배의 전압

정답 64 ③　65 ②　66 ②

67 최대사용전압이 22.9[kV]인 중성점접지식 전로(중성선을 가지는 것으로서 그 중성선을 다중접지하는 것에 한한다)의 절연내력 시험전압은 최대사용전압의 몇 배인가?

① 1.25 ② 1.12 ③ 0.92 ④ 0.80

풀이 전로의 절연저항 및 절연내력

전로의 종류	시험전압
최대사용전압 7[kV] 이하인 전로	최대사용전압의 1.5배의 전압
최대사용전압 7[kV] 초과 25[kV] 이하인 중성점접지식 전로 (중성선을 가지는 것으로서 그 중성선을 다중접지 하는 것에 한한다.)	최대사용전압의 0.92배의 전압

68 옥내전로의 대지전압에서 주택의 태양전지모듈에 접속하는 부하 측 옥내배선을 시설하는 경우 주택의 옥내전로의 대지전압으로 맞는 것은?

① 직류 450[V] 이하 ② 직류 500[V] 이하
③ 직류 600[V] 이하 ④ 직류 750[V] 이하

풀이 주택의 태양전지모듈에 접속하는 부하 측 옥내배선을 다음에 따라 시설하는 경우에 주택의 옥내전로의 대지전압은 직류 600[V] 이하일 것
- 전로에 지락이 생겼을 때 자동적으로 전로를 차단하는 장치를 시설할 것
- 사람이 접촉할 우려가 없는 은폐된 장소에 합성수지관공사, 금속관공사 및 케이블공사에 의하여 시설할 것. 다만, 사람이 접촉할 우려가 있는 장소에 케이블공사에 의하여 시설하는 경우에는 전선에 방호장치를 시설할 것

69 구내에 시설한 개폐기, 기타의 장치에 의하여 전로를 개폐하는 곳으로 발전소, 변전소 및 수용장소 이외의 곳을 무엇이라 하는가?

① 송전소 ② 배전소 ③ 급전소 ④ 개폐소

70 발전소와 전기수용설비, 변전소와 전기수용설비, 송전선로와 전기수용설비, 전기수용설비 상호 간을 연결하는 선로가 아닌 것은?

① 송전선로 ② 배전선로 ③ 개폐소 ④ 발전선로

풀이 전기수용설비 상호 간을 연결하는 선로
- 송전선로 : 발전소와 변전소(전기수용설비)
- 배전선로 : 변전소와 부하(전기수용설비)
- 개폐소 : 송전선로와 50[kV] 이상의 전압을 개폐하는 곳(전기수용설비)
- 발전선로 : 발전소(전기수용설비) 상호 간

정답 67 ③ 68 ③ 69 ④ 70 ③

71 특고압배전용 변압기의 특고압 측에 반드시 시설하여야 하는 기기는?

① 보호계전기 ② 조상기 ③ 전력량계 ④ 개폐기 및 과전류차단기

풀이 특고압 옥외용 배전용 변압기의 특고압 측에는 반드시 개폐기 및 과전류차단기를 시설한다(단, 22.9[kV]는 과전류차단기만 시설한다).

72 과전류차단기를 설치해서는 안 되는 장소로 잘못된 것은?

① 접지공사접지선
② 다선식 선로의 중성선
③ 저압가공전선로의 접지 측 전선
④ 저압옥내전선로

풀이 과전류차단기의 시설 제한
- 접지공사접지선
- 다선식 선로의 중성선
- 저압가공전선로의 접지 측 전선

※ 저압 옥내 전선로는 분기회로별로 과전류차단기를 설치해야 한다.

73 과전류차단기를 시설하여야 하는 장소는?

① 저압옥내선로
② 접지공사의 접지선
③ 다선식 선로의 중성선
④ 전로의 일부에 접지공사를 한 저압가공전선로의 접지 측 전선

풀이 과전류차단기의 시설 제한
접지공사의 접지선, 다선식 선로의 중성선 및 제23조 제1항부터 제3항까지의 규정에 의하여 전로의 일부에 접지공사를 한 저압가공전선로의 접지 측 전선에는 과전류차단기를 시설하여서는 안 된다.

74 고압 또는 특고압전로 중 기계·기구 및 전선을 보호하기 위하여 필요한 곳에는 어떤 기기를 설치해야 하는가?

① 개폐기 ② 단로기 ③ 과전류차단기 ④ 피뢰기

풀이 고압 또는 특고압전로 중 기계·기구 및 전선을 보호하기 위하여 필요한 곳에는 과전류차단기를 시설하여야 한다.

75 고압용 또는 특별고압용의 개폐기로서 중력 등에 의해 자연히 동작할 우려가 있는 것에는 어떤 장치를 설치해야 하는가?

① 제어장치 ② 차단장치 ③ 자물쇠장치 ④ 단락 및 지락장치

정답 71 ④ 72 ④ 73 ① 74 ③ 75 ③

풀이 개폐기의 시설
고압용 또는 특고압용의 개폐기로서 중력 등에 의하여 자연히 작동할 우려가 있는 것은 자물쇠장치, 기타 이를 방지하는 장치를 시설하여야 한다.

76 전기의 원활한 흐름과 품질 유지를 위하여 전기의 흐름을 통제·관리하는 체제를 무엇이라 하는가?

① 전력시스템 ② 전력계통 ③ 전기회로 ④ 전기관리시스템

풀이 "전력계통"이란 전기의 원활한 흐름과 품질 유지를 위하여 전기의 흐름을 통제·관리하는 체제를 말한다.

77 고압 및 특고압전로에 시설하는 피뢰기의 접지저항값은?

① 10[Ω] ② 20[Ω] ③ 50[Ω] ④ 100[Ω]

풀이 피뢰기의 접지
고압 및 특고압의 전로에 시설하는 피뢰기의 접지저항값은 10[Ω] 이하로 하여야 한다.

78 고압 및 특별고압의 전로에 피뢰기를 설치하지 않아도 되는 것은?

① 변전소 또는 이에 준하는 장소의 가공전선 인입구 및 인출구
② 고압 및 특고압 가공전선로로부터 공급을 받는 수용장소의 인입구
③ 지중전선로에 연결된 구내 수전설비 2차 측 선로
④ 가공전선로와 지중전선로가 접속되는 곳

풀이 피뢰기의 시설
- 발·변전소 또는 이에 준하는 장소의 가공전선 인입구 및 인출구
- 배전용 변압기의 고압 측 및 특고압 측
- 고압 및 특고압 가공전선로로부터 공급을 받는 수용장소의 인입구
- 가공전선로와 지중전선로가 접속되는 곳

79 피뢰시스템 설명 중 틀린 것은?

① 건축물 상부에 어레이를 설치할 경우 지면으로부터 어레이의 높이 합산 30[m] 이상 시 피뢰설비 설치의무 대상이다.
② 시스템 보호대책으로 구조물에는 접지 및 본딩 대책, 자기차폐, 선로의 경로, 협조된 SPD이 있고 인입선설비(전력선 등)에는 선로 말단과 선로상의 여러 위치에 설치된 서지보호장치, 케이블 자기차폐 등이 있다.
③ 외부 피뢰시스템에는 수뢰부시스템, 인하도선시스템, 접지시스템이 있다.
④ 내부시스템 고장보호는 차폐·본딩 및 접지 SPD 등이 있다.

정답 76 ② 77 ① 78 ③ 79 ①

풀이 건축물 상부에 어레이를 설치할 경우 지면으로부터 어레이의 높이 합산 20[m] 이상 시 피뢰설비 설치의무 대상이다.

80 지중관로 및 지중전선로에 대한 표현으로 잘못된 것은?
① 지중관로란 지중전선로, 지중약전류전선로, 지중광섬유케이블선로, 지중에 시설하는 수관 및 가스관과 이와 유사한 것 및 이들에 부속하는 지중함 등을 말한다.
② 지중전선로의 전선은 케이블을 사용한다.
③ 지중관로는 직매식, 관로식, 암거식에 의해 시설한다.
④ 지중전선로의 전선은 절연전선을 사용하고 직매식, 암거식, 전력구식에 의해 시설한다.

풀이 지중전선로의 전선은 케이블을 사용하고 또한 관로식·암거식(暗渠式) 또는 직접 매설식에 의하여 시설하여야 한다.
지중관로의 정의
"지중관로"란 지중전선로·지중약전류전선로·지중광섬유케이블 선로·지중에 시설하는 수관 및 가스관과 이와 유사한 것 및 이들에 부속하는 지중함 등을 말한다.

81 지중전선로에 사용하는 지중함의 시설기준으로 틀린 것은?
① 지중함은 견고하고 차량, 기타 중량물의 압력에 견디는 구조일 것
② 지중함은 그 안의 고인 물을 제거할 수 있는 구조로 되어 있을 것
③ 지중함의 뚜껑은 시설자 이외의 자가 쉽게 열 수 없도록 시설할 것
④ 작업을 위한 조명과 세척이 가능한 시설을 설치할 것

풀이 조명과 세척이 가능한 시설은 하지 않아도 된다.

82 전기설비기술기준에서 지중전선로에 케이블을 사용하여 관로식으로 시설할 경우 매설깊이를 몇 [m] 이상으로 하여야 하는가?
① 0.3 ② 0.6 ③ 0.8 ④ 1.0

풀이 **지중전선로의 시설**
㉠ 지중전선로는 전선에 케이블을 사용하고 또한 관로식·암거식(暗渠式) 또는 직접 매설식에 의하여 시설하여야 한다.
㉡ 지중전선로를 관로식 또는 암거식에 의하여 시설하는 경우에는 다음에 따라야 한다.
• 관로식에 의하여 시설하는 경우에는 매설깊이를 1.0[m] 이상으로 하되, 매설깊이가 충분하지 못한 장소에는 견고하고 차량 기타 중량물의 압력에 견디는 것을 사용할 것. 다만 중량물의 압력을 받을 우려가 없는 곳은 60[cm] 이상으로 한다.
• 직접 매설식에 의하여 시설하는 경우 : 매설깊이를 차량 기타 중량물의 압력을 받을 우려가 있는 장소에는 1.0[m] 이상, 기타 장소에는 60[cm] 이상

정답 80 ④ 81 ④ 82 ④

83 제2차 접근상태라 함은 가공전선이 다른 시설물과 접근하는 경우에 그 가공전선이 다른 시설물의 위쪽 또는 옆쪽에서 수평거리로 몇 [m] 미만인 곳에 시설되는 상태인가?

① 1.5[m]   ② 2[m]   ③ 2.5[m]   ④ 3[m]

풀이 제2차 접근상태
"제2차 접근상태"란 가공전선이 다른 시설물과 접근하는 경우에 그 가공전선이 다른 시설물의 위쪽 또는 옆쪽에서 수평거리로 3[m] 미만인 곳에 시설되는 상태를 말한다.

84 전기설비의 제2차 접근상태는 가공전선이 다른 시설물과 접근하는 경우 그 가공전선이 다른 시설물의 위쪽 또는 옆쪽에서 수평거리로 몇 [m] 미만인 곳에 시설되는 상태를 말하는가?

① 0.5   ② 1   ③ 2   ④ 3

풀이
- 제2차 접근상태 : 가공전선이 다른 시설물과 위쪽 또는 옆쪽에서 수평거리 3[m] 미만인 곳에 설치되는 상태
- 제1차 접근상태 : 가공전선이 다른 시설물과 접근하는 경우에 가공전선이 다른 시설물의 위쪽 또는 옆쪽에서 수평거리로 지지물의 지표상 높이에 상당하는 거리 안에 시설

85 사용전압 22,900[V]인 가공전선이 건조물과 제2차 접근상태에 시설되는 경우에는 어떤 시설이 기술기준에 적합한가?

① 제1종 특고압보안공사   ② 제2종 특고압보안공사
③ 제3종 특고압보안공사   ④ 보안공사가 불필요하다.

풀이 제2종 특고압보안공사 35[kV] 이하 → 제2차 접근상태

86 피뢰기의 설치장소 중 잘못된 것은?

① 발·변전소 또는 이에 준하는 장소의 가공전선 인입구 및 인출구
② 가공전선로에 접속하는 특고압배전용 변압기의 고압 측 및 특고압 측
③ 가공전선로와 지중전선로가 접속되는 곳
④ 고압 및 특고압 지중전선로로부터 공급받는 수용가의 인입구

정답 83 ④ 84 ④ 85 ② 86 ④

풀이 피뢰기의 설치
- 발전소 · 변전소 또는 이에 준하는 장소의 가공전선 인입구 및 인출구
- 가공전선로에 접속하는 배전용 변압기의 고압 측 및 특고압 측
- 고압 및 특고압 가공전선로로부터 공급을 받는 수용장소의 인입구
- 가공전선로와 지중전선로가 접속되는 곳

87 피뢰기의 설치장소로 틀린 것은?

① 가공전선로와 지중전선로가 접속되는 곳
② 저압가공전선로로부터 공급을 받는 수용장소의 인입구
③ 고압 및 특고압 가공전선로로부터 공급을 받는 수용장소의 인입구
④ 발전소 · 변전소 또는 이에 준하는 장소의 가공전선 인입구 및 인출구

풀이 전기설비기술기준 제34조(고압 및 특고압전로의 피뢰기 시설)
- 발전소 · 변전소 또는 이에 준하는 장소의 가공전선 인입구 및 인출구
- 가공전선로(25[kV] 이하의 중성점 다중접지식 특고압가공전선로를 제외한다.)에 접속하는 배전용 변압기의 고압 측 및 특고압 측
- 고압 및 특고압의 가공전선로로부터 공급을 받는 수용장소의 인입구
- 가공전선로와 지중전선로가 접속되는 곳

88 고압 또는 특고압의 기계 · 기구, 모선 등을 옥외에 시설하는 발전소, 개폐소 또는 이에 준하는 곳에 시설하는 울타리, 담 등에 대한 기술기준으로 잘못된 것은?

① 울타리, 담 등의 높이는 2.5[m] 이상으로 한다.
② 지표면과 울타리, 담 등의 하단 사이의 간격은 0.15[m] 이하로 할 것
③ 출입구에는 출입금지의 표시를 할 것
④ 출입구에는 자물쇠장치 등의 장치를 할 것

풀이 발전소 등의 울타리 · 담 등의 시설(KEC 351.1)
1. 고압 또는 특고압의 기계 · 기구, 모선 등을 옥외에 시설하는 발전소 · 변전소 · 개폐소 또는 이에 준하는 곳에는 다음 각 호에 따라 구내에 취급자 이외의 사람이 들어가지 아니하도록 시설하여야 한다. 다만, 토지의 상황에 의하여 사람이 들어갈 우려가 없는 곳은 그러하지 아니하다.
   가. 울타리 · 담 등을 시설할 것
   나. 출입구에는 출입금지의 표시를 할 것
   다. 출입구에는 자물쇠장치 등의 장치를 할 것
2. 제1의 울타리 · 담 등은 다음에 따라 시설하여야 한다.
   가. 울타리 · 담 등의 높이는 2[m] 이상으로 하고 지표면과 울타리 · 담 등의 하단 사이의 간격은 0.15[m] 이하로 할 것
   나. 울타리 · 담 등과 고압 및 특고압의 충전부분이 접근하는 경우에는 울타리 · 담 등의 높이와 울타리 · 담 등으로부터 충전부분까지 거리의 합계는 다음 표에서 정한 값 이상으로 할 것

정답 87 ② 88 ①

사용 전압의 구분	울타리·담 등의 높이와 울타리·담 등으로부터 충전부분까지의 거리의 합계
35[kV] 이하	5[m]
35[kV] 초과 160[kV] 이하	6[m]
160[kV] 초과	6[m]에 160[kV]를 초과하는 10[kV] 또는 그 단수마다 0.12[m]를 더한 값

89 고압 또는 특고압의 기계·기구, 모선 등을 옥외에 시설하는 발전소·변전소·개폐소 또는 이에 준하는 곳에 시설하는 울타리·담 등에 대한 판단기준으로 적합하지 않은 것은?

① 출입구에는 출입금지의 표시를 할 것
② 출입구에는 자물쇠장치 등의 장치를 할 것
③ 울타리·담 등의 높이는 1.8[m] 이상으로 할 것
④ 지표면과 울타리·담 등의 하단 사이의 간격은 0.15[m] 이하로 할 것

풀이 발전소 등의 울타리·담 등의 시설
- 울타리·담 등을 시설할 것
- 출입구에는 출입금지의 표시를 할 것
- 출입구에는 자물쇠장치 등의 장치를 할 것
- 울타리·담 등의 높이는 2[m] 이상으로 하고 지표면과 울타리·담 등의 하단 사이의 간격은 0.15[m] 이하로 할 것

90 발전소, 변전소, 개폐소 등에서 울타리·담 등의 시설 시 사용 전압이 35[kV] 이하이고, 울타리의 높이가 2[m]인 경우 울타리 상단 부분과 충전부분의 이격거리는 몇 [m] 이상이 되어야 하는가?

① 3[m] 이상 ② 5[m] 이상 ③ 6[m] 이상 ④ 7[m] 이상

풀이 발전소 등의 울타리·담 등의 시설
35[kV] 이하 시 울타리·담 등의 높이와 울타리·담 등으로부터 충전부분까지의 거리의 합계는 5[m] 이상이어야 한다. 울타리의 높이가 2[m]이므로 울타리 상단부분과 충전부분과의 이격거리는 3[m] 이상이어야 한다.

91 400[V]를 넘는 저압옥내배선의 사용전선으로 단면적이 1[mm^2] 이상인 케이블을 사용할 때 일반적인 경우 어떤 종류의 케이블을 선택하는가?

① CN-CV 케이블
② 폴리에틸렌절연비닐시스케이블
③ 부틸고무절연폴리에틸렌시스케이블
④ 미네랄인슐레이션케이블

풀이 일반적으로 저압옥내배선 1.0[mm^2]의 MI 케이블을 사용한다.

정답 89 ③ 90 ① 91 ④

92 정격전류가 40[A]를 초과하고 50[A] 이하인 과전류차단기로 보호되는 저압옥내전로에서 사용되는 옥내배선의 최소굵기는?

① 2.5[mm²] ② 6[mm²]
③ 10[mm²] ④ 16[mm²]

풀이 한국전기설비규정 중 분기회로의 시설

저압옥내전로의 종류	저압옥내배선의 굵기	하나의 나사접속기, 하나의 소켓 또는 하나의 콘센트에서 그 분기점에 이르는 부분의 전선의 굵기
정격전류가 15[A] 이하이고 과전류차단기로 보호되는 것	단면적 2.5[mm²] (미네랄인슐레이션케이블은 단면적 1[mm²])	—
정격전류가 15[A]를 초과하고 20[A] 이하인 배선용 차단기로 보호되는 것		단면적 4[mm²] (미네랄인슐레이션케이블은 단면적 1.5[mm²])
정격전류가 15[A]를 초과하고 20[A] 이하인 과전류차단기(배선용 차단기를 제외한다.)로 보호되는 것	단면적 4[mm²] (미네랄인슐레이션케이블은 단면적 1.5[mm²])	
정격전류가 20[A]를 초과하고 30[A] 이하인 과전류차단기로 보호되는 것	단면적 6[mm²] (미네랄인슐레이션케이블은 단면적 2.5[mm²])	
정격전류가 30[A]를 초과하고 40[A] 이하인 과전류차단기로 보호되는 것	단면적 10[mm²] (미네랄인슐레이션케이블은 단면적 6[mm²])	
정격전류가 40[A]를 초과하고 50[A] 이하인 과전류차단기로 보호되는 것	단면적 16[mm²] (미네랄인슐레이션케이블은 단면적 10[mm²])	

93 저압옥내배선은 일반적인 경우 지름 몇 [mm²] 이상의 연동선이거나 이와 동등 이상의 세기 및 굵기의 것을 사용해야 하는가?

① 2.5[mm²] 이상 ② 4.0[mm²] 이상
③ 6[mm²] 이상 ④ 10[mm²] 이상

94 정격전류가 15[A] 이상이고, 20[A] 이하인 배선용 차단기로 보호되는 저압옥내전로의 콘센트는 정격전류가 몇 [A]인 것을 사용해야 하는가?

① 15[A] 이하 ② 20[A] 이하
③ 30[A] 이하 ④ 40[A] 이하

정답 92 ④ 93 ① 94 ②

풀이 한국전기설비규정 중 회로의 시설

저압옥내전로의 종류	콘센트	나사접속기 또는 소켓
정격전류가 15[A] 이하이고 전류차단기로 보호되는 것	정격전류가 15[A] 이하인 것	나사형의 소켓으로서 공칭지름이 39[mm] 이하인 것이나 나사형 이외의 소켓 또는 공칭지름이 39[mm] 이하인 나사접속기
정격전류가 15[A]를 초과하고 20[A] 이하인 배선용 차단기로 보호되는 것	정격전류가 20[A] 이하인 것	
정격전류가 15[A]를 초과하고 20[A] 이하인 과전류차단기(배선용 차단기를 제외한다.)로 보호되는 것	정격전류가 20[A]인 것(정격전류가 20[A] 미만의 꽂임 플러그가 접속될 수 있는 것은 제외한다.)	할로겐전구용의 소켓이나 할로겐전구용 이외의 백열전등용·방전등용의 소켓으로서 공칭지름이 39[mm]인 것 또는 공칭지름이 39[mm]인 나사접속기
정격전류가 20[A]를 초과하고 30[A] 이하의 과전류차단기로 보호되는 것	정격전류가 20[A] 이상 30[A] 이하인 것(정격전류가 20[A] 미만의 꽂임플러그가 접속될 수 있는 것은 제외한다.)	
정격전류가 30[A]를 초과하고 40[A] 이하인 과전류차단기로 보호되는 것	정격전류가 30[A] 이상 40[A] 이하인 것	
정격전류가 40[A]를 초과하고 50[A] 이하인 과전류차단기로 보호되는 것	정격전류가 40[A] 이상 50[A] 이하인 것	

95 고압옥내배선공사 시 사용전선의 최소 단면적은?

① 4[mm²] 이상   ② 6[mm²] 이상   ③ 10[mm²] 이상   ④ 16[mm²] 이상

풀이 고압옥내배선 등의 시설(KEC 342.1)
1. 고압옥내배선은 다음에 따라 시설하여야 한다.
   가. 고압옥내배선은 다음 중 하나에 의하여 시설할 것
   - 애자사용공사(건조한 장소로서 전개된 장소에 한한다.)
   - 케이블공사
   - 케이블트레이공사
   나. 애자사용공사에 의한 고압옥내배선은 다음에 의하고, 또한 사람이 접촉할 우려가 없도록 시설할 것
   - 전선은 공칭단면적 6[mm²]의 연동선 또는 이와 동등 이상의 세기 및 굵기의 고압절연전선이나 특별고압절연전선 또는 341.8의 2에 규정하는 인하용 고압절연전선일 것
   - 전선의 지지점 간의 거리는 6[m] 이하일 것. 다만, 전선을 조영재의 면을 따라 붙이는 경우에는 2[m] 이하이어야 한다.

96 아크가 발생하는 고압용 차단기를 시설하는 경우 가연성 물질로부터의 이격거리는 몇 [m] 이상인가?

① 0.5   ② 1.0   ③ 1.5   ④ 2.0

풀이 아크가 발생하는 기구의 시설
동작 시에 아크가 발생하는 기구는 목재의 벽 또는 가연성 물체로부터 고압용은 1[m] 이상, 특고압용은 2[m] 이상 이격시킨다.

정답 95 ② 96 ②

97 점검할 수 있는 은폐장소로서 건조한 곳에 시설하는 애자사용노출공사에 있어서 사용전압 440[V]의 경우 전선과 조영재 사이의 이격거리는?

① 2[cm] 이상 ② 2.5[cm] 이상 ③ 3[cm] 이상 ④ 5[cm] 이상

풀이 저압의 경우 400[V] 이상일 때 전선과 조영재 사이의 이격거리는 4.5[cm] 이상이다. 단, 건조한 곳에 시설하는 경우 2.5[cm] 이상이다.

98 분산형 전원을 인버터를 이용하여 전력계통에 연계하는 경우 접속점과 인버터 사이에 상용주파수 변압기를 설치해야 하는데 별도의 사항을 충족하는 경우는 예외로 할 수 있다. 다음 중 충족사항을 잘못 기술한 것은?

① 인버터의 직류 측 회로가 비접지인 경우
② 고주파변압기를 사용하는 경우
③ 인버터의 교류출력 측에 직류검출기를 구비하고 직류 검출 시에 교류출력을 정지하는 기능을 갖춘 경우
④ 인버터 내부에 단독운전에 대한 보호기능이 갖춰진 경우

풀이 저압계통 연계 시 직류유출방지변압기의 시설(KEC 503.2.2)
분산형 전원설비를 인버터를 이용하여 전기판매사업자의 저압전력계통에 연계하는 경우 인버터로부터 직류가 계통으로 유출되는 것을 방지하기 위하여 접속점(접속설비와 분산형 전원설비 설치자 측 전기설비의 접속점을 말한다)과 인버터 사이에 상용주파수변압기(단권변압기를 제외한다)를 시설하여야 한다. 다만, 다음을 모두 충족하는 경우에는 예외로 한다.
가. 인버터의 직류 측 회로가 비접지인 경우 또는 고주파변압기를 사용하는 경우
나. 인버터의 교류출력 측에 직류 검출기를 구비하고, 직류 검출 시에 교류출력을 정지하는 기능을 갖춘 경우

99 분산형 전원을 인버터를 이용하여 전력계통에 연계하는 경우 인버터로부터 직류가 계통으로 유출되는 것을 방지하기 위하여 접속점과 인버터 사이에 설치하는 것은?

① 차단기 ② 전동기
③ 보호계전기 ④ 상용주파수변압기

풀이 저압계통 연계 시 직류유출방지변압기의 시설(KEC 503.2.2)
분산형 전원설비를 인버터를 이용하여 전기판매사업자의 저압전력계통에 연계하는 경우 인버터로부터 직류가 계통으로 유출되는 것을 방지하기 위하여 접속점(접속설비와 분산형 전원설비 설치자 측 전기설비의 접속점을 말한다)과 인버터 사이에 상용주파수변압기(단권변압기를 제외한다)를 시설하여야 한다. 다만, 다음을 모두 충족하는 경우에는 예외로 한다.
가. 인버터의 직류 측 회로가 비접지인 경우 또는 고주파변압기를 사용하는 경우
나. 인버터의 교류출력 측에 직류 검출기를 구비하고, 직류 검출 시에 교류출력을 정지하는 기능을 갖춘 경우

정답 97 ② 98 ④ 99 ④

100 전력계통에 연계하는 태양전지발전소에 시설하는 계측장치로 옳은 것은?

① 주요 변압기의 전압 및 전류 또는 전력
② 주요 변압기의 전압 및 전류 또는 온도
③ 주요 변압기의 전압 및 전류 또는 역류
④ 주요 변압기의 전압 및 유온 또는 주파수

풀이 전력계통에 연계하는 태양전지발전소에 시설하는 계측장치
- 발전기, 연료전지 또는 태양전지모듈(복수의 태양전지모듈을 설치하는 경우에는 그 집합체)의 전압 및 전류 또는 전력
- 발전기의 베어링(수중메탈을 제외한다.) 및 고정자(固定子)의 온도
- 발전기(정격출력이 10,000[kW]를 넘는 증기터빈에 접속하는 것에 한한다.)의 진동의 진폭
- 주요 변압기의 전압 및 전류 또는 전력
- 특별고압용 변압기의 온도

101 한국전기설비규정에서 사용하는 용어의 정의 중 전력계통의 일부가 전력계통의 전원과 전기적으로 분리된 상태에서 분산형 전원에 의해서만 가압되는 상태를 무엇이라 하는가?

① 계통연계
② 단독운전
③ 접근상태
④ 단순병렬운전

풀이 단독운전(Islanding)
한전계통의 일부가 한전계통의 전원과 전기적으로 분리된 상태에서 분산형 전원에 의해서만 가압되는 상태를 말한다.

102 계통연계하는 분산형 전원설비를 설치하는 경우 이상 또는 고장 발생의 경우가 아닌 것은?

① 단독운전상태
② 분산형 전원설비의 이상 또는 고장
③ 연계한 변압기 중성점접지시설
④ 연계한 전력계통의 이상 또는 고장

풀이 계통연계용 보호장치의 시설(KEC 503.2.4)
1. 계통연계하는 분산형 전원설비를 설치하는 경우 다음에 해당하는 이상 또는 고장 발생 시 자동적으로 분산형 전원설비를 전력계통으로부터 분리하기 위한 장치 시설 및 해당 계통과의 보호협조를 실시하여야 한다.
   가. 분산형 전원설비의 이상 또는 고장
   나. 연계한 전력계통의 이상 또는 고장
   다. 단독운전상태

정답 100 ① 101 ② 102 ③

103 태양전지발전소에 시설하는 태양전지모듈의 시설방법으로 잘못 기술한 것은?

① 충전부분은 노출되지 아니하도록 시설할 것
② 태양전지모듈에 접속하는 전원 측의 전로에는 그 접속점에 근접하여 차단기 기타 이와 유사한 기구를 시설할 것
③ 태양전지모듈을 병렬접속하는 전로에는 그 전로에 단락이 생긴 경우에 전로를 보호할 수 있는 과전류차단기를 시설할 것
④ 전선은 공칭단면적 2.5[mm²] 이상의 연동선을 사용할 것

풀이 설비의 안전 요구사항(KEC 521.2)
1. 태양전지 모듈, 전선, 개폐기 및 기타 기구는 충전부분이 노출되지 않도록 시설하여야 한다.
2. 모든 접속함에는 내부의 충전부가 인버터로부터 분리된 후에도 여전히 충전상태일 수 있음을 나타내는 경고가 붙어 있어야 한다.
3. 태양광설비의 고장이나 외부 환경요인으로 인하여 계통연계에 문제가 있을 경우 회로분리를 위한 안전시스템이 있어야 한다.

어레이 출력 개폐기(KEC 522.3.1)
1. 어레이 출력 개폐기는 다음과 같이 시설하여야 한다.
   가. 태양전지 모듈에 접속하는 부하 측의 태양전지 어레이에서 전력변환장치에 이르는 전로(복수의 태양전지 모듈을 시설한 경우에는 그 집합체에 접속하는 부하 측의 전로)에는 그 접속점에 근접하여 개폐기 기타 이와 유사한 기구(부하전류를 개폐할 수 있는 것에 한한다)를 시설할 것
   나. 어레이 출력개폐기는 점검이나 조작이 가능한 곳에 시설할 것

과전류 및 지락 보호장치(KEC 522.3.2)
1. 모듈을 병렬로 접속하는 전로에는 그 전로에 단락전류가 발생할 경우에 전로를 보호하는 과전류차단기 또는 기타 기구를 시설하여야 한다. 단, 그 전로가 단락전류에 견딜 수 있는 경우에는 그러하지 아니하다.
2. 태양전지 발전설비의 직류 전로에 지락이 발생했을 때 자동적으로 전로를 차단하는 장치를 시설하고 그 방법 및 성능은 IEC 60364-7-712(2017) 712.42 또는 712.53에 따를 수 있다.

104 태양전지모듈 등의 시설 시 옥측 또는 옥외에 시설하는 공사법이 아닌 것은?

① 합성수지관공사   ② 애자사용공사   ③ 금속관공사   ④ 가요전선관공사

풀이 주택용 계통연계형 태양광발전설비에서 전로 및 기기의 사용전압은 400[V] 이하로 한다. 다만, 태양전지모듈에 접속하는 부하 측의 옥내배선(복수의 태양전자모듈을 시설한 경우는 그 집합체에 접속하는 부하 측의 배선)은 아래 사항에 의해 시설하였는지 확인한다. 주택 옥내전로의 대지전압이 직류 600[V] 이하인 경우는 적용하지 않는다.
- 전로에 지락이 발생하였을 경우 자동적으로 전로를 차단하는 장치를 시설할 것
- 사람이 접촉할 우려가 없는 은폐된 장소에 합성수지관공사, 금속관공사, 가요전선관공사 및 케이블공사에 의하여 시설하거나 사람이 접촉할 우려가 없도록 케이블공사에 의하여 시설할 것
- 전선은 적당한 방호장치를 시설할 것
- 대지전압은 300[V] 이하

정답 103 ② 104 ②

105 태양전지모듈에 시설하는 전선은 공칭단면적 얼마 이상의 연동선 또는 이와 동등 이상의 세기 및 굵기 [mm²]의 전선을 사용해야 하는가?

① 2.5 ② 4 ③ 6 ④ 8

풀이 태양전지모듈 등의 시설
전선은 공칭단면적 2.5[mm²] 이상의 연동선 또는 이와 동등 이상의 세기 및 굵기의 것일 것

106 태양광발전소의 전선 시설 시 시설 내용으로 잘못된 것은?

① 전선은 공칭단면적 1.5[mm²] 이상의 연동선 또는 이와 유사한 동등 이상의 세기 및 굵기일 것
② 옥내에 시설할 경우에는 합성수지관공사, 금속관공사, 가요전선관공사 또는 케이블공사로 각 규정에 준하여 시설할 것
③ 옥측 또는 옥외에 시설할 경우에는 합성수지관공사, 금속관공사, 가요전선관공사 또는 케이블공사로 각 규정에 준하여 시설할 것
④ 기계기구의 구조상 그 내부에 안전하게 시설할 수 있을 경우에는 그러지 아니한다.

풀이 태양광발전시설 시 전선은 공칭단면적 2.5[mm²] 이상의 연동선 또는 이와 동등 이상의 세기 및 굵기일 것

107 태양전지발전소에 시설하는 태양전지모듈 및 전선 기타 기구 등의 시설방법으로 틀린 것은?

① 전선은 공칭단면적 6[mm²] 이상의 연동선 또는 이와 유사한 동등 이상의 세기 및 굵기의 것일 것
② 태양전지모듈을 병렬로 접속하는 전로에는 과전류차단기를 시설할 것
③ 충전부분은 노출되지 않도록 시설할 것
④ 태양전지모듈의 지지물은 자중, 적재하중, 적설 또는 풍압의 진동과 충격에 대하여 안전한 구조의 것일 것

풀이 전선은 공칭단면적 2.5[mm²] 이상의 연동선 또는 이와 동등 이상의 세기 및 굵기의 것이어야 한다.

108 한국전기설비규정에서 태양전지발전소에 시설하는 전선의 굵기는 연동선인 경우 몇 [mm²] 이상이어야 하는가?

① 1.6 ② 2.5 ③ 3.5 ④ 5.5

풀이 태양전지모듈 등의 시설
전선은 공칭단면적 2.5[mm²] 이상의 연동선 또는 이와 동등 이상의 세기 및 굵기의 것일 것

정답 105 ① 106 ① 107 ① 108 ②

109 태양전지모듈의 시설에 관한 내용 중 잘못된 것은?
① 충전부분은 노출되지 아니하도록 시설한다.
② 태양전지모듈을 병렬로 접속하는 전로에는 과전류차단기를 설치한다.
③ 태양전지모듈의 지지물은 진동과 충격에 대하여 안전한 구조이어야 한다.
④ 옥측 또는 옥외에 시설하는 경우에는 합성수지관공사, 케이블공사 및 금속몰드공사로 시설한다.

풀이 배선기구나 전선로를 옥측 또는 옥외에 시설하는 경우에는 합성수지관공사, 금속관공사, 가요전선관공사 또는 케이블공사로 한다.

110 태양전지모듈 및 개폐기를 전선과 접속할 때 그 방법이 잘못된 것은?
① 접속 시 나사조임, 그 밖에 이와 동등 이상의 효력이 있는 방법에 의하여 견고하게 할 것
② 전기적으로 완전하게 접속할 것
③ 접속점에는 장력을 가해 접속할 것
④ 그 밖의 기구 등도 전선과 접속 시 나사조임, 그 밖에 이와 동등 이상의 효력이 있는 방법으로 견고하게 접속할 것

풀이 접속점에는 장력을 가해 접속해서는 안 된다.

111 태양전지모듈 등의 전선을 옥내에 시설할 경우 합성수지관공사에 준하여 시설하여야 한다. 합성수지관 전선공사 시 조건에 대한 사항으로 잘못 기술한 것은?
① 전선은 절연전선일 것
② 전선은 관 내 접속점이 없을 것
③ 전선은 연선일 것
④ 현저한 기계적 충격을 받더라도 충격에 견딜 것

풀이 합성수지관은 현저한 기계적 충격을 받을 우려가 없는 장소에 시설한다.

112 태양전지발전소에 시설하는 태양전지모듈, 전선 및 개폐기 등의 시설기준을 설명한 것 중 틀린 것은?
① 충전부분은 노출되지 않도록 시설할 것
② 태양전지모듈에 접속하는 부하 측 전로에는 그 접속점에 근접하여 개폐기를 시설할 것
③ 전선은 공칭단면적 1.5[mm²] 이상의 연동선 또는 이와 유사한 동등 이상의 세기 및 굵기의 것일 것
④ 태양전지모듈을 병렬로 접속하는 전로에는 그 전로에 단락이 생긴 경우에 전로를 보호하는 과전류차단기를 시설할 것

풀이 전선은 공칭단면적 2.5[mm²] 이상의 연동선 또는 이와 동등 이상의 세기 및 굵기의 것일 것

정답 109 ④ 110 ③ 111 ④ 112 ③

113 발전소·변전소 또는 이에 준하는 곳에 시설하는 배전반에 고압용 기구 또는 전선을 시설하는 경우 적당하지 않은 것은?

① 점검이 용이하게 통로를 시설할 것
② 기기조작에 필요한 공간을 확보할 것
③ 회로설비는 반드시 관에 넣어 시설할 것
④ 취급에 위험을 주지 않도록 방호장치를 할 것

풀이 배전반의 시설(KEC 351.7)
1. 발전소·변전소·개폐소 또는 이에 준하는 곳에 시설하는 배전반에 붙이는 기구 및 전선(관에 넣은 전선 및 334.1의 4의 "나"에 규정하는 개장한 케이블을 제외한다)은 점검할 수 있도록 시설하여야 한다.
2. 제1의 배전반에 고압용 또는 특고압용의 기구 또는 전선을 시설하는 경우에는 취급자에게 위험이 미치지 아니하도록 방호장치 또는 통로를 시설하여야 하며, 기기조작에 필요한 공간을 확보하여야 한다.

114 한국전기설비규정에서 주택의 태양전지모듈에 접속하는 부하 측 옥내전로에 지락이 생겼을 때 자동적으로 전로를 차단하는 장치를 시설한 경우, 주택의 옥내전로의 대지전압은 직류 몇 [V] 이하여야 하는가?

① 150
② 220
③ 300
④ 600

풀이 주택의 태양전지모듈에 접속하는 부하 측 옥내배선을 다음에 따라 시설하는 경우에 주택의 옥내전로의 대지전압은 직류 600[V] 이하일 것
• 전로에 지락이 생겼을 때 자동적으로 전로를 차단하는 장치를 시설할 것
• 사람이 접촉할 우려가 없는 은폐된 장소에 합성수지관공사, 금속관공사 및 케이블공사에 의하여 시설할 것. 다만, 사람이 접촉할 우려가 있는 장소에 케이블공사에 의하여 시설하는 경우에는 전선에 방호장치를 시설할 것

115 태양전지모듈의 전선을 옥내에 금속관공사에 의해 시설할 때의 시설방법으로 잘못된 것은?

① 전선은 절연전선일 것
② 전선은 연선일 것
③ 전선은 금속관 안에서 접속이 가능하고 이때 전선의 피복이 손상되지 않도록 매끄럽게 할 것
④ 1종 금속제 가요전선관과 2종 금속제 가요전선관이 있을 것

풀이 금속관공사(KEC 232.12)
① 시설 조건
1. 전선은 절연전선(옥외용 비닐절연전선을 제외한다)일 것
2. 전선은 연선일 것. 다만, 다음의 것은 적용하지 않는다.
 가. 짧고 가는 금속관에 넣은 것
 나. 단면적 10[mm²](알루미늄선은 단면적 16[mm²]) 이하의 것
3. 전선은 금속관 안에서 접속점이 없도록 할 것

정답 113 ③ 114 ④ 115 ③

② 금속관공사에 사용하는 금속관과 박스, 기타의 부속품(관 상호 간을 접속하는 것 및 관의 끝에 접속하는 것에 한하며 리듀서를 제외한다)은 다음 각 호에 적합한 것이어야 한다.
1. 전선의 피복이 손상되지 않도록 매끄럽게 한다.
2. 1종 금속제 가요전선관과 2종 금속제 가요전선관이 있다.

116 주택의 태양전지모듈에 접속하는 부하 측 옥내배선을 시설하는 경우에 주택의 옥내전로의 대지전압은 직류 몇 [V] 이하인가?

① 200   ② 300   ③ 500   ④ 600

풀이 주택용 계통연계형 태양광발전설비에서 전로 및 기기의 사용전압은 400[V] 이하로 한다. 다만, 태양전지모듈에 접속하는 부하 측의 옥내배선(복수의 태양전자모듈을 시설한 경우는 그 집합체에 접속하는 부하 측의 배선)은 아래 사항에 의해 시설하였는지 확인한다. 주택 옥내전로의 대지전압이 직류 600[V] 이하인 경우는 적용하지 않는다.
- 전로에 지락이 발생하였을 경우 자동적으로 전로를 차단하는 장치를 시설할 것
- 사람이 접촉할 우려가 없는 은폐된 장소에 합성수지관공사, 금속관공사, 가요전선관공사 및 케이블공사에 의하여 시설하거나 사람이 접촉할 우려가 없도록 케이블공사에 의하여 시설할 것
- 전선은 적당한 방호장치를 시설할 것
- 대지전압은 300[V] 이하

117 수상전선로의 전선을 가공전선로의 전선과 육상에서 접속하는 경우 접속점의 높이는 지표상 최소 몇 [m]인가?

① 4   ② 5   ③ 6   ④ 7

풀이 수상전선로의 시설
전선의 접속점은 다음의 높이로 지지물에 견고하게 붙일 것
- 접속점이 육상에 있는 경우에는 지표상 5[m] 이상. 다만, 수상전선로의 사용전압이 저압인 경우에 도로상 이외의 곳에 있을 때에는 지표상 4[m]까지로 감할 수 있다.
- 접속점이 수면상에 있는 경우에는 수상전선로의 사용전압이 저압인 경우에는 수면상 4[m] 이상, 고압인 경우에는 수면상 5[m] 이상

118 물기가 많고 전개된 장소에서 440[V] 옥내배선을 할 때 시설 가능한 전선관공사는?

① 금속관공사, 합성수지관공사, 케이블공사
② 금속덕트공사, 합성수지관공사, 케이블공사
③ 금속덕트공사, 합성수지관공사
④ 금속덕트공사, 케이블공사

풀이 물기가 있고 전개된 장소에서의 옥내배선 시 전선관공사는 합성수지관공사, 금속관공사, 가요전선공사, 케이블공사이다.

정답 116 ④ 117 ② 118 ①

119 저압옥내배선을 할 때 인입용 비닐절연전선을 사용할 수 없는 전선관공사는?

① 금속관공사　　　　　　　　　② 가요전선관공사
③ 합성수지관공사　　　　　　　④ 애자사용공사

120 케이블트레이에 의한 저압옥내배선의 시설을 설명한 것 중 잘못된 것은?

① 전선은 연피케이블, 알루미늄 등 난연성 케이블 또는 금속관 혹은 합성수지관 등에 넣은 절연전선을 사용한다.
② 케이블트레이 안에서 전선을 접속하는 경우에는 전선의 접속부분은 측면 레일 위로 나오지 않도록 하고 그 부분은 절연처리한다.
③ 수평으로 포설하는 케이블 이외의 케이블은 케이블트레이의 가로대에 견고하게 고정시켜야 한다.
④ 저압케이블과 고압 또는 특고압케이블은 동일 케이블트레이 안에 시설한다.

풀이 케이블트레이공사(KEC 232.41) 시설 조건
1. 전선은 연피케이블, 알루미늄피케이블 등 난연성 케이블(334.7의 1의"가"(1)(가)의 시험방법에 의한 시험에 합격한 케이블) 또는 기타 케이블(적당한 간격으로 연소(延燒)방지조치를 하여야 한다) 또는 금속관 혹은 합성수지관 등에 넣은 절연전선을 사용하여야 한다.
2. 제1의 각 전선은 관련되는 각 규정에서 사용이 허용되는 것에 한하여 시설할 수 있다.
3. 케이블트레이 안에서 전선을 접속하는 경우에는 전선 접속부분에 사람이 접근할 수 있고 또한 그 부분이 측면 레일 위로 나오지 않도록 하고 그 부분을 절연처리하여야 한다.
4. 수평으로 포설하는 케이블 이외의 케이블은 케이블트레이의 가로대에 견고하게 고정시켜야 한다.
5. 저압케이블과 고압 또는 특고압케이블은 동일 케이블트레이 안에 포설하여서는 아니 된다. 다만, 견고한 불연성의 격벽을 시설하는 경우 또는 금속외장케이블인 경우에는 그러하지 아니하다.

121 계통연계하는 분산형 전원을 설치하는 경우 고장 발생 시 자동적으로 분산형 전원을 전력계통으로부터 분리하기 위한 장치를 시설하여야 하는데 다음 중 그 고장에 해당되지 않는 것은?

① 단독운전상태　　　　　　　　② 연계한 전력계통의 이상 또는 고장
③ 분산형 전원의 이상 또는 고장　④ 자립운전상태

풀이 자립운전이란 분산형 전원이 한전계통으로부터 분리된 상태에서 해당 구내계통 내의 부하에만 전력을 공급하고 있는 상태이다.

계통연계용 보호장치의 시설(KEC 503.2.4)
1. 계통연계하는 분산형 전원설비를 설치하는 경우 다음에 해당하는 이상 또는 고장 발생 시 자동적으로 분산형 전원설비를 전력계통으로부터 분리하기 위한 장치 시설 및 해당 계통과의 보호협조를 실시하여야 한다.
　가. 분산형 전원설비의 이상 또는 고장
　나. 연계한 전력계통의 이상 또는 고장
　다. 단독운전상태

정답 119 ④　120 ④　121 ④

2. 제1의 "나"에 따라 연계한 전력계통의 이상 또는 고장 발생 시 분산형 전원의 분리시점은 해당 계통의 재연결 시점 이전이어야 하며, 이상 발생 후 해당 계통의 전압 및 주파수가 정상 범위 내에 들어올 때까지 계통과의 분리상태를 유지하는 등 연계한 계통의 재연결방식과 협조를 이루어야 한다.

122 분산형 전원을 계통에 연계하는 경우 전력계통의 단락용량이 전선의 순시허용전류를 상회할 경우 시설해야 하는 장치로 가장 알맞은 것은?

① 과전류차단기 ② 지락차단기
③ 영상변류기 ④ 한류리액터

풀이 분산형 전원발전설비의 연계에 의해 계통의 단락용량이 차단기의 차단용량 등을 상회할 우려가 있을 때는 분산형 전원 발전설치자가 단락전류를 제한하는 장치인 한류리액터를 설치한다.

123 리플프리전류란 교류를 직류로 변환할 때 리플 성분이 몇 [%](실효값) 이하로 포함된 직류를 말하는가?

① 3[%] ② 5[%] ③ 7[%] ④ 10[%]

풀이 리플프리전류란 교류를 직류로 변환할 때 리플 성분이 10[%](실효값) 이하로 포함된 직류를 말한다.

124 한국전기설비규정에서는 관광숙박업에 이용되는 객실의 입구에 조명용 전등을 설치할 경우 몇 분 이내에 소등되는 타임스위치를 시설해야 하는가?

① 1 ② 2 ③ 3 ④ 5

풀이 점멸기의 시설(KEC 234.6)
8. 다음의 경우에는 센서등(타임스위치 포함)을 시설하여야 한다.
　가. 「관광진흥법」과 「공중위생관리법」에 의한 관광숙박업 또는 숙박업(여인숙업을 제외한다)에 이용되는 객실의 입구등은 1분 이내에 소등되는 것
　나. 일반주택 및 아파트 각 호실의 현관등은 3분 이내에 소등되는 것

125 축전지실 등의 시설조건으로 틀린 것은?

① 축전지실은 발전기실과 동일한 장소에 시설하여야 한다.
② 축전지실 등은 폭발성의 가스가 축적되지 않도록 환기장치 등을 시설하여야 한다.
③ 옥내전로에 연계되는 축전지는 비접지 측 도체에 과전류보호장치를 시설하여야 한다.
④ 30[V]를 초과하는 축전지는 비접지 측 도체에 쉽게 차단할 수 있는 곳에 개폐기를 시설하여야 한다.

풀이 축전지실 등의 시설
• 30[V]를 초과하는 축전지는 비접지 측 도체에 쉽게 차단할 수 있는 곳에 개폐기를 시설하여야 한다.
• 옥내전로에 연계되는 축전지는 비접지 측 도체에 과전류보호장치를 시설하여야 한다.
• 축전지실 등은 폭발성의 가스가 축적되지 않도록 환기장치 등을 시설하여야 한다.

정답 122 ④　123 ④　124 ①　125 ①

02 태양광발전어레이 및 전압강하

01 태양광모듈·설치용량은 사업계획서상의 모듈 설계용량과 동일해야 한다. 다만 모듈당 용량에 따라 설계용량과 동일하게 설치할 수 없는 경우에 한해서 설계용량의 몇 [%] 이내까지 가능한가?

① 110[%]   ② 105[%]   ③ 104[%]   ④ 102[%]

풀이 모듈의 설치용량은 PCS 인버터 용량의 105[%] 이내이어야 한다. 모듈의 설치용량은 사업계획서상의 모듈 설계용량과 동일해야 한다. 다만 모듈당 용량에 따라 설계용량과 동일하게 설치할 수 없는 경우에 한해서 설계용량의 110[%] 이내까지 가능하다.

02 경사 지붕면적이 144[m²](12×12)인 건축물에 태양광발전설비를 구축하려고 한다. 가로길이가 1.7[m], 세로길이가 0.85[m]인 165[Wp]급 모듈의 온도에 따른 전압범위가 28~42[V]일 때 모듈의 설치 가능 개수는?(단, 파워컨디셔너의 동작전압은 190~620[V], 효율은 90[%], 설치간격 및 기타 손실은 무시)

① 14   ② 7   ③ 98   ④ 120

풀이 모듈의 설치 가능 개수(최대)
- 가로배열 : 12÷1.7=7.058(7개 설치 가능)
- 세로배열 : 12÷0.85=14.117(14개 설치 가능)
- 14개 직렬연결 시 최저전압 : 28×14=392[V]
- 14개 직렬연결 시 최고전압 : 42×14=588[V]

최고전압 및 최저전압이 파워컨디셔너의 동작범위(190~620) 이내이므로, 14개 직렬연결이 가능
∴ 설치 가능 개수=14×7=98개

- 세로깔기 : 모듈의 긴 쪽이 좌우가 되도록
- 가로깔기 : 모듈의 긴 쪽이 상하가 되도록

03 태양전지모듈의 배선 설계 시 확인해야 하는 사항으로 틀린 것은?

① 주파수 확인   ② 비접지 확인
③ 전압극성 확인   ④ 단락전류 확인

풀이 태양전지모듈의 출력은 직류이기 때문에 주파수와는 무관하다.

정답 01 ① 02 ③ 03 ①

04 다음 각 모듈별 발전량[Wp]은?

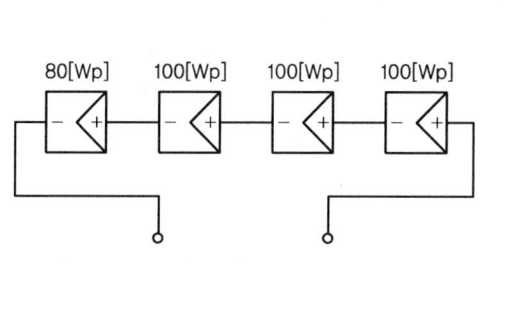

① A : 380   B : 380
② A : 320   B : 380
③ A : 320   B : 320
④ A : 380   B : 320

풀이
- A직렬 : Wp = 80 + 80 + 80 + 80 = 80 × 4 = 320
- B병렬 : Wp = 80 + 100 + 100 + 100 = 380
- 직렬연결 : 음영에 의한 모듈의 발전량 감소는 직렬로 연결된 모든 모듈에 영향을 준다.
- 병렬연결 : 음영에 의한 모듈의 발전량 감소는 병렬로 연결된 모든 모듈에 영향을 주지 않는다.

05 셀의 직렬연결 시 음영에 의한 출력은 몇 [W]인가?(단, 셀은 모두 5[W]×10개이고, 음영에 의해 출력이 저하한 셀은 3.5[W]×4개이다.)

① 50   ② 44   ③ 35   ④ 28

풀이 직렬연결 시 음영에 영향을 받은 셀이 직렬연결된 모든 셀에 영향을 미친다.

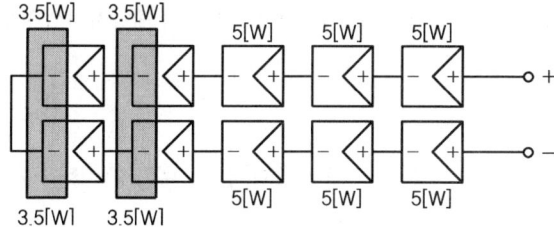

4개 셀에 음영 발생 시(직렬)
3.5 × 10 = 35[W]

정답 04 ② 05 ③

06 그림과 같이 태양광어레이의 배선연결을 설계하였을 때의 문제점으로 가장 옳은 것은?

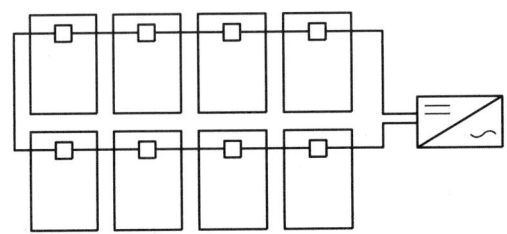

① 낙뢰에 취약하다.
② 누설전류가 커진다.
③ 고조파가 발생한다.
④ 전선의 길이가 길어져 전압강하가 커진다.

풀이 전계가 넓게 분포되어 낙뢰에 취약하다.

07 모듈수가 70개, 모듈 1개의 Wp가 120[Wp]인 태양전지어레이의 발전 가능 용량[kWp]은?(단, 파워컨디셔너 효율은 90[%])

① 7.56　　② 7.16　　③ 8.56　　④ 6.65

풀이 발전 가능 용량＝모듈수×모듈 1개의 Wp×파워컨디셔너 효율
$kWp = 70 \times 120 \times 0.9 \times 10^{-3} = 7.56[kWp]$

08 태양광모듈을 설치하는 데 면적을 가장 적게 차지하는 전지의 재료는?

① 다결정전지
② 고효율전지
③ 단결정전지
④ 비정질실리콘전지

풀이 **고효율전지(HIT)**
태양전지를 말하는 것으로 단결정실리콘 표면에 아몰퍼스실리콘을 적층시켜 태양전지셀 표면의 발전 손실을 억제시킨 고출력태양전지이다.

09 태양광 인버터의 용량이 40[kW]일 때 인버터에 연결될 모듈의 최대 설치 용량[kW]은?(단, 태양광설비 시공기준에 준한다.)

① 40　　② 42　　③ 45　　④ 50

풀이 **시공기준**
사업계획서상의 인버터 설계용량 이상이어야 하고, 인버터에 연결된 모듈의 설치용량은 인버터의 설치용량의 105[%] 이내이어야 한다.
$40 \times 1.05 = 42[kW]$

정답 06 ①　07 ①　08 ②　09 ②

10 파워컨디셔너의 동작범위가 250~550[V], 모듈의 온도에 따른 전압범위가 25~45[V]일 때 모듈의 최대직렬연결 가능 개수는?

① 11 ② 12 ③ 13 ④ 14

풀이 모듈의 최대직렬매수 = $\dfrac{\text{인버터 입력전압 최댓값}}{\text{모듈의 최대출력 동작전압}}$

최저 25[V] 동작범위 250일 때 $\dfrac{250}{25} = 10$개

최대 45[V] 동작범위 550일 때 $\dfrac{550}{45} = 12.22$개

즉, 12개일 때
최소 $12 \times 25 = 300$[V]
최대 $12 \times 45 = 540$[V]
∴ 동작범위 250~550[V] 이내이므로 직렬연결 가능

13개일 때
최소 $13 \times 25 = 325$[V]
최대 $13 \times 45 = 585$[V]
∴ 동작범위를 초과하므로 직렬연결 불가능

11 다음과 같은 태양광발전시스템의 어레이 설계 시 직병렬 수량은?

- 모듈 최대출력 : 250[Wp]
- 시스템 출력전력 : 50,000[W]
- 1스트링 직렬매수 : 10직렬

① 10직렬 - 10병렬 ② 10직렬 - 15병렬
③ 10직렬 - 20병렬 ④ 10직렬 - 25병렬

풀이 병렬수 = $\dfrac{\text{시스템 출력}}{\text{모듈 최대출력} \times \text{직렬수}} = \dfrac{50,000}{250 \times 10} = 20$

12 파워컨디셔너의 동작범위가 250~590[V], 태양전지모듈이 온도에 따른 전압범위가 30~45[V]일 때 태양전지모듈의 최대직렬연결 가능 개수는?

① 11개 ② 12개 ③ 13개 ④ 14개

풀이 최대 직렬수 = PCS 최대 입력전압(동작범위의 최댓값) ÷ 모듈의 최고전압(표면온도가 최저일 때)
∴ $590 \div 45 ≒ 13.11$

정답 10 ② 11 ③ 12 ③

13 다음과 같은 태양광발전시스템의 어레이 설계 시 직병렬 수량은?

- 모듈 최대출력 : 250[Wp]
- 시스템 출력전력 : 50,000[W]
- 1스트링 직렬매수 : 10직렬

① 10직렬-10병렬
② 10직렬-15병렬
③ 10직렬-20병렬
④ 10직렬-25병렬

풀이 시스템 출력전력=병렬수×모듈 최대전력×직렬수

$$병렬수 = \frac{시스템\ 출력}{모든\ 최대출력 \times 직렬수}$$

$$= \frac{50,000[W]}{250[Wp] \times 10} = 20$$

14 태양광발전시스템 출력 18,750[W], 태양전지모듈 최대출력 250[W], 모듈의 직렬연결 개수가 5개일 때 최대 병렬연결 개수는?

① 10   ② 15   ③ 20   ④ 25

풀이 $병렬연결\ 개수 = \dfrac{태양광발전시스템\ 출력}{모든\ 최대출력 \times 직렬수}$

$$= \frac{18,750[W]}{250[W] \times 5} = 15$$

15 1,000[kW] 태양광발전시스템 어레이의 직병렬 구성으로 가장 적합한 것은?(단, 인버터의 입력범위는 430~750[V]이며, 기타 조건은 표준상태이다.)

- P_{mpp} : 250[W]
- V_{mpp} : 30.5[V]
- I_{mpp} : 8.2[A]
- V_{oc} : 37.5[V]
- I_{sc} : 8.4[A]

① 18직렬 200병렬
② 18직렬 240병렬
③ 20직렬 200병렬
④ 20직렬 240병렬

풀이 $모듈의\ 직렬수 = \dfrac{인버터\ 입력전압}{모듈의\ 최대동작전압}$

인버터 입력전압은 인버터 MPP 동작전압의 중간값 $= \dfrac{430+750}{2} = 590$

모듈 직렬수 $= \dfrac{590}{30.5} = 19.3$(직렬)

최소 직렬수이므로 절상 직렬수 20개
전체 발전량=모듈 직렬수×모듈 병렬수×모듈 1개 출력

$$모듈\ 병렬수 = \frac{전체\ 발전량}{모듈\ 직렬수 \times 모듈\ 1개\ 출력} = \frac{1,000 \times 10^3}{20 \times 250} = 200(병렬)$$

정답 13 ③ 14 ② 15 ③

16 온도가 −15[℃]인 상태에서 태양전지모듈의 V_{mpp}와 V_{oc}는 약 몇 [V]인가?

- P_{mpp} : 250[W]
- V_{mpp} : 30.8[V]
- V_{oc} : 38.3[V]

온도에 따른 전압변동률 : −0.32[%/℃]

① V_{mpp} : 14.74, V_{oc} : 23.20
② V_{mpp} : 24.74, V_{oc} : 33.20
③ V_{mpp} : 34.74, V_{oc} : 43.20
④ V_{mpp} : 44.74, V_{oc} : 53.20

풀이
$$\Delta_L V_{mpp} = V_{mpp}\{1 + \beta_{pu} \times (T_{\min} - 25°)\}$$
$$= 30.8 \times \left[1 + \left(\frac{-0.32}{100}\right) \times (-15° - 25°)\right]$$
$$\fallingdotseq 34.74[V]$$

$$\Delta_L V_{oc} = V_{oc}\{1 + \beta_{pu} \times (T_{\min} - 25°)\}$$
$$= 38.3 \times \left[1 + \left(\frac{-0.32}{100}\right) \times (-15° - 25°)\right]$$
$$\fallingdotseq 43.20[V]$$

17 1,000[kW] 태양광발전시스템의 직병렬 구성으로 가장 적합한 것은?(단, 인버터의 MPPT는 450~820[V]이며, 기타 조건은 표준상태이다.)

- P_{mpp} : 250[W]
- V_{mpp} : 31.8[V]
- I_{mpp} : 8.13[A]
- V_{oc} : 38.3[V]
- I_{sc} : 8.62[A]

① 18직렬 200병렬
② 20직렬 211병렬
③ 20직렬 200병렬
④ 18직렬 240병렬

풀이 직렬수 = $\frac{\text{인버터 입력전압}}{\text{태양전지모듈 최대동작전압}} = \frac{635}{31.8} = 19.968 = 20$

인버터 MPP 동작전압의 중간값 $\frac{820 + 450}{2} = 635[V]$를 기준으로 직렬수 산정

병렬수 = $\frac{\text{전체 발전량}}{\text{태양전지모듈 발전량} \times \text{직렬수}} = \frac{1,000 \times 10^3}{250 \times 20} = 200$

18 표준시험조건(STC)의 기준으로 틀린 것은?

① 수광 조건은 대기질량정수(AM ; Air Mass) 1.5의 지역을 기준으로 한다.
② 빛의 일조강도는 1,000[W/m²]를 기준으로 한다.
③ 모든 시험의 풍속조건은 10[m/s]로 한다.
④ 모든 시험의 기준온도는 25[℃]로 한다.

정답 16 ③ 17 ③ 18 ③

[풀이]

	STC 시험조건		NOCT 시험조건
일사량	1,000[W/m²]	일사량	800[W/m²]
셀 온도	25	외기온도	20[℃]
AM	1.5	풍속	1[m/s]
		모듈 뒷면 개방	

19 시스템 출력전력이 24,000[W], 모듈 최대출력이 160[W], 모듈의 직렬 장수가 15장일 때 모듈의 병렬 장수는?

① 8 ② 9 ③ 10 ④ 11

[풀이] 태양전지모듈의 병렬 장수 = $\dfrac{\text{시스템 출력전력[W]}}{\text{모듈 최대출력}160[W] \times \text{직렬 장수}} = \dfrac{24,000}{160 \times 15} = 10$

20 태양전지의 변환효율로 옳은 것은?

① $\dfrac{\text{출력 전기에너지}}{\text{입사 태양광에너지}} \times 100$

② $\dfrac{\text{인버터 출력 전기에너지}}{\text{인버터 입력 전기에너지}} \times 100$

③ $\dfrac{\text{출력 전기에너지}}{\text{출력 태양광에너지}} \times 100$

④ $\dfrac{\text{입사 태양광에너지}}{\text{태양발생에너지}} \times 100$

[풀이] 태양전지 변환효율 = $\dfrac{\text{태양전지모듈 최대출력}}{\text{단위면적당 태양광입사량}} \times 100$

21 태양광모듈에서 인버터까지 전압강하 계산식은?(단, A : 전선의 단면적[mm²], I : 전류[A], L : 전선 1가닥의 길이[m]이다.)

① $\dfrac{17.8 \times L \times I}{1,000 \times A}$

② $\dfrac{30.8 \times L \times I}{1,000 \times A}$

③ $\dfrac{35.6 \times L \times I}{1,000 \times A}$

④ $\dfrac{38.8 \times L \times I}{1,000 \times A}$

[풀이] 모듈에서 인버터까지는 직류이므로 태양광 선로의 전압강하 계산식은 회로의 전기방식별로 다음과 같다.

회로의 전기방식	전압강하	전선의 단면적
직류 2선식 교류 2선식	$e = \dfrac{35.6 \times L \times I}{1,000 \times A}$	$A = \dfrac{35.6 \times L \times I}{1,000 \times e}$
3상 3선식	$e = \dfrac{30.8 \times L \times I}{1,000 \times A}$	$A = \dfrac{30.8 \times L \times I}{1,000 \times e}$

여기서, e : 각 선 간의 전압강하[V], A : 전선의 단면적[mm²], L : 도체 1본의 길이[m], I : 전류[A]

태양광발전은 직류2선식이다.

[정답] 19 ③ 20 ① 21 ③

22 3상 3선식 태양광발전시스템의 전압강하 계산식으로 옳은 것은?(단, e : 각 전선의 전압강하[V], A : 전선의 단면적[mm²], L : 전선 1본의 길이[m], I : 전류[A])

① $e = \dfrac{35.6 \times L \times I}{1,000 \times A}$　　② $e = \dfrac{17.8 \times L \times I}{1,000 \times A}$

③ $e = \dfrac{30.8 \times L \times I}{1,000 \times A}$　　④ $e = \dfrac{40.1 \times L \times I}{1,000 \times A}$

풀이 전압강하 계산식

회로의 전기방식	전압강하	전선의 단면적
직류 2선식 교류 2선식	$e = \dfrac{35.6 \times L \times I}{1,000 \times A}$	$A = \dfrac{35.6 \times L \times I}{1,000 \times e}$
3상 4선식 단상 3선식	$e = \dfrac{17.8 \times L \times I}{1,000 \times A}$	$A = \dfrac{17.8 \times L \times I}{1,000 \times e}$
3상 3선식	$e = \dfrac{30.8 \times L \times I}{1,000 \times A}$	$A = \dfrac{30.8 \times L \times I}{1,000 \times e}$

23 모듈에서 접속함 직류배선이 50[m]이며, 모듈어레이전압이 600[V], 전류가 8[A]일 때, 전압강하는 몇 [V]인가?(단, 전선의 단면적은 4.0[mm²]이다.)

① 1.56[V]　　② 2.56[V]　　③ 3.56[V]　　④ 4.56[V]

풀이 태양광모듈에서 인버터까지 전압강하 계산식은 다음과 같다.
$e = \dfrac{35.6 \times L \times I}{1,000 \times A} = \dfrac{35.6 \times 50 \times 8}{1,000 \times 4} = 3.56[V]$

24 태양전지모듈에서 접속함까지 직류배선이 100[m]이며, 모듈어레이전압이 610[V], 전류가 9[A]일 때, 전압강하는 몇 [V]인가?(단, 전선의 단면적은 4.0[mm²]이다.)

① 8.01　　② 9.01　　③ 10.01　　④ 11.01

풀이 직류배선 전압강하 $e = \dfrac{35.6 \times L \times I}{1,000 \times A} = \dfrac{35.6 \times 100 \times 9}{1,000 \times 4} = 8.01$
여기서, L : 선길이, I : 선전류, A : 선단면적

25 파워컨디셔너의 출력용량이 100[kW], 파워컨디셔너의 효율(E_f)이 90[%], 파워컨디셔너의 최저입력전압(V_i)이 250[V], 직류선로의 전압강하(V_d)가 3[V]일 때 파워컨디셔너의 직류입력전류(I_d)[A]는?

① 429　　② 439　　③ 329　　④ 530

풀이 $I_d = \dfrac{P[kW] \times 10^3}{E_f(V_i + V_d)} = \dfrac{100 \times 10^3}{0.9(250 + 3)} = 439.174[A]$

정답 22 ③　23 ③　24 ①　25 ②

26 전기방식에 따른 전압강하 계산식에서 직류 2선식 전압강하 계산식은?

① $e = \dfrac{35.6 \times L \times I}{1,000 \times A}$
② $e = \dfrac{17.8 \times L \times I}{1,000 \times A}$
③ $e = \dfrac{30.8 \times L \times I}{1,000 \times A}$
④ $e = \dfrac{35.6 \times L \times A}{1,000 \times I}$

풀이 ① 교류 2선식, 직류 2선식, ② 단상 3선식, 3상 4선식, ③ 3상 3선식

27 태양광발전에서 인버터 출력 측의 3상 4선식 간선의 전압강하 계산식으로 알맞은 것은?

① $\dfrac{17.8 \times L \times I}{1,000 \times A}$
② $\dfrac{20.8 \times L \times I}{1,000 \times A}$
③ $\dfrac{30.8 \times L \times I}{1,000 \times A}$
④ $\dfrac{35.6 \times L \times I}{1,000 \times A}$

풀이 태양광 선로의 전압강하 계산식

전기방식	전압강하	전선의 단면적
직류 2선식 교류 2선식	$e = \dfrac{35.6 \times L \times I}{1,000 \times A}$	$A = \dfrac{35.6 \times L \times I}{1,000 \times e}$
단상 3선식 3상 4선식	$e = \dfrac{17.8 \times L \times I}{1,000 \times A}$	$A = \dfrac{17.8 \times L \times I}{1,000 \times e}$
3상 3선식	$e = \dfrac{30.8 \times L \times I}{1,000 \times A}$	$A = \dfrac{30.8 \times L \times I}{1,000 \times e}$

여기서, e : 각 선간의 전압강하[V], A : 전선의 단면적[mm²], L : 도체 1본의 길이[m], I : 전류[A]

3상 4선식일 경우 전압강하 $e = \dfrac{17.8 \times L \times I}{1,000 \times A}$

28 어레이에서 파워컨디셔너 입력단 간 및 파워컨디셔너 출력단과 계통연계점 간의 전압강하는 몇 [%]를 초과해서는 안 되는가?

① 3[%]   ② 4[%]   ③ 5[%]   ④ 6[%]

풀이 어레이 입력 및 출력의 계통연계점 간 전압강하는 3[%]를 초과해서는 안 된다.

29 22.9[kV], 380[V] 3상 선로의 정격전류(기준전류)가 1.3[kA], %Z가 5[%]일 때 단락전류[kA]는? (단, 전동기 기여전류는 무시한다.)

① 25   ② 26   ③ 30   ④ 35

풀이 단락전류 $I_s = \dfrac{100}{\%Z} \times I_n = \dfrac{100}{5} \times 1.3 = 26[\text{kA}]$

정답 26 ① 27 ① 28 ① 29 ②

30 22.9[kV] 3상 선로의 차단기 설치점에서 전원 측으로 바라본 합성 %Z가 100[MVA] 기준으로 22[%]일 때 단락전류 [kA]는?(단, 기기의 정격전압은 24[kV]로 한다.)

① 7.5　　　② 10.9　　　③ 11.5　　　④ 12.6

풀이 단락단전류 $I_s = \dfrac{100}{\%Z} \times I_n$

정격전류 $I_n = \dfrac{P}{\sqrt{3}\,V} = \dfrac{100 \times 10^3}{\sqrt{3} \times 22.9} = 2{,}521.18[\text{A}] \times 10^{-3} = 2.52[\text{kA}]$

$I_s = \dfrac{100}{22} \times 2.52[\text{kA}] = 11.4545 ≒ 11.5[\text{kA}]$

31 CT와 PT를 한 함 내에 넣어 사용하는 것은?

① LA　　　② VCB　　　③ SPD　　　④ MOF

풀이 ① LA : 피뢰기
② VCB : 진공차단기
③ SPD : 서지보호기

32 태양광발전시스템의 설계에 있어서 태양전지어레이의 레이아웃 배치검토에 필요한 자료가 아닌 것은?

① 설치예정지의 면적, 토지의 굴곡상태데이터
② 설치예정지의 위도 · 경도에 따른 동짓날의 해 그림자 거리
③ 사용 예정인 태양전지모듈 및 인버터의 카탈로그
④ 태양전지어레이의 가대에 대한 구조계산서

풀이 어레이의 가대에 대한 구조계산서는 어레이 자체의 구조적 안정성을 평가하기 위한 것이다.

33 태양광발전설비어레이를 정남 쪽으로 설치할 경우 북쪽에 인접한 장해물이나 태양전지어레이 상호 간의 설치간격에 따라 음영이 발생하여 발전량 감소를 초래한다. 이 음영의 영향을 받지 않는 상호 간의 간격 검토기준이 되는 날은?

① 하지　　　② 동지　　　③ 춘분　　　④ 추분

풀이 어레이 사이의 이격거리는 태양고도가 가장 낮은 동지를 기준으로 산정한다.

34 태양전지어레이의 설치각도와 전후면 이격거리를 결정하는 요소가 아닌 것은?

① 장애물의 높이
③ 설치지역의 위도
② 어레이의 크기
④ 인버터의 효율

정답 30 ③　31 ④　32 ④　33 ②　34 ④

풀이 태양광어레이 이격거리 결정요소
태양광어레이 경사각, 전면의 태양광어레이 높이, 태양고도각, 설치지역의 위도
이격거리 $d = L \times \{\cos\alpha + \sin\alpha \times \tan(90° - \theta)\}$

35 태양전지어레이의 이격거리 산출 시 적용하는 설계요소가 아닌 것은?
① 태양의 고도각
② 강재의 강도 및 판두께
③ 건축시공 부지현황
④ 태양광발전소 위치에 대한 위도

풀이 어레이 이격거리 산출식
이격거리 $d = L\{\cos\alpha + \sin\alpha \times \tan(90° - \beta)\}$

여기서, L : 어레이 길이, α : 어레이 경사각, β : 그림자 경사각

36 태양전지어레이(길이 2.58[m], 경사각 30°)가 남북방향으로 설치되어 있으며, 앞면 어레이의 높이는 약 1.5[m], 뒷면 어레이의 태양입사각이 45°일 때, 앞면 어레이의 그림자 길이는?
① 1.5[m]
② 2.5[m]
③ 3.5[m]
④ 4.5[m]

풀이

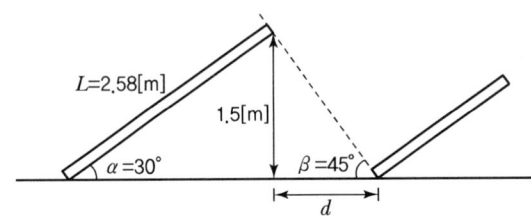

어레이 그림자 길이는 어레이 높이와 태양의 고도에 의해 결정된다.

$\tan\beta = \dfrac{h}{d}$ $\qquad d = \dfrac{h}{\tan\beta} \qquad d = \dfrac{1.5}{\tan 45°} = 1.5[m]$

여기서, α : 어레이 경사각, β : 태양의 고도(수평면에 대한 입사각)

37 어레이의 세로길이(L)가 2.5[m], 어레이 경사각이 33°, 동지 시 발전한계시각에서의 태양의 고도각이 15°일 때 산정하여 북위 37° 지방에서 어레이 간 최소 이격거리는?
① 6.5
② 7.2
③ 8.2
④ 10

풀이 $d = L \times \dfrac{\sin(180° - \alpha - \beta)}{\sin\beta} = 2.5 \times \dfrac{\sin(180° - 33° - 15°)}{\sin 15°} = 7.178$

$d = L \times \{\cos\alpha + \sin\alpha \times \tan(90° - \beta)\}$
$= 2.5 \times \{\cos 33° + \sin 33° \times \tan(90° - 15°)\} = 7.178$

정답 35 ② 36 ① 37 ②

38 태양전지어레이의 이격거리 산출 시 적용하는 설계요소가 아닌 것은?

① 구조물 형상
② 남북향 간 길이
③ 강재의 강도 및 관의 두께
④ 태양광발전 위치에 대한 위도

풀이 어레이 이격거리 산출식

이격거리 $d = L\{\cos\alpha + \sin\alpha \times \tan(90° - \beta)\}$

여기서, L : 어레이 길이, α : 어레이 경사각, β : 그림자 경사각

39 다음과 같은 조건일 때 어레이 간의 최소 이격거리는 얼마인가?(단, 경사고정식으로 정남향임)

- L : 모듈어레이 길이 3[m]
- lat : 설치지역의 위도 35.5°
- θ : 모듈어레이 경사각 30°

① 6[m] ② 5[m] ③ 4[m] ④ 3[m]

풀이 PV 어레이 이격거리 계산

이격거리 $d = L \times \dfrac{\sin(180° - \alpha - \beta)}{\sin\beta}$

또는 $d = L \times [\cos\alpha + \sin\alpha \times \tan(90° - \beta)]$

여기서, d : 어레이 최소이격거리, L : 어레이 길이, α : 어레이 경사각
β : 그림자 경사각(동지 시 발전한계시각에서의 태양고도)

어레이 이격거리 $d = L \times [\cos\alpha + \sin\alpha \times \tan(lat : 그 지방의 위도 + 23.5°)]$ 식을 적용 시 동지 때 남중고도 이외에는 뒷열 어레이에 그림자가 생긴다. 이때 태양의 고도는 $[90° - (lat + 23.5°)]$로서 위도가 35.5°인 지역의 경우 그림자의 영향을 받지 않는 태양의 고도는 31° = [90° - (35.5 + 23.5°)](동지 시 남중고도)가 된다.

즉, 31° 미만에서는 어레이에 그림자가 형성된다.

- $d = 3 \times \dfrac{\sin(180° - 30° - 31°)}{\sin 31°} = 5.094 ≒ 5$[m]
- $d = 3 \times [\cos 30° + \sin 30° \times \tan(90° - 31°)] = 5.094 ≒ 5$[m]

정답 38 ③ 39 ②

40 태양전지모듈 간의 이격거리(X)는?

① 5.1   ② 5.8   ③ 6.2   ④ 6.5

풀이 $X = L \times [\cos(\text{어레이 경사각}) + \sin(\text{어레이 경사각}) \times \tan(90° - \text{고도각}(\text{입사각}))]$
$= 2.58 \times [\cos 30° + \sin 30° \times \tan(90° - 20°)] ≒ 5.8[\text{m}]$

41 태양전지어레이의 세로길이(L) 0.6[m], 어레이의 경사각(a) 33°, 태양의 고도각(b) 15°로 산정하여 북위 37° 지방에서 태양광발전소를 건설하고자 할 때, 어레이 간의 최소 이격거리는 약 몇 [m]로 하면 되는가?

① 1.595   ② 1.723   ③ 1.889   ④ 2.273

풀이 $d = L \times \{\cos\alpha + \sin\alpha \times \tan(90° - \beta)\}$
$= 0.6 \times \{\cos 33° + \sin 33° \times \tan(90° - 15°)\} = 1.7227 ≒ 1.723[\text{m}]$

여기서, L : 어레이 길이, α : 어레이 경사각
β : 그림자 경사각(동지 시 발전한계시각에서의 태양고도)

42 태양전지어레이의 출력이 10,600[W], 해당 지역 1일 평균 적산경사면 일사량이 3.25[kWh/(m² · 일)]이면, 하루 동안의 발전량[kWh/일]은?(단, 종합설계계수는 0.68)

① 34.45   ② 24.45   ③ 23.43   ④ 28.43

풀이 하루 동안 발전량(E_{PM}) $= P_{AS} \times \dfrac{H_{AM}}{G_S} \times K[\text{kWh/월}]$

여기서, H_{AM} : 일평균 적산 어레이 표면(경사면) 일사량[kWh/(m² · 일)]

$E_{PM} = 10,600 \times 10^{-3} \times \dfrac{3.25}{1,000 \times 10^{-3}} \times 0.68 = 23.426[\text{kWh/일}]$

정답 40 ②   41 ②   42 ③

43 초기투자비가 20억 원, 설비수명이 20년, 연간유지비가 1억 원인 1[MW] 태양광설비의 연간 총 발전량이 1,500[MWh]일 때 발전원가[원/kWh]는?

① 90.5　　　② 120.3　　　③ 133.3　　　④ 155.5

풀이 발전원가 = $\dfrac{\dfrac{\text{초기투자비[원]}}{\text{설비수명연한[년]}} + \text{연간 유지관리비[원/년]}}{\text{연간 총발전량[kWh/년]}}$

$= \dfrac{\dfrac{20 \times 10^8}{20} + 1 \times 10^8}{1,500,000} ≒ 133.33 [\text{원/kWh}]$

44 태양광발전시스템의 연간 누적발전량이 15,000[kWh], 시스템 용량은 10[kW], 연간 운전일수가 350일일 때, 시스템 이용률은 약 몇 [%]인가?

① 14.29[%]　　　② 16.45[%]
③ 17.85[%]　　　④ 19.04[%]

풀이 시스템 이용률[%] = $\dfrac{\text{1년간 발전전력량[kWh]}}{24[\text{h}] \times \text{운전일수} \times \text{시스템 용량[kW]}} \times 100$

$= \dfrac{15,000}{24 \times 350 \times 10} \times 100 ≒ 17.85 [\%]$

정답 43 ③　44 ③

03 태양광발전 구조물

01 다음 중 깊은 기초에 해당하지 않는 것은?

① 전면기초   ② 말뚝기초   ③ 피어기초   ④ 케이슨기초

풀이

02 태양전지 가대 설계 시 상정하중이 아닌 것은?

① 적설하중   ② 활하중   ③ 온도하중   ④ 풍하중

풀이 상정하중

구분		내용
수직하중	고정하중	어레이+프레임+서포트하중
	적설하중	경사계수 및 눈의 단위질량 고려
	활하중	건축물 및 공작물을 점유 사용함으로써 발생하는 하중
수평하중	풍하중	어레이에 가한 풍압, 지지물에 가한 풍압의 합
	지진하중	지지층의 전단력계수 고려

03 태양전지어레이 가대를 아래와 같이 설계하고자 한다. 설계순서를 옳게 나열한 것은?

ⓐ 태양전지모듈의 배열 결정   ⓑ 설치장소 결정
ⓒ 상정최대하중 산출   ⓓ 지지대 기초 설계
ⓔ 지지대의 형태, 높이, 구조 결정

① ⓐ→ⓒ→ⓔ→ⓑ→ⓓ
② ⓑ→ⓐ→ⓔ→ⓒ→ⓓ
③ ⓐ→ⓓ→ⓒ→ⓔ→ⓑ
④ ⓑ→ⓒ→ⓐ→ⓔ→ⓓ

풀이 태양전지어레이 가대 설계순서
설치장소 결정(부지 선정) → 태양전지모듈 배열 결정(태양전지모듈 직병렬 결정) → 지지대의 형태, 높이, 구조 결정 → 상정최대하중 산출 → 지지대 기초 설계

정답   01 ①   02 ③   03 ②

04 풍하중을 산출하는 데 사용되는 지역별 설계 기본풍속[m/s]으로 틀린 것은?
① 경기도 : 25~30
② 강원도 : 25~40
③ 경상도 : 25~45
④ 제주도 : 50~60

풀이 지역별 기본풍속[m/s]
- 서울, 인천, 경기도 : 26~30
- 강원도 : 24~34
- 대전, 충남북 : 24~34
- 부산, 대구, 울산, 경남 : 24~40(울릉, 독도 40, 부산 38)
- 광주, 전남북 : 24~36
- 제주도 : 44

05 태양광발전시스템어레이 기초시설 중 내력벽 또는 조적벽을 지지하는 기초로 벽체 양옆에 캔틸레버(Cantilever)작용으로 하중을 분산시키는 기초는 무엇인가?
① 독립기초
② 연속기초
③ 온통기초
④ 파일기초

풀이 기초의 면적이 작거나 지내력이 작을 경우 편심하중에 대한 지지력이 떨어진다. 연속기초 및 복합기초는 두 개 이상의 기초가 철근콘크리트에 의해 연결이 된 형태이므로 상부 구조물의 하중을 지지함과 동시에 한쪽으로 편심하중이 작용하더라도 캔틸레버작용에 의해 구조물을 안정적으로 지지할 수 있다. 즉, 두 개 이상의 기초 사이에 연결된 철근콘크리트로 인하여 편심하중이 분산되는 효과를 얻을 수 있다.

06 태양전지어레이용 가대의 구조설계 시 적용되는 상정하중의 분류 중 수평하중에 속하는 것은?
① 풍하중
② 활하중
③ 고정하중
④ 적설하중

풀이
- 수평하중 : 풍하중, 지진하중
- 수직하중 : 고정하중, 활하중, 적설하중

07 태양광발전설비의 구조물 설계하중 조합에 해당되지 않는 것은?
① 적설 시 : 고정 + 적설하중
② 폭풍 시 : 고정 + 풍압하중
③ 지진 시 : 고정 + 지진하중
④ 진동 시 : 고정 + 진동하중

풀이 진동하중은 없다.

정답 04 ④ 05 ② 06 ① 07 ④

08 지지물 설계 시 작용하는 하중의 크기 순서는?
① 폭풍＞적설＞지진
② 적설＞폭풍＞지진
③ 지진＞폭풍＞적설
④ 지진＞적설＞폭풍

09 어레이 설치지역의 설계속도압이 $1,000[N/m^2]$, 유효수압면적이 $7[m^2]$인 어레이의 풍하중[kN]은 얼마인가?(단, 가스트 영향계수는 1.8, 풍압계수는 1.3이다.)
① 15.38
② 16.38
③ 14.38
④ 17.38

풀이 풍하중($W = P_C$)

설계풍압 $P_C[kN/m^2] = q_z \cdot G_f \cdot C_f$ 또는 $P_C[kN] = q_z \cdot G_f \cdot C_f \cdot A$

$q_z = \frac{1}{2} \rho V_z^2$

여기서, q_z : 임의 높이(z)에서의 설계속도압[kN/m^2]
ρ : 공기밀도($0.00125[kN \cdot s^2/m^4] = 1.25[kg/m^3]$)

$V_z = V_0 \cdot K_{zr} \cdot K_{zt} \cdot I_W$

여기서, V_z : 지역별 기본풍속($25\sim45[m/s]$)에 지형, 중요도, 바람의 분포 등을 고려한 값

$W[kN] = q_z \cdot G_f \cdot C_f \cdot A = 1,000 \times 1.8 \times 1.3 \times 7 \times 10^{-3} = 16.380$

여기서, A : 유효수압면적[m^2]
C_f : 풍압계수
G_f : 가스트 영향계수

10 태양광발전시스템 구조물의 지진하중 산출식 $K = C_L \times G$에서 G는 무엇을 의미하는가?(단, C_L은 지진층 전단력계수이다.)
① 풍압하중
② 고정하중
③ 유동하중
④ 적설하중

풀이 K : 구조물의 지진하중, C_L : 지진층 전단력계수, G : 고정하중

11 어레이 설치지역의 설계속도압이 $50[N/m^2]$, 유효수압면적이 $0.6[m^2]$인 어레이의 풍하중[N]은?(단, 풍압계수는 1.3이다.)
① 39
② 29
③ 70.2
④ 49

풀이 풍하중(W) $= q_z \cdot G_f \cdot C_f \cdot A = 50 \times 1.3 \times 0.6 = 39[N]$

정답 08 ① 09 ② 10 ② 11 ①

12 태양광발전시스템의 기초설계 단계에서 설계자의 업무가 아닌 것은?

① 토목설계
② 구조물설계
③ 전기설계
④ 자금조달

풀이 태양광발전시스템의 기초설계 단계에서 이루어지는 업무는 전기설계, 토목설계, 구조물설계이다.

13 태양전지어레이 설계 시의 고려사항 중 발전설비용량 결정의 기술적 측면으로 옳지 않은 것은?

① 사업부지의 면적
② 어레이의 직렬모듈 수 및 구성방식
③ 어레이별 이격거리
④ 전기안전관리자 상주 여부

풀이 전기안전관리자는 발전설비의 운영점검장비를 담당한다.

14 태양광어레이 구조물 중 일반 철골구조과 비교하여 파워볼트시스템(Power Bolt System)의 장점이 아닌 것은?

① 필요한 응력에 의한 자재 사용으로 경제적인 설계를 할 수 있다.
② 제품의 규격이 정교하여 구조물의 마감처리를 정밀하게 할 수 있다.
③ 조립 및 해체가 간단하여 타 장소에 이설 설치가 가능하다.
④ 모듈이 적고 짧은 스팬(Span) 구조물에 유리하다.

풀이 파워볼트시스템의 장점
- 필요한 응력에 의한 자재 사용으로 경제적인 설계를 할 수 있다.
- 제품의 규격이 정교하여 구조물의 마감처리를 정밀하게 할 수 있다.
- 조립 및 해체가 간단하여 타 장소에 이설 설치가 가능하다.
- 피로강도가 높다.
- 시공이 간편하고 접합부의 강도가 크다.

15 파워볼트시스템의 설명으로 잘못된 것은?

① 제품규격이 커서 마감처리도 정교하게 할 수 있다.
② 공장에서 제작 및 생산되어 현장에서 용접이 필요 없다.
③ 단스팬 구조물에 유리하다.
④ 타 트러스트보다 작게, 경제적으로 설계할 수 있다.

풀이
- 단스팬 구조물은 일반철골구조가 유리하다.
- 파워볼트시스템은 공장, 창고, 레저시설, 전시장 등 구조적으로 넓은 공간이 필요한 곳에서 유리하다.

정답 12 ④ 13 ④ 14 ④ 15 ③

16 파워볼트시스템의 단점으로 틀린 것은?

① 모듈이 적고 짧은 스팬일 때는 가격이 비싸다.
② 초대형 구조물일 경우 큰 강도를 요하는 파이프와 볼 등의 부품이 작다.
③ 부재의 생산치수로 인하여 구조물 높이와 거리가 제한적이다.
④ 긴 모듈 설계 시 원가 절감을 위해 제품이 생산되는 파이프의 크기를 염두에 두고 설계해야 한다.

풀이 부재의 생산치수로 인하여 구조물의 높이와 거리가 제한적인 것은 일반철골구조이다.

17 설치장소에 따른 가대의 분류방법으로 틀린 것은?

① 평지
② 고정식
③ 평지붕
④ 건물 외벽

풀이
- 어레이 설치방식에 따른 분류 : 고정식, 경사가변형, 추적식
- 어레이 설치장소에 따른 분류 : 평지, 경사지, 평지붕, 경사지붕, 건물 외벽 등

18 태양광모듈 설계 시 가대의 수명을 30년 이상 보증하려고 할 때 선정 재질로 가장 바람직한 것은?(단, 경제성 고려는 하지 않는다.)

① 강재
② 스테인리스
③ 강재 + 도색
④ 강재 + 용융아연도금

풀이 가대의 재질에 따른 종류
- 강재 + 용융아연도금
- 용융아연 – 알루미늄 – 마그네슘합금도금된 형강
- 스테인리스(SUS)
- 알루미늄합금제
※ 스테인리스(SUS) 재질의 가대는 부식에 강하고 수명은 길지만 가격은 고가이다.

19 어레이 가대의 설계순서로 옳은 것은?

① 설치장소 결정 → 모듈의 배열 결정 → 상정 최대하중 산출 → 재질·형태·크기 선정
② 설치장소 결정 → 모듈의 배열 결정 → 재질·형태·크기 선정 → 상정 최대하중 산출
③ 설치장소 결정 → 모듈의 배열 결정 → 재질·형태·크기 선정 → 지지대 기초설계
④ 설치장소 결정 → 재질·형태·크기 선정 → 모듈의 배열 결정 → 상정 최대하중 산출

풀이 가대 설계 순서
설치장소 결정 → 모듈의 배열 결정 → 지지대 형태·높이·구조 결정 → 설계기준 적용 → 상정 최대하중 산출 → 하중에 의한 부재응력 산출 → 응력에 따른 재질·형태·크기 선정 → 지지대 기초설계

정답 16 ③ 17 ② 18 ② 19 ③

20 고정식 가대와 단축, 양축 추적식 가대에 대한 설명으로 틀린 것은?

① 고정식은 양축 추적식에 비해 견고성이 있다.
② 추적식은 디자인 적용 시 한계가 있다.
③ 시설단가는 고정식에 비해 양축 추적식이 높다.
④ 발전효율이 높은 순서는 고정, 단축, 양축식의 순이다.

풀이 발전효율이 높은 순서는 양축, 단축, 고정식 순이다.

21 태양광발전설비의 고정식 가대와 단축, 양축 추적식 가대에 대한 설명으로 틀린 것은?

① 고정식보다 양축 추적식이 견고하다.
② 추적식은 디자인 적용 시 한계가 있다.
③ 발전효율은 양축 추적식이 가장 높다.
④ 시설단가는 고정식에 비해 양축 추적식이 비싸다.

풀이 고정식의 장점은 시설 단가가 낮고, 구조물이 견고하다. 하지만 발전량이 추적식보다 적은 단점이 있다. 추적식의 경우 구동부분이 있어 구조물은 고정식보다 견고할 수 없다.

22 태양전지어레이의 경사각에 대한 설명으로 틀린 것은?

① 태양광어레이가 지면과 이루는 각
② 경사각을 낮출수록 대지이용률이 증가함
③ 방위각과 동일한 각
④ 발전량이 연간 최대가 되는 최적 경사각 설정

풀이
- 적설을 고려하여 결정
- 발전시간 내 음영이 생기지 않도록 어레이 배치
- 방위각은 태양광어레이가 정남향과 이루는 각

23 어레이 설계 시 설치방식 및 경사각 결정의 기술적 측면에서의 고려사항으로 거리가 먼 것은?

① 태양광발전과 건물과의 통합수준
② 설치방식별 특성을 반영
③ 시공성 및 유지관리
④ 지역의 특성

풀이 어레이 설계 시 설치방식 및 경사각 결정의 기술적 측면에서의 고려사항
- 설치방식 : 추적방식 및 추적방법
- 태양광발전과 건물과의 통합수준
- 시공성 및 유지관리

정답 20 ④ 21 ① 22 ③ 23 ④

24 태양전지어레이의 방위각에 대한 설명으로 틀린 것은?

① 태양광어레이가 정남향과 이루는 각
② 하루 중 최대부하 시로 선정 또는 건물의 그림자를 피할 수 있는 각도로 선정
③ 발전시간 내 음영이 생기지 않도록 어레이 배치
④ 남중고도일 때 최대

풀이 방위각은 남중고도일 때 0°로 최소

25 태양전지어레이용 가대의 재질 및 형태에 관한 조건으로 잘못된 것은?

① 염해, 공해 등을 고려하여 부식(녹)이 발생하지 않을 것
② 최소 20년 이상 내구성을 가질 것
③ 어레이의 자체 하중에 풍압하중을 더한 하중에 견딜 수 있을 것
④ 수급이 용이하고 가격이 저렴할 것

풀이
- 어레이를 단단히 고정
- 절삭 등 가공이 쉽고 가벼울 것
- 규격화, 접합은 볼트접합, 용접접합

26 태양광어레이 설계 시 태양고도각을 결정하는 기준이 되는 때는?

① 하지　　② 입춘　　③ 동지　　④ 춘추분

풀이 태양고도각은 낮을수록 그림자가 길어져 인접한 모듈에 음영을 발생시킬 수 있으므로 태양고도가 가장 낮은 동지를 기준으로 태양고도각을 결정한다.

27 태양광발전시스템어레이 지지대의 조건으로 가장 거리가 먼 것은?

① 유지관리가 용이할 것
② 미관 및 조형성을 가질 것
③ 태풍, 지진 등 외력에 충분히 견딜 것
④ 대기환경에 충분히 비내수성을 가질 것

풀이 어레이 지지대 조건
- 유지관리가 용이할 것
- 미관 및 조형성을 가질 것
- 태풍, 지진 등 외력에 충분히 견딜 것
- 대기환경에 충분히 내수성, 내부식성이 있을 것

정답 24 ④　25 ④　26 ③　27 ④

28 가대의 재질에 따른 분류의 설명으로 잘못된 것은?

① 강제+도장 : 저가, 도료의 재질에 따라 내후성 결정, 5~10년 주기로 재도장
② 강제+용융아연도금 : 중가, 철의 2배의 내식성, 부분적인 녹 발생
③ 스테인리스(SUS) : 고가, 니켈, 크롬합금, 경량
④ 알루미늄합금재 : 중가, 경량으로 시공성 우수, 강도 약함

(풀이) 용융아연도금강제는 철의 10배의 내식성

29 태양광발전소에 설치되는 가대 설계의 절차 과정이다. ( ) 안에 알맞은 내용으로 옳은 것은?

① 경사각도
② 상정하중
③ 모듈의 수량
④ 앵커볼트 수량

30 태양전지어레이의 설치방향과 발전시간을 결정하는 요소는 무엇인가?

① 일조량
② 태양의 방위각
③ 태양의 고도
④ 위도

(풀이) 태양전지어레이 설치방향
• 북반구 : 남향
• 남반구 : 북향
• 태양의 방위각 : 태양광어레이가 정남향과 이루는 각. 하루 중 최대 부하 시로 선정, 건물 그림자를 피할 수 있는 각도, 발전시간 내 음영이 생기지 않도록 어레이 배치

31 태양전지어레이의 설치각도와 전후면 이격거리 결정요소로 잘못된 것은?

① 어레이 크기
② 위도
③ 온도
④ 장애물의 높이

정답 28 ② 29 ② 30 ② 31 ③

32 태양전지 병렬네트워크방식으로 어레이를 구성하는 것이 가장 적합한 곳은?

① 비나 눈이 많이 내리는 지역
② 태양고도의 영향을 받는 북쪽지역
③ 눈, 낙엽 등에 의한 음영의 발생이 잦은 지역
④ 태양광어레이와 어레이의 이격거리 미비로 음영을 피할 수 없는 지역

풀이 병렬로 연결된 모듈은 직렬로 연결된 모듈과 비교해서 상대적으로 적은 음영에 대한 영향을 받는다.

정답 32 ④

PART 03 태양광발전 시공

SECTION 001 태양광발전 토목공사

01 태양광발전 토목공사 수행

1 토목시공 기준

1. 지질 및 지반조사

1) 지반조사의 목적
   ① 구조물에 적합한 기초의 형식과 기초의 심도 결정
   ② 지반의 지내력 평가
   ③ 구조물의 예상침하량 평가
   ④ 지반 특성과 관련된 기초의 잠재적인 문제점 파악
   ⑤ 지하수위 결정
   ⑥ 기초지반의 변화에 따른 시공방법 결정

2) 지반조사를 실시하는 과정에 반드시 포함되어야 할 내용
   ① 각 토층의 두께와 분포상태
   ② 지하수의 위치와 지하수와 관련된 특성
   ③ 토질시험을 위한 흙시료의 채취
   ④ 기초의 설계나 시공과 관련된 특이사항

2. 현장시험에 의한 지내력 검토 방안

지층의 구조를 알기 위한 가시적인 조사방법에는 시추조사가 있으며, 이 외에 얕은 기초에 적합한 지내력시험으로 표준관입시험, 콘관입시험, 평판재하시험 등이 있다.

1) 시추조사
   ① 연속적인 지층의 분포현황을 파악하기 위한 시험으로 파쇄대 및 단층대의 확인, 지반 공학적 특성 파악 및 시료 채취를 목적으로 한다.
   ② 대상구간에서 채취되는 시추코어, 순환수, 굴진속도 등을 분석함으로써 지층의 층분포, 구성물질, 절리, 불연속면, 파쇄대 등의 지질구조 파악이 가능하다.
   ③ 표준관입시험(S.P.T) 및 각종 현장시험과 병행하여 실시하기도 한다.
   ④ Boring의 방법으로는 충격식과 회전수세식의 두 종류가 있다.

2) 표준관입시험

① 63.5[kg]의 해머를 76[cm]의 높이에서 자유낙하시켜 정해진 규격의 원통분리형 시료채취기(Split Barrel Sampler)를 시추공 내에서 30[cm] 관입시키는 데 필요한 해머 타격 횟수 값(N값)을 측정하여 지반을 분류하거나 연·경도를 평가하고 나아가 지반강도, 상대밀도, 내부마찰각 등의 지반정수를 추정할 수 있는 시험방법이다.

② 건조하거나 습윤상태의 사질토지반에 설치한 기초의 지지력은 기초의 폭과 표준관입시험의 N치를 이용하여 직접 구할 수 있다.

[표준관입시험]

3) 평판재하시험(PBT)

예상 기초 위치까지 지반을 굴착한 다음에 재하판을 설치하고 하중을 가하면서 하중과 침하량을 측정하여 기초지반의 지지력을 구하는 시험(KS F 2444)이다.

4) 콘관입시험

① 원추모양 콘의 관입저항으로 지반의 단단함, 다짐 정도를 조사하는 시험이다.

② 깊은 세립토층(느슨하고 균질한 비점성)에 사용하도록 개발되었기 때문에 조밀하고 혼합된 토질에서는 시험이 어려울 수 있다.

3. 연약지반 여부 검토

연약지반은 토질분류상 점토·실트계열의 토질로서 지하수위가 높아 함수비가 클 경우 과도한 침하 발생과 측방변형으로 인하여 성토체와 구조물의 안전에 영향을 주는 지반이다.

1) 연약지반의 문제점

① 측방유동 및 액상화
② 성토 및 굴착사면 파괴
③ 지반 장기침하
④ 주변지반 변형
⑤ 구조물 부등침하
⑥ 지하매설관 손상
⑦ 사면활동

2) 연약지반 판정기준

구분	이탄질 및 점토질지반		사질토지반
층두께[m]	10 미만	10 이상	–
N치	4 이하	6 이하	10 이하
$q_u[kN/m^2]$	6 이하	10 이하	–
$q_c[kN/m^2]$	80 이하	120 이하	400 이하

여기서, N치 : 표준관입시험(Standard Penetration Test)에 의하여 측정된 시험치
q_u : 일축압축강도[kN/m^2]
q_c : 콘관입저항력[kN/m^2]

4. 지반상태에 따른 문제점 및 대책

지반상태	문제점	대책
점착력, 내부마찰각이 부족할 경우	활동 및 침하 발생	구조체 설계 변경(활동 방지벽 및 저판 증가)
허용지지력이 부족할 경우	침하 및 전도 발생	• 구조체 설계 변경(저판 폭 증가) • 지반의 치환
지하수위가 높을 경우	지지력 저하로 침하 발생	• 특별 배수공법 적용 • 쇄석 또는 암버럭 등으로 치환
암반일 경우	표준설계도 적용 시 과다 설계	구조체 설계 변경(단면 감소, 단, 정지토압으로 설계)
연약층이 깊을 경우	침하, 전도, 활동 발생	말뚝기초로 설계 변경
배면토의 강도정수가 부족할 경우	전도, 활동, 구조체 균열 및 파괴 발생	• 구조체 설계 변경(단면 및 저판 폭 증가) • 뒷채움 재료를 양질토로 변경 • 토압 경감을 위하여 사면경사도 완화

5. 지반 개량공법

주요 공법	내용
치환공법	연약층의 일부 또는 전부를 제거하여 양질의 토사로 치환하는 공법
선행재하공법	지반에 미리 설계하중 이상의 하중을 재하(성토)하여 압밀을 촉진시키는 공법
연직배수공법	지중에 적당한 간격으로 연직방향의 모래기둥, 페이퍼, 플라스틱 등 배수재의 설치로 수평방향 배수거리를 단축하여 압밀을 촉진시키는 공법
모래다짐공법	지중에 모래 또는 쇄석의 다짐말뚝을 만들어 탈수 촉진, 다짐, 모래기둥 등으로 지반의 지지력을 증가시키는 공법
동다짐공법	진동기나 중량의 추를 낙하시켜 사질토의 지반을 다지는 공법
동압밀공법	진동기나 중량의 추를 낙하시켜 점성토의 지반을 다지는 공법
약액주입공법	생석회, 시멘트밀크, 물유리 등의 약액을 연약지층에 주입시켜 지반강도를 증가시키는 공법

2 측량

1. 측량의 목적

① 부지의 고저차를 파악한다.
② 설치 가능한 태양전지모듈의 수량을 결정한다.
③ 최소한의 토목공사를 위한 시공기면을 결정한다.
④ 실제 부지와 지적도상의 오차를 파악한다.

2. 측량의 종류

1) 거리측량

① 2점 간의 거리를 직접 또는 간접으로 1회 또는 여러 회로 나누어 측량한다.
② 보측 : 보폭 75~80[cm]
③ 음측 : 340[m/sec]
④ 기구에 의한 측량 : 줄자, 스타디아(Stadia), 광파기

2) 수준(고저)측량

① 기준면으로부터 구하고자 하는 점의 높이를 측정하거나, 두 지점 사이의 상대적인 고저차를 구하는 측량이다.
② 지표면에 있는 제 점의 고저차를 관측하여, 그 점들의 고저(표고)를 결정하고 지도 제작, 공사의 계획, 설계 및 시공에 필요한 고저(표고) 자료를 제공하는 중요한 측량이다.

③ 용어
    ㉠ 전시 : 표고의 미지점에 함척을 세워 이것을 망원경으로 읽는 것
    ㉡ 후시 : 표고의 기지점에 함척을 세워 이것을 망원경으로 읽는 것
    ㉢ 이점 : 레벨을 새로이 고쳐 세워야 할 때, 고쳐 세운 점
    ㉣ 기계고 : 망원경의 시선 표고

3) 각도측량

① 두 방향선이 이루는 각을 구하는 측량으로, 일반적으로 트랜싯(Transit)·세오돌라이트(Theodolite) 등의 측각의를 사용하여 측각한다.
② 거리 측량·수준 측량 등과 함께 기본적인 측량의 하나이다.

4) 평판측량

① 사람의 시각에 의존하는 측량으로서 삼각위에 평판을 올려놓고 그 위에 제도지를 붙인 다음, 앨리데이드(Alidade : 평판 위에 얹어 지상의 목표방향을 정하는 측량기기)를 사용하여 현장에서 점이나 사물의 위치, 거리, 방향, 높이 등을 측정하여 도면 위에 직접 작도하는 측량이다.
② 지역이 넓지 않을 때, 복잡한 세부 측량을 할 때, 지형도를 작성할 때 사용하는 방법이다.
③ 정밀도는 낮으나 실용적인 면에서 아직도 널리 이용되고 있다.

3 기초

1. 기초의 요구조건

① 설계하중에 대한 구조적 안정성 확보
② 구조물의 허용침하량 이내의 침하
③ 환경변화, 지반쇄굴 등에 저항하여 최소의 근입 깊이 유지
④ 시공 가능성 측면에서 현장여건 고려

2. 기초의 형식 결정을 위한 고려사항

① 지반조건 : 지반 종류, 지하수위, 지반의 균일성, 암반의 깊이
② 상부구조물의 특성 : 허용침하량, 구조물의 중요도, 특이 요구조건
③ 상부구조물의 하중 : 기초의 설계하중
④ 기초형식에 따른 경제성을 비교 검토

3. 기초의 종류

1) 기초의 종류

2) 얕은 기초와 깊은 기초의 구분

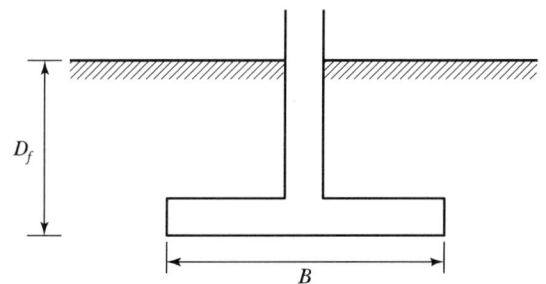

- $D_f/B \leq 1$: 얕은 기초
- $D_f/B > 1$: 깊은 기초
- B : 기초의 폭
- D_f : 기초의 관입 깊이

3) 얕은 기초의 종류

(a) Single or Spread Footing   (b) Stepped Footing   (c) Sloped Footing

(d) Mat Foundation(전면기초)　　(e) 복합 Footing　　(f) 연속 Footing

① 허용지지력

$$q_a = \frac{q_u}{F_s}$$

여기서, q_u : 극한지지력, F_s : 안전율

② 총 허용하중

$$Q_a = q_a A$$

여기서, q_a : 허용 지지력, A : 기초의 밑면적

4. 태양광발전에 적용 가능한 기초의 종류

종류	특징
독립기초	• 지지대 1대당 1개의 얕은 기초 • 지지층이 얕을 때 적용 • 소형, 소규모 어레이에 적용
복합기초	• 지지대 2대 이상 연결 • 지지층이 얕을 때 적용 • 중대형 어레이에 적용
말뚝기초	• 지지층이 깊을 때 적용 • 독립기초 시공 전 말뚝 시공
무기초(스크루)	콘크리트 기초 없이 스크루강(내식)을 직접 삽입
무기초(형강)	콘크리트 기초 없이 타격에 의해 삽입
무기초(앵커)	슬래브나 기존 시멘트 바닥면에 앵커를 삽입
무기초(루프형)	• 평면 또는 경사면 지붕에 내식성 루프패널을 설치 • 모듈을 루프패널에 부착

SECTION 002 태양광발전 구조물 시공

01 발전형태별 구조물 시공

1 태양전지어레이용 가대 및 지지대 설치

① 태양광어레이용 지지대 및 가대 설치순서 결정
② 태양광어레이용 가대, 모듈고정용 가대, 케이블트레이용 채널순으로 조립
③ 구조물은 현장조립을 원칙으로 함
④ 모듈의 지지물은 자중, 적재하중 및 구조하중은 물론 풍압, 적설 및 지진, 기타 진동과 충격에 견딜 수 있는 안전한 구조의 것으로 할 것
⑤ 볼트는 와셔 등을 사용하여 헐겁지 않도록 단단히 조립하고 지붕설치형의 경우에는 건물의 방수 등에 문제가 없도록 설치
⑥ 체결용 볼트, 너트, 와셔(볼트캡 포함)는 아연도금 처리 또는 동등 이상의 녹방지. 기초콘크리트 앵커볼트의 돌출부분은 반드시 볼트캡 착용
⑦ 태양전지모듈의 유지보수를 위한 공간과 작업안전을 위한 발판 및 안전난간 설치(단, 안전성이 확보된 설비인 경우 예외)

2 태양광 구조물의 설계기준에 따른 시공

1. 구조시공의 기본

① 안정성 : 내진, 내풍, 상정하중, 천재지변에 안전
② 시공성 : 부재의 재질, 접합방법 동일, 규격화 등
③ 사용성 및 내구성 : 경년 변화, 지반상태, 환경 등 고려
④ 경제성 : 과다 설계 배제, 공사비 절감 등

2. 구조물 시공 시 적용기준

① 건축법 및 동 시행령, 건축물의 구조기준 등에 관한 규칙
② 건축구조 설계기준
③ 강구조 설계기준 : 하중저항계수 설계법
④ 콘크리트구조 설계기준

003 태양광발전 전기시설공사

···01 태양광발전어레이 시공

1 발전형태별 태양전지어레이 설치공사

1. 태양전지어레이의 방위각과 경사각 시공 시 고려사항

1) 방위각 : 어레이가 정남향과 이루는 각
   ① 발전시간 내 음영이 생기지 않도록 배치
   ② 최소의 설치면적

2) 경사각 : 어레이가 지면과 이루는 각
   ① 발전 전력량이 연간 최대가 되도록 배치
   ② 적설을 고려하여 결정
   ③ 경사각에 따른 이격거리 확보
   ④ 발전시간 내 음영이 생기지 않도록 배치
   ⑤ 어레이 경사각은 10°~90°
   ⑥ 자정효과를 얻기 위해 10° 이상
   ⑦ 적설량이 많은 지역에서는 45° 이상 설계
   ⑧ 강우 시 태양전지모듈 표면에 흙탕물이 튀는 것을 방지하기 위해 지면으로부터 60[cm] 이상 높이에 설치

2. 태양전지어레이용 가대 조건

1) 가대의 재질
   ① 환경조건, 설계내용 연수에 따라 결정
   ② 염해, 공해 등에 의해 부식의 발생이 없을 것

2) 가대의 강도
   어레이 자체하중+풍압하중에 견디도록 설계

[태양전지어레이용 가대의 설치]

3) 재질에 따른 가대의 종류

강제+도장	저가	재도장(5~10주기)
강제+용융아연도금	중가	철의 10배 정도 내식성, 부분 녹 발생
스테인리스(SUS)	고가	경량
알루미늄합금제	중가	경량, 강도가 약함, 부식

3. 어레이 설치방식에 따른 분류

① 고정식
② 경사가변형
③ 추적식
　㉠ 추적방향 : 단축식, 양축식
　㉡ 추적방식 : 감지식, 프로그램혼합식

4. 태양전지어레이용 가대 시공

1) 가대의 구조 : 프레임(수평부재, 수직부재), 지지대, 기초판

2) 설계하중

가대는 설치장소, 설치방식, 형태 등에 따라 하중이 달라지므로 그에 맞는 설계하중이 필요하다.

3) 상정하중

상정하중은 수직하중과 수평하중을 고려한다.

(1) 수직하중
① 고정하중 : 어레이+프레임+지지대

② 적설하중
③ 활하중 : 건축물 및 공작물을 점유 사용함으로써 발생

(2) 수평하중
① 풍하중 : 바람
② 지진하중 : 지진 시 진동에 의한 하중

(3) 하중의 크기 : 폭풍 시 > 적설 시 > 지진 시
① 폭풍 시 : 고정 + 풍압하중
② 적설 시 : 고정 + 적설하중
③ 지진 시 : 고정 + 지진하중

4) 태양전지모듈과 가대접합 시 개스킷을 사용한다.

가대접합 시 태양전지모듈 간의 완충작용을 위해 개스킷을 사용한다.

[개스킷에 사용되는 재료]
- 저온저압 : 종이, 고무, 석면, 마, 합성수지
- 고온고압 : 동, 납, 연강

2 배관·배선공사

1. 태양광모듈과 태양광인버터 간의 배관·배선

① 태양전지모듈의 이면으로부터 접속용 케이블이 2가닥씩 나오기 때문에 반드시 극성을 확인한 후 결선한다.
② 케이블은 건물마감이나 러닝보드 표면에 가깝게 시공하고, 필요시 전선관을 이용하여 케이블을 보호한다.
③ 태양전지모듈은 인버터 입력전압 범위 내에서 스트링 필요매수를 직렬결선하고 어레이 지지대 위에 조립한다.
④ 케이블을 각 스트링에서 접속함까지 배선하고 접속함 내는 병렬로 결선한다.
⑤ 옥상 또는 지붕 위에 설치한 태양전지어레이에서 처마 밑 접속함까지 배선 시 물의 침입을 방지하기 위한 차수처리를 반드시 한다.
⑥ 접속함은 어레이 근처에 설치한다.
⑦ 태양광의 직류전원과 교류전원은 격벽에 의해 분리되거나 함께 접속되지 않을 경우 동일한 전선관 케이블트레이 접속함 내에 시설하지 않아야 한다.
⑧ 접속함에서 인버터까지의 배선은 전압강하 2[%] 이하로 상정한다.
⑨ 태양전지어레이를 지상에 설치 시 지중배선으로 할 수 있다.

2. 태양광인버터에서 옥내분전반 간의 배관·배선

인버터 출력의 전기방식에는 단상 2선식, 3상 3선식, 3상 4선식이 있고 교류 측의 중성선을 구별하여 결선한다.

1) 시공기준
① 부하불평형에 의한 중성선에 최대전류의 발생 우려가 있을 경우 수전점에 과전류차단기를 설치해야 한다.
② 수전점 차단기 개방 시 부하불평형으로 과전압이 발생할 경우 인버터는 정지되어야 한다.
③ 누전차단기와 SPD(서지보호기)를 설치한다.

[분전반 내의 누전차단기와 SPD 설치]

2) 전압강하
① 태양전지모듈에서 인버터 입력단 간 및 인버터 출력단과 계통연계점 간의 전압강하는 각각 3[%]를 초과하지 않아야 한다. 단, 전선의 길이가 60[m]를 초과할 경우 다음 표에 따라 시공할 수 있다.

전선길이	전압강하
120[m] 이하	5[%]
200[m] 이하	6[%]
200[m] 초과	7[%]

② KEC 규정 수용가설비의 전압강하

설비의 유형	조명[%]	기타[%]
A - 저압으로 수전하는 경우	3	5
B - 고압 이상으로 수전하는 경우	6	8

㉠ 가능한 한 최종회로 내의 전압강하가 A유형의 값을 넘지 않도록 하는 것이 바람직하다.
㉡ 사용자의 배선설비가 100[m]를 넘는 부분의 전압강하는 미터당 0.005[%] 증가할 수 있으나 이러한 증가분은 0.5[%]를 넘지 않아야 한다.
㉢ 다음의 경우에는 표보다 더 큰 전압강하를 허용할 수 있다.
- 기동시간 중의 전동기
- 돌입전류가 큰 기타 기기

3) 태양전지모듈 간 직병렬 배선

① 모듈을 포함한 모든 충전부분은 노출되지 않도록 시설해야 한다.
② 모듈 배선은 스테이플, 스트랩 또는 행거나 이와 유사한 부속품으로 130[cm] 이내 간격으로 고정하고, 가장 늘어진 부분이 모듈 면으로부터 30[cm] 이내에 들도록 한다.
③ 어레이 직렬군은 동일한 단락전류를 가진 모듈로 구성해야 한다. 1대의 인버터에 연결된 태양전지어레이의 직렬군(스트링)이 2병렬 이상일 경우에는 각 직렬군(스트링)의 출력전압을 동일하게 배열해야 한다.
④ 모듈 이면의 접속용 케이블은 2개씩 나와 있으므로 반드시 극성(+, −) 표시를 확인한 후 결선한다.
⑤ 모듈 간 배선은 단락전류에 충분히 견딜 수 있도록 2.5[mm^2] 이상의 전선을 사용해야 한다.
⑥ 배선의 접속부는 용융접착테이프와 보호테이프로 감는다.

3. 태양광어레이 검사

어레이 검사내용은 다음과 같다.
① 전압 극성 확인
② 단락전류 측정
③ 비접지 확인 : 직류 측 회로의 비접지 확인

4. 케이블 선정 및 단말처리

1) 케이블 선정

태양전지에서 옥내에 이르는 배선에 사용되는 전선은 모듈전용선 XLPE 케이블, 직류용 전선을 사용하고, 옥외용 케이블은 UV−케이블을 사용한다.

2) 케이블의 단말처리

(1) 전선의 접속 시 접속부에 절연물과 동등 이상의 절연효과가 있는 재료로 접속해야 한다.

(2) 절연테이프의 종류
① 자기융착테이프 : 부틸고무제와 저압용 폴리에틸렌부틸고무제 재질로 이루어져 있다.
② 보호테이프 : 자기융착테이프에 다시 한 번 감아주는 용도로 쓰인다.
③ 비닐절연테이프 : 장시간 사용 시 접착력이 저하되므로 태양광발전설비처럼 장시간 사용하는 시설에는 적합하지 않다.

5. 방화구획 관통부의 처리

1) 관통부의 처리목적

화재 발생 시 전선배관의 관통 부분에서 다른 설비로의 화재 확산을 방지하기 위함이다.

2) 배선이 옥외에서 옥내로 연결된 관통부분의 처리방법
① 난연성 : 뒷면에 화염이나 연기가 발생하지 않을 것
② 내열성 : 뒷면이 연소할 위험이 있는 온도가 되지 않을 것

02 태양광발전 계통연계장치 시공

1 태양광발전시스템 발전량 산출

1. 전력수요량 산정

① 독립전원용 태양광발전시스템 설계는 부하소비전력량으로 태양전지용량을 결정한다.
② 계통연계시스템의 사용전력량과 발전전력수량 사이에 제한적 관계는 없다.
③ 설치장소의 면적에 의해 시스템용량을 결정한다.

> 소비전력량 산출 = 부하수량 × 소비전력 × 사용시간

2. 발전가능량 산정

1) 발전량 산출
① 독립형 : 전력수요량이 발전량
② 계통연계형 : 설치면적이 발전량

2) PV 시스템의 발전량 산출

(1) 태양전지어레이 필요용량[kW] 산출(태양전지용량과 부하소비전력량의 관계)

$$P_{AS} = \frac{E_L \times D \times R}{(H_A/G_s) \times K}$$

여기서, P_{AS} : 표준상태에서의 태양전지어레이 출력[kW]
　　　　　　AM(대기질량) 1.5, 일사강도 1,000[W/m²], 태양전지셀 온도 25[℃]
　　　　H_A : 특정기간에 얻을 수 있는 어레이 표면일사량[kWh/(m²·기간)]
　　　　G_s : 표준상태에서의 일사강도[kW/m²]
　　　　E_L : 특정시간에서의 부하소비전력량(전력수요량)[kWh/기간]
　　　　D : 부하의 태양광발전시스템에 대한 의존율=1-백업전원전력 의존율
　　　　R : 설계여유계수(추정한 일사량의 정확성 등의 설치환경에 따른 보정)
　　　　K : 종합설계계수(태양전지모듈출력의 불균형보정 회로손실, 기기에 의한 손실 등 포함)

(2) 월간 발전량 산출

① 경사면 일사량에 의한 산출

$$\text{월간 발전량 } E_{PM} = P_{AS} \times K \times \left(\frac{H_{AM}}{G_s}\right) [\text{kWh/월}]$$

여기서, P_{AS} : 표준상태에서의 태양전지어레이 출력[kW]
　　　　K : 종합설계계수
　　　　H_{AM} : 월 적산 어레이 표면(경사면) 일사량[kWh/(m²·월)]
　　　　G_s : 표준상태에서의 일사강도[kW/m²]

② 발전시간에 의한 방법

- 일평균 발전시간 = $\dfrac{1년간 \ 발전전력량[\text{kWh}]}{시스템 \ 용량[\text{kW}] \times 운전일수}$

- 시스템 이용률 = $\dfrac{1년간 \ 발전전력량[\text{kWh}]}{24[\text{h}] \times 운전일수 \times 시스템 \ 용량[\text{kW}]}$

　　　　　　　= $\dfrac{일평균 \ 발전시간[\text{h}]}{24[\text{h}]}$

2 인버터와 제어장치 설치

1. 파워컨디셔너시스템(PCS ; Power Conditioner System)

파워컨디셔너는 태양전지에서 발전된 직류전력을 교류전력으로 변환하고, 교류부하에 전력을 공급함과 동시에 잉여전력을 한전계통으로 역송전하는 장치이다.

2. 파워컨디셔너의 기능(역할)

1) 자동전압조정기능

   태양광발전시스템을 한전계통에 접속하여 역송병렬운전을 하는 경우 전력 전송을 위한 수전점의 전압이 상승하여 한전의 전압 유지범위를 벗어날 수 있으므로 이를 방지하기 위하여 자동전압조정기능을 부가하여 전압의 상승을 방지하고 있다. 자동전압조정기능에는 진상무효전력제어기능과 출력제어기능이 있으며, 가정용으로 사용되는 3[kW] 미만의 것에는 이 기능이 생략된 것도 있다.

   (1) 진상무효전력제어

   앞선 전류의 제어는 역률 80[%]까지 실행되고, 이로 인한 전압상승의 억제효과는 최대 2~3[%] 정도가 된다.

   (2) 출력제어

   진상무효전력제어방식에 의한 전압상승억제가 한계에 달하고 계속해서 한전계통의 전압이 상승하는 경우에는 태양광발전시스템의 출력을 제한하여 파워컨디셔너의 출력전압 상승을 방지하기 위해서 동작한다.

2) 자동운전, 자동정지기능

   새벽에 태양전지어레이에 일조량이 확보되어 파워컨디셔너의 DC 입력전압이 최저 전압 이상이 되면 자동적으로 운전을 개시하여 발전을 시작하고, 일몰 시에도 발전이 가능한 파장범위까지 발전을 하다가 파워컨디셔너의 최저 DC 입력전압 이하가 되면 자동으로 운전을 정지한다.

3) 계통연계 보호장치

   (1) 한전계통과 병렬운전되는 저압연계시스템 보호장치 설치

   과전압계전기(OVR), 저전압계전기(UVR), 과주파수계전기(OFR), 저주파수계전기(UFR)

   (2) 한전계통과 병렬운전되는 특고압연계의 보호계전기 설치장소

   지락과전류계전기(OCGR)를 수용가 특고압 측에, 특고압연계의 보호계전기의 설치장소는 태양광발전소 구내 수전점(수전보호 배전반)에 설치함을 원칙으로 하고 있다.

(3) 보호계전기의 검출레벨과 동작시한

계전기기	기기번호	용도	검출레벨	동작시한
유효전력 계전기	32P	유효전력 역송 방지	상시 병렬운전 발전상태에서 전력계통 동요 시 및 외부 사고 시 오동작하지 않는 범위 내에서 최솟값	0.5~2.0초
무효전력 계전기	32Q	단락사고 보호	배후계통 최소조건하에서 상대 단모선 2상 단락 사고 시 유입 무효전력의 1/3 이하	0.5~2.0초 (외부사고 시 오동작하지 않도록 보호협조 정정)
부족전력 계전기	32U	부족전력 검출	상시 병렬운전 발전상태에서 전력계통 동요 시 및 외부사고 시 오동작하지 않는 범위 내에서 최솟값. 계전기의 동작은 발전기의 운전상태에서만 차단기가 트립(Trip)되도록 한다.	0.5~2.0초
과전압 계전기	59	과전압 보호	• 순시형 : 정격전압의 150[%] • 반한시형 : 정격전압의 115[%]	순시 정정치의 120[%]에서 2.0초
저전압 계전기	27	사고 검출 또는 무전압 검출	정격전압의 80[%]	Supervising용 0.2~0.3초
주파수 계전기	81O 81U	주파수 변동 검출	• 고주파수 : 63.0[Hz] • 저주파수 : 57.0[Hz]	0.5초 1분
과전류 계전기	50/51	과전류 보호	• 순시 : 단락보호 • 한시 : 150[%]에서 과부하보호 및 후비보호	TR 2차 3상 단락 시 0.6초 이하

(4) 연계계통 이상 시 태양광발전시스템의 분리와 투입
   ① 단락 및 지락 고장으로 인한 선로보호장치 설치
   ② 정전 복전 후 5분을 초과하여 재투입
   ③ 차단장치는 한전 배전계통의 정전 시에는 투입 불가능하도록 시설
   ④ 연계계통 고장 시에는 0.5초 이내 분리하는 단독운전방지장치 설치

4) 최대전력 추종제어기능(MPPT)

파워컨디셔너는 태양전지어레이에서 발생되는 시시각각의 전압과 전류를 최대출력으로 변환하기 위하여 태양전지셀의 일사강도-온도 특성 또는 태양전지어레이의 전압-전류 특성에 따라 최대출력운전이 될 수 있도록 추종하는 기능을 최대전력추종(MPPT ; Maximum Power Point Tracking)제어라고 한다.

제어방식에는 직접제어식과 간접제어식이 있다.

(1) 직접제어방식
   센서를 통해 온도, 일사량 등의 외부조건을 측정하여 최대전력 동작점이 변하는 파라미터(온도, 일사량)를 미리 입력하여 비례제어하는 방식

① 장점 : 구성이 간단하고, 외부상황에 즉각적으로 대응 가능하다.
② 단점 : 성능이 떨어진다.

(2) 간접제어방식

① P&O(Perturb & Observe) 제어
㉠ 태양전지어레이의 출력전압을 주기적으로 증가·감소시키고, 이전의 출력전력을 현재의 출력전력과 비교하여 최대전력 동작점을 찾는 방식이다.
㉡ 간단하여 가장 많이 채용되는 방식이다.
㉢ 최대전력점 부근에서 Oscillation이 발생하여 손실이 생긴다.
㉣ 외부 조건이 급변할 경우 전력손실이 커지고 제어가 불안정하게 된다.

② Incremental Conductance(IncCond) 제어
㉠ 태양전지 출력의 컨덕턴스와 증분컨덕턴스를 비교하여 최대전력 동작점을 추종하는 방식이다.
㉡ 최대전력점에서 어레이 출력이 안정된다.
㉢ 일사량이 급변하는 경우에도 대응성이 좋다.
㉣ 계산량이 많아서 빠른 프로세서가 요구된다.

③ Hysteresis-band 변동제어
㉠ 태양전지어레이 출력전압을 최대전력점까지 증가시킨 후, 임의의 Gain을 최대전력점에서 전력과 곱하여 최소전력값을 지정한다.
㉡ 지정된 최소전력값은 두 개가 생기므로 최대전력을 기준으로 어레이 출력전압을 증가 혹은 감소시키면서 매 주기 동작한다.
㉢ 어레이 그림자 영향 혹은 모듈의 특성으로 인하여 최대전력점 부근에서 최대전력점이 한 개 이상 생기는 경우 최대전력점을 추종할 수 있다.

5) 단독운전방지기능

(1) 단독운전
태양광발전시스템이 한전계통과 연계되어 발전을 하고 있는 상태에서 한전계통의 정전이 발생한 경우 태양광발전시스템은 정전으로 분리된 계통에 전력을 계속 공급하게 되는 운전상태를 단독운전이라 한다.

(2) 단독운전 시 보수점검자에게 감전 등의 안전사고 위험이 있으므로 태양광발전시스템을 정지시켜야 한다.

(3) 분리된 구간의 부하용량보다 태양광발전시스템의 용량이 큰 경우 단독운전상태에서 전압계전기(OVR, UVR), 주파수계전기(OFR, UFR)에서는 보호할 수 없으므로 단독운전방지기능을 설치하여 안전하게 정지할 수 있도록 한다.

(4) 파워컨디셔너에는 수동적 방식과 능동적 방식 2종류의 단독운전방지기능이 내장되어 있다.

① 수동적 방식(검출시간 0.5초 이내, 유지시간 5~10초)

종별	개요
전압위상 도약 검출방식	• 단독운전 시 파워컨디셔너 출력이 역률 1에서 부하의 역률로 변화하는 순간의 전압위상의 도약을 검출한다. • 단독운전 시 위상변화가 발생하지 않을 때에는 검출할 수 없지만, 오동작이 적고 실용적이다.
제3고조파 전압급증 검출방식	• 단독운전 시 변압기의 여자전류 공급에 따른 전압 변동의 급변을 검출한다. • 부하가 되는 변압기로 인하여 오작동의 확률이 비교적 높다.
주파수변화율 검출방식	단독운전 시 발전전력과 부하의 불평형에 의한 주파수의 급변을 검출한다.

② 능동적 방식(검출시한 0.5~1초)

종별	개요
주파수시프트방식	파워컨디셔너의 내부발전기에 주파수바이어스를 주었을 때, 단독운전 발생 시 나타나는 주파수 변동을 검출하는 방식이다.
유효전력변동방식	파워컨디셔너의 출력에 주기적인 유효전력 변동을 주었을 때, 단독운전 발생 시 나타나는 전압, 전류, 또는 주파수 변동을 검출하는 방식으로, 상시 출력의 변동 가능성이 있다.
무효전력변동방식	파워컨디셔너의 출력에 주기적인 무효전력 변동을 주었을 때 단독운전 발생 시 나타나는 주파수 변동 등을 검출하는 방식이다.
부하변동방식	파워컨디셔너의 출력과 병렬로 임피던스를 순간적 또는 주기적으로 삽입하여 전압 또는 전류의 급변을 검출하는 방식이다.

6) 직류 검출기능

① 파워컨디셔너는 직류를 교류로 변환하기 위하여 반도체스위칭소자(MOSFET, IGBT)를 고주파수로 스위칭하기 때문에 소자의 불규칙 분포 등에 의해 그 출력에는 적지만 직류분이 리플(Ripple) 형태로 포함된다.

② 교류 성분에 직류분을 함유하는 경우 주상변압기의 자기포화로 인한 고조파 발생, 계전기 등의 오·부작동 등 한전계통 운영에 문제를 야기하게 된다.

③ 이를 방지하기 위해서 무변압기방식의 파워컨디셔너에서는 파워컨디셔너의 정격교류 최대출력전류의 직류성분 함유율을 분산형 배전계통 연계기술 가이드라인에서는 0.5[%] 초과하지 않도록 유지할 것을 규정하고 있다.

7) 직류지락 검출기능

① 무변압기방식의 파워컨디셔너에서는 태양전지어레이의 직류 측과 한전계통의 교류 측이 전기적으로 절연되어 있지 않기 때문에 태양전지어레이의 직류 측 지락사고에 대한 대책이 필요하다.

② 태양전지어레이의 직류 측에서 지락사고가 발생하면 지락전류에 직류성분이 중첩되어 일반적으로 사용되고 있는 누전차단기는 이를 검출할 수 없는 상황이 발생한다.

③ 이런 상황에 대비하여 파워컨디셔너의 내부에 직류지락 검출기를 설치하여, 태양전지어레이 측 직류지락사고를 검출하여 차단하는 기능이 필요하다. 일반적으로 직류 측 지락사고 검출레벨은 100[mA]로 설정되어 운전되고 있다.

3. 파워컨디셔너 선정 시 점검사항(Check Point)

1) 태양광발전시스템에 적용하고 있는 파워컨디셔너의 용량

① 소용량 : 10[kW] 미만

② 공공산업시설용, 발전사업용 : 10~1,000[kW]

2) 파워컨디셔너 선정 시 반드시 확인하여야 할 사항

① 파워컨디셔너 제어방식 : 전압형 전류제어방식

② 출력기본파역률 : 95[%] 이상

③ 전류왜형률 : 총합 5[%] 이하, 각 차수마다 3[%] 이하

④ 최고효율 및 유러피언효율이 높을 것

3) 태양광 유효이용에 관한 점검사항

① 최대전력 변환효율이 높을 것

② 최대전력 추종제어(MPPT)에 의한 최대전력의 추출이 가능할 것

③ 야간 등의 대기손실이 적을 것

④ 저부하 시의 손실이 적을 것

4) 전력품질 공급 안정성에 관한 점검사항

① 잡음 발생 및 직류유출이 적을 것

② 고조파의 발생이 적을 것

③ 기동정지가 안정적일 것

4. 태양광발전시스템 효율의 종류

효율의 종류에는 최고효율, 추적효율, 유러피언효율이 있다.

1) 최고효율

전력변환(직류 → 교류, 교류 → 직류)을 행하였을 때, 최고의 변환효율을 나타내는 단위

$$\eta_{\max} = \frac{AC_{power}}{DC_{power}} \times 100[\%]$$

2) 추적효율

태양광발전시스템용 파워컨디셔너가 일사량과 온도변화에 따른 최대전력점을 추적하는 효율

$$추적효율 = \frac{운전최대출력[kW]}{일조량과\ 온도에\ 따른\ 최대출력[kW]} \times 100[\%]$$

3) 유러피언효율(European Efficiency)

변환기의 고효율 성능척도를 나타내는 단위로서 출력에 따른 변환효율에 비중을 두어 측정하는 단위(예 각 출력 5[%]/10[%]/20[%]/30[%]/50[%]/100[%]에서 효율을 측정하여 그 비중(계수)을 0.03/0.06/0.13/0.10/0.48/0.20으로 두어 곱한 값을 합산하여 계산한 값)

$$\eta_{EURO} = 0.03 \cdot \eta_{5\%} + 0.06 \cdot \eta_{10\%} + 0.13 \cdot \eta_{20\%} \\ + 0.10 \cdot \eta_{30\%} + 0.48 \cdot \eta_{50\%} + 0.20 \cdot \eta_{100\%}$$

총 Euro 효율을 구하기 위한 출력전력별 비중(계수)은 다음 표와 같다.

출력전력[%]	5	10	20	30	50	100
출력별 비중(계수)	0.03	0.06	0.13	0.10	0.48	0.20

5. 파워컨디셔너의 종류

1) 파워컨디셔너는 전류(Commutation)방식, 제어방식, 절연방식에 따라 분류할 수 있다.

① 전류방식 : 자기전류(Self Commutation), 강제전류(Line Commutation)
② 제어방식 : 전압제어형, 전류제어형
③ 절연방식 : 상용주파절연방식, 고주파절연방식, 무변압기방식

2) 파워컨디셔너의 절연(회로)방식

① 계통연계용 파워컨디셔너의 직류 측과 교류 측의 절연방법에 따른 회로방식에는 상용주파절연방식, 고주파절연방식, 무변압기방식이 있으며 한국전기설비규정에 적합한 파워

컨디셔너 회로방식을 선정하여야 한다.
② 파워컨디셔너의 절연방식에 따른 분류

태양광발전시스템의 직류 측과 교류 측(상용전원전력계통)과의 절연방식에 따른 파워컨디셔너의 종류 및 회로도 특징은 다음과 같다.

구분	회로도	특징	
상용주파 절연방식	PV — DC→AC 인버터 — 상용주파 변압기		태양전지의 직류출력을 상용주파의 교류로 변환한 후 상용주파변압기로 절연한다.
		장점	• 주 회로와 제어부를 가장 간단히 구성할 수 있다. • 변압기로 절연이 되어 계통과의 안정성이 확보된다. • 3φ 10[kW] 이상의 파워컨디셔너에 적용된다.
		단점	• 변압기 때문에 효율이 떨어진다. • 사이즈와 무게가 커진다.
고주파 절연방식	PV — DC→AC 고주파 인버터 — 고주파 변압기 — AC→DC — DC→AC 인버터		태양전지의 직류출력을 고주파교류로 변환한 후 소형의 고주파변압기로 절연하고, 그 후 직류로 변환하여 다시 상용주파의 교류로 변환한다.
		장점	• 한전계통과 전기적으로 절연되어 안정성이 높다. • 저주파절연변압기를 사용하지 않기 때문에 고효율화, 소형 경량화, 상용주파 절연방식에 비해 저렴하다.
		단점	많은 파워소자를 사용하며 구성이 복잡하다.
무변압기 방식	PV — 컨버터 — 인버터		태양전지의 직류 DC/DC 컨버터로 승압 후, DC/AC 인버터로 상용주파수의 교류로 변환한다.
		장점	• 변압기를 사용하지 않기 때문에 고효율, 소형 경량화에 가장 유리하다. • 시스템 구성에 필요한 전력용 반도체 소자가 가장 적기 때문에 저가의 시스템 구현에 적합하다.
		단점	• 변압기를 사용하지 않기 때문에 안정성에서 불리하다. • 안정성 확보를 위해 복잡한 제어가 요구된다.

6. 파워컨디셔너시스템 방식

1) 태양광시스템의 설치조건에 따른 계통연계형 인버터 설치 유형

  (1) 인버터시스템 구성방식에 따른 분류
   ① 전압방식에 따른 분류
    ㉠ 저전압병렬방식
    ㉡ 고전압방식
   ② 인버터의 대수 및 연결에 따른 분류
    ㉠ 중앙집중식
    ㉡ 마스터－슬레이브 방식
    ㉢ 병렬운전방식
    ㉣ 모듈인버터 방식
    ㉤ 서브어레이와 스트링인버터 방식

  (2) 종류별 특성
   ① 저전압병렬방식
    ㉠ 구조(중앙집중식 인버터의 저전압방식)

    ㉡ 특징 : • 모듈 3~5개 직렬 연결
         • DC 120[V] 이하
         • 보호등급 Ⅲ 적용
    ㉢ 장점 : • 음영을 적게 받는다.
         • 고장 시 해당 스트링만 교체
    ㉣ 단점 : • 중앙집중형일 때 높은 전류 발생
         • 저항손을 줄이기 위해 굵은 케이블 간선 사용
    ㉤ 적용 : 건물일체형 태양광발전시스템에 적용

② 고전압방식
　㉠ 구조(중앙집중형 인버터의 고전압방식)

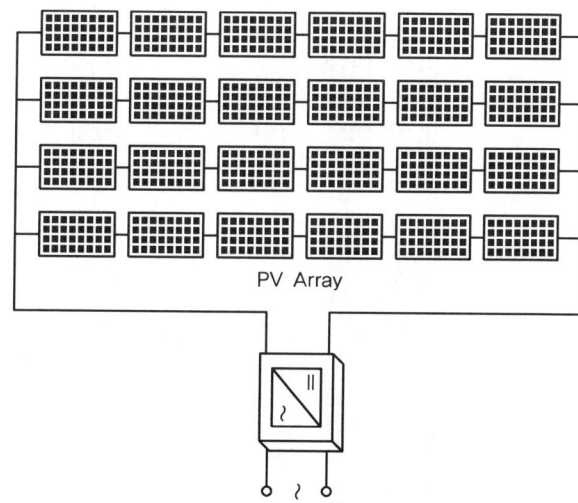

　㉡ 특징 : • DC 120[V] 초과
　　　　　　• 보호등급 Ⅱ 적용
　㉢ 장점 : • 케이블의 사이즈(굵기)가 작아짐
　　　　　　• 전압강하가 줄어듦
　㉣ 단점 : 긴 스트링으로 음영손실 발생 가능성 증가
　㉤ 적용 : 국내에서는 고전압방식 주로 채용

③ 중앙집중식
　㉠ 특징 : 다수의 스트링에 한 개의 인버터 설치
　㉡ 장점 : • 투자비 절감
　　　　　　• 설치면적 최소화
　　　　　　• 간편한 유지관리
　㉢ 단점 : • 고장 시 시스템 전체 동작 불가
　　　　　　• 낮은 복사량일 때 효율 저하
　　　　　　• 고장 시 높은 A/S 비용

④ 마스터-슬레이브(Master-slave) 방식
  ㉠ 구조(중앙집중형 인버터가 있는 마스터-슬레이브방식)

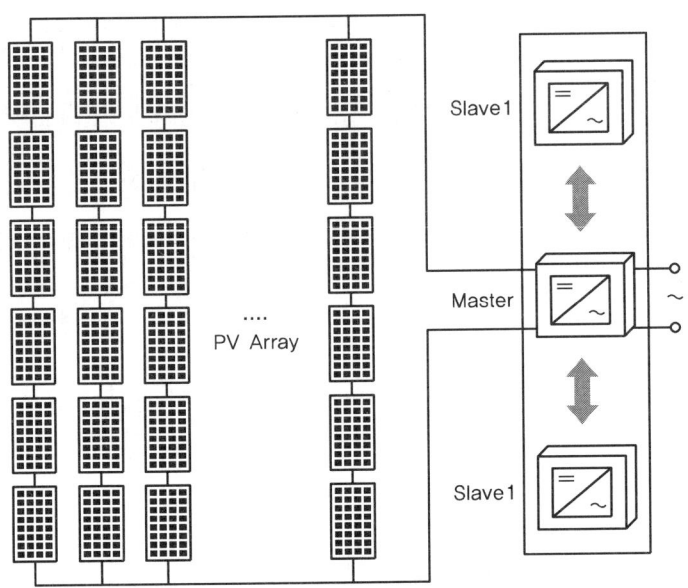

  ㉡ 특징 : 하나의 마스터에 2~3개의 슬레이브인버터로 구성
  ㉢ 장점 : 인버터 1대의 중앙집중식보다 효율이 높음
  ㉣ 단점 : 인버터 1대 설치 시보다 시설 투자비 증가

⑤ 병렬운전방식
  ㉠ 구조(인버터 병렬운전방식)

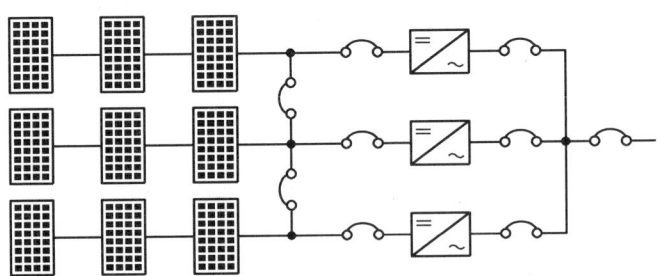

  ㉡ 특징 : 인버터 입력부분을 병렬로 연결
  ㉢ 장점 : • 인버터 효율 증가 및 수명연장
         • 백업(Backup) 유리
  ㉣ 단점 : 보호방식 복잡

⑥ 모듈인버터 방식(AC 모듈)
　㉠ 구조

　㉡ 특징 : 모듈 하나마다 별개의 인버터 설치
　㉢ 장점 : • 최대 효율 및 MPP 최적 제어 가능
　　　　　 • 시스템 확장 유리
　㉣ 단점 : 투자비가 가장 비싸다.

⑦ 서브어레이와 스트링인버터 방식(분산형 인버터 방식)
   ㉠ 구조

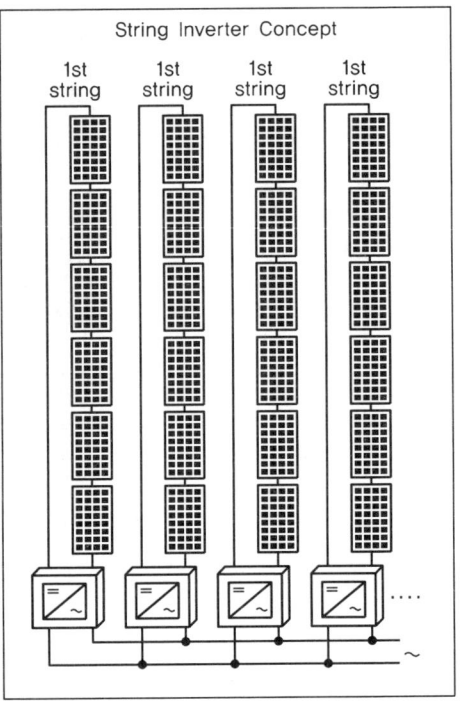

   ㉡ 특징 : • 하나의 스트링에 하나의 인버터 설치(스트링인버터)
           • 2~3개의 스트링 연결(서브어레이)
   ㉢ 장점 : • 설치가 간편
           • 설치비 절감
           • 접속함 생략 가능
           • 케이블양 감소
   ㉣ 단점 : 스트링이 길 경우 음영에 따른 전력손실 증가

3 수배전반 설치

1. 변압기

1) 변압기 용량

① 태양광어레이 최대출력용량

어레이 최대출력용량＝모듈 최대출력용량×직렬수×병렬수[kWP]

② 인버터 출력용량

인버터 출력용량＝어레이 최대출력×인버터 정격효율[kW]

③ 인버터 최대출력

인버터 최대출력＝인버터 출력용량×모듈 Power Tolerance[kW]

단, 모듈 Power Tolerance±3[%]

④ 변압기용량

변압기용량≥인버터 출력용량[kW]×여유율

2) 고효율변압기

(1) 아몰퍼스변압기

① 특징

㉠ 철, 붕소, 규소 등의 혼합물을 이용하여 용융, 급속 냉각 등으로 만든 비정질 자성 재료로 철심(Core)을 구성한 변압기이다.

㉡ 원자가 규칙적으로 배열되기 전에 고체화되어 비정질을 형성한다.

㉢ 두께가 0.025[mm] 정도인 박판(일반형 규소강판 : 0.3[mm])

② 장점

㉠ 무결정의 비정질성에 의한 히스테리시스손을 절감한다.

㉡ 얇은 두께로 인한 와류손을 절감한다.

㉢ 경부하에 유리하며, 대기전력을 절감한다.

③ 단점

㉠ MVA급 이상의 변압기 제작이 어렵다.

㉡ 변압기 소음이 크다.

3) 변압기 시험 및 검사항목

① 외관검사

② 권선저항 측정

③ 절연저항 측정

④ 변압비 측정 및 변위·극성시험

⑤ 임피던스전압 및 부하손실 측정

⑥ 무부하손실 및 여자전류 측정
⑦ 유도내전압 시험
⑧ 상용주파내전압 시험

2. 차단기

1) 차단기 선정

(1) 태양광발전시스템의 차단기 선정 시 고려사항

① 직류 측 차단기 용량 산정 시 고려사항
  ㉠ 태양전지의 단락전류(I_{sc})는 온도에 대해 정(+)특성을 갖는다.
  ㉡ 모듈의 표면온도가 최고온도일 때의 단락전류(I_{sc}) 이상으로 선정한다.

② 인버터의 차단기 용량 산정 시 고려사항
  인버터의 과전류제한치는 정격전류의 1.1~1.5배이므로, 최댓값인 정격전류의 1.5배로 선정한다.

(2) 차단기 용량 산정

① 단락용량의 산출방법
  ㉠ 기준용량 선정
     기기들의 전압 및 용량이 다르므로 기준용량을 선정하는데, 일반적으로 특고압 기준으로 100[MVA]를 선정한다.
  ㉡ 기기의 기준용량에 대한 %Z 환산

$$\text{기준용량에 대한 } \%Z = \frac{\text{기준용량}}{\text{자기용량}} \times \text{자기용량에 대한 } \%Z$$

  ㉢ 임피던스맵(Impedance Map) 작성
     임피던스맵을 작성하여 사고지점까지의 합성 %Z를 산출한다.

[임피던스맵]

㉣ 단락용량 산출

$$P_s = \frac{100P_n}{\%Z_T} \text{ 또는 } P_s = \sqrt{3}\, V_s \times I_s$$

(단락용량[MVA]= $\sqrt{3}$×공칭전압[kV]×단락전류[kA])

$$I_s = \frac{100I_n}{\%Z_T}$$

여기서, P_s : 단락용량[MVA]
P_n : 기준용량[MVA]
V_s : 공칭전압[kV]
I_n : 정격전류[kA]
$\%Z_T$: 사고지점에서 바라본 합성 $\%Z$

② 정격차단용량의 선정

차단기의 차단용량이란 그 차단기를 적용할 수 있는 계통의 3상 단락용량 한도를 의미한다.

$$\text{정격차단용량[MVA]} = \sqrt{3} \times \text{정격전압[kV]} \times \text{단락전류[kA]}$$

계통의 $\%Z$에 의한 단락전류 및 단락용량을 산출한 후 단락용량 이상의 정격차단용량의 차단기를 선정한다.

※ 22.9[kV]용 차단기의 정격전압
- 미국 ANSI 규격(한국전력공사) : 25.8[kV]
- 국제표준 IEC 규격(전기안전공사) : 24[kV]

③ 저압차단기의 선정

A점에서의 정격전류를 계산하면

$I_n = \dfrac{400 \times 10^3}{\sqrt{3} \times 380} \fallingdotseq 607.74[\text{A}]$

A점에서의 단락전류를 계산하면

$I_s = \dfrac{100I_n}{\%Z} = \dfrac{100 \times 607.74}{5} = 12,154.8[\text{A}] \fallingdotseq 12.15[\text{kA}]$

여기에 안전율을 고려하여 상위의 정격차단전류[kA]의 ACB를 선정한다.

[저압선로의 단락전류 계산 예]

④ 배선용 차단기의 선정

배선용 차단기는 KS C 8321에 규정한 것 또는 이와 동등 이상의 성능을 갖춘 것을 사용하고 정격전압, 정격전류 및 정격 단시간 내 전류(또는 정격차단용량)는 그 용도에 적합한 것이어야 한다.

㉠ MCCB 차단규격

AF	AT
30	3, 5, 6, 10, 15, 20, 30
50	3, 5, 6, 10, 15, 20, 30, 40
60	3, 5, 6, 10, 15, 20, 30, 40, 50
100	15, 20, 30, 40, 50, 60, 75, 100
225	100, 125, 150, 175, 200, 225
400	225, 250, 300, 350, 400
600	400, 500, 600
800	600, 700, 800
1,000	800, 1,000
1,200	1,000, 1,200

3. 특고압 관련 기기

1) 계기용 변압변류기(MOF ; Metering Out Fit)

변압기	변류기
• 정격 1차 전압 : 13.2[kV] • 정격 2차 전압 : 110[V] • 정격부담 : 100[VA] • 오차계급 : 0.5CL	• 정격 1차 전압 : 계산값 • 정격 2차 전류 : 5[A] • 정격부담 : 40[VA] • 오차계급 : 0.5CL • 과전류 강도 : 계산값

2) 진공차단기(VCB ; Vacuum Circuit Breaker)

① 인출형(W/Bushing & Shutter), G급
② 정격전압 : 24[kV]
③ 정격전류 : 630[A]
④ 정격차단전류 : 25[kA]
⑤ 정격차단시간 : 3[Cycle]
⑥ 조작전압/Trip 제어전류 : DC 110[V]/5[A] 이하
⑦ 트립 방식/조작방법 : 전압 트립 방식/Motor Operation Type
⑧ 부대품 : 보조스위치, 수동개폐장치, 조작 Counter를 포함

3) 전력용 퓨즈(PF ; Power Fuse)

① 정격전압 : 24[kV]
② 정격전류(Fuse Holder) : 계산값
③ 정격전류(Fuse Link) : 계산값
④ 정격차단전류 : 계산값

4) 피뢰기(LA ; Lightning Arrestor)

① Disconnection
② 정격전압 : 18[kV]
③ 공칭방전전류 : 2.5[kA]

5) 계기용 변류기(CT ; Current Transformer)

① Epoxy Mold Type
② 정격전압 : 25.8[kV]
③ 정격 1차 전류 : 계산값
④ 정격 2차 전류 : 5[A]
⑤ 정격부담/전류정수 : 40[VA], $N > 10$

⑥ 오차계급 : 1.0CL

⑦ 과전류강도 : 12.5[kA]/1[sec]

6) 부하개폐기(LBS ; Load Breaker Switch)

① 3극 단투 퓨즈 붙임형

② 정격전압 : 24[kV]

③ 정격전류 : 630[A]

④ 정격 단시간전류 : 12[kA]

⑤ 충격파 내전압 : 125[kV]

7) 디지털계측기 및 디지털보호계전기

① 주요 기능

㉠ 배전반의 각종 Panel Meter, 보호계전기류의 조작 및 절환 기능을 한다.

㉡ Switch Lamp 등을 1대의 장치로 집중화한다.

㉢ 각종 전기량을 Digital로 집중 표시한다.

㉣ 계통의 상수와 선식 및 PT비, CT비 등의 설정을 임의로 조정 가능하다.

㉤ 차단기의 On/Off 조작 및 Local/Remote 선택 스위치 기능을 한다.

㉥ 보호계전기의 동작상태 등을 표시하는 Led 표시등 역할을 한다.

㉦ 고장 및 사고기록, 차단기 통전시간, 차단기 조작횟수 등의 저장 기능을 한다.

㉧ 전력 중앙감시제어설비와의 Data 통신 및 원방 제어, 감시 기능을 한다.

② 계측요소 : V, A, Vo, kW, Wh, PF, THD, Varh, Hz 등

③ 보호계전기 기능 : OCR, OVR, SGR, OVGR, OVR, UVR, POR 등

④ 표시기능 : 보호계전기, CB, 고장발생 등의 데이터 LCD 표시

⑤ 차단기 On/Off 기능

⑥ 통신기능 : 광통신(10BaseF), 이더넷(10BaseT), RS485/232

⑦ Event Recorder : 1,024개, 오실로그래프−64개

⑧ Sampling Rate : 64/Cycle

8) 시험단자(PTT, CTT)

① Plug In Type

② 극수 : 4W

③ 접속방법 : 이면접속

④ 시험용 단자 : 변류기(CT) 2차 단락편이 있는 것을 사용

4. 저압 관련기기

1) 기중차단기(ACB ; Air Circuit Breaker)
   ① 4극 단투, 인출형
   ② 정격전압 : AC 600[V]
   ③ 정격전류 : 계산값
   ④ 정격차단시간 : 0.04[sec]
   ⑤ 투입시간 : 0.06[sec]
   ⑥ 투입 조작방식 : 전동 Charge(자동, 수동)
   ⑦ Trip 방식 : 전압트립(자동, 수동)
   ⑧ 조작 : 현장 및 원방
   ⑨ 조작 및 제어전압 : DC 110[V]
   ⑩ 전자식 트립장치 : 연속 및 설정전류 조정이 가능한 구조로 된 제품을 사용

2) 배선용 차단기(MCCB ; Molded Case Circuit Breaker)
   ① 정격전압 : AC 600[V], DC 250[V], DC 750[V]
   ② 정격전류 : 계산값
   ③ 극수 : 2P, 3P, 4P
   ④ 트립방식 : 열동전자식 또는 완전전자식

3) 계기용 변압기(VT(PT) ; Voltage Transformer)
   ① 건식(ABS Resin Type)
   ② 정격 1차 전압 : 계산값
   ③ 정격 2차 전압 : 계산값
   ④ 정격부담 : 계산값
   ⑤ 오차계급 : 1.0급

4) 계기용 변류기(CT ; Current Transformer)
   ① 건식(ABS Resin Type)
   ② 정격 1차 전류 : 계산값
   ③ 정격 2차 전류 : 5[A]
   ④ 정격부담 : 계산값
   ⑤ 오차계급 : 1.0급

5) 전자접촉기(MC ; Magnetic Contactor)
   ① 표면형
   ② 정격전압 : AC 440[V]
   ③ 정격용량 : 계산값
   ④ 극수 : 3P
   ⑤ 조작전원 : AC 220[V]

6) 진상콘덴서
   ① 진상용, 고효율몰드형
   ② 상 및 정격주파수 : 3상, 60[Hz]
   ③ 정격전압 : 계산값
   ④ 정격용량 : 계산값
   ⑤ 방전저항부 증착전극형

7) 직렬리액터(SR ; Series Reactor)
   ① 건식
   ② 상 및 정격주파수 : 3상, 60[Hz]
   ③ 정격전압 : AC 440[V]
   ④ 정격용량 : 계산값

8) 영상변류기(ZCT ; Zero Phase Current Transformer)
   ① ELD용으로 관통형
   ② 재질 : 석탄산 베크라이트
   ③ 정격전압 : 계산값
   ④ 정격전류 : 계산값
   ⑤ 정격주파수 : 60[Hz]
   ⑥ 영상 1차 전류 200[mA]에서 정격출력전압 : 100[mV]
   ⑦ 전선(중선선 포함)이 관통될 수 있는 크기

9) 누전경보기(ELD ; Earth Leakage Detector)
   ① 「소방시설 설치 및 관리에 관한 법률」 제37조(소방용품의 형식승인 등)의 형식승인품을 사용한다.
   ② KOFEIS 0308 규정에 적합하여야 하며, 종합형 5, 10회로이고 Micom Type을 사용한다.
   ③ 공칭작동전류 : 0.2, 0.5, 1[A](3단)
   ④ 동작표시 : 적색 발광다이오드램프(LED) 및 Buzzer
   ⑤ 절연저항 : 5[MΩ] 이상

10) 디지털계측기(기존과 동일제품)
   ① 계측요소 : V, A, kW, Wh, PF, Hz 등
   ② 차단기 : On/Off 기능
   ③ 표시기능 : CB 동작상태 LCD 표시
   ④ 통신기능 및 기타 사항은 제작사 제작시방에 준한다.

11) 서지억제기(SPD ; Surge Protection Device)
   ① 저압선로 서지(Secondary Surge) 방지용
   ② 각 상과 중성선 사이에 설치하며, 내부는 건식 구조이고 강재 함체로 구성한다.
   ③ 특성
      ㉠ 사용전압 : DC 100[V], DC 200[V], DC 300[V], 3상 4선 380/220[V]
      ㉡ 전류용량 : 40[kA], 60[kA], 80[kA], 100[kA]
      ㉢ 제한전압 : 상-중성선은 2[kV], 선간은 3[kV] 이하
         (1.2/50[μs] 20[kV], 8/20[μs] 10[kA] 인가 시)
      ㉣ 최대허용전압 : AC 275[V]
   ④ 동작표시 : 전원표시등은 녹색 LED, 경보표시등은 적색 LED를 사용한다.
   ⑤ 제품을 선정하여 설치 위치, 방법 등을 결정할 때에는 반드시 제조업체와 협의한다.

4 계통연계 시공

1. 연계 기술기준(한전 : 분산형 전원 배전계통 연계 기술기준)

1) 전기방식
   ① 분산형 전원의 전기방식은 연계하고자 하는 계통의 전기방식과 동일하게 함을 원칙으로 한다.
   ② 분산형 전원의 연계구분에 따른 연계계통의 전기방식

구분	연계계통의 전기방식
저압 한전계통 연계	교류 단상 220[V] 또는 교류 삼상 380[V] 중 기술적으로 타당하다고 한전이 정한 한 가지 전기방식
특고압 한전계통 연계	교류 삼상 22,900[V]

2) 한전계통 접지와의 협조
   역송병렬 형태의 분산형 전원 연계 시 그 접지방식은 해당 한전계통에 연결되어 있는 타 설비의 정격을 초과하는 과전압을 유발하거나 한전계통의 지락고장 보호협조를 방해해서는 안 된다.

3) 동기화
   ① 분산형 전원의 계통 연계 또는 가압된 구내계통의 가압된 한전계통에 대한 연계에 대하여 병렬연계 장치의 투입 순간에 다음 표의 모든 동기화 변수들이 제시된 제한범위 이내에 있어야 하며, 만일 어느 하나의 변수라도 제시된 범위를 벗어날 경우에는 병렬연계 장치가 투입되지 않아야 한다.
   ② 계통 연계를 위한 동기화 변수 제한범위

분산형 전원 정격용량 합계[kW]	주파수 차(Δf) [Hz]	전압 차(ΔV) [%]	위상각 차($\Delta \phi$) [°]
0 ~ 500	0.3	10	20
500 초과 ~ 1,500	0.2	5	15
1,500 초과 ~ 20,000 미만	0.1	3	10

4) 비의도적인 한전계통 가압
   분산형 전원은 한전계통이 가압되어 있지 않을 때 한전계통을 가압해서는 안 된다.

5) 감시설비
   ① 특고압 또는 전용 변압기를 통해 저압 한전계통에 연계하는 분산형 전원이 하나의 공통 연결점에서 단위 분산형 전원의 용량 또는 분산형 전원 용량의 총합이 250[kW] 이상일 경우 분산형 전원 설치자는 분산형 전원 연결점에 연계상태, 유·무효전력 출력, 운전 역률 및 전압 등의 전력품질을 감시하기 위한 설비를 갖추어야 한다.
   ② 한전계통 운영상 필요할 경우 한전은 분산형 전원 설치자에게 제1항에 의한 감시설비와 한전계통 운영시스템의 실시간 연계를 요구하거나 실시간 연계가 기술적으로 불가할 경우 감시기록 제출을 요구할 수 있으며, 분산형 전원 설치자는 이에 응하여야 한다.

6) 분리장치
   ① 접속점에는 접근이 용이하고 잠금이 가능하며 개방상태를 육안으로 확인할 수 있는 분리장치를 설치하여야 한다.(단, 단순병렬 분산형 전원은 제1항의 조건을 만족하는 경우 책임분계점 개폐기로 대체 가능함)
   ② 제4조제3항에 따라 역송병렬 형태의 분산형 전원이 특고압 한전계통에 연계되는 경우 제1항에 의한 분리장치는 연계용량에 관계없이 전압·전류 감시 기능, 고장표시(FI ; Fault Indication) 기능 등을 구비한 자동개폐기를 설치하여야 한다.

7) 연계 시스템의 건전성
   ① 연계 시스템은 전자기 장해 환경에 견딜 수 있어야 하며, 전자기 장해의 영향으로 인하여 연계 시스템이 오동작하거나 그 상태가 변화되어서는 안 된다.
   ② 연계 시스템은 서지를 견딜 수 있는 능력을 갖추어야 한다.

8) 한전계통 이상 시 분산형 전원 분리 및 재병입

① 분산형 전원은 연계된 한전계통 선로의 고장 시 해당 한전계통에 대한 가압을 즉시 중지하여야 한다.

② 제1항에 의한 분산형 전원 분리시점은 해당 한전계통의 재폐로 시점 이전이어야 한다.

③ 전압

㉠ 연계 시스템의 보호장치는 각 선간전압의 실효값 또는 기본파 값을 감지해야 한다. 단, 구내계통을 한전계통에 연결하는 변압기가 Y-Y 결선 접지방식의 것 또는 단상 변압기일 경우에는 각 상전압을 감지해야 한다.

㉡ 제1호의 전압 중 어느 값이나 표와 같은 비정상 범위 내에 있을 경우 분산형 전원은 해당 분리시간(Clearing Time) 내에 한전계통에 대한 가압을 중지하여야 한다.

㉢ 다음 각 목의 하나에 해당하는 경우에는 분산형 전원 연결점에서 제1호에 의한 전압을 검출할 수 있다.

- 하나의 구내계통에서 분산형전원 용량의 총합이 30[kW] 이하인 경우
- 연계 시스템 설비가 단독운전 방지시험을 통과한 것으로 확인될 경우
- 분산형 전원 용량의 총합이 구내계통의 15분간 최대수요전력 연간 최솟값의 50[%] 미만이고, 한전계통으로의 유·무효전력 역송이 허용되지 않는 경우

[비정상 전압에 대한 분산형 전원 분리시간]

전압 범위 (기준전압에 대한 백분율[%])	분리시간 [초]
$V < 50$	0.5
$50 \leq V < 70$	2.00
$70 \leq V < 90$	2.00
$110 < V < 120$	1.00
$V \geq 120$	0.16

④ 주파수

계통 주파수가 표와 같은 비정상 범위 내에 있을 경우 분산형 전원은 해당 분리시간 내에 한전계통에 대한 가압을 중지하여야 한다.

[비정상 주파수에 대한 분산형 전원 분리시간]

분산형 전원 용량	주파수 범위[Hz]	분리시간[초]
용량 무관	$f > 61.5$	0.16
	$f < 57.5$	3.00
	$f < 57.0$	0.16

9) 분산형 전원 이상 시 보호협조
   ① 분산형 전원의 이상 또는 고장 시 이로 인한 영향이 연계된 한전계통으로 파급되지 않도록 분산형 전원을 해당 계통과 신속히 분리하기 위한 보호협조를 실시하여야 한다.
   ② 분산형 전원 연계 시스템의 보호도면과 제어도면은 사전에 반드시 한전과 협의하여야 한다.

10) 전기품질
    ① 분산형 전원 및 그 연계 시스템은 분산형 전원 연결점에서 최대 정격출력전류의 0.5[%]를 초과하는 직류 전류를 계통으로 유입시켜서는 안 된다.
    ② 분산형 전원의 역률은 90[%] 이상으로 유지함을 원칙으로 한다. 다만, 역송병렬로 연계하는 경우에 해당한다.

11) 변압기
    직류 발전원을 이용한 분산형 전원 설치자는 인버터로부터 직류가 계통으로 유입되는 것을 방지하기 위하여 연계 시스템에 상용주파 변압기를 설치하여야 한다. 단, 다음 조건을 모두 만족시키는 경우에는 상용주파 변압기의 설치를 생략할 수 있다.
    ① 직류회로가 비접지인 경우 또는 고주파 변압기를 사용하는 경우
    ② 교류출력 측에 직류 검출기를 구비하고 직류 검출 시에 교류출력을 정지하는 기능을 갖춘 경우

5 전기실 건축물 시공

1. 변전소(전기실) 설치 기준
발전소, 변전소, 개폐소 등의 전기설비(KEC 350)

2. 전기실의 설치 시 고려사항
① 어레이 구성의 중심에 가깝고, 배전에 편리한 장소
② 전력회사로부터 전원 인출과 구내 배전선의 인입이 편리한 곳
③ 장치 증설이나 확장의 여유가 있을 것
④ 기기의 반출입이 편리할 것
⑤ 고온이나 다습한 곳은 피할 것
⑥ 냉방 및 환기시설을 설치할 것
⑦ 부식성 가스, 먼지가 많은 곳은 피할 것
⑧ 침수의 우려가 없을 것
⑨ 폭발물, 가연성의 저장소 부근을 피할 것

⑩ 진동이 없고, 지반이 견고한 장소일 것(내진구조 포함)
⑪ 수·변전실용 건축물 등에 의해 모듈에 그림자 영향이 없을 것
⑫ 경제적일 것

3. 수전실 등의 시설

1) 수전실 또는 큐비클 시설장소의 선정 원칙
    ① 물이 침입하거나 침투할 우려가 없도록 조치를 강구한 장소일 것
    ② 고온·다습한 장소에 시설하는 경우는 적당한 방호조치를 강구한 장소일 것

2) 수전실 또는 큐비클의 구조
    ① 기초는 기기의 설치에 충분한 강도를 가질 것
    ② 수전실은 불연재료로 만들어진 벽, 기둥, 바닥 및 천장으로 구획되고, 창 및 출입구는 방화문을 시설한 것
    ③ 조수류 등이 침입할 우려가 없도록 조치를 강구한 것
    ④ 환기가 가능한 구조의 것
    ⑤ 눈·비의 침입을 방지하는 구조의 것
    ⑥ 넓이는 기기 등의 보수, 점검 및 교체에 지장이 없는 구조로 된 것
    ⑦ 수전실 또는 큐비클의 조명은 감시 및 조작을 안전하고 확실하게 하기 위하여 필요한 조명설비를 시설하여야 하며 정전 시의 안전조작을 위한 비상조명설비(또는 장치)를 설치할 것
    ⑧ 수전실 또는 큐비클은 자물쇠로 잠글 수 있는 구조일 것

3) 위험표시의 설치
    수전실 또는 큐비클 등에는 적당한 위험표시를 설치하여야 한다.

4) 유지거리 기준
    변압기, 배전반 등 수전설비 주요 부분이 유지하여야 할 거리의 기준은 원칙적으로 표의 값 이상일 것

수전설비의 배전반 등의 최소유지거리

위치별 기기별	앞면 또는 조작·계측면	뒷면 또는 점검면	열상호 간 (점검하는 면)	기타의 면
특고압배전반	1.7	0.8	1.4	–
고압배전반	1.5	0.6	1.2	–
저압배전반	1.5	0.6	1.2	–
변압기 등	1.5	0.6	1.2	0.3

주 1) 앞면 또는 조작·계측면은 배전반 앞에서 계측기를 판독할 수 있거나 필요조작을 할 수 있는 최소거리이다.
2) 뒷면 또는 점검면은 사람이 통행할 수 있는 최소거리이다. 무리 없이 편안히 통행하기 위하여 0.9[m] 이상으로 함이 좋다.
3) 열상호 간(점검하는 면)은 기기류를 2열 이상 설치하는 경우를 말하며 배전반류의 내부에 기기가 설치되는 경우는 이의 인출을 대비하여 내장기기의 최대 폭에 적절한 안전거리(통상 0.3[m] 이상)를 가산한 거리를 확보하는 것이 좋다.
4) 기타 면은 변압기 등을 벽 등에 면하여 설치하는 경우 최소 확보거리이다. 이 경우도 사람의 동행이 필요한 경우는 0.6[m] 이상으로 함이 바람직하다.

03 전기전자 기초

■ 전기전자 기초이론

1. 전기 기초

1) 전류

(1) 전자

전기를 흐르게 하는 근원은 전자이다. 전자는 모든 물질의 원자 속에 있다. 원자핵(Atomic Nucleus) 안에는 양의 전기를 가진 양성자(Proton)와 전기가 없는 중성자(Neutron)가 있다.

```
물질 - 분자 - 원자(Atom) ┬ 전자(Electron)
                        └ 원자핵 ┬ 중성자
                                └ 양성자
```

(2) 전류와 전자

① 구리, 은과 같은 금속도체는 전기가 잘 흐른다. 이는 도체 내에서 전자가 쉽게 이동할 수 있기 때문이다. 즉, 전류란 전자의 흐름이라고 할 수 있다.

② 도선 속은 전지의 음(-)극으로부터 전구를 거쳐 전지의 양(+)극으로 전자가 이동한다. 이와 같이 전자의 이동방향과 전류의 흐르는 방향을 반대로 정해 놓은 것이다.
   ㉠ 전자 : (-)에서 (+)로 이동
   ㉡ 전류 : (+)에서 (-)로 이동

(3) 전류의 크기

전자가 가지고 있는 전기를 전하라 하고, 기호는 Q, 단위는 [C]이다. 어떤 도선의 단면을 1초 동안에 1[C]의 전하가 통과하였을 때 흐른 전류를 1[A]로 정한 것이 전류의 크기이다.

$$전류(I) = \frac{Q}{t}[A]$$

2) 전압(Voltage)

전압은 전위차(Electric Potential Difference)라고도 한다. 전위차가 없으면 전류가 흐르지 않는다. 즉, 어떤 2점 간의 전위차를 말한다.

3) 저항(Resistance)

(1) 저항은 전기회로에서 전기의 흐름을 방해하는 소자

$$저항(R) = \rho\frac{l}{A} = \rho\frac{l}{\frac{\pi D^2}{4}}[\Omega]$$

여기서, ρ : 고유저항 또는 저항률, l : 도체길이[m], A : 도체단면적[m²], D : 지름[m]

(2) 저항의 접속

① 직렬접속

합성저항 $R_0 = R_1 + R_2[\Omega]$

② 병렬접속

합성저항 $\frac{1}{R_0} = \frac{1}{R_1} + \frac{1}{R_2} = \frac{R_2 + R_1}{R_1 R_2}[\Omega]$

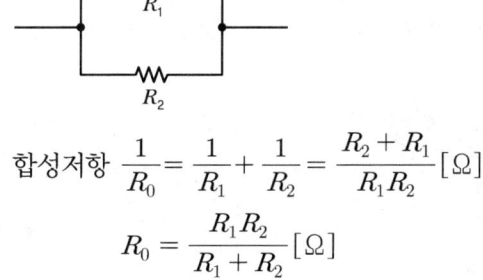

$R_0 = \frac{R_1 R_2}{R_1 + R_2}[\Omega]$

4) 전기회로(Electric Circuit)

① 전기회로 : 전류가 흐르는 통로
② 전원(Source) : 전기를 공급하는 것(전지)
③ 부하(Load) : 전기를 소비하는 것

5) 전력

① 전기에너지를 다른 형태의 에너지로 바꾸어 수행하는 것을 전력(Electric Power)이라 한다.

$$P = VI[\text{W}]$$

② 조명 : 전기에너지를 빛에너지로 바꾼다.
③ 동력 : 전기에너지를 기계적(회전력) 에너지로 바꾼다.

6) 전력량

① 전력량은 전력과 시간의 곱으로 나타낸다.

$$W = P \times t[\text{Wh}]$$

② 각 가정에 전력량계를 부착하여 전기사용량을 계산한다.
③ 한 달 사용량을 계산하므로 적산 전력량계라고 부른다.

7) 직류와 교류

(1) 직류(DC ; Direct Current)
전압 및 전류의 크기와 방향이 일정

(2) 교류(AC ; Alternating Current)
전압 및 전류의 크기와 방향이 시간에 따라 교대로 바뀌는 것

① 오실로스코프
오실로스코프는 전기의 파형을 측정하는 계측기이다.

② 직류와 교류의 기호(Symbol)

㉠ 직류(건전지) : —⊣⊢—　　㉡ 교류 : —⊙—

③ 사인파교류(정현파교류)
발전기에서 만드는 교류전기는 사인파(Sine Wave) 형태이다.

회전의 방향

[사인파 발생원리]

N극 S극 사이에서 도체가 회전하게 되면 도체에 전압이 발생한다. 도체는 360° 회전하므로 전압의 파형도 2π[rad] 범위 내에서 사인파가 된다.

④ 주파수와 주기

㉠ 주파수(Frequency)는 1초 동안의 반복 사이클이다.

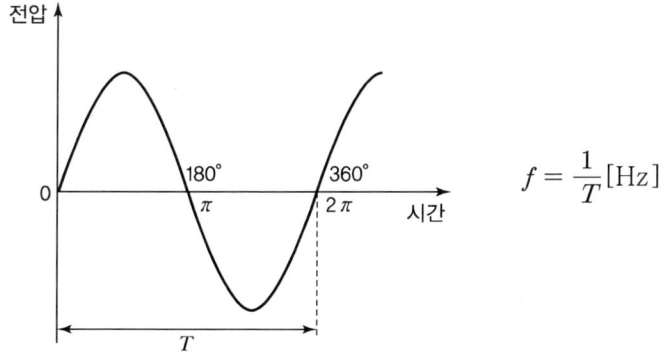

$$f = \frac{1}{T}[\text{Hz}]$$

㉡ 주기는 같은 파형이 반복되는 사이클이다.

$$T = \frac{1}{f}[\text{s}]$$

⑤ 각속도

단위시간에 원주상의 두 점 A와 B 사이에 이동한 각도이다.

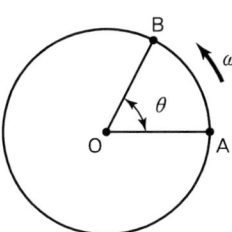

㉠ 시간 t 동안에 각도가 θ[rad]만큼 이동한 경우 각속도(ω)

$$\omega = \frac{\theta}{t}[\text{rad/s}]$$

ⓒ 교류파형이 한 바퀴 회전했을 때 각속도(ω)

$$\omega = 2\pi f [\text{rad/s}]$$

$f = 60[\text{Hz}]$이면 $\omega = 2\pi f = 2\pi \times 60 = 120\pi$

⑥ 위상
  ㉠ 동상 : 두 개의 사인파교류가 시간적으로 똑같은 경우
  ㉡ 위상차 : 두 개의 파형이 시간적으로 다른 경우

$$v_1 = V_m \sin\omega t [\text{V}]$$
$$v_2 = V_m \sin(\omega t - \theta)[\text{V}]$$

[동상인 파형]　　　　　　[위상차가 있는 파형]

⑦ 사인파교류전압의 크기 표시방법
  사인파교류전압의 크기를 표시하는 방법으로 순시값, 최댓값, 실효값, 평균값이 있다.

  ㉠ 순시값(Instantaneous Value)
    사인파교류전압의 크기가 시간마다 바뀌는 값

$$순시값(v) = V_m \sin\omega t [\text{V}]$$

여기서, V_m : 최댓값, ω : 각속도, t : 시간

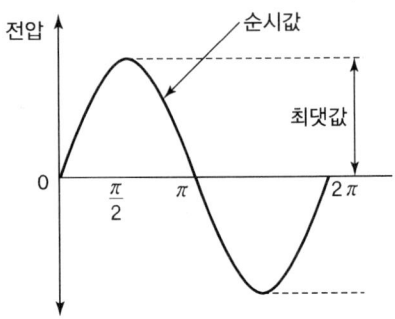

ⓒ 최댓값(Maximum Value)

사인파교류파형의 순시값에서 진폭이 최대인 값

$$V_m = \sqrt{2}\, V[\text{V}]$$

ⓒ 실효값(Effective Value)

교류전압의 크기를 부를 때의 값. 즉, 교류전압은 실효값을 의미한다.

$$V = \frac{V_m}{\sqrt{2}} = 0.707\, V_m[\text{V}]$$

ⓔ 평균값(Average Value)

사인파교류전압의 평균. 즉, 사인파교류의 반주기를 평균한 값

$$V_a = \frac{\sqrt{2}}{\pi} V_m = 0.637\, V_m[\text{V}]$$

8) 단상교류회로

(1) 저항(R)의 교류회로

전압(v)과 전류(i)는 동상이고 크기는 다르다.

[회로도]   [전압과 전류 파형]   [벡터도]

① 교류전압 $v = V_m \sin\omega t$를 인가 시 흐르는 전류(i)

$$i = \frac{V_m}{R}\sin\omega t [A]$$

여기서, V_m : 최댓값

② 벡터도에서 전류의 크기

$$I = \frac{V}{R}[A]$$

여기서, V : 실효값

(2) 인덕턴스(L)의 교류회로

전류 i의 위상은 전압 v보다 90° 느리다.

[회로도]　　[전압과 전류 파형]　　[벡터도]

① 교류전압 $v = V_m \sin\omega t [V]$를 인가 시 흐르는 전류(i)

$$i = \frac{V_m}{X_L}\sin(\omega t - 90°)[A]$$

② 벡터도에서 전류의 크기

$$I = \frac{V}{X_L}[A]$$

여기서, X_L : 유도성 리액턴스
$X_L = \omega L = 2\pi f L [\Omega]$

(3) 정전용량(C)의 교류회로

전압 v보다 전류 i가 90° 위상이 빠름

[회로도] [전압과 전류 파형] [벡터도]

9) 3상 교류전압

단상교류전압은 사인파교류파형이 한 개이지만, 3상 교류전압은 사인파교류파형이 3개이다.

(1) 3상 교류발전기

[3상 교류 발생] [3상 교류파형]

3상 교류발전기에서 N극, S극의 자기장 내 3개의 회전자도체를 120° 간격으로 배치하고, 이 회전자가 회전하면 3개의 교류파형이 120° 간격으로 발생한다. 즉, 3개의 전압은 120°의 위상차를 가지고 있다.

$$v_a = \sqrt{2}\, V\sin\omega t [V]$$
$$v_b = \sqrt{2}\, V\sin(\omega t - 120°)[V]$$
$$v_c = \sqrt{2}\, V\sin(\omega t - 240°)[V]$$

10) 교류전력

(1) 단상전력(P [W])

$$P = VI\cos\theta \, [\text{W}]$$

여기서, V : 교류전압 실효값
I : 교류전류 실효값
$\cos\theta$: 전기기기의 역률(Power Factor)

(2) 3상 전력

$$P = \sqrt{3} \, VI\cos\theta \, [\text{W}]$$

① 교류전압 $v = V_m \sin\omega t$를 인가 시 흐르는 전류(i)

$$i = \frac{V_m}{X_C} \sin(\omega t + 90°) \, [\text{A}]$$

② 벡터도에서 전류의 크기

$$I = \frac{V}{X_C} \, [\text{A}]$$

여기서, X_C : 용량 리액턴스

$$X_C = \frac{1}{\omega C} = \frac{1}{2\pi f C} \, [\Omega]$$

(3) 임피던스(Impedance)

실제로 교류회로에서는 R, L, C 성분이 혼합되어 사용된다. 이때 사용되는 중요한 개념이 임피던스이다.

① R과 L이 직렬접속 시 전압과 전류 해석

두 성분은 위상이 다르기 때문에 대수합으로 $(R + X_L)$과 같이 합하거나 전압도 $(V_R + V_L)$로 합하면 안 된다. R과 X_L의 합을 구할 때는 벡터의 합으로 구해야 한다. 이를 임피던스(Impedance)라 한다. 임피던스는 $Z = \sqrt{R^2 + X_L^2}$ 이다.

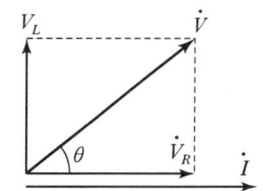

[R와 L의 직렬회로]

㉠ 교류회로에서 전류의 크기

$$전류\ I = \frac{V}{Z} = \frac{V}{\sqrt{R^2 + X_L^2}}\ [A]$$

㉡ 전압과 전류의 위상차

벡터도에서 전압 V는 전류 I보다 θ만큼 위상이 앞서고 있다.
이때 전압과 전류의 위상차 θ는

$$\theta = \tan^{-1}\frac{V_L}{V_R} = \tan^{-1}\frac{X_L}{R}\ [°]$$

11) 배전

(1) 배전선로

① 고압배전선로 : 배전용 변전소에서 배전용 변압기인 주상변압기에 이르는 고압선로

② 저압배전선로 : 배전용 변압기인 주상변압기에서 수용가에 이르는 저압선로

(2) 배전방식의 종류

① 특고압배전방식 : 특고압배전방식은 22.9[kV] − Y결선방식(중성점 다중접지방식)을 사용한다.

② 저압배전방식 : 단상 2선식, 단상 3선식, 3상 3선식, 3상 4선식이 있다.

⊙ 단상 2선식

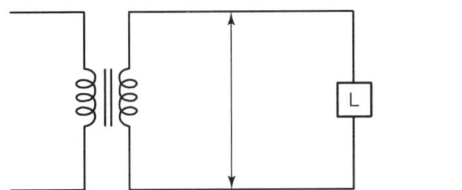

L : 부하(형광등)

ⓒ 단상 3선식

전압선 2선 중성선으로 배전

ⓒ 3상 3선식

전압선 3선 동력부하 공급

㉣ 3상 4선식

전압선 3선 중성선

2. 전자 기초

1) 전자소자

(1) 반도체

물질은 전류가 잘 흐르는 도체(Conductor)와 전류가 흐르기 어려운 절연체(Insulator)로 구분할 수 있는데, 반도체(Semiconductor)는 도체와 절연체의 중간적인 성질을 가진다. 반도체는 빛이나 전압, 온도 등의 외부 변화나 가공 및 제조방법에 따라 전도율이 변하며, 순수한 반도체에 불순물을 첨가하여 전도율을 조절할 수 있다.

① 저항률에 따른 물질의 분류

구분	도체	반도체	절연체
물질	은, 구리, 알루미늄	실리콘(Si), 게르마늄(Ge)	운모, 석영, 고무
저항률[$\Omega \cdot m$]	$10^{-8} \sim 10^{-5}$ 정도	$10^{-5} \sim 10^{4}$ 정도	$10^{4} \sim 10^{16}$ 정도

㉠ 도체는 충만대로부터 공핍대로 전도 전자가 옮겨져서 전도대를 형성하고 있기 때문에 전기 전도가 매우 높다.

㉡ 반도체는 평상시에는 공핍대에 전자가 없으며, 금지대의 폭이 좁다. 따라서 외부에서 에너지를 가하면 충만대의 일부 전자는 쉽게 금지대를 넘어서 공핍대에 올라갈 수 있다.

㉢ 절연체는 금지대의 폭이 크므로 외부에서 큰 에너지를 가하지 않으면 충만대의 전자는 공핍대에 올라갈 수 없다.

② 에너지대

㉠ 허용대(Allowable Band) : 전자가 존재할 수 있는 영역

㉡ 금지대(Forbidden Band) : 전자가 존재할 수 없는 영역
- 전도대(Conduction Band) : 전자가 자유로이 이동 가능한 허용대
- 충만대(Filled Band) : 전자가 꽉 차서 이동할 여지가 없는 허용대
- 공핍대(Empty Band) : 보통 상태에서 전자가 존재하지 않는 허용대

③ 자유전자와 정공

모든 물질은 원자로 구성되어 있고 원자의 구조는 원자핵과 그 주위의 궤도를 돌고 있는 전자로 이루어져 있다. 실리콘(Si) 원자에서는 한 개의 원자핵 주위를 14개의 전자가 궤도를 형성하여 돌고 있다.

[실리콘의 원자구조]　　　　[실리콘의 단결정]

원자핵에서 가장 바깥쪽 궤도를 돌고 있는 전자를 가전자라고 하는데, 이 가전자는 외부에서 에너지가 가해지면 궤도를 쉽게 이탈한다. 이탈된 가전자는 원자 사이를 자유롭게 움직일 수 있는 자유원자(Free Electron)가 된다. 반도체 소자는 단결정이다. 실리콘의 단결정은 전기적으로 중성이지만 온도를 높이거나 빛을 비추면 자유전자가 생겨서 전류를 흘릴 수 있는 반도체가 된다. 전자가 이동하여 비어 있는 구멍을 정공(Hole)이라 하고, 전기적으로 ⊕ 성질을 띤다.

∥ 반송자(Carrier)의 이동 특성 ∥

반송자	전기의 성질	흐름 방향	전류 방향
전자	⊖	(−)극 → (+)극	반대
정공	⊕	(+)극 → (−)극	같음

④ 반도체의 종류
　㉠ 진성반도체
　　실리콘(Si)이나 게르마늄(Ge)의 단결정과 같이 불순물이 섞이지 않은 순수한 반도체이다.
　㉡ 불순물반도체
　　4가 원자의 진성반도체에 3가나 5가의 불순물을 첨가하여 만든 것으로 진성반도체에 비해 전도성이 좋다.
　㉢ N형 반도체
　　진성반도체(Si, Ge)에 5가 원자인 비소(As), 안티몬(Sb)의 불순물을 첨가하면 전자수가 정공수보다 많아지는 것을 N형 반도체라 한다. 첨가된 5가 원자를 도너(Donor)라 한다.
　㉣ P형 반도체
　　진성반도체에 3가 원자인 보론(B), 인듐(In)의 불순물을 첨가하면 가전자가 1개 부족하여 정공이 생기는데, 이를 P형 반도체라 한다. 첨가된 3가 원자는 억셉터(Acceptor)라 한다.

2 송변전설비 기초이론

1. 송전설비 기초

1) 전력계통

전력을 생산하는 발전소, 전력을 수송하는 송전설비, 전력을 배분하는 배전설비, 전력을 소모하는 부하를 총괄하는 말이다.

2) 송전선로의 구성

- 발전소에서 발전된 전압은 6.6~24[kV] 정도의 3상 교류이다.
- 장거리 송전에 적합한 전압, 즉 154,345,765[kV]의 초고압으로 승압하여 1차 변전소로 송전
- 1차 변전소에서 154[kV]로 강압하여 2차 변전소나 대전력 수용가로 송전한 후 2차 변전소에서는 22.9[kV]로 강압하여 배전선로나 배전용 변압기를 통해 수용가에 공급

(1) 발전소

기계적 에너지를 전기적 에너지로 변환하여 전력을 생산하는 장소

(2) 변전소

구외에서 전송된 전기를 변압기를 통해 부하에 알맞은 전압으로 변성하는 장소

(3) 개폐소

발전소 변전소 수용가 이외의 장소로 50[kV] 이상의 전압을 개폐하는 곳

3) 송전방식

직류송전방식과 교류송전방식이 있으며, 우리나라의 부하 대부분은 교류송전방식이다.

4) 송전전압

우리나라의 송배전 전압 : 765[kV]−345[kV]−154[kV]−66[kV]−22.9[kV]−380/220[V]

5) 가공송전선로 구성

(1) 구분

송전선로는 가공선로와 지중선로로 나눌 수 있다.
가공선로는 전선을 철탑 등의 지지물에 애자로 지지하는 방식이다. 또한, 지중선로는 전력케이블을 지하에 포설하여 송전하는 방식이다.

(2) 지지물

철탑, 철주, 강관전주, 목주, 철근콘크리트주 등으로 구분된다.
154[kV]급 이상의 송전선로 지지물에는 철탑이 사용된다.

① 철탑

철탑은 전압, 회선수, 전선 굵기, 경간, 경과지의 지형 등에 따라 여러 형태의 것들이 사용된다.

㉠ 4각 철탑 : 4면이 동일한 모양의 철탑으로 설계가 용이하고, 안전도가 커서 가장 많이 사용
㉡ 방형 철탑 : 마주보는 두 면이 동일한 형태의 철탑
㉢ 우두형 철탑 : 소머리처럼 중간부 이상이 넓은 형태의 철탑

② 철주

송전용량 66[kV] 이하 송전선로에 주로 사용

③ 강관전주

토막구조로 되어 있어 협소한 지역의 시공에 용이

(3) 전선

① 전선의 구비조건

㉠ 도전율이 높을 것
㉡ 기계적 강도가 클 것
㉢ 가공성이 클 것
㉣ 내구성이 있을 것
㉤ 비중이 작을 것
㉥ 공사, 보수상 취급이 용이할 것
㉦ 가격이 저렴할 것

② 전선의 종류

㉠ 단일연선 : 동일한 재질의 단선을 꼬아 합친 것
㉡ 합성연선 : 가공송전선로에 주로 사용하는 합성연선은 두 종류 이상의 금속선을 꼬아 합친 강심알루미늄연선이 대표적이다.

③ 단도체와 복도체

㉠ 단도체 방식 : 각 상의 전선을 한 가닥으로 하는 방식
㉡ 복도체 방식 : 각 상의 전선을 한 가닥으로 하면 코로나 발생이 쉽다. 이를 방지하기 위해 한 상당 두 가닥 이상의 전선을 사용하는 것을 복도체 방식이라 한다. 우리나라는 154[kV] 송전선은 ACSR 410[mm^2] 2도체, 345[kV] 송전선은 ACSR 480[mm^2] 2도체 또는 4도체 방식, 765[kV] 송전선은 ACSR 480[mm^2] 6도체 방식 사용

④ 송전선의 코로나 현상

전선 표면의 전위경도가 증가하는 경우 전선 주위의 공기 절연이 부분적으로 파괴되는 현상

㉠ 코로나의 영향
- 코로나손실로 인한 송전용량 감소
- 전선의 부식
- 전파방해 발생
- 통신선 유도장애 발생

㉡ 코로나 방지대책
- 임계전압(코로나 방전 개시전압)을 크게 한다.
- 복도체 방식 채용
- 가선금구 개량
- 전선직경(지름)을 크게 한다.

⑤ 송전선의 이도(Dip)
이도란 전선의 늘어진 정도를 말한다.

(4) 애자
애자는 철탑의 완철에 기계적으로 고정시키고 전기적으로 절연하기 위해 사용한다.

① 애자의 구비조건
㉠ 충분한 절연내력을 가질 것
㉡ 충분한 절연저항을 가질 것
㉢ 기계적 강도가 클 것
㉣ 누설전류가 적을 것
㉤ 온도의 급변에 견디고 습기를 흡수하지 말 것
㉥ 경제적일 것

② 애자의 종류
㉠ 송전선로 : 핀애자, 현수애자, 장간애자, 내무애자
㉡ 배전선로 : 핀애자, 현수애자, 라인포스트애자, 인류애자

(5) 전선의 진동과 도약
전선이 상하로의 진동이 장시간 지속되면 단선이 발생하게 된다. 이를 방지하기 위해 댐퍼(Damper)를 설치한다.

① 댐퍼(Damper)
클램프 가까이에 적당한 중량의 추를 설치하여 진동에너지를 흡수하는 것

② 철탑의 오프셋
동절기에 전선에 부착했던 빙설이 떨어지면 장력을 잃고, 반발력으로 튀어올라 상부의 전선과 접촉하여 단락사고가 발생할 수 있다. 이를 방지하기 위해 오프셋을 충분히 주어야 한다.

6) 지중 송전선로

지중선로는 전력케이블을 지하에 포설하여 송전하는 방식

(1) 장점
    ① 안전하다.
    ② 미관상 좋다.
    ③ 낙뢰에 영향을 받지 않는다.
    ④ 통신선에 유도장애가 적다.

(2) 단점
    ① 고장점 검출이 어렵고 복구에 시간이 많이 걸린다.
    ② 시설비가 비싸다.

(3) 전력케이블의 종류
    ① OF(Oil Filled)
        유침절연지를 절연체로 사용한다.
        케이블 내부에 기름통로를 넣고 절연유를 충전하여 케이블 외부에 설치된 유압조정탱크에 의해 절연유를 상시 대기압 이상의 압력으로 가하는 케이블이다.
    ② XLPE(Cross-Linked Polyethylene) Cable
        XLPE(가교폴리에틸렌)을 절연체로 사용한 Cable로 600[V] 저압에서 500[kV] 초고압까지 광범위하게 사용한다.

(4) 전력케이블 시공방식
    ① 직매식
        ㉠ 케이블 보호재인 트러프를 사용하여 케이블을 직접 매설하는 방식
        ㉡ 차량의 압력을 받는 곳은 1.0[m] 기타 장소는 0.6[m] 이상 시공
    ② 관로식
        합성수지파형관, PVC직관, 강관, 흄관 등 파이프를 사용하여 관로를 구성한 뒤 케이블을 부설하는 방식
    ③ 전력구식
        ㉠ 지하에 구조물을 만들어 그 내부에 케이블을 포설하는 방식
        ㉡ 가스, 통신, 상하수도 관로 등과 전력설비를 동시에 설치하는 공동구식도 전력구식의 일종

7) 선로정수

송전선로는 저항 R, 인덕턴스 L, 정전용량 C, 누설컨덕턴스 G의 4가지 정수를 가진 연속된 전기회로이다.

(1) 저항 $R\,[\Omega/m]$

전류의 흐름을 방해하는 전선의 저항은 재료와 온도에 따라 변한다.

(2) 인덕턴스 $L\,[H/m]$, $[mH/km]$

송전선로에 전류가 흐르면 인덕턴스가 발생한다. 3상 3선식 송전선로의 경우 각 선의 위치가 다르기 때문에 각 상의 인덕턴스가 달라지고 선로의 전압 강하도 달라진다. 그러므로 송전전압이 평형되어 있다 하더라도 전압 강하차에 의해 수전단전압은 불평형상태가 된다. 이를 방지하기 위해 연가를 한다.

[송전선로의 연가]

(3) 정전용량 $C\,[F/m]$, $[\mu H/km]$

가공송전선로의 전선상호 간, 전선과 대지 사이에는 공기를 유전체로 하는 선간정전용량과 대지정전용량이 생긴다. 그러므로 선로에 전압이 가해지면 충전전류가 흐른다. 선간정전용량과 대지정전용량을 합하여 작용정전용량 또는 정전용량이라 한다.

(4) 누설컨덕턴스 $G\,[\mho/m]$

누설컨덕턴스는 누설저항의 역수이므로 아주 작은 값이다. 누설컨덕턴스는 실용상 무시해도 된다.

(5) 지중선로의 정전용량은 가공송전선에 비해 약 30배 정도 크다.

8) 중성점접지방식과 유도장해

(1) 중성점접지방식

송전계통은 3상 4선으로 Y결선의 중성점을 접지하는 방식을 채용한다.

① 중성점접지방식의 종류
  ㉠ 직접 접지방식

i_g : 지락고장전류

[중성점접지방식]

  ㉡ 저항접지방식
  ㉢ 소호리액터접지방식

(2) 유도장해
전력선이 통신선에 근접해 있을 경우 통신선에 전압전류가 유도되어 장해를 일으킨다.

① 정전유도
전력선과 통신선의 상호 정전용량의 불평형에 의해 발생하여 통신선에 잡음 발생
② 전자유도
  ㉠ 전력선과 통신선의 상호인덕턴스에 의해 발생
  ㉡ 지락 시 통신기기에 장애 발생
③ 고조파 유도
고조파 유도에 의해 잡음장해가 발생

9) 이상전압
차단기 개폐 시 나타나는 개폐서지와 같은 내부 이상전압과 직격뢰·유도뢰와 같이 외부 요인에 의해 침입하는 외부 이상전압으로 나눌 수 있다.

(1) 내부 이상전압
① 고장 발생 시 이상전압
송전선로의 한 선이 지락, 단락 시 발생하는 이상전압이다.
② 계통 조작 시 이상전압
송전선로 개폐조작에 따른 과도현상으로 발생하며, 개폐서지라고도 한다.

(2) 외부 이상전압
① 직격뢰에 의한 이상전압
선로에 뇌력전류가 직접 인가 시 발생하는 이상전압이다.

② 유도뢰에 의한 이상전압

뇌운 상호 간 또는 뇌운과 대지 사이에서 방전이 일어날 때 방전경로 부근이나 뇌운 밑에 있는 송전선로상에 이상전압이 발생하는 경우

(3) 이상전압 방지대책

① 피뢰기 설치

② 가공지선 설치

③ 철탑의 접지저항 저감

2. 배전설비 기초

1) 배전선로의 배전방식

(1) 특고압배전방식

[Y결선 22.9[kV] 다중접지 계통방식]

(2) 저압배전방식

① 단상 2선식(220[V])

㉠ 회로도

㉡ 적용 : 일반가정 전등

② 단상 3선식(220[V], 110[V])
　㉠ 회로도

　㉡ 적용 : 일반가정 전등, 소규모 공장 전력

③ 3상 3선식(220[V])
　㉠ 회로도

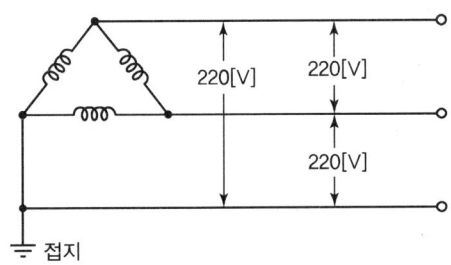

　㉡ 적용 : 소규모 공장

④ 3상 4선식(380[V], 220[V])
　㉠ 회로도

　㉡ 적용 : 동력 및 전등부하

2) 배전선로시설의 시설방식

(1) 가공배전선로

① 구성도

② 지지물

지지물로는 목주, 철근콘크리트주, 강관전주, 철주, 철탑 등이 있고 이 중 철근콘크리트주가 가장 많이 사용된다.

③ 완철과 래크

전선을 지지하는 금구류

④ 전선

㉠ 강심알루미늄 연선(ACSR)

㉡ 옥외용 비닐절연전선(OW ; Outdoor Weather Proof Polyvinyl Chloride Insulated Wires) 저압배전선로용

㉢ 인입용 비닐절연전선(DV)

⑤ 애자류
　㉠ 라인포스트애자
　㉡ 현수애자
　㉢ 폴리모애자
　　재질이 실리콘 또는 EPDM(Ethylene Propylene Diene Monomer)이다.
⑥ 개폐기
　선로고장, 휴전작업 시 부하 절환
⑦ 주상변압기
　1차 측 22.9[kV]를 2차 측 380, 220[V]으로 변성

(2) 지중배전선로
① 케이블 포설방식
　직매식, 관로식, 전력구식이 있다.
② 지중전력케이블
　㉠ CNCV(Concentric Netural Cross-linked Polyethylene Insulated Polyvinyl Chloride Sheathed Cable)
　㉡ TR-CNCV(수밀형 동심중성선케이블)
　㉢ TR-CNCE(수트리 억제용 수밀형 동심중성선케이블)
　㉣ FR-CNCO-W(난연성 특고압지중케이블)
　㉤ 600[V] CV 케이블

3) 배전선로의 보호

(1) Recloser(자동재폐로차단기)
　과전류 발생 시 자동으로 차단과 재폐로 반복

(2) ASS(Automatic Section Switch, 자동고장구간개폐기)
　책임분계점에 설치하여 수전설비의 고장이 배전선로에 파급되는 것을 방지

3. 변전설비

1) 변전소
　높은 전압을 낮은 전압(부하에 알맞은 전압)으로 변환하는 장소

2) 변전설비

(1) 특고압수전설비 결선도
　CB 1차 측에 PT를, CB 2차 측에 CT를 시설하는 경우

① 변압기

1차 전압(22.9[kV])을 2차 전압(부하에 알맞은 전압 220~380[V])으로 변성하는 기기

② 변압기 결선

　㉠ △－△결선

　㉡ Y－Y결선

　㉢ △－Y결선

　㉣ Y－△결선

　㉤ Y－Y－△결선

③ 차단기

차단기는 회로를 개방 투입하고 사고전류는 신속히 차단하여 기기 및 선로보호

　㉠ 소호방식에 따른 차단기 종류

　　• OCB(Oil Circuit Breaker) : 유입차단기

　　• ABB(Air Blast circuit Breaker) : 공기차단기

　　• MBB(Magnetic Blast circuit Breaker) : 자기차단기

　　• VCB(Vacuum Circuit Breaker) : 진공차단기

　　• GCB(Gas Circuit Breaker) : 가스차단기

ⓒ 차단기 표준동작책무
동작책무란 1~2회 이상 투입차단하거나 또는 투입차단을 일정한 시간 간격으로 행하는 일련의 동작

종별	동작책무
일반용	CO-15초-CO
고속도 재투입용	O-0.3초-CO-3분-CO

※ O : 차단기 개방, CO : 투입 후 즉시 개방

④ 단로기(DS ; Disconnecting Switch) : 무부하상태에서 선로를 분리하는 장치
⑤ MOF : 계기용 변압변류기(계기용 변성기함), CT와 PT를 한 함 내에 넣어 계측
⑥ COS(Cut Out Switch) : 과부하전류 차단
⑦ PF(Power Fuse) : 전력용 퓨즈(단락전류 차단)

3) 조상설비
- 조상설비는 부하변동으로 인한 전압변동을 조정하여 수전단전압을 일정하게 유지
- 역률을 개선하여 송전손실 경감
- 조상설비는 회전기와 정지기로 구분
  - 회전기 : 동기조상기
  - 정지기 : 전력용 콘덴서, 분로리액터

(1) 전력용 콘덴서(진상용, 병렬)
① 직렬콘덴서와 병렬콘덴서가 있다.
② 직렬콘덴서는 사용하지 않는다.
③ 병렬(전력용, 진상용)콘덴서
  ㉠ 콘덴서를 부하와 병렬로 접속
  ㉡ 콘덴서는 전압보다 90° 위상이 빠른 진상무효전력을 공급하여 부하의 역률 개선

(2) 직렬리액터
콘덴서를 조상용으로 연결할 때 전압파형이 비틀려 콘덴서에 발생하는 고조파전압이 커지게 된다. 따라서 선로에 고조파돌입전류를 억제하고자 직렬리액터를 전력용 콘덴서와 직렬로 연결한다.

(3) 방전코일(저항)
콘덴서를 회로로부터 분리 시 잔류전하는 쉽게 자기방전을 할 수 없어 코일이나 저항을 통해 방전시킨다.

(4) 분로리액터
지상전류를 얻어 전압 상승을 억제할 목적으로 분로리액터를 설치한다.

4) 보호계전방식

(1) 계통 보호 개요
① 이상상태 항상 감시
② 고장 발생 시 고장구간 신속 분리

(2) 보호계전기 구비조건
① 보호동작이 정확할 것
② 고장 개소를 정확하게 선택할 것
③ 온도와 파형에 의한 오차가 적을 것
④ 장시간 사용해도 특성 변화가 없을 것
⑤ 열적 · 기계적으로 견고할 것
⑥ 보수 점검이 용이할 것
⑦ 가격이 싸고, 소비전력도 적을 것

(3) 보호계전기의 종류
① 형태상 분류
  ㉠ 아날로그형 : 전자기계형, 정지형
  ㉡ 디지털형 : 정해진 프로그램에 의거하여 마이크로프로세서로 계산해서 크기, 위상을 판단하여 동작
② 기능상의 분류
  ㉠ 전류계전기
    • 과전류계전기(OCR ; Over Current Relay) : 전류가 일정값 이상일 때 동작
    • 부족전류계전기(UCR ; Under Current Relay) : 전류가 일정값 이하일 때 동작
  ㉡ 전압계전기
    • 과전압계전기(OVR ; Over Voltage Relay) : 전압이 일정값 이상일 때 동작
    • 부족전압계전기(UVR ; Under Voltage Relay) : 전압이 일정값 이하일 때 동작
  ㉢ 차동계전기(DCR ; Differential Current Relay) : 유입전류와 유출전류의 차에 의해 동작
  ㉣ 주파수계전기
    • 저주파수계전기(UFR ; Under Frequency Relay)
    • 과주파수계전기(OFR ; Over Frequency Relay)
  ㉤ 역전류계전기(Reverse Current Protection)
    직류회로의 전류가 소정의 규정방향과는 역의 방향으로 흘렀을 때 동작하는 계전기

04 배관 · 배선공사

1 태양광모듈과 태양광인버터 간의 배관 · 배선

① 태양전지모듈의 이면으로부터 접속용 케이블이 2가닥씩 나오기 때문에 반드시 극성을 확인한 후 결선한다.
② 케이블은 건물 마감이나 러닝보드 표면에 가깝게 시공하고, 필요시 전선관을 이용하여 케이블을 보호한다.
③ 태양전지모듈은 인버터 입력전압 범위 내에서 스트링 필요매수를 직렬결선하고 어레이 지지대 위에 조립한다.
④ 케이블을 각 스트링에서 접속함까지 배선하고 접속함 내는 병렬로 결선한다.
⑤ 옥상 또는 지붕 위에 설치한 태양전지어레이에서 처마 밑 접속함까지 배선 시 물의 침입을 방지하기 위한 차수처리를 반드시 한다.
⑥ 접속함은 어레이 근처에 설치한다.
⑦ 태양광의 직류전원과 교류전원은 격벽에 의해 분리되거나 함께 접속되지 않을 경우 동일한 전선관 케이블트레이 접속함 내에 시설하지 않아야 한다.
⑧ 접속함에서 인버터까지의 배선은 전압강하 2[%] 이하로 상정한다.
⑨ 태양전지어레이를 지상에 설치 시 지중배선으로 할 수 있다.

2 태양광인버터에서 옥내분전반 간의 배관 · 배선

인버터 출력의 전기방식에는 단상 2선식, 3상 3선식, 3상 4선식이 있고 교류 측의 중성선을 구별하여 결선한다.

1. 시공기준

① 부하불평형에 의한 중성선에 최대전류의 발생 우려가 있을 경우 수전점에 과전류차단기를 설치해야 한다.
② 수전점차단기 개방 시 부하불평형으로 과전압이 발생할 경우 인버터는 정지되어야 한다.
③ 누전차단기와 SPD(서지보호기)를 설치한다.

[분전반 내의 누전차단기와 SPD 설치]

2. 태양전지모듈 간 직병렬 배선

① 모듈을 포함한 모든 충전부분은 노출되지 않도록 시설해야 한다.
② 모듈 배선은 스테이플, 스트랩 또는 행거나 이와 유사한 부속품으로 130[cm] 이내 간격으로 고정하고, 가장 늘어진 부분이 모듈 면으로부터 30[cm] 이내에 들도록 한다.
③ 어레이 직렬군은 동일한 단락전류를 가진 모듈로 구성해야 한다. 1대의 인버터에 연결된 태양전지어레이의 직렬군(스트링)이 2병렬 이상일 경우에는 각 직렬군(스트링)의 출력전압을 동일하게 배열해야 한다.
④ 모듈 이면의 접속용 케이블은 2개씩 나와 있으므로 반드시 극성(+, −) 표시를 확인한 후 결선한다.
⑤ 모듈 간 배선은 단락전류에 충분히 견딜 수 있도록 2.5[mm²] 이상의 전선을 사용해야 한다.
⑥ 배선의 접속부는 용융접착테이프와 보호테이프로 감는다.

3 태양광어레이 검사

어레이 검사내용은 다음과 같다.
① 전압극성 확인
② 단락전류 측정
③ 비접지 확인 : 직류 측 회로의 비접지 확인

4 케이블 선정 및 단말처리

1. 케이블 선정
태양전지에서 옥내에 이르는 배선에 사용되는 전선은 모듈전용선 XLPE 케이블, 직류용 전선을 사용하고, 옥외용 케이블은 UV-케이블을 사용한다.

2. 케이블의 단말처리
① 전선의 접속 시 접속부에 절연물과 동등 이상의 절연효과가 있는 재료로 접속해야 한다.

② 절연테이프의 종류
   ㉠ 자기융착테이프 : 부틸고무제와 저압용 폴리에틸렌부틸고무제 재질로 이루어져 있다.
   ㉡ 보호테이프 : 자기융착테이프에 다시 한 번 감아주는 용도로 쓰인다.
   ㉢ 비닐절연테이프 : 장시간 사용 시 접착력이 저하되어 태양광발전설비처럼 장시간 사용하는 시설에는 적합하지 않다.

5 방화구획 관통부의 처리

1. 관통부의 처리목적
화재 발생 시 전선배관의 관통부분에서 다른 설비로의 화재 확산을 방지하기 위함이다.

2. 배선이 옥외에서 옥내로 연결된 관통부분의 처리방법
① 난연성 : 뒷면에 화염이나 연기가 발생하지 않을 것
② 내열성 : 뒷면이 연소할 위험이 있는 온도가 되지 않을 것

SECTION 004 태양광발전장치 준공검사

01 태양광발전 사용 전 검사

1 법정검사

1. 법정검사

1) 사용 전 검사대상의 범위(신설인 경우)

구분	검사 종류	용량	선임	감리원 배치
일반용	사용 전 점검	10[kW] 이하	미선임	필요 없음
자가용	사용 전 검사 (저압설비는 공사계획 미신고)	10[kW] 초과 (자가용 설비 내에 있는 경우 용량에 관계없이 자가용임)	대행업체 대행 가능 (1,000[kW] 이하)	감리원 배치확인서 (자체 감리원 불인정 -상용이기 때문)
사업용	사용 전 검사 (시·도에 공사계획 신고)	전 용량 대상	대행업체 대행 가능 (10[kW] 이하 미선임 가능)	감리원 배치확인서 (자체 감리원 불인정 -상용이기 때문)

2) 공사계획 인가 또는 신고대상설비

구분	설치공사	변경공사
인가대상 발전소	출력 1만[kW] 이상의 발전소 설치	출력 1만[kW] 이상의 발전소 설치
신고대상 발전소	출력 1만[kW] 미만의 발전소 설치	출력 1만[kW] 미만의 발전소 설치

2. 태양광발전설비 검사

1) 사용 전 검사항목 및 세부검사내용(자가용)

검사항목	세부검사내용	수검자 준비자료
1. 태양광발전설비표	태양광발전설비표 작성	• 공사계획인가(신고서) • 태양광발전설비 개요
2. 태양광전지 검사 • 태양광전지 일반규격 • 태양광전지 검사	• 규격확인 • 외관검사 • 전지전기적 특성시험 • 어레이	• 공사계획인가(신고)서 • 태양광전지 규격서 • 단선결선도 • 태양전지 트립인터록 도면 • 시퀀스도면 • 보호장치 및 계전기시험 성적서 • 절연저항시험 성적서
3. 전력변환장치 검사 • 전력변환장치 일반 규격 • 전력변환장치 검사	• 규격확인 • 외관검사 • 절연저항 • 절연내력 • 제어회로 및 경보장치 • 전력조절부/Static 스위치 자동·수동 절체시험 • 역방향운전제어시험 • 단독운전방지시험 • 인버터 자동수동절체시험 • 충전기능시험	• 공사계획인가(신고)서 • 단선결선도 • 시퀀스도면 • 보호장치 및 계전기시험 성적서 • 절연저항시험 성적서 • 절연내력시험 성적서 • 경보회로시험 성적서 • 부대설비시험 성적서
• 보호장치 검사	• 외관검사 • 절연저항 • 보호장치시험	
• 축전지	• 시설상태 확인 • 전해액 확인 • 환기시설상태	
4. 종합연동시험 검사	검사 시 일사량을 기준으로 가능출력을 확인하고 발전량 이상 유무 확인(30분)	
5. 부하운전시험 검사		
6. 기타 부속설비	전기수용설비항목을 준용	

2) 태양광설비 정기검사항목 및 세부검사내용(자가용)

검사항목	세부검사내용	수검사 준비자료
1. 태양광전지 검사 • 태양광전지 일반규격 • 태양광전지 검사	• 규격확인 • 외관검사 • 전지전기적 특성시험 • 어레이	• 전회 검사 성적서 • 단선결선도 • 태양전지 트립인터록도면 • 시퀀스도면 • 보호장치 및 계전기시험 성적서 • 절연저항시험 성적서
2. 전력변환장치 검사 • 전력변환장치 일반규격 • 전력변환장치 검사 • 보호장치 검사 • 축전지	• 규격확인 • 외관검사 • 절연저항 • 제어회로 및 경보장치 • 단독운전 방지시험 • 인버터 운전시험 • 보호장치시험 • 시설상태 확인 • 전해액 확인 • 환기시설 상태	• 단선결선도 • 시퀀스도면 • 보호장치 및 계전기시험 성적서 • 절연저항시험 성적서 • 절연내력시험 성적서 • 경보회로시험 성적서 • 부대설비시험 성적서
3. 종합연동시험 • 종합연동시험	검사 시 일사량을 기준으로 가능 출력을 확인하고 발전량 이상 유무 확인(30분)	
4. 부하운전시험	부하운전시험 의견	• 출력 기록지 • 전회 검사 이후 총 운전 및 기동횟수 • 전회 검사 이후 주요 정비 내용

3) 사용 전 검사항목 및 세부검사내용(사업용)

검사항목	세부검사내용	수검자 준비자료
1. 태양광발전 설비표	태양광발전설비표 작성	• 공사계획인가(신고)서 • 태양광발전설비 개요
2. 태양광전지 검사 • 태양광전지 일반규격	• 규격확인	• 공사계획인가(신고)서 • 태양광전지 규격서
• 태양광전지 검사	• 외관검사 • 전지전기적 특성시험 • 어레이	• 단선결선도 • 태양전지 트립인터록도면 • 시퀀스도면 • 보호장치 및 계전기시험 성적서 • 절연저항시험 성적서
3. 전력변환장치 검사 • 전력변환장치 일반규격	• 규격 확인	• 공사계획인가(신고)서
• 전력변환장치 검사	• 외관검사 • 절연저항 • 절연내력 • 제어회로 및 경보장치 • 전력조절부/Static 스위치 자동·수동 절체시험 • 역방향운전 제어시험 • 단독운전방지시험 • 인버터 자동·수동 절체시험 • 충전기능시험	• 단선결선도 • 시퀀스도면 • 보호장치 및 계전기시험 성적서 • 절연저항시험 성적서 • 절연내력시험 성적서 • 경보회로시험 성적서 • 부대설비시험 성적서
• 보호장치검사	• 외관검사 • 절연저항 • 보호장치시험	
• 축전지	• 시설상태 확인 • 전해액 확인 • 환기시설상태	
4. 변압기 검사 • 변압기 일반규격	• 규격 확인	• 공사계획인가(신고)서 • 변압기 및 부대설비 규격서
	• 외관검사 • 접지시공상태 • 절연저항 • 절연내력 • 특성시험 • 절연유 내압시험 • 탭절환장치시험	• 단선결선도 • 시퀀스도면 • 절연유 유출방지 시설도면 • 특성시험 성적서 • 보호장치 및 계전기시험 성적서 • 상회전 및 Loop시험 성적서 • 절연내력시험 성적서
5. 차단기 검사 • 차단기 일반규격	규격 확인	공사계획인가(신고)서
6. 전선로(모선) 검사 • 전선로 일반규격	규격 확인	공사계획인가(신고)서
7. 접지설비 검사 • 접지 일반규격	규격 확인	접지설계 내역 및 시공도면
8. 비상발전기 검사 • 발전기 일반규격	규격 확인	공사계획인가(신고)서

4) 정기검사항목 및 세부검사내용(사업용)

검사항목	세부검사내용	수검자 준비자료
1. 태양광전지 검사 • 태양광전지 일반규격 • 태양광전지 검사	• 규격 확인 • 외관 검사 • 전지전기적 특성시험 • 어레이	• 전회 검사 성적서 • 단선결선도 • 태양전지 트립인터록도면 • 시퀀스도면 • 보호장치 및 계전기시험 성적서 • 절연저항시험 성적서
2. 전력변환장치 검사 • 전력변환장치 일반규격 • 전력변환장치 검사 • 보호장치 검사 • 축전지	• 규격 확인 • 외관 검사 • 절연저항 • 제어회로 및 경보장치 • 단독운전방지시험 • 인버터 운전시험 • 보호장치시험 • 시설상태 확인 • 전해액 확인 • 환기시설상태	• 단선결선도 • 시퀀스도면 • 보호장치 및 계전기시험 성적서 • 절연저항시험 성적서 • 절연내력시험 성적서 • 경보회로시험 성적서 • 부대설비시험 성적서
3. 변압기 검사 • 변압기시험 검사	• 규격 확인 • 외관 검사 • 조작용 전원 및 회로점검 • 보호장치 및 계전기시험 • 절연저항 측정 • 절연유 내압시험 • 제어회로 및 경보장치시험	• 전회 검사 성적서 • 시퀀스도면 • 보호계전기시험 성적서 • 계기교정시험 성적서 • 경보회로시험 성적서 • 절연저항시험 성적서 • 절연유 내압시험 성적서
4. 차단기 검사 (발전기용 차단기)	• 규격 확인 • 외관 검사 • 조작용 전원 및 회로점검 • 절연저항 측정 • 개폐표시 상태확인 • 제어회로 및 경보장치시험	• 전회 검사 성적서 • 개폐기 인터록도면 • 계기교정시험 성적서 • 경보회로시험 성적서 • 절연저항시험 성적서
5. 전선로(모선) 검사 • 전선로 일반규격 • 전선로 검사 (가공, 지중, GIB, 기타)	• 규격 확인 • 외관 검사 • 보호장치 및 계전기시험 • 절연저항 • 절연내력	• 전선로 및 부대설비 규격서 • 단선결선도 • 보호계전기 결선도 • 시퀀스도면 • 보호장치 및 계전기시험 성적서
6. 접지설비 검사 • 접지 일반규격	• 규격 확인 • 접지저항 측정	• 접지저항시험 성적서
7. 종합연동시험 • 종합연동시험	검사 시 일사량을 기준으로 가능 출력 확인하고 발전량 이상 유무 확인(30분)	
8. 부하운전시험	부하운전시험 의견	• 출력기록지 • 전회 검사 이후 총 운전 및 기동횟수 • 전회 검사 이후 주요 정비 내용

2 접지시스템

1. 접지의 정의 및 목적

1) 정의

접지는 대지에 전기적 단자를 설치하여 절연대상물을 대지의 낮은 저항으로 연결하는 것이다.

2) 목적

접지의 목적은 인축에 대한 안전과 설비 및 기기에 대한 안정이다. 즉, 전기설비나 전기기기 등의 이상전압제어 및 보호장치의 확실한 동작으로 인축에 대한 감전사고 방지와 전기 · 전자 통신설비 및 기기의 안정된 동작 확보를 위한 것이다.

2. 접지설비의 개요

1개의 건축물에는 그 건축물 대지전위의 기준이 되는 접지극, 접지선 및 주 접지단자를 그림과 같이 구성한다. 건축 내 전기기기의 노출도전성부분 및 계통 외 도전성부분(건축구조물의 금속제 부분 및 가스, 물, 난방 등의 금속배관설비)은 모두 주 접지단자에 접속한다. 또한, 손의 접근 한계 내에 있는 전기기기 상호 간 및 전기기기와 계통 외 도전성부분은 보조등전위 접속용 선에 접속한다.

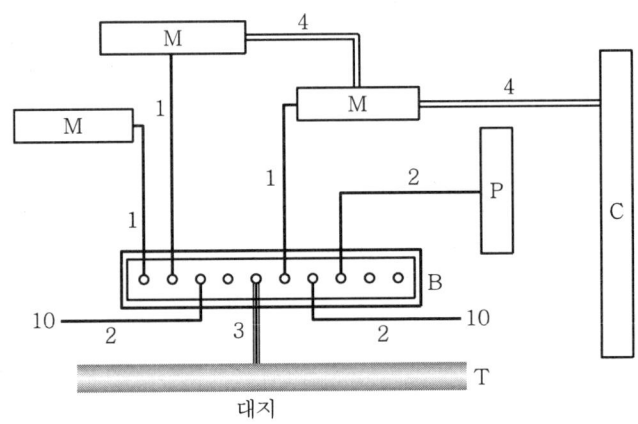

1 : 보호선(PE)
2 : 주등전위 접속용 선
3 : 접지선
4 : 보조등전위 접속용 선
10 : 기타 기기(예, 통신설비)
B : 주접지단자
M : 전기기구의 노출도전성부분
C : 철골, 금속덕트의 계통 외 도전성부분
P : 수도관, 가스관 등 금속배관
T : 접지극

3. 접지시스템의 구분

1) 계통접지
전력계통의 이상현상에 대비하여 대지와 계통을 접속

2) 보호접지
감전보호를 목적으로 기기의 한 점 이상을 접지(전기기계외함과 대지면을 전선으로 연결)

3) 피뢰시스템접지
뇌격전류를 안전하게 대지로 방류하기 위한 접지

4. 접지시스템의 시설 종류

1) 단독접지
(특)고압계통의 접지극과 저압접지계통의 접지극을 독립적으로 시설하는 접지방식

2) 공통/통합접지
공통접지는 (특)고압접지계통과 저압접지계통을 등전위 형성을 위해 공통으로 접지하는 방식이고 통합접지방식은 계통접지·통신접지·피뢰접지의 접지극을 통합하여 접지하는 방식

5. 수전전압별 접지설계 시 고려사항

1) 저압수전수용가 접지설계
주상변압기를 통해 저압전원을 공급받는 수용가의 경우 지락전류 계산과 자동차단조건 등을 고려하여 접지설계

2) (특)고압수전수용가 접지설계
(특)고압으로 수전받는 수용가의 경우 접촉·보폭전압과 대지전위상승(EPR), 허용접촉전압 등을 고려하여 접지설계

3 접지선

1. 보호도체의 단면적

① 다음 표에서 정한 값 이상의 단면적

상도체의 단면적 S[mm²]	대응하는 보호도체의 최소 단면적 [mm²]	
	보호도체의 재질이 상도체와 같은 경우	보호도체의 재질이 상도체와 다른 경우
$S \leq 16$	S	$\dfrac{k_1}{k_2} \times S$
$16 < S \leq 35$	16	$\dfrac{k_1}{k_2} \times 16$
$S > 35$	$\dfrac{S}{2}$	$\dfrac{k_1}{k_2} \times \dfrac{S}{2}$

여기서, k_1 : 도체 및 절연의 재질에 따라 KS C IEC 60364-5-54 부속서 A(규정)의 표 A54.1 또는 IEC 60364-4-43의 표 43A에서 선정된 상도체에 대한 값

k_2 : KS C IEC 60364-5-54 부속서 A(규정)의 표 A54.2~A54.6에서 선정된 보호도체에 대한 값. PEN 도체의 경우 단면적의 축소는 중성선의 크기결정에 대한 규칙에만 허용된다.

② 계산에 의한 경우는 다음 계산식으로 구한다(이 식은 차단시간 5초 이하인 경우에 적용한다).

$$S = \dfrac{\sqrt{I^2 t}}{k}$$

여기서, S : 단면적[mm²]

I : 보호계전기를 통해 흐를 수 있는(임피던스를 무시 가능한 경우) 지락고장전류값 (교류실효값 : A)

t : 차단기 동작시간[s]

k : 보호선, 절연 및 기타 부위의 재료 및 초기온도와 최종온도로 정해지는 계수

③ 위 식으로 표준규격에 일치하지 않은 크기가 나온 경우는 가장 가까운 상위 표준 단면적을 가진 선을 사용해야 한다.

④ 보호선이 전원케이블 또는 케이블 용기의 일부로 구성되어 있지 않은 경우는 단면적을 어떠한 경우에도 다음 값 이상으로 해야 한다.
  ㉠ 기계적 보호가 된 것은 단면적 2.5[mm²] 동, 16[mm²] 알루미늄
  ㉡ 기계적 보호가 안 된 것은 단면적 4.0[mm²] 동, 16[mm²] 알루미늄

2. 보호선의 종류

① 다심케이블의 전선
② 충전전선과 공통 외함에 시설하는 절연전선 또는 나전선
③ 고정배선의 나전선 또는 절연전선
④ 금속케이블외장, 케이블차폐, 케이블외장
⑤ 금속관, 전선묶음, 동심전선

3. 보호선의 전기적 연속성 유지

① 보호선을 기계적, 화학적 열화 및 전기역학적 힘에 대해 적절히 보호해 주어야 한다(예 합성수지관, 금속관 등에 포설).
② 보호선의 접속부는 콤파운드 충진 또는 캡슐(Capsule)에 수납한 경우를 제외하고 검사 및 시험 시에 접근 가능하도록 해야 한다.
③ 보호선은 개폐기를 삽입하지 않아야 한다. 다만, 시험을 위한 공구를 이용하여 분리하는 접속부 설치는 가능하다.

4. PEN 선(PEN 도체)

① PEN 선은 고정전기설비에서만 사용되고, 기계적으로 단면적 10[mm^2] 이상의 동 또는 16[mm^2] 이상의 알루미늄을 사용할 수 있다.
② PEN 선은 사용하는 최고전압을 위해서 절연되어야 한다.
③ 설비의 한 지점에 중성선과 보호선으로 시설할 경우 중성선을 설비의 다른 접지부분(예 PEN 선의 보호선)에 접속하여서는 안 된다. 다만, PEN 선은 각각 중성선과 보호선으로 구성하여야 한다. 별도의 단자 또는 바는 보호선과 중성선을 위해 시설한다. 이 경우에 PEN 선은 단자 또는 바에 접속하여야 한다.
④ 계통 외 도전성부분은 PEN 선으로 사용하지 않는다.

5. 등전위접속선(등전위결합도체)

① 주 접지단자에 접속되는 등전위접속선의 단면적은 다음 값 이상이어야 한다.
  ㉠ 동 : 6[mm^2]
  ㉡ 알루미늄 : 16[mm^2]
  ㉢ 철 : 50[mm^2]
② 두 개의 노출도전성부분에 접속하는 등전위접속선은 노출도전성부분에 접속된 작은 보호선의 도전성보다 큰 도전성을 가져야 한다.
③ 노출도전성부분을 계통 외 도전성부분에 접속하는 등전위접속선은 보호선 단면적의 1/2 이상의 도전성을 가져야 한다.

6. 중성선과 보호선의 식별

① 중성선 또는 중간선의 식별에는 청록색 또는 흰색이 사용된다.
② 보호선의 식별에는 녹/황 조합 또는 녹색이 사용된다.
③ PEN 선의 식별은 다음 중 하나로 표시한다.
  • 선의 전체 표시는 녹색/노란색, 선의 끝부분 표시는 청록색으로 한다.

7. 최소단면적

① 접지선의 최소단면적은 규정에 따라야 하며, 지중에 매설하는 경우에는 아래 표에 따라야 한다.

접지선의 규약 단면적

구분	기계적 보호 있음	기계적 보호 없음
부식에 대한 보호 있음	2.5[mm^2] 동, 10[mm^2] 철	16[mm^2] 동, 16[mm^2] 철
부식에 대한 보호 없음	25[mm^2] 동, 50[mm^2] 철	

② 접지선이 외상을 받을 염려가 있는 경우에는 합성수지관(두께 2[mm] 미만의 합성수지제 전선관 및 난연성이 없는 CD관은 제외한다) 등에 넣어야 한다. 다만, 사람이 접촉할 우려가 없는 경우에는 금속관을 이용해서 보호할 수 있다.
③ 접지선과 접지극과의 접속은 튼튼하게 또는 전기적으로 충분해야 한다. 클램프를 사용하는 경우에는 접지극 또는 접지선이 손상되지 않도록 하여야 한다.

8. 전선식별법 국제표준화(KEC 121.2)

전선 구분	KEC 식별색상
상선(L1)	갈색
상선(L2)	흑색
상선(L3)	회색
중성선(N)	청색
접지/보호도체(PE)	녹황교차

9. 과전류차단기의 시설제한

접지공사의 접지선은 과전류차단기를 시설하여서는 안 된다.

10. 피뢰침용 접지선과 거리

전등전력용, 소세력회로용 및 출퇴표시등 회로용의 접지극 또는 접지선은 피뢰침용의 접지극 및 접지선에서 2[m] 이상 이격하여 시설하여야 한다. 다만, 건축물의 철골 등을 각각의 접지극 및 접지선에 사용하는 경우에는 적용하지 않는다.

4 접지극

접지극이란 접지선과 대지의 낮은 저항을 연결하여 주는 시설물이다.

1. 접지극의 종류

① 접지극에는 다음의 것을 사용할 수 있다.
  ㉠ 접지봉 및 판
  ㉡ 접지판
  ㉢ 접지테이프 또는 선
  ㉣ 건축물 기초에 매입된 접지극
  ㉤ 콘크리트 내의 철근
  ㉥ 금속제 수도관설비
② 접지극의 종류 및 매설깊이는 토양의 건조 또는 동결에 따라 접지저항값이 소요값보다 증가되지 않도록 선정하여야 한다.

2. 매설 또는 타입식 접지극

① 매설 또는 타입식 접지극은 동판, 동봉, 철관, 철봉, 동봉강관, 탄소피복강봉, 탄소접지모듈 등을 사용하고 이들을 가급적 물기가 있는 장소와 가스, 산 등으로 인하여 부식될 우려가 없는 장소를 선정하여 지중에 매설하거나 타입하여야 한다.
② 접지극은 다음 사항을 원칙으로 한다.
  ㉠ 동판 : 두께 0.7[mm] 이상, 면적 90[cm^2] 편면(片面) 이상
  ㉡ 동봉, 동피복강봉 : 지름 8[mm] 이상, 길이 0.9[m] 이상
  ㉢ 철관 : 외경 25[mm] 이상, 길이 0.9[m] 이상의 아연도금가스철관 또는 후성전선관
  ㉣ 철봉 : 지름 12[mm] 이상, 길이 0.9[m] 이상의 아연도금
  ㉤ 동봉강관 : 두께 1.6[mm] 이상, 길이 0.9[m] 이상, 면적 250[cm^2] 편면 이상
  ㉥ 탄소피복강관 : 지름 8[mm] 이상의 강심이고 길이 0.9[m] 이상
③ 접지선과 접지극은 CAD Welding, 접지클램프, 커넥터, 납땜(소회로) 또는 기타 확실한 방법에 의하여 접속하여야 한다. 이때 납땜은 은(銀) 납류에 의한 것이어야 하고 납과 주석의 합금은 바람직하지 못하다.

5 계통접지의 방식

계통접지와 기기접지의 조합에 따라 접지방식에는 여러 가지 방식이 있는데 국내에서는 KS C IEC 60364 규정을 적용하여 TN 계통(TN System), TT 계통(TT System), IT 계통(IT System)을 제안하고 있다.

1. 계통접지방식의 분류

저압전로의 보호도체 및 중성선의 접속방식에 따라 다음과 같이 분류한다.
① TN 계통
② TT 계통
③ IT 계통

2. 계통접지에서 사용되는 문자의 정의

1) 제1문자 : 전력계통과 대지의 관계

① T : 한 점을 대지에 직접 접속한다.
② I : 모든 충전부를 대지(접지)로부터 절연시키거나 임피던스를 삽입하여 한 점을 대지에 직접 접속한다.

2) 제2문자 : 설비의 노출도전성부분과 대지와의 관계

① T : 전력계통의 접지와는 무관하며 노출도전성부분을 대지로 직접 접속한다.
② N : 노출도전성부분을 전력계통의 접지점(교류계통에서 통상적으로 중성점 또는 중성점이 없을 경우에는 단상)에 직접 접속한다.
  * 그 다음 문자(문자가 있을 경우) : 중성선과 보호선의 조치
③ S : 보호선의 기능을 중성선 또는 접지 측 전선(또는 교류계통에서 접지 측)과 분리된 전선으로 실시한다.
④ C : 중성선 및 보호선의 기능을 한 개의 전선으로 겸용한다(PEN 선).

기호 설명	
─╱─	중성선(N)
─╤─	보호선(PE)
─╪─	보호선과 중성선 결합(PEN)

* 기호 : TN 계통, TT 계통, IT 계통에 동일 적용

3. TN 계통(Terra Neutral System)

① TN 계통이란 전원의 한 점을 직접 접지하고 설비의 노출도전성부분을 보호선(PE)을 이용하여 전원의 한 점에 접속하는 접지계통을 말한다. 즉, 접지전류가 설비의 노출도전성부분에서 전원접지점으로 흐를 수 있는 금속경로가 형성된다.

② TN 계통은 중성선 및 보호선의 배치에 따라 TN-S 계통, TN-C-S 계통 및 TN-C 계통의 세 종류가 있다.

③ TN 계통방식에서 지락은 과전류차단기에 의해 보호된다. 따라서 사고가 발생한 경우에는 고장점임피던스를 고려하여 일정시간 안에 전원의 과전류차단기가 동작하도록 차단기 특성 및 도체의 크기를 선정할 필요가 있다.

㉠ TN-S 계통

계통 전체에 대해 별도의 중성선 또는 PE 도체를 사용한다.

[계통 내에서 별도의 중성선과 보호도체가 있는 TN-S 계통]

[계통 내에서 별도의 접지된 선도체와 보호도체가 있는 TN-S 계통]

ⓛ TN-C 계통
계통 전체에 대해 중성선과 보호도체의 기능을 동일도체로 겸용한 PEN 도체를 사용한다.

[TN-C 계통]

ⓒ TN-C-S 계통
계통의 일부분에서 PEN 도체를 사용하거나 중성선과 별도의 PE 도체를 사용한다.

[TN-C-S 계통]

4. TT 계통(Terra Terra System)

① TT 계통이란 전원의 한 점을 직접 접지하고 설비의 노출도전성부분을 전원계통의 접지극과는 전기적으로 독립한 접지극에 접지하는 접지계통을 말한다.
② 이 계통방식에서 지락은 과전류차단기 또는 누전차단기로 보호되며, 이 경우 기기 프레임의 대지전위 상승을 제한하기 위한 조건이 필요하다.

[설비 전체에서 별도의 중성선과 보호도체가 있는 TT 계통]

[설비 전체에서 접지된 보호도체가 있으나 배전용 중성선이 없는 TT 계통]

5. IT 계통(Insulation Terra System)

① IT 계통이란 충전부 전체를 대지로부터 절연시키거나, 한 점에 임피던스를 삽입하여 대지에 접속시키고, 전기기기의 노출도전성부분 단독 또는 일괄적으로 접지하거나 또는 계통접지로 접속하는 접지계통을 말한다.

② 1점 지락사고의 경우 기기 프레임 측의 접지저항을 낮게 함으로써 보호되지만 2점 지락사고 시에는 대책을 고려해야 한다.

[계통 내의 모든 노출도전부가 보호도체에 의해 접속되어 일괄 접지된 IT 계통]

[노출도전부가 조합으로 또는 개별로 접지된 IT 계통]

6 접지공사의 시설기준

① 접지극은 지하 75[cm] 이상의 깊이에 매설할 것
② 접지선은 지표상 60[cm]까지 절연전선 및 케이블을 사용할 것
③ 접지선은 지하 75[cm]부터 지표상 2[m]까지는 합성수지관 또는 절연몰드 등으로 보호한다.

7 변압기 중성점접지

① 변압기의 중성점접지저항값은 다음에 의한다.
   ㉠ 일반적으로 변압기의 고압·특고압 측 전로 1선 지락전류로 150을 나눈 값과 같은 저항값 이하

$$R = \frac{150}{\text{변압기의 고압 측 또는 특고압 측 1선 지락전류}}$$

   ㉡ 변압기의 고압·특고압 측 전로 또는 사용전압이 35[kV] 이하의 특고압전로가 저압 측 전로와 혼촉하고 저압전로의 대지전압이 150[V]를 초과하는 경우에는 저항값은 다음에 의한다.
   - 1초 초과 2초 이내에 고압·특고압 전로를 자동으로 차단하는 장치를 설치할 때는 300을 나눈 값 이하
   - 1초 이내에 고압·특고압 전로를 자동으로 차단하는 장치를 설치할 때는 600을 나눈 값 이하

② 전로의 1선 지락전류는 실측값에 의한다. 다만, 실측이 곤란한 경우에는 선로정수 등으로 계산한 값에 의한다.

8 공통접지 및 통합접지

① 고압 및 특고압과 저압전기설비의 접지극이 서로 근접하여 시설되어 있는 변전소 또는 이와 유사한 곳에서는 다음과 같이 공통접지시스템으로 할 수 있다.
   ㉠ 저압전기설비의 접지극이 고압 및 특고압 접지극의 접지저항 형성영역에 완전히 포함되어 있다면 위험전압이 발생하지 않도록 이들 접지극을 상호 접속하여야 한다.
   ㉡ 접지시스템에서 고압 및 특고압계통의 지락사고 시 저압계통에 가해지는 상용주파수 과전압은 다음 표에서 정한 값을 초과해서는 안 된다.

저압설비 허용 상용주파수 과전압

고압계통에서 지락고장시간 [초]	저압설비 허용 상용주파수 과전압 [V]	비고
> 5	$U_0 + 250$	중성선도체가 없는 계통에서 U_0는 선간전압을 말한다.
≤ 5	$U_0 + 1,200$	

1. 순시상용주파 과전압에 대한 저압기기의 절연 설계기준과 관련된다.
2. 중성선이 변전소 변압기의 접지계통에 접속된 계통에서, 건축물 외부에 설치한 외함이 접지되지 않은 기기의 절연에는 일시적 상용주파수 과전압이 나타날 수 있다.

9 전로의 중성점접지 목적

① 보호장치의 확실한 동작 확보
② 이상전압 억제
③ 대지전압 저하

10 기계기구의 철대 및 외함의 접지

① 전로에 시설하는 기계기구의 철대 및 금속제 외함(외함이 없는 변압기 또는 계기용 변성기는 철심)에는 접지공사를 하여야 한다.
② 다음의 어느 하나에 해당하는 경우에는 ①의 규정에 따르지 않을 수 있다.
　㉠ 사용전압이 직류 300[V] 또는 교류 대지전압이 150[V] 이하인 기계기구를 건조한 곳에 시설하는 경우
　㉡ 저압용의 기계기구를 건조한 목재의 마루 기타 이와 유사한 절연성 물건 위에서 취급하도록 시설하는 경우
　㉢ 저압용이나 고압용의 기계기구, 341.2에서 규정하는 특고압 전선로에 접속하는 배전용 변압기나 이에 접속하는 전선에 시설하는 기계기구 또는 333.32의 1과 4에서 규정하는 특고압 가공전선로의 전로에 시설하는 기계기구를 사람이 쉽게 접촉할 우려가 없도록 목주 기타 이와 유사한 것의 위에 시설하는 경우
　㉣ 철대 또는 외함의 주위에 적당한 절연대를 설치하는 경우
　㉤ 외함이 없는 계기용 변성기가 고무·합성수지 기타의 절연물로 피복한 것일 경우
　㉥ 「전기용품 및 생활용품 안전관리법」의 적용을 받는 이중절연구조로 되어 있는 기계기구를 시설하는 경우
　㉦ 저압용 기계기구에 전기를 공급하는 전로의 전원 측에 절연변압기(2차 전압이 300[V] 이하이며, 정격용량이 3[kVA] 이하인 것에 한한다)를 시설하고 또한 그 절연변압기의 부하 측 전로를 접지하지 않은 경우
　㉧ 물기 있는 장소 이외의 장소에 시설하는 저압용의 개별 기계기구에 전기를 공급하는 전로에 「전기용품 및 생활용품 안전관리법」의 적용을 받는 인체감전보호용 누전차단기(정격감도전류가 30[mA] 이하, 동작시간이 0.03초 이하의 전류동작형에 한한다)를 시설하는 경우
　㉨ 외함을 충전하여 사용하는 기계기구에 사람이 접촉할 우려가 없도록 시설하거나 절연대를 시설하는 경우

11 금속관 등의 접지공사

금속관 등의 접지는 전선의 절연열화 등에 의해 금속관에 누전되었을 경우의 위험을 방지하기 위해 시설한다. 금속관 및 각 기기와의 구체적인 접지공사에 대해 다음 그림에서 나타내었다.

[금속관의 접지공사]

[금속관과 Box의 접지공사]

12 감전보호용 등전위본딩

전계 내에서 복수점이 동일한 전위를 이루기 위한 도전부 사이의 전기적 접속

1. 등전위본딩의 적용

건축물·구조물에서 접지도체, 주접지단자와 다음의 도전성부분은 등전위본딩하여야 한다. 다만, 이들 부분이 다른 보호도체로 주접지단자에 연결된 경우에는 그러하지 아니하다.
① 수도관·가스관 등 외부에서 내부로 인입되는 금속배관
② 건축물·구조물의 철근, 철골 등 금속보강재
③ 일상생활에서 접촉이 가능한 금속제 난방배관 및 공조설비 등 계통외도전부

2. 등전위본딩의 시설(보호등전위본딩)

① 건축물·구조물의 외부에서 내부로 들어오는 각종 금속제 배관은 다음과 같이 하여야 한다.

㉠ 1개소에 집중하여 인입하고, 인입구 부근에서 서로 접속하여 등전위본딩 바에 접속하여야 한다.
㉡ 대형 건축물 등으로 1개소에 집중하여 인입하기 어려운 경우에는 본딩도체를 1개의 본딩 바에 연결한다.
② 수도관·가스관의 경우 내부로 인입된 최초의 밸브 후단에서 등전위본딩을 하여야 한다.
③ 건축물·구조물의 철근, 철골 등 금속보강재는 등전위본딩을 하여야 한다.

3. 등전위본딩 도체(보호등전위본딩 도체)

① 주접지단자에 접속하기 위한 등전위본딩 도체는 설비 내에 있는 가장 큰 보호접지도체 단면적의 1/2 이상의 단면적을 가져야 하고 다음의 단면적 이상이어야 한다.
㉠ 구리도체 : 6[mm²]
㉡ 알루미늄도체 : 16[mm²]
㉢ 강철도체 : 50[mm²]
② 주접지단자에 접속하기 위한 보호본딩도체의 단면적은 구리도체 25[mm²] 또는 다른 재질의 동등한 단면적을 초과할 필요는 없다.

13 접지저항의 측정

1. 공통·통합접지저항의 측정방법

1) 보조극을 일직선으로 배치하여 측정하는 방법

[보조극을 일직선으로 배치하여 측정하는 방법]

① 보조극은 저항구역이 중첩되지 않도록 접지극 규모의 6.5배 이격하거나, 접지극과 전류 보조극 간 80[m] 이상 이격하여 측정
② P 위치는 전위변화가 적은 E, C 간 일직선상 61.8[%] 지점에 설치
③ 접지극의 저항이 참값인가를 확인하기 위해서는 P를 C의 61.8[%] 지점, 71.8[%] 지점 및 51.8[%] 지점에 설치하여 세 측정값을 취함
④ 세 측정값의 오차가 ±5[%] 이하이면 세 측정값의 평균을 E의 접지저항값으로 함
⑤ 세 측정값의 오차가 ±5[%] 초과하면 E와 C 간의 거리를 늘려 시험을 반복함. 통합접지 방식인 경우에는 모든 도전부에 등전위본딩을 실시하고, 접지저항값은 10[Ω] 이하를 유지할 것

2) 보조극을 90~180° 배치하여 측정하는 방법

2. 전위차계 접지저항계 측정방법

1) 접지저항계 사용방법

2) 측정방법

① 계측기를 수평으로 놓는다.
② 보조접지용을 습기가 있는 곳에 직선으로 10[m] 이상 간격을 두고 박는다.
③ E 단자의 리드선을 접지극(접지선)에 접속한다.
④ P, C 단자를 보조접지용에 접속한다.
⑤ Push Button을 누르면서 다이얼을 돌려 검류계의 눈금이 중앙(0)에 지시할 때 다이얼의 값을 읽는다.

3) 콜라우시 브리지법

접지극 E와 제1보조전극 P, 제2보조전극 C와의 간격을 10[m] 이상으로 하여 측정한다.

4) 간이접지저항계 측정법

측정할 때 접지보조전극을 타설할 수 없는 경우에는 간이접지저항계를 사용하여 접지저항을 측정한다.

5) 클램프 온 측정법

전위차계식 접지저항계 대신 측정할 수 있는 방식으로 22.9[kV-Y] 배전계통이나 통신케이블의 경우처럼 다중접지시스템의 측정에 사용되는 방법이다.

SECTION 005 실전예상문제

01 태양광발전 토목공사 및 구조물 시공

01 태양전지어레이의 구조물 설치 시 지반상태에 따른 해결책이 아닌 것은?
① 연약층이 깊을 경우 독립기초로 한다.
② 지반의 허용지지력이 부족할 경우 지관폭을 증가시키거나 지반을 치환한다.
③ 배면토의 강도정수가 부족할 경우 지관폭을 증가시키거나 사면경사도를 완화한다.
④ 지반의 지하수위가 높을 경우 지지력 저하로 침하가 발생할 수 있으므로 배수공을 설치한다.

풀이 말뚝기초 : 연약층이 깊을 경우 침하, 전도, 활동 등이 발생할 수 있으므로 말뚝기초(깊은 기초)로 한다.

02 지반상태의 문제점 및 이에 대한 대책으로 잘못된 것은?
① 지반의 허용지지력 부족 시 침하 및 전도 발생 : 지관폭 증가, 지반의 치환
② 지반의 지하수위가 높을 때 지지력 저하로 침하 발생 : 배수공 설치
③ 연약층이 깊을 경우 침하, 전도, 활동 발생 : 독립기초로 한다.
④ 배면토의 강도정수 부족 시 전도 및 활동 발생 : 지관폭 증가, 사면경사도 완화

풀이 연약층이 깊어 침하, 전도가 발생하면 말뚝기초로 설계 변경한다.
지반이 암반일 때 과다설계 : 구조체 설계 변경(단면 감소)

03 지지층이 얕은 태양광발전소 부지에 사용되는 기초는?
① 케이슨기초　　　　　　　　② 말뚝기초
③ 피어기초　　　　　　　　　④ 직접기초

풀이 기초의 종류
- 직접기초 : 지지층이 얕을 경우 자주 쓰인다.
- 말뚝기초 : 지지층이 깊을 경우 자주 쓰인다.
- 주춧돌 기초 : 첨탑 등의 기초에 자주 쓰인다.
- 케이슨기초 : 하천 내의 교량 등에 자주 쓰인다.
- 연속기초 : 지지층이 매우 깊은 경우에 자주 쓰인다.
- 독립기초 : 지지물의 응력을 개별로 지지하는 기초이다.

정답 01 ① 02 ③ 03 ④

04 기초판과 기둥으로 형성되어 있으며, 기둥과 보로 구성되어 있는 건축물에 적용되는 기초의 종류는?

① 말뚝기초　　　　　　　　② 독립기초
③ 복합기초　　　　　　　　④ 연속기초

풀이 지상용 태양광발전시스템에서 구조물을 지지하는 기초의 종류
직접기초, 연속기초, 말뚝기초, 주춧돌기초, 케이슨기초

[독립기초]

05 태양전지어레이의 구조물을 지상에 설치하기 위한 기초의 종류 중 지지층이 얕을 경우 쓰이는 방식은?

① 말뚝기초　　　　　　　　② 직접기초
③ 피어기초　　　　　　　　④ 케이슨기초

06 지상에 태양전지어레이를 설치하기 위한 기초형식 중 지지층이 얕은 경우에 사용하는 방식이 아닌 것은?

① 말뚝기초　　　　　　　　② 직접기초
③ 독립푸팅기초　　　　　　④ 복합푸팅기초

풀이 • 직접기초, 독립푸팅기초, 복합푸팅기초 : 얕은 기초
　　• 말뚝기초 : 깊은 기초

정답　04 ②　05 ②　06 ①

07 태양광발전설비의 구조물 설치 시 기초의 종류 중 지지층이 깊을 경우 쓰는 방식이 아닌 것은?
① 직접기초　　　　　　　② 말뚝기초
③ 피어기초　　　　　　　④ 케이슨기초

풀이 문제 5번 풀이 참조

08 기초의 폭을 B, 기초의 관입 깊이를 D_f라 할 때 얕은 기초와 깊은 기초의 구분 기준은?
① $\dfrac{B}{D_f} \leq 1$: 얕은 기초, $\dfrac{B}{D_f} > 1$: 깊은 기초
② $\dfrac{B}{D_f} \leq 2$: 얕은 기초, $\dfrac{B}{D_f} > 2$: 깊은 기초
③ $\dfrac{D_f}{B} \leq 1$: 얕은 기초, $\dfrac{D_f}{B} > 1$: 깊은 기초
④ $\dfrac{D_f}{B} \leq 2$: 얕은 기초, $\dfrac{D_f}{B} > 2$: 깊은 기초

풀이

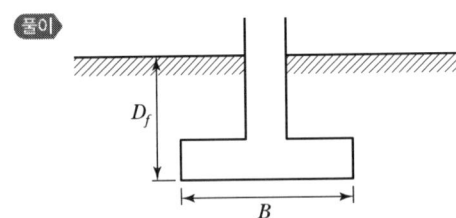

$\dfrac{D_f}{B} \leq 1$: 얕은 기초

$\dfrac{D_f}{B} > 1$: 깊은 기초

여기서, B : 기초의 폭
　　　　D_f : 기초의 관입 깊이

09 태양전지어레이 설치공사의 주의사항으로 틀린 것은?
① 구조물 및 지지대는 현장용접을 한다.
② 너트의 풀림 방지를 위해 이중너트를 사용하고 스프링와셔를 체결한다.
③ 태양광어레이 기초면 확인을 위해 수평기, 수평줄, 수직추를 확보한다.
④ 지지대의 기초앵커볼트의 조임은 바로세우기 완료 후, 앵커볼트의 장력이 균일하게 되도록 한다.

풀이 태양전지어레이용 가대 및 지지대 설치방법
  • 어레이용 가대, 모듈 고정용 가대 및 케이트 트레이용 채널 순으로 조립한다.
  • 구조물 및 지지대 형강류(H형, ㄷ형, ㄱ형)는 공장에서 용융아연도금을 시행한 후 현장에서 조립함을 원칙으로 한다.

10 태양광발전시스템에서 태양전지어레이용 가대 및 지지대 설치 시 고려사항이 아닌 것은?
① 태양전지어레이용 가대 및 지지대의 설치순서, 양중방법 등의 설치계획을 결정한다.
② 태양전지모듈의 유지보수를 위한 공간과 작업 안전을 위한 발판, 안전난간을 설치한다.
③ 지지물의 자중, 적재하중 및 구조하중에 맞게 안전한 구조의 것으로 설치한다.
④ 구조물의 자재 중 강제류는 현장에서 절단, 용융아연도금하여 조립함을 원칙으로 한다.

정답　07 ①　08 ③　09 ①　10 ④

풀이
- 구조물의 자재 중 형강류(강제류, H형, ㄷ형, ㄱ형)는 공장에서 용융아연도금을 시행한 후 현장에서 조립함을 원칙으로 한다.
- 현장절단이 아닌 공장에서 절단 후 용융아연도금하여 현장으로 수송한다.

11 태양광발전설비시스템의 기초 및 구조물 시공에 대한 것 중 틀린 것은?

① 현장 반입에 합격된 자재만 시공에 사용해야 한다.
② 기초공사 및 지지물 작업의 완료시점에 맞추어 반입된 자재를 중심으로 설치한다.
③ 반입된 자재가 도착하면 기초공사 및 지지물 작업을 시작한다.
④ 기존 시설물에 대한 시공 변경이 요구될 때에는 정해진 절차에 따라 진행한다.

풀이 반입자재가 현장에 도착하기 전에 기초공사 및 지지물 작업을 완료해야 한다.

12 옥상 또는 지붕 위에 설치한 태양전지어레이로부터 접속함으로 배선할 경우 그림과 같이 케이블의 곡률반경은 케이블 외경의 몇 배 이상의 반경으로 배선해야 하는가?

① 2배 이상
② 4배 이상
③ 6배 이상
④ 8배 이상

풀이 옥상 지붕 위에 설치하는 물막이는 원칙적으로 케이블 외경의 6배 이상 구부려 배선한다.

13 태양광발전설비 구조물의 기초공사에 관한 설명 중 틀린 것은?

① 현장 여건을 고려한 시공 가능성
② 설계하중에 대한 안정성 확보
③ 허용침하량 이상의 침하
④ 환경변화, 국부적 지반쇄굴 등에 저항

풀이
- 구조적 안정성 확보 : 설계하중에 대한 안정성 확보
- 허용침하량 이내 : 구조물의 허용침하량 이내의 침하
- 최소의 깊이 유지 : 환경변화, 국부적 지반쇄굴 등에 저항
- 시공 가능성 : 현장 여건 고려

정답 11 ③ 12 ③ 13 ③

14 태양광발전시스템의 발전형태별 태양전지어레이 설치 시 준비 및 주의사항으로 틀린 것은?

① 가대 및 지지대는 현장에서 직접 용접한다.
② 태양전지어레이의 기초면 수평기, 수평줄을 확보한다.
③ 너트의 풀림 방지는 이중너트를 사용하고 스프링와셔를 체결한다.
④ 지지대 기초앵커볼트의 유지 및 매립은 강제프레임 등에 의하여 고정하는 방식으로 한다.

풀이 태양전지어레이용 가대 및 지지대 설치 준비 및 주의사항
- 태양광어레이 기초면 확인용 수평기, 수평줄, 수직추를 확보한다.
- 지지대 및 가대(철골) 운반용 크레인 및 유자격 크레인공인지 확인
- 지지대 기초앵커볼트의 유지 및 매립은 강제프레임 등에 의하여 고정하는 방식으로 하고 콘크리트 타설 시 이동, 변형이 발생하지 않도록 한다.
- 지지대 기초앵커볼트의 조임은 바로세우기 완료 후, 앵커볼트의 장력이 균일하게 되도록 한다. 너트의 풀림 방지는 이중너트를 사용한다.

15 어레이의 가대 설치방법으로 잘못된 것은?

① 볼트 조립은 헐거움이 없도록 단단히 조립한다.
② 부재의 접합에서 볼트접합, 용접접합 등은 이들과 동등 이상의 품질을 확보할 수 있는 방법으로 한다.
③ 기초콘크리트 앵커볼트부분은 수시점검을 위해 볼트캡 등을 씌워서는 안 된다.
④ 어레이의 자체 하중에 풍압하중을 더한 하중에 견딜 수 있도록 한다.

풀이 앵커볼트(체결용 볼트, 너트, 와셔)
용융아연도금처리 또는 동등 이상의 녹방지 처리를 해야 하며, 기초콘크리트 앵커볼트의 돌출부분은 볼트캡을 착용해야 한다.

16 지붕 설치형 태양전지모듈과 가대 지지기구의 재료에 관한 설명으로 틀린 것은?

① 태양전지모듈은 지붕 위에서 취급이 쉽도록 짧은 변은 1[m] 이하, 중량은 15[kg] 정도 이하로 한다.
② 가대 지지기구의 재료는 장기간 옥외 사용에 견딜 수 있도록 일반 강재를 이용하여 제작한다.
③ 태양전지셀의 색은 기본적으로 단결정은 흑색계, 다결정은 청색계, 아몰퍼스는 갈색계통이다.
④ 태양전지모듈은 작업성을 고려하여 매수를 적게 하기 위해 출력이 큰 대형사이즈가 사용된다.

풀이 지붕 설치형 태양전지모듈과 가대 지지기구의 재료
태양전지모듈은 작업성을 고려해 매수를 적게 하기 위해 출력이 큰 대형 사이즈가 주택용으로서 시판되고 있다. 지붕 위에서 취급하기 쉽도록 하기 위해서는 짧은 변은 1[m] 이하, 중량은 15[kg] 정도 이하가 바람직하다. 태양전지셀의 색은 기본적으로 단결정은 흑색계, 다결정은 청색계, 아몰퍼스는 갈색계통이다. 가대 지지기구의 재료는 장기간의 옥외 사용(20년 예상)에 견딜 수 있는 재료를 쓸 필요가 있으며, 용융아연도금강재, 스테인리스재 등을 사용하는 것이 바람직하다.

정답 14 ① 15 ③ 16 ②

17 다음 중 태양광모듈 및 어레이 설치 후의 설명으로 틀린 것은?

① 모듈의 극성접속이 올바른지를 테스터직류전압계로 확인한다.
② 모듈의 설명서에 표시된 단락전류가 흐르는지 직류전류계로 확인한다.
③ 모듈 구조는 모듈 설치로 인해 다른 접지의 연접성이 훼손되지 않은 것을 사용해야 한다.
④ 인버터는 절연변압기를 시설하는 경우가 빈번하여 직류 측 회로를 접지해야 한다.

풀이 태양광발전설비 중 인버터는 절연변압기를 시설하는 경우가 드물어 직류 측 회로를 비접지로 한다.

18 태양광발전설비 구조물의 이격거리를 산정할 때 고려사항이 아닌 것은?

① 구조물의 설치면적
② 어레이 설치 시 경사각
③ 구조물 설치장소의 위도
④ 구조물에 미치는 하중

풀이 구조물 이격거리 산정 시 고려사항
- 어레이의 1개 면적(집광면적)
- 어레이의 높이(세로길이)
- 발전 가능 시간 동안 태양의 고도(12월 22일 동지 때 기준)
- 이격거리 $d = L \times \{\cos\alpha + \sin\alpha \times \tan(90° - \beta)\}$
  여기서, L : 모듈길이, α : 경사각, β : 동지 시 남중고도

19 태양광발전설비를 고정식으로 설치 시 국내에서 최적 경사각은?

① 15~20°
② 20~25°
③ 28~36°
④ 40~45°

풀이 연구자료에 의하면 국내 최적 경사각은 33°에서 대부분 지방의 발전효율이 최대가 된다.
- 자정효과를 얻기 위해 10° 이상
- 적설량이 많은 지역에서는 45° 이상 설계
- 모듈은 흙탕물이 튀는 것을 방지하기 위해 지면으로부터 60[cm] 이상 높이에 설치

20 태양광발전설비 설치 시 어레이 면이 지면과 이루는 경사 α에 대한 설명 중 틀린 것은?

① 태양광발전시스템의 이상적인 발전량을 고려할 때 어레이 경사각은 설치장소에서 태양의 고도각과 일치시키는 것으로 한다.
② 동일한 발전출력 시 어레이 경사각이 작을수록 대지의 이용률은 증가한다.
③ 경사진 지붕에 어레이 설치 시 어레이 경사각은 지붕의 경사각에 일치시킨다.
④ 적설량이 많은 지역에서는 어레이 경사각을 크게 하고 바람이 심하게 부는 지역에서는 어레이 경사각을 작게 한다.

풀이 어레이 최적 경사각은 설치장소의 태양의 위도와 일치시키는 것이 원칙이다.

정답 17 ④ 18 ④ 19 ③ 20 ①

21 금속확장앵커의 시공방법으로 틀린 것은?

① 기초콘크리트가 완전히 양생한 후 작업을 한다.
② 콘크리트 드릴 선정은 앵커볼트의 직경에 적합한 드릴 규격을 선택한다.
③ 천공은 적정한 깊이로 하여 지지력을 확보한다.
④ 모재구멍과 천공구멍이 맞지 않을 경우 앵커를 비스듬히 삽입하고 토크렌치로 조인다.

풀이 모재구멍과 천공의 구멍이 맞지 않을 경우, 하자로 취급하여 재시공해야 한다. 천공 전 먹줄로 구멍표시를 정확히 하여 천공한다.

22 태양광발전시스템의 구조물 시공에서 기초공사의 고려사항이 아닌 것은?

① 기초지반의 지층조건 ② 기초지반의 지지력
③ 지반의 물리적 특성 ④ 지반 상부표토의 토질

풀이 구조물 시공 시 기초공사의 착안(고려)사항
- 얕은 기초 : 기초지반의 지층조건, 지반의 물리적 특성, 기초지반의 지지력
- 깊은 기초 : 기초지반의 지층조건, 지반의 물리적 특성, 말뚝의 지지력 및 지반의 역학 특성

23 태양전지어레이의 상정하중에 대한 설명으로 틀린 것은?

① 적설하중은 모듈면의 수직 적설하중을 나타낸다.
② 고정하중은 모듈과 지지물 등의 질량의 합이다.
③ 지진하중은 모듈에 가해지는 직선 지진력을 의미한다.
④ 풍압하중은 모듈과 지지물에 가해지는 풍압력의 합이다.

풀이 지진하중은 수평하중이다.

24 태양광발전 구조물의 기초형식을 결정할 때 고려사항으로 틀린 것은?

① 지반의 조건 ② 상부구조물의 하중
③ 상부구조물의 응력강도 ④ 시공의 경제성

풀이 구조물의 기초형식 결정 시 고려사항
- 지반의 조건 : 지반의 종류, 지하수위, 지반의 균일성, 암반의 깊이
- 상부구조물의 특성 : 허용침하량, 구조물의 중요도
- 상부구조물의 하중 : 기초의 설계하중
- 기타 : 기초형식에 따른 경제성 비교

정답 21 ④ 22 ④ 23 ③ 24 ③

25 태양광발전시스템 구조물의 설치공사 순서를 올바르게 나타낸 것은?

① 어레이 기초공사 → 어레이 가대공사 → 어레이 설치공사 → 배선공사 → 검사
② 어레이 가대공사 → 어레이 기초공사 → 어레이 설치공사 → 배선공사 → 검사
③ 배선공사 → 어레이 기초공사 → 어레이 가대공사 → 어레이 설치공사 → 검사
④ 배선공사 → 어레이 가대공사 → 어레이 기초공사 → 어레이 설치공사 → 검사

풀이 태양광발전시스템 구조물의 설치공사 순서

26 전력기술관리법 시행령 및 시행규칙에서 감리원의 업무범위가 아닌 것은?

① 현장 조사 및 분석
② 공사 단계별 기성 확인
③ 입찰참가자 자격심사 기준 작성
④ 현장 시공상태의 평가 및 기술지도

풀이 '입찰참가자 자격심사 기준 작성'은 발주처 업무이지 감리원의 업무범위가 아니다.

27 태양광발전시스템의 일반적인 시공 순서로 옳은 것은?

| ㉠ 모듈 | ㉡ 어레이 | ㉢ 인버터 | ㉣ 접속반 | ㉤ 계통 간 간선 |

① ㉠ → ㉡ → ㉣ → ㉢ → ㉤
② ㉠ → ㉤ → ㉢ → ㉡ → ㉣
③ ㉠ → ㉣ → ㉤ → ㉡ → ㉢
④ ㉠ → ㉢ → ㉤ → ㉣ → ㉡

풀이 태양광발전시스템의 일반적인 시공 순서
모듈 → 어레이 설치 → 접속반 설치 → 인버터 설치 → 계통 간 간선 설치

28 태양광발전설비의 전기공사 중 옥외공사에 해당하지 않는 것은?

① 접속함 설치
② 전력량계 설치
③ 분전반의 개조
④ 태양전지모듈 간의 배선

정답 25 ① 26 ③ 27 ① 28 ③

풀이) 전기공사의 절차

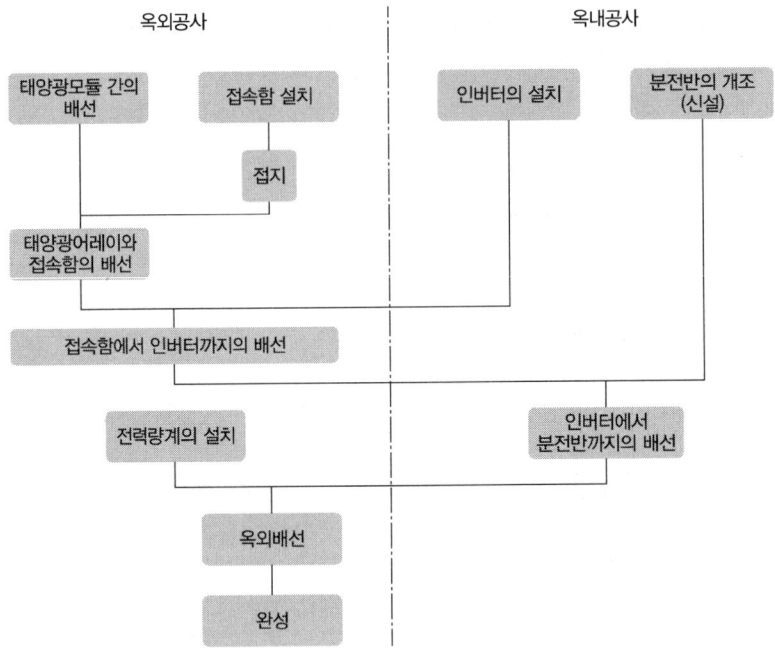

29 태양광발전시스템의 일반적인 시공 절차로 옳은 것은?
① 반입 자재 검수 → 토목공사 → 기기설치공사 → 전기배관배선공사 → 점검 및 검사
② 토목공사 → 반입 자재 검수 → 기기설치공사 → 전기배관배선공사 → 점검 및 검사
③ 반입 자재 검수 → 토목공사 → 전기배관배선공사 → 기기설치공사 → 점검 및 검사
④ 토목공사 → 반입 자재 검수 → 전기배관배선공사 → 기기설치공사 → 점검 및 검사

30 태양광발전시스템 건설을 위한 기본계획 흐름도로 올바른 것은?
① 현장여건 분석 → 시스템 설계 → 구성요소 제작 → 기초공사 → 구조물 설치 → 간선공사 → 모듈 설치 → 인버터 설치 → 시운전 → 운전개시
② 현장여건 분석 → 시스템 설계 → 기초공사 → 구성요소 제작 → 구조물 설치 → 간선공사 → 모듈 설치 → 인버터 설치 → 시운전 → 운전개시
③ 현장여건 분석 → 시스템 설계 → 구성요소 제작 → 기초공사 → 구조물 설치 → 모듈 설치 → 간선공사 → 인버터 설치 → 시운전 → 운전개시
④ 현장여건 분석 → 시스템 설계 → 구성요소 제작 → 기초공사 → 구조물 설치 → 모듈 설치 → 인버터 설치 → 간선공사 → 시운전 → 운전개시

풀이) 태양광발전시스템의 기본계획 흐름도 = 태양광발전의 시공 절차 순서

정답 29 ② 30 ③

31 태양광발전시스템의 시공 절차에 포함되는 것은?

① 인버터 설치공사
② 설치장소의 조사
③ 모듈 직렬개수 선정
④ 태양광어레이의 발전량 산출

풀이 태양광발전시스템 시공절차

32 태양광발전설비의 설치를 위한 현장실사 시 고려할 사항이 아닌 것은?

① 모듈유형, 시스템 개념 및 설치방법에 관한 고객의 희망사항
② 원하는 태양광 전력 및 발전량
③ 지형의 조건
④ 축전지 용량

풀이 태양광발전설비의 설치를 위한 현장실사 시 고려사항
- 모듈유형, 시스템 개념 및 설치방법에 관한 고객의 희망사항
- 태양광 전력 및 발전량
- 지형조건

정답 31 ① 32 ④

33 태양광발전시스템의 기획 및 설계 시 조사할 항목과 연결이 잘못된 것은?

① 사전조사 - 각 지자체 조례 등
② 환경조건의 조사 - 빛, 염해, 공해
③ 설치조건의 조사 - 설치장소, 재료의 반입 경로
④ 설계조건의 검토 - 전기안전관리자의 이력 검토

> **풀이** 설계조건의 검토사항
> 부지면적, 지질 및 지반, 계통연계 가능, 방위각, 음영 여부, 시스템 용량 등

34 건설 생산체계 중 건설 생산 추진의 순서이다. 옳은 것은?

> 프로젝트의 착상 및 타당성 분석 → (ⓐ) → 구매, 전달 → (ⓑ) → 시운전 및 완공 → 인도

① ⓐ 설계, ⓑ 시공
② ⓐ 현장조사, ⓑ 시공
③ ⓐ 입찰, ⓑ 설계
④ ⓐ 현장조사, ⓑ 설계

35 태양광발전시스템의 시공 절차 순서로 옳은 것은?

① 기초공사 → 자재 주문 → 시스템 설계 → 모듈 설치 → 계통공사 → 시운전 및 점검
② 시스템 설계 → 자재 주문 → 기초공사 → 계통공사 → 모듈 설치 → 시운전 및 점검
③ 자재 주문 → 시스템 설계 → 기초공사 → 모듈 설치 → 계통공사 → 시운전 및 점검
④ 시스템 설계 → 자재 주문 → 기초공사 → 모듈 설치 → 계통공사 → 시운전 및 점검

36 어레이와 인버터 설치공사에서 다음 빈칸(A, B, C)에 알맞은 내용은?

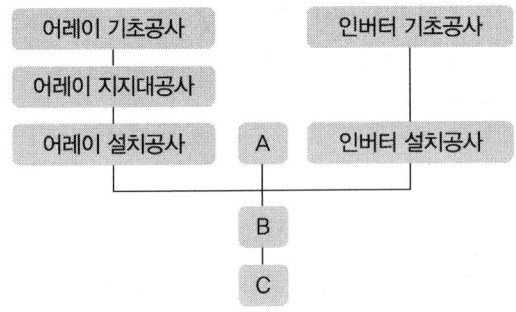

① A : 접속함 설치, B : 배선공사, C : 점검 및 검사
② A : 배선공사, B : 접속함 설치, C : 점검 및 검사
③ A : 차단기 설치, B : 배선공사, C : 접속함 설치
④ A : 차단기 설치, B : 접속함 설치, C : 배선공사

정답 33 ④ 34 ① 35 ④ 36 ①

37 태양광발전시스템의 구조물 설치 계획단계에서 고려해야 할 사항으로 틀린 것은?

① 지지대의 재질
② 지지대의 모양
③ 지지대의 강도
④ 지지대의 내용연수

풀이 태양광발전시스템의 구조물 설치 계획단계에서의 고려사항
- 태양전지모듈의 지지물 : 자중 적재하중 및 구조하중은 물론 풍압, 적설 및 지진과 진동의 충격에 견딜 수 있는 안전한 구조일 것
- 가대의 재질 : 녹 발생이 없고 최소 20년 이상 내구성이 있을 것

38 태양광설비 시공기준 중 태양전지판에 관한 설명으로 틀린 것은?

① 태양광모듈 설치열이 2열 이상일 경우 앞쪽 열의 음영이 뒤쪽 열에 미치지 않도록 설치하여야 한다.
② 설치용량은 사업계획서상의 설계용량 이상이어야 하며, 설계용량의 110[%]를 초과하지 않아야 한다.
③ 장애물로 인한 음영에도 불구하고 일사시간은 1일 5시간(춘분 3~5월, 추분 9~10월 기준) 이상이어야 한다.
④ 전기선, 피뢰침, 안테나 등의 경미한 음영도 장애물로 취급한다.

풀이 태양광설비의 시공기준
- 일사시간 : 장애물로 인한 음영에도 불구하고 일사시간은 1일 5시간(춘분 3~5월, 추분 9~11월 기준) 이상이어야 한다(단, 전기줄, 피뢰침, 안테나 등 경미한 음영은 장애물로 보지 않는다).
- 태양광모듈 설치열이 2열 이상일 경우 앞열은 뒷열에 음영이 지지 않도록 설치한다.
- 태양전지 설계용량의 110[%]를 초과하지 않아야 한다.

39 태양광발전시스템의 시공 절차와 주의사항에 대한 설명으로 틀린 것은?

① 주철가대, 금속제 외함 및 금속배관 등은 누전사고 방지를 위한 접지공사가 필요하다.
② 태양광발전시스템의 전기공사는 태양전지모듈의 설치와 병행하여 진행한다.
③ 공사용 자재 반입 시 레커차를 사용할 경우 레커차의 암 선단이 배전선에 근접할 때, 절연전선 또는 전력케이블에 보호관을 씌운 후 전력회사에 통보한다.
④ 태양전지모듈의 배열 및 결선방법은 모듈의 출력전압과 설치장소에 따라 다르기 때문에 체크리스트를 이용하여 시공 전과 후에도 확인하는 것이 바람직하다.

풀이 공사용 자재의 반입 시 레커차를 사용할 경우 레커차의 암 선단이 배전선에 근접할 때, 공사착공 전에 전력회사와 사전협의 후 절연전선 또는 전력케이블에 보호관을 씌우는 등의 보호조치를 한다.

40 지붕형 태양광발전시스템 어레이 기초공사에 포함되는 것은?

① 방수공사
② 접지공사
③ 구조물공사
④ 모듈 설치공사

정답 37 ② 38 ④ 39 ③ 40 ①

풀이 지붕형 태양광발전시스템어레이 설치공사의 순서
어레이 기초공사(방수공사) → 어레이 가대공사(구조물공사) → 어레이 설치공사(모듈 설치공사) → 접지공사 → 배선공사 → 검사

41 일반 지붕재에 태양전지모듈을 넣은 지붕재 방식은?
① 지붕재 마감형
② 지붕재 일체형
③ 지붕재 건재형
④ 지붕재 설치형

풀이 지붕재 일체형 태양전지모듈은 일반 지붕재에 태양전지모듈을 넣은 지붕재를 말한다.

42 지붕 건재형 태양전지모듈의 설치장소를 고려한 설치사항으로 옳지 않은 것은?
① 태양전지모듈의 하중에 견딜 수 있는 강도를 가질 것
② 풍력계수는 처마 끝이나 지붕 중앙부를 똑같이 하여 시설할 것
③ 인접 가옥의 화재에 대한 방화대책을 세워 시설할 것
④ 눈이 많은 지역에서는 적설 방지대책을 강구하여 시설할 것

풀이 처마 끝이나 지붕 중앙부 등은 각 위치별로 풍압을 다르게 받기 때문에 지붕 건재형 설치 시 각각 다르게 풍력계수를 적용하여야 한다.

43 지붕에 설치하는 태양광발전시스템 중 톱 라이트의 특징이 아닌 것은?
① 채광 및 셀에 의한 차광효과도 있다.
② 셀의 배치에 따라서 개구율을 바꿀 수 있다.
③ 중·고층 건물의 벽면을 유효하게 이용한다.
④ 톱 라이트의 유리 부분에 맞게 태양전지 유리를 설치한 타입이다.

풀이 중·고층 건물의 벽면을 유효하게 이용할 수 있는 것은 벽설치형의 특징이다.

44 지붕에 설치하는 태양광발전의 형태로 틀린 것은?
① 창재형
② 지붕설치형
③ 톱라이트형
④ 지붕건재형

정답 41 ② 42 ② 43 ③ 44 ①

풀이 태양광발전의 지붕 설치 방식

※ 창재형은 창측에 설치하는 형태다.

45 지붕에 설치하는 태양전지모듈의 설치방법으로 틀린 것은?

① 시공, 유지보수 등의 작업을 하기 쉽도록 한다.
② 온도상승을 방지하기 위해 지붕과 모듈 간에는 간격을 둔다.
③ 모듈 고정용 볼트, 너트 등은 상부에서 조일 수 있어야 한다.
④ 태양전지모듈의 설치방법 중 세로 깔기는 모듈의 긴 쪽이 상하가 되도록 설치한다.

풀이 지붕 설치형 태양전지모듈의 설치방법
- 시공, 유지보수 등의 작업을 하기 쉽도록 한다.
- 태양전지모듈의 온도 상승을 억제하기 위해서 지붕과 태양전지모듈의 간격을 15[cm] 둔다.
- 미관 및 안전상 가대와 지지기구 등의 노출부를 가능한 한 적게 한다.
- 모듈 고정용 볼트, 너트 등은 상부에서 조일 수 있어야 한다.
- 적설량이 많은 지역에서는 어레이와 건물의 적설하중을 고려하여 적정한 설치방법을 선택함과 동시에 유효한 대책을 강구한다.
- 모듈의 설치방법 : 세로 깔기―모듈의 긴 쪽이 좌우가 되도록 설치
　　　　　　　　　　가로 깔기―모듈의 긴 쪽이 상하가 되도록 설치

46 창문 상부 등 건물 외부에 가대를 설치하고 그 위에 태양광모듈을 설치한 형태는?

① 경사지붕형　　② 벽 건재형　　③ 루버형　　④ 차양형

풀이 차양형
창문 상부 등 건물 외부에 가대를 설치하고 그 위에 태양광모듈을 설치한 형태

47 주택지붕형 태양전지모듈, 어레이를 설치하기 위해 가장 중요하게 고려해야 하는 사항은?

① 냉각조건　　② 음영　　③ 설치높이　　④ 설치각도

풀이 주택지붕형 태양광발전의 효율을 가장 많이 떨어뜨리는 요소는 주변 음영 요소이다.

정답 45 ④　46 ④　47 ②

48 태양전지모듈의 설치 및 조립 시 주의사항으로 틀린 것은?

① 태양전지모듈의 파손방지를 위해 충격이 가지 않도록 한다.
② 태양전지모듈과 가대의 접합 시 부식방지용 개스킷을 적용한다.
③ 태양전지모듈용 가대의 상단에서 하단으로 순차적으로 조립한다.
④ 태양전지모듈의 필요정격전압이 되도록 1스트링의 직렬매수를 선정한다.

풀이 가대의 조립은 하단에서 상단의 순으로 하여야 한다.

49 태양전지모듈을 설치할 경우 시공기준에 적합하지 않은 것은?

① 모듈 전면의 음영이 최대화되어야 한다.
② 경사각은 현장 여건에 따라 조정하여 설치할 수 있다.
③ 설치용량은 사업계획서상의 모듈 설계용량과 동일하여야 한다.
④ 방위각은 그림자의 영향을 받지 않는 곳에 정남향 설치를 원칙으로 한다.

풀이 시공기준의 내용
태양광모듈 설치열이 2열 이상일 경우 앞열은 뒷열에 음영이 지지 않도록 설치하여야 한다.

50 지붕 설치형 태양광발전방식의 설치에 대한 설명으로 틀린 것은?

① 태양전지는 지붕 중앙부에 놓는 것이 바람직하다.
② 태양전지모듈의 접속은 전선 또는 커넥터부착전선 등을 사용한다.
③ 건축물은 고정하중, 적재하중, 지진 등에 대하여 안전한 구조를 가져야 한다.
④ 건축물을 건축하거나 대수선하는 경우에는 지방자치단체장이 정하는 바에 따라 구조의 안전을 확인한다.

풀이 지붕 설치형
- 설치장소 : 지붕 중앙부가 처마 끝과 용마루의 풍력계수보다 낮으므로 태양광모듈은 중앙부에 설치하는 것이 바람직하다.
- 하중 : 고정하중, 적재하중, 적설하중, 풍압, 지진 등에 대하여 안전한 구조의 건축물을 건축하거나 대수선하는 경우에는 대통령령으로 정하는 바에 따라 구조 안전 확인, 구조 내력의 기준과 구조계산방법 등에 관하여 필요한 사항은 국토교통부령으로 정한다.
- 설치방법 : 태양전지모듈 접속은 전선 또는 커넥터부착전선 등을 사용하여 확실히 한다.

51 태양전지어레이 설계 시 커넥터, 단자대, 개폐기 등 관련 부품은 어레이회로의 몇 배 이상의 출력전압에 견디어야 하는가?

① 1.1배　　② 1.3배　　③ 1.5배　　④ 1.6배

정답 48 ③　49 ①　50 ④　51 ②

풀이 **태양전지어레이 출력전압**
태양전지어레이의 회로를 개방상태로 하면 태양전지어레이 최대출력전압의 1.3배의 전압(개방전압)이 발생한다. 커넥터와 단자대, 개폐기 등에도 이 전압이 가해지므로 기기를 선택할 때는 기기의 정격전압이 개방전압 이상인 것을 사용한다.

52 태양광 설치공사 중 태양전지모듈의 설치 시 추락 방지에 대한 안전대책이 아닌 것은?

① 안전모 착용
② 안전허리띠 착용
③ 저압절연장갑 착용
④ 안전대 및 안전화 착용

풀이 **추락 방지 안전대책**
- 안전모 착용
- 안전허리띠 착용
- 안전화 착용
- 안전대 설치

※ 저압절연장갑 착용은 감전 방지대책에 해당된다.

53 태양광설비의 시공기준에 관한 설명으로 틀린 것은?

① 실내용 인버터를 실외에 설치하는 경우는 5[kW] 이상이어야 한다.
② 모듈에서 실내에 이르는 배선에 쓰이는 전선은 모듈전용선 또는 TFC-CV선을 사용하여야 한다.
③ 태양전지모듈에서 인버터입력단 간의 전압강하는 10[%]를 초과하여서는 안 된다.
④ 역전류방지다이오드의 용량은 모듈단락전류의 1.4배 이상이어야 하며 현장에서 확인할 수 있도록 표시하여야 한다.

풀이 **태양광설비의 시공기준**
전압강하모듈에서 인버터입력단 간 및 인버터출력단과 계통연계점 간의 전압강하는 각 3[%]를 초과하여서는 안 된다. 다만, 전선길이가 60[m]를 초과할 경우에는 아래 표에 따라 시공할 수 있다. 전압강하 계약서(또는 측정치)를 설치확인 신청 시에 제출하여야 한다.

전선길이	전압강하
120[m] 이하	5[%]
200[m] 이하	6[%]
200[m] 초과	7[%]

54 다음 ( ) 안의 내용으로 알맞은 것은?

태양광모듈의 배열 및 결선방법은 출력전압과 설치장소 등에 따라 다르기 때문에 ( )를 이용하여 시공 전과 시공완료 후에 확인하는 것이 좋다.

① 체크리스트
② 부품사양서
③ 단선결선도
④ 고정식 계통도

풀이 태양광발전설비를 점검하기 위한 리스트는 체크리스트이다.

정답 52 ③ 53 ③ 54 ①

55 케이블 단말처리 중 시공 시 테이프 폭의 3/4부터 2/3 정도로 중첩해 감아 놓으면 시간이 지남에 따라 융착하여 일체화되는 절연테이프의 종류는?

① 자기융착절연테이프
② 비닐절연테이프
③ 보호테이프
④ 노턴테이프

풀이 절연테이프의 종류
- 비닐절연테이프 : 장시간 사용 시 점착력이 떨어져 태양광발전설비에는 적합하지 않다.
- 보호테이프 : 자기융착테이프의 열화를 방지하기 위해 자기융착테이프 위에 다시 한 번 감아 주는 보호테이프이다.
- 자기융착절연테이프 : 부틸고무제와 폴리에틸렌+부틸고무가 합성된 제품이 있지만 일반적으로 저압의 경우 부틸고무제는 사용하지 않는다.

56 가교폴리에틸렌 케이블의 단말처리를 위해 사용하는 절연테이프의 종류는?

① 고무절연테이프
② 비닐절연테이프
③ 자기융착절연테이프
④ 폴리에틸렌절연테이프

풀이 ㉠ 전선의 피복을 벗겨 내어 상호접속하는 접속부는 절연물과 동등 이상의 절연효과가 있는 재료로 접속해야 한다.
㉡ XLPE 케이블은 XLPE 절연체가 내후성이 약하므로 이를 보완하기 위해 단말처리 시 자기융착테이프 및 보호테이프를 절연체에 감아 내후성을 향상시킨다.
- 자기융착절연테이프 : 내후성 향상을 위해 사용된다.
- 보호테이프 : 자기융착절연테이프의 열화를 방지하기 위해 자기융착절연테이프 위에 다시 한 번 감아 주는 테이프이다.
- 비닐절연테이프 : 태양광발전시스템설비에는 적합하지 않다.

57 케이블 단말처리 방법의 순서를 옳게 나타낸 것은?

㉠ 점착성 절연테이프를 감는다.
㉡ 케이블의 피복을 벗겨 낸다.
㉢ 보호테이프를 반폭 이상 겹치도록 1회 이상 감는다.
㉣ 쌍관을 케이블에 삽입한다.
㉤ 케이블 종단에 극성을 표시한다.

① ㉡→㉤→㉠→㉢→㉣
② ㉡→㉢→㉠→㉣→㉤
③ ㉡→㉤→㉣→㉠→㉢
④ ㉡→㉣→㉠→㉢→㉤

정답 55 ① 56 ③ 57 ④

풀이 케이블 단말처리 방법
  ㉠ 쌍관을 사용하는 단말처리 방법
    케이블의 피복을 벗겨 낸다. → 쌍관을 케이블에 입힌다. → 점착성 절연테이프를 감는다. → 그 위에 보호테이프를 반폭 이상 겹치도록 1회 이상 감는다. → 케이블 종단에 극성을 표시한다.
  ㉡ 절연테이프의 단말처리 방법
    케이블의 피복을 벗겨 낸다. → 점착성 절연테이프의 반 이상을 겹치도록 하여 1회 이상 감는다. → 그 위에 보호테이프를 반폭 이상 겹치도록 1회 이상 감는다.

58 태양광발전시스템과 분산전원의 전력계통연계 시 장점이 아닌 것은?
① 배전선로 이용률이 향상된다.
② 공급신뢰도가 향상된다.
③ 고장 시의 단락용량이 줄어든다.
④ 부하율이 향상된다.

풀이 분산형 전원의 전력계통 연계운전 시 장단점
  ㉠ 장점
    • 배전선로 이용률 향상
    • 공급신뢰도 향상
    • 부하율 향상
  ㉡ 단점
    연계계통 사고에 의한 발전기의 단락전류에 의해 계통의 단락용량 증가로 차단기의 차단용량 부족상황 발생

59 전력계통에 태양광발전시스템을 연계 시 전력품질의 고려사항이 아닌 것은?
① 역률   ② 플리커
③ 유도장해   ④ 고조파전류

풀이 전력계통 연계 시 유효전력, 무효전력, 전압, 전압변동(플리커 발생요인), 역률고조파 등을 감시할 수 있는 장비가 설치되어야 한다.

60 경사도계수 0.7, 노출계수 0.9, 기본 지붕적설하중 0.7, 적설면적 100[m²]일 때 적설하중은 얼마인가?
① 40.1   ② 44.1   ③ 48.2   ④ 54.4

풀이 적설하중 = 경사도계수 × 노출계수 × 지붕적설하중 × 적설면적
       = 0.7 × 0.9 × 0.7 × 100
       = 44.1[kN]

정답 58 ③ 59 ③ 60 ②

61 다음 중 적설하중과 관련 있는 사항이 아닌 것은?

① 중요도계수 ② 노출계수
③ 온도계수 ④ 내압계수

풀이 적설하중(S_s)

$$S_s = C_s \cdot (C_b \cdot C_e \cdot C_t \cdot I_s \cdot S_g) \cdot A \,[\text{kN}]$$

여기서, C_s : 지붕경사도계수, C_b : 기본 적설하중계수, C_e : 노출계수
C_t : 온도계수, I_s : 중요도계수, S_g : 지상적설하중, A : 적설면적[m²]

내압계수는 적설하중과 무관하다.

62 태양전지어레이용 지지대에 영구적으로 작용하는 상정하중은?

① 고정하중 ② 풍압하중
③ 적설하중 ④ 지진하중

풀이 태양전지어레이용 지지대에 영구적으로 작용하는 상정하중은 고정하중이다.

정답 61 ④ 62 ①

02 태양광발전어레이 및 계통연계장치 시공

01 태양광발전시스템을 계통에 연계할 때 동기화를 고려하지 않아도 되는 것은?

① 주파수차 ② 전압차 ③ 위상차 ④ 전류차

풀이) 태양광발전시스템과 계통은 전압과 주파수, 위상에서 동기가 이루어져야 한다.

02 케이블트레이 시공방식의 장점이 아닌 것은?

① 방열 특성이 좋다.
② 허용전류가 크다.
③ 장래부하 증설 시 대응력이 크다.
④ 재해를 거의 받지 않는다.

풀이) 케이블트레이란 케이블을 지지하기 위하여 사용하는 금속재 또는 불연성 재료로 제작된 유닛 또는 유닛의 집합체 및 그에 부속하는 부속재 등으로 구성된 견고한 구조물을 말한다.

케이블트레이 시공방식
㉠ 장점
- 방열 특성이 좋다.
- 시공이 용이하다.
- 허용전류가 크다.
- 장래부하 증설 시 대응력이 크다.
- 전선 수가 많을 때 경제적이다.

㉡ 단점
자연재해 및 동식물의 영향을 받는다.

03 다음 ( ) 안의 알맞은 내용으로 옳은 것은?

전선관의 굵기는 동일 전선의 경우에는 피복을 포함한 단면적 총합계가 관의 내단면적의 (㉠)[%] 이하로 할 수 있으며, 서로 다른 굵기의 전선을 동일 관의 내단면적의 (㉡)[%] 이하가 되도록 선정하는 게 일반적인 원칙이다.

① ㉠ 24, ㉡ 48
② ㉠ 32, ㉡ 24
③ ㉠ 32, ㉡ 48
④ ㉠ 48, ㉡ 32

풀이) 전선관의 두께는 전선의 피복절연물을 포함하는 단면적 총합의 48[%] 이하로 한다(단, 두께가 다른 케이블의 경우는 32[%] 이하를 원칙으로 한다).

정답 01 ④ 02 ④ 03 ④

04 태양전지모듈과 인버터 간의 지중전선로를 직접매설식으로 시설하는 경우 알맞은 공사방법은?
① 중량물의 압력을 받을 우려가 있는 경우 1.0[m] 이상, 일반장소는 0.5[m] 이상 깊이로 매설한다.
② 중량물의 압력을 받을 우려가 있는 경우 1.2[m] 이상, 일반장소는 0.5[m] 이상 깊이로 매설한다.
③ 중량물의 압력을 받을 우려가 있는 경우 1.0[m] 이상, 일반장소는 0.6[m] 이상 깊이로 매설한다.
④ 중량물의 압력을 받을 우려가 있는 경우 1.2[m] 이상, 일반장소는 0.6[m] 이상 깊이로 매설한다.

풀이 지중전선로의 시설
지중전선로를 직접 매설식에 의하여 시설하는 경우에는 매설 깊이를 차량 기타 중량물의 압력을 받을 우려가 있는 장소에는 1.0[m] 이상, 기타 장소에는 60[cm] 이상으로 하고 또한 지중전선을 견고한 트로프 기타 방호물에 넣어 시설하여야 한다.

05 태양전지모듈의 배선을 지중으로 시공하는 경우의 설명으로 틀린 것은?
① 지중배선과 지표면의 중간에 매설 표시 시트를 포설한다.
② 지중배관 시 중량물의 압력을 받는 경우 0.6[m] 이상의 깊이로 매설한다.
③ 지중매설배관은 배선용 탄소강강관, 내충격성 경화비닐전선관을 사용한다.
④ 지중전선로의 매설개소에는 필요에 따라 매설 깊이, 전선방향 등을 지상에 표시한다.

풀이 • 지중배관 시 중량물의 압력을 받는 경우 1.0[m] 이상 깊이로 매설
• 지중배관 시 중량물의 압력을 받을 우려가 없을 때는 0.6[m] 이상으로 매설

06 지중전선로의 장점으로 틀린 것은?
① 고장이 적다.
② 보안상의 위험이 적다.
③ 공사 및 보수가 용이하다.
④ 설비의 안정성에 있어서 유리하다.

풀이 지중전선로
㉠ 장점
• 고장이 적다(낙뢰에 안전).
• 미관에 문제없다(쾌적한 도심환경 조성).
• 보안상 위험이 적다.
• 설비의 안전성에 유리하다(안전하다).
• 감전 우려가 적다.
㉡ 단점
• 건설비용이 고가이다.
• 공사 및 유지보수가 곤란하다.
• 고장점 발견이 어렵고 복구가 어렵다.

정답 04 ③ 05 ② 06 ③

07 직류전원을 이용한 분산형 전원의 인버터로부터 직류가 교류계통으로 유입되는 것을 방지하기 위하여 설치하는 것은?

① 직류 차단장치　　　　　　　　② 리액터
③ 상용주파변압기　　　　　　　　④ 고조파필터

풀이 상용주파변압기
태양전지 직류출력을 상용주파의 교류로 변환한 후 변압기를 이용해 절연과 전압변환을 한다.

08 서지 보호를 위해 SPD 설치 시 접속도체의 길이는 몇 [m] 이하가 되도록 하여야 하는가?

① 0.3　　　　② 0.5　　　　③ 0.8　　　　④ 1.0

풀이 가능하면 전체 전선의 길이가 0.5[m]를 초과하지 않아야 한다. 어떠한 접속점도 없어야 한다.

09 저압배선선로의 역조류로 계통이 개방되어 단독운전상태가 된 경우 검출방식이 아닌 것은?

① 과전압계전기　　　　　　　　② 과전류계전기
③ 부족전압계전기　　　　　　　④ 주파수저하계전기

풀이 역송전이 있는 저압연계시스템에서는 과전압계전기(OVR), 저전압계전기(UVR), 과주파수계전기(OFR), 저주파수계전기(UFR) 등의 계통연계 보호장치는 인버터에 내장되어 있다.

10 태양전지에서 옥내에 이르는 배선에 쓰이는 연결전선으로 적당하지 않은 것은?

① GV 전선　　　　　　　　　　② CV 전선
③ 모듈전용선　　　　　　　　　④ TFR-CV 전선

풀이 태양전지에서 옥내에 이르는 배선에 쓰이는 전선
- 모듈전용선
- TFR-CV 전선
- CV 전선

※ GV 전선 : 접지용 난연비닐전선

11 태양광발전시스템 중 접속반에 설치되어야 하는 주요 부품이 아닌 것은?

① 역류방지다이오드　　　　　　② 직류출력개폐기
③ 서지보호장치　　　　　　　　④ 자기융착절연테이프

정답 07 ③　08 ②　09 ②　10 ①　11 ④

풀이 접속반에 설치되는 주요 부품
직류출력개폐기, 피뢰소자, 역류방지소자, 단자대 서지보호장치(SPD), DCCT, DCPT
※ 자기융착절연테이프는 시공 시 케이블 단말처리용이다.

12 태양광발전설비 시공 중 접속함에서 인버터까지 배선의 전압강하율은 몇 [%] 이내로 권장하고 있는가?

① 1~2[%]   ② 4~5[%]
③ 7~9[%]   ④ 10~15[%]

풀이 태양광발전설비 시공 중 접속함에서 인버터까지 배선의 전압강하율은 1~2[%] 이내로 권장하고 있다.

13 태양전지어레이 출력을 접속함 내부의 1개소에서 통합한 후 인버터로 가는 회로 중간에 설치하는 것은?

① 인덕터   ② 증폭기
③ 변압기   ④ 주 개폐기

풀이 태양전지어레이 출력을 한곳으로 모은 후 인버터와의 회로 중간에 설치하는 것은 주 개폐기이다.

14 접지설비의 그림에서 M, P, C, B의 명칭으로 맞는 것은?

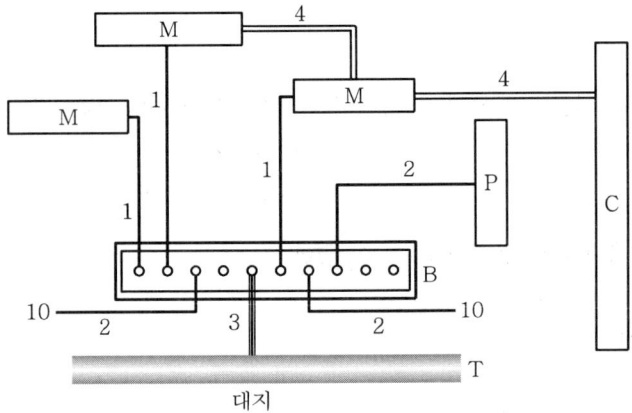

① M : 수도관, 가스관 등 금속배관
  P : 접지기구의 노출도전성부분
  B : 주접지단자
  C : 철골, 금속덕트의 계통 외 도전성부분

② M : 전기기구의 노출도전성부분
  P : 수도관, 가스관 등 금속배관
  B : 주접지단자
  C : 철골, 금속덕트의 계통 외 도전성부분

정답 12 ① 13 ④ 14 ②

③ M : 철골, 금속덕트의 계통 외 도전성부분
　P : 수도관, 가스관 등 금속배관
　B : 주접지단자
　C : 전기기구의 노출도전성부분

④ M : 전기기구의 노출도전성부분
　P : 수도관, 가스관 등 금속배관
　B : 철골, 금속덕트의 계통 외 도전성부분
　C : 주접지단자

풀이 1 : 보호선(PE)
　　 2 : 주등전위 접속용 선
　　 3 : 접지선
　　 4 : 보조등전위 접속용 선
　　10 : 기타 기기(예 통신설비)
　　 B : 주접지단자
　　 M : 전기기구의 노출도전성부분
　　 C : 철골, 금속덕트의 계통 외 도전성부분
　　 P : 수도관, 가스관 등 금속배관
　　 T : 접지극

15 다음 중 접지설비의 시공방법으로 옳은 것을 모두 고르면?

　ⓐ 부식, 전식 등의 외적 영향에 견딜 수 있도록 시설되어야 한다.
　ⓑ 접지저항값은 전기설비에 대한 보호 및 기능적 요구사항에 적합해야 한다.
　ⓒ 지락전류가 열적, 기계적 및 전자력적 스트레스에 의한 위험이 없이 흘러야 한다.

① ⓐ　　② ⓐ, ⓑ　　③ ⓑ, ⓒ　　④ ⓐ, ⓑ, ⓒ

풀이 접지선택 조건 : 접지의 선택은 대지저항률, 설치공간, 시공장소의 온도, 습도 등의 기후 특성, 장비의 요구사양, 접지의 신뢰성 및 안정성 그리고 유지 보수에 의한 경제성 등을 참고하여 선택하여야 한다.

16 금속제 외함을 가진 저압의 기계기구로서 사람이 쉽게 접촉할 우려가 있는 곳에 시설하는 경우 전기를 공급받는 전로에 지락이 생겼을 때 자동적으로 전로를 차단하는 장치를 설치하여야 하는 기계기구의 사용전압은 몇 [V]를 초과하는 경우인가?

① 30　　② 50　　③ 100　　④ 150

풀이 누전차단기의 시설 : 금속제 외함을 가진 사용전압이 50[V]를 초과하는 저압의 기계기구로서 사람이 쉽게 접촉할 우려가 있는 곳에 시설하는 경우 전기를 공급하는 전로에는 전원의 자동차단에 의한 저압전로의 보호대책으로 누전차단기를 시설하여야 한다.

17 접지시스템의 구분에서 다음 설명 중 잘못된 것은?

① 계통접지 : 전력계통의 이상현상에 대비하여 대지와 계통을 접속
② 보호접지 : (특)고압계통의 접지극과 저압계통의 접지극을 독립적으로 시설하는 방식
③ 공통/통합접지 : 공통접지는 (특)고압접지계통과 저압접지계통을 등전위 형성을 위해 공통으로 접지하는 방식
④ 피뢰시스템접지 : 뇌격전류를 안전하게 대지로 방류하기 위한 접지

정답 15 ④　16 ②　17 ②

- **풀이** • 보호접지 : 감전보호를 목적으로 기기의 한 점 이상을 접지
  • 단독접지 : (특)고압계통의 접지극과 저압계통의 접지극을 독립적으로 시설하는 접지방식

18 매설 혹은 심타 접지극의 종류로 동판을 사용하는 경우 알맞은 치수는?

① 두께 0.6[mm] 이상, 면적 800[mm^2] 이상
② 두께 0.6[mm] 이상, 면적 900[mm^2] 이상
③ 두께 0.7[mm] 이상, 면적 900[mm^2] 이상
④ 두께 0.8[mm] 이상, 면적 800[mm^2] 이상

풀이 접지극의 종류와 치수

종류	수치
동판	두께 0.7[mm], 면적 900[mm^2](편면) 이상
동봉 동피복강봉	직경 8[mm], 길이 0.9[m] 이상
동복강봉	두께 1.6[mm], 길이 0.9[m] 이상

19 저압전로의 보호도체 및 중성선의 접속방식에 따른 분류 중 전원의 한 점을 직접 접지하고 설비의 노출도전성부분을 보호선(PE)을 이용하여 전원의 한 점에 접속하는 접지계통으로 맞는 것은 어느 것인가?

① TN 계통
② TT 계통
③ IT 계통
④ II 계통

풀이 • TT 계통 : 전원의 한 점을 직접 접지하고 설비의 노출도전성부분을 전원계통의 접지극과는 전기적으로 독립한 접지극에 접지하는 방식
• IT 계통 : 충전부 전체를 대지 절연시키거나 한 점에 임피던스를 삽입하여 대지에 접속시키고, 전기기기의 노출도전성부분은 단독 또는 일괄적으로 접지하거나 계통접지로 접속하는 방식

20 KS C IEC 60364의 저압계통 접지방식이 아닌 것은?

① TT 방식
② TN-C 방식
③ TT-C 방식
④ IT 방식

풀이 KS C IEC 60364의 저압계통 접지방식
• TN 계통방식(TN-C, TN-S, TN-C-S)
• TT 계통방식
• IT 계통방식

정답 18 ③ 19 ① 20 ③

21 변압기의 고압 측 전로와의 혼촉에 의하여 저압 측 전로의 대지전압이 150[V]를 넘는 경우에 2초 이내에 고압전로를 자동차단하는 장치가 되어 있는 6,600/220[V] 배전선로에 있어서 1선 지락전류가 2[A]이면 접지저항값의 최대는 몇 [Ω]인가?

① 50[Ω]
② 75[Ω]
③ 150[Ω]
④ 300[Ω]

풀이 변압기 중성점접지

변압기의 중성점접지저항값은 다음에 의한다.
㉠ 변압기의 고압·특고압 측 전로 1선 지락전류로 150을 나눈 값과 같은 저항값 이하

$$R = \frac{150}{\text{변압기의 고압 측 또는 특고압 측의 1선 지락전류}}[\Omega]$$

㉡ 사용전압이 35[kV] 이하인 특고압전로가 저압 측 전로와 혼촉하고 저압전로의 대지전압이 150[V]를 초과하는 경우의 저항값은 다음에 의한다.
- 1초 초과 2초 이내에 고압·특고압 전로를 자동으로 차단하는 장치를 설치할 때는 300을 나눈 값 이하

$$R = \frac{300}{\text{변압기의 고압 측 또는 특고압 측의 1선 지락전류}}[\Omega]$$

- 1초 이내에 고압·특고압 전로를 자동으로 차단하는 장치를 설치할 때는 600을 나눈 값 이하

$$R = \frac{600}{\text{변압기의 고압 측 또는 특고압 측의 1선 지락전류}}[\Omega]$$

$$= \frac{300}{1\text{선 지락전류}} = \frac{300}{2} = 150[\Omega]$$

22 변압기 중성점접지공사의 접지저항값을 $\frac{150}{I}[\Omega]$으로 정하고 있는데, 이때 I에 해당하는 것은 어느 것인가?

① 변압기의 고압 측 또는 특고압 측 전로의 1선 지락전류의 암페어 수
② 변압기의 고압 측 또는 특고압 측 전로의 단락 사고 시 고장전류의 암페어 수
③ 변압기의 1차 측과 2차 측의 혼촉에 의한 단락전류의 암페어 수
④ 변압기의 1차와 2차에 해당되는 전류의 합

풀이 변압기의 중성점접지

접지저항값	비고
• $\frac{150}{I}[\Omega]$ 이하 • 자동차단설비가 1초 이내 동작하면 $\frac{600}{I}[\Omega]$ • 자동차단설비가 1초를 넘어 2초 이내 동작하면 $\frac{300}{I}[\Omega]$	I : 변압기의 고압·특고압 측 전로의 1선 지락전류

정답 21 ③ 22 ①

23 변압기 고압 측 전로의 1선 지락전류가 5[A]일 때 접지저항값의 최댓값[Ω]은?(단, 혼촉에 의한 대지전압은 150[V]이다.)

① 25
② 30
③ 35
④ 40

풀이 변압기의 중성점접지

접지저항값 $= \dfrac{150}{1선\ 지락전류} = \dfrac{150}{5} = 30[\Omega]$

24 태양광발전시스템의 시공 중 감전 방지책에 대한 설명으로 틀린 것은?

① 강우 시 작업을 중단한다.
② 저압전로용 절연장갑을 착용한다.
③ 이중절연처리가 된 공구를 사용한다.
④ 작업 종료 후 태양전지모듈 표면에 차광시트를 붙인다.

풀이 태양광발전시스템 시공 중 감전 방지대책
- 작업 전 태양전지모듈의 표면에 차광시트를 붙여 태양광을 차단한다.
- 저압선로용 절연장갑을 착용한다.
- 절연처리가 된 공구를 사용한다.
- 강우 시 작업을 금지한다.

25 접지극의 물리적인 접지저항 저감방법이 아닌 것은?

① 접지극의 직렬접속
② 접지극의 치수 확대
③ 접지극을 깊이 매설
④ MESH 공법

풀이 접지극의 접지저항 저감방법에는 화학적 저감방법과 물리적 저감방법이 있다.
- **물리적 저감방법** : 접지극을 깊이 매설, 접지극 병렬접속, 접지극 치수 확대, MESH 공법 등이 있다.
- **화학적 저감방법** : 화이트아스론, 규산화이트 등을 사용하여 접지저항을 저감, 환경오염문제로 화학적 저감재 사용을 자제하고 있다.

26 접지극의 물리적인 접지저항 저감방법 중 수직공법인 것은?

① 보링공법
② MESH 공법
③ 접지극의 치수 확대
④ 접지극의 병렬접속

풀이 접지저항의 저감방법
접지극의 물리적인 접지저항 저감방법 중 수직공법인 것은 보링공법이다.

정답 23 ② 24 ④ 25 ① 26 ①

27 접지공사 시 접지극의 매설 깊이는 지하 몇 [cm] 이상으로 매설하여야 하는가?

① 30
② 60
③ 75
④ 120

풀이 각종 접지공사의 세목
접지극은 지하 75[cm] 이상으로 하되 동결 깊이를 감안하여 매설할 것

28 접지저항은 대지저항률에 따라 크게 좌우된다. 대지저항률에 영향을 주는 요인으로 틀린 것은?

① 물리적 영향
② 온도적 영향
③ 계절적 영향
④ 흙의 종류나 수분의 영향

풀이 대지저항률에 영향을 주는 요소
토양의 종류나 수분 함유량 혹은 온도, 계절 변동 이외에 토양에 함유된 수분에 용해된 물질과 그 물질의 농도, 그리고 토양 입자의 크기, 조밀도 등이 대지저항률에 영향을 주는 요인이 된다.
대지저항 저감병법으로 물리적 저감방법과 화학적 저감방법이 있다.

29 접지극의 물리적인 접지저항 저감방법 중에서 수평공법이 아닌 것은?

① 접지극의 병렬접속
② MESH 공법
③ 접지극의 치수 확대
④ 보링공법

풀이 접지저항 저감대책 : 물리적 저감방법, 화학적 저감방법
물리적 저감방법에는 수평공법과 수직공법이 있다.
• 수평공법 : 접지극 병렬접속, 접지극의 치수 확대, 매설지선 및 평판접지극의 메시공법, 다중접지시트
• 수직공법 : 보링공법, 접지봉 심타법

30 접지극에 사용되지 않는 것은?

① 동판
② 탄소피복강
③ 알루미늄봉
④ 동피복강봉

풀이 접지극에 사용되는 것 : 동판, 동피복강봉, 탄소피복강

31 접지저항을 감소시키는 접지저항저감제가 갖추어야 할 조건이 아닌 것은?

① 사람과 가축에 안전할 것
② 전기적으로 양호한 부도체일 것
③ 접지전극을 부식시키지 않을 것
④ 경제적일 것

정답 27 ③ 28 ① 29 ④ 30 ③ 31 ②

풀이 접지저항저감제가 갖추어야 할 조건(특성)
- 공해성이 없고 안전할 것
- 전기적으로 양도체일 것
- 접지선과 전극의 부식 억제
- 저감효과가 클 것
- 저감효과에 지속성이 있을 것
- 작업성이 좋을 것

32 수용장소의 인입구 부근에서 변압기 중성점접지를 한 저압전로의 중성선에 추가로 접지공사를 하려고 할 때, 접지도체는 몇 [mm²] 이상의 연동선이어야 하는가?

① 1.0   ② 2.5   ③ 6   ④ 10

풀이 저압수용가 인입구 접지
수용장소 인입구 부근에서 다음의 것을 접지극으로 사용하여 변압기 중성점접지를 한 저압전선로의 중성선 또는 접지 측 전선에 추가로 접지공사를 할 수 있다.
- 지중에 매설되어 있고 대지와의 전기저항값이 3[Ω] 이하의 값을 유지하고 있는 금속제 수도관로
- 대지 사이의 전기저항값이 3[Ω] 이하인 값을 유지하는 건물의 철골
- 접지도체는 공칭단면적 6[mm²] 이상의 연동선

33 태양광발전설비의 접지공사 시 접지선의 색은?

① 청색   ② 녹색   ③ 백색   ④ 노란색

풀이 접지선의 색은 녹색으로 한다.

34 표준태양전지어레이의 개방전압을 최대사용전압으로 간주할 때 절연내력 측정방법으로 옳은 것은?

① 최대사용전압의 1배의 직류전압이나 1.5배의 교류전압을 10분간 인가하여 절연파괴 등 이상이 발생하지 않을 것
② 최대사용전압의 1배의 직류전압이나 1.5배의 교류전압을 20분간 인가하여 절연파괴 등 이상이 발생하지 않을 것
③ 최대사용전압의 1.5배의 직류전압이나 1배의 교류전압을 10분간 인가하여 절연파괴 등 이상이 발생하지 않을 것
④ 최대사용전압의 1.5배의 직류전압이나 1배의 교류전압을 20분간 인가하여 절연파괴 등 이상이 발생하지 않을 것

풀이 연료전지 및 태양전지모듈의 절연내력
연료전지 및 태양전지모듈로 최대사용전압의 1.5배의 직류전압 또는 1배의 교류전압(500[V] 미만으로 되는 경우에는 500[V])을 충전부분과 대지 사이에 연속하여 10분간 가하여 절연내력을 시험하였을 때 견디는 것

정답 32 ③   33 ②   34 ③

35 태양광발전시스템 중 태양전지모듈의 절연내력 검사 시 기술기준 내용으로 옳은 것은?

① 최대사용전압의 1배의 직류전압 또는 1배의 교류전압을 충전부분과 대지 사이에 5분간 가하여 절연내력시험을 견딜 것
② 최대사용전압의 1배의 직류전압 또는 1.5배의 교류전압을 충전부분과 대지 사이에 10분간 가하여 절연내력시험을 견딜 것
③ 최대사용전압의 1.5배의 직류전압 또는 1배의 교류전압을 충전부분과 대지 사이에 10분간 가하여 절연내력시험을 견딜 것
④ 최대사용전압의 1.5배의 직류전압 또는 1.5배의 교류전압을 충전부분과 대지 사이에 5분간 가하여 절연내력시험을 견딜 것

풀이 문제 34번 풀이 참조

36 태양광발전시스템 공사 중 태양전지어레이의 절연저항 측정에 필요한 시험 기자재로 가장 거리가 먼 것은?

① 온도계　　② 습도계　　③ 계전기　　④ 절연저항계

풀이 어레이의 절연저항 측정 시 필요한 시험기자재
- 절연저항계(메거)　　• 온도계　　• 습도계

37 보조전극을 이용한 접지저항 측정 시 보조전극의 간격은 몇 [m] 이상으로 이격하는가?

① 1　　② 2　　③ 5　　④ 10

풀이 접지전극 보조전극의 간격은 10[m]로 하고 직선에 가까운 상태로 설치한다.

38 수용장소의 인입구 부근에 금속제 수도관로가 있는 경우 또는 대지 간의 전기저항값이 몇 [Ω] 이하인 값을 유지하는 건물의 철골이 있는 경우에는 이것을 접지극으로 사용하여 저압전선로의 접지 측 전선에 추가 접지할 수 있는가?

① 1[Ω]　　② 2[Ω]　　③ 3[Ω]　　④ 4[Ω]

풀이 저압수용가의 인입구 접지

수용장소 인입구 부근에서 다음의 것을 접지극으로 사용하여 변압기 중성점접지를 한 저압전선로의 중성선 또는 접지 측 전선에 추가로 접지공사를 할 수 있다.
- 지중에 매설되어 있고 대지와의 전기저항값이 3[Ω] 이하의 값을 유지하고 있는 금속제 수도관로
- 대지 사이의 전기저항값이 3[Ω] 이하인 값을 유지하는 건물의 철골
- 접지도체는 공칭단면적 6[mm^2] 이상의 연동선

정답 35 ③　36 ③　37 ④　38 ③

39 직접 접지계통의 특징이 아닌 것은?

① 지락전류가 크다.
② 과도안정도가 좋다.
③ 이상전압을 억제한다.
④ 유도장해가 크다.

풀이 직접 접지계통의 특징
- 과도안정도가 나빠진다.
- 큰 지락전류로 통신선에 유도장해 발생
- 지락 시 불평형전류로 고조파가 발생하여 유도장해 발생
- 지락전류로 기기에 큰 기계적 충격 발생
- 차단기 수명단축 : 계통사고는 대부분 1선 지락 사고이므로 차단기가 대전류를 차단할 기회가 많아진다.
- 절연레벨 경감으로 경제적

40 국제표준화(KEC 121.2)에서 전선식별의 색상 중 틀린 것은?

① L1 : 갈색, L2 : 흑색, L3 : 회색
② 중성선(N) : 청색
③ 접지/보호도체 : 녹황교차.
④ L1 : 청색, L2 : 적색, L3 : 흑색

풀이 전선식별법 국제표준화(KEC 121.2)

전선 구분	KEC 식별색상
상선(L1)	갈색
상선(L2)	흑색
상선(L3)	회색
중성선(N)	청색
접지/보호도체(PE)	녹황교차

41 공통접지시설 중 상도체($S[\text{mm}^2]$)의 단면적이 $16 \leq S$인 경우, 보호도체 재질이 상도체와 같을 때의 보호도체의 최소 단면적은?

① $S[\text{mm}^2]$
② $16[\text{mm}^2]$
③ $S/2[\text{mm}^2]$
④ $8[\text{mm}^2]$

풀이 보호도체의 단면적

상도체의 단면적 $S[\text{mm}^2]$	대응하는 보호도체의 최소 단면적[mm^2]	
	보호도체의 재질이 상도체와 같은 경우	보호도체의 재질이 상도체와 다른 경우
$S \leq 16$	S	$(k_1/k_2) \times S$
$16 < S \leq 35$	16	$(k_1/k_2) \times 16$
$S > 35$	$S/2$	$(k_1/k_2) \times (S/2)$

※ k_1, k_2 : 도체 및 절연의 재질에 따라 KS C IEC 60364에서 산정된 상도체에 대한 k값

정답 39 ② 40 ④ 41 ①

42 접지저항 측정방법으로 틀린 것은?

① 콜라우시 브리지법
② 전위차계 접지저항계
③ Wenner의 4전극법
④ Clamp On 측정법

풀이 Wenner의 4전극법은 대지의 고유저항 측정방법이다.

43 공통접지시설 중 상도체(S[mm²])의 단면적이 $16 < S \leq 35$인 경우 보호도체 재질이 상도체와 같을 때 보호도체의 최소 단면적은?

① S[mm²]
② 16[mm²]
③ $S/2$[mm²]
④ 8[mm²]

풀이 보호도체의 단면적

상도체의 단면적 S[mm²]	대응하는 보호도체의 최소 단면적[mm²]	
	보호도체의 재질이 상도체와 같은 경우	보호도체의 재질이 상도체와 다른 경우
$S \leq 16$	S	$(k_1/k_2) \times S$
$16 < S \leq 35$	16	$(k_1/k_2) \times 16$
$S > 35$	$S/2$	$(k_1/k_2) \times (S/2)$

※ k_1, k_2 : 도체 및 절연의 재질에 따라 KS C IEC 60364에서 산정된 상도체에 대한 k값

44 접지공사의 시설기준으로 잘못된 것은?

① 접지극은 지하 75[cm] 이상의 깊이에 매설할 것
② 접지선은 지표상 60[cm]까지 절연전선 및 케이블을 사용할 것
③ 접지선은 지하 75[cm]부터 지표상 2[m]까지는 합성수지관 또는 절연몰드 등으로 보호할 것
④ 접지극은 지하 50[cm] 이상 깊이에 매설할 것

풀이 접지공사의 시설기준
- 접지극은 지하 75[cm] 이상의 깊이에 매설할 것
- 접지선은 지표상 60[cm]까지 절연전선 및 케이블을 사용할 것
- 접지선은 지하 75[cm]부터 지표상 2[m]까지는 합성수지관 또는 절연몰드 등으로 보호할 것

45 태양전지어레이 출력이 500[W] 이하일 때 접지선의 두께는 몇 [mm²]인가?

① 1
② 1.5
③ 2
④ 2.5

정답 42 ③ 43 ② 44 ④ 45 ②

[풀이] 태양전지어레이 출력에 따른 접지선의 두께

태양전지어레이 출력	접지선의 두께[mm²]
500[W] 이하	1.5
500[W] 초과 2[kW] 이하	2.5
2[kW] 초과하는 경우	4

46 저압전로의 보호도체 및 중성선의 접속방식에 따른 접지계통에서 아래 그림은 어느 접지계통방식인가?

계통접지　　노출도전성부분
계통 전체의 중성선과
보호선을 접속하여 사용한다.

노출도전성부분
계통 전체의 접지된 상전선과
보호선을 접속하여 사용한다.

① TN-C 계통　　② TN-S 계통
③ TN-C-S 계통　　④ TT 계통

[풀이]
- TN-C 계통 : 계통 전체에 대해 중성선과 보호도체의 기능을 동일 도체로 겸용한 PEN 도체를 사용한다.
- TN-S 계통 : 계통 전체에 대해 별도의 중성선 또는 PE 도체를 사용한다.
- TN-C-S 계통 : 계통의 일부분에서 PEN 도체를 사용하거나 중성선과 별도의 PE 도체를 사용한다.
- TT 계통 : 설비 전체에서 별도의 중성선과 보호도체가 있는 TT 계통 설비 전체에서 정지된 보호도체가 있으나 배전용 중성선이 없는 TT 계통이다.

47 국제적으로 통용되고 국내에서도 사용되는 KS C IEC 60364의 저압계통 접지방식 중 잘못된 것은?

① TN-C　　② TN-S
③ TT-C　　④ IT

[풀이] KS C IEC 60364의 저압계통 접지방식
TN 방식(TN-C, TN-S, TN-C-S 방식), TT 방식, IT 방식이 있다.

※ T : Terre,　N : Netural,　I : Insulation

정답　46 ②　47 ③

48 태양광발전설비의 접지공사에 대해 설명한 것 중 틀린 것은?
① 태양전지어레이에서 인버터까지의 직류전로는 원칙적으로 접지공사를 실시하지 않는다.
② 접지는 태양전지모듈 하나를 제거하여도 태양광 전원회로에 접속된 접지도체의 연속성에 영향을 주지 않아야 한다.
③ 태양광발전설비는 누전에 의한 감전사고 및 화재로부터 인명과 재산을 보호하기 위해 접지를 해야 한다.
④ 접지선은 백색으로 시설하고 기계기구외함 접지공사를 한다.

풀이 접지선은 녹색으로 하고 기계기구외함 접지공사를 한다.

49 태양광발전 건설 시 부지 선정의 고려사항으로 틀린 것은?
① 지정학적 조건 : 일조량 등
② 건설상 조건 : 부지의 접근성 및 주변환경
③ 전력계통과의 연계조건 : 태양광발전은 계통연계는 무시해도 무방
④ 경제성 : 부지매입가격 및 부대공사비 등

풀이 태양광발전 건설 시 전력계통과의 연계성도 고려해야 한다(전력계통의 인입위치 등).

50 태양광발전의 전기공사 절차에서 옥외공사가 아닌 것은?
① 접속함 설치
② 분전반 개조(신설)
③ 접속함에서 인버터까지 배선
④ 전력량계 설치

풀이 분전반 개조(신설)는 옥내에 설치한다.

51 총 설비용량 80[kW], 수용률 75[%], 부하율 80[%]인 수용가의 평균전력은 몇 [kW]인가?
① 30 ② 36 ③ 42 ④ 48

풀이 수용률 $= \dfrac{\text{최대수용전력[kW]}}{\text{부하설비합계[kW]}} \times 100[\%]$

부하율 $= \dfrac{\text{평균수용전력[kW]}}{\text{최대수용전력[kW]}} \times 100[\%]$

$75[\%] = \dfrac{\text{최대수용전력[kW]}}{80[\text{kW}]} \times 100[\%]$, 최대수용전력 $= 0.75 \times 80 = 60[\text{kW}]$

$80[\%] = \dfrac{\text{평균수용전력[kW]}}{60[\text{kW}]} \times 100[\%]$, 평균수용전력 $= 0.8 \times 60 = 48[\text{kW}]$

정답 48 ④ 49 ③ 50 ② 51 ④

52 계산값이 항상 1 이상인 것은?
① 부등률
② 수용률
③ 부하율
④ 전압강하율

풀이 부등률 = $\dfrac{\text{개별수용 최대전력의 합[kW]}}{\text{합성최대전력[kW]}} \geq 1$ (항상 1 이상이다.)

53 수용설비와 부하의 관계를 나타내는 수용률, 부등률, 부하율 및 전일효율에 대한 설명이다. 틀린 것은?
① 수용률은 수용가의 최대수용전력과 그 수용가가 설치하고 있는 설비 용량의 합계와의 비를 말한다.
② 부등률은 최대전력의 발생 시각 또는 발생 시기의 분산을 나타내는 지표를 말한다.
③ 부하율은 어느 일정기간 중 평균수용전력과 최대수요전력의 비를 나타낸 것으로 부하율이 낮을수록 설비가 효율적으로 사용된다고 할 수 있다.
④ 전일효율은 하루 동안의 에너지 효율로서 24시간 중의 출력에 상당한 전력량을 그 전력량과 그날의 손실전력량의 합으로 나누는 것을 말한다.

풀이
- 수용률 = $\dfrac{\text{최대수용전력[kW]}}{\text{총 부하설비 용량[kW]}} \times 100\%$
- 부등률 = $\dfrac{\text{수용설비 각각의 최대수용전력의 합[kW]}}{\text{합성 최대수용전력의 합[kW]}} \geq 1$
- 부하율 = $\dfrac{\text{평균전력[kW]}}{\text{합성 최대수용전력의 합[kW]}}$

∴ 부하율이 높을수록 설비를 효율적으로 사용

54 퓨즈 용량 선정 시 적용하는 단락전류는?
① 대칭단락전류 실효값
② 최대비대칭단락전류 순시값
③ 최대비대칭단락전류 실효값
④ 3상 평균 비대칭단락전류 실효값

풀이 퓨즈의 정격 차단용량을 표시하는 경우 직류분을 포함시킨 비대칭실효값으로 나타내지 않고 교류분만의 대칭실효값만으로 나타낸다.

55 태양광발전 전기공사에서의 체크리스트항목이 아닌 것은?
① 어레이 설치방향
② 계통연계 유무
③ 피뢰소자의 배치
④ 기후

정답 52 ① 53 ③ 54 ① 55 ③

풀이 태양광발전 전기공사의 체크리스트항목
- 시설명칭, 시공일자, 시공회사
- 기후
- 계통연계 유무
- 모듈 배치도 등
- 어레이 설치방향
- 용량
- 모듈 : 개방전압, 단락전류, 인버터 입출력전압

56 피뢰기의 정격전압이란?

① 충격파의 방전개시전압
② 상용주파수의 방전개시전압
③ 속류의 차단이 되는 최고의 교류전압
④ 충격방전전류가 통하고 있을 때의 단자전압

풀이 피뢰기의 정격전압
속류의 차단이 되는 최고의 교류전압, 즉 피뢰기의 양단자 사이에 인가할 수 있는 사용주파수의 사용전압 최고한도를 규정한 값으로, 실효값으로 표현한다.

57 건축물에 피뢰설비가 설치되어야 하는 높이는 몇 [m] 이상인가?

① 10　　　② 15　　　③ 20　　　④ 25

풀이 건축물의 설비기준 등에 관한 규칙 제20조(피뢰설비)
낙뢰의 우려가 있는 건축물 또는 높이 20미터 이상의 건축물에는 기준에 적합하게 피뢰설비를 설치하여야 한다.

58 전력계통에서 3권선 변압기(Y-Y-△)를 사용하는 주된 이유는?

① 노이즈 제거
② 전력손실 감소
③ 2가지 용량 사용
④ 제3고조파 제거

풀이 3권선의 용도
- 제3고조파 제거 : 제3고조파가 △권선 내를 순환하기 때문
- 조상설비의 설치
- 소내용 전원의 공급 등

59 분산형 전원을 배전계통에 연계 시 승압용 변압기의 1차 결선방식으로 옳은 것은?(단, 인버터는 3상이며, 절연변압기를 사용하는 조건임)

① Y 결선
② △ 결선
③ V 결선
④ 스코트(SCOT) 결선

풀이 태양광발전의 승압용 변압기 1차 측 결선은 Y결선을 사용한다.

정답 56 ③　57 ③　58 ④　59 ①

60
어떤 건물에서 총 설비 부하용량이 850[kW], 수용률이 60[%]라면, 변압기의 용량은 최소 몇 [kVA]로 하여야 하는가?(단, 설비부하의 종합역률은 0.75이다.)

① 510 ② 620 ③ 680 ④ 740

풀이 변압기용량 = $\dfrac{\text{설비용량[kW]} \times \text{수용률}}{\text{역률} \times \text{부등률}}$ [kVA] = $\dfrac{850 \times 0.6}{0.75}$ = 680[kVA]

61
최대수용전력이 600[kVA]이고 설비용량은 전등부하 350[kVA], 동력부하 500[kVA]이다. 이때 수용률[%]은?

① 32.80 ② 52.62 ③ 70.58 ④ 79.62

풀이 수용률 = $\dfrac{\text{최대수용전력}}{\text{설비용량[kW]}} \times 100[\%]$ = $\dfrac{600}{350+500} \times 100[\%] ≒ 70.58[\%]$

62
최대수용전력은 1,000[kVA]이고 설비용량은 전등부하 500[kW], 동력부하 700[kVA]이다. 이때 수용률은?

① 83.3[%] ② 86.6[%] ③ 88.3[%] ④ 90.6[%]

풀이 수용률 = $\dfrac{\text{최대수용전력}}{\text{설비용량}} \times 100$ = $\dfrac{1,000}{500+700} \times 100 = 83.3[\%]$

63
태양광발전시스템의 시공 전 실시해야 할 현장여건 분석 내용 중 틀린 것은?

① 설치조건 : 방위각, 경사각
② 환경여건 : 음영 여부
③ 전력여건 : 배전용량 연계점
④ 전기방식 : 단상 2선, 3상 3선

풀이 전기방식은 부하에 따라 결정된다.

64
어레이 용량은 3~5[kW]이며, 경사각은 0°로 고정되어 태양이 움직이는 시간에 따라 동서로 추적하는 모듈 설비방식은?

① 고정형
② 경사가변형
③ 단축추적형
④ 양축추적형

풀이 어레이의 추적방향에 따른 분류
- **단축추적형** : 태양광어레이가 태양의 한 측만을 추적하도록 설계된 방식
- **양축추적형** : 어레이가 항상 태양의 직달 일사량이 최대가 되도록 상하좌우를 동시에 추적하도록 설계된 방식

정답 60 ③ 61 ③ 62 ① 63 ④ 64 ③

65 전압동요에 의한 플리커의 경감대책으로 전원 측에 실시하는 대책으로 틀린 것은?

① 전용 계통으로 공급한다.
② 단락용량이 적은 계통에서 공급한다.
③ 전용 변압기로 공급한다.
④ 공급전압을 승압한다.

풀이 전원 측에서의 플리커 경감대책
- 전용 계통으로 공급한다.
- 전용 변압기로 공급한다.
- 저압배선을 굵은 전선으로 바꾼다.
- 공급전압을 승압한다.
- 단락용량이 큰 계통에서 공급한다.
- 저압뱅킹방식, 저압네트워크방식을 채용한다.

66 태양광발전시스템 중 모니터링시스템프로그램의 기능이 아닌 것은?

① 데이터 수집기능
② 데이터 저장기능
③ 데이터 분석기능
④ 데이터 예측기능

풀이 모니터링 프로그램의 기능
- 데이터 수집기능
- 데이터 분석기능
- 실시간 모니터링 화면구성
- 데이터 저장기능
- 데이터 통계기능

67 태양전지모듈 설치 시 감전 방지책으로 옳은 것은?

① 작업 시에는 일반 장갑을 착용한다.
② 강우 시 발전이 없기 때문에 작업을 해도 무관하다.
③ 태양광모듈을 수리할 경우 표면을 차광시트로 씌워야 한다.
④ 태양전지모듈은 저압이기 때문에 공구는 반드시 절연처리될 필요가 없다.

풀이 감전 방지대책
- 작업 전에 태양전지모듈의 표면에 차광시트를 붙여 태양광을 차단한다.
- 저압선로용 절연장갑을 낀다.
- 절연처리가 된 공구를 사용한다.
- 강우 시에는 작업을 하지 않는다.

68 태양광발전시스템의 시공 시 감전 방지대책으로 틀린 것은?

① 안전띠를 착용하여 작업한다.
② 절연처리가 된 공구를 사용한다.
③ 강우 시에는 작업을 하지 않는다.
④ 작업 전에 태양전지모듈의 표면에 차광시트를 붙여 태양광을 차단한다.

풀이 문제 67번 풀이 참조

정답 65 ② 66 ④ 67 ③ 68 ①

69 태양전지모듈 설치 시 감전사고 방지를 위한 대책이 아닌 것은?

① 태양전지모듈 표면의 차광시트를 제거한다.
② 강우 또는 강설 시는 작업을 하지 않는다.
③ 절연처리된 공구를 사용한다.
④ 절연장갑을 착용한다.

풀이 문제 67번 풀이 참조

70 태양광발전시스템의 전기공사에서 발생할 감전의 방지대책으로 틀린 것은?

① 작업 전 태양전지모듈 표면에 차광막을 씌워 태양광을 차폐한다.
② 저압절연장갑을 착용한 후에 작업에 임한다.
③ 절연처리된 공구만을 사용한다.
④ 강우 시나 습도가 과도하게 많은 날에는 절연화, 절연장갑, 절연모 등을 철저히 착용하고 작업에 임해야 한다.

71 태양전지모듈 시공 시의 안전대책에 대한 고려사항으로 적절치 않은 것은?

① 절연된 공구를 사용한다.
② 강우 시에는 반드시 우비를 착용하고 작업에 임한다.
③ 안전모, 안전대, 안전화, 안전허리띠 등을 반드시 착용하여야 한다.
④ 작업자는 자신의 안전확보와 2차 재해방지를 위해 작업에 적합한 복장을 갖춰 작업에 임해야 한다.

풀이 안전대책

㉠ 복장 및 추락방지
작업에 적합한 복장은 작업자 자신의 안전을 보장하고 2차 재해를 예방할 수 있다.
- 안전모 착용 : 머리보호를 위해 착용한다.
- 안전대 착용 : 추락방지를 위해 필히 착용한다.
- 안전화 : 미끄럼 방지의 효과가 있는 신발을 착용한다.
- 안전허리띠 착용 : 공구, 공사 부재의 낙하 방지를 위해 착용한다.

㉡ 작업 중 감전 방지대책
태양광모듈 한 장의 출력전압은 모듈별 용량과 편차에 따라 직류 25~45[V] 정도이다. 요구되는 발전에 필요한 전압만큼 상승시키기 위해서는 여러 개의 모듈을 직렬로 연결하여 종단 전압을 250~450[V] 또는 450~820[V]까지의 고전압으로 얻을 수 있다. 또한 작업에 있어 감전방지를 위하여 다음과 같은 안전대책이 요구된다.
- 작업 전 태양광모듈 표면에 차광막을 씌워 태양광을 차폐한다.
- 저압절연장갑을 착용한다.
- 절연처리된 공구를 사용한다.
- 강우 시에는 감전사고, 미끄러짐, 추락사고 등의 우려가 있으므로 작업을 금지한다.

정답 69 ① 70 ④ 71 ②

72 태양광모듈 시공 시 감전사고 방지를 위한 대책이 아닌 것은?

① 면장갑을 착용한다.
② 우천 시 작업하지 않는다.
③ 절연처리된 공구를 사용한다.
④ 태양전지모듈 표면에 차광시트를 부착한다.

풀이 감전 방지대책
- 작업 전에 태양전지모듈의 표면에 차광시트를 붙여 태양광을 차단한다.
- 저압선로용 절연장갑을 낀다.
- 절연처리가 된 공구를 사용한다.
- 강우 시에는 작업을 하지 않는다.

73 태양광발전시스템 중 태양전지어레이용 가대의 재질 및 형태에 따른 사항으로 옳지 않은 것은?

① 절삭 등의 가공이 쉽고 무거워야 한다.
② 최소 20년 이상의 내구성을 가져야 한다.
③ 불필요한 가공을 피할 수 있도록 규격화되어야 한다.
④ 염해, 공해 등을 고려하여 녹이 발생하지 않아야 한다.

풀이 절삭 등의 가공이 쉽고 가벼워야 한다.

74 태양전지어레이용 지지대의 재질로서 사용되지 않는 것은?

① 티타늄
② 알루미늄합금
③ 스테인리스스틸
④ 용융아연도금된 형강

풀이 어레이용 지지대 재질
- 용융아연도금된 형강
- 알루미늄합금
- 스테인리스스틸

75 태양광발전설비 중 어레이용 가대의 재질 및 형태에 대한 조건 중 틀린 것은?

① 염해, 공해 등을 고려해 부식(녹)이 발생하지 않을 것
② 어레이의 자체 하중에 풍압하중을 더한 하중에 견딜 수 있을 것
③ 어레이를 단단히 고정할 수 있을 것
④ 풍압하중에 견딜 수 있도록 자체 하중이 클 것

정답 72 ① 73 ① 74 ① 75 ④

풀이 **가대의 재질 및 형태**
- 절삭 등 가공이 쉽고 가벼울 것(자체 하중)
- 최소 20년 이상 내구성이 있을 것
- 수급이 용이하고 경제적일 것
- 불필요한 가공을 피할 수 있도록 규격화되어 있을 것

76 태양광발전시스템의 구조물 시공 적용기준으로 틀린 것은?

① 건축법 동 시행령
② 건축구조 설계기준
③ 강구조 설계기준 : 하중저항계수 설계법
④ 신·재생에너지설비의 지원기준

풀이 **구조물 시공 적용기준**
- 건축법 및 동 시행령, 건축물의 구조기준 등에 관한 규칙
- 건축구조 설계기준
- 강구조 설계기준 : 하중저항계수 설계법
- 콘크리트구조 설계기준

77 태양광발전시스템 구조물 시공의 주요 적용기준에 해당하지 않는 것은?

① 토목구조 설계기준
② 콘크리트구조 설계기준
③ 강구조 설계기준, 하중저항계수 설계법
④ 건축법 및 동 시행령, 건축물의 구조기준 등에 관한 규칙

풀이 **구조물 시공의 주요 적용기준**
- 건축법 등 시행령, 구조물의 구조기준 등에 관한 규칙
- 건축구조 설계기준
- 강구조 설계기준, 하중저항계수 설계법
- 콘크리트구조 설계기준

78 태양광 발전시스템의 어레이 설치 종류가 아닌 것은?

① 양축식   ② 일자식   ③ 단축식   ④ 고정식

풀이 태양광발전시스템의 어레이 설치 종류는 고정식, 경사가변식, 단축식, 양축식이 있다.

정답 76 ④ 77 ① 78 ②

79 태양광발전설비의 가대 및 구조물 설치 내용으로 잘못된 것은?
① 태양광어레이용 가대(세로대, 가로대), 모듈고정용 가대, 케이블트레이용 채널 순으로 조립한다.
② 체결용 볼트, 너트, 와셔는 용융아연도금처리 및 동등 이상의 녹방지처리를 해야 한다.
③ 기초콘크리트 앵커볼트의 돌출부분에는 볼트캡을 착용해야 한다.
④ 어레이 구조물용 강재는 공장에서 용융아연도금을 한 후 현장에서 직접 용접하여 구조물을 시공한다.

풀이 어레이 구조물용 강재는 공장에서 용융아연도금을 한 후 현장에서는 조립을 원칙으로 한다. 현장용접은 가급적 피한다.

80 태양광발전시스템 시공 시 작업의 종류에 따른 필요공구로 틀린 것은?
① 프레임 커팅 – 스피드커터
② 앵커구멍 천공 – 앵커드릴(앵글천공기)
③ 절삭부분 가공 – 핸드그라인더
④ 도통시험 – 레벨미터

풀이 도통시험 – 테스터기

81 태양광발전설비 시공 시 필요한 대형 장비가 아닌 것은?
① 굴삭기
② 크레인
③ 컴프레서
④ 지게차

풀이
- 시공 시 필요한 소형 장비 : 컴프레서, 발전기, 사다리 외
- 시공 시 필요한 대형 장비 : 굴삭기, 크레인, 지게차

82 수상태양광발전에 관한 설명으로 틀린 것은?
① 상부에 설치된 자재 및 작업자의 총량을 고려하여 부력을 가져야 한다.
② 홍수, 태풍, 파랑, 수위변화 등에도 안정성을 유지하기 위해 계류장치를 사용한다.
③ 수상태양광발전설비는 모듈과 함께 인버터를 설치한다.
④ 수상에 설치된 발전설비는 수중생태 등의 환경에 대한 고려가 있어야 한다.

풀이 인버터는 지상의 전기실 내에 설치해야 한다.

83 수상태양광발전설비에 대한 설명으로 잘못된 것은?
① 수상태양광발전설비모듈과 함께 인버터를 설치한다.
② 상부에 설치된 자재 및 작업자의 총량을 고려한 부력을 가져야 한다.
③ 홍수, 태풍, 주위변화 등에도 안전성을 유지하기 위해 계류장치를 사용한다.
④ 수상에 설치된 발전설비는 수중생태 등의 환경에 대한 고려가 있어야 한다.

풀이 인버터는 육지에 설치한다.

정답 79 ④ 80 ④ 81 ③ 82 ③ 83 ①

84 수상태양광발전설비에서 사용되는 발전설비가 아닌 것은?

① 부력제　　② 계류장치　　③ 인버터　　④ 축전지

풀이 축전지는 수상태양광발전설비에 사용되는 설비가 아니다.

85 태양광발전시스템의 시공 시 태양전지모듈의 설치를 위하여 운반하는 경우 주의사항으로 옳은 것은?

① 태양전지모듈의 보호막은 벗겨서 운반한다.
② 태양전지모듈을 인력으로 이동할 때에는 1인 1조로 한다.
③ 태양전지모듈의 파손방지를 위해 충격이 가해지지 않도록 한다.
④ 접속되어진 모듈의 리드선은 빗물 등 이물질이 유입되어도 된다.

풀이
- 태양전지모듈의 보호막을 씌워서 운반한다.
- 태양전지모듈을 인력으로 이동할 때에는 2인 1조로 한다.
- 접속된 모듈의 리드선은 빗물 등 이물질이 유입되어서는 안 된다.

86 태양전지모듈의 배선 후 확인할 사항 등 태양전지어레이의 검사항목이 아닌 것은?

① 사양서에 기초한 전압 확인　　② 고조파전류 측정
③ 단락전류 측정　　　　　　　④ 비접지 확인

풀이 태양전지어레이의 검사
- 사양서에 기초한 전압 확인
- 정극 · 부극의 극성 측정
- 단락전류 측정
- 비접지 확인

87 태양전지모듈의 설치방법으로 틀린 것은?

① 태양전지모듈의 직렬매수(스트링)는 직류상용전압 또는 파워컨디셔너(PCS)의 입력전압 범위에서 선정한다.
② 태양전지모듈의 설치는 가대의 하단에서 상단으로 순차적으로 조립한다.
③ 태양전지모듈과 가대의 접합 시 전식방지를 위해 개스킷은 사용하지 않는다.
④ 모듈의 작업 및 이동 시에는 2인 1조로 한다.

풀이 태양전지모듈과 가대의 접합 시 전식방지를 위해 개스킷을 사용하여 조립한다.

88 지붕설치형 태양전지모듈의 설치방법 중 유의할 사항으로 틀린 것은?

① 모듈 교환이 쉬울 것
② 지붕과 태양전지모듈 간은 간격이 없도록 할 것

정답 84 ④　85 ③　86 ②　87 ③　88 ②

③ 지지기구 등의 노출부를 가능한 줄일 것
④ 적설량이 많은 곳에서는 적설하중을 고려할 것

풀이 지붕설치형 태양전지모듈의 설치 시 유의사항
- 시공, 유지보수 등의 작업을 위해 공간을 유지하여야 한다.
- 태양전지모듈의 온도상승을 억제하기 위해서 지붕과 태양전지모듈의 간격을 둔다.
- 미관 및 안전상 가대와 지지기구 등의 노출부는 가능한 적게 한다.
- 모듈 고정용 볼트, 너트 등은 상부에서 조일 수 있어야 한다.
- 적설량이 많은 지역에서는 어레이와 건물의 적설하중을 고려하여 적정한 설치방법을 선택함과 동시에 유효한 대책을 강구한다.

89 태양광모듈의 설치방법 검토사항으로 틀린 것은?
① 미관 및 안전상 가대와 지지기구 등의 노출부는 가능한 한 적게 한다.
② 모듈의 고정용 볼트, 너트 등은 하부에서 조일 수 있도록 한다.
③ 적설량이 많은 지역에서는 건물의 적설하중을 고려하여 적정한 설치방법을 선택한다.
④ 태양광모듈의 온도상승을 억제하기 위해 지붕과 태양광모듈의 간격을 둔다.

풀이 모듈의 고정용 볼트, 너트 등은 상부에서 조일 수 있도록 하되 상황에 따라 하부에서도 작업할 수 있도록 한다.

90 태양광발전시스템에 관한 설명 중 틀린 것은?
① 태양광모듈 배선 후 각 모듈의 극성, 단락전류, 비접지 등을 확인한다.
② 태양전지에서 인버터까지의 직류전로(어레이 주회로)는 원칙적으로 접지공사를 하지 않는다.
③ 케이블 매설 시 길이가 30[m] 이상인 경우 20[m]마다 지중함을 설치하는 것이 좋다.
④ 접지공사는 400[V] 미만 저압기계기구는 외함 접지공사를 한다.

풀이 케이블 매설 시 길이가 30[m] 이상인 경우 30[m]마다 지중함 설치

91 태양광설비의 시공기준에 대한 설명 중 틀린 것은?
① 태양전지판의 출력배선은 군별, 극성별로 확인할 수 있도록 표시해야 한다.
② 역류방지용 다이오드 용량은 모듈단락전류의 1.4배 이상이어야 하며 현장에서 확인할 수 있도록 표시하여야 한다.
③ 태양전지 각 직렬군은 동일한 개방전류를 가진 모듈로 구성해야 한다.
④ 태양전지판에서 인버터 입력단 간 및 인버터 출력단과 계통연계점 간의 전압강하는 각 3[%]를 초과해서는 안 된다.

풀이 태양전지 각 직렬군은 동일한 단락전류를 가진 모듈로 구성해야 한다.

정답 89 ② 90 ③ 91 ③

92 역전류방지다이오드에 관한 다음 설명에서 ( ) 안에 알맞은 것은?

(A)대 인버터에 연결된 태양전지모듈의 직렬군이 (B)병렬 이상일 때 역전류방지다이오드 설치 용량은 모듈 단락전류의 (C)배 이상이어야 하고 현장에서 확인 가능해야 한다.

① A : 1, B : 2, C : 1.4
② A : 1, B : 1, C : 1.4
③ A : 1, B : 1, C : 1.4
④ A : 2, B : 2, C : 1.4

93 태양전지판의 시공기준에 대한 설명으로 잘못된 것은?

① 설치용량은 사업계획서상에 제시된 설계용량 이상이어야 한다.
② 그림자의 영향을 받지 않는 곳에 정남향 설치를 원칙으로 한다.
③ 모듈의 설치열이 2열 이상일 경우 앞열은 뒷열에 음영이 지지 않도록 설치하여야 한다.
④ 전깃줄, 피뢰침, 안테나 등 경미한 음영도 장애물로 본다.

풀이 전깃줄, 피뢰침, 안테나 등 경미한 음영은 장애물로 보지 않는다.

94 계통연계 운전 중인 태양광발전시스템이 단독운전하는 경우 전력계통으로부터 최대 몇 초 이내에 분리시켜야 하는가?

① 0.2초
② 0.3초
③ 0.4초
④ 0.5초

풀이 단독운전 시 전력계통으로부터 분리 및 재투입시간은 0.5초 내 정지, 5분 후 재투입

95 인버터 선정 시 검토사항으로 틀린 것은?

① 소음 발생이 적을 것
② 고조파의 발생이 적을 것
③ 기동 · 정지가 안정적일 것
④ 야간의 대기전압 손실이 클 것

풀이 인버터 선정 시 검토사항
- 국내외 인증제품 선정
- 저부하 시, 대기 시 손실이 적을 것
- 수명이 길고 신뢰성이 높을 것
- 전력변환효율이 높을 것
- 고조파, 잡음 발생이 적을 것
- 제품의 수급 및 A/S 체계 확인

정답 92 ① 93 ④ 94 ④ 95 ④

96 인버터의 설치 및 성능조건을 설명한 것 중 잘못된 것은?

① 인버터의 설치용량은 설계용량 이상이어야 하고 인버터에 연결된 모듈의 설치용량은 인버터 설치용량의 105[%] 이내이어야 한다.
② 옥내용을 옥외 설치 시 빗물의 침투를 방지할 수 있도록 옥내에 준하는 수준으로 설치해야 한다. 단, 5[kW] 이상 용량일 때만 가능하다.
③ 입력단(모듈출력)의 전압, 전류전력과 출력단(인버터출력)의 전압, 전류, 전력, 역률, 주파수, 누적발전량, 최대출력량이 표시되어야 한다.
④ 외함 접지 시 고주파 누설전류가 급증할 수 있으므로 절연상태를 유지한다.

[풀이] 외함 접지는 감전사고 방지를 위해 반드시 실시해야 하며 접지공사는 한국전기설비규정에 의한다.

97 옥내용 태양광인버터를 옥외에 설치할 수 있는 용량은 몇 [kW] 이상인가?

① 1
② 2
③ 3
④ 5

[풀이] 옥내용 태양광인버터 시공기준
시공기준에 의하면 실내외용을 구분하여 설치하여야 한다(단, 옥내용을 옥외에 설치하는 경우는 5[kW] 이상 용량일 경우에만 가능하며 이 경우 빗물 침투를 방지할 수 있도록 옥내에 준하는 수준으로 외함 등을 설치하여야 한다).

98 다음 ( ) 안에 들어갈 용량은 몇 [kW] 이상인가?

태양광발전시스템의 인버터는 옥내, 옥외용으로 구분하여 설치해야 한다. 단, 옥내용을 옥외로 설치하는 경우는 ( )[kW] 이상 용량일 경우에만 가능하며, 이 경우 빗물의 침투를 방지할 수 있도록 옥내에 준하는 수준으로 설치해야 한다.

① 3
② 5
③ 10
④ 20

[풀이] 문제 97번 풀이 참조

99 태양광 파워컨디셔너 설치 후 역률 확인 시 출력기본파역률은 몇 [%] 이상이어야 하는가?

① 85
② 90
③ 93
④ 95

[풀이] KS기준에 의한 파워컨디셔너의 역률은 95[%] 이상이어야 한다.

정답 96 ④ 97 ④ 98 ② 99 ④

100 인버터에 대한 설명 중 잘못 설명한 것은?

① 해당 용량이 없어 인증을 받지 않은 제품을 설치할 경우 신·재생에너지 설비인증에 관한 규정상의 효율시험 및 보호기능시험이 포함된 시험성적서를 제출하여야 한다.
② 옥내용과 옥외용으로 구분하여 설치하고 옥내용을 옥외 설치 시 5[kW] 이상 용량일 때만 가능하고 빗물 침투를 방지할 수 있도록 옥내에 준하는 수준으로 설치한다.
③ 인버터에 연결된 모듈의 설치용량은 인버터 용량의 103[%] 이내로 한다.
④ 출력단의 전압, 전류, 전력, 역률, 주파수, 누적발전량, 최대출력량이 표시되어야 한다.

풀이 인버터에 연결된 모듈의 설치용량은 인버터 설치용량의 105[%] 이내로 한다.

101 태양광설비 인버터의 입력단(모듈출력)에 표시하지 않아도 되는 것은?

① 전압　　② 전류　　③ 전력　　④ 주파수

풀이 • 인버터 입력단(모듈출력)의 표시사항은 전압, 전류, 전력이 표시되어야 한다.
• 인버터 입력단은 직류이므로 주파수는 표시할 수 없다.

102 무변압기형 인버터의 설명으로 알맞은 것은?

① 변압기형 인버터보다 효율이 낮다.
② 변압기형 인버터보다 무게가 증가한다.
③ 변압기형 인버터보다 크기가 증가한다.
④ 변압기형 인버터보다 노이즈간섭이 증가한다.

풀이 ㉠ 인버터 회로방식의 종류 : 상용주파절연방식, 고주파절연방식, 무변압기 방식
㉡ 무변압기형 인버터
• 장점 : 변압기가 없어 효율이 높다. 크기와 중량이 작다.
• 단점 : 노이즈간섭이 증가한다.

103 태양광발전설비 시공기준 중 인버터에 관한 설명으로 옳은 것은?

① 옥내용을 옥외에 설치하는 경우는 10[kW] 이상이어야 한다.
② 모듈의 설치용량은 인버터 설치용량의 105[%] 이내이어야 한다.
③ 각 직렬군의 태양전지 최대전압은 입력전압 범위 안에 있어야 한다.
④ 인버터 출력단의 표시사항은 전압, 전류만 표시된다.

풀이 태양광발전설비에서 인버터의 시공
• 옥내용을 옥외에 설치하는 경우는 5[kW] 이상 용량일 경우에만 가능하다.
• 각 직렬군의 태양전지 개방전압은 인버터 입력전압 범위 안에 있어야 한다.
• 인버터 출력단의 전압, 전류, 전력, 역률, 주파수, 누적발전량, 최대출력량이 표시되어야 한다.

정답 100 ③　101 ④　102 ④　103 ②

104 계통연계형 소형 태양광인버터의 옥외 설치 시 IP(Ingress Protection rating) 등급은?

① IP 20 이상
② IP 25 이상
③ IP 33 이상
④ IP 44 이상

풀이 KS C 8564 표 1 태양광발전용 인버터의 분류

용도	형식	설치 장소	비고
계통연계형	단상	실내/실외	실내형 : IP 20 이상 실외형 : IP 44 이상 (KS C IEC 62093)
	3상	실내/실외	
독립형	단상	실내/실외	
	3상	실내/실외	

105 저압배전선로에 역조류가 있는 경우에 인버터의 단독운전을 검출하는 계전 요소가 아닌 것은?

① 거리계전기
② 과전압계전기
③ 주파수계전기
④ 부족전압계전기

풀이 단독운전을 검출하는 계전 요소는 과전압계전기(OVR), 부족전압계전기(UVR), 과주파수계전기(OFR), 저주파수계전기(UFR)이다.

106 전기방식과 인버터의 구성에 관한 내용 중 옳지 않은 것은?

① 트랜스리스 방식에서는 절연이 없어 누설전류로 인한 차단기의 오동작이 발생할 가능성이 있다.
② 인버터와 연계된 계통의 전기방식은 단상 2선식, 3선식(△ 및 Y 결선) 등이 있다.
③ 트랜스리스 방식의 인버터를 사용할 경우 인버터의 구성 연계와 결선방식을 일치시킬 필요가 없다.
④ 인버터 선정 시 연계하는 계통의 전압상수, 주파수, 모듈의 특성을 분석하여 적합한 것을 선정한다.

풀이 트랜스리스 방식의 인버터를 사용할 경우 인버터의 구성 연계와의 결선방식을 일치시킬 필요가 있다.

107 태양전지모듈과 어레이 설치 후 확인·점검해야 하는 사항으로 잘못된 것은?

① 전압극성 확인
② 비접지 확인
③ 개방전류 확인
④ 접지의 연접성 확인

풀이 어레이 검사내용
- 전압극성 확인
- 단락전류 측정
- 비접지 확인
- 모듈 설치 후 접지의 연접성 확인(양극과 접지 여부)

정답 104 ④ 105 ① 106 ③ 107 ③

108 접속함 설치공사 중 고려사항이 아닌 것은?

① 접속함 설치위치는 어레이 근처가 적합하다.
② 외함의 재질은 가급적 SUS304 재질로 제작·설치한다.
③ 접속함은 풍압 및 설계하중에 견디고 방수·방부형으로 제작한다.
④ 역류방지다이오드의 용량은 모듈 단락전류의 4배 이상으로 한다.

풀이 역류방지다이오드의 용량은 모듈 단락전류의 1.4배 이상으로 한다.

109 태양광발전시스템의 접속단자함에 설치되는 퓨즈 용량은 스트링 정격전류의 몇 배 이상을 설치하여야 하는가?

① 1.25배 ② 1.5배 ③ 2.0배 ④ 2.5배

풀이 접속단자함에 설치되는 퓨즈 용량은 스트링 정격전류의 1.25배 이상 설치하여야 한다.

110 태양광모듈의 배선에 대한 설명으로 잘못된 것은?

① 태양전지모듈을 포함한 모든 충전부분은 노출되지 않도록 시설해야 한다.
② 태양전지모듈의 출력배선은 군별·극성별로 확인할 수 있도록 표시해야 한다.
③ 가장 많이 늘어진 부분이 모듈 면으로부터 30[cm] 이내로 들도록 한다.
④ 바람에 흔들리지 않도록 케이블타이, 스테이플, 스트랩 또는 행거 등으로 100[cm] 이내의 간격으로 고정한다.

풀이 모듈배선은 바람에 흔들리지 않도록 케이블타이, 스테이플, 스트랩, 행거 등으로 130[cm] 이내 간격으로 고정한다.

111 태양광발전설비의 모듈, 접속함, 인버터 등에 접속하는 배선공사 방법에 대한 설명으로 틀린 것은?

① 태양전지모듈 간 배선에 사용하는 전선의 굵기는 1.0[mm^2] 이상이어야 한다.
② 스트링 접속도선은 단락전류보다 1.25배 이상의 전류를 수용할 수 있어야 한다.
③ 태양전지모듈 뒷면의 접속단자 연결 시 극성에 유의해야 한다.
④ 접속함의 설치는 모듈 구성에 따라 어레이 부근에 설치하는 것이 바람직하다.

풀이 태양전지모듈 간 배선에 사용하는 전선의 굵기는 2.5[mm^2] 이상이어야 한다.

정답 108 ④ 109 ① 110 ④ 111 ①

112 태양전지모듈 및 어레이 설치 후의 설명이 아닌 것은?
  ① 태양전지모듈의 극성이 올바른지 직류전압계로 확인한다.
  ② 태양전지모듈의 설명서에 기재된 단락전류가 흐르는지 직류전류계로 측정한다.
  ③ 태양전지모듈구조는 설치로 인해 다른 접지의 연결성이 훼손되지 않은 것을 사용한다.
  ④ 태양전지모듈과 인버터 사이의 직류 측 회로는 반드시 접지한다.

  풀이 태양전지모듈의 배선공사가 끝나면 각 모듈 극성·전압·단락전류의 확인, 양극과의 접지 여부(비접지) 등을 확인한다. 특히, 태양광발전설비 중 파워컨디셔너(PCS)는 절연변압기를 시설하는 경우가 드물기 때문에 일반적으로 직류 측 회로를 비접지로 하고 있다.

113 태양광모듈과 인버터 간의 배관·배선방법으로 잘못된 것은?
  ① 태양전지모듈은 인버터 입력전압 범위 내에서 스트링 필요 매수를 직렬로 결선하고 어레이 지지대 위에 조립한다.
  ② 케이블을 각 스트링으로부터 접속함까지 배선하여 접속함 내에서 직렬로 결선한다.
  ③ 태양전지모듈의 뒷면으로부터 접속용 케이블이 2가닥씩이므로 반드시 극성을 확인하여 결선한다.
  ④ 케이블은 건물마감이나 러닝보드의 표면에 가깝게 시공해야 하며 필요시 전선관을 이용하여 물리적 손상으로부터 보호한다.

  풀이 케이블을 각 스트링으로부터 접속함까지 배선하여 접속함 내에서 병렬로 결선한다. 이때 케이블에 스트링 번호를 기입해 두면 점검·보수 시 편리하다.

114 태양광모듈, 어레이 설치 후 확인·점검 시 사용하는 기기로만 짝지어진 것은?
  ① 교류전압계, 교류전류계
  ② 교류전압계, 직류전류계
  ③ 직류전압계, 직류전류계
  ④ 직류전압계, 교류전류계

  풀이 어레이 출력이 직류이므로 직류전압계와 직류전류계가 필요하다.

115 태양전지모듈의 검사 시 성능평가 요소가 아닌 것은?
  ① 충진율
  ② 개방전압
  ③ 전력변환효율
  ④ 방전종지전압

  풀이 태양전지모듈의 검사 시 성능평가 요소(전기적 특성)
  최대출력, 개방전압 및 단락전류, 최대출력 전압 및 전류, 충진율, 전력변환효율

정답 112 ④ 113 ② 114 ③ 115 ④

116 태양전지모듈 간 직·병렬 배선에 대한 설명 중 잘못된 것은?

① 1대의 인버터에 연결된 태양전지어레이의 직렬군(스트링)이 2병렬 이상일 때 각 직렬군(스트링)의 출력전압이 동일하게 되도록 배열해야 한다.
② 어레이의 각 직렬군은 동일한 단락전류를 가진 모듈로 구성해야 한다.
③ 태양전지모듈 배선은 바람에 흔들리지 않도록 스테이플, 스트랩 또는 행거와 이와 유사한 부속품으로 130[cm] 이내 간격으로 견고히 고정하고 가장 늘어진 부분이 모듈 면으로부터 30[cm] 내에 들도록 한다.
④ 케이블이나 전선은 모듈 뒷면에 설치된 전선관에 설치되거나 가지런히 배열 및 고정되어야 하며 이들의 최소곡률반경은 지름의 3배 이상이 되도록 한다.

풀이
- 최소곡률 반경은 6배 이상 되도록 한다.
- 태양전지모듈을 포함한 모든 충전부분은 노출되지 않도록 시설한다.
- 극성을 반드시 표시한다.
- 배선단락전류에 견딜 수 있도록 2.5[mm²] 이상의 연동선을 사용한다.

117 접속함에 관한 설명으로 틀린 것은?

① 접속함 안에 바이패스다이오드를 설치한다.
② 접속함은 노출이 적고, 소유자의 접근 및 육안 확인이 용이한 장소에 설치하여야 한다.
③ 접속함 내부 발생열을 배출할 수 있는 환기구 및 방열판을 설치하여야 한다.
④ 접속함 전면부는 직사광선을 견딜 수 있는 폴리카보네이트(PC) 또는 동등 이상의 재질로 제작하여야 한다.

풀이
- 접속함 내에는 역류방지다이오드를 설치한다.
- 바이패스다이오드는 모듈 후면의 단자함 내에 설치한다.

118 접속함의 설치방법(공사)에 대한 설명으로 잘못된 것은?

① 접속함 설치위치는 어레이 근처가 적합하다.
② 외함의 재질은 가급적 SUS로 하는 것이 바람직하다.
③ 접속함은 풍압 및 설계하중에 견디고 방수·방부형으로 제작되어야 한다.
④ 역류방지다이오드의 용량은 모듈 단락전류의 1.2배 이상으로 한다.

풀이 역류방지다이오드 용량은 모듈 단락전류의 1.4배 이상으로 한다. 용량 부족 시 단락전류에 의해 다이오드가 소손될 위험이 있다.

정답 116 ④ 117 ① 118 ④

119 옥상 또는 지붕 위에 설치된 어레이로부터 처마 밑 접속함으로 배선 시 물의 침입을 막기 위한 물빼기를 해야 하며 이 경우 케이블 지름의 몇 배 이상의 반경으로 배선해야 하는가?
① 3배   ② 4배   ③ 5배   ④ 6배

120 태양전지모듈 간 배선은 단락전류에 충분히 견딜 수 있도록 몇 [mm²] 이상의 전선으로 해야 하는가?
① 1.5 이상   ② 2.5 이상   ③ 5.5 이상   ④ 8 이상

121 태양전지모듈의 배선공사가 끝나고 확인할 사항이 아닌 것은?
① 단락전류 확인   ② 단락전압 확인
③ 모듈의 극성 확인   ④ 모듈의 출력전압 확인

풀이 태양전지모듈의 배선이 끝나면 각 모듈 극성·전압·단락전류의 확인, 양극과의 접지 여부(비접지) 등을 확인한다. 특히, 태양광발전설비 중 파워컨디셔너(PCS)는 절연변압기를 시설하는 경우가 드물기 때문에 일반적으로 직류 측 회로를 비접지로 하고 있다.

122 태양광발전시스템에 일반적으로 적용하는 CV 케이블의 장점으로 틀린 것은?
① 내열성이 우수하다.
② 내수성이 우수하다.
③ 내후성이 우수하다.
④ 도체의 최고허용온도는 연속 사용의 경우 90[%], 단락 시에는 230[℃]이다.

풀이 CV 케이블의 특징
　㉠ 장점
　　• 내열성이 우수하다.
　　• 내수성이 우수하다.
　㉡ 단점
　　CV 케이블의 가교폴리에틸렌 절연체는 내후성이 떨어진다.

123 태양광발전용 옥외 배선에 사용하는 전선은?
① XLPE Cable   ② OW 전선   ③ CV Cable   ④ UV Cable

풀이 • 태양전지의 옥내 사용 전선 : 모듈전용선, F-CV선, TFR-CV선, 직류용 전선 사용
• 태양전지의 옥외 사용 전선 : UV Cable

정답 119 ④   120 ②   121 ②   122 ③   123 ④

124 태양광발전시스템에 사용하는 CV 케이블의 최고허용온도는 몇 [℃]인가?

① 80   ② 90   ③ 100   ④ 110

풀이 CV 케이블의 최고허용온도는 90[℃]이다.

125 태양광발전시스템의 배선공사에 사용되는 케이블 중 내연성이 가장 좋은 케이블은?

① ACSR(강심알루미늄연선)
② VV(비닐절연비닐시스케이블)
③ CV(가교폴리에틸렌 절연비닐시스케이블)
④ PNCT(고무절연클로로프렌시스 캡타이어케이블)

풀이

케이블 종류	허용최고온도[℃]	내연성	열 변형성	내후성
CV	90	양호	양호	양호
VV	60	양호	가능	양호
PNCT	80	우수	가능	양호

126 태양광발전용의 옥내 배선에 사용하는 배선이 아닌 것은?

① 모듈전용선   ② F-CV선
③ UV Cable   ④ TFR-CV선

127 분산형 태양광발전시스템 준공 시 인입구 배선의 점검사항으로 틀린 것은?

① 전선의 저항 측정   ② 규격전선 사용 여부
③ 전선피복 손상 여부   ④ 배선공사방법의 적합 여부

풀이 분산형 태양광발전시스템 준공 시 인입구 배선의 점검사항
- 전선피복 손상 여부
- 규격전선 사용 여부
- 배선공사방법의 적합 여부
- 전선의 고정상태 여부

※ 전선의 저항 측정은 점검사항이 아니다(측정사항).

128 일반적으로 국내의 대용량 태양광발전시스템 전기공사 중 옥외공사가 아닌 것은?

① 인버터의 설치   ② 접속함 설치
③ 태양전지모듈 간의 배선   ④ 태양전지어레이와 접속함의 배선

정답 124 ② 125 ④ 126 ③ 127 ① 128 ①

풀이 태양광발전 전기공사의 옥내외 공사
　　㉠ 옥내공사
　　　• 인버터 설치
　　　• 분전반 설치

　　㉡ 옥외공사
　　　• 모듈 간 배선
　　　• 접속함 설치
　　　• 어레이와 접속함 배선
　　　• 접속함에서 인버터까지의 배선
　　　• 전력량계 설치
　　　• 옥외배선

129 태양광발전설비의 케이블 시공방법 중 잘못된 것은?

① 공칭단면적 2.5[mm²] 이상의 연동선 또는 이와 동등 이상의 세기 및 굵기의 것이어야 한다.
② 옥내에 시설할 경우 합성수지관 금속관공사, 가요전선관공사 또는 케이블공사로 한국전기설비규정의 규정에 따라 시설한다.
③ 옥측 또는 옥외에 시설할 경우 합성수지관공사, 금속관공사, 가요전선관공사 또는 케이블공사로 전기설비기술기준에 따라 시설한다.
④ 옥내와 옥외에 사용하는 케이블은 동일하다.

풀이 옥내와 옥외에 사용하는 케이블은 다르다.

130 태양광발전설비에 사용하는 케이블 접속(기기단자와 케이블 접속) 방법 중 잘못된 것은?

① 볼트의 크기에 맞는 토크렌치를 사용하여 규정된 힘으로 조여 준다.
② 조임은 볼트를 돌려서 조여 준다.
③ 2개 이상의 볼트를 사용하는 경우 한쪽만 심하게 조이지 않도록 주의한다.
④ 조임이 견고하고 전기적으로 완전하게 접속함과 동시에 접속점에 장력이 가해지지 않도록 해야 한다.

풀이 조임은 너트를 돌려서 조여 준다.

131 케이블트레이 시공방식의 장점으로 틀린 것은?

① 허용전류가 크다.
② 방열 특성이 좋다.
③ 장래부하 증설에 대응력이 크다.
④ 동식물의 영향을 받지 않는다.

풀이
• 장점 : 시공 및 유지보수가 용이하다.
• 단점 : 동식물의 영향을 받는다. Cable 포설 수가 작으면 비경제적이다.

정답 129 ④ 130 ② 131 ④

132 태양광모듈을 지붕에 시공하고 옥내 배선공사를 케이블트레이 공사로 시공할 경우 케이블트레이에 적용할 수 없는 전선은?

① 연피케이블
② PVC 케이블
③ 난연성 케이블
④ 알루미늄피케이블

풀이 케이블트레이 공사
전선은 연피케이블, 알루미늄피케이블 등 난연성 케이블 또는 기타 케이블(적당한 간격으로 연소(延燒) 방지 조치를 하여야 한다) 또는 금속관 혹은 합성수지관 등에 넣은 절연전선을 사용하여야 한다.

133 케이블트레이의 시설방법으로 틀린 것은?

① 수평으로 포설하는 케이블은 케이블트레이의 가로대에 반드시 견고하게 고정시켜야 한다.
② 저압케이블과 고압 또는 특고압케이블은 동일 케이블트레이 내에 시설하여서는 안 된다.
③ 케이블이 케이블트레이 계통에서 금속관 등으로 옮겨가는 개소는 케이블에 압력이 가해지지 않도록 한다.
④ 케이블트레이가 방화구획의 벽, 마루, 천장 등을 관통 시 개구부에 연소방지시설 등 적절한 조치를 해야 한다.

풀이 케이블트레이 공사
수평으로 포설하는 케이블 이외의 케이블은 케이블트레이의 가로대에 견고하게 고정시켜야 한다.

134 태양전지의 전지판 연결공사에 대한 설명으로 틀린 것은?

① 전선의 연결부위는 전선관 내에서 연결하여야 한다.
② 전선관은 전기적·기계적으로 확실히 접속한다.
③ 태양광모듈 결선 시 Junction Box Hole에 맞는 방수커넥터를 사용한다.
④ 태양전지에서 옥내에 이르는 배선은 모듈전용선, F-CV선, TFR-CV선 등을 사용한다.

풀이 전선관 내에서 연결해서는 안 된다.

135 계통주파수(f)가 다음 중 어떤 범위를 유지하지 못할 경우 분산형 전원은 3.00초 이내에 한전계통에 대한 가압을 중지해야 하는가?

① $f < 57.0[Hz]$
② $f < 57.5[Hz]$
③ $f < 61.5[Hz]$
④ $f > 61.5[Hz]$

풀이 계통주파수가 다음 표와 같은 비정상 범위 내에 있을 때 분산형 전원은 해당 분리시간 내에 한전계통에 대한 가압을 중지해야 한다.

정답 132 ② 133 ① 134 ① 135 ②

비정상 주파수에 대한 분산형 전원의 분리시간

분산형 전원 용량	주파수 범위[Hz]	분리시간[초]
용량 무관	$f > 61.5$	0.16
	$f < 57.5$	3.00
	$f < 57.0$	0.16

136 지붕에 설치하는 태양전지모듈의 설치방법으로 옳지 않은 것은?

① 시공, 유지보수 등의 작업을 하기 쉽도록 한다.
② 온도 상승을 방지하기 위해 지붕과 모듈의 간격을 둔다.
③ 모듈 고정용 볼트, 너트 등은 상부에서 조일 수 있어야 한다.
④ 태양전지모듈의 설치방법 중 세로깔기는 모듈의 긴 쪽이 상하가 되도록 설치한다.

풀이
• 가로깔기 : 모듈의 긴 쪽이 상하가 되도록 설치하는 방법
• 세로깔기 : 모듈의 긴 쪽이 좌우가 되도록 설치하는 방법

(a) 가로깔기(2단 적층)

(b) 세로깔기(3단 적층)

137 태양광발전시스템의 배선공사에 사용되는 케이블 중 내연성이 가장 좋은 케이블은?

① ACSR(강심알루미늄연선)
② VV(비닐절연비닐시스케이블)
③ CV(가교폴리에틸렌 절연비닐시스케이블)
④ PNCT(에틸렌프로필렌고무 절연클로로플랜시스 캡타이어케이블)

풀이 내연성이 가장 우수한 케이블은 PNCT 케이블이다.

케이블의 종류	허용최고온도[℃]	내연성	열변형성	내후성
CV	90	○	○	○
VV	60	○	■	○
PNCT	80	◎	■	○

※ ◎(우량), ○(양호), ■(가능)

정답 136 ④ 137 ④

138 태양전지의 전지판 연결공사에 대한 설명으로 틀린 것은?

① 전선관은 전기적, 기계적으로 확실히 접속한다.
② 전선의 연결부위는 전선관 내에서 연결하여야 한다.
③ 태양광모듈 결선 시 정션박스홀에 맞는 방수커넥터를 사용한다.
④ 태양전지에서 옥내에 이르는 배선은 모듈전용선 F-CV선, TFR-CV선 등을 사용한다.

풀이 전선관 내에 전선의 연결부위가 있으면 안 된다. 전선의 연결(접속)은 접속함 내에서 이루어져야 한다.

139 태양광모듈의 전기배선 및 접속함 시공방법으로 틀린 것은?

① 접속배선함 연결부위는 일체형 전용 커넥터를 사용
② 역전류방지다이오드의 용량은 모듈 단락전류의 1.4배 이상일 것
③ 전선이 지면을 통과하는 경우에는 피복에 손상이 발생되지 않도록 조치
④ 1대의 인버터에 연결된 태양전지 직렬군이 2병렬 이상일 경우에는 각 직렬군의 출력전류가 동일하도록 배열

풀이 1대의 인버터에 연결된 태양전지 직렬군이 2병렬 이상일 경우에는 각 직렬군의 출력전압이 동일하도록 배열해야 한다. KS C 8567(2017.08)에 의거하여 역전류방지다이오드의 용량은 모듈 단락전류의 1.4배 이상이어야 한다.

140 태양광발전시스템의 전기배선공사로 직류배선공사와 교류배선공사를 들 수 있다. 직류배선공사의 특징으로 옳은 것은?

① 교류배선공사보다 효율이 좋다.
② 감전위험이 크다.
③ 절연비용이 비싸다.
④ 아크소호에 유리하다.

풀이 DC 전원공급방식. DC → AC 변환을 줄여 주어 전력손실을 줄여 준다.

141 태양광설비의 전기배선 기준으로 옳지 않은 것은?

① 태양전지판의 접속배선함 연결부위는 일체형 전용 커넥터를 사용한다.
② 태양전지에서 옥내에 이르는 전선은 비닐절연전선 또는 TFR-CV선을 사용한다.
③ 태양전지판의 배선은 바람에 흔들림이 없도록 케이블타이 등으로 단단히 고정한다.
④ 태양전지판의 출력배선은 극성을 확인할 수 있도록 표시를 한다.

풀이 태양전지에서 옥내에 이르는 배선에 사용되는 전선은 모듈전용선 XLPE Cable이나 이와 동등 이상의 제품 또는 직류용 전선이다. 옥외 사용 Cable은 자외선에 견딜 수 있는 UV Cable이어야 한다.

정답 138 ② 139 ④ 140 ① 141 ②

142 간선의 굵기를 산정하는 데 결정요소가 아닌 것은?
① 불평형 전류
② 허용전류
③ 전압강하
④ 고조파

풀이 전선 굵기의 결정요소
• 허용전류
• 전압강하
• 기계적 강도
• 고조파
• 장래증설 및 변경분

143 가공송전선로에 사용되는 전선의 구비조건이 아닌 것은?
① 내구성이 있을 것
② 도전율이 높을 것
③ 비중(밀도)이 높을 것
④ 가선작업이 용이할 것

풀이 가공송전선로에 사용되는 전선의 구비조건 : 비중(밀도)이 작아야 한다.

144 태양전지모듈 간의 배선 시 단락전류에 충분히 견딜 수 있는 전선의 최소 굵기로 적당한 것은?
① 0.75[mm^2]
② 2.5[mm^2]
③ 4.0[mm^2]
④ 6.0[mm^2]

풀이 전선의 공칭단면적은 2.5[mm^2] 이상의 연동선 또는 이와 동등 이상의 세기 및 굵기일 것

145 태양전지어레이의 출력 확인 방법이 아닌 것은?
① 단락전류의 확인
② 절연저항의 측정
③ 모듈의 정격전압 측정
④ 비접지 확인

풀이 태양전지모듈의 배선이 끝나면 각 모듈의 전압극성 확인, 단락전류 측정, 비접지 확인이 이루어져야 한다.

146 태양광모듈의 배선이 끝난 후 검사하는 항목이 아닌 것은?
① 극성 확인
② 단락전류 측정
③ 전압 확인
④ 일사량 측정

풀이 태양전지모듈의 배선 후 검사항목
• 전압·극성 확인
• 단락전류 측정
• 비접지 확인

정답 142 ① 143 ③ 144 ② 145 ② 146 ④

147 태양전지모듈의 설치방법 검토항목으로 적당하지 않은 것은?

① 시공·유지보수 등을 고려하여 작업하기 쉽게 한다.
② 모듈 고정용 볼트, 너트 등은 상부에서 조일 수 있어야 한다.
③ 미관 및 안전상 가대와 지지기구 등의 노출부를 가능한 한 크게 한다.
④ 태양전지모듈의 온도상승 억제를 위해 지붕과 태양전지 사이에 간격을 둔다.

> **풀이** 태양전지모듈의 설치방법
> - 태양전지모듈의 직렬매수(스트링)는 직류사용전압 또는 파워컨디셔너(PCS)의 입력전압 범위 내에서 선정한다.
> - 태양전지모듈의 설치는 가대 하단에서 상단으로 순차적으로 조립한다.
> - 태양전지모듈과 가대 접합 시 전식방지를 위해 개스킷을 사용하여 조립한다.
> - 미관 및 안전상 가대와 지지기구의 노출부는 가능한 한 작게 한다.
> - 태양전지모듈의 온도상승 억제를 위해 지붕과 태양전지 사이에 간격을 둔다.

148 태양전지모듈의 배선 연결 후 확인 점검사항이 아닌 것은?

① 각 모듈의 극성 확인 ② 전압 확인
③ 플리커 확인   ④ 단락전류의 측정

> **풀이**
> - 태양전지모듈의 배선작업이 끝나면 각 모듈의 극성 확인(+, −), 전압 확인, 단락전류 확인, 접지(비접지) 확인을 한다.
> - 인버터는 절연변압기를 시설하는 경우가 드물기 때문에 직류 측 회로는 비접지이다.

149 태양전지모듈의 2차 측 회로를 비접지 방식으로 할 경우 비접지 확인방법이 아닌 것은?

① 검전기로 확인   ② 전류계로 확인
③ 회로시험기로 확인   ④ 간이측정기로 확인

> **풀이** 태양전지모듈 2차 측 회로의 비접지 확인방법
> - 회로시험기로 확인(테스터)   • 검전기로 확인   • 간이측정기로 확인

150 태양전지모듈의 배선이 끝난 후 확인사항이 아닌 것은?

① 비접지 확인   ② 전압극성 확인
③ 단락전류 확인   ④ 개방전류 확인

풀이 모듈 배선이 끝난 후 태양전지어레이의 검사사항
- 전압극성 확인
- 단락전류 측정
- 비접지 확인

151 인버터의 직류 측 회로를 비접지로 하는 경우 비접지의 확인방법이 아닌 것은?

① 테스터로 확인   ② 검전기로 확인
③ 간이측정기 사용   ④ 활선접근경부장치 사용

풀이 인버터의 직류 측 비접지 확인방법
- 테스터로 확인(회로시험기)
- 검전기로 확인
- 간이측정기 사용

152 태양전지모듈의 조립 시 주의사항으로 적합하지 않은 것은?

① 태양전지모듈의 파손방지를 위해 충격이 가지 않도록 한다.
② 태양전지모듈의 인력 이동 시 2인 1조로 한다.
③ 태양전지모듈과 가대의 접합 시 개스킷 등은 사용하지 않는다.
④ 접속하지 않은 모듈의 리드선은 빗물 등 이물질이 유입되지 않도록 보호테이프로 감는다.

풀이
- 가대의 접합 시 태양전지모듈 간의 완충작용을 위해 개스킷을 사용하는 것이 바람직하다.
- 개스킷에 사용되는 재료 ┌ 저온저압 : 종이, 고무, 석면, 마, 합성수지
  └ 고온고압 : 동, 납, 연강

153 태양전지모듈 공사 시 금속부재 절단작업에 필요한 장비가 아닌 것은?

① 보호안경   ② 방진마스크
③ 헬멧   ④ 절연장갑

풀이 금속부재 절단작업 시 필요한 장비 : 헬멧, 안전장갑, 방진마스크, 보호안경

정답 150 ④ 151 ④ 152 ③ 153 ④

신재생에너지발전설비/태양광

154 국내에서 태양광발전설비의 모듈을 고정식으로 설치할 때 최적 경사각은 일반적으로 몇 도 정도인가?
① 5~15°   ② 24~36°
③ 55~60°   ④ 75~90°

풀이 국내에서 모듈을 고정식으로 설치할 때 일반적인 최적 경사각은 24~36°이다.

155 태양전지모듈의 시공기준에 대한 설명으로 틀린 것은?
① 전깃줄, 피뢰침, 안테나 등의 미약한 음영도 장해물로 본다.
② 태양전지모듈 설치열이 2열 이상인 경우 앞열은 뒷열에 음영이 지지 않도록 설치하여야 한다.
③ 장해물로 인한 음영에도 불구하고 일조시간은 1일 5시간(춘분 3~5월, 추분 9~11월 기준) 이상이어야 한다.
④ 설치용량은 사업계획서상의 모듈 설계용량과 동일하여야 하나 동일하게 설치할 수 없는 경우에 한하여 설계용량의 110[%] 이내까지 가능하다.

풀이 전깃줄, 피뢰침, 안테나 등의 미약한 음영은 장해물로 보지 않는다.

156 태양전지모듈의 취부방향에서 모듈의 긴 방향을 종으로 설치하는 이유가 아닌 것은?
① 발전부지가 적게 되므로   ② 세정효과가 좋아지므로
③ 적설지대에 적합하므로   ④ 먼지, 꽃가루 등이 많은 지역에 적합하므로

풀이 태양전지모듈의 설치방법
  ㉠ 가로(횡)깔기 : 모듈의 긴 쪽이 상하가 되도록 설치. 왼쪽에서 오른쪽으로 나 있는 방향. 이 방법은 발전부지가 적어진다.
  ㉡ 세로(종)깔기 : 위에서 아래로 나 있는 방향. 모듈의 긴 쪽이 좌우가(종이) 되도록 설치

태양전지모듈의 취부방향에서 모듈의 긴 방향을 종으로 설치하는 이유
- 세정효과가 좋아짐
- 적설지대에 적합
- 먼지, 꽃가루 등이 많은 지역에 적합

157 분산형 전원을 배전계통에 연계 시 승압용 변압기의 1차 결선방식으로 옳은 것은?(단, 인버터는 3상이며, 절연변압기를 사용하는 조건임)
① Y결선   ② △결선
③ V결선   ④ 스코트(Scott) 결선

풀이 분산형 전원을 배전계통에 연계 시 발전 전용일 경우 Y−△ 방식이므로 승압용 변압기의 1차 결선방식은 Y결선이다.

정답 154 ② 155 ① 156 ① 157 ①

158 다음 ( ) 안의 내용으로 옳은 것은?

태양광발전시스템은 상용 전력계통연계의 유·무에 따라 독립형과 (   )으로 구분한다.

① 계통연계형 ② 병렬연계형
③ 복합연계형 ④ 단독연계형

풀이 태양광발전시스템은 상용 전력계통연계의 유·무에 따라 독립형과 계통연계형으로 구분한다.

159 태양광발전시스템과 분산전원의 전력계통연계 시 특징이 아닌 것은?

① 부하율이 향상된다.
② 공급 신뢰도가 향상된다.
③ 배전선로 이용률이 향상된다.
④ 고장 시의 단락용량이 줄어든다.

풀이 태양광발전시스템과 전력계통연계 시 특징
- 부하율 향상
- 공급 신뢰도 향상
- 배전선로 이용률 증대
- 고장 시 단락용량 증가

160 접지극을 공용하는 통합접지로 하는 경우 낙뢰 등에 의한 과전압으로부터 전기설비 등을 보호하기 위해 설치해야 하는 것은?

① VCB ② GCB ③ RCD ④ SPD

풀이 낙뢰 등에 의한 과전압으로부터 전기설비 등을 보호하기 위해 서지보호장치(SPD)를 설치한다.
① VCB : 진공차단기
② GCB : 가스차단기
③ RCD : 누전차단기

161 전력계통의 전압을 조정하는 조상설비 중 진상 또는 지상 모두 무효전력 조정이 가능한 것은?

① 단로기 ② 분로리액터
③ 동기조상기 ④ 전력용 콘덴서

풀이 조상설비 중 진상 또는 지상 모두 무효전력 조정이 가능한 것은 동기조상기이다.

정답 158 ① 159 ④ 160 ④ 161 ③

162 태양광발전설비 중 접속함에 사용되는 장치로 다음 그림은 무엇을 나타낸 것인가?

① MCCB　　② GIS　　③ ACB　　④ VCB

풀이 MCCB는 태양광발전설비 중 접속반 내부에 설치되는 직류차단기이다.

163 태양광발전시스템과 전력계통선과의 연계를 위한 송수전설비에서 중요한 송전용 변압기의 용량 산정에 고려사항이 아닌 것은?

① 변압기 효율과 부하율의 관계　　② 변압기뱅크방식에 따른 송전방식
③ DC 케이블선의 굵기　　④ 인버터 종류에 따른 변압기의 결선방식

풀이 송수전설비는 AC 케이블을 사용하기 때문에 DC 케이블선의 굵기는 송전용 변압기의 용량 산정에 고려사항이 아니다.

164 공기 중에서 아크를 소호하는 차단기로 1,000[V] 이하에서 사용하는 저압용 차단기는?

① VCB　　② OCB　　③ GCB　　④ ACB

풀이
- VCB(진공차단기), OCB(유입차단기), GCB(가스차단기) : 고압용 차단기
- ACB(Air Circuit Breaker, 기중차단기) : 저압용 차단기

165 전기실(변전실) 설치장소 선정을 위한 고려사항으로 틀린 것은?

① 기기의 반출이 편리할 것
② 고온이나 다습한 곳은 피할 것
③ 어레이 구성의 중심에 가깝고 배전에 편리한 장소일 것
④ 전력회사의 전원인출 장소에서 가급적 멀리 떨어져 있을 것

풀이 전력회사의 전원인출 장소에서 가까울수록 전력손실이 적다.

166 전선의 굵기 선정을 위한 고려사항이 아닌 것은?

① 허용전류　　② 전압강하
③ 기계적 강도　　④ 태양광발전량

정답 162 ①　163 ③　164 ④　165 ④　166 ④

풀이 전선의 굵기 선정 시 고려사항
- 허용전류
- 전압강하
- 기계적 강도
- 장래증설 변경분
- 고조파분

167 보호도체의 단면적에서 상도체의 단면적[mm²]이 $S > 35$일 때 보호도체의 최소단면적[mm²]은?(단, 보호도체의 재질이 상도체와 같은 경우)

① S ② 16 ③ $\dfrac{S}{2}$ ④ $\dfrac{S}{3}$

풀이 보호도체의 단면적
아래의 표에서 정한 값 이상의 단면적

상도체의 단면적 S[mm²]	대응하는 보호도체의 최소단면적[mm²]	
	보호도체의 재질이 상도체와 같은 경우	보호도체의 재질이 상도체와 다른 경우
$S \leq 16$	S	$(k_1/k_2) \times S$
$16 < S \leq 35$	16	$(k_1/k_2) \times 16$
$S > 35$	$S/2$	$(k_1/k_2) \times (S/2)$

여기서, k_1 : 도체 및 절연의 재질에 따라 KS C IEC 60364-5-54 부속서 A(규정)의 표 A54.1 또는 IEC 60364-4-43의 표 43A에서 선정된 상도체에 대한 값
k_2 : KS C IEC 60364-5-54 부속서 A(규정)의 표 A54.2~A54.6에서 선정된 보호도체에 대한 값
PEN 도체의 경우 단면적의 축소는 중성선의 크기결정에 대한 규칙에만 허용된다.

168 변압기의 중성점접지저항값에 대한 설명 중 틀린 것은?

① 일반적으로 변압기의 고압 · 특고압 측 전로 1선 지락전류로 100을 나눈 값과 같은 저항값 이하
② 1초 초과 2초 이내에 고압 · 특고압 전로를 자동으로 차단하는 장치를 설치할 때는 300을 나눈 값 이하
③ 1초 이내에 고압 · 특고압 전로를 자동으로 차단하는 장치를 설치할 때는 600을 나눈 값 이하
④ 전로의 1선 지락전류는 실측값에 의한다. 다만, 실측이 곤란한 경우에는 선로정수 등으로 계산한 값에 의한다.

풀이 1. 변압기의 중성점접지저항값은 다음에 의한다.
  1) 일반적으로 변압기의 고압 · 특고압 측 전로 1선 지락전류로 150을 나눈 값과 같은 저항값 이하
  2) 변압기의 고압 · 특고압 측 전로 또는 사용전압이 35[kV] 이하의 특고압전로가 저압 측 전로와 혼촉하고 저압전로의 대지전압이 150[V]를 초과하는 경우에는 저항값은 다음에 의한다.
    ① 1초 초과 2초 이내에 고압 · 특고압 전로를 자동으로 차단하는 장치를 설치할 때는 300을 나눈 값 이하
    ② 1초 이내에 고압 · 특고압 전로를 자동으로 차단하는 장치를 설치할 때는 600을 나눈 값 이하
2. 전로의 1선 지락전류는 실측값에 의한다. 다만, 실측이 곤란한 경우에는 선로정수 등으로 계산한 값에 의한다.

정답 167 ③ 168 ①

169 특고압배전반에서 앞면 또는 조작 · 계측면의 최소 유지거리는?

① 1.4
② 1.5
③ 1.7
④ 0.8

▶ 풀이 수전설비의 배전반 등의 최소 유지거리

위치별 기기별	앞면 또는 조작 · 계측면	뒷면 또는 점검면	열 상호 간 (점검하는 면)	기타의 면
특고압배전반	1.7	0.8	1.4	—
고압배전반	1.5	0.6	1.2	—
저압배전반	1.5	0.6	1.2	—
변압기	1.5	0.6	1.2	0.3

170 인버터의 공칭전력은 인버터와 모듈, 기술, 지역일사량 등의 지역조건과 모듈의 방향에 따라 어레이 출력(STC에서의)의 몇 [%]까지 될 수 있는가?

① ±10[%]
② ±15[%]
③ ±20[%]
④ ±25[%]

171 인버터의 용량산정계수(C_{INV})의 범위는?

① $0.9 < C_{INV} < 1.0$
② $0.83 < C_{INV} < 1.25$
③ $0.8 < C_{INV} < 1.2$
④ $0.93 < C_{INV} < 1.15$

172 인버터의 직류입력전압으로 주로 사용되는 전압은?(단, 실용화되고 있는 전압)

① 220[V]
② 380[V]
③ 110[V]
④ 440[V]

173 다음에서 A와 B의 값은?

> 인버터의 공칭출력보다 A[%] 높은 전력을 B분 동안 전력계통에 공급하는 것이 허용된다. 인버터 제조업체들은 이 값을 보증하고 이를 적합성 확인으로 인증해야 한다.

① 5[%], 5분
② 5[%], 10분
③ 10[%], 10분
④ 10[%], 5분

정답 169 ③ 170 ③ 171 ② 172 ② 173 ③

174 태양광발전 방식 중 동일 태양전지모듈 설치용량기준으로 가장 많은 발전량을 생산하는 순서대로 나타낸 것은?

| ㉠ 양방향 추적식 | ㉡ 경사가변식 | ㉢ 단방향 추적식 | ㉣ 고정식 |

① ㉠→㉡→㉢→㉣
② ㉠→㉢→㉡→㉣
③ ㉣→㉢→㉡→㉠
④ ㉣→㉡→㉢→㉠

풀이 고정식 대비 경사가변형은 15~20[%], 단방향 추적식은 20~30[%], 양방향 추적식은 30~50[%] 정도 발전량이 증가된다. 높은 순으로 나열하면 양방향 추적식 → 단방향 추적식 → 경사가변식 → 고정식이다.

175 모듈 1장의 출력이 150[W], 가로길이가 1.5[m], 세로길이가 0.8[m]일 때 모듈의 변환효율은?(단, 일사강도는 1,000[W/m²]를 적용)

① 10.5[%]　② 12.5[%]　③ 11.5[%]　④ 13.5[%]

풀이 모듈변환효율 = $\dfrac{\text{모듈출력}[W]}{\text{모듈에 입사된 에너지양}[W]} \times 100[\%]$

$= \dfrac{\text{모듈출력}}{\text{일사강도} \times \text{모듈면적}} \times 100[\%]$

모듈에 입사된 에너지양[W] = 모듈면적 × 일사강도
$= 1.5 \times 0.8 \times 1,000 = 1,200[W]$

모듈변환효율 $= \dfrac{150}{1,200} \times 100 = 12.5$

176 태양전지셀과 태양광모듈에 관한 변환효율의 관계를 옳게 나타낸 것은?

- η_c : 태양전지셀의 효율
- η_m : 태양광모듈의 효율
- η_a : 태양광어레이의 효율

① $\eta_a > \eta_m > \eta_c$
② $\eta_m > \eta_c > \eta_a$
③ $\eta_c > \eta_a > \eta_m$
④ $\eta_c > \eta_m > \eta_a$

풀이 셀에서 어레이로의 시스템이 점점 커질수록 손실요인이 발생하므로 효율은 감소한다.

177 태양광 설치방법 중 발전효율이 가장 낮은 것은?

① 추적식 어레이
② 고정식 어레이
③ 건물통합형(BIPV)
④ 경사가변형 어레이

풀이 BIPV는 건물일체형으로 건축 외장재로서의 기능을 수행하거나 GTG(Glass To Glass) 또는 입면으로 설치되는 경우가 많으므로 발전효율이 낮다.

정답 174 ②　175 ②　176 ④　177 ③

178 태양전지어레이 구조설계 시 기본방향(고려사항)으로 잘못된 것은?

① 안정성 : 내진·내풍 최대상정하중 고려, 천재지변 고려
② 시공성 : 부재의 재질, 접합방법 등의 다양화와 규격화
③ 사용성 및 내구성 : 경년 변화, 지반의 상태, 환경 등을 고려한 설계
④ 경제성 : 과다설계 배제, 공사비 절감공법

풀이 시공성을 위해서는 부재의 재질, 접합방법 등이 동일해야 한다.

179 태양광발전시스템의 종류에 대한 설명으로 잘못된 것은?

① 단순병렬시스템은 계통연계형의 일종으로 양방향 조류가 흐른다.
② 하이브리드시스템은 태양광발전 외에 디젤발전기(또는 풍력발전)와 함께 운영하는 것이다.
③ 하이브리드시스템은 충방전제어장치를 축전지 부하에 연결한다.
④ 계통연계형이란 태양광발전에서 생산된 직류를 인버터에 의해 교류로 변환 후 상용교류전력망에 연계시키는 방식이다.

풀이 하이브리드시스템은 충방전제어장치를 축전지 인버터에 연결시킨 후 부하와 연결한다.

180 태양광발전시스템의 계통연계 기술기준을 크게 3가지로 구분할 때 해당되지 않는 것은?

① 도입한계용량 ② 외부운전성능
③ 전력품질 ④ 보호협조

풀이 태양광발전시스템의 계통연계 기술기준에는 전력품질, 보호협조, 도입한계용량 등이 있다.

181 전력계통이 없는 섬, 기타 도서지역에 많이 사용하는 태양광발전소 종류의 형식은?

① 계통연계형 ② 연산형
③ 독립형 ④ 추적형

풀이 ① 계통연계형 : 태양광발전시스템을 포함한 자가발전설비를 전력회사의 계통에 연계하는 시스템
② 연산형 : 프로그램을 이용한 날짜계산에 의한 추적방식
③ 독립형 : 전기회사의 전기공급을 받을 수 없는 도서지방, 깊은 산속, 등대와 같은 특수장소에 적합
④ 추적형 : 태양광발전 효율을 높이기 위해 태양을 추적하여 발전

정답 178 ② 179 ③ 180 ② 181 ③

182 건물통합형(BIPV) 태양광발전의 설명으로 틀린 것은?

① 발전효율은 상대적으로 낮다.
② 주변환경과 조화로운 디자인이 가능하다.
③ 건물에 사용되는 고가의 외장 마감재와 태양광발전시스템 비용이 비슷하여 경제성이 있다.
④ 구조가 복잡하고 전복이나 오동작에 의한 사고 가능성이 높다.

풀이 구조는 복잡하나 전복이나 오동작에 의한 사고 가능성은 낮다.

183 건축자재와 태양전지를 결합시켜 지붕, 파사드, 블라인드 등과 같이 건물외피에 적용하는 건축물 일체형 태양광발전시스템의 종류로 옳은 것은?

① HIT
② CPV
③ BIPV
④ CIGS

풀이 건물일체형 태양광시스템(BIPV : Building Integrated PV)
태양광모듈을 건축물에 설치하여 건축 부자재의 역할 및 기능과 전력생산을 동시에 할 수 있는 시스템으로 창호, 스팬드럴, 커튼월, 이중파사드, 외벽, 차양시설, 아트리움, 싱글, 지붕재, 캐노피, 테라스, 파고라 등을 범위로 한다.
- HIT : cell의 종류
- CPV : cell의 종류
- CIGS : 박막형 태양전지, 구리, 인듐, 갈륨, 셀레늄의 화합물을 유리나 플라스틱 등의 기판에 얇은 막으로 쌓아올린 전지

184 고정형 어레이의 특징으로 잘못된 것은?

① 태양광의 방위각과 경사각을 고정하여 설치
② 구조가 안전하고 전복이나 오동작에 의한 사고 가능성이 낮음
③ 구조물의 구동이 없어 하단부 공간 활용 가능
④ 발전효율이 상대적으로 높음

풀이 발전효율이 타 설치방법에 비해 낮다.

185 추적식 어레이의 특징으로 잘못된 것은?

① 단방향 추적식과 양방향 추적식으로 구분한다.
② 태양광선을 집광하기 위해 집광형만이 사용된다.
③ 추적방법으로는 감지식, 프로그램제어식, 혼합형 추적방식이 있다.
④ 동력과 기기 조작을 이용하여 태양광의 직달입사량이 최대가 되도록 한다.

풀이 태양광선의 집광 유무에 따라 평판형과 집광형 어레이가 사용된다.

정답 182 ④ 183 ③ 184 ④ 185 ②

186 다음 ( ) 안에 들어갈 알맞은 내용은?

태양광발전시스템은 설치 형태에 따라 (㉠)식과 (㉡)식이 있다.

① ㉠ : 고정, ㉡ : 추적
② ㉠ : 독립, ㉡ : 추적
③ ㉠ : 연계, ㉡ : 추적
④ ㉠ : 역조류, ㉡ : 단독

풀이
- 태양광발전시스템은 설치 형태에 따라 고정식, 추적식이 있다.
- 추적식에는 추적방향(단축식, 양축식)식과 추적방식(감지식, 프로그램식, 혼합식)이 있다.

187 경사가변형 어레이의 설명으로 틀린 것은?

① 고정식에 비해 개별 발전 차이 간격이 11[%] 증가한다.
② 개별장치의 설치간격이 상대적으로 좁아 비용 대비 발전효율이 증가한다.
③ 구조적으로 안정되어 부수적인 고정장치가 필요 없다.
④ 발전효율은 고정식에 비해 5[%] 상승한다.

풀이 구조적으로 안정성을 높이기 위해 강선을 이용한 추가 고정장치 등이 필요하다.

188 태양광발전 설치방법 중 발전효율이 가장 높은 것은?

① 추적식
② 경사가변형
③ 고정식
④ 건물통합형(BIPV)

풀이 발전효율 크기 순서 : 추적식 > 경사가변형 > 고정식 > 건물통합형

189 어레이 설치 시 태양을 바라보는 방향으로 높이가 2.5[m]인 장애물이 있을 경우 장애물로부터의 최소 이격거리[m]는?(단, 발전 가능 한계시각에서의 태양의 고도각은 15°이다.)

① 8.33
② 10.2
③ 9.33
④ 9.2

풀이 $\tan\alpha = \dfrac{h}{d}$, $d = \dfrac{h}{\tan\alpha} = \dfrac{2.5}{\tan 15°} = 9.33$

190 파워컨디셔너의 주요 기능에 해당하지 않는 것은?

① 전압 · 전류 제어기능
② 최대전력 추종(MPPT)기능
③ 계통연계 보호기능
④ 단락전류 차단기능

풀이 ④ 단락전류의 차단은 CB(차단기)가 한다.
PCS의 주요 기능으로는 단독운전 검출기능, 자동전압 조정기능, 직류지락 검출기능이 있다.

정답 186 ① 187 ③ 188 ① 189 ③ 190 ④

191 태양광발전시스템의 인버터회로방식이 아닌 것은?

① 저주파수변압기형
② 부하 시 탭절환형
③ 고주파변압기절연형
④ 무변압기형

풀이 인버터회로방식
상용주파변압기절연방식(저주파수변압기형), 고주파변압기절연방식(고주파변압기절연형), 트랜스리스 방식(무변압기형)

192 음영의 영향을 가장 많이 받는 인버터 접속방법은?

① 중앙집중 방식
② 서브어레이 방식
③ 개별스트링 방식
④ 마이크로인버터 방식

풀이 중앙집중방식의 경우 모듈의 직병렬 접속이 하나의 인버터에 집중되므로 음영의 영향을 가장 많이 받는다.

193 파워컨디셔너의 종류 중 인버터의 대수 및 연결방식에 따른 구분에서 최대 효율 및 MPP 최적제어가 가능하나 투자비가 가장 많이 드는 방식은 무엇인가?

① 마스터슬레이브 방식
② 모듈인버터 방식
③ 병렬운전 방식
④ 중앙집중식

정답 191 ② 192 ① 193 ②

03 기초이론(전기, 전자, 송전·배전·변전)

01 실효값이 120[V]인 교류전압을 1,200[Ω]의 저항에 인가할 경우 소비되는 전력은?

① 0.1[W]　　　　　　　　② 10[W]
③ 12[W]　　　　　　　　④ 14.4[W]

풀이 소비전력 $P = IV = \dfrac{V}{R} \times V = \dfrac{V^2}{R}$

여기서, V : 실효값, R : 저항값

$P = \dfrac{120^2}{1,200} = 12$

02 일상적인 변압기에 대한 설명 중 옳은 것은?

① 단자전류의 비 I_2/I_1는 권수비와 같다.
② 단자전압의 비 V_2/V_1는 코일의 권수비와 같다.
③ 1차 측 복소전력은 2차 측 부하의 복소전력과 같다.
④ 1차 단자에서 본 전체 임피던스는 부하임피던스에 권수비 자승의 역수를 곱한 것과 같다.

풀이 변압기 권수비 $= \dfrac{N_1}{N_2} = \dfrac{V_1}{V_2} = \dfrac{I_2}{I_1}$

여기서, N_1, N_2 : 1차, 2차 권수
　　　　V_1, V_2 : 1차, 2차 전압
　　　　I_1, I_2 : 1차, 2차 전류

1차 측 복소전력은 2차 측 부하의 복소전력과 다르다.

03 3[kW] 인버터의 입력전압범위가 25~35[V]이고 최대출력에서 효율이 89[%]이다. 최대정격에서 인버터의 최대입력전류는 몇 [A]인가?

① 135　　　　② 124　　　　③ 113　　　　④ 96

풀이 $P = VI\cos\theta\eta$ 에서

$I = \dfrac{P}{V\cos\theta\eta} = \dfrac{3 \times 10^3}{25 \times 0.89} = 134.83 ≒ 135[A]$

여기서, P : 최대정격, I : 최대입력전류, V : 최소입력전압
　　　　$\cos\theta$: 역률, η : 효율

정답　01 ③　02 ④　03 ①

04 1[Ω·m]와 동일한 단위는?

① 1[μΩ·cm]
② 10^2[Ω·mm^2]
③ 10^4[Ω·cm]
④ 10^6[Ω·mm^2/m]

풀이 고유저항의 단위
$1[\Omega \cdot m] = 1[\Omega \cdot m^2/m] = 1[\Omega \cdot (10^3 \cdot mm)^2/m] = 1 \times 10^6 [\Omega \cdot mm^2/m]$

05 25[W]의 전구 2개를 하루에 5시간 사용하고, 65[W] 팬(Fan)을 하루에 7시간 사용한다고 할 때, 24시간 동안의 총 전력량[Wh/day]은?

① 880
② 705
③ 580
④ 455

풀이 24시간 사용전력량(W)
$W = (25 \times 2 \times 5) + (65 \times 7) = 705 [Wh/day]$

06 장거리 전력 전송에 고전압이 사용되는 이유가 아닌 것은?

① 송전용량이 증가한다.
② 전력손실이 감소한다.
③ 선로절연이 낮아지므로 건설비가 감소한다.
④ 동일 용량의 전력을 송전할 경우 송전선의 굵기를 줄일 수 있다.

풀이 고전압을 사용하면 선로 절연비용이 높아져 건설비가 증가한다.

07 저항 1[kΩ], 커패시터 5,000[μF]의 $R-C$ 직렬회로에 100[V] 전압을 인가하였을 때, 시정수는 몇 [sec]인가?

① 0.5
② 5
③ 10
④ 15

풀이 $R-C$ 직렬회로의 시정수(τ) $= RC = 1 \times 10^3 [\Omega] \times 5,000 \times 10^{-6} [F] = 5[sec]$

08 변압기에서 1차 전압이 120[V], 2차 전압이 12[V]일 때 1차 권선수가 400회라면 2차 권선수는?

① 10
② 40
③ 400
④ 4,000

풀이 변압기 권선비 : a
$a = \dfrac{N_1}{N_2} = \dfrac{V_1}{V_2} = \dfrac{I_2}{I_1}$ 에서 $a = \dfrac{V_1}{V_2} = \dfrac{120}{12} = 10$

$a = \dfrac{N_1}{N_2}$ 에서 $N_2 = \dfrac{N_1}{a} = \dfrac{400}{10} = 40$

정답 04 ④ 05 ② 06 ③ 07 ② 08 ②

09 다음 중 도체의 저항과 관계없는 것은?

① 도체의 도전율　　② 도체의 길이
③ 도체의 고유저항　④ 도체의 단면적 형태

풀이 도체의 저항 $R = \rho \dfrac{l}{A} = \dfrac{l}{\sigma A}$ 으로 고유저항(ρ)$= \dfrac{1}{\sigma}$, 도전율(σ), 길이(l), 단면적(A)과 관계가 있다.

10 옴의 법칙에서 전류의 크기는 어느 것에 비례하는가?

① 임피던스　　② 전선의 길이
③ 전선의 고유저항　④ 전선의 단면적

풀이 옴(ohm)의 법칙에서 전류 $I = \dfrac{V}{R}$이고, 저항 $R = \rho \dfrac{l}{A}$

여기서, ρ : 도체의 고유저항
　　　　l : 도체길이
　　　　A : 도체의 단면적

$I = \dfrac{V}{\rho \dfrac{l}{A}} = \dfrac{V \cdot A}{\rho l}$ 이므로 $I \propto A$이고 $I \propto \dfrac{l}{\rho l}$ 이다.

11 도선의 길이가 3배로 늘어나고 지름이 1/3로 줄어든 경우 그 도선의 저항은 어떻게 되는가?

① 27배 증가　　② 9배 증가
③ $\dfrac{1}{27}$로 감소　④ $\dfrac{1}{9}$로 감소

풀이 도선의 저항(R)은 $R = \rho \dfrac{l}{A} = \rho \dfrac{l}{\dfrac{\pi D^2}{4}}$ 에서 길이 l과 지름 D의 관계식으로 저항 R을 계산

$R = \dfrac{l}{D^2} = \dfrac{3l}{\left(\dfrac{1}{3}D\right)^2} = \dfrac{27l}{D^2} = 27 \dfrac{l}{D^2}$ 이므로 저항 R은 27배로 증가

12 도선의 길이가 2배로 늘어나고, 지름이 1/2로 줄어들 경우 그 도선의 저항은?

① 4배 증가　　② 4배 감소
③ 8배 증가　　④ 8배 감소

풀이 도선의 저항(R)$= \rho \dfrac{l}{A} = \rho \dfrac{l}{\dfrac{\pi D^2}{4}}$ 에서 l, D의 관계식으로 저항 R을 계산

정답 09 ④　10 ④　11 ①　12 ③

$$R = \frac{l}{D^2} = \frac{2l}{\left(\frac{1}{2}D\right)^2} = 8\frac{l}{D^2}$$

저항 R은 8배로 증가한다.

13 RL직렬회로에 $v = 100\sin(120\pi t)$[V]의 전원을 연결하여 $i = 2\sin(120\pi t - 45°)$[A]의 전류가 흐르도록 하려면 저항은 몇 [Ω]인가?

① 50
② 100
③ $50\sqrt{2}$
④ $\frac{50}{\sqrt{2}}$

풀이 $v = 100\sin(120\pi t)$[V]와 $i = 2\sin(120\pi t - 45°)$[A] 식은 전류가 전압보다 45° 늦음을 의미하고,

임피던스 $Z = \frac{v}{i} = \frac{100\sin(120\pi t)}{2\sin(120\pi t - 45°)} = 50\angle 45°$

$= 50(\cos(45°) + j\sin(45°)) = \frac{50}{\sqrt{2}} + j\frac{50}{\sqrt{2}}$ 에서

실효값$(V) = \frac{\text{최댓값}(V_m)}{\sqrt{2}}$ 이므로

∴ 저항 $R = \frac{50}{\sqrt{2}}$ [Ω]

리액턴스 $X_L = \frac{50}{\sqrt{2}}$ [Ω], 임피던스 $Z = \sqrt{R^2 + X_L^2} = 50$ [Ω]

14 $v = 100\sqrt{2}\sin\left(120\pi t + \frac{\pi}{3}\right)$[V]인 정현파 교류전압의 실효값과 주파수는?

① 100[V], 50[Hz]
② 100[V], 60[Hz]
③ 141[V], 50[Hz]
④ 141[V], 60[Hz]

풀이 $v = V_m\sin(\omega t + \theta)$에서 V_m : 최댓값

$V = 100\sqrt{2}\sin\left(120\pi t + \frac{\pi}{3}\right)$[V]

$V_m = 100\sqrt{2}$

$\omega = 120\pi t$

실효값 $= \frac{V_m}{\sqrt{2}} = \frac{100\sqrt{2}}{\sqrt{2}} = 100$[V]

전기각속도 $\omega = 2\pi f t$에서 $f = \frac{\omega}{2\pi t} = \frac{120\pi t}{2\pi t} = 60$[Hz]

∴ 실효값 100[V], 주파수 60[Hz]

정답 13 ④ 14 ②

15 줄의 법칙을 이용한 발열량[cal] 계산식으로 옳은 것은?(단, I는 전류[A], R은 저항[Ω], t는 시간[sec]이다.)

① $H = 0.24I^2R$
② $H = 0.24I^2Rt$
③ $H = 0.024I^2Rt$
④ $H = 0.24I^2R^2$

풀이 줄의 법칙은 도체에 일정 시간 전류를 흘리면 도체에서 열이 발생하고 발열량 계산식은 $H = 0.24I^2Rt$[cal]이다.

16 장거리 전력전송에 고전압이 사용되는 이유는?

① 저전압보다 조절하기가 더 쉽다.
② 손실(I^2R)이 감소한다.
③ 전자기장이 강하다.
④ 작은 변압기가 사용된다.

풀이 장거리 전력전송에 고전압을 사용하는 이유 : 전력손실을 저감하기 위해서다.
손실 $P_l = I^2R$

17 송전선로의 선로정수에 포함되지 않는 것은?

① 저항
② 정전용량
③ 리액턴스
④ 누설컨덕턴스

풀이 송전선로의 선로정수
R(저항), L(인덕턴스), C(정전용량), G(누설컨덕턴스)

18 분산형 전원의 배전계통연계 시 반드시 설치하지 않아도 되는 보호장치는?

① 결상계전기
② 저전압계전기
③ 저주파수계전기
④ 역기전력 역전력계전기

풀이 분산형 전원의 고장 발생 시 자동적으로 계통과의 연계를 분리할 수 있는 보호장치가 필요하다.
- 계통 또는 분산형 전원 측의 단락·지락 고장 시 보호를 위한 보호장치를 설치한다.
- 적정한 전압과 주파수를 벗어난 운전을 방지하기 위하여 과·전압계전기, 과·저주파수계전기를 설치한다.
- 단순병렬분산형 전원의 경우에는 역전력계전기를 설치한다.
- 결상계전기의 사용목적 : 3상 선로, 발전기 등에서 1상 또는 2상 결상(단선)이나 저전압 또는 역상 등의 사고 발생 시 사고확대 및 파급 방지

정답 15 ② 16 ② 17 ③ 18 ①

19 일정 전압의 직류전원에 저항을 접속하고 전류를 흘릴 때 이 전류값을 20[%] 증가시키기 위해서는 저항값을 어떻게 하면 되는가?

① 저항값을 20[%]로 감소시킨다.
② 저항값을 66[%]로 감소시킨다.
③ 저항값을 83[%]로 감소시킨다.
④ 저항값을 120[%]로 증가시킨다.

풀이 $I = \dfrac{V}{R}$, $I \propto \dfrac{1}{R}$ 에서

즉, 전류와 저항은 반비례하므로 전류를 20[%] 증가시키면 저항은 그 역수만큼 감소한다.

$\dfrac{1}{1.2} = 0.8333$

20 220[V], 60[Hz] 교류전원을 변압기를 사용하여 24[V]의 교류전원으로 바꾸려고 한다. 이 변압기 1차 코일의 권선수가 300회일 때, 2차 코일의 권선수는 몇 회로 하면 되는가?

① 약 22회
② 약 33회
③ 약 66회
④ 약 600회

풀이 변압기 권선비

1차 코일권수 $n_1 = 300$일 때 2차 코일권수 n_2는

$a = \dfrac{n_1}{n_2} = \dfrac{V_1}{V_2} = \dfrac{I_2}{I_1}$

$a = \dfrac{V_1}{V_2} = \dfrac{220}{24} = 9.166$

$a = \dfrac{n_1}{n_2}$

$n_2 = \dfrac{n_1}{a} = \dfrac{300}{9.166} = 32.729 ≒ 33$

21 내부저항이 각각 0.3[Ω] 및 0.2[Ω]인 1.5[V]의 두 전지를 직렬로 연결한 후에 외부에 2.5[Ω]의 저항 부하를 직렬로 연결하였다. 이 회로에 흐르는 전류는 몇 [A]인가?

① 0.5 ② 1.0 ③ 1.2 ④ 1.5

풀이 직렬연결 전압 $V = 1.5 + 1.5 = 3[V]$

$I = \dfrac{V}{R} = \dfrac{1.5 + 1.5}{(0.3 + 0.2) + 2.5} = \dfrac{3}{0.5 + 2.5} = \dfrac{3}{3} = 1$

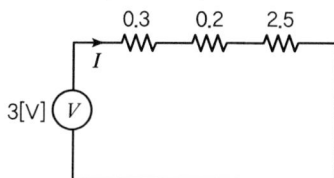

정답 19 ③ 20 ② 21 ②

22 실효값이 220[V]인 교류전압을 1.2[kΩ]의 저항에 인가할 경우 소비되는 전력은 약 몇 [W]인가?

① 14.4　　　　　　　　　② 18.3
③ 26.4　　　　　　　　　④ 40.3

풀이 소비전력 $P = VI(V=IR) = I^2R\left(I=\dfrac{V}{R}\right) = \dfrac{V^2}{R}$

$$P = \dfrac{220^2}{1.2 \times 10^3} = 40.333[\text{W}]$$

23 2[Ω], 3[Ω], 5[Ω]의 저항 3개가 직렬로 접속된 회로에 5[A]의 전류가 흐르면 공급전압은 몇 [V]인가?

① 30　　② 50　　③ 70　　④ 100

풀이 회로도

전압 $V_0 = IR_0$이므로
전저항 $R_0 = 2+3+5 = 10[\Omega]$
$V_0 = 5 \times 10 = 50[\text{V}]$

24 10[A]의 전류를 흘렸을 때의 전력이 50[W]인 저항에 20[A]의 전류를 흘렸다면 소비전력은 몇 [W]인가?

① 50　　② 100　　③ 150　　④ 200

풀이 소비전력$(P) = IV + I \times IR = I^2R$

저항$(R) = \dfrac{P}{I^2} = \dfrac{50}{10^2} = 0.5[\Omega]$

$P = 20^2 \times 0.5 = 200[\text{W}]$

25 수전전압이 22.9[kV]이고 3상 단락전류가 10,000[A]인 수용가의 수전용 차단기의 차단용량은 몇 [MVA] 이상이면 되는가?(단, 여유율은 고려하지 않는다.)

① 433　　② 447　　③ 457　　④ 467

풀이 차단용량$(P) = \sqrt{3} \times \text{kV}(정격전압) \times \text{kA}(정격차단전류)$
$= \sqrt{3} \times 25.8 \times 10,000 \times 10^{-3} = 446.87 ≒ 447[\text{MVA}]$
22.9[kV]의 정격전압은 25.8[kV]

정답 22 ④　23 ②　24 ④　25 ②

26 어떤 전지의 외부회로 저항은 5[Ω]이고, 전류는 8[A]가 흐른다. 외부회로에 5[Ω] 대신에 15[Ω]의 저항을 접속하면 4[A]로 떨어진다. 이 전지의 기전력은?

① 40[V]　　② 60[V]　　③ 80[V]　　④ 100[V]

풀이 기전력(V) = $I_1(R_1 + r)$
　　　　　　　　= $I_2(R_2 + r)$

여기서, I : 전류, R : 외부저항, r : 내부저항

내부저항 r을 구하면
$V = I_1(R_1 + r) = I_2(R_2 + r) = 8(5 + r) = 4(15 + r) = 40 + 8r = 60 + 4r = 4r = 20$
$\therefore r = 5$
$V = 8(5 + 5) = 4(15 + 5) = 80[V]$

27 최대눈금이 50[V]인 직류전압계가 있다. 이 전압계를 사용하여 150[V]의 전압을 측정하려면 배율기의 저항은 몇 [Ω]을 사용하면 되는가?(단, 전압계의 내부저항은 5,000[Ω]이다.)

① 1,000　　② 2,500　　③ 5,000　　④ 10,000

풀이 배율기(Multiplier)
전압의 측정범위를 넓히기 위해 전압계에 직렬로 달아 주는 저항을 배율기저항이라 한다.

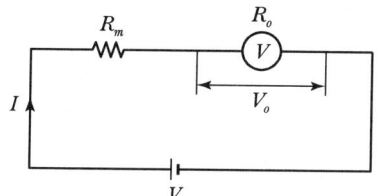

여기서, R_m : 배율기저항
R_o : 전압계 내부저항
V : 측정하고자 하는 전압
I : 전압계에 흐르는 저항
V_o : 전압계에 걸리는 전압

$V = I(R_m + R_o) = IR_m + IR_o$

$IR_m = V - IR_o, \quad R_m = \dfrac{V - IR_o}{I}$

여기서 $I = \dfrac{V}{R_m + R_o}$ 이므로 전압계에 걸리는 전압 $V_o = IR_o$

$V_o = \dfrac{V}{R_m + R_o} R_o = \dfrac{R_o}{R_m + R_o} \times V, \quad V = V_o \left(\dfrac{R_m + R_o}{R_o} \right) = V_o \left(1 + \dfrac{R_m}{R_o} \right)$

배율(m) = $\dfrac{V}{V_o} = \left(1 + \dfrac{R_m}{R_o} \right)$

배율기저항(R_m) = $\left(\dfrac{V}{V_o} - 1 \right) \times R_o = \left(\dfrac{150}{50} - 1 \right) \times 5,000 = 10,000[Ω]$

분류기(Shunt) : 전류의 측정범위를 넓히기 위해 전류계에 병렬로 저항을 달아 주는 저항을 분류기저항이라 한다.

정답　26 ③　27 ④

28 변압기의 결선방식 중 △ - △ 결선의 특징이 아닌 것은?

① 1상분이 고장 나면, 나머지 2대로 V결선을 할 수 있다.
② 상전압이 선간전압의 $1/\sqrt{3}$ 이 되어 고전압에 적합하다.
③ 제3고조파전류에 의한 기전력의 왜곡을 일으키지 않는다.
④ 각 변압기의 상전류가 선전류의 $1/\sqrt{3}$ 이 되어 대전류에 적합하다.

풀이 Y-Y결선 : 상전압이 선간전압의 $1/\sqrt{3}$ 이 되어 고전압에 적합한 결선

29 저항 50[Ω], 인덕턴스 200[mH]의 직렬회로에 주파수 50[Hz]의 교류를 접속하였다면, 이 회로의 역률은 약 몇 [%]인가?

① 52.3 ② 62.3 ③ 72.3 ④ 82.3

풀이 역률$(\cos\theta) = \dfrac{R}{Z} \times 100[\%] = \dfrac{R}{\sqrt{R^2 + X_L^2}} \times 100[\%]$

여기서, $X_L = 2\pi f L = 2 \times 3.14 \times 50 \times 200 \times 10^{-3}[\Omega] = 62.83[\Omega]$

∴ $\cos\theta = \dfrac{50}{\sqrt{50^2 + 62.83^2}} \times 100 = 62.268 \fallingdotseq 62.3[\%]$

여기서, R : 저항, Z : 임피던스

30 다음 설명 중 틀린 것은?

① 옴의 법칙으로 전압은 저항에 반비례함을 의미한다.
② 온도의 상승에 따라 도체 외 전기저항은 증가한다.
③ 도선의 저항은 길이에 비례하고 단면적에 반비례한다.
④ 전기가 누설되지 않도록 하는 것을 절연이라고 하며 그 재료를 절연물이라고 한다.

풀이
- $V = IR$로 전압은 전류에 비례한다.
- $R = \dfrac{V}{I}$, $R = \rho\dfrac{l}{A} = \dfrac{l}{K \cdot A}$

여기서, ρ : 도체의 고유저항, l : 도체길이, A : 도체단면적, K : 도전율

온도에 따른 전기저항 변화
도선을 구성하는 원자들은 온도가 올라가면 진동이 활발해져 도선을 지나는 자유전자와 원자들과의 충돌이 활발해지므로 전기저항이 커지게 된다.

정답 28 ② 29 ② 30 ①

31 "임의의 폐회로에서 기전력의 총합은 저항에서 발생하는 전압강하의 총합과 같다."는 법칙은?

① 패러데이의 법칙
② 플레밍의 오른손 법칙
③ 키르히호프의 제1법칙
④ 키르히호프의 제2법칙

풀이 ① 패러데이의 법칙 : 유도기전력의 크기는 폐회로에 쇄교하는 자속의 시간적 변화율에 비례한다.
② 플레밍의 오른손 법칙 : 오른손 엄지, 둘째, 셋째 손가락을 서로 직각으로 굽히고 엄지와 둘째 손가락을 도체의 운동속도와 자속밀도의 방향으로 가리킬 때, 셋째 손가락의 방향이 기전력의 방향이 된다.
③ 키르히호프의 제1법칙 : 임의의 한 분기점에 유입 또는 유출되는 전류합은 0이다.
④ 키르히호프의 제2법칙 : 회로망 내의 임의의 폐회로(경로)에 있어서 전원전압의 합은 전압강하의 합과 같다.

32 전압계가 일반적으로 가지고 있어야 하는 특성은?

① 높은 내부저항
② 낮은 외부저항
③ 높은 감도
④ 큰 전류를 잘 견딜 능력

풀이 전압계는 내부저항이 높을수록 오차를 줄일 수 있다.

33 스마트 그리드(Smart Grid)에 대한 설명으로 틀린 것은?

① 분산전원 전원공급방식이다.
② 네트워크 구조이다.
③ 단방향 통신방식이다.
④ 디지털 기술 기반이다.

풀이 지능형 권력망(Smart Grid)
스마트 그리드는 전력공급자와 소비자가 양방향 통신을 이용하여 실시간으로 정보를 교환한다.

34 결정질실리콘 태양전지의 일반적인 제조공정이 아닌 것은?

① 웨이퍼 장착
② 표면 조직화
③ 측면 접합
④ 반사방지막 코딩

풀이 태양전지 제조공정
- 세정 및 웨이퍼 표면 가공(Texturing)
- 도핑 시 형성된 산화막(PSG) 제거
- 반사방지막 형성(AR Coating)
- 금속전극 소성(Firing)
- 이미터 형성(Doping)
- p-n접합 측면분리(Edge Isolation)
- 금속전극 형성(Metallization)
- 태양전지 특성 검사 및 분류(Sorting)

정답 31 ④ 32 ① 33 ③ 34 ③

35 궤도전자가 강한 에너지를 받아서 원자 내의 궤도를 이탈하여 자유전자가 되는 것을 무엇이라 하는가?

① 여기 ② 공진
③ 전리 ④ 방사

풀이
- 전리 : 원자핵의 구속력으로부터 완전히 벗어나 원자는 전자를 잃어 이온화되는 상태. 궤도전자, 즉 자유전자
- 여기 : 기저상태에서 에너지가 높은 상태로 옮겨가는 것. 핵의 구속력을 벗어나지 않은 상태
- 공진 : 특정진동수(주파수)에서 큰 진폭으로 진동하는 현상

36 전력반도체소자 중 전압구동방식의 소자인 것은?

① Thyristor ② GTO
③ BJT ④ IGBT

풀이
- 전압구동방식 : IGBT, MOSFET, MCT
- 전류구동방식 : Thyristor, GTO, BJT

37 PN접합구조의 반도체소자에 빛을 조사할 때, 전압차를 가지는 전자와 정공의 쌍이 생성되는 현상은?

① 광기전력효과 ② 광이온화효과
③ 핀치효과 ④ 광전하효과

풀이 PN접합에 빛을 조사시킬 때 전자-정공 쌍이 생성되고 분리되면 N형 이미터 쪽에는 전자가 과다하게 많고 다른 P형 베이스 쪽에는 홀이 많이 모이게 됨으로써 접합 양단에 두 전극을 서로 띄어 개방하면 광기전력(또는 전위차)이 발생하는 현상이다.

38 다음 중 송전선로에 대한 설명으로 옳지 않은 것은?

① 송전설비는 발전소 상호 간, 변전소 상호 간, 발전소와 변전소 간을 연결하는 전선로와 전기설비를 말한다.
② 송전선로는 발전소, 1차 변전소, 배전용 변전소로 구성된다.
③ 송전방식은 교류 송전방식만이 사용된다.
④ 송전계통의 개요는 송전선로, 급전설비, 운영설비이다.

풀이 송전방식은 직류 · 교류 송전 모두 가능하다.

정답 35 ③ 36 ④ 37 ① 38 ③

39 변전소의 설치목적이 아닌 것은?

① 전압을 승압한다.
② 전압을 강압한다.
③ 전력손실을 감소시킨다.
④ 계통의 주파수를 변환시킨다.

풀이 변전소의 설치목적
- 전압을 승압 및 강압
- 전력의 집중연계 및 수용가에 배분
- 전기의 질 유지
- 정전을 최소로 억제하는 장소
- 유효전력(접속변경 등) 제어 및 무효전력(조상설비) 제어
- 전력손실 감소

40 변전실의 면적에 영향을 주는 요소로 틀린 것은?

① 수전전압 및 수전 방식
② 변전실의 접지 방식
③ 변전설비시스템 방식
④ 건축물의 구조적 요건

풀이 변전실 면적에 영향을 주는 요소
- 변압기 용량 및 수량, 형식
- 수전전압 및 수전 방식
- 변전설비시스템(강압) 방식
- 기기배치방법 및 유지보수 시 필요면적
- 건축물의 구조적 여건

41 변전소에서 무효전력을 조정하는 전기설비로 옳은 것은?

① 변성기
② 피뢰기
③ 축전기
④ 조상설비

풀이 무효전력을 조정하는 전기설비는 조상설비로, 콘덴서, 리액터, 동기조상기, SCV, STATCOM 등이 있다.

42 변전소 역할을 잘못 설명한 것은?

① 공급받은 전압을 부하에 알맞은 전압으로 변성하는 장소이다.
② 전력조류를 제어한다.
③ 유효전력과 무효전력을 제어한다.
④ 전력 및 주파수를 발생한다.

풀이 발전소 : 전력 및 주파수를 발생한다.

정답 39 ④ 40 ② 41 ④ 42 ④

43 변전소의 설치목적이 아닌 것은?

① 송배전선로 보호
② 전력조류의 제어
③ 전압의 변성과 조정
④ 전력의 발생과 분배

풀이 변전소의 설치목적
- 전압의 변성과 조정
- 전력조류 제어
- 송배전선로 보호
※ 전력의 발생과 분배는 '발전소'의 설치목적이다.

44 변전소의 설치목적이 아닌 것은?

① 전력의 발생과 계통의 주파수를 변환시킨다.
② 발전전력을 집중 연계한다.
③ 수용가에 배분하고 정전을 최소화한다.
④ 경제적인 이유에서 전압을 승압 또는 강압한다.

풀이 전력의 발생과 계통의 주파수 변환은 발전소의 기능이다.

45 배전선로의 손실 경감과 관계없는 것은?

① 승압
② 역률 개선
③ 다중접지방식의 채용
④ 부하의 불평형 방지

풀이 배전선로 손실 경감대책
- 적정 배전방식 채택
- 전력용 콘덴서의 설치
- 저압선로에서의 대책
- 저손실 배전변압기 채용
- 부하의 불평형 방지
- 전류밀도의 감소와 평형
- 고압선로에서의 대책
- 배전전압의 승압
- 역률 개선

46 선로 구분 기능을 갖고 있는 개폐기에 수용가 측의 사고 발생 시 사고전류를 감지한 후 자동으로 접점을 분리시켜 사고구간을 분리하는 것은?

① 자동부하전환개폐기(ALTS)
② 자동고장구분개폐기(ASS)
③ 리클로저(R/C)
④ 선로개폐기(LS)

풀이
- ASS(자동고장구분개폐기) : 고장구간 자동분리, 과부하 및 고장전류 검출
- Recloser(리클로저) : 지락 단락사고 시 고장검출하여 선로 차단 후 일정시간이 경과하면 자동적으로 재투입동작 반복. 순간고장 제거

정답 43 ④　44 ①　45 ③　46 ②

47 역률을 개선하였을 경우 그 효과로 맞지 않는 것은?

① 전력손실의 감소
② 전압강하의 감소
③ 각종 기기의 수명연장
④ 설비용량의 무효분 증가

풀이 역률개선효과
㉠ 전력회사 측
- 전력계통 안정
- 전력손실 감소
- 설비용량의 효율적 운용
- 투자비 경감

㉡ 수용가 측
- 전력손실 감소(변압기 및 배전선 손실감소)
- 전압강하 경감
- 설비용량 여유 증가
- 각종 기기의 수명연장

48 전력계통의 무효전력을 조정하여 전압조정 및 전력손실의 경감을 도모하기 위한 설비는?

① 조상설비
② 보호계전장치
③ 부하 시 Tap 절환장치
④ 계기용 변성기

풀이
- 보호계전장치는 계기용 변성기에서 입력을 받아 정상인가 고장상태인가를 판정, 고장부분의 검출을 행하여 차단기에 개폐지령을 주는 장치이다.
- 부하 시 Tap 절환장치는 송전을 멈추는 일 없이 계통의 전압을 조정하는 설비로, 변압기와 일체가 된 부하 시 Tap 절환변압기로 사용된다.
- 계기용 변성기는 고압전, 대전류의 전기를 측정 또는 보호할 수 없기 때문에 이것을 적당한 전압, 전류로 변성하기 위한 것이다.

49 태양광발전소를 설치하는 수용가의 공통접속점에서의 역률은 몇 [%] 이상이어야 하는가?

① 75[%]
② 80[%]
③ 85[%]
④ 90[%]

풀이 분산형 전원에 대한 역률은 원칙적으로 전기 사용 부하와 마찬가지로 역률을 90[%] 이상으로 유지하도록 하되, 전압변동률 제한기준을 만족시키기 위해 역률의 제어를 통한 전압상승 방지가 불가피한 경우에는 최하 80[%]까지 운전을 허용할 수 있는 단서조항을 두는 것이 보다 바람직하다고 할 것이다.

50 특고압 배전선로에 태양광발전시스템 연계 시 시설보호를 위해 설치하는 보호계전기가 아닌 것은?

① 과전압계전기
② 비율차동계전기
③ 부족전압계전기
④ 부족주파수계전기

풀이 비율차동계전기는 변압기, 발전기 내부고장에 대한 보호계전기이다.

정답 47 ④ 48 ① 49 ④ 50 ②

51 가공송전선에 댐퍼를 설치하는 이유는?

① 코로나 방지
② 현수애자 경사방지
③ 전자유도 감소
④ 전선 진동방지

풀이 댐퍼의 설치 이유
가공송전선은 풍속기후에 의해 전선에 진동현상이 발생하는데, 이 진동으로부터 전선을 보호하기 위한 것

52 전력계통에서 3권선 변압기(Y-Y-△)를 사용하는 주된 이유는?

① 승압용
② 노이즈 제거
③ 제3고조파 제거
④ 2가지 용량

풀이 전력계통에서 변압기의 결선방법으로 Y-Y-△를 많이 적용하는 이유는 제3고조파를 △권선 내에 순환, 열로 소모(제거)시키기 위함이다.

53 태양광발전시스템을 전력계통과 연계하기 위한 변압기의 결선방법으로 가장 적당한 것은?(단, 인버터는 절연변압기를 사용하고 있는 경우이다.)

① Y-Y
② Y-△
③ △-△
④ △-Y

풀이 분산형 전원을 계통과 연계 시 계통기술기준에 따라 한전의 전기방식은 Y결선, 태양광발전시스템은 △결선한다.

54 전력계통에서 3권선 변압기(Y-Y-△)를 사용하는 주된 이유는?

① 승압용
② 노이즈 제거
③ 제3고조파 제거
④ 2가지 용량 사용

풀이 Y-Y-△ 결선 사용 이유
△권선에는 제3고조파가 △권선 내 순환전류를 흐르게 유도하여 제3고조파 억제

55 분산형 전원 발전설비와 계통연계지점에서의 전기품질에 관한 설명으로 틀린 것은?

① 고조파의 측정치가 5[%] 이내인지 확인한다.
② 분산형 전원 측 역률의 측정치가 80[%] 이상인지 확인한다.
③ 분산형 전원 및 그 연계시스템은 분산형 전원연결점에서 직류가 계통으로 유입되는 것을 방지하기 위하여 연계시스템에 상용주파변압기를 설치하였는지 확인한다.

정답 51 ④ 52 ③ 53 ② 54 ③ 55 ②

④ 분산형 전원은 빈번한 기동·탈락 또는 출력변동 등에 의하여 계통에 연결된 다른 전기사용자에게 시각적인 자극을 줄 만한 플리커나 설비의 오동작을 초래하는 전압변동을 발생하지 않게 되었는지 확인한다.

풀이 분산형 전원 배전계통연계 기술기준 제15조(전기품질)
역률 : 분산형 전원의 역률은 90[%] 이상으로 유지함을 원칙으로 한다.

56 3상 변압기의 병렬운전 결선방식이 아닌 것은?

① △-△와 △-△
② Y-△와 Y-△
③ △-Y와 Y-△
④ Y-△와 Y-Y

풀이 Y-△와 Y-Y 결선방식은 위상 불일치로 3상 변압기의 병렬운전이 불가능하다.

57 선로 구분 기능을 갖고 있는 개폐기에 수용가 측의 사고 발생 시 사고전류를 감지하여 자동으로 접점을 분리시킨 후 사고구간을 분리하는 것은?

① 리클로저(R/C)
② 선로개폐기(LS)
③ 자동고장 구분 개폐기(ASS)
④ 자동부하 전환개폐기(ALTS)

풀이 자동고장 구분 개폐기(ASS)
22.9[kV-Y] 배전선로에서 변전소 CB 또는 Recloser 부하 측에 부하용량 4,000[kVA] 이하인 지점 또는 수용가와의 책임분계점에 설치하여 후비보호장치와 협조 후 고장구간을 자동적으로 구분, 분리하는 개폐기

58 분산형 전원을 배전계통에 연계할 때 승압용 변압기의 1차 결선방식은 어떻게 하면 되는가? (단, 인버터는 3상이며, 절연변압기를 사용하는 경우임)

① Y결선
② △ 결선
③ V결선
④ 스코트

풀이 분산형 전원의 배전계통연계 시 승압용 변압기 1차 결선은 Y결선 방식이고 주로 Y-△-Y(또는 Y-Y-△) 방식 채용, △권선은 인버터에서 발생하는 고조파를 저감하기 위해 채용한다.

59 태양전지모듈의 지중배선 시공에 대한 설명으로 틀린 것은?

① 지중매설관은 배선용 탄소강강판, 내충격성 경화비닐전선관을 사용한다.
② 지중배관 시 중량물의 압력을 받는 경우 1.0[m] 이상의 깊이로 매설한다.
③ 지중전선로의 매설개소에는 필요에 따라 매설깊이, 전선방향 등을 지상에 표시한다.
④ 지중배관이 지나는 지표면에 배관의 재질, 수량, 길이, 재원 등을 표시한 지시서를 포설한다.

정답 56 ④ 57 ③ 58 ① 59 ④

풀이 지중배선의 시공
- 지중매설관은 배선용 탄소강강관, 내충격성 경화비닐전선관을 사용한다. 단, 공사상의 부득이한 경우에 후강전선관에 방수·방청처리를 한 경우에는 그렇지 아니하다.
- 지중배관과 지표면의 중간에 매설표시 시트를 포설한다.
- 지중전선로의 매설개소에는 필요에 따라 매설 깊이, 전선의 방향 등 지상에서 쉽게 확인할 수 있도록 기둥 주위 등에 표시하는 것이 요망된다.
- 지중배관 시 중량물의 압력을 받는 경우 1.0[m] 이상의 깊이로 매설한다(중량물의 압력을 받을 염려가 없는 경우는 0.6[m] 이상).

60 지중전선로는 도시의 미관, 자연재해의 사고에 대한 고신뢰도 등이 요구되는 경우에 사용된다. 지중전선로의 단점에 해당되는 것은?

① 건설비가 싸다.
② 송전용량이 적다.
③ 건설기간이 짧다.
④ 사고복구를 단시간에 할 수 있다.

풀이 ㉠ 지중선로의 장점
- 안전하다.
- 미관에 문제없다.
- 낙뢰에 안전

㉡ 지중선로의 단점
- 건설비 고가
- 건설기간이 길다.
- 송전용량이 상대적으로 작다.
- 사고 시 복구에 장시간 소요

61 직류송전방식의 장점이 아닌 것은?

① 안정도가 좋다.
② 송전효율이 좋다.
③ 절연계급을 낮출 수 있다.
④ 회전자계를 쉽게 얻을 수 있다.

풀이 교류송전방식의 장점 : 회전자계를 쉽게 얻을 수 있다.

62 장거리 대전력 송전에서 직류송전방식의 장점으로 틀린 것은?

① 절연계급을 낮출 수 있다.
② 리액턴스가 없으므로 리액턴스에 의한 전압강하가 없다.
③ 전압의 승압·강압 변경이 용이하다.
④ 송전효율이 좋다.

정답 60 ② 61 ④ 62 ③

풀이 1. 직류송전방식의 장단점
   ㉠ 장점
   - 절연계급을 낮출 수 있다.
   - 리액턴스가 없으므로 리액턴스에 의한 전압강하가 없다.
   - 송전효율이 좋다.
   - 안정도가 좋다.
   - 도체이용률이 좋다.

   ㉡ 단점
   - 교직 변환장치가 필요하며 설비가 비싸다.
   - 고전압, 대전류 차단이 어렵다.
   - 회전자계를 얻을 수 없다.

2. 교류송전방식의 장단점
   ㉠ 장점
   - 전압의 승압 · 강압 변경이 용이하다.
   - 회전자계를 쉽게 얻을 수 있다.
   - 일괄된 운용을 기할 수 있다.

   ㉡ 단점
   - 보호방식이 복잡해진다.
   - 많은 계통이 연계되어 있어 고장 시 복구가 어렵다.
   - 무효전력으로 인한 송전 손실이 크다.

63 직류송전방식과 비교했을 때 교류송전방식의 장점이 아닌 것은?

① 안정도가 좋다.
② 회전자계를 쉽게 얻을 수 있다.
③ 전압의 승압, 강압 변경이 용이하다.
④ 교류방식으로 일괄된 운용을 기할 수 있다.

풀이 문제 62번 풀이 참조

64 전선재료의 구비조건으로 틀린 것은?

① 도전율이 클 것
② 비중이 작을 것
③ 가요성이 작을 것
④ 기계적 강도가 클 것

풀이 전선재료의 구비조건
- 도전율(허용전류)이 클 것
- 비중(밀도)이 작을 것
- 내구성이 클 것
- 가격이 싸고 구입이 쉬울 것
- 기계적 강도가 클 것
- 가요성이 있을 것
- 부식성이 작을 것

정답 63 ① 64 ③

65 간선의 굵기를 산정하는 결정요소가 아닌 것은?

① 허용전류
② 기계적 강도
③ 전압강하
④ 불평형 전류

풀이 간선의 굵기를 산정하는 결정요소로는 허용전류, 전압강하, 기계적 강도, 차단기의 정격전류, 고조파 등이 있다.

66 가공전선의 구비조건으로 틀린 것은?

① 도전율이 클 것
② 가요성이 있을 것
③ 내구성이 클 것
④ 기계적 강도가 작을 것

풀이 가공전선의 구비조건
- 도전율(허용전류)이 클 것
- 기계적 강도가 클 것
- 내구성이 클 것
- 경제적일 것
- 가요성이 있을 것
- 비중(밀도)이 작을 것
- 부식성이 작을 것

67 장거리 송전선로에서 전선의 단선을 방지하기 위해 사용하는 전선은?

① 가공케이블
② CVCN Cable
③ 알루미늄선
④ ACSR

풀이 ACSR(강심알루미늄연선)
내부에 강심을 두어 전선의 단선을 방지한다.

68 송전선로의 선로정수로 틀린 것은?

① R(저항)
② C(정전용량)
③ M(리액턴스)
④ G(누설컨덕턴스)

풀이 송전선로의 선로정수
R, L(인덕턴스), C, G

69 다음 중 이도를 크게 할 경우의 단점이 아닌 것은?

① 지지물이 높아진다.
② 전선접촉사고가 많아진다.
③ 진동을 방지한다.
④ 단선의 우려가 있다.

정답 65 ④ 66 ④ 67 ④ 68 ③ 69 ③

풀이 ㉠ 가공전선로에서의 이도
  • 이도의 대소는 지지물의 높이를 좌우한다.
  • 이도가 너무 크면 전선은 그만큼 좌우로 크게 진동해서 다른 상의 전선에 접촉하거나 수목에 접촉해서 위험을 준다.
  • 이도가 너무 작으면 그와 반비례하여 전선의 장력이 증가하여 심할 경우에는 전선이 단선되기도 한다.
㉡ 이도(D) : 전선의 처짐현상

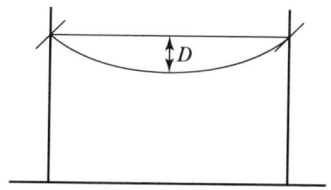

70 가공송전선로를 가선할 때 하중조건과 온도조건을 고려하여 적당한 이도(Dip)를 주도록 해야 한다. 이도에 대한 설명으로 올바른 것은?

① 이도의 대소는 지지물의 높이를 좌우한다.
② 전선을 가선할 때 전선을 팽팽하게 가선하는 것을 가리켜 이도를 크게 준다고 한다.
③ 이도가 작으면 전선이 좌우로 크게 흔들려서 다른 상의 전선에 접촉하여 위험하게 된다.
④ 이도를 작게 하면 이에 비례하여 전선의 장력이 증가하여 심할 때는 전선 상호 간에 꼬이게 된다.

71 송전선로에 댐퍼를 설치하는 이유는?

① 단락 방지
② 코로나 방지
③ 전선의 진동 방지
④ 유도장애 방지

72 선로정수를 전체적으로 평형이 되게 하고 인접 통신선의 유도장애를 줄일 수 있는 방법은?

① 복도체를 사용한다.
② 고조파를 방지한다.
③ 연가를 한다.
④ 딥(Dip)을 크게 한다.

풀이 연가의 목적
  선로정수 평행, 통신선 유도장애 방지, 직렬공진 방지

정답 70 ① 71 ③ 72 ③

73 특고압 배전방식으로 주로 사용하는 방식은?(단, 가공선로일 경우)
① 단상 2선식 ② 단상 3선식
③ 3상 3선식 ④ 3상 4선식

풀이 특고압 배전방식은 3상 3선식, 3상 4선식 중 주로 3상 4선식을 채용한다.

74 저압 배전선로의 구성 중 방사상 방식의 특징이 아닌 것은?
① 구성이 단순하다. ② 공사비가 저렴하다.
③ 전압변동 및 전력손실이 크다. ④ 사고에 의한 정전 범위가 좁다.

풀이 방사상(수지식)
- 부하분포에 따라 나뭇가지 모양으로 분기선을 내면서 공급하는 방식
- 장점 : 구성이 간단하고 공사비가 저렴하다.
- 단점 : 전압변동 및 전력손실이 크다. 사고 시 정전 범위가 넓다.
- 계통도

75 전선에서 전류의 밀도가 도선의 중심으로 들어갈수록 작아지는 현상을 무엇이라 하는가?
① 근접효과 ② 표피효과
③ 페란티효과 ④ 역률증대효과

풀이 표피효과
도선의 중심에 들어갈수록 전류밀도가 낮고, 표면 쪽은 전하밀도가 크다. 표피효과는 전선이 굵을수록, 주파수가 높을수록 커진다.

76 전선로의 지지물에 가해지는 하중에서 상시하중으로 가장 큰 하중은?
① 수직하중 ② 수직횡하중
③ 수평횡하중 ④ 수직하중과 자체 하중

풀이 가장 큰 하중은 수평횡하중(풍압)이다.

정답 73 ④ 74 ④ 75 ② 76 ③

77 케이블에서 전력손실과 관계없는 것은?

① 저항손
② 유전체손
③ 연피손
④ 철손

풀이 케이블의 손실
저항손 > 유전체손 > 연피손

※ 철손 : 철심에서 발생, 변압기, 발전기 등

78 옥내 배선에 사용하는 전선의 굵기 결정 시 고려사항이 아닌 것은?

① 허용전류
② 전압강하
③ 기계적 강도
④ 임피던스

풀이 전선의 굵기 결정 시 고려사항
- 허용전류
- 전압강하
- 기계적 강도
- 고조파분
- 장래증설 변경분

79 전력선에 의한 통신선의 전자유도장해의 주된 원인은 무엇인가?

① 전력선의 배치 불균형
② 전력선과 통신선의 이격거리가 충분할 때
③ 영상전류의 흐름
④ 전력선과 통신선의 차폐효과 충분

풀이 전자유도장애 원인
영상전류, 상호인덕턴스

80 가공지선을 설치하는 이유는?

① 전주의 지지 보강
② 뇌해 방지
③ 중성점접지
④ 전선의 진동방지

풀이 가공지선의 설치목적
직격뇌 차폐, 유도뇌 차폐, 통신선의 유도장애 경감

81 송전계통의 절연협조에서 절연레벨을 가장 낮게 할 수 있는 기기는?

① 단로기
② 변압기
③ 피뢰기
④ 차단기

풀이 피뢰기의 설치목적은 이상전압으로부터 기기를 보호하기 위함이다(변압기 보호).
절연레벨은 차단기 및 단로기 > 변압기 > 피뢰기 순이다.

정답 77 ④　78 ④　79 ③　80 ②　81 ③

82 부하전류는 차단하지 못하고 무부하전류만 개폐하는 것은?
① DS   ② VCB   ③ GCB   ④ OCB

풀이 CB(차단기)는 부하전류는 개폐하고 사고전류는 즉시 차단하여 선로 및 기기를 보호한다.

83 전력용 퓨즈가 차단할 수 있는 전류는?
① 과부하전류   ② 과도전류
③ 단락전류   ④ 지락전류

풀이 전력용 퓨즈는 단락전류만 차단한다.

전력용 퓨즈의 장단점
㉠ 장점
- 가격이 싸다.
- 고속 차단된다.
- 차단능력이 크다.
- 소형, 경량이다.
- 보수가 간단하다.

㉡ 단점
- 재투입이 불가능하다.
- 계전기를 자유로이 조정할 수 없다.
- 과도전류에 용단되기 쉽다.
- 한류형은 과전압이 발생한다.

84 보호계전기의 구비조건으로 틀린 것은?
① 고장의 정도 및 위치를 정확히 파악할 것
② 고장개소를 정확히 선택할 것
③ 오동작이 없을 것
④ 후비보호능력은 없어도 됨

풀이 보호계전기의 구비조건
- 고장의 정도 및 위치를 정확히 파악할 것
- 고장개소를 정확히 선택할 것
- 동작이 예민하고 오동작이 없을 것
- 소비전력이 적고, 경제적일 것
- 후비보호능력이 있을 것

85 전등설비 250[W], 전열설비 800[W], 전동기설비 200[W], 기타 150[W]인 수용가가 있다. 이 수용가의 최대수용전력이 910[W]이면 수용률은?
① 65[%]   ② 70[%]   ③ 75[%]   ④ 80[%]

정답 82 ① 83 ③ 84 ④ 85 ①

풀이 수용률 = $\dfrac{\text{최대수용전력}[W]}{\text{부하설비용량}[W]} \times 100[\%] = \dfrac{910}{1,400} \times 100[\%] = 65[\%]$

최대수용전력 = 910[W]

부하설비용량 = 전등 250[W] + 전열 800[W] + 전동기 200[W] + 기타 150[W] = 1,400[W]

86 고장전류 중 일반적으로 가장 큰 전류에 해당하는 것은?

① 1선 지락전류
② 2선 지락전류
③ 선간단락전류
④ 3상 단락전류

풀이 고장전류 중 가장 큰 전류는 3상 단락전류이다. 고장계산은 3상 단락전류로 가정한다.

87 특고압계통에서 분산형 전원의 연계로 인한 계통 투입, 탈락 및 출력 변동 빈도가 1일 4회 초과, 1시간에 2회 이하이면 순시전압변동률은 몇 [%]를 초과하지 않아야 하는가?

① 3
② 4
③ 5
④ 6

풀이 분산형 전원 배전계통연계 기술기준 제16조(순시전압계통)

특고압 순시전압변동률 허용기준

변경 빈도	순시전압변동률
1시간에 2회 초과 10회 이하	3[%]
1일 4회 초과 1시간에 2회 이하	4[%]
1일 4회 이하	5[%]

88 정격용량 10,000[kVA], %임피던스 4[%]인 3상 변압기가 2차 측에서 3상 단락 시 단락용량은?

① 200[MVA]
② 250[MVA]
③ 270[MVA]
④ 280[MVA]

풀이 차단기 용량 $P_s = \sqrt{3} \times kV(\text{정격전압}) \times kA(\text{정격차단전류})[MVA]$

$P_s = \dfrac{100}{\%Z} P_n = \dfrac{100}{4} \times 10,000 \times 10^{-3} = 250[MVA]$

89 수전용 변전설비의 1차 측에 설치하는 차단기 용량은 무엇에 의해 정해지는가?

① 수전용량
② 공급 측 전원크기
③ 변압기의 권수비
④ 부하용량

정답 86 ④ 87 ② 88 ② 89 ②

풀이 차단용량[MVA]= $\sqrt{3}\, V_n I_s$

$$I_s = \frac{100}{\%Z} \times I_n = \frac{100}{\%Z} \times P_n$$

여기서, $\%Z$: %임피던스 P_n : 기준용량
　　　　I_s : 단락전류　　V_n : 정격전압
　　　　I_n : 정격전류

∴ 공급 측 전원 크기에 의해 결정된다.

90 수용가의 수용률은 어느 것인가?

① $\dfrac{최대전력}{부하설비용량} \times 100$　　② $\dfrac{부하설비용량}{최대전력} \times 100$

③ $\dfrac{평균수용전력}{최대수용전력} \times 100$　　④ $\dfrac{최대수용전력}{평균수용전력} \times 100$

풀이 부하율(F) = $\dfrac{평균전력[\text{kW}]}{최대전력[\text{kW}]} \times 100$

　　　　　　　　= $\dfrac{사용전력량[\text{kWh}/시간[\text{h}]}{최대전력[\text{kW}]} \times 100[\%]$

부등률 = $\dfrac{개별수용\ 최대전력의\ 합[\text{kW}]}{합성최대전력[\text{kW}]} \geq 1$ (항상 1 이상이다.)

정답 90 ①

04 태양광발전 준공검사 및 사용 전 검사

01 사용 전 검사 및 법정검사에 대한 설명으로 틀린 것은?
① 법정검사의 목적은 전기설비가 공사계획대로 설계 시공되었는가를 확인하는 것이다.
② 사용 전 검사는 전기설비의 설치공사 또는 변경공사를 한 자는 산업통상자원부령이 정하는 바에 따라 산업통상자원부장관 또는 시·도지사가 실시하는 검사에 합격한 후에 이를 사용하여야 한다.
③ 법정검사 수행절차 시 불합격 시정기한은 사용 전 검사는 15일, 정기검사는 3개월이다.
④ 전기안전에 지장이 없는 경우에 발전기 인가 출력보다 낮고 저출력 운전 시에는 임시사용이 불가능하다.

풀이 임시사용
- 발전기 출력이 인가(신고) 출력보다 낮은 경우
- 송·수전에 직접적인 관련이 없는 울타리 등이 미시공된 상태이나 안전조치를 취한 경우
- 교대성·예비성 설비 또는 비상용 예비발전기의 미완성상태로 주설비가 완성되어 사용상 지장이 없는 경우

02 사용 전 검사 대상범위 중 자가용 설비의 경우에 해당하는 용량은?
① 10[kW] 초과
② 20[kW] 초과
③ 50[kW] 초과
④ 100[kW] 초과

풀이 사용 전 검사 대상범위(신설의 경우)

구분	검사 종류	용량	선임	감리원 배치
일반용	사용 전 점검	10[kW] 이하	미선임	필요 없음
자가용	사용 전 검사 (저압설비는 공사계획 미신고)	10[kW] 초과(자가용 설비 내에 있는 경우 용량에 관계없이 자가용임)	대행업체 대행 가능 (1,000[kW] 이하)	감리원 배치확인서(자체 감리원 불인정-상용이기 때문)
사업용	사용 전 검사 (시·도에 공사계획 신고)	전 용량 대상	대행업체 대행 가능 (10[kW] 이하 미선임 가능)	감리원 배치확인서(자체 감리원 불인정-상용이기 때문)

03 태양광발전설비 중 일반용의 경우 안전관리자를 선임하지 않아도 되는 용량[kW]은?
① 10[kW] 이하
② 20[kW] 이하
③ 50[kW] 이하
④ 100[kW] 이하

풀이 전기사업법 시행규칙 제3조(일반용 전기설비의 범위)제1항에 의하면 일반용 전기설비의 범위에 설비용량 10[kW] 이하의 태양광발전시스템 전기설비는 전기안전관리자의 미선임이 가능하다.

정답 01 ④ 02 ① 03 ①

04 태양광발전설비의 사용 전 검사에 필요한 서류가 아닌 것은?

① 시공계획서
② 감리원 배치 확인서
③ 사용 전 검사 신청서
④ 공사계획인가(신고)서

풀이 사용 전 검사에 필요한 서류
- 사용 전 검사(점검) 신청서
- 태양광발전설비 개요
- 공사계획인가(신고)서
- 태양광전지 규격서
- 단선결선도, 시퀀스도면, 태양전지 트립 인터록도면, 종합 인터록도면 – 설계면허(직인 필요 없음)
- 절연저항시험 성적서, 절연내력시험 성적서, 경보회로시험 성적서, 부대설비시험 성적서, 보호장치 및 계전기시험 성적서
- 출력 기록지
- 전기안전관리자 선임필증 사본(사용 전 점검 제외)
- 감리원 배치 확인서(사용 전 점검 제외)

05 태양광발전설비의 사용 전 검사에 필요한 서류로 잘못된 것은?

① 태양전지규격
② 단선결선도, 시퀀스도면, 태양전지 트립 인터록도면, 설계면허
③ 전기안전관리자 선임필증 사본(사용 전 점검 제외)
④ 유지관리계획서

풀이 문제 4번 풀이 참조

06 사용 전 검사항목 중 전력변환장치의 검사항목 세부검사 내용이 아닌 것은?

① 절연내력
② 전력조절부/Static 스위치 자동수동절체시험
③ 역방향운전제어시스템
④ 과전류차단기능

풀이 사용 전 검사 시 전력변환장치(인버터)의 검사항목
- 외관검사
- 절연저항
- 절연내력
- 제어회로 및 경보장치
- 전력조절부/Static 스위치 자동수동절체시험
- 역방향운전제어시험
- 단독운전 방지시험
- 인버터 자동수동절체시험
- 충전기능시험

정답 04 ① 05 ④ 06 ④

07 태양광발전 및 발전용 수전설비에서 사용 전 검사 세부항목 중 차단기의 검사항목으로 틀린 것은?

① 절연저항 측정
② 개폐표시상태 확인
③ 단독운전 방지시험
④ 조작용 전원 및 회로점검

풀이 단독운전 방지시험은 전력변환장치의 세부검사 항목이다.

08 사업용 태양광발전설비의 정기검사 항목이 아닌 것은?

① 변압기검사
② 접속함검사
③ 태양전지검사
④ 전력변환장치검사

풀이 사업용 태양광발전설비의 정기검사 항목
태양전지검사, 변압기검사, 전력변환장치검사, 차단기검사, 모선검사, 접지설비검사, 종합연동시험, 부하운전시험

09 자가용 태양광발전설비의 사용 전 검사항목으로 틀린 것은?

① 태양전지검사
② 전력변환장치검사
③ 종합연동시험검사
④ 접지설비검사

풀이 자가용 태양광발전설비의 사용 전 검사항목 및 세부검사 내용
- 태양전지검사
- 전력변환장치(인버터)검사
- 종합연동시험검사
- 부하운전시험검사
※ 사업용 : 자가용＋변압기검사, 차단기검사, 모선검사, 접지설비검사, 비상발전기검사

10 사용 전 검사 시 태양전지의 전기적 특성 확인에 대한 설명으로 잘못된 것은?

① 검사자는 모듈 간 접속이 제대로 연결되었는지 확인하기 위해 개방전압이나 단락전류를 확인한다.
② 태양광발전소에 설치된 태양전지셀의 셀당 최소입력을 측정한다.
③ 개방전압과 단락전류와의 곱에 대한 최대출력의 비(충진율)를 태양전지규격서로부터 확인하여 기록한다.
④ 검사자는 운전개시 전에 태양광회로의 절연상태를 확인하고 통전 여부를 판단하기 위해 절연저항을 측정한다.

풀이 태양전지셀의 셀당 최대출력을 기록한다.

정답 07 ③ 08 ② 09 ④ 10 ②

11 사용 전 검사 시 태양전지모듈 또는 패널의 점검에 관한 설명 중 틀린 것은?

① 각 모듈의 모델번호가 설계도면과 일치하는지 확인하여야 한다.
② 지붕설치형 어레이는 수검자가 지상에서 육안으로 점검한다.
③ 검사자는 모듈의 유형과 설치개수 등을 1,000[lx] 이상의 조명 아래에서 육안으로 점검한다.
④ 사용 전 검사 시 공사계획인가(신고)서의 내용과 일치하는지 태양전지모듈의 정격용량을 확인하여 이를 사용 전 검사필증에 표기하여야 한다.

풀이
- 모듈의 유형과 설치개수 등을 1,000[lx] 이상의 밝은 조명 아래에서 육안으로 점검한다.
- 지상설치형 어레이의 경우에는 지상에서 육안으로 점검하며 지붕설치형 어레이는 수검자가 제공한 낙상보호조치를 확인한 후 점검 및 검사자가 직접 지붕에 올라 어레이를 검사한다.
- 지붕의 경사가 심해 검사자가 직접 오를 수 없는 경우에는 수검자가 제공한 사다리나 승강장치에 올라 정확한 모듈과 어레이의 설치 개수를 세어 설계도면과 일치하는지 확인한다.
- 정확한 모듈 개수의 확인은 전압과 전류출력에 영향을 미치므로 매우 중요하다. 간혹 현장의 모듈이 인가서상의 모듈 모델번호와 다른 경우가 있으므로 각 모듈의 모델번호 역시 설계도면과 일치하는지 확인한다.
- 지붕에 설치된 모듈은 모델번호를 확인하기 곤란한 경우가 많으므로 수검자가 카메라로 찍은 사진을 근거로 확인한다.
- 사용 전 검사 시 공사계획인가(신고)서의 내용과 일치하는지 태양전지모듈의 정격용량을 확인하여 이를 사용전검사필증에 표시한다.

12 사용 전 검사 시 태양전지모듈 또는 패널의 점검사항으로 잘못된 것은?

① 지상설치형 어레이는 지상에서 육안으로 점검한다.
② 지붕설치형 어레이는 낙상보호장치를 확인한 후 직접 지붕에 올라 어레이를 점검한다.
③ 사용 전 검사 시 공사계획인가(신고)서의 내용과 일치하는지 태양전지모듈의 정격용량을 확인하여 이를 사용 전 검사필증에 표시한다.
④ 태양전지모듈 또는 패널 점검 검사자는 모듈의 유형과 설치개수 등을 500[lx] 이상의 조명 아래서 육안으로 점검한다.

풀이 1,000[lx] 이상의 조명 아래서 육안으로 점검한다.

13 감리원은 공사업자로부터 시운전계획서를 제출받아 검토·확정하여 시운전 며칠 이내에 발주자와 공사업자에게 통보해야 하는가?

① 5일　　　② 7일　　　③ 15일　　　④ 20일

정답 11 ②　12 ④　13 ④

14 다음에서 임명 요청 시 첨부되는 서류가 아닌 것은?

> 감리원은 준공(또는 기성부분) 검사원을 접수하였을 때에는 신속히 검토 확인하고 준공(기성부분) 감리조서와 다음의 서류를 첨부하여 지체 없이 감리업자에게 제출하여야 하며 최대한 신속히 기성검사 및 준공검사자의 임명요청을 하여야 한다.

① 주요 기자재 검수 및 수불부
② 감리원의 검사기록서류 및 시공 당시의 사진
③ 사용 전 검사 체크리스트
④ 품질시험 및 검사성과 총괄표

풀이 기성검사 및 준공검사자의 임명 요청 시 첨부서류
- 주요 기자재 검수 및 수불부
- 감리원의 검사기록서류 및 시공 당시의 사진
- 품질시험 및 검사성과 총괄표
- 발생품 정리부
- 그 밖에 감리원이 필요하다고 인정하는 서류와 준공검사원에는 지급기자재 잉여분 조치현황과 공사의 사전검사확인서류, 안전관리점검 총괄표 추가 첨부

15 태양광발전시스템의 준공 시 점검요령이 아닌 것은?

① 인버터 취부상태를 확인할 것
② 송전 시 전력량계(거래용 계량기)의 회전을 확인할 것
③ 발전사업자의 경우 전력회사에 지급한 전력량계 사용 여부를 확인할 것
④ 전문가에게 시설물에서 소리, 냄새 등이 나는지 확인을 의뢰할 것

풀이 ④ 시설물에서 소리, 냄새 등의 발생 여부를 확인하는 일은 운전 중에 유지관리자가 점검하는 사항임

준공검사
- 완공된 시설물이 설계도서대로 시공되었는지 여부
- 시공 시 현장 상주감리원이 작성·비치한 제 기록의 검토
- 폐품 또는 발생물의 유무 및 처리의 적정 여부
- 지급기자재의 사용적부와 잉여자재의 유무 및 그 처리의 적정 여부
- 제반가설시설물의 제거와 원상복구 정리상황
- 감리원의 준공검사원에 대한 검토의견서

16 준공검사의 내용으로 틀린 것은?

① 완공된 시설물이 설계도서대로 시공되었는지 여부
② 시공 시 현장 상주감리원이 작성·비치한 제 기록에 대한 검토
③ 안전관리일지의 기록에 대한 검토
④ 폐품 또는 발생물의 유무 및 처리의 적정 여부

정답 14 ③ 15 ④ 16 ③

풀이 준공검사 관련 내용
- 완공된 시설물이 설계도서대로 시공되었는지 여부
- 시공 시 현장 상주감리원이 작성·비치한 제 기록에 대한 검토
- 폐품 또는 발생물의 유무 및 처리의 적정 여부
- 지급 기자재의 사용 적부와 잉여자재의 유무 및 그 처리의 적정 여부
- 제반 가설시설물의 제거와 원상복구 정리상황
- 감리원의 준공검사원에 대한 검토의견서
- 그 밖에 검사자가 필요하다고 인정하는 사항

17 다음에서 (ㄱ), (ㄴ)에 해당하는 내용은?

> 준공검사자는 계약에 소정 기일이 명시되지 않는 한 임명통지를 받은 날부터 (ㄱ) 이내에 해당 공사의 검사를 완료하고 검사조치를 작성하여 검사완료일부터 (ㄴ) 이내에 검사 결과를 소속감리업자에게 보고하고 감리업자는 신속히 검토 후 발주자에게 통보한다.

① (ㄱ) : 3일 (ㄴ) : 8일
② (ㄱ) : 8일 (ㄴ) : 3일
③ (ㄱ) : 5일 (ㄴ) : 10일
④ (ㄱ) : 10일 (ㄴ) : 5일

18 감리원이 준공 후 발주자에게 인계할 주요 문서목록으로 거리가 가장 먼 것은?

① 준공도면
② 준공사진첩
③ 시설물 인수·인계서
④ 성능보증서 또는 인증서

풀이 준공 후 현장문서 인수·인계 목록 내용
준공사진첩, 준공도, 준공내역서, 시방서, 시공도, 시험성적서, 기자재 구매서류, 공사 관련 기록부, 시설물 인수·인계서, 준공검사조서, 그 밖에 발주자가 필요하다고 인정하는 서류

19 예비준공검사는 준공예정일 며칠 전에 실시해야 하는가?

① 1개월 전
② 2개월 전
③ 40일 전
④ 50일 전

20 감리원은 공사업자에게 해당 공사의 예비준공검사 완료 후 며칠 이내에 시설물 인수인계계획을 수립·검토해야 하는가?

① 예비준공검사 후 7일
② 예비준공검사 후 14일
③ 예비준공검사 후 17일
④ 예비준공검사 후 20일

정답 17 ② 18 ④ 19 ② 20 ②

21 태양광발전설비의 준공검사 시 확인사항이 아닌 것은?

① 시설물의 유지관리 방법
② 감리원의 준공 검사원에 대한 검토의견서
③ 제반 가설시설물의 제거와 원상복구 정리상황
④ 완공된 시설물이 설계도서대로 시공되었는지 여부

풀이 전력시설물 공사감리업무 수행지침 제57조(기성 및 준공검사) 준공검사 시 확인사항
- 완공된 시설물이 설계도서대로 시공되었는지의 여부
- 시공 시 현장 상주감리원이 작성·비치한 제 기록에 대한 검토
- 폐품 또는 발생물의 유무 및 처리의 적정 여부
- 지급 기자재의 사용적부와 잉여자재의 유무 및 그 처리의 적정 여부
- 제반 가설시설물의 제거와 원상복구 정리상황
- 감리원의 준공 검사원에 대한 검토의견서
- 그 밖에 검사자가 필요하다고 인정하는 사항

22 태양광발전설비의 준공 후 감리원이 발주자에게 인수인계할 목록에 반드시 포함되어야 하는 서류가 아닌 것은?

① 안전교육 실적표
② 기자재 구매서류
③ 시설물 인수·인계서
④ 품질시험 및 검사성과 총괄표

풀이 준공 후 현장문서 인수·인계 목록 내용
준공사진첩, 준공도, 준공내역서, 시방서, 시공도, 시험성적서, 기자재 구매서류, 공사 관련 기록부, 시설물 인수·인계서, 준공검사조서, 그 밖에 발주자가 필요하다고 인정하는 서류

23 수전단전압이 송전단전압보다 높아지는 현상은?

① 표피효과
② 코로나현상
③ 역섬락현상
④ 페란티현상

풀이 페란티현상(Ferranti)
경부하 또는 무부하 시 수전단전압이 송전단전압보다 높아지는 현상

정답 21 ① 22 ① 23 ④

PART 04

태양광발전 유지·관리

SECTION 001 태양광발전시스템 운영

01 태양광발전 사업개시 신고

1 사업개시 신고 및 전기안전관리자 선임

1. 운영계획 및 사업개시

1) 일별 · 월별 · 연간 운영계획 수립 시 고려요소

(1) 발전전력의 거래
   신 · 재생에너지 발전사업자 및 자가용 신 · 재생에너지 발전설비 설치자는 발전설비용량에 생산한 전력을 전기판매사업자(한전) 또는 전력시장(전력거래소)과 거래할 수 있다.

   ① 발전설비용량의 거래구분
      ㉠ 1,000[kW] 이하 : 전력시장(전력거래소), 전기판매사업자(한전)
      ㉡ 1,000[kW] 이상 : 전력시장(전력거래소)

(2) 예산편성
   유지관리에 필요한 자금을 확보하고 편성한다.

(3) 안전관리자 선임
   ① 용량 1,000[kW] 이상인 경우 상주 안전관리자를 선임한다.
   ② 안전관리업무 대행 자격요건
      ㉠ 안전공사
      ㉡ 자본금, 보유하여야 할 기술인력 등 대통령령으로 정하는 요건을 갖춘 전기안전관리대행 사업자
      ㉢ 전기분야의 기술자격을 취득한 사람으로서 대통령령으로 정하는 장비를 보유하고 있는 자
   ③ 안전관리업무 대행 규모
      ㉠ 안전공사 및 대행사업자 : 용량 1,000[kW] 미만
      ㉡ 개인대행자 : 용량 250[kW] 미만

(4) 점검
　① 점검의 종류로는 준공 시 점검, 일상점검, 정기정검, 임시점검 등이 있다.
　② 점검 설비의 종류
　　㉠ 태양전지
　　㉡ 접속함
　　㉢ 파워컨디셔너
　　㉣ 개폐기 등

02 태양광발전설비 설치확인

1 설비점검 체크리스트

1. 검사 체크리스트 작성 시 고려사항
① 체계적이고 객관성 있는 현장 확인 및 승인
② 부주의, 착오, 미확인에 따른 실수를 사전에 예방하여 충실한 현장 확인 업무 유도
③ 확인·검사의 표준화로 현장의 시공기술자에게 작업의 기준 및 주안점을 정확히 주지시켜 품질 향상을 도모
④ 객관적이고 명확한 검사결과로 공사업자에게 현장에서의 불필요한 시비를 방지하는 등의 효율적인 확인·검사 업무를 도모

2. 구조물 설치공사 체크리스트

공종 code no.		검측일자	20××년 월 일
공종	구조물공사	위치 및 부위	
세부공종	어레이 설치공사		

검사항목	검사결과		검사기준 (시방)	조치사항
	시공사	감리원		
사용된 자재와 도면, 시방 일치 여부			설계도면, 시방서	
제작도면 검토 여부(공장제작 도면, 현장제작 도면)			설계도면, 시방서	
철골세우기 장비용량과 부재의 중량 확인 여부			설계도면, 시방서	
제품 가조립 상태 확인 여부			설계도면, 시방서	
강재규격, 치수의 도면 일치 여부			설계도면, 시방서	
아연도금 상태 확인 여부			설계도면, 시방서	
Bolt, Nut, High Tension Bolt의 규격 및 재질 확인 여부			설계도면, 시방서	
반입 자재 적재 상태			설계도면, 시방서	
허용되는 조립기울기 범위 내인지 확인 여부			설계도면, 시방서	
결합부의 접촉면 밀착 여부			설계도면, 시방서	
앵커볼트의 상태(콘크리트 타설 전후, 세우기 전)			설계도면, 시방서	
볼트, 너트의 규격품 여부(KS)			설계도면, 시방서	
나사의 정밀도 확인 여부(KS)			설계도면, 시방서	
고장력 볼트 조임검사 및 검사기록 작성, 유지 여부			설계도면, 시방서	
볼트캡 확인			설계도면, 시방서	
기준 레벨이 일정하며 도면과 일치하는지 여부			설계도면, 시방서	
수직부재의 경사도가 도면과 일치하는지 여부			설계도면, 시방서	
구조물의 방위각이 도면과 일치하는지 여부			설계도면, 시방서	
어레이 간 이격거리 확인			설계도면, 시방서	

시공자 점검	성명 : (인)	감리원 검측	성명 : (인)
시공자 재점검	성명 : (인)	감리원 재검측	성명 : (인)

2 설치된 발전설비 부품의 성능검사

1. 시스템 성능평가의 분류

1) 구성요인의 성능 신뢰성

2) 사이트평가
   ① 설치대상기관
   ② 설치시설의 지역과 분류
   ③ 용량, 형태, 각도와 방위
   ④ 기계제조사
   ⑤ 시공업자

3) 발전성능, 설치비용(경제성)

4) 신뢰성
   ① 트러블(Trouble)
   ② 운전데이터의 결측상황
   ③ 계획정지

5) 설치가격
   시스템 설치단가, 태양전지 설치단가, 인버터 설치단가

2. 성능평가를 위한 측정요소

성능평가 측정요소	산출방법
태양광어레이 변환효율	$\dfrac{\text{태양전지어레이 출력전력}[kW]}{\text{경사면 일사량}[kW/m^2] \times \text{태양전지어레이 면적}[m^2]}$
시스템 발전효율	$\dfrac{\text{시스템 발전 전력량}[kWh]}{\text{경사면 일사량}[kW/m^2] \times \text{태양전지어레이 면적}[m^2]}$
태양에너지 의존율	$\dfrac{\text{시스템의 평균 발전전력}[kW] \text{ 또는 전력량}[kWh]}{\text{부하소비전력}[kW] \text{ 또는 전력량}[kWh]}$
시스템 이용률	$\dfrac{\text{시스템 발전 전력량}[kWh]}{24[h] \times \text{운전일수} \times \text{태양전지어레이 설계용량(표준상태)}}$
시스템 가동률	$\dfrac{\text{시스템 동작시간}[h]}{24[h] \times \text{운전일수}}$
시스템 일조가동률	$\dfrac{\text{시스템 동작시간}[h]}{\text{가조시간}^*}$

* 가조시간 : 태양에서 오는 직사광선, 즉 일조를 기대할 수 있는 시간

03 태양광발전시스템 운영

1 태양광발전시스템의 점검방법과 시기

1. 태양광발전시스템의 운영점검사항

1) 점검사항

(1) 태양전지어레이

기기명	점검부위	점검종류	주기	점검내용
태양전지	모듈 가대 MCCB 서지보호장치 배선 접지선	일상점검	1개월	외관점검
		정기점검	설치 후 1년~수년	• 외관점검 • 각 부의 청소 • 볼트배선, 접속단자 등의 이완 • 태양전지 출력전압·전류 측정 • 절연저항 측정 • 접지저항 측정

(2) 인버터

기기명	점검부위	점검종류	주기	점검내용
파워 컨디셔너	각종 제어용 전원 인버터 주회로 제어보드 냉각용 팬 서지보호장치 전자접촉기 각종 저항기 LCD 표시기	일상점검	1개월	• 외관점검(이음, 악취) • 상태표시 LED 확인 • 내부 수납기기의 탈락·파손·변색
		정기점검	설치 후 1년~수년	• 외관점검 • 커넥터 접속상태 점검 • 절연저항 측정 • 냉각용 팬 운전상태 점검 • 서지보호장치상태 육안점검 • 제어전원 전압 측정 • 전자접촉기 육안점검 • 발전상황 육안점검 • 청소 • 보호요소 동작 특성, 시한 특성 측정 • 인버터 전해콘덴서 냉각용 팬 점검 • 인버터 본체 냉각용 팬 점검

(3) 연계 보호장치

기기명	점검부위	점검종류	주기	점검내용
연계 보호장치	보호릴레이 트랜스듀서 제어전원 보조릴레이 냉각팬 히터	일상점검	1개월	• 외관점검 • 보호릴레이 • 디지털미터 표시 • 무정전 전원장치 • 축전지 일충전 상태 • 팬히터 동작
		정기점검	설치 후 1년 및 4년	• 외관점검 • 외부청소 • 볼트, 배선 등의 느슨함 • 환기공 필터 점검 • 절연저항 측정 • 동작(시퀀스)시험 • 보호릴레이 동작특성시험 • 무정전 전원 백업시간 • 제어전원 전압 확인

2 태양광 모니터링시스템

1. 태양광발전 모니터링시스템

1) 적용

태양광발전 모니터링시스템은 태양광발전설비 및 응용프로그램 설치에 적용된다.

2) 구성요소

① 시스템 구성　　　　　② 운영체계 및 성능
③ 원격차단　　　　　　④ 동작상태 감시
⑤ 그래프 감시(일보)　　⑥ 월간 발전현황(월보)
⑦ 이상 발생기록 화면　⑧ 운전상태 감시 및 측정 등

3) 프로그램 기능

① 데이터 수집기능　　　② 데이터 저장기능
③ 데이터 분석기능　　　④ 데이터 통계기능

3 발전시스템 운영·관리계획

1. 태양광발전시스템의 운영체계 및 절차

1) 운영

(1) 현장관리인 : 발전소 구내 보안 및 청소

(2) 전기안전관리자(자격증 소유자) 선임
   ① 1,000[kW] 미만 : 안전관리 대행 가능
   ② 1,000[kW] 이상 : 사업자가 선임

(3) 제3자 유지보수계약 유지(인버터 등)

2) 감시 및 Patrol

태양광발전소설비의 감시

3) 태양광발전시스템의 운영방법

(1) 시설용량 및 발전량
   ① 시설용량 : 부하의 용도 및 사용량을 합산한 월평균 사용량으로 정한다.
   ② 발전량 : 봄, 가을에 많고 여름, 겨울에는 감소한다.

(2) 모듈 관리
   ① 표면은 특수처리된 강화유리이므로 충격을 주지 않도록 한다.
   ② 모듈 표면에 그늘이 지거나 황사먼지, 공해물질, 나뭇잎이 있으면 발전효율이 저하되므로, 이물질 제거 및 그늘이 지지 않도록 한다.
   ③ 모듈의 온도가 높을수록 발전효율이 저하되므로, 물을 뿌려 온도를 조절해 준다.
   ④ 풍압, 진동 등으로 모듈과 형강의 체결부위가 느슨해지는 경우가 있으므로 정기점검을 한다.

(3) 인버터 및 접속함 관리
   ① 태양광발전설비의 고장요인은 대부분 인버터에서 발생하므로 정기점검이 필요하다.
   ② 접속함에는 역류방지다이오드, 차단기, PT, CT 단자대 등이 내장되어 있으므로 정기점검이 필요하다.

(4) 강구조물 및 전선 관리
   ① 강구조물은 녹이 슬지 않도록 주의하고 녹 발생 시에는 도장을 한다.
   ② 전선피복이나 연결부에는 정기점검이 필요하다.

(5) 응급조치방법
   ① 태양광발전설비가 작동하지 않을 때
      ㉠ AC 차단기 개방(Off)

⓵ 접속함 내부 DC 차단기 개방(Off)
⓶ 인버터 정지 후 점검

② 점검 완료 후 복귀 시
  ⓵ 접속함 내부 DC 차단기 투입(On)
  ⓶ AC 차단기 투입(On)

4 태양광발전시스템의 비정상 운영 시 대처 및 조치 등

1. 태양광발전시스템의 운전조작방법

1) 운전 시 조작방법
   ① Main VCB반 전압 확인
   ② 접속반, 인버터 DC 전압 확인
   ③ DC용 차단기 On
   ④ AC 측 차단기 On
   ⑤ 5분 후 인버터 정상작동 여부 확인

2) 정전 시 조작방법
   ① Main VCB반 전압 확인 및 계전기를 확인하여 정전 여부 확인, 부저 Off
   ② 인버터 상태확인(정지)
   ③ 한전 전원 복구 여부 확인
   ④ 인버터 DC 전압 확인 후 운전 시 조작방법에 의해 재시동

2. 태양광발전시스템의 동작원리

독립형, 계통연계형, 하이브리드형이 있다.

1) 독립형 시스템의 동작원리
   ① 계통도

   ② 상용계통과 직접 연계되지 않고 분리된 방식
   ③ 오지, 유무인 등대, 중계소, 가로등에 적용

2) 하이브리드형 시스템(Hybrid System)의 동작원리

① 계통도

② 풍력디젤, 열병합발전 등을 결합하여 공급하는 방식
③ 시스템 구성 및 부하 종류에 따라 계통연계형 및 독립형을 모두 적용

3) 계통연계형 시스템의 동작원리

① 계통도

② 초과 생산된 전력은 상용계통에 보내고 야간 혹은 우천 시 전력생산이 불충분한 경우 상용계통에서 전력을 공급받는 방식
③ 축전지설비가 필요치 않아 시스템 가격이 상대적으로 저렴

5 SMP 및 REC 정산

1. 연간 발전량 산출 및 발전전력의 판매액 산출

1) 연간 발전량 산출

(1) 발전 가능량 산출
① 계통연계형의 경우 부지면적에 설치 가능한 태양전지의 개수(모듈수)를 산출한 후 발전량을 산출한다.
② 독립형의 경우 전력수요량을 산출한 후 이를 토대로 태양전지의 출력, 일사강도, 기타 계수 등을 고려하여 발전량을 산출한다.

(2) PV시스템의 발전 가능량 산출
① 태양전지어레이의 필요 용량[kW] 산출

$$P_{AD} = \frac{E_L \times D \times R}{\left(\dfrac{H_A}{G_S}\right) \times K}[\text{kW}]$$

여기서, P_{AD} : 표준상태에서의 태양전지어레이 필요 출력[kW]

　　　　　AM 1.5, 일사강도 1,000[W/m²], 태양전지셀 온도 25[℃]

　　　　H_A : 어떤 기간에 얻을 수 있는 어레이 표면(경사면) 일사량[kWh/(m² · 기간)]

　　　　G_S : 표준상태에서의 일사강도[kW/m²](=1[kW/m²])

　　　　E_L : 어느 기간에서의 부하소비전력량(전력수요량)[kWh/기간]

　　　　D : 부하의 태양광발전시스템에 대한 의존율=1-백업전원전력의 의존율

　　　　R : 설계여유계수(추정일사량의 정확성 등 설치환경에 따른 보정)

　　　　K : 종합설계계수

② 월간 발전 가능량 산출

　월간 발전 가능량(시스템 발전전력량) E_{PM}

$$E_{PM} = P_{AS} \times \left(\frac{H_{AM}}{G_S}\right) \times K [\text{kWh}/월]$$

여기서, P_{AS} : 표준상태에서의 태양전지어레이(모듈 총 수량) 출력[kW]

　　　　H_{AM} : 월 적산 어레이 표면(경사면) 일사량[kWh/(m² · 월)]

　　　　G_S : 표준상태에서의 일사강도[kW/m²]=1[kW/m²]

　　　　K : 종합설계계수

2) 발전전력의 판매액 산출

(1) 연간 전력 판매액=판매단가[원/kWh]×연간 발전전력량[kWh]

(2) 판매단가(매전단가)=계통한계가격(SMP)+공급인증서가격(REC)×가중치

　① SMP(System Marginal Price, 계통한계가격) : 발전소에서 전력을 판매하는 가격 거래시간별로 일반발전기(원자력, 석탄 외의 발전기)의 전력량에 대해 적용하는 전력 시장가격[원/kWh]으로서, 비제약발전계획을 수립한 결과 시간대별로 출력(Output)이 할당된 발전기의 유효발전가격(변동비) 가운데 가장 높은 값으로 결정된다.

　② REC(Renewable Energy Certification, 신·재생에너지 공급인증서) : 신·재생에너지 공급인증서로 RPS(Renewable Portfolio Standard, 신·재생에너지 공급의무화 제도)에서 사용되는 인증서이다.

(3) 연간 REC(공급인증서) 판매가격

　　=설비용량×일평균 발전시간×연일수×가중치×REC 판매가격(원/REC)

SECTION 002 태양광발전시스템 유지

01 태양광발전 준공 후 점검

1 태양광발전모듈, 어레이 측정 및 점검

1. 태양광발전모듈

1) 제품

인증받은 설비를 설치하되, 건물일체형 태양광시스템은 센터의 장이 별도로 정하는 품질기준(KS C 8561 또는 8562 일부 준용)에 따라 발전성능 및 내구성 등을 만족하는 시험결과가 포함된 시험성적서를 센터로 제출할 경우에 인증받은 설비와 유사한 형태의 모듈을 사용할 수 있다.

2) 모듈 설치용량

사업계획서상의 모듈 설계용량과 동일하되, 단위모듈당 용량을 설계용량과 동일하게 설치할 수 없을 경우에 한하여 설계용량의 110[%] 이내까지 가능하다.

3) 설치상태

① 모듈의 일조면 : 정남향으로 설치하고, 불가능할 경우에 한하여 정남향을 기준으로 동쪽 또는 서쪽 방향으로 45° 이내에 설치할 수 있다.
② 모듈의 일조시간 : 장애물로 인한 음영에도 불구하고 춘분(3~5월)·추분(9~11월) 기준 1일 5시간 이상이어야 한다. 단, 전깃줄, 피뢰침, 안테나 등 경미한 음영은 장애물로 보지 않는다.
③ 태양광모듈 설치열이 2열 이상일 경우 앞열은 뒷열에 음영이 지지 않도록 설치한다.

2. 모듈 관리

① 모듈 표면은 강한 충격이 있을 시 파손될 우려가 있으므로 충격이 발생되지 않도록 주의한다.
② 모듈 표면에 그늘이 지거나 공해물질이 쌓이는 경우 또는 나뭇잎 등이 떨어진 때에는 전체적인 발전효율이 저하되므로 고압 분사기를 이용하여 정기적으로 물을 뿌려주거나 부드러운 천으로 이물질을 제거하여 발전효율을 높일 수 있도록 해야 한다.
③ 태양광에 의해 모듈온도가 상승할 경우 살수장치 등을 사용하여 물을 뿌려 온도를 조절해 주면 발전효율을 높일 수 있다.
④ 풍압이나 진동으로 인해 모듈과 형강의 체결부위가 느슨해질 수 있으므로 정기적인 점검이 필요하다.

3. 태양전지모듈의 설치

1) 태양전지모듈 운반 시 주의사항

① 파손 방지를 위해 태양전지모듈에 충격이 가해지지 않도록 한다.

② 모듈의 인력 이동 시 2인 1조로 한다.

③ 접속하지 않은 모듈의 리드선에 이물질이 유입되지 않도록 조치한다.

2) 태양전지모듈의 설치방법

(a) 가로깔기(2단 적층)

(b) 세로깔기(3단 적층)

3) 태양전지모듈의 설치

① 태양전지모듈의 직렬매수(스트링)는 직류 사용전압 또는 파워컨디셔너의 입력전압 범위에서 선정한다.

② 태양전지모듈은 가대의 하단에서 상단으로 순차적으로 조립한다.

③ 태양전지모듈과 가대의 접합 시 전식 방지를 위해 개스킷(Gasket)을 사용하여 조립한다.

4) 태양전지모듈의 직 · 병렬 접속의 예

(a) 직렬연결법

(b) 병렬연결법

5) 태양전지모듈의 설치 완료 후 실시하는 검사

① 전압, 극성 확인

② 단락전류 측정

③ 접지 확인 : 직류 측 회로의 비접지 여부 확인

6) 태양전지모듈 간 배선

① 태양전지모듈을 포함한 모든 충전부분은 노출되지 않도록 시설한다.

② 태양전지모듈 배선은 단락전류에 충분히 견딜 수 있도록 2.5[mm²] 이상의 전선을 사용한다.
③ 태양전지모듈 배선은 바람에 흔들리지 않도록 스테이플, 스트랩, 행거나 이와 유사한 부속품으로 130[cm] 이내 간격으로 견고하게 고정하여 가장 늘어진 부분이 모듈 면으로부터 30[cm] 내에 들도록 한다.
④ 모듈에서 인버터에 이르는 배선에 사용되는 케이블은 모듈 전용선 또는 단심(1C) 난연성 케이블(TFR-CV, F-CV, FR-CV 등)을 사용하며, 케이블이 지면 위에 설치되거나 포설되는 경우에는 피복에 손상이 발생되지 않게 별도의 조치를 취한다.
⑤ 태양전지발전시스템어레이의 각 직렬군은 동일한 단락전류를 가진 모듈로 구성하며, 1대의 파워컨디셔너에 연결된 태양전지어레이의 직렬군(스트링)이 2병렬 이상일 경우에는 각 직렬군(스트링)의 출력전압이 동일하게 되도록 배열한다.
⑥ 모듈 뒷면의 접속용 케이블은 2개씩 나와 있으므로 반드시 극성(+, -) 표시를 확인한 후 결선을 해야 한다. 극성 표시는 제조사에 따라 단자함 내부 또는 리드선의 케이블커넥터에 표시한다.
⑦ 배선접속부는 이물질이 유입되지 않도록 용융접착테이프와 보호테이프로 감는다.
⑧ 케이블이나 전선은 모듈 뒷면에 설치된 전선관에 설치하거나 가지런히 배열 및 고정하며, 최소 곡률반경은 지름의 6배 이상이 되도록 한다.

7) 태양광어레이 검사

(1) 어레이 검사 방법
태양전지모듈의 배선이 끝나면 각 모듈 극성 확인, 전압 확인, 단락전류 확인, 양극과의 접지 여부 확인을 한다.

(2) 태양전지어레이 검사
태양전지모듈의 배열 및 결선방법은 모듈의 출력전압이나 설치장소 등에 따라 다르므로 체크리스트를 이용해 배열 및 결선방법 등에 대해 시공 전과 시공 완료 후에 각각 확인한다.

(3) 태양전지어레이의 출력 확인
체크리스트를 활용한다.

8) 어레이 검사내용

(1) 전압 극성확인
멀티테스터, 직류전압계를 이용하여, 태양전지모듈이 바르게 시공되어 모듈 제작사에서 제공한 카탈로그 설명서대로 전압이 나오고 있는지, 극성이 바른지 등을 확인한다.

(2) 단락전류 측정
태양전지모듈의 설명서에 기재된 단락전류가 흐르는 직류전류계로 측정하고, 타 모듈과 비교해 측정치가 현저히 다른 경우는 재차 점검한다.

(3) 비접지 확인

① KS C IEC 60364-7-712(태양전지 전원시스템)에 따르면 AC 측과 DC 측 사이에 최소한의 단순한 분리가 있다면 DC 측의 충전 도체 중 하나의 접지가 허용된다. 그러나 파워컨디셔너는 절연변압기를 시설하는 경우가 드물기 때문에 일반적으로 직류 측 회로를 비접지로 하고 있다.

[비접지 확인방법]

② 이동통신용 중계기 등 통신용 전원으로 사용할 때에는 편단접지를 하는 경우가 있으므로 통신기기 제작사와 협의하여 접지한다.

2 토목시설의 점검

1. 기초의 구조 선정

1) 기초의 요구조건

① 설계하중에 대한 구조적 안정성을 확보한다.
② 구조물의 허용침하량 이내이어야 한다.
③ 환경 변화, 국부적 지반 쇄굴 등에 저항하여 최소의 깊이를 유지한다.
④ 시공 가능성 측면에서 현장 여건을 고려한다.

2) 기초의 형식 결정을 위한 고려사항

① 지반 조건 : 지반 종류, 지하수위, 지반의 균일성, 암반의 깊이
② 상부 구조물의 특성 : 허용침하량, 구조물의 중요도, 특이 요구 조건
③ 상부 구조물의 하중 : 기초의 설계하중
④ 기초 형식에 따른 경제성을 비교한다.

3) 기초의 종류

[기초의 종류]

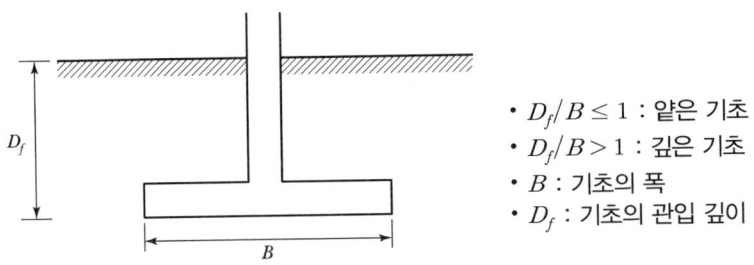

- $D_f/B \leq 1$: 얕은 기초
- $D_f/B > 1$: 깊은 기초
- B : 기초의 폭
- D_f : 기초의 관입 깊이

[얕은 기초와 깊은 기초의 구분]

2. 공종별 지반조사

1) 공종별 지반조사 항목

공종	착안사항
공통	지층 조건, 지하매설물 확인, 지반의 물리 특성
옹벽	기초 및 배면지반지층 조건, 기초 및 배면지반 물리 특성, 기초지반 지지력 및 역학 특성, 배면지반의 역학 특성, 기초 및 배면지반 다짐도
사면	사면지층 조건, 지반의 물리 특성, 지반의 역학 특성, 지반의 투수성
연약지반	연약지반의 지층 조건, 지반의 물리 특성, 지반의 역학 특성, 유기물 함유 여부
구조물 기초	• 얕은 기초 : 기초지반의 지층 조건, 지반의 물리 특성, 기초지반 지지력 • 깊은 기초 : 기초지반의 지층 조건, 지반의 물리 특성, 말뚝의 지지력 및 지반의 역학 특성
절토부 성토부	기초지반 지층 조건, 지반의 물리 특성, 지반의 투수성, 아스팔트포장두께, 지반의 역학 특성, 지반의 다짐 특성, 암석의 물리 특성, 암석의 강도

2) 지반상태에 따른 문제점 및 대책

지반 상태	문제점	대책
점착력, 내부마찰각이 부족할 경우	활동 및 침하 발생	구조체 설계 변경(활동 방지벽 및 저판 증가)
허용지지력이 부족할 경우	침하 및 전도 발생	• 구조체 설계 변경(저판 폭 증가) • 지반의 치환
지하수위가 높을 경우	지지력 저하로 침하 발생	• 특별 배수공법 적용 • 쇄석 또는 암버럭 등으로 치환
암반일 경우	표준설계도 적용 시 과다 설계	구조체 설계 변경(단면 감소, 단, 정지 토압으로 설계)
연약층이 깊을 경우	침하, 전도, 활동 발생	말뚝기초로 설계 변경
배면토의 강도정수가 부족할 경우	전도, 활동, 구조체 균열 및 파괴 발생	• 구조체 설계 변경(단면 및 저판 폭 증가) • 뒷채움 재료를 양질토로 변경 • 토압 경감을 위하여 사면경사도 완화

※ 강도정수(상수) : 토압, 지지력, 경사면 안정 등의 계산에 필요한 값으로 흙의 종류, 차짐 정도, 함수량 등에 따라 다름

① 내부마찰각(ϕ : Angle of Internal Friction)
  ㉠ 흙속에서 일어나는 수직응력과 전단저항과의 관계직선이 수직응력축과 만드는 각도
  ㉡ 일체가 된 흙더미의 흙 사이 마찰각

② 점착력(C : Cohesion)
  ㉠ 찰흙 등 미세한 입자를 포함하는 흙이 어느 면에서 미끄러지려고 할 때 이 면에 작용하는 전단저항력 중 수직압력에 관계없이 나타나는 저항력
  ㉡ 내부마찰각 ϕ가 0인 경우의 전단저항력

3 접속반 인버터 주변기기 장치의 점검

1. 태양광발전시스템의 구성요소(모듈, 출력조절기(Power Conditioner System), 주변장치(Balance of System))

1) 태양광어레이(PV Array)

   태양광어레이는 발전장치 역할을 하는 것으로, 구성요소는 모듈, 구조물, 접속함, 다이오드 등이다.

2) 인버터

   (1) 인버터의 기능

   ① 직류를 교류로 변환
   ② 최대전력점 추종
   ③ 고효율 제어
   ④ 직류 제어
   ⑤ 고조파 억제
   ⑥ 계통연계 및 보호기능
   ⑦ 단독운전 방지기능
   ⑧ 역조류 기능
   ⑨ 자동운전 정지기능 등

   (2) 인버터의 절연방식에 따른 분류

   ① 상용주파 절연방식
   ② 고주파 절연방식
   ③ 무변압기방식

3) 바이패스다이오드 및 역류방지다이오드

   (1) 바이패스다이오드(By Pass Diode)

   태양전지에 그늘이 지면 그 부위가 저항역할을 하게 되어 모듈에 악영향을 미치므로 일부 태양전지의 출력을 포기하고 나머지 태양전지로 회로를 구성하기 위해 바이패스다이오드를 사용한다(태양전지모듈 후면에 위치).

   (2) 역류방지다이오드(Blocking Diode)

   어레이 내 스트링과 스트링 사이에서도 전압불균형 등의 원인으로, 병렬접속한 스트링 사이에 전류가 흘러 어레이에 악영향을 미칠 수 있는데 이를 방지하기 위해 설치한다(스트링마다 설치).

4) 축전지
　① 가장 경제적인 전원공급장치이다.
　② 알칼리 축전지와 연축전지가 사용된다.

5) 충·방전컨트롤러
　충·방전컨트롤러는 주로 독립형 시스템에서 태양전지모듈로부터 생산된 전기를 축전지에 저장 또는 방전하는 데 사용한다.

2. 접속함(단자함, 수납함, 배전함)

1) 접속함의 설치목적
　① 보수·점검 시 회로를 분리하거나 점검을 용이하게 하기 위해 설치한다.
　② 스트링별 고장 시 정지범위를 분리하여 운전을 할 수 있도록 설치한다.

2) 접속함의 내부회로결선도

3) 접속함 내 설치되는 기기
　① 태양전지어레이 측 기기
　② 주개폐기
　③ 서지보호장치(SPD ; Surge Protected Device)
　④ 역류방지소자
　⑤ 출력단자대
　⑥ 감시용 DCCT(Shunt), DCPT, T/D(transducer)

4) 접속함의 연결전선

① 태양전지에서 옥내에 이르는 배선에 쓰이는 전선은 모두 모듈전용선(TFR-CV선)을 사용하여야 한다.
② 전선이 지면을 통과할 경우에는 피복에 손상이 발생되지 않게 별도의 조치를 취해야 한다.
③ 리드선의 극성 표시방법은 케이블에 (+), (−)의 마크 표시, 케이블 색은 적색(+), 청색(−)으로 구분한다.

5) 접속함 선정 시 고려사항

독립형 또는 계통연계형 태양광발전시스템에 사용되는 개폐장치 및 제어장치 부속품을 포함하는 직류 1,500[V]를 초과하지 않는 태양광발전용 접속함은 KS C 8567(2017)에 의한 인증제품을 사용하여야 한다.

접속함의 병렬스트링 수에 의한 분류와 설치장소에 의한 보호등급은 다음과 같다.

[접속함의 분류 및 보호등급]

병렬스트링 수에 의한 분류	설치장소에 의한 분류
소형(3회로 이하)	IP 54 이상
중대형(4회로 이상)	실내형 : IP 20 이상
	실외형 : IP 54 이상

6) 단자대

태양전지어레이의 스트링별로 배선을 접속함까지 가지고 와서 접속 내부 단자대를 통해 접속한다.

7) 접속함의 외부·내부

[외부]

[내부]

8) 접속함 선정 시 주의사항
   ① 전압 : 접속함의 정격전압은 태양전지스트링의 개방 시의 최대직류전압으로 선정
   ② 전류 : 정격입력전류는 접속함에 안전하게 흘릴 수 있는 전류값이며 최대전류를 기준으로 하여 선정

9) 주개폐기
   ① 주개폐기는 태양전지어레이의 출력을 1개소에 통합한 후 파워컨디셔너와 회로도 중에 설치한다.
   ② 주개폐기는 태양전지어레이의 최대사용전압, 통과전류를 만족하는 것으로서 최대통과전류(표준태양전지어레이 단락전류)를 개폐할 수 있는 것을 사용하면 좋다. 또한 보수도 용이하고 MCCB를 사용해도 좋지만 태양전지어레이의 단락전류에서는 자동차단(트립)되지 않는 정격의 것을 사용하는 것이 좋다. 그리고 반드시 정격전압에 적정한 직류차단기를 사용하여야 한다.
   ③ 태양전지어레이 측 개폐기로 단로기나 Fuse를 사용하는 경우에는 반드시 주개폐기로 MCCB를 설치하여야 한다.
   ④ 배선용 차단기(MCCB)
      배선용 차단기는 개폐기구, 트립장치 등을 절연물의 용기 내에 일체로 조립한 것이다.

10) 어레이 측 개폐기
    태양전지어레이 측 개폐기는 태양전지어레이의 점검·보수 또는 일부 태양전지모듈의 고장 발생 시 스트링 단위로 회로를 분리시키기 위해 스트링 단위로 설치한다.

11) 피뢰소자
    저압전기설비의 피뢰소자는 서지보호장치(SPD ; Surge Protective Device)라고도 한다.
    (1) 서지보호장치(SPD)
       ① 서지로부터 각종 장비들을 보호하는 장치이다.
       ② SPD는 과도전압과 노이즈를 감쇄시키는 장치로서 TVSS(Transient Voltage Surge Suppressor)라고도 불린다.
    (2) SPD 설치목적
       ① 태양광발전설비가 피뢰침에 의한 직격뢰로부터는 보호되어야 한다.
       ② 서지보호소자는 유도뇌서지가 태양전지어레이 또는 파워컨디셔너 등에 침입한 경우에 전기설비 또는 장치를 뇌서지로부터 보호하기 위해 설치한다.
    (3) 서지보호장치 설치위치
       ① 접속함에는 태양전지어레이의 보호를 위해 스트링마다 서지보호소자(SPD)를 설치한다.

② 낙뢰 빈도가 높은 경우에는 주개폐기 측에도 설치한다.
③ 배선은 접지단자에서 최대한 짧게 하여야 하며, 서지보호소자의 접지 측 배선을 일괄해서 접속한다.

02 태양광발전 점검 개요

1 일상점검 항목 및 점검 요령

1. 유지보수 의미

유지관리란 태양광발전시스템의 기능을 유지하기 위해 수시점검, 일상점검, 정기점검을 통하여 사전에 유해요인을 제거하고 손상된 부분은 원상복구하여 초기상태를 유지함과 동시에 최적의 발전량을 이루고 근무자 및 주변인의 안전확보를 위해 시행하는 것이다.

2. 유지보수 절차

1) 유지관리 절차 시 고려사항
   ① 시설물별 적절한 유지관리계획서를 작성한다.
   ② 유지관리자는 유지관리계획서에 따라 시설물을 점검하고, 점검결과는 점검기록부에 기록하여 보관한다.
   ③ 점검결과에 따라 발견된 결함의 진행성 여부, 발생시기, 결함의 형태나 발생위치, 원인 및 장해추이를 정확히 평가 · 판정한다.
   ④ 점검결과에 의한 평가 · 판정 후 적절한 대책을 수립한다.

2) 점검의 종류
   일상점검, 정기점검, 임시점검으로 분류한다.

   (1) 일상점검
       일상점검은 주로 점검자의 감각(오감)을 통해 실시하는 것으로 소리, 냄새 등으로 판별한다.

   (2) 정기점검
       정기점검은 무전압상태에서 기기의 이상상태를 점검한다.

   (3) 임시점검
       일상점검 등에서 이상을 발견한 경우 및 사고 발생 시에 실시하는 점검이다.

3) 점검주기

제약조건 점검분류	Door 개방	Cover 개방	무정전	회로정전	모선정전	차단기 인출	점검주기
일상점검			○				매일
	○	○					1회/월
정기점검	○	○		○		○	1회/반기
	○	○		○	○	○	1회/3년
임시점검	○	○		○	○	○	필요시

4) 보수점검작업 시 주의사항

(1) 점검 전의 유의사항

① 준비작업 : 응급처치방법 및 설비·기계의 안전 확인

② 회로도 검토 : 전원스위치의 차단상태 및 접지선의 접속상태

③ 연락처 : 관련부서와 긴밀하고 확실하게 연락할 수 있는 비상연락망을 사전에 확인

④ 무전압상태 확인 및 안전조치

 ㉠ 차단기, 단로기의 무전압상태 확인

 ㉡ 검전기를 사용하여 무전압 확인하고 필요개소에 접지

 ㉢ 고압 및 특고압차단기는 개방하고, 점검 중 표찰 부착

 ㉣ 단로기는 쇄정 후 점검 중 표찰

⑤ 전류, 전압에 대한 주의 : 콘덴서 및 Cable의 접속부 점검 시 잔류전하는 방전하고 접지 실시

⑥ 오조작 방지 : 차단기, 단로기 쇄정 후 점검 중 표찰

⑦ 절연용 보호기구 준비

⑧ 쥐, 곤충, 뱀 등의 침입방지대책을 세운다.

(2) 점검 후의 유의사항

① 접지선 제거

② 최종 확인사항

 ㉠ 작업자가 수배전반 내에 들어가 있는지 확인한다.

 ㉡ 점검을 위해 임시로 설치한 가설물 등이 철거되었는지 확인한다.

 ㉢ 볼트, 너트 단자반 결선의 조임 및 연결작업의 누락은 없는지 확인한다.

 ㉣ 작업 전에 투입된 공구 등이 목록을 통해 회수되었는지 확인한다.

 ㉤ 점검 중 쥐, 곤충, 뱀 등의 침입은 없는지 확인한다.

3. 유지보수계획 시 고려사항

1) 유지관리계획

(1) 점검계획

① 시설물의 종류, 범위, 항목, 방법 및 장비
② 점검대상 부위의 설계자료, 과거이력 파악
③ 시설물의 구조적 특성 및 특별한 문제점 파악
④ 시설물의 규모 및 점검의 난이도

(2) 점검계획 시 고려사항

① 설비의 사용기간 : 오래된 설비일수록 고장발생확률이 높다.
② 설비의 중요도 : 중요도에 따라 점검내용과 주기 검토
③ 환경조건 : 악조건, 옥내, 옥외 등
④ 고장이력 : 고장을 많이 일으키는 설비의 점검
⑤ 부하상태 : 사용빈도가 높은 설비, 부하의 증가상태 점검

2) 유지관리의 경제성

(1) 유지관리비의 구성

유지비, 보수비, 개량비, 일반관리비, 운용지원비로 구성

(2) 내용연수

① 물리적 내용연수

사용 또는 세월의 흐름에 따른 손상열화 등의 변질로 위험상태에 이르는 기간

② 기능적 내용연수

기능의 저하로 시설물의 편익과 효용을 저하시켜 그 기능을 발휘하기 어려운 상태에 이르기까지의 기간

③ 사회적 내용연수

사회적 환경변화에 적응하지 못하여 발생하는 효용성의 감소

④ 법정 내용연수

물리적 마모, 기능상·경제상의 조건을 고려하여 규정한 연수

4. 유지보수 관리지침

1) 일상정기점검에 대한 조치

대상		조치방법 및 유의사항
청소		① 공기를 사용하는 경우에는 흡입방식을 추천하며, 토출방식을 사용하는 경우에는 공기의 습도(제습필터), 압력에 주의한다. ② 문, 커버 등을 열기 전에는 배전반 상부의 먼지나 이물질을 제거한다. ③ 절연물은 충전부를 가로지르는 방향으로 청소한다. ④ 청소걸레는 화학적으로 중성인 것을 사용하고 섬유의 올이나, 습기(물기) 등에 주의한다.
볼트 조임	모선	① 조임방법 : 조임은 지정된 재료, 부품을 정확히 사용하고 다음 항목에 주의한다. • 볼트의 크기에 맞는 토크렌치를 사용하여 규정된 힘으로 조인다. • 조임은 너트를 돌려서 조인다. • 2개 이상의 볼트를 사용하는 경우 한쪽만 심하게 조이지 않도록 주의한다. ② 조임 확인 : 토크렌치의 힘이 부족할 경우 또는 조임작업을 하지 않는 경우에는 접촉저항에 의해 열이 발생하여 사고가 발생할 수 있으므로 반드시 규정된 힘으로 조여졌는지 확인하여야 한다. ③ 볼트 크기별 조이는 힘 	볼트 크기	M6	M8	M10	M12	M16	 |---|---|---|---|---|---| | 힘[kg/m³] | 50 | 120 | 240 | 400 | 850 |
볼트 조임	구조물	① 구조물(태양광가대 등)의 볼트 크기별 조이는 힘은 다음 표를 참조한다. | 볼트 크기	M3	M4	M5	M6	M8	M10	M12	M16 | |---|---|---|---|---|---|---|---|---| | 힘[kg/m³] | 7 | 18 | 35 | 58 | 135 | 270 | 480 | 1,180 |
절연물 보수	공통	① 자기성 절연물에 오손 및 이물질이 부착된 경우에는 상기 표의 청소방법에 따라 청소한다. ② 합성수지 적층판, 목재 등이 오래되어 헐거움이 발생되는 경우에는 부품을 교환한다. ③ 절연물에 균열, 파손, 변형이 있는 경우 부품을 교환한다. ④ 절연물의 절연저항이 떨어진 경우에는 종래의 데이터를 기초로 하여 계열적으로 비교검토한다(구간, 부품별로 분리하여 측정). 동시에 접속되어 있는 각 기기 등을 체크하여 원인을 규명하고 처리한다. ⑤ 절연저항값은 온도, 습도 및 표면의 오손상태에 따라 크게 영향을 받는다. 주회로차단기, 단로기(부하개폐기 포함) 	구분	측정 장비	절연저항값[MΩ]	 |---|---|---| | 주도전부 | 1,000[V] 메거 | 500 이상 | | 저압제어회로 | 500[V] 메거 | 2 이상 |

03 태양광발전의 유지관리

1 태양광발전설비의 유지관리

1. 사용 전 검사(준공 시의 점검)
상용사업용 태양광발전시스템의 공사가 완료되면 사용 전 검사를 받아야 한다.

1) 준공 시의 점검설비와 점검항목, 점검방법

구분		점검항목	점검요령
태양전지 어레이	육안 점검	표면의 오염 및 파손	오염 및 파손이 없을 것
		프레임 파손 및 변형	파손 및 뚜렷한 변형이 없을 것
		가대의 부식 및 녹	가대의 부식 및 녹이 없을 것 (녹의 진행이 없는 도금강판의 끝단부는 제외)
		가대의 고정	볼트 및 너트의 풀림이 없을 것
		가대의 접지	배선공사 및 접지의 접속이 확실할 것
		코킹	코킹의 파손 및 불량이 없을 것
		지붕재 파손	지붕재의 파손, 어긋남, 균열이 없을 것
	측정	접지저항	접지저항 100[Ω] 이하
		가대고정	볼트가 규정된 토크 수치로 조여 있을 것
인버터	육안 점검	외함의 부식 및 파손	부식 및 파손이 없을 것
		취부	• 견고하게 고정되어 있을 것 • 유지보수에 충분한 공간이 확보되어 있을 것 • 옥내용 : 과도한 습기, 기름 습기, 연기, 부식성 가스, 가연가스, 먼지, 염분, 화기 등이 존재하지 않는 장소일 것 • 옥외용 : 눈이 쌓이거나 침수의 우려가 없을 것 • 화기, 가연가스 및 인화물이 없을 것
		배선의 극성	• P는 태양전지(+), N은 태양전지(−) • V, O, W는 계통측 배선(단상 3선식 220[V]) [V−O, O−W 간 220[V](O는 중성선)] • 자립운전용 배선은 전용콘센트 또는 단자에 의해 전용배선으로 하고 용량은 15[A] 이상일 것
		단자대 나사의 풀림	확실히 취부되고 나사의 풀림이 없을 것
		접지단자와의 접속	접지와 바르게 접속되어 있을 것 (접지봉 및 인버터 '접지단자'와 접속)

구분		점검항목	점검요령
접속함	육안 점검	외함의 부식 및 파손	부식 및 파손이 없을 것
		방수처리	전선인입구가 실리콘 등으로 방수처리될 것
		배선의 극성	태양전지에서 배선의 극성이 바뀌지 않을 것
		단자대 나사 풀림	확실히 취부되고 나사의 풀림이 없을 것
	측정	절연저항 (태양전지－접지 간)	DC 500[V] 메거로 측정 시 0.2[MΩ] 이상
		절연저항 (각 출력단자－접지 간)	DC 500[V] 메거로 측정 시 1[MΩ] 이상
		개방전압 및 극성	규정된 전압범위 내이고 극성이 올바를 것(각 회로마다 모두 측정)
		절연저항(인버터 입출력 단자－접지 간)	DC 500[V] 메거로 측정 시 1[MΩ] 이상
		접지저항	접지저항 100[Ω] 이하
발전 전력	육안 점검	인버터의 출력표시	인버터 운전 중 전력표시부에 사양대로 표시될 것
		전력량계(송전 시)	회전을 확인할 것
		전력량계(수전 시)	정지를 확인할 것
운전 정지	조작 및 육안 점검	보호계전기능의 설정	전력회사 정정치를 확인할 것
		운전	운전스위치의 '운전'에서 운전할 것
		정지	운전스위치의 '정지'에서 정지할 것
		투입저지 시한타이머동작시험	인버터가 정지하여 5분 후 자동기동할 것
		자립운전	자립운전으로 전환할 때, 자립운전용 콘센트에서 사양서의 규정전압이 출력될 것
		표시부의 동작확인	표시가 정상으로 표시되어 있을 것
		이상음 등	운전 중 이상음, 이상진동, 악취 등의 발생이 없을 것
	측정	발생전압 (태양전지모듈)	태양전지의 동작전압이 정상일 것 (동작전압 판정 일람표에서 확인)
축전지	육안 점검	외관점검 전해액비중 전해액면 저하	부하로의 급전을 정지한 상태에서 실시할 것
	측정 및 시험	단자전압 (총 전압/셀전압)	

2) 일상점검
    ① 일상점검은 육안점검으로 매월 1회 정도 실시
    ② 점검설비 : 태양전지어레이, 접속함, 인버터, 축전지

3) 정기점검
    ① 무전압상태에서 기기의 이상상태 점검
    ② 점검설비 : 태양전지어레이, 접속함, 인버터, 축전지, 태양광발전용 개폐기 등

2 송변전설비의 유지관리

송변전설비의 유지관리는 배전반과 배전반 내의 기기 및 부속기기에 대해 일상점검, 정기점검으로 유지보수하는 것이다.

1. 일상점검

1) 배전반
    ① 외함 : 문, 외부, 명판 인출기구, 반출기구
    ② 모선 및 지지물 : 모선전반(소리, 냄새)
    ③ 주회로 인입·인출부 : 접속부, 부싱, 단말부, 관통부
    ④ 제어회로의 배선 : 배선전반
    ⑤ 단자대 : 외부 일반
    ⑥ 접지 : 접지단자, 접지선

2) 내장기기 및 부속기기
    ① 주회로용 차단기 : 개폐표시등, 표시기, 개폐도수계
    ② 배선용 차단기, 누전차단기 : 조작장치
    ③ 단로기 : 개폐표시기, 개폐표시등
    ④ 변압기, 리액터 : 온도계, 유면계, 가스압력계
    ⑤ 주회로용 퓨즈 : 외부 일반

2. 정기점검

1) 배전반
    ① 외함 : 문, 격벽, 주회로단자부
    ② 배전반 : 제어회로부, 명판표시물, 인출기구
    ③ 모선 및 지지물 : 모선 전반, 애자부싱, 절연지지물
    ④ 주회로인입인출부 : 접속부, 부싱, 단말부

⑤ 배선 : 전선 일반, 전선지지대
⑥ 단자대 : 외부 일반
⑦ 접지 : 접지단자, 접지모선
⑧ 장치일반 : 주회로, 제어회로, 인터록

2) 내장기기 및 부속기기
① 주회로용 차단기 : 개폐표시기, 개폐표시등, 개폐도수계 조작장치
② 배선용 차단기 : 조작장치
③ 단로기(DS) : 주접촉부 조작장치
④ LBS : 부하개폐기
⑤ 변성기 : 외부 일반
⑥ 변압기 : 유면계, 냉각팬 온도계
⑦ 주회로용 퓨즈 : 외부 일반
⑧ 피뢰기 : 외부 일반
⑨ 전력용 콘덴서 : 외부 일반 등

3 태양광발전시스템의 고장원인

① 제조결함
② 시공불량
③ 운영과정의 외상
④ 전기적·기계적 스트레스에 의한 셀의 파손
⑤ 모듈 표면의 흙탕물, 새의 배설물에 의한 고장
⑥ 경년열화에 의한 셀의 노화
⑦ 주변환경(염해, 부식성 가스 등)에 의한 부식

4 태양광발전시스템의 문제진단

1. 외관검사

1) 태양전지모듈, 어레이의 점검
   시공 시 반드시 외관점검 실시

2) 배선케이블의 점검
   설치 시 및 공사 도중에 외관점검

3) 접속함 인버터

　　설치 및 접속 시 양극, 음극 접속확인 및 점검

4) 축전지 및 주변설비 점검

2. 운전상황 확인

1) 이음, 이상진동, 이취에 주의

2) 운전상황 점검

　　표시상태, 계측장치가 평상시와 크게 다를 때

3. 태양전지어레이의 출력 확인

1) 개방전압 측정

　(1) 측정목적

　　동작불량 스트링이나 태양전지모듈 검출, 직렬접속선의 결선누락사고 등을 검출

　(2) 측정방법

　　직류전압계(테스터)

　(3) 측정순서

　　① 접속함의 출력개폐기 개방(Off)
　　② 접속함에 각 스트링단로스위치(MCCB 또는 퓨즈)가 있는 경우 MCCB 또는 퓨즈 개방
　　③ 각 모듈이 그늘져 있지 않은지 확인한다.
　　④ 측정하는 스트링의 MCCB 또는 퓨즈 투입(On)
　　⑤ 직류전압계로 각 스트링의 P-N 단자 간의 전압을 측정
　　⑥ 평가 : 각 스트링의 개방전압값이 측정 시의 조건하에서 타당한 값인지 확인한다.

　(4) 측정 시 주의사항

　　① 어레이 표면을 청소한다.
　　② 각 스트링 측정은 안정된 일사강도가 얻어질 때 실시한다.
　　③ 측정시각은 일사강도, 온도의 변동을 적게 하기 위해 맑은 날 남쪽에 있을 때 전후 1시간에 실시한다.
　　④ 셀은 비오는 날에도 미소한 전압이 발생하므로 주의하여 측정한다.

2) 단락전류의 확인

　　① 모듈 표면의 온도변화에 따른 단락전류의 변화는 거의 없으나 일사량의 차이에 의한 모듈의 단락전류 변화는 매우 크므로 측정 시 고려해야 한다.

② 단락전류를 측정함으로써 모듈의 이상 유무를 검출할 수 있다.

3) 인버터회로(절연변압기 부착)의 절연저항 측정

(1) 측정기기

① 인버터정격전압 300[V] 이하 : 500[V] 절연저항계(메거)
② 인버터정격전압 300[V] 초과 600[V] 이하 : 1,000[V] 절연저항계(메거)

4. 절연내력의 측정

1) 태양전지어레이회로 및 인버터회로

최대사용전압의 1.5배의 직류전압이나 1배의 교류전압(500[V] 미만일 때는 500[V]로)을 10분간 인가하여 절연파괴 등의 이상이 발생하지 않을 것

5. 접지저항의 측정

1) 접지목적

① 감전 방지
② 기기의 손상 방지
③ 보호계전기의 확실한 동작 확보

2) 접지저항 측정법

① 콜라우시 브리지법
② 전위차계 접지저항계법
③ 간이접지저항계 측정법
④ 클램프온 측정법

5 고장별 조치방법

1. 인버터의 고장

직접 수리가 곤란하므로 제조업체에 A/S를 의뢰한다.

2. 태양전지모듈의 고장

1) 모듈의 개방전압 문제

① 원인 : 셀 및 바이패스다이오드 손상
② 대책 : 손상된 모듈을 찾아 교체

2) 모듈의 단락전류 문제

① 원인 : 음영에 의한 경우와 모듈 불량, 모듈 표면의 흙탕물, 새의 배설물 등에 따라 모듈의 단락전류가 다른 경우 출력 저하

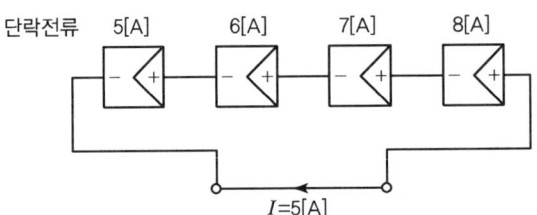

② 대책 : 불량모듈 교체, 이물질 제거

3. 모듈의 절연저항 문제

① 원인 : 모듈의 파손, 케이블 열화, 피복손상 시 절연 저하
② 대책 : 모듈 교체

6 발전형태별 정기보수

1. 자가용 태양광발전설비의 사용 전 검사 항목

1) 태양광발전설비표

  태양광발전설비표 작성

2) 태양광전지검사

  ① 태양광전지 일반규격
  ② 태양광전지검사 : 외관검사, 전지전기적 특성시험, 어레이

3) 전력변환장치검사

  ① 전력변환장치 일반규격
  ② 전력변환장치검사 : 외관검사, 절연저항, 절연내력, 제어회로 및 경보장치, 역방향운전 제어시험, 단독운전 방지시험
  ③ 보호장치검사 : 절연저항시험, 보호장치시험
  ④ 축전지 : 시설상태 확인, 전해액 확인, 환기시설상태 확인

4) 종합연동시험검사

5) 부하운전시험검사

2. 사업용 태양광발전설비의 사용 전 검사 항목

1) 태양광발전설비표 : 태양광발전설비표 작성

2) 태양전지검사
   ① 태양전지 일반규격
   ② 태양전지검사 : 외관검사, 전지전기적 특성시험, 어레이

3) 전력변환장치검사
   ① 전력변환장치 일반규격
   ② 전력변환장치검사 : 절연저항, 절연내력, 제어회로 및 경보장치, 역방향운전 제어시험, 단독운전 방지시험
   ③ 보호장치검사 : 절연저항시험, 보호장치시험
   ④ 축전지 : 시설상태 확인, 전해액 확인, 환기시설 상태 확인

4) 변압기검사
   ① 변압기 일반규격
   ② 변압기 본체검사 : 절연저항, 절연내력, 접지시공상태 특성시험, 절연유내압시험, 상회전시험
   ③ 보호장치검사 : 절연저항, 보호장치 및 계전기시험
   ④ 제어 및 경보장치검사 : 절연저항, 경보장치, 제어장치, 계측장치
   ⑤ 부대설비검사 : 절연유 유출 방지시설, 피뢰장치, 계기용 변성기, 접지시공상태 표시

5) 차단기검사
6) 전선로(모선)검사
7) 접지설비검사
8) 비상발전기검사
9) 종합연동시험검사
10) 부하운전검사

3. 자가용 태양광발전설비의 정기검사 항목

① 태양전지검사
② 전력변환장치검사
③ 종합연동시험검사
④ 부하운전시험

4. 사업용 태양광발전설비의 정기검사 항목

① 태양광전지검사
② 전력변환장치검사
③ 변압기검사
④ 차단기검사
⑤ 전선로(모선)검사
⑥ 접지설비검사
⑦ 종합연동시험검사
⑧ 부하운전시험

SECTION 003 태양광발전시스템의 안전관리

01 태양광발전 시공상 안전 확인

1 시공 안전관리

1. 전기작업의 안전

1) 전기작업의 준비

    (1) 작업책임자의 준비
        ① 작업 전 현장시설상태를 확인하고 작업내용과 안전조치를 주지시킨다.
        ② 정전작업 시 : 정전범위, 정전 및 송전시간, 개폐기의 차단장소, 작업순서, 작업자의 작업배치, 작업종료 후 처치 등에 대해 설명
        ③ 고압활선작업과 활선근접작업 시 : 신체보호, 시설방호 사람의 배치, 작업순서 등을 관계자에게 설명

    (2) 작업자의 준비
        작업책임자의 명령에 따라 올바른 작업순서로 안전하게 작업해야 한다.

2. 전기 안전수칙

① 작업자는 시계, 반지 등 금속체 물건을 착용해서는 안 된다.
② 정전작업 시 안전표찰을 부착하고, 출입을 제한시킬 필요가 있을 때에는 구획로프를 설치한다.
③ 고압 이상 개폐기 및 차단기의 조작은 책임자의 승인을 받고 조작순서에 의해 조작한다.
④ 고압 이상 개폐기의 조작은 꼭 무부하상태에서 실시, 개폐기 조작 후 잔류전하 방전상태를 검전기로 확인한다.
⑤ 고압 이상 전기설비는 안전장구를 착용 후 조작한다.
⑥ 비상발전기 가동 전 비상전원 공급구간을 재확인한다.
⑦ 작업완료 후 전기설비의 이상 유무를 확인 한 다음 통전한다.

3. 태양광발전시스템의 안전관리대책

작업종류	사고예방	조치사항
모듈 설치	추락사고 예방	• 높은 곳 작업 시 안전난간대 설치 • 안전모, 안전화, 안전벨트 착용
구조물 설치		• 안전난간대 설치 • 안전모, 안전화, 안전벨트 착용
전선작업 및 설치		• 정품의 알루미늄 사다리 설치 • 안전모, 안전화, 안전벨트 착용
접속함과 인버터 연결	감전사고 예방	• 태양전지모듈 등 전원개방 • 절연장갑 착용
임시배선작업		• 누전 발생 우려 장소에 누전차단기 설치 • 전선 피복상태 관리

4. 유지관리지침서 작성

감리원은 발주자(설계자) 또는 공사업자(주요 설비 납품자) 등이 제출한 시설물의 유지관리지침 자료를 검토하고 유지관리지침서를 작성하여, 공사 준공 후 14일 이내에 발주자에게 제출하여야 한다.

5. 유지관리지침서의 작성 내용

① 시설물의 규격 및 기능설명서
② 시설물 유지관리기구에 대한 의견서
③ 시설물 유지관리방법
④ 특기사항

02 태양광발전 설비상 안전 확인

1 설비의 안전관리

1. 점검방법

1) 일상점검

① 유지보수 요원의 감각기관에 의존하여 시각 점검(변색, 파손, 단자 이완 등), 비정상적인 소리, 냄새 점검 등을 통해 시설물의 외부에서 점검항목별로 실시한다.
② 이상상태가 발견된 경우에는 시설물의 문을 열고 그 정도를 확인한다.
③ 직접 운전이 불가할 정도인 경우를 제외하고는 이상상태의 내용을 일지 및 점검기록부에 기록하여 운전 중 및 정기점검 시 점검에 참고한다.

2) 정기점검

① 원칙적으로 정전을 시킨 다음 무전압상태에서 기기의 이상상태를 점검해야 하며 필요시 기기를 분해하여 점검한다.
② 태양광발전시스템이 계통에 연계되어 운영 중인 상태에서 점검할 때에는 감전사고가 일어나지 않도록 주의한다.

3) 임시점검

대형 사고가 발생한 경우에는 사고의 원인 파악, 영향(사고의 파급, 발전출력의 감소 등) 분석, 대책 수립을 하여 보수 조치하여야 한다.

2. 점검주기

① 점검주기는 대상기기의 환경조건, 운전조건, 설비의 중요성, 사용연수 등을 고려하여 선정한다.
② 모선정전은 별로 없으나 심각한 사고를 방지하기 위해 3년에 1회 정도 점검하는 것이 좋다.
③ 점검의 제약조건과 점검종류

구분	Door 개발	Cover 개방	무정전	회로정전	모선정전	차단기 인출	점검주기
일상점검			O				매일
	O		O				1회/월
정기점검	O	O		O		O	1회/반기
	O	O		O	O	O	1회/3년
임시점검	O	O		O	O	O	필요시

3. 보수점검 시 주의사항

작업자의 안전을 위하여 기기의 구조 및 운전에 관한 내용을 반드시 숙지하며, 안전사고에 대한 예방조치를 한 후 2인 1조로 보수점검에 임해야 한다.

1) 보수점검 전 유의사항

① 응급처치 방법을 숙지하고 설비, 기계의 안전을 확인한다.
② Loop가 형성되는 경우를 대비하여 태양광발전시스템의 각종 전원스위치의 차단상태 및 접지선의 접속상태를 확인한다.
③ 관련 부서와 긴밀하고 확실하게 연락할 수 있도록 연락망을 미리 확인하여 만일의 사태에 신속히 대처할 수 있도록 한다.
④ 무전압상태 확인 및 안전조치
　㉠ 관련된 차단기, 단로기를 열어 무전압상태로 만든다.
　㉡ 검전기를 사용하여 무전압상태를 확인하고 필요한 개소는 접지를 실시한다.
　㉢ 특고압 및 고압차단기는 개방하여 Test Position 위치로 인출하고, "점검 중" 표찰을 부착한다.
　㉣ 단로기는 쇄정시킨 후 "점검 중" 표찰을 부착한다.
⑤ 콘덴서 및 케이블의 접속부를 점검할 경우에는 잔류전하를 방전시키고 접지를 실시한다.
⑥ 인출형 차단기 및 단로기는 쇄정 후 "점검 중" 표찰을 부착한다.
⑦ 절연용 보호기구를 준비한다.
⑧ 쥐, 곤충, 뱀 등의 침입 방지대책을 세운다.

2) 보수점검 후 유의사항

① 점검 시 안전을 위하여 접지한 것을 점검 후에 반드시 제거하여야 한다.
② 최종 확인사항
　㉠ 작업자가 수·배전반 내에 들어가 있지 않은지 확인한다.
　㉡ 점검을 위해 임시로 설치한 가설물 등이 철거되었는지 확인한다.
　㉢ 볼트, 너트, 단자반 결선의 조임 및 연결작업의 누락이 없는지 확인한다.
　㉣ 작업 전에 투입된 공구 등이 목록을 통해 회수되었는지 확인한다.
　㉤ 점검 중 쥐, 곤충, 뱀 등의 침입 여부를 확인한다.

3) 점검의 기록

일상점검, 정기점검, 임시점검 시에는 반드시 점검 및 수리한 요점 및 고장상황, 일자 등을 기록하여 차기 점검에 활용한다.

4. 하자보수

1) 검사 대상
준공된 태양광발전소 건설부지 및 전기설비 중 하자보증기간 내에 있는 모든 공사를 대상으로 한다.

2) 검사 시기
연간 2회 이상 실시한다.

3) 하자 발생 시 조치사항
① 하자 발견 즉시 도급자에게 서면 통보하여 하자를 보수하도록 요청한다.
② 하자보수 요청 후 미이행 시는 하자보증보험사 또는 연대보증사에 서면 통보하여 조치(이 경우 발주자는 도급자에게 하자보수불이행에 따른 행정처벌 조치)한다.
③ 도급자는 하자보수 착공계를 제출 후 공사에 임하여야 하며, 하자보수를 완료한 경우에는 하자보수 준공계를 제출하여 감독자의 준공검사를 거쳐야 처리가 완료된다.
④ 하자보수 및 검사를 완료한 경우에는 하자보수관리부를 작성하여 보관한다.

4) 공사하자 담보 책임기간

관련 법령	대상 공정		책임기간
전기 공사업법	발전설비공사	철근콘크리트 또는 철골구조부	7년
		그 밖의 시설	3년
	지중 송배전설비공사	송전설비공사(케이블, 물밑송전설비공사 포함)	5년
		배전설비공사	3년
	송전설비공사		3년
	변전설비공사(전기설비 및 기기설치공사 포함)		3년
	배전설비공사	배선설비 철탑공사	3년
		그 밖의 배전설비공사	2년
	그 밖의 전기설비공사		1년

신·재생에너지 설비의 지원 등에 관한 규정 [별표 1]

신·재생에너지설비의 하자이행보증기간(제19조제5항 관련)

원별	하자이행보증기간
태양광발전설비	3년
풍력발전설비	3년
소수력발전설비	3년
지열이용설비	3년
태양열이용설비	3년
기타 신·재생에너지설비	3년

※ 제35조의 사업으로 설치한 신·재생에너지설비의 하자이행보증기간은 5년으로 한다.

> 제35조(융·복합지원사업 등) 융·복합지원사업은 동일한 장소(건축물 등)에 2종 이상 신·재생에너지원의 설비(전력저장장치 포함)를 동시에 설치하거나 주택·공공·상업(산업)건물 등 지원대상이 혼재되어 있는 특정지역에 1종 이상 신·재생에너지원의 설비를 동시에 설치하려는 경우에 국가가 보조금을 지원해 주는 사업을 말한다.

2 작업 중 안전대책

1. 복장 및 추락 방지대책

1) 작업자 복장

작업자는 자신의 안전 확보와 2차 재해 방지를 위해 작업에 적합한 복장을 갖추고 작업에 임해야 한다.

2) 개인용 안전장구(추락방지용 안전장구)

① 안전모 착용
② 안전대 착용 : 추락방지를 위해 필히 사용
③ 안전화 착용 : 미끄럼 방지 효과가 있는 신발 착용
④ 안전허리띠 착용 : 공구, 공사 부재의 낙하 방지를 위해 사용

2. 작업 중 감전 방지대책

1) 감전사고 원인

태양전지모듈 1장의 출력전압은 모듈 종류에 따라 직류 25~35[V] 정도이지만, 모듈을 필요한 개수만큼 직렬로 접속하면 말단전압은 250~450[V] 또는 450~820[V]까지의 고전압이 되므로 감전사고의 원인이 된다.

2) 모듈 설치 시 감전 방지대책
① 저압절연장갑을 착용한다.
② 절연처리된 공구를 사용한다.
③ 작업 전 태양전지모듈 표면에 차광막을 씌워 태양광을 차폐한다.
④ 강우 시에는 미끄러짐으로 인한 추락사고로 이어질 우려가 있으므로 작업을 금지한다.

03 태양광발전 구조상 안전 확인

1 구조 안전관리 및 천재지변에 따른 구조상 안전관리

1. 침수 대비
① 지표면으로부터 충분한 공간을 확보한 뒤 전력설비를 설치하고, 침수 피해를 막기 위해 사전에 배수시설을 확보한다.
② 별도의 전기실을 사용하지 않는 외장형 인버터의 경우에는 사전에 외함보호등급(IP 54 이상)을 반드시 확인한다.

2. 풍속 대비
① 국내 시설물의 내풍 설계기준 : 25~45[m/s]
② 최근 태풍의 강도가 커지고 있으므로 평균 풍속 50~60[m/s]까지 견딜 수 있도록 구조물 작업을 견고히 한다.

3. 방수 관리 및 염해 대비
① 환기를 위해 인버터에 덕트를 설치할 경우 덕트 내부로 들어온 습한 공기가 인버터 내부로 들어오지 않도록 덕트 내에 습기방지 필터를 설치한다.
② 매우 습한 지역에서 전기실 공사 시 방수포를 사용하여 발전소 내 습기를 최소화하고 산업용 제습제나 제습기를 상시 비치한다.
③ 바닷가 지역에서는 염해 방지를 위해 충분히 금속 코팅된 구조물을 사용하고 사전에 인버터 공급사와 논의하여 높은 외함 등급의 인버터를 설치한다.

4. 낙뢰 대비
여름철 천둥과 낙뢰를 동반한 폭우에 대비하여 피뢰 접지와 과전압보호장치 등을 미리 설치하여 피해를 최소화한다.

5. 인버터 관리

① 기상상태가 발전소 운영이 어려울 정도로 안 좋을 경우에는 인버터 내부 조작전원을 포함한 모든 전원을 차단한 후 인버터 작동을 중지한다.
② 재가동 시에는 우선 캐비닛 문을 열고, 만약 수분 침투가 발견될 경우 이를 완벽히 제거하는 것이 중요하다. 수분 제거 후 보다 안정적인 운영을 위해서는 조작전원만을 투입하고 습도계 동작점을 80[%]에서 60[%]로 낮춘 후 인버터 동작스위치가 정지인 상태에서 최소 하루 이상을 대기상태로 둔다.
③ 실외에 설치하는 스트링인버터의 경우 커버가 제대로 닫혀 있는지를 수시로 확인한다. 만약 폭우로 인한 수분 침투가 우려되면 DC 연결을 해체한 후 인버터를 중지한다.

04 안전관리장비

1 안전장비 종류

1. 절연용 보호구

1) 용도

7,000[V] 이하 전로의 활선작업 및 활선 근접작업 시 감전사고를 방지하기 위해 작업자 몸에 착용하는 것이다.

2) 종류

안전모, 전기용 고무장갑, 전기용 고무절연장화 등

2. 절연용 방호구

1) 용도

25,000[V] 이하 전로의 활선작업 또는 활선 근접작업 시 감전사고 방지를 위해 전로의 충전부에 장착하는 것이다. 고압충전부로부터 머리 30[cm], 발밑 60[cm] 이내 접근 시 사용한다.

2) 종류

고무판, 절연관, 절연시트, 절연커버, 애자커버 등

3. 검출용구

정전작업 시 전로의 정전 여부를 확인하기 위한 것이다.

1) 저압 및 고압용 검전기

(1) 사용범위
① 보수작업 시 저압 또는 고압 충전 유무 확인
② 고저압회로의 기기 및 설비 등의 정전 확인
③ 지지물 부속부위의 고저압 충전 유무 확인

(2) 사용 시 주의사항
① 습기가 있는 장소 등은 고압고무장갑 착용
② 검전기의 정격전압을 초과하여 사용하는 것 금지
③ 검전기의 사용이 부적당한 경우에는 조작봉으로 대응

2) 특별고압검전기

(1) 사용범위
특별고압설비의 충전 유무를 확인한다.

(2) 사용 시 주의사항
① 습기가 있는 장소 등은 고압고무장갑 착용
② 검전기의 정격전압을 초과하여 사용하는 것 금지
③ 검전기의 사용이 부적당한 경우에는 조작봉으로 대응

3) 활선접근경보기

작업자가 충전된 기기나 전선로에 근접한 경우 경고음을 발생하여 접근위험경고 및 감전재해를 방지하기 위해 사용한다.

(1) 사용범위
① 정전작업장소에서 사선구간과 활선구간이 공존하는 장소
② 활선에 근접하여 작업하는 경우

(2) 사용 시 주의사항
① 활선접근경보기를 검전기 대용으로 사용하지 말 것
② 시험용 버튼을 눌러 정상 여부 확인
③ 불필요하게 안전모에 부착하지 말 것
④ 변전소의 실내 또는 큐비클 내부에서는 사용하지 말 것(부동작 또는 오동작됨)
⑤ 안테나가 안전모 정면이 되도록 착용할 것
⑥ 팔에 착용할 때에는 안테나가 충전부의 정면이 되도록 착용할 것

4. 접지용구

작업자의 감전사고를 방지하기 위한 것으로, 접지용구를 설치하거나 철거 시 접지도선이 자신이나 타인의 신체는 물론 전선, 기기 등에 접촉하지 않도록 주의한다.

5. 측정계기

1) 멀티미터

   측정대상 : 저항, 직류전류, 직류전압, 교류전압

2) 클램프미터(훅온미터)

   ① 측정대상 : 저항, 전압, 전류
   ② 교류측정기기로 전력설비의 운용관리 및 점검에 가장 널리 사용

2 안전장비 보관요령

1. 보관요령

1) 안전장비 중 검사장비, 측정장비는 전기·전자기기로 습기에 약하므로 건조한 장소에 보관한다.

2) 안전모, 안전장갑, 방진마스크 등의 개인보호구는 언제든지 사용할 수 있도록 손질하여 보관한다.

3) 정기점검관리 요령

   ① 한 달에 한 번 이상 책임있는 감독자가 점검을 할 것
   ② 청결하고 습기가 없는 장소에 보관할 것
   ③ 보호구 사용 후에는 손질하여 항상 깨끗이 보관할 것
   ④ 세척 후에는 완전히 건조시켜 보관할 것

SECTION 004 실전예상문제

···01 태양광발전시스템 운영

01 태양광발전사업의 허가를 받기 위해 전기사업허가신청서와 함께 제출하는 사업계획서 내용 중 전기설비 개요에 포함되어야 할 사항으로 틀린 것은?

① 태양전지의 종류
② 인버터의 입력전압
③ 집광판의 설치단가
④ 태양전지의 정격출력

풀이 사업계획서 중 전기설비 개요의 포함 내용
- 태양전지모듈 : 태양전지방식, 모듈의 정격출력, 개방전압/정격전압, 단락전류/정격전류, 외형크기, 모듈 무게
- 태양광어레이 : 어레이 용량, 태양전지모듈 수, 설치면적
- 인버터 : 용량, 주파수, 입력전압, 정격전압, 출력전압, 크기, 무게

02 전기사업 허가신청서의 처리절차로 옳은 것은?

① 신청서 작성 및 제출 → 검토 → 접수 → 전기위원회 심의 → 허가증 발급
② 신청서 작성 및 제출 → 접수 → 검토 → 전기위원회 심의 → 허가증 발급
③ 신청서 작성 및 제출 → 전기위원회 심의 → 검토 → 접수 → 허가증 발급
④ 신청서 작성 및 제출 → 접수 → 전기위원회 심의 → 검토 → 허가증 발급

풀이

03 다음 인·허가 절차 내용에서 빈칸에 알맞은 것은?

발전사업허가 신청 → 사전환경성 검토 협의 → 개발행위 허가 → (　　　) → 사용 전 검사 → 전력수급계약 체결 → 사업개시 신고 → 대상설비 확인

① 발전사업을 위한 업무협의(전력거래소)
② 송전계통 검토(한국전력공사)
③ 전기설비공사계획 인가 및 신고
④ 신·재생에너지 공급의무화(RPS)를 위한 설치 확인

정답 01 ③ 02 ② 03 ③

04 발전설비용량 200[kW] 초과 3,000[kW] 이하인 발전사업의 허가를 신청하는 경우 사업계획서 구비서류로 틀린 것은?

① 발전원가명세서(발전사업 또는 구역전기사업의 허가를 신청하는 경우만 해당한다.)
② 전기설비 건설 및 운영계획 관련 증명서류
③ 부지의 확보 및 배치계획 관련 증명서류
④ 송전관계 일람도

풀이 전기사업법 시행규칙 [별표 1의2] 사업계획서 구비서류(제4조제1항제1호 관련)
발전설비용량 200[kW] 초과 3,000[kW] 이하인 발전사업의 허가를 신청하는 경우 사업계획서 구비서류 : 전기설비 건설 및 운영계획 관련 증명서류, 송전관계 일람도, 발전원가명세서(발전사업 또는 구역전기사업의 허가를 신청하는 경우만 해당한다.)

05 전기(발전)사업 허가기준에 대한 설명으로 틀린 것은?

① 전기사업 수행에 필요한 재무능력 및 기술능력이 있을 것
② 전기사업이 계획대로 수행될 수 있을 것
③ 발전소가 특정지역에 편중되어 전력계통의 운영에 지장을 주지 말 것
④ 발전연료는 가장 저렴한 것을 사용하여 발전단가를 낮출 것

풀이 발전연료가 어느 하나에 편중되어 전력수급에 지장을 초래하지 아니할 것

06 전기사업의 허가기준으로 틀린 것은?

① 전기사업이 계획대로 수행될 수 있을 것
② 전기사업을 적정하게 수행하는 데 필요한 재무능력 및 기술능력이 있을 것
③ 그 밖에 공익상 필요한 것으로서 산업통상자원부령으로 정하는 기준에 적합할 것
④ 발전소나 발전연료가 특정 지역에 편중되어 전력계통의 운영에 지장을 주지 아니할 것

풀이 전기(발전)사업의 허가기준
- 전기사업 수행에 필요한 재무능력 및 기술능력이 있을 것
- 전기사업이 계획대로 수행될 수 있을 것
- 발전소가 특정지역에 편중되어 전력계통의 운영에 지장을 초래하지 아니할 것
- 발전연료가 어느 하나에 편중되어 전력수급에 지장을 초래하지 아니할 것

정답 04 ③ 05 ④ 06 ③

07 전기(발전)사업에서 허가 변경사항으로 잘못된 것은?

① 사업구역 또는 특정한 공급구역이 변경되는 경우
② 공급전압이 변경되는 경우
③ 설비용량이 변경되는 경우
④ 발전연료가 변경되는 경우

풀이 허가 변경사항은 공급구역, 공급전압, 설비용량이 변경되는 경우이다.

08 태양광발전시스템 준공 시 점검할 부분이 아닌 것은?

① 인버터(파워컨디셔너) 점검 ② 중계단자함(접속함) 점검
③ 태양전지(어레이) 점검 ④ 부하 점검

풀이 태양광발전시스템 준공 시 점검설비
태양전지어레이, 접속함(중간단자함), 개폐기, 전력량계, 인입구, 인버터

09 발전설비용량이 3,000[kW]인 발전사업이 허가신청 시 첨부서류가 아닌 것은?

① 사업계획서 ② 발전원가 명세서
③ 송전관계 일람도 ④ 전기설비 개요서

풀이 전기(발전)사업 허가신청 시 필요서류 목록

목록(필요서류)	200[kW] 이하	3,000[kW] 이하	3,000[kW] 초과
전기사업 허가신청서	○	○	○
사업계획서	○	○	○
송전관계 일람도	○	○	○
발전원가 명세서		○	○
기술인력확보계획서		○	○
사업개시 후 5년간 손익산출서			○
발전설비 개요서			○
신용평가 의견서 및 소요재원 조달계획서			○
신청인이 법인인 경우 그 정관 등 재무현황			○
신청인이 설립 중인 법인인 경우 그 정관			○

정답 07 ④ 08 ④ 09 ④

10 태양광발전설비의 발전용량이 3,000[kW] 초과인 발전사업의 허가신청 시 제출서류로 틀린 것은?

① 송전관계 일람도
② 사업개시 후 5년 기간에 대한 연도별 예산산업 손익산출서
③ 신용평가의견서 및 소요재원조달계획서
④ 공사계획신고서

풀이 전기(발전)사업 허가신청 시 필요서류 목록
㉠ 3,000[kW] 이하
- 전기사업허가신청서(전기사업법 시행규칙 별지 제1호 서식) 1부
- 전기사업법 시행규칙 별표 1의 작성요령에 의한 사업계획서 1부
- 송전관계 일람도 1부
- 발전원가 명세서 1부(200[kW] 이하는 생략)
- 발전설비의 운영을 위한 기술인력의 확보계획을 기재한 서류 1부(200[kW] 이하는 생략)

㉡ 3,000[kW] 초과
- 전기사업허가신청서(전기사업법 시행규칙 별지 제1호 서식) 1부
- 전기사업법 시행규칙 별표 1의 작성요령에 의한 사업계획서 1부
- 사업개시 후 5년 기간에 대한 연도별 예산산업 손익산출서 1부
- 발전설비의 개요서 1부
- 송전관계 일람도 및 발전원가 명세서 1부
- 신용평가 의견서 및 소요재원 조달계획서 1부
- 발전설비의 운영을 위한 기술인력 확보계획을 기재한 서류 1부
- 신청인이 법인인 경우에는 그 정관 등 재무현황 관련 자료 1부
- 신청인이 설립 중인 법인인 경우에는 그 정관 1부

11 태양광발전시스템의 공사계획을 사전인가 받아야 하는 설비용량은 몇 [kW] 이하인가?

① 10,000   ② 20,000   ③ 30,000   ④ 40,000

풀이 태양광발전시스템의 공사계획을 사전인가 받아야 하는 용량
10,000[kW] 이하로 시·도지사의 사전인가를 받아야 한다.

12 사업허가 변경신청 시 처리절차로 옳은 것은?

① 신청서 작성 및 제출 → 검토 → 접수 → 전기위원회 심의 → 변경허가증 발급
② 신청서 작성 및 제출 → 접수 → 전기위원회 심의 → 검토 → 변경허가증 발급
③ 신청서 작성 및 제출 → 전기위원회 심의 → 접수 → 검토 → 변경허가증 발급
④ 신청서 작성 및 제출 → 접수 → 검토 → 전기위원회 심의 → 변경허가증 발급

정답 10 ④ 11 ① 12 ④

풀이 전기사업 (변경)허가신청서 처리절차

13 산업통상자원부장관이 전기(발전)사업 허가 시 심의를 거쳐야 하는 기관은?
① 한국전력공사 ② 전력기술인협회
③ 전력거래소 ④ 산업통상자원부 전기위원회

풀이 3,000[kW] 이하일 때는 전기위원회의 심의를 거치지 아니한다.

14 사업용 전기설비의 사용 전 검사 신청 시, 신청장소와 신청기한은?
① 전력기술인협회, 검사 7일 전 ② 한국전기안전공사, 검사 10일 전
③ 한국전기안전공사, 검사 7일 전 ④ 한국전력공사, 검사 10일 전

15 신·재생에너지 공급의무화(RPS) 제도에서 공급인증서(REC) 발급대상 설비 확인은 사용 전 검사 후 몇 개월 이내에 실행해야 하는가?
① 1개월 ② 2개월 ③ 3개월 ④ 4개월

16 발전설비공사에서 철근콘크리트 또는 철골구조부의 하자담보 책임기간으로 옳은 것은?
① 7년 ② 5년 ③ 3년 ④ 2년

풀이 전기공사의 하자담보 책임기간

발전설비공사	철근콘크리트 또는 철골구조부	7년
	그 밖의 시설	3년
지중 송배전설비공사	송전설비공사(케이블, 물밑송전설비공사 포함)	5년
	배전설비공사	3년
송전설비공사		3년
변전설비공사(전기설비 및 기기설치공사 포함)		3년
배전설비공사	배전설비 철탑공사	3년
	그 밖의 배전설비공사	2년
그 밖의 전기설비공사		1년
태양광발전설비공사		3년

정답 13 ④ 14 ③ 15 ① 16 ①

17 태양광발전사업계획서 작성 시 고려할 사항으로 틀린 것은?

① 사업계획 개요 : 발전소 명칭, 위치, 설비용량, 사용연료 등
② 사업개시 예정일
③ 전기판매사업 및 구역전기사업 개시일로부터 2년간의 공급계획
④ 태양광발전설비 및 송변전설비 개요

풀이 태양광발전사업계획서 작성 시 고려사항
- 사업구분 – 발전사업(태양광발전사업)
- 사업계획 개요 : 발전소 명칭, 위치, 설비용량, 사용연료, 총 사업비 등
- 사업개시 예정일
- 전기판매사업 및 구역전기사업 개시일로부터 5년간 연도별 공급계획
- 소요자금 및 조달방법
- 태양광발전설비 및 송·변전설비의 개요
- 공사비 개괄 계산서
- 전기설비의 설치일정

18 태양광발전시스템의 운영에 대한 기술 중 잘못된 것은?

① 시설용량은 부하의 용도 및 적정 사용량을 합산한 월평균 사용량에 따라 결정된다.
② 모듈은 특수강화유리로 충격 시 파손위험이 있으므로 주의하고 모듈 표면에 그늘이 지거나 이물질(공해물질, 나뭇잎)이 있으면 발전효율이 저하되므로 그늘이 지지 않도록 하고, 이물질을 제거해 준다.
③ 모듈 표면온도가 높으면 높을수록 발전효율이 저하되므로 물을 뿌려 온도를 조절해 준다.
④ 태양광발전설비의 고장요인은 대부분 어레이 및 스트링에서 발생하므로, 가동 여부를 정기적으로 점검한다.

풀이 태양광발전설비의 고장요인은 대부분 인버터에서 발생하므로 정상가동 여부를 정기적인 점검으로 확인해야 한다.

19 태양광발전설비의 운영자 숙지사항 중 옳은 것은?

① 계통연계형의 경우 한전전원이 Off일 때 인버터가 자동정지하고 한전이 복전되었을 때 즉시 재기동한다.
② 접속함 차단기를 차단하면 전압이 유기되지 않으므로 감전에 주의할 필요가 없다.
③ 계통연계형의 경우 한전전원이 Off일 때 역송전이 불가하다.
④ 먼지나 이물질이 태양전지에 부착된 경우 전력생산의 저하 및 수명에 영향을 미치지 않는다.

풀이
- 계통연계형의 경우 한전전원이 Off일 때 인버터가 자동정지하고 한전이 복전되었을 때 5분 후 인버터 재기동
- 한전전원이 Off될 경우 인버터의 단독운전 방지기능으로 인버터 동작은 중지된다.

정답 17 ③ 18 ④ 19 ③

20 태양광발전시스템의 운전 시 조작방법 순서로 알맞은 것은?

① Main VCB반 전압 확인 → 인버터 DC 전압 확인 → DC용 차단기 On → AC 측 차단기 On → 5분 후 인버터 정상작동 여부 확인
② Main VCB반 전압 확인 → 인버터 DC 전압 확인 → AC 측 차단기 On → DC용 차단기 On → 5분 후 인버터 정상작동 여부 확인
③ Main VCB반 전압 확인 → 5분 후 인버터 정상작동 여부 확인 → 인버터 DC 전압 확인 → DC용 차단기 On → AC 측 차단기 On
④ Main VCB반 전압 확인 → 5분 후 인버터 정상작동 여부 확인 → 인버터 DC 전압 확인 → AC 측 차단기 On → DC용 차단기 On

21 태양광발전(3,000[kW] 이하)의 에너지공급인증서가중치 중 건축물 등 기존 시설물을 이용할 경우의 가중치는?

① 0.5   ② 1.0   ③ 1.25   ④ 1.5

풀이 태양광발전 공급인증서가중치의 적용기준

구분	대상에너지 및 기준		공급인증서가중치
	설치유형	세부기준	
태양광 에너지	일반부지	소규모(100[kW] 미만)	1.2
		중규모(100[kW]~3[MW])	1.0
		대규모(3[MW]초과)	0.8
	건축물 등 기존 시설물 활용	소규모(100[kW] 미만)	1.5
		중규모(100[kW]~3[MW])	
		대규모(3[MW]초과)	1.0
	수상태양광	소규모(100[kW] 미만)	1.6
		중규모(100[kW]~3[MW])	1.4
		대규모(3[MW]초과)	1.2
	임야		0.5
	자가용		1.0

※ 태양광에너지 가중치는 전체 용량에 대하여 부여하되 소수점 넷째 자리에서 절사하며, 설치유형별 용량 기준 순으로 구분하여 구간별 해당 가중치를 아래와 같이 적용한다.

- 일반부지에 설치하는 경우

설치용량	태양광에너지 가중치 산정식
100[kW] 미만	1.2
100[kW]부터 3,000[kW] 이하	$\dfrac{99.999 \times 1.2 + (용량 - 99.999) \times 1.0}{용량}$
3,000[kW] 초과부터	$\dfrac{99.999 \times 1.2}{용량} + \dfrac{2,900.001 \times 1.0}{용량} + \dfrac{(용량 - 3,000) \times 0.8}{용량}$

정답 20 ① 21 ④

• 건축물 등 기존 시설물을 이용하는 경우

설치용량	태양광에너지 가중치 산정식
3,000[kW] 이하	1.5
3,000[kW] 초과부터	$\dfrac{3{,}000 \times 1.5 + (용량 - 3{,}000) \times 1.0}{용량}$

22 태양광발전소의 설비용량이 4.5[MW], SMP가 150[원/kWh], 가중치 적용 전 REC가 140[원/kWh]인 경우 판매단가[원/kWh]는?(단, 건축물을 이용하여 설치하는 것으로 하며, 합성 가중치는 소수 넷째 자리에서 절사한다.)

① 276.560 ② 336.620
③ 386.250 ④ 403.580

풀이 건축물을 이용하여 설치하고, 설비용량이 4,500[kW]이므로

합성 가중치 $= \dfrac{3{,}000 \times 1.5 + (용량 - 3{,}000) \times 1.0}{용량} = \dfrac{3{,}000 \times 1.5 + (4{,}500 - 3{,}000) \times 1.0}{4{,}500} \fallingdotseq 1.333$

판매단가[원/kWh] = SMP[원/kWh] + REC[원/kWh] × 합성 가중치
$= 150 + 140 \times 1.333 = 336.620$ [원/kWh]

23 일반부지에 설치하는 태양광발전소의 설비용량이 400[kW]일 때 적용되는 가중치에 대한 식으로 옳은 것은?

① $\dfrac{99.999 \times 1.2 + (용량 - 99.999) \times 1.0}{용량}$

② $\dfrac{99.999 \times 1.5 + (용량 - 99.999) \times 1.2}{용량}$

③ $\dfrac{99.999 \times 1.0 + (용량 - 99.999) \times 0.7}{용량}$

④ $\dfrac{99.999 \times 1.5 + 199.999 \times 1.2 + (용량 - 299.999) \times 1.0}{용량}$

풀이 일반부지에 설치하는 경우

설치용량	태양광에너지 가중치 산정식
100[kW] 미만	1.2
100[kW] 이상 3,000[kW] 이하	$\dfrac{99.999 \times 1.2 + (용량 - 99.999) \times 1.0}{용량}$
3,000[kW] 초과	$\dfrac{99.999 \times 1.2 + 2{,}900.001 \times 1.0 + (용량 - 3{,}000) \times 0.8}{용량}$

설치용량이 400[kW]이므로 $\dfrac{99.999 \times 1.2 + (용량 - 99.999) \times 1.0}{용량}$ 식을 적용한다.

정답 22 ② 23 ①

24 태양광발전소의 설비용량이 5[MW], SMP가 150[원/kWh], 가중치 적용 전 REC가 135[원/kWh]인 경우 판매단가[원/kWh]는?(단, 일반부지에 설치하는 것으로 하며, 합성 가중치는 소수 넷째 자리에서 절사한다.)

① 274.7265
② 269.205
③ 336.300
④ 352.500

풀이 일반부지에 설치하고, 용량이 5,000[kW]이므로

합성 가중치 $= \dfrac{99.999 \times 1.2 + 2,900.001 \times 1.0 + (용량 - 3,000) \times 0.8}{용량}$

$= \dfrac{99.999 \times 1.2 + 2,900.001 \times 1.0 + (5,000 - 3,000) \times 0.8}{5,000}$

≒ 0.9239

판매단가[원/kWh] = SMP[원/kWh] + REC[원/kWh] × 합성 가중치
= 150 + 135 × 0.9239 = 274.7265[원/kWh]

25 독립형 태양광발전시스템의 주요 구성장치가 아닌 것은?

① 태양광(PV)모듈
② 충·방전 제어기
③ 축전지 또는 축전지뱅크
④ 배전시스템 및 송전설비

풀이 독립형 태양광발전시스템의 구성장치

태양전지(모듈) → 충·방전 제어장치 → 인버터 → 부하
　　　　　　　　　　↓
　　　　　　　　　축전지

26 태양광발전설비 운영에 관한 설명 중 틀린 것은?

① 태양광발전설비의 발전량은 여름철이 봄철, 가을철보다 많다.
② 태양전지모듈 표면의 온도가 높을수록 발전효율이 저하되므로 정기적으로 물을 뿌려 온도를 조절해 준다.
③ 태양광발전설비의 고장요인은 대부분 인버터에서 발생하므로 정기적으로 정상가동 유무를 확인한다.
④ 태양광발전설비의 일상점검, 정기점검은 주기에 맞춰 실시한다.

풀이 태양광발전설비의 발전량은 일사량이 가장 많은 봄철에 제일 많다.

27 태양전지의 발전원리로 가장 적절한 것은 무엇인가?

① 광전효과(Photovoltaic Effect)
② 제만효과(Zeeman Effect)
③ 슈타르크효과(Stark Effect)
④ 1차 전기광효과(Pockels Effect)

정답　24 ①　25 ④　26 ①　27 ①

풀이 **광전효과(Photovoltaic Effect)**
pn접합에 빛을 비추면 전자와 전공이 생성되어 반도체에 기전력이 발생하는 현상

28 발전시스템 운영 시 비치 목록으로 틀린 것은?

① 발전시스템 피난안내도
② 발전시스템 운영매뉴얼
③ 발전시스템 긴급복구안내문
④ 전기안전관리자용 정기점검표

풀이 **발전시스템 운영 시 비치 목록**
- 발전시스템 운영매뉴얼
- 발전시스템 긴급복구 안내문
- 전기안전관리자용 정기 점검표
- 발전시스템 시방서
- 발전시스템 계약서 사본
- 발전시스템 건설 관련 도면(토목, 건축 기계, 전기도면 등)
- 발전시스템 구조물의 구조 계산서
- 발전시스템 한전계통연계 관련 서류
- 발전시스템 일반점검표
- 발전시스템 안전교육표지판
- 발전시스템 긴급복구안내문 등

29 독립형 태양광발전시스템의 구성요소가 아닌 것은?

① 태양전지어레이
② 인버터
③ 계통연계기
④ 축전지

풀이 **독립형 태양광발전시스템의 구성요소**
- 태양전지모듈(어레이)
- 접속함
- 축전지
- 충방전 제어기
- 인버터
- 계통연계기는 계통연계형 태양광발전시스템의 구성요소이다.

30 사업계획서 작성에서 태양광설비 개요에 포함되어야 할 사항으로 틀린 것은?

① 인버터의 종류
② 집광판의 재질
③ 인버터의 정격출력
④ 태양전지의 정격용량

정답 28 ① 29 ③ 30 ②

풀이 사업계획서 작성방법 중 태양광발전설비의 전기설비 개요에 포함되어야 할 사항
(전기사업법 시행규칙 [별표 1])
- 태양전지의 종류, 정격용량, 정격전압 및 정격출력
- 인버터의 종류, 입력전압, 출력전압 및 정격출력
- 집광판의 면적

31 태양광발전시스템의 운영 시 비치서류가 아닌 것은?

① 건설 관련 도면 ② 구조물의 구조계산서
③ 송전관계 일람도 ④ 시방서 및 계약서 사본

풀이 태양광발전시스템의 운영 시 갖추어야 할 목록(비치서류)
- 태양광발전시스템 계약서 사본
- 태양광발전시스템 시방서
- 태양광발전시스템 건설 관련 도면(전기, 토목, 건축, 기계 등)
- 태양광발전시스템 구조물의 구조계산서
- 태양광발전시스템 운영매뉴얼
- 태양광발전시스템 한전계통 연계 관련 서류 등(송전관계 일람도, 사업허가 신청 시 제출해야 하는 서류)

32 태양광발전시스템 운영에 관한 설명으로 틀린 것은?

① 시설용량은 부하의 용도 및 적정 사용량을 합산한 연평균 사용량에 따라 결정된다.
② 발전량은 봄·가을이 많으며 여름·겨울에는 기후여건에 따라 감소한다.
③ 모듈 표면의 온도가 높을수록 발전효율이 저하되므로 온도를 조절해 줄 필요가 있다.
④ 태양광발전설비의 고장 요인은 대부분 인버터에서 발생하므로 정기점검이 필요하다.

풀이 시설용량은 태양광발전소에 설치된 태양전지모듈의 총합으로 나타낸다.

33 태양광시스템이 설치되면 사용 전에 허가를 받아야 한다. 이때 받아야 하는 검사는 무엇인가?

① 정기검사 ② 일상점검
③ 사용 전 검사 ④ 특별검사

풀이 전기설비의 설치공사 또는 변경공사를 한 자는 산업통상자원부령으로 정하는 바에 따라 산업통상자원부장관 또는 시·도지사가 실시하는 사용 전 검사에 합격한 후에 이를 사용하여야 한다.

34 STC 조건에서 모듈 효율 측정 시 주위 온도는?

① 10[℃] ② 15[℃] ③ 20[℃] ④ 25[℃]

정답 31 ③ 32 ① 33 ③ 34 ④

풀이 STC(Standard Test Condition) 표준시험조건
- 복사강도 : $1,000[W/m^2]$
- AM : 1.5
- 기준온도(셀온도) : $25[℃]$

35 전기사업용 전기설비검사를 받고자 하는 자는 안전공사에 검사 희망일 며칠 전에 정기검사를 신청하여야 하는가?

① 10   ② 7   ③ 5   ④ 3

풀이 전기사업용 전기설비 검사를 받고자 하는 자는 안전공사에 검사 희망일 7일 전에 정기검사(또는 사용 전 검사)를 신청하여야 한다.

36 결정질 태양전지모듈이 태양광에 노출되는 경우에 따라 유기되는 열화 정도를 테스트할 수 있는 장치로 옳은 것은?

① UV 시험장치
② 항온항습장치
③ 염수분무장치
④ 솔라시뮬레이터

풀이 UV 전처리 시험(UV Preconditioning Test)
태양전지모듈이 태양광에 노출되는 경우에 따라 유기되는 열화 정도를 시험한다. 제논아크 등을 사용하여 모듈온도 $60[℃]±5[℃]$의 건조한 조건을 유지하고 파장범위 $280~320[nm]$에서 방사조도 $5[kWh/m^2]$ 또는 파장범위 $280~385[nm]$에서 방사조도 $15[kWh/m^2]$에서 시험한다.

37 현재 상업화되어 있는 태양전지 중 가장 높은 온도계수 특성을 지니고 있어 출력의 감소가 가장 큰 태양전지는?

① 단결정실리콘태양전지
② 다결정실리콘태양전지
③ 박막실리콘태양전지
④ CIGS태양전지

풀이 가장 높은 온도계수 특성을 가진 태양전지는 단결정실리콘태양전지이다.

38 태양전지의 결정질실리콘전지는 단결정전지와 다결정전지로 구분되는데, 다결정전지에 속하지 않는 것은?

① 다결정파워전지
② 다결정밴드전지
③ 다결정박막전지
④ 다결정염료전지

정답 35 ②   36 ①   37 ①   38 ④

풀이 태양전지의 유형

39 다결정실리콘 태양광모듈을 이용하여 사막과 같은 고온환경에서 작동시킬 때, 단결정실리콘 대비 차이점에 대한 설명으로 가장 옳지 않은 것은?

① 상대적으로 온도계수가 작아 출력이 크다.
② 기판의 이동도가 떨어져 동일 용량 설계 시보다 큰 면적을 필요로 한다.
③ 기판의 결정구조에 따라 디자인 측면에서 건축물에 적용이 우수하다.
④ 물질의 고유특성인 에너지 갭이 작아 온도에 대한 특성은 우수하다.

풀이 다결정실리콘전지와 단결정실리콘의 고온에서 작동 시 차이점
물질의 고유특성인 에너지 갭이 작아 온도에 대한 특성이 나쁘다.

40 독립형 태양광발전시스템에서 부족일수의 설명으로 가장 옳은 것은?

① 정전된 일수를 말한다.
② 유지 보수를 위한 일수를 말한다.
③ 연속적으로 발전이 가능한 일수를 말한다.
④ 연속적으로 발전이 불가능한 일수를 말한다.

풀이 부족일수란 하루 종일 해가 비치지 않은 날의 수를 말하며 태양광발전에서는 기후의 영향으로 발전이 불가능한 일수를 말한다.

41 태양광발전시스템에 필요한 설비는 시험 · 인증을 받아야 한다. 시험 · 인증 절차로 옳은 것은?

① 인증신청 → 서류심사 → 성능심사 → 공장심사 → 인증서 발급
② 인증신청 → 성능심사 → 서류심사 → 공장심사 → 인증서 발급
③ 인증신청 → 서류심사 → 공장심사 → 성능심사 → 인증서 발급
④ 인증신청 → 공장심사 → 서류심사 → 성능심사 → 인증서 발급

풀이 신재생에너지의 시험 · 인증 절차
인증신청(제조 및 수입업자 → 인증기관) → 문서심사/공장심사(인증기관) → 성능심사(성능검사기관) → 인증서 발급(인증기관)

42 신 · 재생에너지 설치의무화제도에 따른 설치의무 대상기관이 아닌 곳은?

① 국가기관 및 지방자치단체
② 특별법에 따라 설립된 법인
③ 납입자본금으로 연간 50억 원 이상을 출자한 법인
④ 대통령령으로 정하는 10억 원 이상을 출연한 정부출연기관

풀이 ㉠ 신 · 재생에너지 설치의무화제도
  공공기관이 신 · 증 · 개축하는 연면적 1,000[m²] 이상의 건축물에 대하여 예상에너지 사용량의 10[%] 이상을 신 · 재생에너지 설비 설치에 투자하도록 의무화하는 제도(13.1.1부터 공급의무비율 11[%] 이상 적용)

㉡ 설치의무화 대상기관
  • 국가 및 지방자치단체
  • 공공기관
  • 정부가 대통령령으로 정하는 금액 이상을 출연한 정부출연기관
  • 정부출자기업체
  • 납입자본금의 100분의 50 이상을 출자한 법인
  • 납입자본금으로 50억 원 이상을 출자한 법인
  • 특별법에 따라 설립한 법인

43 신재생에너지설비 KS인증 대상 품목 중 태양광설비의 대상 품목이 아닌 것은?

① 박막태양광발전모듈(성능)
② 소형 태양광발전용 인버터
③ 특대형 태양광발전용 인버터
④ 결정질실리콘 태양광발전모듈(성능)

정답 41 ③ 42 ④ 43 ③

풀이 KS인증 대상 품목 중 태양광설비의 대상 품목

표준번호	표준명
KS C 8567 : 2015	태양광발전용 접속함
KS C 8566 : 2015	태양전지
KS C 8575 : 2015	축전지
KS C 8574 : 2015	충전제어시스템
KS C 8565 : 2015	중대형 태양광발전용 인버터(계통연계형, 독립형)
KS C 8564 : 2015	소형 태양광발전용 인버터(계통연계형, 독립형)
KS C 8563 : 2015	태양광발전(PV), 모듈(안전)
KS C 8562 : 2015	박막태양전지모듈(성능)
KS C 8561 : 2015	결정질태양전지모듈(성능)

44 태양광발전설비 점검 시 비치해야 하는 전기안전관리 장비가 아닌 것은?

① 온도계
② 클램프미터
③ 적외선 온도측정기
④ 습도계

풀이 태양광발전설비 점검 시 비치해야 하는 전기안전관리 장비
- 온도계 : 주변 온도 측정에 사용
- 클램프미터 : 태양전지모듈의 출력전류 및 전력 측정
- 적외선 온도측정기 : 열화

45 태양광발전어레이가 받은 일조량과 같은 크기의 일조량을 받는 데 필요한 일조시간은?

① 등가 1일 일조시간
② 어레이 가동시간
③ 적산 일조시간
④ 최적 일조시간

풀이
- 기준등가 가동시간=등가 1일 일조시간
  실제로 태양광발전어레이가 받은 일조량과 같은 크기의 일조량을 받는 데 필요한 일조시간
- 어레이등가 가동시간 : 어레이가 단위정격용량당 발전한 출력에너지를 시간으로 나타낸 것

46 태양광발전시스템의 단락전류 측정 시 가장 낮게 측정되는 경우는 다음 중 어느 것인가?

① 한여름 낮(태양전지어레이 표면온도 70[℃])
② 한여름 아침(태양전지어레이 표면온도 20[℃])
③ 한겨울 낮(태양전지어레이 표면온도 40[℃])
④ 한겨울 아침(태양전지어레이 표면온도 −10[℃])

정답 44 ④ 45 ① 46 ④

풀이 태양전지모듈의 출력전류 특성
- 태양전지모듈의 출력전류는 일사량과 비례한다.
- 태양전지모듈의 표면온도가 증가하면 출력전류는 아주 조금 증가한다.

47 Ribbon 재료로 사용되고 있는 부품은 대부분 주석 – 납 – 은 계열을 사용하나 현재 Pb – Free(납 제거)의 물질들이 개발 중이다. 리본 재료의 설명으로 가장 부적절한 것은?

① 수분 침투에 의해 노출되면 쉽게 산화하여 R_s(직렬등가저항)의 증가 및 R_{sh}(병렬등가저항)을 감소시켜 출력 감소의 원인이 된다.
② 리본 연결공정에서 진공에 의해 압착은 하나 계면부위에서 기포가 완전히 제거되지 않으면 시간에 따라 산화에 의해 셀의 R_{sh}(병렬등가저항)이 감소하여 출력도 감소한다.
③ 리본 연결공정의 조건 및 물질과 공정 온도에 따라 셀의 휨(Bowing) 현상은 없으나 직렬저항에 직접적인 영향을 미친다.
④ 납 성분의 리본은 유해하나 접촉저항 감소 및 유연성 측면에서 사용하며 순간적인 고온에서 공정이 진행되어 셀에 열적 스트레스를 적게 준다.

풀이 Tabbing 시 결정질태양전지의 휨(Bowing) 현상
Ribbon을 납땜하는 Tabbing 공정은 Solar Cell이 박막화될수록 공정상에서 외부 영향에 의해 Solar Cell이 Bowing되는 현상이 심화된다.

48 솔라시뮬레이터는 시험 면에서 몇 [W/m²]의 유효조사강도를 생성할 수 있어야 하는가?(단, STC 측정 목적으로 사용되도록 설계된 시뮬레이터이다.)

① 2,000
② 1,500
③ 1,000
④ 500

풀이 표준시험조건(STC : Standard Test Condition)
- 소자 접합온도 : 25[℃]
- 대기질량지수 : AM 1.5
- 조사강도 : 1,000[W/m²]

49 단결정실리콘태양전지에서 가장 많은 전류를 생성하는 파장대역은?

① 자외선
② 가시광선
③ 적외선
④ 원적외선

풀이 태양광은 380~760[nm]의 가시광선에서 가장 높은 에너지를 갖는다.

정답 47 ③ 48 ③ 49 ②

50 방향과 경사가 서로 다른 하부 어레이들로 구성된 태양광발전시스템의 인버터 운영방식으로 적합한 것은?

① 중앙집중형 ② 분산형
③ 모듈형 ④ 마스터-슬레이브형

풀이
- 인버터시스템 방식 : 중앙집중형과 분산형으로 구분
- 인버터의 전체 시스템에서는 중앙집중형 인버터로, 스트링은 스트링인버터로, 모듈은 모듈인버터로 사용
- 방향과 경사가 서로 다른 하부 어레이들로 구성된 시스템 또는 부분적으로 음영이 되는 시스템의 경우에는 분산형 인버터 방식 고려

51 인버터의 제어 특성을 측정하기 위한 방법으로 옳지 않은 것은?

① 입출력 측정 ② 과·저전압 측정
③ AC 회로시험 ④ $I-V$ 곡선

풀이 인버터 제어 특성 점검 및 측정사항

고장유형	육안검사	다기능 측정	접지저항 측정	입출력 측정	절연저항 측정	과·저전압 측정	$I-V$ 곡선	인버터 수치 읽기	AC 회로 점검	전력망 분석
효율				○				○	○	○
제어 특성				○		○		○	○	○
조화 내용									○	○
전압왜란								○	○	○

52 태양광발전시스템에 설치되는 모선 및 구조물의 볼트 조임에 대한 설명 중 틀린 것은?

① 조임은 너트를 돌려서 조여 준다.
② 토크렌치에 의하여 규정된 힘이 가해졌는지를 확인할 필요가 없다.
③ 볼트의 크기에 맞는 토크렌치를 사용하여 규정된 힘으로 조여 준다.
④ 2개 이상의 볼트를 사용하는 경우 한쪽만 심하게 조이지 않도록 주의한다.

풀이 볼트 조임은 토크렌치에 의하여 규정된 힘이 가해졌는지를 확인할 필요가 있다.

53 소형 태양광발전용 3상 독립형 인버터의 경우 부하불평형시험 시 정격용량에 해당하는 부하를 연결한 후 U상, V상, W상 중 한 상의 부하를 0으로 조정한 후 몇 분 동안 운전하는가?

① 60 ② 30 ③ 15 ④ 10

정답 50 ② 51 ④ 52 ② 53 ②

풀이 KS C 8564(소형 태양광발전용 인버터) 8. 8. 3. 1 부하불평형시험의 방법
3상 독립형 인버터에 적용하며, 정격용량에 해당하는 부하를 연결한 후 U상, V상, W상 중 한 상의 부하를 0으로 조정한 후 30분 동안 운전한다.

54 인버터의 회로방식에 따른 종류가 아닌 것은?
① 고주파변압기 절연방식
② 트랜스리스방식
③ 상용주파변압기 절연방식
④ 무전류절연방식

풀이 회로방식에 따른 인버터의 종류
- 상용주파변압기 절연방식 : 태양전지 직류출력을 상용주파의 교류로 변환한 후 변압기로 절연한다.
- 고주파변압기 절연방식 : 태양전지 직류출력을 고주파교류로 변환한 후 소형 고주파변압기로 절연한다.
- 트랜스리스방식 : 태양전지 직류출력을 DC-DC 컨버터로 승압하고 인버터로 상용주파의 교류로 변환한다.

55 태양광발전용 인버터의 정격입력전압이 제조사로부터 규정되지 않은 경우 정격입력전압의 기준은?
(단, 허용되는 최대입력전압은 V_L, 발전을 시작하기 위한 최소입력전압은 V_S이다.)

① $\dfrac{V_L \cdot V_S}{2}$
② $\dfrac{{V_L}^2 \cdot {V_S}^2}{2}$
③ $\dfrac{V_L - V_S}{2}$
④ $\dfrac{V_L + V_S}{2}$

풀이 ㉠ 최대입력전압(V_{dc_max}, V_L) : 인버터의 입력으로 허용되는 최대입력전압
㉡ 최소입력전압(V_{dc_min}, V_S) : 인버터가 발전을 시작하기 위한 최소입력전압
㉢ 정격입력전압(V_{dc_r})
- 인버터의 정격출력이 가능한 제조사에 의해 규정(데이터시트에 명시)된 최적입력전압
- 만일, 제조사로부터 규정되어 있지 않은 경우 다음의 수식으로부터 도출한다.

$$V_{dc\_r} = \dfrac{V_{dc\_max} + V_{dc\_min}}{2}, \quad V_{dc\_r} = \dfrac{V_L + V_S}{2}$$

56 파워컨디셔너의 단독운전 방지기능에서 능동적 방식에 속하지 않는 것은?
① 유효전력변동방식
② 무효전력변동방식
③ 주파수시프트방식
④ 주파수변화율 검출방식

풀이 인버터의 단독운전 방지기능이 내장된 방식
㉠ 수동적 방식(검출시간 0.5초 이내 유지시간 5~10초)
- 전압위상도약 검출방식
- 제3고조파 전압급증 검출방식
- 주파수 변화율 검출방식

⓷ 능동적 방식(검출시간 0.5~1초)
- 주파수시프트방식
- 무효전력변동방식
- 유효전력변동방식
- 부하변동방식

57 인버터 과온(Inverter Over Temperature) 고장 표시가 있을 때, 가장 먼저 하는 조치로 적절한 것은?

① 인버터 누설전류를 확인한다.
② 인버터 냉각계통의 이상 유무를 확인한다.
③ 송변전설비와 연결되는 배전선의 절연저항을 확인한다.
④ 고조파의 국부과열 여부를 확인하기 위해 고조파 함유율을 조사한다.

풀이 인버터 과온 시 인버터 및 팬 점검 후 운전한다.

58 태양전지모듈인증 시험절차가 아닌 것은?

① 육안검사
② 온도계수 측정
③ 습도-결빙시험
④ $I-V$ 특성시험

풀이 전처리 → 육안점검 → 발전성능시험 → 절연시험 → 습윤누설전류시험 → 온도계수 측정 → 온도사이클 → 습도-결빙시험

정답 57 ② 58 ④

59 사업계획서 작성 시 전기설비의 개요에 포함될 사항으로 틀린 것은?

① 전기설비의 작업자 수
② 사업개시 예정일
③ 전기설비의 명칭
④ 소요부지면적

풀이 사업계획서 작성방법 중 태양광발전설비의 전기설비 개요 포함사항(전기사업법 시행규칙 [별표 1])
- 태양전지의 종류, 정격용량, 정격전압 및 정격출력
- 인버터의 종류, 입력전압, 출력전압 및 정격출력
- 집광판의 면적

60 태양광발전모듈의 고장원인으로 제조공정상 불량이 아닌 것은?

① 핫스폿(Hot Spot)
② 적화현상
③ 백화현상
④ 프레임 변형

풀이 모듈의 제조공정상 불량 : Hot Spot, 적화현상, 백화현상
프레임 변형은 출하 후 물리적 힘에 의해 발생된다.

61 결정질태양전지모듈의 성능평가를 위한 시험장치가 아닌 것은?

① 염수분무장치
② 솔라시뮬레이터
③ 기계적 하중시험장치
④ 테스트핑거 및 테스트핀

풀이 결정질태양전지모듈의 성능평가를 위한 시험장치

	시험장치	시험내용
1	솔라시뮬레이터	• 태양전지모듈의 발전성능을 옥내에서 시험하는 인공광원 • 방사조도 ±2[%] 이내, 광원 균일도 ±2[%] 이내의 A등급 이상
2	항온항습장치	• 태양전지모듈의 온도사이클시험, 습도-동결시험, 고온고습시험에 필요한 환경 챔버(Chamber) • 온도 ±2[℃] 이내, 습도 ±5[%] 이내
3	염수분무장치	태양전지모듈의 구성재료 및 패키지의 염분에 대한 내구성을 시험하기 위한 챔버
4	UV 시험장치	태양전지모듈이 태양광에 노출되는 경우에 따라서 유기되는 열화 정도를 시험하기 위한 장치
5	기계적 하중시험장치	태양전지모듈에 대하여 바람, 눈 및 얼음에 의한 하중에 대한 기계적 내구성을 조사하기 위한 장치
6	우박시험장치	우박의 충격에 대한 태양전지모듈의 기계적 강도를 조사하기 위한 시험장치
7	단자강도시험장치	태양전지모듈의 단자부분이 모듈의 부착, 배선 또는 사용 중에 가해지는 외력에 대하여 충분한 강도가 있는지를 조사하기 위한 장치

정답 59 ① 60 ④ 61 ④

62 태양광발전시스템의 모듈 고장으로 틀린 것은?

① 핫스폿 ② 백화현상
③ 부스바 과열 ④ 프레임 변형

풀이 모듈의 부스바는 단락전류에 충분히 견딜 수 있도록 설계되어 있어 과열이 발생하지 않는다.

63 태양광발전시스템의 출력에너지를 태양광발전어레이의 정격출력과 가동시간의 곱으로 나눈 값은?

① 주변기기 효율 ② 종합시스템 효율
③ 시스템 이용률 ④ 어레이 기여율

풀이
- 태양광발전시스템의 이용률

$$L_{SP} = \frac{W_{SP}}{P_O \times \tau}$$

여기서, L_{SP} : 시스템 이용률
W_{SP} : 태양광발전시스템의 출력[kWh]
P_O : 어레이의 정격출력[kWh]
τ : 측정시간[h]

- 어레이 기여율(태양에너지 의존율)

$$F_{A,\,\tau} = \frac{E_{A,\,\tau}}{E_{in,\,\tau}}$$

여기서, $F_{A,\,\tau}$: 어레이 기여율
$E_{A,\,\tau}$: 어레이 출력전력량[kWh]
$E_{in,\,\tau}$: 종합시스템 입력전력량[kWh]

64 분산형 전원 발전설비의 역률은 계통 연계지점에서 원칙적으로 얼마 이상을 유지하여야 하는가?

① 0.8 ② 0.85 ③ 0.9 ④ 0.95

풀이 분산형 전원의 역률은 90[%] 이상으로 유지함을 원칙으로 한다.

65 태양광발전시스템에서 모듈 선정 시의 변환효율식은?(단, 최대출력은 P_{MAX}[M], 모듈 전면적은 A_t[m²], 방사속도는 G[W/m²]이다.)

① $\dfrac{P_{MAX}}{A_t \times G} \times 100[\%]$ ② $\dfrac{P_{MAX} \times A_t}{G} \times 100[\%]$

③ $\dfrac{P_{MAX} \times G}{A_t} \times 100[\%]$ ④ $\dfrac{A_t \times G}{P_{MAX}} \times 100[\%]$

정답 62 ③ 63 ③ 64 ③ 65 ①

풀이 광변환효율= $\dfrac{\text{최대발전량}}{\text{태양전지모듈 면적} \times \text{일사량}} = \dfrac{P_{MAX}}{A_t \times G} \times 100$

66 태양광(PV)모듈 접촉점의 장애를 발견하기 위한 점검 및 측정방법은?

① 다기능 측정 ② 접지저항 측정
③ 절연저항 측정 ④ 과/저전압 측정

풀이 모듈 접촉점이 끊어진 경우 저항값의 증가로 $I-V$ 곡선을 측정하여 명판값과 비교한 후 차이가 나면 접촉점 장애가 발생하는데, 이를 측정하는 기기는 다기능 측정기이다.
다기능 측정기는 모듈 $I-V$ Curve 측정기로 모듈의 $I-V$, $P-V$, 최대출력, 단락전류, 단락전류밀도, 개방전압동작전류, 동작전압, 곡선인자, 변환효율, 일사강도, 외기온도, 표면온도를 측정한다.

67 태양광전원의 연계용 변압기 용량이 1[MVA]인 경우, 5[%]의 임피던스를 가지고 있다면 10[MVA]를 기준으로 한 %임피던스는?

① 300[%] ② 400[%] ③ 50[%] ④ 60[%]

풀이 %임피던스 전압= $\dfrac{\text{임피던스 전압}}{\text{1차 측 정격전압}} \times 100[\%]$
A를 기준용량 B로 환산한 경우
$\%Z_B = \dfrac{P_B}{P_A} \times \%Z_A = \dfrac{10[\text{MVA}]}{1[\text{MVA}]} \times 5[\%] = 50[\%]$

여기서, P_B : 기준용량, P_A : 자기용량, $\%Z_A$: 자기용량 임피던스

68 1,200[W]의 태양광 전원이 부하 400[W], 역률 1인 선로 말단 부하 측에 연계된 경우 부하 측 수용가의 전압[V]은?(단, 전원 측에서 말단까지 선로임피던스는 5[Ω], 전원 측 전압은 227.8[V]이다.)

① 240.5 ② 227.8 ③ 245.4 ④ 210.0

풀이 전원[W]=1,200[W]−400[W]=800[W]
전류[A]= $\dfrac{P}{V} = \dfrac{800}{227.8} = 3.51[\text{A}]$
선간전압[V]= IR =3.51[A]×5[Ω]=17.55[V]
부하 측 전압=전원전압+선간전압=227.8[V]+17.55[V]=245.35[V]≒245.4[V]

69 태양광전원의 용량이 50[MVA]인 경우에 15[%]의 임피던스를 가지는 경우, 100[MVA]를 기준으로 한 %임피던스는?

① 30 ② 40 ③ 50 ④ 60

정답 66 ① 67 ③ 68 ③ 69 ①

풀이 A를 기준으로 한 B로 환산 시 $\%Z_B$는

$$\%Z_B = \frac{\text{기준용량}}{\text{자기용량}} \times \text{자기용량 } \%Z_A$$

$$= \frac{100[\text{MVA}]}{50[\text{MVA}]} \times 15 = 30[\%]$$

70 태양전지어레이의 전기적 회로 구성요소가 아닌 것은?

① 스트링 ② 바이패스다이오드
③ 환류다이오드 ④ 접속함

풀이 ㉠ 어레이의 전기적 회로 구성요소
- 태양전지모듈
- 구조물
- 접속함
- 다이오드를 직렬로 접속하여 하나로 합쳐진 스트링

㉡ 환류다이오드
스위칭소자(IGBT, MOSFET 등)가 On-Off 시 인덕터 양단에서 나타나는 역기전력이 스위칭소자의 내전압을 초과하여 소손되는 것을 방지하기 위해 스위칭소자와 역병렬로 설치하는 다이오드이다.

71 태양광발전설비의 구성요소가 아닌 것은?

① 인버터 ② 모듈 ③ BIPV ④ 접속함

풀이 태양광발전설비의 구성요소 : 모듈, 인버터, 접속함, 축전지, 적산전력량계
③ BIPV는 태양전지모듈의 종류이다.

72 태양광모듈에 설치되어 있는 바이패스다이오드(Bypass Diode)의 역할과 거리가 먼 것은?

① 그림자 효과가 발생할 때 쉽게 작동한다.
② 내부의 직렬저항이 커질 때 작동한다.
③ 전자 내부의 병렬저항이 작아질 때 쉽게 작동한다.
④ 병렬다이오드의 개수가 증가할수록 쉽게 작동한다.

73 태양광발전의 스트링 및 모듈에서 태양전지의 출력이 서로 달라 출력의 회로 내부에 전기적 출력의 부조화 등이 발생한다. 다음의 핫스폿(Hot Spot) 현상에 관한 일반적인 설명으로 가장 적절한 것은?

① 모듈 내의 태양전지의 V_{oc}는 같으나 I_{sc}가 달라 전기적 출력차로 핫스폿(Hot Spot)이 발생한다.
② 직렬연결의 경우 낮은 출력이 발생하는 태양전지에 핫스폿(Hot Spot)이 발생한다.
③ 병렬연결의 경우 높은 출력의 태양전지에 핫스폿(Hot Spot)이 발생한다.
④ 핫스폿(Hot Spot)이 모듈 내의 전 태양전지에 동일한 크기로 발생한다.

정답 70 ③ 71 ③ 72 ④ 73 ②

풀이 핫스폿(Hot Spot) : 직렬 연결 시 음영에 의해 낮은 출력이 발생하면 태양전지모듈의 음영부분에서 핫스폿이 발생한다.

74 태양광발전모듈에 열점이 발생할 수 있는 원인으로 틀린 것은?
① 주위온도   ② 셀의 부정합   ③ 부분적인 그늘   ④ 내부접속 불량

풀이 모듈의 열점(Hot spot) 원인
부분적 그늘, 셀의 부정합, 내부접속 불량, 셀의 결함, 셀의 특성 열화

75 운영계획 수립 시 주기와 점검내용이 맞지 않는 것은?
① 일간점검 : 태양광모듈 주위에 그림자를 발생시키는 물체의 유무
② 주간점검 : 태양광모듈 표면의 불순물 유무
③ 월간점검 : 태양광모듈 외부의 변형 발생 유무
④ 연간점검 : 태양광모듈 결선상 탈선부분 발생 유무

풀이 태양광모듈의 결선상 탈선부분은 모듈 제조 시 점검사항이다.

76 태양광발전소 운영 시 일부 스트링의 모듈 출력이 갑작스럽게 떨어졌을 경우 예측될 수 있는 상황과 거리가 먼 것은?
① 모듈 일부에 외부 환경에 의하여 그림자 효과가 발생하였다.
② 바이패스(Bypass Diode)가 환경변화요인으로 작동하여 출력에 불균일이 발생하였다.
③ 외부 충격에 의해 셀 및 모듈의 일부가 파손되어 출력이 감소하였다.
④ 충진재에 수분이 침투하여 금속전극에 부식이 발생하고 직렬저항이 증가하였다.

풀이 충진재에 수분이 침투하면 병렬저항이 낮아져 누설전류가 증가한다.

77 태양광발전시스템의 응급조치 순서 중 차단과 투입순서가 옳은 것은?

Ⓐ 한전차단기	Ⓑ 접속함 내부차단기
Ⓒ 인버터	

① Ⓒ→Ⓑ→Ⓐ, Ⓐ→Ⓑ→Ⓒ
② Ⓒ→Ⓑ→Ⓐ, Ⓐ→Ⓑ→Ⓒ
③ Ⓑ→Ⓒ→Ⓐ, Ⓐ→Ⓒ→Ⓑ
④ Ⓐ→Ⓑ→Ⓒ, Ⓐ→Ⓑ→Ⓒ

풀이 태양광발전시스템의 응급조치순서
• 차단순서 : 접속함 내부차단기 → 인버터 → 한전차단기
• 투입순서 : 한전차단기 → 인버터 → 접속함 내부차단기

정답 74 ① 75 ④ 76 ④ 77 ③

78 태양광발전시스템의 운전조작방법 중 운전 시 행해지는 조작방법으로 틀린 것은?

① 한전전원의 복구 여부 확인
② Main VCB반 전압 확인
③ AC 측 차단기 On, DC 측 차단기 On
④ 5분 후 인버터 정상작동 여부 확인

풀이 태양광발전시스템의 운전 시 조작방법
- Main VCB반 전압 확인
- 접속반, 인버터 DC전압 확인
- AC 측 차단기 On, DC용 차단기 On
- 5분 후 인버터 정상작동 여부 확인

79 태양광발전시스템이 작동되지 않을 때 응급조치 순서로 옳은 것은?

① 접속함 내부차단기 개방 → 인버터 개방 → 설비 점검
② 접속함 내부차단기 개방 → 인버터 투입 → 설비 점검
③ 접속함 내부차단기 투입 → 인버터 개방 → 설비 점검
④ 접속함 내부차단기 투입 → 인버터 투입 → 설비 점검

풀이 태양광발전시스템의 응급조치 순서
접속함 내부차단기 Off → 인버터 Off 후 점검 → 점검 후 인버터 On → 접속함 내부차단기 On

80 태양광발전설비가 작동되지 않을 때, 응급조치방법으로 잘못된 것은?

① AC 차단기 개방(Off)
② 접속함 내부 DC 차단기 개방(Off)
③ 인버터 정지 후 점검
④ 축전지 전원 Off

풀이 태양광발전설비가 작동되지 않을 경우 ①, ②, ③으로 점검 완료 후 복귀는 접속함 내부 DC 차단기 투입(On) → AC 차단기 투입(On) → 5분 후 인버터 정상작동 여부 확인

81 정전작업 중 조치사항에 대한 설명 중 틀린 것은?

① 작업지휘자에 의한 작업지휘
② 개폐기 관리
③ 근접 활선에 대한 방호상태 관리
④ 검전기로 개로된 전로의 충전 여부 확인

정답 78 ① 79 ① 80 ④ 81 ④

풀이 정전작업 전/중/후 조치사항은 다음과 같다.

구분	조치사항
정전작업 전	• 전로의 개로개폐기에 시건장치 및 통전금지 표지판 설치 • 전력케이블, 전력콘덴서 등의 잔류전하의 방전 • 검전기로 개로된 전로의 충전 여부 확인 • 단락접지기구로 단락접지
정전작업 중	• 작업지휘자에 의한 작업지휘 • 개폐기의 관리 • 단락접지의 수시 확인 • 근접 활선에 대한 방호상태의 관리
정전작업 후	• 단락접지기구의 철거 • 시건장치 또는 표지판 철거 • 작업자에 대한 위험이 없는 것을 최종 확인 • 개폐기 투입으로 송전 재개

82 정전작업 전에 할 조치사항에 대한 설명 중 틀린 것은?

① 전로의 개로된 개폐기에 시건장치 및 통전금지 표지판 설치
② 전력케이블, 전력콘덴서 등의 잔류전하 방전
③ 검전기로 개로된 전로의 충전 여부 확인
④ 단락접지기구의 철거

풀이 정전작업 전 조치사항
• 전로의 개로개폐기에 시건장치 및 통전금지 표지판 설치
• 전력케이블, 전력콘덴서 등의 잔류전하 방전
• 검전기로 개로된 전로의 충전 여부 확인
• 단락접지기구로 단락접지

83 정전작업 중에 할 조치사항에 대한 설명으로 틀린 것은?

① 개폐기 관리
② 작업지휘자에 의한 작업지시
③ 단락접지기구의 철거
④ 근접 활선에 대한 방호상태의 관리

풀이 정전작업 중 조치사항
• 작업지휘자에 의한 작업지휘
• 개폐기의 관리
• 단락접지의 수시 확인
• 근접 활선에 대한 방호상태의 관리

정답 82 ④ 83 ③

84 태양광발전시스템이 작동되지 않는 경우 응급조치순서로 옳은 것은?

① 인버터 Off → 접속함 내부 차단기 Off 후 점검 → 점검 후 접속함 내부차단기 On → 인버터 On
② 접속함 내부 차단기 Off → 인버터 Off 후 점검 → 점검 후 인버터 On → 접속함 내부 차단기 On
③ 인버터 Off → 접속함 내부 차단기 Off 후 점검 → 점검 후 인버터 On → 접속함 내부 차단기 On
④ 접속함 내부 차단기 Off → 인버터 Off 후 점검 → 점검 후 접속함 내부차단기 On → 인버터 On

풀이 태양광발전시스템 응급조치순서
접속함 내부 차단기 Off → 인버터 Off 후 점검 → 점검 후 인버터 On → 접속함 내부 차단기 On

정답 84 ②

02 태양광발전시스템 유지(준공 후 점검, 점검개요, 유지관리)

01 준공 시 태양전지어레이의 점검항목이 아닌 것은?
① 프레임 파손 및 변형 유무
② 가대 접지상태
③ 표면의 오염 및 파손상태
④ 전력량계 설치 유무

풀이 준공 시 태양전지어레이의 점검항목
- 육안점검 : 표면의 오염 및 파손, 프레임 파손 및 변형, 가대의 부식 및 녹, 가대의 고정, 가대의 접지, 코킹, 지붕재 파손
- 측정 : 접지저항, 가대 고정(볼트가 규정된 토크 수치로 조여 있을 것)

02 파워컨디셔너의 일상점검항목이 아닌 것은?
① 외함의 부식 및 파손
② 외부 배선의 손상 여부
③ 이상음, 악취 및 과열상태
④ 가대의 부식 및 오염상태

풀이 가대의 부식 및 오염상태는 어레이의 준공 시 점검항목에 해당된다.

파워컨디셔너의 일상점검항목(육안점검항목)
외함의 부식 및 파손 외부 배선의 손상, 통풍, 이음, 이취, 연기발생 및 이상과열, 표시부의 이상표시 발전사항

03 태양광발전시스템의 계측·표시에 관한 설명으로 틀린 것은?
① 계측기의 소비전력을 최대한 높여야 한다.
② 시스템의 운전상태 감시를 위한 계측 또는 표시이다.
③ 시스템 기기 및 시스템 종합평가를 위한 계측이다.
④ 홍보용으로 표시장치를 설치하기도 한다.

풀이 계측을 위한 소비전력은 최저로 해야 한다.

04 태양광발전시스템의 계측기구 및 표시장치 설치목적으로 틀린 것은?
① 시스템의 홍보
② 시스템의 운전상태 감시
③ 시스템에서 생산된 전력 판매량 파악
④ 시스템 기기 또는 시스템 종합평가

풀이 시스템에서 생산된 '전력 판매량'이 아니라 '전력량'을 파악하기 위한 것이다.

정답 01 ④ 02 ④ 03 ① 04 ③

05 태양광발전시스템의 계측과 표시의 목적으로 잘못된 것은?
① 시스템의 운전상태 감시를 위한 계측 또는 표시
② 사업자의 추가설비 투자 산출을 위한 계측
③ 시스템에 의한 발전전력량을 알기 위한 계측
④ 시스템 기기 또는 시스템 종합평가를 위한 계측

풀이 태양광발전시스템의 계측 표시 목적
- 시스템의 운전상태 감시를 위한 계측 또는 표시
- 시스템의 발전량을 알기 위한 계측
- 시스템의 기기 및 시스템의 종합평가를 위한 계측
- 시스템의 운전상황을 견학자에게 보여 주고 시스템의 홍보를 위한 계측 또는 표시

06 태양광발전시스템의 계측기구 및 표시장치의 구성으로 틀린 것은?
① 검출기
② 감시장치
③ 신호변환기
④ 연산장치

풀이 계측기구 및 표시장치의 구성도

07 태양광발전시스템의 계측, 표시 목적이 아닌 것은?
① 시스템의 발전량을 알기 위한 계측
② 시스템의 운영자료를 견학자에게 제공
③ 시스템의 기기 및 시스템 종합평가를 위한 계측
④ 시스템의 운전상태를 감시하기 위한 계측 또는 표시

풀이 태양광발전시스템의 계측, 표시 목적
시스템의 운전상황을 견학자에게 보여 주고 시스템의 홍보를 하기 위해서이다.

08 태양광발전시스템의 계측기구 중 검출기로 검출된 데이터를 컴퓨터 및 장거리에 설치된 표시장치로의 전송에 사용하는 것은?
① 표시장치
② 연산장치
③ 트랜스듀서
④ 기억장치

정답 05 ② 06 ② 07 ② 08 ③

09 태양광발전시스템의 계측기구 중 검출기(센서)의 종류로 잘못된 것은?

① 분압기　　　　　　　　　② 분류기
③ 온도계　　　　　　　　　④ 차단기

풀이 검출기(센서)의 종류
- 직류회로의 전압은 직접 또는 분압기로 분압하여 검출
- 직류회로의 전류는 직접 또는 분류기를 사용하여 검출
- 교류회로의 전압, 전류, 전력, 역률 등은 직접 또는 PT, CT를 통해 검출
- 일사강도는 일사계, 기온은 온도계로 검출
- 풍향, 풍속은 풍향풍속계로 검출

10 태양광발전설비의 계측기구, 표시장치의 구성요소로 틀린 것은?

① 검출기　　　　　　　　　② 신호변환기
③ 연산장치　　　　　　　　④ 인버터

풀이 계측기구 · 표시장치의 구성도

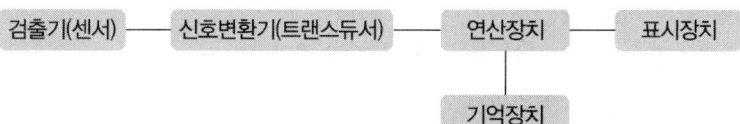

11 태양광발전시스템의 운전 특성을 측정할 경우 사용되는 계측기기에 대한 설명으로 틀린 것은?

① 온도계의 정확도는 ±1[℃]로 한다.　　② 일사계의 정확도는 ±1[%]로 한다.
③ 전력계의 정확도는 ±1[%]로 한다.　　④ 전압계 및 전류계의 정확도는 ±0.5[%]로 한다.

풀이 KS C 8535(태양광발전시스템 운전 특성의 측정방법) 표준 5. 계측기기의 정확도
- 일사계의 정확도는 ±2.5[%]로 한다.
- 온도계의 정확도는 ±1[℃]로 한다.
- 전압 및 전류계의 정확도는 ±0.5[%]로 한다.
- 전력계의 정확도는 ±1[%]로 한다.

※ 계측기기의 교정은 2년마다 정기적으로 한다.

12 생산전력이 1,000[kW]를 초과할 때 생산된 전력을 거래할 수 있는 곳은?

① 전기판매사업자　　　　　② 전력시장
③ 전기공사협회　　　　　　④ 전력기술인협회

정답 09 ④　10 ④　11 ②　12 ②

풀이 소규모 신·재생에너지 발전전력의 거래에 관한 지침에 따라 생산된 전력은 발전설비 용량에 따라 거래할 수 있다.
- 1,000[kW] 이하 : 전기판매사업자(한전), 전력시장(한국전력거래소)
- 1,000[kW] 초과 : 전력시장(한국전력거래소)

13 개인의 주택용 등에 사용되는 소용량의 인버터 용량은 보통 몇 [kW]인가?
① 3
② 10
③ 50
④ 100

풀이 일반가정에 설치되는 3[kW] 미만의 소출력 태양광발전시스템의 경우에는 일반용 전기설비로 자리매김되어 있다.

14 가정용 계통연계형 태양광발전설비의 장애 및 고장의 경우로 볼 수 없는 것은?
① 날씨가 좋고 부하 사용이 많지 않을 때 계량기 역회전이 없다.
② 날씨가 좋은 날 인버터가 작동하지 않는다.
③ 추가 전기 사용이 없는데도 전기요금이 평상시보다 많이 부과됐다.
④ 가정용 전기의 수전전압이 10[V] 떨어졌다.

풀이 전압은 220±13[V], 380±38[V]이므로 10[V]는 허용오차 이내이다.

15 독립형 태양광발전시스템의 구소요소는?
① 태양전지 → 충·방전 제어장치 → 축전지 → 인버터 → 계통연계 보호장치
② 태양전지 → 충·방전 제어장치 → 축전지 → 인버터
③ 태양전지 → 축전지 → 계통연계 보호장치
④ 태양전지 → 축전지 → 풍력발전기 → 인버터

16 독립형 태양광발전시스템이 적용되는 곳은?
① 도심지역
② 인구다발지역 주택가
③ 도서지역 주택
④ 지능형 건물(IB)

풀이 독립형 태양광발전시스템이 적용되는 곳
오지, 유·무인등대, 가로등, 중계소, 도서지역 주택, 즉 한전의 전력계통이 연결되지 않은 시스템에 전기를 생산하여 공급

정답 13 ① 14 ④ 15 ② 16 ③

17 계통연계형 태양광발전시스템의 특징이 아닌 것은?
① 생산된 전력을 지역전력망에 공급할 수 있도록 구성된다.
② 주택용·상업용 빌딩, 단순복합형(태양광-풍력)·다중복합형 등으로 사용할 수 있는 태양광발전의 가장 일반적인 형태이다.
③ 초과된 전력은 상용계통에 보내고 야간 혹은 우천 시 전력 생산이 불충분한 경우 상용계통으로부터 전력을 받을 수 있다.
④ 전력저장장치(축전지)가 필요하다.

풀이 계통연계형 시스템은 전력저장장치가 필요치 않아 가격이 상대적으로 낮다.

18 태양광전원이 배전선로에 연계되어 운용되는 경우, 수용가의 전압을 일정하게 유지시키는 데 가장 중요한 역할을 하는 것은?
① 변전소계전기
② 리클로저
③ 주상변압기
④ 선로전압조정기

풀이 태양광전원이 연계된 배전계통에서 발생되는 과전압문제를 해소하기 위하여 계통에서 발생하는 전압변동에 대응하여 전압을 일정하게 유지시킬 수 있는 것이 선로전압조정장치이다.

19 태양전지를 여러 장 직렬연결하여 하나의 프레임으로 조립하여 만든 패널은 무엇인가?
① 태양전지
② 모듈
③ 어레이
④ 태양전지발전시스템

풀이 태양전지 → 모듈 → 어레이

20 충·방전 컨트롤러가 갖추어야 할 기능이 아닌 것은?
① 전력변환기능
② 온도보정기능
③ 역류방지기능
④ 야간타이머기능

풀이 충·방전 컨트롤러 기능
축전지가 일정선 이하로 떨어질 경우 부하와의 연결을 차단하는 기능
※ 전력변환기능은 인버터의 기능이다.

21 어레이 내의 스트링과 스트링 사이에서도 전압불균형 등의 원인으로 병렬접속한 스트링 사이에 전류가 흘러 어레이에 악영향을 미칠 수 있는데 이를 방지하기 위해 설치하는 것은?
① 인버터
② 역류방지다이오드(Blocking Diode)
③ By-pass Diode
④ String

정답 17 ④ 18 ④ 19 ② 20 ① 21 ②

22 인버터의 절연방식으로 분류한 것 중 틀린 것은?
① 상용주파절연방식　　② 고주파수절연방식
③ 무변압기방식　　④ Gas 절연방식

풀이 절연방식은 ①, ②, ③이다.

23 태양광발전시스템의 계측기기나 표시장치가 아닌 것은?
① 전력량계　　② LED
③ 인버터　　④ 일사계

풀이 인버터는 DC를 AC로 변환하는 장치이다.

태양광발전시스템의 계측기기 및 표시장치
- 일사계　　・기온풍속계　　・전력량계　　・표시장치 : LED

24 태양광발전시스템의 운영에 있어 계측기기나 표시장치의 사용목적이 아닌 것은?
① 시스템의 성능 예측　　② 시스템의 운전상태 감시
③ 시스템의 발전전력량 파악　　④ 시스템의 성능을 평가하기 위한 데이터 수집

풀이 태양광발전시스템 운영 시 계측기기나 표시장치의 사용목적
- 시스템의 운전상태 감시를 위한 계측 또는 표시
- 시스템의 발전전력량을 알기 위한 계측
- 시스템 기기 및 시스템 종합평가를 위한 계측
- 시스템의 운전상황을 견학자에게 보여 주고, 시스템 홍보를 위한 계측 또는 표시

25 태양광발전시스템의 계측 및 표시에 필요한 기기로 틀린 것은?
① 교류회로 전압 측정을 위한 분류기
② 계측데이터를 복사, 보존하기 위한 기억장치
③ 검출된 전압, 전류 등의 데이터를 전송하기 위한 신호변환기
④ 일시 계측데이터를 적산하여 평균값 및 적산값을 얻기 위한 연산장치

풀이 직류회로의 전압은 직접 또는 분압기로 분압하여 검출한다.

26 태양광발전의 모니터링시스템 중 고장진단기능이 아닌 것은?
① 직렬회로 상태표시(전압, 전류, 전력스위치상태 등)
② 파워컨디셔너의 감시, 이상 유무 확인

정답 22 ④　23 ③　24 ①　25 ①　26 ④

③ 계통연계 감시
④ 자동화재탐지설비기능

풀이 자동화재탐지설비는 화재를 조기에 발견하여 진화하기 위한 설비이지 고장진단기능이 있는 설비는 아니다.

27 태양광발전 모니터링시스템의 주요 기능이 아닌 것은?
① 무인으로 태양광발전소 운전현황을 실시간으로 확인할 수 있다.
② 실시간 발전현황을 모니터링화면이나 모바일기기에서도 실시간 확인할 수 있다.
③ 기상관측장치의 데이터를 수집하여 발전소의 기상현황을 확인할 수 있다.
④ 모듈 직렬회로에서 음영에 의한 손실량 기록을 확인할 수 있다.

풀이 모니터링으로는 음영 원인을 분석할 수 없다.

태양광발전 모니터링시스템의 주요 기능
- 기록 및 통계 : 추이그래프 및 이력데이터
- 실시간 모니터링 : 발전현황, 일사량, 온도
- 경보 발생
- 보고서 생성

28 모니터링시스템의 구성요소가 아닌 것은?
① PC, 모니터, 공유기
② 직렬서버
③ 기상수집 I/O 통신모듈 : 일사량센서, 습도센서, 온도센서, 풍속센서 등
④ 인버터

풀이 인버터는 직류를 교류로 변환하는 태양광발전시스템의 구성요소이다.

29 모니터링시스템의 주요 구성요소가 아닌 것은?
① 발전소 내 감시용 CCTV
② LOCAL 및 Web Monitoring
③ 기상관측장치
④ LBS

풀이 모니터링시스템의 주요 구성요소
- PC : LOCAL 및 Web Monitoring 내장
- 모니터 : LED, 디지털 감시화면
- 공유기 : CCTV 저장데이터
- 기상수집 I/O 통신모듈, 일사량센서, 풍속센서, 습도센서 등
※ LBS(Load Break Switch) : 부하개폐기

정답 27 ④ 28 ④ 29 ④

30 검출기에 의해 측정된 데이터를 컴퓨터 및 먼 거리로 전송하는 것은?
① 연산장치   ② 표시장치
③ 기억장치   ④ 신호변환기

풀이 계측시스템
- 검출기 : 직류회로의 전압, 전류를 검출, 교류회로의 전압, 전류, 전력, 역률, 주파수 등을 검출
- 신호변환기 : 검출기에 의해 측정된 데이터를 표시장치로 전송
- 연산장치 : 계측된 데이터를 적산하여 일정기간마다의 평균값, 적산값으로 얻음
- 기억장치 : 컴퓨터 내의 메모리나 콤팩트디스크를 사용하여 데이터 저장

31 주택용 태양광발전시스템의 계측에 대한 설명으로 틀린 것은?
① 주택용 태양광발전시스템은 전력회사에서 공급받는 전력량과 설치자가 전력회사로 역조류한 잉여전력량을 계량하기 위해 2대의 전력량계를 설치한다.
② 주택용 파워컨디셔너에는 운전상태를 감시하는 기능은 있으나 발전전력의 검출기능은 없다.
③ 운전상태를 감시하기 위해 LED나 액정디스플레이 등의 표시장치를 갖추고 있다.
④ 파워컨디셔너와는 별도로 표시장치를 설치하고 거실 등의 떨어진 위치에서 태양광발전시스템의 운전상태를 모니터링할 수 있는 제품도 있다.

풀이 주택용 태양광발전시스템
- 주택용 시스템의 경우에는 전력회사에서 공급받는 전력량과 설치자가 전력회사로 역조류한 잉여전력량을 계량하기 위해 2대의 전력량계(買, 賣)가 설치된다.
- 주택용 파워컨디셔너에는 운전상태를 감시하기 위해 발전전력의 검출기능과 그 계측결과를 표시하기 위한 LED나 액정디스플레이 등의 표시장치를 갖추고 있다.
- 최근에는 파워컨디셔너와는 별도로 표시장치를 설치하고, 거실 등의 떨어진 위치에서 태양광발전시스템의 운전상태를 모니터링할 수 있는 제품이 있으며, 이 같은 장치는 특정 발전량을 곱하거나 CO_2의 삭감량을 표시하는 등의 다양한 표시기능을 갖추고 있다.

32 태양광발전시스템에서 모니터링프로그램의 기능으로 틀린 것은?
① 데이터 수집기능   ② 데이터 저장기능
③ 데이터 연산기능   ④ 데이터 분석기능

풀이 태양광 모니터링프로그램의 기능
데이터 수집기능, 데이터 저장기능, 데이터 분석기능, 데이터 통계기능

정답 30 ④ 31 ② 32 ③

33 모니터링시스템의 운영점검사항으로 틀린 것은?

① 센서접속 이상 유무
② 가대 등의 녹 발생 유무
③ 인터넷 접속상태 및 통신단자 이상 유무
④ 인버터 모니터링데이터 이상 유무

풀이 어레이 일상점검항목 : 가대의 녹 발생 유무

34 품질기준에 대한 설명 중 틀린 것은?

① 품질기준은 유지보수 활동에 필요한 외적인 조건으로 정의되며 기술 특성과 성과품의 특성을 규정한다.
② 품질기준은 유지관리 활동을 야기시킬 조건과 점검주기를 명시해야 한다.
③ 충분한 결과를 얻기 위해 시방서를 상세히 확인해야 한다.
④ 전력변환장치와 같은 복잡한 설비의 경우에는 시공기술자에 의해 품질기준이 규정되어야 한다.

풀이 복잡한 설비의 경우에는 전문기술자에 의해 품질기준이 규정된다.

35 태양광발전시스템의 성능평가를 위한 측정요소가 아닌 것은?

① 경제성　② 정확성　③ 신뢰성　④ 발전성능

풀이 태양광발전시스템의 성능평가를 위한 측정요소
구성요인의 성능, 신뢰성, 사이트, 발전성능 설치비용(경제성)

36 태양광발전시스템의 신뢰성평가 분석항목으로 틀린 것은?

① 트러블
② 운전데이터의 결측상황
③ 계획 정지
④ 경제성

풀이 태양광발전시스템의 신뢰성평가 분석항목
• Trouble : 시스템트러블, 계측트러블
• 운전데이터의 결측상황
• 계획 정지

37 신뢰성평가 분석항목 중 시스템트러블로 옳은 것은?

① 프리즈
② 인버터 정지
③ 컴퓨터의 조작오류
④ 컴퓨터전원의 차단

정답 33 ② 34 ④ 35 ② 36 ④ 37 ②

풀이 신뢰성평가 분석항목
  ㉠ 트러블(Trouble)
    • 시스템트러블 : 인버터 정지, 직류지락, 계통지락, RCD(ELB)트립 원인불명 등에 의한 시스템 운전 정지 등
    • 계측트러블 : 컴퓨터전원의 차단, 컴퓨터의 조작오류, 기타 원인불명
  ㉡ 운전데이터의 결측상황
  ㉢ 계획 정지 : 정전(정기점검, 개수정전, 계통정전)

38 다음은 성능평가 측정 중 시험장치에 관한 설명이다. ( )에 들어갈 내용으로 옳은 것은?

> 솔라시뮬레이터는 태양광발전모듈의 성능을 (Ⓐ)에서 시험하기 위한 인공광원이며, KS C IEC 60904-9에서 규정하는 방사조도 (Ⓑ) 이내, 광원균일도 (Ⓒ) 이내의 A등급 이상으로 한다.

① Ⓐ 옥내, Ⓑ ±1[%], Ⓒ ±1[%]
② Ⓐ 옥내, Ⓑ ±2[%], Ⓒ ±2[%]
③ Ⓐ 옥외, Ⓑ ±1[%], Ⓒ ±1[%]
④ Ⓐ 옥외, Ⓑ ±2[%], Ⓒ ±2[%]

풀이 KS C 8561(결정질실리콘태양광발전모듈(성능))의 시험장치 중 솔라시뮬레이터는 태양광발전모듈의 성능을 옥내에서 시험하기 위한 인공광원이며, KS C IEC 60904-9에서 규정하는 방사조도 ±2[%] 이내, 광원균일도 ±2[%] 이내의 A등급 이상으로 한다.

39 태양광발전시스템의 성능분석 용어에 대한 설명으로 틀린 것은?

① 태양광어레이 변환효율 : $\dfrac{\text{태양전지어레이 출력전력[kW]}}{\text{경사면 일사량[kW/m}^2\text{]} \times \text{태양전지어레이 면적[m}^2\text{]}}$

② 시스템 발전효율 : $\dfrac{\text{시스템 발전전력량[kWh]}}{\text{경사면 일사량[kW/m}^2\text{]} \times \text{태양전지어레이 면적[m}^2\text{]}}$

③ 시스템 이용률 : $\dfrac{\text{시스템 발전전력량[kWh]}}{24[\text{h}] \times \text{운전일수} \times \text{태양전지어레이 설계용량(표준상태)}}$

④ 시스템 가동률 : $\dfrac{\text{시스템 평균의 발전전력 또는 전력량[kWh]}}{\text{부하소비전력[kW] 또는 전력량[kW]}}$

풀이

성능분석 용어	산출방법
태양광어레이 변환효율	$\dfrac{\text{태양전지어레이 출력전력[kW]}}{\text{경사면 일사량[kW/m}^2\text{]} \times \text{태양전지어레이 면적[m}^2\text{]}}$
시스템 발전효율	$\dfrac{\text{시스템 발전전력량[kWh]}}{\text{경사면 일사량[kW/m}^2\text{]} \times \text{태양전지어레이 면적[m}^2\text{]}}$
태양에너지 의존율	$\dfrac{\text{시스템의 평균 발전전력 또는 전력량[kWh]}}{\text{부하소비전력[kW] 또는 전력량[kW]}}$
시스템 이용률	$\dfrac{\text{시스템 발전전력량[kWh]}}{24[\text{h}] \times \text{운전일수} \times \text{태양전지어레이 설계용량(표준상태)}}$

성능분석 용어	산출방법
시스템 성능(출력)계수	$\dfrac{\text{시스템 발전전력량}[kWh] \times \text{표준 일사강도}}{\text{태양전지어레이 설계용량(표준상태)}[kW] \times \text{경사면 누적일사량}([kWh/m^2])}$
시스템 가동률	$\dfrac{\text{시스템 동작시간}[h]}{24[h] \times \text{운전일수}}$
시스템 일조가동률	$\dfrac{\text{시스템 동작시간}[h]}{\text{가조시간}}$

40 분산형 전원 발전설비는 전력계통 연계지점에서 발전기 용량 정격최대전류의 몇 [%] 이상인 직류전류를 전력계통으로 유입해서는 안 되는가?

① 2   ② 1   ③ 0.5   ④ 0.3

풀이 직류 유입 제한
분산형 전원 및 그 연계시스템은 분산형 전원 연결점에서 최대정격출력전류의 0.5[%]를 초과하는 직류전류를 계통으로 유입시켜서는 안 된다.

41 태양광발전에서 수명 감소의 가장 큰 원인 중 하나는 충진재(Encapsulant)의 특성변화에 기인한다. 충진재 중 EVA(Ethylene Vinyl Acetate)의 설명으로 가장 부적절한 것은?

① 젤(Gel) 함량과 Curing 온도에 따라 가교율에 의해 강도가 달라진다.
② 가교율이 높으면 강도가 증가하고 미소 충격에 의해 태양전지의 균열로 이어질 수 있다.
③ 빛과 수분을 동시에 일부 차단한다.
④ 장기간 적외선에 노출되어 변색이 급격히 진행된다.

풀이 장기간 적외선에 노출되어 변색이 천천히 진행된다.

42 태양광모듈의 유지관리사항이 아닌 것은?

① 모듈의 유리 표면 청결 유지
② 음영이 생기지 않도록 주변 정리
③ 케이블 극성 유의 및 방수커넥터 사용 여부
④ 셀이 병렬로 연결되었는지 여부

풀이 태양광모듈의 유지관리사항
- 충격이 발생하지 않도록 주의(강화유리)
- 모듈 표면의 이물질 제거 및 지지대 녹 발생 유무 확인
- 모듈 표면이 그늘 지지 않도록 주의
- 태양전지셀이 직렬로 연결되었는지 확인

정답 40 ③ 41 ④ 42 ④

43 태양광(PV)모듈의 적층판 파괴를 발견하기 위한 방법으로 적당한 것은?

① 다기능 측정
② 입출력 측정
③ 절연저항 측정
④ 과/저전압 측정

풀이 모듈의 결함점검 및 측정사항

고장 유형	육안검사	다기능 측정	접지저항 측정	입출력 측정	절연저항 측정	과/저전압 측정	$I-V$ 곡선	인버터 수치 읽기	AC 회로 시험	전력망 분석
적층판 파괴	○	○					○			
바이패스다이오드		○							(○)	
접촉점		○		○			○	(○)		
습기	○	○			○		○			
결합모듈	○	○			○		○	(○)		

44 태양광발전시스템의 고장으로 문제점이 발견된 경우 판단 및 조치사항에 대한 설명으로 틀린 것은?

① 불량 모듈을 교체할 때에는 동일 규격제품으로 교체하고, 그렇지 못한 경우에는 더 작은 단락전류값을 가진 모듈로 교체해야 안전하다.
② 파워컨디셔너가 고장인 경우에는 유지보수담당자가 직접 수리보수하지 않도록 하고, 제조업체에 AS를 의뢰하여 보수해야 한다.
③ 태양전지모듈에서 음영이 들지 않았음에도 불구하고, 단락전류값이 갑자기 작아지면 즉시 모듈을 교체하여야 한다.
④ 태양전지셀 및 바이패스다이오드가 손상된 경우, 태양전지모듈을 교체한다.

풀이 불량 모듈을 교체할 때에는 동일 규격제품으로 교체하고, 그렇지 못한 경우에는 더 큰 단락전류값을 가진 모듈로 교체해야 출력저하가 발생하지 않는다.

45 태양광발전설비의 전력케이블로 적당하지 않은 것은?

① FR-CV
② UV케이블
③ EM케이블
④ FR-CVVS

풀이 FR-CVVS : 제어용 비닐절연 비닐시스 케이블

46 태양전지 및 어레이의 점검 내용이 아닌 것은?

① 프레임 파손 및 변형
② 유리 표면의 오염 및 파손
③ 보호계전기의 설정
④ 지지대의 접지 및 고정

정답 43 ① 44 ① 45 ④ 46 ③

풀이 태양전지어레이의 점검항목
- 표면의 오염 및 파손
- 가대의 부식 및 녹 발생
- 가대접지
- 지붕재의 파손
- 외부 배선의 손상
- 프레임 파손 및 변형
- 가대 고정
- 코킹
- 접지저항
- 접지선의 접속 및 접속단자 풀림

47 태양광발전시스템의 유지보수점검 시 보통 유지해야 할 절연저항은 몇 [MΩ] 이상인가?

① 1.0 ② 2.0 ③ 3.0 ④ 4.0

풀이 절연저항시험
- 판정기준 : 절연저항이 1[MΩ] 이상일 것
- 입력단자 및 출력단자를 각각 단락하고 그 단자와 대지 간의 절연저항을 측정

48 태양광발전시스템을 저압배전선과 계통연계 시 필요한 보호장치 중 발전설비의 고장을 보호하기 위한 보호장치는?

① 과전압보호계전기 ② 과주파수계전기
③ 부족주파수계전기 ④ 단락방향계전기

풀이 역조류를 허용하는 발전설비를 저압배전선과 연계 시 전압변동의 발생을 막기 위해 과전압보호계전기를 사용하고, 단락방향계전기, 부족주파수계전기, 고주파계전기는 계통과 연계를 분리하는 곳에 사용할 수 있다.

49 소형 태양광발전용 인버터의 자동 기동 · 정지시험 시 품질기준 중 채터링은 몇 회 이내이어야 하는가?

① 2 ② 3 ③ 4 ④ 5

풀이 KS C 8564(소형 태양광발전용 인버터) 자동 기동 · 정지시험의 품질기준에 의거 채터링은 3회 이내일 것(채터링 : 자동 기동 · 정지 시에 인버터가 기동, 정지를 불안정하게 반복하는 현상)

50 한전에서 사용하고 있는 분산전원 계통연계 가이드라인에서 태양광전원의 연계지점에서의 역률 유지 기준은 몇 [%]인가?

① 지상 80[%] ② 지상 90[%] ③ 진상 80[%] ④ 진상 90[%]

풀이 분산형 전원 배전계통의 연계역률
분산형 전원의 역률은 90[%] 이상으로 유지함을 원칙으로 한다.

정답 47 ① 48 ① 49 ② 50 ②

51 유지관리에 필요한 기술자료의 수집, 기술의 연수, 보전기술개발의 제반비용 등으로 구성되는 유지관리비의 항목은 무엇인가?

① 개량비
② 유지비
③ 운용지원비
④ 일반관리비

풀이 유지관리비의 구성항목
- 유지비 : 일상점검, 정기점검, 청소, 보안, 식재관리, 제설 등에 필요한 유지점검에 관련된 비용
- 운용지원비 : 유지관리에 필요한 기술자료의 수집, 기술의 연수, 보전기술개발의 제반비용
- 일반관리비 : 행정비, 관련세금, 보험료, 감가상각, 업무위탁에 필요한 사무비 및 위탁업무의 검사에 필요한 경비

52 태양광발전시스템 중 계통연계형 시스템의 구성요소가 아닌 것은?

① 축전지
② 상용계통
③ 인버터
④ 태양전지판

풀이 축전지는 독립형 태양광발전시스템의 구성요소이다.

53 태양광발전시스템에 있어 운전정지 후에 해야 하는 점검사항은?

① 부하전류 확인
② 단자의 조임상태 확인
③ 계기류의 이상 유무 확인
④ 각 선간전압 확인

풀이 ①, ③, ④는 운전 중에 점검할 수 있는 항목이다.

54 모듈 외관, 태양전지 등의 크랙, 구부러짐, 갈라짐 등을 확인하기 위한 외관검사 시 최소 몇 [lx] 이상의 광 조사상태에서 진행해야 하는가?

① 300
② 500
③ 750
④ 1,000

풀이 KS C 8561(결정질 태양전지모듈) 표준 6.1.1 외관검사 방법에 의거, 1,000[lux=lx] 이상의 광 조사상태에서 모듈 외관, 태양전지 등에 크랙, 구부러짐, 갈라짐 등이 없는지 확인한다.

55 중대형 태양광발전용 인버터의 효율시험에서 교류전원을 정격전압 및 정격주파수로 운전하고, 운전 시작 후 최소한 몇 시간 이후에 측정하여야 하는가?

① 2
② 3
③ 4
④ 5

풀이 KS C 8565(중대형 태양광발전용 인버터) 8.5.5.1 효율시험 방법에서 교류전원을 정격전압 및 정격주파수로 운전하고, 운전 시작 후 최소한 2시간 이후에 측정한다.

정답 51 ③ 52 ① 53 ② 54 ④ 55 ①

56 태양광모듈의 고장원인이 아닌 것은?

① 모듈 극성의 오결선
② 유리 표면의 오염
③ 외부 충격
④ 낙뢰 및 서지

풀이 모듈의 고장원인
낙뢰 및 서지, 모듈 극성의 오결선, 외부 충격 등

57 태양광발전(PV)모듈의 안전조건 시험요건에 해당하지 않는 것은?

① 전지충격위험시험
② 화재위험시험
③ 역전압과부하시험
④ 기계적 응력시험

풀이 태양광발전(PV)모듈의 안전조건 시험요건
• 전지충격위험시험   • 화재위험시험   • 기계적 응력시험

58 자가용 태양광발전설비의 사용 전 검사항목이 아닌 것은?

① 부하운전시험검사
② 변압기 본체 검사
③ 전력변환장치검사
④ 종합연동시험검사

풀이 ② 변압기 본체 검사는 사업용 태양광설비의 사용 전 검사항목이다.

자가용 태양광발전설비의 사용 전 검사항목
• 태양광발전설비표
• 태양광전지검사
• 전력변환장치검사
• 종합연동시험검사
• 부하운전시험검사

59 박막 태양광발전모듈의 최대출력 결정 시 품질기준으로 시험시료의 출력균일도는 평균출력의 몇 [%] 이내이어야 하는가?

① ±1
② ±2
③ ±3
④ ±4

풀이 KS C 8562(박막 태양전지모듈) 6.2.2 품질기준(초기)에서 시험시료의 출력균일도는 평균출력의 ±3[%] 이내일 것

60 태양전지어레이 점검 시 가장 먼저 점검해야 하는 것은?

① 단락전류
② 정격전류
③ 개방전압
④ 단락전압

풀이 태양전지어레이의 점검순서 : 개방전압 측정 → 단락전류 확인

정답 56 ② 57 ③ 58 ② 59 ③ 60 ③

61 바이패스다이오드 열시험을 진행 시 STC에서 단락전류의 몇 배와 같은 전류를 적용하는가?

① 2
② 1.5
③ 1.25
④ 1

풀이 KS C 8561에 의한 바이패스다이오드의 열시험(Bypass Diode Thermal Test)은 STC(표준시험조건)에서 단락전류의 1.25배와 같은 전류를 적용한다.

62 태양광발전설비 중 주로 발청현상으로 인한 페인트나 은분의 도포가 필요한 곳은?

① 배전반
② 인버터
③ 모듈
④ 구조물

풀이 태양광발전설비 중 구조물 철부 표면이 장기간 노출되면 산소이온화현상이 발생하고 이를 방지하기 위해 용융아연도금을 실시한다.

63 태양전지어레이의 출력 확인을 위해 개방전압을 측정할 때의 순서를 올바르게 나열한 것은?

㉠ 각 모듈이 그늘로 되어 있지 않은 것을 확인한다.
㉡ 접속함의 각 스트링 MCCB 또는 퓨즈를 Off한다.
㉢ 접속함의 주개폐기를 Off한다.
㉣ 측정하려는 스트링의 MCCB 또는 퓨즈를 On하여 측정한다.

① ㉠ → ㉡ → ㉢ → ㉣
② ㉠ → ㉢ → ㉡ → ㉣
③ ㉡ → ㉢ → ㉠ → ㉣
④ ㉢ → ㉡ → ㉠ → ㉣

풀이 개방전압의 측정 순서
㉠ 접속함의 출력개폐기를 개방(Off)한다.
㉡ 접속함에 각 스트링 단로스위치(MCCB 또는 퓨즈)가 있는 경우 MCCB 또는 퓨즈를 개방(Off)한다.
㉢ 각 모듈이 그늘져 있지 않은지 확인한다.
㉣ 측정하는 스트링의 MCCB 또는 퓨즈를 투입(On)한다.
㉤ 직류전압계로 각 스트링의 P-N 단자 간의 전압을 측정한다.

64 태양전지어레이의 개방전압을 측정할 때 유의해야 할 사항이 아닌 것은?

① 각 스트링의 전압은 안정된 일사강도가 얻어질 때 실시한다.
② 태양전지어레이의 표면을 청소할 필요가 있다.
③ 태양이 남쪽에 있을 때 전후 1시간은 일사강도가 가장 높으므로 측정을 피하는 것이 좋다.
④ 측정시각은 일사강도, 온도의 변동을 극히 적게 하기 위해 맑을 때 실시하는 것이 바람직하다.

정답 61 ③　62 ④　63 ④　64 ③

풀이 개방전압 측정 시 유의사항
- 태양전지어레이의 표면을 청소할 필요가 있다.
- 각 스트링의 측정은 안정된 일사강도가 얻어질 때 실시한다.
- 측정시각은 일사강도, 온도의 변동을 극히 적게 하기 위해 맑을 때, 남쪽에 있을 때 전후 1시간에 실시하는 것이 바람직하다.
- 태양전지셀은 비오는 날에도 미소한 전압이 발생하고 있으므로 매우 주의해서 측정해야 한다.

65 최대출력 결정시험에 대한 설명 중 틀린 것은?

① 해당 태양광모듈의 최대출력을 측정할 것
② 시험시료의 최대출력은 정격출력 이상이어야 할 것
③ 시험시료의 출력균일도는 평균출력의 ±3[%] 이내일 것
④ 시험시료의 최종환경시험 후 최대출력의 열화는 최초최대출력을 −8[%] 초과하지 않을 것

풀이 최대출력 결정 판정기준
- 해당 태양광모듈의 최대출력을 측정하되, 시험시료의 평균출력은 정격출력 이상일 것
- 시험시료의 출력균일도는 평균출력의 ±3[%] 이내일 것
- 시험시료의 최종환경시험 후 최대출력의 열화는 최종최대출력을 −8[%] 초과하지 않을 것

66 태양광발전시스템에서 태양전지스트링과 모듈의 동작불량, 직렬접속선의 결선누락 등을 확인하기 위한 점검방법은?

① 개방전압 측정
② 단락전류 측정
③ 운전상황점검
④ 일상점검

풀이 개방전압 측정의 목적
태양전지스트링과 모듈의 동작불량, 직렬접속선의 결선누락 등을 확인

67 개방전압의 측정 시 유의사항으로 틀린 것은?

① 태양전지어레이의 표면을 청소할 필요가 있다.
② 각 스트링의 측정은 안정된 일사강도가 얻어질 때 실시한다.
③ 측정시각은 일사강도, 온도의 변동을 극히 적게 하기 위해 맑을 때, 동쪽에 있을 때 전후 2시간 내에 실시하는 것이 좋다.
④ 태양전지셀은 비오는 날에도 미소한 전압이 발생하므로 주의해서 측정한다.

풀이 측정시간은 일사강도, 온도의 변동을 극히 적게 하기 위하여 측정은 맑을 때, 남쪽에 있을 때 전후 1시간 내에 실시하는 것이 좋다.

정답 65 ② 66 ① 67 ③

68 개방전압의 측정목적으로 잘못된 것은?

① 동작불량 스트링 검출
② 동작불량 모듈 검출
③ 직렬접속선의 결선누락 사고 검출
④ 인버터의 접속불량 검출

풀이 개방전압 측정목적
태양전지어레이의 각 스트링의 개방전압을 측정하여 개방전압 불균일에 따른 동작불량 스트링, 동작불량 모듈, 직렬접속선의 결선누락 사고를 검출한다.

69 다음 중 개방전압 시험기자재는 무엇인가?

① 직류전압계(테스터)
② 검전기
③ 접지저항측정기
④ 절연저항계

70 개방전압의 측정 순서를 바르게 나열한 것은?

ㄱ. 접속함의 출력개폐기를 개방(Off)한다.
ㄴ. 접속함에 각 스트링 단로스위치(MCCB 또는 퓨즈)가 있는 경우 MCCB 또는 퓨즈를 개방한다.
ㄷ. 각 모듈이 그늘져 있지 않은지 확인한다.
ㄹ. 측정하는 스트링의 MCCB 또는 퓨즈를 투입(On)한다.
ㅁ. 직류전압계로 각 스트링의 P-N 단자 간의 전압을 측정한다.

① ㄴ → ㄱ → ㄷ → ㄹ → ㅁ
② ㄱ → ㄴ → ㄷ → ㄹ → ㅁ
③ ㄷ → ㄴ → ㄱ → ㄹ → ㅁ
④ ㄱ → ㄴ → ㅁ → ㄷ → ㄹ

71 태양전지어레이의 동작 불량 스트링이나 태양전지모듈의 검출 및 직렬접속선의 결선누락 사고, 잘못 연결된 극성 등을 검출하기 위해 측정하는 것은?

① 누설전류
② 개방전압
③ 접지저항
④ 절연저항

풀이 개방전압의 측정목적
동작 불량 스트링이나 태양전지모듈의 검출 및 직렬접속선의 결선누락 사고, 잘못 연결된 극성을 검출하기 위해서이다.

정답 68 ④ 69 ① 70 ② 71 ②

72 태양전지어레이의 점검항목 중 육안점검사항이 아닌 것은?

① 단자대의 나사 풀림
② 지붕재의 파손
③ 가대의 접지
④ 표면의 오염 및 파손

풀이 태양전지어레이의 점검항목 및 점검요령

점검항목		점검요령
육안검사	표면의 오염 및 파손	오염 및 파손의 유무
	프레임 파손 및 변형	파손 및 두드러진 변형이 없을 것
	가대의 부식 및 녹 발생	부식 및 녹이 없을 것(녹의 진행이 없고, 도금강판의 끝부분은 제외)
	가대의 고정	볼트 및 너트의 풀림이 없을 것
	가대의 접지	배선공사 및 접지접속이 확실할 것
	코킹	코킹의 망가짐 및 불량이 없을 것
	지붕재의 파손	지붕재의 파손, 어긋남, 뒤틀림, 균열이 없을 것
측정	접지저항	—

73 모듈의 온도에 따른 $I-V$ 특성곡선에서 태양전지 특징을 설명한 것 중 옳은 것은?

① 태양전지 전압은 온도에 반비례한다.
② 태양전지 온도가 올라가면 발전량이 증가한다.
③ 태양전지 전압은 온도에 비례한다.
④ 태양전지 온도와 발전량은 상관관계가 없다.

풀이 태양전지모듈의 온도 특성

태양전지의 출력전압은 온도에 반비례하고, 출력전류는 온도가 증가함에 따라 조금 증가한다.

74 태양광발전시스템의 단락전류 측정 시 가장 높게 측정되는 경우는 다음 중 어느 것인가?

① 한여름 낮(태양전지어레이의 표면온도 70[℃])
② 한여름 아침(태양전지어레이의 표면온도 20[℃])
③ 한겨울 낮(태양전지어레이의 표면온도 40[℃])
④ 한겨울 아침(태양전지어레이의 표면온도 -10[℃])

정답 72 ① 73 ① 74 ①

풀이 모듈의 일조량, 온도변화에 따른 단락전류 특성곡선

그래프에서 태양전지어레이의 표면온도가 높을수록 단락전류가 크게 나타난다.

75 중·대형 태양광발전용 인버터의 누설전류시험에 대한 설명이 아닌 것은?

① 정격주파수로 운전한다.
② 인버터를 정격출력에서 운전한다.
③ 판정기준은 누설전류가 5[mA] 이하이다.
④ 인버터의 기체와 대지 사이에 100[Ω] 이상의 저항을 접속한다.

풀이 인버터의 누설전류시험
- 교류전원을 정격전압 및 정격주파수로 운전한다.
- 직류전원은 인버터 출력이 정격출력이 되도록 설정한다.
- 인버터의 기체와 대지 사이에 1[kΩ] 이상의 저항을 접속해서 저항에 흐르는 누설전류를 측정한다.
- 판정기준은 누설전류가 5[mA] 이하이다.

76 태양광발전시스템에 사용된 스트링다이오드의 결함을 점검하기 위한 방법으로 옳은 것은?

① 육안검사　　　　　　② 접지저항 측정
③ 입출력 측정　　　　　④ 전력망 분석

풀이 스트링다이오드의 결함 및 점검·측정방법
다기능 측정, 입출력 측정, $I-V$ 곡선

정답 75 ④　76 ③

77 저압용 기계기구에서 전기를 공급하는 전로에 누전차단기를 시설하면 외함의 접지를 생략할 수 있다. 이러한 경우 누전차단기의 정격이 기술기준에 적합한 것은?

① 정격감도전류 15[mA] 이하, 동작시간 0.1초 이하의 전류동작형
② 정격감도전류 15[mA] 이하, 동작시간 0.2초 이하의 전류동작형
③ 정격감도전류 30[mA] 이하, 동작시간 0.1초 이하의 전류동작형
④ 정격감도전류 30[mA] 이하, 동작시간 0.03초 이하의 전류동작형

풀이 기계기구의 철대 및 외함의 접지
전로에 시설하는 기계기구의 철대 및 금속제 외함에는 접지공사를 하여야 한다. 그러나 물기 있는 장소 이외의 장소에 시설하는 저압용의 개별 기계기구에 전기를 공급하는 전로에 인체감전보호용 누전차단기(정격 감도 전류 30[mA] 이하, 동작 시간 0.03초 이하의 전류 동작형)를 시설하는 경우에는 접지를 생략할 수 있다.

78 금속관공사에 의한 저압옥내배선 시 콘크리트에 매설하는 경우 관의 최소 두께[mm]는?

① 1.0   ② 1.2   ③ 1.4   ④ 1.6

풀이 금속관공사
관의 두께는 다음에 의할 것
- 콘크리트 매입하는 것은 1.2[mm] 이상
- 콘크리트 매입 이외의 것은 1[mm] 이상

79 저압가공인입선의 전선으로 사용해서는 안 되는 것은?

① 케이블
② 절연전선
③ 나전선
④ 옥외용 비닐전선

풀이 저압인입선의 시설
저압가공인입선은 다음에 따라 시설하여야 한다.
㉠ 전선은 절연전선 또는 케이블일 것
㉡ 전선이 절연전선인 경우
- 경간이 15[m] 초과 : 인장강도 2.30[kN] 이상의 것 또는 지름 2.6[mm] 이상의 인입용 비닐절연전선일 것
- 경간이 15[m] 이하 : 인장강도 1.25[kN] 이상의 것 또는 지름 2[mm] 이상의 인입용 비닐절연전선일 것
㉢ 전선이 옥외용 비닐절연전선인 경우에는 사람이 접촉할 우려가 없도록 시설할 것

80 3[kV]의 고압옥내배선을 케이블공사로 설계하는 경우 사용할 수 없는 케이블은?

① 비닐외장케이블
② 클로로프렌외장케이블
③ 연피케이블
④ MI 케이블

정답 77 ④ 78 ② 79 ③ 80 ④

풀이 **고압 및 특고압케이블**
사용전압이 고압인 전로의 전선으로 사용하는 케이블은
- 클로로프렌외장케이블
- 비닐외장케이블
- 폴리에틸렌외장케이블
- 콤바인덕트케이블

※ MI 케이블은 저압만 사용한다.

81 인버터 고장 시 고장부분 점검 후 정상작동 시 5분 후에 재기동하지 않아도 되는 경우는?

① 과전압 ② 저전압
③ 저주파수 ④ 전자접촉기

풀이 ㉠ 인버터 고장부분 점검 후 정상작동 시 5분 후 재기동되어야 하는 경우
- 태양전지 : 과전압, 저전압, 과전압 제한초과, 저전압 제한초과
- 한전계통 : 정전, 과전압, 부족전압, 저주파수, 고주파수

㉡ 전자접촉기는 교체 점검 후 운전

82 한전계통에 순간정전이 발생하여 태양광발전시스템 인버터가 정지할 때 동작되는 계전기는?

① 주파수계전기 ② 과전압계전기
③ 저전압계전기 ④ 역상계전기

풀이 한전계통에 순간정전이 발생하면 이를 측정하기 위해 저전압계전기를 이용하여 인버터가 정지하도록 한다.

83 인버터의 제어 특성을 점검하기 위한 측정 및 시험 방법으로 적당하지 않은 것은?

① 입출력 측정 ② 과/저전압 측정
③ AC 회로시험 ④ 육안검사

풀이 인버터 제어 특성 점검 및 측정사항

고장 유형	육안검사	다기능 측정	접지저항 측정	입출력 측정	절연저항 측정	과/저전압 측정	$I-V$ 곡선	인버터 수치 읽기	AC 회로시험	전력망 분석
효율				○				○	○	○
제어 특성				○		○		○	○	○
고조파									○	○
선로전압 결함								○	○	○

정답 81 ④ 82 ③ 83 ④

84 분산형 전원 발전설비는 고장에 의한 단독운전상태가 발생했을 경우 몇 초 이내에 전력계통으로부터 분리시켜야 하는가?

① 0.5　　② 0.3　　③ 0.1　　④ 1.0

풀이 단독운전

연계된 계통의 고장이나 작업 등으로 인해 분산형 전원이 공통연결점을 통해 한전계통의 일부를 가압하는 단독운전상태가 발생할 경우 해당 분산형 전원연계시스템은 이를 감지하여 단독운전 발생 후 최대 0.5초 이내에 한전계통에 대한 가압을 중지해야 한다.

85 접지공사에 사용하는 접지선을 사람이 접촉할 우려가 있는 곳에 시설하는 접지도체는 최소 어느 부분에 대하여 합성수지관 또는 이와 동등 이상의 절연효력 및 강도를 가지는 몰드로 덮게 되어 있는가?

① 지하 30[cm]로부터 지표상 1.5[m]까지의 부분
② 지하 50[cm]로부터 지표상 1.6[m]까지의 부분
③ 지하 75[cm]로부터 지표상 2[m]까지의 부분
④ 지하 90[cm]로부터 지표상 2.5[m]까지의 부분

풀이 접지도체

접지도체는 지하 0.75[m]로부터 지표상 2[m]까지 부분은 합성수지관(두께 2[mm] 미만의 합성수지제 전선관 및 가연성 콤바인덕트관은 제외한다) 또는 이와 동등 이상의 절연효과와 강도를 가지는 몰드로 덮어야 한다.

86 중성선다중접지방식의 전로에 접속된 최대사용전압 23,000[V]의 변압기권선을 절연내력시험할 때 시험되는 권선과 다른 권선, 철심 및 외함 사이에 인가할 시험전압은 몇 [V]인가?

① 21,160　　② 25,300
③ 28,750　　④ 34,500

풀이 변압기전로의 절연내력

권선의 종류 (최대사용전압)	접지방식	시험전압 (최대사용전압의 배수)	최저시험전압
1. 7[kV] 이하		1.5배	500[V]
	다중접지	0.92배	500[V]
2. 7[kV] 초과 25[kV] 이하	다중접지	0.92배	
3. 7[kV] 초과 60[kV] 이하(2.의 것 제외)		1.25배	10.5[kV]
4. 60[kV] 초과	비접지	1.25배	
5. 60[kV] 초과(6.의 것 제외)	접지식	1.1배	75[kV]

정답 84 ① 85 ③ 86 ①

권선의 종류 (최대사용전압)	접지방식	시험전압 (최대사용전압의 배수)	최저시험전압
6. 60[kV] 초과	직접접지	0.72배	
7. 170[kV] 초과	직접접지	0.64배	

∴ 시험전압 = 23,000 × 0.92 = 21,160[V]

87 접지저항의 측정방법이 아닌 것은?

① 보호접지저항계 측정법
② 전위차계 접지저항계 측정법
③ 클램프온(Clamp On) 측정법
④ 콜라우시(Kohlrausch)브리지법

풀이 접지저항 측정방법
- 콜라우시브리지법
- 전위차계 접지저항계 측정법
- 클램프온 측정법
- 간이접지저항계 측정법

※ 대지의 고유저항 측정법 : Wenner의 4전극법

88 접지용구 사용 시 주의사항이 아닌 것은?

① 접지용구의 철거는 설치의 역순으로 한다.
② 접지 설치 전에 관계 개폐기의 개방을 확인하여야 한다.
③ 접지용구 설치·철거 시에는 접지도선이 신체에 접촉하지 않도록 주의한다.
④ 접지용구의 취급은 반드시 전기안전관리자의 책임하에 행하여야 한다.

풀이 접지용구의 취급은 작업책임자의 책임하에 행하여야 한다.

89 인버터의 전압왜란(Distortion)을 측정하기 위한 방법이 아닌 것은?

① 인버터 수치 읽기
② AC 회로시험
③ 전력망 분석
④ $I-V$ 곡선

풀이 ㉠ 인버터의 전압왜란(Distortion)
- 인버터는 스위칭소자의 비선형적 특성에 의해 전압왜란이 발생한다.
- 왜란은 교류에서 발생하는 현상으로, 왜란을 측정하기 위해서는 AC 측정법이 사용된다.

㉡ $I-V$ 곡선
태양전지의 출력 특성(전압전류)을 나타낸 것으로 DC 측정법으로 측정된다.

정답 87 ① 88 ④ 89 ④

90 태양전지에서 사막과 같이 주위 온도가 매우 높은 지역에서 나타나는 현상으로 옳은 것은?

① V_{oc}(Open Circuit Voltage)가 증가한다.
② I_{sc}(Short Circuit Current)는 불변한다.
③ 전기적 출력(P_{max})은 거의 불변한다.
④ FF(Fill Factor)는 감소한다.

풀이 태양전지모듈의 주위 온도와 일사량
- 충진율(FF ; Fill Factor)은 태양전지모듈의 성능평가사항이다.
$$FF = \frac{I_m \cdot V_m}{I_{sc} \cdot V_{oc}} = \frac{P_{max}}{I_{sc} \cdot V_{oc}}$$
- 태양전지모듈의 출력전압은 온도에 반비례하고 일사량에 비례한다.
- 태양전지모듈의 출력전류는 일사량에 비례하고 온도가 상승하면 아주 적은 양이 증가한다.
- 높은 온도에 의한 전압 감소로 전체 출력이 감소한다.

91 태양광 인버터의 이상신호 해결 후 재기동시킬 때 인버터를 On한 후 몇 분 후에 재기동하여야 하는가?

① 즉시 기동 ② 1분 후
③ 3분 후 ④ 5분 후

풀이 운전정지 점검항목에서 투입저지시한 타이머 동작시험 시 인버터가 정지하고 5분 후 자동 기동할 것

92 태양광발전시스템에서 고장빈도가 가장 높고 출력에 영향을 미치는 기기는?

① 인버터 ② PV 어레이
③ 퓨즈 ④ 차단기

풀이 인버터와 같이 구성이 복잡한 장비일수록 고장빈도가 높다.

93 인버터의 변환효율을 구하는 식은?(단, P_{AC}는 교류입력전력, P_{DC}는 직류입력전력이다.)

① $\dfrac{P_{AC}}{P_{DC}}$ ② $\dfrac{P_{DC}}{P_{AC}}$

③ $\dfrac{P_{DC}}{P_{AC} + P_{DC}}$ ④ $\dfrac{P_{AC}}{P_{AC} + P_{DC}}$

풀이 최고변환효율
인버터의 전력변환(DC → AC, AC → DC)을 행할 때,
$$최고변환효율(\eta_{MAX}) = \frac{AC_{power}}{DC_{power}} \times 100[\%]$$

정답 90 ④ 91 ④ 92 ① 93 ①

94 태양광발전용 파워컨디셔너의 정격부하효율 결정 시의 조건으로 틀린 것은?

① 온도상승시험 이전의 값으로 한다.
② 부하역률은 정격값으로 한다.
③ 입력전압, 출력전압, 전력 및 주파수는 정격값으로 한다.
④ 계통연계형인 경우 직류 쪽의 전압 또는 교류 쪽의 전류왜곡률은 규정된 값을 초과하지 않는 것으로 한다.

풀이 태양광발전용 파워컨디셔너의 효율 결정 시에는 교류전원을 정격전압 및 정격주파수로 운전하고, 운전시작 후 2시간 이후에 측정한다.

95 중대형 태양광발전용 계통연계형 인버터의 효율시험에 대한 설명으로 틀린 것은?

① Euro 변환효율로 측정한다.
② 운전시작 후 최소한 30분 이후에 효율을 측정한다.
③ 정격용량이 10[kW] 초과 30[kW] 이하에서의 효율은 90[%] 이상이어야 한다.
④ 정격용량이 30[kW] 초과 100[kW] 이하에서의 효율은 92[%] 이상이어야 한다.

풀이 운전시작 후 최소한 '2시간 이후'에 효율을 측정한다.

96 인버터의 효율을 측정하기 위한 방법으로 적합하지 않은 것은?

① 입출력 측정
② AC 회로시험
③ 전력망 분석
④ 절연저항 측정

풀이 인버터 효율 점검 및 측정방법
입출력 측정, 인버터 수치읽기, AC 회로시험, 전력망 분석

97 태양광발전시스템에서 좋은 신뢰성을 갖도록 인버터 용량을 크게 하고 있다. 인버터의 단위용량을 크게 할 때의 설명으로 틀린 것은?

① 어레이 구성면적이 넓어진다.
② 선로의 누설전류가 증가한다.
③ 정전용량이 감소한다.
④ 경제적이다.

풀이 인버터의 단위용량을 크게 할 때, 선로의 누설전류가 증가하므로 정전용량도 증가한다.
누설전류 $I_C = WCE$
여기서, E : 상용주파교류전압(직류 측에 존재하는), C : 정전용량

$W = 2\pi f$ $I_C = 2\pi fCE$
$2\pi f, E$ 일정 I_C 가 증가하면 C 도 증가

정답 94 ① 95 ② 96 ④ 97 ③

98 중대형 태양광발전용 인버터의 정상 특성 시험항목 중 독립형인 경우에는 해당되지 않는 시험항목은?

① 자동 기동 · 정지시험　　② 온도상승시험
③ 누설전류시험　　　　　　④ 효율시험

풀이 태양광발전용 인버터의 정상 특성 시험항목

시험항목		독립형	계통연계형
정상특성시험	a) 교류전압, 주파수 추종범위시험	×	○
	b) 교류출력전류 변형률시험	×	○
	c) 누설전류시험	○	○
	d) 온도상승시험	○	○
	e) 효율시험	○	○
	f) 대기손실시험	×	○
	g) 자동기동 · 정지시험	×	○
	h) 최대전력추종시험	○	○
	i) 출력전류직류분 검출시험	○	○

99 태양광발전시스템의 장애나 실패 원인 중 가장 발생빈도가 높은 원인은?

① 인버터 고장　　　　　　② 느슨한 결선
③ 스트링퓨즈의 결함　　　④ 서지전압보호기의 결함

풀이 태양광발전설비의 고장요인은 대부분 인버터에서 발생한다.

100 태양광발전소 운전 시 모듈에서 Hotspot 발생의 원인과 설명으로 가장 적절한 것은?

① 전지의 직렬(R_s) 및 병렬(R_{sh})저항이 증가한다.
② 전지의 직렬(R_s) 및 병렬(R_{sh})저항이 감소한다.
③ 전지의 직렬(R_s)저항이 증가하고, 병렬(R_{sh})저항이 감소한다.
④ 전지의 직렬(R_s)저항이 감소하고, 병렬(R_{sh})저항이 증가한다.

풀이
- 태양전지모듈에서 일부 셀에 그늘이 발생하면 음영셀은 발전을 하지 못하고 열점(Hotspot)을 일으켜 셀의 파손 등을 일으킬 수 있다.
- Hotspot이 발생할 때는 출력이 감소하므로 직렬저항은 증가하고 병렬저항은 감소한다.

정답 98 ① 99 ① 100 ③

(a) 직렬저항과 $I-V$ 특성곡선 (b) 병렬저항과 $I-V$ 특성곡선

101 태양전지모듈의 핫스폿(Hotspot) 현상에 대한 유해한 결과를 제한하기 위한 시험은?

① 고온고습시험 ② UV 전처리시험
③ 온도사이클시험 ④ 바이패스다이오드 열시험

풀이 바이패스다이오드 열시험
　　태양전지모듈의 Hotspot 현상에 대한 유해한 결과를 제한하기 위해 사용되는 다이오드가 열에 대한 내성 설계가 얼마나 잘 되어 있는지 그리고 유사한 환경에서 장시간 사용 시 신뢰성이 확보되었는지 평가하는 목적으로 하며 STC 조건에서 단락전류의 1.25배와 같은 전류를 적용한다.

102 태양전지모듈, 전선 및 개폐기 등의 유지관리사항 중 틀린 것은?

① 전선의 공칭단면적 2.0[mm²] 이상의 연동선 또는 동등 이상의 세기 및 굵기인지 확인한다.
② 전기적으로 완전한 접속과 동시에 접속점 장력이 가해지지 않도록 한다.
③ 충전부분이 노출되었는지 확인한다.
④ 전로에 단락이 생긴 경우 전로를 보호하는 과전류차단기시설을 확인한다.

풀이 케이블 시공방법
　　공칭단면적 2.5[mm²] 이상의 연동선 또는 동등 이상의 세기 및 굵기인지 확인

103 태양광발전용 접속함의 성능시험방법이 아닌 것은?

① 내전압 ② 절연저항
③ 자동차단성능시험 ④ 수동조작 차단성능시험

풀이 태양광발전용 접속함의 성능시험항목
　　㉠ 절연저항(1[MΩ] 이상일 것)
　　㉡ 내전압

정답 101 ④　102 ①　103 ③

ⓒ 조작성능
- 수동조작 : 개폐조작
- 전기조작 : 투입조작, 개방조작, 전압트립, 트립자유

ⓓ 차단기 성능

104 태양광발전시스템 중 접속함의 고장원인이 아닌 것은?
① 결합상태
② 다이오드 불량
③ 방수처리 불량
④ 퓨즈 고장

풀이 접속함의 고장원인
- 결합상태 불량
- 다이오드 불량
- 퓨즈 고장
※ 방수처리 불량은 외적인 요인이다.

105 태양광발전소의 하자보수 검사주기로 옳은 것은?
① 연 1회 이상
② 연 2회 이상
③ 연 3회 이상
④ 연 4회 이상

풀이 태양광발전소의 하자보수 검사주기
- 100[kW] 미만 : 연 2회 이상
- 100[kW] 이상 : 격월 1회

106 태양광전원이 연계된 배전계통에서 사고가 발생하는 경우 배전계통을 보호하는 보호협조 기기에 해당하는 것이 아닌 것은?
① 배전용 변전소차단기
② 리클로저(Recloser)
③ 인터럽터스위치
④ 고조파계전기

풀이 인터럽터스위치 : 수동작만 가능, 과부하 시 자동개폐 불가, 돌입전류 억제 불가

107 태양광발전설비에 설치된 퓨즈의 고장을 점검하기 위한 방법으로 적당하지 않은 것은?
① 육안검사
② 다기능 측정
③ 전력망 분석
④ 입출력 측정

풀이 퓨즈의 고장 점검 및 측정방법 : 육안검사, 다기능 측정, 입출력 측정

정답 104 ③ 105 ② 106 ③ 107 ③

108 유지관리자가 갖추어야 할 자세에 대한 설명 중 틀린 것은?

① 시설물의 결함이나 파손을 초래하는 요인을 사전조사로 발견하여 미연에 방지토록 한다.
② 시설물의 결함이나 파손은 조기 발견하고 즉시 조치하여 파손이 확대되지 않도록 한다.
③ 이용 편의에 있어서 제한 및 장애를 최대한 적게 한다.
④ 경제성을 최우선으로 하여 모든 작업을 시행한다.

풀이 유지관리자의 자세
• 안전을 최우선으로 하여 모든 작업을 시행한다.
• 면밀한 작업계획 수립에 의해 최대의 작업효과를 내고 예산 낭비의 요인이 없도록 한다.

109 태양광발전시스템의 유지관리절차에서 빈칸에 해당하지 않는 사항은?

시설물 점검 → ( ) → 이상 및 결함 발생 → 측정기로 정밀검사 또는 정밀안전진단, 전문가 정밀진단 → 보수 판단 → 설계 및 예산 확보 → 공사 및 준공검사 → 시설물 사용 및 유지관리

① 일상점검 ② 정기점검 ③ 임시점검 ④ 비상점검

110 유지관리비의 구성요소가 아닌 것은?

① 유지비 ② 보수비와 개량비
③ 자재관리비 ④ 운용지원비

풀이 유지관리비의 구성요소
유지비, 보수비와 개량비, 운용지원비, 일반관리비

111 유지관리 절차 시 고려사항으로 틀린 것은?

① 시설물별로 적절한 유지관리계획서를 작성한다.
② 유지관리자는 점검결과표에 의해 시설물의 점검을 실시한다.
③ 점검 결과는 점검기록부(또는 일지)에 기록·보관한다.
④ 점검 결과에 의한 평가 판정 후 적절한 대책을 수립하여야 한다.

풀이 유지관리자는 유지관리계획서에 따라 시설물의 점검을 실시한다.

112 태양광발전시스템의 점검에서 유지보수 관점의 점검 종류가 아닌 것은?

① 일상점검 ② 임시점검
③ 비상점검 ④ 정기점검

정답 108 ④ 109 ④ 110 ③ 111 ② 112 ③

[풀이] ㉠ 태양광발전시스템의 점검
- 준공 시의 점검
- 일상점검
- 정기점검

㉡ 유지보수 관점의 점검
- 일상점검
- 정기점검
- 임시점검

113 점검계획의 수립에 있어서 고려해야 할 사항으로 틀린 것은?

① 설비의 중요도에 대해서는 설비에는 중요설비와 비교적 중요하지 않은 설비가 있으므로 그 중요도에 따라서 점검내용 및 점검주기를 검토하여야 한다.
② 부하상태에 대해서는 사용빈도가 높은 설비, 부하의 증가, 환경조건의 악화 등 과부하상태로 된 설비 등은 점검주기를 단축시킬 필요가 없다.
③ 점검내용 및 점검주기는 설비의 사용기간, 설비의 중요도, 환경조건, 고장이력, 부하상태 등의 조건을 고려하여 결정한다.
④ 설비의 사용기간에 대해서는 장시간 사용한 설비의 고장확률이 높으므로 점검내용을 세분화하고 점검주기를 단축한다.

[풀이] 부하상태에 대해서는 사용빈도가 높은 설비, 부하의 증가, 환경조건의 악화 등 과부하상태로 된 설비 등의 점검주기는 단축한다.

114 태양광발전시스템의 점검에서 유지보수점검의 종류가 아닌 것은?

① 일상점검 ② 일시점검 ③ 정기점검 ④ 임시점검

[풀이] 태양광발전시스템의 유지보수점검의 종류 : 일상점검, 정기점검, 임시점검

115 지방자치단체를 당사자로 하는 계약에 관한 법률 시행규칙에 의해 하자검사를 하는 자는 담보책임의 존속기간 중 연 몇 회 이상 정기적으로 하자검사를 하여야 하는가?

① 1 ② 2 ③ 3 ④ 4

[풀이] 하자검사
지방자치단체의 장 또는 계약담당자는 담보책임의 존속기간 중 연 2회 이상 정기적으로 하자를 검사하거나 소속 공무원에게 그 사무를 위임하여 검사하게 하여야 한다.

116 전기사업법에서 태양광발전시스템은 정기적으로 검사를 받아야 하는데 그 검사시기는?

① 1년 이내 ② 2년 이내 ③ 3년 이내 ④ 4년 이내

[풀이] 전기사업법 시행규칙 [별표 10]에 의거 태양광전기설비계통의 정기검사시기는 4년 이내이다.

정답 113 ② 114 ② 115 ② 116 ④

117 점검계획 시 고려사항으로 잘못된 것은?

① 설비의 사용기간　　② 설비의 중요도
③ 설비의 종류　　　　④ 환경조건

풀이 점검계획 시 고려사항
- 설비의 사용기간
- 설비의 중요도
- 환경조건
- 고장이력
- 부하상태

118 태양광발전시스템의 점검계획에서 고려해야 할 사항이 아닌 것은?

① 고장이력　　　　　② 설비의 중요도
③ 설비의 운영비용　　④ 설비의 사용기간

풀이 태양광발전시스템의 점검계획 시 고려사항
설비의 사용기간, 설비의 중요도, 환경조건, 고장이력, 부하상태

119 태양광발전시스템에 사용된 서지전압보호기의 결함을 측정하기 위한 방법으로 적당하지 않은 것은?

① 다기능 측정　　　　② 절연저항 측정
③ 과·저전압 측정　　④ $I-V$ 곡선 측정

풀이 서지전압보호기의 결함점검 및 측정방법
- 육안검사
- 다기능 측정
- 절연저항 측정
- 과·저전압 측정

120 태양광발전시스템에서 모듈의 적층판 파괴를 발견하기 위한 점검 및 측정방법으로 적당하지 않은 것은?

① 육안검사　　　　　② 다기능 측정
③ $I-V$ 곡선　　　　④ 전력망 분석

풀이 모듈 적층판 파괴 점검 및 측정방법 : 육안검사, 다기능 측정, $I-V$ 곡선

121 태양광발전시스템에 설치된 퓨즈의 고장을 점검하기 위한 방법으로 틀린 것은?

① 육안검사　　　　　② 전력망 분석
③ 다기능 측정　　　　④ 입출력 측정

풀이 퓨즈의 고장점검방법 : 육안검사, 입출력 측정, 다기능검사

정답 117 ③　118 ③　119 ④　120 ④　121 ②

122 태양광발전시스템에서 모듈의 결함을 발견하기 위한 점검 및 측정방법으로 옳지 않은 것은?

① 육안검사 ② 다기능 측정 ③ 절연저항 측정 ④ 입출력 측정

풀이 모듈의 결함 점검 및 측정방법 : 육안검사, 다기능 측정, 절연저항 측정, $I-V$ 곡선

123 동작 불량의 스트링이나 태양전지모듈의 검출 및 직렬접속선의 결선누락 사고 등을 검출하기 위한 측정으로 옳은 것은?

① 단락전류 측정
② 개방전압 측정
③ 절연저항 측정
④ 정격전류 측정

풀이
- 개방전압 : 동작 불량의 스트링이나 태양전지모듈의 검출 및 직렬접속선의 결선누락 사고 등을 검출하기 위한 측정
- 절연저항 : 모듈의 절연상태 확인을 위한 측정
- 단락전류 : 모듈의 오염, 크랙, 음영에 의한 전류감소 등을 확인하기 위한 측정

124 결정질실리콘 태양광발전모듈의 외관검사에 대한 설명으로 틀린 것은?

① 태양전지는 깨짐, 크랙이 없어야 한다.
② 500[lx] 이상의 광조사상태에서 검사를 진행한다.
③ 모듈 외관은 크랙, 구부러짐, 갈라짐 등이 없어야 한다.
④ 태양전지와 태양전지, 태양전지와 프레임의 접촉이 없어야 한다.

풀이 결정질실리콘 태양광발전모듈의 외관검사는 1,000[lx=lux] 이상의 광조사상태에서 검사한다.

125 태양전지모듈의 출력이 부하보다 많아서 역조류가 발생하고, 용량성 부하로 구성되면 어떤 현상이 발생하는가?

① 전압에 무관함
② 전압강하만 발생함
③ 전압상승만 발생함
④ 전압강하와 전압상승이 발생함

풀이 태양전지모듈의 출력이 부하보다 많아서 역조류가 발생하고 부하가 용량성으로 구성되면 전압상승만 발생

126 태양전지모듈의 고장원인으로 적당하지 않은 것은?

① 습기 및 수분 침투에 의한 내부회로의 단락
② 기계적 스트레스에 의한 태양전지셀의 파손
③ 경년열화에 의한 태양전지셀 및 리본의 노화
④ 염해, 부식성 가스 등 주변 환경에 의한 부식

정답 122 ④ 123 ② 124 ② 125 ③ 126 ①

풀이 **태양전지모듈의 고장원인**
- 기계적 스트레스에 의한 태양전지 셀의 파손
- 경년열화에 의한 태양전지 셀 및 리본의 노화
- 염해, 부식성 가스 등 주변 환경에 의한 부식

※ 태양전지모듈은 진공으로 압착되어 있으므로 습기 및 수분 침투에 의한 내부회로의 단락이 발생하지 않는다.

127 태양광발전시스템의 점검 중 유의사항으로 잘못된 것은?

① 태양광발전모듈은 접속반의 차단기를 개방시켰다 하더라도 전압이 유지되고 있으므로 감전에 주의해야 한다.
② 인버터는 계통(한전)전원을 On시키면 자동으로 정지하게 되어 있으므로 인버터의 운전을 확인 후 점검을 한다.
③ 일사량의 급변으로 인한 인버터의 MPPT 제어 실패로 인버터 정지현상이 발생할 수 있고 인버터는 일정시한(5분)이 경과한 후 자동으로 재기동하므로 유의하여 점검을 실시한다.
④ 태양광어레이 부근에서 건축공사 등을 시행하는 경우 먼지나 이물질 등이 모듈에 부착되면 전력생산 저하와 수명에 영향을 주므로 주의한다.

풀이 인버터는 계통전원을 Off시키면 자동으로 정지하게 되므로 인버터의 정지를 확인한 후 점검한다.

128 일상점검을 할 때 볼트의 조임방법이 틀린 것은?

① 조임은 지정된 재료, 부품을 정확히 사용한다.
② 조임은 너트를 돌려서 조여 준다.
③ 2개 이상의 볼트를 사용하는 경우 한쪽만 심하게 조이지 않도록 주의한다.
④ 볼트의 크기에 맞는 파이프렌치를 사용하여 규정된 힘으로 조여 준다.

풀이 **볼트의 조임방법**
- 조임은 너트를 돌려서 조여 준다.
- 2개 이상의 볼트를 사용하는 경우 한쪽만 심하게 조이지 않도록 주의한다.
- 볼트의 크기에 맞는 토크렌치를 사용하여 규정된 힘으로 조여 준다.

129 운전상태에서 점검이 가능한 점검분류는 무엇인가?

① 정기점검(보통) ② 정기점검(세밀)
③ 임시점검 ④ 일상점검

풀이 운전(통전)상태에서 점검이 가능한 점검은 일상점검이다.

정답 127 ② 128 ④ 129 ④

130 일상정기점검 중 청소에 대한 조치사항으로 잘못된 것은?

① 공기를 사용하는 경우에는 토출방식으로 한다.
② 문 커버 등을 열기 전에는 배전반 상부의 먼지나 이물질을 제거한다.
③ 절연물은 충전부를 가로지르는 방향으로 청소한다.
④ 청소걸레는 화학적으로 중성인 것을 사용하고 섬유의 올 풀림과 습기 등에 주의한다.

풀이 일상정기점검에 대한 조치사항 중 청소부분
공기를 사용하는 경우에는 흡입방식을 추천하며, 토출방식을 사용하는 경우에는 공기의 습도(제습, 필터), 압력에 주의한다.

131 일상점검에 대한 설명으로 틀린 것은?

① 일상점검은 유지보수요원의 감각기관(오감)에 의거하여 실시하는 것으로, 비정상적인 소리, 냄새 등을 통해 시설물의 외부에서 점검항목별로 점검한다.
② 이상상태가 발견된 경우에는 시설물의 문을 열고 이상 정도를 확인한다.
③ 이상상태의 내용을 일지 및 점검기록부에 기록하여 운전 중이나 정기점검 시 참고한다.
④ 일상점검은 정전을 시켜 놓고 무전압상태에서 기기의 이상상태를 점검하는 것이다.

풀이 정전을 시켜 놓고 무전압상태에서 기기의 이상상태를 점검하는 것은 '정기점검'이다.

132 태양광발전소의 일상점검 요령으로 틀린 것은?

① 인버터 통풍구가 막혀 있을 것
② 접속함 외함에 파손이 없을 것
③ 태양전지어레이에 오염이 없을 것
④ 인버터 운전 시 이상 냄새가 없을 것

풀이 태양광발전소의 일상점검
㉠ 태양전지어레이의 육안점검
- 유리 등 표면의 오염 및 파손 : 오염 및 파손이 없을 것
- 가대의 부식 및 녹 : 부식 및 녹이 없을 것
- 외부배선의 손상 : 접속케이블의 손상이 없을 것

㉡ 접속함의 육안점검
- 외함의 부식 및 손상 : 부식 및 파손이 없을 것
- 외부배선의 손상 : 접속 Cable의 손상이 없을 것

㉢ 인버터의 육안점검
- 외함의 부식 및 파손 : 외함의 부식 및 파손이 없을 것
- 외부배선의 손상 : 외부배선의 손상이 없을 것
- 환기 확인(환기구멍, 환기필터) : 환기구를 막고 있지 않을 것, 환기필터가 막혀 있지 않을 것
- 이상음, 악취, 이상과열 : 이상음, 악취, 과열이 없을 것
- 표시부의 이상표시 : 이상을 표시하는 램프의 점등, 점멸이 없을 것

정답 130 ① 131 ④ 132 ①

133 독립형 태양광발전설비의 유지보수 중 일상점검항목이 아닌 것은?

① 접속함의 개방전압
② 인버터의 이상과열
③ 축전기의 액면 저하
④ 지지대의 부식

풀이 일상순시점검은 문을 열어 점검하든지 커버를 해체한 후 점검하는 것이 아니고 이상한 소리나 냄새, 손상 등을 접속반 외부에서 점검하는 것을 말한다.
접속함의 일상점검은 외부의 부식 및 파손, 외부배선의 손상을 점검한다.

134 태양광발전시스템의 일상점검항목이 아닌 것은?

① 인버터 – 통풍 확인
② 접속함 – 절연저항 측정
③ 인버터 – 표시부의 이상표시
④ 태양전지모듈 – 표면의 오염 및 파손

풀이 태양광발전시스템의 일상점검
- 태양전지어레이

	점검항목	점검요령
육안점검	유리 등 표면의 오염 및 파손	심한 오염 및 파손이 없을 것
	가대의 부식 및 녹	부식 및 녹이 없을 것
	외부배선(접속케이블)의 손상	접속케이블에 손상이 없을 것

- 접속함

	점검항목	점검요령
육안점검	외함의 부식 및 손상	부식 및 파손이 없을 것
	외부배선(접속케이블)의 손상	접속케이블에 손상이 없을 것

- 인버터

	점검항목	점검요령
육안점검	외함의 부식 및 파손	외함의 부식·녹이 없고 충전부가 노출되어 있지 않을 것
	외부배선(접속케이블)의 손상	인버터에 접속된 배선에 손상이 없을 것
	환기(환기구멍, 환기필터) 확인	• 환기구를 막고 있지 않을 것 • 환기필터가 막혀 있지 않을 것
	이상음, 악취, 발연 및 이상과열	운전 시의 이상음, 이상진동, 악취 및 이상과열이 없을 것
	표시부의 이상표시	표시부에 이상코드, 이상을 표시하는 램프의 점등, 점멸 등이 없을 것
	발전상황	표시부의 발전상황에 이상이 없을 것

정답 133 ① 134 ②

135 태양광발전설비의 일상점검항목이 아닌 것은?

① 모듈 간 배선의 손상 여부
② 인버터의 이상음 발생 여부
③ 접지저항의 규정값 이하 여부
④ 모듈 표면의 오염 및 파손 여부

풀이
- 일상점검은 주로 점검자의 감각(오감)을 통해 실시하는 것으로 이상한 소리, 냄새, 손상 등을 점검
- 접지저항, 절연저항은 측정하는 항목으로 정기점검 시 시행

136 배전반 제어회로의 배선에서의 일상점검항목이 아닌 것은?

① 전선 지지물의 탈락 여부 확인
② 조임부의 이완 여부 확인
③ 과열에 의한 이상한 냄새 여부 확인
④ 가동부 등의 연결전선의 절연피복 손상 여부 확인

풀이 배전반 제어회로의 배선에서의 일상점검항목

대상	점검개소	목적	점검내용
제어회로의 배선	배전 전반	손상	가동부 등의 연결전선의 절연피복 손상 여부 확인
			전선 지지물의 탈락 여부 확인
		이상한 냄새	과열에 의한 이상한 냄새 여부 확인

137 정기점검 시 주회로용 퓨즈의 외부 일반점검 목적과 점검내용으로 틀린 것은?

① 지시표시 – 영점조정은 잘 되어 있는지 확인
② 손상 – 퓨즈통, 애자 등에 균열, 변형 여부 확인
③ 변색 – 퓨즈통, 퓨즈홀더의 단자부에 변색 여부 확인
④ 볼트의 조임, 이완 – 단자부 볼트 조임의 이완 여부 확인

풀이 주회로용 퓨즈

점검개소	목적	점검내용	비고
외부 일반	볼트의 조임, 이완	단자부의 볼트 조임의 이완은 없는가?	
	손상	퓨즈통, 애자 등에 균열, 변형은 없는가?	
	변색	퓨즈통, 퓨즈홀더의 단자부에 변색은 없는가?	
	오손	애자 등에 이물, 먼지 등이 부착되어 있지 않은가?	
	동작	단로기 Type은 개폐조작에 이상은 없는가?	

정답 135 ③ 136 ② 137 ①

138 태양광발전시스템의 용량이 100[kW] 미만인 경우 정기점검 주기는?

① 매월 1회   ② 매월 2회
③ 매년 1회   ④ 매년 2회

풀이 태양광발전설비의 규모별 정기점검 횟수

용량별		점검횟수	점검간격
저압	1~300[kW] 이하	월 1회	20일 이상
	300[kW] 초과	월 2회	10일 이상
고압	1~300[kW] 이하	월 1회	20일 이상
	300[kW] 초과~500[kW] 이하	월 2회	10일 이상
	500[kW] 초과~700[kW] 이하	월 3회	7일 이상
	700[kW] 초과~1,500[kW] 이하	월 4회	5일 이상
	1,500[kW] 초과~2,000[kW] 이하	월 5회	4일 이상
	2,000[kW] 초과~2,500[kW] 미만	월 6회	3일 이상

139 Door 개방의 일상점검 주기는 얼마인가?

① 월 1회   ② 1회/반기
② 일 1회   ④ 연 1회

풀이 일상점검 주기

점검분류\제약조건	Door 개방	Cover 개방	무정전	회로정전	모선정전	차단기 인출	점검주기
일상점검			○				매일
	○		○				1회/월
정기점검	○	○		○		○	1회/반기
	○	○		○	○	○	1회/3년
임시점검	○	○		○	○	○	필요시

140 사업용 태양광발전설비의 정기검사항목 중 전력변환장치의 검사내용이 아닌 것은?

① 외관검사   ② 접지저항 측정
③ 단독운전 방지시험   ④ 제어회로 및 경보장치시험

정답 138 ① 139 ① 140 ②

풀이 사업용 태양광발전설비의 전력변환장치 정기검사항목

검사항목	세부검사내용	수검자 준비자료
전력변환장치 일반 규격	규격확인	• 단선결선도 • 시퀀스 도면 • 보호장치 및 계전기 시험 성적서 • 절연저항시험 성적서 • 절연내력시험 성적서 • 경보회로시험 성적서 • 부대설비시험 성적서
전력변환장치검사	• 외관검사 • 절연저항 • 제어회로 및 경보장치 • 단독운전 방지시험 • 인버터 운전시험	
보호장치검사	보호장치시험	
축전지	• 시설상태 확인 • 전해액 확인 • 환기시설 상태	

※ 접지설비검사 : 접지설비 일반규격(규격확인, 접지저항 측정)

141 정기점검에 대한 설명 중 잘못된 것은?

① 정기점검 주기는 설비용량에 따라 월 1~4회 이상으로 실시한다.
② 정부지원금으로 설치된 태양광발전설비는 설치 공사업체가 하자보수기간인 5년 동안 연 1회 점검을 실시한다.
③ 정기점검은 원칙적으로 정전을 시켜 놓고 무전압상태에서 기기의 이상상태를 점검한다.
④ 정전하지 않고 점검을 하여야 할 경우에는 안전사고가 일어나지 않도록 주의한다.

풀이 설치 공사업체가 하자보수기간 3년 동안 연 1회 점검한다.

142 태양광발전시스템의 정기점검사항 중 인버터의 투입저지시한타이머(동작시험) 관련 인버터가 정지하여 자동 기동할 때는 몇 분 정도 시간이 소요되는가?

① 1분 ② 3분 ③ 5분 ④ 10분

풀이 인버터의 정기점검

	점검항목	점검요령
측정 및 시험	절연저항(인버터 입출력단자−접지 간)	1[MΩ] 이상 측정전압 DC 500[V]
	표시부의 동작 확인(표시부 표시, 충전전력 등)	표시상황 및 발전상황에 이상이 없을 것
	투입저지시한타이머(동작시험)	인버터가 정지하여 5분 후 가동할 것

143 태양광발전시스템의 유지보수 관점에서 말하는 점검의 종류로 틀린 것은?

① 일상점검 ② 정기점검
③ 임시점검 ④ 준공 시 점검

풀이 태양광발전시스템의 유지보수점검의 종류 : 일상점검, 정기점검, 임시점검

정답 141 ② 142 ③ 143 ④

144 자가용 전기설비의 정기검사항목 중 태양광전지의 전기적 특성시험항목으로 틀린 것은?

① 최대출력　　② 개방전압　　③ 단락전류　　④ 절연저항

풀이 정기검사 항목(태양광전지의 전기적 특성시험항목)
- 최대출력 : 태양광발전소에 설치된 태양전지셀의 셀당 최대출력을 기록한다.
- 개방전압 및 단락전류 : 검사자는 모듈 간 제대로 접속되었는지 확인하기 위해 개방전압이나 단락전류 등을 확인한다.
- 최대출력전압 및 전류 : 태양광발전소 검사 시 모니터링 감시장치 등을 통해 하루 중 순간 최대출력이 발생할 때의 인버터의 교류전압 및 전류를 기록한다.
- 충진율 : 개방전압과 단락전류와의 곱에 대한 최대출력의 비(충진율)를 태양전지 규격서로부터 확인하여 기록한다.
- 전력변환효율 : 기기의 효율을 제작사의 시험성적서 등을 확인하여 기록한다.

145 자가용 태양광발전설비의 정기적인 검사주기는?

① 1년　　② 2년　　③ 3년　　④ 4년

풀이 태양광발전소의 안정적인 운용을 위해 4년마다 정기적으로 검사해야 한다.

146 사업용 태양광발전설비의 정기검사항목 중 필수항목이 아닌 것은?

① 태양전지　　　　　　　② 전력변환장치
③ 차단기　　　　　　　　④ 접속함

풀이 사업용 태양광발전설비의 정기검사항목
- 태양전기검사
- 변압기검사
- 전선로검사
- 종합연동시험검사
- 전력변환장치검사
- 차단기검사
- 접지설비검사
- 부하운전시험

147 태양광발전시스템의 유지관리를 위한 일상점검 및 정기점검에 관한 내용으로 틀린 것은?

① 출력 3[kW] 미만의 소형 태양광발전시스템의 경우에 대해서는 정기점검을 하지 않아도 무방하다.
② 일상점검은 점검담당자가 육안에 의해 실시하는 것으로, 일상점검의 점검주기는 매월 1회 정도이다.
③ 축전지에 대한 일상점검은 부하를 차단한 상태에서 변색, 부풂, 온도상승, 냄새 등의 점검을 실시해야 한다.
④ 정기점검은 지상에서 실시해야 함을 원칙으로 하지만, 필요에 따라 지붕이나 옥상 위에서 점검을 실시할 수도 있다.

풀이 출력 3[kW] 미만의 소형 태양광발전시스템의 경우에도 정기점검을 실시하여야 한다.

정답 144 ④　145 ④　146 ④　147 ①

148 자가용 태양광발전설비의 정기검사항목이 아닌 것은?
① 변압기검사
② 태양광전지검사
③ 전력변환장치검사
④ 부하운전시험검사

풀이 태양광발전설비는 어레이, 접속함, 인버터(전력변환장치), 배전반까지이며, 부하운전시험은 인버터의 발전전력을 확인하는 것이다. 변압기는 수변전설비에 해당된다.

149 자가용 태양광발전설비의 정기검사항목이 아닌 것은?
① 종합연동시험검사
② 부하운전시험검사
③ 전력변환장치검사
④ 변압기 본체 검사

풀이 자가용 태양광발전설비의 정기검사항목
태양광전지검사, 전략변환장치검사, 종합연동시험검사, 부하운전시험검사

150 모선의 정기점검 주기는?
① 매일
② 월 1회
③ 6개월에 1회
④ 3년에 1회

풀이 모선의 점검은 3년에 1회이다.

151 태양광발전시스템의 점검 중 정지상태에서 불량품의 교체 및 절연저항을 측정·실시하는 점검은?
① 일상점검
② 정기점검
③ 임시점검
④ 순시점검

풀이 정기점검은 장시간 정지상태에서 불량품 교체, 절연저항 측정, 차단기 내부점검 등이 용이하도록 전체적으로 분해하여 세부점검을 실시한다.

152 자가용 태양광발전설비의 전력변환장치의 정기점검항목으로 틀린 것은?
① 절연저항
② 제어회로 및 경보장치
③ 단독운전 방지시험
④ 전해액 확인검사

풀이 전력변환장치의 정기검사항목
- 외관검사
- 절연저항
- 제어회로 및 경보장치
- 단독운전 방지시험
- 인버터 운전시험

정답 148 ① 149 ④ 150 ④ 151 ② 152 ④

153 보수점검작업 시 점검 전의 유의사항으로 틀린 것은?

① 회로도 검토
② 비상연락망 사전확인
③ 접지선 제거
④ 무전압상태 확인

풀이 접지선 제거는 점검 이후의 유의사항이다.

점검 전 유의사항
- 준비작업 : 응급처치 방법 및 설비, 기계의 안전 확인
- 회로도의 검토 : 전원계통에 Loop가 형성되는 경우에 대비
- 연락처 : 비상연락망을 사전 확인하여 만일의 사태에 신속히 대처
- 무전압상태 확인 및 안전조치 : 관련된 차단기, 단로기 Open 등
- 잔류전압 주의 : 콘덴서 및 Cable의 접속부 점검 시 접지 실시
- 오조작 방지 : 인출형 차단기, 단로기는 쇄정 후 "점검 중" 표찰 부착
- 절연용 보호기구 준비
- 쥐, 곤충 등의 침입대책을 세움

154 태양광발전시스템의 보수점검작업 시 점검 전 유의사항이 아닌 것은?

① 회로도 검토
② 오조작 방지
③ 접지선 제거
④ 무전압상태 확인

풀이 태양광발전시스템의 보수점검
㉠ 점검 전의 유의사항
  - 철저한 준비
  - 회로도에 의한 검토
  - 관련회사의 관련부서와 긴밀하고 신속한 연락
  - 무전압상태 확인 및 안전조치
㉡ 점검 후의 유의사항
  - 접지선 제거
  - 최종 확인

155 보수점검작업 시 점검 후의 유의사항으로 최종 확인해야 할 내용 중 잘못된 것은?

① 작업자가 수·배전반 내에 들어가 있는지 확인한다.
② 점검을 위해 임시로 설치한 가설물이 철거되었는지 확인한다.
③ 볼트, 너트, 단자반 결선의 조임 및 연결작업의 누락은 없는지 확인한다.
④ 잔류전압에 주의한다.

정답 153 ③ 154 ③ 155 ④

풀이 잔류전압에 대한 주의는 점검 전 항목이다.

점검 후 유의사항 중 최종 확인사항
- 작업자가 수 · 배전반 내에 들어가 있는지 확인한다.
- 점검을 위해 임시로 설치한 가설물 등이 철거되었는지 확인한다.
- 볼트, 너트, 단자반 결선의 조임 및 연결작업의 누락은 없는지 확인한다.
- 작업 전에 투입된 공구 등이 목록을 통해 회수되었는지 확인한다.
- 점검 중 쥐, 곤충, 뱀 등의 침입은 없는지 확인한다.

156 태양광발전시스템 중 설비의 종류에 따른 육안점검항목이 아닌 것은?

① 유리 등 표면의 오염 및 파손 확인
② 가대의 부식 및 녹 확인
③ 프레임 파손 및 변형 확인
④ 볼트가 규정된 토크 수치로 조여져 있는지 확인

풀이 시공 시 태양전지모듈과 케이블 접속 시 확인할 사항이다.

태양광발전시스템설비 중 육안점검항목(태양전지어레이)
- 표면의 오염 및 파손
- 가대의 부식 및 녹
- 가대의 접지
- 지붕재의 파손
- 프레임 파손 및 변형
- 가대의 고정
- 코킹

157 하자 발생 시 조치사항을 설명한 것 중 틀린 것은?

① 하자 발견 즉시 도급자에게 서면 통보하여 하자를 보수토록 한다.
② 하자 보수 요청 후 미이행 시는 하자보증보험사 또는 연대보증사에 서면 통보하여 조치한다.
③ 도급자는 하자보수 시공계를 제출 후 공사에 임해야 하며 하자보수 완료 후 준공계를 시공자에게 제출하여 검사한다.
④ 하자보수 및 검사를 완료한 후 하자보수관리부를 작성하여 보관한다.

풀이 도급자는 하자보수 착공계 제출 후 공사에 임하여야 하며 하자보수를 완료한 경우 하자보수 준공계를 제출하여 감독자의 준공검사를 득해야 처리가 완료된다.

정답 156 ④ 157 ③

158 유지보수 전 취하는 안전조치로 틀린 것은?

① 해당 단로기를 닫고 주회로가 무전압이 되게 한다.
② 차단기 앞에 "점검 중" 표지판을 설치한다.
③ 잔류전압을 방전시키기 위해 접지를 실시한다.
④ 검전기로 무전압상태를 확인한다.

풀이 단로기, 차단기는 개방한다.

유지보수 전 안전조치(점검 전 유의사항)
㉠ 준비작업
㉡ 회로도 검토
㉢ 연락처 : 비상연락망
㉣ 무전압상태 확인 및 안전조치
  • 관련된 차단기, 단로기를 무전압상태로 만든다.
  • 검전기를 사용하여 무전압상태 확인이 필요한 개소는 접지를 실시한다.
  • 특고압 및 고압차단기는 개방하여 Test Position 위치로 인출하고 "점검 중"이라는 표찰을 부착한다.
  • 단로기는 쇄정시킨 후 "점검 중" 표찰을 부착한다.
㉤ 잔류전압 주의 : 콘덴서 및 케이블 접속부 점검 시 잔류전하를 방전시키고 접지를 실시한다.
㉥ 오조작 방지
㉦ 절연용 보호기구 준비

159 송전설비공사의 하자보수책임기간은 몇 년인가?

① 1년   ② 2년   ③ 3년   ④ 4년

풀이 전기공사의 종류별 하자담보 책임기간

전기공사의 종류	하자담보책임기간
1. 발전설비공사	
가. 철근콘크리트 또는 철골구조부	7년
나. 가목 외 시설공사	3년
2. 터널식 및 개착식 전력구 송전·배전설비공사	
가. 철근콘크리트 또는 철골구조부	10년
나. 가목 외 송전설비공사	5년
다. 가목 외 배전설비공사	2년
3. 지중 송전·배전설비공사	
가. 송전설비공사(케이블공사 및 물밑 송전설비공사를 포함한다.)	5년
나. 배전설비공사	3년
4. 송전설비공사	3년
5. 변전설비공사(전기설비 및 기기 설치공사를 포함한다.)	3년

정답 158 ① 159 ③

전기공사의 종류	하자담보책임기간
6. 배전설비공사	
가. 배전설비 철탑공사	3년
나. 가공 외 배전설비공사	2년
7. 그 밖의 전기설비공사	1년

160 절연물의 보수에 대한 설명으로 틀린 것은?

① 자기성 절연물에 오손 및 이물질이 부착된 경우에는 청소한다.
② 합성수지 적층판, 목재 등이 오래되어 헐거움이 발생한 경우에는 보수하여 재사용한다.
③ 절연물에 균열, 파손, 변형이 있는 경우 부품을 교환한다.
④ 절연물의 절연저항이 떨어진 경우에는 종래의 데이터를 기초로 하여 계열적으로 비교·검토한다(구간 부품별로 분리하여 측정한다).

풀이 합성수지 적층판, 목재 등이 오래되어 헐거움이 발생하는 경우에는 보수가 아니라 아예 부품을 교환한다.

161 절연저항에 대한 설명 중 틀린 것은?

① 절연저항을 측정할 경우 어레스터 등의 피뢰소자의 접지 측을 분리시킨다.
② 우천 시나 비가 갠 직후에는 절연저항의 측정을 피하는 것이 좋다.
③ 절연저항은 습도에 영향을 받고 온도에는 영향을 받지 않으므로 습도만 측정·기록한다.
④ 태양전지는 낮 동안 항상 전압이 발생하고 있기 때문에 사전에 주의하여 절연저항을 측정할 필요가 있다.

풀이 절연저항은 기온이나 습도에 영향을 받기 때문에 절연저항 측정 시 습도, 온도 등도 측정치와 동시에 기록한다.

162 주로 정지상태에서 행하는 점검으로, 제어운전장치의 기계점검, 절연저항의 측정 등을 실시할 때 하는 점검은?

① 일상점검　　　　　　　　　　② 임시점검
③ 정기점검　　　　　　　　　　④ 완공 시 점검

풀이 정기점검은 정지(정전)상태에서 행하는 점검으로, 제어운전장치의 기계점검, 절연저항의 측정 등을 측정한다.

정답 160 ② 161 ③ 162 ③

163 운전개시나 정기점검의 경우는 물론 사고 시에도 불량개소를 판정하고자 하는 경우 실시하는 측정은?

① 단락전류 ② 절연저항
③ 개방전압 ④ 발전전력

풀이 전기설비의 불량개소를 판정하기 위한 측정은 절연저항 측정이다.

164 절연내압 측정 시 최대사용전압의 몇 배의 직류전압을 인가하는가?(단, 표준태양전지어레이 개방전압을 최대사용전압으로 보는 경우)

① 1 ② 1.5 ③ 2 ④ 3

풀이 태양전지어레이 회로의 절연내압 측정
표준태양전지어레이 개방전압을 최대사용전압으로 간주하여 최대사용전압의 1.5배의 직류전압 혹은 1배의 교류전압(500[V] 미만일 때는 500[V])을 10분간 인가하여 절연파괴 등의 이상이 발생하지 않는 것을 확인한다.

165 다음 그림은 절연저항 측정회로도이다. 빈칸에 들어갈 내용으로 알맞은 것은?

① ㉠ : 출력개폐기   ㉡ : 단락용 개폐기   ㉢ : 절연저항계
② ㉠ : 출력개폐기   ㉡ : 절연저항계   ㉢ : 단락용 개폐기
③ ㉠ : 단락용 개폐기 ㉡ : 출력개폐기   ㉢ : 절연저항계
④ ㉠ : 단락용 개폐기 ㉡ : 절연저항계   ㉢ : 출력개폐기

풀이 출력개폐기 = 주개폐기

정답 163 ② 164 ② 165 ①

166 인버터 입력회로의 절연저항을 측정하기 위한 순서의 내용으로 적당하지 않은 것은?
① 태양전지 회로를 접속함에서 분리한다.
② 분전반 내의 분기차단기를 개방한다.
③ 직류 측의 모든 입력단자 및 교류 측의 전체 출력단자를 각각 단락한다.
④ 교류단자와 대지 간의 절연저항을 측정한다.

풀이 직류단자와 대지 간의 절연저항을 측정하고 측정결과의 판정기준은 전기설비기술기준에 따른다.

167 다음 중 "제2차 접근상태"를 바르게 설명한 것은 어느 것인가?
① 가공전선이 전선의 절단 또는 지지물의 도괴 등이 되는 경우에 당해 전선이 다른 시설물에 접속될 우려가 있는 상태를 말한다.
② 가공전선이 다른 시설물과 접근하는 경우에 당해 가공전선이 다른 시설물의 위쪽 또는 옆쪽에서 수평거리로 3[m] 미만인 곳에 시설되는 상태를 말한다.
③ 가공전선이 다른 시설물과 접근하는 경우에 가공전선이 다른 시설물의 위쪽 또는 옆쪽에서 수평거리로 3[m] 이상에 시설되는 것을 말한다.
④ 가공선로 중 제1차 접근시설로 접근할 수 없는 시설로서 제2차 보호조치나 안전시설을 하여야 접근할 수 있는 상태의 시설을 말한다.

풀이

168 태양광발전시스템에서 사용되는 배선케이블의 손상 유무를 파악하는 육안점검사항으로 틀린 것은?
① 배선의 변색 및 변형
② 배선의 결선상태
③ 배선의 늘어짐
④ 배선의 저항

풀이 배선의 저항은 설계 시 전압강하를 검토할 때 필요한 요소이다.

정답 166 ④ 167 ② 168 ④

169 전선의 색구별에서 중성선의 색은 어느 것인가?

① 갈색 ② 녹색
③ 회색 ④ 청색

풀이 전선의 식별

상(문자)	L1	L2	L3	N	보호도체
색상	갈색	흑색	회색	청색	녹색-노란색

170 한 수용장소의 인입구에서 분기하여 지지물을 거치지 않고 다른 수용장소의 인입구에 이르는 부분을 무엇이라 하는가?

① 옥측 배선 ② 옥내 배선
③ 연접인입선 ④ 가공인입선

풀이 한 수용장소의 인입구에서 분기하여 지지물을 거치지 않고 다른 수용장소의 인입구에 이르는 부분을 연접인입선이라 한다.

171 태양광발전시스템이 사용 전 검사를 받아야 하는 시기는?

① 기초공사 완료 시 ② 전체공사 완료 시
③ 구조물공사 완료 시 ④ 어레이공사 완료 시

풀이 사용 전 검사의 대상 및 시기
상용 사업용 태양광발전시스템은 공사가 완료되면 사용 전 검사(준공 시 점검)를 받아야 한다.

172 태양광발전시스템의 보수점검 시 점검 전의 유의사항으로 틀린 것은?

① 점검 전에 접지선을 제거한다.
② 절연용 보호기구를 준비한다.
③ 응급처치 방법 및 설비, 기계의 안전을 확인한다.
④ 비상연락망을 사전에 확인하여 만일의 사태에 신속히 대처한다.

풀이
- 철저한 준비
  - 회로도에 의한 검토(무전압 상태 확인)
  - 잔류전압 유무 확인
  - 절연용 보호기구를 준비한다.
  - 응급처치 방법 및 설비, 기계의 안전을 확인한다.
  - 비상연락망을 사전에 확인하여 만일의 사태에 신속히 대처한다.

정답 169 ④ 170 ③ 171 ② 172 ①

173 사업용 태양광발전설비의 사용 전 검사 중 차단기 본체 심사의 세부검사 내용이 아닌 것은?

① 절연내력
② 접지시공상태
③ Tap 절환장치
④ 절연유 및 내압시험(OCB)

풀이 차단기 본체 심사의 세부검사
- 외관검사
- 절연저항
- 특성시험
- 상회전 및 Loop시험
- 접지시공상태
- 절연내력
- 절연유 및 내압시험(OCB)
- 충전시험

※ Tap 절환장치는 변압기 본체의 세부검사 내용이다.

174 태양전지어레이의 점검항목 중 육안점검항목으로 틀린 것은?

① 표면의 오염 및 파손
② 가대의 부식 및 녹
③ 접지저항
④ 가대의 접지

풀이 태양전지어레이의 점검항목

점검항목		점검요령
육안 점검	표면의 오염 및 파손	오염 및 파손이 없을 것
	프레임 파손 및 변형	파손 및 뚜렷한 변형이 없을 것
	가대의 부식 및 녹	가대의 부식 및 녹이 없을 것(녹의 진행이 없는 도금강판의 끝단부는 제외)
	가대의 고정	볼트 및 너트의 풀림이 없을 것
	가대의 접지	배선공사 및 접지의 접속이 확실할 것
	코킹	코킹의 파손 및 불량이 없을 것
	지붕재 파손	지붕재의 파손, 어긋남, 균열이 없을 것
측정	접지저항	접지저항 100[Ω] 이하
	가대 고정	볼트가 규정된 토크수치로 조여 있을 것

175 태양광발전시스템의 운전조작 방법 중 태양전지모듈에 대한 설명으로 틀린 것은?

① 풍압이나 진동으로 인하여 태양전지모듈과 형강의 체결부위가 느슨해지는 경우가 있으므로 정기적으로 점검해야 한다.
② 발전효율을 높이기 위해 부드러운 천으로 이물질을 제거하며, 태양전지모듈 표면에 흠이 생기지 않도록 주의해야 한다.
③ 태양전지모듈 표면에 그늘이 지거나, 나뭇잎 등이 떨어져 있는 경우 전체적인 발전효율의 저하 요인으로 작용할 수 있다.
④ 태양전지모듈 표면은 주로 일반 유리로 되어 있어, 약한 충격에도 파손될 수 있다.

풀이 태양전지모듈 표면은 강화유리로 한다.

정답 173 ③ 174 ③ 175 ④

176 태양광발전시스템의 일상점검 시 태양전지어레이의 육안점검항목이 아닌 것은?
① 표면의 오염 및 파손
② 지지대의 부식 및 녹
③ 외부배선(접속케이블)의 손상
④ 접지저항의 측정

풀이 접지저항의 측정은 접지저항계를 사용하며, 정기점검항목이다.

177 태양광발전시스템용 축전지의 정기점검항목 중 육안점검의 항목이 아닌 것은?
① 외관점검
② 단자전압
③ 전해액비중
④ 전해액면 저하

풀이 축전지의 단자전압은 측정사항이다.

178 결정질실리콘 태양광발전모듈의 성능을 시험하는 시험장치가 아닌 것은?
① 염수분무장치
② 항온항습장치
③ 우박시험장치
④ 저온방전시험장치

풀이 KS C 8561(결정질실리콘 태양광발전모듈(성능))의 시험장치
솔라시뮬레이터, 항온항습장치, 염수분무장치, UV시험장치, 기계적 하중시험장치, 우박시험장치, 단자강도 시험장치

179 태양전지어레이 점검 시 가장 먼저 점검해야 하는 것은?
① 개방전압
② 개방전류
③ 정격전류
④ 단락전압

풀이 태양전지어레이 점검 시 가장 먼저 개방전압을 측정하여 극성, 전압을 확인한다.

180 태양광발전모듈의 정기점검 시 육안점검항목으로 옳은 것은?
① 단자전압
② 절연저항
③ 접지선의 접속 및 접속단자의 이완
④ 투입저지시한타이머 동작시험

풀이 육안점검항목은 계측기나 공구 등을 사용하지 않는 점검방법이다.

181 태양광모듈의 성능시험을 위한 표준시험조건 중 최적의 온도기준[℃]은?
① 30
② 25
③ 20
④ 15

정답 176 ④ 177 ② 178 ④ 179 ① 180 ③ 181 ②

182 태양광발전시스템의 점검항목에서 태양전지어레이의 접지저항값은 얼마인가?

① 10[Ω] 이하　　② 20[Ω] 이하　　③ 100[Ω] 이하　　④ 150[Ω] 이하

풀이 모듈전압은 일반적으로 380[V]이므로 접지저항값은 100[Ω] 이하

183 직독식 접지저항계에 의한 접지저항 측정 시 E단자를 접지극에 접속하고 일직선상으로 몇 [m] 이상 떨어져 보조접지봉을 박는가?

① 5　　② 10　　③ 15　　④ 20

풀이 측정방법
- 계측기를 수평으로 놓는다.
- 보조접지용을 습기가 있는 곳에 직선으로 10[m] 이상 간격을 두고 박는다.
- E 단자의 리드선을 접지극(접지선)에 접속한다.
- P, C 단자를 보조접지용에 접속한다.
- Push Button을 누르면서 다이얼을 돌려 검류계의 눈금이 중앙(0)에 지시할 때 다이얼의 값을 읽는다.

접지저항계의 측정방법

184 태양광발전시스템의 점검 중 인버터의 육안점검항목으로 틀린 것은?(단, 사용 전 검사 시)

① 외함의 부식 및 파손　　② 배선의 극성
③ 접지단자와의 접속　　④ 절연저항

풀이 인버터의 점검내용

점검항목		점검내용
육안 점검	외함의 부식 및 파손	부식 및 파손이 없을 것
	취부	• 견고하게 고정되어 있을 것 • 유지보수에 충분한 공간이 확보되어 있을 것 • 옥내용 : 과도한 습기, 기름 습기, 연기, 부식성 가스, 가연가스, 먼지, 염분, 화기 등이 존재하지 않는 장소일 것 • 옥외용 : 눈이 쌓이거나 침수의 우려가 없을 것 • 화기, 가연가스 및 인화물이 없을 것

정답 182 ③　183 ②　184 ④

점검항목		점검내용
육안 점검	배선의 극성	• P는 태양전지(+), N은 태양전지(−) • V, O, W는 계통 측 배선(단상 3선식 220[V]) 　[V−O, O−W 간 220[V](O는 중성선)] • 자립운전용 배선은 전용 콘센트 또는 단자에 의해 전용배선으로 하고 용량은 15[A] 이상일 것
	단자대 나사의 풀림	확실히 취부되고 나사의 풀림이 없을 것
	접지단자와의 결속	접지와 바르게 접속되어 있을 것 (접지봉 및 인버터 '접지단자'와 접속)
측정	절연저항(인버터 입출력 단자−접지 간)	DC 500[V] 메거로 측정 시 1[MΩ] 이상
	접지저항	접지저항 100[Ω] 이하

185 소형 태양광발전용 인버터의 절연성능시험항목으로 틀린 것은?

① 내전압시험　　　　　　　② 감전보호시험
③ 절연저항시험　　　　　　④ 부하불평형시험

풀이
• 인버터의 절연성능시험항목 : 절연저항시험, 내전압시험, 감전보호시험, 절연거리시험
• 내전기 환경시험 : 계통전압 왜형률내량시험, 계통전압 순간정전강하시험, 부하불평형시험

186 인버터의 유지관리 내용으로 틀린 것은?

① 전원이 입력된 상태이거나 운전 중에는 커버를 열지 말아야 한다.
② 감전의 위험이 있으므로 젖은 손으로 스위치를 조작하지 않는다.
③ 전선의 피복이 손상되었을 경우에는 제조사에 연락을 취하고 운전을 계속한다.
④ 인버터 내부에는 나사나 물, 기름 등의 이물질이 들어가지 않게 하여야 한다.

풀이 전선의 피복이 손상된 경우 인체감전 또는 화재 등의 원인이 되므로 즉시 인버터의 운전을 정지시키고, 전선의 피복을 보수하거나 전선을 교체한 후 운전하여야 한다.

187 소형 태양광발전용 인버터의 정상특성 시험항목 중 독립형 인버터의 시험항목으로 틀린 것은?

① 효율시험　　　　　　　　② 온도상승시험
③ 대기손실시험　　　　　　④ 누설전류시험

풀이 계통연계형 태양광발전시스템의 정상특성 시험항목 : 대기손실시험

정답　185 ④　186 ③　187 ③

188 태양광발전용 연계형/독립형 인버터의 성능시험을 위해 사용되는 CT 등 출력계측기의 정확한 범위는?

① 10[%] 이내
② 5[%] 이내
③ 3[%] 이내
④ 1[%] 이내

풀이 인버터의 CT 정확도는 3[%] 이내이며, 전력량계의 정확도는 ±1.0[%] 이내이다.

189 인버터의 정기점검항목 중 육안점검항목으로 틀린 것은?

① 접지선의 손상
② 통풍 확인
③ 운전 시 이상음
④ 표시부 동작 확인

190 중대형 태양광발전용 독립형 인버터에서 정상특성시험 시 시험항목으로 틀린 것은?

① 효율시험
② 누설전류시험
③ 대기손실시험
④ 온도상승시험

풀이 중대형 태양광발전용 독립형 인버터에서 정상특성시험 시 시험항목

	시험항목	독립형	계통연계형	구분
정상특성시험	1. 교류전압, 주파수 추종범위시험	×	○	
	2. 교류출력전류 변형률시험	×	○	
	3. 누설전류시험	○	○	
	4. 온도상승시험	○	○	
	5. 효율시험	○	○	
	6. 대기손실시험	×	○	
	7. 자동기동·정지시험	×	○	
	8. 최대전력 추종시험	×	○	
	9. 출력전류직류분 검출시험	×	○	

191 태양광발전시스템의 인버터 시험항목으로 틀린 것은?

① 정상특성시험
② 절연성능시험
③ 전자기 적합성
④ 과열점 내구성시험

풀이 태양광발전시스템의 인버터 시험항목
절연성능시험, 보호기능시험, 정상특성시험, 과도응답특성시험, 외부사고시험, 내전기 환경시험, 내주위 환경시험, 전자기 적합성(EMC)

정답 188 ③ 189 ④ 190 ③ 191 ④

192 태양광발전시스템에 대한 정기점검에서, 접속함 출력단자와 접지 간의 절연상태 이상 여부를 판정하는 절연저항값의 기준치는 최소 몇 [MΩ] 이상인가?(단, 절연저항계(메거)의 측정전압은 직류 500[V]이다.)

① 0.5　　　　② 1　　　　③ 1.5　　　　④ 2

풀이 접속함 출력단자와 접지 간의 절연상태 이상 여부를 판정하는 절연저항값의 기준치는 최소 1[MΩ] 이상이어야 한다(500[V] 절연저항계).

193 중간단자함(접속함)의 육안점검항목으로 틀린 것은?

① 배선의 극성
② 개방전압 및 극성
③ 외함의 부식 및 파손
④ 단자대 나사의 풀림

풀이 개방전압은 육안으로 확인할 수 없고 계측기를 사용해야 한다.

194 인버터(파워컨디셔너)의 일상점검항목이 아닌 것은?

① 외부배선(접속케이블)의 손상
② 가대의 부식 및 오염상태
③ 외함의 부식 및 파손
④ 표시부의 이상표시

풀이 가대는 태양전지어레이의 구성항목이다.

195 태양전지어레이의 일상점검항목 중 육안점검 내용으로 틀린 것은?

① 표면의 오염 및 파손
② 보호계전기의 설정
③ 지지대의 부식 및 녹
④ 외부배선(접속케이블)의 손상

풀이 보호계전기
태양전지, 수변전설비 등 계통의 사고에 대해 보호대상을 완전히 보호하고 각종 기기의 손상을 최소화하는 목적으로 설치한다.

196 절연변압기 부착 인버터 출력회로의 절연저항 측정순서를 올바르게 나열한 것은?

　가. 태양전지회로를 접속함에서 분리
　나. 분전반 내의 분기차단기 개방
　다. 직류 측의 모든 입력단자 및 교류 측의 전체 출력단자를 각각 단락
　라. 교류단자와 대지 간의 절연저항 측정
　마. 측정결과의 판정기준을 전기설비기술기준에 따라 표시

정답 192 ②　193 ②　194 ②　195 ②　196 ③

① 나 → 가 → 다 → 라 → 마
② 다 → 가 → 나 → 라 → 마
③ 가 → 나 → 다 → 라 → 마
④ 가 → 나 → 다 → 마 → 라

197 태양광발전시스템의 절연저항 측정 시 필요한 시험기자재가 아닌 것은?
① 온도계
② 습도계
③ 접지저항계
④ 절연저항계

풀이 절연저항 측정 시 필요한 시험기자재
- 절연저항계(메거)
- 온도계
- 습도계
- 단락용 개폐기

198 태양광발전시스템 인버터의 일상점검항목으로 틀린 것은?
① 절연저항 측정
② 외함의 부식 및 파손
③ 이음, 이취, 연기 발생, 이상과열
④ 외부배선(접속케이블)의 손상

풀이 일상점검은 무정전(통전)상태에서 계측기나 공구를 사용하지 않고, 인간의 감각(오감)에 의해 행하는 점검이다.

199 인버터 입력회로의 절연저항 측정방법에 대한 설명으로 틀린 것은?
① 분전반 내의 분기차단기를 개방한다.
② 접속함까지의 전로를 포함하여 절연저항을 측정하는 것으로 한다.
③ 직류 측 전체의 입력단자와 교류 측 전체 출력단자를 각각 단락한다.
④ 태양전지회로를 접속함에서 분리하여 인버터의 입력단자 및 출력단자를 각각 단락하면서 출력단자와 대지 간의 절연저항을 측정한다.

풀이 입력회로의 절연저항 측정이므로 입력단자와 대지 간의 절연저항을 측정한다.

200 인버터 출력회로의 절연저항 측정방법 중 틀린 것은?
① 태양전지회로를 접속함에서 분리한다.
② 직류 측의 전체 입력단자 및 교류 측의 전체 출력단자를 각각 단락한다.
③ 절연변압기가 별도로 설치된 경우에는 이를 분리하여 측정한다.
④ 인버터의 입출력단자를 단락하여 출력단자와 대지 간의 절연저항을 측정한다.

풀이 절연변압기가 별도로 설치된 경우에도 이를 포함하여 측정한다.

정답 197 ③ 198 ① 199 ④ 200 ③

201 태양광발전시스템의 점검 중 DC 500[V] 메거로 인버터의 입출력단자−접지 간의 절연저항 측정 시 저항값은 얼마 이상인가?

① 0.1[MΩ] 이상 ② 1[MΩ] 이상
③ 2[MΩ] 이상 ④ 3[MΩ] 이상

202 태양광발전시스템의 정기점검사항 중 접속함의 출력단자와 접지 간의 절연저항은 몇 [MΩ] 이상이어야 하는가?

① 0.2 ② 0.5 ③ 0.7 ④ 1

풀이 출력단자와 접지 간의 절연저항
1[MΩ] 이상 측정전압 DC 500[V]

203 정격전압 300[V] 이하의 절연변압기 부착 인버터회로의 절연저항 시험기자재는 무엇인가?

① 1,000[V] 메거 ② 500[V] 메거
③ 검전기 ④ 보호계전기

풀이 절연변압기 부착 인버터 회로의 절연저항 시험기자재
- 인버터 정격전압 300[V] 이하 : 500[V] 절연저항계(메거)
- 인버터 정격전압 300[V] 초과 600[V] 이하 : 1,000[V] 절연저항계(메거)

204 태양광발전시스템의 운전 시 조작방법으로 틀린 것은?

① Main VCB반 전압 확인 ② 접속반, 인버터 정상작동 여부 확인
③ AC용 차단기 On, DC 측 차단기 On ④ 즉시 인버터 정상작동 여부 확인

풀이 태양광발전시스템용 인버터는 복전해도 5분이 경과한 후에 운전해야 한다.

205 인버터에 누전이 발생했을 경우 인버터에 표시되는 내용으로 옳은 것은?

① serial communication fault ② line inverter async fault
③ inverter M/C fault ④ inverter ground fault

풀이
- RTU 통신계통 이상 : serial communication fault
- 위상(한전−인버터) 이상 : line inverter async fault
- 인버터 M/C 이상 : inverter M/C fault
- 누전 발생 : inverter ground fault

정답 201 ② 202 ④ 203 ② 204 ④ 205 ④

206 중대형 태양광발전용 인버터의 누설전류시험 시 누설전류는 최대 몇 [mA] 이하여야 하는가?

① 5　　② 7　　③ 10　　④ 15

풀이 소형 및 중대형 태양광발전용 인버터의 누설전류시험 시 누설전류는 최대 5[mA] 이하이어야 한다.

207 다음 ( ) 안에 들어갈 숫자로 알맞은 것은?

> 측정기구로서 500[V]의 절연저항계를 이용하고 인버터의 정격전압이 300[V]를 넘고 600[V] 이하인 경우는 ( )[V]의 절연저항계를 사용한다.

① 500　　② 1,000　　③ 1,500　　④ 2,000

풀이 시험기자재
- 인버터 정격전압 300[V] 이하 : 500[V] 절연저항계(메거)
- 인버터 정격전압 300[V] 초과 600[V] 이하 : 1,000[V] 절연저항계(메거)

208 태양광발전시스템용 독립형 인버터의 시험항목으로 옳은 것은?

① 출력 측 단락시험
② 자동기동·정지시험
③ 단독운전 방지기능시험
④ 교류출력전류 변형률시험

풀이 태양광발전시스템용 인버터 시험항목

시험항목		독립형	계통연계형
구조시험		○	○
절연성능 시험	절연저항시험	○	○
	내전압시험	○	○
	감전보호시험	○	○
	절연거리시험	○	○
보호기능 시험	출력과 전압 및 부족전압보호기능시험	○	○
	주파수 상승 및 저하보호기능시험	○	○
	단독운전 방지기능시험	×	○
	복전 후 일정시간 투입방지기능시험	×	○
정상특성 시험	교류전압, 주파수 추종범위시험	×	○
	교류출력전류 변형률시험	×	○
	누설전류시험	○	○
	온도상승시험	○	○
	효율시험	○	○
	대기 손실시험	×	○
	자동가동·정지시험	×	○
	최대전력 추종시험	×	○
	출력전류 직류분 검출시험	×	○

정답 206 ①　207 ②　208 ①

시험항목		독립형	계통연계형
과도응답 시험	입력전력 급변시험	○	○
	계통전압 급변시험	×	○
	계통전압위상 급변시험	×	○
외부사고 시험	출력 측 단락시험	○	○
	계통전압 순간정전·강하시험	×	○
	부하차단시험	○	○
내전기 환경시험	계통전압 왜형률내량시험	×	○
	계통전압 불평형시험	×	○
	부하불평형시험	○	×
내 주위환경 시험	습도시험	○	○
	온습도사이클시험	○	○
전자기 적합성 (EMC)	전자파장해(EMI)	○	○
	전자파내성(EMS)	○	○

209 태양광 인버터의 회로에 대한 절연저항 측정방법으로 틀린 것은?

① 정격전압이 입출력에서 다를 경우에는 높은 측의 전압을 절연저항계의 선택기준으로 한다.
② 입출력 단자에 주회로 이외의 제어단자 등이 있는 경우에는 분리시키고 측정한다.
③ 서지업소버 등의 정격에 약한 회로에 관해서는 회로에서 분리시킨다.
④ 무변압기형 인버터의 경우에는 제조업자가 추천하는 방법에 따라 측정한다.

풀이 인버터회로에 대한 절연저항 측정 시 유의사항
- 정격전압이 입출력과 다를 때는 높은 측의 전압을 절연저항계의 선택기준으로 한다.
- 입출력 단자에 주회로 이외의 제어단자 등이 있는 경우에는 이것을 포함해서 측정한다.
- 측정할 때는 SPD 등의 정격에 약한 회로들은 회로에서 분리시킨다.
- 절연변압기를 장착하지 않은 인버터의 경우에는 제조업자가 권장하는 방법에 따라 측정한다.
- 트랜스리스인버터의 경우에는 제조업자가 추천하는 방법에 따라 측정한다.

210 인버터의 절연저항 측정 시 주의사항으로 틀린 것은?

① 정격에 약한 회로들은 회로에서 분리하여 측정한다.
② 정격전압이 입출력과 다를 때는 낮은 측의 전압을 선택기준으로 한다.
③ 입출력단자에 주회로 이외 제어단자 등이 있는 경우 이것을 포함해서 측정한다.
④ 절연변압기를 장착하지 않은 인버터는 제조사가 추천하는 방법에 따라 측정한다.

풀이 문제 209번 풀이 참조

정답 209 ② 210 ②

211 계통연계형 인버터의 계통전압 불평형시험의 품질기준으로 틀린 것은?

① 역률이 0.95 이상일 것
② 정격출력에서 정상적으로 동작할 것
③ 절연저항은 1[MΩ] 이상이며, 상용주파수 내전압에 1분간 견딜 것
④ 출력전류의 총합 왜형률이 5[%] 이하, 각 차수별 왜형률이 3[%] 이하일 것

풀이 ㉠ 계통전압 불평형시험(내전기환경시험) : 인버터의 배전방식이 3상 4선식인 경우 적용
[판정기준]
 • 정격출력에서 안전하게 운전할 것
 • 역률이 0.95 이상일 것
 • 출력전류의 총합 왜형률이 5[%] 이하, 각 차수별 왜형률이 3[%] 이하일 것
㉡ 내주위 환경시험
[판정기준]
 • 절연저항은 1[MΩ] 이상일 것
 • 상용주파수 내전압에 1분간 견딜 것

212 중대형 태양광발전용 인버터의 누설전류시험에 대한 설명이 아닌 것은?

① 품질기준은 누설전류가 5[mA] 이하이다.
② 교류전원을 정격전압 및 정격주파수로 운전한다.
③ 직류전원은 인버터출력이 정격출력이 되도록 설정한다.
④ 인버터의 기체와 대지 사이에 100[Ω] 이상의 저항을 접속한다.

풀이 중대형 태양광발전용 인버터의 누설전류시험
 • 교류전원을 정격전압 및 정격주파수로 운영한다.
 • 직류전원은 인버터출력이 정격출력이 되도록 설정한다.
 • 인버터의 기체와 대지 사이에 1[kΩ]의 저항을 접속해서 저항에 흐르는 누설전류를 측정한다.
 • 누설전류가 5[mA] 이하이어야 한다.

213 절연변압기 부착 인버터회로의 절연저항 측정 시 유의사항으로 틀린 것은?

① 정격전압이 입출력과 다를 때는 낮은 측의 전압을 절연저항계의 선택기준으로 한다.
② 입출력단자에 주회로 이외의 제어단자 등이 있는 경우에는 이것을 포함해서 측정한다.
③ 측정할 때는 SPD 등의 정격에 약한 회로들은 회로에서 분리시킨다.
④ 절연변압기를 장착하지 않은 인버터의 경우에는 제조업자가 권장하는 방법에 따라 측정한다.

풀이 정격전압이 입출력과 다를 때는 높은 측의 전압을 절연저항계의 선택기준으로 한다.

정답 211 ③ 212 ④ 213 ①

214 태양광발전시스템의 접속함점검 중 DC 500[V] 메거로 태양전지-접지 간의 절연저항 측정 시 저항값은 얼마 이상인가?

① 0.1[MΩ] 이상
② 0.2[MΩ] 이상
③ 1[MΩ] 이상
④ 2[MΩ] 이상

풀이 접속함의 점검항목

점검항목		점검요령
육안점검	외함의 부식 및 파손	부식 및 파손이 없을 것
	방수처리	전선인입구가 실리콘 등으로 방수 처리될 것
	배선의 극성	태양전지에서 배선의 극성이 바뀌지 않을 것
	단자대 나사 풀림	확실히 취부되고 나사의 풀림이 없을 것
측정	절연저항(태양전지-접지 간)	DC 500[V] 메거로 측정 시 0.2[MΩ] 이상
	절연저항(각 출력단자-접지 간)	DC 500[V] 메거로 측정 시 1[MΩ] 이상
	개방전압 및 극성	규정된 전압범위 이내이고 극성이 올바를 것 (각 회로마다 모두 측정)

215 어레이 및 접속함(단자함)의 점검내용이 아닌 것은?

① 어레이 출력 확인
② 절연저항 측정
③ 퓨즈 및 다이오드의 소손 여부
④ 온도센서 동작 확인

풀이 어레이 및 접속함의 점검항목
㉠ 접속함은 어레이와 인버터 사이에 설치
㉡ 접속함 내 설치기기 점검
  • 어레이 측 개폐기
  • 주개폐기
  • 서지보호장치(SPD)
  • 역류방지소자
  • 출력용 단자대
  • 감시용 DC, CT, DC, PT, T/O(Transducer) 또는 Multi Power Transducer 등
㉢ 육안점검 : 외함의 부식 및 파손, 방수처리, 배선의 극성, 단자대 나사 풀림
㉣ 측정 : 절연저항(태양전지-접지 간 : 각 출력단자-접지 간), 개방전압 및 극성
㉤ 퓨즈 : 단락전류 차단

216 절연변압기가 부착된 태양광인버터의 정격전압이 600[V]일 때 절연저항 측정 시 사용하는 절연저항계는 몇 [V]용을 이용하는가?

① 500
② 1,000
③ 2,000
④ 3,000

정답 214 ② 215 ④ 216 ②

풀이 인버터회로(절연변압기 부착)

입력단자 및 출력단자를 각각 단락하고, 그 단자와 대지 간의 절연저항을 측정한다. KS C 1302에서 규정하는 대로 시험품의 정격전압이 300[V] 미만에서는 500[V], 300[V] 이상 600[V] 이하에서는 1,000[V]의 절연저항계를 사용해 측정한다.

시험기자재
- 인버터 정격전압 300[V] 이하 : 500[V] 절연저항계(메거)
- 인버터 정격전압 300[V] 초과 600[V] 이하 : 1,000[V] 절연저항계(메거)

217 태양광발전시스템의 접속함 정기점검 시 육안점검항목으로 틀린 것은?

① 외부배선의 손상　　　　② 전해액면 저하
③ 접지선의 손상　　　　　④ 외함의 부식 및 파손

풀이 축전지의 육안점검항목 : 전해액면의 저하

218 중대형 태양광발전용 인버터의 시험 중 정상특성시험항목이 아닌 것은?

① 내전압시험　　　　　　② 효율시험
③ 누설전류시험　　　　　④ 온도상승시험

풀이 중대형 태양광발전용 인버터의 시험 중 정상특성시험항목

교류전압주파수 추종범위시험, 교류출력전류 변형률시험, 누설전류시험, 온도상승시험, 효율시험, 대기손실시험, 자동 기동 · 정지시험, 최대전력 추종시험, 출력전류직류분 검출시험

219 태양광발전시스템 각 부분의 절연상태를 측정하기 위한 시험기자재가 아닌 것은?

① 온도계　　　　　　　　② 직류전압계(테스터)
③ 단락용 개폐기　　　　　④ 절연저항계(메거)

풀이 절연저항의 시험기자재 : 절연저항계(메거), 온도계, 습도계, 단락용 개폐기

220 접속함에 설치된 태양전지와 접지선 간의 절연저항은 DC 500[V] 메거로 측정 시 최소 몇 [MΩ] 이상이어야 하는가?

① 0.1　　　　② 0.2　　　　③ 0.3　　　　④ 0.4

풀이 태양전지와 접지선 간의 절연저항은 DC 500[V] 메거로 측정 시 최소 0.2[MΩ] 이상이어야 한다.

정답　217 ②　218 ①　219 ②　220 ②

221 태양광발전시스템 접속함의 고장현상과 원인의 연결로 틀린 것은?

① 어레이 단자 변형 – 누전
② 다이오드 과열 – 다이오드 불량
③ 부스바 과열 – 과전류, 부스바 결합상태 불량
④ 터미널튜브 변색 – 과전류, 과열

풀이 어레이 단자의 변형은 외부의 무리한 힘에 의한 것이다.

222 태양광발전설비 접속함의 점검사항이 아닌 것은?

① 역전류방지다이오드의 이상 유무
② 접속부의 볼트 조임상태 및 발열상태
③ 퓨즈상태 확인
④ 조도계 센서의 동작 여부

223 태양광발전시스템의 점검 중 발전전력의 육안점검에 대한 설명으로 틀린 것은?

① 인버터의 출력표시 : 인버터 운전 중 전력표시부에 사양대로 표시될 것
② 전력량계(송전 시) : 회전을 확인할 것
③ 전력량계(수전 시) : 정지를 확인할 것
④ 표시부 동작 확인 : 표시가 정상으로 되어 있을 것

풀이 표시부 동작 확인은 운전정지 시 육안점검사항이다.

224 태양광발전용 접속함의 환경시험 중 충격시험에서의 시험조건으로 틀린 것은?

① 상하방향 각 5회
② 지속시간 : 11[ms]
③ 가속도 : 500[m/s^2]
④ 반정현 파형

풀이 KS C IEC 60068 – 2 – 27(충격시험) : 운반 또는 사용되는 동안 비교적 드문 비반복적 충격 등을 입을 수 있는 부품, 장치 및 기타 전기기계적 제품에 적용한다.

- 비반복적인 충격 : 각 축과 방향에 3번의 충격

가혹도		펄스형태	부품용
첨두가속도[m/s^2]	지속시간[ms]		
500	11	• 최종 첨두 톱니 파형 • 반정형 파형 • 사다리꼴 파형	바퀴가 달린 차량으로 운반되며 안전한 포장에 들어 있는 품목

정답 221 ① 222 ④ 223 ④ 224 ①

225 태양광발전용 접속함의 시험항목이 아닌 것은?

① 내부식성 시험 ② 온도상승시험 ③ 절연특성시험 ④ UV전처리시험

풀이 KS C 8567(태양광발전용 접속함) 표준에 의한 시험항목
구조시험, 공간거리와 연면거리시험, 절연특성시험, 내열성 시험, 내부식성 시험, 외함보호등급(IP), 온도상승시험, 직류전원장치의 안전성 및 전파와 적합성 시험, 표시의 내구성 시험

226 태양광발전시스템의 점검 중 운전정지의 조작 및 육안점검의 내용으로 틀린 것은?

① 운전스위치는 운전에서 운전하고 정지에서 정지할 것
② 인버터가 정지하여 3분 후 자동기동할 것
③ 자립운전으로 전환할 때, 자립운전용 콘센트에서 사양서의 규정전압이 출력될 것
④ 표시부의 동작 확인

풀이 운전정지 점검항목

	점검항목	점검요령
조작 및 육안점검	보호계전기능의 설정	전력회사 정정치를 확인할 것
	운전	운전스위치 '운전'에서 운전할 것
	정지	운전스위치 '정지'에서 정지할 것
	투입저지시한타이머 동작시험	인버터가 정지하여 5분 후 자동기동할 것
	자립운전	자립운전으로 전환할 때, 자립운전용 콘센트에서 사양서의 규정전압이 출력될 것
	표시부의 동작 확인	표시가 정상으로 표시되어 있을 것
	이상음 등	운전 중 이상음, 이상진동, 악취 등의 발생이 없을 것
측정	발생전압(태양전지모듈)	태양전지의 동작전압이 정상일 것(동작전압 판정 일람표에서 확인)

227 배전반 제어회로의 배선에서 일상점검항목으로 틀린 것은?

① 가동부 등의 연결전선의 절연피복 손상 여부 확인
② 전선의 지지물의 탈락 여부 확인
③ 과열에 의한 이상한 냄새 여부 확인
④ 조임부의 이완 여부 확인

풀이 배전반 제어회로 배선과 단자대의 일상점검 항목

대상	점검개소	목적	점검내용
제어 회로의 배선	배선 전반	손상	가동부 등의 연결전선의 절연피복 손상 여부 확인
			전선지지물의 탈락 여부 확인
		이상한 냄새	과열에 의한 이상한 냄새 여부 확인
단자대	외부 일반	조임의 이완	조임부의 이완 여부 확인
		손상	절연물 등의 균열, 파손 여부 확인

정답 225 ④ 226 ② 227 ④

228 도체의 저항, 두 점 사이의 전압 및 전류세기를 측정하는 검사장비는?

① 오실로스코프 ② 접지저항계
③ 멀티미터 ④ 검전기

풀이 ① 오실로스코프 : 파동과 같은 주기적 진동(Oscillation)을 시각적으로 보여주는 장비
② 접지저항계 : 접지극과 대지와의 저항 측정
③ 멀티미터 : 저항, 직류/교류전압, 직류전류(10[A] 이하) 측정
④ 검전기 : 전로의 통전 유무 확인

229 금속부분에 녹이 발생한 경우 유의하여 점검할 부분이 아닌 곳은?

① 용접 부위의 부식으로 기계적 강도가 떨어질 우려가 없는 부위
② 기구부 등에 녹이 발생하여 회전이 원활하지 않다고 생각하는 부위
③ 녹의 발생으로 접촉저항이 변화하여 통전에 지장이 생기는 부위
④ 녹이 발생하여 미관을 저해하는 부위

풀이 금속부분에 녹이 발생한 경우 유의하여 점검할 부분
- 기구부 등에 녹이 발생하여 회전이 원활하지 않다고 생각되는 부위
- 녹의 발생으로 접촉저항이 변화하여 통전부에 지장이 생기는 부위
- 스프링의 녹 발생, 접합용접 부위의 부식 등으로 기계적 강도가 떨어질 염려가 있는 부위
- 녹이 발생하여 미관을 해치는 부위

230 배전반 외부에서 이상한 소리, 냄새, 손상 등을 점검항목에 따라 점검하며, 이상상태 발견 시 배전반 문을 열고 이상 정도를 확인하는 점검은?

① 일시점검 ② 정기점검
③ 임시점검 ④ 일상순시점검

풀이 ㉠ 일상순시점검
- 유지보수요원의 감각기관에 의거해 시각점검 실시(변색 파손, 단자 이완 등) – 비정상적인 소리, 냄새 등을 통해 시설물의 외부에서 점검항목별로 점검한다.
- 이상상태가 발견된 경우에는 시설물의 문을 열고 이상 정도를 확인한다.

㉡ 정기점검 : 원칙적으로 정전시키고 무전압상태에서 기기의 이상상태 점검
㉢ 임시점검 : 임시점검은 일상점검 등에서 발견된 이상 등의 문제나 사고가 발생한 경우 점검

231 변압기의 일상점검항목으로 잘못된 것은?

① 이상한 소리, 이상한 냄새 ② 절연유의 노출
③ 온도계 및 유면계의 지시치 ④ 동작상태 표시부분의 식별 여부

정답 228 ③ 229 ① 230 ④ 231 ④

풀이 동작상태 표시부분의 식별 여부는 차단기의 일상점검항목이다.

변압기, 리액터의 일상점검항목

점검 개소	목적	점검내용
외부 일반	이상한 소리	코로나 등의 이상한 소리는 없는가?
	이상한 냄새	코로나 방전 또는 과열에 의한 이상한 냄새는 없는가?
	누출	절연유의 누출은 없는가?
온도계	지시표시	지시는 소정의 범위 내에 들어가 있는가?
유면계 가스압력계	지시표시	유면은 적당한 위치에 있는가?
		가스의 압력은 규정치보다 낮지 않은가?(질소봉입의 경우)

232 변압기에 대한 일상점검의 항목으로 틀린 것은?

① 온도계의 표시가 적정 온도범위에서 유지되는지 여부
② 코로나에 의한 이상한 소리의 발생 여부
③ 과열에 의한 이상한 냄새의 발생 여부
④ 냉각팬 필터부분의 막힘 여부

풀이 냉각팬 필터부분의 막힘 여부 점검은 인버터의 일상점검항목이다.

233 절연내력의 측정에 관한 설명 중 빈칸에 알맞은 내용은?

절연저항 측정과 같은 회로조건으로서 표준태양전지어레이 개방전압을 최대사용전압으로 간주하여 최대사용전압의 (ㄱ)의 직류전압이나 (ㄴ)의 교류전압(500[V] 미만일 때는 500[V])을 (ㄷ)간 인가하여 절연파괴 등의 이상이 발생하지 않은 것을 확인한다.

① ㄱ : 1배   ㄴ : 1.5배   ㄷ : 10분
② ㄱ : 1.5배   ㄴ : 5배   ㄷ : 5분
③ ㄱ : 1.5배   ㄴ : 1배   ㄷ : 10분
④ ㄱ : 1.5배   ㄴ : 1배   ㄷ : 5분

234 태양전지모듈, 어레이의 절연내압 측정 시 개방전압 1.5배의 직류전압 또는 1배의 교류전압을 몇 분간 인가하는가?

① 5분   ② 10분   ③ 15분   ④ 20분

풀이 태양전지모듈 및 어레이의 절연내압 측정
표준태양전지어레이의 개방전압을 최대사용전압으로 간주하여 최대사용전압의 1.5배의 직류전압 혹은 1배의 교류전압(500[V] 미만일 때는 500[V])을 10분간 인가한 후 절연파괴 등의 이상이 발생하지 않는 것을 확인한다.

정답 232 ④   233 ③   234 ②

235 전력설비기기를 이상전압으로부터 보호하는 장치는?

① 피뢰기 ② 부하개폐기
③ 단로기 ④ 계기용 변성기

풀이 ② 부하개폐기 : 부하전류의 개폐
③ 단로기 : 무부하상태에서 전로의 개폐
④ 계기용 변성기 : 계기용 변류기(CT)와 계기용 변압기(PT)를 한 상자에 넣은 것

236 독립형 태양광발전시스템에서 사용되는 축전지가 갖추어야 할 특징으로 적당하지 않은 것은?

① 충분히 긴 사용 수명 ② 높은 자기 방전과 에너지 효율
③ 높은 에너지와 전력밀도 ④ 낮은 유지보수 요건

풀이 축전지가 갖추어야 할 조건
- 가격이 싸고 성능이 좋을 것
- 수명이 길 것
- 높은 에너지와 전력밀도
- 진동내성
- 유지보수 편리
- 작은 충전전류로 충전할 수 있을 것
- 자기방전이 낮을 것
- 친환경

237 태양광발전시스템의 운전상태에 따른 발생신호에 대한 설명으로 틀린 것은?

① 인버터에 이상이 발생하면 인버터는 자동으로 정지하고 이상신호를 나타낸다.
② 태양전지 전압이 저전압 또는 과전압이 되면 이상신호를 나타내고 인버터 MC는 On 상태로 정지한다.
③ 한전전력계통에서 정전이 발생하면 0.5초 이내에 인버터는 정지하고 복전 확인 후 5분 이후에 재기동한다.
④ 정상운전 시에는 태양전지로부터 전력을 공급받아 인버터가 계통전압과 동기로 운전을 하며 계통과 부하에 전력을 공급한다.

풀이
- 정상운전 : 태양전지로부터 전력을 공급받아 인버터가 계통전압과 동기로 운전을 하며 계통과부하에 전력을 공급한다.
- 태양전지 전압 이상 시 운전 : 태양전지가 저전압이나 과전압상태가 되면 이상신호(Fault)를 표시하고, 인버터는 정지, M/C는 Off상태로 된다.
- 인버터 이상 시 운전 : 인버터에 문제가 발생하면 자동정지하고 이상신호(Fault)를 표시한다.

238 태양광발전용 축전지의 측정항목으로 틀린 것은?

① 일사량 ② 충전전류 ③ 방전전류 ④ 단자전압

풀이 축전지의 측정항목 : 충전전류, 방전전류, 단자전압

정답 235 ① 236 ② 237 ② 238 ①

239 태양전지모듈, 어레이의 개방전압 측정 목적이 아닌 것은?
① 인버터의 오동작 여부 검출
② 동작 불량의 태양전지모듈 검출
③ 직렬접속선의 결선누락 사고 검출
④ 태양전지모듈의 잘못 연결된 극성 검출

풀이 태양전지모듈, 어레이의 개방전압 측정은 태양전지어레이 동작상태를 확인하기 위함이다.

태양전지어레이의 개방전압 측정 목적
- 동작 불량의 스트링이나 태양전지모듈 검출
- 직렬접속선의 결선누락 사고 검출
- 태양전지모듈의 잘못 연결된 극성 검출

정답 239 ①

⋯03 태양광발전시스템 안전관리(시공, 설비, 구조, 장비)

01 전기안전 작업수칙에 대한 설명으로 틀린 것은?
① 작업자는 작업을 주어진 시간 내에 완료해야 하므로 시계를 착용하고 작업에 임해야 한다.
② 고압 이상 개폐기 조작은 꼭 무부하상태에서 실시하고 개폐기 조작 후 잔류전하 방전상태를 검전기로 확인한다.
③ 고압 이상의 전기설비는 꼭 안전장구를 착용 후 조작한다.
④ 비상용 발전기 가동 전 비상전원 공급구간을 반드시 재확인한다.

풀이 전기안전 작업수칙
- 작업자는 시계, 반지 등 금속체 물건을 착용해서는 안 된다.
- 정전작업 시 작업 중의 안전표찰을 부착하고 출입을 제한시킬 필요가 있을 시에는 구획로프를 설치한다.
- 고압 이상 개폐기 및 차단기의 조작은 책임자의 승인을 받고 담당자가 조작순서에 의해 조작한다.
- 고압 이상 개폐기 조작은 반드시 무부하상태에서 실시하고 개폐기 조작 후 잔류전하 방전상태 역시 검전기로 확인한다.
- 고압 이상의 전기설비는 반드시 안전장구를 착용한 후 조작한다.
- 비상용 발전기 가동 전 비상전원 공급구간을 반드시 재확인한다.
- 작업 완료 후 전기설비의 이상 유무를 확인한 후 통전한다.

02 태양광발전시스템의 안전관리 예방업무가 아닌 것은?
① 시설물 및 작업장 위험 방지
② 안전작업 관련 훈련 및 교육
③ 안전관리비 실행 집행 및 관리
④ 안전장구, 보호구, 소화설비의 설치, 점검, 정비

풀이 안전관리 예방업무
- 시설물 및 작업장 위험방지
- 안전작업 관련 훈련 및 교육
- 소화 및 피난훈련
- 안전장치, 보호구, 소화설비의 설치, 점검, 정비

03 전기안전관리업무를 대행하는 자가 갖추어야 할 장비가 아닌 것은?
① 절연저항기
② 클램프미터
③ 저압검전기
④ 인버터

정답 01 ① 02 ③ 03 ④

풀이 전기안전관리업무 대행자가 갖추어야 할 장비
- 절연저항측정기(500[V], 100[MΩ])
- 클램프미터
- 저압검전기
- 접지저항측정기
- 고압 · 특고압검전기

04 전기안전규칙 준수사항에 대한 설명으로 잘못된 것은?

① 작업장의 바닥이 젖은 상태에서는 절대로 작업해서는 안 된다.
② 전기작업을 할 때는 절대로 혼자 작업해서는 안 된다.
③ 전기작업은 한 손을 사용하지 말고 가능하면 양손으로 작업한다.
④ 어떠한 경우에도 접지선을 제거해서는 안 된다.

풀이 전기안전규칙 준수사항
- 모든 전기설비 및 전기선로에는 항상 전기가 흐르고 있다는 생각으로 작업에 임해야 한다.
- 작업 전에 현장의 작업조건과 위험요소의 존재 여부를 미리 확인한다.
- 배선용 차단기, 누전차단기 등과 같은 안전장치가 결코 자신의 안전을 보호할 수 있다고 생각해서는 안 된다.
- 어떠한 경우에도 접지선을 절대 제거해서는 안 된다.
- 기기와 전선의 연결, 공구 등의 정리정돈을 철저히 해야 한다.
- 작업장의 바닥이 젖은 상태에서는 절대로 작업해서는 안 된다.
- 전기작업을 할 때는 절대로 혼자 작업해서는 안 된다.
- 전기작업은 양손을 사용하지 말고 가능하면 한 손으로 작업한다.
- 작업 중에는 절대 잡담(특히 활선인 경우)을 하지 않도록 한다.
- 전기작업자는 어떤 상황이라도 급하게 행동해서는 안 된다.

05 전기재해를 예방하는 전기안전규칙에 관한 설명 중 틀린 것은?

① 통전표시기를 전선에 설치하여 전원의 투입상태를 감시할 것
② 전기작업을 할 때에는 되도록 두 손으로 안전하게 작업할 것
③ 전원을 차단했더라도 전기설비 및 전기선로에는 전기가 흐른다는 생각으로 작업에 임할 것
④ 배선용 차단기, 누전차단기 등이 작업자의 안전을 보호하지 못하므로 정상동작상태를 확인할 것

풀이 전기안전규칙 준수사항
- 모든 전기설비 및 전기선로에는 항상 전기가 흐르고 있다는 생각으로 작업에 임해야 한다.
- 작업 전에 현장의 작업조건과 위험요소의 존재 여부를 미리 확인한다.
- 배선용 차단기, 누전차단기 등과 같은 안전장치가 결코 자신의 안전을 보호할 수 있다고 생각해서는 안 된다.
- 어떠한 경우에도 접지선을 절대 제거해서는 안 된다.
- 기기와 전선의 연결, 공구 등의 정리정돈을 철저히 해야 한다.
- 바닥이 젖은 상태에서는 절대로 작업해서는 안 된다.

정답 04 ③ 05 ②

- 전기작업을 할 때는 절대로 혼자 작업해서는 안 된다.
- 전기작업은 양손을 사용하지 말고 가능하면 한 손으로 작업한다.
- 작업 중 잡담은 절대 금한다.
- 전기작업자는 어떤 상황이라도 급하게 행동해서는 안 된다.

06 태양광발전설비의 안전관리를 위해 안전관리자가 보유하여야 할 장비로 적당하지 않은 것은?

① 검전기
② 각도계
③ 전압 Tester
④ Earth Tester

 풀이

장비	수량
절연저항측정기 (500[V], 100[MΩ] : 인버터 정격전압 300[V] 이하)	1
절연저항측정기 (1,000[V], 2,000[MΩ] : 인버터 정격전압 300[V] 초과 600[V] 이하)	1
접지저항측정기	1
클램프미터	1
저압검전기	1
고압 및 특고압기	1
계전기 시험기	1
적외선열화상카메라 (적외선 실화상 기능을 갖추고 측정온도 250[℃] 이상, 해상도 1만 픽셀 이상일 것)	1

07 전기안전관리 대행자격요건으로 적당하지 않은 것은?

① 안전공사
② 자본금을 보유하여야 할 기술인력 등 대통령령으로 정하는 요건을 갖춘 전기안전관리 대행사업자
③ 전기분야의 기술자격을 취득한 사람으로서 대통령령으로 정하는 장비를 보유하고 있는 자
④ 건설기술인협회

풀이 전기안전관리 대행자격요건 ①, ②, ③항

08 태양광발전설비 용량이 700[kW] 이상 1,000[kW] 미만일 때 정기점검 횟수는?

① 월 2회
② 월 1회
③ 월 4회
④ 월 3회

정답 06 ② 07 ④ 08 ③

풀이 발전설비 용량별 정기점검 횟수

용량[kW]	300 미만	500 미만	700 미만	1,500 미만
횟수(월)	1회	2회	3회	4회

09 전기안전관리자를 상주안전관리자로 선임해야 하는 발전설비 용량은?

① 100[kW] 이하
② 250[kW] 이하
③ 500[kW] 이하
④ 1,000[kW] 초과

풀이 태양광발전설비 용량에 따른 안전관리자 선임

발전용량	안전관리자 선임
10[kW] 이하	미선임
10[kW] 초과	안전관리자 선임
1,000[kW] 이하	안전관리자 대행사업자 대행 가능
1,000[kW] 초과	상주안전관리자 선임

10 태양광발전시스템의 사용 전 검사 및 정기검사, 안전관리자 선임과 관련된 법은?

① 전기사업법
② 전기공사업법
③ 전력기술관리법
④ 전기안전관리법

풀이 전기안전관리법 제9조(사용 전 검사)
제8조에 따라 자가용전기설비의 설치공사 또는 변경공사를 한 자는 산업통상자원부령으로 정하는 바에 따라 산업통상자원부장관 또는 시·도지사가 실시하는 검사에 합격한 후에 이를 사용하여야 한다.

전기안전관리법 제11조(정기검사)
① 전기사업자 및 자가용전기설비의 소유자 또는 점유자는 산업통상자원부령으로 정하는 전기설비에 대하여 산업통상자원부령으로 정하는 바에 따라 산업통상자원부장관 또는 시·도지사로부터 정기적으로 검사를 받아야 한다.
② 「전기사업법」 제2조제6호 및 제8호에 따른 송전사업자 및 배전사업자가 같은 법 제65조의2에 따라 자체 검사를 실시한 경우에는 제1항에 따른 검사를 받은 것으로 본다.

전기안전관리법 제22조(전기안전관리자의 선임 등)
① 전기사업자나 자가용전기설비의 소유자 또는 점유자는 전기설비(휴지 중인 전기설비는 제외한다)의 공사·유지 및 운용에 관한 전기안전관리업무를 수행하게 하기 위하여 산업통상자원부령으로 정하는 바에 따라 「국가기술자격법」에 따른 전기·기계·토목 분야의 기술자격을 취득한 사람 중에서 각 분야별로 전기안전관리자를 선임하여야 한다.

정답 09 ④ 10 ④

11 누전에 의한 인사사고 및 화재로부터 인명과 재산을 지키기 위해 전기기기의 접지를 완벽하게 시공해야 한다. 이에 해당하는 대상이 아닌 것은?

① 전기기기의 가대
② 금속관
③ 목재구조
④ 케이블의 피복금속재

풀이 인체감전보호 및 화재예방을 위한 접지는 노출도전부와 계통외 도전부의 금속체에 대해 실시한다.

12 설비용량 10[kW] 초과 태양광발전시스템의 전기설비를 운영하기 위한 법정 필수요원은?

① 모니터링요원
② 전기안전관리자
③ 유지보수요원
④ REC 관리자

풀이 설비용량 10[kW] 초과 태양광발전설비는 안전관리자가 선임되어야 하고 용량 1,000[kW] 미만인 것은 안전관리업무를 대행하게 할 수 있으며 그 이상의 경우에는 상주안전관리차를 선임하여야 한다.

13 안전관리업무를 외부 대행사업자가 수행할 수 있는 태양광발전설비 용량의 규모는?

① 500[kW] 미만
② 750[kW] 미만
③ 1,000[kW] 미만
④ 3,000[kW] 미만

풀이 안전관리업무 대행규모(전기안전관리법 시행규칙 제26조)
- 안전공사 및 대행사업자 : 용량 1,000[kW] 미만 태양광발전설비
- 개인 대행자 : 용량 250[kW] 미만 태양광발전설비

14 정전작업 전 조치사항으로 틀린 것은?

① 전로의 개로개폐기에 시건장치 및 통전금지 표지판 설치
② 전력케이블, 전력콘덴서 등의 잔류전하의 방전
③ 검전기로 개로된 전로의 충전 여부 확인
④ 작업감독자에 의한 작업 지휘

풀이 **정전작업 전 조치사항** : 단락접지기구로 단락접지
작업 감독자에 의한 작업 지휘는 작업 중 조치사항이다.

15 감전의 위험을 방지하기 위해 정전작업 시에 작성하는 정전작업요령에 포함되는 사항이 아닌 것은?

① 정전확인순서에 관한 사항
② 단독 근무 시 필요한 사항
③ 단락접지 실시에 관한 사항
④ 시운전을 위한 일시운전에 관한 사항

정답 11 ③ 12 ② 13 ③ 14 ④ 15 ②

풀이 정전작업요령에 포함되어야 할 사항
- 작업책임자의 임명, 정전범위 및 절연용 보호구의 작업시작 전 점검 등 작업 시 작업에 필요한 사항
- 전로 또는 설비의 정전순서에 관한 사항
- 개폐기 관리 및 표지판 부착에 관한 사항
- 정전확인순서에 관한 사항
- 단락접지 실시에 관한 사항
- 전원 재투입순서에 관한 사항
- 점검 또는 시운전을 위한 일시운전에 관한 사항

16 정전작업 후의 조치사항으로 틀린 것은?
① 단락접지기구의 철거
② 시건장치 또는 표지판 철거
③ 작업자에 대한 위험이 없는 것을 최종 확인
④ 근접활선에 대한 방호상태의 관리 확인

풀이 정전작업 후 조치사항
①, ②, ③ 외에 개폐기 투입으로 송전 재개

17 충전전로의 방호 시 유의사항으로 틀린 것은?
① 주상에서의 방호작업은 단독으로 한다.
② 방호작업 시에는 발판 등을 사용하고 안정된 자세로 절연용 방호구를 장착한다.
③ 절연용 방호구는 몸 가까운 충전전로로부터 설치하고 철거 시에는 반대로 먼 곳부터 한다.
④ 바인드선이나 전선의 끝이 전기용 고무장갑에 상처를 내지 않도록 주의한다.

풀이 충전전로의 방호 시 유의사항
- 작업지휘자는 작업자에게 방호방법과 순서를 지시한 후 직접 방호작업을 지휘한다.
- 절연용 방호구는 잘 손질되고 정비된 것으로 준비하고 손상 유무를 점검한다.
- 방호를 하는 작업자는 먼저 절연용 보호구를 착용하여 신체를 보호한 후, 작업지휘자가 보호구의 착용상태를 점검하고, 미비점이 있으면 바로잡은 후 작업에 착수한다.
- 주상에서의 방호작업은 원칙적으로 2명이 하고, 단독작업은 가급적 피한다.
- 방호작업 시에는 발판 등을 사용하고 안정된 자세로 절연용 방호구를 장착한다.
- 절연용 방호구는 몸 가까운 충전전로로부터 설치하고, 철거 시에는 반대로 먼 곳부터 한다.
- 바인드선이나 전선의 끝이 전기용 고무장갑에 상처를 내지 않도록 주의한다.
- 절연용 방호구는 작업 중이나 이동 시 탈락되지 않도록 고무끈 등으로 확실하게 고정시킨다.

정답 16 ④ 17 ①

18 충전전로를 취급하는 근로자가 착용하는 절연용 보호구가 아닌 것은?

① 절연고무장갑　　　　　　　　② 절연안전모
③ 절연담요　　　　　　　　　　④ 절연화

풀이 작업자의 감전사고를 방지하기 위해 작업자가 착용하는 절연용 보호구
　　　전기용(절연) 안전모, 전기용(절연) 고무장갑, 전기용(절연) 고무장화(=절연화)

19 고압활선작업 시의 안전조치사항으로 잘못된 것은?

① 절연용 보호구 착용　　　　　② 절연용 방호구 설치
③ 단락접지기구 철거　　　　　　④ 활선작업용 기구 사용

풀이 고압활선작업 시의 안전조치사항
- 절연용 보호구 착용
- 활선작업용 기구 사용
- 절연용 방호구 설치
- 활선작업용 장치 사용

20 접근위험 경고 및 감전재해를 방지하기 위하여 사용하는 활선접근경보기의 사용범위가 아닌 것은?

① 활선에 근접하여 작업하는 경우
② 작업 중 착각·오인 등에 의해 감전이 우려되는 경우
③ 보수작업 시행 시 저압 또는 고압 충전 유무를 확인하는 경우
④ 정전작업 장소에서 사선구간과 활선구간이 공존되어 있는 경우

풀이 보수작업 시행 시 저압 또는 고압 충전 유무를 확인하는 것은 검전기이다.

21 절연용 보호구가 아닌 것은?

① 안전모　　　　　　　　　　　② 전기용 고무장갑
③ 전기용 고무절연장화　　　　　④ 전기용 작업복

풀이 절연용 보호구의 종류
　　　안전모, 전기용 고무장갑, 전기용 고무절연장화 등

22 절연용 방호구가 아닌 것은?

① 애자커버　　　　　　　　　　② 핫스틱
③ 고무판　　　　　　　　　　　④ 절연시트

풀이 절연용 방호구의 종류
　　　고무판, 절연관, 절연시트, 절연커버, 애자커버 등

정답　18 ③　19 ③　20 ③　21 ④　22 ②

23 전기용 고무장갑 사용 시 주의사항에 대한 설명 중 잘못된 것은?
① 고무장갑은 공구, 자재와 혼합보관하거나 운반하지 말 것
② 고무장갑의 손상 우려 시에는 반드시 가죽장갑을 내부에 착용할 것
③ 3[kV]용 고무장갑을 6[kV]에 사용하지 말 것
④ 소매를 접어서 사용하지 말 것

풀이 전기용 고무장갑 사용 시 주의사항
- 사용 전에 반드시 공기를 불어넣어 새는 곳이 없는지 확인하고, 샐 경우에는 사용하지 말 것
- 고무장갑은 공구, 자재와 혼합보관 및 운반하지 말 것
- 사용하지 않는 고무장갑은 먼지, 습기, 기름 등이 없고 통풍이 잘되는 곳에 보관할 것
- 고무장갑의 손상 우려 시에는 반드시 가죽장갑을 외부에 착용할 것
- 3[kV]용 고무장갑을 6[kV]에 사용하지 말 것
- 소매를 접어서 사용하지 말 것

24 전기용 고무장갑의 사용범위에 대한 설명으로 틀린 것은?
① 고압 이하 충전부의 접속 · 절단 등을 작업할 경우
② 건조한 장소에서 고압전로에 접근이 어려운 경우
③ 정전작업 시 역송전으로 선로, 기기가 단락, 접지되는 경우
④ 활선상태의 배전용 지지물에 누설전류가 흐를 우려가 있는 경우

풀이 전기용 고무장갑의 사용범위
- 활선상태의 배전용 지지물에 누설전류가 흐를 우려가 있는 경우
- 고압 이하 충전부의 접속 · 절단 · 점검 등의 작업
- 고압활선 또는 활선근접작업으로 감전이 우려되는 장소
- 우중 또는 습기가 많은 장소의 기중개폐기를 개방 · 투입할 경우
- 정전작업 시 역송전으로 선로, 기기가 단락, 접지되는 경우
- 습기가 많은 장소에서 고압전로의 감전이 우려되는 경우
- 기타 전격의 위험이 우려되는 장소

25 태양광발전시스템의 감전사고 예방대책으로 잘못된 것은?
① 태양전지모듈 등 전원 개방
② 절연장갑 착용
③ 누전경보기 설치
④ 전선의 피복상태 관리

정답 23 ② 24 ② 25 ③

풀이 태양광발전시스템의 감전사고 예방대책

작업 종류	사고예방	조치사항
모듈 설치	추락사고 예방	• 높은 곳에서 작업 시 안전난간대 설치 • 안전모, 안전화, 안전벨트 착용
구조물 설치		• 안전난간대 설치 • 안전모, 안전화, 안전벨트 착용
전선작업 및 설치		• 정품의 알루미늄사다리 사용 • 안전모, 안전화, 안전벨트 착용
접속함, 파워컨디셔너 등 연결	감전사고 예방	• 태양전지모듈 등 전원 개방 • 절연장갑 착용
임시 배선작업		• 누전 발생 우려 장소에 누전차단기 설치 • 전선피복상태 관리

26 태양광발전시스템의 안전관리대책으로 추락사고 예방을 위한 조치사항 아닌 것은?

① 안전모 착용
② 절연장갑 착용
③ 안전벨트 착용
④ 안전난간대 설치

풀이 ㉠ 안전대책 복장 및 추락방지
  • 헬멧(안전모)의 착용
  • 안전벨트 착용
  • 안전화 착용
  • 허리띠 착용

㉡ 감전방지대책
  • 작업 전에 태양전지모듈의 표면에 차광시트를 씌워 태양광을 차단
  • 저압선로용 절연장갑을 낀다.
  • 절연처리가 된 공구를 사용한다.
  • 강우 시 작업을 하지 않는다.

27 분전함의 구성품이 아닌 것은?

① 개폐기
② 계측기기
③ 피뢰소자
④ 인버터

풀이 분전함의 구성품 : 개폐기, 계측기기, 피뢰소자

28 접속함에 사용되는 스트링퓨즈에 대한 설명으로 적당한 것은?

① 문제가 발생한 태양광어레이의 점검·보수 시 분리하기 위해 설치한다.
② 볼트 조임상태 및 과전류의 소손 흔적을 점검한다.
③ 장애가 발생한 어레이로 역전압이 흐르는 것을 방지한다.
④ 전압계, 전류계, 계량기 등 정상동작을 확인한다.

풀이 접속함 Fuse : 어레이 점검·보수 시 회로 분리

정답 26 ② 27 ④ 28 ①

29 멀티미터(테스터)의 측정대상이 아닌 것은?

① 저항
② 직류전류
③ 교류전류
④ 직류전압, 교류전압

풀이 멀티미터의 측정대상 : 저항, 직류전류, 직류전압, 교류전압

30 저압 및 고압용 검전기 사용 시 주의사항으로 틀린 것은?

① 습기가 있는 장소로서 위험이 예상되는 경우에는 고압고무장갑 착용
② 검전기의 정격전압을 초과하여 사용하는 것은 금지
③ 검전기의 사용이 부적당한 경우에는 조작봉으로 대응
④ 활선접근경보기를 검전기로 사용

풀이 활선접근경보기를 검전기 대용으로 사용하지 말 것

31 클램프미터의 측정대상이 아닌 것은?

① 저항
② 전류
③ 전력
④ 전압

풀이 클램프 미터의 측정대상 : 저항, 전류, 전압

32 안전장비의 정기점검관리 및 보관요령에 대한 설명으로 틀린 것은?

① 일주일에 한 번 책임 있는 감독자가 점검할 것
② 청결하고 습기가 없는 장소에 보관할 것
③ 보호구 사용 후에는 손질하여 항상 깨끗이 보관할 것
④ 세척 후에는 완전히 건조시켜 보관할 것

풀이 안전장비의 정기점검은 한 달에 한 번 이상 책임 있는 감독자가 점검한다.

33 안전보호구의 관리요령으로 틀린 것은?

① 사용 후 세척하여 보관할 것
② 세척 후에는 건조시켜 보관할 것
③ 정기적으로 점검관리하여 보관할 것
④ 청결하고 습기가 있는 곳에 보관할 것

풀이 안전보호구의 관리보관요령
- 사용 후 세척하여 보관한다.
- 정기적으로 점검관리하여 보관한다.
- 세척 후에는 건조시켜 보관한다.
- 청결하고 습기가 없는 곳에 보관한다.

정답 29 ③ 30 ④ 31 ③ 32 ① 33 ④

PART **05**

CBT 대비 모의고사

제1회 CBT 대비 모의고사

1과목 태양광발전 사전검토

01 PN접합구조의 반도체소자에 빛을 조사할 때, 전압차를 가지는 전자와 정공의 쌍이 생성되는 효과는?

① 광이온화효과　　② 광기전력 효과
③ 광전하효과　　　④ 핀치효과

풀이　광기전력 효과
PN 접합구조의 반도체소자에 빛을 조사할 때, 전압차를 가지는 전자와 정공의 쌍이 생성되는 효과이다.

02 태양전지셀의 그림기호는?

①
②
③
④

풀이　① 발광다이오드
② 광(수광)다이오드
　　셀과 모듈의 기호는 2가지 혼용
③ 태양전지셀

03 표준상태에서 태양전지어레이의 변환효율을 산출하는 계산식으로 옳은 것은?

- P_{AS} : 태양전지어레이 출력전력[kW]
- G_S : 경사면 일사량[kW/m²]
- G_H : 수평면 일사량[kW/m²]
- A : 태양전지어레이 면적[m²]

① $\eta = \dfrac{P_{AS}}{G_S \times A} \times 100 [\%]$

② $\eta = \dfrac{G_S}{P_{AS} \times A} \times 100 [\%]$

③ $\eta = \dfrac{P_{AS} \times A}{G_H} \times 100 [\%]$

④ $\eta = \dfrac{G_S \times A}{P_{AS}} \times 100 [\%]$

풀이　태양전지어레이의 변환효율(η)

$\eta = \dfrac{P_{AS}}{G_S \times A} \times 100 [\%]$

04 다음 중 재생에너지에 해당하지 않는 것은?

① 풍력　　　　　　② 지열에너지
③ 태양에너지　　　④ 수소에너지

풀이　• 신에너지 : 연료전지, 수소에너지, 석탄을 액화·가스화한 에너지 및 중질잔사유를 가스화한 에너지
• 재생에너지 : 태양에너지, 풍력, 수력, 해양에너지, 지열, 바이오, 폐기물에너지

05 태양광발전설비어레이를 정남 쪽으로 설치할 경우 북쪽에 인접한 장해물이나 태양전지어레이 상호 간의 설치간격에 따라 음영이 발생하여 발전량 감소를 초래한다. 이 음영의 영향을 받지 않는 상호 간의 간격 검토기준이 되는 날은?

① 하지　　　　　　② 동지
③ 춘분　　　　　　④ 추분

풀이　어레이 사이의 이격거리는 태양고도가 가장 낮은 동지를 기준으로 산정한다.

정답　01 ②　02 ③　03 ①　04 ④　05 ②

06 전기를 생산하여 이를 전력시장을 통하여 전기판매사업자에게 공급함을 주된 목적으로 하는 사업을 무엇이라 하는가?

① 송전사업
② 배전사업
③ 발전사업
④ 변전사업

풀이
- "발전사업"이라 함은 전기를 생산하여 이를 전력시장을 통하여 전기판매사업자에게 공급함을 주된 목적으로 하는 사업을 말한다.
- "송전사업"이란 발전소에서 생산된 전기를 배전사업자에게 송전하는 데 필요한 전기설비를 설치·관리하는 것을 주된 목적으로 하는 사업을 말한다.
- "배전사업"이란 발전소로부터 송전된 전기를 전기사용자에게 배전하는 데 필요한 전기설비를 설치·운용하는 것을 주된 목적으로 하는 사업을 말한다.

07 신에너지 및 재생에너지 개발·이용·보급 촉진법령에 따른 신·재생에너지 공급의무자의 2024년도 의무공급량 비율[%]은?

① 12.5   ② 13.5
③ 20.5   ④ 17

풀이 신에너지 및 재생에너지 개발·이용·보급 촉진법 시행령 [별표 3] 연도별 의무공급량의 비율(제18조의4제1항 관련)

해당 연도	비율[%]	해당 연도	비율[%]
2023년	13.0	2027년	17.0
2024년	13.5	2028년	19.0
2025년	14.0	2029년	22.5
2026년	15.0	2030년 이후	25.0

08 신·재생에너지 공급인증서의 유효기간은 발급받은 날부터 몇 년으로 하는가?

① 1년   ② 3년
③ 5년   ④ 10년

풀이 신에너지 및 재생에너지 개발·이용·보급 촉진법 제12조의7(신·재생에너지 공급인증서 등)
④ 공급인증서의 유효기간은 발급받은 날부터 3년으로 하되, 제12조의5제5항 및 제6항에 따라 공급의무자가 구매하여 의무공급량에 충당하거나 발급받아 산업통상자원부장관에게 제출한 공급인증서는 그 효력을 상실한다. 이 경우 유효기간이 지나거나 효력을 상실한 해당 공급인증서는 폐기하여야 한다.

09 다음 중 신·재생에너지 공급의무비율을 옳게 설명한 것은?

① 건축물에서 연간 사용이 예측되는 총 에너지양 중 그 일부를 의무적으로 신·재생에너지설비를 이용하여 생산한 에너지로 공급해야 하는 비율이다.
② 신·재생에너지를 이용하여 공급되는 에너지를 의미하며, 신·재생에너지설비를 이용하여 연간 생산하는 에너지의 양을 보정한 값이다.
③ 건축물에서 연간 사용이 예측되는 총 에너지의 양을 보정하여 신·재생에너지설비를 설치해야 하는 비율이다.
④ 지역별 기상조건을 고려한 계수와 단위 에너지 사용에 따른 용도별 보정계수 간 비율이다.

풀이 신·재생에너지 공급의무비율의 산정기준 및 방법
- 신·재생에너지 공급의무비율이란 건축물에서 연간 사용이 예측되는 총 에너지양 중 그 일부를 의무적으로 신·재생에너지설비를 이용하여 생산한 에너지로 공급해야 하는 비율이다.
- 신·재생에너지 생산량이란 신·재생에너지를 이용하여 공급되는 에너지를 의미하며, 신·재생에너지설비를 이용하여 연간 생산하는 에너지의 양을 보정한 값이다.
- 예상 에너지사용량이란 건축물에서 연간 사용이 예측되는 총 에너지의 양을 보정한 값이다.
※ 신·재생에너지 생산량 및 예상 에너지사용량에 의함

10 3,000[kW]를 초과하는 태양광발전사업의 허가절차를 올바르게 나타낸 것은?

> ㉠ 발전사업신청서 접수
> ㉡ 전기사업허가증 발급
> ㉢ 발전사업신청서 작성
> ㉣ 신청인에게 통지
> ㉤ 전기위원회 심의
> ㉥ 전기안전공사 심의
> ㉦ 태양광발전산업협회 심의

① ㉢→㉠→㉤→㉡→㉣
② ㉠→㉢→㉥→㉡→㉣
③ ㉢→㉠→㉡→㉦→㉣
④ ㉢→㉠→㉦→㉡→㉣

풀이 태양광발전사업의 허가절차
신청서 작성 → 접수 → 전기위원회 심의 → 허가 → 허가증 교부

11 태양광발전시스템의 발전효율을 극대화하기 위한 시스템은?

① 고정형 시스템
② 반고정형 시스템
③ 추적형 시스템
④ 건물일체형 시스템

풀이 추적방식 : 단방향(상하, 좌우 하나만), 양방향(상하좌우 모두 가능)
※ 추적형은 고정형과 비교하여 발전부지가 증가하여 시공비가 높지만 발전효율은 개선할 수 있다.

12 태양광발전소의 경우 발전시설용량이 몇 [kW] 이상일 때 환경영향평가 대상인가?

① 5,000
② 10,000
③ 50,000
④ 100,000

풀이 환경영향평가 대상사업의 범위
발전시설용량이 1만 킬로와트 이상인 발전소. 다만, 댐 및 저수지 건설을 수반하는 발전소의 경우에는 발전시설용량이 3천 킬로와트 이상인 것. 태양력·풍력 또는 연료전지발전소의 경우에는 발전시설용량이 10만 킬로와트 이상인 것

13 정부는 기후변화대응의 기본원칙에 따라 계획기간을 몇 년으로 하는가?

① 5년
② 10년
③ 15년
④ 20년

풀이 기후변화대응 및 에너지기본계획의 수립, 시행
정부는 기후변화대응의 기본원칙에 따라 20년을 계획기간으로 하는 기후변화대응 기본계획을 5년마다 수립·시행하여야 한다.

14 온실가스 종류 중 6종류의 온실가스에 해당하지 않는 것은?

① 일산화탄소
② 메탄가스
③ 육불화황
④ 과불화탄소

풀이 온실가스의 6종류

종류	화학기호
이산화탄소	CO_2
메탄	CH_4
아산화질소	N_2O
수소불화탄소	HFCs
과불화탄소	PFCs
육불화황	SF_6

15 태양광발전시스템에 풍력발전, 열병합발전 등 타 에너지원의 발전시스템과 결합하여 축전지·부하 및 상용계통에 전력을 공급하는 시스템은?

① 독립형 시스템
② 하이브리드시스템
③ 계통연계형 시스템
④ 집광형 시스템

풀이 하이브리드시스템
태양광, 풍력, 지열, 소수력, 디젤발전 등 둘 이상이 조합된 발전시스템을 말한다.

정답 10 ① 11 ③ 12 ④ 13 ④ 14 ① 15 ②

16 음영각 및 음영각의 검토사항에 대한 설명으로 틀린 것은?

① 수직 음영각은 태양의 고도각을 말한다.
② 주변 산세, 수풀, 나무, 건물 등을 고려하여 어레이를 배치한다.
③ 그늘의 길이와 방향은 위도, 계절에 따라 같으므로 그림자의 길이를 계산하여 어레이를 배치한다.
④ 연중 입사각이 가장 적은 동지의 오전 9시부터 오후 3시 사이에 어레이에 그늘이 생기지 않도록 해야 한다.

풀이 그늘의 길이와 방향은 위도, 계절에 따라 모두 다르다.

17 전기사업의 허가를 신청하는 자가 사업계획서를 작성할 때 태양광설비의 개요로 기재하여야 할 내용이 아닌 것은?

① 태양전지 및 인버터의 효율, 변환방식, 교류주파수
② 태양전지의 종류, 정격용량, 정격전압 및 정격출력
③ 인버터의 종류, 입력전압, 출력전압 및 정격출력
④ 집광판(集光板)의 면적

풀이 전기사업의 허가를 신청하는 자는 사업계획서를 작성할 경우 태양광설비의 개요로 다음 사항을 포함하여야 한다.
• 태양전지의 종류, 정격용량, 정격전압 및 정격출력
• 인버터(Inverter)의 종류, 입력전압, 출력전압 및 정격출력
• 집광판(集光板)의 면적

18 신·재생에너지의 기술개발 및 이용·보급과 신·재생에너지 발전에 의한 전기의 공급에 관한 실행계획은 몇 년마다 수립·시행하여야 하는가?

① 1년
② 3년
③ 5년
④ 7년

풀이 신·재생에너지의 기술개발 및 이용·보급과 신·재생에너지 발전에 의한 전기공급에 관한 실행계획의 계획기간은 매년이다.

19 일사량 및 일조시간에 대한 설명으로 잘못된 것은?

① 일사량 : 일정기간 동안 지표면에 도달하는 태양의 복사에너지양을 의미
② 일조량의 종류로는 산란일조량, 전일조량(또는 수평면일조량), 직달일조량, 총일조량(또는 경사면일조량)이 있다.
③ 가조시간은 해가 뜨는 시각부터 질 때까지의 시간이고 일조시간은 구름의 방해 없이 지표면에 태양이 비친 시간이다.
④ 일조율은 $\dfrac{가조시간}{일조시간} \times 100\,[\%]$이다.

풀이 일조율은 가조시간에 대한 일조시간의 비로,
일조율 $= \dfrac{일조시간}{가조시간} \times 100\,[\%]$
(일조량과 일사량은 동일한 의미이다.)

20 '정부는 범지구적인 온실가스 감축에 적극 대응하고 「탄소중립기본법」을 효율적 체계적으로 추진하기 위하여 다음 각 호의 사항에 중장기 국가온실가스 감축 목표를 설정하고 그 달성을 위하여 필요한 조치를 강구해야 한다'에서 목표설정에 포함되지 않는 것은?

① 온실가스 배출량을 2030년까지 2018년 대비 35% 이상의 범위에서 감축
② 정부는 산업, 건물, 수송발전, 폐기물 등 부문별 온실가스 감축
③ 정부는 부문별감축목표달성을 위해 국가 전체의 각 부분에 대한 연도별 온실가스 감축
④ 정부는 국내외 여건을 고려하여 중장기감축목표 부문별감축목표 및 연도별감축목표를 10년마다 재검토

풀이 기후위기 대응을 위한 탄소중립·녹색성장 기본법 제8조(중장기 국가 온실가스 감축 목표 등)
① 정부는 국가 온실가스 배출량을 2030년까지 2018년의 국가 온실가스 배출량 대비 35퍼센트 이상의 범위에서 대통령령으로 정하는 비율만큼

정답 16 ③ 17 ① 18 ① 19 ④ 20 ④

감축하는 것을 중장기 국가 온실가스 감축 목표 (이하 "중장기감축목표"라 한다)로 한다.
② 정부는 중장기감축목표를 달성하기 위하여 산업, 건물, 수송, 발전, 폐기물 등 부문별 온실가스 감축 목표(이하 "부문별감축목표"라 한다)를 설정하여야 한다.
③ 정부는 중장기감축목표와 부문별감축목표의 달성을 위하여 국가 전체와 각 부문에 대한 연도별 온실가스 감축 목표(이하 "연도별감축목표"라 한다) 등 국내외 여건을 고려하여 중장기감축목표, 부문별감축목표 및 연도별감축목표(이하 "중장기감축목표"라 한다)를 설정하여야 한다.
④ 정부는 「파리협정」(이하 "협정"이라 한다) 등 국내외 여건을 고려하여 중장기감축목표, 부문별감축목표 및 연도별감축목표(이하 "중장기감축목표등"이라 한다)를 5년마다 재검토하고 필요한 경우 협정 제4조의 진전의 원칙에 따라 이를 변경하거나 새로 설정하여야 한다. 다만, 사회적·기술적 여건의 변화 등에 따라 필요한 경우에는 5년이 경과하기 이전에 변경하거나 새로 설정할 수 있다.

2과목 태양광발전시스템 구성·선정

21 태양전지모듈은 나뭇잎 등의 부착이나 앞면의 어레이 등으로 인해 그늘이 지면 거의 대부분 발전되지 않는다. 이때 태양전지어레이나 스트링이 병렬회로로 구성되어 있다고 하면, 태양전지어레이의 스트링 사이에 출력전압의 불균형이 발생할 때 부하가 되는 것을 방지하기 위한 목적으로 사용되는 소자는?

① 피뢰소자
② 바이패스소자
③ 역류방지소자
④ 정류다이오드소자

풀이 ① 피뢰소자 : 낙뢰로부터 기기 및 선로보호
② 바이패스소자 : 음영에 의해 발생하는 태양전지 모듈의 출력 저하와 발열을 억제하는 소자
④ 정류다이오드소자 : 교류를 직류로 변환

22 태양전지모듈의 표준상태로 맞는 것은?

① 모듈 표면온도 20[℃], 분광분포 AM 1.0, 방사조도 1,000[W/m^2]
② 모듈 표면온도 20[℃], 분광분포 AM 1.5, 방사조도 1,500[W/m^2]
③ 모듈 표면온도 25[℃], 분광분포 AM 1.0, 방사조도 1,500[W/m^2]
④ 모듈 표면온도 25[℃], 분광분포 AM 1.5, 방사조도 1,000[W/m^2]

풀이 태양전지모듈의 표준상태 STC(Standard Test Condition)
모듈 표면온도 25[℃], 분광분포 AM 1.5, 방사조도 1,000[W/m^2]

23 단결정 태양전지의 제조공정 순서를 옳게 나열한 것은?

① 폴리실리콘 → Czochralski공정 → 웨이퍼슬라이싱 → 반사방지막 → 전/후면 전극 → 인 도핑
② Czochralski공정 → 폴리실리콘 → 웨이퍼슬라이싱 → 반사방지막 → 전/후면 전극 → 인 도핑
③ 폴리실리콘 → Czochralski공정 → 웨이퍼슬라이싱 → 인 도핑 → 전/후면 전극 → 반사방지막
④ 폴리실리콘 → Czochralski공정 → 웨이퍼슬라이싱 → 인 도핑 → 반사방지막 → 전/후면 전극

풀이
• 단결정 태양전지의 제조공정
폴리실리콘 → Czochralski공정 → 웨이퍼슬라이싱 → 인 도핑 → 반사방지막 → 전/후면 전극
• 다결정 태양전지의 제조공정
폴리실리콘 → 방향성 고결 → 블록 → 웨이퍼슬라이싱 → 인 도핑 → 반사방지막 → 전/후면 전극

정답 21 ③ 22 ④ 23 ④

24 다음은 인버터의 어떤 회로방식에 대한 설명인가?

> 태양전지의 직류출력을 DC-DC 컨버터로 승압하고 인버터로 상용주파의 교류로 변환한다.

① 트랜스리스방식
② DC-DC 컨버터방식
③ 고주파변압기 절연방식
④ 상용주파변압기 절연방식

풀이 인버터회로방식

절연방식	회로도 및 설명
상용주파 변압기 절연방식	태양전지 직류출력을 상용주파의 교류로 변환한 후 변압기로 절연한다.
고주파변압기 절연방식	태양전지의 직류출력을 고주파교류로 변환한 후, 소형 고주파변압기로 절연한다. 그 다음 일단 직류로 변환하고 다시 상용주파수교류로 변환한다.
트랜스리스방식 (무변압기방식)	태양전지의 직류출력을 DC-DC 컨버터로 승압하고 인버터로 상용주파의 교류로 변환한다.

25 태양광발전설비의 내부시스템의 고장 보호방법으로 틀린 것은?

① 차폐 실시
② 본딩 및 접지 실시
③ 피뢰침 설치
④ SPD 설치

풀이 피뢰침은 외부의 뇌격보호용으로 사용된다.

26 50[kW] 이상의 태양광발전설비에 의무적으로 설치하여야 하는 모니터링설비의 계측설비 중 전력량계의 정확도 기준으로 옳은 것은?

① 1[%] 이내
② 1.5[%] 이내
③ 3[%] 이내
④ 5[%] 이내

풀이 모니터링설비의 계측설비 요구사항

계측설비	요구사항
인버터	CT 정확도 3[%] 이내
온도센서	정확도 ±0.3[℃](-20~100[℃] 미만)
유량계, 열량계	정확도 ±1.5[%] 이내
전력량계	정확도 ±1[%] 이내

27 전기설비의 제2차 접근상태는 가공전선이 다른 시설물과 접근하는 경우 그 가공전선이 다른 시설물의 위쪽 또는 옆쪽에서 수평거리로 몇 [m] 미만인 곳에 시설되는 상태를 말하는가?

① 0.5
② 1
③ 2
④ 3

풀이
- 제2차 접근상태 : 가공전선이 다른 시설물과 위쪽 또는 옆쪽에서 수평거리 3[m] 미만인 곳에 설치되는 상태
- 제1차 접근상태 : 가공전선이 다른 시설물과 접근하는 경우에 가공전선이 다른 시설물의 위쪽 또는 옆쪽에서 수평거리로 지지물의 지표상 높이에 상당하는 거리 안에 시설

28 22.9[kV] 3상 선로의 차단기 설치점에서 전원 측으로 바라본 합성 %Z가 100[MVA] 기준으로 22[%]일 때 단락전류[kA]는?(단, 기기의 정격전압은 24[kV]로 한다.)

① 7.5
② 10.9
③ 11.5
④ 12.6

정답 24 ① 25 ③ 26 ① 27 ④ 28 ③

풀이 단락단전류 $I_s = \dfrac{100}{\%Z} \times I_n$

정격전류 $I_n = \dfrac{P}{\sqrt{3}\,V} = \dfrac{100 \times 10^3}{\sqrt{3} \times 22.9}$
$= 2,521.18[A] \times 10^{-3}$
$= 2.52[kA]$

$I_s = \dfrac{100}{22} \times 2.52[kA]$
$= 11.4545 ≒ 11.5[kA]$

29 태양광발전에서 인버터 출력 측의 3상 4선식 간선의 전압강하 계산식으로 알맞은 것은?

① $\dfrac{17.8 \times L \times I}{1,000 \times A}$ ② $\dfrac{20.8 \times L \times I}{1,000 \times A}$

③ $\dfrac{30.8 \times L \times I}{1,000 \times A}$ ④ $\dfrac{35.6 \times L \times I}{1,000 \times A}$

풀이 태양광 선로의 전압강하 계산식

전기방식	전압강하	전선의 단면적
직류 2선식 교류 2선식	$e = \dfrac{35.6 \times L \times I}{1,000 \times A}$	$A = \dfrac{35.6 \times L \times I}{1,000 \times e}$
단상 3선식 3상 4선식	$e = \dfrac{17.8 \times L \times I}{1,000 \times A}$	$A = \dfrac{17.8 \times L \times I}{1,000 \times e}$
3상 3선식	$e = \dfrac{30.8 \times L \times I}{1,000 \times A}$	$A = \dfrac{30.8 \times L \times I}{1,000 \times e}$

여기서, e : 각 선간의 전압강하[V]
A : 전선의 단면적[mm²]
L : 도체 1본의 길이[m]
I : 전류[A]

3상 4선식일 경우 전압강하 $e = \dfrac{17.8 \times L \times I}{1,000 \times A}$

30 태양전지모듈에 시설하는 전선은 공칭단면적 얼마 이상의 연동선 또는 이와 동등 이상의 세기 및 굵기[mm²]의 전선을 사용해야 하는가?

① 2.5   ② 4
③ 6   ④ 8

풀이 전선은 공칭단면적 2.5[mm²] 이상의 연동선 또는 이와 동등 이상의 세기 및 굵기의 것일 것

31 전기시설물 설계 시 설계도서의 실시설계성과물이 아닌 것은?

① 내역서, 산출서, 견적서
② 설계설명서, 설계도면, 공사시방서
③ 용량계산서, 구조계산서, 부하계산서, 간선계산서
④ 설계계획서, 개략공사비내역서, 시스템선정검토서

풀이 실시설계성과물
설계도면, 설계설명서, 내역산출서, 견적서, 공사시방서, 부하계산서, 간선계산서, 구조계산서 등

32 태양광발전시스템 인버터의 기능이 아닌 것은?

① 자동운전 정지   ② 자동전압 조정
③ 직류 검출   ④ 고조파 검출

풀이 인버터의 기능
- 자동운전 정지기능
- 최대전력 추종제어기능
- 단독운전 방지기능
- 자동전압 조정기능
- 직류 검출기능
- 직류지락 검출기능
- 계통연계 보호기능

33 태양전지모듈 전 면적 1,000[m²]에서 방사조도 1,000[W/m²]이고, 최대출력이 100[kW]이면 변환효율은 몇 [%]인가?

① 5   ② 10
③ 15   ④ 20

풀이 변환효율(η)

$\eta = \dfrac{P_m(최대출력)}{면적 \times 방사조도} \times 100$

$= \dfrac{100[kW]}{1,000[m^2] \times 1,000[W/m^2] \times 10^{-3}} \times 100$

$= 10[\%]$

34 태양전지의 PN접합에 의한 전류생성의 순서로 올바른 것은?

① 광포획 - 분리 - 수집 - 생성
② 광포획 - 분리 - 생성 - 수집
③ 광포획 - 생성 - 수집 - 분리
④ 광포획 - 생성 - 분리 - 수집

정답 29 ① 30 ① 31 ④ 32 ④ 33 ② 34 ④

풀이 태양전지의 PN접합에 의한 전류생성의 원리
광포획(수집) → 전하 생성 → 전하 분리 → 전하 수집

35 다음 그림이 설명하고 있는 전지의 종류는?

① 2차 전지   ② 연료전지
③ 태양전지   ④ 리튬전지

풀이 위 그림은 실리콘 태양전지의 발전원리를 나타낸 것이다.

∴ 광흡수(포획) → 전하 생성 → 전하 분리 → 전하 수집

36 태양광발전소에 설치되는 가대 설계의 절차 과정이다. ( ) 안에 알맞은 내용으로 옳은 것은?

① 경사각도   ② 상정하중
③ 모듈의 수량   ④ 앵커볼트 수량

37 고정식 가대와 단축, 양축 추적식 가대에 대한 설명으로 틀린 것은?

① 고정식은 양축 추적식에 비해 견고성이 있다.
② 추적식은 디자인 적용 시 한계가 있다.
③ 시설단가는 고정식에 비해 양축 추적식이 높다.
④ 발전효율이 높은 순서는 고정, 단축, 양축식의 순이다.

풀이 발전효율이 높은 순서는 양축, 단축, 고정식 순이다.

38 초기투자비가 20억 원, 설비수명이 20년, 연간유지비가 1억 원인 1[MW] 태양광설비의 연간 총 발전량이 1,500[MWh]일 때 발전원가[원/kWh]는?

① 90.5   ② 120.3
③ 133.3   ④ 155.5

풀이 발전원가

$$= \frac{\frac{\text{초기투자비[원]}}{\text{설비수명연한[년]}} + \text{연간 유지관리비[원/년]}}{\text{연간 총발전량[kWh/년]}}$$

$$= \frac{\frac{20 \times 10^8}{20} + 1 \times 10^8}{1,500,000}$$

$$≒ 133.33[원/kWh]$$

39 태양전지모듈 간의 이격거리(X)는?

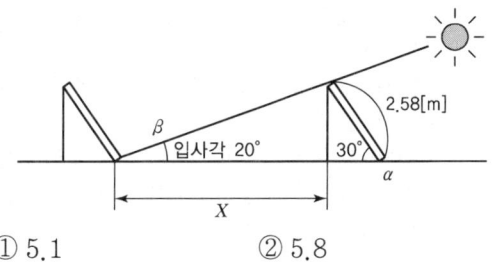

① 5.1   ② 5.8
③ 6.2   ④ 6.5

풀이 $X = L \times [\cos(\text{어레이 경사각}) + \sin(\text{어레이 경사각}) \times \tan(90° - \text{고도각(입사각)})]$
$= 2.58 \times [\cos 30° + \sin 30° \times \tan(90° - 20°)]$
$≒ 5.8[m]$

40 태양광시스템에서 방화구획 관통부를 처리하는 주된 목적은?

① 다른 설비로의 화재확산 방지
② 배전반 및 분전반 보호
③ 태양전지어레이 보호
④ 인버터 보호

풀이 태양광시스템에서 방화구획 관통부를 처리하는 주된 목적은 '다른 설비로의 화재확산 방지'에 있다.

3과목 태양광발전 시공

41 지붕설치형 태양전지모듈의 설치방법 중 유의할 사항으로 틀린 것은?

① 모듈 교환이 쉬울 것
② 지붕과 태양전지모듈 간은 간격이 없도록 할 것
③ 지지기구 등의 노출부를 가능한 줄일 것
④ 적설량이 많은 곳에서는 적설하중을 고려할 것

풀이 지붕설치형 태양전지모듈의 설치 시 유의사항
- 시공, 유지보수 등의 작업을 위해 공간을 유지하여야 한다.
- 태양전지모듈의 온도상승을 억제하기 위해서 지붕과 태양전지모듈 사이의 간격을 둔다.
- 미관 및 안전상 가대와 지지기구 등의 노출부를 가능한 적게 한다.
- 모듈 고정용 볼트, 너트 등은 상부에서 조일 수 있어야 한다.
- 적설량이 많은 지역에서는 어레이와 건물의 적설하중을 고려하여 적정한 설치방법을 선택함과 동시에 유효한 대책을 강구한다.

42 기초판과 기둥으로 형성되어 있으며, 기둥과 보로 구성되어 있는 건축물에 적용되는 기초의 종류는?

① 말뚝기초　② 독립기초
③ 복합기초　④ 연속기초

풀이
- 독립기초는 지지물의 응력을 개개별로 지지하는 기초이다.

- 말뚝기초 : 지지층이 깊을 경우 사용하는 기초방식
- 연속기초 : 지지층이 매우 깊은 경우 사용하는 기초
- 지상용 태양광발전시스템에서 구조물을 지지하는 기초의 종류 : 직접기초, 연속기초, 말뚝기초, 주춧돌기초, 케이슨기초

43 태양광발전설비의 사용 전 검사에 필요한 서류가 아닌 것은?

① 공사내역서
② 공사계획신고서
③ 감리원 배치 확인서
④ 태양광전지 규격서 및 성적서

풀이 사용 전 검사에 필요한 서류
- 사용 전 검사(점검) 신청서
- 태양광발전설비 개요
- 공사계획인가(신고)서
- 태양광전지 규격서
- 단선결선도, 시퀀스도면, 태양전지 트립 인터록 도면, 종합 인터록 도면－설계면허(직인 필요없음)
- 절연저항시험성적서, 절연내력시험성적서, 경보회로시험성적서, 부대설비시험성적서, 보호장치 및 계전기시험성적서
- 출력기록지
- 전기안전관리자 선임필증 사본(사용 전 점검 제외)
- 감리원 배치 확인서(사용 전 점검 제외)

44 태양광발전설비 시공기준 중 인버터에 관한 설명으로 옳은 것은?

① 옥내용을 옥외에 설치하는 경우는 10[kW] 이상이어야 한다.
② 모듈의 설치용량은 인버터의 설치용량의 105[%] 이내이어야 한다.
③ 각 직렬군의 태양전지 최대전압은 입력전압 범위 안에 있어야 한다.
④ 인버터의 출력단 표시사항은 전압, 전류만 표시된다.

풀이 태양광발전설비 중 인버터의 시공 설명
- 옥내용을 옥외에 설치하는 경우는 5[kW] 이상 용량일 경우에만 가능하다.
- 각 직렬군의 태양전지 개방전압은 인버터 입력전압 범위 안에 있어야 한다.
- 인버터의 출력단에는 전압, 전류, 전력, 역률, 주파수, 누적발전량, 최대출력량이 표시되어야 한다.

45 수용가 설비의 전압강하에서 저압으로 수전하는 경우 조명은 3%, 기타는 몇 %인가?

① 3 ② 4
③ 5 ④ 6

풀이 수용가 설비의 전압강하(KEC 규정)

설비의 유형	조명[%]	기타[%]
A-저압으로 수전하는 경우	3	5
B-고압 이상으로 수전하는 경우	6	8

가능한 한 최종회로 내의 전압강하가 A 유형의 값을 넘지 않도록 하는 것이 바람직하다. 사용자의 배선설비가 100[m]를 넘는 부분의 전압강하는 미터당 0.005[%] 증가할 수 있으나 이러한 증가분은 0.5[%]를 넘지 않아야 한다.

※ 다음의 경우에는 다른 경우보다 더 큰 전압강하를 허용할 수 있다.
- 기동 시간 중의 전동기
- 돌입전류가 큰 기타 기기

46 태양전지모듈 조립 시 주의사항으로 적합하지 않은 것은?

① 태양전지모듈의 파손방지를 위해 충격이 가지 않도록 한다.
② 태양전지모듈의 인력 이동 시 2인 1조로 한다.
③ 태양전지모듈과 가대의 접합 시 개스킷 등은 사용하지 않는다.
④ 접속하지 않은 모듈의 리드선은 빗물 등 이물질이 유입되지 않도록 보호테이프로 감는다.

풀이 ㉠ 가대의 접합 시 태양전지모듈 간의 완충작용을 위해 개스킷을 사용하는 것이 바람직하다.
㉡ 개스킷에 사용되는 재료
- 저온저압 : 종이, 고무 석면, 마 합성수지
- 고온고압 : 동, 납, 연강

47 태양광발전시스템의 시공 시 필요한 대형장비에 해당하지 않는 것은?

① 굴삭기 ② 콤프레서
③ 지게차 ④ 크레인

풀이 태양광발전시스템의 시공 시 필요한 대형장비
- 굴삭기 • 지게차 • 크레인

48 전선을 지중 매설할 경우 중량물의 압력을 받을 위험이 있는 경우 매설 깊이는?

① 0.6[m] 이상 ② 1.0[m] 이상
③ 1.2[m] 이상 ④ 1.5[m] 이상

풀이 지중선로 매설 시 중량물의 압력을 받을 염려가 없는 경우는 0.6[m] 이상, 중량물의 압력을 받을 경우는 1.0[m]로 한다.

49 태양광발전(3,000[kW] 이하)의 에너지 공급인증서 가중치 중 건축물 등 기존 시설물을 이용할 경우 가중치는?

① 0.5 ② 1.0
③ 1.25 ④ 1.5

정답 44 ② 45 ③ 46 ③ 47 ② 48 ② 49 ④

풀이 REC 가중치 개정 세부내용

대분류	소분류		가중치
태양광	일반부지	소규모 (100[kW] 미만)	1.2
		중규모 (100[kW]~3[MW])	1.0
		대규모 (3[MW] 초과)	0.8
	건축물 등 기존시설물 활용	소규모 (100[kW] 미만)	1.5
		중규모 (100[kW]~3[MW])	1.5
		대규모 (3[MW] 초과)	1.0
	수상태양광	소규모 (100[kW] 미만)	1.6
		중규모 (100[kW]~3[MW])	1.4
		대규모 (3[MW] 초과)	1.2
	임야		0.5
	자가용		1.0

※ 태양광에너지 가중치는 전체용량에 대하여 부여하되 소수점 넷째 자리에서 절사하며, 설치유형별 용량기준 순으로 구분하여 구간별 해당 가중치를 아래와 같이 적용한다.

- 일반부지에 설치하는 경우

설치용량	태양광에너지 가중치 산정식
100[kW] 미만	1.2
100[kW]부터 3,000[kW] 이하	$\dfrac{99.999 \times 1.2 + (용량 - 99.999) \times 1.0}{용량}$
3,000[kW] 초과부터	$\dfrac{99.999 \times 1.2}{용량} + \dfrac{2,900.001 \times 1.0}{용량} + \dfrac{(용량 - 3,000) \times 0.8}{용량}$

- 건축물 등 기존 시설물을 이용하는 경우

설치용량	태양광에너지 합성가중치 산정식
3,000[kW] 이하	1.5
3,000[kW] 초과부터	$\dfrac{3,000 \times 1.5 + (용량 - 3,000) \times 1.0}{용량}$

50 공사감리 분기보고서는 다음 중 누가 작성하여 누구에게 제출하여야 하는가?

① 책임감리원이 작성하여 발주자에게 제출
② 책임감리원이 작성하여 감리업자에게 제출
③ 공사업자가 작성하여 발주자에게 제출
④ 공사업자가 작성하여 감리업자에게 제출

풀이 책임감리원은 다음의 사항이 포함된 분기보고서를 작성하여 발주자에게 제출하여야 한다.
- 공사추진현황(공사계획의 개요와 공사추진계획 및 실적, 공정현황, 감리용역현황, 감리조직, 감리원 조치내역 등)
- 감리원 업무일지
- 품질검사 및 관리현황
- 검사요청 및 결과통보내용
- 주요기자재 검사 및 수불내용(주요기자재 검사 및 입·출고가 명시된 수불현황)
- 설계변경현황
- 그 밖에 책임감리원이 감리에 관하여 중요하다고 인정하는 사항

51 전력계통의 무효전력을 조정하여 전압조정 및 전력손실의 경감을 도모하기 위한 설비는?

① 조상설비
② 보호계전장치
③ 부하 시 Tap 절환장치
④ 계기용 변성기

풀이 ① 조상설비 : 전력계통의 무효전력을 조정하여 전압 조정 및 전력손실을 경감
② 보호계전장치 : 계기용 변성기에서 입력을 받아 정상인가 고장상태인가를 판정, 고장부분 검출을 행하여 차단기에 개폐지령을 주는 장치이다.
③ 부하 시 Tap 절환장치 : 송전을 멈추는 일 없이 계통의 전압을 조정하는 설비로, 변압기와 일체가 된 부하 시 Tap 절환변압기로 사용된다.
④ 계기용 변성기 : 고압전, 대전류의 전기를 측정 또는 보호할 수 없기 때문에 이것을 적당한 전압, 전류로 변성하기 위한 것이다.

52 태양전지모듈 간의 배선 시 단락전류에 충분히 견딜 수 있는 전선의 최소 굵기로 적당한 것은?

① 0.75[mm^2] ② 2.5[mm^2]
③ 4.0[mm^2] ④ 6.0[mm^2]

풀이 전선은 공칭단면적 2.5[mm^2] 이상의 연동선 또는 이와 동등 이상의 세기 및 굵기의 것일 것

53 접지설비의 그림에서 M, P, C, B의 명칭으로 맞는 것은?

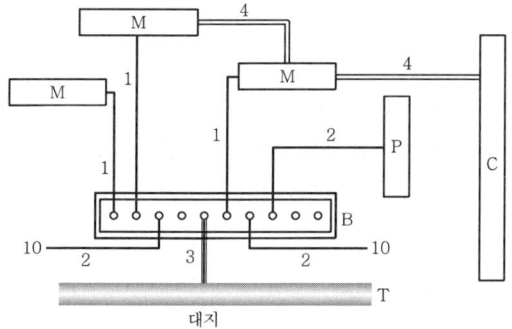

① M : 수도관, 가스관 등 금속배관
   P : 접지기구의 노출도전성부분
   B : 주접지단자
   C : 철골, 금속덕트의 계통 외 도전성부분
② M : 전기기구의 노출도전성부분
   P : 수도관, 가스관 등 금속배관
   B : 주접지단자
   C : 철골, 금속덕트의 계통 외 도전성부분
③ M : 철골, 금속덕트의 계통 외 도전성부분
   P : 수도관, 가스관 등 금속배관
   B : 주접지단자
   C : 전기기구의 노출도전성부분
④ M : 전기기구의 노출도전성부분
   P : 수도관, 가스관 등 금속배관
   B : 철골, 금속덕트의 계통 외 도전성부분
   C : 주접지단자

풀이 1 : 보호선 2 : 주등전위 접속용 선
3 : 접지선 4 : 보조등전위 접속용 선
10 : 기타 기기(예, 통신설비)
B : 주접지단자
M : 전기기구의 노출도전성부분
C : 철골, 금속덕트의 계통 외 도전성부분
P : 수도관, 가스관 등 금속배관
T : 접지극

54 태양광발전설비의 공사감리 법적 근거는?

① 전기사업법 ② 전지설비기술기준
③ 전력기술관리법 ④ 전기공사업법

풀이 전력기술관리법은 전력기술의 연구·개발을 촉진하고 이를 효율적으로 이용·관리함으로써 전력기술 수준을 향상시키고 전력시설물 설치를 적절하게 하여 공공의 안전 확보와 국민경제의 발전에 이바지함을 목적으로 한다.

55 태양광발전설비 전기공사 중 옥외공사에 해당하지 않는 것은?

① 접속함 설치 ② 전력량계 설치
③ 분전반의 개조 ④ 태양전지모듈 간의 배선

풀이 전기공사 절차

정답 52 ② 53 ② 54 ③ 55 ③

56 방화구획 관통부의 처리에 관한 설명으로 틀린 것은?

① 전선배관의 관통부에서는 다른 설비로 불길이 번지거나 확대를 방지하는 것이다.
② 관통부의 충전재, 내열실재의 전열에 의해 뒷면이 연소할 위험이 있는 온도가 되지 않아야 한다.
③ 내열성이란 관통부의 충전재, 케이블, 배관재의 변형, 파손, 탈락, 소실로 뒷면에 화염, 연기가 발생하지 않도록 하는 것이다.
④ 내화구조물 배선, 배관 등으로 관통한 경우의 되메우기 충전재는 관통하기 전과 같거나 그 이상의 내화구조로 하지 않으면 안 된다.

[풀이]
- 내열성 : 관통부분의 충전재, 내열실재의 전열에 의해 뒷면이 연소할 위험이 있는 온도가 되지 않아야 한다.
- 난연성 : 관통부의 충전재, 케이블, 배관재의 변형, 파손, 탈락, 소실로 뒷면에 화염, 연기가 발생하지 않도록 하는 것이다.

57 태양광모듈 배선이 끝난 후 검사하는 항목이 아닌 것은?

① 극성 확인
② 단락전류 측정
③ 전압 확인
④ 일사량 측정

[풀이] 태양전지모듈 배선 후의 검사항목
- 전압 및 극성 확인
- 단락전류 측정
- 비접지 확인

58 주택지붕형 태양전지모듈, 어레이를 설치하기 위해 가장 중요하게 고려해야 하는 사항은?

① 냉각조건
② 음영
③ 설치높이
④ 설치각도

[풀이] 주택지붕형 태양광발전의 효율을 가장 많이 떨어뜨리는 요소는 주변 음영이다.

59 책임감리원 발주자에게 제출하는 최종감리보고서 중 공사추진 실적현황과 관련이 없는 것은?

① 하도급현황
② 지시사항 처리
③ 감리용역 개요
④ 기성 및 준공검사현황

[풀이] 공사추진 실적현황
기성 및 준공검사현황, 공종별 추진실적, 설계변경현황, 공사현장 실정보고 및 처리현황, 지시사항 처리, 주요인력 및 장비투입현황, 하도급현황, 감리원 투입현황

60 감리원은 공사가 시작된 경우에는 공사업자로부터 착공신고서를 제출받아 적정성 여부를 검토해야 한다. 그 서류가 아닌 것은?

① 품질관리계획서
② 안전관리계획서
③ 공사도급계약서 사본 및 산출내역서
④ 기술계산서

[풀이] 공사업자로부터 착공신고서를 제출받아 적정성 여부를 검토해야 할 서류
- 시공관리책임자 지정통지서(현장관리조직, 안전관리자)
- 공사예정 공정표
- 품질관리계획서
- 공사도급계약서 사본 및 산출내역서
- 공사 시작 전 사진
- 현장기술자 경력사항 확인서 및 자격증 사본
- 안전관리계획서
- 작업인원 및 장비투입 계획서
- 그 밖에 발주자가 지정한 사항

정답 56 ③ 57 ④ 58 ② 59 ③ 60 ④

3과목 태양광발전 유지관리

61 태양광발전은 큰 전류를 생성하는 소자들의 결합 구조물이다. 단결정실리콘 태양전지의 경우 무려 8~9[A]까지 생성하는 특성이나 V_{oc}(Open Circuit Voltage)는 0.6~0.65[V]밖에 안 되어 출력은 4~5[W]로 측정이 된다. 일반적으로 I_{sc}의 전류에는 영향을 미치나 V_{oc}를 높일 수 있는 방법으로 가장 적절한 설명은?

① 작동전류를 감소시킨다.
② 기판 대비 불순물의 농도를 높게 주입하여 제조한다.
③ 기판의 불순물 농도를 낮은 것으로 선택하여 제조한다.
④ V_{oc}를 높게 제조하기 위해서는 저온의 공정으로 진행한다.

풀이 기판 대비 불순물의 농도를 높게 주입하여 제조한다. 즉, 불순물의 확산을 이용하여 효율이 높은 태양전지를 제조한다.

62 태양광발전시스템에 필요한 설비는 시험·인증을 받아야 한다. 시험·인증 절차로 옳은 것은?

① 인증신청 → 서류심사 → 성능심사 → 공장심사 → 인증서 발급
② 인증신청 → 성능심사 → 서류심사 → 공장심사 → 인증서 발급
③ 인증신청 → 서류심사 → 공장심사 → 성능심사 → 인증서 발급
④ 인증신청 → 공장심사 → 서류심사 → 성능심사 → 인증서 발급

풀이 신재생에너지의 시험·인증 절차
인증신청(제조 및 수입업자 → 인증기관) → 문서심사/공장심사(인증기관) → 성능검사(성능검사기관) → 인증서 발급(인증기관)

63 분산형 전원 발전설비는 전력계통 연계지점에서 발전기 용량 정격 최대전류의 몇 [%] 이상인 직류전류를 전력계통으로 유입해서는 안 되는가?

① 2 ② 1
③ 0.5 ④ 0.3

풀이 직류 유입 제한
분산형 전원 및 그 연계시스템은 분산형 전원 연결점에서 최대 정격 출력전류의 0.5[%]를 초과하는 직류전류를 계통으로 유입시켜서는 안 된다.

64 태양광발전에서 수명 감소의 가장 큰 원인 중 하나는 충진재(Encapsulant)의 특성 변화에 기인한다. 충진재 중 EVA(Ethylene Vinyl Acetate)의 설명으로 가장 부적절한 것은?

① 겔(Gel) 함량과 Curing 온도에 따라 가교율에 의해 강도가 달라진다.
② 가교율이 높으면 강도가 증가하고 미소 충격에 의해 태양전지의 균열로 이어질 수 있다.
③ 빛과 수분을 동시에 일부 차단한다.
④ 장기간 적외선에 노출되어 변색이 급격히 진행된다.

풀이 장기간 적외선에 노출되어 변색이 천천히 진행된다.

65 독립형 태양광발전시스템에서 부족일수의 설명으로 가장 옳은 것은?

① 정전된 일수를 말한다.
② 유지보수를 위한 일수를 말한다.
③ 연속적으로 발전이 가능한 일수를 말한다.
④ 연속적으로 발전이 불가능한 일수를 말한다.

풀이 부족일수란 하루 종일 해가 비치지 않은 날의 수를 말하며 태양광발전에서는 기후의 영향으로 발전이 불가능한 일수를 말한다.

정답 61 ② 62 ③ 63 ③ 64 ④ 65 ④

66 태양광발전시스템 저압배전선과의 계통연계 시 필요한 보호장치 중 발전설비의 고장을 보호하기 위한 보호장치는?

① 과전압보호계전기
② 과주파수계전기
③ 부족주파수계전기
④ 단락방향계전기

풀이 과전압보호계전기
역조류를 허용하는 발전설비를 저압배전선과 연계 시 전압변동의 발생을 막기 위해 과전압보호계전기를 사용하고, 단락방향계전기, 부족주파수 계전기, 과주파수계전기는 계통과 연계를 분리하는 곳에 사용한다.

67 태양전지 발전원리로 가장 적절한 것은 무엇인가?

① 광전효과(Photovoltaic Effect)
② 제만효과(Zeeman Effect)
③ 슈타르크효과(Stark Effect)
④ 1차 전기광효과(Pockels Effect)

풀이 광전효과(Photovoltaic Effect)는 PN접합에 빛을 비추면 전자와 전공이 생성되어 반도체에 기전력이 발생하는 현상이다.

68 태양광발전시스템의 단락전류 측정 시 가장 낮게 측정되는 경우는 다음 중 어느 것인가?

① 한여름 낮(태양전지어레이 표면온도 70[℃])
② 한여름 아침(태양전지어레이 표면온도 20[℃])
③ 한겨울 낮(태양전지어레이 표면온도 40[℃])
④ 한겨울 아침(태양전지어레이 표면온도 -10[℃])

풀이 태양전지모듈의 출력전류 특성
- 태양전지모듈의 출력전류는 일사량과 비례한다.
- 태양전지모듈의 표면온도가 증가하면 출력전류는 아주 조금 증가한다.

69 태양광발전시스템에서 고장빈도가 가장 높고 출력에 영향을 미치는 기기는?

① 인버터
② PV 어레이
③ 퓨즈
④ 차단기

풀이 태양광발전시스템에서 고장빈도가 가장 높은 기기는 인버터이다.

70 태양광발전(PV)모듈의 안전조건 시험요건에 해당하지 않는 것은?

① 전기충격위험시험
② 화재위험시험
③ 역전압과부하시험
④ 기계적 응력시험

풀이 태양광발전(PV)모듈의 안전조건 시험요건
- 전기충격위험시험
- 화재위험시험
- 기계적 응력시험

71 태양광발전설비의 전력케이블로 적당하지 않은 것은?

① FR-CV
② UV케이블
③ EM케이블
④ FR-CVVS

풀이 FR-CVVS : 제어용 비닐절연비닐시스케이블

72 모듈의 온도에 따른 $I-V$ 특성곡선에서 태양전지의 특징을 설명한 것 중 옳은 것은?

① 태양전지 전압은 온도에 반비례한다.
② 태양전지 온도가 올라가면 발전량이 증가한다.
③ 태양전지 전압은 온도에 비례한다.
④ 태양전지 온도와 발전량은 상관관계가 없다.

정답 66 ① 67 ① 68 ④ 69 ① 70 ③ 71 ② 72 ①

풀이 태양전지모듈의 온도 특성

태양전지의 출력전압은 온도에 반비례하고, 출력전류는 온도가 증가함에 따라 조금 증가한다.

73 태양광시스템이 설치가 되면 사용 전에 허가를 받아야 한다. 이때 받아야 하는 검사는 무엇인가?

① 정기검사 ② 일상점검
③ 사용 전 검사 ④ 특별검사

풀이 전기설비의 설치공사 또는 변경공사를 한 자는 산업통상자원부령으로 정하는 바에 따라 산업통상자원부장관 또는 시·도지사가 실시하는 사용 전 검사에 합격한 후에 이를 사용하여야 한다.

74 현재 상업화되어 있는 태양전지 중 가장 높은 온도계수 특성을 지니고 있어 출력의 감소가 가장 큰 태양전지는?

① 단결정실리콘태양전지
② 다결정실리콘태양전지
③ 박막실리콘태양전지
④ CIGS태양전지

풀이 가장 높은 온도계수 특성을 가진 태양전지는 단결정실리콘태양전지이다.

75 분산용 전원 발전설비는 고장에 의한 단독운전상태가 발생했을 경우 몇 초 이내에 전력계통으로부터 분리시켜야 하는가?

① 0.5 ② 0.3
③ 0.1 ④ 1.0

풀이 단독운전
연계된 계통의 고장이나 작업 등으로 인해 분산형 전원이 공통연결점을 통해 한전계통의 일부를 가압하는 단독운전상태가 발생할 경우 해당 분산형 전원연계시스템은 이를 감지하여 단독운전 발생 후 최대 0.5초 이내에 한전계통에 대한 가압을 중지해야 한다.

76 태양광발전설비 운영자의 숙지사항 중 옳은 것은?

① 계통연계형의 경우 한전전원이 Off일 때 인버터가 자동정지하고 한전이 복전되었을 때 즉시 재기동한다.
② 접속함차단기를 차단하면 전압이 유기되지 않으므로 감전에 주의할 필요가 없다.
③ 계통연계형의 경우 한전전원이 Off일 때 역송전이 불가하다.
④ 먼지나 이물질이 태양전지에 부착된 경우 전력생산의 저하 및 수명에 영향을 미치지 않는다.

풀이 계통연계형인 경우 한전전원이 Off일 때 인버터가 자동정지하고 한전이 복전되었을 때 5분 후 인버터 재기동
• 한전전원이 Off될 경우 인버터의 단독운전 방지기능으로 인버터 동작은 중지된다.

77 태양전지모듈-접지선 간 절연저항을 직류전압 500[V]로 측정 시의 절연저항치[MΩ]는 얼마 이상이어야 하는가?

① 0.1
② 0.2
③ 0.4
④ 1.0

풀이 • 절연저항(태양전지모듈-접지 간) : 측정전압 DC 500[V]에서 0.2[Ω] 이상
• 절연저항(접속함-접지 간) : 측정전압 DC 500[V]에서 1[MΩ] 이상

정답 73 ③ 74 ① 75 ① 76 ③ 77 ②

78 태양광발전시스템의 용량이 100[kW] 미만인 경우의 정기점검은?

① 매월 1회
② 매월 2회
③ 매년 1회
④ 매년 2회

풀이 태양광발전설비의 규모별 정기점검 횟수

구분	용량별	점검횟수	점검간격
저압	1~300[kW] 이하	월 1회	20일 이상
	300[kW] 초과	월 2회	10일 이상
고압	1~300[kW] 이하	월 1회	20일 이상
	300[kW] 초과~500[kW] 이하	월 2회	10일 이상
	500[kW] 초과~700[kW] 이하	월 3회	7일 이상
	700[kW] 초과~1,500[kW] 이하	월 4회	5일 이상
	1,500[kW] 초과~2,000[kW] 이하	월 5회	4일 이상
	2,000[kW] 초과~2,500[kW] 미만	월 6회	3일 이상

79 절연내압 측정 시 최대사용전압의 몇 배의 직류전압을 인가하는가?(단, 표준태양전지어레이 개방전압을 최대사용전압으로 보는 경우)

① 1
② 1.5
③ 2
④ 3

풀이 태양전지어레이 회로의 절연내압 측정
표준태양전지어레이 개방전압을 최대사용전압으로 간주하여 최대사용전압의 1.5배의 직류전압 혹은 1배의 교류전압(500[V] 미만일 때는 500[V])을 10분간 인가하여 절연파괴 등의 이상이 발생하지 않는 것을 확인한다.

80 독립형 태양광발전시스템의 구성요소가 아닌 것은?

① 태양전지어레이
② 인버터
③ 계통연계기
④ 축전지

풀이 독립형 태양광발전시스템의 구성요소
- 태양전지모듈(어레이)
- 인버터
- 축전지
- 충방전 제어기

정답 78 ① 79 ② 80 ③

SECTION 002 제2회 CBT 대비 모의고사

1과목 태양광발전 사전검토

01 다음 괄호 안에 알맞은 것은?

> 국가비전 및 온실가스 감축목표에서 중장기 국가 온실가스 감축목표의 대통령령으로 정하는 비율이란 (　　)퍼센트를 말한다.

① 20　　② 30
③ 35　　④ 50

풀이 기후위기 대응을 위한 탄소중립 · 녹색성장 기본법 시행령 제8조(중장기 국가 온실가스 감축 목표 등)
① 정부는 국가 온실가스 배출량을 2030년까지 2018년의 국가 온실가스 배출량 대비 35퍼센트 이상의 범위에서 대통령령으로 정하는 비율만큼 감축하는 것을 중장기 국가 온실가스 감축 목표(이하 "중장기감축목표"라 한다)로 한다.
② 정부는 중장기감축목표를 달성하기 위하여 산업, 건물, 수송, 발전, 폐기물 등 부문별 온실가스 감축 목표(이하 "부문별감축목표"라 한다)를 설정하여야 한다.
③ 정부는 중장기감축목표와 부문별감축목표의 달성을 위하여 국가 전체와 각 부문에 대한 연도별 온실가스 감축 목표(이하 "연도별감축목표"라 한다) 등 국내외 여건을 고려하여 중장기감축목표, 부문별감축목표 및 연도별감축목표(이하 "중장기감축목표"라 한다)를 설정하여야 한다.
④ 정부는 「파리협정」(이하 "협정"이라 한다) 등 국내외 여건을 고려하여 중장기감축목표, 부문별감축목표 및 연도별감축목표(이하 "중장기감축목표등"이라 한다)를 5년마다 재검토하고 필요한 경우 협정 제4조의 진전의 원칙에 따라 이를 변경하거나 새로 설정하여야 한다. 다만, 사회적 · 기술적 여건의 변화 등에 따라 필요한 경우에는 5년이 경과하기 이전에 변경하거나 새로 설정할 수 있다.

02 태양의 빛에너지를 변환시켜 전기를 생산하거나 채광(採光)에 이용하는 설비는?

① 풍력설비　　② 지열설비
③ 태양열설비　　④ 태양광설비

풀이 신에너지 및 재생에너지 개발 · 이용 · 보급 촉진법 시행규칙 제2조(신 · 재생에너지설비)
4.-나. 태양광설비 : 태양의 빛에너지를 변환시켜 전기를 생산하거나 채광(採光)에 이용하는 설비

03 바이오에너지 등의 기준 및 범위에서 에너지원의 종류와 기준 및 범위의 연결이 틀린 것은?

① 바이오에너지 : 생물유기체를 변환시킨 땔감
② 폐기물에너지 : 유기성 폐기물을 변환시킨 매립지가스
③ 석탄을 액화 · 가스화한 에너지 : 증기공급용 에너지
④ 중질잔사유를 가스화한 에너지 : 합성가스

풀이 신에너지 및 재생에너지 개발 · 이용 · 보급 촉진법 시행령 [별표 1] 바이오에너지 등의 기준 및 범위(제2조 관련)

에너지원의 종류		기준 및 범위
석탄을 액화 · 가스화한 에너지	기준	석탄을 액화 및 가스화하여 얻어지는 에너지로서 다른 화합물과 혼합되지 않은 에너지
	범위	1) 증기 공급용 에너지 2) 발전용 에너지
중질잔사유를 가스화한 에너지	기준	1) 중질잔사유(원유를 정제하고 남은 최종 잔재물로서 감압증류과정에서 나오는 감압잔사유, 아스팔트와 열분해공정에서 나오는 코크, 타르 및 피치 등을 말한다.)를 가스화하는 공정에서 얻어지는 연료 2) 1)의 연료를 연소 또는 변환하여 얻어지는 에너지
	범위	합성가스

정답　01 ③　02 ④　03 ②

에너지원의 종류		기준 및 범위
바이오 에너지	기준	1) 생물유기체를 변환시켜 얻어지는 기체, 액체 또는 고체의 연료 2) 1)의 연료를 연소 또는 변환시켜 얻어지는 에너지 ※ 1) 또는 2)의 에너지가 신·재생에너지가 아닌 석유제품 등과 혼합된 경우에는 생물유기체로부터 생산된 부분만을 바이오에너지로 본다.
	범위	1) 생물유기체를 변환시킨 바이오가스, 바이오에탄올, 바이오액화유 및 합성가스 2) 쓰레기매립장의 유기성 폐기물을 변환시킨 매립지가스 3) 동물·식물의 유지(油脂)를 변환시킨 바이오디젤 4) 생물유기체를 변환시킨 땔감, 목재 칩, 펠릿 및 숯 등의 고체연료
폐기물 에너지	기준	1) 폐기물을 변환시켜 얻어지는 기체, 액체 또는 고체의 연료 2) 1)의 연료를 연소 또는 변환시켜 얻어지는 에너지 3) 폐기물의 소각열을 변환시킨 에너지 ※ 1)부터 3)까지의 에너지가 신·재생에너지가 아닌 석유제품 등과 혼합되는 경우에는 폐기물로부터 생산된 부분만을 폐기물에너지로 보고, 1)부터 3)까지의 에너지 중 비재생폐기물(석유, 석탄 등 화석연료에 기원한 화학섬유, 인조가죽, 비닐 등으로서 생물 기원이 아닌 폐기물을 말한다)로부터 생산된 것은 제외한다.
수열 에너지	기준	물의 열을 히트펌프(Heat Pump)를 사용하여 변환시켜 얻어지는 에너지
	범위	해수(海水)의 표층 및 하천수의 열을 변환시켜 얻어지는 에너지

04 강우 시 태양전지모듈 표면에 흙탕물이 튀는 것을 방지하기 위해 지면으로부터 몇 [m] 이상 높이에 설치할 수 있도록 설계하여야 하는가?

① 0.3 ② 0.4
③ 0.6 ④ 0.8

풀이 태양전지모듈 및 어레이 설계 시 고려되는 설치 높이는 강우 시 모듈 표면으로 흙탕물이 튀는 것을 방지하기 위해 지면으로부터 0.6[m] 이상의 높이에 설치한다.

05 일사량에 대한 설명으로 잘못된 것은?

① 일사량은 태양으로부터 받는 직달광과 천공으로부터 오는 산란광의 합이다.
② 지면 위에서 관측되는 일사량은 대기가 없을 경우 70[%] 정도이다.
③ 일사량의 단위는 [kWh/m²일], [MJ/m²월]이다.
④ 하루 중 일사량은 태양고도가 가장 높을 때 남중 시가 최대이고 1년 중에는 동지경에 최대가 된다.

풀이 일사량은 1년 중 하지경에 최대가 된다. 또한 해안지역이 산악지대보다 일사량이 높다.

06 음영의 방지대책이 아닌 것은?

① 추적식 태양광모듈을 이용한다.
② 음영이 생기지 않도록 어레이를 배치한다.
③ 인버터(PCS)의 MPP 추종제어기능으로 출력손실을 최소화한다.
④ 부분 음영이 발생될 것을 대비해 일정한 셀 수마다 바이패스소자를 설치한다.

풀이 음영방지대책
- 태양전지모듈의 접속함 내에 역전류저지다이오드 적용
- 서브어레이, 스트링인버터 사용
- 인버터의 MPPT 기능 사용

07 태양광발전소의 부지 타당성 조사 시 고려하여야 할 부지 내 경미한 음영의 종류가 아닌 것은?

① 송전철탑 ② TV 안테나
③ 전깃줄   ④ 피뢰침

풀이 경미한 음영
전깃줄, TV 안테나, 피뢰침 등은 경미한 음영으로 보지 않는다.

정답 04 ③ 05 ④ 06 ① 07 ①

08 전기의 수요는 시간에 따라 변화하고, 재생에너지원에 의해 발생되는 전력 또한 시간에 따라 변화하는 특징이 있다. 다음의 에너지원 중 피크부하에 가장 잘 대응할 수 있는 것은?

① 풍력에너지　　② 태양에너지
③ 수력에너지　　④ 파력에너지

풀이 피크부하에 대응하기 위해서는 발전이 안정적으로 지속가능하고 기동시간이 짧아야 한다. 풍력, 태양, 파력에너지는 간헐적 발전으로 피크부하에 대응이 불가능하고, 수력에너지는 안정적으로 지속가능한 발전으로, 기동시간이 1~10분 정도로 짧아 피크부하에 가장 잘 대응할 수 있다.

09 계통연계형 인버터의 기능에 해당하지 않는 것은?

① 자동운전 정지기능
② 자동전류 조정기능
③ 단독운전 방지기능
④ 최대출력 추종제어기능

풀이 인버터의 기능
- 자동운전 정지기능
- 최대전력 추종제어기능
- 단독운전 방지기능
- 자동전압 조정기능
- 직류 검출기능
- 지류지락 검출기능
- 계통연계 보호기능

10 개발행위 허가만으로 태양광발전소를 건설할 수 있는 관리지역의 면적 기준은?

① 10,000[m²] 미만　　② 5,000[m²] 미만
③ 30,000[m²] 미만　　④ 15,000[m²] 미만

풀이 개발행위 허가 용도지역별 기준면적
㉠ 도시지역
- 주거지역, 상업지역, 자연녹지지역, 생산녹지지역 : 1만 [m²] 미만
- 공업지역 : 3만 [m²] 미만
- 보전녹지지역 : 5천 [m²] 미만
㉡ 관리지역 : 3만 [m²] 미만
㉢ 농림지역 : 3만 [m²] 미만
㉣ 자연환경보전지역 : 5천 [m²] 미만

11 전기사업용 전기설비의 공사계획 인가 또는 신고 시 산업통상자원부의 인가가 필요한 발전소 출력은?

① 3,000[kW] 이상　　② 5,000[kW] 이상
③ 10,000[kW] 이상　　④ 50,000[kW] 이상

풀이 전기사업용 전기설비의 공사계획 인가 또는 신고기준
- 산업통상자원부 인가사항 : 출력 10,000[kW] 이상의 발전소 설치공사
- 지자체 신고사항 : 출력 10,000[kW] 미만의 발전소 설치공사

12 물의 열을 변환시켜 에너지를 생산하는 설비는?

① 전력저장설비　　② 수열에너지설비
③ 해양에너지설비　　④ 폐기물에너지설비

풀이 신에너지 및 재생에너지 개발·이용·보급 촉진법 시행규칙 제2조(신·재생에너지설비)
11. 수열에너지설비 : 물의 열을 변환시켜 에너지를 생산하는 설비

13 에너지원을 다양화하고, 에너지의 안정적인 공급, 에너지 구조의 환경친화적 전환 및 온실가스 배출의 감소를 추진함으로써 환경의 보전, 국가경제의 건전하고 지속적인 발전 및 국민복지의 증진에 이바지함을 목적으로 하는 법은?

① 전기공사업법
② 에너지이용효율화법
③ 신에너지 및 재생에너지 개발·이용·보급 촉진법
④ 저탄소 녹색성장 기본법

풀이 신에너지 및 재생에너지 개발·이용·보급 촉진법 제1조(목적)
이 법은 신에너지 및 재생에너지의 기술개발 및 이용·보급 촉진과 신에너지 및 재생에너지 산업의 활성화를 통하여 에너지원을 다양화하고, 에너지의 안정적인 공급, 에너지 구조의 환경친화적 전환 및 온실가스 배출의 감소를 추진함으로써 환경의 보전, 국가경제의 건전하고 지속적인 발전 및 국민복지의 증진에 이바지함을 목적으로 한다.

정답 08 ③　09 ②　10 ③　11 ③　12 ②　13 ③

14 신·재생에너지 공급인증서에 표기되는 공급량 계산 시 적용되는 신·재생에너지 가중치 결정의 고려사항이 아닌 것은?

① 발전원가
② 부존잠재량
③ 손실대체 효과
④ 온실가스 배출 저감에 미치는 효과

풀이 신·재생에너지 가중치 결정의 고려사항
- 환경기술 개발 및 산업활성화에 미치는 영향
- 발전원가
- 부존잠재량
- 온실가스 배출 저감에 미치는 효과

15 다음 설비의 1일 전력수요량[kWh]은?(단, 손실계수 1.1을 적용)

부하설비	수량	소비전력[W]	사용시간[h]
컴퓨터 및 부대설비	5	150	8
조명(형광등)	20	36	6
TV	2	240	5
냉장고	1	180	24
에어컨	1	1,600	4

① 23.44
② 25.784
③ 13.44
④ 15.784

풀이 1일 전력수요량
= 1일 전력소비량 × 1.1
= (5×150×8) + (20×36×6) + (2×240×5) + (1×180×24) + (1×1,600×4)
= 23,440[W] × 10^{-3}
= 23.44[kWh] × 1.1
= 25.784[kWh]

16 저압배전선로에 연계 가능한 태양광발전설비의 최대용량은?

① 100[kW] 미만
② 50[kW] 미만
③ 80[kW] 미만
④ 60[kW] 미만

17 태양광설비에 대한 설명으로 가장 옳은 것은?

① 태양의 열에너지를 변화시켜 전기를 생산하거나 에너지원으로 이용하는 설비
② 바람의 에너지를 변환시켜 전기를 생산하는 설비
③ 수소와 산소의 전기화학반응으로 전기 또는 열을 생산하는 설비
④ 태양의 빛에너지를 변화시켜 전기를 생산하거나 채광에 이용하는 설비

풀이 ① 태양열설비, ② 풍력설비, ③ 연료전지에 대한 설명이다.

18 다음 중 태양광발전을 위한 부지 선정 시 일반적인 고려사항으로 잘못된 것은?

① 지정학적 조건 : 일사량 및 일조량
② 건설상 조건 : 부지의 접근성 및 주변환경
③ 전력계통과의 연계조건 : 전력계통 인입선 위치 등
④ 환경조건 : 일산화탄소의 배출량

풀이
- 행정상의 조건 : 인·허가 각종 규제
- 경제성 : 부지매입 가격 및 부대공사비
- 주변환경 : 집중호우 및 홍수·태풍, 수목영향, 공해, 염해
- 태양광발전에서 일산화탄소 배출량은 고려사항이 아니다.

19 태양광발전사업 허가신청서에 포함되는 필요서류 목록이 아닌 것은?(단, 3,000[kW] 미만인 경우이다.)

① 전기사업법 시행규칙에 따른 사업계획서
② 송전관계 일람도 및 발전원가 명세서
③ 전력계통의 조류계산서
④ 발전설비 운영을 위한 기술인력 확보계획을 기재한 서류

정답 14 ③ 15 ② 16 ① 17 ④ 18 ④ 19 ③

풀이) 사업허가 신청 시 제출서류
㉠ 200[kW] 이하
- 사업허가 신청서
- 사업계획서
- 송전관계 일람도

㉡ 3,000[kW] 이하
- 사업허가 신청서
- 사업계획서
- 송전관계 일람도
- 발전원가 명세서
- 기술인력 확보계획서

㉢ 3,000[kW] 초과
- 사업허가 신청서
- 사업계획서
- 송전관계 일람도
- 발전원가 명세서
- 기술인력 확보계획서
- 5년간 예상손익산출서
- 전기설비 개요서
- 신용평가의견서
- 공급구역 5만분의 1 지도
- 소요재원 조달계획서
- 법인은 정관, 등기부등본, 직전연도 손익계산서, 대차대조표

20 대통령령으로 정하는 규모 이하의 발전설비를 갖추고 특정한 공급구역의 수요에 맞추어 전기를 생산하여 전력시장을 통하지 아니하고 그 공급구역의 전기사용자에게 공급하는 것을 주된 목적으로 하는 사업자는 누구인가?

① 전기판매사업자
② 발전사업자
③ 구역전기사업자
④ 지역전기사업자

2과목 태양광발전시스템 구성·선정

21 태양광발전시스템의 직류 측 보호를 위한 장치로서 옳지 않은 것은?

① ACB
② 직렬회로용 퓨즈
③ 역전류방지다이오드
④ 바이패스다이오드

풀이) ACB(Air Circuit Breaker) 기중차단기
교류저압회로 보호용 차단기. 저압의 집중부하에 적용하는 차단기

22 설계도서의 의미를 가장 적합하게 설명한 것은?

① 구조물 등을 그린 도면으로 건축물, 시설물, 기타 각종 사물의 예정된 계획을 공학적으로 나타낸 도면이다.
② 설계, 공사에 대한 시공 중의 지시 등 도면으로 표현될 수 없는 문장이나 수치 등을 표현한 것으로 공사수행에 관련된 제반규정 및 요구사항을 표시한 것이다.
③ 공사계약에 있어 발주자로부터 제시된 도면 및 그 시공기준을 정한 시방서류로서 설계도면, 표준시방서, 특기시방서, 현장설명서 및 현장설명에 대한 질문 회답서 등을 총칭하는 것이다.
④ 각종 기계·장치 등의 요구조건을 만족시키고, 합리적·경제적인 제품을 만들기 위해 그 계획을 종합하여 설계하며 구체적인 내용을 명시하는 일을 일컫는다.

풀이) ①은 설계도, ②는 시방서, ④는 작업(공정)지시서 등에 대한 설명이다.

23 옥내에 시설하는 저압용 배전반 및 분전반의 시설방법으로 틀린 것은?

① 한 개의 분전반에는 두 가지 전원(2회선의 간선)만 공급할 것
② 노출하여 시설되는 배전반 및 분전반은 불연성 또는 난연성의 것을 시설할 것
③ 배전반 및 분전반은 전기를 쉽게 조작할 수 있고 쉽게 점검할 수 있는 장소에 시설할 것
④ 노출된 충전부가 있는 배전반 및 분전반은 취급자 이외의 사람이 쉽게 출입할 수 없도록 시설할 것

풀이 옥내에 시설하는 저압용 배·분전반 등의 시설
옥내에 시설하는 저압용 배·분전반의 기구 및 전선은 쉽게 점검할 수 있도록 하고 다음 각 호에 따라 시설할 것
- 한 개의 분전반에는 한 가지 전원(1회선의 간선)만 공급하여야 한다.

24 태양전지어레이의 세로길이(L) 0.6[m], 어레이의 경사각(a) 33°, 태양의 고도각(b) 15°로 산정하여 북위 37° 지방에서 태양광발전소를 건설하고자 할 때, 어레이 간의 최소 이격거리는 약 몇 [m]로 하면 되는가?

① 1.595
② 1.723
③ 1.889
④ 2.273

풀이 $d = L \times \{\cos a + \sin a \times \tan(90° - b)\}$
$= 0.6 \times \{\cos 33° + \sin 33° \times \tan(90° - 15°)\}$
$= 1.7227 ≒ 1.723$[m]
여기서, L : 어레이 길이
a : 어레이 경사각
b : 그림자 경사각(동지 시 발전한계시각에서의 태양고도)

25 태양전지모듈의 열 발생 원인으로 틀린 것은?

① 정적 하중
② 셀에서 적외선 흡수
③ 모듈의 전기적 동작
④ 모듈 상부 표면으로부터의 반사

풀이 태양전지모듈의 열 발생원인
- 열적(온도, 습도)
- 기계적(열응력, 충격)
- 전기적(전압, 전류)
- 광조사(자외선)

26 분산형 전원의 역률은 한전과 별도 협의가 없는 경우 몇 [%] 이상 유지해야 하는가?

① 85
② 90
③ 95
④ 100

27 독립형 태양광인버터의 시험항목이 아닌 것은?

① 효율시험
② 출력 측 단락시험
③ 절연저항시험
④ 교류출력전류 변형률시험

풀이 태양광발전용 독립형·연계형 인버터의 시험항목

시험항목		독립형	계통연계형
구조시험		○	○
절연성능 시험	절연저항시험	○	○
	내전압시험	○	○
	감전보호시험	○	○
	절연거리시험	○	○
보호기능 시험	출력 과전압 및 부족 전압보호기능시험	○	○
	주파수 상승 및 저하 보호기능시험	○	○
	단독운전 방지기능시험	×	○
	복전후일정시간투입 방지기능시험	×	○

정답 23 ① 24 ② 25 ① 26 ② 27 ④

시험항목		독립형	계통연계형
정상특성 시험	교류전압, 주파수 추종 범위시험	×	○
	교류출력전류 변형률 시험	×	○
	누설전류시험	○	○
	온도상승시험	○	○
	효율시험	○	○
	대기손실시험	×	○
	자동기동·정지시험	×	○
	최대전력 추종시험	×	○
	출력전류 직류분 검출 시험	×	○
과도응답 특성시험	입력전력 급변시험	○	○
	계통전압 급변시험	×	○
	계통전압위상 급변시험	×	○
외부사고 시험	출력 측 단락시험	○	○
	계통전압 순간정전·강하시험	×	○
	부하차단시험	○	○
내전기 환경시험	계통전압 왜형률내량 시험	×	○
	계통전압불평형시험	×	○
	부하불평형시험	○	×
내주위 환경시험	습도시험	○	○
	온습도사이클시험	○	○
전자기적 합성(EMC)	전자파 장해(EMI)	○	○
	전자파 내성(EMS)	○	○

28 수상전선로의 전선을 가공전선로의 전선과 육상에서 접속하는 경우 접속점의 높이는 지표상 최소 몇 [m]인가?

① 4   ② 5
③ 6   ④ 7

풀이 수상전선로의 시설
전선의 접속점은 다음의 높이로 지지물에 견고하게 붙일 것
- 접속점이 육상에 있는 경우에는 지표상 5[m] 이상. 다만, 수상전선로의 사용전압이 저압인 경우에 도로상 이외의 곳에 있을 때에는 지표상 4[m]까지로 감할 수 있다.
- 접속점이 수면상에 있는 경우에는 수상전선로의 사용전압이 저압인 경우에는 수면상 4[m] 이상, 고압인 경우에는 수면상 5[m] 이상

29 태양광발전시스템의 연간 누적발전량이 15,000 [kWh], 시스템 용량은 10[kW], 연간 운전일수가 350일일 때, 시스템 이용률은 약 몇 [%]인가?

① 14.29[%]   ② 16.45[%]
③ 17.85[%]   ④ 19.04[%]

풀이 시스템 이용률[%]
$$= \frac{1년간\ 발전전력량[kWh]}{24[h] \times 운전일수 \times 시스템\ 용량[kW]} \times 100$$
$$= \frac{15,000}{24 \times 350 \times 10} \times 100 ≒ 17.85[\%]$$

30 22.9[kV], 380[V] 3상 선로의 정격전류(기준전류)가 1.3[kA], %Z가 5[%]일 때 단락전류[kA]는?(단, 전동기 기여전류는 무시한다.)

① 25   ② 26
③ 30   ④ 35

풀이 단락전류 $I_s = \frac{100}{\%Z} \times I_n = \frac{100}{5} \times 1.3 = 26[kA]$

31 태양전지의 변환효율을 높이기 위한 방법으로 틀린 것은?

① 가급적 많은 빛이 반도체 내부에서 흡수되도록 하여야 한다.
② 입사 태양광에너지를 높이고 온도를 높게 유지해야 한다.
③ 빛에 의해 생성된 전자와 정공쌍이 소멸되지 않고 외부회로까지 전달되도록 해야 한다.
④ PN 접합부에 큰 전기장이 발생하도록 소재 및 공정을 설계해야 한다.

풀이 입사 태양광에너지는 높이고 온도는 적정하게 유지해야 한다(적정온도 20~25[℃]).

32 저압용 기계기구에서 전기를 공급하는 전로에 누전차단기를 시설하면 외함 접지를 생략할 수 있다. 이때 누전차단기의 정격기술기준으로 알맞은 것은?(단, 인체보호용일 때)

① 정격감도전류 15[mA] 이하, 동작시간 0.03초 이하 전류동작형
② 정격감도전류 30[mA] 이하, 동작시간 0.03초 이하 전류동작형
③ 정격감도전류 30[mA] 이하, 동작시간 0.1초 이하 전류동작형
④ 정격감도전류 15[mA] 이하, 동작시간 0.1초 이하 전류동작형

풀이 기계기구의 철대 및 외함 접지
인체감전보호용 누전차단기 : 정격감도전류 30[mA] 이하, 동작시간 0.03초 이하의 전류동작형에 한한다.

33 가대의 재질에 따른 분류의 설명으로 잘못된 것은?

① 강제+도장 : 저가, 도료의 재질에 따라 내후성 결정, 5~10년 주기로 재도장
② 강제+용융아연도금 : 중가, 철의 2배의 내식성, 부분적인 녹 발생
③ 스테인리스(SUS) : 고가, 니켈, 크롬합금, 경량
④ 알루미늄합금재 : 중가, 경량으로 시공성 우수, 강도 약함

풀이 용융아연도금강제는 철의 10배의 내식성

34 태양광어레이 설계 시 태양고도각을 결정하는 기준이 되는 때는?

① 하지 ② 입춘
③ 동지 ④ 춘추분

풀이 태양고도각은 낮을수록 그림자가 길어져 인접한 모듈에 음영을 발생시킬 수 있으므로 태양고도가 가장 낮은 동지를 기준으로 태양고도각을 결정한다.

35 접지공사에서 접지선의 지하 75[cm]로부터 지표상 2[m]까지의 부분에 대해 전기용품 안전관리법상 적용을 받는 보호물로 적합한 것은?

① 금속몰드 ② 합성수지관
③ 케이블덕트 ④ 금속전선관

풀이 접지선의 지하 75[cm]로부터 지표상 2[m]까지의 부분은 전기용품관리법의 적용을 받는 합성수지관 또는 이와 동등 이상의 절연효력 및 강도를 가지는 몰드로 덮을 것

36 결정계 실리콘 태양전지모듈에서 표면온도와 출력의 관계를 옳게 나타낸 것은?

① 표면온도가 높아지면 출력이 증가한다.
② 표면온도가 높아지면 출력이 감소한다.
③ 표면온도가 낮아지면 출력이 감소한다.
④ 표면온도가 높든지 낮든지 출력에는 영향이 없다.

풀이
• 표면온도 상승 시 출력 및 전체 출력 감소
• 표면온도 저하 시 출력 및 전체 출력 증가

37 다음과 같은 태양광발전시스템의 어레이 설계 시 직병렬 수량은?

- 모듈 최대출력 : 250[Wp]
- 1스트링 직렬매수 : 10직렬
- 시스템 출력전력 : 50,000[W]

① 10직렬−10병렬 ② 10직렬−15병렬
③ 10직렬−20병렬 ④ 10직렬−25병렬

풀이 시스템 출력전력=병렬 수×모듈최대전력×직렬수

$$병렬수 = \frac{시스템\ 출력}{모든\ 최대출력 \times 직렬수}$$

$$= \frac{50,000[W]}{250[Wp] \times 10} = 20$$

38 태양전지모듈의 구성요소로만 된 것은?

① 셀, 프레임, 프런트커버, 역류방지다이오드
② 셀, 프레임, 인터커넥터, 인버터

정답 32 ② 33 ② 34 ③ 35 ② 36 ② 37 ③ 38 ④

③ 셀, 프레임, 역류방지다이오드, 인버터
④ 셀, 프레임, 프런트커버, 인터커넥터, 충진재, 표면재(강화유리)

풀이
- 모듈의 구성요소 : 셀, 프레임, 프런트커버, 인터커넥터
- 역류방지다이오드는 접속함 설치
- 인터버는 별도설비

39 태양전지어레이의 경사각에 대한 설명으로 틀린 것은?

① 태양광어레이가 지면과 이루는 각
② 경사각을 낮출수록 대지이용률이 증가함
③ 방위각과 동일한 각
④ 발전량이 연간 최대가 되는 최적 경사각 설정

풀이
- 적설을 고려하여 결정
- 발전시간 내 음영이 생기지 않도록 어레이 배치
- 방위각은 태양광어레이가 정남향과 이루는 각

40 전선을 접속하는 경우 전선의 세기를 몇 [%] 이상 감소시키지 않아야 하는가?

① 10　　　　　② 20
③ 30　　　　　④ 40

풀이 전선 접속 시 전선의 세기를 20[%] 이상 감소시키지 않아야 한다.

3과목　태양광발전 시공

41 감리원의 감리업무가 아닌 것은?

① 발주자의 권한 대행
② 공사의 품질 확보와 향상에 노력
③ 공사의 계획, 발주, 설계 시공 등 전반 업무 총괄
④ 품질관리, 공사관리, 안전관리 등에 대한 기술지도

풀이
㉠ 감리원의 감리업무
- 발주자의 권한 대행
- 공사의 품질 확보와 향상에 노력 : 설계도서 검토, 착공신고서 검토 및 보고
- 품질관리, 공사관리, 안전관리 등에 대한 기술지도

㉡ 건설사업관리(CM)
  공사의 계획, 발주, 설계, 시공 등 전반 업무 총괄

42 부하역률 0.8일 때 선로의 저항손실은 부하역률 0.9일 때 선로의 저항손실에 비하여 약 몇 배인가?

① 동일하다.　　　② 1.3배
③ 1.5배　　　　　④ 1.8배

풀이 비례식 $\dfrac{P_{l1}}{P_{l2}} = \dfrac{0.8}{0.9}$ 에서

$$\dfrac{\dfrac{1}{0.8^2}}{\dfrac{1}{0.9^2}} = \dfrac{\dfrac{1}{0.64}}{\dfrac{1}{0.81}} = \dfrac{0.81}{0.64} = 1.2656 ≒ 1.3$$

43 태양전지어레이 설치공사의 주의사항으로 틀린 것은?

① 구조물 및 지지대는 현장용접을 한다.
② 너트의 풀림 방지를 위해 이중너트를 사용하고 스프링와셔를 체결한다.
③ 태양광어레이 기초면 확인을 위해 수평기, 수평줄, 수직추를 확보한다.
④ 지지대의 기초앵커볼트의 조임은 바로세우기 완료 후, 앵커볼트의 장력이 균일하게 되도록 한다.

풀이 태양전지어레이용 가대 및 지지대 설치방법
- 어레이용 가대, 모듈고정용 가대 및 케이블트레이용 채널 순으로 조립한다.
- 구조물 및 지지대 형강류(H형, ㄷ형, ㄱ형)는 공장에서 용융아연도금을 시행한 후 현장에서 조립을 원칙으로 한다.

정답　39 ③　40 ②　41 ③　42 ②　43 ①

44 태양광 설치 공사 중 태양전지모듈의 설치 시 추락 방지에 대한 안전대책이 아닌 것은?

① 안전모 착용
② 안전허리띠 착용
③ 저압절연장갑 착용
④ 안전대 및 안전화 착용

풀이 추락 방지 안전대책
- 안전모 착용
- 안전허리띠 착용
- 안전화 착용
- 안전대 설치

※ 저압절연장갑 착용은 감전 방지대책에 해당된다.

45 태양광발전시스템을 전력계통과 연계하기 위한 변압기의 결선방법으로 가장 적당한 것은?(단, 인버터는 절연변압기를 사용하고 있는 경우이다.)

① Y-Y
② Y-△
③ △-△
④ △-Y

풀이 분산형 전원을 계통과 연계 시 계통기술기준에 따라 한전의 전기방식은 Y결선, 태양광발전시스템은 △ 결선한다.

46 태양전지모듈의 배선이 끝난 후 확인사항이 아닌 것은?

① 비접지 확인
② 전압극성 확인
③ 단락전류 확인
④ 개방전류 확인

풀이 모듈 배선이 끝난 후 태양전지어레이의 검사사항
- 전압극성 확인
- 단락전류 측정
- 비접지 확인

47 태양광발전시스템에서 태양전지어레이용 가대 및 지지대 설치 시 고려사항이 아닌 것은?

① 태양전지어레이용 가대 및 지지대의 설치순서, 양중방법 등의 설치계획을 결정한다.
② 태양전지모듈의 유지보수를 위한 공간과 작업 안전을 위한 발판, 안전난간을 설치한다.
③ 지지물의 자중, 적재하중 및 구조하중에 맞게 안전한 구조의 것으로 설치한다.
④ 구조물의 자재 중 강제류는 현장에서 절단, 용융 아연도금하여 조립함을 원칙으로 한다.

풀이
- 구조물의 자재 중 형강류(강제류, H형, ㄷ형, ㄱ형)는 공장에서 용융아연도금을 시행한 후 현장에서 조립을 원칙으로 한다.
- 현장절단이 아닌 공장에서 절단 후 용융아연도금하여 현장으로 수송한다.

48 태양광발전시스템 시공 중 감전 방지책에 대한 설명으로 틀린 것은?

① 강우 시 작업을 중단한다.
② 저압전로용 절연장갑을 착용한다.
③ 이중절연처리가 된 공구를 사용한다.
④ 작업 종료 후 태양전지모듈 표면에 차광시트를 붙인다.

풀이 태양광발전시스템 시공 중 감전 방지대책
- 작업 전 태양전지모듈의 표면에 차광시트를 붙여 태양광을 차단한다.
- 저압전로용 절연장갑을 착용한다.
- 절연처리가 된 공구를 사용한다.
- 강우 시 작업을 금지한다.

49 저압배전선로의 저압네트워크방식의 설명으로 틀린 것은?

① 전력손실이 감소된다.
② 플리커, 전압변동률이 적다.
③ 특별한 보호장치가 필요 없다.
④ 무정전 공급이 가능해서 공급신뢰도가 높다.

풀이 저압배전선로의 저압네트워크방식의 특징
- 전력손실 감소
- 수요 증가에 대한 공급의 융통성 향상
- 무정전 공급이 가능해서 공급신뢰도 향상
- 전압변동에 의한 플리커 감소
- 변압기 용량, 배전선 동량이 낮아짐

정답 44 ③ 45 ② 46 ④ 47 ④ 48 ④ 49 ③

50 일반적으로 국내의 대용량 태양광발전시스템 전기공사 중 옥외공사가 아닌 것은?

① 인버터의 설치
② 전력량계의 설치
③ 태양전지모듈 간의 배선
④ 태양전지어레이와 접속함의 배선

풀이 태양광발전 전기공사의 옥내외 공사
　㉠ 옥내공사
　　• 인버터 설치
　　• 분전반 설치
　㉡ 옥외공사
　　• 모듈 간 배선
　　• 접속함 설치
　　• 어레이와 접속함 배선
　　• 접속함에서 인버터까지의 배선
　　• 전력량계 설치
　　• 옥외배선

51 태양광발전시스템의 설계도서가 아닌 것은?

① 시방서　　　　② 설계도면
③ 품질관리계획서　④ 공사비 산출내역서

풀이 태양광발전시스템의 설계도서
　• 설계도면
　• 설계설명서
　• 시방서
　• 기술계산서
　• 공사비 산출내역서
　• 공사계약서의 계약내용

52 인버터 선정 시 검토사항으로 틀린 것은?

① 소음 발생이 적을 것
② 고조파의 발생이 적을 것
③ 기동ㆍ정지가 안정적일 것
④ 야간의 대기전압 손실이 클 것

풀이 인버터 선정 시 검토사항
　• 국내외 인증제품 선정
　• 전력변환효율이 높을 것
　• 저부하 시, 대기 시 손실이 적을 것
　• 고조파 잡음 발생이 적을 것
　• 수명이 길고 신뢰성이 높을 것
　• 제품의 수급 및 A/S 체계 확인

53 케이블 단말처리방법의 순서를 옳게 나타낸 것은?

㉠ 점착성 절연테이프를 감는다.
㉡ 케이블의 피복을 벗겨 낸다.
㉢ 보호테이프를 반폭 이상 겹치도록 1회 이상 감는다.
㉣ 쌍관을 케이블에 삽입한다.
㉤ 케이블 종단에 극성을 표시한다.

① ㉡ → ㉤ → ㉠ → ㉢ → ㉣
② ㉡ → ㉢ → ㉠ → ㉣ → ㉤
③ ㉡ → ㉤ → ㉣ → ㉠ → ㉢
④ ㉡ → ㉣ → ㉠ → ㉢ → ㉤

풀이 케이블 단말처리방법
　㉠ 쌍관을 사용하는 단말처리방법
　　케이블의 피복을 벗겨 낸다. → 쌍관을 케이블에 입힌다. → 점착성 절연테이프를 감는다. → 그 위에 보호테이프를 반폭 이상 겹치도록 1회 이상 감는다. → 케이블 종단에 극성을 표시한다.
　㉡ 절연테이프의 단말처리방법
　　케이블의 피복을 벗겨 낸다. → 점착성 절연테이프의 반 이상을 겹치도록 하여 1회 이상 감는다. → 그 위에 보호테이프를 반폭 이상 겹치도록 1회 이상 감는다.

54 태양전지에서 옥내에 이르는 배선에 쓰이는 연결전선으로 적당하지 않은 것은?

① GV 전선　　② CV 전선
③ 모듈 전용선　④ TFR-CV 전선

풀이 태양전지에서 옥내에 이르는 배선에 쓰이는 전선
　• 모듈 전용선　• TFR-CV 전선
　• CV 전선
　※ GV 전선 : 접지용 난연비닐전선

정답 50 ①　51 ③　52 ④　53 ④　54 ①

55 지붕형 태양광발전시스템 어레이 기초공사에 포함되는 것은?

① 방수공사
② 접지공사
③ 구조물공사
④ 모듈 설치공사

풀이 지붕형 태양광발전시스템 어레이 설치공사 순서
어레이 기초공사(방수공사) → 어레이 가대공사(구조물공사) → 어레이 설치공사(모듈 설치공사) → 접지공사 → 배선공사 → 검사

56 국내에서 태양광발전설비의 모듈을 고정식으로 설치할 때 최적 경사각은 일반적으로 몇 도 정도인가?

① 5~15°
② 24~36°
③ 55~60°
④ 75~90°

풀이 국내에서 모듈을 고정식으로 설치할 때 일반적인 최적 경사각 24~36°

57 태양광발전시스템에서 전기흐름을 고려한 배선 순서로 바르게 나열한 것은?

㉠ 인버터에서 분전반 배선
㉡ 어레이와 접속함 배선
㉢ 모듈 배선
㉣ 접속함에서 인버터 배선

① ㉠ → ㉣ → ㉡ → ㉢
② ㉡ → ㉢ → ㉠ → ㉣
③ ㉢ → ㉡ → ㉣ → ㉠
④ ㉣ → ㉢ → ㉡ → ㉠

풀이 태양광발전시스템의 배선공사 순서
모듈 배선 → 어레이와 접속함 배선 → 접속함에서 인버터 배선 → 인버터에서 분전반 배선 → 축전지 배선

58 분산형 태양광발전시스템 준공 시 인입구 배선의 점검사항으로 틀린 것은?

① 전선의 저항 측정
② 규격전선 사용 여부
③ 전선피복 손상 여부
④ 배선공사방법의 적합 여부

풀이 준공 시 인입구 배선의 점검사항
• 전선피복 손상 여부
• 배선공사방법의 적합 여부
• 규격전선 사용 여부
• 전선의 고정상태 여부
※ 전선의 저항 측정은 점검사항이 아니다(측정사항).

59 공통접지시설 중 상도체($S[\text{mm}^2]$의 단면적이 $16 \leq S$인 경우) 보호도체 재질이 상도체와 같은 경우의 보호도체 최소단면적은?

① $S[\text{mm}^2]$
② $16[\text{mm}^2]$
③ $S/2[\text{mm}^2]$
④ $8[\text{mm}^2]$

풀이 보호도체의 단면적

상도체의 단면적 $S[\text{mm}^2]$	대응하는 보호도체의 최소단면적$[\text{mm}^2]$	
	보호도체의 재질이 상도체와 같은 경우	보호도체의 재질이 상도체와 다른 경우
$S \leq 16$	S	$(k_1/k_2) \times S$
$16 < S \leq 35$	16	$(k_1/k_2) \times 16$
$S > 35$	$S/2$	$(k_1/k_2) \times (S/2)$

※ k_1, k_2 : 도체 및 절연의 재질에 따라 KS C IEC 60364에서 산정된 상도체에 대한 k값

60 금속전선관의 굵기는 전선의 피복절연물을 포함한 단면적의 총합계가 관 내 단면적의 몇 [%] 이하가 되어야 하는가?(단, 동일 굵기의 절연전선을 동일 관 내에 넣는 경우이다.)

① 32
② 40
③ 48
④ 52

풀이 전선관 굵기는 전선피복물을 포함한 단면적 합계가 48[%] 이하로 한다. 굵기가 다른 케이블은 32[%] 이하를 원칙으로 한다.

정답 55 ① 56 ② 57 ③ 58 ① 59 ① 60 ③

4과목 태양광발전 유지관리

61 일상점검을 할 때 볼트 조임방법이 틀린 것은?

① 조임은 지정된 재료, 부품을 정확히 사용한다.
② 조임은 너트를 돌려서 조여 준다.
③ 2개 이상의 볼트를 사용하는 경우 한쪽만 심하게 조이지 않도록 주의한다.
④ 볼트의 크기에 맞는 파이프렌치를 사용하여 규정된 힘으로 조여 준다.

풀이 볼트의 조임 방법
- 조임은 너트를 돌려서 조여 준다.
- 2개 이상의 볼트를 사용하는 경우 한쪽만 심하게 조이지 않도록 주의한다.
- 볼트의 크기에 맞는 토크렌치를 사용하여 규정된 힘으로 조여 준다.

62 태양광발전시스템 정기점검사항 중 접속함의 출력단자와 접지 간의 절연저항은 몇 [MΩ] 이상이어야 하는가?

① 0.2   ② 0.5
③ 0.7   ④ 1

풀이 출력단자와 접지 간의 절연저항
1[MΩ] 이상, 측정전압 DC 500[V]

63 전기안전관리업무를 대행하는 자가 갖추어야 할 장비가 아닌 것은?

① 절연저항기
② 클램프미터
③ 저압검전기
④ 인버터

풀이 전기안전관리업무 대행자가 갖추어야 할 장비
- 절연저항측정기(500[V], 100[MΩ])
- 접지저항측정기
- 클램프미터
- 고압·특고압검전기
- 저압검전기

64 인버터에 고장이 발생하였을 때 계통의 이상 유무를 확인 후 정상 시 5분 후 재가동하는 경우가 아닌 것은?

① 한전계통 역상
② 한전 과전압
③ 한전 부족전압
④ 한전 저주파수

풀이 인버터 고장 발생 시 계통 이상 유무 확인 후 정상 시 5분 후 재가동하는 경우
- 한전계통의 입력전원
- 한전 과전압
- 한전 부족전압
- 한전 저주파수
- 한전 고주파수

65 안전관리업무를 외부 대행사업자가 수행할 수 있는 태양광발전설비 용량의 규모는?

① 500[kW] 미만   ② 750[kW] 미만
③ 1,000[kW] 미만 ④ 3,000[kW] 미만

풀이 안전관리업무 대행규모(전기안전관리법 시행규칙 제26조)
- 안전공사 및 대행사업자 : 용량 1,000[kW] 미만의 태양광발전설비
- 개인 대행자 : 용량 250[kW] 미만의 태양광발전설비

66 태양광발전시스템의 운전상태에 따른 인버터의 운전 시 특징으로 틀린 것은?

① 인버터에 이상 발생 시 인버터는 수동으로 정지된다.
② 태양전지 전압이 저전압이 되면 경보 발생 후 인버터는 정지한다.
③ 태양전지 전압이 과전압이 되면 경보 발생 후 인버터는 정지한다.
④ 정상운전 시 태양전지로부터 전력을 받아 인버터가 계통전압과 동기로 운전한다.

정답 61 ④ 62 ④ 63 ④ 64 ① 65 ③ 66 ①

67 신뢰성평가 분석항목 중 시스템트러블로 옳은 것은?

① 프리즈　　② 인버터 정지
③ 컴퓨터의 조작오류　④ 컴퓨터 전원의 차단

풀이 신뢰성평가 분석항목
　㉠ 트러블(Trouble)
　　• 시스템트러블 : 인버터 정지, 직류지락, 계통지락, RCD(ELB)트립, 원인불명 등에 의한 시스템 운전정지 등
　　• 계측트러블 : 컴퓨터 전원의 차단, 컴퓨터의 조작오류, 기타 원인불명
　㉡ 운전데이터의 결측상황
　㉢ 계획정지 : 정전(정기점검, 개수정전, 계통정전)

68 태양광발전소에 대한 하자보수 검사주기로 옳은 것은?

① 연 1회 이상　② 연 2회 이상
③ 연 3회 이상　④ 연 4회 이상

풀이 태양광발전소의 하자보수 검사주기
　• 100[kW] 미만 : 연 2회 이상
　• 100[kW] 이상 : 격월 1회

69 태양광발전설비 운영에 관한 설명 중 틀린 것은?

① 태양광발전설비의 발전량은 여름철이 봄철, 가을철보다 많다.
② 태양전지모듈 표면의 온도가 높을수록 발전효율이 저하되므로 정기적으로 물을 뿌려 온도를 조절해 준다.
③ 태양광발전설비의 고장요인은 대부분 인버터에서 발생하므로 정기적으로 정상가동 유무를 확인한다.
④ 태양광발전설비의 일상점검, 정기점검은 주기에 맞춰 실시한다.

풀이 태양광발전설비의 발전량은 일사량이 가장 많은 봄철에 제일 많다.

70 시스템 성능평가 분류 중 사이트 평가방법항목으로 틀린 것은?

① 설치 용량　② 설치 형태
③ 설치 단가　④ 설치 대상기관

풀이 사이트 평가방법
　• 설치 대상기관　• 설치시설의 분류
　• 설치시설의 지역　• 설치 형태
　• 설치각도와 방위　• 설치 용량
　• 시공업자　• 기기제조사

71 인버터 절연저항 측정 시 주의사항으로 틀린 것은?

① 정격에 약한 회로들은 회로에서 분리하여 측정한다.
② 입·출력단자에 주회로 이외의 제어단자 등이 있는 경우는 이것을 측정에서 제외한다.
③ 정격전압이 입·출력과 다를 때는 높은 측의 전압을 선택기준으로 한다.
④ 절연변압기를 장착하지 않은 인버터는 제조사 추천방식으로 측정한다.

풀이 인버터 절연저항 측정 시 주의사항
　• 정격전압이 입·출력과 다를 때는 높은 측의 전압을 절연저항계의 선택기준으로 한다.
　• 입·출력단자에 주회로 이외의 제어단자 등이 있는 경우는 이것을 포함해서 측정한다.
　• 측정할 때는 SPD 등의 정격에 약한 회로들은 회로에서 분리시킨다.
　• 절연변압기를 장착하지 않은 인버터의 경우에는 제조업자가 권장하는 방법에 따라 측정한다.

72 절연용 방호구가 아닌 것은?

① 애자커버　② 핫스틱
③ 고무판　④ 절연시트

풀이 절연용 방호구의 종류
　고무판, 절연관, 절연시트, 절연커버, 애자커버 등

정답 67 ②　68 ②　69 ①　70 ③　71 ②　72 ②

73 태양광발전시스템 중 접속함의 고장원인이 아닌 것은?

① 결합상태　　② 다이오드 불량
③ 방수처리 불량　④ 퓨즈 고장

풀이 접속함의 고장원인
- 결합상태 불량
- 다이오드 불량
- 퓨즈 고장

※ 방수처리 불량은 외적인 요인이다.

74 태양전지모듈의 고장원인으로 적당하지 않은 것은?

① 습기 및 수분 침투에 의한 내부회로의 단락
② 기계적 스트레스에 의한 태양전지셀의 파손
③ 경년열화에 의한 태양전지셀 및 리본의 노화
④ 염해, 부식성 가스 등 주변 환경에 의한 부식

풀이 태양전지모듈의 고장원인
- 기계적 스트레스에 의한 태양전지셀의 파손
- 경년열화에 의한 태양전지셀 및 리본의 노화
- 염해, 부식성 가스 등 주변 환경에 의한 부식

※ 태양전지모듈은 진공으로 압착되어 있으므로 습기 및 수분 침투에 의한 내부회로의 단락이 발생하지 않는다.

75 태양전지모듈, 어레이의 절연내압 측정 시 개방전압 1.5배의 직류전압 또는 1배의 교류전압을 몇 분간 인가하는가?

① 5분　　② 10분
③ 15분　④ 20분

풀이 태양전지어레이의 절연내압 측정
표준태양전지어레이의 개방전압을 최대사용전압으로 간주하여 최대사용전압의 1.5배의 직류전압 혹은 1배의 교류전압(500[V] 미만일 때는 500[V])을 10분간 인가한 후 절연파괴 등의 이상이 발생하지 않는 것을 확인한다.

76 송배전반의 육안검사사항으로 옳은 것은?

① 가대의 고정상태　② 부스바단자의 풀림
③ 오일온도계　　　④ 퓨즈 및 차단기상태

풀이 송배전반의 육안검사사항
오일온도계, 전선의 취부상태 등

77 보기의 ( ) 안에 들어갈 숫자로 알맞은 것은?

측정기구로서 500[V]의 절연저항계를 이용하고 인버터의 정격전압이 300[V]를 넘고 600[V] 이하인 경우는 ( )[V]의 절연저항계를 사용한다.

① 500　　② 1,000
③ 1,500　④ 2,000

풀이 시험기자재
- 인버터 정격전압 300[V] 이하 : 500[V] 절연저항계(메거)
- 인버터 정격전압 300[V] 초과 600[V] 이하 : 1,000[V] 절연저항계(메거)

78 금속부분에 녹이 발생한 경우 유의하여 점검할 부분이 아닌 곳은?

① 용접부위의 부식으로 기계적 강도가 떨어질 우려가 없는 부위
② 기구부 등에 녹이 발생하여 회전이 원활하지 않다고 생각하는 부위
③ 녹의 발생으로 접촉저항이 변화하여 통전에 지장이 생기는 부위
④ 녹이 발생하여 미관을 저해하는 부위

풀이 금속부분에 녹이 발생한 경우 유의하여 점검할 부분
- 기구부 등에 녹이 발생하여 회전이 원활하지 않다고 생각되는 부위
- 녹의 발생으로 접촉저항이 변화하여 통전부에 지장이 생기는 부위
- 스프링의 녹 발생, 접합용접 부위의 부식 등으로 기계적 강도가 떨어질 염려가 있는 부위
- 녹이 발생하여 미관을 해치는 부위

정답 73 ③　74 ①　75 ②　76 ③　77 ②　78 ①

79 태양광발전시스템의 정기점검 주기에 대한 설명으로 틀린 것은?

① 100[kW] 이하인 경우 월 1회 점검
② 300[kW] 이하인 경우 월 1회 점검
③ 300[kW] 초과 500[kW] 이하인 경우 월 2회 점검
④ 500[kW] 초과 700[kW] 이하인 경우 월 3회 점검

풀이 태양광발전설비의 규모별 정기점검 주기
㉠ 정기점검 : 육안점검, 측정 및 시험에 의해 실시한다.
㉡ 정기점검의 주기 : 법에서 정한 용량별로 횟수가 정해져 있다.

- 저압

용량별	점검횟수	점검간격
300[kW] 이하	월 1회	20일 이상
300[kW] 초과	월 2회	10일 이상

- 고압

용량별	점검횟수	점검간격
300[kW] 이하	월 1회	20일 이상
300[kW] 초과 500[kW] 이하	월 2회	10일 이상
500[kW] 초과 700[kW] 이하	월 3회	7일 이상
700[kW] 초과 1,500[kW] 이하	월 4회	5일 이상
1,500[kW] 초과 2,000[kW] 이하	월 5회	4일 이상
2,000[kW] 초과 2,500[kW] 미만	월 6회	3일 이상

80 STC 조건에서 모듈 효율 측정 시 주위 온도는?

① 10도 ② 15도
③ 20도 ④ 25도

풀이 STC(Standard Test Condition) 표준시험조건
- 복사강도 : $1,000[W/m^2]$
- AM : 1.5
- 기준온도(셀온도) : 25[℃]

정답 79 ① 80 ④

SECTION 003 제3회 CBT 대비 모의고사

1과목 태양광발전 사전검토

01 신에너지 및 재생에너지 개발·이용·보급 촉진법령에 따라 신·재생에너지설비를 설치한 시공자는 해당설비에 대하여 성실하게 무상으로 하자보수를 실시하여야 하며 그 이행을 보증하는 증서를 신재생에너지설비의 소유자 또는 산업통상자원부령으로 정하는 자에게 제공하여야 한다. 이때 하자보수의 기간은 몇 년의 범위에서 산업통상자원부장관이 정하여 고시하는가?

① 2   ② 3
③ 5   ④ 7

풀이 신에너지 및 재생에너지 개발·이용·보급 촉진법 시행규칙 제16조의2(신·재생에너지설비의 하자보수)
① 법 제30조의3제1항에서 "산업통상자원부령으로 정하는 자"란 법 제27조제1항 각 호의 어느 하나에 해당하는 보급사업에 참여한 지방자치단체 또는 공공기관을 말한다.
② 법 제30조의3제1항에 따른 하자보수의 대상이 되는 신·재생에너지설비는 법 제12조제2항 및 제27조에 따라 설치한 설비로 한다.
③ 법 제30조의3제1항에 따른 하자보수의 기간은 5년의 범위에서 산업통상자원부장관이 정하여 고시한다.

신·재생에너지 설비의 지원 등에 관한 규정 [별표 1] 신·재생에너지설비의 하자이행보증기간(제19조제5항 관련)

원별	하자이행보증기간
태양광발전설비	3년
풍력발전설비	3년
소수력발전설비	3년
지열이용설비	3년
태양열이용설비	3년
기타 신·재생에너지설비	3년

※ 제35조의 사업으로 설치한 신·재생에너지설비의 하자이행보증기간은 5년으로 한다.

신·재생에너지 설비의 지원 등에 관한 규정 제35조(융·복합지원사업 등)
융·복합지원사업은 동일한 장소(건축물 등)에 2종 이상 신·재생에너지원의 설비(전력저장장치포함)를 동시에 설치하거나, 주택·공공·상업(산업)건물 등 지원대상이 혼재되어 있는 특정지역에 1종 이상 신·재생에너지원의 설비를 동시에 설치하려는 경우에 국가가 보조금을 지원해 주는 사업을 말한다.

02 일조시간에 대한 설명으로 틀린 것은?

① 일조시간은 실제로 태양광이 지표면을 내리쬔 시간이다.
② 일조시간과 가조시간의 비를 일조율[%]이라 한다.
③ 구름이 많은 날씨일 경우 가조시간과 일조시간이 일치한다.
④ 가조시간이란 한 지방의 해 돋는 시간부터 해지는 시간까지의 시간을 말한다.

풀이 일조와 일사량
• 일조란 태양광선이 구름이나 안개로 가려지지 않고 지상을 비추는 것
• 태양광선이 비춘 시간을 일조시간이라 함
• 일조시간은 보통 1일이나 한 달 동안에 비춘 시간을 수로 나타냄
• 일조시간으로 일사량도 추정할 수 있으며, 낮 동안에 구름이 어느 정도 끼었는가도 나타낼 수 있음

03 태양광발전시스템의 22.9[kV] 특별고압가공선로 1회선에 연계 가능한 용량으로 옳은 것은?

① 30[kW] 이하
② 100[kW] 이하
③ 10,000[kW] 이하
④ 30,000[kW] 이하

정답 01 ③   02 ③   03 ③

풀이: 신설 및 계약전력 증가 시 공급방식 및 공급전압은 전기사용장소 내의 계약전력 합계를 기준으로 다음 표에 따라 결정

계약전력	공급방식 및 공급전압
500[kW] 미만	교류단상 220[V] 또는 교류삼상 380[V] 중 한전이 적당하다고 결정한 한 가지 공급방식 및 공급전압
500[kW] 이상 10,000[kW] 이하	교류삼상 22,900[V]
10,000[kW] 초과 400,000[kW] 이하	교류삼상 154,000[V]
400,000[kW] 초과	교류삼상 345,000[V]

04 대통령령으로 정하는 구역전기사업자의 발전설비의 용량으로 맞는 것은?

① 2만 5천 킬로와트
② 3만 5천 킬로와트
③ 3만 킬로와트
④ 4만 5천 킬로와트

풀이: 전기사업법 시행령 제1조의2(구역전기사업자의 발전설비용량)
「전기사업법」(이하 "법"이라 한다) 제2조제11호에서 "대통령령으로 정하는 규모"란 3만 5천 킬로와트를 말한다.

05 "온실가스 배출관리업체의 온실가스 목표관리에서 다음 각 호의 구분에 따른 부문별 중앙행정기관의 장은 해당 호에서 정한 분야별로 온실가스 감축목표의 설정·관리와 권리와 의무의 승계에 관한 업무를 관장하며 환경부장관은 이를 총괄·조정한다."에서 중앙행정기관에 해당하지 않는 기관은?

① 농림축산식품부
② 산업통상자원부
③ 환경부
④ 행정안전부

풀이: 기후위기 대응을 위한 탄소중립·녹색성장 기본법 시행령 제18조(온실가스 배출관리업체의 온실가스 목표관리)
① 다음 각 호의 구분에 따른 부문별 중앙행정기관(이하 "부문별 관장기관"이라 한다)의 장은 해당 호에서 정한 분야별로 법 제27조제1항에 따른 온실가스 감축목표(이하 "온실가스관리목표"라 한다)의 설정·관리와 법 제28조에 따른 권리와 의무의 승계에 관한 업무를 관장하며, 환경부장관은 이를 총괄·조정한다. 이 경우 부문별 관장기관의 장은 환경부장관의 총괄·조정업무에 최대한 협조해야 한다.
1. 농림축산식품부 : 농업·축산·식품·임업 분야
2. 산업통상자원부 : 산업·발전(發電) 분야
3. 환경부 : 폐기물 분야
4. 국토교통부 : 건물·교통(해운·항만은 제외한다)·건설 분야
5. 해양수산부 : 해양·수산·해운·항만 분야

06 산업통상자원부장관은 권한을 위임 및 위탁할 수 있다. 다음 중 설치계획서의 접수, 검토 결과 통보 및 의견 청취, 신·재생에너지설비 설치확인신청서 접수 및 신·재생에너지설비 설치확인서 발급에 관한 권한을 위탁받을 수 있는 기관은?

① 한국에너지기술평가원
② 기술표준원
③ 신·재생에너지센터
④ 산업통상자원부

풀이: 산업통상자원부장관은 설치계획서의 접수, 검토, 결과 통보 및 의견청취, 신·재생에너지설비·설치확인신청서 접수 및 신·재생에너지설비 설치확인서 발급, 신·재생에너지 전문기업 신고서 접수 및 신고증명서 발급업무를 신·재생에너지센터에 위탁할 수 있다.

정답 04 ② 05 ④ 06 ③

07 공급의무자가 의무적으로 신·재생에너지를 이용하여 공급하여야 하는 발전량의 합계는 총전력생산량의 몇 [%] 이내의 범위에서 정하는가?

① 10[%] ② 15[%]
③ 20[%] ④ 25[%]

풀이 신에너지 및 재생에너지 개발·이용·보급 촉진법 제12조의5(신·재생에너지 공급의무화 등)
② 제1항에 따라 공급의무자가 의무적으로 신·재생에너지를 이용하여 공급하여야 하는 발전량(이하 "의무공급량"이라 한다)의 합계는 총전력생산량의 25퍼센트 이내의 범위에서 연도별로 대통령령으로 정한다. 이 경우 균형 있는 이용·보급이 필요한 신·재생에너지에 대하여는 대통령령으로 정하는 바에 따라 총의무공급량 중 일부를 해당 신·재생에너지를 이용하여 공급하게 할 수 있다.

08 200[kW] 이하의 발전설비용량의 발전사업 허가를 받으려는 자는 누구에게 전기사업허가신청서를 제출하여야 하는가?

① 행정안전부장관
② 대통령
③ 산업통상자원부장관
④ 해당 특별시장·광역시장·도지사

풀이 전기사업법 시행규칙 제4조(사업허가의 신청)
① 법 제7조제1항에 따라 전기사업의 허가를 받으려는 자는 별지 제1호 서식의 전기사업허가신청서(전자문서로 된 신청서를 포함한다. 이하 같다)에 다음 각 호의 서류(전자문서를 포함한다. 이하 같다)를 첨부하여 산업통상자원부장관에게 제출하여야 한다. 다만, 발전설비용량이 3천 킬로와트 이하인 발전사업의 허가를 받으려는 자는 특별시장·광역시장·도지사 또는 특별자치도지사(이하 "시·도지사"라 한다)에게 제출하여야 한다.

09 대기질량정수 AM 1.5 스펙트럼에 대한 설명이다. 틀린 것은?

① 지상의 누적 평균일조량에 적합하다.
② 강도는 $100[mW/cm^2]$이다.
③ 태양전지 개발 시 기준값으로 가장 많이 사용된다.
④ 인공위성 또는 우주비행체가 노출되는 환경이다.

풀이 인공위성 또는 우주비행체가 노출되는 환경은 AM 0 스펙트럼이다.

10 금속 표면에 파장이 짧은 빛을 비추면 전자가 튀어나오는 현상을 무엇이라 하는가?

① 제벡효과 ② 광전효과
③ 펠티어효과 ④ 열전효과

풀이
• 열전효과에는 제벡효과와 펠티어효과가 있다.
 • 제벡효과 : 서로 다른 두 종류의 금속을 접촉하여 두 접점의 온도를 다르게 하면 온도차에 의해 열기전력이 발생하고 미소전류가 흐르는 현상
 • 펠티어효과 : 두 종류의 금속을 접촉하여 전류를 흘리면 접합부에서 열의 발생과 흡수현상이 생기는 현상
• 반도체의 PN 접합에 빛을 비추면 광전효과에 의해 전기가 생산된다.

11 태양고도가 가장 높은 시기로 옳은 것은?

① 춘분 ② 하지
③ 추분 ④ 동지

풀이 동지 시 남중고도각 = $90° - (\phi + 23.5°)$
하지 시 남중고도각 = $90° - (\phi - 23.5°)$
춘·추분 시 남중고도각 = $90° - \phi$, 즉 태양의 고도가 가장 높은 때는 하지이다.

12 온실효과에 대한 설명으로 틀린 것은?

① 온실효과란 대기에 복사에너지가 흡수되어 대기의 기온이 상승하는 현상을 말한다.
② 석탄 등 화석연료의 대량소비는 CO_2 발생의 주원인이다.
③ CO_2 발생 증가는 지구온난화에 영향을 준다.
④ 지구온난화는 연간 강수량과는 무관하다.

풀이 지구온난화는 강수패턴을 변화시켜 한쪽은 물난리, 다른 쪽은 물부족을 일으킨다.

정답 07 ④ 08 ④ 09 ④ 10 ② 11 ② 12 ④

13 공급인증서의 발급 및 거래단위인 REC의 1REC로 적용되는 전력량은 얼마인가?

① 10[kWh] ② 100[kWh]
③ 1[kWh] ④ 1[MWh]

풀이 REC(Renewable Energy Certificate)
공급인증서의 발급 및 거래단위로서 공급인증서 발급대상설비에서 공급된 [MWh] 기준의 신·재생에너지 전력량에 대해 가중치를 곱하여 부여하는 단위를 말한다.
1[MWh] = 1,000[kWh]

14 태양전지어레이의 방위각과 경사각에 대한 설명으로 틀린 것은?

① 태양복사의 최대획득량은 방위각과 경사각에 의해 결정된다.
② 수평면으로부터 경사각은 그 지역의 위도에 의해 결정된다.
③ 태양복사의 최대획득량을 위한 가장 바람직한 방위는 정남향이다.
④ 여름철의 경우 수평면보다 수직파사드에 설치된 시스템에서 더 많은 획득량을 기대할 수 있다.

풀이 여름철은 태양고도가 높아 태양전지모듈이 수평으로 설치될수록 태양광 입사량이 증가한다.

15 전력수급기본계획의 수립과 관련하여 기본계획에 포함되어야 할 사항으로 틀린 것은?(단, 물기가 있는 장소이다.)

① 전력생산의 관리에 관한 사항
② 전력수급의 기본방향에 관한 사항
③ 전력수급의 장기전망에 관한 사항
④ 발전설비계획 및 주요 송전·변전설비계획에 관한 사항

풀이 전기사업법 제25조(전력수급기본계획의 수립)
⑥ 기본계획에는 다음 각 호의 사항이 포함되어야 한다.
1. 전력수급의 기본방향에 관한 사항
2. 전력수급의 장기전망에 관한 사항
3. 발전설비계획 및 주요 송전·변전설비계획에 관한 사항
4. 전력수요의 관리에 관한 사항
5. 직전 기본계획의 평가에 관한 사항
5의2. 분산형전원의 확대에 관한 사항
6. 그 밖에 전력수급에 관하여 필요하다고 인정하는 사항

16 다음 중 신에너지에 해당되지 않는 것은?

① 수소에너지
② 연료전지
③ 석탄을 액화·가스화한 에너지
④ 해양에너지

풀이
• 신에너지 : 수소에너지, 연료전지, 석탄을 액화·가스화한 에너지 및 중질잔사유를 가스화한 에너지
• 재생에너지 : 태양, 풍력, 수력, 해양, 지열, 바이오, 폐기물 에너지

17 신·재생에너지의 공급의무화에 대한 설명 중 잘못된 것은?

① 공급의무자가 의무적으로 신·재생에너지를 이용하여 공급하여야 할 발전량의 합계는 총 전력생산량의 15[%] 이내의 범위에서 연도별로 대통령령으로 정한다.
② 공급의무자의 의무공급량은 산업통상자원부장관이 공급의무자의 의견을 들어 공급의무자별로 정하여 고시한다.
③ 공급의무자는 의무공급량의 일부에 대하여 대통령령으로 정하는 바에 따라 다음 연도로 그 공급의무의 이행을 연기할 수 있다.
④ 공급의무자는 신·재생에너지 공급인증서를 구매하여 의무공급량에 충당할 수 있다.

풀이 신에너지 및 재생에너지 개발·이용·보급 촉진법 제12조의5(신·재생에너지 공급의무화 등)
① 산업통상자원부장관은 신·재생에너지의 이용·보급을 촉진하고 신·재생에너지산업의 활성화를 위하여 필요하다고 인정하면 다음 각 호의 어느 하나에 해당하는 자 중 대통령령으로 정하는

정답 13 ④ 14 ④ 15 ① 16 ④ 17 ①

자(이하 "공급의무자"라 한다)에게 발전량의 일정량 이상을 의무적으로 신·재생에너지를 이용하여 공급하게 할 수 있다.
1. 「전기사업법」 제2조에 따른 발전사업자
2. 「집단에너지사업법」 제9조 및 제48조에 따라 「전기사업법」 제7조제1항에 따른 발전사업의 허가를 받은 것으로 보는 자
3. 공공기관

② 제1항에 따라 공급의무자가 의무적으로 신·재생에너지를 이용하여 공급하여야 하는 발전량(이하 "의무공급량"이라 한다)의 합계는 총전력생산량의 25퍼센트 이내의 범위에서 연도별로 대통령령으로 정한다. 이 경우 균형 있는 이용·보급이 필요한 신·재생에너지에 대하여는 대통령령으로 정하는 바에 따라 총의무공급량 중 일부를 해당 신·재생에너지를 이용하여 공급하게 할 수 있다.
③ 공급의무자의 의무공급량은 산업통상자원부장관이 공급의무자의 의견을 들어 공급의무자별로 정하여 고시한다. 이 경우 산업통상자원부장관은 공급의무자의 총발전량 및 발전원(發電源) 등을 고려하여야 한다.
④ 공급의무자는 의무공급량의 일부에 대하여 3년의 범위에서 그 공급의무의 이행을 연기할 수 있다.
⑤ 공급의무자는 제12조의7에 따른 신·재생에너지 공급인증서를 구매하여 의무공급량에 충당할 수 있다.
⑥ 산업통상자원부장관은 제1항에 따른 공급의무의 이행 여부를 확인하기 위하여 공급의무자에게 대통령령으로 정하는 바에 따라 필요한 자료의 제출 또는 제5항에 따라 구매하여 의무공급량에 충당하거나 제12조의7제1항에 따라 발급받은 신·재생에너지 공급인증서의 제출을 요구할 수 있다.
⑦ 제4항에 따라 공급의무의 이행을 연기할 수 있는 총량과 연차별 허용량, 그 밖에 필요한 사항은 대통령령으로 정한다.

18 전기사업자가 사업개시 신고서를 산업통상자원부장관이 아닌 시·도지사에게 제출할 수 있는 발전시설용량은?

① 300[kW] 이하
② 500[kW] 이하
③ 3,000[kW] 이하
④ 5,000[kW] 이하

풀이) 전기사업허가권자
① 3,000[kW] 이하 설비 : 시·도지사
② 3,000[kW] 초과 설비 : 산업통상자원부장관

19 3,000[kW] 이하 발전사업 허가 시 필요서류가 아닌 것은?

① 사업계획서
② 송전관계 일람도
③ 전기사업 허가신청서
④ 5년간 예상사업 손익산출서

풀이) 3,000[kW] 이하인 경우 필요서류
- 전기사업 허가신청서
- 전기사업법 시행규칙에 따른 사업계획서
- 송전관계 일람도
- 발전원가 명세서
- 발전설비 운영을 위한 기술인력 확보계획을 기재한 서류

20 풍력발전기와 독립형 태양광발전시스템을 연계하여 발전하는 방식은?

① 추적식
② 독립형
③ 계통연계형
④ 하이브리드형

풀이) 태양광발전시스템과 다른 발전원(풍력, 연료전지 등)이 연계하여 발전하는 방식을 하이브리드형이라고 한다.

2과목 태양광발전시스템 구성·선정

21 교류에서 저압의 한계는 몇 [V]인가?

① 380
② 600
③ 1,000
④ 1,500

정답 18 ③ 19 ④ 20 ④ 21 ③

분류	전압의 범위
저압	• 직류 : 1.5[kV] 이하 • 교류 : 1[kV] 이하
고압	• 직류 : 1.5[kV] 초과, 7[kV] 이하 • 교류 : 1[kV] 초과, 7[kV] 이하
특고압	7[kV] 초과

22 한국전기설비규정에서 사용전압이 저압인 전로에서 정전이 어려운 경우 등 절연저항 측정이 곤란한 경우에는 누설전류를 몇 [mA] 이하로 유지해야 하는가?

① 1　　② 2
③ 5　　④ 10

풀이 전로의 절연저항 및 절연내력
사용전압이 저압인 전로에서 정전이 어려운 경우 등 절연저항 측정이 곤란한 경우에는 누설전류를 1[mA] 이하로 유지하여야 한다.

23 전기설비의 종류에 해당되지 않는 것은?

① 전기사업용 전기설비
② 일반용 전기설비
③ 특수용 전기설비
④ 자가용 전기설비

풀이 전기사업법 제2조제16호
"전기설비"란 발전 · 송전 · 변전 · 배전 · 전기공급 또는 전기사용을 위하여 설치하는 기계 · 기구 · 댐 · 수로 · 저수지 · 전선로 · 보안통신선로 및 그 밖의 설비(「댐건설 · 관리 및 주변지역지원 등에 관한 법률」에 따라 건설되는 댐 · 저수지와 선박 · 차량 또는 항공기에 설치되는 것과 그 밖에 대통령령으로 정하는 것은 제외한다)로서 다음의 것을 말한다.
• 전기사업용 전기설비
• 일반용 전기설비
• 자가용 전기설비

24 다음 각 모듈별 발전량[Wp]은?

[A]

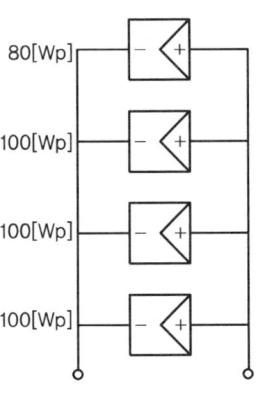

[B]

① A : 380　　B : 380
② A : 320　　B : 380
③ A : 320　　B : 320
④ A : 380　　B : 320

풀이
• A직렬
　Wp = 80 + 80 + 80 + 80 = 80 × 4 = 320
• B병렬
　Wp = 80 + 100 + 100 + 100 = 380
• 직렬연결 : 음영에 의한 모듈의 발전량 감소는 직렬로 연결된 모든 모듈에 영향을 준다.
• 병렬연결 : 음영에 의한 모듈의 발전량 감소는 병렬로 연결된 모든 모듈에 영향을 주지 않는다.

25 태양광모듈을 설치하는 데 면적을 가장 적게 차지하는 전지의 재료는?

① 다결정전지
② 고효율전지
③ 단결정전지
④ 비정질실리콘전지

풀이 고효율전지(HIT)
태양전지를 말하는 것으로 단결정실리콘 표면에 아몰퍼스실리콘을 적층시켜 태양전지셀 표면의 발전손실을 억제시킨 고출력태양전지이다.

26 태양전지모듈을 병렬로 접속하는 전로에 단락이 생긴 경우 전로를 보호하기 위하여 설치하는 것은?

① 개폐기 ② 과전류차단기
③ 누전차단기 ④ 전류검출기

풀이 태양전지모듈을 병렬로 접속하는 전로에는 그 전로에 단락이 생긴 경우에 전로를 보호하는 과전류차단기 기타의 기구를 시설할 것

27 전기사용 장소의 사용전압이 SELV 및 PELV이고 DC 시험전압이 250[V]인 전로의 전선 상호 간 및 전로와 대지 사이의 절연저항은 개폐기 또는 과전류차단기로 구분할 수 있는 전로마다 몇 [MΩ] 이상이어야 하는가?

① 0.5 ② 1
③ 2 ④ 3

풀이 저압전로의 절연성능
전기사용 장소의 사용전압이 저압인 전로의 전선 상호 간 및 전로와 대지 사이의 절연저항은 개폐기 또는 과전류차단기로 구분할 수 있는 전로마다 다음 표에서 정한 값 이상이어야 한다. 다만, 전선 상호 간의 절연저항은 기계기구의 분리가 용이하지 않은 분기회로의 경우 기기 접속 전에 측정할 수 있다.
또한, 측정 시 영향을 주거나 손상을 받을 수 있는 SPD 또는 기타 기기 등은 측정 전에 분리시켜야 하고, 부득이하게 분리가 어려운 경우에는 시험전압을 250V DC로 낮추어 측정할 수 있지만 절연저항값은 1[MΩ] 이상이어야 한다.

전로의 사용전압[V]	DC 시험전압[V]	절연저항[MΩ]
SELV 및 PELV	250	0.5
FELV, 500[V] 이하	500	1.0
500[V] 초과	1,000	1.0

※ 특별저압(Extra low voltage : 2차 전압이 AC 50[V], DC 120[V] 이하)으로 SELV(비접지회로 구성) 및 PELV(접지회로 구성)은 1차와 2차가 전기적으로 절연된 회로, FELV는 1차와 2차가 전기적으로 절연되지 않은 회로
• FELV(Functional Extra Low Voltage)
• SELV(Safety Extra Low Voltage)
• PELV(Protective Extra Low Voltage)

28 태양전지모듈의 가로가 1.6[m] 세로가 1[m]이고, 변환효율이 10[%]인 경우의 충진율(FF)은? (단, $V_{oc} = 40[V]$, $I_{sc} = 8[A]$이고, 표준시험조건이다.)

① 0.50 ② 0.65
③ 0.70 ④ 0.80

풀이 충진율$(FF) = \dfrac{P_{\max}}{V_{oc} \times I_{sc}}$
$= \dfrac{1,000 \times 1.6 \times 1 \times 0.1}{40 \times 8} = 0.50$
모듈의 최대출력 $P_{\max} = 1,000 \times 면적[A] \times 효율(\eta)$

29 공칭 태양전지 동작온도(NOTC)의 영향요소가 아닌 것은?

① 전지 표면의 방사조도
② 주위온도
③ 풍속
④ 주변습도

풀이 NOTC(Nominal Operating Photovoltaic Cell Temperature)
해가 남중(태양시 정오)일 때 개방형 선반식 가대에 설치된 모듈에 햇빛이 연직으로 입사하고 방사조도 800[W/m²], 기온 20[℃], 풍속 1[m/s]을 표준기준 환경조건에서의 평균온도
STC : 방사조도 1,000[W/m²], 온도 25[℃], AM 1.5

정답 26 ② 27 ① 28 ① 29 ④

30 모듈의 +COMMON은 접지와 연결되어 있고, 지락 발생 시 직렬모듈 전체 전압 변화로 모듈의 지락상태 및 위치를 파악할 수 있는 그림이다. 접속반 채널이 정상상태인 경우 단자 A와 B 사이의 전압은 몇 [V]인가?

① DC 54.7[V]　　② DC 164.1[V]
③ DC 273.5[V]　　④ DC 328.2[V]

풀이 태양전지의 모듈이 직렬로 연결 시 출력전압의 합이다.
A와 B 사이의 전압은
54.7+54.7+54.7+54.7+54.7+54.7=328.2[V]

31 태양광발전설비에서 1스트링(String)의 직렬매수 산정식에 해당하는 것은?(단, 주변온도를 고려하지 않은 경우이다.)

① $\dfrac{\text{인버터의 직류입력전류}}{\text{모듈 최대출력동작전압}}$

② $\dfrac{\text{인버터의 직류입력전압}}{\text{모듈 최대출력동작전압}}$

③ $\dfrac{\text{인버터의 직류입력전압}}{\text{모듈 최대출력동작전류}}$

④ $\dfrac{\text{인버터의 직류입력전류}}{\text{모듈 최대출력동작전류}}$

풀이
- 온도를 무시한 모듈의 1스트링(String)의 직렬매수
  산정식= $\dfrac{\text{인버터의 직류입력전압}}{\text{모듈 최대출력동작전압}}$
- 셀의 온도를 고려한 최대직렬수
  = $\dfrac{\text{인버터의 최고입력전압}}{\text{최저온도일 때의 개방전압}}$
  = $\dfrac{\text{MPP 최댓값}}{\text{모듈 표면온도가 최저일 때 최대동작전압}(V_{mpp})}$
- 셀의 온도를 고려한 최소 직렬 수
  = $\dfrac{\text{PCS 입력전압변동범위 최솟값}}{\text{모듈 표면온도가 최고인 상태의 최대출력동작전압}}$

32 한국전기설비규정에서 금속제 외함을 가지는 저압의 기계기구를 사람이 쉽게 접촉할 우려가 있는 곳에 시설하는 경우 그 기계기구의 사용전압이 몇 [V]를 초과하면 전기를 공급하는 전로에 지락이 생겼을 때에 자동적으로 전로를 차단하는 장치를 하여야 하는가?

① 30　　② 60
③ 150　　④ 300

풀이 지락차단장치 등의 시설
금속제 외함을 가지는 사용전압이 60[V]를 초과하는 저압의 기계기구로서 사람이 쉽게 접촉할 우려가 있는 곳에 시설하는 것에 전기를 공급하는 전로에는 전로에 지락이 생겼을 때에 자동적으로 전로를 차단하는 장치를 하여야 한다.

33 태양광발전설비의 고정식 가대와 단축, 양축 추적식 가대에 대한 설명으로 틀린 것은?

① 고정식보다 양축 추적식이 견고하다.
② 추적식은 디자인 적용 시 한계가 있다.
③ 발전효율은 양축 추적식이 가장 높다.
④ 시설단가는 고정식에 비해 양축 추적식이 비싸다.

풀이 고정식의 장점은 시설 단가가 낮고, 구조물이 견고한 것이다. 하지만 발전량이 추적식보다 적은 단점이 있다. 추적식의 경우 구동부분이 있어 구조물은 고정식보다 견고할 수 없다.

34 태양광발전시스템에서 방화구역 관통부의 처리에 관한 설명 중 틀린 것은?

① 전선배관의 관통부분에서 다른 설비로 화재 확산을 방지하는 것이다.
② 관통부분의 충전재, 케이블, 배관재의 변형·파손·탈락·소실로 뒷면에 화염, 연기가 발생하지 않아야 한다.
③ 내열성이란 관통부분의 충전재, 내열재의 전열에 의해 뒷면이 연소할 위험이 있는 온도가 되지 않아야 한다.
④ 출입문은 방화문으로 한다.

정답　30 ④　31 ②　32 ②　33 ①　34 ④

풀이 방화문은 방화구획 관통부와 관계없다.

35 방사조도가 1,000[W/m²]이고, 태양전지의 출력이 36[W]일 때, 태양전지의 광전변환효율[%]은?(단, 태양전지의 면적은 0.5[m²]이다.)

① 1.8　　② 3.6
③ 7.2　　④ 9.6

풀이 태양전지의 광전변환효율(η)

$$\eta = \frac{\text{출력}(P_{\max})}{\text{방사조도}(E) \times \text{면적}(A)} \times 100[\%]$$
$$= \frac{36}{1,000 \times 0.5} \times 100 = 7.2[\%]$$

36 태양광발전소의 전선 시설 시 시설 내용으로 잘못된 것은?

① 전선은 공칭단면적 1.5[mm²] 이상의 연동선 또는 이와 유사한 동등 이상의 세기 및 굵기일 것
② 옥내에 시설할 경우에는 합성수지관공사, 금속관공사, 가요전선관공사 또는 케이블공사로 각 규정에 준하여 시설할 것
③ 옥측 또는 옥외에 시설할 경우에는 합성수지관공사, 금속관공사, 가요전선관공사 또는 케이블공사로 각 규정에 준하여 시설할 것
④ 기계기구의 구조상 그 내부에 안전하게 시설할 수 있을 경우에는 그러지 아니한다.

풀이 태양광발전시설 시 전선은 공칭단면적 2.5[mm²] 이상의 연동선 또는 이와 동등 이상의 세기 및 굵기일 것

37 전기방식에 따른 전압강하 계산식에서 직류 2선식 전압강하 계산식은?

① $e = \dfrac{35.6 \times L \times I}{1,000 \times A}$　　② $e = \dfrac{17.8 \times L \times I}{1,000 \times A}$
③ $e = \dfrac{30.8 \times L \times I}{1,000 \times A}$　　④ $e = \dfrac{35.6 \times L \times A}{1,000 \times I}$

풀이 ① 교류 2선식, 직류 2선식
② 단상 3선식, 3상 4선식
③ 3상 3선식

38 수용가 설비의 전압강하에서 저압으로 수전하는 경우 조명은 3[%], 기타는 몇 [%]인가?

① 3　　② 4
③ 5　　④ 6

풀이 수용가 설비의 전압강하

설비의 유형	조명[%]	기타[%]
A-저압으로 수전하는 경우	3	5
B-고압 이상으로 수전하는 경우	6	8

가능한 한 최종회로 내의 전압강하가 A 유형의 값을 넘지 않도록 하는 것이 바람직하다. 사용자의 배선설비가 100[m]를 넘는 부분의 전압강하는 미터당 0.005[%] 증가할 수 있으나 이러한 증가분은 0.5[%]를 넘지 않아야 한다.
※ 다음의 경우에는 다른 경우보다 더 큰 전압강하를 허용할 수 있다.
• 기동 시간 중의 전동기
• 돌입전류가 큰 기타 기기

39 시스템 출력전력이 24,000[W], 모듈 최대출력이 160[W], 모듈의 직렬 장수가 15장일 때 모듈의 병렬 장수는?

① 8　　② 9
③ 10　　④ 11

풀이 태양전지모듈의 병렬 장수
$= \dfrac{\text{시스템 출력전력[W]}}{\text{모듈 최대출력160[W]} \times \text{직렬 장수}}$
$= \dfrac{24,000}{160 \times 15} = 10$

정답　35 ③　36 ①　37 ①　38 ③　39 ③

40 전력기술관리법에 따라 해당되는 전력시설물의 설계도서는 설계감리를 받아야 한다. 법에 따른 전력시설물 중 설계감리 대상에 해당하지 않는 것은?

① 용량 80만킬로와트 이상의 발전설비
② 전압 20만볼트 이상의 송전·변전설비
③ 전압 10만볼트 이상의 수전설비·구내배전설비·전력사용설비
④ 전기철도의 수전설비·철도신호설비·구내배전설비·전차선설비·전력사용설비

풀이 설계감리를 받아야 하는 설계도서
- 용량 80만 [kW] 이상의 발전설비
- 전압 30만 [V] 이상의 송전 및 변전설비
- 전압 10만 [V] 이상의 수전설비, 구내배전설비, 전력사용설비
- 전기철도의 수전설비, 철도신호설비, 구내배전설비, 전력사용설비
- 국제공항의 수전설비, 구내배전설비, 전력사용설비
- 21층 이상이거나 연면적 5만 [m²] 이상인 건축물의 전력시설물
- 그 밖에 산업통상자원부령으로 정하는 전력시설물

3과목 태양광발전 시공

41 역률을 개선하였을 경우 그 효과로 맞지 않는 것은?

① 전력손실의 감소
② 전압강하의 감소
③ 각종 기기의 수명연장
④ 설비용량의 무효분 증가

풀이 역률개선효과
- 전력회사 측 : 전력계통 안정, 전력손실 감소, 설비용량의 효율적 운용, 투자비 경감
- 수용가 측 : 전력손실 감소(변압기 및 배전선 손실 감소), 전압강하 경감, 설비용량 여유 증가, 각종 기기의 수명연장

42 책임감리원은 최종감리보고서를 감리기간 종료 후 며칠 이내에 발주자에게 제출하여야 하는가?

① 3일 이내
② 7일 이내
③ 14일 이내
④ 30일 이내

풀이 책임감리원은 최종감리보고서를 감리기간 종료 후 14일 이내에 발주자에게 제출하여야 한다.

43 인버터의 직류 측 회로를 비접지로 하는 경우 비접지의 확인방법이 아닌 것은?

① 테스터로 확인
② 검전기로 확인
③ 간이측정기 사용
④ 활선접근경보장치 사용

풀이 인버터의 직류 측 비접지 확인방법
- 테스터로 확인
- 검전기로 확인
- 간이측정기 사용

44 태양전지모듈의 시공기준에 대한 설명으로 틀린 것은?

① 전깃줄, 피뢰침, 안테나 등의 미약한 음영도 장해물로 본다.
② 태양전지모듈 설치열이 2열 이상인 경우 앞열은 뒷열에 음영이 지지 않도록 설치하여야 한다.
③ 장해물로 인한 음영에도 불구하고 일조시간은 1일 5시간(춘분 : 3~5월, 추분 : 9~11월 기준) 이상이어야 한다.
④ 설치용량은 사업계획서상의 모듈 설계용량과 동일하여야 하나 동일하게 설치할 수 없는 경우에 한하여 설계용량의 110[%] 이내까지 가능하다.

풀이 전깃줄, 피뢰침, 안테나 등의 미약한 음영은 장해물로 보지 않는다.

정답 40 ② 41 ④ 42 ③ 43 ④ 44 ①

45 태양전지모듈의 배선을 지중으로 시공하는 경우의 설명으로 틀린 것은?

① 지중배선과 지표면의 중간에 매설표시 시트를 포설한다.
② 지중배관 시 중량물의 압력을 받는 경우 0.6[m] 이상의 깊이로 매설한다.
③ 지중매설배관은 배선용 탄소강강관, 내충격성 경화비닐전선관을 사용한다.
④ 지중전선로의 매설개소에는 필요에 따라 매설 깊이, 전선방향 등을 지상에 표시한다.

풀이
- 지중배관 시 중량물의 압력을 받는 경우 1.0[m] 이상 깊이로 매설
- 지중배관 시 중량물의 압력을 받을 우려가 없을 때는 0.6[m] 이상으로 매설

46 감리원은 공사업자의 시공기술자 등이 공사현장에 적합하지 않다고 인정되는 경우에는 시정을 요구하고 발주자에게 그 실정을 보고하여 교체사유가 인정되면 공사업자는 교체요구에 응하여야 한다. 교체사유로서 틀린 것은?

① 시공관리책임자가 불법 하도급을 하거나 이를 방치하였을 때
② 시공관리책임자가 시공능력이 준수하다고 인정되나 정당한 사유 없이 기성공정이 예정공정보다 빠를 때
③ 시공관리책임자가 감리원과 발주자의 사전승낙을 받지 아니하고 정당한 사유 없이 해당 공사현장을 이탈한 때
④ 시공관리책임자가 고의 또는 과실로 공사를 조잡하게 시공하거나 부실시공을 하여 일반인에게 위해를 끼친 때

풀이 시공기술자 교체사유
- 시공기술자 및 안전관리자가 관계 법령에 따른 배치기준, 겸직금지, 보수교육 이수 및 품질관리 등의 법규를 위반하였을 때
- 시공관리책임자가 감리원과 발주자의 사전 승낙을 받지 아니하고 정당한 사유 없이 해당 공사현장을 이탈한 때
- 시공관리책임자가 고의 또는 과실로 공사를 조잡하게 시정하거나 부실시공을 하여 일반인에게 위해(危害)를 끼칠 때
- 시공관리책임자가 계약에 따른 시공 및 기술능력이 부족하다고 인정되거나 정당한 사유 없이 기성공정이 예정공정에 현격히 미달한 때
- 시공관리책임자가 불법 하도급을 하거나 이를 방치하였을 때
- 시공기술자가 기술능력이 부족하여 시공에 차질을 초래하거나 감리원의 정당한 지시에 응하지 아니할 때
- 시공관리책임자가 감리원의 검사·확인 등 승인을 받지 아니하고 후속 공정을 진행하거나 정당한 사유 없이 공사를 중단할 때

47 피뢰기의 정격전압이란?

① 충격파의 방전개시전압
② 상용주파수의 방전개시전압
③ 속류의 차단이 되는 최고의 교류전압
④ 충격방전전류를 통하고 있을 때의 단자전압

풀이 피뢰기의 정격전압
속류의 차단이 되는 최고의 교류전압

48 감리원은 매 분기마다 공사업자로부터 안전관리결과 보고서를 제출받아 이를 검토하고 미비한 사항이 있을 때에는 시정하도록 조치하여야 한다. 안전관리결과보고서에 포함되는 서류가 아닌 것은?

① 안전관리 조직표
② 직원 건강기록부
③ 안전교육 실적표
④ 안전보건 관리체제

풀이 안전관리결과보고서의 검토
감리원은 매 분기마다 공사업자로부터 안전관리결과 보고서를 제출받아 이를 검토하고 미비한 사항이 있을 때에는 시정하도록 조치하여야 하며, 안전관리결과보고서에는 다음과 같은 서류가 포함되어야 한다.
- 안전관리 조직표
- 안전보건 관리체제
- 재해발생현황
- 산재요양신청서 사본
- 안전교육 실적표
- 그 밖에 필요한 서류

정답 45 ② 46 ② 47 ③ 48 ②

49 지붕설치형 태양광발전방식의 설치에 대한 설명으로 틀린 것은?

① 태양전지는 지붕 중앙부에 놓는 것이 바람직하다.
② 태양전지모듈의 접속은 전선 또는 커넥터 부착 전선 등을 사용한다.
③ 건축물은 고정하중, 적재하중, 지진 등에 대하여 안전한 구조를 가져야 한다.
④ 건축물을 건축하거나 대수선하는 경우에는 지방자치단체장이 정하는 바에 따라 구조의 안전을 확인한다.

풀이 지붕설치형
- 설치장소 : 지붕 중앙부가 처마 끝과 용마루의 풍력계수보다 낮으므로 태양광모듈은 중앙부에 설치하는 것이 바람직하다.
- 하중 : 고정하중, 적재하중, 적설하중, 풍압, 지진 등에 대하여 안전한 구조 건축물을 건축하거나 대수선하는 경우에는 대통령령으로 정하는 바에 따라 구조 안전 확인, 구조내력의 기준과 구조계산방법 등에 관하여 필요한 사항은 국토교통부령으로 정함
- 설치방법 : 태양전지모듈 접속은 전선 또는 커넥터 부착 전선 등을 사용하여 확실히 한다.

50 전력계통에서 3권선 변압기(Y-Y-△)를 사용하는 주된 이유는?

① 노이즈 제거 ② 전력손실 감소
③ 2가지 용량 사용 ④ 제3고조파 제거

풀이 3권선의 용도
- 제3고조파 제거 : 제3고조파가 △권선 내를 순환하기 때문
- 조상설비의 설치
- 소내용 전원의 공급 등

51 태양광발전시스템의 발전형태별 태양전지어레이 설치 시 준비 및 주의사항으로 틀린 것은?

① 가대 및 지지대는 현장에서 직접 용접한다.
② 태양전지어레이 기초면 수평기, 수평줄을 확보한다.
③ 너트의 풀림방지는 이중너트를 사용하고 스프링와셔를 체결한다.
④ 지지대 기초앵커볼트의 유지 및 매립은 강제프레임 등에 의하여 고정하는 방식으로 한다.

풀이 태양전기어레이용 가대 및 지지대 설치준비 및 주의사항
- 태양광어레이 기초면 확인용 수평기, 수평줄, 수직추를 확보한다.
- 지지대 및 가대(철골) 운반용 크레인 및 크레인공의 자격 여부 확인
- 지지대 기초앵커볼트의 유지 및 매립은 강제프레임 등에 의하여 고정하는 방식으로 하고 콘크리트 타설 시 이동, 변형이 발생하지 않도록 한다.
- 지지대 기초앵커볼트의 조임은 바로 세우기 완료 후, 앵커볼트의 장력이 균일하게 되도록 한다. 너트의 풀림방지는 이중너트를 사용한다.

52 태양광발전시스템 시공 시 작업의 종류에 따른 필요공구가 잘못 연결된 것은?

① 도통시험 – 레벨미터
② 프레임 커팅 – 스피드커터
③ 앵커 구멍 천공 – 앵커드릴
④ 절삭부분 가공 – 핸드그라인더

풀이 도통시험 – 디지털멀티미터(테스터)

53 감리원의 공사시행단계에서의 감리업무가 아닌 것은?

① 인허가 관련업무
② 품질관리 관련업무
③ 공정관리 관련업무
④ 환경관리 관련업무

풀이 감리원의 공사시행단계에서의 감리업무
감리원은 해당 공사가 공사계약문서, 예정공정표, 발주자의 지시사항, 그 밖에 관련 법령의 내용대로 시공되는가를 공사시행 시 수시로 확인하여 품질관리에 임하여야 하고, 공사업자에게 품질·시공·안전·공정관리 등에 대한 기술지도와 지원을 하여야 한다.

정답 49 ④ 50 ④ 51 ① 52 ① 53 ①

54 태양전지어레이를 설치하기 위한 기초의 요구조건으로 틀린 것은?

① 허용침하량 이상의 침하
② 설계하중에 대한 안전성 확보
③ 현장여건을 고려한 시공 가능성
④ 환경변화, 국부적 지반 쇄굴 등에 대한 저항

풀이 어레이 기초 요구조건
- 허용침하량 이내
- 설계하중에 대한 안전성 확보
- 현장여건을 고려한 시공 가능성
- 환경변화, 국부적 지반 쇄굴 등에 대한 저항

55 설계감리원의 기본업무 수행사항이 아닌 것은?

① 과업지시서에 따라 업무를 성실히 수행하고 설계의 품질향상에 노력하여야 한다.
② 설계용역 계약 및 설계감리용역 계약내용이 충실히 이행될 수 있도록 하여야 한다.
③ 설계 및 설계감리용역 시행에 따른 업무연락, 문제점 파악 및 민원해결 등을 성실히 수행하여야 한다.
④ 설계공정의 진척에 따라 설계자로부터 필요한 자료 등을 제출받아 설계용역이 원활히 추진될 수 있도록 설계감리업무를 수행하여야 한다.

풀이 설계감리원의 기본업무
- 설계용역 및 설계감리용역의 계약 내용이 충실히 이행될 수 있도록 하여야 한다.
- 해당 설계용역이 관련 법령 및 전기설비기술기준 등에 적합한 내용대로 설계되는지의 여부 확인과 설계의 경제성 검토를 실시하고, 기술지도 등을 하여야 한다.
- 설계공정의 진척에 따라 설계자로부터 필요한 자료 등을 제출받아 설계용역이 원활히 추진될 수 있도록 설계감리업무를 수행하여야 한다.
- 과업지시서에 따라 업무를 성실히 수행하고 설계의 품질향상에 노력하여야 한다.

56 태양전지모듈 시공 시의 안전대책에 대한 고려사항으로 적절치 않은 것은?

① 절연된 공구를 사용한다.
② 강우 시에는 반드시 우비를 착용하고 작업에 임한다.
③ 안전모, 안전대, 안전화, 안전허리띠 등을 반드시 착용하여야 한다.
④ 작업자는 자신의 안전확보와 2차 재해방지를 위해 작업에 적합한 복장을 갖춰 작업에 임해야 한다.

풀이 안전대책
㉠ 복장 및 추락방지
작업에 적합한 복장은 작업자 자신의 안전을 보장하고 2차 재해를 예방할 수 있다.
- 안전모 : 머리보호를 위해 착용한다.
- 안전대 : 추락방지를 위해 필히 착용한다.
- 안전화 : 미끄럼 방지의 효과가 있는 신발
- 안전허리띠 : 공구, 공사 부재의 낙하 방지를 위해 착용한다.

㉡ 작업 중 감전 방지대책
태양광모듈 한 장의 출력전압은 모듈별 용량과 편차에 따라 직류 25~45[V] 정도이다. 요구되는 발전에 필요한 전압만큼 상승시키기 위해서는 여러 개의 모듈을 직렬로 연결하여 종단 전압을 250~450[V] 또는 450~820[V]까지의 고전압으로 얻을 수 있다.
또한 작업에 있어 감전 방지를 위하여 다음과 같은 안전대책이 요구된다.
- 작업 전 태양광모듈 표면에 차광막을 씌워 태양광을 차폐한다.
- 저압절연장갑을 착용한다.
- 절연처리된 공구를 사용한다.
- 강우 시에는 감전사고, 미끄러짐, 추락사고 등의 우려가 있으므로 작업을 금지한다.

57 어떤 건물에서 총 설비 부하용량이 850[kW], 수용률이 60[%]라면, 변압기의 용량은 최소 몇 [kVA]로 하여야 하는가?(단, 설비부하의 종합역률은 0.75이다.)

① 510
② 620
③ 680
④ 740

정답 54 ① 55 ③ 56 ② 57 ③

풀이 변압기 용량
$$= \frac{\text{설비용량[kW]} \times \text{수용률}}{\text{역률} \times \text{부등률}} [\text{kVA}]$$
$$= \frac{850 \times 0.6}{0.75} = 680[\text{kVA}]$$

58 간선의 굵기를 산정하는 결정요소가 아닌 것은?

① 허용전류 ② 기계적 강도
③ 전압강하 ④ 불평형 전류

풀이 간선의 굵기를 산정하는 결정요소
- 허용전류
- 전압강하
- 기계적 강도
- 차단기의 정격전류
- 고조파

59 배전선로의 손실 경감과 관계없는 것은?

① 승압 ② 역률개선
③ 다중접지방식의 채용 ④ 부하의 불평형 방지

풀이 배전선로의 손실 경감책
- 적정 배전방식 채택
- 전류밀도의 감소와 평형
- 전력용 콘덴서의 설치
- 고압선로에서의 대책
- 저압선로에서의 대책
- 배전전압의 승압
- 저손실 배전변압기 채용
- 역률 개선
- 부하의 불평형 방지

60 태양광발전시스템의 어레이 설치 종류가 아닌 것은?

① 양축식 ② 일자식
③ 단축식 ④ 고정식

풀이 태양광발전시스템의 어레이 설치 종류
- 고정식
- 경사가변식
- 추적식(단축식, 양축식)

4과목 태양광발전 유지관리

61 태양광발전사업의 허가를 받기 위해 전기사업허가신청서와 함께 제출하는 사업계획서 내용 중 전기설비 개요에 포함되어야 할 사항으로 틀린 것은?

① 태양전지의 종류 ② 인버터의 입력전압
③ 집광판의 설치단가 ④ 태양전지의 정격출력

풀이 전기사업허가신청서 전기설비 개요 포함 내용
- 태양전지모듈 : 태양전지방식, 모듈의 정격출력, 개방전압/정격전압, 단락전류/정격전류, 외형 크기, 모듈 무게
- 태양광어레이 : 어레이 용량, 태양전지모듈 수, 설치면적
- 인버터 : 용량, 주파수, 입력전압, 정격전압, 출력전압, 크기, 무게

62 발전설비용량이 1,000[kW]인 경우 발전사업 허가권자는?

① 시·도지사 ② 한국전력공사
③ 한국전기안전공사 ④ 산업통상자원부장관

풀이 전기(발전)사업 허가권자
- 3,000[kW] 초과 시설 : 산업통상자원부장관
- 3,000[kW] 이하 시설 : 시·도지사

63 태양광발전시스템 보수점검작업 시 점검 전 유의사항이 아닌 것은?

① 회로도 검토 ② 오조작 방지
③ 접지선 제거 ④ 무전압상태 확인

풀이 태양광발전시스템 보수점검작업 시
㉠ 점검 전의 유의사항
- 철저한 준비
- 회로도에 의한 검토
- 관련 회사의 관련 부서와 긴밀하고 신속한 연락
- 무전압상태 확인 및 안전조치

㉡ 점검 후의 유의사항
- 접지선 제거
- 최종 확인

정답 58 ④ 59 ③ 60 ② 61 ③ 62 ① 63 ③

64 중대형 태양광발전용 독립형 인버터에서 정상특성시험 시 시험항목으로 틀린 것은?

① 효율시험 ② 누설전류시험
③ 대기손실시험 ④ 온도상승시험

풀이 중대형 태양광발전용 독립형 인버터에서 정상특성시험 시 시험항목

시험항목		독립형	계통연계형	구분
정상특성시험	교류전압, 주파수 추종 범위 시험	×	○	
	교류출력전류 변형률시험	×	○	
	누설전류시험	○	○	
	온도상승시험	○	○	
	효율시험	○	○	
	대기손실시험	×	○	
	자동기동·정지시험	×	○	
	최대전력 추종시험	×	○	
	출력전류 직류분 검출시험	×	○	

65 검출기에 의해 측정된 데이터를 컴퓨터 및 먼 거리로 전송하는 것은?

① 연산장치 ② 표시장치
③ 기억장치 ④ 신호변환기

풀이 계측시스템
- 검출기 : 직류회로의 전압, 직류를 검출, 교류회로의 전압, 전류, 전력, 역률, 주파수 등을 검출
- 신호변환기 : 검출기에 의해 측정된 데이터를 표시장치로 전송
- 연산장치 : 계측된 데이터를 적산하여 일정 기간마다의 평균값, 적산값으로 얻는다.
- 기억장치 : 컴퓨터 내의 메모리나 콤팩트디스크를 사용하여 데이터 저장

66 접지저항의 측정방법이 아닌 것은?

① 보호접지저항계 측정법
② 전위차계 접지저항계 측정법
③ 클램프온(Clamp On) 측정법
④ 콜라우시(Kohlrausch) 브리지법

풀이 접지저항 측정방법
- 콜라우시 브리지법
- 전위차계 접지저항계 측정법
- 클램프온 측정법
- 간이접지저항계 측정법
- 대지의 고류저항 측정법 : Wenner의 4전극법

67 결정질태양전지모듈이 태양광에 노출되는 경우에 따라 유기되는 열화 정도를 테스트할 수 있는 장치로 옳은 것은?

① UV 시험장치
② 항온항습장치
③ 염수분무장치
④ 솔라시뮬레이터

풀이 UV 전처리시험(UV Preconditioning Test)
태양전지모듈이 태양광에 노출되는 경우에 따라 유기되는 열화 정도를 시험한다. 제논아크 등을 사용하여 모듈온도 60±5[℃]의 건조한 조건을 유지하고 파장범위 280~320[nm]에서 방사조도 5[kWh/m²] 또는 파장범위 280~385[nm]에서 방사조도 15[kWh/m²]에서 시험한다.

68 전기사업 허가신청서의 처리절차로 옳은 것은?

① 신청서 작성 및 제출 → 검토 → 접수 → 전기위원회 심의 → 허가증 발급
② 신청서 작성 및 제출 → 접수 → 검토 → 전기위원회 심의 → 허가증 발급
③ 신청서 작성 및 제출 → 전기위원회 심의 → 검토 → 접수 → 허가증 발급
④ 신청서 작성 및 제출 → 접수 → 전기위원회 심의 → 검토 → 허가증 발급

풀이

69 태양광발전설비의 안전관리를 위해 안전관리자가 보유하여야 할 장비로 적당하지 않은 것은?

① 검전기
② 각도계
③ 전압 Tester
④ Earth Tester

풀이 태양광발전설비의 안전관리자가 보유해야 할 장비

장비	수량
절연저항측정기(500[V], 100[㏁]) : 인버터 정격전압 300[V] 이하)	1
절연저항측정기(1,000[V], 2,000[M㏁]) : 인버터 정격전압 300[V] 초과 600[V] 이하)	1
접지저항측정기	1
클램프미터	1
저압검전기	1
고압 및 특고압기	1
계전기시험기	1
적외선열화상카메라(적외선 실화상 기능을 갖추고 측정온도 250[℃] 이상, 해상도 1만 픽셀 이상일 것)	1

70 태양광발전시스템의 일상점검항목이 아닌 것은?

① 인버터 - 통풍 확인
② 접속함 - 절연저항 측정
③ 인버터 - 표시부의 이상표시
④ 태양전지모듈 - 표면의 오염 및 파손

풀이 태양광발전시스템의 일상점검항목

• 태양전지어레이

	점검항목	점검요령
육안점검	유리 등 표면의 오염 및 파손	심한 오염 및 파손이 없을 것
	가대의 부식 및 녹	부식 및 녹이 없을 것
	외부배선(접속케이블)의 손상	접속케이블에 손상이 없을 것

• 접속함

	점검항목	점검요령
육안점검	외함의 부식 및 손상	부식 및 파손이 없을 것
	외부배선(접속케이블)의 손상	접속케이블에 손상이 없을 것

• 인버터

	점검항목	점검요령
육안점검	외함의 부식 및 파손	외함의 부식·녹이 없고 충전부가 노출되어 있지 않을 것
	외부배선(접속케이블)의 손상	인버터에 접속된 배선에 손상이 없을 것
	환기 확인(환기구멍, 환기필터)	환기구를 막고 있지 않을 것 환기필터가 막혀 있지 않을 것
	이상음, 악취, 발연 및 이상과열	운전 시의 이상음, 이상한 진동, 악취 및 이상한 과열이 없을 것
	표시부의 이상표시	표시부에 이상코드, 이상을 표시하는 램프의 점등, 점멸 등이 없을 것
	발전상황	표시부의 발전상황에 이상이 없을 것

71 결정질실리콘 태양전지모듈의 최대출력 결정 시 품질기준으로 틀린 것은?

① 시험시료의 출력균일도는 평균출력의 ±3[%] 이내일 것
② 시험시료의 최종 환경시험 후 최대출력의 열화는 최초 최대출력의 -8[%]를 초과하지 않을 것
③ 해당 태양전지모듈의 최대출력을 측정하되, 시험시료의 평균출력은 정격출력 이상일 것
④ 최대시스템전압의 두 배에 1,000[V]를 더한 것과 같은 전압을 최대 500[V/s] 이하의 상승률로 태양전지모듈의 출력단자와 패널 또는 접지단자(프레임)에 10분간 유지할 것

풀이 ㉠ 최대출력 결정
• 해당 태양광모듈의 최대출력을 측정하되, 시험시료의 평균출력은 정격출력 이상일 것
• 시험시료의 출력균일도는 평균출력의 ±3[%] 이내일 것
• 시험시료의 최종 환경시험 후 최대출력의 열화는 최초 최대출력의 -8[%]를 초과하지 않을 것
㉡ 모듈의 절연내력시험
최대시스템 전압의 두 배에 1,000[V]를 더한 것과 같은 전압을 최대 500[V/s] 이하의 상승률로 태양전지모듈의 출력단자와 패널 또는 접지단자(프레임)에 1분간 유지한다. 다만 시스템 전압이 50[V] 이하일 때는 인가전압을 50[V]로 한다.

정답 69 ② 70 ② 71 ④

72 시스템 성능평가의 분류로 틀린 것은?

① 신뢰성 ② 사이트
③ 발전성능 ④ 분석가격

풀이 태양광발전시스템의 성능평가를 위한 측정요소는 구성요인의 성능·신뢰성, 사이트, 발전성능, 설치코스트(경제성) 등이 있다.

73 직독식 접지저항계에 의한 접지저항 측정 시 E단자를 접지극에 접속하고 일직선상으로 몇 [m] 이상 떨어져 보조접지봉을 박는가?

① 5 ② 10
③ 15 ④ 20

풀이 접지저항계 측정방법
- 계측기를 수평으로 놓는다.
- 보조접지봉을 습기가 있는 곳에 직선으로 10[m] 이상 간격을 두고 박는다.
- E단자의 리드선을 접지극(접지선)에 접속한다.
- P, C단자를 보조접지봉에 접속한다.
- Push Button을 누르면서 다이얼을 돌려 검류계의 눈금이 중앙(0)에 지시할 때 다이얼의 값을 읽는다.

74 독립형 태양광발전시스템의 주요 구성장치가 아닌 것은?

① 인버터
② 태양전지모듈
③ 충방전 제어기
④ 송전설비 및 배전시스템

풀이 독립형 태양광발전시스템의 주요 구성장치
- 태양전지모듈
- 축전지
- 충방전 제어기
- 인버터

75 절연변압기가 부착된 태양광인버터의 정격전압이 600[V]일 때 절연저항 측정 시 사용하는 절연저항계는 몇 [V]용을 이용하는가?

① 500
② 1,000
③ 2,000
④ 3,000

풀이 인버터회로(절연변압기 부착)
입력단자 및 출력단자를 각각 단락하고, 그 단자와 대지 간의 절연저항을 측정한다. KS C 1302에서 규정하는 대로 시험품의 정격전압이 300[V] 미만에서는 500[V], 300[V] 이상 600[V] 이하에서는 1,000[V]의 절연저항계를 사용해 측정한다.

시험기자재
- 인버터 정격전압 300[V] 이하 : 500[V] 절연저항계(메거)
- 인버터 정격전압 300[V] 초과 600[V] 이하 : 1,000[V] 절연저항계(메거)

76 산업통상자원부장관의 허가가 필요한 발전설비 용량[kW]은?

① 2,000
② 2,500
③ 3,000
④ 3,500

풀이 전기(발전)사업 허가권자
- 3,000[kW] 초과 시설 : 산업통상자원부장관
- 3,000[kW] 이하 시설 : 시·도지사(제주특별자치도는 제주국제자유도시특별법에 따라 3,000[kW] 이상의 발전설비도 제주특별자치도지사 허가사항)

정답 72 ④ 73 ② 74 ④ 75 ② 76 ④

77 송전설비공사의 하자보수 책임기간은 몇 년인가?

① 1년   ② 2년
③ 3년   ④ 4년

풀이 전기공사의 종류별 하자담보 책임기간

전기공사의 종류	하자담보 책임기간
1. 발전설비공사	
가. 철근콘크리트 또는 철골구조부	7년
나. 가목 외 시설공사	3년
2. 터널식 및 개착식 전력구 송전·배전설비공사	
가. 철근콘크리트 또는 철골구조부	10년
나. 가목 외 송전설비공사	5년
다. 가목 외 배전설비공사	2년
3. 지중 송전·배전설비공사	
가. 송전설비공사(케이블공사 및 물밑 송전설비공사를 포함한다)	5년
나. 배전설비공사	3년
4. 송전설비공사	3년
5. 변전설비공사(전기설비 및 기기설치공사를 포함한다)	3년
6. 배전설비공사	
가. 배전설비 철탑공사	3년
나. 가목 외 배전설비공사	2년
7. 그 밖의 전기설비공사	1년

78 변압기 중성점접지공사의 접지저항값을 $\frac{150}{I}$ [Ω]으로 정하고 있는데, 이때 I에 해당하는 것은 어느 것인가?

① 변압기의 고압 측 또는 특고압 측 전로의 1선 지락전류의 암페어 수
② 변압기의 고압 측 또는 특고압 측 전로의 단락사고 시 고장전류의 암페어 수
③ 변압기의 1차 측과 2차 측의 혼촉에 의한 단락전류의 암페어 수
④ 변압기의 1차와 2차에 해당되는 전류의 합

풀이 변압기 중성점접지

접지저항값	비고
• $\frac{150}{I}$ [Ω] 이하 • 자동차단설비가 1초 이내 동작하면 $\frac{600}{I}$ [Ω] • 자동차단설비가 1초를 넘어 2초 이내 동작하면 $\frac{300}{I}$ [Ω]	I : 변압기의 고압·특고압 측 전로 1선 지락전류

79 송전설비 배전반에서 주회로의 인입부분 및 인출부분에 대한 일상점검의 내용이 아닌 것은?

① 볼트 종류의 이완상태에 따른 진동음 발생 여부를 확인한다.
② 케이블의 접속부분에서 과열현상에 의한 이상한 냄새의 발생 여부를 점검한다.
③ 케이블의 관통부분에서 곤충이나 벌레 등의 침입 가능성이 있는지 점검한다.
④ 부싱부분에서 접지 및 절연저항값을 측정하고 점검한다.

풀이 주회로 인입·인출부

점검개소	목적	점검내용	비고
폐쇄모선의 접속부	이상한 소리	볼트류의 조임이 이완되어 진동음은 없는가?	
부싱 (Bushing)	손상	균열, 파손은 없는가?	
	이상한 소리	코로나(Corona) 방전 등에 의한 진동음은 없는가?	
케이블 단말부 및 접속부, 케이블 관통부	이상한 소리	볼트류의 조임이 이완되어 진동음은 없는가?	
	이상한 냄새	코로나 방전 또는 과열에 의해 이상한 냄새가 나지는 않는가?	
	손상	케이블 막이판의 탈락 또는 간격의 벌어짐은 없는가?	
	쥐, 곤충 등의 침입	침입의 흔적은 없는가?	

정답 77 ③ 78 ① 79 ④

80 정기점검 시 주회로용 퓨즈의 외부일반 점검 목적과 점검내용으로 틀린 것은?

① 지시표시 – 영점 조정은 잘 되어 있는지 확인
② 손상 – 퓨즈통, 애자 등에 균열, 변형 여부 확인
③ 변색 – 퓨즈통, 퓨즈홀더의 단자부에 변색 여부 확인
④ 볼트의 조임, 이완 – 단자부의 볼트 조임의 이완 여부 확인

풀이 주회로용 퓨즈

점검 개소	목적	점검내용	비고
외부 일반	볼트의 조임, 이완	단자부의 볼트 조임의 이완은 없는가?	
	손상	퓨즈통, 애자 등에 균열, 변형은 없는가?	
	변색	퓨즈통, 퓨즈홀더의 단자부에 변색은 없는가?	
	오손	애자 등에 이물, 먼지 등이 부착되어 있지는 않은가?	
	동작	단로기 Type은 개폐조작에 이상이 없는가?	

정답 80 ①

SECTION 004 제4회 CBT 대비 모의고사

1과목 태양광발전 사전검토

01 태양광발전의 장점으로 맞는 것은?
① 전력생산량을 지역별 일조(일사)량에 의존한다.
② 에너지 밀도가 낮아 넓은 설치면적이 필요하다.
③ 설치장소가 한정적이고, 시스템 비용이 고가이다.
④ 모듈 수명이 장수명(20년 이상)이다.

풀이 장점
- 햇빛이 있는 곳이면 어느 곳에서나 간단히 설치할 수 있다.
- 한번 설치해 놓으면 유지비용이 거의 들지 않는다.
- 태양전지(Cell) 숫자만큼 전기를 생산한다.
- 무소음/무진동으로 환경오염을 일으키지 않는다.
- 수명이 20년 이상으로 길다.

02 전력수급의 안정을 위하여 전력수급기본계획을 수립하는 사람은 누구인가?
① 고용노동부장관   ② 국토교통부장관
③ 기획재정부장관   ④ 산업통상자원부장관

풀이 전기사업법 제25조(전력수급기본계획의 수립)
① 산업통상자원부장관은 전력수급의 안정을 위하여 전력수급기본계획(이하 "기본계획"이라 한다)을 수립하여야 한다.

03 신재생에너지 중 재생에너지의 특징이 아닌 것은?
① 시설투자가 적은 에너지이다.
② 친환경 청정에너지이다.
③ 기술주도형 자원이다.
④ 비고갈에너지이다.

풀이 재생에너지는 공공의 미래에너지, 환경친화형 청정에너지, 비고갈에너지, 기술에너지, 시설투자가 많은 에너지이다.

04 전기를 생산하여 이를 전력시장을 통하여 전기판매사업자에게 공급하는 것을 주된 목적으로 하는 사업을 무엇이라고 하는가?
① 송전사업   ② 배전사업
③ 발전사업   ④ 변전사업

풀이 전기를 생산하여 이를 전력시장을 통하여 전기판매사업자에게 공급하는 것을 주된 목적으로 하는 사업을 '발전사업'이라고 한다.

05 전기공사의 종류가 아닌 것은?
① 저수지, 수로 및 이에 수반되는 구조물공사
② 발전·송전·변전 및 배전설비공사
③ 산업시설물, 건축물 및 구조물의 전기설비공사
④ 전기철도 및 철도신호 전기설비공사

풀이 전기공사업법 시행령 제2조(전기공사) 제1항
1. 발전·송전·변전 및 배전설비공사
2. 산업시설물, 건축물 및 구조물의 전기설비공사
3. 도로, 공항 및 항만 전기설비공사
4. 전기철도 및 철도신호 전기설비공사
5. 제1호부터 제4호까지의 규정에 따른 전기설비공사 외의 전기설비공사
6. 제1호부터 제5호까지의 규정에 따른 전기설비 등을 유지·보수·해체하는 공사 및 그 부대공사

06 전기사업의 허가를 신청하려는 자가 사업계획서를 작성할 때, 태양광발전설비의 개요에 포함되어야 할 내용으로 적합하지 않은 것은?
① 태양전지의 종류, 정격용량, 정격전압 및 정격출력
② 태양전지 및 인버터의 효율, 변환특성, 교류주파수
③ 인버터의 종류, 입력전압, 출력전압 및 정격출력
④ 집광판의 면적

정답 01 ④   02 ④   03 ①   04 ③   05 ①   06 ②

풀이 태양광발전설비의 개요
  ㉠ 발전설비
    • 태양전지의 종류, 정격용량, 정격전압 및 정격출력
    • 인버터의 종류, 입력전압, 출력전압 및 정격출력
    • 집광판의 면적
    • 발전소의 명칭 및 위치
  ㉡ 송·변전설비
    • 변전소의 명칭 및 위치, 변압기의 종류, 용량, 전압, 대수
    • 송전선로 명칭, 구간 및 송전용량
    • 개폐소 위치
    • 송전선의 길이 종류, 회선수 및 굵기의 1회선당 조수

07 태양광발전설비용량과 부하에서 소비하는 전력량의 관계를 올바르게 나타낸 것은?

- P_{AS} : 표준상태에서의 태양광어레이의 출력[kW]
- H_A : 태양광어레이면 일사량[kW/m² · 기간]
- G_S : 표준상태에서의 일사강도[kW/m²]
- E_L : 부하소비전력량[kWh/기간]
- D : 부하의 태양광발전시스템에 대한 의존율
- R : 설계여유계수
- K : 종합설계지수

① $P_{AS} = \dfrac{E_L \times G_S \times R}{(H_A/D) \times K}$

② $P_{AS} = \dfrac{E_L \times D \times R}{(H_A/G_S) \times K}$

③ $P_{AS} = \dfrac{E_L \times G_S \times R \times K}{(H_A/D)}$

④ $P_{AS} = \dfrac{D \times R \times K}{(H_A/E_L \times G_S)}$

풀이 태양광어레이의 출력 $(P_{AS}) = \dfrac{E_L \times D \times R}{(H_A/G_S) \times K}$

08 태양광설비에 대한 설명으로 가장 옳은 것은?

① 태양의 빛에너지를 변화시켜 전기를 생산하거나 채광에 이용하는 설비
② 바람의 에너지를 변화시켜 전기를 생산하는 설비
③ 수소와 산소의 전기화학반응으로 전기 또는 열을 생산하는 설비
④ 태양의 열에너지를 변화시켜 전기를 생산하거나 에너지원으로 이용하는 설비

풀이
• 태양광설비 : 태양의 빛에너지를 변화시켜 전기를 생산하거나 채광에 이용하는 설비
• 태양열설비 : 태양의 열에너지를 변화시켜 전기를 생산하거나 에너지원으로 이용하는 설비

09 대기질량(AM ; Air Mass)에 대한 설명이 아닌 것은?

① AM 0은 대기권 밖일 때
② AM 2.0은 태양빛이 30°로 비추는 상태일 때
③ AM 1.0은 바다 표면에 태양빛이 90°로 비추는 상태일 때
④ AM 1.5는 태양빛이 180°로 비추는 스펙트럼일 때

풀이 $AM = \dfrac{1}{\sin\beta}$

여기서, β : 태양고도

$AM\ 1.5 = \dfrac{1}{\sin\beta_{1.5}} = 1.5$

$\sin\beta_{1.5} = \dfrac{1}{1.5}$

$\beta_{1.5} = \sin^{-1}\left(\dfrac{1}{1.5}\right) = 41.8°$

$AM\ 1 : \sin^{-1}\left(\dfrac{1}{1}\right) = 90°$

$AM\ 2 : \sin^{-1}\left(\dfrac{1}{2}\right) = 30°$

정답 07 ② 08 ① 09 ④

10 다음 중 독립형 태양광발전시스템의 발전량 산출절차로 옳은 것은?

① 전력수요량 결정 → 태양광 용량 결정 → 설치면적 결정 → 태양전지모듈 선정 → 인버터 선정 → 발전량 산출
② 전력수요량 결정 → 태양광 용량 결정 → 설치면적 결정 → 시스템 설계(어레이 용량 산출, 설치장소 일사량 적용, 모듈 수량 결정) → 인버터 선정 → 발전량 산출
③ 부하별 1일 소비전력 산출 → 1일 소비전력량 합산 → 1일 전력수요량 산정
④ 부하설비 용량 산정 → 변압기 용량 산정 → 발전기 용량 산정

> **풀이** ① 계통연계형 태양광발전시스템 발전량 산출순서
> ③ 전력수요량 산출순서

11 전기사업법의 목적을 설명한 것 중 잘못된 것은?

① 전기사업에 관한 기본제도 확립
② 전기사업의 경쟁 촉진
③ 전기사업의 건전한 발전 도모
④ 전기사업자의 이익을 보호하여 국민경제의 발전에 이바지

> **풀이** 전기사업법의 목적
> 이 법은 전기사업에 관한 기본제도를 확립하고 전기사업의 경쟁과 새로운 기술 및 사업의 도입을 촉진함으로써 전기사업의 건전한 발전을 도모하고 전기사용자의 이익을 보호하여 국민경제의 발전에 이바지함을 목적으로 한다.

12 연료전지의 특징에 대한 설명으로 적합하지 않은 것은?

① 간헐성의 특징에 따른 축전지설비가 필요하다.
② 등유, LNG, 메탄올 등 연료의 다양화가 가능하다.
③ 발전소의 건설비용이 크며 수명과 신뢰성 향상을 위한 기술연구가 필요하다.
④ 다양한 발전 용량의 제작이 가능하다.

> **풀이** 연료전지는 연료의 산화에 의해 생기는 화학에너지를 직접 전기에너지로 변환시키는 전지로서 일종의 발전장치로 간헐성 특징은 없다(즉, 연속적 전원공급 가능).

13 가중치를 적용받을 수 있는 수상태양광의 조건을 잘못 설명한 것은?

① 발전소 설치 부지는 상시 물이 저장되어 있어야 한다.
② 태양전지모듈 지지대 및 부력 자재를 포함한 태양광설비 전체는 수면 위에 부유식으로 설치되어야 하며 부력체의 옆면 또는 하부를 지지할 수 있는 고정된 지지대가 필요하다.
③ 태양전지모듈, 지지대 및 부력 자재를 포함한 태양광설비 전체는 기존 댐 및 저수지의 본래 목적을 훼손하지 않아야 하며, 저수지의 주 용도가 태양광발전시설에 해당하지 않아야 한다.
④ 수상에 설치되는 제품 또는 사용제품의 재질은 「수도법」에 따른 「위생안전기준」을 만족하여야 한다.

> **풀이** 공급인증서 발급 및 거래시장 운영에 관한 규칙
> (3) 수상태양광
> 수상태양광은 ① 「댐건설·관리 및 주변지역지원 등에 관한 법률」 제2조에 따른 댐, ② 「전원개발촉진법」 제5조에 따라 전원개발사업구역으로 지정된 지역의 발전용댐, ③ 「농어촌정비법」 제2조에 따른 농업생산기반 정비사업에 따른 저수지 및 담수호와 농업생산기반시설로서의 방조제 내측, ④ 「산업입지 및 개발에 관한 법률」 제6조, 제7조, 제8조에 따른 산업단지 내의 유수지, ⑤ 「공유수면 관리 및 매립에 관한 법률」 제2조에 따른 공유수면 중 방조제 내측 위에 설치한 태양광설비로서 다음의 각 호 사항을 모두 만족하는 경우에 한한다.
> 가. 발전소 설치 부지는 연중 유수가 있거나 상시 물이 저장되어 있어야 한다.
> 나. 태양전지모듈, 지지대 및 부력 자재를 포함한 태양광설비 전체(단, 인버터 및 배전선로는 제외)는 수면 위에 부유식으로 설치되어야 한다.
> 다. 태양전지모듈, 지지대 및 부력 자재를 포함한 태양광설비 전체는 기존 댐 및 저수지의 본래 목적을 훼손하지 않아야 하며, 저수지의 주용도가 태

정답 10 ② 11 ④ 12 ① 13 ②

양광발전시설에 해당하지 않아야 한다.
라. 수상에 설치되는 제품 또는 사용제품의 재질은 「수도법 시행령」 제24조에 따른 「위생안전기준」을 만족(단, 해수 상부에 설치한 경우는 제외)하여야 한다.

14 「전기사업법」 제2조제4호에 따른 발전사업자 또는 같은 조 제19호에 따른 자가용 전기설비를 설치한 자로서 신·재생에너지발전을 하는 사업자는 어느 사업자인가?

① 화력발전사업자
② 송·배전사업자
③ 신·재생에너지 발전사업자
④ 구역전기사업자

풀이 신·재생에너지 발전사업자는 「전기사업법」 제2조제4호에 따른 발전사업자 또는 같은 조 제19호에 따른 자가용 전기설비를 설치한 자로서 신·재생에너지 발전을 하는 사업자를 말한다.

15 다음은 한국전기설비규정의 안전을 위한 보호에서 전압규정을 나타낸 것이다. ( ) 안에 들어갈 내용으로 옳은 것은?(단, 안전을 위한 보호에서 별도의 언급이 없는 경우이다.)

가. 교류전압은 (a)(으)로 한다.
나. 직류전압은 (b)(으)로 한다.

① a : 실횻값, b : 최댓값
② a : 최댓값, b : 실횻값
③ a : 실횻값, b : 리플프리
④ a : 실횻값, b : 실횻값

풀이 안전을 위한 보호에서 별도의 언급이 없는 경우, 다음 전압규정에 따른다.
가. 교류전압은 실횻값으로 한다.
나. 직류전압은 리플프리로 한다.

16 PN접합다이오드의 순바이어스란?

① 인가전압의 극성과는 관계가 없다.
② 반도체의 종류에 관계없이 같은 극성의 전압을 인가한다.
③ P형 반도체에 +, N형 반도체에 −의 전압을 인가한다.
④ P형 반도체에 −, N형 반도체에 +의 전압을 인가한다.

풀이
• 순바이어스 : P형 반도체에 +, N형 반도체에 −의 전압을 인가
• 역바이어스 : P형 반도체에 −, N형 반도체에 +의 전압을 인가

17 온실가스란 대기 중에 존재하면서 지구복사에너지를 흡수하여 온실효과를 일으키는 물질을 말한다. 이러한 온실가스의 6종류에 해당하지 않는 것은?

① SF_6 ② HFCs
③ CH_4 ④ CO

풀이 온실가스 : 이산화탄소(CO_2), 메탄(CH_4), 아산화질소(N_2O), 수소불화탄소(HFCs), 과불화탄소(PHCs), 육불화항(SF_6)

18 계통연계형 태양광발전시스템의 특징이 아닌 것은?

① 초과 생산된 전력을 계통에 보내거나 전력생산이 불충분할 경우 계통으로 전력을 공급받을 수 있는 시스템이다.
② 주택용 및 상업용의 태양광발전시스템에 도입할 수 있다.
③ 전력저장장치를 별도로 설치해야 하므로 가격이 비싸다.
④ 태양광발전에서 생산된 전력은 지역전력망으로 공급할 수 있다.

풀이 계통연계형 태양광발전시스템은 전력저장장치가 필요치 않아 설치비가 저렴하다.

정답 14 ③ 15 ③ 16 ③ 17 ④ 18 ③

19 일정 규모 이상의 발전설비를 보유한 발전사업자에게 총 발전량의 일정량 이상을 신·재생에너지로 생산한 전력으로 공급하게 하는 것을 무엇이라 하는가?

① 신·재생에너지 공급의무화제도(RPS)
② 신·재생에너지 포상제도
③ 발전차액 보상제도
④ 신·재생에너지설비 현대화 제도

20 바이오에너지의 범위에 대한 설명으로 틀린 것은?

① 동식물의 유지를 변화시킨 바이오디젤
② 쓰레기매립장의 무기성 폐기물을 변환시킨 매립지가스
③ 생물유기체를 변환시킨 땔감·우드칩·펠릿 및 목판 등의 고체연료
④ 생명유기체를 변환시킨 바이오가스·바이오에탄올·바이오액화유 및 합성가스

풀이 쓰레기매립장의 유기성 폐기물을 변환시킨 매립지가스는 바이오에너지에 포함된다.

2과목 태양광발전시스템 구성·선정

21 한국전기설비규정에 따라 일반주택 및 아파트 각 호실의 현관등은 몇 분 이내에 소등되도록 타임스위치를 시설하여야 하는가?

① 1　　② 2
③ 3　　④ 5

풀이 일반주택 및 아파트 각 호실의 현관등은 3분 이내에 소등되도록 타임스위치를 시설하여야 한다.

22 동일 출력전류(I) 특성을 가지는 N개의 태양전지를 같은 일사 조건에서 서로 병렬로 연결했을 경우 I_a에 대한 계산식은?

① $I_a = \dfrac{N}{I}$ 　　② $I_a = \dfrac{I}{N}$

③ $I_a = N \times I$ 　　④ $I_a = N \times I^2$

풀이 태양전지 직렬연결 시 전체 전류가 1개의 전류와 동일
태양전지 병렬연결 시 병렬수만큼 전류 증가
$I_a = N \times I [A]$

23 7,000[V] 초과 25,000[V] 이하의 중성점 다중접지식 변압기의 절연내력 시험전압은 최대사용전압의 몇 배수를 10분간 가한 값인가?

① 0.92배　　② 1.1배
③ 1.25배　　④ 1.5배

풀이 **변압기의 전로절연내력**
　변압기의 전로는 다음 표에서 정하는 시험전압 및 시험방법으로 절연내력을 시험하였을 때 견뎌야 한다.

권선의 종류	시험전압	
최대사용전압 7[kV] 이하	최대사용전압의 1.5배 전압·중성점 다중접지 전로에 접속하는 경우 0.92배(최저시험전압 500[V])	시험되는 권선과 다른 권선 철심 및 외함 간의 시험전압을 연속하여 10분간 가한다.
최대사용전압 7[kV] 초과, 25[kV] 이하 중성점 접지식 전로	최대사용전압의 0.92배 전압	
최대사용전압 7[kV] 초과, 60[kV] 이하 전로	최대사용전압의 1.25배 전압(최저시험전압 10,500[V])	
최대사용전압 60[kV] 초과 권선으로 중성점 접지식 전로	최대사용전압의 1.25배 전압	

연료전지 및 태양전지모듈의 절연내력
　최대사용전압의 1.5배의 직류전압 또는 1배의 교류전압(최저시험전압 500[V])을 충전부분과 대지 사이에 연속하여 10분간 가하여 절연내력시험을 한다.

정답　19 ①　20 ②　21 ③　22 ③　23 ①

24 전기사업자 및 한국전력거래소가 측정기준·측정방법 및 보존방법 등을 정하여 산업통상자원부장관에게 제출하여야 하는 대상은?

① 전류 및 전압
② 전력 및 역률
③ 역률 및 주파수
④ 전압 및 주파수

풀이 전기사업법 시행규칙 제19조(전압 및 주파수의 측정)
② 전기사업자 및 한국전력거래소는 제1항에 따른 전압 및 주파수의 측정기준·측정방법 및 보존방법 등을 정하여 산업통상자원부장관에게 제출하여야 한다.

25 태양광발전시스템에 풍력발전, 열병합발전 등 타 에너지원의 발전시스템과 결합하여 축전지·부하 및 상용계통에 전력을 공급하는 시스템은?

① 독립형 시스템
② 하이브리드시스템
③ 계통연계형 시스템
④ 집광형 시스템

풀이 하이브리드시스템
태양광, 풍력, 지열, 소수력, 디젤발전 등 둘 이상이 조합된 발전시스템을 말한다.

26 태양광발전시스템의 단독운전 검출방식 중 능동적 검출방식으로만 묶인 것은?

① 주파수시프트방식, 유효전력변동방식, 무효전력변동방식, 부하변동방식
② 전압위상 도약검출방식, 제3고조파 전압급증 검출방식, 주파수변화율 검출방식
③ 주파수시프트방식, 전압위상 도약검출방식, 무효전력변동방식, 부하변동방식
④ 주파수변화율 검출방식, 전압위상 도약검출방식, 무효전력변동방식, 부하변동방식

풀이
- 수동검출방식 : 전압위상 도약검출방식, 제3고조파 전압급증 검출방식, 주파수변화율 검출방식
- 능동검출방식 : 주파수시프트방식, 유효전력변동방식, 무효전력변동방식, 부하변동방식

27 인버터의 최저 입력전압은 250[V], 효율은 90[%], 출력용량은 100[kW]이며, 직류선로의 전압강하가 2[V]일 때, 인버터의 직류입력전류는 약 몇 [A]인가?

① 461
② 441
③ 421
④ 401

풀이 직류회로의 출력(P)=전압(V)×전류(I)×효율(η)

$$I = \frac{P}{(V+\Delta V) \times \eta} = \frac{100 \times 10^3}{(250+2) \times 0.9}$$
$$= 440.91 \fallingdotseq 441[A]$$

여기서, ΔV : 전압강하

28 태양광발전시스템을 완성하기 위하여 필요한 모듈을 직·병렬로 구성하게 되는데, 직렬로 접속된 모듈집합체의 회로를 무엇이라 하는가?

① 셀
② 모듈
③ 스트링
④ 어레이

풀이 태양광발전시스템의 회로
Cell → 모듈 → 스트링(직렬) → 어레이(병렬)

29 태양광발전설비의 보호대책으로 외부 피뢰시스템의 구성이 아닌 것은?

① 수뢰부 : 구조물의 뇌격을 받아들임
② 인하도선 : 뇌격전류를 접지극에 전달
③ 접지극 : 뇌격전류를 대지로 흘려보내는 것
④ 퓨즈 : 뇌격전류 차단

풀이 퓨즈는 단락전류를 차단하는 장치이다.

정답   24 ④   25 ②   26 ①   27 ②   28 ③   29 ④

30 태양전지모듈의 절연내력시험 시 10분간 연속적으로 인가하는 직류전압 또는 교류전압(500[V] 미만으로 되는 경우에는 500[V])은 최대사용전압의 몇 배인가?

① 직류 1.5배, 교류 1.5배
② 직류 1.5배, 교류 1배
③ 직류 1배, 교류 1.5배
④ 직류 1배, 교류 1배

풀이 절연내압 측정
표준태양전지어레이 개방전압을 최대사용전압으로 간주하여 최대사용전압의 1.5배의 직류전압 혹은 1배의 교류전압(5[V] 미만일 때는 500[V])을 10분간 인가하여 절연파괴 등의 이상이 발생하지 않는 것을 확인한다.

31 태양광발전시스템 출력 18,750[W], 태양전지모듈 최대출력 250[W], 모듈의 직렬연결 개수가 5개일 때 최대 병렬연결 개수는?

① 10 ② 15
③ 20 ④ 25

풀이 병렬연결 개수 = $\dfrac{\text{태양광발전시스템 출력}}{\text{모든 최대출력} \times \text{직렬수}}$
$= \dfrac{18{,}750[W]}{250[W] \times 5} = 15$

32 태양광모듈·설치용량은 사업계획서상의 모듈설계용량과 동일해야 한다. 다만 모듈당 용량에 따라 설계용량과 동일하게 설치할 수 없는 경우에 한해서 설계용량의 몇 [%] 이내까지 가능한가?

① 110[%] ② 105[%]
③ 104[%] ④ 102[%]

풀이 모듈의 설치용량은 PCS인버터 용량의 105[%] 이내이어야 한다. 모듈의 설치용량은 사업계획서상의 모듈 설계용량과 동일해야 한다. 다만 모듈당 용량에 따라 설계용량과 동일하게 설치할 수 없는 경우에 한해서 설계용량의 110[%] 이내까지 가능하다.

33 모듈에서 접속함 직류배선이 50[m]이며, 모듈, 어레이 전압이 600[V], 전류가 8[A]일 때, 전압강하는 몇 [V]인가?(단, 전선의 단면적은 4.0[mm²]이다.)

① 1.56[V] ② 2.56[V]
③ 3.56[V] ④ 4.56[V]

풀이 태양광모듈에서 인버터까지 전압강하 계산식은 다음과 같다.
$e = \dfrac{35.6 \times L \times I}{1{,}000 \times A} = \dfrac{35.6 \times 50 \times 8}{1{,}000 \times 4} = 3.56[V]$

34 태양전지모듈은 최대사용전압 몇 배의 직류전압을 충전부분과 대지 사이에 연속하여 10분간 가하여 절연내력을 시험하였을 때 이에 견디어야 하는가?

① 0.92 ② 1
③ 1.25 ④ 1.5

풀이 연료전지 및 태양전지모듈의 절연내력
연료전지 및 태양전지모듈은 최대사용전압의 1.5배의 직류전압 또는 1배의 교류전압(500[V] 미만으로 되는 경우에는 500[V])을 충전부분과 대지 사이에 연속하여 10분간 가하여 절연내력을 시험하였을 때에 이에 견디는 것이어야 한다.

35 1,000[kW] 태양광발전시스템의 직병렬 구성으로 가장 적합한 것은?(단, 인버터의 MPPT는 450~820[V]이며, 기타 조건은 표준상태이다.)

- P_{mpp} : 250[W]
- V_{mpp} : 31.8[V]
- I_{mpp} : 8.13[A]
- V_{oc} : 38.3[V]
- I_{sc} : 8.62[A]

① 18직렬 200병렬 ② 20직렬 211병렬
③ 20직렬 200병렬 ④ 18직렬 240병렬

풀이 직렬수 = $\dfrac{\text{인버터 입력전압}}{\text{태양전지모듈 최대동작전압}}$
$= \dfrac{635}{31.8} = 19.968 = 20$

정답 30 ② 31 ② 32 ① 33 ③ 34 ④ 35 ③

인버터 MPP 동작전압의 중간값
$\frac{820+450}{2}=635[V]$를 기준으로 직렬수 산정

병렬수 $=\dfrac{\text{전체 발전량}}{\text{태양전지모듈 발전량} \times \text{직렬수}}$
$=\dfrac{1,000\times 10^3}{250\times 20}=200$

36 피뢰시스템 설명 중 틀린 것은?

① 건축물 상부에 어레이를 설치할 경우 지면으로부터 어레이의 높이 합산 30[m] 이상 시 피뢰설비 설치의무 대상이다.
② 시스템 보호대책으로 구조물에는 접지 및 본딩 대책, 자기차폐, 선로의 경로, 협조된 SPD가 있고 인입선설비(전력선 등)에는 선로 말단과 선로 상의 여러 위치에 설치된 서지보호장치, 케이블 자기차폐 등이 있다.
③ 외부 피뢰시스템에는 수뢰부시스템, 인하도선시스템, 접지시스템이 있다.
④ 내부시스템 고장보호는 차폐 · 본딩 및 접지 SPD 등이 있다.

풀이 건축물 상부에 어레이를 설치할 경우 지면으로부터 어레이의 높이 합산 20[m] 이상 시 피뢰설비 설치의무 대상이다.

37 방화구획 관통부의 방화벽 또는 방화바닥 설치 시 시공방법으로 틀린 것은?

① 일반 실리콘폼을 양쪽 불연내화패널 사이에 빈틈이 없이 충전한다.
② 관통벽에 미리 시설해 놓은 틀에 불연성 내화패널을 앵커볼트로 고정시킨다.
③ 불연성 내화패널과 케이블트레이, 케이블 사이에 빈틈과 주위를 밀폐재로 봉한다.
④ 방화판을 관통구의 크기에 맞도록 케이블트레이의 중심 양쪽으로 2장을 만든다.

풀이 화재의 확산을 최소화하기 위한 배선설비의 선정과 공사(KEC 232.3.6)
1. 화재의 확산위험을 최소화하기 위해 다음에 따라 공사하여야 한다.
   가. 배선설비는 건축구조물의 일반 성능과 화재에 대한 안정성을 저해하지 않도록 설치하여야 한다.
   마. KS C IEC 60439-2(저전압 개폐장치 및 제어장치 부속품), KS C IEC 60570(등기구 전원 공급용 트랙 시스템), KS C IEC 61537-A(케이블 관리-케이블 트레이 시스템 및 케이블 래더 시스템), KS C IEC 61084(전기설비용 케이블 트렁킹 및 덕트시스템) 시리즈 및 KS C IEC 61386(전기설비용 전선관 시스템) 시리즈 및 KS C IEC 61534(파워트랙시스템) 시리즈 표준에서 자기소화성으로 분류되지 않은 케이블 이외의 배선설비의 부분은 그들의 개별 제품표준의 요구사항에 모든 다른 관련 사항을 준수하여 사용하는 경우 불연성 건축 부재로 감싸야 한다.
2. 배선설비 관통부의 밀봉
   가. 배선설비가 바닥, 벽, 지붕, 천장, 칸막이, 중공벽 등 건축구조물을 관통하는 경우, 배선설비가 통과한 후에 남는 개구부는 관통 전의 건축구조 각 부재에 규정된 내화등급에 따라 밀폐하여야 한다.
   나. 내화성능이 규정된 건축구조부재를 관통하는 배선설비는 제1에서 요구한 외부의 밀폐와 마찬가지로 관통 전에 각 부의 내화등급이 되도록 내부도 밀폐하여야 한다.

38 태양광발전시스템을 1,000[m²] 부지에 하나의 어레이로 설치할 때, 모듈 효율 15[%], 일사량 500[W/m²]이면 생산되는 전력은?(단, 기타 조건은 무시한다.)

① 75[kW]　　② 750[kW]
③ 7,500[kW]　　④ 75,000[kW]

풀이 출력 $P = $ 일사량[W/m²] × 면적[m²] × 효율
$= 500 \times 1,000 \times 0.15 \times 10^{-3}$
$= 75[kW]$

정답 36 ①　37 ①　38 ①

39 한국전기설비규정에서 태양전지발전소에 시설하는 전선의 굵기는 연동선인 경우 몇 [mm²] 이상이어야 하는가?

① 1.6
② 2.5
③ 3.5
④ 5.5

풀이 전선은 공칭단면적 2.5[mm²] 이상의 연동선 또는 이와 동등 이상의 세기 및 굵기의 것일 것

40 한국전기설비규정에 따라 저압 옥내 직류전기설비의 접지시설에 양(+)도체를 접지하는 경우 무엇에 대한 보호를 하여야 하는가?

① 지락
② 감전
③ 단락
④ 과부하

풀이 저압 옥내 직류전기설비의 접지시설에 양(+)도체를 접지하는 것은 감전보호이다.

3과목 태양광발전 시공

41 다음 ( ) 안에 알맞은 내용으로 옳은 것은?

> 태양광발전시스템은 상용전력계통 연계 유무에 따라 독립형과 (   )으로 구분한다.

① 계통연계형
② 병렬연계형
③ 복합연계형
④ 단독연계형

풀이 태양광발전시스템은 상용전력계통 연계 유무에 따라 독립형과 계통연계형으로 구분한다.

42 지붕에 설치하는 태양광발전시스템 중 톱라이트의 특징이 아닌 것은?

① 채광 및 셀에 의한 차광효과도 있다.
② 셀의 배치에 따라서 개구율을 바꿀 수 있다.
③ 중·고층 건물의 벽면을 유효하게 이용한다.
④ 톱라이트의 유리부분에 맞게 태양전지 유리를 설치한 타입이다.

풀이 중·고층 건물의 벽면을 유효하게 이용할 수 있는 것은 벽설치형이다.

43 접지극에 사용되지 않는 것은?

① 동판
② 탄소피복강
③ 알루미늄봉
④ 동피복강봉

풀이 접지극에 사용되는 것
동판, 동피복강봉, 탄소피복강

44 옥내용 태양광인버터를 옥외에 설치할 수 있는 용량은 몇 [kW] 이상인가?

① 1
② 2
③ 3
④ 5

풀이 시공기준에 의하면 실내용, 실외용을 구분하여 설치하여야 한다. 단, 옥내용을 옥외에 설치하는 경우는 5[kW] 이상 용량일 경우에만 가능하며 이 경우 빗물 침투를 방지할 수 있도록 옥내에 준하는 수준으로 외함 등을 설치하여야 한다.

45 태광발전시스템의 일반적인 시공 순서로 옳은 것은?

> ㉠ 모듈 ㉡ 어레이
> ㉢ 인버터 ㉣ 접속반
> ㉤ 계통 간 간선

① ㉠→㉡→㉣→㉢→㉤
② ㉠→㉤→㉢→㉡→㉣
③ ㉠→㉣→㉤→㉡→㉢
④ ㉠→㉢→㉤→㉣→㉡

풀이 태양광발전시스템의 일반적인 시공 순서
모듈 → 어레이 설치 → 접속반 설치 → 인버터 설치 → 계통 간 간선 설치

46 3상 3선 전압강하 계산식으로 옳은 것은? (단, A : 전선의 단면적[mm²], I : 전류[A], L : 전선 1가닥의 길이[m]이다.)

① $\dfrac{35.6 \times L \times I}{1{,}000 \times A}$ ② $\dfrac{30.8 \times L \times I}{1{,}000 \times A}$

③ $\dfrac{15.6 \times L \times I}{1{,}000 \times A}$ ④ $\dfrac{24.6 \times L \times I}{1{,}000 \times A}$

풀이 태양광 선로의 전압강하 계산식은 회로의 전기방식별로 다음과 같다.

회로의 전기방식	전압강하	전선의 단면적
직류 2선식 교류 2선식	$e = \dfrac{35.6 \times L \times I}{1{,}000 \times A}$	$A = \dfrac{35.6 \times L \times I}{1{,}000 \times e}$
3상 3선식	$e = \dfrac{30.8 \times L \times I}{1{,}000 \times A}$	$A = \dfrac{30.8 \times L \times I}{1{,}000 \times e}$

여기서, e : 각 선간의 전압강하[V]
　　　　A : 전선의 단면적[mm²]
　　　　L : 도체 1본의 길이[m]
　　　　I : 전류[A]

47 신에너지 및 재생에너지 개발·이용·보급 촉진법령에 따른 신·재생에너지 공급의무자의 2025년도 의무공급량 비율[%]은?(발전설비 보유자)

① 14.5 ② 17
③ 14 ④ 25

풀이 신에너지 및 재생에너지 개발·이용·보급 촉진법 시행령 [별표 3] 연도별 의무공급량의 비율(제18조의4제1항 관련)

해당 연도	비율[%]	해당 연도	비율[%]
2023년	13.0	2027년	17.0
2024년	13.5	2028년	19.0
2025년	14.0	2029년	22.5
2026년	15.0	2030년 이후	25.0

48 최대수용전력이 600[kVA]이고 설비용량은 전등부하 350[kVA], 동력부하 500[kVA]이다. 이때 수용률[%]은?

① 32.80 ② 52.62
③ 70.58 ④ 79.62

풀이 수용률 = $\dfrac{\text{최대수용전력}}{\text{설비용량[kW]}} \times 100[\%]$
　　　　= $\dfrac{600}{350+500} \times 100[\%] \fallingdotseq 70.58[\%]$

49 설계감리업무 수행 시 설계감리원이 비치하여 설계감리과정을 기록하여야 하는 문서가 아닌 것은?

① 근무상황부
② 설계감리일지
③ 안전교육실적표
④ 설계감리 검토의견 및 조치 결과서

풀이 설계감리원의 문서비치 및 준공 시 제출서류
- 근무상황부
- 설계감리일지
- 설계감리 지시부
- 설계감리 기록부
- 설계자와 협의사항 기록부
- 설계감리 추진현황
- 설계감리 검토의견 및 조치 결과서
- 설계감리 주요검토 결과
- 설계도서 검토의견서
- 설계도서(내역서, 수량산출 및 도면 등)를 검토한 근거서류
- 해당 용역 관련 수·발신 공문서 및 서류
- 그 밖에 발주자가 요구하는 서류

50 태양광발전설비의 준공검사 시 확인사항이 아닌 것은?

① 시설물의 유지관리방법
② 감리원의 준공검사원에 대한 검토의견서
③ 제반 가설시설물의 제거와 원상복구 정리상황
④ 완공된 시설물이 설계도서대로 시공되었는지 여부

풀이 전력시설물 공사감리업무 수행지침 제57조(기성 및 준공검사) 준공검사 시 확인사항
- 완공된 시설물이 설계도서대로 시공되었는지 여부
- 시공 시 현장 상주감리원이 작성·비치한 제기록에 대한 검토
- 폐품 또는 발생물의 유무 및 처리의 적정 여부
- 지급 기자재의 사용적부와 잉여자재의 유무 및 그 처리의 적정 여부
- 제반 가설시설물의 제거와 원상복구 정리상황
- 감리원의 준공검사원에 대한 검토의견서
- 그 밖에 검사자가 필요하다고 인정하는 사항

정답 47 ③　48 ③　49 ③　50 ①

51 가공송전선로에 사용되는 전선의 구비조건이 아닌 것은?

① 내구성이 있을 것
② 도전율이 높을 것
③ 비중(밀도)이 높을 것
④ 가선작업이 용이할 것

풀이 전선의 구비조건
비중(밀도)이 낮을 것

52 비상주감리원의 업무에 해당하지 않는 것은?

① 중요한 설계변경에 대한 기술검토
② 설계변경 및 계약금액 조정의 심사
③ 근무상황판에 현장근무위치와 업무내용 기록
④ 정기적(분기 또는 월별)으로 현장 시공상태를 종합적으로 점검·확인·평가하고 기술지도

풀이 비상주감리원의 업무
- 설계도서 검토
- 기성 및 준공검사

53 태양광발전시스템에 있어서 방화구획 관통부를 처리하는 주된 목적은?

① 방화설비의 사용 용이
② 전선관 및 배선의 보호
③ 화재감지기 오작동 방지
④ 다른 설비로의 화재 확산 방지

풀이 태양광발전시스템에서 방화구획 관통부를 처리하는 주된 목적은 다른 설비로의 화재 확산을 방지하는 것이다.

54 수전단전압이 송전단전압보다 높아지는 현상은?

① 표피효과   ② 코로나현상
③ 역섬락현상 ④ 페란티현상

풀이 경부하 또는 무부하 시 수전단전압이 송전단전압보다 높아지는 현상을 페란티(Ferranti)현상이라 한다.

55 태양전지어레이의 구조물을 지상에 설치하기 위한 기초의 종류 중 지지층이 얕을 경우 쓰이는 방식은?

① 말뚝기초   ② 직접기초
③ 피어기초   ④ 케이슨기초

풀이 지지층이 얕을 경우 기초 → 직접기초

56 창문 상부 등 건물 외부에 가대를 설치하고 그 위에 태양광모듈을 설치한 형태는?

① 경사지붕형   ② 벽 건재형
③ 루버형   ④ 차양형

풀이 차양형
창문 상부 등 건물 외부에 가대를 설치하고 그 위에 태양광모듈을 설치한 형태이다. 차양형은 여름의 과도한 일사로부터 사람과 건물의 보호가 가능하다. 또한 현휘(눈부심)에 대한 보호, 자연광의 모듈화, 건물 외피의 냉각 등과 같은 장점을 갖고 있다.

57 직류 송전방식의 장점이 아닌 것은?

① 안정도가 좋다.
② 송전효율이 좋다.
③ 절연계급을 낮출 수 있다.
④ 회전자계를 쉽게 얻을 수 있다.

풀이 회전자계를 쉽게 얻을 수 있는 것은 '교류송전방식'의 장점이다.

정답 51 ③ 52 ③ 53 ④ 54 ④ 55 ② 56 ④ 57 ④

58 태양전지모듈 및 어레이 설치 후 확인 및 점검사항이 아닌 것은?

① 비접지 확인
② 개방전류 측정
③ 전압극성의 확인
④ 모듈전압의 확인

풀이 태양전지모듈의 배선이 끝나면 각 모듈 극성 확인, 전압 확인, 단락전류 확인, 양극과의 접지 여부(비접지) 등을 확인한다.

59 감리용역 계약문서가 아닌 것은?

① 과업지시서
② 공사입찰 유의서
③ 감리비 산출내역서
④ 기술용역계약 일반조건

풀이 감리용역 계약문서
계약서, 기술용역입찰유의서, 기술용역계약 일반조건, 감리용역계약 특수조건, 과업지시서, 감리비 산출내역서 등으로 구성된다.

60 변전소에서 무효전력을 조정하는 전기설비로 옳은 것은?

① 변성기
② 피뢰기
③ 축전기
④ 조상설비

풀이 무효전력을 조정하는 전기설비는 조상설비로, 콘덴서, 리액터, 동기조상기, SVC, STATCOM 등이 있다.

4과목 태양광발전 유지관리

61 태양광발전설비의 사용 전 검사에 필요한 서류가 아닌 것은?

① 시공계획서
② 감리원 배치 확인서
③ 사용 전 검사 신청서
④ 공사계획인가(신고)서

풀이 사용 전 검사에 필요한 서류
- 사용점검 시 신청서
- 태양광발전설비 개요
- 공사계획인가서
- 태양전지 규격서
- 단선결선도
- 절연저항시험성적서
- 전기안전관리자 선임필증 사본
- 감리배치 확인서

62 국제표준화(KEC 121.2)에서 전선식별의 색상 중 틀린 것은?

① L1 : 갈색, L2 : 흑색, L : 회색
② 중성선(N) : 청색
③ 접지/보호도체 : 녹황교차
④ L1 : 청색, L2 : 적색, L3 : 흑색

풀이 전선식별법 국제표준화(KEC 121.2)

전선 구분	KEC 식별색상
상선(L1)	갈색
상선(L2)	흑색
상선(L3)	회색
중성선(N)	청색
접지/보호도체(PE)	녹황교차

63 태양광발전시스템의 시공 절차에 포함되지 않는 것은?

① 접지공사
② 어레이 기초공사
③ 인버터 설치공사
④ 태양광어레이의 발전량 산출

풀이 태양광발전시스템의 시공절차
현장여건 분석 → 시스템 설계 → 구성요소 제작 → 기초공사 → 구조물 설치 → 모듈 설치 → 간선공사 → 인버터 설치 → 시운전 → 운전개시

정답 58 ② 59 ② 60 ④ 61 ① 62 ④ 63 ④

64 기성검사 절차에서 계약자가 단위업무별 가중치와 월별 공정률을 표시하여 공사 착공 전에 발주처에 사전검토 및 확인을 받아야 하는 것은?

① 감리일지
② 설계감리 확인서
③ 시공 예정공정표
④ 투입인원 건강기록부

풀이 공사(시공) 예정표
시공자(계약자)가 단위업무별 가중치와 월별 공정률을 표시하여 공사 착공 전에 발주처에 사전검토 및 확인을 받아야 하는 것

65 사업용 태양광발전설비의 정기검사항목이 아닌 것은?

① 변압기 검사
② 접속함 검사
③ 태양전지검사
④ 전력변환장치검사

풀이 사업용 태양광발전설비의 정기검사항목
- 태양광전지 검사
- 전력변환장치
- 변압기
- 차단기
- 전선로
- 접지설비
- 비상발전기
- 종합연동시험
- 부하운전시험

66 태양전지어레이용 지지대에 영구적으로 작용하는 상정하중은?

① 고정하중   ② 풍압하중
③ 적설하중   ④ 지진하중

풀이 태양전지어레이용 지지대에 영구적으로 작용하는 상정하중은 고정하중이다.

67 태양광발전설비의 접지공사 시 접지선의 색은?

① 청색   ② 녹색
③ 백색   ④ 노란색

68 태양전지어레이용 지지대의 재질로서 사용되지 않는 것은?

① 티타늄
② 알루미늄합금
③ 스테인리스스틸
④ 용융아연 도금된 형강

풀이 어레이용 지지대 재질
- 용융아연 도금된 형강
- 알루미늄합금
- 스테인리스스틸

69 계산값이 항상 1 이상인 것은?

① 부등률   ② 수용률
③ 부하율   ④ 전압 강하율

풀이 부등률 = $\dfrac{\text{개별수용 최대전력의 합}[kW]}{\text{합성최대전력}[kW]} \geq 1$

(항상 1 이상이다.)

70 태양광발전시스템과 분산전원의 전력계통 연계 시 특징이 아닌 것은?

① 부하율이 향상된다.
② 공급 신뢰도가 향상된다.
③ 배전선로 이용률이 향상된다.
④ 고장 시의 단락 용량이 줄어든다.

풀이 태양광발전시스템과 전력계통 연계 시 특징
- 부하율 향상
- 공급 신뢰도 향상
- 배전선로 이용률 증대
- 고장 시 단락 용량 증가

정답 64 ③ 65 ② 66 ① 67 ② 68 ① 69 ① 70 ④

71 방화구획 관통부의 처리 시 배선을 옥외에서 옥내로 끌어들이는 관통부분에 충족하여야 하는 사항 2가지는?

① 내열성과 가요성　② 난연성과 내후성
③ 난연성과 내열성　④ 내열성과 내후성

풀이 방화구획 관통부 처리
- 난연성 : 관통부분의 충전재, 케이블, 배관재의 변형, 탈락, 소실로 인해 뒷면에 화염, 연기가 나지 않을 것
- 내열성 : 관통부분의 충전재, 내열씰재의 전열에 의해 뒷면이 연소할 위험이 있는 온도가 되지 않을 것

72 선로 구분 기능을 갖고 있는 개폐기에 수용가측의 사고 발생 시 사고전류를 감지하여 자동으로 접점을 분리시켜 사고구간을 분리하는 것은?

① 리클로저(R/C)
② 선로개폐기(LS)
③ 자동고장 구분개폐기(ASS)
④ 자동부하 전환개폐기(ALTS)

풀이 자동고장 구분개폐기(ASS)
22.9[kV-Y] 배전선로에서 변전소 CB 또는 Recloser 부하 측에 부하용량 4,000[kVA] 이하인 지점 또는 수용가와의 책임분계점에 설치, 후비보호장치와 협조하여 고장구간을 자동적으로 구분, 분리하는 개폐기

73 태양광발전시스템의 일반적인 시공 절차에 대한 순서로 옳은 것은?

① 기초공사 → 자재주문 → 시스템 설계 → 모듈 설치 → 간선공사 → 시운전 및 점검
② 시스템 설계 → 자재주문 → 간선공사 → 모듈 설치 → 기초공사 → 시운전 및 점검
③ 자재주문 → 시스템 설계 → 기초공사 → 모듈 설치 → 간선공사 → 시운전 및 점검
④ 시스템 설계 → 자재주문 → 기초공사 → 모듈 설치 → 간선공사 → 시운전 및 점검

풀이 태양광발전시스템의 일반적인 시공 절차
시스템 설계 → 자재주문 → 기초공사 → 모듈 설치 → 간선공사 → 시운전 및 점검

74 태양전지모듈 및 어레이 설치 후 확인사항이 아닌 것은?

① 극성　　　　　② 전압
③ 단락전류　　　④ 개방전류

풀이 태양전지모듈의 배선이 끝나면 각 모듈 극성, 전압, 단락전류, 양극과의 접지 여부(비접지) 등을 확인한다.

75 설계도서 적용 시 고려사항이다. 옳지 않은 것은?

① 숫자로 나타낸 치수는 도면상 축척으로 잰 치수보다 우선한다.
② 특별시방서는 당해 공사에 한하여 일반시방서에 우선하여 적용한다.
③ 특별시방서 및 도면에 기재되지 않은 사항은 일반시방서에 의한다.
④ 공사계약서 상호 간에 차이와 문제가 있는 경우 발주자의 의견을 참조하여 감리원이 최종적으로 결정한다.

풀이 공사계약서 상호 간에 차이와 문제가 있는 경우에는 계약 당사자 간의 협의를 통해 조정하는 것이지 감리원이 최종적으로 결정하는 것은 아니다.

76 태양전지모듈과 인버터 간의 지중전선로를 직접매설식으로 시설하는 경우 알맞은 공사방법은?

① 중량물의 압력을 받을 우려가 있는 경우 1.0[m] 이상, 일반장소는 0.5[m] 이상 깊이로 매설한다.
② 중량물의 압력을 받을 우려가 있는 경우 1.2[m] 이상, 일반장소는 0.5[m] 이상 깊이로 매설한다.
③ 중량물의 압력을 받을 우려가 있는 경우 1.0[m] 이상, 일반장소는 0.6[m] 이상 깊이로 매설한다.
④ 중량물의 압력을 받을 우려가 있는 경우 1.2[m] 이상, 일반장소는 0.6[m] 이상 깊이로 매설한다.

정답　71 ③　72 ③　73 ④　74 ④　75 ④　76 ③

풀이 지중전선로의 시설
1. 지중선로는 전선에 케이블을 사용하고 또한 관로식·암거식 또는 직접 매설식에 의하여 시설하여야 한다.
2. 관로식에 의하여 시설하는 경우에는 매설 깊이를 1.0[m] 이상으로 하되, 매설 깊이가 충분하지 못한 장소에는 견고하고 차량 기타 중량물의 압력에 견디는 것을 사용할 것. 다만 중량물의 압력을 받을 우려가 없는 곳은 0.6[m] 이상으로 한다.
3. 지중전선로를 직접 매설식에 의하여 시설하는 경우에는 매설 깊이를 차량 기타 중량물의 압력을 받을 우려가 있는 장소에는 1.0[m] 이상, 기타 장소에는 0.6[m] 이상으로 하고 또한 지중전선을 견고한 트로프 기타 방호물에 넣어 시설하여야 한다.

77 태양광발전시스템의 시공 시 태양전지모듈의 설치를 위하여 운반하는 경우 주의사항으로 옳은 것은?
① 태양전지모듈의 보호막을 벗겨서 운반한다.
② 태양전지모듈을 인력으로 이동할 때에는 1인 1조로 한다.
③ 태양전지모듈의 파손방지를 위해 충격이 가해지지 않도록 한다.
④ 접속되어진 모듈의 리드선은 빗물 등 이물질이 유입되어도 된다.

풀이 모듈 운반 시 주위사항
- 태양전지모듈의 보호막을 씌워서 운반한다.
- 태양전지모듈을 인력으로 이동할 때에는 2인 1조로 한다.
- 접속된 모듈의 리드선은 빗물 등 이물질이 유입되어서는 안 된다.

78 공사감리원의 배치시기로 적절한 것은?
① 착공 7일 후
② 착공 10일 후
③ 공사 시작 전
④ 현장여건에 따른 적당한 시기

풀이 전력기술관리법 제12조의2(감리원의 배치 등)
① 다음 각 호의 어느 하나에 해당하는 자(이하 "감리업자등"이라 한다)가 공사감리를 하려는 경우에는 산업통상자원부장관이 정하여 고시하는 감리원 배치기준에 따라 소속 감리원을 공사 시작 전에 배치하여야 한다.

79 태양광발전시스템이 작동되지 않을 때 응급조치 순서로 옳은 것은?
① 접속한 내부차단기 개방→인버터 개방→설비점검
② 접속한 내부차단기 개방→인버터 투입→설비점검
③ 접속한 내부차단기 투입→인버터 개방→설비점검
④ 접속한 내부차단기 투입→인버터 투입→설비점검

풀이 태양광발전시스템 응급조치 순서
접속함 내부차단기 Off → 인버터 Off 후 점검 → 점검 후 인버터 On → 접속함 내부차단기 On

80 태양광발전시스템의 점검계획 시 고려해야 할 사항이 아닌 것은?
① 고장이력
② 환경조건
③ 부하종류
④ 설비의 중요도

풀이 태양광발전시스템의 점검계획 시 고려사항
설비의 사용기간, 설비의 중요도, 환경조건, 고장이력, 부하상태

SECTION 005 제5회 CBT 대비 모의고사

1과목 태양광발전 사전검토

01 신재생에너지설비 중 수소와 산소의 전기화학반응을 통하여 전기 또는 열을 생산하는 설비는 무엇인가?

① 연료전지　　② 산소에너지설비
③ 전기에너지설비　　④ 수소에너지설비

풀이 연료전지
　　수소와 산소의 전기화학반응을 통하여 전기 또는 열을 생산

02 태양광발전의 기본원리로서 1939년에 Edmond Becquerel에 의해 최초로 발견된 현상은?

① 광기전력효과　　② 광전도효과
③ 광흡수효과　　④ 광자기장효과

풀이 1839년 프랑스의 에드몬드 베크렐이 최초로 광기전력효과를 발견. 광기전력효과란 p-n 접합에 빛을 조사시키면 전자-정공 쌍이 생성·분리되며 n형 이미터 쪽에는 전자가 과다하게 많고 다른 p형 베이스 쪽에는 홀이 많이 모이게 됨으로써 접합 양단에 두 전극을 서로 띄어 개방하면 광기전력이 발생한다.

03 사전환경성 평가의 대상이 되는 보전관리지역의 면적기준은?

① 5,000[m²] 이상　　② 7,500[m²] 이상
③ 10,000[m²] 이상　　④ 15,000[m²] 이상

풀이 보전이 필요한 지역 내의 개발사업
- 보전관리지역 : 5,000[m²]
- 생산관리지역 : 7,500[m²]
- 계획관리지역 : 10,000[m²]
- 자연환경보전지역 : 5,000[m²]
- 개발제한구역 : 5,000[m²]

04 태양전지어레이 출력이 9,800[W], 해당 지역 7월의 경사면 일사량이 104.8[kWh/(m²·월)]이면 7월 한 달 동안 발전량[kWh/월]은?(단, 종합설계계수는 0.68)

① 698.39
② 1,027.4
③ 826.42
④ 1,122.72

풀이 7월 발전량(E_{PM})

$$= P_{AS} \times \frac{H_{AM}}{G_S} \times K [\text{kWh/월}]$$

$$= 9,800 \times 10^{-3} \times \frac{104.8[\text{kWh/(m}^2\cdot\text{월)}]}{1,000[\text{W/m}^2] \times 10^{-3}} \times 0.68$$

$$= 698.3872[\text{kWh/월}]$$

05 신·재생에너지 공급인증서에 표기되는 공급량 계산 시 적용되는 신·재생에너지 가중치 결정의 고려사항이 아닌 것은?

① 수입대체 효과
② 부존(賦存) 잠재량
③ 지역주민의 수용(受容) 정도
④ 전력 수급의 안정에 미치는 영향

풀이 신에너지 및 재생에너지 개발·이용·보급 촉진법 시행령 제18조의9(신·재생에너지의 가중치) 고려사항
1. 환경, 기술개발 및 산업 활성화에 미치는 영향
2. 발전 원가
3. 부존(賦存) 잠재량
4. 온실가스 배출저감(低減)에 미치는 효과
5. 전력 수급의 안정에 미치는 영향
6. 지역주민의 수용(受容) 정도

정답 01 ①　02 ①　03 ①　04 ①　05 ①

06 독립형 태양광발전시스템에 대한 설명이 아닌 것은?

① 독립형은 전력회사로부터 전력을 공급받을 수 없는 지역에 설치한다(도서지방, 등대 등).
② 독립형은 유지보수비용이 계통연계형에 비해 저렴하고 보수가 간편하다.
③ 섬이나 특수지역 등의 특수목적으로 사용되고 일반화된 시스템은 아니다.
④ 독립형은 전력공급 중단을 방지하기 위해 축전지와 비상발전기를 설치한다.

풀이 독립형은 축전지를 설치해야 하며, 납축전지의 수명이 2~3년이므로 이를 교체하는 데 드는 유지보수비용이 비싸다.

07 태양의 빛을 이용하는 발전방식의 PN 접합에 의한 발전원리에 의한 발전 순서로 적합한 것은?

① 광흡수 → 전하 분리 → 전하 수집 → 전하 생성
② 전하 생성 → 광흡수 → 전하 분리 → 전하 수집
③ 광흡수 → 전하 생성 → 전하 분리 → 전하 수집
④ 전하 생성 → 전하 분리 → 광흡수 → 전하 수집

풀이 태양광의 발전원리 순서는 광흡수 → 전하 생성 → 전하 분리 → 전하 수집이다.

08 신·재생에너지 공급인증서의 발급 신청을 받은 공급인증기관은 발급 신청을 한 날부터 며칠 이내에 공급인증서를 발급하여야 하는가?

① 10 ② 30
③ 50 ④ 90

풀이 신에너지 및 재생에너지 개발·이용·보급 촉진법 시행령 제18조의8(신·재생에너지 공급인증서의 발급 신청 등)
③ 제1항 및 제2항에 따라 발급 신청을 받은 공급인증기관은 발급 신청을 한 날부터 30일 이내에 공급인증서를 발급해야 한다.

09 태양광발전시스템의 분류 중 전력회사의 배전선에서 멀리 떨어진 산악지대 및 외딴 섬 등에서 사용하는 방식은?

① 계통연계형 시스템
② 독립형 시스템
③ 추적형 시스템
④ 연동형 시스템

풀이 독립형 시스템
멀리 떨어진 산악지대 및 외딴 섬과 같이 전기가 들어오지 않는 지역에서 태양광발전기로 전기를 공급하는 방식

10 PN 접합다이오드의 P형 반도체에 (+)바이어스를 가하고, N형 반도체에 (−)바이어스를 가할 때 나타나는 현상은?

① 공핍층의 폭이 작아진다.
② 전류는 소수 캐리어에 의해 발생한다.
③ 공핍층 내부의 전기장이 증가한다.
④ 다이오드는 부도체와 같은 특성을 보인다.

풀이 P형 반도체에 (+)바이어스를 가하고, N형 반도체에 (−)바이어스를 가하는 것을 정방향(순) 바이어스라고 하며, 이때 공핍층의 폭이 작아져 전류가 흐를 수 있도록 한다.

11 정부는 기후변화 대응의 기본원칙에 따라 20년을 기본계획기간으로 하는 기후변화 대응 기본계획을 몇 년마다 수립·시행하여야 하는가?

① 매년 ② 3년
③ 5년 ④ 10년

풀이 기후변화 대응의 기본원칙에 따라 20년을 기본계획 기간으로, 기후변화 대응 기본계획을 5년마다 수립·시행 하여야 한다.

정답 06 ② 07 ③ 08 ② 09 ② 10 ① 11 ③

12 법에 따라 해당하는 기관의 장 또는 대표자가 해당하는 건축물을 신축·증축 또는 개축하려는 경우 신·재생에너지설비의 설치계획서를 해당 건축물에 대한 건축허가를 신청하기 전에 제출하여야 한다. 누구에게 제출하는가?

① 대통령
② 산업통상자원부장관
③ 국토교통부장관
④ 시·도지사

13 산업통상자원부장관은 관계 중앙행정기관의 장과 협의를 한 후 신·재생에너지 정책심의회의 심의를 거쳐 신·재생에너지의 기술개발 및 이용·보급을 촉진하기 위한 기본계획을 몇 년마다 수립하여야 하는가?

① 1년
② 3년
③ 5년
④ 10년

풀이
- 산업통상자원부장관은 관계 중앙행정기관의 장과 협의를 한 후 제8조에 따른 신·재생에너지정책심의회의 심의를 거쳐 신·재생에너지의 기술개발 및 이용·보급을 촉진하기 위한 기본계획(이하 "기본계획"이라 한다)을 5년마다 수립하여야 한다.
- 기본계획의 계획기간은 10년 이상으로 한다.

14 다음 중 신·재생에너지 통계전문기관은?

① 신·재생에너지협회
② 신·재생에너지센터
③ 통계청
④ 한국에너지기술연구원

풀이 신에너지 및 재생에너지 개발·이용·보급 촉진법 제31조(신·재생에너지센터)
① 산업통상자원부장관은 신·재생에너지의 이용 및 보급을 전문적이고 효율적으로 추진하기 위하여 대통령령으로 정하는 에너지 관련 기관에 신·재생에너지센터를 두어 신·재생에너지 분야에 관한 다음 각 호의 사업을 하게 할 수 있다.
12. 제25조에 따른 통계관리

15 산업통상자원부장관의 전기사업 허가기준사항을 잘못 설명한 것은?

① 전기사업을 적정하게 수행하는 데 필요한 재무능력 및 기술능력이 있을 것
② 구역전기사업의 경우 특정한 공급구역 전력수요의 30[%] 이상으로서 산업통상자원부령으로 정하는 공급능력을 갖추고 그 사업으로 인하여 인근지역의 전기사용자에 대한 다른 전기사업자의 전기공급에 차질이 없을 것
③ 발전소가 특정지역에 편중되어 전력계통의 운영에 지장을 주지 아니할 것
④ 발전연료가 어느 하나에 편중되어 전력수급에 지장을 주지 아니할 것

풀이 전기사업법 제7조(전기사업의 허가)
⑤ 전기사업의 허가기준은 다음 각 호와 같다.
1. 전기사업을 적정하게 수행하는 데 필요한 재무능력 및 기술능력이 있을 것
2. 전기사업이 계획대로 수행될 수 있을 것
3. 배전사업 및 구역전기사업의 경우 둘 이상의 배전사업자의 사업구역 또는 구역전기사업자의 특정한 공급구역 중 그 전부 또는 일부가 중복되지 아니할 것
4. 구역전기사업의 경우 특정한 공급구역의 전력수요의 50퍼센트 이상으로서 대통령령으로 정하는 공급능력을 갖추고, 그 사업으로 인하여 인근 지역의 전기사용자에 대한 다른 전기사업자의 전기공급에 차질이 없을 것
4의2. 발전소나 발전연료가 특정 지역에 편중되어 전력계통의 운영에 지장을 주지 아니할 것
5. 「신에너지 및 재생에너지 개발·이용·보급 촉진법」 제2조에 따른 태양에너지 중 태양광, 풍력, 연료전지를 이용하는 발전사업의 경우 대통령령으로 정하는 바에 따라 발전사업 내용에 대한 사전고지를 통하여 주민 의견수렴 절차를 거칠 것
6. 그 밖에 공익상 필요한 것으로서 대통령령으로 정하는 기준에 적합할 것

정답 12 ② 13 ③ 14 ② 15 ②

16 태양광발전시스템에서 어레이 경사면 일조량과 가장 근사한 것은?

① 전수평면일조량과 경사면 직달광선 일조량의 합
② 전수평면일조량과 경사면 산란광선 일조량의 합
③ 경사면 직달광선 일조량과 경사면 산란광선 일조량의 합
④ 전수평면일조량, 경사면 직달광선 일조량, 경사면 산란광선 일조량의 합

풀이 경사면일조량=경사면 직달광선 일조량+경사면 산란광선 일조량

17 단방향 추적식 태양광발전시스템 중 잘못된 것은?

① 연중 최적 경사각으로 설치한다.
② 태양광을 동서방향으로 30~150° 회전 가능토록 한다.
③ 발전효율은 고정식보다 5~10[%] 증가한다.
④ 개별 발전장치는 고정식에 비해 이격거리가 20~30[%] 증가한다.

풀이 연중 최적 경사각 설치는 고정식 태양광발전시스템에 관한 설명이다.

18 풍차의 형식 중 현재 풍력발전시장에서 가장 널리 채택되고 있는 것은?

① 프로펠러   ② 다리우스
③ 사보니우스 ④ 파네몬

풀이 풍력발전시장에서 가장 널리 채택되고 있는 풍차형식은 프로펠러이다.

19 다음은 태양전지의 원리를 설명한 것이다. 괄호 안에 들어갈 적당한 용어는?

태양전지는 금속 등 물질의 표면에 특정한 진동수의 빛을 쪼여 주면 전자가 방출되는 현상인 (   )의 원리를 이용한 것으로, 빛에너지를 전기에너지로 전환시켜 준다.

① 전자기유도효과 ② 압전효과
③ 열기전효과   ④ 광기전효과

풀이 광기전효과
어떤 종류의 반도체에 빛을 조사하면 조사된 부분과 조사되지 않은 부분 사이에 전위차(광기전력)를 발생시키는 현상

20 신·재생에너지 공급의무자에 해당하지 않는 것은?

① 한국수자원공사
② 한국석유공사
③ 한국지역난방공사
④ 50만 [kW] 이상의 발전설비(신·재생에너지설비는 제외한다)를 보유하는 자

풀이 신·재생에너지법의 공급의무자
- 50만 [kW] 이상의 발전설비(신·재생에너지설비는 제외한다)를 보유하는 자
- 한국수자원공사
- 한국지역난방공사

2과목 태양광발전시스템 구성·선정

21 계통연계하는 분산형 전원설비를 설치하는 경우 이상 또는 고장 발생의 경우가 아닌 것은?

① 단독운전상태
② 분산형 전원설비의 이상 또는 고장
③ 연계한 변압기 중성점접지시설
④ 연계한 전력계통의 이상 또는 고장

풀이 계통연계용 보호장치의 시설
계통연계하는 분산형 전원설비를 설치하는 경우 다음에 해당하는 이상 또는 고장 발생 시 자동적으로 분산형 전원설비를 전력계통으로부터 분리하기 위한 장치시설 및 해당 계통과의 보호협조를 실시하여야 한다.
- 분산형 전원설비의 이상 또는 고장
- 연계한 전력계통의 이상 또는 고장
- 단독운전상태

정답 16 ③ 17 ① 18 ① 19 ④ 20 ② 21 ③

22 태양광발전설비의 내부 시스템의 고장 보호방법으로 틀린 것은?

① 차폐 실시
② 본딩 및 접지 실시
③ 피뢰침 설치
④ SPD 설치

풀이 피뢰침은 외부의 뇌격보호용으로 사용된다.

23 시방서의 역할 및 명기사항이 아닌 것은?

① 주요 기자재에 대한 규격, 수량 및 납기일을 개재한다.
② 시공상에 필요한 품질 및 안전관리계획, 시공상에서 특별히 주의해야 할 특기 사항들을 포함시킨다.
③ 시공상에 필요한 기술기준을 규정하는 것으로, 계약서류에 포함되는 설계도서의 일부로 법적인 구속력을 갖는다.
④ 설계도면에 표기하지 못한 상세 내용, 즉 공정별 적용되는 국내외 표준기준, 시공방법, 허용오차 등의 기술적 내용을 기재한다.

풀이 주요 기자재에 대한 규격, 수량 및 납기일 등은 내역서의 내용이다.

24 태양광발전 통합모니터링시스템의 구성요소가 아닌 것은?

① 전력변환장치 감시제어장치(AIS)
② 태양광모듈 계측 메인장치(SCS)
③ 자동기상 관측장치(AWS)
④ 자동고장전류 계산장치(ACS)

풀이 자동고장전류 계산장치는 차단기 용량 계산 시 사용된다.

25 다음 설명은 인버터의 효율 중 어떤 효율에 관한 것인가?

> 태양광모듈의 출력이 최대가 되는 최대전력점(MPP ; Maximum Power Point)을 찾는 기술에 대한 성능지표이다.

① 정격효율　　② 추적효율
③ 유로효율　　④ 변환효율

풀이 추적효율 : 태양광모듈의 출력이 최대가 되는 최대전력점(MPP)을 찾는 기술

26 한국전기설비규정에서 발전기, 전동기 등 회전기의 절연내력은 규정된 시험전압을 권선과 대치한 후 연속하여 몇 분간 가하여 견디어야 하는가?

① 5분　　② 10분
③ 15분　　④ 20분

풀이 회전기 및 정류기의 절연내력(KEC 133)
회전기 및 정류기는 표에서 정한 시험방법으로 절연내력을 시험하였을 때에 이에 견디어야 한다. 다만, 회전변류기 이외의 교류의 회전기로 표에서 정한 시험전압의 1.6배의 직류전압으로 절연내력을 시험하였을 때 이에 견디는 것을 시설하는 경우에는 그러하지 아니하다.

종류		시험전압	시험방법
회전기	발전기·전동기·조상기·기타 회전기(회전변류기를 제외한다)	최대사용전압 7[kV] 이하	최대사용전압의 1.5배의 전압(500[V] 미만으로 되는 경우에는 500[V])	권선과 대지 사이에 연속하여 10분간 가한다.
		최대사용전압 7[kV] 초과	최대사용전압의 1.25배의 전압(10,500[V] 미만으로 되는 경우에는 10,500[V])	
	회전변류기		직류 측의 최대사용전압의 1배의 교류전압(500[V] 미만으로 되는 경우에는 500[V])	

정답　22 ③　23 ①　24 ④　25 ②　26 ②

27 고주파변압기절연방식과 트랜스리스방식의 계통연계 인버터는 출력전류에 중첩되는 직류분이 정격교류의 최대 몇 [%] 이하로 유지되어야 하는가?

① 0.5[%] ② 5[%]
③ 10[%]   ④ 20[%]

풀이 고주파변압기절연방식과 트랜스리스방식의 계통연계 인버터는 출력전류에 중첩되는 직류분이 정격교류의 최대 0.5[%] 이하이어야 한다.

28 수용가 설비의 전압강하에서 저압으로 수전하는 경우 조명 (가)[%] 기타 (나)[%]에서 가, 나에 알맞은 것은?

① 가: 3, 나: 4   ② 가: 4, 나: 5
③ 가: 3, 나: 5   ④ 가: 5, 나: 6

풀이 수용가 설비의 전압강하

설비의 유형	조명[%]	기타[%]
A-저압으로 수전하는 경우	3	5
B-고압 이상으로 수전하는 경우	6	8

가능한 한 최종회로 내의 전압강하가 A 유형의 값을 넘지 않도록 하는 것이 바람직하다. 사용자의 배선설비가 100[m]를 넘는 부분의 전압강하는 미터당 0.005[%] 증가할 수 있으나 이러한 증가분은 0.5[%]를 넘지 않아야 한다.

※ 다음의 경우에는 다른 경우보다 더 큰 전압강하를 허용할 수 있다.
• 기동 시간 중의 전동기
• 돌입전류가 큰 기타 기기

29 166[W] 태양전지(5[A], 33.3[V])가 10개 직렬, 20개 병렬로 접속된 PV 어레이접속함에서 파워컨디셔너 설치 위치까지의 거리가 50[m], 전선의 단면적이 50[mm²]일 때 전압강하율은?(단, 어레이에서 접속함까지의 전압강하는 0.3[V]이다.)

① 0.9   ② 2.9
③ 1.09 ④ 1.29

풀이 전압강하율(ε)

$$\varepsilon = \frac{\text{전압강하}}{\text{수전단전압}} \times 100 = \frac{(\text{송전단전압} - \text{수전단전압})}{\text{수전단전압}} \times 100$$

$$= \frac{e}{\text{송전단전압} - e}$$

전압강하 e는 직류 2선식이므로 $e = \frac{35.6 \times L \times I}{1,000 \times A}$

거리 $L = 50[m]$, 전선의 단면적 $A = 50[mm^2]$이고, 최대(접속함) 출력전류가 $I = 5 \times 20 = 100[A]$, 최대(접속함) 출력전압(송전단전압)이 $V = (33.3 - 0.3) \times 10 = 330[V]$이면,

$$e = \frac{35.6 \times 50 \times 100}{1,000 \times 50} = 3.56$$

$$\therefore \varepsilon = \frac{3.56}{330 - 3.56} \times 100 = 1.09$$

30 태양전지의 변환효율을 상승시키기 위한 방법이 아닌 것은?

① 반도체 내부에서 빛이 흡수되도록 한다.
② 빛에 의해 생성된 전자와 정공쌍이 소멸되지 않고 외부회로까지 전달되도록 한다.
③ PN 접합부에 전기장이 발생하도록 소재 및 공정을 설계한다.
④ 태양전지를 설치할 때 가능한 한 온도가 상승되도록 한다.

풀이 태양전지는 온도가 높으면 태양전지의 전압이 낮아져 발전량이 저하된다. 동절기는 온도에 의한 전력이 가장 많은 계절이다.

31 태양전지의 충진율(FF ; Fill Factor)에 대한 설명 중 틀린 것은?

① 충진율은 태양전지 내부의 직병렬저항으로부터 영향을 받는다.
② 태양전지의 충진율(Fill Factor)은 개방전압과 단락전류의 합에 대한 출력의 비로 정의된다.
③ 충진율은 최적동작전류 I_m과 최적동작전압 V_m이 I_{sc}와 V_{oc}에 가까운 정도를 나타낸다.

④ 충진율에 영향을 주는 요인은 정규화된 개방전압에서 이상적인 Diode의 특성으로부터 벗어나는 n 값

풀이 FF는 개방전압과 단락전류의 곱에 대한 출력비
$$\eta = \frac{P_m}{P_{input}} = \frac{I_m V_m}{P_{input}} = \frac{V_{oc} \times I_{sc}}{P_{input}} \times FF$$
$$FF = \frac{I_m V_m}{I_{sc} V_{oc}} = \frac{P_{max}}{I_{sc} V_{oc}}$$

32 모듈수가 70개, 모듈 1개의 Wp가 120[Wp]인 태양전지어레이의 발전 가능 용량[kWp]은? (단, 파워컨디셔너 효율은 90[%])

① 7.56　　② 7.16
③ 8.56　　④ 6.65

풀이 발전 가능 용량 = 모듈수 × 모듈 1개의 Wp × 파워컨디셔너 효율
$$kWp = 70 \times 120 \times 0.9 \times 10^{-3} = 7.56[kWp]$$

33 태양전지모듈의 배선 설계 시 확인해야 하는 사항으로 틀린 것은?

① 주파수 확인　　② 비접지 확인
③ 전압극성 확인　　④ 단락전류 확인

풀이 태양전지모듈의 출력은 직류이기 때문에 주파수와는 무관하다.

34 표준시험조건(STC)의 기준으로 틀린 것은?

① 수광조건은 대기질량정수(AM : Air Mass) 1.5의 지역을 기준으로 한다.
② 빛의 일조강도는 1,000[W/m²]를 기준으로 한다.
③ 모든 시험의 풍속조건은 10[m/s]로 한다.
④ 모든 시험의 기준온도는 25[℃]로 한다.

풀이

STC 시험조건		NOCT 시험조건	
일사량	1,000[W/m²]	일사량	800[W/m²]
셀 온도	25	외기온도	20[℃]
AM	1.5	풍속	1[m/s]
		모듈 뒷면 개방	

35 전기사업자가 전기품질을 유지하기 위하여 지켜야 하는 표준전압, 표준주파수와 허용오차에 관한 설명으로 틀린 것은?

① 표준전압 110볼트의 상하로 6볼트 이내
② 표준전압 220볼트의 상하로 13볼트 이내
③ 표준전압 380볼트의 상하로 20볼트 이내
④ 표준주파수 60헤르츠의 상하로 0.2헤르츠 이내

풀이 전기품질 유지를 위한 전압유지 범위

구분	공칭전압[V]	전압유지 범위[V]
저압	110	±6[V](104~116)
	220	±13[V](207~233)
	380	±38[V](342~418)
고압	6,600	6,000~6,900 (−600~+300[V])
특별고압	22,900	20,800~23,800 (−2,100~+900[V])

36 분산형 전원 배전계통 연계기술기준 중 단독운전 방지를 위한 가압중지시간은 몇 초 내로 하여야 하는가?

① 0.1　　② 0.2
③ 0.5　　④ 1.0

풀이 단독운전상태 발생 시 해당 분산형 전원 연계시스템은 이를 감지하여 단독운전 발생 후 최대 0.5초 이내에 한전계통에 대한 가압을 중지해야 한다.

37 과전류차단기를 설치해서는 안 되는 장소로 잘못된 것은?

① 접지공사 접지선
② 다선식 선로의 중성선
③ 저압가공전선로의 접지 측 전선
④ 저압옥내전선로

풀이 과전류차단기의 시설 제한
- 접지공사 접지선
- 다선식 선로의 중성선
- 저압가공전선로의 접지 측 전선
※ 저압옥내전선로는 분기회로별로 과전류차단기를 설치해야 한다.

정답 32 ①　33 ①　34 ③　35 ③　36 ③　37 ④

38 한국전기설비규정에 따라 의료장소의 전로에서 정격 감도전류 30[mA] 이하, 동작시간 0.03초 이내의 누전차단기를 생략할 수 있는 경우로 틀린 것은?

① 의료 IT 계통의 전로
② 건조한 장소에 설치하는 의료용 전기기기의 전원회로
③ 의료장소의 바닥에서부터 2.0[m]를 초과하는 높이에 설치된 조명기구의 전원회로
④ TT 계통 또는 TN 계통에서 전원자동차단에 의한 보호가 의료행위에 중대한 지장을 초래할 우려가 있는 회로에 누전경보기를 시설하는 경우

풀이 의료장소의 전로에는 정격 감도전류 30[mA] 이하, 동작시간 0.03초 이내의 누전차단기를 설치할 것. 다만, 다음의 경우는 그러하지 아니하다.
- 의료장소의 바닥에서부터 2.5[m]를 초과하는 높이에 설치된 주명기구의 전원회로

39 발전사업자 및 전기판매사업자는 정당한 사유 없이 전기의 공급을 거부하여서는 아니 된다. 거부 사유로 적당치 않은 것은?

① 공급약관에서 정하는 기한까지 해당 요금을 내지 아니하는 경우
② 표준주파수 외의 전압 또는 주파수로 전기의 공급을 요청하는 경우
③ 발전용 전기설비의 정기적인 보수기간 중 전기의 공급을 요청하는 경우
④ 사용 전 점검을 받은 후 전기공급을 요청하는 경우

풀이 전기사업법 시행령 제5조의5(전기공급의 거부 사유)
법 제14조에서 "대통령령으로 정하는 정당한 사유"란 다음 각 호의 어느 하나에 해당하는 경우를 말한다.
1. 전기요금을 납기일까지 납부하지 아니한 전기사용자가 납기일의 다음 날부터 법 제16조제4항에 따른 공급약관(이하 "공급약관"이라 한다)에서 정하는 기한까지 해당 요금을 납부하지 아니하는 경우
2. 전기의 공급을 요청하는 자가 불합리한 조건을 제시하거나 전기판매사업자, 전기자동차충전사업자, 재생에너지전기공급사업자, 재생에너지전기저장판매사업자 및 송전제약발생지역전기공급사업자의 정당한 조건에 따르지 않고 다른 방법으로 전기의 공급을 요청하는 경우
3. 전기사용자가 법 제18조제1항에 따른 전기의 품질에 적합하지 아니한 전기의 공급을 요청하는 경우
4. 발전용 전기설비의 정기적인 보수기간 중 전기의 공급을 요청하는 경우(발전사업자만 해당한다)
5. 전기를 대량으로 사용하려는 자가 다음 각 목에서 정하는 시기까지 전기판매사업자에게 미리 전기의 공급을 요청하지 아니하는 경우
   가. 사용량이 5천킬로와트(「건축법 시행령」 별표 1 제14호나목의 일반업무시설인 경우에는 2천킬로와트) 이상 1만킬로와트 미만인 경우 : 사용 예정일 1년 전
   나. 사용량이 1만킬로와트 이상 10만킬로와트 미만인 경우 : 사용 예정일 2년 전
   다. 사용량이 10만킬로와트 이상 30만킬로와트 미만인 경우 : 사용 예정일 3년 전
   라. 사용량이 30만킬로와트 이상인 경우 : 사용 예정일 4년 전
6. 「전기안전관리법」 제12조제1항 본문에 따른 일반용전기설비의 사용전점검을 받지 아니하고 전기공급을 요청하는 경우

40 피뢰시스템 중 뇌격전류를 안전하게 대지로 전송하는 것은?

① 돌침
② 감시시스템
③ 수뢰부시스템
④ 인하도선시스템

풀이 피뢰시스템
- 수뢰부시스템 : 구조물의 뇌격을 받아들임
- 인하도선시스템 : 뇌격전류를 안전하게 대지로 보냄
- 접지시스템 : 뇌격전류를 대지로 방류시킴

정답 38 ③ 39 ④ 40 ④

3과목　태양광발전 시공

41 코로나현상으로 발생되는 영향이 아닌 것은?

① 통신선 유도장해 발생 증가
② 소호리액터 소호능력 증가
③ 송전효율 저하
④ 잡음 발생

풀이 코로나현상의 영향
- 통신선 유도장해 발생
- 송전효율 저하
- 잡음 발생

42 과도 과전압을 제한하고 서지전류를 우회시키는 장치의 약어는?

① DS　　② SPD
③ ELB　　④ MCCB

풀이
① DS : Disconnector Switch
② SPD : Surge Protection Device
③ ELB : Earth Leakage Breaker
④ MCCB : Molded Case Circuit Breaker

43 설계감리를 받아야 할 전력시설물이 아닌 것은?

① 용량 80만 [kW] 이상의 발전설비
② 전압 30만 [V] 이상의 송전 및 변전설비
③ 11층 이상이거나 연면적 30,000[m²] 이상인 건축물의 전력시설물
④ 전압 10만 [V] 이상의 수전설비, 구내배전설비, 전력사용설비

풀이 전력기술관리법 시행령 제18조(설계감리 등) 제1항
1. 용량 80만킬로와트 이상의 발전설비
2. 전압 30만볼트 이상의 송전·변전설비
3. 전압 10만볼트 이상의 수전설비·구내배전설비·전력사용설비
4. 전기철도의 수전설비·철도신호설비·구내배전설비·전차선설비·전력사용설비
5. 국제공항의 수전설비·구내배전설비·전력사용설비
6. 21층 이상이거나 연면적 5만제곱미터 이상인 건축물의 전력시설물. 다만, 「주택법」 제2조제3호에 따른 공동주택의 전력시설물은 제외한다.
7. 그 밖에 산업통상자원부령으로 정하는 전력시설물

44 변전소의 설치 목적이 아닌 것은?

① 송배전선로 보호
② 전력조류의 제어
③ 전압의 변성과 조정
④ 전력의 발생과 분배

풀이 변전소의 설치 목적
- 전압의 변성과 조정
- 전력조류 제어
- 송배전선로의 보호
※ 발전소 설치 목적은 전력의 발생과 분배이다.

45 감리원의 수행업무방법으로 옳지 않은 것은?

① 검사업무지침을 현장별로 수립한다.
② 시공기술자 실명부 확인은 생략한다.
③ 현장에서의 검사는 체크리스트를 사용한다.
④ 검사업무지침은 시공 관련자에게 배포한다.

풀이 공사업자가 검사요청서를 제출할 때 시공기술자 실명부가 첨부되었는지를 확인한다.

46 감리원이 준공 후 발주자에게 인계할 주요 문서목록으로 거리가 가장 먼 것은?

① 준공도면
② 준공사진첩
③ 시설물 인수·인계서
④ 성능보증서 또는 인증서

풀이 준공 후 현장문서 인수·인계 목록 내용
준공사진첩, 준공도, 준공내역서, 시방서, 시공도, 시험성적서, 기자재 구매서류, 공사 관련 기록부, 시설물 인수·인계서, 준공검사조서, 그 밖에 발주자가 필요하다고 인정하는 서류

정답　41 ②　42 ②　43 ③　44 ④　45 ②　46 ④

47 3상 변압기의 병렬운전 결선방식이 아닌 것은?

① △−△와 △−△ ② Y−△와 Y−△
③ △−Y와 Y−△ ④ Y−△와 Y−Y

풀이
- 병렬운전 가능 결선 : △−△와 △−△, △−Y와 Y−△, Y−△와 Y−△
- 병렬운전 불가능 결선 : Y−△와 Y−Y 결선방식은 위상 불일치로 3상 변압기 병렬운전이 불가능하다.

48 저압배전선로의 역조류가 있는 경우에 인버터의 단독운전을 검출하는 계전요소가 아닌 것은?

① 거리계전기 ② 과전압계전기
③ 주파수계전기 ④ 부족전압계전기

풀이 단독운전을 검출하는 계전요소는 과전압계전기(OVR), 부족전압계전기(UVR), 과주파수계전기(OFR), 저주파수계전기(UFR)이다.

49 지상에 태양전지어레이를 설치하기 위한 기초형식 중 지지층이 얕은 경우에 사용하는 방식이 아닌 것은?

① 말뚝기초 ② 직접기초
③ 독립푸팅기초 ④ 복합푸팅기초

풀이
- 얕은 기초 : 직접기초, 독립푸팅기초, 복합푸팅기초
- 깊은 기초 : 말뚝기초

50 공사감리업무를 수행하는 감리원에 대한 설명으로 틀린 것은?

① 공사업자의 의무와 책임을 면제시킬 수 있다.
② 계약조건과 다른 지시나 조치 또는 결정을 하여서는 안 된다.
③ 공사가 끝난 후 발주자의 출석요구가 있을 경우 이에 응하여야 한다.
④ 공사의 품질 확보 및 질적 향상을 위하여 기술지도와 지원에 노력하여야 한다.

풀이 공사업자의 의무와 책임을 면제시킬 권한은 발주자에게 있다.

51 태양전지모듈 설치 시 감전사고 방지를 위한 대책이 아닌 것은?

① 태양전지모듈 표면에 차광시트를 제거한다.
② 강우 또는 강설 시는 작업을 하지 않는다.
③ 절연처리된 공구를 사용한다.
④ 절연장갑을 착용한다.

풀이 모듈 설치 시 감전사고 방지대책
- 태양전지모듈 표면에 차광시트를 씌운다.
- 절연처리된 공구 사용
- 강우 또는 강설 시 작업금지
- 절연장갑 착용

52 수상태양광발전설비에 대한 설명으로 잘못된 것은?

① 수상태양광발전설비모듈과 함께 인버터를 설치한다.
② 상부에 설치된 자재 및 작업자의 총량을 고려한 부력을 가져야 한다.
③ 홍수, 태풍, 주위 변화 등에도 안전성을 유지하기 위해 계류장치를 사용한다.
④ 수상에 설치된 발전설비는 수중생태 등의 환경에 대한 고려가 있어야 한다.

풀이 인버터는 육지에 설치한다.

53 감리원의 공사진도관리와 관련하여 ( ) 안에 들어갈 알맞은 내용은?

> 감리원은 공사업자로부터 전체 실시공정표에 따른 월간, 주간 상세공정표를 작업착수 며칠 전에 제출받아 검토, 확인하여야 한다.
> - 월간 상세공정표 : 작업 착수 (㉠)일 전 제출
> - 주간 상세공정표 : 작업 착수 (㉡)일 전 제출

① ㉠ : 7, ㉡ : 4 ② ㉠ : 4, ㉡ : 7
③ ㉠ : 3, ㉡ : 8 ④ ㉠ : 8, ㉡ : 3

정답 47 ④ 48 ① 49 ① 50 ① 51 ① 52 ① 53 ①

풀이 감리원의 공사진도관리 : 감리원은 공사업자로부터 전체 실시공정표에 따른 월간, 주간 상세공정표를 사전에 제출받아 검토·확인하여야 한다.
- 월간 상세공정표 : 작업 착수 7일 전 제출
- 주간 상세공정표 : 작업 착수 4일 전 제출

54 접지선의 보호도체 단면적에서 아래 빈칸에 알맞은 것은?

상도체의 단면적 S [mm²]	대응하는 보호도체의 최소 단면적 [mm²]	
	보호도체의 재질이 상도체와 같은 경우	보호도체의 재질이 상도체와 다른 경우
$S \leq 16$	S	$\dfrac{k_1}{k_2} \times S$
$16 < S \leq 35$	( )	$\dfrac{k_1}{k_2} \times 16$
$S > 35$	$\dfrac{S}{2}$	$\dfrac{k_1}{k_2} \times \dfrac{S}{2}$

① 6 ② 8
③ 16 ④ 22

풀이 보호도체의 단면적

상도체의 단면적 S [mm²]	대응하는 보호도체의 최소 단면적 [mm²]	
	보호도체의 재질이 상도체와 같은 경우	보호도체의 재질이 상도체와 다른 경우
$S \leq 16$	S	$\dfrac{k_1}{k_2} \times S$
$16 < S \leq 35$	16	$\dfrac{k_1}{k_2} \times 16$
$S > 35$	$\dfrac{S}{2}$	$\dfrac{k_1}{k_2} \times \dfrac{S}{2}$

여기서, k_1 : 도체 및 절연의 재질에 따라 KS C IEC 60364 $-5-54$ 부속서 A(규정)의 표 A54, 1 또는 IEC 60364$-4-43$의 표 43A에서 선정된 상도체에 대한 값
k_2 : KS C IEC 60364$-5-54$ 부속서 A(규정)의 표 A54.2~A54.6에서 선정된 보호도체에 대한 값. PEN 도체의 경우 단면적의 축소는 중성선의 크기결정에 대한 규칙에만 허용된다.

55 태양광발전시스템의 일반적인 시공 절차에 대한 순서로 옳은 것은?

① 반입 자재 검수 → 토목공사 → 기기설치공사 → 전기배관배선공사 → 점검 및 검사
② 토목공사 → 반입 자재 검수 → 기기설치공사 → 전기배관배선공사 → 점검 및 검사
③ 반입 자재 검수 → 토목공사 → 전기배관배선공사 → 기기설치공사 → 점검 및 검사
④ 토목공사 → 반입 자재 검수 → 전기배관배선공사 → 기기설치공사 → 점검 및 검사

풀이 시공 절차
토목공사 → 반입 자재 검수 → 기기설치공사 → 전기배관배선공사 → 점검 및 검사

56 접지극의 물리적인 접지저항 저감방법 중 수직공법인 것은?

① 보링공법
② MESH 공법
③ 접지극의 치수확대
④ 접지극의 병렬접속

풀이 접지저항 저감방법
접지극의 물리적인 접지저항 저감방법 중 수직공법은 보링공법이다.

57 태양광모듈의 전기배선 및 접속함 시공방법으로 틀린 것은?

① 접속배선함 연결부위는 일체형 전용 커넥터를 사용
② 역전류방지다이오드의 용량은 모듈 단락전류의 1.4배 이상일 것
③ 전선이 지면을 통과하는 경우에는 피복에 손상이 발생되지 않도록 조치
④ 1대의 인버터에 연결된 태양전지 직렬군이 2병렬 이상일 경우에는 각 직렬군의 출력전류가 동일하도록 배열

정답 54 ③ 55 ② 56 ① 57 ④

풀이 1대의 인버터에 연결된 태양전지 직렬군이 2병렬 이상일 경우에는 각 직렬군의 출력전압이 동일하도록 배열해야 한다. KS C 8567(2017. 08)에 의거 역전류방지다이오드의 용량은 모듈 단락전류의 1.4배 이상이어야 한다.

58 태양광시스템에서 방화구획 관통부를 처리하는 주된 목적은?

① 다른 설비로의 화재 확산 방지
② 배전반 및 분전반 보호
③ 태양전지어레이 보호
④ 인버터 보호

풀이 태양광시스템에서 방화구획 관통부를 처리하는 주된 목적은 다른 설비로의 화재 확산 방지에 있다.

59 태양광발전시스템의 기획 및 설계 시 조사할 항목과 연결이 잘못된 것은?

① 설치조건의 조사 – 설치장소, 재료의 반입경로
② 설계조건의 검토 – 전기안전관리자 이력검토
③ 환경조건의 조사 – 빛, 염해, 공해
④ 사전조사 – 각 지자체 조례 등

풀이 설계조건의 검토 – 설치위치, 설치방법 등을 검토

60 태양광발전시스템에 사용하는 CV 케이블의 최고 허용온도는 몇 [℃]인가?

① 80   ② 90
③ 100 ④ 110

풀이 CV 케이블의 최고 허용온도는 90[℃]이다.

4과목 태양광발전 유지관리

61 인버터(파워컨디셔너)의 일상점검항목이 아닌 것은?

① 외부배선(접속케이블)의 손상
② 가대의 부식 및 오염 상태
③ 외함의 부식 및 파손
④ 표시부의 이상표시

풀이 인버터의 일상점검항목
- 외부배선(접속케이블)의 손상
- 외함의 부식 및 파손
- 표시부의 이상표시

62 변압기에 대한 일상점검의 항목으로 틀린 것은?

① 온도계의 표시가 적정 온도범위에서 유지되는지 여부
② 코로나에 의한 이상한 소리의 발생 여부
③ 과열에 의한 이상한 냄새의 발생 여부
④ 냉각팬 필터 부분의 막힘 여부

풀이 변압기 일상점검
- 과열에 의한 이상한 냄새의 발생 여부
- 코로나에 의한 이상한 소리의 발생 여부
- 온도계의 표시가 적정 온도범위에서 유지되는지
- 기름의 누유 여부
※ 냉각팬 필터부분의 막힘 여부 점검은 인버터의 일상점검항목이다.

63 태양광발전시스템에 사용되는 축전지의 일상점검 중 육안점검의 항목으로 틀린 것은?

① 전해액면 저하   ② 전해액의 변색
③ 외함의 변형   ④ 단자전압

풀이 일상점검 중 육안점검은 사람의 감각, 소리, 냄새, 보는 것으로 점검한다. 공구나 계측기를 사용하지 않는 점검으로 단자전압은 측정항목이다.

정답 58 ① 59 ② 60 ② 61 ② 62 ④ 63 ④

64 중대형 태양광발전용 인버터의 효율시험에서 교류전원을 정격전압 및 정격주파수로 운전하고, 운전 시작 후 최소한 몇 시간 이후에 측정하여야 하는가?

① 2 ② 3
③ 4 ④ 5

풀이 KS C 8565(중대형 태양광발전용 인버터) 8.5.5.1 효율시험방법에서 교류전원을 정격전압 및 정격주파수로 운전하고, 운전 시작 후 최소한 2시간 이후에 측정한다.

65 다음은 성능평가 측정 중 시험장치에 관한 설명이다. ( )에 들어갈 내용으로 옳은 것은?

> 솔라시뮬레이터는 태양광발전모듈의 성능을 (Ⓐ)에서 시험하기 위한 인공광원이며, KS C IEC 60904-9에서 규정하는 방사조도 (Ⓑ) 이내, 광원 균일도 (Ⓒ) 이내의 A등급 이상으로 한다.

① Ⓐ 옥내, Ⓑ ±1[%], Ⓒ ±1[%]
② Ⓐ 옥내, Ⓑ ±2[%], Ⓒ ±2[%]
③ Ⓐ 옥외, Ⓑ ±1[%], Ⓒ ±1[%]
④ Ⓐ 옥외, Ⓑ ±2[%], Ⓒ ±2[%]

풀이 KS C 8561(결정질실리콘 태양광발전모듈(성능))의 시험장치 중 솔라시뮬레이터는 태양광발전모듈의 성능을 옥내에서 시험하기 위한 인공광원이며, KS C IEC 60904-9에서 규정하는 방사조도 ±2[%] 이내, 광원 균일도 ±2[%] 이내의 A등급 이상으로 한다.

66 태양광발전 모니터링프로그램의 기본기능으로 틀린 것은?

① 데이터 연산기능 ② 데이터 수집기능
③ 데이터 저장기능 ④ 데이터 분석기능

풀이 태양광발전 모니터링프로그램의 기본기능
데이터 수집기능, 데이터 저장기능, 데이터 분석기능, 데이터 통계기능

67 자가용 태양광발전설비의 정기검사항목이 아닌 것은?

① 종합연동시험검사
② 부하운전시험검사
③ 전력변환장치검사
④ 변압기 본체 검사

풀이 자가용 태양광발전설비의 정기검사항목
태양광전지검사, 전력변환장치검사, 종합연동시험검사, 부하운전시험검사

68 태양광발전시스템의 신뢰성평가 분석항목에서 계측트러블에 속하는 것은?

① 계통지락   ② 직류지락
③ 인버터의 정지 ④ 컴퓨터의 조작오류

풀이 신뢰성평가 분석항목
- 시스템트러블 : 인버터 정지, 직류지락, 계통지락, RCD(ELB)트립, 원인불명 등에 의한 시스템의 정지
- 계측트러블 : 컴퓨터 전원의 차단, 컴퓨터의 조작오류, 기타 원인불명

69 감전의 위험을 방지하기 위해 정전작업 시에 작성하는 정전작업요령에 포함되는 사항이 아닌 것은?

① 정전 확인순서에 관한 사항
② 단독근무 시 필요한 사항
③ 단락접지 실시에 관한 사항
④ 시운전을 위한 일시운전에 관한 사항

풀이 정전작업요령에 포함되어야 할 사항
- 작업책임자의 임명, 정전범위 및 절연용 보호구의 작업시작 전 점검 등 작업 시 작업에 필요한 사항
- 전로 또는 설비의 정전순서에 관한 사항
- 개폐기 관리 및 표지판 부착에 관한 사항
- 정전 확인순서에 관한 사항
- 단락접지 실시에 관한 사항
- 전원 재투입순서에 관한 사항
- 점검 또는 시운전을 위한 일시운전에 관한 사항

정답 64 ① 65 ② 66 ① 67 ④ 68 ④ 69 ②

70 운전상태에서 점검이 가능한 점검분류는 무엇인가?

① 정기점검(보통)   ② 정기점검(세밀)
③ 임시점검   ④ 일상점검

풀이 운전(통전)상태에서 점검이 가능한 점검은 일상점검이다.

71 태양광발전시스템에 대한 정기점검에서, 접속함 출력단자와 접지 간의 절연상태 이상 여부를 판정하는 절연저항값의 기준치는 최소 몇 [MΩ] 이상인가?(단, 절연저항계(메거)의 측정전압은 직류 500[V]이다.)

① 0.5   ② 1
③ 1.5   ④ 2

풀이 접속함 출력단자와 접지 간의 절연상태 이상 여부를 판정하는 절연저항값의 기준치는 최소 1[MΩ] 이상이어야 한다(500[V] 절연저항계).

72 박막태양광발전모듈의 최대출력 결정 시 품질기준으로 시험시료의 출력균일도는 평균출력의 몇 [%] 이내이어야 하는가?

① ±1   ② ±2
③ ±3   ④ ±4

풀이 KS C 8562(박막태양전지모듈) 6.2.2 품질기준(초기)에서 시험시료의 출력균일도는 평균출력의 ±3[%] 이내일 것

73 태양광발전시스템의 개방전압을 측정할 때 유의해야 할 사항으로 틀린 것은?

① 태양전지어레이의 표면은 청소하지 않아도 된다.
② 태양전지셀은 비오는 날에도 미소한 전압을 발생하고 있으므로 매우 주의하여 측정하여야 한다.
③ 각 스트링의 측정은 안정된 일사강도가 얻어질 때 실시한다.
④ 측정시각은 일사강도, 온도의 변동을 극히 적게 하기 위해 맑을 때, 남쪽에 있을 때의 전후 1시간에 실시하는 것이 바람직하다.

풀이 개방전압 측정 시 유의사항
개방전압 측정 전에 태양전지어레이의 표면을 청소한다.

74 태양광발전시스템의 응급조치순서 중 차단과 투입 순서가 옳은 것은?

Ⓐ 한전차단기   Ⓑ 접속함 내부차단기
Ⓒ 인버터

차단 / 투입
① Ⓒ→Ⓑ→Ⓐ / Ⓐ→Ⓑ→Ⓒ
② Ⓒ→Ⓑ→Ⓐ / Ⓐ→Ⓑ→Ⓒ
③ Ⓑ→Ⓒ→Ⓐ / Ⓐ→Ⓒ→Ⓑ
④ Ⓐ→Ⓑ→Ⓒ / Ⓐ→Ⓑ→Ⓒ

풀이 태양광발전시스템의 응급조치순서
- 차단순서 : 접속함 내부차단기 → 인버터 → 한전차단기
- 투입순서 : 한전차단기 → 인버터 → 접속함 내부차단기

75 발전설비용량 200[kW] 초과 3,000[kW] 이하인 발전사업의 허가를 신청하는 경우 사업계획서 구비서류로 틀린 것은?

① 발전원가명세서(발전사업 또는 구역전기사업의 허가를 신청하는 경우만 해당한다.)
② 전기설비 건설 및 운영계획 관련 증명서류
③ 부지의 확보 및 배치계획 관련 증명서류
④ 송전관계 일람도

풀이 전기사업법 시행규칙 [별표 1의2] 사업계획서, 구비서류(제4조제1항제1호 관련)
발전설비용량 200[kW] 초과, 3,000[kW] 이하인 발전사업의 허가를 신청하는 경우 사업계획서 구비서류 : 전기설비 건설 및 운영계획 관련 증명서류, 송전관계 일람도, 발전원가명세서(발전사업 또는 구역전기사업의 허가를 신청하는 경우만 해당한다.)

정답 70 ④ 71 ② 72 ③ 73 ① 74 ③ 75 ③

76 태양전지어레이의 일상점검항목 중 육안점검 내용으로 틀린 것은?

① 표면의 오염 및 파손
② 보호계전기의 설정
③ 지지대의 부식 및 녹
④ 외부배선(접속케이블)의 손상

풀이 ㉠ 어레이 일상점검
- 가대의 부식 및 녹
- 가대의 고정
- 가대의 접지
- 표면의 오염 및 파손
- 외부배선의 손상

㉡ 보호계전기는 수변전설비 등 계통의 사고에 대해 보호대상을 완전히 보호하고 각종 기기의 손상을 최소화하는 목적으로 설치한다.

77 점검계획의 수립에 있어서 고려해야 할 사항으로 틀린 것은?

① 설비의 중요도에 대해서는 설비에는 중요설비와 비교적 중요하지 않은 설비가 있으므로 그 중요도에 따라서 점검내용 및 점검주기를 검토하여야 한다.
② 부하상태에 대해서는 사용빈도가 높은 설비, 부하의 증가, 환경조건의 악화 등 과부하상태로 된 설비 등은 점검주기를 단축시킬 필요는 없다.
③ 점검내용 및 점검주기는 설비의 사용기간, 설비의 중요도, 환경조건, 고장이력, 부하상태 등의 조건을 고려하여 결정한다.
④ 설비의 사용기간에 대해서는 장시간 사용한 설비의 고장확률이 높으므로 점검내용을 세분화하고 점검주기를 단축한다.

풀이 부하상태에 대해서는 사용빈도가 높은 설비, 부하의 증가, 환경조건의 악화 등 과부하상태로 된 설비 등은 점검주기를 단축한다.

78 충전전로를 취급하는 근로자가 착용하는 절연용 보호구가 아닌 것은?

① 절연고무장갑   ② 절연안전모
③ 절연담요   ④ 절연화

풀이 작업자의 감전사고를 방지하기 위해 작업자가 착용하는 절연용 보호구
전기용(절연) 안전모, 전기용(절연) 고무장갑, 전기용(절연) 고무장화(=절연화)

79 소형 태양광발전용 인버터의 자동기동·정지 시험 시 품질기준 중 채터링은 몇 회 이내이어야 하는가?

① 2   ② 3
③ 4   ④ 5

풀이 KS C 8564(소형 태양광발전용 인버터) 8.5.7.2 자동기동·정지시험의 품질기준에 의거 채터링은 3회 이내일 것(채터링 : 자동기동·정지 시에 인버터가 기동, 정지를 불안정하게 반복하는 현상)

80 전기사업용 태양광발전소의 태양전지·전기설비계통은 정기검사를 몇 년 이내에 받아야 하는가?

① 3   ② 4
③ 5   ④ 10

풀이 전기사업법 시행규칙 [별표 10]에 의거 태양광·전기설비계통의 정기검사 시기는 4년 이내이다.

정답 76 ② 77 ② 78 ③ 79 ② 80 ②

제6회 CBT 대비 모의고사

1과목 태양광발전 사전검토

01 다음 설명의 ( ) 안에 알맞은 내용은?

"( )(이)라는 자연조건은 태양광 출력을 수시로 변동하게 하는 가장 직접적인 요소이다."

① 풍속   ② 일사량
③ 습도   ④ 강우량

풀이 태양전지의 출력은 일사량에 의해 직접적으로 변화한다.

02 산업통상자원부장관은 신·재생에너지의 이용·보급을 촉진하고자 신축·증축 또는 개축하는 건축물에 대하여 설계 시 산출된 예상에너지의 사용량의 일정 비율 이상을 신·재생에너지설비를 의무적으로 설치하게 할 수 있는데 이에 해당하지 않는 단체는?

① 국가 및 지방자치단체
② 정부가 대통령령으로 정하는 금액 이상을 출연한 정부출연기관
③ 신·재생에너지 발전사업자
④ 공공기관 및 정부출자기업체

풀이 신에너지 및 재생에너지 개발·이용·보급 촉진법 제12조(신·재생에너지사업에의 투자권고 및 신·재생에너지 이용의무화 등)
① 산업통상자원부장관은 신·재생에너지의 기술개발 및 이용·보급을 촉진하기 위하여 필요하다고 인정하면 에너지 관련 사업을 하는 자에 대하여 제10조 각 호의 사업을 하거나 그 사업에 투자 또는 출연할 것을 권고할 수 있다.
② 산업통상자원부장관은 신·재생에너지의 이용·보급을 촉진하고 신·재생에너지산업의 활성화를 위하여 필요하다고 인정하면 다음 각 호의 어느 하나에 해당하는 자가 신축·증축 또는 개축하는 건축물에 대하여 대통령령으로 정하는 바에 따라 그 설계 시 산출된 예상 에너지사용량의 일정 비율 이상을 신·재생에너지를 이용하여 공급되는 에너지를 사용하도록 신·재생에너지설비를 의무적으로 설치하게 할 수 있다.
  1. 국가 및 지방자치단체
  2. 공공기관
  3. 정부가 대통령령으로 정하는 금액 이상을 출연한 정부출연기관
  4. 「국유재산법」 제2조 제6호에 따른 정부출자기업체
  5. 지방자치단체 및 제2호부터 제4호까지의 규정에 따른 공공기관, 정부출연기관 또는 정부출자기업체가 대통령령으로 정하는 비율 또는 금액 이상을 출자한 법인
  6. 특별법에 따라 설립된 법인

03 다음 괄호 안의 ㉠, ㉡에 알맞은 것은?

정부는 에너지정책의 기본원칙에 따라 (㉠)년을 계획기간으로 하는 에너지기본계획을 (㉡)년마다 수립·시행하여야 한다.

① ㉠ : 5, ㉡ : 10
② ㉠ : 10, ㉡ : 20
③ ㉠ : 10, ㉡ : 10
④ ㉠ : 20, ㉡ : 5

풀이 정부는 에너지정책의 기본원칙에 따라 20년을 계획기간으로 하는 에너지기본계획을 5년마다 수립·시행하여야 한다.

04 태양열발전시스템의 주요 구성요소가 아닌 것은?

① 열교환기   ② 축열조
③ 집열기   ④ 인버터

풀이 태양열발전시스템은 집광열 → 축열 → 열전달 → 증기 발생 → 터빈(동력) → 발전으로 구성

정답 01 ② 02 ③ 03 ④ 04 ④

05 신·재생에너지 공급인증기관의 업무가 아닌 것은?

① 공급인증서의 발급, 등록, 관리 및 폐기
② 거래시장의 개설
③ 공급인증서 관련 정보의 제공
④ 공급의무자별 의무공급량 공고

풀이 공급의무자별 의무공급량 공고는 중앙정부의 역할이다.

신에너지 및 재생에너지 개발·이용·보급 촉진법 제12조의9(공급인증기관의 업무 등)
① 제12조의8에 따라 지정된 공급인증기관은 다음 각 호의 업무를 수행한다.
  1. 공급인증서의 발급, 등록, 관리 및 폐기
  2. 국가가 소유하는 공급인증서의 거래 및 관리에 관한 사무의 대행
  3. 거래시장의 개설
  4. 공급의무자가 제12조의5에 따른 의무를 이행하는 데 지급한 비용의 정산에 관한 업무
  5. 공급인증서 관련 정보의 제공
  6. 그 밖에 공급인증서의 발급 및 거래에 딸린 업무

06 독립형 태양광발전설비의 종류가 아닌 것은?

① 복합형
② 계통연계형
③ 축전지가 없는 형
④ 축전지가 있는 형

풀이
• 독립형 태양광발전설비 : 상용전원이 공급되지 않는 곳에 설치한 설비시스템 구성에 따라 직류부하용, 교류부하용, 하이브리드형으로 분류한다.
• 형태별 : 복합형, 축전지가 있는 형, 축전지가 없는 형
• 계통연계형 : 상용전원이 공급되는 장소에 설치한 발전설비

07 양방향추적식 태양광발전시스템 중 잘못된 것은?

① 태양광의 방위각(60~210°) 및 경사각(0~80°) 회전 가능
② 고정식에 비해 개별 발전장치 간격 최대 5배까지 증가
③ 경사지 및 설치조건이 불리한 곳에 설치 불가능
④ 발전효율이 고정식에 비해 20~30[%] 증가

풀이 경사지 및 설치조건이 불리한 곳에 설치 가능
양방향추적식 : 좌우상하

08 다음은 어느 신재생에너지에 대한 설명으로 적합한 발전방식인가?

> 바닷물이 가장 높이 올라왔을 때 댐을 만들어 물을 가두었다가 물이 빠지는 힘을 이용하여 발전기기를 돌리는 방식이다.

① 조류발전   ② 조력발전
③ 파력발전   ④ 해류발전

풀이
① 조류발전 : 조수간만에 의해 발생하는 해수의 흐름을 이용하여 발전하는 방식
② 조력발전 : 바닷물이 밀물(가장 높이 올라왔을 때) 시에 물을 가두어 두었다가 썰물(가장 많이 빠졌을 때) 시에 터빈을 돌려 발전하는 방식
③ 파력발전 : 파랑에너지를 에너지변환장치를 통하여 기계적인 회전운동 또는 축방향운동에너지로 변화시킨 후, 전기에너지로 변환시키는 발전방식

09 전기공사업법의 목적을 설명한 것 중 틀린 것은?

① 전기공사의 도급에 관한 사항은 없다.
② 전기공사의 시공·기술관리
③ 전기공사의 도급에 관한 기본적인 사항 확립
④ 전기공사의 안전하고 적정한 시공 확보

풀이 전기공사업법의 목적
전기공사의 시공·기술관리 및 도급에 관한 기본적인 사항을 정함으로써 전기공사업의 건전한 발전을 도모하고 전기공사의 안전하고 적정한 시공을 확보함을 목적으로 한다.

정답 05 ④ 06 ② 07 ③ 08 ② 09 ①

10 신·재생에너지설비의 설치계획서를 받은 산업통상자원부장관은 설치계획서를 받은 날로부터 타당성을 검토한 후 그 결과를 며칠 이내에 해당 설치의무기관의 장 또는 대표자에게 통보하여야 하는가?

① 10일　　② 20일
③ 30일　　④ 50일

풀이 그 결과를 해당 설치의무기관의 장 또는 대표자에게 30일 내에 통보하여야 한다.

11 태양광발전시스템 어레이의 그림자 영향에 대한 대책이 아닌 것은?

① 모듈을 가로깔기로 배치한다.
② 인버터에 MPPT 제어기능을 추가한다.
③ 모듈 후면 단자함 내 바이패스다이오드를 설치한다.
④ 스트링(모듈 직렬연결) 간 블로킹다이오드를 설치한다.

풀이 모듈을 가로깔기, 세로깔기 등으로 배치하는 것은 면적에 대한 설치방법이다.

12 신·재생에너지 이용 건축물의 인증에 대한 설명으로 틀린 것은?

① 건축물 인증을 받으려는 자는 해당 건축물에 대하여 건축물 인증기관에 건축물 인증을 신청해야 한다.
② 산업통상자원부장관은 신·재생에너지센터나 그 밖에 신·재생에너지의 기술개발 및 이용·보급 촉진 사업을 하는 자 중 건축물 인증업무에 적합하다고 인정되는 자를 건축물 인증기관으로 지정할 수 있다.
③ 산업통상자원부장관은 신·재생에너지의 활용 여건 등을 고려할 때 신·재생에너지를 이용하는 것이 적절하다고 인정되는 공장·사업장 및 집단주택단지 등에 대하여 신·재생에너지의 종류를 지정하여 이용하도록 권고하거나 그 이용설비를 설치하도록 권고할 수 있다.
④ 산업통상자원부장관은 제27조 제1항에 따른 보급사업을 추진하는 데에 있어 건축물 인증을 받은 자를 우대하여 지원할 수 있다.

풀이 ③은 신·재생에너지사업에의 투자권고 및 신·재생에너지 이용의무화 등에 관한 내용이다.

13 공급의무자의 의무공급량 중 일정 부분은 산업통상자원부장관이 균형 있는 이용·보급이 필요하여 이 에너지로 공급하도록 규정하고 있는데 다음 중 어떤 에너지인가?

① 태양의 빛에너지를 변환시켜 전기를 생산하는 방식의 태양에너지
② 바람의 에너지를 변환시켜 전기를 생산하는 방식의 풍력에너지
③ 해양의 조수·파도·해류·온도차 등을 변환시켜 전기를 생산하는 방식의 해양에너지
④ 바이오에너지를 변환시켜 전기를 생산하는 방식의 바이오에너지

풀이 균형 있는 이용·보급이 필요한 신·재생에너지에 대해서는 총의무공급량 중 일부를 신·재생에너지를 이용하여 공급하게 할 수 있다. 여기서 신·재생에너지는 태양에너지(태양의 빛에너지를 변환시켜 전기를 생산하는 방식)를 말한다.

14 신에너지 및 재생에너지 기술 개발 및 이용·보급에 관한 계획을 협의하려는 자는 산업통상자원부장관에게 시행사업 연도 개시 몇 개월 전까지 계획서를 제출해야 하는가?

① 1개월 전　　② 2개월 전
③ 3개월 전　　④ 4개월 전

풀이 신·재생에너지 기술 개발 및 이용·보급에 관한 계획을 협의하려는 자는 그 시행 사업연도 개시 4개월 전까지 산업통상자원부장관에게 계획서를 제출해야 한다.

정답　10 ③　11 ①　12 ③　13 ①　14 ④

15 그림은 태양광발전설비의 단위를 나타낸 것이다. 올바른 것은?

① ㉠ 셀 ㉡ 어레이 ㉢ 모듈
② ㉠ 모듈 ㉡ 어레이 ㉢ 셀
③ ㉠ 모듈 ㉡ 셀 ㉢ 어레이
④ ㉠ 셀 ㉡ 모듈 ㉢ 어레이

16 온실가스에 해당되지 않는 것은?

① 질소(N_2)
② 메탄(CH_4)
③ 육불화황(SF_6)
④ 이산화탄소(CO_2)

풀이 "온실가스"란 이산화탄소(CO_2), 메탄(CH_4), 아산화질소(N_2O), 수소불화탄소(HFCs), 과불화탄소(PFCs), 육불화황(SF_6) 및 그 밖에 대통령령으로 정하는 것으로 적외선 복사열을 흡수하거나 재방출하여 온실효과를 유발하는 대기 중의 가스 상태의 물질을 말한다.

17 태양광을 이용한 발전시스템의 특징 및 구성에서 태양광발전의 장점이 아닌 것은?

① 에너지원이 무한하다.
② 설비의 보수가 간단하고 고장이 적다.
③ 장수명으로 20년 이상 활용이 가능하다.
④ 넓은 설치면적이 필요하다.

풀이 태양광발전시스템의 장단점

장점	단점
• 에너지원이 깨끗하고, 무한함 • 유지보수가 쉽고, 유지비용이 거의 들지 않음 • 무인화가 가능 • 긴 수명(20년 이상)	• 전기생산량을 일사량에 의존 • 에너지밀도가 낮아 넓은 설치면적 필요 • 설치장소가 한정적이고 제한적 • 비싼 반도체를 사용한 태양전지를 사용 • 초기투자비가 많이 들어 발전단가가 높음

18 연료전지에 의한 발전시스템의 특징이 아닌 것은?

① 발전효율이 낮다.
② 환경성이 높고 저소음, 저공해 발전시스템이다.
③ 폐열 이용이 가능하고 종합에너지 효율이 높다.
④ 천연가스, 메탄올, LPG가스 등 다양한 연료의 사용이 가능하다.

풀이 연료전지의 특징
• 기존 화석연료를 이용하는 발전에 비하여 발전효율이 높다. 열병합발전을 하는 경우 효율이 80[%] 정도이다.
• 환경보존에 기여한다. 질소산화물(NO_x)과 유황산화물(SO_x)의 배출량이 석탄 화력발전에 비하여 매우 낮으며, 소음도 낮아 입지 선정이 용이하다.
• 전력수요량에 따라서 전극모듈의 조립이 용이하며, 건설기간도 짧다.
• 발전효율이 설비규모(대규모, 소규모)의 영향을 받지 않는다.
• 전력수요의 변화가 25~100[%]에서도 발전효율이 일정하다.
• 나프타, 등유, LNG, 메탄올 등 연료의 다양화가 가능하다.
• 연료만 공급되면 연속발전이 가능하다.

19 3,000[kW] 이하 발전사업을 하기 위한 전기(발전)사업 허가권자는?

① 시 · 도지사 ② 산업통상자원부 장관
③ 국무총리 ④ 한국전력공사 사장

풀이 전기(발전)사업 허가권자
- 3,000[kW] 이하 설비 : 시 · 도지사
- 3,000[kW] 초과 설비 : 산업통상자원부 장관

단, 제주특별자치도는 제주국제자유도시 특별법에 따라 3,000[kW] 이상의 발전설비도 제주특별자치도지사의 허가사항임

20 음영각에 대한 설명으로 잘못된 것은?

① 수직음영각(입사각, 경사각)은 지면의 그림자 끝 지점과 장애물의 상부를 이은 선과 지면이 이루는 각이다.
② 수직음영각은 태양의 고도각이다.
③ 수평음영각(방위각)은 하루 동안의 그림자가 수평면상을 이동한 각이다.
④ 수평음영각이 작을수록 발전가능시간이 길어진다.

풀이 수평음영각이 작을수록 발전가능시간은 짧아진다.

2과목 태양광발전시스템 구성 · 선정

21 태양광모듈의 $V-I$ 곡선에서 일사량의 변화에 따라 변화하는 것은?

① 전압-저항 ② 전압-출력
③ 전압-전류 ④ 전류-온도

풀이
- 개방전압 : 태양전지에 부하를 연결하지 않은 상태에서 태양전지 양단에 나타나는 전압값
- 단락전류 : 태양전지의 전극을 단락한 상태에서 도선을 흐르는 전류의 최댓값

22 구내에 시설한 개폐기, 기타의 장치에 의하여 전로를 개폐하는 곳으로 발전소, 변전소 및 수용장소 이외의 곳을 무엇이라 하는가?

① 송전소 ② 배전소
③ 급전소 ④ 개폐소

23 접속함에 대한 설명으로 잘못된 것은?

① 접속함은 태양전지어레이와 인버터 사이에 설치하며 여러 개의 태양전지모듈의 직렬연결된 스트링회로의 단자대를 이용하여 접속한다.
② 보수점검 시 회로를 분리하거나 점검을 용이하게 하기 위해 설치한다.
③ 노출된 장소에 설치되는 경우 빗물, 먼지 등이 침입하지 않는 구조로 보호등급은 IP 33 이상의 것을 선정한다.
④ 접속함에는 태양전지어레이 측 개폐기, 주개폐기, 서지보호장치(SPD), 역류방지소자, 출력용 단자대, 감시용 DCCT, DCPT(Shunt), T/D (Transducer) 또는 Multi Power Transducer 등이 있다.

풀이
- 접속함 보호등급은 실외형 IP 54 이상을 선정한다.
- 방수방진 보호등급 IP 분진과 수분침투에 대한 산업표준
- IP : Ingress Protection

정답 19 ① 20 ④ 21 ③ 22 ④ 23 ③

24 ( )에 들어갈 내용으로 옳은 것은?

> 전기설비기술기준 중 교류 특고압 가공전선로에서 발생하는 극저주파 전자계는 지표상 1[m]에서 전계가 (㉠)[kV/m] 이하, 자계가 (㉡)[μT] 이하가 되도록 시설하는 등 상시 정전유도 및 전자유도 작용에 의하여 사람에게 위험을 줄 우려가 없도록 시설하여야 한다.

① ㉠ : 3.5, ㉡ : 83.3　② ㉠ : 3.8, ㉡ : 150
③ ㉠ : 83.3, ㉡ : 3.5　④ ㉠ : 150, ㉡ : 3.8

풀이 전기설비기술기준 제17조(유도장해 방지)
① 교류 특고압 가공전선로에서 발생하는 극저주파 전자계는 지표상 1[m]에서 전계가 3.5[kV/m] 이하, 자계가 83.3[μT] 이하가 되도록 시설하는 등 상시 정전유도 및 전자유도 작용에 의하여 사람에게 위험을 줄 우려가 없도록 시설하여야 한다.

25 안전관리업무의 대행 규모 중 개인대행자가 할 수 있는 설비에 해당하는 용량 중 태양광발전설비에 적용되는 용량은?

① 500킬로와트 미만　② 150킬로와트 미만
③ 250킬로와트 미만　④ 1,000킬로와트 미만

풀이 전기안전관리법 시행규칙 제26조(전기안전관리업무의 대행규모)
법 제22조제3항에 따라 안전공사, 같은 항 제2호에 따른 전기안전관리대행사업자(이하 "대행사업자"라 한다) 및 같은 항 제3호에 따른 자(이하 "개인대행자"라 한다)가 전기안전관리업무를 대행할 수 있는 전기설비의 규모는 다음 각 호의 구분에 따른다.
2. 개인대행자 : 다음 각 목의 어느 하나에 해당하는 전기설비(둘 이상의 용량의 합계가 1천 550킬로와트 미만인 전기설비로 한정한다)
　가. 전기수용설비 : 용량 500킬로와트 미만인 것
　나. 신재생에너지 발전설비 중 태양광발전설비 : 용량 250킬로와트(원격감시·제어기능을 갖춘 경우 용량 750킬로와트) 미만인 것
　다. 전기사업용 신재생에너지 발전설비 중 연료전지발전설비(원격감시·제어기능을 갖춘 것으로 한정한다) : 용량 250킬로와트 미만인 것
　라. 그 밖의 발전설비(전기사업용 신재생에너지 발전설비의 경우 원격감시·제어기능을 갖춘 것으로 한정한다) : 용량 150킬로와트(비상용 예비발전설비의 경우에는 용량 300킬로와트) 미만인 것

26 한국전기설비규정에 따라 저압접촉전선을 옥측 또는 옥외에 시설하는 경우 시설하는 공사로 틀린 것은?

① 애자사용공사　② 버스덕트공사
③ 합성수지관공사　④ 절연트롤리공사

풀이 옥측 또는 옥외에 시설하는 접촉전선의 시설(235.4)
저압접촉전선을 옥측 또는 옥외에 시설하는 경우에는 기계기구에 시설하는 경우 이외에는 애자사용공사, 버스덕트공사 또는 절연트롤리공사에 의하여 시설하여야 한다.

27 전력변환장치의 설명으로 잘못된 것은?

① AC-DC Converter(순변환) :
　제어정류기(Controlled Rectifier)
② AC-AC Converter(교류변환) :
　교류전압제어기, 사이클로컨버터
③ DC-DC Converter(직류변환) :
　초퍼(Chopper), 스위칭레귤레이터
④ DC-AC Converter(역변환) :
　컨버터(Converter)

풀이 DC-AC Converter(역변환) : 인버터(Inverter)

28 태양광인버터의 용량이 40[kW]일 때 인버터에 연결될 모듈의 최대 설치 용량[kW]은?(단, 태양광설비 시공기준에 준한다.)

① 40　② 42
③ 45　④ 50

풀이 시공기준
사업계획서상의 인버터 설계용량 이상이어야 하고, 인버터에 연결된 모듈의 설치용량은 인버터의 설치용량의 105[%] 이내이어야 한다.
$40 \times 1.05 = 42$[kW]

정답 24 ①　25 ③　26 ③　27 ④　28 ②

29 과전류차단기를 시설하여야 하는 장소는?

① 저압옥내선로
② 접지공사의 접지선
③ 다선식 선로의 중성선
④ 전로의 일부에 접지공사를 한 저압가공전선로의 접지 측 전선

풀이 과전류차단기의 시설 제한(KEC 341.11)
접지공사의 접지도체, 다선식 전로의 중성선 및 322.1의 1부터 3까지의 규정에 의하여 전로의 일부에 접지공사를 한 저압 가공전선로의 접지 측 전선에는 과전류차단기를 시설하여서는 안 된다.

30 태양광발전설비의 피뢰설비 설치기준으로 틀린 것은?

① 낙뢰 우려가 있는 건축물 또는 높이 20[m] 이상 건축물
② KS C IEC 62305 기준에 의거 설치
③ 낙뢰 빈도가 많은 지역은 높이 20[m] 이하 건축물에는 설치할 수 없다.
④ 중요한 건물(박물관 등)

풀이 낙뢰 빈도가 많은 지역은 높이 20[m] 이하 건축물에서도 설치할 수 있다.

31 태양전지모듈에서 접속함까지 직류배선이 100[m]이며, 모듈, 어레이 전압이 610[V], 전류가 9[A]일 때, 전압강하는 몇 [V]인가?(단, 전선의 단면적은 4.0[mm²]이다.)

① 8.01
② 9.01
③ 10.01
④ 11.01

풀이 직류배선 전압강하
$$e = \frac{35.6 \times L \times I}{1{,}000 \times A} = \frac{35.6 \times 100 \times 9}{1{,}000 \times 4} = 8.01$$

여기서, L : 선길이
I : 선전류
A : 선단면적

32 수상전선로의 전선을 가공전선로의 전선과 육상에서 접속하는 경우 접속점의 높이는?

① 지표상 4[m] 이상
② 지표상 5[m] 이상
③ 지표상 6[m] 이상
④ 지표상 7[m] 이상

풀이 수상전선로의 전선과 가공전선로의 접속점 높이
• 접속점이 육상에 있는 경우 : 지표상 5[m] 이상
• 수면상에 있는 경우 : 저압 4[m] 이상, 고압 5[m] 이상

33 온도가 −15[℃]에서 태양전지모듈의 V_{mpp}와 V_{oc}는 약 몇 [V]인가?

• P_{mpp} : 250[W]
• V_{mpp} : 30.8[V]
• V_{oc} : 38.3[V]
• 온도에 따른 전압변동률 : −0.32[%/℃]

① V_{mpp} : 14.74, V_{oc} : 23.20
② V_{mpp} : 24.74, V_{oc} : 33.20
③ V_{mpp} : 34.74, V_{oc} : 43.20
④ V_{mpp} : 44.74, V_{oc} : 53.20

풀이
$$\Delta_L V_{mpp} = V_{mpp}\{1 + \beta_{pu} \times (T_{\min} - 25°)\}$$
$$= 30.8 \times \left[1 + \left(\frac{-0.32}{100}\right) \times (-15° - 25°)\right]$$
$$\fallingdotseq 34.74[V]$$
$$\Delta_L V_{oc} = V_{oc}\{1 + \beta_{pu} \times (T_{\min} - 25°)\}$$
$$= 38.3 \times \left[1 + \left(\frac{-0.32}{100}\right) \times (-15° - 25°)\right]$$
$$\fallingdotseq 43.20[V]$$

34 설계도서 해석의 우선순위로 옳은 것은?

① 공사시방서 → 설계도면 → 전문시방서 → 표준시방서 → 산출내역서 → 승인된 상세시공도면 → 관계법령의 유권해석 → 감리자의 지시사항
② 공사시방서 → 설계도면 → 표준시방서 → 전문시방서 → 산출내역서 → 승인된 상세시공도면 → 관계법령의 유권해석 → 감리자의 지시사항
③ 공사시방서 → 설계도면 → 전문시방서 → 산출내역서 → 표준시방서 → 승인된 상세시공도면 → 관계법령의 유권해석 → 감리자의 지시사항
④ 공사시방서 → 설계도면 → 표준시방서 → 산출내역서 → 전문시방서 → 승인된 상세시공도면 → 관계법령의 유권해석 → 감리자의 지시사항

풀이 설계도서 해석의 우선순위
설계도서법령, 해석감리자의 지시 등이 서로 일치하지 아니하는 경우에 있어 계약으로 그 적용의 우선순위를 정하지 아니한 때에는 다음 순서를 원칙으로 한다.
1. 공사시방서
2. 설계도면
3. 전문시방서
4. 표준시방서
5. 산출내역서
6. 승인된 상세시공도면
7. 관계법령의 유권해석
8. 감리자의 지시사항

35 태양전지의 변환효율에 대한 설명으로 틀린 것은?

① 태양전지의 성능을 나타내는 파라미터이다.
② 태양광스펙트럼이나 세기, 전지의 온도에 영향을 받는다.
③ 태양으로부터 입사된 에너지에 대한 출력 전기에너지의 비로 정의된다.
④ 지상에서 사용되는 태양전지의 효율은 모듈 온도 25[℃], AM 1.0 조건에서 측정된다.

풀이 태양전지모듈의 표준시험조건(STC)
- 모듈 표면온도 : 25[℃]
- AM : 1.5
- 일사량 : 1[kW/m²]

36 가장 일반적으로 사용되는 태양광모듈의 단면구조를 올바르게 나열한 것은?(단, EVA(Ethylene Vinyl Acetate)는 충진재임)

① Glass – EVA – Cell – Back Layer
② Glass – Cell – EVA – Back Layer
③ Glass – EVA – Cell – Glass – Back Layer
④ Glass – EVA – Cell – EVA – Back Layer

풀이 태양광모듈의 단면구조
Glass(수광면) – EVA(충진재) – Cell – EVA(충진재) – Back Layer(후면필름)

37 태양전지모듈의 기대수명은 얼마인가?

① 5년 이상 내용연수
② 10년 이상 내용연수
③ 15년 이상 내용연수
④ 20년 이상 내용연수

풀이 태양전지모듈의 기대수명은 20년 이상이며 제조사는 20년 이상의 성능을 보증하여 제공한다.

정답 34 ① 35 ④ 36 ④ 37 ④

38 BIPV(Building Integrated PV system)에 대한 설명으로 틀린 것은?

① 건축 재료와 발전기능을 동시에 발휘하는 방식이다.
② 경제적이며 에너지 효율성이 우수하다.
③ 태양광발전시스템 설계 시 건축가와 사전협의가 필요하다.
④ 태양광모듈은 지붕·파사드·블라인드 등 건물 외피에 적용하는 방식이다.

풀이 건물일체형 태양광발전시스템(BIPV : Building Integrated PhotoVoltaic system)
건물 외피에 적용하여 일체화함으로써 전력분야의 경제성 확보는 물론 건물 외적으로 보이는 미적 요소 등 각종 부가가치를 높여서 보다 효율적으로 태양에너지를 이용하는 것으로 발전효율이 낮다.

39 태양광발전시스템에 그림자가 발생하게 되면 일사량이 감소하기 때문에 발전량도 감소한다. 일사량의 2가지 성분으로 옳은 것은?

① 직달광 성분과 산란광 성분
② 경사면 일사성분과 산란광 성분
③ 직달광 성분과 수평면 일사성분
④ 수평면 일사성분과 경사면 일사성분

풀이 태양광은 직달일사와 확산일사(산란광)로 구성된다.

40 태양전지모듈을 구성하는 직렬셀에 음영이 생길 경우 발생하는 출력 저하 및 발열을 억제하기 위해 설치하는 소자는?

① 바이패스다이오드 ② 역전류방지다이오드
③ 역전류방지 퓨즈   ④ 정류다이오드

풀이 바이패스다이오드는 태양전지셀의 음영에 의한 출력저하를 줄이고, 열점현상을 방지하기 위해 이용된다.

3과목 태양광발전 시공

41 전기사업의 허가기준으로 틀린 것은?

① 전기사업이 계획대로 수행될 수 있을 것
② 전기사업을 적정하게 수행하는 데 필요한 재무능력 및 기술능력이 있을 것
③ 그 밖에 공익상 필요한 것으로서 산업통상자원부령으로 정하는 기준에 적합할 것
④ 발전소나 발전연료가 특정지역에 편중되어 전력계통의 운영에 지장을 주지 아니할 것

풀이 전기(발전)사업의 허가기준
- 전기사업 수행에 필요한 재무능력 및 기술능력이 있을 것
- 전기사업이 계획대로 수행될 수 있을 것
- 발전소가 특정지역에 편중되어 전력계통의 운영에 지장을 초래하지 아니할 것
- 발전연료가 어느 하나에 편중되어 전력수급에 지장을 초래하지 아니할 것

42 인버터 입력회로의 절연저항 측정방법에 대한 설명으로 틀린 것은?

① 분전반 내의 분기차단기를 개방한다.
② 접속함까지의 전로를 포함하여 절연저항을 측정하는 것으로 한다.
③ 직류 측 전체의 입력단자와 교류 측 전체 출력단자를 각각 단락한다.
④ 태양전지회로를 접속함에서 분리하여 인버터의 입력단자 및 출력단자를 각각 단락하면서 출력단자와 대지 간의 절연저항을 측정한다.

풀이 인버터 입력회로의 절연저항 측정방법
- 분전반 내 분기차단기 개방
- 직류 측 전체의 입력단자와 교류 측 전체단자를 각각 단락
- 태양전지회로를 접속함에서 분리하여 인버터 입력단자와 대지 간의 절연저항 측정(접속함까지의 전로 포함한 절연저항 측정)

정답 38 ② 39 ① 40 ① 41 ③ 42 ④

43 태양광발전시스템모듈의 고장으로 틀린 것은?

① 핫스폿   ② 백화현상
③ 부스바 과열   ④ 프레임 변형

풀이 모듈의 부스바
단락전류에 충분히 견딜 수 있도록 설계되어 있어 과열에도 안전하다.

44 태양광모듈의 유지관리사항이 아닌 것은?

① 모듈의 유리 표면 청결 유지
② 셀이 병렬로 연결되었는지 여부
③ 음영이 생기지 않도록 주변정리
④ 케이블 극성 유의 및 방수커넥터 사용 여부

풀이 태양전지모듈의 태양전지셀은 직렬로 연결되어 있다.

45 배전반 제어회로의 배선에서 일상점검항목이 아닌 것은?

① 전선지지물의 탈락 여부 확인
② 조임부의 이완 여부 확인
③ 과열에 의한 이상한 냄새 여부 확인
④ 가동부 등의 연결전선의 절연피복 손상 여부 확인

풀이 배전반 제어회로 배선의 일상점검항목

대상	점검 개소	목적	점검내용
제어 회로의 배선	배선 전반	손상	기동부 등의 연결전선의 절연피복 손상 여부 확인
			전선지지물의 탈락 여부 확인
		이상한 냄새	과열에 의한 이상한 냄새 여부 확인

46 신·재생에너지설비 KS인증 대상 품목 중 태양광설비의 대상 품목이 아닌 것은?

① 박막태양광발전모듈(성능)
② 소형 태양광발전용 인버터
③ 특대형 태양광발전용 인버터
④ 결정질실리콘 태양광발전모듈(성능)

풀이 KS인증 대상 품목 중 태양광설비의 대상 품목

표준번호	표준명
KS C 8567:2015	태양광발전용 접속함
KS C 8566:2015	태양전지
KS C 8575:2015	축전지
KS C 8574:2015	충전제어시스템
KS C 8565:2015	중대형 태양광발전용 인버터(계통연계형, 독립형)
KS C 8564:2015	소형 태양광발전용 인버터(계통연계형, 독립형)
KS C 8563:2015	태양광발전(PV)모듈(안전)
KS C 8562:2015	박막태양광전지모듈(성능)
KS C 8561:2015	결정질태양전지모듈(성능)

47 결정질실리콘 태양광발전모듈의 인증제품에 대한 표시사항으로 틀린 것은?

① 제품의 단가
② 인증부여번호
③ 제품의 주요 사양
④ 설비명 및 모델명

풀이 KS C IEC 표준에 따른 모듈의 인증제품에 대한 표시사항
- 제조업자명 또는 그 약호
- 제조연월일 및 제조번호
- 내풍압성의 등급
- 최대시스템전압(H 또는 L)
- 어레이의 조립형태(A 또는 B)
- 공칭최대출력(P_{mpp})[Wp]
- 공칭개방전압(V_{oc})[V]
- 공칭단락전류(I_{sc})[A]
- 공칭최대출력 동작전압(V_{mpp})[V]
- 공칭최대출력 동작전류(I_{mpp})[A]
- 공칭중량[kg]
- 크기
- 역내전압[V] : 바이패스다이오드의 유무(Amorphous 계만 해당)

정답 43 ③ 44 ② 45 ② 46 ③ 47 ①

48 태양광발전시스템의 점검에서 유지보수점검의 종류가 아닌 것은?

① 일상점검   ② 일시점검
③ 정기점검   ④ 임시점검

풀이 태양광발전시스템의 유지보수점검 종류
일상점검, 정기점검, 임시점검

49 태양광발전시스템의 성능평가를 위한 사이트 평가방법이 아닌 것은?

① 설치용량   ② 발전성능
③ 시공업자   ④ 설치대상기관

풀이
- 시스템 성능평가 분류 : 구성요인의 성능·신뢰성, 사이트, 발전성능, 신뢰성, 설치가격
- 사이트 평가방법 : 설치 대상기관, 설치시설의 분류, 설치시설의 지역, 설치형태, 설치용량, 설치 각도와 방위, 시공업자, 기기 제조사

50 정전작업 중 조치사항에 대한 설명으로 틀린 것은?

① 개폐기 관리
② 작업지휘자에 의한 작업지시
③ 단락접지기구의 철거
④ 근접 활선에 대한 방호상태의 관리

풀이 정전작업 중 조치사항
- 작업지휘자에 의한 작업지휘
- 개폐기의 관리
- 단락접지의 수시 확인
- 근접 활선에 대한 방호상태의 관리

51 송·변전설비 중 배전반에서 주회로 인입·인출부의 일상점검 내용이 아닌 것은?

① 볼트류 등의 조임상태 확인
② 표시기, 표시등의 정확 유무 확인
③ 쥐, 곤충 등의 침입 여부 확인
④ 코로나방전에 의한 이상음 여부 확인

풀이 배전반에서 주회로 인입·인출부의 일상점검
- 코로나방전에 의한 이상음 여부 확인
- 볼트류 등의 조임상태 확인
- 쥐, 곤충 등의 침입 여부 확인

52 동작 불량의 스트링이나 태양전지모듈의 검출 및 직렬접속선의 결선누락 사고 등을 검출하기 위한 측정으로 옳은 것은?

① 단락전류 측정   ② 개방전압 측정
③ 절연저항 측정   ④ 정격전류 측정

풀이
- 개방전압 : 동작 불량의 스트링이나 태양전지모듈의 검출 및 직렬접속선의 결선누락 사고 등을 검출하기 위한 측정
- 절연저항 : 모듈의 절연상태 확인을 위한 측정
- 단락전류 : 모듈의 오염, 크랙, 음영에 의한 전류 감소 등을 확인하기 위한 측정

53 모니터링시스템의 운영점검사항으로 틀린 것은?

① 센서 접속 이상 유무
② 가대 등의 녹 발생 유무
③ 인터넷 접속상태 및 통신단자 이상 유무
④ 인버터 모니터링데이터 이상 유무

풀이 모니터링시스템의 운영점검사항
- 센서 접속의 이상 유무
- 인터넷 접속상태 및 통신단자의 이상 유무
- 인버터 모니터링데이터의 이상 유무 등

54 태양광발전시스템의 인버터 시험항목으로 틀린 것은?

① 정상특성시험   ② 절연성능시험
③ 전자기적 합성   ④ 과열점 내구성시험

풀이 태양광발전시스템 인버터의 시험항목
절연성능시험, 보호기능시험, 정상특성시험, 과도응답특성시험, 외부사고시험, 내전기 환경시험, 내주위 환경시험, 전자기적 합성(EMS)

정답 48 ② 49 ② 50 ③ 51 ② 52 ② 53 ② 54 ④

55 바이패스다이오드 열 시험을 진행 시 STC에서 단락전류의 몇 배와 같은 전류를 적용하는가?

① 2
② 1.5
③ 1.25
④ 1

풀이 KS C 8561에 의한 바이패스다이오드의 열 시험(Bypass Diode Thermal Test)은 STC(표준시험조건)에서 단락전류의 1.25배와 같은 전류를 적용한다.

56 자가용 태양광발전설비의 정기검사항목이 아닌 것은?

① 변압기검사
② 태양광전지검사
③ 전력변환장치검사
④ 부하운전시험검사

풀이 자가용 태양광발전설비의 정기검사항목
- 어레이
- 접속함
- 인버터(전력변환장치)
- 부하운전시험

57 중간단자함(접속함)의 육안점검항목으로 틀린 것은?

① 배선의 극성
② 개방전압 및 극성
③ 외함의 부식 및 파손
④ 단자대 나사의 풀림

풀이 개방전압은 육안으로 점검할 수 없고 계측기를 통해 점검해야 한다.

58 태양광발전시스템 인버터의 일상점검항목으로 틀린 것은?

① 절연저항 측정
② 외함의 부식 및 파손
③ 이음, 이취, 연기 발생, 이상 과열
④ 외부배선(접속케이블)의 손상

풀이 일상점검은 사람의 감각에 의한 점검으로 소리, 냄새, 눈으로 확인한다.

59 태양광발전시스템 구조물의 설치공사 순서를 올바르게 나타낸 것은?

① 어레이 기초공사 → 어레이 가대공사 → 어레이 설치공사 → 배선공사 → 검사
② 어레이 가대공사 → 어레이 기초공사 → 어레이 설치공사 → 배선공사 → 검사
③ 배선공사 → 어레이 기초공사 → 어레이 가대공사 → 어레이 설치공사 → 검사
④ 배선공사 → 어레이 가대공사 → 어레이 기초공사 → 어레이 설치공사 → 검사

풀이 태양광발전시스템 구조물의 설치공사 순서

60 접지용구 사용 시 주의사항이 아닌 것은?

① 접지용구의 철거는 설치의 역순으로 한다.
② 접지 설치 전에 관계 개폐기의 개방을 확인하여야 한다.
③ 접지용구 설치·철거 시에는 접지도선이 신체에 접촉하지 않도록 주의한다.
④ 접지용구의 취급은 반드시 전기안전관리자의 책임하에 행하여야 한다.

정답 55 ③ 56 ① 57 ② 58 ① 59 ① 60 ④

풀이 접지용구 사용 시 주의사항
접지용구의 취급은 작업책임자의 책임하에 행하여야 한다.

4과목 태양광발전 유지관리

61 중대형 태양광발전용 인버터의 정상특성 시험항목 중 독립형인 경우에는 해당되지 않는 시험항목은?

① 자동 기동·정지시험 ② 온도상승시험
③ 누설전류시험 ④ 효율시험

풀이 태양광발전용 인버터의 정상 특성 시험항목

시험항목		독립형	계통연계형
정상특성시험	교류전압, 주파수 추종범위시험	×	○
	교류출력전류 변형률시험	×	○
	누설전류시험	○	○
	온도상승시험	○	○
	효율시험	○	○
	대기손실시험	×	○
	자동기동·정지시험	×	○
	최대전력 추종시험	○	○
	출력전류직류분 검출시험	○	○

62 태양광발전모듈의 고장원인으로 제조공정상 불량이 아닌 것은?

① 핫스폿(Hot Spot) ② 적화현상
③ 백화현상 ④ 프레임 변형

풀이 모듈의 제조공정상 불량
- 적화현상
- 백화현상
- Hot Spot
- 프레임 변형은 출하 후 물리적 힘에 의해 발생된다.

63 태양광발전시스템의 유지관리를 위한 일상점검 및 정기점검에 관한 내용으로 틀린 것은?

① 출력 3[kW] 미만의 소형 태양광발전시스템의 경우에 대해서는 정기점검을 하지 않아도 무방하다.
② 일상점검은 점검담당자가 육안에 의해 실시하는 것으로 일상점검의 점검주기는 매월 1회 정도이다.
③ 축전지에 대한 일상점검은 부하를 차단한 상태에서 변색, 부품, 온도상승, 냄새 등의 점검을 실시해야 한다.
④ 정기점검은 지상에서 실시해야 함을 원칙으로 하지만, 필요에 따라 지붕이나 옥상 위에서 점검을 실시할 수도 있다.

풀이 출력 3[kW] 미만의 소형 태양광발전시스템의 경우에도 정기점검을 실시하여야 한다.

64 성능평가를 위한 측정요소 중 설치코스트 평가방법에 해당하지 않는 것은?

① 유지·보수 단가
② 기초공사 단가
③ 계측표시장치 단가
④ 태양전지 설치단가

풀이 성능평가를 위한 측정요소 중 설치코스트 평가방법
시스템 설치단가, 태양전지 설치단가, 파워컨디셔너 설치단가, 어레이가대 설치단가, 계측표시장치 단가, 기초공사 단가, 부착시공 단가

65 태양광발전시스템 고장으로 문제점이 발견된 경우 판단 및 조치사항에 대한 설명으로 틀린 것은?

① 불량 모듈을 교체할 때에는 동일 규격제품으로 교체하고, 그렇지 못한 경우에는 더 작은 단락전류값을 가진 모듈로 교체해야 안전하다.
② 파워컨디셔너가 고장인 경우에는 유지보수 담당자가 직접 수리보수하지 않도록 하고, 제조업체에 AS를 의뢰하여 보수해야 한다.
③ 태양전지모듈에서 음영이 들지 않았음에도 불구하고, 단락전류값이 갑자기 작아지면 즉시 모듈

정답 61 ① 62 ④ 63 ① 64 ① 65 ①

을 교체하여야 한다.
④ 태양전지셀 및 바이패스다이오드가 손상된 경우, 태양전지모듈을 교체한다.

[풀이] 태양광발전시스템 고장 시 조치사항
불량 모듈을 교체할 때에는 동일 규격제품으로 교체하고, 그렇지 못한 경우에는 더 큰 단락전류값을 가진 모듈로 교체한다.

66 태양광발전용 축전지의 측정항목으로 틀린 것은?

① 일사량　　　② 충전전류
③ 방전전류　　④ 단자전압

[풀이] 축전지의 측정항목
- 방전전류
- 충전전류
- 단자전압
※ 일사량은 축전지의 측정항목과는 무관하다.

67 인버터의 유지관리 내용으로 잘못된 것은?

① 감전의 위험이 있으므로 젖은 손으로 조작해서는 안 된다.
② 전선의 피복이 손상되었을 경우에는 제조사에 연락을 하고 계속 운전한다.
③ 전원이 입력된 상태이거나 운전 중에는 커버를 열지 말아야 한다.
④ 인버터 내부의 나사, 물, 기름 등의 이물질이 들어가지 않도록 한다.

[풀이] 전선의 피복이 손상된 경우 인체 감전 또는 화재 등의 원인이 되므로 인버터 운전을 중지하고 전선을 교체 후 운전한다.

68 주로 정지상태에서 행하는 점검으로 제어운전장치의 기계점검, 절연저항의 측정 등을 실시할 때 하는 점검은?

① 일상점검　　② 임시점검
③ 정기점검　　④ 완공 시 점검

[풀이] 정기점검은 정지(정전)상태에서 행하는 점검으로 제어운전장치의 기계점검, 절연저항의 측정 등을 실시한다.

69 태양광발전시스템의 접속함 정기점검 시 육안점검항목으로 틀린 것은?

① 외부배선의 손상　　② 전해액면 저하
③ 접지선의 손상　　　④ 외함의 부식 및 파손

[풀이] 접속함의 정기점검
- 외함의 부식 및 파손
- 외부배선의 손상
- 접지선의 손상
※ 전해액면 저하는 축전지의 육안점검항목이다.

70 정전작업 전 조치사항에 대한 설명 중 틀린 것은?

① 전로의 개로된 개폐기에 시건장치 및 통전금지 표지판 설치
② 전력케이블, 전력콘덴서 등의 잔류전하 방전
③ 검전기로 개로된 전로의 충전 여부 확인
④ 단락접지기구의 철거

[풀이] 정전작업 전 조치사항
- 전로의 개로개폐기에 시건장치 및 통전금지 표지판 설치
- 전력케이블, 전력콘덴서 등의 잔류전하의 방전
- 검전기로 개로된 전로의 충전 여부 확인
- 단락접지기구로 단락접지

71 태양광발전시스템의 유지보수 계획 시 고려사항으로 틀린 것은?

① 설비의 사용기간　　② 설비의 중요도
③ 설비의 단가　　　　④ 환경조건

[풀이] 태양광발전시스템의 유지보수 계획 시 고려사항
설비의 사용기간, 설비의 중요도, 환경조건, 고장이력, 부하상태

정답 66 ①　67 ②　68 ③　69 ②　70 ④　71 ③

72 운전개시나 정지점검의 경우는 물론 사고 시에도 불량개소를 판정하고자 하는 경우 실시하는 측정은?

① 단락전류 ② 절연저항
③ 개방전압 ④ 발전전력

풀이 절연저항 측정
전기설비의 불량개소를 판정하기 위한 측정

73 승압용 변압기를 설치한 태양광발전소이다. 태양광발전모듈에서 인버터 입력단 간 및 인버터 출력단과 계통연계점 간의 전압강하는 최대 몇 [%] 이하인가?(단, 전선의 길이가 200[m] 이하이다.)

① 3 ② 4
③ 5 ④ 6

풀이 모듈에서 인버터 입력단 간 및 인버터 출력단과 계통연계점 간의 전압강하는 각 3[%]를 초과하여서는 아니 된다. 다만, 전선길이가 60[m]를 초과할 경우에는 다음 표에 따라 시공할 수 있다.

전선길이	120[m] 이하	200[m] 이하	200[m] 초과
전압강하	5[%]	6[%]	7[%]

74 태양광발전시스템이 작동되지 않는 경우 응급조치 순서로 옳은 것은?

① 인버터 Off → 접속함 내부차단기 Off 후 점검 → 점검 후 접속함 내부차단기 On → 인버터 On
② 접속함 내부차단기 Off → 인버터 Off 후 점검 → 점검 후 인버터 On → 접속함 내부차단기 On
③ 인버터 Off → 접속함 내부차단기 Off 후 점검 → 점검 후 인버터 On → 접속함 내부차단기 On
④ 접속함 내부차단기 Off → 인버터 Off 후 점검 → 점검 후 접속함 내부차단기 On → 인버터 On

풀이 태양광발전시스템의 응급조치 순서
접속함 내부차단기 Off → 인버터 Off 후 점검 → 점검 후 인버터 On → 접속함 내부차단기 On

75 모니터링프로그램의 기능 중 틀린 것은?

① 데이터 수집기능 ② 데이터 저장기능
③ 데이터 통계기능 ④ 데이터 계산기능

풀이 태양광발전 모니터링프로그램의 기능
데이터 수집가능, 데이터 저장기능, 데이터 분석기능, 데이터 통계기능

76 사업계획서 작성 시 사업계획의 개요에 포함될 사항으로 틀린 것은?

① 전기설비의 작업자 수
② 사업개시 예정일
③ 전기설비의 명칭
④ 소요부지 면적

풀이 전기사업법 시행규칙 [별표 1] "사업계획서 작성방법" 중 태양광발전설비의 전기설비 개요에 포함되어야 할 사항
- 태양전지의 종류, 정격용량, 정격전압 및 정격출력
- 인버터의 종류, 입력전압, 출력전압 및 정격출력
- 집광판의 면적

77 태양광발전시스템의 유지보수 관점에서 말하는 점검의 종류로 틀린 것은?

① 일상점검 ② 정기점검
③ 임시점검 ④ 준공 시 점검

풀이 태양광발전시스템의 유지보수 점검의 종류
일상점검, 정기점검, 임시점검

78 태양광발전시스템의 성능평가를 위한 신뢰성 평가 분석항목 중 트러블에 관한 연결이 틀린 것은?

① 계측트러블 : 컴퓨터 전원의 차단
② 시스템트러블 : 인버터 정지
③ 시스템트러블 : 계통지락
④ 계측트러블 : RCD 트립

정답 72 ② 73 ④ 74 ② 75 ④ 76 ① 77 ④ 78 ④

풀이 ▶ 신뢰성 평가 분석항목
- 시스템트러블 : 인버터 정지, 직류지락, 계통지락, RCD(ELB) 트립, 원인불명 등에 의한 시스템의 정지
- 계측트러블 : 컴퓨터 전원의 차단, 컴퓨터의 조작오류, 기타 원인불명

79 모듈 외관, 태양전지 등에 크랙, 구부러짐, 갈라짐 등을 확인하기 위한 외관검사 시 최소 몇 [Lx] 이상의 광조사상태에서 진행해야 하는가?

① 300 ② 500
③ 750 ④ 1,000

풀이 ▶ KS C 8561(결정질 태양전지모듈)표준 6.1.1 외관검사방법에 의거 1,000[Lux=Lx] 이상의 광조사상태에서 모듈 외관, 태양전지 등에 크랙, 구부러짐, 갈라짐 등이 없는지 확인한다.

80 한전계통에 순간정전이 발생하여 태양광발전시스템 인버터가 정지 시 동작하는 계전기는 무엇인가?

① 주파수계전기
② 과전압계전기
③ 저전압계전기
④ 역상계전기

정답 79 ④ 80 ③

SECTION 007 제7회 CBT 대비 모의고사

1과목 태양광발전 사전검토

01 태양광발전소의 부지 선정 절차가 옳게 나열된 것은?

① 후보지 선정 → 지역정보 수집 → 현장조사 → 지가조사 → 소유자 협의
② 후보지 선정 → 현장조사 → 지역정보 수집 → 지가조사 → 소유자 협의
③ 지역정보 수집 → 후보지 선정 → 현장조사 → 지가조사 → 소유자 협의
④ 지역정보 수집 → 현장조사 → 지가조사 → 토지현황 파악 → 소유자 협의

[풀이] 태양광발전소 부지 선정 절차
후보지 선정(지역 선정) → 지역정보 수집 → 현장조사 → 토지현황 파악 → 법적 사항 검토 및 소유자 파악 → 시스템 용량 기획 → 지가조사 → 소유자 협의 → 계약 체결

02 연료전지에 대한 설명이다. 틀린 것은?

① 수소와 산소의 전기화학적 반응을 통해 전기를 생산
② 배터리(Battery)와 같은 에너지 저장장치
③ 발전효율이 높음
④ 다양한 분야에서 응용이 가능

[풀이] 연료전지는 수소와 산소의 전기화학적 반응을 통해 전기를 생산하는 발전시스템으로, 배터리와 같은 에너지 저장장치는 아니다.

03 신·재생에너지의 기술개발 및 이용·보급 촉진을 위한 기본계획의 계획기간은?

① 3년 이상   ② 5년 이상
③ 10년 이상   ④ 20년 이상

[풀이] 산업통상자원부장관은 관계 중앙행정기관의 장과 협의를 한 후 신·재생에너지정책심의회의 심의를 거쳐 신·재생에너지의 기술개발 및 이용·보급을 촉진하기 위한 기본계획을 5년마다 수립하여야 하며, 기본계획의 계획기간은 10년 이상으로 한다.

04 태양복사에 대한 설명으로 틀린 것은?

① 태양고도가 수직일 때 AM=1이다.
② 대기 중의 분자들에 의한 흡수로 태양복사가 감소한다.
③ 대기 중의 오염물질에 의한 미(Mie)산란은 위치에 따라 심하게 변한다.
④ 태양복사의 흡수와 레일리(Rayleigh)산란은 태양고도가 높을수록 증가한다.

[풀이]
• 레일리(Rayleigh)산란 : 전자기파가 파장보다 매우 작은 입자에 의하여 탄성산란되는 현상이다. 단파장빛에서 유효하며 태양고도와는 무관하다.
• 미(Mie)산란 : 입자의 크기가 빛의 파장과 비슷할 경우 일어난다. 빛의 파장보다는 입자의 밀도, 크기에 따라서 반응하며, 안개 및 먼지에 의한 산란으로 위치에 따라 심하게 변한다.

05 다음에서 설명하는 목질계 바이오매스는?

> 목재 가공과정에서 발생하는 건조된 목재 잔재를 압축하여 생산하는 작은 원통 모양의 표준화된 목질계 연료이다.

① 목질 브리켓   ② 목질칩
③ 목질 펠릿   ④ 목탄

[풀이] ① 목재 브리켓 : 유해물질에 의해 오염되지 않은 목재를 파쇄하고 압축하여 생산하는 원통형, 직사각형, 직육면체, 굴곡 있는 원통형 등 여러 모양으로 만들어진 목질계 연료(저위발열량)
② 목질(우드) 칩 : 뿌리, 가지, 임목 부산물을 분쇄하여 제조하는 목질계 연료

정답 01 ① 02 ② 03 ③ 04 ④ 05 ③

③ 목질 펠릿 : 톱밥이나 목피 및 폐목재를 균일하게 파쇄하고 압축하여 생산하는 원통 모양의 표준화된 목질계 연료로, 크기는 지름 6~15[mm], 길이 32[mm] 이하로 제한하는 목질계 연료(고위발열량)
④ 목탄 : 나무 따위의 유기물을 불완전연소시켜서 만든 목질계 연료

06 태양광발전시스템의 어레이 설계 시 고려사항으로 적당하지 않은 것은?

① 방위각
② 부하의 종류
③ 음영
④ 경사각

풀이 부하의 종류는 어레이 설계 시 고려사항이 아니다.

07 공급인증서 구매 시 5[GW] 이상의 발전설비를 보유한 공급의무자는 5[GW] 이상의 발전설비를 보유한 공급의무자가 아닌 사업자로부터 태양에너지를 구매하여 별도의 의무공급량을 충당할 수 있는데, 이때 태양에너지의 몇 [%]를 구매할 수 있는가?

① 30[%] 이상
② 50[%] 이상
③ 20[%] 이상
④ 10[%] 이상

풀이 소규모 사업자 보호를 위하여 5[GW] 이상의 발전설비를 보유한 공급의무자는 5[GW] 이상의 발전설비를 보유한 공급의무자가 아닌 사업자로부터 별도 의무공급량의 50[%] 이상을 구매하여 충당하여야 함

08 다음은 태양광발전의 특징에 대한 설명이다. 적합하지 않은 것은?

① 한번 설치해 놓으면 유지비용이 거의 들지 않는다.
② 무소음/무진동으로 환경오염을 일으키지 않는다.
③ 햇빛이 있는 곳이면 어느 곳에서나 간단히 설치할 수 있다.
④ 높은 에너지 밀도로 다량의 전기를 생산할 수 있는 최적의 발전설비이다.

풀이 낮은 에너지 밀도로 다량의 전기를 생산할 때는 많은 공간을 차지한다.

09 수소냉각식 발전기 안의 수소 순도가 몇 [%] 이하로 저하한 경우에 이를 경보하는 장치를 시설하여야 하는가?

① 65
② 75
③ 85
④ 95

풀이 한국전기설비규정 351.10(수소냉각식 발전기 등의 시설) 다호에 의거 발전기 안 또는 조상기 안의 수소의 농도가 85[%] 이하로 저하한 경우에 이를 경보하는 장치를 시설할 것

10 자가용 발전설비 설치자가 생산한 전력을 전력시장을 통하지 아니하고 전기판매사업자와 거래할 수 있는 발전설비용량은?

① 1,000[kW] 이하
② 3,000[kW] 이하
③ 5,000[kW] 이하
④ 10,000[kW] 이하

풀이 「소규모 신·재생에너지 발전전력 등의 거래에 관한 지침」 제3조(전력거래 방법)
발전사업자 등은 발전설비용량 1,000[kW] 이하의 신·재생에너지발전설비·전기발전보일러 및 총 저장용량이 1,000[kWh] 이하이면서 총 충·방전 설비용량이 1,000[kW] 이하인 전기저장장치·전기자동차시스템을 이용해 생산한 전력을 아래 각 호의 범위 내에서 전력시장을 통하지 아니하고 전기판매사업자와 거래할 수 있다.
1. 발전사업자가 생산한 전력
2. 발전사업자 이외의 자가 생산한 전력으로서 아래 각 목의 것
   가. 태양에너지발전설비로 발전한 전력 중 자가소비 후 남는 전력
   나. 태양에너지발전설비를 제외한 설비의 연간 총 생산량의 50% 미만의 전력

11 개발행위의 허가 대상 중 잘못된 것은?

① 건축물의 건축
② 경작을 위한 토지의 형질 변경
③ 공작물 설치
④ 물건을 쌓아 놓는 행위

정답 06 ② 07 ② 08 ④ 09 ③ 10 ① 11 ②

풀이 토지의 형질 변경
- 절토·성토·정지·포장 등의 방법으로 형질 변경(단, 경작을 위한 토지의 형질 변경은 제외)
- 토석채취
- 토지분할

12 다음은 광기전력효과의 특징에 대한 설명이다. 적합하지 않은 것은?

① 광기전력효과를 크게 하기 위해서는 장벽에서 전위(Potential)변화가 커야 한다.
② 전하의 운반자(Carrier)의 이동거리가 길어야 한다.
③ 광기전력효과의 반응시간은 광전자방출처럼 순간적이지 않고 비교적 짧다.
④ 복사에너지를 비교적 높은 효율의 전류로 바꾼다.

풀이 전하의 운반자(Carrier)의 이동거리가 짧아야 한다.

13 산업통상자원부장관은 몇 년마다 기술개발 수준 및 신·재생에너지의 보급 목표, 운영 실적과 그 밖의 여건 변화를 고려하여 공급의무량 비율을 재검토해야 하는가?

① 1년　　② 3년
③ 5년　　④ 10년

풀이 신에너지 및 재생에너지 개발·이용·보급 촉진법 시행령 제18조의4(연도별 의무공급량의 합계 등)
② 산업통상자원부장관은 3년마다 신·재생에너지 관련 기술 개발의 수준 등을 고려하여 별표 3에 따른 비율을 재검토하여야 한다. 다만, 신·재생에너지의 보급 목표 및 그 달성 실적과 그 밖의 여건 변화 등을 고려하여 재검토 기간을 단축할 수 있다.

14 신에너지 및 재생에너지 기술개발 및 이용보급에 관한 계획을 협의하려는 자는 그 시행 사업연도개시 몇 개월 전까지 산업통상자원부장관에게 계획서를 제출하여야 하는가?

① 2　　② 3
③ 4　　④ 5

풀이 신에너지 및 재생에너지 개발·이용·보급 촉진법 시행령 제3조(신·재생에너지 기술개발 등에 관한 계획의 사전협의)
① 법 제7조에서 "대통령령으로 정하는 자"란 다음 각 호의 어느 하나에 해당하는 자를 말한다.
　1. 정부로부터 출연금을 받은 자
　2. 정부출연기관 또는 제1호에 따른 자로부터 납입자본금의 100분의 50 이상을 출자받은 자
② 법 제7조에 따라 신에너지 및 재생에너지(이하 "신·재생에너지"라 한다) 기술개발 및 이용·보급에 관한 계획을 협의하려는 자는 그 시행 사업연도 개시 4개월 전까지 산업통상자원부장관에게 계획서를 제출하여야 한다.
③ 산업통상자원부장관은 제2항에 따라 계획서를 받았을 때에는 다음 각 호의 사항을 검토하여 협의를 요청한 자에게 그 의견을 통보하여야 한다.
　1. 법 제5조에 따른 신·재생에너지의 기술개발 및 이용·보급을 촉진하기 위한 기본계획(이하 "기본계획"이라 한다)과의 조화성
　2. 시의성(時宜性)
　3. 다른 계획과의 중복성
　4. 공동연구의 가능성

15 기본계획에서 정한 목표를 달성하기 위하여 신·재생에너지의 종류별로 신·재생에너지의 기술개발 및 이용·보급과 신·재생에너지 발전에 의한 전기의 공급에 관한 실행계획을 매년 수립·시행하는 주체는 누구인가?

① 환경부장관
② 고용노동부장관
③ 국토교통부장관
④ 산업통상자원부장관

풀이 신에너지 및 재생에너지 개발·이용·보급 촉진법 제6조(연차별 실행계획)
① 산업통상자원부장관은 기본계획에서 정한 목표를 달성하기 위하여 신·재생에너지의 종류별로 신·재생에너지의 기술개발 및 이용·보급과 신·재생에너지 발전에 의한 전기의 공급에 관한 실행계획(이하 '실행계획'이라 한다)을 매년 수립·시행하여야 한다.

정답　12 ②　13 ②　14 ③　15 ④

16 전기설비기술기준은 발전·송전·변전·배전 또는 전기 사용을 위하여 시설하는 기계·기구·( )·( ) 및 기타 시설물의 안전에 필요한 기술기준을 규정한 것이다. ( ) 안에 들어갈 내용은?

① 급전소, 개폐소
② 전선로, 보안통신선로
③ 궤전선로, 약전류 전선로
④ 옥내배선, 옥외배선

풀이 전기설비기술기준은 발전, 송전, 변전, 배전 또는 전기 사용을 위하여 시설하는 기계, 기구, 댐, 수로, 저수지, 전선로, 보안통신선로 그 밖의 시설물의 안전에 필요한 성능과 기술적 요건을 규정함을 목적으로 한다.

17 산업통상자원부장관이 신·재생에너지 발전사업자에게 기준가격 설정을 위하여 필요한 자료를 제출할 것을 요구하였으나 거짓으로 자료를 2회 제출한 경우 행하는 조치사항으로 옳은 것은?

① 경고
② 벌금
③ 시정명령
④ 발전차액의 지원 중단

풀이 신에너지 및 재생에너지 개발·이용·보급 촉진법 시행규칙 제11조(발전차액의 지원 중단 및 환수절차)
① 산업통상자원부장관은 법 제18조제1항에 따라 신·재생에너지 발전사업자가 법 제18조제1항제2호에 해당하는 행위(이하 이항에서 "위반행위"라 한다)를 한 경우에는 다음 각 호의 구분에 따라 조치한다.
  1. 위반행위를 1회 한 경우 : 경고
  2. 위반행위를 2회 한 경우 : 시정명령
  3. 제2호의 시정명령에 따르지 아니한 경우 : 법 제17조제2항에 따른 발전차액의 지원 중단

18 위도가 30°인 지역의 하지 때 남중고도각은?

① 36.5°
② 60.5°
③ 70.5°
④ 83.5°

풀이 위도가 30°인 지역의 하지 때 남중고도각
- 하지 : $90° - (\phi - 23.5°) = 90° - 30° + 23.5° = 83.5°$
- 동지 : $90 - (\phi + 23.5°)$
- 춘·추분 : $90 - \phi$

19 햇빛·물·지열(地熱)·강수(降水)·생물유기체 등을 포함하는 재생 가능한 에너지를 변환시켜 이용하는 에너지에 해당하는 것이 아닌 것은?

① 해양에너지
② 지열에너지
③ 수소에너지
④ 태양에너지

풀이
- 재생에너지 : 해양에너지, 지열에너지, 태양에너지, 풍력에너지, 수력에너지
- 신에너지 : 수소에너지, 연료전지, 석탄을 액화·가스화한 에너지 및 중질잔사유를 가스화한 에너지

20 일조율을 나타낸 식으로 옳은 것은?

① 일조율 $= \dfrac{\text{일조시간}}{\text{가조시간}} \times 100[\%]$

② 일조율 $= \dfrac{\text{가조시간}}{\text{일조시간}} \times 100[\%]$

③ 일조율 $= \dfrac{\text{법선면 일조강도}}{\text{수평면 가조강도}} \times 100[\%]$

④ 일조율 $= \dfrac{\text{수평면 일조강도}}{\text{법선면 일조강도}} \times 100[\%]$

2과목 태양광발전시스템 구성·선정

21 다음 ( ) 안에 가장 적합한 내용은?

전기설비기술기준에서 "발전소"란 발전기·원동기·연료전지·( )·해양에너지발전설비·전기저장장치 그 밖의 기계기구를 시설하여 전기를 생산하는 곳을 말한다.

① 태양광
② 태양전지
③ 태양열
④ 집광판

풀이 전기설비기술기준에서 "발전소"란 발전기·원동기·연료전지·태양전지·해양에너지발전설비·전기저장장치 그 밖의 기계기구(비상용 예비전원을 얻을 목적으로 시설하는 것 및 휴대용 발전기를 제외한다)를 시설하여 전기를 생산하는 곳을 말한다.

정답 16 ② 17 ③ 18 ④ 19 ③ 20 ① 21 ②

22 한국전기설비규정에 따라 분산형 전원을 전력계통에 연계하는 경우 인버터로부터 직류가 계통으로 유출되는 것을 방지하기 위하여 접속점과 인버터 사이에 설치하는 것은?(단, 단권변압기는 제외한다.)

① 차단기
② 전력퓨즈
③ 보호계전기
④ 상용주파수변압기

풀이 인버터 회로방식

절연방식	회로도 및 설명
상용주파 변압기 절연방식	태양전지 직류출력을 상용주파의 교류로 변환한 후 변압기로 절연한다.
고주파 변압기 절연방식	태양전지의 직류출력을 고주파교류로 변환한 후, 소형 고주파변압기로 절연한다. 그 다음 일단 직류로 변환하고 다시 상용주파수교류로 변환한다.
트랜스리스 방식 (무변압기 방식)	태양전지의 직류출력 DC-DC 컨버터로 승압하고 인버터로 상용주파의 교류로 변환한다.

23 3상 4선식 22.9[kV] 중성점 다중접지식 가공전선로의 전로와 대지 사이의 절연내력 시험전압은 얼마인가?

① 25,190[V]
② 21,068[V]
③ 34,350[V]
④ 28,625[V]

풀이 고압 및 특고압전로의 절연내력시험

고압 및 특고압전로는 시험전압을 전로와 대지 사이에 계속하여 10분간 가하여 절연내력을 시험하는 경우 이에 견디어야 한다. 다만, 케이블을 사용하는 교류전로는 시험전압이 직류이면 아래 표에 정한 시험전압의 2배의 직류전압으로 한다.

전로의 종류(최대사용전압)	시험전압
7[kV] 이하	최대사용전압의 1.5배의 전압
7[kV] 초과 25[kV] 이하인 중성점 접지식 전로(중성선을 가지는 것으로서 그 중성선을 다중접지하는 것에 한한다.)	최대사용전압의 0.92배의 전압
7[kV] 초과 60[kV] 이하인 전로	최대사용전압의 1.25배의 전압 (최저시험전압 10,500[V])
60[kV] 초과 중성점 비접지식 전로	최대사용전압의 1.25배의 전압
60[kV] 초과 중성점 접지식 전로	최대사용전압의 1.1배의 전압 (최저시험전압 75[kV])
60[kV] 초과 중성점 직접 접지식 전로	최대사용전압의 0.72배의 전압
170[kV] 초과 중성점에 직접 접지되어 있는 발전소 또는 변전소 혹은 이에 준하는 장소에 시설하는 것	최대사용전압의 0.64배의 전압

24 태양전지모듈의 전선을 옥내에 금속관공사에 의해 시설할 때의 시설방법으로 잘못된 것은?

① 전선은 절연전선일 것
② 전선은 연선일 것
③ 전선은 금속관 안에서 접속이 가능하고 이때 전선의 피복이 손상되지 않도록 매끄럽게 할 것
④ 1종 금속제 가요전선관과 2종 금속제 가요전선관이 있을 것

풀이 금속관공사
① 시설 조건
  1. 전선은 절연전선(옥외용 비닐절연전선을 제외한다)일 것
  2. 전선은 연선일 것. 다만, 다음의 것은 적용하지 않는다.
    가. 짧고 가는 금속관에 넣은 것
    나. 단면적 10[mm²](알루미늄선은 단면적 16[mm²]) 이하의 것
  3. 전선은 금속관 안에서 접속점이 없도록 할 것

정답 22 ④ 23 ② 24 ③

② 금속관공사에 사용하는 금속관과 박스, 기타의 부속품(관 상호 간을 접속하는 것 및 관의 끝에 접속하는 것에 한하며 리듀서를 제외한다)은 다음 각 호에 적합한 것이어야 한다.
  1. 전선의 피복이 손상되지 않도록 매끄럽게 한다.
  2. 1종 금속제 가요전선관과 2종 금속제 가요전선관이 있다.

25 분산형 전원을 계통에 연계하는 경우 전력계통의 단락용량이 전선의 순시허용전류를 상회할 경우 시설해야 하는 장치로 가장 알맞은 것은?

① 과전류차단기　　② 지락차단기
③ 영상변류기　　　④ 한류리액터

풀이 분산형 전원 발전설비의 연계에 의해 계통의 단락용량이 차단기의 차단용량 등을 상회할 우려가 있을 때는 분산형 전원 발전설치자가 단락전류를 제한하는 장치인 한류리액터를 설치한다.

26 분산형 전원의 역률은 한전과 별도 협의가 없는 경우 몇 [%] 이상 유지해야 하는가?

① 85　　　　　　② 90
③ 95　　　　　　④ 100

풀이 분산형 전원의 역률은 90[%] 이상으로 한다.

27 서지보호장치(SPD)의 설명으로 옳지 않은 것은?

① SPD는 반도체형과 갭형이 있고, 기능면으로 구별하면 억제형과 차단형이 있다.
② SPD 소자로서 탄화규소, 산화아연 등이 있다.
③ 통신용, 전원용이 있다.
④ 단락전류 차단기능이 있다.

풀이 SPD(서지보호장치)는 뇌서지로부터 저압기기를 보호하는 소자로, 단락전류 차단기능은 없다. 단락전류차단은 CB 및 Fuse의 기능이다.

28 케이블트레이에 의한 저압옥내배선의 시설을 설명한 것 중 잘못된 것은?

① 전선은 연피케이블, 알루미늄 등 난연성 케이블 또는 금속관 혹은 합성수지관 등에 넣은 절연전선을 사용한다.
② 케이블트레이 안에서 전선을 접속하는 경우에는 전선의 접속부분은 측면 레일 위로 나오지 않도록 하고 그 부분은 절연처리한다.
③ 수평으로 포설하는 케이블 이외의 케이블은 케이블트레이의 가로대에 견고하게 고정시켜야 한다.
④ 저압케이블과 고압 또는 특고압케이블은 동일 케이블트레이 안에 시설한다.

풀이 케이블트레이공사 시설 조건
  1. 전선은 연피케이블, 알루미늄피케이블 등 난연성 케이블(334.7의 1의"가"(1)(가)의 시험방법에 의한 시험에 합격한 케이블) 또는 기타 케이블(적당한 간격으로 연소(延燒)방지조치를 하여야 한다) 또는 금속관 혹은 합성수지관 등에 넣은 절연전선을 사용하여야 한다.
  2. 제1의 각 전선은 관련되는 각 규정에서 사용이 허용되는 것에 한하여 시설할 수 있다.
  3. 케이블트레이 안에서 전선을 접속하는 경우에는 전선 접속부분에 사람이 접근할 수 있고 또한 그 부분이 측면 레일 위로 나오지 않도록 하고 그 부분을 절연처리하여야 한다.
  4. 수평으로 포설하는 케이블 이외의 케이블은 케이블트레이의 가로대에 견고하게 고정시켜야 한다.
  5. 저압케이블과 고압 또는 특고압케이블은 동일 케이블트레이 안에 포설하여서는 아니 된다. 다만, 견고한 불연성의 격벽을 시설하는 경우 또는 금속외장케이블인 경우에는 그러하지 아니하다.

정답 25 ④　26 ②　27 ④　28 ④

29 태양광발전시스템과 하위 전자기기를 용량, 유도결합과 그리드과전압으로부터 보호하기 위해 설치하는 것은?

① 피뢰침 ② 종단저항
③ 서지흡수기 ④ 바이패스장치

풀이 서지흡수기
LA와 같은 구조와 특성을 지니고 있으며 선로에서 발생하는 순간과도전압 등의 이상전압이 2차 기기에 영향을 미치는 것을 방지한다.

30 태양광발전시스템에서 계통으로 유입되는 고조파전류(Total Harmonic Distortion)는 종합 몇 [%]를 초과하면 안 되는가?

① 2[%] ② 3[%]
③ 4[%] ④ 5[%]

풀이 태양광발전시스템에서 계통유입되는 총 고조파 전류(THD)는 5[%]를 초과해서는 안 되고 각 차수별로 3[%]를 초과할 수 없다.

31 태양광발전시스템의 22.9[kV] 특별고압가공선로 1회선에 연계 가능한 용량으로 옳은 것은?

① 30[kW] 이하 ② 100[kW] 이하
③ 10,000[kW] 이하 ④ 30,000[kW] 이하

풀이 신설 및 계약전력 증가 시 공급방식 및 공급전압은 전기사용장소 내의 계약전력 합계를 기준으로 다음 표에 따라 결정

계약전력	공급방식 및 공급전압
500[kW] 미만	교류단상 220[V] 또는 교류삼상 380[V] 중 한전이 적당하다고 결정한 한 가지 공급방식 및 공급전압
500[kW] 이상 10,000[kW] 이하	교류삼상 22,900[V]
10,000[kW] 초과 400,000[kW] 이하	교류삼상 154,000[V]
400,000[kW] 초과	교류삼상 345,000[V]

32 태양광모듈에서 인버터까지의 전압강하 계산식은?(단, A : 전선의 단면적[mm²], I : 전류[A], L : 전선 1가닥의 길이[m]이다.)

① $\dfrac{17.8 \times L \times I}{1,000 \times A}$ ② $\dfrac{30.8 \times L \times I}{1,000 \times A}$

③ $\dfrac{35.6 \times L \times I}{1,000 \times A}$ ④ $\dfrac{38.8 \times L \times I}{1,000 \times A}$

풀이 모듈에서 인버터까지는 직류이므로 태양광선로의 전압강하 계산식은 회로의 전기방식별로 다음과 같다.

회로의 전기방식	전압강하	전선의 단면적
직류 2선식 교류 2선식	$e = \dfrac{35.6 \times L \times I}{1,000 \times A}$	$A = \dfrac{35.6 \times L \times I}{1,000 \times e}$
3상 3선식	$e = \dfrac{30.8 \times L \times I}{1,000 \times A}$	$A = \dfrac{30.8 \times L \times I}{1,000 \times e}$

여기서, e : 각 선 간의 전압강하[V]
A : 전선의 단면적[mm²]
L : 도체 1본의 길이[m]
I : 전류[A]

33 태양전지에 음영이 존재하여 셀과 모듈에 지속적으로 나쁜 영향을 미치는 요소는?

① 열점효과(Hot Spot) ② 광기전력효과
③ 입사효과 ④ 분광효과

풀이 방지대책으로 바이패스다이오드 설치

34 태양전지모듈에 다른 태양전지회로나 축전지의 전류가 유입되는 것을 방지하기 위하여 설치하는 것은?

① ZNR ② SPD
③ 바이패스소자 ④ 역류방지소자

풀이 역류방지소자
태양전지모듈에 다른 태양전지회로와 축전지의 전류가 유입되는 것을 방지하기 위해 설치하는 것으로, 일반적으로 다이오드가 사용되고 역류방지소자는 접속함 내에 설치하는 것이 일반적이나 태양전지모듈의 단자함 내부에 설치하는 경우도 있다.

정답 29 ③ 30 ④ 31 ③ 32 ③ 33 ① 34 ④

35 현장에 설치된 태양광발전설비에서 외기온도가 37[℃]일 때 다음 모듈의 셀 표면온도는?(단, 패널 표면의 일사량은 1,000[W/m²]이다.)

정상작동 셀 온도(NOCT)	45[℃]
전력 온도계수	−0.43[%/℃]
전압 온도계수	−0.31[%/℃]
전류 온도계수	+0.05[%/℃]

① 66.25[℃]   ② 67.25[℃]
③ 68.25[℃]   ④ 69.25[℃]

풀이 T_c(Cell 온도)

$$= T_a(주변온도) + \frac{NOCT - 20[℃]}{800[W/m^2]} \times 1,000[W/m^2]$$

$$= 37[℃] + \frac{45[℃] - 20[℃]}{800[W/m^2]} \times 1,000[W/m^2]$$

$$= 68.25[℃]$$

36 태양광발전시스템의 전체 성능에 영향을 미치는 인버터 효율에 관한 설명으로 가장 옳은 것은?

① 변환효율과 추적효율을 같이 고려해야 한다.
② 변환효율만이 시스템 성능에 영향을 미친다.
③ 추적효율만이 시스템 성능에 영향을 미친다.
④ 태양광인버터의 효율은 중요하지 않다.

풀이 인버터의 효율=변환효율×추적효율(유로효율)

37 다음과 같은 태양광발전시스템의 어레이 설계 시 직병렬 수량은?

- 모듈 최대출력 : 250[Wp]
- 1스트링 직렬매수 : 10직렬
- 시스템 출력전력 : 50,000[W]

① 10직렬−10병렬   ② 10직렬−15병렬
③ 10직렬−20병렬   ④ 10직렬−25병렬

풀이 병렬수 $= \frac{시스템 출력}{모든 최대출력 \times 직렬수}$

$= \frac{50,000}{250 \times 10} = 20$

38 다음 중 실시설계성과물이 아닌 것은?

① 설계계획서
② 실시설계도서(설계설명서, 설계도면, 공사시방서)
③ 공사비적산서(내역서, 산출서, 견적서)
④ 설계계산서(부하계산서, 간선계산서, 용량계산서, 구조계산서)

풀이
- 설계성과물 : 기본설계성과물, 실시설계성과물
- 설계계획서는 기본설계성과물이다.
  ※ 기본설계성과물 : 설계계획서, 기본설계도면, 개략공사내역서
  실시설계성과물 : 실시설계도서(설계설명서, 설계도면, 공사시방서), 공사비적산서(내역서, 산출서, 견적서), 설계계산서(부하계산서, 간선계산서, 용량계산서, 구조계산서)

39 태양전지모듈 내에 포함되지 않는 것은?

① 역류방지소자   ② 태양전지셀
③ 프런트커버   ④ 충진재

풀이
- 역류방지소자 : 접속함에 설치
- 바이패스소자 : 태양전지모듈 후면 단자함에 설치
- 태양전지셀 : 프런트커버, 충진재는 모듈 내 포함

40 전력회사의 배전계통과 연계되어 운전하는 태양광발전시스템의 연계보호장치 중 잘못된 것은?

① 유효전력계전기   ② 과전압계전기(OVR)
③ 주파수계전기   ④ 거리계전기

풀이 거리계전기는 송배전선로에 적용한다.

계통연계보호장치
㉠ 전력계전기
- 유효전력계전기(32P)
- 무효전력계전기(32Q) : 단락사고 보호
- 부족전력계전기(32U) : 부족전력 검출
㉡ 전압계전기
- 과전압계전기(59) OVR : 과전압 보호
- 저전압계전기(27) UVR : 사고 검출 또는 무전압 검출

정답 35 ③ 36 ① 37 ③ 38 ① 39 ① 40 ④

ⓒ 주파수계전기 : 주파수 변동 검출
  • 과주파수계전기(81O) OFR : 63[Hz]
  • 저주파수계전기(81U) UFR : 57[Hz]
ⓔ 과전류계전기(50/51) OCR : 과전류 보호
  • 순시 : 단락 보호
  • 한시 : 150[%]에서 과부하 보호 및 후비 보호
ⓜ 지락과전류계전기 OCGR : 특고압 연계 시 저압연계 보호장치
  이러한 계통연계 보호장치는 중·소용량에서는 인버터에 내장되고 대용량 태양광발전시스템에서는 별도의 보호계전시스템을 갖추어야 한다.

3과목 태양광발전 시공

41 태양광모듈 배선이 끝난 후 검사하는 항목이 아닌 것은?

① 극성확인　　　② 전압확인
③ 일사량 측정　　④ 단락전류 측정

풀이 모듈배선이 끝난 후 검사항목
  • 전압극성 확인
  • 단락전류 측정
  • 비접지 확인

42 태양광 구조물의 상정하중 계산 중 수직하중이 아닌 것은?

① 활하중　　　② 풍하중
③ 고정하중　　④ 적설하중

풀이 태양광 구조물의 상정하중은 수평하중과 수직하중이 있다.
  • 수평하중 : 풍하중, 지진하중
  • 수직하중 : 자중(고정하중), 적설하중, 활하중

43 저압배전선로의 저압네트워크방식에 대한 설명으로 틀린 것은?

① 전력손실이 감소된다.
② 플리커, 전압변동률이 적다.
③ 특별한 보호장치가 필요 없다.
④ 무정전 공급이 가능해서 공급 신뢰도가 높다.

풀이 저압배전선로의 저압네트워크방식
  ㉠ 장점
    • 무정전 공급 가능
    • 공급 신뢰도 우수
    • 전압 변동 및 전력손실 감소
    • 기기 이용률 향상
    • 플리커 감소
  ㉡ 단점
    • 시설비가 비쌈(특별한 보호장치 필요)
    • 고장 시 전류역류현상 발생

44 태양전지모듈에서 인버터 입력단 간 및 인버터 출력단과 계통연계점 간의 전압강하는 각 몇 [%]를 초과하여서는 안 되는가?(단, 전선의 길이가 60[m] 이하인 경우이다.)

① 3　　　② 5
③ 6　　　④ 7

풀이 태양전지모듈에서 인버터 입력단 간 및 인버터 출력단과 계통연계점 간의 전압강하는 3[%]를 초과해서는 안 된다.

45 책임감리원이 발주자에게 제출하는 최종감리보고서 중 공사추진 실적현황과 관련이 없는 것은?

① 하도급현황
② 지시사항 처리
③ 감리용역 개요
④ 기성 및 준공검사현황

풀이 최종감리보고서 중 공사추진 실적현황
  • 기성 및 준공검사현황
  • 공종별 추진실적
  • 설계변경현황
  • 공사현장 실정보고 및 처리현황
  • 지시사항 처리
  • 주요인력 및 장비투입현황
  • 하도급현황
  • 감리원 투입현황

정답　41 ③　42 ②　43 ③　44 ①　45 ③

46 설계감리 용역의 기성 및 준공 처리 시 제출 서류가 아닌 것은?

① 시공상세도
② 설계감리기록부
③ 설계감리 결과보고서
④ 설계용역 기성부분 내역서

풀이 설계감리의 기성 및 준공 처리 시 제출서류
- 설계감리지시부
- 설계감리기록부
- 설계용역 기성부분 내역서
- 설계자와 협의사항 기록부

47 공사감리원의 감리업무가 아닌 것은?

① 발주자의 감독 권한 대행
② 설계도서대로 시공되는지 확인
③ 공사의 계획, 발주, 설계, 시공 등 전반 업무 총괄
④ 품질관리, 공사관리, 안전관리 등에 대한 기술지도

풀이 건설사업관리(Construction Management)란 건설공사에 관한 기획, 타당성 조사, 분석, 설계, 조달, 계약, 시공관리, 감리평가 또는 사후관리 등에 관한 업무를 수행하는 것을 말한다.

48 전기설비에서 축전지 용량을 계산하기 위한 검토항목이 아닌 것은?

① 방전전류
② 방전시간
③ 허용최저전압
④ 최대수용전력

풀이 계통연계형 축전지 용량 $C = \dfrac{IK}{L}$[Ah]

여기서, I : 방전전류
K : 용량환산시간
L : 보수율

독립형 전원시스템 축전지 용량

$$C = \dfrac{1일소비전력량 \times 부조일수}{보수율 \times 방전심도 \times 공칭축전지전압 \times 축전지개수}$$

49 국내에서 태양광발전시스템의 모듈을 고정식으로 설치할 때 최적 경사각은 일반적으로 몇 도 정도인가?

① 5~15°
② 24~36°
③ 55~60°
④ 75~90°

풀이 국내의 모듈 설치 시 최적 경사각은 24~36°이다.
경사각 : 모듈이 지면과 이루는 각 33°에서 발전효율이 최대

50 다음 중 태양광발전용 옥외배선에 쓰이며 자외선에 내구성이 강한 전선으로 옳은 것은?

① 모듈용 전선
② 직류용 전선
③ UV 케이블
④ XLPE 케이블

풀이 태양광발전용 옥외전선은 UV 케이블 사용

51 태양광발전시스템의 설계도서가 아닌 것은?

① 시방서
② 설계도면
③ 품질관리계획서
④ 공사비산출내역서

풀이 태양광발전시스템의 설계도서
- 설계도면
- 시방서
- 공사비산출내역서

52 3,000[kW] 이하인 태양광에너지의 설치 시 건축물 등 기존 시설물을 이용할 경우 공급인증서 가중치는?

① 0.5
② 1.0
③ 1.25
④ 1.5

53 접지저항을 저감시키는 시공방법으로 틀린 것은?

① 접지전극의 크기를 작게 한다.
② 접지전극의 상호 간격을 크게 한다.
③ 접지전극을 땅속에 깊게 매설한다.
④ 접지전극 주변의 매설토양을 개량한다.

정답 46 ① 47 ③ 48 ④ 49 ② 50 ③ 51 ③ 52 ④ 53 ①

풀이 접지저항 저감방법
- 접지전극의 크기를 크게 한다.
- 접지전극의 상호 간격을 크게 한다.
- 접지전극을 땅속에 깊게 매설한다.
- 접지전극 주변의 매설토양을 개량한다.

54 태양광발전시스템 관련 기기의 반입검사에 대한 내용으로 틀린 것은?

① 공장검수 시 합격된 자재에 한하여 현장에 반입한다.
② 시공사와 제작업자의 경제적 사정을 고려하여 생략할 수도 있다.
③ 책임감리원이 검토·승인한 기자재(공급원 승인제품)에 한하여 현장에 반입한다.
④ 현장자재 반입검사는 공급원 승인제품, 품질적합내용, 내역 물량수량, 반입 시 손상여부 등에 대해 전수검사를 원칙으로 한다.

풀이 기기반입 시 반입검사를 생략해서는 안 된다.

55 다음 보기에서 태양광발전시스템의 전기흐름을 고려한 배선 순서로 옳게 나열한 것은?

[보기]
㉠ 인버터에서 분전반 배선
㉡ 어레이와 접속함 배선
㉢ 모듈 배선
㉣ 접속함에서 인버터 배선

① ㉠ → ㉣ → ㉡ → ㉢
② ㉡ → ㉢ → ㉠ → ㉣
③ ㉢ → ㉡ → ㉣ → ㉠
④ ㉣ → ㉢ → ㉡ → ㉠

풀이 태양광발전시스템의 전기배선 순서
모듈 배선 → 어레이 배선 → 접속함 배선 → 인버터 배선 → 분전반 배선

56 태양광발전시스템 시공 시 필요한 장비 목록에서 검사장비에 해당되는 것은?

① 레벨기 ② 해머드릴
③ 컴프레서 ④ 클램프미터

풀이 클램프미터
- 절연내력 측정, 전류 측정, 전압 측정이 가능
- 일명 후크온(클램프)미터는 교류용

57 분산형 전원 발전설비의 빈번한 출력변동 및 병렬분리에 의한 플리커 가혹도 지수는 특고압, 계통연계점에서 단시간(10분) 및 장시간(2시간)의 Epsti를 최대 얼마 이하로 제한하는가?

① 단시간 : 0.25 이하, 장시간 : 0.15 이하
② 단시간 : 0.25 이하, 장시간 : 0.25 이하
③ 단시간 : 0.35 이하, 장시간 : 0.15 이하
④ 단시간 : 0.35 이하, 장시간 : 0.25 이하

풀이 특고압에서는 Epsti는 0.35 이하(단시간 10분) 장시간(2시간) Epsti는 0.25 이하로 제한하여야 하며 저압계통연계는 이에 준한다.
- Epsti ≤ 0.35(단시간 10분)
- Epsti ≤ 0.25(장시간 2시간)

58 감전을 방지하는 방법으로 전기기기의 접지선을 전원공급선과 함께 3심 코드를 사용하는 방식은?

① 이중절연방식 ② 보호접지방식
③ 누전차단방식 ④ 전용접지선방식

풀이 전용접지선방식
전기기기의 접지선을 전원공급선과 함께 3심코드를 사용하는 방식이다.

59 정전작업 중 조치사항에 대한 설명으로 틀린 것은?

① 작업지휘자에 의한 작업지휘
② 개폐기 관리
③ 근접 활선에 대한 방호상태 관리
④ 검전기로 개로된 전로의 충전 여부 확인

정답 54 ② 55 ③ 56 ④ 57 ④ 58 ④ 59 ④

풀이 정전작업 전·중·후 조치사항은 다음과 같다.

구분	조치사항
정전 작업 전	• 전로의 개로개폐기에 시건장치 및 통전금지 표지판 설치 • 전력케이블, 전력콘덴서 등의 잔류전하 방전 • 검전기로 개로된 전로의 충전 여부 확인 • 단락접지기구로 단락접지
정전 작업 중	• 작업지휘자에 의한 작업지휘 • 개폐기의 관리 • 단락접지의 수시 확인 • 근접 활선에 대한 방호상태의 관리
정전 작업 후	• 단락접지기구의 철거 • 시건장치 또는 표지판 철거 • 작업자에 대한 위험이 없는 것을 최종 확인 • 개폐기 투입으로 송전 재개

60 공사현장의 주요공사가 완료되고 현장이 정리 단계에 있을 때 예비준공검사를 실시하는 시기는?

① 준공예정 15일 전 ② 준공예정 1개월 전
③ 준공예정 2개월 전 ④ 준공예정 3개월 전

풀이 예비준공검사는 준공예정일 2개월 전에 한다.

4과목 태양광발전 유지관리

61 태양광발전시스템의 시스템트러블에 해당되지 않는 것은?

① 계통지락 ② 누전차단기 트립
③ 인버터 운전 정지 ④ 컴퓨터의 조작 오류

풀이 신뢰성 평가분석항목
  ㉠ 시스템트러블
   • 인버터 정지
   • 직류지락
   • 계통지락
   • RCD(ELB) 트립
   • 원인불명에 의한 시스템 운전 정지

  ㉡ 계측트러블
   • 컴퓨터 전원 차단
   • 컴퓨터 조작 오류
   • 기타 원인불명

62 중대형 태양광발전용 인버터 중 계통연계형의 경우 교류전원을 정격전압 및 정격주파수로 운전한 상태에서 인버터의 출력전류를 계측하여 출력전류의 직류 성분 측정 시 정격전류의 최대 몇 [%] 이내이어야 하는가?

① 0.1 ② 0.5
③ 1 ④ 5

풀이 인버터 출력전류의 직류성분 측정 시 정격전류의 0.5[%] 이내이어야 한다.

63 태양광발전시스템에 사용되는 배선용 차단기의 점검내용으로 틀린 것은?

① 개폐 동작의 정상 여부
② 부싱 단자부의 변색 여부
③ 단자부 볼트류의 조임, 이완 여부
④ 절연물 등의 균열, 파손, 변형 여부

풀이 배선용 차단기의 점검내용
  • 단자부 및 접촉부의 파열에 의한 변색은 없는가?
  * 부싱 : 관의 치수 변경 시 사용하는 부속품

64 정전작업 전 조치사항으로 틀린 것은?

① 잔류전하의 방전
② 단락접지기구의 철거
③ 검전기에 의한 정전 확인
④ 개로개폐기의 시건 또는 표시

풀이 정전작업 전 조치사항
  • 전로의 개로개폐기에 시건장치 및 통전금지표지판 설치
  • 전력케이블, 전력콘텐서 등의 잔류전하 방전
  • 검전기로 개로된 전로의 충전 여부 확인
  • 단락접지기구로 단락접지

정답 60 ③ 61 ④ 62 ② 63 ② 64 ②

65 접속함의 육안점검항목으로 틀린 것은?

① 개방전압 측정
② 접지선의 손상
③ 단자대 나사의 풀림
④ 외함의 부식 및 파손

풀이 접속함의 육안점검항목
- 외부 배선의 부식 및 파손
- 외부 배선의 손상 및 접속단자 이완
- 접지선의 손상 및 접속단자 이완

66 전기사업의 허가를 신청 시 허가신청서는 어디의 심의를 거쳐야 하는가?

① 전기위원회
② 한국에너지공단
③ 한국전력거래소
④ 산업통상자원부

풀이 전기사업의 허가신청 시 신청서는 반드시 전기위원회의 심의를 거쳐야 한다.

67 태양광발전모듈 점검 시의 유의사항으로 틀린 것은?

① 날씨가 맑은 날 정오 전후에 한다.
② 모듈 표면이 오염되었을 경우 청소 후 측정 검사를 한다.
③ 모듈 표면은 특수 처리된 강화유리로 되어 있어 강한 충격에도 파손되지 않는다.
④ 강한 금속구조물로 되어 있어 작업자가 충돌 시 위험하므로 안전모, 안전복장, 안전화를 착용한다.

풀이 강화유리도 심한 충격을 주면 파손된다.

68 자가용 태양광발전설비의 정기검사항목 중 전력변환장치의 검사세부종목에 해당하지 않는 것은?

① 절연저항
② 외관검사
③ 환기시설상태
④ 단독운전 방지시험

풀이 자가용 태양광발전설비의 정기검사항목 중 전력변환장치의 세부검사종목
- 외관 검사
- 절연저항
- 절연내력
- 단독운전 방지시험
- 제어회로 및 경보장치
- 인버터 자동수동 절체시험

69 태양광발전시스템이 운전되지 않을 경우 응급조치를 하여야 하는데, 운전조작방법의 순서로 옳은 것은?

ㄱ. 접속함 내부 직류차단기 투입(On)
ㄴ. 교류차단기 투입(On)
ㄷ. 접속함 내부 직류차단기 개방(Off)
ㄹ. 교류차단기 개방(Off)
ㅁ. 인버터 정지 후 점검하고 정상 시 재운전

① ㄹ → ㄷ → ㅁ → ㄴ → ㄱ
② ㄱ → ㄴ → ㅁ → ㄷ → ㄹ
③ ㅁ → ㄱ → ㄹ → ㄷ → ㄴ
④ ㄷ → ㄹ → ㅁ → ㄴ → ㄱ

풀이 태양광발전시스템의 응급조치 시 운전조작방법
- 접속함 내부 DC 차단기 개방(Off)
- AC 차단기 개방(Off)
- 인버터 정지확인
- 인버터 점검
- 교류차단기 투입(On)
- 접속함 내부직류차단기 투입(On)

70 태양광발전모듈의 고장원인으로 틀린 것은?

① 핫스폿
② 프레임 변형
③ 전선관 침수
④ 백시트 에어버블링

풀이 태양광발전모듈의 고장원인
- 제조결함
- 시공 불량
- 새의 배설물
- 핫스폿
- 프레임 변형
- 주위환경(염해, 부식성 가스)
- 전기적, 기계적 스트레스에 의한 셀의 파손

정답 65 ① 66 ① 67 ③ 68 ③ 69 ④ 70 ③

71 배전반 제어회로의 배선에서 일상점검항목이 아닌 것은?

① 주유상태 이상 여부 확인
② 전선지지물의 탈락 여부 확인
③ 과열에 의한 이상한 냄새 여부 확인
④ 가동부 등의 연결전선의 절연피복 손상 여부 확인

풀이 배전반 제어회로의 배선에서 주유상태는 해당되지 않는다. → 변압기 검사항목 중 하나

72 통상적인 태양광발전용 접속함의 병렬스트링수에 의한 분류에서 소형(3회로 이하)일 경우 충전부와의 접촉, 고체 이물질과 액체의 침입에 대비하여 접속함이 제공하는 보호등급으로 옳은 것은?

① IP20 이상 ② IP24 이상
③ IP45 이상 ④ IP54 이상

풀이 접속함의 분류 및 보호 등급
접속함의 병렬스트링수에 의한 분류와 설치장소에 의한 보호등급은 다음과 같다.

병렬스트링수에 의한 분류	설치장소에 의한 분류
소형(3회로 이하)	IP54 이상
중대형(4회로 이상)	실내형 : IP20 이상
	실외형 : IP54 이상

73 우박의 충격에 대한 결정질실리콘 태양광발전모듈의 기계적 강도를 시험할 경우 품질기준으로 최대출력은 시험 전 값의 최소 몇 [%] 이상이어야 하는가?

① 89 ② 92
③ 95 ④ 98

풀이 우박의 충격에 대한 결정질실리콘의 최대출력은 시험전 값의 최소 95[%] 이상이어야 한다.

74 태양광발전시스템의 계측과 표시의 목적으로 틀린 것은?

① 사업자의 추가 설비 투자 산출을 위한 계측
② 시스템에 의한 발전전력량을 알기 위한 계측
③ 시스템의 운전상태 감시를 위한 계측 또는 표시
④ 시스템 기기 또는 시스템 종합평가를 위한 계측

풀이 태양광발전시스템의 계측기구 및 표시장치의 설치목적
시스템의 운전상황을 견학하는 사람 등에게 보여 주고 시스템의 홍보를 위한 계측 또는 지시

75 태양광발전시스템 설치 시 안전관리대책에 대한 설명으로 틀린 것은?

① 구조물 설치 시 안전난간대를 설치한다.
② 접속함, 인버터 등 연결 시 절연장갑을 착용한다.
③ 모듈 설치 시 안전모, 안전화, 안전벨트를 착용한다.
④ 임시 배선작업 시 누전위험장소에는 배선용 차단기를 설치한다.

풀이 누전위험장소에는 누전차단기를 설치한다.

76 태양광발전시스템 점검 중 투입저지시한타이머 동작시험에서 인버터가 정지하여 최소 몇 분 후에 자동으로 기동하여야 하는가?

① 1분 ② 3분
③ 4분 ④ 5분

풀이 투입저지시한타이머 동작시험 : 인버터가 정지하여 5분 후 자동 기동할 것

77 접지저항의 측정에 관한 사항 중 틀린 것은?

① 접지저항의 측정방법에는 전위차계식과 간이측정법 등이 있다.
② 접지전극과 보조전극의 간격은 최소한 5[m] 이상으로 한다.
③ 접지전극은 E 단자에 접속하고 보조전극은 P, C 단자에 접속한다.
④ 접지저항계의 지침은 '0'이 되도록 다이얼을 조정하고 그때의 눈금을 읽어 접지저항값을 측정한다.

정답 71 ① 72 ④ 73 ③ 74 ① 75 ④ 76 ④ 77 ②

풀이 접지전극과 보조전극의 간격은 최소한 10[m] 이상으로 한다.

78 태양광발전시스템의 유지관리를 지원하기 위해 제공되는 운전지침서에 기술되어야 하는 사항으로 적합하지 않은 것은?

① 성능 규격
② 기동에 관한 사항
③ 운전에 관한 사항
④ 비품 및 공구 List

풀이 태양광발전시스템의 유지관리지침서 기술사항
- 성능규격
- 운전에 관한 사항
- 기동에 관한 사항
※ 비품 및 공구 List는 점검계획사항

79 태양광발전시스템에서 모니터링프로그램의 기능이 아닌 것은?

① 데이터 수집기능
② 데이터 저장기능
③ 데이터 연산기능
④ 데이터 분석기능

풀이 태양광발전시스템의 모니터링프로그램 기능
- 데이터의 수집기능
- 데이터의 저장기능
- 데이터의 분석기능
- 데이터의 통계기능

80 태양광발전시스템의 성능평가 대분류로 틀린 것은?

① 태양광발전시스템의 사이트
② 태양광발전시스템의 신뢰성
③ 태양광발전시스템의 설비폐기 비용
④ 태양광발전시스템의 발전전력 생산능력

풀이 태양광발전시스템의 성능평가 분류
- 구성요인의 성능, 신뢰성
- 사이트
- 발전성능
- 신뢰성
- 설치가격

정답 78 ④ 79 ③ 80 ③

제8회 CBT 대비 모의고사

1과목   태양광발전 사전검토

01 태양광발전시스템의 장점으로 옳지 않은 것은?

① 햇빛이 있는 곳이면 어느 곳에서나 간단히 설치할 수 있다.
② 한번 설치해 놓으면 유지비용이 거의 들지 않는다.
③ 무소음 및 무진동으로 환경오염을 일으키지 않는다.
④ 낮은 에너지 밀도로 다량의 전기를 생산할 때는 많은 공간을 차지한다.

풀이 ④는 태양광발전설비시스템의 단점이다.

02 태양광발전시스템의 월간 발전가능량 산출식은?(단, P_{AS} : 표준상태에서의 태양전지어레이(모듈 총 수량) 출력[kW], H_{AM} : 월적산 어레이 표면(경사면) 일사량[kWh/(m²·월)], G_S : 표준상태에서의 일사강도[kW/m²](=1[kW/m²]), K : 종합설계계수)

① $E_{PM} = H_{AM} \times \dfrac{P_{AS}}{G_S} \times K$ [kWh/월]

② $E_{PM} = P_{AS} \times \dfrac{H_{AM}}{G_S} \times K$ [kWh/월]

③ $E_{PM} = P_{AS} \times \dfrac{G_S}{H_{AM}} \times K$ [kWh/월]

④ $E_{PM} = P_{AS} \times \dfrac{G_S}{H_{AM} \times K}$ [kWh/월]

03 태양을 올려보는 각도가 30°인 경우, Air Mass값은?

① 2.0   ② 1.5
③ 1.0   ④ 0.7

풀이 태양을 올려보는 각도와 Air Mass값은 다음 그림 및 식과 같다.

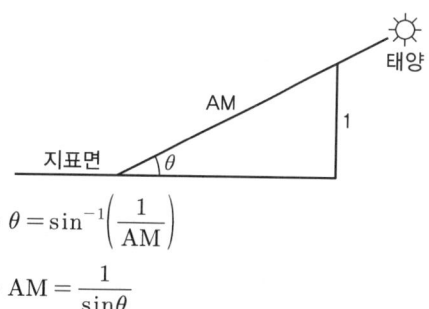

- $\theta = \sin^{-1}\left(\dfrac{1}{AM}\right)$
- $AM = \dfrac{1}{\sin\theta}$

∴ $AM(\text{Air Mass}) = \dfrac{1}{\sin 30°} = 2.0$

04 신에너지 및 재생에너지 개발·이용·보급 촉진법의 목적으로 틀린 것은?

① 신·재생에너지산업의 활성화를 통해 에너지원의 다양화
② 에너지의 안정적 공급, 에너지 구조의 환경친화적 전환 및 온실가스 배출 감소
③ 국가경제의 건전하고 지속적인 발전 및 국민복지의 증진
④ 전기사업의 경쟁을 촉진하여 전기사업의 건전한 발전을 도모

풀이 신에너지 및 재생에너지 개발·이용·보급 촉진법 제1조(목적)
  이 법은 신에너지 및 재생에너지의 기술개발 및 이용·보급 촉진과 신에너지 및 재생에너지 산업의 활성화를 통하여 에너지원을 다양화하고, 에너지의 안정적인 공급, 에너지 구조의 환경친화적 전환 및 온실가스 배출의 감소를 추진함으로써 환경의 보전, 국가경제의 건전하고 지속적인 발전 및 국민복지의 증진에 이바지함을 목적으로 한다.

정답   01 ④   02 ②   03 ①   04 ④

05 위도가 37°일 때 동지 시 남중고도는?

① 76.5   ② 29.5
③ 53   ④ 39.5

풀이 절기별 태양의 남중고도
- 동지 시 : $90° - (\phi + 23.5°) = 90° - (37° + 23.5°)$
  $= 29.5°$
- 하지 시 : $90° - (\phi - 23.5°) = 90° - (37° - 23.5°)$
  $= 76.5°$
- 춘·추분 시 : $90° - \phi = 90° - 37° = 53°$

06 전기판매사업자가 작성하는 기본공급약관의 내용과 틀린 것은?

① 공급구역   ② 공급의 종류
③ 공급전압 및 주파수 ④ 공급역률

풀이 전기판매사업자가 작성하는 기본공급약관에는 다음의 사항이 포함되어야 한다.
- 공급구역
- 공급의 종류
- 공급전압 및 주파수
- 전기요금
- 전력량계 등의 전기설비 설치주체 및 내용과 전기설비공사의 비용부담에 관한 사항
- 공급전력 및 공급전력량의 측정 및 요금 계산방법
- 전기판매사업자와 전기사용자 간의 책임분계점
- 전기의 사용방법 및 기계·기구 등 용품의 사용 제한에 관한 사항

07 환경영향평가 대상이 되는 태양광발전소의 발전용량 기준은?

① 10,000[kW] 이상
② 20,000[kW] 이상
③ 50,000[kW] 이상
④ 100,000[kW] 이상

08 신·재생에너지 기술개발 및 이용·보급을 촉진하기 위한 기본계획에 대한 설명으로 옳지 않은 것은?

① 기본계획의 계획기간은 10년 이상으로 한다.
② 총 에너지생산량 중 신·재생에너지가 차지하는 비율의 목표가 포함된다.
③ 신·재생에너지 분야 전문인력 양성계획이 포함된다.
④ 온실가스 배출 감소 목표가 포함된다.

풀이 신에너지 및 재생에너지 개발·이용·보급 촉진법 제5조(기본계획의 수립)
① 산업통상자원부장관은 관계 중앙행정기관의 장과 협의를 한 후 제8조에 따른 신·재생에너지정책심의회의 심의를 거쳐 신·재생에너지의 기술개발 및 이용·보급을 촉진하기 위한 기본계획(이하 "기본계획"이라 한다)을 5년마다 수립하여야 한다.
② 기본계획의 계획기간은 10년 이상으로 하며, 기본계획에는 다음 각 호의 사항이 포함되어야 한다.
  1. 기본계획의 목표 및 기간
  2. 신·재생에너지원별 기술개발 및 이용·보급의 목표
  3. 총전력생산량 중 신·재생에너지 발전량이 차지하는 비율의 목표
  4. 「에너지법」 제2조제10호에 따른 온실가스의 배출 감소 목표
  5. 기본계획의 추진방법
  6. 신·재생에너지 기술수준의 평가와 보급전망 및 기대효과
  7. 신·재생에너지 기술개발 및 이용·보급에 관한 지원 방안
  8. 신·재생에너지 분야 전문인력 양성계획
  9. 직전 기본계획에 대한 평가
  10. 그 밖에 기본계획의 목표달성을 위하여 산업통상자원부장관이 필요하다고 인정하는 사항

09 온실가스의 종류가 아닌 것은?

① 메탄   ② 질소
③ 아산화질소   ④ 수소불화탄소

풀이 온실가스의 종류에는 이산화탄소(CO_2), 메탄(CH_4), 아산화질소(N_2O), 수소불화탄소(HFCs), 과불화탄소(PFCs), 육불화황(SF_6), 삼불화질소(NF_3)가 있다.

정답 05 ② 06 ④ 07 ④ 08 ② 09 ②

10 전기사업법의 목적을 달성하기 위해 전력수급의 안정과 전력산업의 경쟁촉진에 관한 기본적이고 종합적인 시책을 마련하는 곳은?

① 신·재생에너지센터
② 시·도의 에너지수급센터
③ 산업통상자원부
④ 한국전력발전부

풀이 전기사업법 제3조(정부 등의 책무)
① 산업통상자원부장관은 이 법의 목적을 달성하기 위하여 전력수급(電力需給)의 안정과 전력산업의 경쟁 촉진 등에 관한 기본적이고 종합적인 시책을 마련하여야 한다.

11 연료전지의 종합반응 결과물이 아닌 것은?

① 전력　　② 열
③ 물　　　④ 수소

풀이 연료전지의 종합반응 결과물은 전력, 열, 물이며, 수소는 연료전지의 연료에 해당된다.

12 신재생에너지의 설명 중 올바른 것은?

① 수소에너지는 신에너지와 재생에너지 중 재생에너지에 속한다.
② 수력발전은 표층과 심층의 해수온도차를 이용한 것이다.
③ 해양에너지에는 조력, 수력, 해양온도차 발전 등이 있다.
④ 폐기물에너지는 가연성 폐기물에서 발생되는 발열량을 이용한 것이다.

풀이 • 수소에너지는 신에너지이다.
  • 표층과 심층의 해수온도차를 이용한 것은 해양에너지(온도차 발전)이다.
  • 해양에너지에는 조력, 조류, 해양온도차, 파력발전이 있다.
  • 수력발전은 물이 가지고 있는 위치에너지를 운동에너지로 변환시켜 전기를 생산한다.

13 태양광발전에 영향을 주는 인자끼리 바르게 묶인 것은?

① 전압-온도, 전류-풍량
② 전압-온도, 전류-일사량
③ 전압-풍량, 전류-일사량
④ 전압-일사량, 전류-온도

풀이 태양광발전에 영향을 주는 인자로 전압은 온도에 반비례하고, 전류는 일사량에 비례한다.

14 신·재생에너지 이용 건축물에 대한 인증 건축물의 취소사항에 해당하는 경우로 틀린 것은?

① 거짓이나 그 밖의 부정한 방법으로 건축물 인증을 받은 경우
② 건축물 인증을 받은 건축물의 사용승인이 취소된 경우
③ 건축물 인증심사기준에 부적합한 것으로 발견된 경우
④ 건축물 인증을 받은 건축물이 용도변경된 경우

풀이 용도변경은 취소사항이 아니다.

15 저압배전선로에 연계 가능한 태양광발전설비의 최대용량은?

① 100[kW] 미만　　② 50[kW] 미만
③ 80[kW] 미만　　 ④ 60[kW] 미만

풀이 저압배전선로에 연계 가능한 태양광발전설비의 최대용량은 100[kW] 미만이다.

16 2012년 1월 1일부터 국내 총 발전량의 일정 비율을 신·재생에너지로 의무화하는 제도는?

① FIT(Feed In Tariff)
② REC(Renewable Energy Certificate)
③ RPS(Renewable Portfolio Standard)
④ FERC(Federal Energy Regulatory Commission)

정답 10 ③　11 ④　12 ④　13 ②　14 ④　15 ①　16 ③

풀이 ① FIT(Feed In Tariff) : 발전차액지원제도
② REC(Renewable Energy Certificate) : 신·재생에너지 공급인증서의 발급 및 거래단위로서 공급인증서 발급대상설비에서 공급된 [MWh] 기준의 신·재생에너지 전력량에 대해 가중치를 곱하여 부여하는 단위
③ RPS(Renewable Portfolio Standard) : 신·재생에너지 공급의무화 제도
④ FERC(Federal Energy Regulatory Commission) : 미국 연방에너지규제위원회

17 태양의 남중고도에 대한 설명으로 잘못된 것은?

① 지구의 자전축이 공전축에 대해 66.5° 기울어져 있는 상태로 공전하기 때문에 태양의 남중고도에 변화가 생긴다.
② 남중고도의 변화로 계절의 변화가 생긴다.
③ 남중고도가 높을수록 그림자 길이가 길다.
④ 하지 때 태양의 남중고도는 남반구에서 최대, 북반구에서 최소가 된다.

풀이 하지 때 태양의 남중고도는 북반구에서 최대, 남반구에서 최소가 된다. 춘분과 추분일 때 남중고도는 적도에서 최대가 된다.

18 신·재생에너지 연료 혼합의무 불이행에 대한 과징금의 통지를 받은 경우 받은 날부터 며칠 이내에 과징금을 산업통상자원부장관이 정하는 수납기관에 내야 하는가?

① 30일   ② 60일
③ 90일   ④ 120일

풀이 신에너지 및 재생에너지 개발·이용·보급 촉진법 시행령 제26조의5(신·재생에너지 연료 혼합의무 불이행에 대한 과징금의 부과 및 납부)
② 제1항에 따라 통지를 받은 자는 통지를 받은 날부터 30일 이내에 과징금을 산업통상자원부장관이 정하는 수납기관에 내야 한다. 다만, 천재지변이나 그 밖의 부득이한 사유로 그 기간에 과징금을 낼 수 없을 때에는 그 사유가 해소된 날부터 7일 이내에 내야 한다.

19 발전차액의 지원을 위한 기준가격의 산정기준으로 틀린 것은?

① 신·재생에너지 발전사업자의 송전·배전선로 이용요금
② 신·재생에너지 발전기술의 사용화 수준 및 시장 보급 여건
③ 운전 중인 신·재생에너지 발전사업자의 경영 여건 및 운전 실적
④ 전력시장에서의 신·재생에너지발전에 의하여 공급한 전력의 거래 건수

풀이 신재생에너지 발전차액 지원 기준가격의 산정기준
- 신·재생에너지 발전소의 표준공사비, 운전유지비, 투자보수비 및 각종 세금과 공과금
- 신·재생에너지 발전소의 설비이용률, 수명기간, 사고보수율과 발전소에서의 신·재생에너지 소비율 설계치 및 실적치
- 신·재생에너지 발전사업자의 송전·배전선로 이용요금
- 신·재생에너지 발전기술의 상용화 수준 및 시장 보급 여건
- 운전 중인 신·재생에너지 발전사업자의 경영 여건 및 운전 실적
- 전기요금 및 전력시장에서의 신·재생에너지 발전에 의하여 공급한 전력의 거래가격 수준

20 태양광발전소 부지 선정 시 일반적인 고려사항으로 틀린 것은?

① 부지 가격에 대한 평가
② 주변 식생에 의한 음영 여부 확인
③ 일사량 조사 및 동향배치 가능 여부 확인
④ 토사, 암반의 지내력 및 지반, 지질 상태 확인

풀이 북반구의 경우 태양광발전소 부지 선정 시 남향배치 가능 여부를 확인하고, 남반구는 북향배치 가능 여부를 확인한다.

정답 17 ④ 18 ① 19 ④ 20 ③

2과목 태양광발전시스템 구성·선정

21 계통연계하는 분산형 전원을 설치하는 경우 고장 발생 시 자동적으로 분산형 전원을 전력계통으로부터 분리하기 위한 장치를 시설하여야 하는데 다음 중 그 고장에 해당되지 않는 것은?

① 단독운전상태
② 연계한 전력계통의 이상 또는 고장
③ 분산형 전원의 이상 또는 고장
④ 자립운전상태

풀이 자립운전이란 분산형 전원이 한전계통으로부터 분리된 상태에서 해당 구내계통 내의 부하에만 전력을 공급하고 있는 상태이다.

22 케이블의 방화구획 관통부 처리에서 불필요한 것은?

① 난연성
② 내열성
③ 내화구조
④ 단열구조

풀이 케이블의 방화구획 관통부 처리 목적
  ㉠ 화재 발생 시 전선배관의 관통부분에서 다른 설비로의 화재 확산 방지
  ㉡ Cable이 옥외에서 옥내로 들어올 때 관통부분 처리
    • 난연성 : 관통부분의 충진재, 배관재의 변형탈락, 소손 등으로 인해 뒷면에 화염이나 연기가 발생하지 않을 것
    • 내열성 : 관통부분의 충진재, 내열실재의 전열에 의해 뒷면이 연소할 위험이 있는 온도가 되지 않을 것
  ※ 단열구조는 건축에서 열이 외부로 빠져나가지 않도록 하는 구조

23 셀의 직렬연결 시 음영에 의한 출력은 몇 [W] 인가?(단, 셀은 모두 5[W]×10개이고, 음영에 의해 출력이 저하한 셀은 3.5[W]×4개이다.)

① 50
② 44
③ 35
④ 28

풀이 직렬연결 시 음영에 영향을 받는 셀이 직렬연결된 모든 셀에 영향을 미친다.

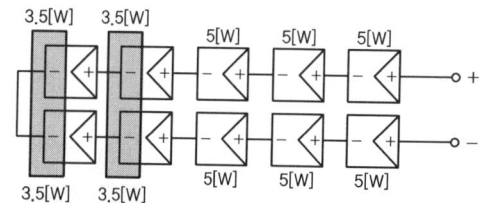

4개 셀에 음영 발생 시(직렬)
$3.5 \times 10 = 35[W]$

24 태양광발전시스템의 분류 중 전력회사의 배전선에서 멀리 떨어진 산악지대 및 외딴 섬 등에서 사용하는 방식은?

① 계통연계형 시스템
② 독립형 시스템
③ 추적형 시스템
④ 연동형 시스템

풀이 독립형 시스템
  멀리 떨어진 산악지대 및 외딴 섬과 같이 전기가 들어오지 않는 지역에서 태양광발전기로 전기를 공급하는 방식

25 방화구획 관통부의 처리 시 배선을 옥외에서 옥내로 끌어들이는 관통부분에 충족하여야 하는 사항 2가지는?

① 내열성과 가요성
② 난연성과 내후성
③ 난연성과 내열성
④ 내열성과 내후성

풀이 방화구획 관통부 처리
  • 난연성 : 관통부분의 충진재, 케이블, 배관재의 변형, 탈락, 소실로 인해 뒷면에 화염, 연기가 나지 않을 것
  • 내성 : 관통부분의 충진재, 내열실재의 전열에 의해 뒷면이 연소할 위험이 있는 온도가 되지 않을 것

26 계통연계 보호장치 중 인버터 내부에 내장되지 않는 계전기는?

① 과전압계전기
② 저전압계전기
③ 과주파수계전기
④ 지락과전압계전기

정답 21 ④ 22 ④ 23 ③ 24 ② 25 ③ 26 ④

풀이) 인버터에 내장되는 계전기는 과전압계전기, 저전압계전기, 과주파수계전기, 저주파수계전기이다. 지락과전압계전기는 계통단락 사고보호를 위하여 고압 측에 설치한다.

27 그림과 같이 태양광어레이의 배선연결을 설계하였을 때의 문제점으로 가장 옳은 것은?

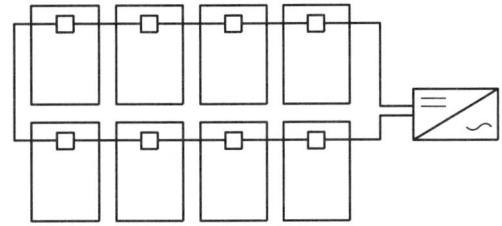

① 낙뢰에 취약하다.
② 누설전류가 커진다.
③ 고조파가 발생한다.
④ 전선의 길이가 길어져 전압강하가 커진다.

풀이) 전계가 넓게 분포되어 낙뢰에 취약하다.

28 전기공사의 종류와 예시가 잘못 짝지어진 것은?

① 발전설비공사 : 태양광발전소의 전기설비공사
② 송전설비공사 : 철탑 조립공사
③ 변전설비공사 : 모선 설치공사
④ 배전설비공사 : 보호제어설비 설치공사

풀이) 전기공사의 종류에 따른 전기공사의 예시

전기공사의 종류	전기공사의 예시
발전설비공사	발전소(원자력발전소, 화력발전소, 풍력발전소, 수력발전소, 조력발전소, 태양열발전소, 내연발전소, 열병합발전소, 태양광발전소 등의 발전소를 말한다.)의 전기설비공사와 이에 따른 제어설비공사
송전설비공사	• 공중송전설비공사 : 공중송전설비공사에 부대되는 철탑기초공사 및 철탑조립공사(지지물 설치 및 철탑도장을 포함한다.), 공중전선설치공사(금구류 설치를 포함한다.), 횡단 개소의 보조설비공사, 보호선·보호망공사
	• 지중송전설비공사 : 지중송전설비공사에 부대되는 전력구설비공사, 공동구 안의 전기설비공사, 전력지중관로설비공사, 전력케이블 설치공사(전선방재설비공사를 포함한다.)
	• 물밑송전설비공사 : 물밑전력케이블 설치공사
	• 터널 안 전선로공사 : 철도·궤도·자동차도·인도 등의 터널 안 전선로공사
변전설비공사	• 변전설비 기초공사 : 변전기기, 철구, 가대 및 덕트 등의 설치를 위한 공사
	• 모선설비공사 : 모선(母線) 설치(금구류 및 애자장치를 포함한다.), 지지 및 분기개소의 설비공사
	• 변전기기 설치공사 : 변압기, 개폐장치(차단기, 단로기 등을 말한다.), 피뢰기 등의 설치공사
	• 보호제어설비 설치공사 : 보호·제어반 및 제어케이블의 설치공사
배전설비공사	• 공중배전설비공사 : 전주 등 지지물공사, 변압기 등 전기기기 설치공사, 가선공사(수목전지공사를 포함한다.)
	• 지중배전설비공사 : 지중배전설비공사에 부대되는 전력구설비공사, 공동구 안의 전기설비공사, 전력지중관로설비공사, 변압기 등 전기기기 설치공사, 전력케이블 설치공사(전선방재설비공사를 포함한다.)
	• 물밑배전설비공사 : 물밑전력케이블 설치공사
	• 터널 안 전선로공사 : 철도·궤도·자동차도·인도 등의 터널 안 전선로공사

※ 보호제어설비 설치공사는 변전설비공사이다.

29 1,000[kW] 태양광발전시스템어레이의 직병렬 구성으로 가장 적합한 것은?(단, 인버터의 입력범위는 430~750[V]이며, 기타 조건은 표준상태이다.)

- P_{mpp} : 250[W]
- V_{mpp} : 30.5[V]
- I_{mpp} : 8.2[A]
- V_{oc} : 37.5[V]
- I_{sc} : 8.4[A]

① 18직렬 200병렬   ② 18직렬 240병렬
③ 20직렬 200병렬   ④ 20직렬 240병렬

정답 27 ① 28 ④ 29 ③

풀이 모듈의 직렬수 = $\dfrac{\text{인버터 입력전압}}{\text{모듈의 최대동작전압}}$

인버터 입력전압은 인버터 MPP 동작전압의 중간값

$= \dfrac{430+750}{2} = 590$

모듈직렬수 $= \dfrac{590}{30.5} = 19.3$(직렬)

최소직렬수이므로 절상 직렬수 20개
전체발전량 = 모듈 직렬수 × 모듈 병렬수
　　　　　× 모듈 1개 출력

모듈 병렬수 $= \dfrac{\text{전체발전량}}{\text{모듈 직렬수} \times \text{모듈 1개 출력}}$

$= \dfrac{1,000 \times 10^3}{20 \times 250} = 200$(병렬)

30 뇌보호시스템 중 내부 뇌보호시스템은?

① 접지시스템
② 인하도선시스템
③ 수뢰부시스템
④ 서지보호장치시스템

풀이 • 외부 뇌보호시스템 : 수뢰부시스템, 인하도선시스템, 접지시스템
• 내부 뇌보호시스템 : 접지와 본딩, 자기차폐, 선로의 포설경로, 절연인터페이스, 협조된 서지보호장치(SPD)

31 한국전기설비규정(KEC)에서 전압을 구분하는 경우 고압에서의 직류범위로 옳은 것은?

① 1,000[V] 이상 7,000[V] 이하
② 1,000[V] 초과 7,000[V] 이하
③ 1,500[V] 초과 7,000[V] 이하
④ 1,500[V] 이상 7,000[V] 이하

32 계통연계형 태양광발전시스템의 특징이 아닌 것은?

① 초과 생산된 전력을 계통에 보내거나 전력생산이 불충분할 경우 계통으로 전력을 공급받을 수 있는 시스템이다.
② 주택용 및 상업용의 태양광발전시스템에 도입할 수 있다.
③ 전력저장장치를 별도로 설치해야 하므로 가격이 비싸다.
④ 태양광발전에서 생산된 전력은 지역전력망으로 공급할 수 있다.

풀이 계통연계형 태양광발전시스템은 전력저장장치가 필요치 않아 설치비가 저렴하다.

33 발·변전소의 주요 변압기에 반드시 시설하지 않아도 되는 계측기는?

① 전압계　　② 전류계
③ 역률계　　④ 온도계

풀이 계측장치는 전압계, 전류계, 전력계, 온도계이다.

34 태양전지의 변환효율로 옳은 것은?

① $\dfrac{\text{출력 전기에너지}}{\text{입사 태양광에너지}} \times 100$

② $\dfrac{\text{인버터 출력 전기에너지}}{\text{인버터 입력 전기에너지}} \times 100$

③ $\dfrac{\text{출력 전기에너지}}{\text{출력 태양광에너지}} \times 100$

④ $\dfrac{\text{입사 태양광에너지}}{\text{태양광발생에너지}} \times 100$

풀이 태양전지의 변환효율
$= \dfrac{\text{태양전지모듈 최대출력}}{\text{단위면적당 태양광입사량}} \times 100$

35 고압 및 특별고압의 전로에 피뢰기를 설치하지 않아도 되는 것은?

① 변전소 또는 이에 준하는 장소의 가공전선 인입구 및 인출구
② 고압 및 특고압 가공전선로로부터 공급을 받는 수용장소의 인입구
③ 지중전선로에 연결된 구내 수전설비 2차 측 선로
④ 가공전선로와 지중전선로가 접속되는 곳

정답 30 ④　31 ③　32 ③　33 ③　34 ①　35 ③

풀이 피뢰기의 시설
- 발·변전소 또는 이에 준하는 장소의 가공전선 인입구 및 인출구
- 배전용 변압기의 고압 측 및 특고압 측
- 고압 및 특고압 가공전선로로부터 공급을 받는 수용장소의 인입구
- 가공전선로와 지중전선로가 접속되는 곳

36 방범용 CCTV 시스템 설계 시 고려사항으로 틀린 것은?

① 발전소 내부 전 공간의 실시간 감시 가능
② 감시제어반에서의 통합감시 가능
③ 최소 30일 이상의 기록이 가능한 저장장치
④ 개별화된 장비(하드웨어) 및 솔루션(소프트웨어)

풀이 CCTV 시스템
표준화된 장비(하드웨어) 및 솔루션(소프트웨어)

37 태양전지모듈의 방사조도 특성에 관한 설명 중 잘못된 것은?

① 태양전지모듈의 출력사양은 일반적으로 AM 1.5에서 측정된 출력이다.
② 방사조도는 1,500[W/m²] 값을 기준으로 한다.
③ 방사조도(일사강도)란 수조면 1[m²]에 도달하는 태양에너지의 힘을 표시하며 단위는 [W/m²]이다.
④ 방사조도가 클수록 전류 및 전압은 더욱 커지게 되며 유효전력을 많이 사용할 수 있다.

풀이 방사조도는 1,000[W/m²]이다.

38 한국전기설비규정에서 전로의 중성점의 접지 목적으로 틀린 것은?

① 대지전압의 저하
② 손실전력의 감소
③ 이상 전압의 억제
④ 전로 보호장치의 확실한 동작 확보

풀이 전로의 중성점의 접지
전로의 보호장치의 확실한 동작의 확보, 이상 전압의 억제 및 대지전압의 저하를 위하여 특히 필요한 경우에 전로의 중성점에 접지공사를 할 경우에는 다음 각 호에 따라야 한다.

39 지중에 매설되어 있고 대지와의 전기저항값이 몇 [Ω] 이하의 값을 유지하고 있는 금속제 수도관을 접지전극으로 사용할 수 있는가?

① 2
② 3
③ 4
④ 5

풀이 수도관 등의 접지극
지중에 매설되어 있고 대지와의 전기저항값이 3[Ω] 이하의 값을 유지하고 있는 금속제 수도관로는 이를 접지공사의 접지극으로 사용할 수 있다.

40 분산형 전원을 인버터를 이용하여 전력계통에 연계하는 경우 인버터로부터 직류가 계통으로 유출되는 것을 방지하기 위하여 접속점과 인버터 사이에 설치하는 것은?

① 차단기
② 전동기
③ 보호계전기
④ 상용주파수변압기

풀이 저압계통 연계 시 직류유출 방지 변압기의 시설
분산형 전원설비를 인버터를 이용하여 전기판매사업자의 저압전력계통에 연계하는 경우 인버터로부터 직류가 계통으로 유출되는 것을 방지하기 위하여 접속점(접속설비와 분산형 전원설비 설치자 측 전기설비의 접속점을 말한다)과 인버터 사이에 상용주파수변압기(단권변압기를 제외한다)를 시설하여야 한다. 다만, 다음을 모두 충족하는 경우에는 예외로 한다.
- 인버터의 직류 측 회로가 비접지인 경우 또는 고주파변압기를 사용하는 경우
- 인버터의 교류출력 측에 직류검출기를 구비하고, 직류 검출 시에 교류출력을 정지하는 기능을 갖춘 경우

정답 36 ④ 37 ② 38 ② 39 ② 40 ④

3과목　태양광발전 시공

41 고소작업차 안전운전에 관한 기술지침에 따른 안전수칙에 대한 설명으로 틀린 것은?

① 고소작업차를 임의변경 또는 개조하지 말아야 한다.
② 고소작업차 운전자에게는 실기교육을 실시하여야 한다.
③ 조작레버는 중립 또는 차단상태에서 시동을 걸어야 한다.
④ 붐이나 작업대는 다른 구조물을 지지할 수 있도록 하여야 한다.

풀이 고소작업차는 붐이나 작업대는 다른 구조물을 지지해서는 안 된다.

42 태양광발전소공사의 경우 사용 전 검사를 받는 시기는?

① 공사가 착공된 때
② 전체 공사가 완료된 때
③ 태양광발전어레이 공사가 완료된 때
④ 내압시험을 할 수 있는 상태가 된 때

풀이 태양광발전소의 사용 전 검사는 전체 공사가 완료된 후에 받는다.

43 가공전선의 구비조건으로 틀린 것은?

① 비중이 클 것
② 도전율이 클 것
③ 내구성이 있을 것
④ 기계적 강도가 클 것

풀이 가공전선의 구비조건
- 도전율이 클 것
- 기계적 강도가 클 것
- 비중이 작을 것
- 내구성이 클 것

44 변전실의 면적에 영향을 주는 요소로 틀린 것은?

① 변전실의 접지방식
② 수전전압 및 수전방식
③ 건축물의 구조적 여건
④ 변전설비 변압방식, 변압기 용량, 수량 및 형식

풀이 변전실의 면적 산정 시 고려사항
- 수전전압 및 수전방식
- 변전설비의 변압방식, 변압기 용량, 수량 및 형식
- 건축물의 구조적 여건 등

45 금속제 케이블트레이의 종류로 틀린 것은?

① 사다리형　　② 통풍 채널형
③ 바닥 밀폐형　④ 바닥 개방형

풀이 금속제 케이블트레이의 종류
- 사다리형
- 바닥 밀폐형
- 바닥 통풍형
- 통풍 채널형

46 전력시설물 공사감리업무 수행지침에 의해 책임감리원이 분기보고서를 발주자에게 제출하는 기간은 매 분기 말 다음달 며칠 이내로 제출하여야 하는가?

① 5일　　　　② 7일
③ 10일　　　④ 15일

풀이 분기보고서 작성제출
책임감리원은 다음 각호의 사항이 포함된 분기보고서를 작성하여 발주자에게 제출하여야 한다. 분기보고서는 매 분기 말 다음달 7일 이내로 제출한다.

47 시설물별 표준적인 시공기준으로 발주처 또는 설계 등 용역업자가 공사시방서를 작성하는 경우에 활용하기 위한 시공기준을 규정한 시방서는 어느 것인가?

① 표준시방서　② 전문시방서
③ 특기시방서　④ 기술시방서

정답　41 ④　42 ②　43 ①　44 ①　45 ④　46 ②　47 ①

풀이
- 공사시방서 : 공사시방서는 표준시방서 및 전문시방서를 기본으로 하여 작성
- 표준시방서 : 시설물의 안전 및 공사시행의 적정성과 품질확보 등을 위하여 시설물별로 정한 표준적인 시공기준으로서 발주처 또는 설계업자가 공사시방서를 작성하는 경우에 활용하기 위한 시공기준
- 전문시방서 : 시설물 표준시방서를 기본으로 모든 공종을 대상으로 하며 특정한 공사의 시공 또는 공사시방서의 작성에 활용하기 위한 종합적인 시공기준

48 태양광발전시스템의 응급조치 순서 중 차단과 투입 순서가 옳은 것은?

Ⓐ 한전차단기
Ⓑ 접속함 내부차단기
Ⓒ 인버터

① Ⓒ→Ⓑ→Ⓐ, Ⓐ→Ⓑ→Ⓒ
② Ⓒ→Ⓑ→Ⓐ, Ⓐ→Ⓑ→Ⓒ
③ Ⓑ→Ⓒ→Ⓐ, Ⓐ→Ⓒ→Ⓑ
④ Ⓐ→Ⓑ→Ⓒ, Ⓐ→Ⓑ→Ⓒ

풀이 태양광발전시스템의 응급조치 순서
- 차단순서 : 접속함 내부차단기 → 인버터 → 한전차단기
- 투입순서 : 한전차단기 → 인버터 → 접속함 내부차단기

49 가공전선로와 비교하여 지중전선로의 특징으로 옳은 것은?

① 건설비가 싸다.
② 건설기간이 짧다.
③ 사고복구를 단시간에 할 수 있다.
④ 외부 기상조건의 영향을 거의 받지 않는다.

풀이 지중전선로의 특징
㉠ 장점
- 안전하다.
- 미관상 좋다.
- 낙뢰에 영향을 받지 않는다.
- 통신선에 유도장애가 적다.
- 외부 기상조건의 영향을 거의 받지 않는다.
㉡ 단점
- 고장점 검출이 어렵고 복구에 시간이 많이 걸린다.
- 시설비가 비싸다.
- 건설기간이 길다.

50 전력시설물 공사감리업무 수행지침에 따라 기자재 공급승인요청서에 첨부되어 제출되는 서류가 아닌 것은?

① 현장테스트 사진
② 납품실적 증명서
③ 시험성과 대비표
④ 품질시험 대행 국·공립시험기관의 시험성과

풀이 공사감리업무 수행지침 중 기자재 공급승인요청서에 첨부되어 제출되는 서류
- 품질시험 대행 국·공립시험기관의 시험성과
- 납품실적 증명서
- 시험성과 대비표

51 전기사용장소의 사용전압이 저압인 전로의 전선 상호 간 및 전로와 대지 사이의 절연저항은 개폐기 또는 과전류차단기로 구분할 수 있는 전로마다 다음 표에서 정한 값 이상이어야 한다. 다음 표의 ㉠, ㉡의 내용에 알맞은 것은?

전로의 사용전압 [V]	DC 시험전압 [V]	절연사항 [MΩ]
SELV 및 PELV	250	(㉠)
FELV, 500[V] 이하	500	(㉡)
500[V] 초과	1,000	1.0

① ㉠ : 1.0, ㉡ : 0.5
② ㉠ : 0.5, ㉡ : 0.5
③ ㉠ : 0.5, ㉡ : 1.0
④ ㉠ : 1.0, ㉡ : 1.0

풀이 저압전로의 절연성능
전기사용장소의 사용전압이 저압인 전로의 전선 상호 간 및 전로와 대지 사이의 절연저항은 개폐기 또는 과전류차단기로 구분할 수 있는 전로마다 다음 표에서 정한 값 이상이어야 한다. 다만, 전선 상호 간의

정답 48 ③ 49 ④ 50 ① 51 ③

절연저항은 기계기구를 쉽게 분리하기가 곤란한 분기회로의 경우 기기 접속 전에 측정할 수 있다.
또한, 측정 시 영향을 주거나 손상을 받을 수 있는 SPD 또는 기타 기기 등은 측정 전에 분리시켜야 하고, 부득이하게 분리가 어려운 경우에는 시험전압을 250[V] DC로 낮추어 측정할 수 있지만 절연저항 값은 1[MΩ] 이상이어야 한다.

전로의 사용전압 [V]	DC 시험전압 [V]	절연사항 [MΩ]
SELV 및 PELV	250	0.5
FELV, 500[V] 이하	500	1.0
500[V] 초과	1,000	1.0

52 태양광발전모듈 설치구조물의 구조설계 시 일반적으로 적용되는 상정하중에 해당하지 않는 것은?

① 적설하중   ② 지진하중
③ 고정하중   ④ 온도하중

풀이 모듈 설치구조물의 구조설계 시 상정하중
- 수직하중 : 고정하중, 적설하중, 활하중
- 수평하중 : 풍하중, 지진하중

53 전력시설물 공사감리업무 수행지침에 따라 감리원은 공사업자의 시공기술자 등이 공사현장에 적합하지 않다고 인정되는 경우에는 시정을 요구하고 이에 불응하는 때에는 발주자에게 그 실정을 보고하여 교체사유가 인정되면 공사업자는 교체요구에 응하여야 한다. 이 경우의 교체사유로 틀린 것은?

① 시공관리책임자가 불법하도급을 하거나 이를 방치하였을 때
② 시공관리책임자가 시공능력이 준수하다고 인정되나 정당한 사유 없이 기성공정이 예정공정보다 빠를 때
③ 시공관리책임자가 감리원과 발주자의 사전 승낙을 받지 아니하고 정당한 사유 없이 해당 공사현장을 이탈할 때
④ 시공관리책임자가 고의 또는 과실로 공사를 조잡하게 시공하거나 부실시공을 하여 일반인에게 위해를 끼친 때

풀이 시공기술자 교체사유
- 시공기술자 및 안전관리자가 관계 법령에 따른 배치기준, 겸직금지, 보수교육 이수 및 품질관리 등의 법규를 위반하였을 때
- 시공관리책임자가 감리원과 발주자의 사전승낙을 받지 아니하고 정당한 사유 없이 해당 공사현장을 이탈한 때
- 시공관리책임자가 고의 또는 과실로 공사를 조잡하게 시정하거나 부실시공을 하여 일반인에게 위해(危害)를 끼친 때
- 시공관리책임자가 계약에 따른 시공 및 기술능력이 부족하다고 인정되거나 정당한 사유 없이 기성공정이 예약공정에 현격히 미달한 때
- 시공관리책임자가 불법하도급을 하거나 이를 방치하였을 때
- 시공기술자의 기술능력이 부족하여 시공에 차질을 초래하거나 감리원의 정당한 지시에 응하지 아니할 때
- 시공관리책임자가 감리원의 검사·확인 등 승인을 받지 아니하고 후속공정을 진행하거나 정당한 사유 없이 공사를 중단할 때

54 수공구 사용 안전지침에 따른 조립공구에 속하지 않는 것은?

① 끌   ② 렌치
③ 드라이버   ④ 플라이어

풀이 수공구 사용 안전지침에 따른 조립공구
- 드라이버
- 칼
- 가위
- 렌치
- 바이스
- 펜치
- 줄
- 해머
- 플라이어
- 스패너
- 톱
- 끌과 펜치
- 클램프

55 배전선로의 전력손실 경감과 관계없는 것은?

① 승압   ② 역률 개선
③ 다중접지방식 채용   ④ 부하의 불평형 방지

정답 52 ④ 53 ② 54 ① 55 ③

풀이 배전선로의 전력손실 경감
- 승압
- 역률 개선
- 부하의 불평형 방지

56 옥상 또는 지붕 위에 설치한 태양전지어레이로부터 접속함으로 배선할 경우 그림과 같이 케이블의 곡률반경은 케이블 외경의 몇 배 이상의 반경으로 배선해야 하는가?

① 2배 이상 ② 4배 이상
③ 6배 이상 ④ 8배 이상

풀이 옥상 지붕 위에 설치하는 물막이는 원칙적으로 케이블 외경의 6배 이상 구부려 배선한다.

57 설계감리업무 수행지침에 따른 설계감리원의 기본임무수행사항이 아닌 것은?

① 과업지시서에 따라 업무를 성실히 수행하고 설계의 품질향상에 따라 노력하여야 한다.
② 설계용역 계약 및 설계감리용역 계약내용이 충실히 이행될 수 있도록 하여야 한다.
③ 설계 및 설계감리용역 시행에 따른 업무연락, 문제점 파악 및 민원해결 등을 성실히 수행하여야 한다.
④ 설계공정의 진척에 따라 설계자로부터 필요한 자료 등을 제출받아 설계용역이 원활히 추진될 수 있도록 설계감리업무를 수행하여야 한다.

풀이 민원해결은 설계감리의 기본임무사항이 아니다.

58 태양광발전시스템의 시공절차와 주의사항에 대한 설명으로 틀린 것은?

① 주철가대, 금속제 외함 및 금속배관 등은 누전사고 방지를 위한 접지공사가 필요하다.
② 태양광발전시스템의 전기공사는 태양광발전모듈의 설치와 병행하여 진행한다.
③ 공사용 자재 반입 시 레커차를 사용할 경우, 레커차의 암 선단이 배전선에 근접할 때, 절연전선 또는 전력케이블에 보호관을 씌운 후 전력회사에 통보한다.
④ 태양광발전모듈의 배열 및 결선방법은 모듈의 출력전압과 설치장소에 따라 다르기 때문에 체크리스트를 이용하여 시공 전과 후에도 확인하는 것이 바람직하다.

풀이 공사용 자재 반입 시 레커차를 사용할 경우 레커차의 암 선단이 배전선에 근접 시에는 전력회사에 통보하고 전력회사에서 절연전선 또는 전력케이블에 보호관을 씌운 후 작업에 임한다.

59 지붕에 설치하는 태양광발전 형태는?

① 창재형 ② 차양형
③ 루버형 ④ 톱 라이트형

풀이 모듈의 설치방식에 따른 분류
- 지붕설치형 : 경사지붕형, 평지붕형
- 지붕건재형 : 지붕재 일체형, 지붕재형
- 아트리움지붕 및 천장형
- 톱 라이트형 : 천장조명의 유리부분에 맞게 태양광모듈을 설치하는 유형, 채광 및 셀에 의한 차폐효과

60 태양광발전시스템의 일반적인 시공 순서로 옳은 것은?

㉠ 모듈 ㉡ 어레이
㉢ 인버터 ㉣ 접속반
㉤ 계통 간 전선

정답 56 ③ 57 ③ 58 ③ 59 ④ 60 ①

① ㉠→㉡→㉣→㉢→㉤
② ㉠→㉤→㉢→㉡→㉣
③ ㉠→㉣→㉡→㉤→㉢
④ ㉠→㉢→㉤→㉣→㉡

풀이 태양광발전시스템의 시공 순서
모듈 → 어레이 → 접속반 → 인버터 → 계통간 전선

4과목　태양광발전 유지관리

61 태양광발전시스템의 유지보수에서 연계보호장치의 점검 부위가 아닌 것은?

① 전자접촉기
② 보호릴레이
③ 보조릴레이
④ 냉각팬 히터

풀이 태양광발전시스템의 연계보호장치 점검 부위는 보호릴레이, 트랜스듀서, 제어전원, 보조릴레이, 냉각팬 히터이다.

62 태양광발전시스템의 개방전압을 측정할 때 유의해야 할 사항으로 틀린 것은?

① 태양광발전어레이의 표면은 청소하지 않아도 된다.
② 각 스트링의 측정은 안정된 일사강도가 얻어질 때 실시한다.
③ 태양광발전모듈은 비오는 날에도 미소한 전압이 발생하고 있으므로 매우 주의하여 측정해야 한다.
④ 측정시각은 일사강도, 온도의 변동을 극히 적게 하기 위해 맑을 때, 남쪽에 있을 때의 전후 1시간에 실시하는 것이 바람직하다.

풀이 개방전압 측정 시 유의사항
태양광발전어레이의 표면을 청소한다.

63 태양광발전용 접속함의 고장과 원인의 연결로 틀린 것은?

① 퓨즈홀더 변형 – 과열
② 어레이단자 변형 – 환기불량
③ 환기팬 소음 – 환기팬 노화
④ 다이오드 과열 – 과전류 직속

풀이 접속함의 고장과 원인
- 퓨즈홀더 변형 – 과열
- 환기팬 소음 – 환기팬 노화
- 다이오드 과열 – 과전류 직속, 다이오드 불량
- 터미널튜브 변색 – 과전류, 과열
- 부스바 과열 – 과전류, 부스바 결합상태 불량
※ 어레이단자 변형과 환기불량은 직접적인 관련성이 없다.

64 자가용 전기설비 검사업무 처리규정에 따라 정기검사 시 태양광발전설비의 전력변환장치의 검사세부 종목이 아닌 것은?

① 규격 확인
② 충전기능시험
③ 부하운전시험
④ 제어회로 및 경보장치

풀이 자가용 태양광발전설비 전력변환장치의 정기검사항목

검사항목	세부검사내용	수검자 준비자료
전력변환장치 일반 규격	규격확인	• 단선결선도 • 시퀀스도면 • 보호장치 및 계전기 시험성적서 • 절연저항시험성적서 • 절연내력시험성적서 • 경보회로시험성적서 • 부대설비시험성적서
전력변환장치 검사	• 외관검사 • 절연저항 • 제어회로 및 경보장치 • 단독운전 방지시험 • 인버터 운전시험 • 충전기능시험	
보호장치검사	보호장치시험	
축전지	• 시설상태 확인 • 전해액 확인 • 환기시설 상태	

정답　61 ①　62 ①　63 ②　64 ③

65 인버터의 절연저항 측정 시 주의사항으로 틀린 것은?

① SA 등의 정격에 약한 회로들은 회로에서 분리하여 측정한다.
② 정격전압이 입·출력과 다를 때는 낮은 측의 전압을 선택기준으로 한다.
③ 절연변압기를 장착하지 않은 인버터는 제조사가 추천하는 방법에 따라 측정한다.
④ 입·출력단자에 주회로 이외의 제어단자 등이 있는 경우 이것을 포함해서 측정한다.

풀이 인버터의 절연저항 측정 시 주의사항
정격전압이 입·출력과 다를 때는 높은 측의 전압을 선택기준으로 한다.

66 충전전로를 취급하는 근로자가 착용하여야 하는 절연용 보호구가 아닌 것은?

① 절연화　　　② 절연담요
③ 절연안전모　④ 절연고무장갑

풀이 절연용 보호구
 • 절연화
 • 절연안전모
 • 절연고무장갑

67 절연안전모의 착용 시 주의사항으로 틀린 것은?

① 턱끈을 단단히 조임
② 머리에 적합하도록 헤드밴드를 조절
③ 한 번이라도 큰 충격을 받았으면 사용하지 않음
④ 금속이나 도전성이 뛰어난 재료를 사용한 것을 사용

풀이 절연안전모 착용 시 주의사항
 • 턱끈을 단단히 조임
 • 머리에 적합하도록 헤드밴드를 조절
 • 한 번이라도 큰 충격을 받았으면 사용하지 않는다.
 ※ 절연안전모는 미도전성 재료 사용

68 발전 또는 구역전기 사업허가증의 사업규모에 작성되는 내용으로 틀린 것은?

① 주파수　　　② 공급단자
③ 설비용량　　④ 공급전압

풀이 구역전기 사업허가증 내용
 • 공급전압　• 주파수　• 설비용량

69 분산형 전원 배전계통연계 기술기준에 따라 분산형 전원 및 그 연계시스템은 분산형 전원 연결점에서 최대정격 출력전류의 몇 [%]를 초과하는 직류전류를 계통으로 유입시켜서는 안 되는가?

① 0.1　　　② 0.2
③ 0.3　　　④ 0.5

풀이 분산형 전원 연결점에서 최대정격 출력전류의 0.5[%]를 초과하는 직류전류를 계통으로 유입시켜서는 안 된다.

70 결정질실리콘 태양광발전모듈(성능)(KS C 8561 : 2020)의 검사 방법에 따른 외관검사에서 모듈 외관, 태양전지 등에 크랙, 구부러짐, 갈라짐 등의 이상 유무를 확인하기 위해 몇 [lx] 이상의 광조사상태에서 검사하는가?

① 1,000　　　② 1,200
③ 1,500　　　④ 2,000

풀이 KS C 8561(결정질태양전지모듈) 표준 6.1.1 외관검사 방법에 의거, 1,000[lux = lx] 이상의 광조사상태에서 모듈 외관, 태양전지 등에 크랙, 구부러짐, 갈라짐 등이 없는지 확인한다.

71 중대형 태양광발전용 인버터(계통연계형, 독립형)(KS C 8565 : 2016)에 따른 인버터의 시험항목으로 틀린 것은?

① 절연성능시험　　② 정상특성시험
③ 전자기적 적합성　④ 과열점내구성시험

정답　65 ②　66 ②　67 ④　68 ②　69 ④　70 ①　71 ④

풀이 인버터(계통연계형, 독립형)의 시험항목
- 구조시험
- 절연성능시험
- 보호기능시험
- 정상특성시험
- 과도응답 특성시험
- 외부사고시험
- 내전기 환경시험
- 내주위 환경시험
- 전자기적 적합성

72 감전의 위험을 방지하기 위해 정전작업 시에 작성하는 정전작업요령에 포함되는 사항이 아닌 것은?

① 정전확인 순서에 관한 사항
② 단락접지 실시에 관한 사항
③ 단독근무 시 필요한 사항
④ 시운전을 위한 일시운전에 관한 사항

풀이 정전작업 중 작업요령
- 작업책임자의 임명, 정전범위 및 절연용 보호구의 작업시작 전 점검
- 전로 또는 설비의 정전 순서에 관한 사항
- 개폐기 관리 및 표지판 부착에 관한 사항
- 정전확인 순서에 관한 사항
- 단락접지 실시에 관한 사항
- 전원 재투입에 관한 사항
- 점검 또는 시운전을 위한 일시운전에 관한 사항
- 교대근무 시 근무인계에 관한 사항

73 건물일체형 태양광모듈(BIPV)-성능평가 요구사항(KS C 8577 : 2016)에 따라 절연시험 시 모듈의 측정 면적에 따라 $0.1[m^2]$ 미만에서는 몇 $[M\Omega]$ 이상이어야 하는가?

① 0.4
② 4
③ 40
④ 400

풀이 건물일체형 태양광모듈(BIPV)-성능평가 요구사항(KS C 8577 : 2016)에 따라 절연시험 시 모듈의 측정 면적에 따라 $0.1[m^2]$ 미만에서는 $400[M\Omega]$ 이상이어야 한다.

74 태양광발전어레이의 육안점검사항으로 틀린 것은?

① 환기
② 가대의 부식과 녹슴
③ 외부 배선(접속케이블)
④ 유리 등의 표면 오염과 파손

풀이 어레이 육안점검사항
- 표면의 오염 및 파손
- 프레임 파손 및 변형
- 가대의 부식 및 녹
- 가대의 고정
- 가대의 접지(배선공사 및 접지의 접속)
- 코킹
- 지붕재 파손

75 태양광발전용 인버터의 표시부에 "Line Inverter Async Fault"가 나타난 경우 조치사항으로 옳은 것은?

① 퓨즈 교체 점검 후 운전
② 인버터 전압 점검 후 운전
③ 계통주파수 점검 후 운전
④ 전자접속기 교체 점검 후 운전

풀이 인버터의 표시부에 Line Inverter Async Fault(계통 인버터 위상 이상)가 나타난 경우 조치사항 : 계통주파수의 동기가 맞지 않는 경우 정상복귀 후 5분 후 자동운전

76 태양광발전시스템의 신뢰성 평가·분석항목에서 계측트러블에 속하는 것은?

① 직류지락
② 계통지락
③ 인버터 정지
④ 컴퓨터의 조작오류

풀이 신뢰성 평가·분석항목
㉠ 트러블(Trouble)
- 시스템트러블 : 인버터 정지 직류지락, 계통지락, RCD 트립

정답 72 ③ 73 ④ 74 ① 75 ③ 76 ④

• 계측트러블 : 컴퓨터 전원의 차단, 컴퓨터의 조작오류
  ㉡ 운전데이터의 결측상황
  ㉢ 계획정지 : 정전(정기점검, 개수정전, 계통정전)

77 태양광발전모듈의 유지관리사항이 아닌 것은?

① 모듈의 유리 표면 청결 유지
② 음영이 생기지 않도록 주변정리
③ 셀이 병렬로 연결되었는지 여부
④ 케이블 극성 유의 및 방수커넥터 사용 여부

풀이
• 셀의 병렬 여부는 시공 시 유의사항이다.
• 셀은 직렬로 연결되어야 한다.

78 태양광발전시스템의 성능평가를 위한 사이트 평가방법이 아닌 것은?

① 설치용량
② 설치 대상 기관
③ 설치시설의 지역
④ 설치 가격의 경제성

풀이 성능평가를 위한 사이트 평가방법
• 설치 대상 기관
• 설치시설의 분류
• 설치시설의 지역
• 설치형태
• 설치용량
• 설치각도와 방위
• 시공업자
• 기기제조사

79 중간단자함(접속함)의 육안점검항목으로 틀린 것은?

① 개방전압
② 배선의 극성
③ 단자대 나사의 풀림
④ 외함의 부식 및 파손

풀이 중간단자함(접속함)의 육안점검항목
• 외함의 부식 및 파손
• 방수처리
• 배선의 극성
• 단자대 나사 풀림

80 박막태양광발전모듈(성능)(KS C 8562 : 2015)에 따라 모듈의 자외선 열화에 민감한 재질과 압착 본드의 특성을 검사하기 위해 자외선을 모듈에 사전 조사하는 것을 목적으로 하는 시험은?

① 고온고습시험
② 옥외노출시험
③ UV 전처리시험
④ 온도사이클시험

풀이 UV 전처리시험
박막 모듈에 따라 압착 본드의 특성을 검사하기 위해 자외선을 모듈에 사전 조사하는 시험방법

정답 77 ③ 78 ④ 79 ① 80 ③

참고문헌

1. 알기 쉬운 태양광발전, 박종화, 문운당
2. 저탄소 녹색성장을 위한 태양광발전, 이현화 외, 기다리
3. 태양광발전시스템 설계 및 시공, 일본태양광발전협회(이현화 외 역), 인포더북스
4. 태양광발전(알기 쉬운 태양광발전의 원리와 응용), 태양광발전연구회(이영재 외 역), 기문당
5. 태양광발전설비 점검·검사 기술지침, 한국전기안전공사
6. 산업통상자원부 기술표준원, 태양광발전용어 모음
7. 법제처(www.moleg.go.kr) – 관련 법규
8. 신재생에너지 설비 지원 등에 관한 지침, 한국에너지공단 신재생에너지센터
9. 분산형 전원 배전계통 연계 기술기준, 한국전력
10. 신재생에너지발전설비(태양광)기사·산업기사 실기, 봉우근 외, 엔트미디어
11. 한국전기설비규정(KEC)
12. 설계감리, 전력시설물 공사감리 업무수행지침

신재생에너지발전설비
산업기사 필기 태양광

발행일 | 2021. 1. 20 초판발행
2021. 2. 20 초판 2쇄
2023. 2. 20 개정 1판 1쇄
2025. 1. 10 개정 2판 1쇄
2026. 1. 20 개정 3판 1쇄

저　자 | 박문환
발행인 | 정용수
발행처 | 예문사

주　소 | 경기도 파주시 직지길 460(출판도시) 도서출판 예문사
T E L | 031) 955 – 0550
F A X | 031) 955 – 0660
등록번호 | 11 – 76호

- 이 책의 어느 부분도 저작권자나 발행인의 승인 없이 무단 복제하여 이용할 수 없습니다.
- 파본 및 낙장은 구입하신 서점에서 교환하여 드립니다.
- 예문사 홈페이지 http : //www.yeamoonsa.com

정가 : 33,000원

ISBN 978-89-274-6006-0 13560